Mathematik

Ein Lehr- und Übungsbuch

Band 1

Regina Gellrich
Carsten Gellrich

Arithmetik, Algebra, Mengen- und Funktionenlehre

Mit zahlreichen Abbildungen, Aufgaben mit Lösungen und durchgerechneten Beispielen

4., korrigierte Auflage

Verlag Harri Deutsch

Mathematik – Ein Lehr- und Übungsbuch

Band 1: Gellrich/Gellrich;
Arithmetik, Algebra, Mengen- und Funktionenlehre

Band 2: Gellrich/Gellrich;
Lineare Algebra, Vektorrechnung, Analytische Geometrie

Band 3: Gellrich/Gellrich;
Zahlenfolgen und -reihen, Einführung in die Analysis
für Funktionen mit einer unabhängigen Variablen

Band 4: Schark/Overhagen;
Vektoranalysis, Funktionentheorie, Transformationen

Bibliografische Information der Deutschen Nationalbibliothek

Die Deutsche Nationalbibliothek verzeichnet diese Publikation in der Deutschen Nationalbibliografie; detaillierte bibliografische Daten sind im Internet über http://dnb.d-nb.de abrufbar.

ISBN 978-3-8171-1792-5

Unter Verwendung vorzugsweise der Aufgaben des Werkes
Schalk, Mathematik für Höhere Technische Lehranstalten
mit Genehmigung des RENIETS VERLAG GmbH, Wien.
Für die diesem Werk entnommenen Teile:

Nachdruck der 4., korrigierten Auflage 2006, 2009

Satz: Satzherstellung Dr. Naake <www.naake-satz.de>
Druck: fgb · freiburger graphische betriebe <www.fgb.de>
Printed in Germany

Vorwort

Mit diesem Buch halten Sie bereits die vierte Auflage des Bandes 1 der Reihe „MATHEMATIK – ein Lehr- und Übungsbuch“ in der Hand. Diese Reihe wendet sich an den Adressatenkreis der Studenten von Fachhochschulen, Fachoberschulen, Technikerschulen und ähnlichen Bildungseinrichtungen, ist aber auch für das Selbststudium geeignet. Sie berücksichtigt neben der notwendigen breiten Darstellung der klassischen Mathematik in hohem Maße moderne Entwicklungen und die Einbeziehung der Rechentechnik zum Lösen der Aufgaben.

Bei der methodischen Aufbereitung des Lehrstoffes wird in dieser Reihe davon ausgegangen, dass der Nutzer die Mathematik nicht als Wissenschaft betreiben will, sondern als Instrument zur Lösung der in seinem Fachgebiet anstehenden Aufgaben und Probleme. Daher werden diejenigen Stoffgebiete, mathematischen Methoden und Verfahren besonders berücksichtigt, die für den Anwender von Bedeutung sind. Die Theorie wird in leicht verständlicher Form dargestellt. Auf aufwendige Beweise und theoretische Untersuchungen wird bewusst verzichtet. Das Grundanliegen der Reihe besteht hingegen darin, dem Leser durch zahlreiche gut kommentierte Beispiele Hinweise dafür zu geben, wie man an das Lösen von Aufgaben herangehen muss. Eine Vielzahl von Aufgaben mit Lösungen geben jedem die Möglichkeit, seine Fähigkeiten zu erweitern und sein Wissen und Können zu kontrollieren. Die Herausgabe der vierten Auflage des vorliegenden Bandes 1 dokumentiert den Erfolg des Konzeptes dieser Reihe.

Der Band 1 ist als Vorbereitungsband aufzufassen, der (mit Ausnahme der Kapitel 5 und 7) diejenigen Stoffgebiete umfasst, die als Basis für ein erfolgreiches Studium der Ingenieur- und Wirtschaftswissenschaften unbedingt notwendig sind. Insbesondere werden auch Ungleichungen und Ungleichungssysteme behandelt, um die Basis für weitere Themen der höheren Mathematik, wie der linearen Optimierung, zu verbreitern. Deshalb ist dieses Buch zur Wiederholung und Einstimmung auf das Studium sehr zu empfehlen. Die Erfahrungen von Lehrenden an Hochschulen zeigen immer wieder, dass viele Studenten im Fach Mathematik nicht daran scheitern, dass sie schwierige Aufgaben der Mathematik nicht lösen können, sondern daran, dass Mängel in der Handhabung elementarer Zusammenhänge auftreten.

Inzwischen haben bereits mehrere Jahrgänge von mathematisch interessierten Lesern mit diesem Buch gearbeitet und die große Anzahl positiver Rückmeldungen zeigt, dass es ihnen bei ihren Studien hilfreich war. Zum anderen haben gerade die Leser mit ihren Hinweisen und Korrekturvorschlägen einen großen Anteil daran, dass die Qualität des Buches stetig zunahm. Die Autoren und der Verlag möchten sich auf diesem Wege herzlich dafür bedanken.

Wir möchten an dieser Stelle darauf hinweisen, dass der überwiegende Teil der Aufgaben und Lösungen sowie einige Beispiele aus dem Lehrwerk MATHEMATIK von SCHALK aus dem RENIETS-Verlag Wien übernommen wurde. Darunter sind sehr viele anwendungsorientierte Aufgaben aus den unterschiedlichsten Wissensgebieten, so dass dem Leser das große Spektrum mathematischer Fragestellungen bewusst wird und jeder hinreichend Aufgaben seines Fachgebietes findet. Wir danken dem RENIETS-Verlag Wien und seinen Autoren für die großzügige Bereitschaft, uns diesen Fundus an Aufgaben zur Verfügung zu stellen.

Wir Autoren bedanken uns sehr herzlich bei Dr. Marianne Kreul und Prof. Dr. Hans Kreul für die Vielzahl von Anregungen und Hinweisen, die sie uns aus ihrem reichen Erfahrungsschatz beim Verfassen von Lehrbüchern sowie aus ihrer Lehrtätigkeit an Hochschulen gaben, für die fruchtbaren Diskussionen, die uns wertvolle Anregungen für die Gestaltung des Manuskripts lieferten, sowie nicht zuletzt für die Unterstützung bei der Bearbeitung des Buches.

Wie stets sind wir an der Meinung der Nutzer dieses Buches interessiert und bitten darum, uns bisher noch nicht erkannte Fehler mitzuteilen. Die Adressen für Zuschriften und E-Mails sind

Autoren und Verlag Harri Deutsch
Gräfstraße 47
D-60486 Frankfurt am Main
E-Mail: verlag@harri-deutsch.de
Internet: http://www.harri-deutsch.de

Wir wünschen allen mathematisch Interessierten, die mit Hilfe dieses Buches ihr mathematisches Wissen vertiefen und ihre Fähigkeiten und Fertigkeiten auf diesem Gebiet verbessern wollen, viel Erfolg und Freude beim Lernen und beim Lösen der Aufgaben.

Regina und Carsten Gellrich

Inhaltsverzeichnis

1 Was man beherrschen sollte 11
1.1 Elemente der Mengenlehre 11
1.1.1 Begriffsbestimmung 11
1.1.2 Darstellung von Mengen 11
1.1.3 Beziehungen zwischen Mengen 13
1.2 Die vier Grundrechenoperationen mit Variablen und Termen 16
1.2.1 Einführung 16
1.2.2 Das Rechnen mit Klammerausdrücken 16
1.2.3 Bruchrechnung 20
1.2.4 Partialdivision 24
1.3 Das Lösen von Gleichungen 34
1.3.1 Begriffsbestimmungen 34
1.3.2 Zum Lösen von linearen und quadratischen Gleichungen 35
1.3.3 Der Vietasche Wurzelsatz 47
1.4 Einfache Gleichungen höheren Grades 49
1.4.1 Begriffsbestimmungen 49
1.4.2 Der VIETAsche Wurzelsatz 50
1.4.3 Das Lösen von speziellen Gleichungen höheren Grades 52
1.4.3.1 Gleichungen, die sich auf quadratische Gleichungen zurückführen lassen 52
1.4.3.2 Gleichungen höheren Grades, von denen mindestens eine Lösung bekannt ist 54
1.4.4 Das HORNER-Schema 56
1.5 Lineare und quadratische Funktion 62
1.5.1 Die lineare Funktion 62
1.5.2 Die quadratische Funktion 69
1.5.3 Funktion und Bestimmungsgleichung 74
1.6 Proportionen 77
1.6.1 Begriffsbestimmungen 77
1.6.2 Proportionalität 80
1.6.2.1 Direkte Proportionalität 80
1.6.2.2 Indirekte Proportionalität 81
1.6.3 Proportionen und Bestimmungsgleichungen 84
1.6.4 Prozent- und Zinsrechnung 89

2 Potenzen, Wurzeln und Logarithmen 97
2.1 Potenzen mit ganzzahligen Exponenten 97
2.1.1 Begriffserklärungen 97

2.1.2 Potenzgesetze ... 99
2.1.2.1 Addition und Subtraktion von Potenzen ... 99
2.1.2.2 Multiplikation und Division von Potenzen ... 100
2.2 Potenzen mit gebrochenen Exponenten ... 106
2.2.1 Die Umkehrungen der Potenzrechnung ... 106
2.2.2 Grundbegriffe der Wurzelrechnung ... 107
2.2.3 Wurzeln als Potenzen mit gebrochenen Exponenten ... 109
2.2.4 Das Rechnen mit Wurzeln ... 111
2.2.5 Potenzen mit reellen Exponenten ... 113
2.2.6 Zur Berechnung von Potenzen mit beliebigen Exponenten mit dem Taschenrechner ... 114
2.3 Logarithmen ... 119
2.3.1 Begriffserklärungen ... 119
2.3.2 Das Rechnen mit Logarithmen ... 121
2.3.3 Logarithmensysteme ... 123
2.3.3.1 Häufig auftretende Logarithmensysteme ... 123
2.3.3.2 Zur Ermittlung von Logarithmen mit dem Taschenrechner ... 124
2.3.3.3 Beziehungen zwischen Logarithmensystemen mit unterschiedlichen Basen ... 126
2.4 Gleichungen mit Wurzeln, Potenzen und Logarithmen ... 129
2.4.1 Wurzelgleichungen ... 129
2.4.2 Exponentialgleichungen ... 134
2.4.3 Logarithmische Gleichungen ... 138
2.4.4 Vermischte Aufgaben ... 141

3 Trigonometrie ... 146
3.1 Winkelmessung ... 146
3.2 Die trigonometrischen Funktionen am rechtwinkligen Dreieck ... 149
3.2.1 Begriffe ... 149
3.2.2 Definition der trigonometrischen Funktionen am rechtwinkligen Dreieck ... 150
3.2.3 Ermittlung der Werte der trigonometrischen Funktionen für spitze Winkel ... 151
3.2.4 Berechnungen am rechtwinkligen Dreieck ... 155
3.3 Die trigonometrischen Funktionen für beliebige Winkel ... 165
3.3.1 Erweiterung des Begriffes der trigonometrischen Funktionen auf beliebige Winkel ... 165
3.3.2 Ermittlung der Werte der trigonometrischen Funktionen für beliebige Winkel ... 168
3.3.3 Vereinfachte Umrechnung von Winkeln aus Gradmaß in Bogenmaß und umgekehrt ... 172
3.4 Berechnungen am allgemeinen Dreieck ... 175
3.4.1 Der Sinussatz ... 175
3.4.2 Der Kosinussatz ... 180
3.5 Beziehungen zwischen den trigonometrischen Funktionen ... 191
3.5.1 Beziehungen zwischen den trigonometrischen Funktionen ein und desselben Winkels ... 191

3.5.2 Beziehungen zwischen den trigonometrischen Funktionen unterschiedlicher Winkel . . . 193
3.6 Goniometrische Gleichungen . . . 201
3.6.1 Begriffsbestimmung . . . 201
3.6.2 Das Lösen goniometrischer Gleichungen . . . 201
3.7 Vermischte Aufgaben . . . 209

4 Funktionen . . . 214
4.1 Abbildungen und Funktionen . . . 214
4.1.1 Der Begriff der Abbildung . . . 214
4.1.2 Der Begriff der Funktion . . . 216
4.2 Wichtige Eigenschaften von Funktionen . . . 222
4.2.1 Beschränktheit . . . 222
4.2.2 Monotonie . . . 224
4.2.3 Symmetrie . . . 227
4.2.4 Stetigkeit . . . 229
4.3 Die Umkehrfunktion . . . 236
4.3.1 Die Umkehrung einer Abbildung . . . 236
4.3.2 Der Begriff der Umkehrfunktion . . . 239
4.4 Grundfunktionen . . . 243
4.4.1 Potenzfunktionen . . . 243
4.4.1.1 Potenzfunktionen mit ganzen positiven Exponenten . . . 243
4.4.1.2 Potenzfunktionen mit ganzzahligen negativen Exponenten . . . 246
4.4.1.3 Die Potenzfunktion $y = x^0$ . . . 247
4.4.1.4 Potenzfunktionen mit reellen Exponenten . . . 247
4.4.1.5 Zusammenhang zwischen der Potenzfunktion $y = x^n$ und der Wurzelfunktion . . . 249
4.4.2 Exponential- und Logarithmusfunktion . . . 252
4.4.3 Die trigonometrischen Funktionen und deren Umkehrfunktionen . . . 254
4.4.4 Die Hyperbelfunktionen und deren Umkehrungen . . . 264
4.5 Graphische Darstellung von Funktionen durch Synthese . . . 274
4.6 Überlagerung von Schwingungen . . . 287

5 Komplexe Zahlen . . . 295
5.1 Grundbegriffe . . . 295
5.1.1 Einführung der komplexen Zahlen . . . 295
5.1.2 Grafische Veranschaulichung komplexer Zahlen . . . 297
5.2 Die trigonometrische und die Exponentialform komplexer Zahlen . . . 301
5.2.1 Die trigonometrische Darstellungsform . . . 301
5.2.1.1 Umrechnung von der arithmetischen in die trigonometrische Form . . . 303
5.2.1.2 Umrechnung von der trigonometrischen in die arithmetische Form . . . 305
5.2.2 Die Exponentialform . . . 305
5.3 Die vier Grundrechenarten im Bereich der komplexen Zahlen . . . 307
5.4 Potenzieren, Radizieren, Logarithmieren . . . 314

5.5 Lösen algebraischer Gleichungen im Komplexen 320
5.6 Anwendungen in der Elektrotechnik 325

6 Ungleichungen 330
6.1 Begriffsbestimmung 330
6.2 Rechenregeln für Ungleichungen 331
6.3 Das Lösen von Ungleichungen 333
6.3.1 Zusammenhänge zwischen Ungleichung, Gleichung und Funktion 333
6.3.2 Grafische Verfahren zur Lösung von Ungleichungen 336
6.3.3 Rechnergestützte Lösung von Ungleichungen 340
6.4 Systeme von Ungleichungen 342

7 Einige mathematische Grundlagen der Informatik 351
7.1 Zahlendarstellung 351
7.1.1 Darstellung von Zahlen in Positionssystemen 351
7.1.1.1 Umrechnung von Zahlen eines beliebigen Positionssystems in Dezimalzahlen 353
7.1.1.2 Umrechnung von Dezimalzahlen in ein anderes Positionssystem . . . 355
7.1.1.3 Besonderheiten beim Umwandeln von Dualzahlen in Oktal- oder Hexadezimalzahlen und umgekehrt 359
7.1.2 Fest- und Gleitkommadarstellung von Zahlen 361
7.1.2.1 Darstellung ganzer Zahlen 362
7.1.2.2 Darstellung reeller Zahlen 363
7.1.3 Numerische Effekte beim Rechnen mit dem Computer 367
7.2 Elemente der Booleschen Algebra 370
7.2.1 Grundlagen der Aussagenlogik 370
7.2.1.1 Verknüpfungen von Aussagen 371
7.2.2 Einführung in die Schaltalgebra 374
7.2.2.1 Grundschaltungen 374
7.2.2.2 Analyse und Synthese digitaler Schaltungen mittels Schaltzustandstabelle 379
7.2.2.3 Rechengesetze der Schaltalgebra 381

8 Lösungen der Aufgaben 390

Sachwortverzeichnis 475

1 Was man beherrschen sollte

1.1 Elemente der Mengenlehre

1.1.1 Begriffsbestimmung

Definition:
Eine **Menge** ist eine Zusammenfassung bestimmter wohlunterschiedener Objekte zu einer Gesamtheit.

Mengen werden in der Regel mit Großbuchstaben bezeichnet. Die einzelnen durch eine Menge zusammengefassten Objekte werden **Elemente** der Menge genannt. Man bezeichnet sie mit Kleinbuchstaben.

Durch das Symbol $\in$ wird ausgedrückt, dass ein Element einer Menge angehört. So besagt

$$x \in M,$$

dass das Element x ein Element der Menge M ist. Dagegen bedeutet

$$y \notin M,$$

dass y der Menge M nicht angehört.

1.1.2 Darstellung von Mengen

Es gibt unterschiedliche Arten, Mengen darzustellen.

a) *Durch Angabe ihrer Elemente.*

Beispiel:

1.1
$$A = \{1, 4, 9, 16\}$$
$$B = \{1, 4, 9, 16, \ldots, 625\}$$
$$C = \{1, 4, 9, 16, \ldots\}.$$

Aus diesem Beispiel geht hervor, dass es Mengen mit endlich vielen Elementen, aber auch Mengen mit unendlich vielen Elementen (endliche und unendliche Mengen) gibt.

Für häufig auftretende Mengen werden feste Abkürzungen gewählt. So bezeichnet

$\mathbf{N} = \{1, 2, 3, 4, 5, \ldots\}$	die Menge der *natürlichen Zahlen,*
$\mathbf{G} = \{\ldots, -3, -2, -1, 0, 1, 2, 3, \ldots\}$	die Menge der *ganzen Zahlen,*
$\mathbf{R}$	die Menge der *reellen Zahlen,*
$\emptyset$	die sogenannte *leere Menge.*

Eine leere Menge enthält *kein Element.* Man beschreibt die leere Menge auch in der Form $\emptyset = \{\,\}$. Sie ist von der Menge $\{0\}$ zu unterscheiden. Während die leere Menge *kein Element* besitzt, enthält die Menge $\{0\}$ *ein* Element, nämlich 0.

b) *Durch Beschreibung ihrer Elemente.*

Beispiel:

1.2 $D = \{x \mid x \in \mathbf{N} \wedge x < 10\}$
Diese Schreibweise wird gelesen: D ist die Menge aller x *mit der Eigenschaft*, dass x enthalten ist in der Menge der natürlichen Zahlen *und* dass $x < 10$ ist. Damit enthält D die natürlichen Zahlen von 1 bis 9, so dass D auch in der Form

$$D = \{1, 2, 3, 4, 5, 6, 7, 8, 9\}$$

angegeben werden kann.

$$E = \{x \mid x^2 - x - 6 = 0\}$$

ist diejenige Menge, die alle Lösungen der Gleichung $x^2 - x - 6 = 0$ enthält. Die Lösungen dieser Gleichung lauten $x_1 = -2$ und $x_2 = 3$, so dass die obige Mengenschreibweise für E gleichbedeutend ist mit $E = \{-2,3\}$.

$$F = \{x \mid x \in \mathbf{R} \wedge 0 \leq x \leq 4\}$$

enthält alle reellen Zahlen zwischen $x = 0$ und $x = 4$ einschließlich der Werte $x = 0$ und $x = 4$.

$$H = \{x \mid x \in \mathbf{R} \wedge a < x < b\}$$

enthält alle reellen Zahlen zwischen $x = a$ und $x = b$, wobei jedoch im Unterschied zur Menge F hier die beiden Werte $x = a$ und $x = b$ *nicht* mit zur Menge H gehören.

Mengen wie F und H treten in der Mathematik häufig auf, so z.B. als Definitions– und Wertebereich von Funktionen. Deshalb gibt es auch für derartige Mengen eine abkürzende Schreibweise. Sie werden *Intervalle* genannt, und man schreibt z.B. für F und H:

$$F = [0; 4] \qquad \text{und} \qquad H = (a; b).$$

Bei F spricht man von einem beiderseits *abgeschlossenen Intervall*, weil die beiden Endpunkte $x_1 = 0$ und $x_2 = 4$ mit zur Menge F dazugehören. Bei H hingegen handelt es sich um ein beiderseits *offenes Intervall*, denn die beiden Endpunkte $x_1 = a$ und $x_2 = b$ gehören *nicht* zur Menge H. *Abgeschlossene Intervalle* werden durch *eckige Klammern, offene Intervalle* durch *runde Klammern* gekennzeichnet.

Es gibt auch *einseitig geschlossene* (bzw. *einseitig offene) Intervalle*. Bei ihnen gehört nur einer der beiden Eckpunkte der Menge an, der andere jedoch nicht.

Beispiel:

1.3 $L_1 = (0; 10]$, (die Menge aller reellen Zahlen, die größer sind als 0 bis einschließlich 10) – ein *linksseitig offenes* und
$L_2 = [0; \infty)$, (die Menge aller positiven reellen Zahlen) – ein *rechtsseitig offenes* Intervall.

c) *Durch grafische Interpretation.*

– Alle Elemente einer Menge werden als Punkte einer Fläche dargestellt. Diese Darstellungsweise wird vor allem dazu verwendet, Verknüpfungen zwischen Mengen zu verdeutlichen. (Vgl. Abschnitt 1.1.3)
– Zahlenmengen werden als Punkte oder als Strecken einer Zahlengeraden dargestellt.

Auf diese Weise lassen sich die Mengen A, D, F, L_1 und L_2 der Beispiele 1.1., 1.2. und 1.3. wie folgt veranschaulichen:

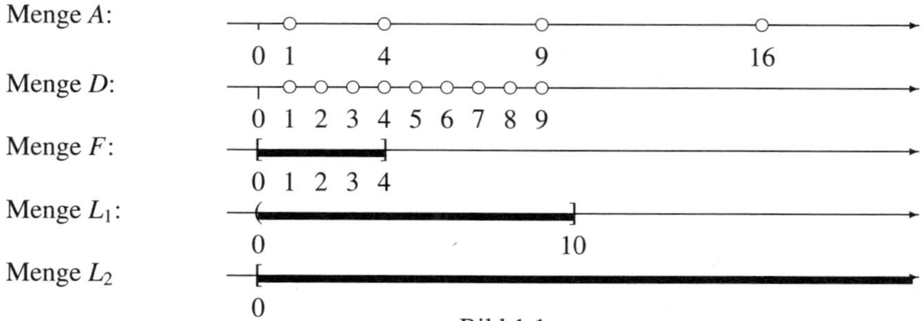

Bild 1.1

1.1.3 Beziehungen zwischen Mengen

- Eine Menge M_2 wird **Teilmenge** von M_1 genannt, wenn *jedes* Element von M_2 auch Element von M_1 ist (vgl. Bild 1.2).
  Schreibweise: $M_2 \subseteq M_1$.
  Gibt es dabei in M_1 noch Elemente, die M_2 *nicht* angehören, dann heißt M_2 eine *echte Teilmenge* von M_1. Schreibweise: $M_2 \subset M_1$.
- Zwei Mengen M_1 und M_2 sind **einander gleich**, wenn sie beide genau die gleichen Elemente besitzen.
  Schreibweise: $M_1 = M_2$.
  Ist beispielsweise M_1 die Menge aller geraden Zahlen und M_2 die Menge aller Zahlen, die durch 2 teilbar sind, dann gilt $M_1 = M_2$.
- Die **Vereinigung** zweier Mengen M_1 und M_2 enthält alle diejenigen Elemente, die M_1 *oder* M_2 (oder beiden Mengen) angehören (vgl. Bild 1.3).
  Schreibweise: $M_1 \cup M_2$.

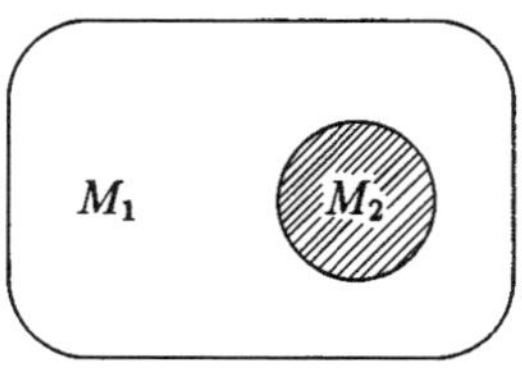

Bild 1.2

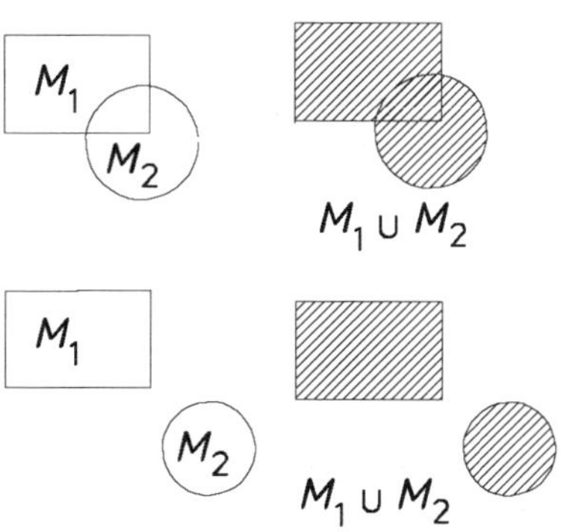

Bild 1.3

Beispiele:

1.4 Wenn $M_1 \cup M_2 = M_1$ ist, dann folgt daraus $M_2 \subseteq M_1$. Veranschaulichen Sie sich diese Eigenschaft an Hand einer Skizze, in der die beiden Mengen als Flächen dargestellt sind.

1.5 Wenn $M_1 = (0; 5]$ und $M_2 = [3; 8)$, dann ist $M_1 \cup M_2 = (0; 8)$ (vgl. Bild 1.4).

- Der **Durchschnitt** zweier Mengen M_1 und M_2 enthält alle diejenigen Elemente, die *sowohl* M_1 *als auch* M_2 angehören.
  Schreibweise: $M_1 \cap M_2$.

Beispiele:

1.6 Der Durchschnitt zweier sich teilweise überlappender Mengen M_1 und M_2 ist im Bild 1.5 veranschaulicht. Überzeugen Sie sich durch eine ähnliche Skizze, dass der folgende Satz gilt:

Wenn $M_1 \cap M_2 = M_1$, dann folgt daraus

$M_1 \subseteq M_2$

1.7 Zwei Mengen, die *keine gemeinsamen Elemente* besitzen, heißen *disjunkt* zueinander. Für zwei *disjunkte* Mengen M_1 und M_2 gilt

$M_1 \cap M_2 = \emptyset = \{\,\}$.

(Vgl. dazu Bild 1.6)

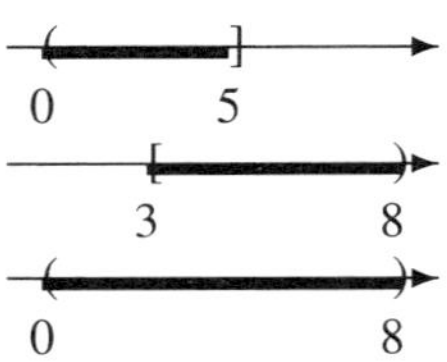

Bild 1.4

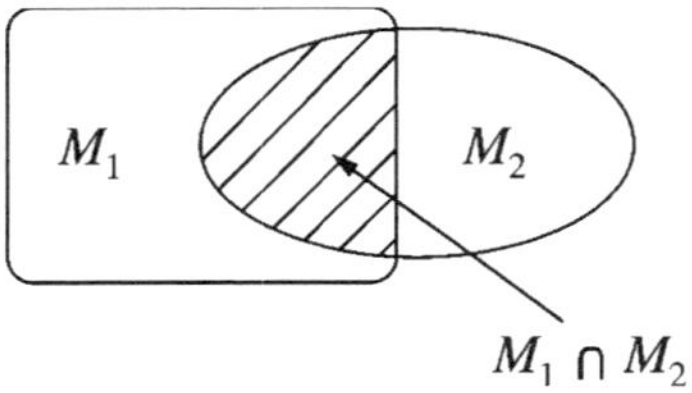

Bild 1.5

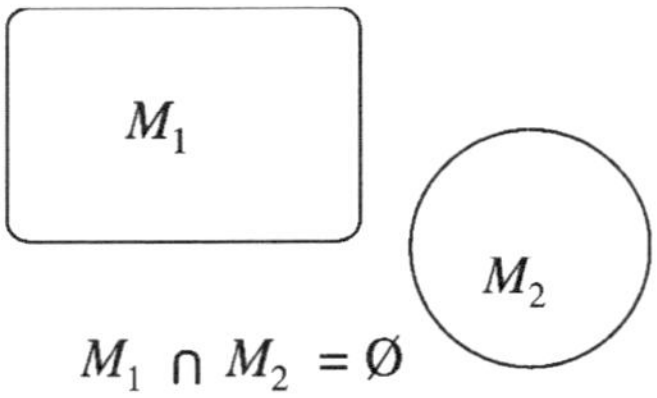

Bild 1.6

Beispiel:

1.8 Für die Intervalle $M_1 = (0;\ 5]$ und $M_2 = [3;\ 8)$ (vgl. Beispiel 1.5.), wird

$M_1 \cap M_2 = [3;\ 5]$.

Prüfen Sie dies bitte an Hand einer Skizze nach! Vergewissern Sie sich dabei insbesondere, dass die beiden Endpunkte $x_1 = 3$ und $x_2 = 5$ Elemente der Durchschnittsmenge $M_1 \cap M_2$ sind.

- Die **Differenz** zweier Mengen M_1 und M_2 enthält alle diejenigen Elemente von M_1, die *nicht* Elemente von M_2 sind.
  Schreibweise: $M_1 \backslash M_2$.

Beispiele:

1.9 Die beiden Differenzmengen $M_1 \backslash M_2$ und $M_2 \backslash M_1$ zweier Mengen M_1 und M_2, die gemeinsame Elemente besitzen, sind in Bild 1.7 dargestellt.

1.10 Für zwei disjunkte Mengen M_1 und M_2 gilt

$M_1 \backslash M_2 = M_1$ und $M_2 \backslash M_1 = M_2$

(vgl. dazu Bild 1.8).

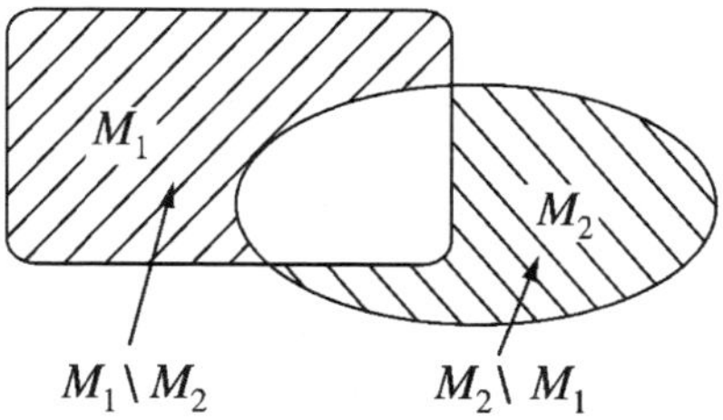

Bild 1.7

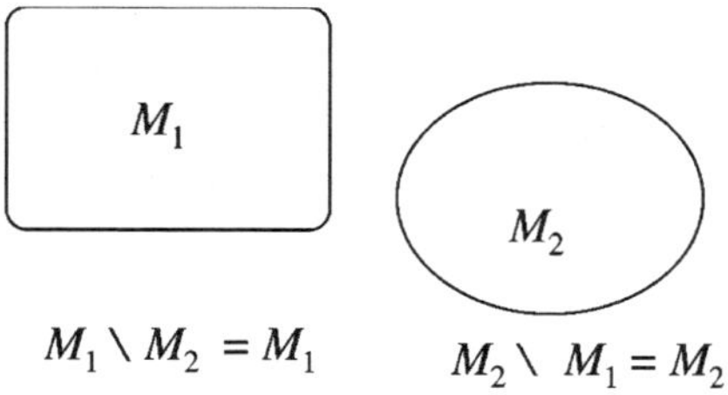

Bild 1.8

1.11 Für die beiden Intervalle $M_1 = (0;5]$ und $M_2 = [3;8)$ (vgl. Beispiele 1.5. und 1.8.) gilt

$M_1 \setminus M_2 = (0;\ 3)$ und $M_2 \setminus M_1 = (5;\ 8)$.

Prüfen Sie dies wiederum an Hand einer Skizze nach, und überzeugen Sie sich davon, dass die beiden Eckpunkte $x_1 = 3$ und $x_2 = 5$ *keiner* der beiden Differenzmengen angehören.

Aufgaben:

1.1 Die Leerstellen sind durch Verwendung der Symbole $\subseteq$ bzw. $\not\subseteq$ zu vervollständigen!

$M_1 = \{3,4,5\}, M_2 = \{5,3\}, M_3 = \{5,6,7\}, M_4 = \{\ \}$

a) $M_1 \ldots M_2$ **b)** $M_2 \ldots M_1$ **c)** $M_2 \ldots M_3$ **d)** $M_3 \ldots M_4$

1.2 Von der Menge $M = \{x \mid x \in \mathbf{N} \wedge 10 > x > 2\}$ sind folgende Teilmengen zu bestimmen:

a) A, Menge aller durch 4 teilbaren Zahlen von M
b) B, Menge aller geraden Zahlen von M
c) C, Menge aller ungeraden Zahlen von M

1.3 **a)** Können zwei endliche Mengen, die eine verschiedene Anzahl von Elementen haben, jemals gleich sein?
b) Sind zwei endliche Mengen, die eine gleiche Anzahl von Elementen haben, immer gleich?
c) Haben zwei gleiche Mengen immer die gleiche Anzahl von Elementen?

1.4 Es sind die Mengen $M_1 = \{3,4,5\}$, $M_2 = \{1,3,4\}$, $M_3 = \{4,5,6,8,9\}$, $M_4 = \{\ \}$ gegeben. Man ermittle:
a) $M_1 \cap M_2$ **b)** $M_2 \cap M_3$ **c)** $M_1 \cap M_1$ **d)** $M_1 \cap M_4$ **e)** $M_1 \cap M_3$ **f)** $M_4 \cap M_3$

1.5 Es sind die Mengen $M_1 = \{2;\ 4;\ 9\}, M_2 = \{1;\ 2;\ 3\}, M_3 = \{x \mid x \in \mathbf{N} \wedge x < 10\}, M_4 = \{\ \}$ gegeben. Man ermittle:
a) $M_1 \cup M_2$ **b)** $M_2 \cup M_3$ **c)** $M_4 \cup M_4$ **d)** $M_2 \cup M_4$ **e)** $M_4 \cup M_1$ **f)** $M_1 \cup M_3$

1.6 Es sind die Mengen $M_1 = \{1;\ 2;\ 3\}$, $M_2 = \{3;\ 7\}$, $M_3 = \{4;\ 7\}$ gegeben. Man ermittle:
a) $M_1 \setminus M_2$ **b)** $M_2 \setminus M_1$ **c)** $M_1 \setminus M_3$ **d)** $M_3 \setminus M_1$ **e)** $M_2 \setminus M_3$ **f)** $M_3 \setminus M_2$

1.7 Gegeben sind die folgenden Intervalle: $I_1 = (-2;\ 3)$, $I_2 = [0;\ 5]$ und $I_3 = [-1;\ 5)$.

a) Stellen Sie diese Intervalle grafisch dar.
b) Geben Sie, sofern dies möglich ist, als Intervalle an:

$I_1 \cup I_2$ $I_2 \cap I_3$ $I_1 \setminus I_2$ $I_3 \setminus I_1$
$(I_1 \cap I_2) \cup I_3$ $(I_3 \cup I_2) \setminus I_1$ $I_2 \cap \mathbf{N}$

1.8 Gegeben sind zwei Kreise mit dem gleichen Mittelpunkt M und den Radien R und r. Die Punktmenge A des Kreises mit dem Radius R sei als Menge der Punkte im Inneren dieses Kreises (unter Ausschluss des Randes) gegeben; entsprechendes gilt für die Punktmenge B, vgl. Bild 1.9. Welche Punktmengen werden durch nachfolgende Mengenverknüpfungen dargestellt:

a) $A \cap B$ für (1) $R > r$ (2) $R = r$
b) $A \cup B$ für (1) $R > r$ (2) $R = r$
c) $A \backslash B$ für (1) $R > r$ (2) $R = r$
d) $B \backslash A$ für (1) $R > r$ (2) $R = r$

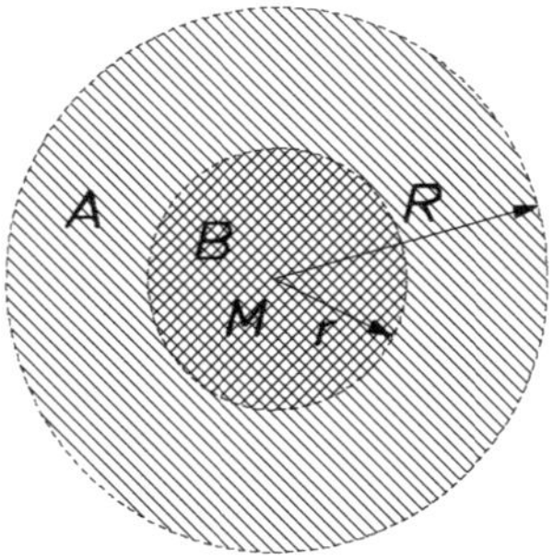

Bild 1.9

1.2 Die vier Grundrechenoperationen mit Variablen und Termen

1.2.1 Einführung

Die *Beherrschung* der Regeln und Gesetze für die vier Grundrechenoperationen

Addition und Subtraktion	(Rechenoperationen der *ersten Stufe*) und
Multiplikation und Division	(Rechenoperationen der *zweiten Stufe*)

und ihre sichere Anwendung beim Lösen von Aufgaben ist eine entscheidende Voraussetzung für das Eindringen in neue mathematische Stoffgebiete. Die Erfahrung zeigt immer wieder, dass viele Lernende z. B. an Hochschulen nicht daran scheitern, dass sie die „höhere Mathematik" nicht begreifen, sondern daran, dass elementare Rechenfehler die Ursache für falsche Ergebnisse in Aufgaben mit durchaus richtig angegangenem Lösungsweg sind.

Aus diesem Grunde soll an dieser Stelle ein Überblick über die wichtigsten mathematischen Operationen mit Variablen und Termen gegeben werden. Dem Leser wird dazu eine Fülle von Übungsaufgaben angeboten. Sie soll ihn in die Lage versetzen, seine Kenntnisse und Fertigkeiten zu überprüfen und gegebenenfalls vorhandene Lücken aufzufüllen.

1.2.2 Das Rechnen mit Klammerausdrücken

Beim Rechnen mit Klammern kommen zwei einander entgegengesetzte Aufgabenstellungen vor: Vorhandene Klammern sollen „aufgelöst" werden, bzw. umfangreichere Ausdrücke sollen „in Klammern eingeschlossen" werden.

Für die **Addition und Subtraktion** von Klammerausdrücken gilt die Regel:

> Steht vor einem Klammerausdruck ein Pluszeichen, so darf das zugehörige Klammerpaar einfach weggelassen werden. Steht jedoch ein Minuszeichen vor dem Klammerausdruck, dann müssen beim Weglassen der Klammern alle innerhalb der Klammer auftretenden Vorzeichen und Rechenzeichen der ersten Stufe umgekehrt werden.

Beispiel:

1.12 $x - \{y + 3z - [-2x + (3x - 4y) + y]\} + 4y =$ Auflösen der runden Klammern
$= x - \{y + 3z - [-2x + 3x - 4y + y]\} + 4y$ Zusammenfassen
$= x - \{y + 3z - [x - 3y]\} + 4y$ Auflösen der eckigen Klammern
$= x - \{y + 3z - x + 3y\} + 4y$ Zusammenfassen
$= x - \{4y - x + 3z\} + 4y$ Auflösen der geschweiften Klammern
$= x - 4y + x - 3z + 4y$ Zusammenfassen
$= 2x - 3z$

Die vorhandenen drei Klammerpaare wurden hier schrittweise „von innen nach außen“ aufgelöst. Es wäre genau so gut möglich gewesen, die Klammern von „außen nach innen“ zu beseitigen. Führen Sie diesen Lösungsweg zur Kontrolle selbständig durch! Durch ständiges Üben kann man es erreichen, dass nicht mehr alle Zwischenschritte aufgeschrieben werden müssen.

Bei der **Multiplikation von Klammerausdrücken** ist jedes Glied der ersten Klammer mit jedem Glied der zweiten Klammer zu multiplizieren.

Beispiele:

1.13 $(3u - 2v)(4u + 5v) =$
$= 12u^2 + 15uv - 8uv - 10v^2$ Gleichartige Glieder zusammenfassen!
$= 12u^2 + 7uv - 10v^2$

1.14 $(2a + 3b - 1)(2a - 3b + 2) = 4a^2 - 6ab + 4a + 6ab - 9b^2 + 6b - 2a + 3b - 2$
$= 4a^2 - 9b^2 + 2a + 9b - 2$

Auf diese Weise können auch Quadrate und höhere Potenzen von *Binomen* berechnet werden. So ist

$$(a + b)^2 = (a + b)(a + b) = a^2 + ab + ab + b^2$$

$$\boxed{(a + b)^2 = a^2 + 2ab + b^2} \qquad (1.1)$$

Entsprechend ergeben sich die Formeln

$$\boxed{(a - b)^2 = a^2 - 2ab + b^2} \qquad (1.2)$$

und

$$\boxed{(a + b)(a - b) = a^2 - b^2} \qquad (1.3)$$

Für $(a + b)^3$ und $(a - b)^3$ erhält man

$$\boxed{(a + b)^3 = a^3 + 3a^2b + 3ab^2 + b^3} \qquad (1.4)$$

und

$$\boxed{(a - b)^3 = a^3 - 3a^2b + 3ab^2 - b^3} \qquad (1.5)$$

Bildet man weitere Potenzen von $a+b$, und schreibt man alle in der folgenden Weise untereinander, so führt dies zu den **binomischen Formeln**:

$$\begin{aligned}
(a+b)^0 &= \mathbf{1}\\
(a+b)^1 &= \mathbf{1}a + \mathbf{1}b\\
(a+b)^2 &= \mathbf{1}a^2 + \mathbf{2}ab + \mathbf{1}b^2\\
(a+b)^3 &= \mathbf{1}a^3 + \mathbf{3}a^2b + \mathbf{3}ab^2 + \mathbf{1}b^3\\
(a+b)^4 &= \mathbf{1}a^4 + \mathbf{4}a^3b + \mathbf{6}a^2b^2 + \mathbf{4}ab^3 + \mathbf{1}b^4\\
(a+b)^5 &= \mathbf{1}a^5 + \mathbf{5}a^4b + \mathbf{10}a^3b^2 + \mathbf{10}a^2b^3 + \mathbf{5}ab^4 + \mathbf{1}b^5\\
(a+b)^6 &= \mathbf{1}a^6 + \mathbf{6}a^5b + \mathbf{15}a^4b^2 + \mathbf{20}a^3b^3 + \mathbf{15}a^2b^4 + \mathbf{6}ab^5 + \mathbf{1}b^6\\
&\vdots
\end{aligned}$$

Die Formeln für $(a-b)^n$ mit $n \in \mathbf{N}$ sind völlig analog aufgebaut. Sie unterscheiden sich von den Formeln für $(a+b)^n$ nur darin, dass alle Glieder mit *ungeraden Exponenten* bei b mit einem *Minuszeichen* versehen sind.

Bei den Formeln für $(a \pm b)^n$ mit $n \in \mathbf{N}$ lassen sich folgende Gesetzmäßigkeiten erkennen:

- Die Formel für $(a \pm b)^n$ enthält $n+1$ Glieder. Jedes Glied ist ein Produkt aus einer Potenz von a und einer Potenz von b.
- Diese Glieder beginnen mit der Potenz $a^n b^0$. Bei den folgenden Gliedern nimmt der Exponent von a jeweils um 1 ab. Dafür wird der Exponent von b jeweils um 1 größer, bis $a^0 b^n$ erreicht ist. Die Summe der Exponenten von a und b ist bei jedem Glied stets gleich n.
- Jedes Glied ist mit einem Koeffizienten, dem *Binomialkoeffizienten*, versehen. Diese Binomialkoeffizienten sind bei nach fallenden Potenzen von a angeordneten Gliedern symmetrisch angeordnet.
- Die Binomialkoeffizienten lassen sich mit Hilfe des nach dem französischen Mathematiker Blaise PASCAL (1623–1662) benannten PASCALschen Dreiecks berechnen.

PASCALsches Dreieck:

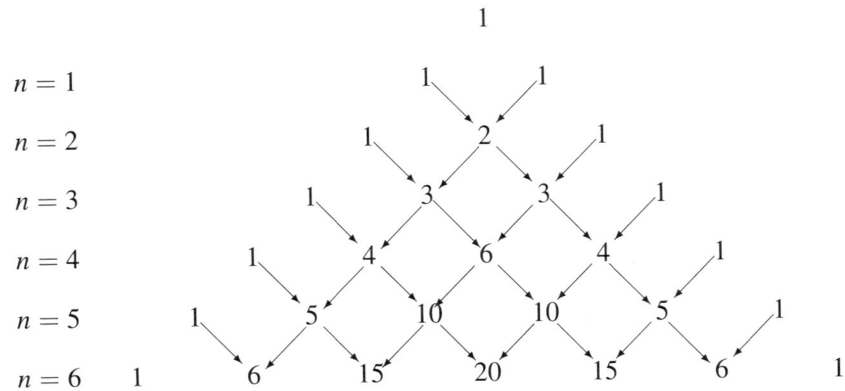

(1.6)

usw.

Beispiele:

1.15 **a)** $(2x+3y)^2 = (2x)^2 + 2(2x)(3y) + (3y)^2 = 4x^2 + 12xy + 9y^2$
b) $(2x-3y)^2 = (2x)^2 - 2(2x)(3y) + (3y)^2 = 4x^2 - 12xy + 9y^2$
c) $(2x+3y)(2x-3y) = (2x)^2 - (3y)^2 = 4x^2 - 9y^2$

1.16 Die „dritte binomische Formel“$(a+b)(a-b) = a^2 - b^2$ gestattet es, manche Zahlenrechnungen sehr schnell auszuführen, ohne dass man den Taschenrechner zur Hilfe nehmen muss. So ist

$$\begin{aligned} 64 \cdot 76 &= (70-6)(70+6) \\ &= 4\,900 - 36 \\ &= 4\,864 \end{aligned} \qquad \text{oder} \qquad \begin{aligned} 0{,}87 \cdot 1{,}13 &= (1-0{,}13)(1+0{,}13) \\ &= 1{,}000\,0 - 0{,}0169 \\ &= 0{,}983\,1 \end{aligned}$$

1.17
$$\begin{aligned} (4x^2-3)^3 &= (4x^2)^3 - 3(4x^2)^2 \cdot 3 + 3(4x^2) \cdot 3^2 - 3^3 \\ &= 64x^6 - 3 \cdot 16x^4 \cdot 3 + 3 \cdot 4x^2 \cdot 9 - 27 \\ &= 64x^6 - 144x^4 + 108x^2 - 27 \end{aligned}$$

1.18 $(1-k^2)^5 = 1^5 - 5 \cdot 1^4k^2 + 10 \cdot 1^3k^4 - 10 \cdot 1^2k^6 + 5 \cdot 1^1k^8 - k^{10}$

Beim Ausmultiplizieren von Klammerausdrücken werden Produkte in Summen umgewandelt. Dies ist dann vorteilhaft, wenn sich dadurch gleichartige Glieder zusammenfassen lassen. In der Bruchrechnung tritt jedoch das entgegengesetzte Problem auf: Brüche lassen sich „kürzen“, wenn im Zähler und Nenner *gemeinsame Faktoren* auftreten. Treten also im Zähler und im Nenner eines Bruches Summen auf, so wird es günstig sein, wenn man diese Summen durch *„Ausklammern gemeinsamer Faktoren“* in Produkte zerlegen kann.

Beispiele:

1.19 Die Ausdrücke
a) $10x - 15y$ **b)** $7 + 21a$ **c)** $4u^4 - 4u^2$ **d)** $36x^2y^3 + 48x^3y^2$
sollen in Faktoren zerlegt werden.

Lösungen:

a) $10x - 15y = 5 \cdot 2x - 5 \cdot 3y = 5(2x-3y)$
b) $7 + 21a = 7 \cdot 1 + 7 \cdot 3a = 7(1+3a)$
c) $4u^4 - 4u^2 = 4u^2(u^2-1) = 4u^2(u+1)(u-1)$
3. binomische Formel beachten!
d)
$$\begin{aligned} 36x^2y^3 + 48x^3y^2 &= 12x^2y^2 \cdot 3y + 12x^2y^2 \cdot 4x \\ &= 12x^2y^2(3y+4x) \end{aligned}$$

1.20 Die Ausdrücke

a) $p^2 + 2pq + q^2$ **b)** $4x^2 + 12xy + 9y^2$
c) $z^3 - 3z^2 + 3z - 1$ **d)** $225u^4 - 121v^2$
e) $x^3 - 4x^2 + x - 4$

sollen in Produkte umgeformt werden.

Lösungen:

a) $p^2 + 2pq + q^2 = (p+q)^2$ (Binomische Formel!)
b) Auch in $4x^2 + 12xy + 9y^2$ ist eine binomische Formel enthalten:

$$4x^2 + 12xy + 9y^2 = (2x+3y)^2$$

Man sollte bei derartigen Umwandlungen stets die *Probe* machen, ob sich beim Ausmultiplizieren des Ergebnisses der Ausgangsterm ergibt.

c) Bei $z^3 - 3z^2 + 3z - 1$ könnte es sich um die dritte Potenz des Binoms $(z-1)^3$ handeln. Die Probe (Ausmultiplizieren!) zeigt, dass dies zutrifft. Demnach ist $z^3 - 3z^2 + 3z - 1 = (z-1)^3$.

d) $225u^4 - 121v^2 = (15u^2)^2 - (11v)^2 = (15u^2 + 11v)(15u^2 - 11v)$

e) $$\begin{aligned} x^3 - 4x^2 + x - 4 &= x^2(x-4) + (x-4) \\ &= x^2(x-4) + 1 \cdot (x-4) \\ &= (x-4)(x^2+1) \end{aligned}$$

Prüfen Sie bitte alle Ergebnisse der letzten Beispiele nach, indem Sie die erhaltenen Produkte ausmultiplizieren und mit den ursprünglichen Ausdrücken vergleichen.

1.2.3 Bruchrechnung

Beim **Kürzen** eines Bruches werden Zähler und Nenner des Bruches durch denselben von Null verschiedenen Term *dividiert*. Beim **Erweitern** werden Zähler und Nenner mit demselben Term *multipliziert*.

Kürzen und Erweitern verändern den Wert eines Bruches nicht.

Vor dem Kürzen zerlegt man Zähler und Nenner so weit, wie das möglich ist, in Faktoren. Diejenigen Faktoren, die in Zähler und Nenner gleichzeitig auftreten, dürfen gekürzt werden. *Summanden dürfen nicht gekürzt werden!*

Beispiele:

1.21 Der Bruch $\frac{x}{x-2}$ soll mit $2x-3$ erweitert werden.

Lösung:

$$\frac{x}{x-2} = \frac{x(2x-3)}{(x-2)(2x-3)} = \frac{2x^2-3x}{2x^2-7x+6}$$

1.22 Der Bruch $\frac{3a-2b}{3a+2b}$ soll so erweitert werden, dass der neue Nenner $9a^2 - 4b^2$ heißt.

Lösung: Der gewünschte Nenner soll $9a^2 - 4b^2$ sein. Wegen $9a^2 - 4b^2 = (3a+2b)(3a-2b)$ ist der gegebene Bruch mit dem im Nenner noch fehlenden Faktor $3a - 2b$ zu erweitern.

$$\begin{aligned} \frac{3a-2b}{3a+2b} &= \frac{(3a-2b)(3a-2b)}{(3a+2b)(3a-2b)} \\ &= \frac{9a^2 - 12ab + 4b^2}{9a^2 - 4b^2} \end{aligned}$$

Versuchen Sie bitte auf keinen Fall, in diesem Ergebnis $9a^2$ oder $4b^2$ noch „kürzen" zu wollen. Das ist nicht statthaft! (Warum?)

1.23 Die Brüche **a)** $\frac{35}{39}$ **b)** $\frac{735}{980}$ **c)** $\frac{3u-6}{4u-8}$ sollen so weit wie möglich gekürzt werden.

Lösungen: Um die Brüche kürzen zu können, muss man feststellen, ob in Zähler und Nenner gleiche *Faktoren* enthalten sind. Diese dürfen gekürzt werden.

a) Zähler: $35 = 5 \cdot 7$; Nenner: $39 = 3 \cdot 13$. Zähler und Nenner besitzen *keine gemeinsamen Faktoren*, der Bruch kann *nicht* gekürzt werden.

b) Zähler: $735 = 3 \cdot 5 \cdot 7^2$; Nenner: $980 = 4 \cdot 5 \cdot 7^2$. Die gemeinsamen Faktoren 5 und 7^2 dürfen gekürzt werden.

$$\frac{735}{980} = \frac{3}{4}$$

c) $\dfrac{3u-6}{4u-8} = \dfrac{3(u-2)}{4(u-2)} = \dfrac{3}{4}.$

1.24 Der Bruch $\dfrac{a^2-x^2}{(x-a)^2}$ soll vereinfacht werden.

Lösung: Da $a^2 - x^2 = (a-x)(a+x)$ ist, sieht es zunächst so aus, als ob im Zähler und im Nenner des Bruches keine gemeinsamen Faktoren vorhanden seien. Beachtet man jedoch, dass

$$(x-a)^2 = (a-x)^2$$

ist, dann vereinfacht sich der gegebene Bruch zu

$$\frac{a^2-x^2}{(x-a)^2} = \frac{(a-x)(a+x)}{(a-x)^2} = \frac{a+x}{a-x}.$$

Achtung! Die oben angegebene Formel $(x-a)^2 = (a-x)^2$ lässt sich nicht ohne weiteres auf beliebige Exponenten verallgemeinern. Sie gilt in der angegebenen Form nur für *gerade* Exponenten. Allgemein gilt für $n \in \mathbf{N}$

$$\boxed{(x-a)^{2n} = (a-x)^{2n}} \qquad (1.7)$$

$$\boxed{(x-a)^{2n+1} = -(a-x)^{2n+1}} \qquad (1.8)$$

- *Gleichnamige Brüche* – das sind Brüche, die alle denselben Nenner haben – dürfen **addiert bzw. subtrahiert** werden, indem man die Summe bzw. Differenz ihrer Zähler durch den gemeinsamen Nenner dividiert.
- *Ungleichnamige Brüche* müssen *vor* dem Addieren bzw. Subtrahieren durch Erweitern *gleichnamig gemacht* werden. Der gemeinsame Nenner der Brüche heißt **Hauptnenner**.
- Als *Hauptnenner* wird das *kleinste gemeinsame Vielfache* der *Einzelnenner* verwendet.

Beispiele:

1.25 $\dfrac{5a+b}{5a-b} - \dfrac{20ab}{25a^2-b^2} - \dfrac{5a-b}{5a+b} = ?$

Lösung:

Faktorenzerlegung der Nenner	Hauptnenner	Erweiterungsfaktoren für die Einzelbrüche
$5a-b$		$5a+b$
$25a^2-b^2$		
$= (5a+b)(5a-b)$	$(5a+b)(5a-b)$	1
$5a+b$		$5a-b$

Die in den Einzelnennern erstmalig auftretenden Faktoren wurden unterstrichen. Aus ihnen setzt sich der Hauptnenner zusammen. Damit wird

$$\begin{aligned}
\frac{5a+b}{5a-b} - \frac{20ab}{25a^2-b^2} - \frac{5a-b}{5a+b} &= \\
&= \frac{(5a+b)^2 - 20ab \cdot 1 - (5a-b)^2}{25a^2-b^2} = \\
&= \frac{25a^2 + 10ab + b^2 - 20ab - 25a^2 + 10ab - b^2}{25a^2-b^2} = \\
&= \frac{0}{25a^2-b^2} = 0
\end{aligned}$$

$$\frac{5a+b}{5a-b} - \frac{20ab}{25a^2-b^2} - \frac{5a-b}{5a+b} = 0$$

1.26 $\quad \dfrac{9x+5}{x^2-1} - \dfrac{7x+4}{x^2-x} - \dfrac{2(x-2)}{x^2+x} + 1 = ?$

Lösung:

Faktorenzerlegung der Nenner	Hauptnenner	Erweiterungsfaktoren für die Einzelbrüche
$x^2 - 1 = \underline{(x-1)(x+1)}$		x
$x^2 - x = \underline{x}(x-1)$	$x(x-1)(x+1)$	$x+1$
$x^2 + x = x(x+1)$		$x-1$
1		$x(x-1)(x+1)$

$$\begin{aligned}
\frac{9x+5}{x^2-1} - \frac{7x+4}{x^2-x} - \frac{2(x-2)}{x^2+x} + 1 &= \\
&= \frac{x(9x+5) - (x+1)(7x+4) - 2(x-2)(x-1) + 1x(x-1)(x+1)}{x(x-1)(x+1)} \\
&= \frac{(9x^2+5x) - (7x^2+11x+4) - (2x^2-6x+4) + (x^3-x)}{x^3-x}
\end{aligned}$$

$$\frac{9x+5}{x^2-1} - \frac{7x+4}{x^2-x} - \frac{2(x-2)}{x^2+x} + 1 = \frac{x^3-x-8}{x^3-x}$$

- Brüche werden miteinander **multipliziert**, indem man das Produkt der Zähler durch das Produkt der Nenner dividiert.
- Brüche werden durcheinander **dividiert**, indem man den Zähler mit dem Kehrwert des Nenners multipliziert.

Beispiele:

1.27 $\quad \dfrac{3x+4y}{9a^2-b^2} \cdot \dfrac{3a-b}{9x^2-16y^2} = ?$

Lösung:

$$\frac{3x+4y}{9a^2-b^2}\cdot\frac{3a-b}{9x^2-16y^2}=\frac{(3x+4y)(3a-b)}{(9a^2-b^2)(9x^2-16y^2)}$$

Nennerausdrücke in Faktoren zerlegen, damit gekürzt werden kann.

$$=\frac{(3x+4y)(3a-b)}{(3a-b)(3a+b)(3x-4y)(3x+4y)}$$

$$=\frac{1}{(3a+b)(3x-4y)}$$

$$\frac{3x+4y}{9a^2-b^2}\cdot\frac{3a-b}{9x^2-16y^2}=\frac{1}{9ax+3bx-12ay-4by}.$$

1.28 $\frac{3x+4y}{9a^2-b^2}:\frac{3a-b}{9x^2-16y^2}=?$

Lösung:

$$\frac{3x+4y}{9a^2-b^2}:\frac{3a-b}{9x^2-16y^2}=\frac{3x+4y}{9a^2-b^2}\cdot\frac{9x^2-16y^2}{3a-b}$$

$$=\frac{3x+4y}{(3a-b)(3a+b)}\cdot\frac{(3x-4y)(3x+4y)}{3a-b}$$

$$\frac{3x+4y}{9a^2-b^2}:\frac{3a-b}{9x^2-16y^2}=\frac{(3x-4y)(3x+4y)^2}{(3a-b)^2(3a+b)}$$

In den beiden oben angeführten Regeln für die Multiplikation bzw. die Division von Brüchen sind auch die Regeln für die Multiplikation bzw. die Division eines Bruches mit einer ganzen Zahl enthalten. Man braucht nur die ganze Zahl als Bruch mit dem Nenner 1 aufzufassen.

Auch das Vereinfachen von **Doppelbrüchen** lässt sich mit diesen beiden Regeln bewerkstelligen. Unter einem Doppelbruch versteht man einen Bruch, in dessen Zähler bzw. Nenner (oder auch in Zähler und Nenner) mindestens noch ein weiterer Bruch enthalten ist. Da jeder Bruch nur eine *andere Schreibweise für eine Divisionsaufgabe* ist, kann man den *Hauptbruchstrich* des Doppelbruches als Divisionszeichen auffassen und damit die zweite der oben angeführten Regeln zur Vereinfachung des Doppelbruches heranziehen.

Beispiele:

1.29 $\dfrac{\dfrac{3x+4y}{9a^2-b^2}}{\dfrac{3a-b}{9x^2-16y^2}}=?$

Lösung: Diese Aufgabe ist nur eine andere Schreibweise für das Beispiel 1.28. Der Doppelbruch kann demnach in der gleichen Weise geschrieben werden wie die Divisionsaufgabe 1.28. Folglich ergibt sich das gleiche Resultat wie dort.

1.30 $\dfrac{ab}{\dfrac{1}{a^2}+\dfrac{1}{b^2}}=?$

Lösung:

$$\frac{ab}{\frac{1}{a^2}+\frac{1}{b^2}} = \frac{ab}{\frac{b^2+a^2}{a^2b^2}} = ab\frac{a^2b^2}{a^2+b^2}$$

$$\frac{ab}{\frac{1}{a^2}+\frac{1}{b^2}} = \frac{a^3b^3}{a^2+b^2}$$

1.2.4 Partialdivision

Die *Partialdivision* wird angewendet, wenn *Polynome* durcheinander dividiert werden sollen. Man geht dabei genau so vor, als müsste man zwei Zahlen ohne Rechenhilfsmittel durcheinander dividieren.

Beispiele:

1.31 $(8x^2 - 26x - 8) : (4x + 1) = ?$

Lösung: Die höchste Potenz der Variablen im Dividenden wird durch die höchste Potenz der Variablen im Divisor dividiert. Das Ergebnis wird mit dem Divisor multipliziert und vom Dividenden subtrahiert. Mit dem entstehenden Rest wird in der gleichen Weise weiter verfahren, bis ein Rest entsteht, in dem die höchste Potenz der Variablen kleiner ist als die höchste Potenz der Variablen im Divisor.

$$\begin{array}{l} (8x^2 - 26x - 8) : (4x + 1) = 2x - 7 \\ -\underline{(8x^2 + 2x)} \\ \qquad / - 28x - 8 \\ \qquad -\underline{(-28x - 7)} \\ \qquad\qquad / \qquad - 1 \end{array}$$

Ergebnis:

$(8x^2 - 26x - 8) : (4x + 1) = 2x - 7 \quad$ Rest -1 oder

$$(8x^2 - 26x - 8) : (4x + 1) = 2x - 7 - \frac{1}{4x + 1}$$

1.32 $(27 + x^3) : (x + 3) = ?$

Lösung: Dividend und Divisor müssen erst nach *fallenden Potenzen* der Variablen geordnet werden. Danach kann in der üblichen Weise dividiert werden.

$$\begin{array}{l} (x^3 + 27) : (x + 3) = x^2 - 3x + 9 \\ -\underline{(x^3 + 3x^2)} \\ \qquad / - 3x^2 + 27 \\ \qquad \underline{-(-3x^2 - 9x)} \\ \qquad\qquad /9x + 27 \\ \qquad\qquad -\underline{(9x + 27)} \\ \qquad\qquad / \qquad / \end{array}$$

$(27 + x^3) : (x + 3) = x^2 - 3x + 9.$
Führen Sie bitte zu den beiden letzten Beispielen die zugehörige Proberechnung durch, um sich davon zu überzeugen, dass die Resultate richtig sind.

Aufgaben:

Bei den folgenden Aufgaben 1.9. bis 1.84. sind die Klammern zu beseitigen und die entstehenden Ausdrücke so weit wie möglich zu vereinfachen.

1.9 **a)** $4m + 7n - (-5m + 8n - 23) - 23$ **b)** $7z - 13 - (18y + 8z - 13) + 8y$

1.10 **a)** $62x - 9y - (41x - 11y) - (x - 18y)$ **b)** $6x - [(3x + 2y) + 2x] - (8x + 9y)$

1.11 **a)** $(3x - 4y) - [5y + (7y - 2x) - (8x - y)]$ **b)** $10x + [(7y - 12x) - (5y + 12x - 13)] - 13$

1.12 $5c + 15b + 6a - [3b - (8b + 4a) - 17a + 12b - 13c - (7a + 2b - 23c)]$

1.13 **a)** $-a - (-b) + \{-3a - [-7 + (2a - 3b)]\}$
b) $5x + 7y - \{3z + [13x - (2y + 7x)] - 7z\}$

1.14 **a)** $5s + 10t - \{-[-(8s + 9t)] - 7s + (-8t)\}$
b) $3u - 4v - \{[5u - (3v + 2u) - 6v] + 8u\}$

1.15 **a)** $3a + 7b - (-7a + 13b - (-11a + 12b + (13a - 2b)))$
b) $2c - 3d - \{-5c - [-(6c - 7d) + c] - 2d\}$

1.16 $16m + (3n - (4m - 3n - (16m - 3n))) - (7n + 3m)$

1.17 $8x - \{9y - [10z - (11x - 12y)] - (13z - 3x - y)\}$

1.18 $-12a + ((6b - (90a + 12b) - (16b + 80a)) + (25a + 10b)$

1.19 $3f - 7g - \{-(3f - 2g) - [(3g + 8f) - 2g] - [(7g - 8f) + 2g]\}$

1.20 $4x - (5y + (3y - (8x - 14y + 21z) - (21y - 27z) + 23x) + 10y)$

1.21 $5a - [(6b - 7a) - (8a - 9b)] - 10b - \{10a + [(11a - 12b) - (13b + 22a)]\}$

1.22 $6a + \{4a - [-14b - (2a + 4b)] - 7b\} - \{7b + [9a - (11b + 4a)] + 6a\} - (7b - 8a)$

1.23 **a)** $(9a - b)a + (9a + b)b$ **b)** $x^2(3x^2 - y^2) - (3x^2 + y^2)y^2$

1.24 $(7a^2 + 5b)a + (3a + 9b^2)b - a(7a^2 + 8b)$

1.25 $(16x^2 - 9y^3)x + y(9xy + 4y)y - 16(x^3 - y^2)$

1.26 $2mn(m + n) + 5m^2n^2(3mn - m^2) - n^2(2 + 15m^2n)m$

1.27 $3[(5 - a) \cdot 7a^2 + (4b^2 + 1) \cdot 3b^5 - (12b^7 - 3a^3)]$

1.28 $5x[(4 - x) \cdot 6x^3 + (2x^2 + 1) \cdot 3x^4 + x(2x^3 + 1)]$

1.29 $(3x - 2)(3x + 2) - \{4x - [(3x + 2)(4x + 3) - (5x + 4)(6x + 9)]\}$

1.30 $(3x + 2)(5x + 7) - \{-[-3(5x - 3)(7x + 5) - (2x + 8)(3x + 7)]\}$

1.31 $(5x - 3)(4x - 2) - \{(2x + 7)(4x + 3) - [-3(5x + 2) + (8x + 3)(7x + 2)]\}$

1.32 $(3a + 2b)(3a + 4b) - \{(6a + 5b)(3a - 2b) - [-2(3a + 11b)(3a + b) + (9a + 5b)(3a + 4b)]\}$

1.33 $(7a^2 + 3b^2)(8a^2 + 2b^2) - \{(2a^2 - 4b^2)(8a^2 + 9b^2) - [-4(2a^2 + 4b^2)(4a^2 - 3b^2)+$
$+(7a^2 + 3b^2)(2a^2 + 5b^2)]\}$

1.34 **a)** $(a^2 - ab + b^2)(a + b)$ **b)** $(x - y)(x^2 + xy + y^2)$

1.35 **a)** $(5x^2 + 6xy - 7y^2)(x^2 + 3y^2)$ **b)** $(3x^2 - 2xy + y^2)(x^2 - 2y^2)$

1.36 **a)** $(27a^3 + 9a^2 + 3a + 1)(3a - 1)$ **b)** $(5x + y)(125x^3 - 25x^2y + 5xy^2 - y^3)$

1.37 **a)** $(9x^5 + 3x^4y + x^2y^2 - 2y^5)(3x^3 + 1)$ **b)** $(8x^4 - 3x^3y - 2x^2y + 4y^3)(2x^5 - 4)$

1.38 **a)** $(3x^2 - 2x + 1)(9x^2 + x - 1)$ **b)** $(7a^2b + 3ab + b^2)(7a^2b + 3ab - b^4)$

1.39 **a)** $(x + a)(x + b)(x + c)(x + d)$ **b)** $(x - a)(x - b)(x - c)(x - d)$

1.40 $(x + 1)(x + 2)(x + 3)(x - 1)(x - 2)(x - 3)$

1.41 $(2x - 3y)(4x^2 + 6xy + y^2) - (4x^2 - 6xy + y^2)(2x + 3y)$

1.42 $(3a - 2b)(5a^2 + 7ab + b^2) - (5a^2 - 7ab + b^2)(3a + 2b)$

1.43 $(2x^4 - 5x^2 + 3)(3x^2 + 2) - (x^4 + x^2 - 2)(x^2 - 3)$

1.44 $(x - 2)(x^3 + 3x^2 + 6x - 5) - (x - 1)(x^3 - 4x^2 - 6x + 5)$

1.45 $(a^3 + 2a^2 + 7a - 8)(a - 3) - (a - 2)(a^3 - 3a^2 - 7a + 7)$

1.46 $(x + a)(x - b)(x + c) - (x - a)(x + b)(x - c)$

1.47 $(3x + 2)(2x - 3)(x - 1) - (x - 1)(x + 2)(x - 3)$

1.48 $(a + b - c)(a + b) + (-a + b + c)(b + c) + (a - b + c)(a + c)$

1.49 $(3x^2 + 7y - z)(3x^2 + 7y) + (3x^2 - 7y + z)(3x^2 + z) + (-3x^2 + 7y + z)(7y + z)$

1.50 $\{2 + 3x[-7 + (8 - 5x) \cdot 3x]\}\{[42 - 7x(3 + 9x)] - 21(2 - x - 3x^2)\}$

1.51 $\{5 + 96x^3 + 8x[-4 + (7 - 3x) \cdot 4x]\}\{5(2 - 3x) - [-15x(-8x - 5)]\}$

1.52 $\{35 + 2x(21 + 12x) - 2[15 + (7 + 4x) \cdot 3x]\}\{5[-8x + 4x(5x + 7)] - 2x(x + 1) \cdot 25\}$

1.53 **a)** $(2x + 4y)^2$ **b)** $(9x - 1)^2$ **c)** $(6a - 7b)^2$

1.54 **a)** $(3x^2 - 7y^2)^2$ **b)** $(4x^2y^2 - 3y^2)^2$ **c)** $(-2a^2b + 5b^3)^2$

1.55 **a)** $(4ab + 2ab^2)^2$ **b)** $(12a^3b + 6ab^3)^2$ **c)** $(13a^4b^9c - 12a^3b^6c^9)^2$

1.56 **a)** $(x - a)^3$ **b)** $(x + 2y)^3$ **c)** $(-3x - 4y)^3$

1.57 **a)** $(5x + y^2)^3$ **b)** $(3x - y^3)^3$ **c)** $(4x^2 + 2y^3)^3$

1.58 **a)** $(1 - 4x^5)^3$ **b)** $(2 + 7a^2b^5c)^3$ **c)** $(3abc^2 - 6a^7b^5c)^3$

1.59 **a)** $(x - y)(x + y)$ **b)** $(3x + 5)(3x - 5)$ **c)** $(2x - 9)(2x + 9)$

1.60 **a)** $(x^2 - 1)(x^2 + 1)$ **b)** $(9x^2 - 7)(9x^2 + 7)$ **c)** $(3x^2y - 1)(3x^2y + 1)$

1.61 **a)** $(10x^5y^7 - 11)(10x^5y^7 + 11)$ **b)** $(14a^3b^5 + 17c^9)(14a^3b^5 - 17c^9)$

1.62 $(13x^2 + 5)(13x^2 - 5) - (5x^2 - 3)(5x^2 + 3) - (12x^2 + 4)(12x^2 - 4)$

1.63 $(a + 2b)(a^2 + 4b^2)(a - 2b) - (a - 6b)(a^2 + 36b^2)(a + 6b)$

1.64 $(7x + 9)(49x^2 + 81)(7x - 9) - (5x + 3)(25x^2 + 9)(5x - 3)$

1.65 **a)** $(5x^2 + 1)^2 - (5x^2 - 1)^2$ **b)** $(6xy - 4)^3 - (6xy + 4)^3$

1.66 **a)** $[(x^2 + 1)(x^2 - 1)]^2$ **b)** $[(3x^5 - a)(3x^5 + a)]^3$

1.67 **a)** $[(2x^2 + y^3)^2 - (2x^2 - y^3)^2]^3$ **b)** $[(x + 2)^3 - (x - 2)^3]^3$

1.68 **a)** $(5x - 4)^2 - (5x + 1)(5x - 1)$ **b)** $(3x - 7)^2 - (3x + 1)(3x - 1)$

1.69 $(3a - 4)^2 - (4 + 3a)(4 - 3a) \cdot 3 - (9a - 7) \cdot 4a + 32$

1.70 $2(2x^2 + 3)(2x^2 - 3) - (2x^2 - 2)^2 + 3(5x^2 + 3)(5x^2 - 3)$

1.71 $(2a^2 - 2b)^2 - 4\{3[(a^2 - b) + 7(a + b)^2 - (7a + b)^2] + b(-24b + 1)\}a^2$

1.72 **a)** $(7a - 2b)^3 - (2b - 7a)^2 \cdot 2b$ **b)** $(6x - 5y)^3 - (5y - 6x)^2 \cdot 6x$

1.73 $(4a - 3)^3 - (4a - 3)^2 \cdot 4a - (3 - 5a)(3 + 5a) \cdot 6$

1.74 $(3x+2)^3 - 3x(3x+2)^2 - (3x-2)(3x+2)\cdot 2$

1.75 $(2x+1)^3 - (2x+3)(2x-3)\cdot 4 + (3-5x)(3+5x) - 8x^2(x-1)$

1.76 $(3x-2)^2\cdot 3x - (3x-5)^3 + (2x+3)(2x-3) - x^2(8x-159)$

1.77 $(2x-5)^3 - [2x(2x-5)^2 + (2+6x)(2-6x)\cdot 5] - 100x$

1.78 $(3x-5)^3 - [(5-3x)^2\cdot 3x + (2-3x)(2+3x)\cdot 5] + 145$

1.79 $(2x+3)^3 - [2x(2x+3)^2 + (3+4x)(3-4x)\cdot 2] + x^2$

1.80 $(3x-y)^3 - (y-3x)^2\cdot 3y - [-3y^3 + (-9xy+6x)(-3y)] + y^3$

1.81 $(2x^2+3)^3 - [(2x^2+3)^2\cdot 2x^2 + 3(2x+4)(2x-4) + 12x^4]$

1.82 $2(3x+1)(3x-1) - (3x^2+1)^3 + 12(x^2+2)(x^2-2) - (3x+1)^2 + 3x^4(9x^2+5)$

1.83 $(4x^2-y)^3 - [-3y(4x^2-y)^2 - 3y^2(2x-y)(2x+y) - 3y^4] - 2y^3$

1.84 $(y-2x)^3 - (2x-y)(-2x-y) - (2x+y)^3 - [-4x(4x^2+3y^2)] + y^2$

Bei den Aufgaben 1.85 bis 1.129 sind die gegebenen Terme in Produkte zu verwandeln; zur Probe ist das Resultat anschließend auszumultiplizieren.

1.85 **a)** $5x - 5y = 5(\ldots)$ **b)** $ax^2 + ay^2 = a(\ldots)$

1.86 **a)** $g + g^3 = g(\ldots)$ **b)** $12f^5 - 120f^4 = 12f^4(\ldots)$

1.87 **a)** $27x^2y - 54xy^2 = 27xy(\ldots)$ **b)** $30a^2bc - 27a^2b = 3a^2b(\ldots)$

1.88 **a)** $36x^3y^4 + 48xy^3 = \ldots(3x^2y^2+4y)$ **b)** $63a^4bc^3 - 45a^2b^3c^5 = (\ldots)(7a^3c - 5ab^2c^3)$

1.89 **a)** $a + b - c = (-1)(\ldots)$ **b)** $-a^2x - b^2x - c^2x = (-x)(\ldots)$

1.90 **a)** $7x + 7y$ **b)** $abc - ar$ **c)** $vx^2 + vy^2$

1.91 **a)** $6s - 9t$ **b)** $17x + 34y$ **c)** $-bx + cx$

1.92 **a)** $f + f^2$ **b)** $x^2 + 3x$ **c)** $24a^2b - 24ac$

1.93 **a)** $-7a^2 + 7a^2bc$ **b)** $28f^3 + 14f^2$ **c)** $-16a^3y^4 + 12a^5y^2$

1.94 **a)** $4x - 4y + 4z$ **b)** $ax^2 - ay^2 + az^2$

1.95 **a)** $-45a + 70b - 25c$ **b)** $3a + 9b - 3c$

1.96 **a)** $e^3 - e^2 - e$ **b)** $3x^2 + 7xy - 8xy^2$

1.97 **a)** $a^3 + 4a^2 - 3a$ **b)** $2a^5 + a^6 + 2a^7$

1.98 **a)** $33ax^2 - 55bx + 77cx^2$ **b)** $-34a^3y - 85ay + 51a^2y$

1.99 **a)** $21x^2 - 7xy + 14xy^2$ **b)** $12a^3bx^2 - 30abx - 24ab^2x^2$

1.100 **a)** $24a^3b^2 - 36a^4b^3 + 48a^3b^3$ **b)** $63a^4b^2c^4 + 72a^3b^2c^2 - 45ab^2c$

1.101 $27m^5n^6z^7 + 81m^4z^8 + 243m^7z^6 - 54m^5nz^5$

1.102 **a)** $a(a+b) + b(a+b)$ **b)** $2x(a+b) - 3y(a+b)$

1.103 **a)** $4a(a-2b) + 3x(a-2b)$ **b)** $3f(2x-y) - (2x-y)$

1.104 **a)** $-7x(4y+5w) + 8(4y+5w)$ **b)** $13g(2f-17h) - 13(2f-17h)$

1.105 **a)** $3x(x+y) - 2x^2(x+y)$ **b)** $15x^2y(x-y) - 5xy^2(x-y)$

1.106 **a)** $(a+4b)(8x+4y) - (16x+8y)(a+4b)$ **b)** $(x^2+1)(x^3+y) - (3x^3+3y)(x^2-1)$

1.107 **a)** $(5-a)\cdot 2m - 3n(a-5)$ **b)** $2x(a-b) - 6y(b-a)$

1.108 **a)** $(s-t)(v+2w) + (t-s)(4v-w)$ **b)** $(3a-10b)(5x+6y) - (10b-3a)(6x+5y)$

1.109 **a)** $5x+5y+zx+zy$ **b)** $2x^3 - 3ax^2 + 6ax - 9a^2$

1.110 **a)** $2p^3 + 9q^2 - 3p^2q - 6pq$ **b)** $8m^2 - 6mn + 4mn - 3n^2$

1.111 **a)** $5a(3x-4y) - 3b(4y-3x) - 3x + 4y$ **b)** $3x(2a-3b) - 5y(3b-2a) - 4a + 6b$

1.112 **a)** $x^2 + 2x + 1 = (x + \ldots)^2$ **b)** $y^2 - 4y + 4 = (y - \ldots)^2$

1.113 **a)** $r^2 - 16r + 64$ **b)** $x^2 - 20x + 100$

1.114 **a)** $4x^2 + 4x + 1$ **b)** $25y^2 - 70y + 49$

1.115 **a)** $4x^2 + 20xy + 25y^2$ **b)** $16a^2 + 72a + 81$

1.116 **a)** $25m^2 - 70mn + 49n^2$ **b)** $49a^4 - 126a^2b + 81b^2$

1.117 **a)** $49a^2 - 42ab + 9b^2$ **b)** $16x^4 - 24x^2y^3 + 9y^6$

1.118 **a)** $x^3 + 3x^2 + 3x + 1$ **b)** $y^3 + 6y^2 + 12y + 8$

1.119 **a)** $27x^3 + 54x^2y + 36xy^2 + 8y^3$ **b)** $27x^3 + 243x^2y + 729xy^2 + 729y$

1.120 **a)** $125x^3 - 150x^2 + 60x - 8$ **b)** $343a^9 - 441a^6 + 189a^3 - 27$

1.121 **a)** $512a^6 + 1344a^4b^2 + 1176a^2b^4 + 343b^6$ **b)** $729f^9 - 486f^6g^3 + 1081f^3g^6 - 8g^9$

1.122 **a)** $x^2 - 1$ **b)** $16x^2 - 1$ **c)** $25a^2 - b^2$

1.123 **a)** $4m^2 - 16n^2$ **b)** $36f^2 - 81g^2$ **c)** $9a^2 - 121$

1.124 **a)** $81x^4 - 1$ **b)** $x^4 - y^4$ **c)** $x^8 - 1$

1.125 **a)** $49a^4b^6 - 4a^8b^2$ **b)** $64x^4 - 100$ **c)** $144 - 169a^2$

1.126 **a)** $2a^2 - 18$ **b)** $3a^2 - 12b^{18}c^4$ **c)** $162x^4y^6 - 242a^8b^2$

1.127 **a)** $(x+y)^2 - z^2$ **b)** $(x-y)^2 - z^2$ **c)** $a^2 - (b-c)^2$

1.128 **a)** $p^2 - (p+q)^2$ **b)** $(a-b)^2 - a^2$ **c)** $x^2 - a^2 - 2ab - b^2$

1.129 **a)** $(5x-1)^2 - (4x+3)^2$ **b)** $(a+b)^2 - (x+y)^2$ **c)** $(u+v)^2 - (w-x)^2$

1.130 Man erweitere $\dfrac{a+5b^2}{a-5b^2}$ mit

a) $a - 5b^2$ **b)** $a + 5b^2$ **c)** $2a + 5b^2$

1.131 Man erweitere $\dfrac{12x-13}{13-11x}$ derart, dass der neue Nenner

a) $(13-11x)^2$ **b)** $169 - 121x^2$ **c)** $11x^2 - 13x$ lautet.

1.132 Man erweitere $\dfrac{4x-y}{4x+y}$ derart, dass der neue Nenner

a) $20x^2 + 5xy$ **b)** $16x^2 - y^2$ **c)** $16x^2 + 8xy + y^2$ lautet.

1.133 Man erweitere $\dfrac{1}{a^4-8b^2}$ derart, dass der neue Nenner

a) $a^4b^2 - 8b^4$ **b)** $a^8 - 64b^4$ **c)** $8ab^2 - a^5$ lautet.

Bei den Aufgaben 1.134 bis 1.141 ist so weit wie möglich zu kürzen.

1.134 **a)** $\dfrac{14xy}{xy}$ **b)** $\dfrac{60ab}{15ab}$ **c)** $\dfrac{144a^2bc}{12abc}$

1.135 a) $\frac{12xy}{8y^2}$ b) $\frac{8x^2yz}{18xy^2z}$ c) $\frac{9x^5y^2z^4}{15x^6y^3z}$

1.136 a) $\frac{8x-8}{9x-9}$ b) $\frac{5x-15}{6x-18}$ c) $\frac{a-b}{b-a}$

1.137 a) $\frac{16(x+1)(x-3)}{8x+8}$ b) $\frac{15(3x+3)(4x+9)}{12(2x+7)(5x+5)}$ c) $\frac{18(14x^2-21x)(2x+3)}{14x(4x^2-9)}$

1.138 a) $\frac{18(a+b)^3(a-b)^2}{72(a-b)^3(a+b)^2}$ b) $\frac{4x^2-20x+25}{(2x-5)^3}$ c) $\frac{27a^3+9a^2+3a+1}{27a^3+18a^2+3a}$

1.139 a) $\frac{x^2-y^2}{y+x}$ b) $\frac{(7x-3y)^2}{49x^2-9y^2}$ c) $\frac{9x^2-30x+25}{9x^2-25}$

1.140 a) $\frac{5a^2-5ab}{(a-b)^2}$ b) $\frac{7x^3-x^2y}{7xy^2-y^3}$ c) $\frac{(x-y)^2}{7xy-7x^2}$

1.141 a) $\frac{x^2-6x+9}{x^2-9}$ b) $\frac{x^2-8x+16}{2x^2-32}$ c) $\frac{2x-50x^3}{25x^2-10x+1}$

In den Aufgaben 1.142 bis 1.166 sind die Brüche zu addieren. Die Ergebnisse sollen so weit wie möglich zusammengefasst und vereinfacht werden.

1.142 $\frac{z-1}{z}+\frac{3z^2-6z+5}{z^2}-\frac{4z^3-7z^2+5z-5}{z^3}$

1.143 $\frac{9a^3-5a^2+2a+8}{108a^4}-\frac{5a-3a^2-4}{8a^3}-\frac{261a^3-19a^2+112a-16}{216a^4}$

1.144 a) $\frac{1}{y+1}+\frac{1}{y+2}+\frac{1}{y+3}$ b) $\frac{1}{x+1}+\frac{1}{x+2}-\frac{2}{x+3}$

1.145 a) $\frac{17}{5r-2}-\frac{13}{2r+3}+\frac{4}{3r-5}$ b) $\frac{20a}{a-3}-\frac{19a}{a-4}+\frac{a}{a-5}$

1.146 a) $\frac{a+b}{a-b}+\frac{a-b}{a+b}$ b) $\frac{x-y}{x+y}+\frac{x+y}{x-y}$

1.147 a) $\frac{1-x}{1+x}-\frac{1+x}{1-x}+\frac{4x}{1-x^2}$ b) $\frac{1+x}{1-x}-\frac{1-x}{1+x}+\frac{2x}{1-x^2}$

1.148 a) $\frac{x+2}{x-1}+\frac{x-3}{x-2}-\frac{x+1}{(x-1)(x-2)}$ b) $\frac{4x+1}{x-1}-\frac{3x-2}{x+2}-\frac{x(x+14)}{(x-1)(x+2)}$

1.149 a) $\frac{x+6}{(x-3)^2}+\frac{x}{x^2-9}-\frac{2}{x+3}$ b) $\frac{4a+5b}{(a+b)^2}-\frac{2a}{a^2-b^2}-\frac{3}{a+b}$

1.150 a) $\frac{6a}{a^2-64}+\frac{a+2}{2a+16}-\frac{1}{2}$ b) $\frac{a+2}{2a+12}+\frac{4a}{a^2-36}-\frac{1}{2}$

1.151 a) $\frac{35z}{49z^2-4}-1+\frac{14z-1}{14z+4}$ b) $\frac{45ab}{25a^2-9b^2}+\frac{20a+3b}{10a+6b}-2$

1.152 a) $\frac{6z+11}{6z+14}+\frac{9z}{9z^2-49}-1$ b) $\frac{16a+37b}{4a+10b}+\frac{6ab}{4a^2-25b^2}-4$

1.153 a) $\frac{7a+11}{3a^2-3}-\frac{2a+1}{a^2-a}-\frac{1}{3a+3}$ b) $\frac{11z+2b}{4bz-8b^2}-\frac{8z}{z^2-4b^2}-\frac{9z+2b}{4bz+8b^2}$

1.154 a) $\frac{5x^2+y}{x+2y} - \frac{8x^3-4x^2y-3xy}{x^2-4y^2} + \frac{3x^2-4y}{x-2y}$

b) $\frac{7x^2+y}{x+3y} - \frac{24x^2y-5xy-21y^2}{x^2-9y^2} + \frac{4x^2-6y}{x-3y}$

1.155 a) $\frac{5x^2+y}{2x+y} - \frac{16x^3-2x^2y-6xy}{4x^2-y^2} + \frac{3x^2-4y}{2x-y}$

b) $\frac{7x^2+y}{3x+y} - \frac{3x^3-15xy+7x^2y-7y^2}{9x^2-y^2} + \frac{4x^2-6y}{3x-y}$

1.156 a) $\frac{2x+5y}{x} + \frac{2x^3-5y^3+3xy^2}{x^3-2x^2y+xy^2} - \frac{3x+6y}{x-y}$

b) $\frac{6x+2y}{x} + \frac{6x^2y-4xy^2-2y^3}{x^3-2x^2y+xy^2} - \frac{5x+3y}{x-y}$

1.157 a) $\frac{2x+3y}{x} + \frac{4x^3-xy^2-3y^3}{x^3-2x^2y+xy^2} - \frac{5x+6y}{x-y}$

b) $\frac{5x+2y}{x} + \frac{2x^3-3xy^2+3x^2y-2y^3}{x^3-2x^2y+xy^2} - \frac{6x+3y}{x-y}$

1.158 a) $\frac{5x+6y}{x} + \frac{5xy^2-6y^3-2x^3+3x^2y}{x^3-2x^2y+xy^2} - \frac{2x+3y}{x-y}$

b) $\frac{6x+5y}{x} + \frac{4x^2y+3xy^2-5y^3-2x^3}{x^3-2x^2y+xy^2} - \frac{3x+2y}{x-y}$

1.159 a) $\frac{5a+b}{2ab-2b^2} - \frac{3a+b}{2ab+2b^2} - \frac{2a}{a^2-b^2}$ b) $\frac{5a+3b}{6ab-18b^2} - \frac{3a+3b}{6ab+18b^2} - \frac{2a}{a^2-9b^2}$

1.160 a) $\frac{10x+3y}{12xy-18y^2} - \frac{6x+3y}{12xy+18y^2} - \frac{4x}{4x^2-9y^2}$ b) $\frac{8a+b}{4ab-2b^2} - \frac{4a+b}{4ab+2b^2} - \frac{2a}{4a^2-b^2}$

1.161 a) $\frac{8a+5b}{20ab-50b^2} - \frac{4a+5b}{20ab+50b^2} - \frac{2a}{4a^2-25b^2}$ b) $\frac{24x+y}{6xy-2y^2} - \frac{18x+y}{6xy+2y^2} - \frac{15x}{9x^2-y^2}$

1.162 a) $\frac{1}{(a-b)^2} + \frac{2}{a^2+b^2} + \frac{1}{(a+b)^2} + \frac{4}{a^2-b^2}$

b) $\frac{1}{(a-b)^2} + \frac{1}{(a+b)^2} - \frac{2}{a^2-b^2} - \frac{4(b^2-1)}{(a^2-b^2)^2}$

1.163 a) $\frac{a^2}{a+b} - \frac{b^2(a+b)}{(a-b)^2} + \frac{4ab^3}{(a-b)(a^2-b^2)}$ b) $\frac{a^2}{a-b} - \frac{4ab^3}{(a^2-b^2)(a+b)} - \frac{b^2(a-b)}{(a+b)^2}$

1.164 a) $\frac{4a^2}{2a+b} + \frac{8ab^3}{(2a-b)(4a^2-b^2)} - \frac{b^2(2a+b)}{(2a-b)^2}$

b) $\frac{a^2}{a-3b} - \frac{108ab^3}{(a+3b)(a^2-9b^2)} - \frac{9b^2(a-3b)}{(a+3b)^2}$

1.165 $\frac{5a-7b}{2a^3+2a^2b} - \frac{14a+9b}{3ab^2-3b^2} + \frac{2a^2-b^2}{4a^2b+4ab^2} - \frac{13b^2-11a^2}{6a^2b-6ab^2}$

1.166 $\frac{a^2+ab}{a^2-b^2} - \frac{b^2-ab}{b^2-a^2} + \frac{a^2(a-b)}{a^3-a^2b} - \frac{2a(a^2-b^2)}{a^3-ab^2} - \frac{2b^2}{a^2-b^2}$

Führen Sie in den Aufgaben 1.167 bis 1.204 die angegebenen Rechenoperationen aus und vereinfachen Sie die Ergebnisse so weit wie möglich.

1.167 **a)** $\frac{x}{y}xy$ **b)** $\frac{4a}{3b}\frac{6b^2}{5a^2}$

1.168 **a)** $\frac{108a}{3b}\frac{27b}{2a}$ **b)** $\frac{14a^2b}{9ab}\frac{7ab}{3ab^2}$

1.169 **a)** $\frac{a+b}{4a}\frac{12a}{a+b}$ **b)** $\frac{5x}{14(x+y)}\frac{7(x+y)}{15y}$

1.170 **a)** $\frac{3(x+y)}{15(x-y)}\frac{25(x-y)^2}{18(x+y)^2}$ **b)** $\frac{5a(a-b)^2(a+b)^3}{7b(a-b)^3}\frac{7b}{(a+b)^3}$

1.171 **a)** $\frac{3a-4b}{4c+3e}\frac{3a+4b}{9a^2-16b^2}$ **b)** $\frac{a+b}{x^2-y^2}\frac{(x-y)^2}{a^2-b^2}$

1.172 **a)** $\frac{xy}{xy-y^2}(x^2-xy)$ **b)** $(a^2-c^2)\frac{6a}{3ac-3c^2}$

1.173 **a)** $(a^2-2a+1)\frac{a^2+a}{1-a^2}$ **b)** $(4x^2+4x+1)\frac{x^2-2x^3}{4x^2+2x}$

1.174 **a)** $\frac{x^2-2x}{x^2-3x}\frac{(x-3)^2}{x^2-4}$ **b)** $\frac{a^3-9a}{a^3b-ab^3}\frac{a^2b+ab^2}{a+3}$

1.175 **a)** $\left(\frac{4}{28x^3}+\frac{5}{21x^2}+\frac{3}{7x}\right)\cdot 7x^3$ **b)** $\left(\frac{4a}{3}+\frac{3b^2}{a^3}+\frac{b}{4a}\right)\frac{4b}{3a}$

1.176 $\left(\frac{81x^4}{a}+\frac{54y^4}{a^2}-\frac{27z^2}{a^3}\right)\frac{2a^3}{27x^3y^3z}-\frac{2}{x^3}\left(\frac{2ay}{z}-\frac{z}{y^3}\right)$

1.177 **a)** $\left(\frac{1}{a}+\frac{1}{b}\right)(a-b)$ **b)** $\left(\frac{a}{2}+\frac{b}{3}\right)\left(\frac{b}{3}-\frac{a}{2}\right)$

1.178 **a)** $\left(\frac{x}{3}-\frac{y}{7}\right)\left(\frac{3}{x}+\frac{7}{y}\right)$ **b)** $\left(\frac{x}{3}+\frac{y}{4}\right)\left(\frac{9}{y}-\frac{8}{y}\right)$

1.179 **a)** $\left(\frac{a^2}{8}+\frac{a}{6}-\frac{1}{3}\right)\left(\frac{24}{a^2}-\frac{9}{a}\right)$ **b)** $\left(\frac{a^2}{9}+\frac{2a}{3b}+\frac{4}{b^2}\right)\left(\frac{a}{3}-\frac{2}{b}\right)+\frac{8}{b^3}$

1.180 $\left(\frac{a}{2a-3b}+\frac{b}{3a-3b}-1\right)(4a^2-9b^2)$

1.181 $\left(\frac{5b}{9a^2-16b^2}-\frac{5a}{3a+4b}+\frac{3a}{3a-4b}\right)(9a^2-16b^2)$

1.182 $\left(\frac{2a}{4a^2-64b^2}-\frac{1}{2(a+4b)}+\frac{1}{2a-8b}\right)(4a^2-64b^2)$

1.183 **a)** $\left(\frac{2x^2}{3y}+\frac{x}{y^2}\right)\left(\frac{4x^4}{9y^2}+\frac{x^2}{y^4}\right)\left(\frac{2x^2}{3y}-\frac{x}{y^2}\right)$ **b)** $\left(\frac{5x^5}{7b^3}+1\right)\left(\frac{25x^{10}}{49b^6}+1\right)\left(\frac{5x^5}{7b^3}-1\right)$

1.184 **a)** $\left(\frac{4x}{3y}+\frac{2y}{3x}\right)^2-\left(\frac{2y}{3x}-\frac{2x}{y}\right)\left(\frac{2y}{3x}+\frac{2x}{y}\right)$ **b)** $\left(\frac{5a}{b}+\frac{3b}{2a}\right)^2-\left(\frac{5a}{b}-\frac{3b}{2a}\right)\left(\frac{5a}{b}+\frac{3b}{2a}\right)$

1.185 a) $\left(\frac{18a}{4a^2-9}-\frac{4a+15}{4a+6}+1\right)\left(\frac{7a-3}{3}-\frac{4a-1}{2}\right)$

b) $\left(\frac{27a}{9a^2-4}-\frac{6a+13}{6a+4}+1\right)\left(\frac{3a-7}{3}-\frac{a-4}{2}\right)$

1.186 a) $12x:\frac{3}{5}$ b) $5x:\frac{15x}{y}$

1.187 a) $\frac{5x^4}{2y}:\frac{10x^3}{y}$ b) $\frac{108ab^2}{27bc^2}:\frac{18b}{9c^2}$

1.188 a) $\frac{3a+2}{5}:\frac{3a+2}{10}$ b) $\frac{2-x}{2a}:\frac{2a}{x-2}$

1.189 a) $\frac{a^2+1}{a^2-1}:\frac{a+1}{a-1}$ b) $\frac{x^2-4}{y^2-9}:\frac{2+x}{3-y}$

1.190 a) $\frac{r^4-4}{r+5}:(2-r^2)$ b) $\frac{b^3-b^2}{b^2+b}:(b^2-1)$

1.191 a) $\frac{4a^2-9}{49b^2-1}:\frac{2a+3}{7b-1}$ b) $\frac{16a^2-9b^2}{2a+3ab}:\frac{4a+3b}{4a^2-9a^2b^2}$

1.192 a) $\frac{5y-5x}{3y-2x}:\frac{x^2-y^2}{4x^2-9y^2}$ b) $\frac{2a^2x-a^2}{ax-bx}:\frac{b^2(2x-1)}{x(a-b)}$

1.193 a) $\frac{a^2+ab}{5c}:\frac{a^2-ab}{10c}$ b) $\frac{a^2-b^2}{ab}:\frac{4(a+b)^2}{a}$

1.194 a) $\frac{a^2+4a+4}{b^2-16}:\frac{a+2}{b-4}$ b) $\frac{9(x^2-8x+16)}{4(y^2-2y+1)}:\frac{3x-12}{16y-16}$

1.195 a) $\left(\frac{2}{x+3}+\frac{2}{x-3}\right):\frac{8x}{x^2-9}$ b) $\left(\frac{a-2}{b+3}+\frac{a+2}{b-3}\right):\frac{a^2-4}{b^2-9}$

1.196 a) $\frac{x^2-9}{2}:\left(\frac{x+3}{x-3}-\frac{x-3}{x+3}\right)$ b) $\frac{x^2+4y^2}{x^2-4y^2}:\left(\frac{x}{x-2y}-\frac{2y}{x+2y}\right)$

1.197 a) $\left(\frac{1}{a}+\frac{1}{a+b}\right):\left(\frac{1}{a}-\frac{1}{a+b}\right)$ b) $\left(3+\frac{3}{x+2}\right):\left(3-\frac{3}{x+2}\right)$

1.198 a) $\left(1-\frac{x-5}{x-1}\right):\left(\frac{x-1}{x-5}-1\right)$ b) $\left(a-\frac{a}{a-2}\right):\left(a+\frac{a}{a-2}\right)$

1.199 a) $\left(\frac{3x-8y}{4}+\frac{4y^2-9z^2}{3x}\right):\left(\frac{3x-4y}{2x}+\frac{3z}{x}\right)$

b) $\left(\frac{x+3y}{9}+\frac{4y^2-9z^2}{16x}\right):\left(\frac{x}{9}+\frac{y}{6}-\frac{z}{4}\right)$

1.200 a) $\left[\left(\frac{b-3}{2}-\frac{b-5}{3}\right):\frac{6}{b+5}\right]:\frac{b^2-25}{6}$

b) $\left[\left(1-\frac{7(x-2)}{x^2-4}\right):\frac{6}{x+2}\right]\left(\frac{3}{x+5}+\frac{30}{x^2-25}\right)$

1.201 $\left(1+\frac{x+9}{x^2-1}-\frac{x-3}{x+1}\right):\frac{15}{x^2-2x+1}$

1.202 $\left(\frac{1}{z} - \frac{1}{z^3 - 2z^2 + z} - \frac{z}{z^2 - 1}\right) : \frac{8}{z^4 - z^2}$

1.203 $\frac{3b^2}{4a^2 - 8ab + 4b^2} : \left(\frac{a}{a^2b - b^3} + \frac{a - b}{4ab^2 + 4b^3} - \frac{1}{4b^2}\right)$

1.204 $\frac{3b^2}{16a^2 + 32ab + 16b^2} : \left(\frac{1}{4b^2} + \frac{a}{a^2b - b^3} - \frac{a + b}{4ab^2 - 4b^3}\right)$

Beseitigen Sie in den Aufgaben 1.205 bis 1.214 die Doppelbrüche, und versuchen Sie, dem Resultat eine möglichst einfache Form zu geben.

1.205 **a)** $\dfrac{\frac{a^2 + b^2}{a + b}}{\frac{a^2 - b^2}{a - b}}$ **b)** $\dfrac{\frac{x}{y} - \frac{y}{x}}{\frac{1}{x} - \frac{1}{y}}$

1.206 **a)** $\dfrac{\frac{8x^2 - 32y^2}{2x + 4y}}{\frac{4x - 8y}{x + y}}$ **b)** $\dfrac{\frac{m^3 - 9m^2}{m^2}}{\frac{m + 9}{2m + 18}}$

1.207 **a)** $\dfrac{\frac{1}{4x^2 - 1} + 1}{x - \frac{x}{3(2x + 1)}}$ **b)** $\dfrac{\frac{1}{a + b} + \frac{1}{a - b}}{\frac{a}{a - b} - 1}$

1.208 **a)** $\dfrac{\frac{1}{a^2 - 1} - 1}{1 - \frac{1}{a + 1}}$ **b)** $\dfrac{\frac{x^2}{1 - x^2} + 1}{1 - \frac{x}{x - 1}}$

1.209 **a)** $\dfrac{\frac{x}{x - y} - \frac{y}{x + y}}{\frac{2x^3 + 2xy^2}{xy - y^2}} : \frac{y}{2x^2}$ **b)** $\dfrac{\frac{1}{a + b} + \frac{1}{a - b}}{\frac{a}{b} - \frac{b}{a}} : \frac{a^2b}{a^2 - b^2}$

1.210 **a)** $\dfrac{\frac{x^2}{1 - x^2} + 1}{\frac{x}{1 - x} + 1} : \frac{1}{1 + x}$ **b)** $\dfrac{\frac{a^2 - b^2}{2ab} + \frac{2ab}{a^2 - b^2}}{\frac{a^2 + b^2}{2ab} + 1} : \frac{(a^2 + b^2)^2}{(a + b)^2}$

1.211 **a)** $\dfrac{\frac{by}{b - 2y}}{\frac{b^2 - y^2}{b + 2y}} : \frac{(b^2y + by^2)(a + x)^2}{(b^2 - 4y^2)(a + 2x)^2}$ **b)** $\dfrac{\frac{a + b}{a - b} - \frac{a - b}{a + b}}{\frac{a - b}{a + b} + \frac{a + b}{a - b}} : \dfrac{\frac{a + b}{a - b}}{\frac{a - b}{a + b}}$

1.212 **a)** $\dfrac{\frac{a + b}{b} - \frac{4a}{a + b}}{\frac{a}{a - b} + \frac{a - b}{4b}} : \dfrac{\frac{a^2 - 2ab + b^2}{a - b}}{\frac{a^2 + 2ab + b^2}{a + b}}$ **b)** $\dfrac{a - \frac{ab + b^2}{a + b}}{b + \frac{a - b}{1 + \frac{a + b}{a - b}}} : \dfrac{a - \frac{a^2}{a + b}}{a + \frac{ab}{a - b}}$

1.213 **a)** $\dfrac{\dfrac{a - \dfrac{a^2+b^2}{a+b}}{\dfrac{a^2-b^2}{a}}}{} : \dfrac{\dfrac{b^2}{2a+2b}}{\dfrac{2a}{b(a+b)}}$ **b)** $\dfrac{\dfrac{s^2+t^2}{s-t}+1}{\dfrac{s^2}{s-1}} : \dfrac{\dfrac{s^2-st+t^2}{t}}{\dfrac{s^2}{t}+\dfrac{t^2}{s}}$

1.214 **a)** $\dfrac{\dfrac{1}{x}+\dfrac{1}{y}+\dfrac{1}{z}}{\dfrac{1}{x}-\dfrac{1}{y}-\dfrac{1}{z}} : \dfrac{\dfrac{2x^2}{x^2-z^2}}{\dfrac{x}{x+z}+\dfrac{x}{x-z}}$

b) $\dfrac{\dfrac{12xy}{9x^2-y^2}}{\dfrac{1}{(3x-y)^2}-\dfrac{1}{(3x+y)^2}} : \dfrac{\dfrac{20xy}{x^2-25y^2}}{\dfrac{1}{(x-5y)^2}-\dfrac{1}{(x+5y)^2}}$

Führen Sie die folgenden partiellen Divisionen aus:

1.215 **a)** $(a^3+125) : (a+5)$ **b)** $(x^3-216) : (x-6)$
c) $(35+x^2-12x) : (x-5)$ **d)** $(6x^2-10x-6) : (3x+1)$
e) $(x^4-y^4) : (x+y)$ **f)** $(x^5-y^5) : (x-y)$
g) $(60x^4-11x^3+11x^2+10x) : (2+5x)$ **h)** $(6x^5+13x^4-17x^3-5x^2+3x) : (x+3)$

1.216 **a)** $(16a^6-17a^4+104a^5+33a^3+14a^2) : (a^2+7a+2)$
b) $(15x^6+13x^5-20x^4+17x^3-x^2+4x) : (5x^2+x+1)$
c) $(40x^5+56x^4+69x^3+88x^2+62x+15) : (8x^3+9x+5)$
d) $(21x^8+44x^7-11x^6-17x^5+23x^4-6x^3) : (5x+3x^2-2)$
e) $(2a^5+33a^4+35a^3+55a^2-4a+32) : (3a+2a^2+4)$
f) $(5y^9+5y^8+9y^6+6y^5+2y^4+4y^3+2y^2) : (y^3+y^2+1)$
g) $(x^8-10x^7+28x^6+12x^2-29x^5-36x+10x^4+24) : (x^2-3x+2)$
h) $(30a^{10}+45a^9+27a^8+63a^7-21a^6-18a^4-27a^3+21a^2+18a-6) : (6a^2+9a-3)$

1.3 Das Lösen von Gleichungen

1.3.1 Begriffsbestimmungen

Werden zwei Terme $T_1(x)$ und $T_2(x)$ durch das Gleichheitszeichen miteinander verknüpft

$$T_1(x) = T_2(x),$$

so entsteht eine Gleichung.

Eine Gleichung *lösen* heißt, alle Werte der Variablen x zu finden, für die die Gleichung richtig ist. Diese Werte heißen *Lösungen der Gleichung*.

x wird meist als „*Unbekannte*“ bezeichnet, da ja zunächst nicht bekannt ist, für welche Werte von x die Gleichung richtig ist. Aus diesem Grunde werden Gleichungen vom oben genannten Typ auch *Bestimmungsgleichungen mit einer Unbekannten* genannt.

Beispiel:

1.33a $\frac{4}{x-1} - \frac{3}{x+1} = \frac{9}{x^2-1}$

ist eine *Bestimmungsgleichung mit einer Unbekannten x*. Sie ist beispielsweise für $x = 0$ *falsch*, denn

$$\frac{4}{-1} - \frac{3}{1} \neq \frac{9}{-1}.$$

$x = 0$ ist demnach *keine Lösung* der gegebenen Gleichung.
Auch für $x = 1$ ist die Gleichung *nicht richtig*, denn dann würde der Nenner des ersten und des dritten Bruches Null. (Durch Null darf nicht dividiert werden.)

Die Menge aller Werte von x, die als Lösung der Gleichung *in Frage kommen können*, wird als *Definitionsbereich* DB *der Gleichung* bezeichnet. Im Beispiel ist

$$\text{DB} = \mathbf{R}\backslash\{-1;\ 1\}.$$

Die Menge aller Werte von x, für die die Gleichung richtig ist, die also Lösungen sind, wird als *Lösungsmenge* L *der Gleichung* bezeichnet. Dabei muss

$$\text{L} \subseteq \text{DB}$$

gelten.

Alle Beispiele und Aufgaben, die in diesem Abschnitt behandelt werden, führen auf *lineare oder quadratische Gleichungen*, d. h., jede dieser Gleichungen ist durch geeignete Umformungen auf einen der beiden Grundtypen

$$ax + b = 0 \qquad \text{oder} \qquad x^2 + px + q = 0$$

zurückführbar.

Die Gleichungen selbst beschränken sich dabei auf Gleichungen mit Klammern und auf Bruchgleichungen, deren Lösungsweg als bekannt vorausgesetzt werden kann. Alle anderen Gleichungsarten werden an späterer Stelle ausführlich behandelt.

Hingewiesen sei ferner noch auf die Aufgaben 1.326 bis 1.386. Bei diesen gilt es nicht, einen Zahlenwert für eine Unbekannte zu ermitteln, sondern in ihnen geht es darum, Gleichungen, wie sie in der Physik und in der Technik auftreten, nach einer gesuchten Größe aufzulösen. Dies leistet in den einschlägigen Fachgebieten gute Dienste.

1.3.2 Zum Lösen von linearen und quadratischen Gleichungen

Wenn eine Bestimmungsgleichung

$$T_1(x) = T_2(x)$$

gelöst werden soll, sind folgende Schritte nötig:

1. Bestimmung des Definitionsbereiches DB der Gleichung.
2. Umformung der Gleichung so lange, bis man einen Gleichungstyp erhält, aus dem man die Werte von x berechnen kann, die die Gleichung erfüllen.
3. Probe machen. (Einsetzen der gefundenen Lösung(en) in die Ausgangsgleichung.)

Beispiele:

1.33b Die Gleichung $\frac{4}{x-1} - \frac{3}{x+1} = \frac{9}{x^2-1}$ aus Beispiel 1.33.a soll gelöst werden.

Lösung: Der Definitionsbereich der Gleichung wurde bereits ermittelt: DB $= \mathbf{R}\backslash\{-1;\ 1\}$.

$$\frac{4}{x-1} - \frac{3}{x+1} = \frac{9}{x^2-1}$$

Multiplikation mit dem Hauptnenner $x^2 - 1$ zur Beseitigung der Brüche:

$$\begin{aligned} 4(x+1) - 3(x-1) &= 9 \\ 4x + 4 - 3x + 3 &= 9 \\ x &= 9 - 7 = 2 \end{aligned}$$

Lösungsmenge der Gleichung: L= $\{2\}$.
Probe an der Ausgangsgleichung:

$$\frac{4}{1} - \frac{3}{3} \mid \frac{9}{3}$$
$$4 - 1 = 3$$

Die Probe stimmt, also ist $x = 2$ Lösung der Gleichung.

1.34 Wie lauten die Lösungen der Gleichung $\frac{x}{2(x-2)} - \frac{4}{x+2} - \frac{1}{x-2} = 0$?

Lösung: Definitionsbereich: DB= $\mathbf{R}\backslash\{-2;\ 2\}$.

$$\frac{x}{2(x-2)} - \frac{4}{x+2} - \frac{1}{x-2} = 0.$$

Beseitigung der Brüche durch Multiplikation mit dem Hauptnenner $2(x-2)(x+2)$:

$$\begin{aligned} x(x+2) - 4 \cdot 2(x-2) - 1 \cdot 2(x+2) &= 0 \\ x^2 + 2x - 8x + 16 - 2x - 4 &= 0 \\ x^2 - 8x + 12 &= 0 \\ x_{1,2} &= 4 \pm \sqrt{16-12} \\ x_1 &= 6 \\ x_2 &= 2 \end{aligned}$$

Da x_2 dem Definitionsbereich nicht angehört, kann x_2 auch keine Lösung der Gleichung sein. Somit ist L= $\{6\}$.
Probe für $x_1 = 6$ an der Ausgangsgleichung:

$$\frac{6}{2 \cdot 4} - \frac{4}{8} - \frac{1}{4} \mid 0$$
$$\frac{3}{4} - \frac{2}{4} - \frac{1}{4} = 0$$

Die Probe stimmt.

Aufgaben:

Bei den folgenden Aufgaben ist die Lösungsmenge in **R** zu ermitteln!

1.217 $5x + 3 - (2x - 1) - 4 = 2x + 1$

1.218 $7x - (4 - 2x) = 12 - (3x - 3) - 19$

1.219 $2x - 3 + (4x + 1) = 7x + (11 - 2x) - (1 + 5x)$

1.220 $8x + 2 - (7x - 3) + 2 = 5 + (2x - 3) + (9x - 5)$

1.221 $3x - 1 - [5x - (2 - 4x)] = -11$

1.222 $9x - 5 = 2x - [5x + 2 - (3x + 2) - 2] + x + 1$

1.223 $2x + 5 - [3x + 2 - (3x + 2)] = 6x - (4 - 2x) + 9$

1.224 $3x + 5 - \{2x + 1 - [2x - 3 - (x - 2)]\} = x + 15$

1.225 $2x - 3 - \{5x + 2 - [4x + 3 - (2x - 1) - 4]\} = x - 5$

1.226 $2x - 3 - (x + 5) - \{3x - 2 + [5x + 3 - (2x + 3)]\} = 3x - [8x + 4 - (3x - 11)]$

1.227 $2x + 1 - \{4x + 5 - [1 + (2x + 3) + 3x - (4x + 2)]\} = 3x - [5x + 2 - (3x + 1)] - 3$

1.228 **a)** $4(x - 3) = 16$ **b)** $3(x + 4) = 8x + 7$

1.229 **a)** $7(3x - 6) = 63$ **b)** $4(3x + 2) - 12 = 6x + 8$

1.230 **a)** $9(5x + 3) = 24(x + 2)$ **b)** $7(x - 3) - 8 = 5(3x - 1) - 5$

1.231 **a)** $3(2x - 1) - 8x = 15(x - 1) - 5$ **b)** $5(3x - 2) + 7 = 9(5x + 4) - (5x + 39)$

1.232 **a)** $3(5x - 2) - 2(4x + 1) = 2(3x - 5) + 5$ **b)** $20(x + 3) - 2(4x + 5) = 2(14x + 9)$

1.233 $8(9x + 2) - 4(3x + 2) = 6(2x + 1) + 2(x + 1)$

1.234 **a)** $(x + 4)(x + 8) = (x - 1)(x + 58)$ **b)** $(x - 20)(x - 57) = (x - 50)(x - 48)$

1.235 $(x - 5)(10 - x) = (3 - x)(2 + x) + 2(x + 20)$

1.236 $(3x + 2)(x + 2) + 2(x + 2) \cdot 3 = (3x + 4)(x + 2) + 2(x + 2) \cdot 3 + 3 + 3x(x - 2)$

1.237 $(x + 3)(x + 1) = (2x + 1)(x + 2) - (x + 3)(x - 1)$

1.238 $(x - 3)(x + 2) + (x + 5)(x - 4) = (2x + 1)(x + 3) - 57(5 - x)$

1.239 $(2x + 5)^2 + (3x + 4)^2 = (13x + 2)(x + 1) + 2(15 + 14x)$

1.240 $(9x + 5)^2 - (3x + 2)^2 = (12x + 3)(6x + 1) + 6(x + 3)$

1.241 $(2x + 1)^3 + (x + 1)^3 = (2x + 1)^2 \cdot 2x + (x + 2)^3 + x^2$

1.242 $(4x + 2)^3 - (3x + 2)^3 = (37x + 1)(x + 2)^2 - (107x + 1)(x + 1) - 35$

1.243 **a)** $x^2 = 64$ **b)** $3x^2 - 147 = 0$ **c)** $4x^2/5 = 12{,}8/20{,}25$ **d)** $0.08x^2 = 8/25$

1.244 **a)** $36x^2 - 25 = 0$ **b)** $36x^2 + 25 = 0$ **c)** $17x^2 - 3 = 0$ **d)** $17x^2 + 3 = 0$

1.245 $(4 + 3x)(2 - x) + (4 - 3x)(2 + x) = 22$

1.246 $(6x - 9)(5x + 7) - (4x + 7)(3x - 6) = 249$

1.247 **a)** $(8x + 5)^2 + (8x - 5)^2 = 4658$ **b)** $(5x - 4)^2 - (4x - 5)^2 = 72$

1.248 **a)** $\frac{2x + 1}{3} + 5 = 3 + \frac{12x + 15}{9}$ **b)** $1 - \frac{4x + 6}{9} = x - \frac{5x + 1}{4}$

1.249 **a)** $2x + \frac{3x - 2}{4} = 4 + \frac{2x + 3}{7}$ **b)** $\frac{3x + 5}{18} - \frac{x}{2} = -\frac{3x - 2}{9}$

1.250 **a)** $\frac{x - 3}{2} - \frac{3x - 13}{2} = \frac{2x + 5}{15}$ **b)** $5x - \frac{3x + 2}{5} + \frac{11x + 3}{7} = \frac{13x + 3}{8} + 4$

1.251 **a)** $\frac{5x + 2}{3} - \frac{2x - 3}{2} = \frac{x + 2}{4} + \frac{2x + 21}{10}$ **b)** $\frac{4x + 13}{10} - \frac{7x + 6}{25} = \frac{x + 6}{4} - \frac{x + 4}{20}$

1.252 **a)** $\frac{x + 3}{2} + \frac{x - 2}{3} + \frac{2x - 3}{4} = \frac{1 - x}{12}$ **b)** $\frac{3x + 2}{2} - \frac{2x + 7}{3} + \frac{8x + 16}{4} = \frac{13x + 123}{11}$

1.253 **a)** $\frac{9x+7}{5}-\frac{3x+2}{9}=\frac{5x+2}{3}-\frac{4x+2}{45}$ **b)** $\frac{3x+4}{5}+\frac{5x+2}{6}=\frac{x+2}{2}+\frac{2x+2}{8}$

1.254 $\frac{2x+1}{3}-\frac{5x+7}{12}=\frac{3x+1}{4}-\frac{5x+4}{3}-\frac{x+1}{2}$

1.255 $\frac{3x+4}{22}-\frac{5x+3}{11}=-\frac{2x+3}{3}-\frac{2(3+4x)}{9}+\frac{4x+3}{3}$

1.256 $\frac{x+3}{5}+5-\frac{3x+2}{4}=\frac{4x+3}{2}+\frac{7x+27}{6}-\frac{3(7x+6)}{20}$

1.257 **a)** $\frac{x+5}{3}-\left(\frac{x+7}{7}+\frac{x-20}{3}\right)=\frac{14-3x}{21}$

b) $\frac{17x-51}{9}-\left(-\frac{13x-3}{6}+11-\frac{9x-7}{4}\right)=0$

1.258 $\frac{x+7}{3}+\left(\frac{x+2}{4}-\frac{15-2x}{24}\right)=\left(\frac{2x+3}{9}-\frac{x-2}{24}\right)+\frac{90x+19}{72}$

1.259 **a)** $\frac{2}{x}+\frac{3}{x}+\frac{4}{2x}+\frac{5}{3x}+\frac{6}{4x}=\frac{61}{12}$ **b)** $-\frac{2}{x}+\frac{3}{2x}-\frac{4}{3x}+\frac{5}{4x}+\frac{6}{5x}=\frac{65}{8}$

1.260 **a)** $\frac{1}{2}\left[\frac{1}{10}\left(\frac{x}{2}+3\right)+\frac{3}{2}\right]=1$ **b)** $3\left[\frac{1}{5}\left(\frac{x}{2}+2\right)\cdot 4-\left(\frac{x}{3}+1\right)\right]=x-3$

1.261 **a)** $\frac{6x-3}{x}=5$ **b)** $\frac{x+3}{2x-4}=3$ **c)** $\frac{3x+1}{2(x+1)}=\frac{1}{2}$ **d)** $\frac{2x+1}{3x+7}=\frac{5}{13}$

1.262 **a)** $\frac{4(3x-4)}{5(x-2)}=\frac{8}{5}$ **b)** $\frac{2x+3}{3x-2}=1$ **c)** $\frac{7x+5}{9x+10}=\frac{3}{4}$ **d)** $\frac{3x-4}{8x+3}=\frac{2}{19}$

1.263 **a)** $\frac{x+3}{2x-4}=\frac{x+9}{2x}$ **b)** $\frac{19}{5x+4}=\frac{23}{8x-1}$ **c)** $\frac{3x-5}{7-4x}=\frac{6x-11}{15-8x}$ **d)** $\frac{x+2}{3x-1}=\frac{x+5}{3x+1}$

1.264 **a)** $\frac{x}{x-9}=\frac{x+9}{x}$ **b)** $\frac{x-2}{x}=\frac{x+3}{x+10}$ **c)** $\frac{x+4}{2x-1}=\frac{x-3}{2x+5}$ **d)** $\frac{x+30}{x+10}=\frac{x+60}{x+20}$

1.265 **a)** $\left(\frac{1}{2}+\frac{5x}{2}\right)^2-\left(\frac{13x}{2}-\frac{5}{2}\right)^2=-(6x)^2+29$

b) $(2x+1)^2=\left(\frac{5x}{2}+8\right)^2-\left(\frac{3x}{2}+9\right)^2$

1.266 **a)** $(6x-13)^2=\left(\frac{13x}{2}-6\frac{1}{2}\right)^2-\left(\frac{5x}{2}+4\frac{1}{2}\right)^2$

b) $\left(\frac{5x}{7}+\frac{8}{9}\right)^2=\left(\frac{13x}{7}+3\right)^2-\left(\frac{12x}{7}-4\right)^2$

1.267 **a)** $\frac{4}{x-2}-\frac{3}{x-1}=\frac{1}{x}$ **b)** $\frac{4}{x+7}+\frac{5}{x+1}=\frac{9}{x+2}$

1.268 **a)** $\frac{1}{2x-5}+\frac{3}{2x+5}=\frac{6}{3x+5}$ **b)** $\frac{3}{x+2}+\frac{1}{x-2}=\frac{8}{x^2-4}$

1.269 **a)** $\frac{1}{x+4}-\frac{1}{x+5}=\frac{1}{x+2}-\frac{1}{x+3}$ **b)** $\frac{1}{x+7}+\frac{1}{x+5}=\frac{1}{x+4}+\frac{1}{x+8}$

1.270 a) $\frac{1}{x+4}-\frac{1}{x+8}=\frac{1}{x+6}-\frac{1}{x+10}$ b) $\frac{1}{x-12}-\frac{1}{x-7}=\frac{1}{x-9}-\frac{1}{x-4}$

1.271 a) $\frac{4}{x-4}-\frac{4}{x-3}+\frac{1}{x-1}=\frac{1}{x-5}$ b) $\frac{1}{x+5/2}-\frac{3}{x+3/2}=\frac{6}{x+7}-\frac{8}{x+11/2}$

1.272 a) $\frac{4}{x+3}-\frac{1}{x+5}=\frac{4}{x+2}-\frac{1}{x+1}$ b) $\frac{4}{1+x}-\frac{3}{3+x}=\frac{3}{1-x}-\frac{4}{2-x}$

1.273 a) $\frac{5x}{x-2}-\frac{x}{x+2}=4$ b) $\frac{x}{x-4}-\frac{x}{x+4}=0$

1.274 a) $\frac{x+2}{2-x}+\frac{x-2}{2+x}=\frac{4}{4-x^2}$ b) $\frac{x+6}{4-x}-\frac{x-6}{4-x}=\frac{24}{16-x^2}$

1.275 a) $\frac{x+3}{(x-3)^2}=\frac{2}{x+3}-\frac{x}{x^2-9}$ b) $\frac{x-1}{(x+1)^2}=\frac{1}{x-1}-\frac{2}{x^2-1}$

1.276 a) $\frac{x}{x+2}+\frac{4(x-2)}{(x+2)^2}=\frac{x}{x-2}$ b) $\frac{x}{x^2-6x+9}-\frac{1}{x^2-3x}=\frac{1}{x}$

1.277 a) $\frac{3x+2}{2x-4}-\frac{3x^2+1}{2x^2-8}=\frac{16x+114}{4x^2+8x}$ b) $\frac{7x+3}{3x-3}-\frac{7x^2+2}{3x^2-3}=\frac{20x+44}{6x(x+1)}$

1.278 a) $\frac{2x+1}{5x-5}-\frac{x+2}{4x-4}+\frac{11x-18}{3x-3}=1$ b) $\frac{2x+1}{3x+3}-\frac{5x-3}{2x+2}+\frac{7x-3}{4x+4}=\frac{1}{2}$

1.279 a) $\frac{3x+1}{4x-10}-\frac{7x+5}{10x-25}=\frac{8}{5}-\frac{5x-1}{6x-15}$ b) $\frac{x+2}{2x-1}-\frac{x-1}{4x-2}=\frac{x+7}{20x-10}+\frac{9}{20}$

1.280 $\frac{2x-4}{x-1}+\frac{2x+2}{4x-4}+\frac{5x-9}{3x-3}+\frac{9x-23}{2x-2}=4$

1.281 $\frac{7x-3}{2x-6}-\frac{3(9x-1)}{10(x-3)}=1-\frac{13x+99}{6x-18}+\frac{5x-9}{x-3}$

1.282 $\frac{2(x-1)}{x+3}-\frac{11x-11}{3(x+3)}+\frac{17x-9}{2(x+3)}+\frac{23x+1}{6(x+3)}=2$

1.283 $\frac{x-9}{x-5}-\frac{x-9}{x-4}-\frac{x-7}{x-2}=\frac{x-8}{x-5}-\frac{x-8}{x-2}-\frac{x-7}{x-4}$

1.284 $\frac{2\left(3-\frac{x}{5}\right)}{3}-4\left(1-\frac{x}{3}\right)-\frac{x}{3}=\frac{2\left(\frac{x}{2}-\frac{1}{4}\right)}{27}+\frac{5}{54}$

1.285 a) $\frac{\frac{5x+1}{4}}{\frac{9x+1}{3}}=\frac{3}{7}$ b) $\frac{\frac{x+3}{x-3}-\frac{x-3}{x+3}}{\frac{3x}{x-3}}=2$ c) $\frac{\frac{x-1}{x+1}+1}{\frac{x-1}{x+1}-\frac{x+1}{x-1}}=2$

1.286 a) $\frac{4}{x}+\frac{x}{5}=\frac{24}{x}$ b) $\frac{7}{3x}+\frac{x}{3}=\frac{11}{3x}$ c) $\frac{5}{6x}-\frac{x}{9}=\frac{7}{18x}$

1.287 a) $\left(\frac{7}{2}-x\right)\left(\frac{7}{2}+x\right)=12$ b) $\left(\frac{5}{3}-x\right)\left(\frac{5}{3}+x\right)=\frac{10}{3}$

c) $\left(\frac{8}{7}-x\right)\left(\frac{8}{7}+x\right)=\frac{64}{49}$

1.288 **a)** $\frac{x-4}{x+4}=\frac{1-x}{1+x}$ **b)** $\frac{x+3}{x-3}=\frac{3+x}{3-x}$ **c)** $\frac{1-13x}{13-x}=\frac{11-x}{1-11x}$

1.289 **a)** $\frac{x}{x+2}-\frac{x}{2-x}=-\frac{2}{3}$ **b)** $\frac{x+5}{x-5}+\frac{x-5}{x+5}+\frac{13}{6}=0$

1.290 **a)** $\frac{x-3}{x+3}+\frac{x+3}{x-3}=\frac{26}{x^2-9}$ **b)** $\frac{1}{x^2-9}+\frac{2x+3}{x+3}=\frac{3x+1}{x-3}$

1.291 **a)** $\frac{5x+3}{5x-3}+\frac{5x-3}{5x+3}=\frac{468}{25x^2-9}$ **b)** $\frac{9+x}{54-6x^2}+\frac{1}{5}=\frac{1}{6-2x}+\frac{1}{9+3x}$

1.292 **a)** $ax^2=b$ **b)** $ax^2=a^2+b^2$ **c)** $ax^2=a^2-a$

1.293 **a)** $(a+1)x^2=2(a+1/2)$ **b)** $(a-4)x^2=a^2-16$
c) $(a-b)x^2=a^3+a^2b-ab^2-b^3$

1.294 **a)** $a^2x^2+a^2+2abx^2=b^2-2ab-b^2x^2$ **b)** $a^2(2a^2+x^2)+b^2(2b^2-x^2)=3a^4+b^4$

1.295 **a)** $(a+bx)(c+dx)=ac+adx+bcx+bc$ **b)** $(2x-2a+b)(2x-2a-b)=4a(a+b)$
Man setze $2x-2a=u$

1.296 **a)** $\frac{1}{ax}=ax$ **b)** $\left(x-\frac{1}{a}\right)^2=\frac{1}{b^2}$ **c)** $\frac{1}{x^2}=\frac{1}{(ax+b)(ax-b)}$

1.297 **a)** $\frac{a-x}{1-ax}-\frac{1-ax}{a-x}=0$ **b)** $\frac{a-x}{1-ax}=\frac{1-bx}{b-x}$

1.298 **a)** $\frac{x}{a}+\frac{b}{x}=\frac{a^2-ab-b^2}{ax}$ **b)** $\frac{a+2b-2x}{a-2b+2x}=\frac{x+b-2a}{x+b+2a}$

1.299 **a)** $\frac{x+a}{x-a}+\frac{x-a}{x+a}=\frac{10a}{3}$ **b)** $\frac{x+a}{x-a}+\frac{x-a}{x+a}=\frac{2a^2+2}{1-a^2}$

1.300 **a)** $x(x-1)=0$ **b)** $4x+5x^2=0$ **c)** $\frac{3x^2}{2}=9x$

1.301 **a)** $x^2+x-6=0$ **b)** $x^2-x-2=0$ **c)** $x^2-x-12=0$

1.302 **a)** $x^2-10x+8=0$ **b)** $x^2-2x-8=0$ **c)** $x^2-7x+3{,}25=0$

1.303 **a)** $5x^2-36x+55=0$ **b)** $6x^2+13x+6=0$ **c)** $5x^2-12x-99=0$

1.304 **a)** $3x^2-10x+3=0$ **b)** $4x^2+x+10=0$ **c)** $13x^2-4x+1=0$

1.305 **a)** $(x+2)(x+3)-(x-4)(7-x)=70$ **b)** $6(x-2)(x-3)-(10-x)(12-2x)=26$

1.306 **a)** $(x+1)^2+(x+2)^2=(2x+1)^2$ **b)** $3(2x-2)^2+(4x-6)^2=7(3x-4)^2$

1.307 $(x+1)(x+2)-(3x-2)^2=(2x-1)^2+(3x-1)(x+1)$

1.308 **a)** $(x-5)^3+(7-x)^3=8$ **b)** $(11-x)^3+(x-3)^3=512$

1.309 **a)** $x+\frac{1}{x}=\frac{10}{3}$ **b)** $\frac{x+2}{5x-6}=\frac{x-1}{2x-1}$ **c)** $\frac{x+5}{3x-5}=\frac{x-1}{2(x-3)}$

1.310 **a)** $\frac{x}{x-8}+\frac{x-8}{x}=\frac{26}{5}$ **b)** $\frac{x+5}{x-5}-\frac{x-5}{x+5}=\frac{120}{11}$

1.311 **a)** $\frac{1}{x+4}+\frac{1}{x+2}=\frac{1}{x+1}+\frac{1}{x+10}$ **b)** $\frac{1}{x+7}-\frac{1}{x+1}=\frac{1}{x-1}-\frac{1}{x-2}$

1.312 **a)** $\frac{x+1}{x+2}+\frac{x-1}{x-3}=\frac{23}{(x+2)(x-3)}$ **b)** $\frac{x+4}{x-3}+\frac{x-3}{x-5}=\frac{19}{x^2-8x+15}$

1.313 **a)** $\frac{3x+9}{(x+3)^2}+\frac{7}{x-3}=\frac{11x+8}{x^2-9}$ **b)** $\frac{x+1}{x+2}+\frac{x+2}{x+3}=\frac{x+3}{x+4}+\frac{x+4}{x+5}$

1.314 **a)** $x^2-(a+b)x+ab=0$ **b)** $x^2-2(a^2+b^2)x+(a^2-b^2)^2=0$

1.315 **a)** $x^2-(a^2+b^2)x+(a^2-ab+b^2)ab=0$ **b)** $x^2-(a^2+b^2)x-(a^2+ab+b^2)ab=0$

1.316 **a)** $ax^2+(a-1)x-1=0$ **b)** $ax^2-(a^2+1)x+a=0$

1.317 **a)** $(a-b)x^2-bx-a=0$ **b)** $abx^2-(a+b)(ab+1)x+(a^2+1)(b^2+1)=0$

1.318 **a)** $(x-a)^2-bc=b(x-a-c)$ **b)** $ax^2-ab(x+6b)-a^2(x+2b)=0$

1.319 **a)** $(a-x)^2+(b-x)^2=(a-b)^2$ **b)** $(x-a)^2+(x-b)^2=(a-b)^2$

1.320 **a)** $x\left(x-\frac{a}{b}\right)=\frac{1}{b}-\frac{x}{a}$ **b)** $x^2\left(1+\frac{b}{a}\right)-\frac{a}{a-b}=\frac{2bx}{a-b}$

1.321 **a)** $x+\frac{1}{x}=\frac{a}{b}+\frac{b}{a}$ **b)** $x-\frac{1}{x}=\frac{a}{b}-\frac{b}{a}$

1.322 **a)** $\frac{1}{a-b+x}=\frac{1}{a}-\frac{1}{b}+\frac{1}{x}$ **b)** $\frac{1}{x-a+b}=\frac{1}{x}-\frac{1}{a}+\frac{1}{b}$

1.323 **a)** $\frac{x}{a+x}+\frac{a+x}{x}=\frac{5}{2}$ **b)** $x^2-\frac{ax}{a-b}+\frac{a^2}{b(a-b)}-\frac{ax}{b}=0$

1.324 **a)** $x+\frac{a+b}{a-b}=\frac{a-b}{a+b}+\frac{1}{x}$ **b)** $x-\frac{a+b}{a-b}=\frac{a-b}{a+b}-\frac{1}{x}$

1.325 **a)** $\frac{a}{x-b}+\frac{x-a}{b}=2$ **b)** $\frac{1}{x-a}+\frac{x-b}{ab}=\frac{2}{b}$

Bei den nachstehenden Gleichungen ist die jeweils gefragte Größe zu berechnen, wobei im Ergebnis keine Doppelbrüche vorkommen sollen:

1.326 **a)** $O_p=G+M$, (1) $G=?$ (2) $M=?$ **b)** $u=a+b+c$, (1) $a=?$ (2) $c=?$

1.327 **a)** $A=ab$, (1) $a=?$ (2) $b=?$ **b)** $V=Gh$, (1) $G=?$ (2) $h=?$

1.328 **a)** $M=2ah_a$, (1) $a=?$ (2) $h_a=?$ **b)** $A=\pi ab$, (1) $a=?$ (2) $b=?$

1.329 **a)** $W=Ult$, (1) $l=?$ (2) $t=?$ **b)** $V=abc$, (1) $a=?$ (2) $c=?$

1.330 **a)** $A=\frac{ab}{2}$, (1) $a=?$ (2) $b=?$ **b)** $A=\frac{ef}{2}$, (1) $e=?$ (2) $f=?$

1.331 **a)** $V=\frac{Gh}{3}$, (1) $G=?$ (2) $h=?$ **b)** $A=\frac{\pi ab}{2}$, (1) $a=?$ (2) $b=?$

1.332 **a)** $b=\frac{\pi r\alpha}{180}$, (1) $\alpha=?$ (2) $r=?$ **b)** $V=\frac{abh}{3}$, (1) $a=?$ (2) $h=?$

1.333 **a)** $P=\frac{Bp}{100}$, (1) $p=?$ (2) $B=?$ **b)** $Z=\frac{Kpt}{36\,000}$, (1) $t=?$ (2) $K=?$

1.334 **a)** $v=\frac{s}{t}$, (1) $s=?$ (2) $t=?$ **b)** $\varrho=\frac{A}{s}$, (1) $A=?$ (2) $s=?$

1.335 **a)** $Pp=Qq$, (1) $P=?$ (2) $q=?$ **b)** $ah_a=bh_b$, (1) $h_a=?$ (2) $b=?$

1.336 **a)** $U_2=U_1\frac{d_1}{d_2}$, (1) $U_1=?$ (2) $d_2=?$ **b)** $\frac{P}{Q}=\frac{h}{\ell}$, (1) $h=?$ (2) $Q=?$

1.337 **a)** $O_{Pr} = 2G + M$, (1) $G =?$ (2) $M =?$ **b)** $u = 2a + c$, (1) $c =?$ (2) $a =?$

1.338 **a)** $u = a + 2b + c$, (1) $a =?$ (2) $b =?$ **b)** $u = 2a + 2b$, (1) $a =?$ (2) $b =?$

1.339 **a)** $v = v_0 + at$, (1) $a =?$ (2) $v_0 =?$ **b)** $v = v_0 - gt$, (1) $v_0 =?$ (2) $t =?$

1.340 **a)** $m_1 v_1 + m_2 v_2 = 0$, (1) $v_2 =?$ (2) $m_1 =?$ **b)** $F\ell - Na = 0$, (1) $\ell =?$ (2) $N =?$

1.341 **a)** $y = kx + d$, (1) $d =?$ (2) $k =?$ **b)** $ax + by = c$, (1) $a =?$ (2) $y =?$

1.342 **a)** $z = ax + by + c$, (1) $b =?$ (2) $x =?$ **b)** $ax + by + cz = d$, (1) $a =?$ (2) $z =?$

1.343 **a)** $O_Q = 2ab + 2ac + 2bc$, (1) $a =?$ (2) $b =?$ **b)** $yR = F_1 y_1 + F_2 y_2$, (1) $y_1 =?$ (2) $F_2 =?$

1.344 **a)** $m = \frac{a + c}{2}$, (1) $a =?$ (2) $c =?$ **b)** $s = \frac{a + b + c}{2}$, (1) $a =?$ (2) $b =?$

1.345 **a)** $s = \frac{v_0 + v}{2} t$, (1) $v_0 =?$ (2) $t =?$ **b)** $A = \frac{a + c}{2} h$, (1) $a =?$ (2) $h =?$

1.346 **a)** $k = \frac{y_2 - y_1}{x_2 - x_1}$, (1) $x_1 =?$ (2) $y_2 =?$ **b)** $\frac{v_1 - v_0}{v_0} = -e$, (1) $v_0 =?$ (2) $v_1 =?$

1.347 **a)** $Q = -(P - B)\ell_1 + B\ell_2$, (1) $B =?$ (2) $\ell_2 =?$ **b)** $y - y_1 = k(x - x_1)$, (1) $k =?$ (2) $x_1 =?$

1.348 **a)** $Q = mc(T_2 - T_1)$, (1) $c =?$ (2) $T_2 =?$ **b)** $xR = F(x_2 + x_3)$, (1) $x_3 =?$ (2) $F =?$

1.349 **a)** $\ell = \ell_0(1 + \alpha t)$, (1) $\ell_0 =?$ (2) $\alpha =?$ **b)** $V = V_0(1 + \gamma t)$, (1) $V_0 =?$ (2) $t =?$

1.350 **a)** $s = \frac{vt_1}{2} + v(t - t_1)$, (1) $t =?$ (2) $v =?$ **b)** $k = \frac{f_1 r + f_2}{R}$, (1) $f_1 =?$ (2) $f_2 =?$

1.351 **a)** $f = \frac{w + u}{w + v} v_0$, (1) $v =?$ (2) $w =?$ **b)** $y - y_1 = \frac{y_2 - y_1}{x_2 - x_1}(x - x_1)$, (1) $x_1 =?$ (2) $y_1 =?$

1.352 **a)** $t_1 = \frac{v}{g} - \frac{t}{2}$, (1) $g =?$ (2) $v =?$ **b)** $\ell_2 = \frac{l_1}{l_1 + l_2}(\ell + \ell_1)$, (1) $\ell_1 =?$ (2) $l_1 =?$

1.353 **a)** $x = a + \frac{a_1 - a}{h} z$, (1) $a_1 =?$ (2) $h =?$ **b)** $x = a - \frac{a - b}{h} z$, (1) $a =?$ (2) $z =?$

1.354 **a)** $w = \frac{1}{R}(f + mr) + c$, (1) $f =?$ (2) $r =?$ **b)** $c_p = c_v + \frac{R}{M}$, (1) $R =?$ (2) $M =?$

1.355 **a)** $y = Af\left(t - \frac{r}{c}\right)$, (1) $c =?$ (2) $t =?$ **b)** $A\ell = \frac{AR}{K - 1}(T_1 - T_2)$, (1) $K =?$ (2) $T_1 =?$

1.356 **a)** $P = \frac{Qf_1 + (Q + G)t_2}{2r}$, (1) $G =?$ (2) $Q =?$ **b)** $P = Q\frac{r(1 + f_2) + f}{R - f_1 r}$, (1) $f_1 =?$ (2) $r =?$

1.357 **a)** $q = \frac{m - k}{m - 1} c_v(T_2 - T_1)$, (1) $m =?$ (2) $T_2 =?$ **b)** $w = \frac{v}{a}\frac{6M_1}{3M_1 + M_2}$, (1) $M_1 =?$ (2) $a =?$

1.358 **a)** $C = \frac{M_1 v_1 + M_2 v_2 - (v_2 - v_1)KM_1}{M_1 + M_2}$, (1) $v_1 =?$ (2) $M_2 =?$

b) $x = \frac{D_1 x_1 + D_2 x_2}{D_1 D_2}$, (1) $D_1 =?$ (2) $x_2 =?$

1.359 **a)** $\frac{1}{R} = \frac{1}{R_1} + \frac{1}{R_2}$, (1) $R_1 =?$ (2) $R =?$ **b)** $\frac{1}{f} = \frac{1}{g} + \frac{1}{b}$, (1) $b =?$ (2) $f =?$

1.360 **a)** $\frac{1}{R} = \frac{1}{R_1} + \frac{1}{R_2} + \frac{1}{R_3}$, (1) $R_2 =?$ (2) $R_3 =?$ **b)** $R = R_1 + \frac{R_2 R_3}{R_2 + R_3}$, (1) $R_1 =?$ (2) $R_2 =?$

1.361 **a)** $\frac{3(m-2)}{Em} = \frac{1}{E_1}$, (1) $E =?$ (2) $m =?$ **b)** $Q = \frac{4h-r}{4h-2r}$, (1) $h =?$ (2) $r =?$

1.362 **a)** $c = \frac{(M_1 - M_2)v_1 + 2M_2v_2}{M_1 + M_2}$, (1) $M_1 =?$ (2) $v_2 =?$

b) $c = \frac{(c_1m_1 + c_2m_2)}{m}\frac{(\vartheta - \vartheta_1)}{(\vartheta_2 - \vartheta)}$, (1) $\vartheta =?$ (2) $\vartheta_2 =?$

1.363 **a)** $T = \left(\frac{h}{v_1} + \frac{h}{v_2}\right)\frac{b}{s}$, (1) $h =?$ (2) $v_2 =?$

b) $M = \frac{P}{2}\left(\frac{1}{2} + \lambda\right) - P\lambda$, (1) $P =?$ (2) $\lambda =?$

1.364 **a)** $r = \frac{R_1R_2}{R_1 + R_2 + R_3}$, (1) $R_1 =?$ (2) $R_3 =?$

b) $l_1 = \frac{U + l_0R'_2}{R_1 + R'_1 + R'_2}$, (1) $R_1 =?$ (2) $R'_2 =?$

1.365 **a)** $y^2 = 2px$, (1) $p =?$ (2) $y =?$ **b)** $y = ax^2$, (1) $a =?$ (2) $x =?$

1.366 **a)** $V = a^2h$, (1) $a =?$ (2) $h =?$ **b)** $E = mc^2$, (1) $c =?$ (2) $m =?$

1.367 **a)** $s = \frac{g}{2}t^2$, (1) $g =?$ (2) $t =?$ **b)** $E = \frac{mv^2}{2}$, (1) $m =?$ (2) $v =?$

1.368 **a)** $V = \frac{a^2}{4}\sqrt{3}h$, (1) $a =?$ (2) $h =?$ **b)** $V = \frac{a^2\sqrt{3}h}{12}$, (1) $a =?$ (2) $h =?$

1.369 **a)** $s = v_0t - \frac{g}{2}t^2$, (1) $v_0 =?$ (2) $g =?$ **b)** $s = v_0t + \frac{a}{2}t^2$, (1) $a =?$ (2) $v_0 =?$

1.370 **a)** $V = \ell r\left(h - \frac{r\pi}{2}\right)$, (1) $h =?$ (2) $\ell =?$ **b)** $x = \frac{a(a+2c)}{2(a+b+c)}$, (1) $b =?$ (2) $c =?$

1.371 **a)** $E = \frac{Q}{r^2}$, (1) $r =?$ (2) $Q =?$ **b)** $F = \frac{Gm_1m_2}{r^2}$, (1) $m_1 =?$ (2) $r =?$

1.372 **a)** $l = l_0 + a^2A$, (1) $a =?$ (2) $A =?$ **b)** $y = ax^2 + c$, (1) $a =?$ (2) $x =?$

1.373 **a)** $a^2 + b^2 = c^2$, (1) $c =?$ (2) $a =?$ **b)** $s^2 = r^2 + h^2$, (1) $h =?$ (2) $r =?$

1.374 **a)** $a^2 + b^2 + c^2 = d^2$, (1) $d =?$ (2) $b =?$ **b)** $h_a^2 = h^2 + \left(\frac{a}{2}\right)^2$, (1) $h =?$ (2) $a =?$

1.375 **a)** $h_a^2 + \left(\frac{a}{2}\right)^2 = s^2$, (1) $h_a =?$ (2) $a =?$ **b)** $h^2 + \left(\frac{a}{2}\sqrt{3}\right)^2 = h_a^2$, (1) $a =?$ (2) $h =?$

1.376 **a)** $E = Gh + \frac{mv^2}{2}$, (1) $v =?$ (2) $G =?$ **b)** $b = rw^2\left(1 + \frac{r}{\ell}\right)$, (1) $\ell =?$ (2) $w =?$

1.377 **a)** $E = h(f_1 - f_2) + mc^2$, (1) $c =?$ (2) $f_1 =?$ **b)** $c_1 = c + v\left(1 - \frac{1}{n^2}\right)$, (1) $n =?$ (2) $v =?$

1.378 **a)** $D = \frac{Mmv^2}{2(M+m)}$, (1) $m =?$ (2) $v =?$

b) $E = \frac{m_1m_2}{2(m_1+m_2)}(v_1^2 - v_2^2)$, (1) $m_1 =?$ (2) $v_1 =?$

1.379 **a)** $b^2x^2 + a^2y^2 = a^2b^2$, (1) $x =?$ (2) $a =?$ **b)** $\frac{x^2}{a^2} - \frac{y^2}{b^2} = 1$, (1) $b =?$ (2) $y =?$

1.380 **a)** $l = \dfrac{BH^3}{12} - \dfrac{bh^3}{12}$, (1) $h =?$ (2) $H =?$ **b)** $V = \dfrac{\pi r^4 (p - p_0) t_0}{8 \mu \ell}$, (1) $p =?$ (2) $r =?$

1.381 **a)** $K_n = K_0 r^n$, (1) $r =?$ (2) $K_0 =?$ **b)** $K_0 = K_n v^n$, (1) $K_n =?$ (2) $v =?$

1.382 **a)** $O_K = 4\pi r^2, r =?$ **b)** $A = \dfrac{\pi}{4} d^2, d =?$ **c)** $A = \dfrac{a^2\sqrt{3}}{4}, a =?$

1.383 **a)** $A = 2a^2(\sqrt{2}+1), a =?$ **b)** $A = \dfrac{3a^2\sqrt{3}}{2}, a =?$ **c)** $V = \dfrac{4\pi r^2 h}{3}, r =?$

1.384 **a)** $a^2 + b^2 = c^2$, (1) $a =?$ (2) $b =?$ (3) $c =?$ **b)** $O_{HK} = 4\pi(r_1^2 + r_2^2)$, (1) $r_1 =?$ (2) $r_2 =?$

1.385 **a)** $V = \dfrac{\pi h}{6}(3r_1^2 + 3r_2^2 + h^2)$, (1) $r_1 =?$ (2) $r_2 =?$

b) $d = \sqrt{a^2 + b^2 + c^2}$, (1) $a =?$ (2) $b =?$ (3) $c =?$

1.386 **a)** $A = \dfrac{c}{4}\sqrt{4a^2 - c^2}, a =?$ **b)** $O_p = a^2 + 2a\sqrt{h^2 + \dfrac{a^2}{4}}, h =?$

1.387 Vermindert man eine Zahl um die Hälfte und dieses Ergebnis um sein Drittel, so erhält man 5. Wie lautet die Zahl?

1.388 Ein Mann fliest sein neues Badezimmer. Am ersten Tag legt er die Hälfte, am zweiten Tag ein Drittel aller Fliesen, am dritten und vierten Tag die Hälfte des jeweils verbleibenden Restes. Wie viele Fliesen verlegt der Mann, wenn am Ende des vierten Tages noch 5 Stück überbleiben?

1.389 Das 3fache einer Zahl, vermehrt um ein Viertel dieser Zahl, ergibt um 4 weniger als das 4fache dieser Zahl, vermindert um die Hälfte der ursprünglichen Zahl. Wie lautet die Zahl?

1.390 Die Summe aus der Hälfte und dem Fünfzehntel einer Zahl ist um 19 größer als die Summe aus dem Zwanzigstel und dem Fünftel. Wie lautet die Zahl?

1.391 Eine zweiziffrige Zahl, bei der die Zehnerstelle den doppelten Wert der Einerstelle hat, besitzt die Ziffernsumme 6. Wie heißt die Zahl?
Anleitung: Man wähle die Einerziffer als Variable.

1.392 Eine zweiziffrige Zahl, bei der die Einerstelle den dreifachen Wert der Zehnerstelle hat, besitzt die Ziffernsumme 12. Wie heißt die Zahl?

1.393 Der Wert der Zehnerstelle einer zweistelligen Zahl ist um 3 kleiner als jener der Einerstelle. Werden die Ziffern vertauscht, so ist die entstehende Zahl um 2 größer als das Doppelte der ursprünglichen Zahl. Wie lautet die ursprüngliche Zahl?
Anleitung:

	Z	E	Darstellung der Zahlen
gegebene Zahl	$x-3$	x	$10(x-3)+x$
Zahl mit vertauschten Ziffern	x	$x-3$	$10x+x-3$

1.394 Die Zehnerstelle einer Zahl hat einen um 7 kleineren Wert als die Einerstelle. Vertauscht man beide, ist die entstehende Zahl um 5 größer als das 3fache der ursprünglichen Zahl. Welche Zahl erfüllt diese Bedingungen?

1.395 Die Einerziffer einer dreistelligen Zahl ist 7. Die Hunderterstelle hat den 3fachen Wert der Zehnerstelle. Werden Einer- und Hunderterziffer vertauscht, erhält man eine um 198 kleinere Zahl. Wie lautet die ursprüngliche Zahl?

1.396 In einer dreistelligen Zahl ist der Wert der Hunderterstelle doppelt so groß wie jener der Zehnerstelle, der Wert der Einerstelle um 5 größer als der der Zehnerstelle. Vertauscht man die Hunderter- und die Einerziffer, so erhält man eine Zahl, die um 36 kleiner ist als das 3fache der ursprünglichen Zahl. Wie lautet die ursprüngliche Zahl?

1.397 Eine dreistellige Zahl hat die Einerziffer 9. Nimmt man diese Ziffer rechts weg und setzt sie links an, so ist die neue Zahl um 33 kleiner als das 4fache der ursprünglichen Zahl. Wie lautet die ursprüngliche Zahl?
Anleitung: ursprüngliche Zahl: $10x + 9$
Die Zahl x ist zweistellig. Durch rechtes Ansetzen der 9 entsteht eine dreistellige Zahl; die Zahl x nimmt den 10fachen Wert an.

1.398 Eine vierstellige Zahl hat die Tausenderziffer 1. Nimmt man diese Ziffer links weg und setzt sie rechts an, so ist die neue Zahl um 90 größer als die ursprüngliche Zahl. Wie lautet die ursprüngliche Zahl?
Anleitung: ursprüngliche Zahl: $1\,000 + x$

1.399 Die Summe zweier natürlicher Zahlen ist 103. Wenn die größere der beiden Zahlen durch die kleinere dividiert wird, erhält man 33 als Quotienten und 1 als Rest. Wie lauten die beiden Zahlen?

1.400 Die Summe zweier natürlicher Zahlen ist 87. Wenn man die größere der beiden Zahlen durch die kleinere dividiert, erhält man 13 als Quotienten und 3 als Rest. Wie lauten die beiden Zahlen?

1.401 Die Differenz zweier natürlicher Zahlen ist 94. Wenn die größere der beiden Zahlen durch die kleinere dividiert wird, erhält man 24 als Quotienten und 2 als Rest. Wie lauten die beiden Zahlen?

1.402 6 000,– € sollen unter drei Preisträger derart verteilt werden, dass auf den zweiten Preis $2/3$ des ersten Preises und auf den dritten Preis die Hälfte des zweiten Preises entfallen. Welche Beträge entfallen auf die drei Preise?

1.403 Wieviel Prozent Salzgehalt hat die Mischung von 50 kg 20-%iger und 350 kg 4-%iger Salzlösung?
Anleitung:

Salzlösung in kg	Salzgehalt in %	Menge des Salzes in kg
50	20	$50 \cdot \frac{20}{100}$
350	4	$350 \cdot \frac{4}{100}$
400	x	$400 \cdot \frac{x}{100}$

1.404 Wieviel Prozent Alkoholgehalt hat die Mischung von 200 l 86-%igem Alkohol und 500 l 37-%igem Alkohol?

1.405 Wieviel Liter Wasser sind zu 150 l 84-%igem Alkohol hinzuzufügen, um 60-%igen Alkohol zu erhalten?

1.406 Wieviel kg einer 22-%igen Salzlösung sind zu 6 kg einer 15-%igen Salzlösung hinzuzufügen, um eine 19-%ige Salzlösung zu erhalten?

1.407 Jemand hat 10 kg 30-%iger Salzlösung und beabsichtigt, durch Mischung mit einer anderen Salzlösung 35 kg 20-%ige Sole herzustellen. Welche Konzentration muss die zum Mischen verwendete zweite Lösung aufweisen?

1.408 Jemand hat 1 200 l 12-%igen Alkohol und beabsichtigt 1 800 l 36-%igen Alkohol herzustellen. Welchen Alkoholgehalt muss die zum Mischen verwendete Flüssigkeit haben?

1.409 In einer Fabrik wird zur Abkühlung eines auf chemischem Wege erzeugten Produkts 500 l Wasser zu 42 °C benötigt. Wieviel Wasser zu 80 °C, das aus einem Prozeß gewonnen wird und wieviel Liter Leitungswasser (zu 4 °C) werden hierzu benötigt?

1.410 Jemand benötigt 36 kg 20-%ige Salzlösung. Es stehen zum Mischen zwei Salzlösungen zur Verfügung, die 15- bzw. 24-%ige Konzentration aufweisen. Welche Mengen der vorhandenen Salzlösungen sind für die Mischung erforderlich?

1.411 Ein Wasserbecken mit dem Volumen V wird durch drei Rohre gespeist: Das erste Rohr benötigt 3 Stunden, das zweite 4 Stunden und das dritte 6 Stunden, um das Becken zu füllen. In welcher Zeit füllen alle drei Zuleitungen gemeinsam das Becken?

Anleitung:

Rohr	Leistung je h	Betriebsdauer	Leistung in der Betriebsdauer
R_1	$\frac{V}{3}$	x	$\frac{Vx}{3}$
R_2	$\frac{V}{4}$	x	$\frac{Vx}{4}$
R_3	$\frac{V}{6}$	x	$\frac{Vx}{6}$

1.412 Um eine wichtige Durchgangsstraße nach einem Erdrutsch wieder freizumachen, werden drei Bagger eingesetzt. Das erste Fahrzeug würde das Geröll in 27 Tagen, das zweite in 36 und das dritte in 54 Tagen wegschaffen.

a) Wie lange brauchen alle drei Bagger gemeinsam für diese Arbeit?
b) Wie lange dauern die Aufräumungsarbeiten, wenn der zweite Bagger erst am zweiten Tag und der dritte Bagger erst am vierten Tag eingesetzt werden?

1.413 Ein Staubecken kann durch einen Zufluss Z_1 in 42 Tagen, durch einen Zufluss Z_2 in 48 Tagen und durch einen Zufluss Z_3 in 56 Tagen gefüllt werden.

a) Wie lange dauert das Füllen des Staubeckens, wenn alle drei Zuflüsse gleichzeitig geöffnet werden?
b) Wie lange dauert das Füllen des Staubeckens, wenn der Zufluss Z_2 6 Tage nach dem Öffnen von Z_1 und Z_3 weitere 8 Tage später geöffnet werden?

1.414 Vier Maurer sind mit dem Verputzen einer Hausfassade beschäftigt. A würde die Fassade allein in 12 Tagen, B in 14, C in 30 und D in 18 Tagen verputzen. In welcher Zeit wird die Arbeit fertiggestellt, wenn alle vier gemeinsam arbeiten?

1.415 Ein LKW fährt mit einer Geschwindigkeit von 40 km/h um 9 Uhr vom Ort A nach dem 75 km entfernten Ort B ab. Eine halbe Stunde später fährt ein PKW mit einer Geschwindigkeit von 70 km/h von B in Richtung A ab. Um wieviel Uhr und in welcher Entfernung von A begegnet der PKW dem LKW?

Anleitung:

	Geschwindigkeit in km/h	Zeit in h	Weg in km
LKW	40	x	$40x$
PKW	70	$x - 0{,}5$	$70(x - 0{,}5)$

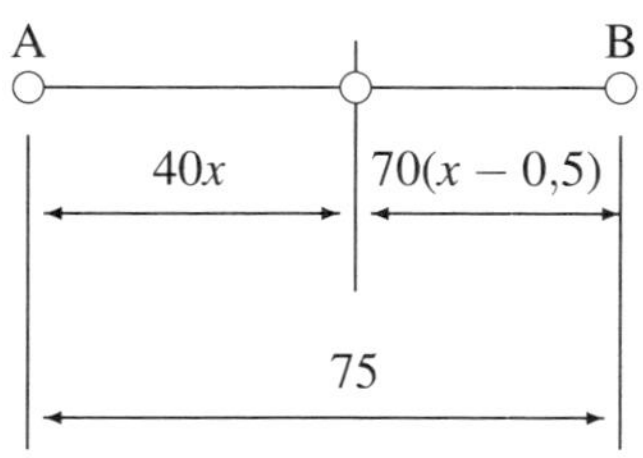

1.416 Ein Fußgänger, der 4 km in einer Stunde zurücklegt, geht um 8 Uhr vom Ort A nach dem 40 km entfernten Ort B ab. Um 9 Uhr verlässt ein Radfahrer den Ort B in Richtung A mit einer Geschwindigkeit von 16 km/h.

a) Um wieviel Uhr und in welcher Entfernung von A begegnet der Fußgänger dem Radfahrer?
b) Um wieviel Uhr und in welcher Entfernung von A würde der Radfahrer den Fußgänger einholen, wenn er wie der Fußgänger die Strecke von A nach B zurücklegt?

1.417 Ein LKW, der 50 km in der Stunde zurücklegt, verlässt den Ort A um halb neun Uhr. Um 10 Uhr folgt ihm ein PKW mit einer Geschwindigkeit von 80 km/h. Um wieviel Uhr und in welcher Entfernung von A hat der PKW den LKW eingeholt?

1.418 An einer Straße liegen die Orte A, B und C, wobei A von B 25 km und B von C 100 km entfernt sind. Um 8 Uhr verlässt ein Mopedfahrer den Ort B mit einer Geschwindigkeit von 38 km/h in Richtung C. Um 9 Uhr fährt ein PKW-Fahrer mit einer Geschwindigkeit von 80 km/h vom Ort A in Richtung C ab. Um wieviel Uhr und in welcher Entfernung von C holt der PKW-Fahrer den Mopedfahrer ein?

1.3.3 Der VIETAsche Wurzelsatz

Löst man die in ihrer *Normalform* gegebene quadratische Gleichung

$$x^2 + px + q = 0 \qquad \text{mit} \quad p, q \in \mathbf{R} \tag{1.9}$$

allgemein, so erhält man die beiden Lösungen

$$\boxed{x_1 = -\frac{p}{2} + \sqrt{\frac{p^2}{4} - q} \quad \text{und} \quad x_2 = -\frac{p}{2} - \sqrt{\frac{p^2}{4} - q}} \tag{1.10}$$

Der in beiden Lösungen als Radikand auftretende Term

$$D = \frac{p^2}{4} - q$$

wird *Diskriminante* genannt.

Ist $D > 0$, so besitzt die quadratische Gleichung (1.9) zwei *reelle Lösungen*. Wenn die Diskriminante $D = 0$ ist, dann wird $x_1 = x_2 = -p/2$. Man spricht in diesem Falle von einer *Doppellösung*. Wenn jedoch $D < 0$ ist, dann gibt es in $\mathbf{R}$ *keine Lösung* für die gegebene quadratische Gleichung. Dieser Fall wird im Abschnitt 5.5 dieses Bandes eingehender behandelt werden.

Unabhängig davon, welchen Wert D besitzt, gibt es zwischen den Koeffizienten und den Lösungen einer quadratischen Gleichung folgende wichtigen Zusammenhänge:

- Die *Summe* der beiden Lösungen x_1 und x_2 einer in der*Normalform* gegebenen quadratischen Gleichung ist gleich dem Koeffizienten p des linearen Gliedes mit entgegengesetztem Vorzeichen.
- Das *Produkt* der beiden Lösungen x_1 und x_2 einer in der Normalform gegebenen quadratischen Gleichung ist gleich dem Absolutglied q der Gleichung.

$$\boxed{\begin{aligned} x_1 + x_2 &= -p \\ x_1 \cdot x_2 &= q \end{aligned}} \tag{1.11}$$

Prüfen Sie diese Aussage bitte an Hand der beiden Lösungsformeln (1.10) für die quadratischen Gleichungen selbständig nach!

Dieser Zusammenhang zwischen den Koeffizienten p und q der quadratischen Gleichung $x^2 + px + q = 0$ und den beiden Lösungen x_1 und x_2 wird nach dem französischen Mathematiker und Juristen Francois VIETA auch **Wurzelsatz von VIETA** genannt.

Er lässt die folgenden *Schlussfolgerungen* zu:

1. Ersetzt man in der quadratischen Gleichung $x^2 + px + q = 0$ die Koeffizienten p und q durch $-(x_1 + x_2)$ und $x_1 \cdot x_2$, so erhält man

$$x^2 - (x_1 + x_2)x + x_1 \cdot x_2 = 0. \qquad (^*)$$

Daraus ergibt sich eine einfache Möglichkeit, die *Probe* auf die Richtigkeit der berechneten Lösungen einer quadratischen Gleichung zu machen.

Beispiel:

1.35a Sind beispielsweise $x_1 = 2$ und $x_2 = 3$ als Lösungen der quadratischen Gleichung $x^2 - 5x + 6 = 0$ ermittelt worden, dann ist

$x_1 + x_2 = 2 + 3 = 5$ in Übereinstimmung mit $p = -5$ und
$x_1 \cdot x_2 = 2 \cdot 3 = 6$ in Übereinstimmung mit $q = 6$

Die Aussagen des VIETAschen Wurzelsatzes sind erfüllt, also sind x_1 und x_2 Lösungen der gegebenen Gleichung.
Diese beiden Rechnungen sind völlig *gleichwertig* mit den beiden Proben durch Einsetzen der Lösungen in die Ausgangsgleichung.

2. Die Gleichung $(^*)$

$$x^2 - (x_1 + x_2)x + x_1 \cdot x_2 = 0$$

ist identisch mit

$$(x - x_1)(x - x_2) = 0, \qquad (^{**})$$

was sich durch Ausmultiplizieren der letzten Gleichung leicht nachprüfen lässt.
Man kann also mit Hilfe des VIETAschen Wurzelsatzes einen quadratischen Term in ein *Produkt von zwei Linearfaktoren* zerlegen. Solche Zerlegungen sind sehr wichtig, z. B. bei der Vereinfachung von Brüchen.

Beispiel:

1.35b Aus den im Beispiel 1.35a angegebenen Lösungen $x_1 = 2$ und $x_2 = 3$ für die quadratische Gleichung $x^2 - 5x + 6 = 0$ ergibt sich die Produktzerlegung

$$x^2 - 5x + 6 = (x - 2)(x - 3).$$

(Bitte nachprüfen!)

3. Aus der Produktform $(x - x_1)(x - x_2) = 0$ ist deutlich zu erkennen, dass x_1 und x_2 Lösungen der quadratischen Gleichung sind, denn setzt man in $(^{**})$ $x = x_1$, so wird der erste Faktor Null, und setzt man $x = x_2$, dann wird der zweite Faktor Null. Ein Produkt ist aber stets dann gleich Null, wenn mindestens *ein* Faktor Null ist.
4. Eine quadratische Gleichung hat genau zwei Lösungen, denn ein quadratischer Term entsteht durch Ausmultiplizieren zweier Linearfaktoren. Diese Lösungen müssen jedoch nicht unbedingt dem Bereich **R** der reellen Zahlen angehören.

Aufgaben:

1.419 Welche quadratische Gleichung besitzt die folgenden Lösungen?

a) $x_1 = 1 \quad x_2 = 10$ **b)** $x_1 = 3 \quad x_2 = -4$

c) $x_1 = -\frac{1}{2} + \sqrt{7} \quad x_2 = -\frac{1}{2} - \sqrt{7}$ **d)** $x_1 = 2 \quad x_2 = -2$

e) $x_1 = 4 - \sqrt{3} \quad x_2 = 4 + \sqrt{3}$

1.420 Zerlegen Sie die folgenden quadratischen Terme in ein Produkt aus Linearfaktoren:

a) $x^2 - 4x + 3$ **b)** $x^2 + 2x - 15$ **c)** $x^2 - 4x + 4$

d) $x^2 + 2x - 2$ **e)** $x^2 - 4x$ **f)** $5x^2 - 2x - 4$

g) $0{,}4x^2 + 1{,}2x + 0{,}1$ **h)** $1{,}27x^2 + 0{,}5x - 8{,}74$

1.421 Wie lautet die Normalform der quadratischen Gleichung mit der Lösungsmenge L?

a) $L = \{-9;\ 1\}$ **b)** $L = \{-5;\ -33\}$ **c)** $L = \{-17\}$

d) $L = \{1/8;\ 14\}$ **e)** $L = \{-3/2;\ 4/5\}$ **f)** $L = \{1 + \sqrt{2};\ 3 + \sqrt{3}\}$

1.422 Von einer quadratischen Gleichung kennt man eine Lösung; die andere ist zu bestimmen, falls es eine gibt.

a) $x^2 + 2x - 360 = 0,\ x_1 = 18$ **b)** $x^2 + 21x + 90 = 0,\ x_1 = -15$

c) $x^2 - 93x + 1512 = 0,\ x_1 = 72$ **d)** $2x^2 - 15x + 25 = 0,\ x_1 = 5$

e) $3x^2 + x - 2 = 0,\ x_1 = 2/3$ **f)** $0{,}2x^2 + 4{,}8x + 19 = 0,\ x_1 = -5$

1.423 Man überprüfe die Lösungsmenge der folgenden quadratischen Gleichungen mit Hilfe des Satzes von VIETA:

a) $8x^2 - 65x + 8 = 0;\ L = \{8;\ 0{,}125\}$ **b)** $x^2 - 19{,}8x + 82{,}8 = 0;\ L = \{6;\ 13{,}8\}$

c) $\frac{x^2}{2} - 70x + 882 = 0;\ L = \{126;\ 14\}$ **d)** $x^2 + (4 - \sqrt{7})x - 4\sqrt{7} = 0;\ L = \{-4;\ \sqrt{7}\}$

1.424 Man bestimme in den folgenden Gleichungen die Konstante a so, dass die Diskriminante 0 ist:

a) $x^2 + 2x + a = 0$ **b)** $x^2 + ax + 9 = 0$ **c)** $x^2 - 2ax + 16 = 0$

d) $ax^2 - 4x + 1 = 0$ **e)** $16x^2 - 8ax + a = 0$ **f)** $3ax^2 + 2ax + 1 = 0$

1.425 Es ist zu kürzen:

a) $\frac{x^2 - 3x - 10}{x + 2}$ **b)** $\frac{2x^2 - 19x - 10}{x - 10}$ **c)** $\frac{8x^2 - 39x - 5}{x + 0{,}125}$

1.4 Einfache Gleichungen höheren Grades

Der Inhalt dieses Abschnittes enthält Lehrstoff, der nicht unbedingt als bekannt vorausgesetzt werden kann. Da er aber inhaltlich auf den Ergebnissen insbesondere von 1.3.3 aufbaut, soll an dieser Stelle eine Einführung in das Lösen einfacher Gleichungen höheren Grades gegeben werden.

1.4.1 Begriffsbestimmungen

Die lineare Bestimmungsgleichung

$$ax + b = 0$$

nennt man auch *Gleichung ersten Grades*, weil die Unbekannte x nur in der ersten Potenz auftritt. Analog wird die Gleichung

$$ax^2 + bx + c = 0$$

als *Gleichung zweiten Grades* bezeichnet, denn in ihr tritt x^2 als höchste Potenz der Unbekannten auf, und

$$a_3x^3 + a_2x^2 + a_1x + a_0 = 0$$

ist eine *Gleichung dritten Grades*.

Definition:
Eine Gleichung der Form

$$a_nx^n + a_{n-1}x^{n-1} + \cdots + a_2x^2 + a_1x + a_0 = 0 \qquad (1.12)$$
$$\text{mit} \quad a_i \in \mathbf{R} \quad \text{und} \quad i = 0,1,\ldots,n$$

heißt *Bestimmungsgleichung n-ten Grades.*

Der Grad der Gleichung wird durch die höchste auftretende Potenz der Unbekannten x bestimmt.

Als abkürzende Schreibweise werden verwendet:

$$\sum_{i=0}^{n} a_ix^i = 0 \qquad \text{oder} \qquad P_n(x) = 0,$$

wobei man $P_n(x)$ ein *Polynom n-ten Grades* nennt.

1.4.2 Der VIETAsche Wurzelsatz

Der VIETAsche Wurzelsatz gilt nicht nur für quadratische Gleichungen, sondern er lässt sich auch für beliebige Gleichungen höheren Grades formulieren. Es sollen daher an dieser Stelle, ohne sie zu beweisen, einige Schlussfolgerungen aus dem VIETAschen Wurzelsatz angegeben werden, deren Kenntnis für das Lösen von Gleichungen höheren Grades von Nutzen ist.

- Eine Bestimmungsgleichung n-ten Grades hat stets genau n Lösungen $x_1, x_2, x_3, \ldots, x_n$.

  Beispiel:

  1.36a Die Gleichung dritten Grades

  $$x^3 + 2x^2 - x - 2 = 0$$

  besitzt die drei Lösungen

  $$x_1 = -2, \qquad x_2 = -1 \qquad \text{und} \qquad x_3 = 1.$$

  Es sei hier nochmals darauf verwiesen, dass die n Lösungen einer Bestimmungsgleichung n-ten Grades nicht alle reell sein müssen und dass unter diesen n Lösungen auch mehrfache Lösungen sein können.

- Kennt man die n Lösungen $x_1, x_2, \ldots, x_n$ einer Bestimmungsgleichung n-ten Grades, dann ist eine Produktzerlegung des Polynoms n-ten Grades in n Linearfaktoren $(x - x_i)$ möglich:

$$P_n(x) = a_nx^n + a_{n-1}x^{n-1} + \cdots + a_2x^2 + a_1x + a_0$$
$$= (x - x_1)(x - x_2)(x - x_3) \cdots (x - x_n).$$

Beispiel:

1.36b Mit den drei in Beispiel 1.36a. genannten Lösungen wird

$$x^3 + 2x^2 - x - 2 = (x - [-2])(x - [-1])(x - 1)$$
$$x^3 + 2x^2 - x - 2 = (x + 2)(x + 1)(x - 1).$$

(Kontrollieren Sie diese Behauptung durch Ausmultiplizieren des Produktes nach!)

- Umgekehrt kann man aus der vollständigen oder teilweisen Zerlegung eines Polynoms $P_n(x)$ in Linearfaktoren auf die Lösungen der zugehörigen Bestimmungsgleichung schließen.

Beispiel:

1.37 Das Polynom $x^3 + ax^2 - a^2x - a^3$ lässt sich wie folgt in Faktoren zerlegen:

$$\begin{aligned} x^3 + ax^2 - a^2x - a^3 &= x^2(x + a) - a^2(x + a) \\ &= (x + a)(x^2 - a^2) \\ &= (x + a)(x + a)(x - a) \end{aligned}$$

Schlussfolgerung:
Die Gleichung

$$x^3 + ax^2 - a^2x - a^3 = 0$$

besitzt die einfache Lösung $x_1 = a$ sowie die *„Doppellösung"* $x_{2,3} = -a$.

- Geht man von einer Gleichung dritten Grades in Normalform ($a_3 = 1$) aus, so ist

$$\begin{aligned} x^3 + a_2x^2 + a_1x + a_0 &= (x - x_1)(x - x_2)(x - x_3) \\ &= [x^2 - (x_1 + x_2)x + x_1x_2](x - x_3) \\ &= x^3 - (x_1 + x_2 + x_3)x^2 + (x_1x_2 + x_1x_3 + x_2x_3)x - x_1x_2x_3 \end{aligned}$$

Durch Vergleich der Koeffizienten von x^2 und von x sowie der beiden Absolutglieder auf beiden Seiten dieser Gleichung folgt hieraus:

$$\boxed{\begin{aligned} a_2 &= -(x_1 + x_2 + x_3) \\ a_1 &= x_1x_2 + x_1x_3 + x_2x_3 \\ a_0 &= -x_1x_2x_3 \end{aligned}} \qquad (1.13)$$

Dies ist der Wurzelsatz von VIETA für Gleichungen dritten Grades.

Für Gleichungen 4., 5. und höheren Grades lassen sich analoge *Beziehungen zwischen den Koeffizienten und den Lösungen der Gleichungen* aufstellen. Allerdings werden die entstehenden Formeln immer umfangreicher und können damit kaum zum Auffinden der Lösungen bzw. zur Lösungskontrolle (*Probe*) genutzt werden. Eine Ausnahme davon macht die Formel für das Absolutglied. Hier ergibt sich folgende Gesetzmäßigkeit:

> Das Absolutglied a_0 einer Gleichung n-ten Grades in der Normalform ist – vom Vorzeichen abgesehen – das *Produkt aller Lösungen*. Das Vorzeichen ist abhängig vom Grad der Gleichung.

$$\boxed{a_0 = \pm x_1 \cdot x_2 \cdot x_3 \cdot \ldots \cdot x_n} \qquad (1.14)$$

Besitzt die Gleichung nur *ganzzahlige Lösungen*, so müssen diese Lösungen als Faktoren in der Faktorenzerlegung des Absolutgliedes enthalten sein. Mit dieser Aussage ist ein *gezieltes Probieren* zum Auffinden ganzzahliger Lösungen einer Gleichung höheren Grades möglich.

Beispiel:

1.38 Die Gleichung $x^3 - 7x + 6 = 0$ hat das Absolutglied $a_0 = 6$.
Wenn die Gleichung ganzzahlige Lösungen besitzt, dann kommen nur die Werte ± 1, ± 2, ± 3 und ± 6 in Frage. Dagegen sind ± 4 und ± 5 mit Sicherheit *keine Lösungen* dieser Gleichung.

1.4.3 Das Lösen von speziellen Gleichungen höheren Grades

1.4.3.1 Gleichungen, die sich auf quadratische Gleichungen zurückführen lassen

Enthält eine Gleichung dritten Grades *kein Absolutglied*, so kann ein Faktor x ausgeklammert werden.

Ist also $a_0 = 0$, $a_1, a_2 \in \mathbf{R}$ und $a_3 \in \mathbf{R}\setminus\{0\}$, so erhält man als spezielle Form einer Gleichung dritten Grades

$$a_3x^3 + a_2x^2 + a_1x = 0,$$

woraus

$$x(a_3x^2 + a_2x + a_1) = 0$$

folgt.

Da ein Produkt nur dann Null wird, wenn einer der beiden Faktoren Null ist, zerfällt hiermit das Lösen der gegebenen Gleichung dritten Grades in das Lösen der beiden einfacheren Gleichungen

$$x = 0 \qquad \text{und} \qquad a_3x^2 + a_2x + a_1 = 0.$$

Beispiel:

1.39 Welche Lösungen besitzt die Gleichung $x^3 + x^2 - 6x = 0$?

Lösung:

$x^3 + x^2 - 6x = 0$ $\quad$ x ausklammern!

$x(x^2 + x - 6) = 0$

Damit lässt sich die Ausgangsgleichung aufspalten in

$$x = 0 \qquad \text{und} \qquad x^2 + x - 6 = 0,$$

woraus

$$x_1 = 0 \qquad \text{und} \qquad x_{2,3} = -\frac{1}{2} \pm \sqrt{\frac{1}{4} + 6}, \quad x_2 = 2 \quad x_3 = -3$$

folgt. Die Lösungsmenge der gegebenen Gleichung ist L= $\{-3;\ 0;\ 2\}$.

Analog geht man vor, wenn bei Gleichungen 4. Grades $a_0 = a_1 = 0$ ist.

Beispiel:

1.40 Es sollen die vier Lösungen der Gleichung $x^4 - 2x^3 - 3x^2 = 0$ ermittelt werden.

Lösung: Wie im Beispiel 1.39 ergibt sich

$x^4 - 2x^3 - 3x^2 = 0$ $\quad$ x^2 ausklammern!

$x^2(x^2 - 2x - 3) = 0$ $\quad$ Aufspalten in zwei Gleichungen!

1. $x^2 = 0 \longrightarrow x_1 = 0, x_2 = 0$ (Doppellösung)

2. $x^2 - 2x - 3 = 0 \longrightarrow x_3 = 3, x_4 = -1$

Bei Gleichungen 4. Grades vom Typ

$$a_4x^4 + a_2x^2 + a_0 = 0 \quad \text{mit} \quad a_3 = a_1 = 0, a_4 \in \mathbf{R}\backslash\{0\} \quad \text{und} \quad a_2, a_0 \in \mathbf{R}$$

führt die Substitution

$$z = x^2$$

auf die quadratische Gleichung

$$a_4z^2 + a_2z + a_0 = 0,$$

aus der man die beiden Lösungen z_1 und z_2 ermitteln kann. Aus

$$x^2 = z_1 \qquad \text{bzw.} \qquad x^2 = z_2$$

ergeben sich dann die vier Lösungen $x_1, \ldots, x_4$ für die Unbekannte x.

Beispiele:

1.41 Welche Lösungen besitzt die Gleichung $x^4 - 40x^2 + 144 = 0$?
Lösung: Die Substitution $z = x^2$ liefert die quadratische Gleichung

$$z^2 - 40z + 144 = 0$$

mit den Lösungen

$$z_{1,2} = 20 \pm \sqrt{400 - 144} = 20 \pm 16$$
$$z_1 = 36 \qquad z_2 = 4,$$

woraus wegen $x^2 = z$

$$x^2 = 36 \longrightarrow x_1 = -6 \quad x_2 = 6$$

und

$$x^2 = 4 \longrightarrow x_3 = -2 \quad x_4 = 2$$

folgt. Die gegebene Gleichung besitzt demnach die Lösungsmenge
$\mathrm{L} = \{-6, -2, 2, 6\}$.

1.42 Welche Lösungen besitzt die Gleichung $x^4 - 32x^2 - 144 = 0$?

Lösung: Bei der vorliegenden Gleichung erhält man nach analoger Rechnung wie im Beispiel 1.41 die Gleichung

$$z^2 - 32z - 144 = 0$$

mit

$z_1 = 36 \qquad z_2 = -4.$

Während man aus $x^2 = 36$ die beiden Lösungen $x_1 = -6$ und $x_2 = 6$ erhält, liefert die Gleichung $x^2 = -4$ keine weiteren reellen Lösungen, so dass diese Gleichung 4. Grades *nur zwei* reelle Lösungen besitzt:

$\mathrm{L} = \{-6, 6\}.$

Aufgaben

Es sind die Lösungen der folgenden Gleichungen in **R** gesucht:

1.426 **a)** $x^3 - 5x^2 + 4x = 0$ **b)** $x^3 + 5x^2 + 6x = 0$ **c)** $x^3 + 4x^2 + x = 0$
d) $x^3 - x^2 - x = 0$ **e)** $x^4 + x^3 - 6x^2 = 0$ **f)** $9x^4 - 6x^3 - 5x^2 = 0$

1.427 **a)** $x^4 - 13x^2 + 36 = 0$ **b)** $x^4 - 45x^2 + 323 = 0$ **c)** $x^4 - 10x^2 + 9 = 0$

1.428 **a)** $x^4 - 50x^2 + 49 = 0$ **b)** $x^4 - 5x^2 + 4 = 0$ **c)** $x^4 - 540x^2 + 5819 = 0$

1.429 **a)** $4x^4 - 5x^2 + 1 = 0$ **b)** $3x^4 - 29x^2 + 18 = 0$ **c)** $2x^4 - 34x^2 + 32 = 0$

1.430 **a)** $4x^4 - 13x^2 + 9 = 0$ **b)** $9x^4 - 10x^2 + 1 = 0$ **c)** $12x^4 - 13x^2 + 9 = 0$

1.4.3.2 Gleichungen höheren Grades, von denen mindestens eine Lösung bekannt ist

Ist eine Lösung x_1 einer Gleichung 3. Grades bekannt, so kann die gegebene Gleichung

$$a_3x^3 + a_2x^2 + a_1x + a_0 = 0$$

nach 1.4.2 wie folgt in Faktoren zerlegt werden:

$$(x - x_1) \cdot a_3 \cdot (x - x_2)(x - x_3) = 0.$$

Da x_1 bekannt ist, man jedoch x_2 und x_3 noch nicht kennt, lassen sich die Faktoren im letzten Ausdruck zu einem quadratischen Term zusammenfassen:

$$(x - x_1)(b_2x^2 + b_1x + b_0) = 0.$$

Damit lässt sich also die Gleichung dritten Grades in ein Produkt von zwei Faktoren zerlegen, das gleich Null sein soll und von dem der eine Faktor $(x - x_1)$ bekannt ist. Setzt man nun in diesem Produkt den zweiten Faktor Null, so erhält man eine quadratische Gleichung, aus der die beiden fehlenden Lösungen berechnet werden können. Dieser zweite Faktor lässt sich unmittelbar aus dem gegebenen Polynom dritten Grades berechnen, wenn man es durch $(x - x_1)$ dividiert.

Beispiele:

1.43 Man berechne die Lösungen der Gleichung $x^3 - 2x^2 - 5x + 6 = 0$

Lösung: Die Gleichung $x^3 - 2x^2 - 5x + 6 = 0$ besitzt die Lösung $x_1 = 1$, wie man durch Einsetzen leicht nachprüfen kann.
Die restlichen beiden Lösungen findet man, indem man das gegebene Polynom dritten Grades durch $(x - 1)$ dividiert. *Dabei darf kein „Rest" entstehen*!

(Ein Rest bei der Division deutet in jedem Fall auf einen Fehler hin: Entweder ist x_1 keine Lösung der Gleichung, oder aber es wurde bei der Division ein Fehler gemacht. Weiterrechnen bei einem auftretenden Rest ist sinnlos!)

$$\begin{array}{l}
(x^3 - 2x^2 - 5x + 6) : (x - 1) = x^2 - x - 6 \\
\underline{-(x^3 - x^2)} \\
\quad -x^2 - 5x \\
\quad \underline{-(-x^2 + x)} \\
\qquad -6x + 6 \\
\qquad \underline{-(-6x + 6)} \\
\qquad\quad -
\end{array}$$

Die restlichen beiden Lösungen ergeben sich nunmehr aus der quadratischen Gleichung $x^2 - x - 6 = 0$ zu

$x_2 = -2 \qquad \text{und} \qquad x_3 = 3,$

so dass

$\mathrm{L} = \{-2, 1, 3\}$

wird.

1.44 Wie lauten die Lösungen der Gleichung vierten Grades $x^4 - x^3 - 10x^2 + 4x + 24 = 0$?

Lösung: Da das Absolutglied in dieser Gleichung 24 ist, kommen offenbar folgende ganzzahligen Lösungen in Frage

$\pm 1, \ \pm 2, \ \pm 3, \ \pm 4, \ \pm 6.$

Dies sind leider sehr viele Möglichkeiten, aber man sollte trotzdem systematisch probieren.

$$\begin{array}{lll}
x = \ \ 1: & 1 - 1 - 10 + 4 + 24 \neq 0 & \longrightarrow \text{keine Lösung!} \\
x = -1: & 1 + 1 - 10 - 4 + 24 \neq 0 & \longrightarrow \text{keine Lösung!} \\
x = \ \ 2: & 16 - 8 - 40 + 8 + 24 = 0 & \longrightarrow \text{Lösung!}
\end{array}$$

Da $x_1 = 2$ eine Lösung der Gleichung 4. Grades ist, muss sich das Polynom 4. Grades ohne Rest durch $(x - 2)$ dividieren lassen:

$$\begin{array}{l}
(x^4 - x^3 - 10x^2 + 4x + 24) : (x - 2) = x^3 + x^2 - 8x - 12 \\
\underline{-(x^4 - 2x^3)} \\
\quad x^3 - 10x^2 \\
\quad \underline{-(x^3 - 2x^2)} \\
\qquad -8x^2 + 14x \\
\qquad \underline{-(8x^2 + 16x)} \\
\qquad\quad -12x + 24 \\
\qquad\quad \underline{-(-12x + 24)} \\
\qquad\qquad -
\end{array}$$

Nun kann an der Gleichung $x^3 + x^2 - 8x - 12 = 0$ probiert werden, um weitere Lösungen der Gleichung zu finden.

$x = -2: \qquad -8 + 4 + 16 - 12 = 0 \qquad \longrightarrow \quad \text{Lösung!}$

Da $x_2 = -2$ Lösung der Gleichung $x^3 + x^2 - 8x - 12 = 0$ ist, muss die Division

$(x^3 + x^2 - 8x - 12) : (x + 2)$

wiederum ohne Rest aufgehen. Man erhält

$(x^3 + x^2 - 8x - 12) : (x + 2) = x^2 - x - 6,$

woraus schließlich die beiden letzten Lösungen $x_3 = -2$ und $x_4 = 4$ folgen. Die gegebene Gleichung besitzt demnach die beiden einfachen Lösungen $x_1 = 2$ und $x_2 = 3$ sowie die Doppellösung $x_{3,4} = -2$.
Damit ist die Lösungsmenge der gegebenen Gleichung 4. Grades

$\mathrm{L} = \{-2, -2, 2, 3\}$.

Das an den letzten beiden Beispielen demonstrierte Verfahren führt zur Lösung einer Gleichung n-ten Grades, wenn es gelingt, durch Probieren $n-2$ reelle Lösungen zu finden, mit deren Hilfe man die Gleichung schrittweise bis zur quadratischen Gleichung reduzieren kann. Da diese Voraussetzung jedoch in der Regel nicht gegeben ist, wird die Anwendung dieses Verfahrens nur für spezielle Gleichungen möglich. Die allgemeine Bestimmung reeller Lösungen von Gleichungen höheren Grades erfolgt auf grafischem Wege oder durch Anwendung numerischer Näherungsverfahren und wird im Band 3 behandelt.

Aufgaben

Bei den folgenden Gleichungen ist eine Lösung bekannt. Bestimmen Sie die restlichen Lösungen.

1.431 $x^3 - x^2 + 17x + 87 = 0;\ x_1 = -3$

1.432 $x^3 - 9x^2 + 26x - 24 = 0;\ x_1 = 4$

1.433 $2x^3 - 8x^2 + 11x - 5 = 0;\ x_1 = 1$

1.434 $15x^3 - 49x^2 + 49x - 15 = 0;\ x_1 = 5/3$

1.435 $x^3 - 3x^2 + 2 = 0;\ x_1 = 1$

1.436 $x^4 + 5x^3 + 5x^2 - 5x - 6 = 0;\ x_1 = -1$

1.437 $x^4 - 10x^3 + 35x^2 - 50x + 24 = 0;\ x_1 = 4$

1.438 $12x^4 + 4x^3 - 41x^2 + 4x + 12 = 0;\ x_1 = 2/3$

1.439 $x^4 + 2x^3 - 2x - 1 = 0;\ x_1 = 1$

Die folgenden Gleichungen besitzen eine ganzzahlige Lösung. Ermitteln Sie alle reellen Lösungen.

1.440 **a)** $2x^3 + 3x^2 - 3x - 2 = 0$ **b)** $2x^3 - 3x^2 - 3x + 2 = 0$

1.441 **a)** $3x^3 + 7x^2 - 7x - 3 = 0$ **b)** $3x^3 - 7x^2 - 7x + 3 = 0$

1.442 **a)** $4x^3 + 13x^2 - 13x - 4 = 0$ **b)** $4x^3 - 13x^2 - 13x + 4 = 0$

1.443 **a)** $6x^4 + 35x^3 + 62x^2 + 35x + 6 = 0$ **b)** $6x^4 - 35x^3 + 62x^2 - 35x + 6 = 0$

1.444 **a)** $3x^4 - 4x^3 - 14x^2 - 4x + 3 = 0$ **b)** $3x^4 + 4x^3 - 14x^2 + 4x + 3 = 0$

1.445 **a)** $8x^4 - 14x^3 - 69x^2 - 14x + 8 = 0$ **b)** $8x^4 + 14x^3 - 69x^2 + 14x + 8 = 0$

1.4.4 Das HORNER-Schema

Der Rechenaufwand für das in 1.4.3.2 vorgestellte Verfahren zur Reduzierung einer Gleichung n-ten Grades auf Gleichungen niedrigeren Grades lässt sich wesentlich verringern, wenn man das HORNER-Schema nutzt. Es soll im folgenden für Polynome 3. Grades erklärt werden. Die Verallgemeinerung auf Polynome höheren Grades ist ohne weiteres möglich.

Das Polynom 3. Grades $P_3(x) = a_3x^3 + a_2x^2 + a_1x + a_0$ lässt sich durch mehrmaliges Ausklammern von x wie folgt vereinfachen:

$$\begin{aligned} P_3(x) &= a_3x^3 + a_2x^2 + a_1x + a_0 \\ &= x[a_3x^2 + a_2x + a_1] + a_0 \\ P_3(x) &= x[x(a_3x + a_2) + a_1] + a_0. \end{aligned}$$

Will man den Wert des Polynoms für $x = x_1$ berechnen, so kann man folgendermaßen von innen nach außen vorgehen:

Man berechnet zuerst die runde Klammer durch

- Multiplikation von a_3x_1 und Addition von a_2; es folgt
- Multiplikation des Zwischenergebnisses mit x_1 und Addition mit a_1 (eckige Klammer); schließlich folgt noch einmal
- Multiplikation des letzten Ergebnisses mit x_1 und Addition von a_0.

Man erkennt sofort, dass hier mehrmals die gleichen Rechenschritte ausgeführt werden:
1. Multiplikation mit x_1 und
2. Addition eines Koeffizienten a_i.

Für den Taschenrechner ergibt sich daraus die folgende Operationsfolge:

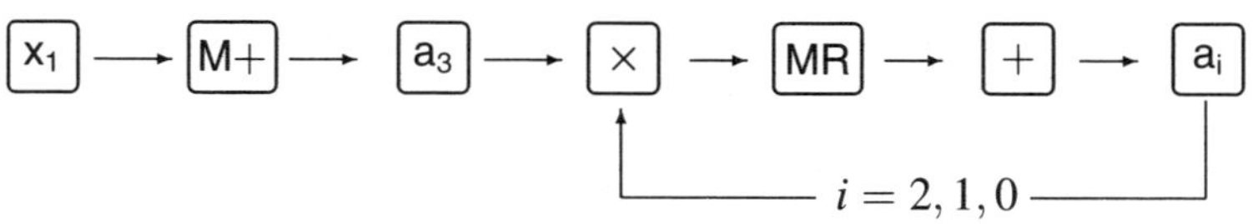

Diese Tastenfolge ist wesentlich schneller und rationeller ausführbar als die Tastenfolge für die Berechnung des Polynoms in seiner ursprünglichen Gestalt, da hier keine Potenzen auftreten und das Speichern von Zwischenergebnissen entfällt.

Bei Polynomen mit ganzzahligen Koeffizienten und einfachen Zahlenwerten für x_1 benötigt man nicht einmal einen Taschenrechner, sondern kann die Rechnung „im Kopf" ausführen. Dazu ist das folgende Schema hilfreich.

> Man schreibt in der Kopfzeile die Koeffizienten des Polynoms, beginnend mit dem der höchsten Potenz von x (beim Polynom 3. Grades: a_3) der Reihe nach auf, lässt eine Zeile für die zu berechnenden Produkte frei und schreibt den Koeffizienten der höchsten Potenz von x noch einmal unter den für die Addition vorgesehenen Strich. Am Anfang der mittleren Zeile notiert man überdies noch das Argument x_1, für das der Wert des Polynoms berechnet werden soll.

	a_3	a_2	a_1	a_0
$x = x_1$				
	a_3			

Die unter dem Strich stehenden Zwischenergebnisse werden jeweils mit x_1 multipliziert und zum nächstfolgenden Koeffizienten addiert. Damit ergibt sich folgender Rechenablauf:

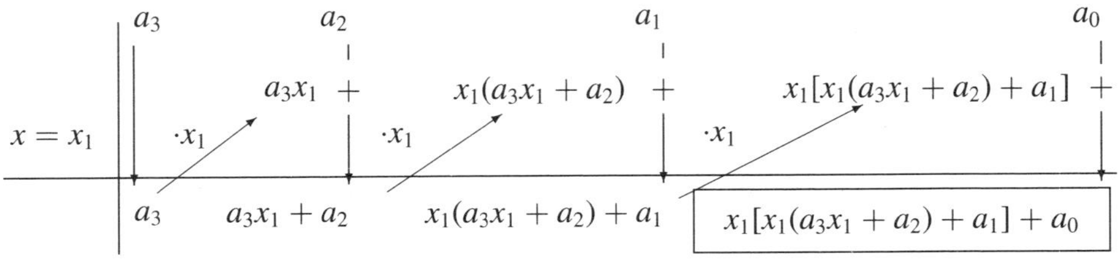

Der am Ende der Rechnung entstehende, im Schema eingerahmte Wert ist der Wert des Polynoms $P_3(x)$ für $x = x_1$.

Beispiele:

1.45 Der Wert des Polynoms $P(x) = x^3 + 2{,}5x^2 - 10{,}274$ soll für $x = 2,1$ berechnet werden.

Lösung: Das HORNER-Schema hat für das gegebene Polynom das folgende Aussehen:

	1	**2,5**	**0**	**−10,274**
$x =$ **2,1**		2,1	9,66	20,286
	1	4,6	9,66	**10,012**

Anmerkung: In der ersten Zeile des HORNER-Schemas müssen die Koeffizienten *aller* Potenzen von x aus dem Polynom aufgeschrieben werden, und zwar der Reihe nach, beginnend mit dem Koeffizienten der höchsten Potenz von x bis zum absoluten Glied.
Tritt im Polynom eine Potenz von x nicht auf, so ist an dieser Stelle im Schema eine Null zu notieren. Dies ist im Beispiel beim linearen Glied der Fall.

1.46 Welchen Wert hat das Polynom $P(x) = x^3 + 3x^2 - 12x - 10$ für $x = 2, \; -3, 4$ und -5?

Lösung: Das HORNER-Schema ist vor allem dann vorteilhaft anzuwenden, wenn der Wert eines Polynoms für eine größere Anzahl von x-Werten berechnet werden soll. Es reicht in diesem Falle aus, die Kopfzeile des HORNER-Schemas nur einmal aufzuschreiben und sie als Ausgangszeile für alle folgenden Berechnungen zu verwenden.
Im vorliegenden Beispiel sieht das dann wie folgt aus:

	1	**3**	**−12**	**−10**
$x = 2$		2	10	−4
	1	5	−2	**−14 = P(2)**
$x = -3$		−3	0	36
	1	0	−12	**26 = P(−3)**
$x = 4$		4	28	64
	1	7	16	**54 = P(4)**
$x = -5$		−5	10	10
	1	−2	−2	**0 = P(−5)**

Betrachten wir nun den Fall, dass die Lösungen der Gleichung $x^3 + 3x^2 - 12x - 10 = 0$ berechnet werden sollen.

Wie man am Absolutglied $a_0 = -10$ der Gleichung erkennt, kommen als ganzzahlige Lösungen nur ± 2, $\pm\,5$ und ± 10 in Frage. (Dass $x = \pm 1$ keine Lösungen sind, sieht man sofort.)

Hätte man nun das letzte Beispiel unter dem Aspekt des Lösens der gegebenen Gleichung betrachet, so wäre das Einsetzen von -3 oder 4 in das HORNER-Schema nicht sinnvoll gewesen. Dagegen erkennt man aus dem letzten Beispiel, dass $x_1 = -5$ eine Lösung der Gleichung ist, denn es wurde festgestellt, dass $P(-5) = 0$ ist und dass damit $x_1 = -5$ die Gleichung erfüllt.

Wie gelangt man nun zu dem Polynom zweiten Grades, aus dem man die beiden restlichen Lösungen der Gleichung bestimmen kann? Bisher mussten wir dazu das Polynom dritten Grades durch $(x - x_1)$, also hier durch $(x + 5)$ dividieren. Die Anwendung des HORNER-Schemas macht diese doch recht langwierige Operation überflüssig. Nach 1.4.3.2 ist nämlich

$$a_3x^3 + a_2x^2 + a_1x + a_0 = (x - x_1)(b_2x^2 + b_1x + b_0),$$

wobei x_1 eine Lösung der Gleichung sein muss.

Multipliziert man auf der rechten Seite dieser Gleichung aus und fasst die Glieder gleicher Potenzen von x zusammen, so ergibt sich

$$a_3x^3 + a_2x^2 + a_1x + a_0 = b_2x^3 + (b_1 - b_2x_1)x^2 + (b_0 - b_1x_1)x + b_0x_1.$$

Da die Koeffizienten einander entsprechender Potenzen von x übereinstimmen müssen, kann man die gesuchten Koeffizienten b_2,b_1 und b_0 wie folgt angeben:

$$b_2 = a_3$$

$$b_1 - b_2x_1 = a_2 \quad \longrightarrow \quad b_1 = a_2 + b_2x_1 = a_2 + a_3x_1$$

und

$$b_0 - b_1x_1 = a_1 \quad \longrightarrow \quad b_0 = b_1x_1 + a_1.$$

Betrachtet man noch einmal die letzte Zeile des allgemeinen HORNER– Schemas, so sieht dies in dem Falle, dass x_1 eine Lösung der Gleichung ist, wie folgt aus:

$x = x_1$				
	a_3	$a_3x_1 + a_2$	$x_1(a_3x_1 + a_2) + a_1$	0
	$\downarrow$	$\downarrow$	$\downarrow$	
	b_2	b_1	b_0	

Die gesuchten Koeffizienten der neuen Gleichung erhält man demnach unmittelbar aus der letzten Zeile des HORNER-Schemas. Man braucht also keine Partialdivision durchzuführen, um auf die Gleichung für die Berechnung der noch fehlenden Lösungen zu kommen.

Aus der letzten Zeile des HORNER-Schemas aus Beispiel 1.46 geht demnach hervor, dass die fehlenden Lösungen der Gleichung $x^3 + 3x^2 - 12x - 10 = 0$ aus der quadratischen Gleichung $x^2 - 2x - 2 = 0$ zu berechnen sind, bzw. – was gleichbedeutend damit ist – dass

$$(x^3 + 3x^2 - 12x - 10) : (x + 5) = x^2 - 2x - 2$$

ist und dass diese Division ohne Rest aufgeht.

Zum Vergleich des erforderlichen Rechenaufwandes sollen die beiden Beispiele 1.43 und 1.44 aus 1.4.3.2 noch einmal mit Hilfe des HORNER-Schemas gelöst werden.

Beispiele:

1.47 Die Gleichung $x^3 - 2x^2 - 5x + 6 = 0$ soll unter Zuhilfenahme des HORNER-Schemas gelöst werden.

Lösung: Es ist leicht zu erkennen, dass $x_1 = 1$ eine Lösung dieser Gleichung ist. Daher wird das HORNER-Schema für $x_1 = 1$ angewendet:

	1	**−2**	**−5**	**6**
$x_1 = 1$		1	−1	−6
	1	−1	−6	**0**

Durch die am Ende des Schemas entstehende Null wird bestätigt, dass $x_1 = 1$ eine Lösung der Gleichung ist. Gleichzeitig kann man aus der letzten Zeile unmittelbar die Koeffizienten der quadratischen Gleichung ablesen, aus der die restlichen zwei Lösungen ermittelt werden können:

$x^2 - x - 6 = 0$

$\longrightarrow \qquad x_2 = -2 \qquad x_3 = 3;$

so dass L$= \{-2; 1; 3\}$ ist.

1.48 Wie lauten die Lösungen der Gleichung vierten Grades

$x^4 - x^3 - 10x^2 + 4x + 24 = 0?$

Lösung: Beim Anwenden des HORNER-Schemas auf Polynome 4. und höheren Grades geht man in der gleichen Weise vor, wie dies in den letzten Beispielen für Polynome 3. Grades gezeigt wurde.
Da $x = 1$ und $x = -1$ offensichtlich keine Lösungen der gegebenen Gleichung sind, wird das HORNER-Schema zunächst für $x_1 = 2$ aufgestellt.

	1	**−1**	**−10**	**4**	**24**
$x_1 = 2$		2	2	−16	−24
	1	1	−8	−12	**0**

Am Ende des Schemas ist eine Null entstanden, folglich ist $x_1 = 2$ eine Lösung der gegebenen Gleichung.
Zur Bestimmung der noch fehlenden drei weiteren Lösungen kann nunmehr die Gleichung $x^3 + x^2 - 8x - 12 = 0$ herangezogen werden, die aus den in der letzten Zeile des Schemas stehenden Zahlen gebildet werden kann. Diese Koeffizienten bilden die Kopfzeile für eine erneute Anwendung des Schemas:

	1	**1**	**−8**	**−12**
$x_2 = 3$		3	12	12
	1	4	4	**0**

$x_2 = 3$ ist wiederum eine Lösung der Gleichung.
Die letzten beiden Lösungen lassen sich schließlich aus der quadratischen Gleichung

$\mathbf{1}x^2 + \mathbf{4}x + \mathbf{4} = 0$

berechnen. Man erhält die Doppellösung $x_{3,4} = -2$.

1.49 Die Gleichung $x^5 - 15x^3 + 10x^2 + 60x - 72 = 0$ besitzt lauter ganzzahlige Lösungen. Wie lauten diese?

Lösung: Das auf der folgende Seite stehende Rechenschema soll ziemlich ausführlich erläutert werden, um die Vorgehensweise zum Aufsuchen von Lösungen einer Gleichung höheren Grades deutlich werden zu lassen.
In der Gleichung fehlt ein Glied mit x^4. Bei der Anwendung des HORNER-Schemas muss demzufolge als zweite Zahl eine Null eingesetzt werden.
Da bekannt ist, dass die Gleichung nur ganzzahlige Lösungen besitzt, müssen diese Lösungen als Faktoren in 72 enthalten sein. $x = 1$ und $x = -1$ sind keine Lösungen der Gleichung. Daher wird die Suche nach Lösungen mit Hilfe des HORNER-Schemas mit $x_1 = 2$ begonnen. Es stellt sich heraus, dass $x_1 = 2$ die Gleichung erfüllt.
Folglich sind die in der Summenzeile des Schemas entstehenden Zahlenwerte die Koeffizienten der Gleichung 4. Grades, die Ausgangspunkt für die Suche nach einer weiteren Lösung ist. Sie wurde daher im Rechenschema **fett** gedruckt.

	1	**0**	**−15**	**10**	**60**	**−72**	
$x_1 = 2$		2	4	−22	−24	72	
	1	**2**	**−11**	**−12**	**36**	**[0]**	**Lösung!**
$x_2 = 3$		3	15	12	0		
	1	5	4	0	36		keine Lösung!
$x_2 = 4$		4	24	52	160		
	1	6	13	40	196		keine Lösung!
$x_2 = -2$		−2	0	22	−20		
	1	0	−11	10	16		keine Lösung!
$x_2 = -3$		−3	3	24	−36		
	1	**−1**	**−8**	**12**	**[0]**		**Lösung!**
$x_3 = -4$		−4	20	−48			
	1	−5	12	−36			keine Lösung!
$x_3 = -6$		−6	42	−204			
	1	−7	34	−192			keine Lösung!
$x_4 = 2$		2	2	−12			
	1	**1**	**−6**	**[0]**			**Lösung!**

Die Suche nach weiteren Lösungen wurde mit $x = 3$ und $x = 4$ fortgesetzt. (Warum wurde nicht mit $x = 5$ weiterprobiert?) Da hierbei der Wert des Polynoms immer größer wurde, wurde zunächst bei negativen x-Werten weitergesucht und auf diese Weise die Lösung $x_2 = -3$ gefunden. Die Zahlen in der Summenzeile für $x_2 = -3$ sind die neuen Koeffizienten für die nunmehr zu lösende Gleichung 3. Grades und wurden daher wieder durch Fettdruck hervorgehoben.

Auf der Suche nach weiteren Lösungen ergab sich $P_3(-4) = -36$ und $P_3(-6) = -192$. Die einzige Möglichkeit, noch weitere Lösungen zu finden, bestand in der Annahme, dass mehrfache Lösungen vorhanden sind. Deshalb wurde nochmals mit $x = 2$ probiert. $x = 2$ stellte sich mindestens als eine Doppellösung heraus. Die verbleibende quadratische Gleichung $x^2 + x - 6 = 0$ liefert schließlich die beiden letzten Lösungen $x_4 = 2$ und $x_5 = -3$, so dass die gegebene Gleichung die dreifache Lösung $x_{1,2,3} = 2$ und die Doppellösung $x_{4,5} = -3$ besitzt:

$\mathrm{L} = \{2;\ 2;\ 2;\ -3;\ -3\}$.

Die Produktzerlegung des Polynoms 5. Grades lautet:

$P_5(x) = (x-2)^3(x+3)^2$.

Aufgaben:

1.446 Berechnen Sie den Wert der folgenden Polynome für die jeweils angegebenen x-Werte.

a) $P_3(x) = x^3 - 6x^2 + 7x - 1$ für $x = 2,\ -3,5$

b) $P_3(x) = 2x^3 + 3x^2 - 10$ für $x = -2,\ -4,4$

c) $P_4(x) = x^4 - x^3 + 2x - 12$ für $x = 2,3,5$

d) $P_4(x) = 2x^4 - \frac{1}{2}x^2 + x - 20$ für $x = -1,\ -2,\ -3$

e) $P_5(x) = 0{,}1x^5 - x^3 + 2x^2 - 6x - 10$ für $x = 2,3,4$

1.447 Lösen Sie die Aufgaben zum Abschnitt 1.4.3.2 noch einmal mit Hilfe des HORNER-Schemas.

1.448 Bestimmen Sie die reellen Lösungen der folgenden Gleichungen:

a) $5x^3 - 3x^2 - 20x + 12 = 0$

b) $2x^3 + 3x^2 - 3x - 2 = 0$

c) $2x^4 + 5x^3 + 4x^2 + 5x + 2 = 0$

d) $x^4 + 6x^3 + x^2 - 24x - 20 = 0$

e) $x^3 - 6x + 4 = 0$

f) $x^4 + 2x^3 + x + 2 = 0$

1.5 Lineare und quadratische Funktion

Der Funktionsbegriff und seine mengentheoretische Fundierung sind Gegenstand des Kapitels 4 dieses Buches. Dort wird auch ein Überblick über die wichtigsten Funktionentypen und deren Eigenschaften gegeben. Nicht gesondert berücksichtigt werden dabei die lineare und die quadratische Funktion, da Kenntnisse über diese Funktionen und deren Bilder als bekannt vorausgesetzt werden können. Im Abschnitt 1.5 sollen nur kurz die wichtigsten Fakten über die lineare und die quadratische Funktion zusammengefasst werden.

1.5.1 Die lineare Funktion

Die Funktionsgleichung für eine *lineare Funktion* lautet in *expliziter*, d. h. nach der *abhängigen Variablen y* aufgelöster Form

$$\boxed{y = mx + n \qquad (m \neq 0;\ m, n \in \mathbf{R})} \tag{1.15}$$

Da x bzw. x^1 in dieser Funktionsgleichung als höchste Potenz der *unabhängigen Variablen x* vorkommt, bezeichnet man diese Funktion auch als *Funktion 1. Grades* in x.

Das *Bild* einer linearen Funktion ist stets eine *Gerade*. Da eine Gerade durch zwei Punkte eindeutig bestimmt ist, genügen zwei Wertepaare $(x;\ y)$, um den *Graph der Funktion* bestimmen zu können. Die Kontrolle für die Richtigkeit einer Geraden mit Hilfe eines dritten Wertepaares wird empfohlen.

Beispiel:

1.50 Die Funktionen **a)** $y = 2x + 1$, **b)** $y = \frac{1}{2}x - 2$, **c)** $y = -\frac{1}{2}x + 1$ sollen grafisch dargestellt werden.

Lösung: Für jede der drei gegebenen Funktionen werden jeweils für zwei x-Werte die zugehörigen y-Werte berechnet. Die diesen Wertepaaren entsprechenden Punkte im x-y-Koordinatensystem werden miteinander verbunden und ergeben so das Bild der zur Funktionsgleichung gehörenden Geraden. Das zusätzlich berechnete und klein gedruckte Wertepaar dient der Kontrolle, ob die jeweilige Gerade auch durch diesen Punkt hindurchgeht.

a) $y = 2x + 1$

x	y
0	1
2	5
−2	−3

b) $y = \frac{1}{2}x - 2$

x	y
0	−2
2	−1
4	0

c) $y = -\frac{1}{2}x + 1$

x	y
0	1
2	0
−2	2

Die zu den drei linearen Funktionen gehörenden Geraden sind im Bild 1.10 dargestellt.

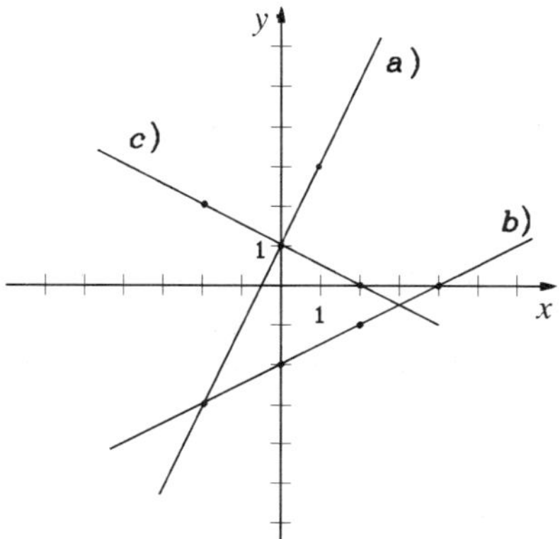

Bild 1.10

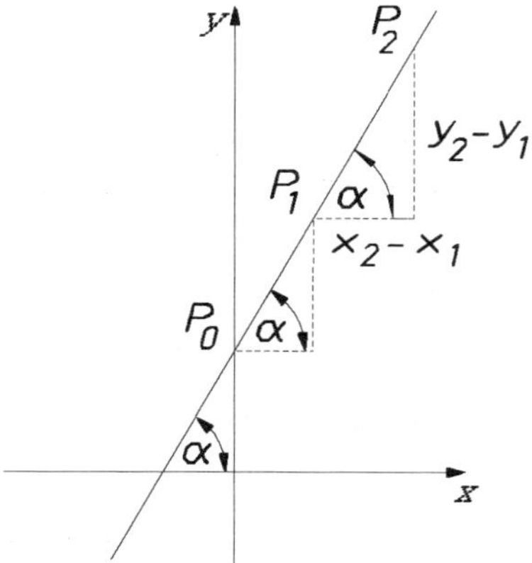

Bild 1.11

Eine einfachere Möglichkeit für die grafische Darstellung von linearen Funktionen findet man, wenn man die Bedeutung der in der Funktionsgleichung (1.15) auftretenden Konstanten m und n nutzt:

- Für $x = 0$ wird $y = n$, d. h., die Gerade $y = mx + n$ schneidet die y-Achse im Punkt $P_0(0;\ n)$ (vgl. Bild 1.11).

Ist $n > 0$, so liegt dieser Schnittpunkt über der x-Achse, für $n < 0$ darunter. Wenn $n = 0$ ist, dann geht die Gerade durch den *Ursprung des Koordinatensystems* hindurch. Durch n ist also bereits *ein Punkt der Geraden* festgelegt.

- m bestimmt das sogenannte *„Steigungsdreieck"* und damit den Neigungswinkel der Geraden gegenüber der positiven x-Achse.
  Das Steigungsdreieck wird bestimmt durch die Verbindungslinie zweier beliebiger Punkte $P_1(x_1; y_1)$ und $P_2(x_2; y_2)$ der Geraden und je einer Parallelen zur x- und zur y-Achse (vgl. Bild 1.11). m ist wie folgt definiert:

$$\boxed{m = \frac{y_2 - y_1}{x_2 - x_1}} \quad \text{oder} \quad \boxed{m = \frac{y_1 - n}{x_1}} \tag{1.16}$$

m wird auch *Anstieg der Geraden* genannt.

Alle auftretenden Dreiecke sind ähnlich, weil sie in ihren Winkeln übereinstimmen. Mit Hilfe der trigonometrischen Funktionen (vgl. Kapitel 3) wird dieser Zusammemhang noch deutlicher, denn es ist

$$\boxed{m = \tan\alpha} \tag{1.17}$$

Ist $m > 0$, so „steigt die Gerade", und es gilt $0° < \alpha < 90°$ (Beispiele 1.50a und 1.50b).

Ist $m < 0$, so „fällt die Gerade", und es gilt $90° < \alpha < 180°$ (Beispiel 1.50c).

Mit Hilfe dieser geometrischen Deutungen von m und n lässt sich eine Gerade allein aus der Kenntnis dieser beiden Werte heraus unmittelbar in ein Koordinatensystem einzeichnen, ohne dass eine Wertetabelle aufgestellt werden muss.

Beispiel:

1.51 Um die drei im Beispiel 1.50 behandelten Geraden mit minimalem Aufwand zeichnen zu können, geht man wie folgt vor:

a) $y = 2x + 1$

Hier ist $m = 2 = \frac{2}{1}$ und $n = 1$. Wenn man vom Schnittpunkt der Geraden mit der y-Achse (n) um 1 LE (LE = Längeneinheit) in x-Richtung und von da aus dann um 2 LE in y-Richtung vorangeht, erhält man einen zweiten Geradenpunkt und kann somit die Gerade zeichnen (vgl. Bild 1.12).

b) $y = \frac{1}{2}x - 2$

Ausgangspunkt: Schnitt mit der y-Achse bei -2, da $n = -2$ ist. Von da aus 2 LE nach rechts und dann 1 LE nach oben weitergehen, und man erhält einen weiteren Punkt der Geraden.

c) $y = -\frac{1}{2}x + 1$

Wegen $n = 1$ wird die y-Achse bei 1 geschnitten. Von diesem Punkt aus 2 LE nach rechts und 1 LE nach unten oder aber 2 LE nach links und 1 LE nach oben gehen, denn es ist sowohl $-\frac{1}{2} = \frac{1}{-2}$ als auch $-\frac{1}{2} = \frac{-1}{2}$. Damit sind wiederum zwei Geradenpunkte fixiert.

Sonderfälle:

Mit der Gleichung $y = mx + n$ ($m,n \neq 0$ können Geraden, die parallel zur x- bzw. y-Achse verlaufen, nicht beschrieben werden.

Eine *Parallele zur x-Achse* ist dadurch gekennzeichnet, dass y seinen Wert nicht ändert:

$$y = y_0 \quad \text{für alle} \quad x \in \mathbf{R}.$$

Analog gilt für eine *Parallele zur y-Achse*

$$x = x_0 \quad \text{für alle} \quad y \in \mathbf{R}.$$

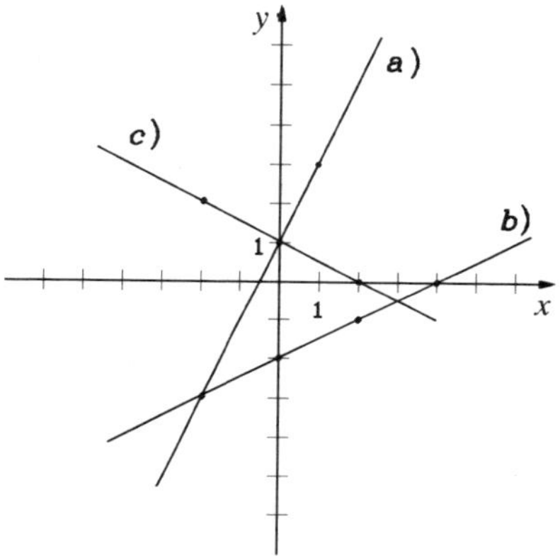

Bild 1.12

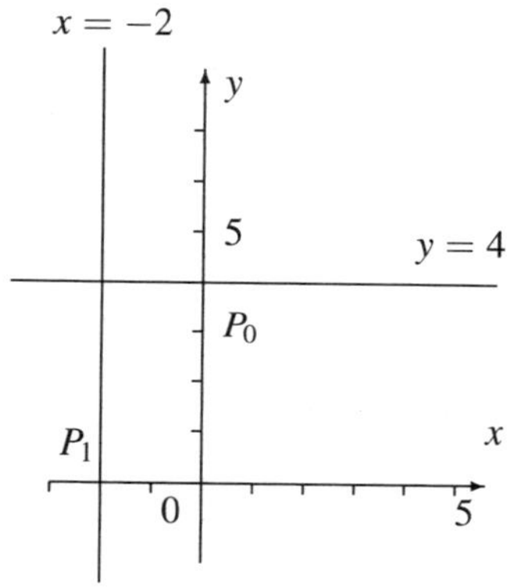

Bild 1.13

Beispiel:

1.52 $y = 4$ ist eine Parallele zur x-Achse, die die y-Achse im Punkt $P_0(0; 4)$ schneidet.
$x = -2$ verläuft parallel zur y-Achse und geht durch den Punkt $P_1(-2; 0)$ hindurch.
$x = 0$ ist die y-Achse.
$y = 0$ ist die x-Achse.
(Vgl. Bild 1.13.)

Funktionsgleichungen, in denen nicht *beide* Variablen auftreten, sind für den Anfang zunächst ungewohnt. Tritt eine Variable in einer Funktionsgleichung nicht auf, so bedeutet dies, dass diese Gleichung für *alle* Werte dieser Variablen gültig ist.

Tritt in den Gleichungen zweier Geraden derselbe Anstieg auf, so verlaufen die zugehörigen Geraden *parallel* zueinander. Umgekehrt muss der Anstieg zweier Geraden, die parallel zueinander verlaufen, gleich sein.

Beispiel:

1.53 Die Geraden $y = \frac{1}{2}x - 1$ und $y = \frac{1}{2}x + 2$ verlaufen parallel zueinander (vgl. Bild 1.14).

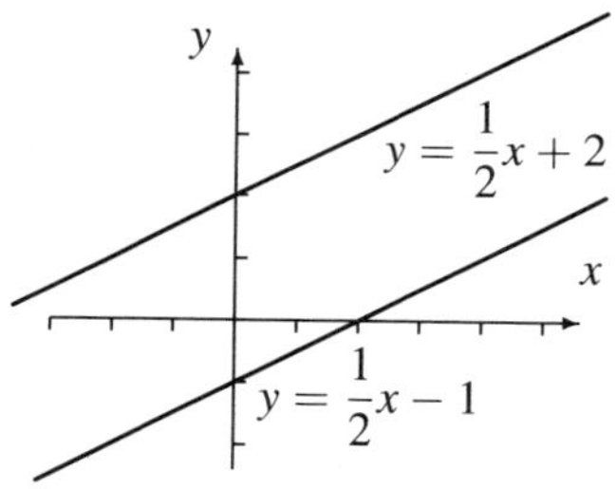

Bild 1.14

Für lineare Funktionen gibt es außerordentlich vielfältige praktische Anwendungsmöglichkeiten. Viele Probleme des täglichen Lebens, der Naturwissenschaften und der Technik werden mit ihrer Hilfe exakt erfasst oder mit einer für die jeweiligen Anwendungszwecke ausreichenden Genauigkeit dargestellt.

Beispiele:

1.54 Die *lineare Weg-Zeit-Funktion*

Bewegt sich ein Körper mit einer konstanten Geschwindigkeit v, so ist der zurückgelegte Weg s eine lineare Funktion der Zeit t. Beginnt diese Bewegung erst zu einem Zeitpunkt t_0, so lautet das *Weg-Zeit-Gesetz*

$$\boxed{s = v(t - t_0)}$$

Ein LKW startet um 8.00 Uhr mit einer (weitgehend) konstanten Geschwindigkeit $v_1 = 50$ km/h zu einer Fahrt nach dem Ort A. Um 9.15 Uhr fährt ihm ein Lieferwagen mit einer Geschwindigkeit $v_2 = 90$ km/h hinterher. Wann und wo holt der Lieferwagen den LKW ein?
Betrachtet man die Abfahrtszeit 8.00 Uhr als den Beginn der Zeitrechnung für diese Aufgabenstellung, so lautet das Weg-Zeit-Gesetz für den LKW

$$s = 50\ \text{km/h} \cdot t,$$

und für den Lieferwagen gilt (er startet $1\frac{1}{4}$ Std. später als der LKW):

$$s = 90\ \text{km/h} \cdot (t - 1{,}25\ \text{h}) = -112{,}5\ \text{km} + 90\ \text{km/h} \cdot t.$$

Diese beiden Funktionen sind im Bild 1.15 dargestellt. Aus dem Schnittpunkt der Weg-Zeit-Kurven für die beiden Fahrzeuge kann abgelesen werden, wann und wo der Überholvorgang stattfindet. Aus der Abszisse des Punktes erhält man den Zeitpunkt und aus der Ordinate den Ort des Überholens. (Warum ist das so?) Aus Bild 1.15 liest man den ungefähren Wert ab:

$$T = 2{,}6\ \text{h}.$$

Der Lieferwagen überholt den LKW etwa nach 2 Stunden 40 Minuten, nachdem der LKW vom Ausgangsort abgefahren ist. Der LKW hat in dieser Zeit etwa 130 km zurückgelegt. Dieses Ergebnis ist genau genug, wenn man bedenkt, dass keines der beiden Fahrzeuge die angegebene Geschwindigkeit während der ganzen Fahrzeit völlig konstant halten konnte.
Wer jedoch an einem genaueren Resultat interessiert sein sollte, der muss entweder an Stelle der maßstabsgetreuen *Skizze* eine *exakte Zeichnung* anfertigen oder die Aufgabe rechnerisch aus der Gleichung

$$50\ \text{km/h} \cdot t = 90\ \text{km/h} \cdot (t - 1{,}25\ \text{h})$$

lösen. (Wie kommt man auf diese Gleichung?)

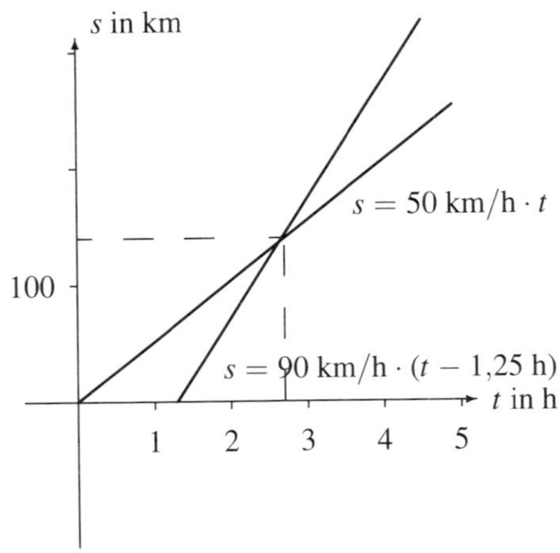

Bild 1.15

1.55 *Lineare Tarife*

Viele Gebühren (Gas , Wasser, Strom, Telefon usw.) setzen sich aus einem von der Anzahl der bezogenen Leistungseinheiten unabhängigen *Grundpreis* und dem Preis für die tatsächlich erbrachten Leistungseinheiten zusammen:

$$\boxed{R = P_L x + P_G},$$

wobei
R der Rechnungsbetrag,
P_G der leistungsabhängige Grundpreis,
P_L der Preis für eine erbrachte Leistungseinheit und
x die Anzahl der erbrachten Leistungseinheiten ist.

Zwei Transportunternehmen A und B haben folgende Konditionen:
A: Grundpreis 100,– € und 45,– € als Preis für 10 km Beförderung.
B: Es wird kein Grundpreis erhoben, dafür beträgt der Preis für 10 km Beförderung 60,– €.
Für welche Beförderungsstrecken ist der Betrieb A für den Kunden preiswerter als der Betrieb B?

Lösung: Für den Betrieb A lautet die Gleichung für den Rechnungsbetrag

$R_A = 45\ €/10\ \text{km} \cdot x + 100\ €$

und für den Betrieb B

$R_B = 60\ €/10\ \text{km} \cdot x.$

Dies sind zwei lineare Funktionen von x. Die zugehörigen Geraden sind im Bild 1.16 dargestellt. Es ist zu erkennen, dass die Rechnungsbeträge von R_B bis zum Schnittpunkt beider Geraden kleiner sind als die von R_A. Die beiden Geraden schneiden sich bei $x = 66{,}6$ km.

Ergebnis: Bis zu einer Transportentfernung von 66,6 km ist der Betrieb B billiger als der Betrieb A. Sind größere Entfernungen zurückzulegen, so wird es rentabler, wenn man den Betrieb A in Anspruch nimmt.

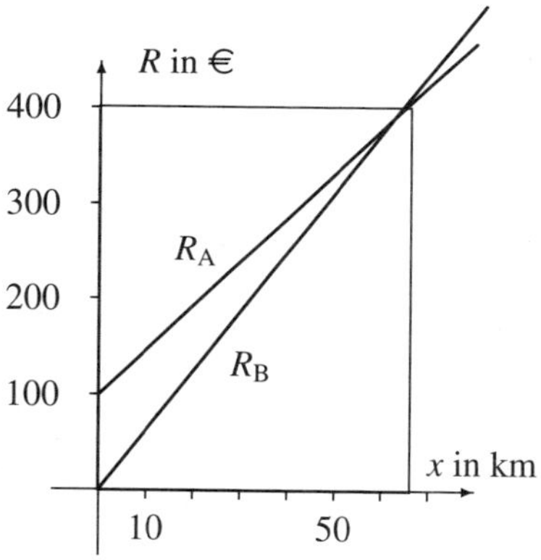

Bild 1.16

1.56 *Lineare Abschreibung*

Die einer Abnutzung unterworfenen Betriebsanlagen sind einer ständigen Wertminderung ausgesetzt, die durch jährliche Abschreibungsbeträge ausgedrückt wird. Bei der *linearen Abschreibung* werden die Anschaffungskosten *gleichmäßig* auf die betriebliche Nutzungsdauer verteilt:

$$\boxed{B_X = A - \frac{A}{n}x},$$

wobei
B_X der Buchwert der Anlage nach x Jahren,
A der Anschaffungspreis der Anlage,
n die betriebliche Nutzungsdauer und
x die Anzahl der Jahre bedeuten.

Der Anschaffungspreis einer Maschine betrage 80 000,– €, ihre vorgesehene Nutzungsdauer sei 10 Jahre.
Nach wieviel Jahren beträgt der „Restwert" der Maschine 36 000,– €?
Ist es vorteilhaft, die Maschine nach vier Jahren für 54 000,– € zu verkaufen?

Die Formel für die lineare Abschreibung lautet

$$B_X = 80\,000\text{ €} - \frac{80\,000\text{ €}}{10\text{ a}} \cdot x$$

$$B_X = 80\,000\text{ €} - 8\,000\text{ €}/\text{a} \cdot x.$$

Mit $B_X = 36\,000$ € erhält man hieraus $x = 5{,}5$ a, d. h., der Wert der Maschine ist innerhalb 5,5 Jahren auf 36 000 € abgesunken.
Um zu überprüfen, ob sich der Verkauf der Maschine nach vier Jahren für 54 000 € rentiert, wird ihr „Buchwert" nach vier Jahren berechnet:

$$B_4 = 80\,000\text{ €} - 8\,000\text{ €}/\text{a} \cdot 4\text{a}$$

$$B_4 = 48\,000\text{ €}$$

Da der Buchwert geringer ist als der vereinbarte Verkaufspreis, rentiert sich der Verkauf. Es wird ein Gewinn von 6 000 € erzielt.

Aufgaben

Bei den Aufgaben 1.449 bis 1.455 ist jeweils die zugehörige Gerade im angegebenen Intervall zu zeichnen. Außerdem soll der Steigungswinkel α angegeben werden.

1.449 $y = 3$ $I = (-3; 3)$ **1.450** $y = 5$ $I = (-3; 3)$

1.451 $y = x + 7$ $I = [-4; 1]$ **1.452** $y = 2x - 1$ $I = (-4; 5)$

1.453 $y = 0.5x$ $I = [-6; 1]$

1.454 $y = \frac{2}{3}x + 2$ $I = [-3; 4]$ **1.455** $y = \frac{1}{2}x - 1$ $I = [-3; 4]$

1.456 Es ist zu berechnen, welche der gegebenen Punkte auf der Geraden g mit der Gleichung $y = 4x - 5$ liegen:
a) $A(1; -1)$ **b)** $B(2; 4)$ **c)** $(20; 75)$ **d)** $(732{,}2; 2\,933)$

1.457 Welchen Anstieg hat die Gerade g, die durch die Punkte A und B geht?
a) $A(2; 1), B(-5; -13)$ **b)** $A(0; 2)$, $B(20; 52)$ **c)** $A(-3; 2)$, $B(-4; -1)$

1.458 Die Geraden mit den nachfolgenden Gleichungen sind zu zeichnen:
a) $x + y + 1 = 0$ **b)** $x - y - 1 = 0$ **c)** $x + y - 1 = 0$ **d)** $x - y + 1 = 0$
e) $x + 3y + 2 = 0$ **f)** $x - 3y - 2 = 0$ **g)** $x + 3y - 2 = 0$ **h)** $x - 3y + 2 = 0$

1.459 Die Koordinaten des Schnittpunktes S der Geraden sind durch Messung im Koordinatensystem zu bestimmen:
a) $y = 6x, y = 7x + 1$ **b)** $y = \frac{9x}{10} + 3, y = 2x - 4.1$
c) $y - x = 0, y - 2x = 0$ **d)** $-3x - 4 = 0, x = \frac{4}{3}(y - 2)$

1.460 Zwei Elektrizitätswerke A und B haben folgende Konditionen:
A: Grundgebühr: 100,– €, Leistungspreis: 0,80 €/(kW · h).
B: Keine Grundgebühr; Leistungspreis: 4 €/(kW · h).
a) Man zeichne die Graphen für die Rechnungsbeträge.
b) Bei welchem Verbrauch sind die monatlichen Gesamtkosten gleich?
c) Wie hoch sind die Kosten im Falle **b)**?

1.461 Ein selbständiger Handelsvertreter steht vor der Entscheidung, ob er seine Tätigkeit mit den eigenen PKW oder mit einem gleichwertigen Mietwagen ausführen soll. Sein eigener PKW verursacht ihm Kosten von 1,40 €/km (Treibstoff, Versicherung, Steuer usw.), der Mietwagen hingegen nur 0,50 €/km. Bei diesem sind aber zusätzlich zum Kilometergeld noch 36 €/Tag zu entrichten. Bei welcher Anzahl von gefahrenen Kilometern sind die Monatskosten gleich hoch, und wie hoch sind diese? (Der Monat soll zu 30 Tagen gerechnet werden.)

1.462 Ein Betrieb entschließt sich, für eine neue Maschine einen Leasingvertrag abzuschließen. Im Vertrag ist festgelegt, dass die jeweils zu Beginn jedes Jahres zu zahlende Miete im ersten Jahr 18 000 € beträgt und dass sie sich nach jedem Jahr um 1500 € verringert. Nach wieviel Jahren geht die Maschine in das Eigentum des Mieters über?

1.463 Der Anschaffungswert einer Anlage beträgt 123 700 €, ihre Nutzungsdauer ist 10 Jahre.

a) Nach wieviel Jahren beträgt der Restwert 86 590 €?
b) Welchem Prozentsatz entspricht die jährliche Abschreibung?

1.464 Eine Anlage, die einen Anschaffungswert von 187 300 € hatte, hat nach 20 Jahren noch einen Buchwert von 93 650 €.

a) Welche Nutzungsdauer wurde für die Anlage angenommen?
b) Welchem Prozentsatz entspricht die jährliche Abschreibung?

1.465 Eine Maschine hat einen Anschaffungswert von 2 Millionen €. Nach 8 Jahren beträgt ihr Buchwert nur noch 1,6 Millionen €.

a) Man ermittle und zeichne die Buchwertfunktion und berechne die Nutzungsdauer.
b) Welchen Gewinn erzielt man, wenn die Maschine nach 30 Jahren für 1,6 Millionen € verkauft werden kann?

1.5.2 Die quadratische Funktion

Die Funktionsgleichung einer *quadratischen Funktion* lautet in *expliziter* Form:

$$y = Ax^2 + Bx + C \qquad (A \neq 0;\ A, B, C \in \mathbf{R}) \tag{1.18}$$

Da x^2 als höchste Potenz der unabhängigen Variablen x auftritt, bezeichnet man die quadratische Funktion auch als *Funktion zweiten Grades*. Ax^2 heißt *quadratisches Glied*, Bx wird *lineares Glied* genannt, und C ist das *Absolutglied* der Funktion.

Das Bild einer in der Form (1.18) gegebenen quadratischen Funktion ist stets eine **Parabel**, deren Achse *parallel zur y-Achse* verläuft. Die einfachste quadratische Funktion

ist

$$y = x^2.$$

Die zugehörige Kurve wird *Normalparabel* genannt. Eine Normalparabel lässt sich schnell und einfach skizzieren, wenn man von folgender Gesetzmäßigkeit ausgeht:

x	y	Differenz zweier aufeinanderfolgender y-Werte
0	0	
		1
± 1	1	
		3
± 2	4	
		5
± 3	9	
		7
± 4	16	
		9

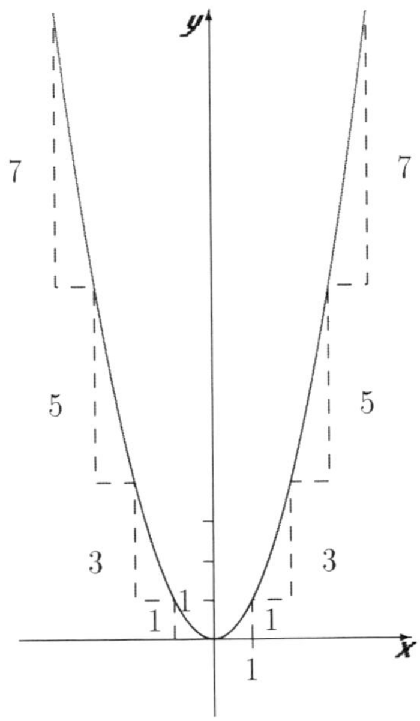

Bild 1.17

Der *Scheitelpunkt* der Normalparabel $y = x^2$ liegt im Koordinatenursprung. Die Kurve liegt *symmetrisch zur y-Achse*. *Definitionsbereich* der Funktion: DB$=$ **R**. *Wertebereich* der Funktion: WB$= [0; \infty)$.

Das Bild der Funktion $y = ax^2$ ist im Falle $0 < a < 1$ eine im Vergleich zur Normalparabel $y = x^2$ in y-Richtung *gestauchte* Parabel bzw. eine in y-Richtung *gestreckte* Parabel, wenn $a > 1$ ist. Ist $a < 0$, so erfolgt darüber hinaus noch eine *Spiegelung* an der x-Achse.

Die zur Funktion $y = ax^2 + c$ gehörende Parabel ist gegenüber der zu $y = ax^2$ gehörenden Parabel um c Einheiten in y-Richtung *verschoben*, und zwar in positiver Richtung, wenn $c > 0$ bzw. in negativer Richtung, wenn $c < 0$ ist.

Beispiel:

1.57 Die Parabeln

a) $y = \frac{1}{2}x^2$ **b)** $y = \frac{1}{2}x^2 + 2$

c) $y = -\frac{1}{2}x^2 - 1$ **d)** $y = -\frac{1}{4}x^2 + 1$

sind im Bild 1.18 dargestellt.

Die zur Funktion

$$y = (x - b)^2 = x^2 - 2bx + b^2$$

gehörende Parabel hat dieselbe Gestalt wie die Normalparabel $y = x^2$, jedoch liegt ihr Scheitelpunkt S nicht mehr im Ursprung des Koordinatensystems, sondern bei $x_s = b$.

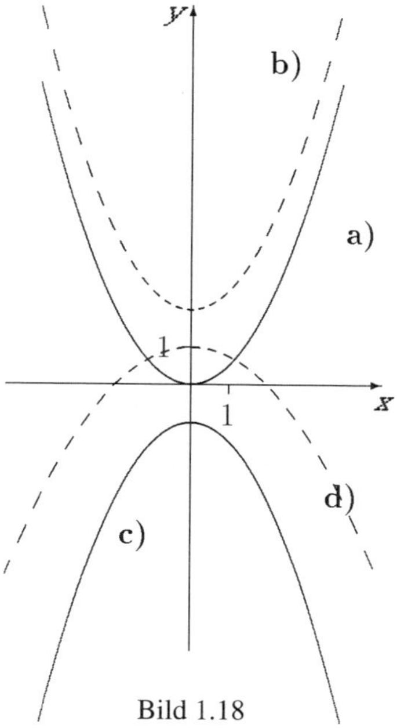

Bild 1.18

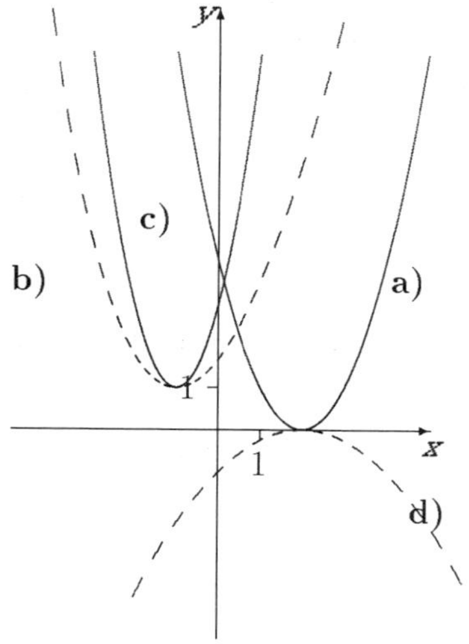

Bild 1.19

Beispiel:

1.58 **a)** $y = (x-2)^2$ ist eine nach *oben* geöffnete *Normalparabel* mit dem Scheitelpunkt $S(2;0)$

b) $y = (x+1)^2 + 1$ ist eine nach *oben* geöffnete *Normalparabel* mit $S(-1;1)$

c) $y = 2(x+1)^2 + 1$ ist eine nach *oben* geöffnete, *gestreckte* Parabel mit $S(-1;1)$

d) $y = -\frac{1}{4}(x-2)^2$ ist eine nach *unten* geöffnete, *gestauchte* Parabel mit $S(2;0)$

(vgl. Bild 1.19)

Will man das Aussehen des Bildes einer beliebigen quadratischen Funktion

$$y = Ax^2 + Bx + C$$

beschreiben, so kann man die Funktionsgleichung auf die Form

$$y = a(x-b)^2 + c$$

bringen. Aus dieser Gleichung ist abzulesen

- der *Scheitelpunkt* $S(b;c)$,
- die *Streckung bzw. Stauchung* gegenüber der Normalparabel aus $|a|$ sowie
- die *Öffnungsrichtung* der Parabel (Vorzeichen von a).

Beispiele:

1.59 Man bestimme den Scheitelpunkt, die Art und die Öffnungsrichtung der Parabel $y = x^2 - 2x - 2$

Lösung:

$$y = x^2 - 2x - 2$$

$y = x^2 - 2x + 1 - 2 - 1$

$y = (x - 1)^2 - 3$

Daraus kann man ablesen, dass es sich um eine nach *oben* geöffnete *Normalparabel* mit dem Scheitelpunkt $S(1; -3)$ handelt.

1.60 Bestimmen Sie die Art, die Lage und den Scheitelpunkt der Parabel $y = 2x^2 + 4x - 3$

Lösung:

$y = 2x^2 + 4x - 3$

$y = 2(x^2 + 2x + 1) - 3 - 2 \cdot 1$

$y = 2(x + 1)^2 - 5.$

Demnach handelt es sich um eine nach *oben* geöffnete, *auf das Doppelte gestreckte* Parabel mit dem Scheitelpunkt $S(-1; -5)$.

1.61 Beschreiben Sie die wichtigsten Eigenschaften der Kurve $y = -\frac{1}{4}x^2 + x$

Lösung:

$y = -\frac{1}{4}x^2 + x$

$y = -\frac{1}{4}(x^2 - 4x + 4) + \frac{1}{4} \cdot 4$

$y = -\frac{1}{4}(x - 2)^2 + 1.$

Die Kurve $y = -\frac{1}{4}x^2 + x$ ist somit eine nach *unten* geöffnete, *auf ein Viertel gestauchte* Parabel mit dem Scheitelpunkt $S(2; 1)$.

Aufgaben:

1.466 Der Graph der Funktion $y = x^2 - 2x - 1$ ist zu zeichnen und mit den Graphen der Funktionen $y = x^2$ und $y = (x - 1)^2$ zu vergleichen.

1.467 In den nebenstehenden Figuren des Bildes 1.20 sind die Graphen der folgenden Funktionen dargestellt ($a, b \in \mathbf{R}$):

a) $y = x^2 + b$
b) $y = (x - a)^2$
c) $y = (x + a)^2 + b$
d) $y = x^2$
e) $y = (x + a)^2 - b$
f) $y = (x + a)^2$
g) $y = (x - a)^2 - b$
h) $y = x^2 - b$
i) $y = (x - a)^2 + b$

Welche Funktion gehört zu welchem Graphen?

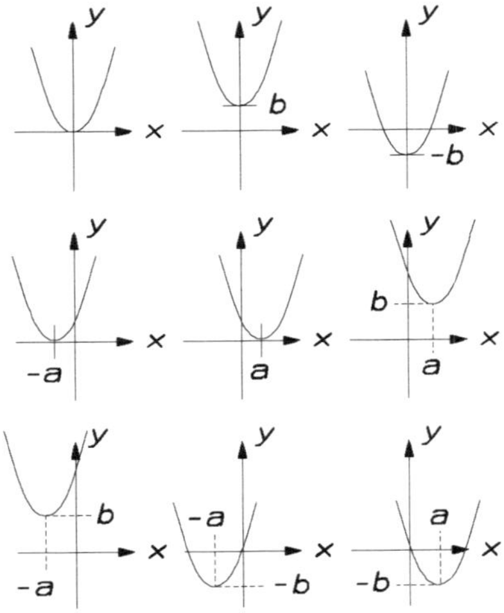

Bild 1.20

1.468 In einem kartesischen Koordinatensystem sind die Funktionen

a) $y = x^2 - 6x + 8$
b) $y = x^2 - 6x + 9$
c) $y = x^2 - 6x + 10$

grafisch darzustellen. Weiterhin soll der Scheitelpunkt jeder Parabel ermittelt werden.

1.469 Beschreiben Sie die Eigenschaften der folgenden quadratischen Parabeln.

a) $y = x^2 + 4x + 2{,}5$ **b)** $y = \frac{1}{2}x^2 - 4x + 10{,}5$
c) $y = -2x^2 + 7x - 6$ **d)** $y = 3x^2 + 10x + 8$
e) $y = -\frac{1}{2}(3x^2 + 30x + 73)$ **f)** $y = \frac{1}{16}(-4x^2 + 12x + 23)$

1.470 Wie lauten jene Zahlen, die gleich ihrem Reziprokwert sind?

1.471 Das Fünffache einer Zahl, multipliziert mit derselben um 7 verminderten Zahl, soll Null ergeben. Gibt es ganze Zahlen, die diese Bedingung erfüllen?

1.472 Die Seitenlängen einer rechteckigen Solarzelle mit einer Fläche von $0{,}216\ \text{m}^2$ sollen im Verhältnis 2 : 3 stehen. Wie groß ist der Umfang der Solarzelle?

1.473 Ein Kreiskegel ist 9 cm hoch und hat ein Volumen $V = 27\pi\ \text{cm}^3$. Wie groß ist der Kegelradius?

1.474 Der Sprung mit der größten Fallhöhe wird den Touristen in Acapulco (Mexiko) seit Jahren von den sogenannten Todesspringern vorgeführt. Sie stürzen sich aus einer Höhe von etwa 35 m über dem Klippenrand hinaus in die Brandung. Wie lange dauert so ein Kopfsprung, wenn für die Berechnung das Fallgesetz $s = \frac{1}{2}gt^2$ und die Fallbeschleunigung mit $g \approx 10\ \text{m/s}^2$ zugrundegelegt werden?

1.475 Zur Bestimmung der Wassertiefe wird in der Seefahrt das Echolot verwendet. Der Ultraschallsender S hat vom Empfänger E eine Entfernung $d = 17$ m. Wie groß ist die Wassertiefe h, wenn ein ausgesandter Schallimpuls

a) im Atlantik (Schallgeschwindigkeit: 1 516 m/s) nach 114 ms,
b) im Roten Meer (Schallgeschwindigkeit: 1 534 m/s) nach 83 ms

registriert wird? Dabei ist davon auszugehen, dass die Ausbreitung von Schallwellen nach den gleichen Gesetzen vor sich geht wie die Ausbreitung von Lichtwellen (vgl. Bild 1.21).

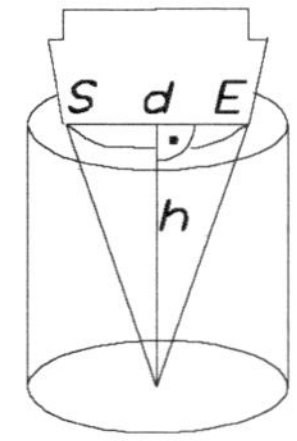

Bild 1.21

1.476 Für welche Werte von x sind die folgenden Ausdrücke definiert?
a) $\sqrt{56x - 14x^2}$ **b)** $\sqrt{3x(12x + 8)}$

1.477 Die Zahl 5 soll so in zwei Summanden zerlegt werden, dass deren Produkt 4 wird. Wie lauten die beiden Summanden?

1.478 Die Summe zweier Zahlen ist 14, die Summe ihrer Quadrate beträgt 100. Um welche Zahlen handelt es sich?

1.479 Das arithmetische Mittel $m_a = \frac{a + b}{2}$ zweier Zahlen a und b beträgt 16, ihr geometrisches Mittel $m_g = \sqrt{ab}$ ist 20. Wie lauten die beiden Zahlen?

1.480 Aus einem quadratischen Stück Karton soll das Unterteil einer Schachtel gebastelt werden. Die Schachtel soll 3 cm hoch werden. (Die Schachtelhöhe entspricht der Länge a im Bild 1.22) Wie groß muss man die Seitenlänge des Kartonstückes wählen, wenn die Schachtel ein Volumen $V = 507\ \text{cm}^3$ erhalten soll?

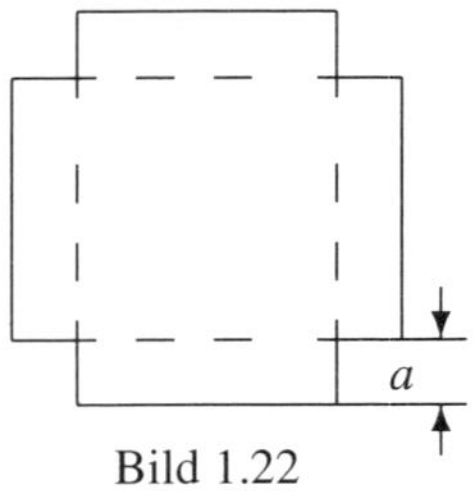

Bild 1.22

1.5.3 Funktion und Bestimmungsgleichung

Setzt man in einer *Funktionsgleichung*

$$y = f(x) \quad \text{mit} \quad x \in \text{DB},\ y \in \text{WB}$$

für x einen bestimmten Wert $x_0 \in \text{DB}$ ein, so wird aus der Funktionsgleichung mit den zwei Variablen x und y eine *Bestimmungsgleichung*

$$y = f(x_0) \qquad (^*)$$

mit der *Unbekannten* y, aus der y berechnet werden kann.

Diese Operation führt man (meist mit mehreren verschiedenen Werten x_0) durch, wenn man eine *„Wertetabelle“* aufstellt, um das Bild einer noch unbekannten Funktion zeichnen zu können.

Analog kann man natürlich auch für y ein beliebiges $y_0 \in \text{WB}$ einsetzen. Man erhält dann ebenfalls eine *Bestimmungsgleichung*

$$y_0 = f(x) \qquad (^{**})$$

die aber je nach dem auftretenden Gleichungstyp wesentlich komplizierter gestaltet sein kann als die Gleichung $(^*)$ und aus der man u. U. die Unbekannte x nur mit sehr großen Schwierigkeiten berechnen kann.

Beispiele:

1.62 Für $x_0 = 2$ erhält man aus der Funktionsgleichung $y = f(x) = x^2 + 4x - 5$ die Bestimmungsgleichung

$$y = 4 + 8 - 5 = 7.$$

Dagegen entsteht für $y_0 = 2$ die kompliziertere quadratische Gleichung

$$2 = x^2 + 4x - 5$$

oder

$$x^2 + 4x - 7 = 0$$

mit den Lösungen

$$x_{1,2} = -2 \pm \sqrt{4 + 7} = -2 \pm \sqrt{11}.$$

1.63 Aus der Funktionsgleichung $y = f(x) = x^3 + 4x - 5$ entsteht für $x_0 = 2$ die einfache Gleichung

$y = 8 + 8 - 5 = 11.$

Setzt man dagegen $y_0 = 2$, so erhält man die Gleichung dritten Grades

$2 = x^3 + 4x - 5$

oder

$x^3 + 4x - 7 = 0.$

Sofern diese Gleichung ganzzahlige Lösungen besitzt, kommen hierfür nach dem Wurzelsatz von VIETA nur ± 1 und ± 7 in Frage. Es erfüllt jedoch keine dieser vier Zahlen die gegebene Gleichung. Die Gleichung $x^3 + 4x - 7 = 0$ lässt sich mit den uns zur Verfügung stehenden Mitteln *nicht* lösen.

Welche Bedeutung besitzt nun das Einsetzen von $y = y_0$ für das Bild der Funktion?

Bestimmt werden können damit alle Abzissen x_0, deren Kurvenpunkte auf der Parallelen $y = y_0$ zur x-Achse liegen (vgl. Bilder 1.23 und 1.24).

Von besonderer Bedeutung sind die *Schnittpunkte der Kurve mit der x-Achse.*

Dort, wo die x-Achse geschnitten wird, ist $y = 0$. Daher werden die Schnittstellen einer Kurve mit der x-Achse auch als *Nullstellen der Funktion* bezeichnet. Die *Funktionsgleichung* $y = f(x)$ wird in diesem Falle zur *Bestimmungsgleichung*

$$f(x) = 0$$

Beispiele:

1.62a) Es sollen die Nullstellen der Funktion

$y = f(x) = x^2 + 4x - 5$

ermittelt werden.

Lösung: Die Nullstellen erhält man aus der Bestimmungsgleichung

$x^2 + 4x - 5 = 0$

zu

$x_{01} = 1 \quad \text{und} \quad x_{02} = -5$

(vgl. Bild 1.23).

1.63a) Welche Nullstellen besitzt die Funktion

$y = f(x) = x^3 + 4x - 5?$

Lösung: In diesem Falle ist die kubische Gleichung

$x^3 + 4x - 5 = 0$

zu lösen. Von den vier in Frage kommenden Werten ± 1 und ± 5 für ganzzahlige Lösungen dieser Gleichung erfüllt nur $x_{01} = 1$ die Gleichung, was man aus dem HORNERschema erkennt:

	1	0	4	−5
$x = 1$		1	1	5
	1	1	5	0

Die entstehende quadratische Gleichung $x^2 + x + 5 = 0$ liefert keine weiteren reellen Lösungen, so dass die Kurve der kubischen Funktion

$$y = x^3 + 4x - 5$$

die x-Achse nur an der Stelle $x_{01} = 1$ schneidet (vgl. Bild 1.24).

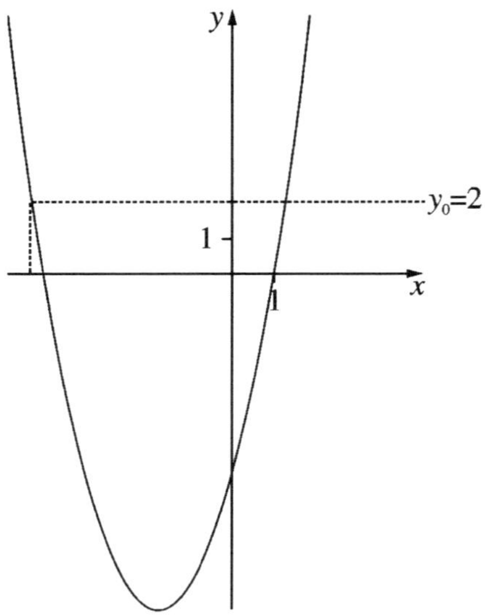

Bild 1.23

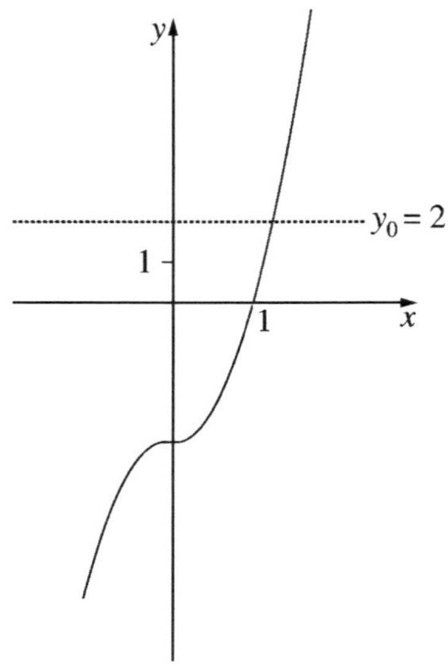

Bild 1.24

Die Nullstellenbestimmung für quadratische Funktionen der Form

$$y = f(x) = Ax^2 + Bx + C$$

führt auf die quadratische Gleichung

$$Ax^2 + Bx + C = 0$$

mit den Lösungen

$$x_{1,2} = \frac{1}{2A}\left(-B \pm \sqrt{D}\right),$$

wobei die Diskriminante D den Wert

$$D = B^2 - 4AC$$

besitzt. Dabei sind drei verschiedene Fälle möglich. Sie sind im Bild 1.25 veranschaulicht.

(1) $D > 0$	(2) $D = 0$	(3) $D < 0$
$L = \left\{ \frac{-B + \sqrt{D}}{2A}; \frac{-B - \sqrt{D}}{2A} \right\}$	$L = \left\{ -\frac{B}{2A} \right\}$	$L = \{ \}$
(zwei reelle Lösungen)	(eine Doppellösung)	(keine reelle Lösung)

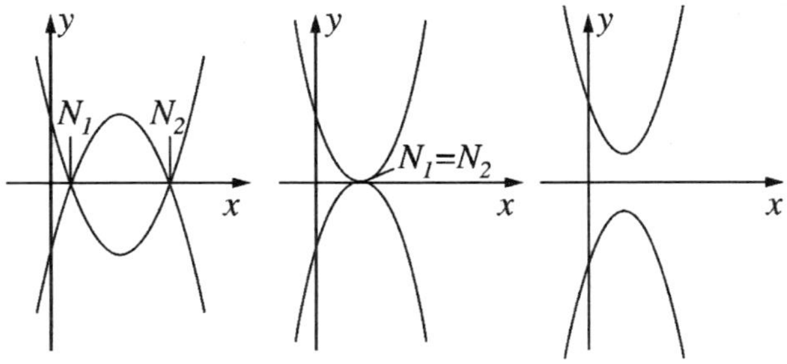

Zwei Nullstellen	Eine doppelt zu zählende Nullstelle	Keine Nullstelle
$N_1\left(\frac{-B + \sqrt{D}}{2A}; 0\right)$	$N\left(-\frac{B}{2A}; 0\right)$	
$N_2\left(\frac{-B - \sqrt{D}}{2A}; 0\right)$		

Bild 1.25

1.6 Proportionen

1.6.1 Begriffsbestimmungen

Um zwei gleichartige Größen a und b miteinander vergleichen zu können, bildet man oftmals deren Quotienten $a : b$.

> Der Quotient $a : b$ zweier gleichartiger Größen a und b wird **Verhältnis** dieser beiden Größen genannt. Sind a und b in gleichen Maßeinheiten angegeben, dann ist $a : b$ eine dimensionslose Zahl.
> a und b sind die *Glieder des Verhältnisses.*

Im Zusammenhang mit Verhältnissen wird der Quotient $a : b$ gelesen: „Verhältnis a zu b" oder auch kurz „a zu b".

Beispiel:

1.64 Wie verhält sich die Masse einer Kupferkugel zur Masse einer gleich großen Aluminiumkugel?

Lösung: Da beide Kugeln gleich groß sein sollen, müssen ihre Radien gleich sein. Dieser gemeinsame Radius sei r, er werde in cm angegeben. Dann ist die Masse der Kupferkugel

$$m_{\text{Cu}} = \frac{4}{3}\pi r^3 \cdot \varrho_{\text{Cu}} = \frac{4}{3}\pi r^3 \cdot 8{,}9\ \text{g} \cdot \text{cm}^{-3}$$

und die der Kugel aus Aluminium

$$m_{\text{Al}} = \frac{4}{3}\pi r^3 \cdot \varrho_{\text{Al}} = \frac{4}{3}\pi r^3 \cdot 2{,}7\ \text{g} \cdot \text{cm}^{-3},$$

woraus sich das Verhältnis

$$m_{\text{Cu}} : m_{\text{Al}} = 8{,}9 : 2{,}7$$

ergibt.

Die Massen der beiden Kugeln aus unterschiedlichen Materialien verhalten sich also wie 8,9 zu 2,7.

Rechnet man diesen Quotienten aus, so ergibt sich ein Wert von etwa 3,3, das bedeutet, dass die Kupferkugel etwa 3,3mal so schwer ist wie die gleich große Aluminiumkugel. Folglich kann man auch schreiben

$$8{,}9 : 2{,}7 = 3{,}3 : 1.$$

Damit ist eine *Verhältnisgleichung* entstanden.

> Werden zwei einander gleiche Verhältnisse $a : b$ und $c : d$ zu einer Gleichung zusammengefasst, so entsteht eine **Verhältnisgleichung** oder *Proportion*:
>
> $$a : b = c : d \quad \text{bzw.} \quad \frac{a}{b} = \frac{c}{d}. \tag{1.19}$$

Entsprechend ihrer Stellung innerhalb der Verhältnisgleichung heißen a und d *Außenglieder* sowie b und c *Innenglieder der Proportion.*

Da jede Proportion eine Gleichung darstellt, gelten für sie die Gesetze der Gleichungslehre, mit deren Hilfe jede Proportion äquivalent umgeformt werden kann.

Von besonderer Bedeutung für die Umformung von Proportionen ist die Regel für deren *Umwandlung in eine Produktgleichung*:

> In jeder Proportion ist das Produkt der Innenglieder gleich dem Produkt der Außenglieder.
>
> $$a : b = c : d \quad \rightarrow \quad a \cdot d = b \cdot c \tag{1.20}$$

Weiterhin lässt sich aus jeder Proportion eine Reihe weiterer Proportionen herleiten, wenn man folgendes beachtet:

In der Proportion $a : b = c : d$ dürfen
- die Seiten miteinander vertauscht werden: $c : d = a : b$
- die Innenglieder miteinander vertauscht werden: $a : c = b : d$
- die Außenglieder miteinander vertauscht werden: $d : b = c : a$
- die Innenglieder gegen die Außenglieder vertauscht werden: $b : a = d : c$ (1.21)

Darüber hinaus gelten für Proportionen die *Gesetze der korrespondierenden Addition und Subtraktion*:

$$\frac{a+b}{b} = \frac{c+d}{d}, \quad \frac{a-b}{b} = \frac{c-d}{d} \quad \text{und} \quad \frac{a+b}{a-b} = \frac{c+d}{c-d}.$$

Alle hier angegebenen Formeln können dadurch bewiesen werden, dass man ihre Produktgleichungen bildet. Sie müssen mit der Produktgleichung $a \cdot d = b \cdot c$ der Ausgangsproportion $a : b = c : d$ übereinstimmen.

Werden mehr als zwei Verhältnisgleichungen miteinander verbunden, so spricht man von einer *fortlaufenden Proportion*.

So lassen sich die beiden Proportionen

$$\begin{array}{lcccc} & a : b & = & x : y \\ \text{und} & \updownarrow & & \updownarrow \\ & b : c & = & y : z \end{array}$$

als fortlaufende Proportion in der Form

$$a : b : c = x : y : z$$

schreiben.

Umgekehrt lässt sich jede fortlaufende Proportion in einzelne Proportionen zerlegen, wenn man Glieder gleicher Position zueinander ins Verhältnis setzt.

Beispiele:

1.65 Aus den beiden Proportionen $a : b = 4 : 9$ und $b : c = 3 : 1$ soll eine fortlaufende Proportion gebildet werden.

Lösung: Damit die beiden Proportionen $a : b = 4 : 9$ und $b : c = 3 : 1$ „aneinander passen", ist es erforderlich, die rechte Seite der zweiten Proportion mit 3 zu erweitern:

$b : c = 9 : 3$.

Damit wird

$$\begin{array}{llll} a : b & = 4 : 9, \\ \quad b : c & = \quad 9 : 3, \end{array}$$

woraus

$a : b : c = 4 : 9 : 3$

folgt.

1.66 Die fortlaufende Proportion $u : v : w : x = 1 : 2 : 4 : 10$ soll in eine Reihe von Einzelproportionen zerlegt werden.

Lösung: Aus der gegebenen fortlaufenden Proportion lassen sich u. a. die folgenden Proportionen bilden:

beiderseits das erste und das zweite Glied $\rightarrow u : v = 1 : 2$,
beiderseits das erste und das dritte Glied $\rightarrow u : w = 1 : 4$,
beiderseits das erste und das vierte Glied $\rightarrow u : x = 1 : 10$,
beiderseits das dritte und das vierte Glied $\rightarrow w : x = 4 : 10 = 2 : 5$
usw.

1.6.2 Proportionalität

1.6.2.1 Direkte Proportionalität

Besteht zwischen zwei Größen x und y ein sachlicher Zusammenhang, dann heißen sie **direkt proportional** zueinander, wenn der Quotient zweier zusammengehöriger Werte sich nicht ändert: (1.22)

$$x : y = \text{konst.}$$

So besteht i. allg. zwischen der gekauften Menge einer Ware und dem dafür zu zahlenden Preis eine *direkte Proportionalität.*

Beispiel:

1.67

1 kg	einer Ware kostet	2,40 €
2 kg	dieser Ware kosten dann	4,80 €
5 kg	dieser Ware kosten dann	12,00 €
7,5 kg	dieser Ware kosten dann	18,00 €
100 g	dieser Ware kosten dann	0,24 €
	⋮	
m kg	dieser Ware kosten dann	$m \cdot 2{,}40$ €

Für alle angegebenen Fälle ist das Mengen-Preis-Verhältnis konstant:

$$\frac{2{,}40\ €}{1\ \text{kg}} = \frac{4{,}80\ €}{2\ \text{kg}} = \frac{12{,}00\ €}{5\ \text{kg}} = \frac{0{,}24\ €}{0{,}1\ \text{kg}} = \ldots = 2{,}40\ \frac{€}{\text{kg}}.$$

Typisch für die direkte Proportionalität zweier voneinander abhängiger Größen ist die folgende Erscheinung:

Je größer die eine Variable ist, desto größer ist auch die davon abhängige Variable. Verkleinert man dagegen die eine Variable, dann wird auch die davon abhängige Variable im gleichen Maße kleiner.

Das Doppelte, Dreifache, Fünffache ... der einen Größe entspricht dem Doppelten, Dreifachen, Fünffachen ... der anderen.

Im Beispiel 1.67 kann man davon sprechen, dass Preis und Warenmenge in einem direkten Verhältnis zueinander stehen bzw. dass der Preis P und die Warenmenge M direkt proportional zueinander sind. Man schreibt dies in der Form

$$P \sim M \quad \text{oder} \quad \frac{P}{M} = k \quad \text{oder} \quad P = k \cdot M.$$

Der Proportionalitätsfaktor im Beispiel 1.67 ist $k = 2{,}40\ \frac{€}{\text{kg}}$.

Als weitere Beispiele für in der Praxis auftretende direkte Proportionalitäten seien genannt:

- Bei konstanter Geschwindigkeit v ist der zurückgelegte Weg s direkt proportional zur Zeit t, denn es gilt $s = v \cdot t$; als Proportionalitätsfaktor tritt hier die Geschwindigkeit v auf.
- Bei konstantem Widerstand sind in einem Gleichstromkreis Stromstärke I und Spannung U direkt proportional zueinander (OHMsches Gesetz): $U = R \cdot I$. Proportionalitätsfaktor ist hier der Widerstand R.
- Je länger ein Arbeiter arbeitet, desto mehr Arbeitslohn erhält er. Proportionalitätsfaktor ist hierbei der Stundenlohn.

Bei der grafischen Darstellung der Abhängigkeit zweier Größen, zwischen denen eine direkte Proportionalität besteht, entstehen Punkte einer Geraden: $y = k \cdot x$.

1.6.2.2 Indirekte Proportionalität

Neben der direkten Proportionalität zweier voneinander abhängiger Größen spielt auch die umgekehrte (oder indirekte) Proportionalität eine große Rolle.

> Besteht zwischen zwei variablen Größen x und y ein sachlicher Zusammenhang, dann heißen sie **umgekehrt oder indirekt proportional** zueinander, wenn das *Produkt* zweier zusammengehöriger Werte sich nicht ändert:
>
> $$x \cdot y = \text{konst.} \qquad (1.23)$$

Beispiel:

1.68 Zwei Maurer benötigen zum Abputzen einer Fassade 12 Tage. Vier Maurer brauchen dann, sofern man bei allen Arbeitern die gleiche Arbeitsleistung voraussetzt, nur 6 Tage, und 6 Maurer würden die Arbeit schließlich in 4 Tagen schaffen.
Diese Aufzählung lässt sich natürlich nicht beliebig fortsetzen, denn von einer bestimmten Anzahl von Arbeitern an wird die gegenseitige Behinderung während der Arbeit dann so groß, dass keine weitere Verkürzung der erforderlichen Arbeitszeit mehr möglich wird.
In diesem Beispiel ist das *Produkt* aus der Anzahl n der Maurer und der Anzahl t der benötigten Arbeitstage konstant:

$$n \cdot t = k \quad \text{bzw.} \quad t = \frac{k}{n}.$$

(Der Proportionalitätsfaktor k ist in diesem Falle $k = 24$ Tage.)

Das zeigt deutlich, dass zwischen der Anzahl der Arbeitskräfte und der benötigten Arbeitszeit *keine direkte Proportionalität* bestehen kann. Hier liegt eine *umgekehrte (indirekte) Proportionalität* vor:

$$t \sim \frac{1}{n}.$$

Es ist typisch für dieses Beispiel, dass die benötigte Arbeitszeit zur Erledigung der Aufgabe *um so kürzer* wird, *je mehr* Arbeiter zur Verfügung stehen, bzw. dass die Arbeit *um so länger* dauert, *je weniger* Arbeiter beschäftigt sind.

Diese Erscheinung ist charakteristisch für umgekehrte Proportionalitäten:

> *Je größer die eine in der umgekehrten Proportionalität auftretende Größe wird, um so kleiner wird die andere.*

Verdoppelt, verdreifacht, verfünffacht ... man also die eine Größe innerhalb einer indirekten Proportionalität, so sinkt die damit zusammenhängende andere Größe auf die Hälfte, den dritten, den fünften ... Teil. Halbiert man dagegen die eine Größe, so verdoppelt sich die andere.

Weitere Beispiele für umgekehrte Proportionalitäten:

- Je höher die Geschwindigkeit v ist, mit der eine Wegstrecke zurückgelegt wird, desto weniger Zeit t wird dafür benötigt: $t \sim \frac{1}{v}$.
- Bei konstanter Gleichspannung U ist die Stromstärke I umgekehrt proportional zum Widerstand R: $I = \frac{U}{R}$ oder $I \sim \frac{1}{R}$.
- Bei konstanter Temperatur ist das Volumen V eines eingeschlossenen Gases umgekehrt proportional zum Druck p: $p \cdot V = \text{const}$ oder $V \sim \frac{1}{p}$.

Die grafische Darstellung einer umgekehrten Proportionalität ergibt Punkte einer *Hyperbel* $y = \frac{1}{x}$. (Vgl. dazu Abschnitt 4.4.1.2.)

Mit Hilfe der Kenntnisse über die Proportionalität lassen sich Gleichungssysteme von bestimmtem Aufbau sehr elegant und mit geringem Aufwand lösen.

Beispiel:

1.69 Gegeben ist die Gleichung $2x + y + 3z = 39$ sowie die fortlaufende Proportion $x : y : z = 1 : 2 : 3$. Die Unbekannten x,y und z sollen so ermittelt werden, dass sowohl die Proportion als auch die Gleichung erfüllt werden.

Lösung: Da die drei Unbekannten x,y und z im Verhältnis $1 : 2 : 3$ zueinander stehen sollen, muss es einen Proportionalitätsfaktor k geben, so dass $x = k$, $y = 2k$ und $z = 3k$ wird.
Ersetzt man nun x,y und z durch diese Größen, so geht die gegebene Gleichung über in

$$\begin{aligned} 2k + 2k + 3 \cdot 3k &= 39, \\ 13k &= 39, \end{aligned}$$

woraus $k = 3$ folgt.
Damit ergibt sich für die drei gesuchten Unbekannten

$$x = 3, \qquad y = 6, \qquad z = 9.$$

Machen Sie bitte mit diesen Werten die Probe und überzeugen Sie sich davon, dass sowohl die gegebene Gleichung als auch die fortlaufende Proportion erfüllt sind.

Aufgaben:

1.481 Es ist zu entscheiden, ob direkte oder indirekte Proportionalität vorliegt.

Beispiele:	Proportionalität direkte	Proportionalität indirekte
a) Arbeitslohn und Arbeitszeit (bei konstantem Stundenlohn)		
b) Umfang und Durchmesser beim Kreis		
c) Länge und Breite beim Rechteck (bei konstantem Flächeninhalt)		
d) Wasserdruck und Wassertiefe		
e) Kraft und Kraftarm (bei konstantem Drehmoment)		
f) Geschwindigkeit und Reisedauer (bei gleicher Entfernung)		
g) Jahreszinsen und Kapital (bei konstantem Zinsfuß)		
h) Radius und Drehzahl bei ineinandergreifenden Zahnrädern		

1.482 Die wahren Aussagen sind anzukreuzen:

◯ **a)** In der Aussageform $y = 5x$ ist die Größe y zur Größe x indirekt proportional.

◯ **b)** In der Aussageform $3y = \frac{4}{x}$ ist die Größe y zur Größe x indirekt proportional.

◯ **c)** Die Glieder p und s der Proportion $p : q = r : s$ nennt man Außenglieder der Proportion.

◯ **d)** Die Produktgleichung der Proportion $4 : x = 7 : y$ lautet $4y = 7x$.

◯ **e)** Beide Seiten einer Proportion dürfen vertauscht werden: $a : b = c : d \Leftrightarrow c : d = a : b$.

◯ **f)** Die Außenglieder einer Proportion dürfen vertauscht werden: $a : b = c : d \Leftrightarrow d : b = c : a$.

◯ **g)** Die Innenglieder einer Proportion dürfen vertauscht werden: $a : b = c : d \Leftrightarrow a : c = b : d$.

◯ **h)** Die Innenglieder einer Proportion dürfen gegen die Außenglieder vertauscht werden: $a : b = c : d \Leftrightarrow b : a = d : c$.

1.483 Geben Sie die folgenden Verhältnisse in kleinstmöglichen natürlichen Zahlen an:

a) 96 : 72 **b)** $\frac{3}{8} : \frac{9}{12}$ **c)** 2.34 : 78

d) 0,74 m : 3 cm **e)** 39 : 91 **f)** $1\frac{7}{8} : 4\frac{1}{6}$

g) 2,24 : 13,32 **h)** 3,52 kg : 1 024 g

1.484 Kontrollieren Sie, ob die folgenden Proportionen richtig sind.

a) $12 : 17 = 32.4 : 45.9$ **b)** $300 : 179 = 13.5 : 8$

c) $2\frac{1}{7} : 4\frac{1}{3} = 1\frac{5}{13} : 2\frac{4}{5}$ **d)** $\frac{3a}{b} : \frac{15x}{2a} = \frac{a^2}{3b} : \frac{125a}{6x}$

In den Aufgaben 1.485 und 1.486 ist aus den beiden gegebenen Proportionen jeweils eine fortlaufende Proportion zu bilden.

1.485 **a)** $a : b = 3 : 2 \quad b : c = 2 : 5$ **b)** $a : b = 2 : 1 \quad a : c = 2 : 3$

c) $a : b = 3 : 5 \quad b : c = 10 : 7$ **d)** $a : b = 2 : 3 \quad a : c = 4 : 7$

1.486 **a)** $a : b = 7 : 3 \quad b : c = 5 : 8$ **b)** $a : b = 3 : 8 \quad c : b = 2 : 11$

c) $a : b = \frac{1}{3} : \frac{1}{4} \quad a : c = 2 : 5$ **d)** $a : b = \frac{1}{3} : \frac{7}{6} \quad c : b = \frac{3}{4} : \frac{3}{2}$

In den Aufgaben 1.487 und 1.488 ist zu berechnen, welche Zahlen für die Variablen eingesetzt werden müssen, dass sowohl die gegebene Proportion als auch die Gleichung erfüllt werden.

1.487 **a)** $x : y : z = 2 : 1 : 1$
$3x + 2y - 2z = 0$
b) $x : y : z = 5 : 1 : 7$
$2x + 3y + 2z = 81$
c) $x : y : z = 2 : 1 : 3$
$8x - 3y + 2z = 76$

1.488 **a)** $2x : 3y : z = 8 : 15 : 6$
$5x - 6y + 3z = 24$
b) $3x : y : z = 3 : 2 : 3$
$3x + 2y - z = 12$
c) $4x : 3y : 2z = 16 : 15 : 12$
$2x + 5y - 3z = 60$

1.489 Zwei Zahlen verhalten sich wie
a) ... 3 : 5, ihre Summe beträgt 136.
b) ... 4 : 7, ihre Differenz beträgt 90.
c) ... 8 : 9, ihr Produkt ist 3528.
d) ... 2 : 3, die eine Zahl ist um 5 größer als die andere.
Die beiden Zahlen sind jeweils zu berechnen.

1.490 Drei Teesorten werden im Verhältnis 2 : 5 : 6 gemischt. Insgesamt sollen 39 kg Tee hergestellt werden. Wieviel kg Tee sind von jeder Sorte zu nehmen?

1.491 An einer Privatbahn, die rechtlich als GmbH fungiert, sind vier große Betriebe finanziell beteiligt. Das durch die Betriebsabwicklung resultierende Defizit belief sich auf 2,05 Millionen €. Die Teilhaber sollen im Verhältnis ihrer Einlagen damit belastet werden. Wieviel hat jeder zu zahlen, wenn sich die Einlagen wie 40 : 60 : 84 : 21 verhalten?

1.492 Ein Mann hinterlässt seinen Erben 220 500 €, die nach Abzug der Erbschaftssteuer und anderer Verpflichtungen in Höhe von 10 500 € in einem Verhältnis von 5 : 7 : 9 verteilt werden sollen.
Wieviel erhält jeder der drei Erben?

1.493 A beteiligt sich an einem Unternehmen 9 Monate lang mit 200 000 €, B über 7 Monate mit 300 000 € und C 5 Monate lang mit 400 000 €. Wie ist ein Gewinn von 59 000 € anteilmäßig gerecht zu verteilen?

1.6.3 Proportionen und Bestimmungsgleichungen

Wenn in einer Proportion neben drei bekannten Größen eine unbekannte auftritt, so lässt sich diese ohne Schwierigkeiten nach den Gesetzen der Gleichungslehre berechnen.

Beispiele:

1.70 Aus der Propotion $3 : 5 = 1.2 : x$ ist das unbekannte Glied x zu errechnen.

Lösung: Dies ist die *einfachste Form* von Gleichungen, die aus Proportionen entstehen können: Zu drei bekannten Gliedern der Proportion ist das dazugehörende vierte Glied zu berechnen. Man nennt daher x in derartigen Gleichungen auch die *vierte Proportionale.*
Aus der zur gegebenen Proportion gehörenden Produktgleichung

$$3x = 5 \cdot 1.2$$

ergibt sich

$$x = 2.$$

1.71 Die Proportion $3 : x = x : 12$ soll nach x aufgelöst werden.

Lösung: Die Umwandlung der Proportion in die Produktform

$$x^2 = 36$$

liefert unmittelbar die beiden Lösungen

$$x_1 = 6 \qquad \text{und} \qquad x_2 = -6.$$

Sind in einer Proportion die beiden Innenglieder (bzw. die beiden Außenglieder) gleich, so nennt man diese die *mittlere Proportionale.*
Die mittlere Proportionale zu 3 und 12 ist demnach 6 (bzw. −6, man verwendet i. allg. nur den positiven Wert für die mittlere Proportionale).
Die mittlere Proportionale tritt auf bei der Berechnung des *geometrischen Mittels* m_g zweier Zahlen a und b, das wie folgt definiert ist:

$$m_g = \sqrt{a \cdot b}.$$

Aus $m_g = \sqrt{a \cdot b}$ folgt nämlich $m_g^2 = ab$, was man auch als Produktgleichung der Proportion $a : m_g = m_g : b$ auffassen kann. Damit ist der Zusammenhang zwischen geometrischem Mittel und mittlerer Proportionale hergestellt.

1.72 Welchen Wert besitzt die Unbekannte x in der Proportion $(x + 5) : 3 = x : 2$?

Lösung: Aus der Produktgleichung

$$2x + 10 = 3x$$

folgt unmittelbar

$$x = 10.$$

Probe!

1.73 Eine Maschine verbraucht in 5 Stunden 8 kW · h an elektrischer Energie. Wieviel Energie verbraucht die Maschine innerhalb eines Monats, wenn sie rund um die Uhr in Betrieb ist? Der Monat werde mit 30 Tagen angesetzt.

Lösung: Hier liegt zweifelsfrei ein Fall direkter Proportionalität vor: *„Je länger gearbeitet wird – desto mehr Energie wird verbraucht"*. Bezeichnet man mit x die Anzahl der innerhalb eines Monats benötigten kW · h an Energie, dann gilt der Ansatz

$$5 \text{ Std} : 8 \text{ kW} \cdot \text{h} = 30 \cdot 24 \text{ Std} : x \text{ kW} \cdot \text{h},$$

woraus sich x zu

$$x = \frac{8 \text{ Std} \cdot 30 \cdot 24 \text{ kW} \cdot \text{h}}{5 \text{ Std}} = 1\,152$$

berechnet.
Im Laufe eines Monats verbraucht die Maschine 1 152 kW · h an elektrischer Energie.
Auch die Proportion

$$5 \text{ Std} : 720 \text{ Std} = 8 \text{ kW} \cdot \text{h} : x \text{ kW} \cdot \text{h}$$

wäre als Lösungsansatz geeignet gewesen. Prüfen Sie das bitte nach.

1.74 Vier Maurer renovieren eine Hausfassade innerhalb von 5 Tagen. Wie lange benötigen 10 Maurer für diese Arbeit, wenn man bei allen Arbeitern gleiche Arbeitsleistung voraussetzt?

Vorüberlegung: Hier gilt: *Je mehr* Arbeiter am Werk sind, *desto schneller* muss der Auftrag erledigt sein. Es liegt also umgekehrte Proportionalität vor.
Da die Anzahl der Arbeiter mehr als verdoppelt wird, darf die Ausführung nur weniger als die Hälfte der Zeit in Anspruch nehmen.

Lösung: 10 Maurer mögen die Arbeit innerhalb von x Tagen fertigstellen. Dann müssen wegen der umgekehrten Proportionalität zwischen der Anzahl der Arbeiter und der benötigten Arbeitszeit die *Produkte* aus Arbeiterzahl und Arbeitszeit einander gleich sein:

$4 \cdot 5\ \text{d} = 10 \cdot x.$

Hieraus folgt

$x = 2\ \text{d},$

mit anderen Worten, die 10 Arbeiter schaffen die Renovierung innerhalb von 2 Tagen.

Aufgaben:

Die in den Aufgaben 1.494 bis 1.501 angegebenen Proportionen sind nach x aufzulösen.

1.494 **a)** $3 : x = 87 : 145$ **b)** $x : 5 = 29 : 10$ **c)** $52 : x = 156 : 8112$

1.495 **a)** $\frac{49}{5} : \frac{52}{5} = 264{,}6 : x$ **b)** $\frac{20}{9} : \frac{30}{7} = \frac{10}{3} : x$ **c)** $\frac{20}{9} : x = \frac{2}{3} : \frac{1}{2}$

1.496 **a)** $\frac{3a}{7b} : \frac{6a^2}{14c} = \frac{4c^2}{ab} : x$ **b)** $\frac{3a}{7b} : \frac{6a^2}{14c} = \frac{4c^2}{ab} : x$ **c)** $\frac{5a^2}{9b^2} : \frac{5a}{4{,}5b} = x : \frac{2b}{a}$

1.497 **a)** $-5a : x = (-a^2 - 2ab - b^2) : (a + b)$ **b)** $5a(a-b)^2 : 3b(a-b) = x : \frac{a-b}{5b}$

1.498 **a)** $\frac{a^2 + ab + b^2}{abx} : \frac{1}{5} = \left(\frac{a^2}{b} - \frac{b^2}{a}\right) : \frac{a-b}{5}$

b) $(a^2 - b^2) : (a^2 + b^2)x = \left(\frac{1}{a} + \frac{1}{b}\right) : \left(\frac{1}{b} - \frac{1}{a}\right)$

1.499 **a)** $4a^3b^4 : \frac{16a^2 + 16ab + 4b^2}{15a^3b^2} = \frac{60a^6b^6}{(4a+2b)^2} : x$

b) $x : \frac{4a^2 + 12ab + 9b^2}{12ab} = \frac{36a^3b^3}{(2a+3b)^2} : 3a^2b^2$

1.500 **a)** $(2a + 3 + x) : (2a + 3 - x) = 2a : 3$ **b)** $5 : (5 + 3u - x) = 3u : (5 + 3u + x)$

1.501 **a)** $\left(\frac{a^4 + b^4}{a+b}\right) : \left(\frac{a^4 - b^4}{a-b}\right) = (a-b) : x$ **b)** $\left(\frac{a^3 - b^3}{a-b} - ab\right) : \left(\frac{a^3 + b^3}{a+b} + ab\right) = 1 : x$

1.502 Eine Wasserpumpe hebt 12 m^3 in 18 Minuten. Wieviel l Wasser hebt die Pumpe in 5 Minuten. *Anleitung*: 1 m^3 = 1 000 l.

1.503 Um eine 6 m breite Fahrbahn zu überqueren, benötigt ein Fußgänger 4 Sekunden. Wie lange braucht der Fußgänger, um eine 10 m breite Fahrbahn zu überqueren?

1.504 Zum Glockenturm einer Kirche führen 58 Stufen zu je 18 cm Höhe. Beim Umbau der Kirche überlegt man, 14 cm hohe Stufen zu errichten. Wie groß wäre die Anzahl der Stufen in diesem Fall?

1.505 Die PKWs der Toyota Corolla-Reihe benötigen ca. 8 l Kraftstoff je 100 km. Wieviel km kann man mit einem Tankinhalt von **a)** 15 l **b)** 28 l zurücklegen?

1.506 5 LKWs brauchen 20 Stunden um eine bestimmte Menge Schutt abzutransportieren. Wie viele Stunden benötigen 4 LKWs der gleichen Größe, um dasselbe zu tun?

1.507 Um den Rasen seines Kleingartens zu mähen, benötigt Herr Meyer 1,5 Stunden; hierbei verwendet er einen Rasenmäher mit 40 cm Schnittbreite. Wie lange ist Herr Meyer mit dem Mähen beschäftigt, wenn er einen Rasenmäher mit 50 cm Schnittbreite verwendet?

1.508 **a)** Für eine Fahrstrecke von 350 km wurden 30,8 l Benzin verbraucht. Wie hoch ist der durchschnittliche Benzinverbrauch für 100 km?
b) Für eine Strecke von 460 km wurde Benzin im Werte von 66,20 € benötigt. Wie hoch sind die durchschnittlichen Treibstoffkosten für je 100 km?

1.509 **a)** Um eine Wand zu tapezieren, werden 25 Rollen Tapeten mit einer Breite von 84 cm benötigt. Wie viele Tapetenrollen braucht man, wenn die Tapetenbreite 75 cm beträgt?
b) Für das Verlegen eines Holzbodens werden 48 Bretter mit einer Breite von 15 cm benötigt. Wie viele 12 cm breite Bretter gleicher Länge wären erforderlich?

1.510 Bei der Impulsscheibe eines Motors entsprechen 15 000 Impulse 2 400 Umdrehungen pro Minute. Man berechne die Anzahl der Impulse bei
a) 500 U/min **b)** 1 700 U/min **c)** 3 300 U/min.

1.511 Das Gegengewicht am Ausleger eines Kranes hat eine Masse von 10 Tonnen und hat seinen Schwerpunkt in einer Entfernung von 5 m vom Drehpunkt des Kranarmes. Welche Lasten können gehoben werden, wenn der Lastarm
a) 6 m **b)** 12 m **c)** 20 m
beträgt?

1.512 Die maximale Drehzahl eines PKW-Motors beträgt 6 000 Umdrehungen pro Minute. Die Höchstgeschwindigkeit wird im vierten Gang bei einer Getriebeübersetzung von 1 : 0,921 erreicht.
Welche Geschwindigkeiten können in den anderen Gängen erreicht werden, wenn die Getriebeübersetzungen

a) für den 1. Gang 1 : 3,412
b) für den 2. Gang 1 : 1,958
c) für den 3. Gang 1 : 1,258
d) für den Rückwärtsgang 1 : 3,385

beträgt?

1.513 Der Riementrieb der angetriebenen Scheibe einer Lichtmaschine hat den Durchmesser $d = 70$ mm und dreht sich mit 1 625 U/min. Welchen Durchmesser D muss die Scheibe des Motors aufweisen, wenn deren Umdrehungszahl
a) 875 U/min **b)** 650 U/min **c)** 910 U/min
ist?

1.514 Auf dem nebenstehenden Spulenkörper eines Kleintransformators können 30 Lagen eines Drahtes mit 0,5 mm Durchmesser aufgewickelt werden.
Wieviel Windungen kann man mit einem Draht von 0,25 mm Durchmesser wickeln?

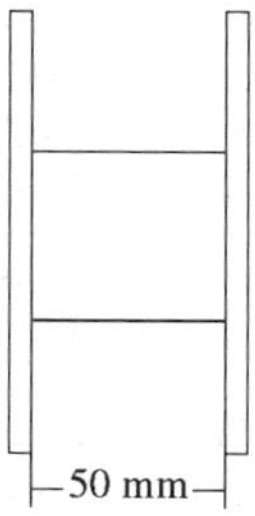

1.515 Ein offener Riementrieb läuft mit $v = 17$ m/s Riemengeschwindigkeit. Wie groß wird die Riemengeschwindigkeit, wenn die Drehzahl der Riemenscheibe um ein Fünftel erhöht wird?

1.516 Ein Zahnradantrieb besteht aus zwei Zahnrädern mit 40 bzw. 60 Zähnen. Wieviel Umdrehungen pro Minute macht das kleinere Rad, wenn sich das größere der beiden mit 120 U/min dreht? Wie groß ist das Übersetzungsverhältnis?
Anleitung: Das Produkt aus Drehzahl und Anzahl der Zähne muss für jedes Rad gleich sein. (Warum? Welche Art von Proportionalität besteht damit?)

1.517 Ein einfaches Zahnradgetriebe besteht aus 3 Zahnrädern, wobei das mittlere 120, das linke 30 und das rechte 50 Zähne hat. Wie lange braucht das rechte bzw. linke Zahnrad für eine Umdrehung, wenn das mittlere 20 U/min macht?

1.518 Wie groß ist die Drehzahl des größeren Rades eines Übersetzungsgetriebes, wenn der Motor in der Antriebswelle des kleineren Rades ein Drehmoment von $M_1 = 8\ \text{N} \cdot \text{m}$ bei 3 200 U/min entwickelt und daher am größeren Rad ein Drehmoment von $M_2 = 160\ \text{N} \cdot \text{m}$ erzeugt?
Anleitung: Die Übersetzung der Drehmomente erfolgt im umgekehrten Verhältnis der Drehzahlen.

1.519 Wie groß muss die Fläche des Presskolbens eines hydraulischen Wagenhebers sein, wenn das Gewicht eines Opel-Kadett auf den Presskolben mit 350 N wirkt und am Pumpenkolben 12 N betragen soll? Die Fläche des Pumpenkolbens beträgt 2,6 cm^2.
Anleitung: Die Kräfte verhalten sich wie die Flächen, auf die sie einwirken.

1.520 Eine Kreiselpumpe fördert 0,9 m^3 Wasser in 5 s 14 m hoch. Welche Wassermenge wird in 4,5 s in 22,5 m Höhe gedrückt?

1.521 Ein Schiffskran benötigt zum Heben eines 12 kN schweren Containers auf 15 m Höhe eine Zeit von 45 Sekunden. Wie lange braucht er bei gleicher Leistung, um eine andere, 8 kN schwere Last in eine Höhe von 13 m zu heben?

1.522 Ein PKW-Reifen überträgt eine Last von 4320 N auf die Straße. In der Aufstandsfläche – mit dem Seitenverhältnis $l : b = 3 : 2$ – herrscht ein Druck von 20 N/cm^2. Wie lang und wie breit ist die Aufstandsfläche?

1.523 Die beiden Widerstände $R_1 = 21\ \Omega$, $R_2 = 31{,}5\ \Omega$ sind in einer Stromverzweigung parallel geschaltet. Welchen Strom nimmt die zweite Leitung auf, wenn die Stromstärke $I_1 = 1{,}2$ A beträgt?
Anleitung: $R_1 : R_2 = I_1 : I_2$ (KIRCHHOFFsches Gesetz)

1.524 Ein elektrischer Heizkörper nimmt bei $U = 220$ V einen Strom von $I = 8{,}8$ A auf. Wie groß ist der Widerstand R_2 eines anderen Heizkörpers, dessen Stromaufnahme im Verhältnis 1,6 : 1 herabgesetzt und an ein 110-V-Netz angeschlossen wurde? In welchem Verhältnis stehen R_1 und R_2 beider Geräte?

1.525 In einer Kupfersulfatlösung entsteht bei einer Stromstärke von $I = 1$ A in 1 s an der Kathode ein Niederschlag von 0,329 mg Kupfer. Wie groß ist der Niederschlag, wenn ein Strom von $I = 20$ A 8,5 Minuten lang einwirkt?
Anleitung: Die abgeschiedenen Mengen sind proportional zur Zeit und zur Stromstärke.

1.526 Aus einer Silbernitratlösung werden 1 677 mg Silber in 5 Minuten abgeschieden. Wieviel Silber erhält man in 7 min 30 s, wenn man die Stromstärke verdoppelt?

1.527 Welche Kraft F_2 ist nötig, um einen Kasten anzuheben, wenn eine Kraft $F_1 = 300$ N entgegenwirkt und die Kraftarme die Längen $r_1 = 16$ cm bzw. $r_2 = 50$ cm haben?
Anleitung: Die Kräfte verhalten sich umgekehrt wie die zugehörigen Kraftarme.

1.528 Ein Teil Kalk und drei Teile Sand ergeben 3,2 Teile fertigen Kalkmörtel. Wie viele m^3 Sand benötigt man für 1,24 m^3 Kalk und wie viele m^3 Mörtel entstehen?

1.529 Ein Architekt plant ein symmetrisch aufgesetztes Satteldach für ein 17 m breites Haus. Wie hoch wird das Dach, wenn das an der Traufe gemessene Neigungsmaß 1,2 : 1 betragen soll?
Anleitung: Unter dem Neigungsmaß versteht man den Quotienten aus der dem Winkel gegenüberliegenden Kathete und der dem Winkel anliegenden Kathete: $h : \frac{b}{2}$

1.530 Eine Firma berücksichtigt bei der Kalkulation der Nichtleistungslöhne folgende jährliche Nichtarbeitstage: 16 Tage Urlaub, 13 Tage bezahlten Krankenstand, 11 Feiertage. In welchem Verhältnis stehen Arbeitstage zu Nichtarbeitstagen?
Bemerkung: Das Jahr wird mit 52 Wochen à 5 Tage angesetzt.

1.531 Welche Kraft F' ist aufzuwenden, um eine Last von $F = 1\,440$ N, die am Ende einer Stange befestigt ist, im Gleichgewicht zu halten, wenn der Drehpunkt die Stange im Verhältnis $3 : 1$ teilt?

1.532 In einer Stromröhre sind die Strömungsgeschwindigkeiten den Querschnittsflächen indirekt proportional. Mit welcher Geschwindigkeit fließt Erdöl durch eine Rohrverengung (Querschnittsfläche $A_2 = 1\,563\text{ cm}^2$), wenn es bei $A_1 = 1\,875{,}6\text{ cm}^2$ mit $v_1 = 1{,}3\text{ m/s}$ fließt?

1.533 Nach dem BOYLE-MARIOTTEschen Gesetz ist bei konstanter Temperatur das Produkt aus Druck und Volumen konstant. In einer Stahlflasche befinden sich 24 dm^3 Wasserstoffgas unter einem Druck von 9,8 MPa. Welches Gasvolumen erhält man, wenn sich das Gas ausdehnt, bis der Druck auf 3 MPa abgesunken ist?

1.534 Aus einem Wasserbehälter fließt Wasser mit einer Geschwindigkeit von 9,45 m/s aus, wenn der Wasserspiegel 7,29 m hoch ist. Auf welchen Wert sinkt die Ausflussgeschwindigkeit ab, wenn der Wasserspiegel auf eine Höhe von 3,24 m sinkt?
Anleitung: Die Ausflussgeschwindigkeiten verhalten sich wie die Quadratwurzeln aus den Höhen.

1.535 Ein Satz von Orgelpfeifen soll die Töne einer Dur-Tonleiter wiedergeben, deren Schwingungszahlen (Frequenzen) sich wie $1 : \frac{9}{8} : \frac{5}{4} : \frac{4}{3} : \frac{3}{2} : \frac{5}{3} : \frac{15}{8} : 2$ verhalten. Die längste Pfeife soll 360 mm sein. Wie lang müssen die übrigen 7 sein?
Anleitung: Die Längen der Pfeifen sind – bei sonst gleichen Bedingungen – der Frequenz ihrer Töne indirekt proportional.

1.6.4 Prozent- und Zinsrechnung

Die Prozentrechnung spielt in *allen* Bereichen unseres Lebens eine außerordentlich wichtige Rolle.

> Ein Prozent (1 %) einer Größe G ist der hundertste Teil von G.
> p % (p Prozent) von G sind entsprechend $\frac{p}{100}$ von G.

Beispiel:

1.75 $G = 124\text{ kg} \longrightarrow$ $p = 1\,\%$ von $G : P = \frac{G}{100} = 1{,}24\text{ kg}$;

$p = 7{,}5\,\%$ von $G : P = 7{,}5\frac{G}{100} = 9{,}3\text{ kg}$.

Die Größe G wird als **Grundwert** bezeichnet. Sie entspricht 100 %.

p heißt **Prozentsatz**. p gibt an, wieviel Prozent des Grundwertes gebildet werden sollen.

Das Ergebnis P der obigen Rechnung wird **Prozentwert** genannt.

Zwischen Grundwert G, Prozentsatz p und Prozentwert P lässt sich die folgende grundlegende Proportion aufstellen:

$$\boxed{p : 100 = P : G} \tag{1.24}$$

Wenn zwei der drei Größen p, P und G gegeben sind, lässt sich die dritte aus dieser Proportion berechnen.

Beispiele:

1.76 Von 1 400 produzierten Werkstücken waren 32 Ausschuss. Wieviel Prozent Ausschuss sind dies?

Lösung: Gegeben: Grundwert G = 1 400 Werkstücke,
Prozentwert P = 32 Werkstücke.
Gesucht: Prozentsatz p.

Aus (1.24) folgt

$$p = \frac{100 \cdot P}{G} = 2{,}286\ \%.$$

Es werden 2,3 % Ausschuss produziert.

1.77 Ein Einkäufer kann eine Ware beim Großhandel für 3,24 € beziehen. Bei der Abnahme von 1 000 Stück werden ihm 3 % Rabatt gewährt. Welcher Preisnachlass ist das?

Lösung: Gegeben: Grundwert G = 3 240 €
(Preis für 1 000 Stück)
Prozentsatz p = 3 %
Gesucht: Prozentwert P

Er ergibt sich aus (1.24) zu

$$P = \frac{G \cdot p}{100} = 97{,}20\ €.$$

Der Preisnachlass für 1 000 Stück beträgt 97,20 €.

1.78 In einer Brauerei wurde die Tagesproduktion im Vergleich zum Vorjahr um 12,5 % gesteigert. Das entspricht einer täglichen Mehrproduktion von 2 600 Litern.
Wieviel wurde im vorhergehenden Jahr täglich produziert?

Lösung: Gegeben: Prozentwert P = 2 600 l,
Prozentsatz p = 12,5 %.
Gesucht: Grundwert G.

$$G = \frac{P \cdot 100}{p} = \frac{260\,000\ \mathrm{l}}{12{,}5} = 20\,800\ \mathrm{l}.$$

Im vorhergehenden Jahr wurden täglich 20 800 l Getränke hergestellt.

Die Prozentrechnung spielt bei der *Kalkulation von Preisen* eine große Rolle. Zum *Einstandspreis* gehören alle Kosten, die bis zum Eintreffen der Ware beim Verkäufer entstehen, also Einkaufspreis zuzüglich Verpackungs-, Verladungs-, Transport- und Entladungsspesen usw. Bei Importgeschäften sind auch noch Zollgebühren (Zoll, Einfuhrsteuern etc.) zu berücksichtigen. Die Ermittlung des Einstandspreises wird *Bezugskalkulation* genannt.

Für den Einkauf großer Warenmengen wird in der Regel vom Hersteller bzw. vom Großhandel ein *Rabatt* gewährt. Sofortzahlungen werden mit einem *Skonto* honoriert.

Beispiel:

1.79 800 Stück einer Ware werden beim Großhandel zu einem Preis von 42 € je Stück eingekauft. Es werden 10 % Rabatt sowie 2 % Skonto gewährt. Für die Zustellung fallen Transportkosten in Höhe von 600 € an.
Wie hoch ist der Einstandspreis für ein Stück der Ware?

Lösung:

800 Stück Ware zu 42 € pro Stück	33 600,00 €
−10 % Rabatt	3 360,00 €
	30 240,00 €
−2 % Skonto	604,80 €
	29 635,20 €
+Transportkosten	600,00 €
Einstandspreis für 800 Stück	30 235,20 €

Damit beträgt der Einstandspreis für 1 Stück 37,79 €.

Zum *Verkaufspreis* gehört neben Rabatt und Skonto der *Kalkulationsaufschlag*, der sich aus den sogenannten *Gemeinkosten* (allgemeine Geschäftskosten wie Miete, Beleuchtung, Heizung usw.) und dem kalkulierten Gewinnanteil des Unternehmers zusammensetzt.

Die Ermittlung der Verkaufspreise wird *Verkaufskalkulation* genannt.

Beispiel:

1.80 Der Einstandspreis einer Ware beträgt 350 €. Wie hoch ist der Einzelhandelspreis, wenn 30 % Kalkulationsaufschlag, 2 % Kundenskonto und 25 % Wiederverkäuferrabatt zu berücksichtigen sind?

Lösung: Durch Addition des Kalkulationsaufschlages ergibt sich zunächst der Kassenverkaufspreis.

Einstandspreis	350,00 €
+30 % Kalkulationsaufschlag:	105,00 €
Kassenverkaufspreis:	455,00 €

Der Kassenverkaufspreis ist der um den Skonto verminderte Großhandelspreis, also nur 98 % von diesem. Daraus ergibt sich

Kassenverkaufspreis	455,00 €
+2 % Kundenskonto: $455\ € \cdot \frac{2}{98}$	9,29 €
Großhandelspreis:	464,29 €

Der Wiederverkaufspreis ist analog zu berechnen. Der Wiederverkaufspreis ist der um den Wiederverkäuferrabatt verminderte Einzelhandelspreis, also nur 75 % von diesem. Damit wird

Großhandelspreis	464,29 €
+25 % Wiederverkäuferrabatt: $464{,}29\ € \cdot \frac{25}{75}$	154,76 €
Einzelhandelspreis:	619,05 €

Die Ware wird mit einem Einzelhandelspreis von 619,05 € verkauft.

Die **Zinsrechnung** ist ein spezielles Anwendungsgebiet der Prozentrechnung.

In der Zinsrechnung entspricht dem Grundwert G das **Kapital** oder **Sparguthaben**, das verzinst wird. Den Prozentsatz p bezeichnet man als **Zinssatz**, den Prozentwert P als **Zinsen**.

Unter Beachtung dieser neuen Begriffe kann auch für die Zinsrechnung die Formel (1.24) genutzt werden.

Beispiel:

1.81 Ein Kapital von 1 250 € wird auf einer Bank mit 5,5 % Jahreszinsen angelegt. Wieviel Zinsen erhält man dafür am Ende des Jahres?

Lösung: Gegeben: Kapital $G = 1\,250$ €
Zinssatz $p = 5{,}5\ \%$
Gesucht: Zinsen P

Nach (1.24) ist

$p : 100 = P : G,$

woraus

$$P = \frac{p \cdot G}{100} = \frac{5{,}5 \cdot 1\,250\ €}{100} = 68{,}75\ €$$

folgt.
Man erhält also am Ende des Jahres 68,75 € Zinsen.

Anmerkung: Werden die Zinsen am Ende des Jahres gutgeschrieben, d. h. dem Kapital zugeschlagen, so werden diese Zinsen am Ende des zweiten Jahres mitverzinst. Damit wächst der Zinsbetrag von Jahr zu Jahr, und in knapp 13 Jahren verdoppelt sich beispielsweise ein Kapital, das mit 5,5 % verzinst wird. Die hierfür erforderlichen Berechnungen lassen sich schnell und elegant mit Hilfe der sogenannten *Zinseszinsrechnung* durchführen, die im Band 3 behandelt wird.

Zinsen können auch für ein Kapital berechnet werden, das kürzer als für ein Jahr angelegt wird. In diesem Falle ist es üblich, die Jahreszinsen gleichmäßig auf 360 Tage zu verteilen.

Ist der Prozentsatz p kleiner als 1, dann verwendet man statt der Prozente meist *Promille*:

> Unter einem *Promille* (1 ‰) einer Größe versteht man den tausendsten Teil dieser Größe.

Beispiel:

1.82 In einer Salbe ist ein bestimmter Wirkstoff in einer Konzentration von 0,4 ‰ enthalten. Wieviel mg dieses Wirkstoffes sind in einer Tube von 30 g Inhalt?

Lösung: Die Gleichung (1.24) ist für Promille abzuändern in

$p : 1000 = P : G.$

Mit $p = 4$ ‰ und $G = 30$ g erhält man

$$P = \frac{p \cdot G}{1\,000} = \frac{0{,}4 \cdot 30\ \text{g}}{1\,000} = \frac{12}{1\,000}\ \text{g}.$$

In der Tube sind demnach 12 mg des Wirkstoffs enthalten.

Aufgaben:

1.536 Der Verkaufspreis für einen Taschenrechner wurde von 26,99 € auf 24,00 € gesenkt. Wieviel Prozent beträgt die Preissenkung?

1.537 Beim Einkauf einer größeren Warenmenge wurde ein Rabatt gewährt, so dass statt 23 800 € nur noch 20 835 € zu zahlen sind. Wieviel Prozent Rabatt wurde gewährt?

1.538 **a)** Nach Abzug von 2 % Skonto wurden 1 641,50 € bezahlt. Wie hoch war der ursprüngliche Rechnungsbetrag?
b) Für eine Warenlieferung wurden einschließlich 15 % Bezugsspesen 1 522,60 € bezahlt. Wieviel kosten die Waren bei Abholung durch den Käufer?

1.539 Ein Braunkohlenkraftwerk besitzt eine Rauchgasentschwefelungsanlage, deren Entschwefelungsgrad 90 % beträgt.

a) Wieviel t SO_2 fallen dabei in 24 Stunden an, wenn in einer Stunde 1 250 000 Kubikmeter Rauchgas durch die Anlage strömt und 1 m^3 Rauchgas 4780 mg SO_2 enthält?
b) Wie groß war der Entschwefelungsgrad der alten Anlage, bei der pro Stunde 35 850 t SO_2 anfielen?

1.540 Ein Aluminium-Stahl-Leitungsseil hat einen Durchmesser von 16 mm; die Querschnittsfläche beträgt 152,8 mm^2. Das Verhältnis Aluminium : Stahl ist 12 : 7. Man berechne

a) den prozentualen Anteil von (1) Aluminium (2) Stahl an der gesamten Querschnittsfläche
b) um wieviel Prozent mehr Aluminium als Stahl im Seil enthalten ist
c) wie viele mm^2 der Querschnittsfläche auf (1) Aluminium (2) Stahl entfallen.

1.541 1985 wurden in Wien 6 925 GW · h elektrische Energie verbraucht, das bedeutete eine Zunahme von 4,26 % gegenüber dem Vorjahr.

a) Stromverbrauch im Jahre 1984?
b) Um wieviel Prozent stieg der durchschnittliche Stromverbrauch pro Tag?

Bemerkung: 1984 war ein Schaltjahr.

1.542 Ein Betrieb kauft eine Maschine zu 34 600 € und erzielt mit ihr einen jährlichen Reingewinn von 51 900 €. Wie hoch ist die jährliche Verzinsung des eingesetzten Kapitals, wenn vom Reingewinn noch 10 % Anlagenabschreibung (vom Anschaffungswert) abzuziehen sind?

1.543 Es ist das gleiche Problem wie in Aufgabe 1.542 zu lösen für

a) einen Luxusreisebus, Kaufpreis 1 680 000 €, Reingewinn 440 160 €, Abschreibung 20 %.
b) drei Hobelmaschinen, Kaufpreis 370 000 €/Stück, Reingewinn 152 000 € (für alle drei Maschinen) und Abschreibung 12,5 %.

1.544 Welche Leistung muss einem Gleichstrommotor zugeführt werden, damit er bei einem Wirkungsgrad von 80 % eine Leistung von 2,2 kW erbringt?

1.545 Ein Dieselmotor mit 50 kW hat eine Leistungsaufnahme von 125 kW. Der Wirkungsgrad ist zu berechnen.

1.546 Die Dichte ϱ der nachstehenden Legierungen ist zu berechnen!

a) Messing: 60 % Cu, 40 % Zn
b) Bronze: 94 % Cu, 6 % Sn
c) Silberlot LAg 80: 55 % Cu, 37 % Zn, 8 % Ag
d) Weißmetall 80: 80 % Sn, 12 % Sb, 6 % Cu, 2 % Pb
e) Ferristischer Chromstahl: 86,9 % Fe, 13 % Cr, 0,1 % C

f) Abessinisches Gold: 88 % Cu, 11,5 % Zn, 0,5 % Au
g) Rotguß 4: 93 % Cu, 4 % Sn, 2 % Zn, 1 % Pb
h) Austenitischer Stahl: 72,9 % Fe, 19 % Cr, 8 % Ni, 0,1 % C

Chemisches Element	Dichte ϱ in g/cm^3
Kupfer (Cu)	8,93
Zink (Zn)	6,92
Zinn (Sn)	7,18
Silber (Ag)	10,49
Antimon (Sb)	6,62
Blei (Pb)	11,34
Kohlenstoff (C)	2,25
Chrom (Cr)	6,92
Eisen (Fe)	7,85
Gold (Au)	18,88
Nickel (Ni)	8,80

1.547 Bei einem Verkehrsunfall wurde bei drei Autofahrern A, B und C eine Blutprobe von jeweils 12 ml entnommen. A hatte 9,36 µl, B 12,36 µl und C 10 µl Alkohol in der Blutprobe. Bei welchem(n) Fahrer(n) überstieg der Alkohol die Grenze von 0,8 ‰?

1.548 3 000 kg einer Ware werden zum Preis von 480 € pro 100 kg erworben. Es werden 8 % Rabatt und 3 % Skonto gewährt. Für die Zustellung fallen 280 € Transportkosten an. Wie hoch ist der Einstandpreis für 1 kg der Ware?

1.549 Es werden 25 000 l einer Flüssigkeit zu einem Preis von 650 € pro hl eingekauft. Der Lieferant gewährt 10 % Rabatt und 2 % Skonto. Der Transport erfolgt in Fässern zu je 50 l. Man berechne den Einstandspreis je l, wenn Transportkosten in Höhe von 180 € pro Fass anfallen.

1.550 Für einen Preis von 38 €/kg werden 1500 kg einer Ware eingekauft. Der Kunde erhält 12 % Rabatt und 3 % Skonto. Die Bezugsspesen betragen 5 % vom Einkaufspreis. Wie hoch ist der Einstandspreis für 1 kg?

1.551 Es werden n Stück einer Ware zum Preis P_E € pro Stück eingekauft. Der Lieferant gewährt dabei p_{LR} % Rabatt sowie p_{LS} % Skonto.
Man stelle eine Formel auf, die den Gesamteinstandspreis E_G angibt, wenn die Bezugsspesen **a)** den Betrag B €, **b)** p_B % des Kassenpreises betragen.

1.552 Aus Konkurrenzgründen darf der Einstandspreis einer Ware 320 € je Stück nicht übersteigen.
Wie hoch darf der Einkaufspreis für 50 Stück daher sein, wenn 5 % Rabatt, 3 % Skonto und 540 € Bezugsspesen für 50 Stück zu berücksichtigen sind?

1.553 Zu welchem Preis müssen 300 Stück einer Ware eingekauft werden, wenn 10 % Mengenrabatt und 3 % Skonto in Abzug gebracht werden können, Transportkosten in Höhe von 8 € pro Stück anfallen und der Einstandspreis für die Gesamtmenge 23 352 € betragen soll?

1.554 Der Einstandspreis für eine Ware beträgt 280 €. Wie hoch ist der Einzelhandelspreis, wenn 24 % Kalkulationsaufschlag, 3 % Kundenskonto und 30 % Wiederverkäuferrabatt berücksichtigt werden können?

1.555 Wie groß ist der Verkaufspreis für 100 kg, wenn der Einstandspreis für 1 kg 17,55 € beträgt und 28 % Kalkulationsaufschlag, 2,5 % Kundenskonto und 10 % Mengenrabatt berücksichtigt werden?

1.556 Der Einstandspreis für 500 kg einer Ware beträgt 14 000 €. Wie hoch ist der Einzelhandelspreis für 1 kg, wenn 32 % Kalkulationsaufschlag, 3 % Kundenskonto und 25 % Wiederverkäuferrabatt zu berücksichtigen sind?

1.557 Für den Einzelhandel-Verkaufspreis P_V ist mit den Variablen E (Einstandspreis), p_K (Kalkulationsaufschlag in %), p_{KS} (Kundenskonto in %) und p_{KR} (Kunden- bzw. Wiederverkäuferrabatt in %) ein Term aufzustellen.

1.558 Es werden 1000 Stück einer Ware für 13900 € gekauft, wobei der Lieferant 5 % Rabatt und 2 % Skonto gewährt. Die Bezugsspesen betragen 3 % vom Kassenpreis. Wie hoch ist der Einzelhandelverkaufspreis je Stück, wenn der Kalkulationsaufschlag 35 % beträgt und 2 % Kundenskonto sowie 30 % Wiederverkäuferrabatt einzukalkulieren sind?

1.559 Wie hoch darf der Einstandspreis einer Ware sein, wenn folgendes zu berücksichtigen ist: 25 % Wiederverkäuferrabatt, 3 % Kundenskonto, 32 % Kalkulationsaufschlag. Die Ware soll im Einzelhandel zu 150 € angeboten werden.

1.560 Eine Ware soll im Einzelhandel zu 300 € pro Stück angeboten werden. Zu welchem Einstandspreis ist die Ware bei 25 % Wiederverkäuferrabatt, 2 % Kundenskonto und 30 % Kalkulationsaufschlag zu beschaffen?

1.561 Der Einstandspreis einer Ware beträgt 150 € pro Stück. Wie hoch ist der Kalkulationsaufschlag **a)** in €, **b)** in Prozenten des Einstandspreises, wenn ein Stück bei 30 % Wiederverkäuferrabatt und 2 % Kundenskonto für 290 € im Einzelhandel angeboten wird?

1.562 Es werden 20 Kisten einer Ware für 1 500 € je 100 kg eingekauft. Das Gesamtgewicht beträgt 1 600 kg, wovon das Gewicht der Verpackung (die sogenannte Tara) 5 % beträgt. Der Lieferant gewährt 3 % Skonto. Die Bezugsspesen betragen 60 €/Kiste. 1 kg dieser Ware wird im Einzelhandel für 29 € angeboten; es werden 25 % Wiederverkäuferrabatt und 2,5 % Kundenskonto gewährt. Wie hoch ist der Kalkulationsaufschlag **a)** wertmäßig und **b)** in Prozenten des Einstandspreises?

1.563 10 000 € werden ein Jahr lang zu 4,5 % Zinsen angelegt.

a) Welcher Zinsbetrag ergibt sich?
b) Wie groß ist das Guthaben nach einem Jahr?

1.564 Der Zinsbetrag Z soll durch das angelegte Kapital K und den Zinssatz p ausgedrückt werden, wenn K
a) ein ganzes Jahr, **b)** n Monate, **c)** t Tage
angelegt wird.

1.565 Mit den in Aufgabe 1.564 entwickelten Formeln sollen die Zinsen berechnet werden.

a) 25 000 € werden 120 Tage zu 4 % angelegt.
b) 1 750 € werden 27 Tage zu 3,75 % angelegt.
c) 5 200 € werden vom 25. Januar bis zum 18. Mai zu 4,25 % angelegt. Dabei wird jeder Monat zu 30 Tagen gerechnet.
d) 7 825 € werden vom 16. Februar bis zum 7. Juli 1993 zu 4,5 % angelegt, wobei in diesem Falle das Guthaben kalendertäglich verzinst werden soll.

Bei den Aufgaben 1.566 bis 1.572 ist die in Aufgabe 1.564**c)** ermittelte Gleichung umzuformen, um die gesuchten Größen berechnen zu können.

1.566 Welches Kapital bringt in 186 Tagen 666,50 € Zinsen, wenn die Verzinsung mit 5 % erfolgt?

1.567 Wie viele Tage muss man 20 000 € zu 5,25 % anlegen, um 428,75 € Zinsen zu erhalten?

1.568 15 000 € werden 217 Tage angelegt. Man berechne den Zinssatz, wenn die Zinsen 542,50 € betragen.

1.569 Am 23. April werden 16 200 € zu 5 % angelegt. Wann betragen die Zinsen bei kalendermäßiger Tageberechnung 263,25 €?
Anleitung: Zunächst ist die Anzahl der Tage zu berechnen.

1.570 Welches Kapital bringt bei 5,25 %iger Verzinsung in der Zeit vom 3. April bis 28. September bei kalendermäßiger Tageberechnung 186,90 € Zinsen?

1.571 In einem Sparbuch betrug die Einlage in der Zeit vom 15. Juli bis 24. September 1 200 €. Die Bank rechnet den Monat einheitlich mit 30 Tagen und schreibt 10,35 € Zinsen gut. Zinssatz?

1.572 Eine Rechnung über 15 000 € abzüglich 10 % Rabatt war am 30. August fällig. Da die Rechnung zu spät beglichen wurde, fordert der Lieferant 12 % Verzugszinsen in der Höhe von 49,50 €.

a) Um wie viele Tage wurde die Rechnung zu spät beglichen?
b) An welchem Tag erfolgte (bei kalendermäßiger Tageberechnung) die Bezahlung der Rechnung?

Bei den Aufgaben 1.573 bis 1.577 ist jeweils zunächst das angelegte bzw. ausgeborgte Kapital bzw. der Zinsbetrag zu ermitteln und anschließend der gesuchte Wert unter Verwendung der in Aufgabe 1.564 ermittelten Formeln zu berechnen.

1.573 Zu welchem Zinssatz war ein Kapital angelegt, wenn es in 174 Tagen um 40,60 € auf 1 640,60 € angewachsen ist?

1.574 Am 13. Januar werden 28 400 € zu 6 % angelegt. Wann können 30 000 € abgehoben werden, wenn jeder Monat mit 30 Tagen gerechnet wird?

1.575 Eine am 14. August fällige Kreditrate in der Höhe von 5 000 € ist bis zum 29. Oktober auf 5 142,50 € angewachsen. Wieviel Prozent Verzugszinsen berechnet der Gläubiger bei kalendermäßiger Tageberechnung?

1.576 Bei der Aufnahme eines Kredits von 30 000 € mit einer Laufzeit von 270 Tagen wurden die Zinsen im voraus abgezogen, so dass nur 27 750 € ausbezahlt wurden. Kreditzinsen in Prozent?

1.577 Nach Abzug von 1 100 € Zinsen wurde ein Betrag von 13 300 € ausbezahlt. Wie viele Tage beträgt die Laufzeit des Kredites bei einer Verzinsung von 11 %?

2 Potenzen, Wurzeln und Logarithmen

2.1 Potenzen mit ganzzahligen Exponenten

2.1.1 Begriffserklärungen

So wie aus der *Addition mehrerer gleicher Summanden* eine neue Rechenart, die *Multiplikation* gebildet wurde, lässt sich auch die Multiplikation mehrerer Faktoren zu einer neuen Rechenart zusammenfassen:

Definition:
Unter der Potenz a^n versteht man das Produkt von n gleichen Faktoren a.

$$b = \underbrace{a \cdot a \cdot a \cdot \cdots \cdot a}_{n \text{ Faktoren } a} = a^n \qquad a \in \mathbf{R}, \quad n \in \mathbf{N} \backslash \{0\} \tag{2.1}$$

Dabei heißen
a die **Basis** oder die **Grundzahl**,
n der **Exponent** oder die **Hochzahl** und
b bzw. a^n der **Potenzwert** oder die n-te **Potenz** von a.

Den Rechenvorgang, eine Basis a in eine Potenz zu erheben, nennt man *Potenzieren*. Beim Potenzieren besteht die Aufgabe darin, aus einer gegebenen Basis a und einem gegebenen Exponenten n den Potenzwert $b = a^n$ zu berechnen.

Die Definition (2.1) einer Potenz hat zunächst nur Sinn, solange n eine *natürliche Zahl* und $n > 1$ ist. Um jedoch Potenzen mit *jeder natürlichen Zahl als Exponent*, also auch mit $n = 1$ bilden zu können, wird die Definition der Potenz dadurch erweitert, dass

$$\boxed{a^1 = a} \qquad a \in \mathbf{R} \tag{2.2}$$

gelten soll.

Ferner lässt sich leicht nachprüfen, dass für alle zulässigen Werte des Exponenten n gilt

$$\boxed{0^n = 0} \qquad \text{und} \qquad \boxed{1^n = 1} \tag{2.3}$$

Des Weiteren gilt für die Berechnung von *Potenzen mit negativen Basen* die folgende Regel:

> Alle *Potenzen von negativen Zahlen* mit *geradem Exponenten* sind *positiv*, ist der *Exponent ungerade*, so wird die Potenz einer negativen Zahl ebenfalls *negativ*.

$$\boxed{(-a)^{2n} = a^{2n}} \qquad \boxed{(-a)^{2n+1} = -a^{2n+1}} \tag{2.4}$$

Als Spezialfälle von (2.4) seien die beiden Formeln

$$\boxed{(-1)^{2n} = +1} \qquad \boxed{(-1)^{2n+1} = -1} \tag{2.5}$$

angeführt, die noch häufig Verwendung finden werden.

Und schließlich soll noch auf den Unterschied zwischen $(-a)^n$ und $-a^n$ verwiesen werden, wobei $a > 0$ sein soll. Hier ist genau die *Rangfolge der Rechenoperationen* zu beachten. Bei $(-a)^n$ soll die *negative Zahl* $-a$ potenziert werden. Das Ergebnis wird *positiv oder negativ* sein, je nachdem, ob der Exponent eine gerade oder ungerade Zahl ist. Hingegen ist bei $-a^n$ vorrangig die Zahl a zu potenzieren, und dann erst ist dem Ergebnis das negative Vorzeichen zuzuordnen.

Für die Addition gilt das *Kommutativgesetz*, nach dem die Summanden in einer Summe vertauscht werden dürfen:

$$a + b = b + a$$

Dieses Gesetz kann nicht auf die Potenzrechnung übertragen werden, denn für Potenzen gilt:

Basis und Exponent einer Potenz dürfen im allgemeinen *nicht miteinander vertauscht* werden.

$$\boxed{a^n \neq n^a} \tag{2.6}$$

Es gibt nur sehr wenige Ausnahmefälle, für die $a^n = n^a$ gilt.

Beispiele:

2.1 Es ist $2^3 = 2 \cdot 2 \cdot 2 = 8$. Dagegen ist $3^2 = 3 \cdot 3 = 9$. Man überzeuge sich jedoch davon, dass $2^4 = 4^2$ ist.
Gibt es noch weitere Zahlenpaare (a, n), für die gilt $a^n = n^a$?

2.2 Es ist $(-4)^2 = (-4) \cdot (-4) = +16$, $(-4)^3 = -64$ und $(-4)^4 = +256$.
Aber es ist $-4^2 = -4 \cdot 4 = -16$, $-4^3 = -64$ und $-4^4 = -256$.

2.3 Es ist

$$\begin{aligned}(-3)^6 - (-6)^3 &= (-3) \cdot (-3) \cdot (-3) \cdot (-3) \cdot (-3) \cdot (-3) - (-6) \cdot (-6) \cdot (-6)\\ &= +729 - (-216)\\ (-3)^6 - (-6)^3 &= +945.\end{aligned}$$

Die ursprüngliche Definition des Potenzbegriffes ist *nur für ganzzahlige positive Exponenten* sinnvoll, denn eine Zahl a kann wohl 5mal, aber nicht (-5)mal als Faktor in einem Produkt auftreten.

Es erweist sich jedoch für viele Probleme als nützlich, auch Potenzen mit dem *Exponenten* 0 sowie Potenzen mit *ganzzahligen negativen Exponenten* zuzulassen.

Definition:
Für alle $a \in \mathbf{R}\backslash\{0\}$ und $n \in \mathbf{N}$ gilt

$$a^0 = 1 \tag{2.7}$$

$$a^{-n} = \frac{1}{a^n} \tag{2.8}$$

Beispiele:

2.4 Es ist $(-0{,}010\,27)^0 = 1$.
Man darf bei der „nullten Potenz“ einer Zahl nicht versuchen, deren Wert mit Hilfe der ursprünglichen Definition (2.1) erklären zu wollen. Hier ist es notwendig, dass man die Definition (2.7) dieser Potenz kennt und sie sinngemäß anwendet.

2.5 Welchen Wert besitzt die Potenz $0{,}25^{-3}$?
Lösung: Die Rechnung gestaltet sich besonders einfach, wenn man statt des Dezimalbruches 0,25 den echten Bruch $1/4$ verwendet:

$$0{,}25^{-3} = \left(\frac{1}{4}\right)^{-3} = \frac{1}{\left(\frac{1}{4}\right)^3} = \frac{1}{\frac{1}{64}} = 64$$

Ergebnis: $0{,}25^{-3} = 64$.

2.6 Man berechne $z = 0^3 + 3^0 + 5^2 + 2^{-5}$!
Lösung: $0^3 = 0$ nach (2.3), $3^0 = 1$ nach (2.7), $5^2 = 25$ und $2^{-5} = 1/2^5 = 1/32$ nach (2.8), so dass

$$z = 0 + 1 + 25 + \frac{1}{32} = 26{,}031\,25$$

wird.

2.1.2 Potenzgesetze

2.1.2.1 Addition und Subtraktion von Potenzen

Für Summen und Differenzen von Potenzen lassen sich keine allgemeingültigen Rechenregeln angeben. Da sich nur *gleichartige Glieder* addieren bzw. subtrahieren lassen, gibt es für Ausdrücke wie $a^n + b^m$, aber auch für $a^n + b^n$ *keine Vereinfachungsmöglichkeiten*. So lässt sich beispielsweise $2^4 + 3^4$ nicht zu $(2+3)^4$ zusammenfassen, denn es ist $2^4 + 3^4 = 16 + 81 = 97$, dagegen ist $(2+3)^4 = 5^4 = 625$.

Umgekehrt ist natürlich auch i. allg. $(a+b)^n \neq a^n + b^n$, was beispielsweise bereits von der binomischen Formel $(a+b)^2 = a^2 + \mathbf{2ab} + b^2$ her bekannt ist.

Der Leser überlege sich, unter welchen Bedingungen $(a+b)^n = a^n + b^n$ gilt.

Für die Addition und die Subtraktion von Potenzen gilt demnach die *Regel*:

> Potenzen lassen sich nur dann addieren bzw. subtrahieren, wenn sie *sowohl in ihren Basen als auch in ihren Exponenten* übereinstimmen.

Beispiele:

2.7 $3a^n + 2b^n - 5c^n + 2a^n - 7b^n + 5c^n$ soll vereinfacht werden.
Lösung: Nach dem zuletzt Gesagten lassen sich in dieser Summe jeweils nur die Glieder mit a^n, die mit b^n und die mit c^n für sich zusammenfassen, so dass

$$\begin{aligned} 3a^n + 2b^n - 5c^n + 2a^n - 7b^n + 5c^n &= 5a^n - 5b^n \\ &= 5(a^n - b^n) \end{aligned}$$

wird. Dieses Ergebnis darf jedoch *keinesfalls* weiter zu $5(a-b)^n$ zusammengefasst werden!

2.8 Man vereinfache $x^7 + (-x)^7 - x^8 + (-x)^8 - (-x^7) + (-x^8)$!

Lösung: Unter Beachtung von (2.4) wird

$$\begin{aligned} x^7 + (-x)^7 - x^8 + (-x)^8 - (-x^7) + (-x^8) &= x^7 - x^7 - x^8 + x^8 + x^7 - x^8 \\ &= x^7 - x^8 \end{aligned}$$

Man beachte den Unterschied zwischen $+(-x)^8$ und $+(-x^8)$! Im ersten Falle ist die negative Zahl $(-x)$ in die achte Potenz zu erheben. Das Ergebnis wird *positiv*. Bei $(-x^8)$ ist nur x zu potenzieren, und erst dann ist dieser Potenz das negative Vorzeichen zuzuordnen. Es entsteht also hier ein *negatives* Resultat.

2.1.2.2 Multiplikation und Division von Potenzen

Für die Multiplikation und Division von Potenzen gibt es vereinfachende Regeln, wenn Potenzen mit gleichen Basen oder aber Potenzen mit gleichen Exponenten multipliziert oder dividiert werden sollen.

Soll beispielsweise das Produkt $a^m \cdot a^n$ gebildet werden, so ist dies gleichbedeutend mit

$$a^m \cdot a^n = \underbrace{a \cdot a \cdot a \cdot a \cdots a}_{m \text{ Faktoren } a} \cdot \underbrace{a \cdot a \cdot a \cdot a \cdots a}_{n \text{ Faktoren } a}$$

Insgesamt entstehen also $m + n$ Faktoren a, so dass $a^m \cdot a^n$ zusammengefasst werden kann zu

$$a^m \cdot a^n = a^{m+n}.$$

Potenzen mit gleichen Basen können dadurch miteinander *multipliziert* werden, dass man die gemeinsame Basis mit der *Summe der Exponenten* potenziert.

$$\boxed{a^m \cdot a^n = a^{m+n}} \qquad (2.9)$$

Entsprechend gilt für die Division:

Potenzen mit gleichen Basen können dadurch durcheinander *dividiert* werden, dass man die gemeinsame Basis mit der *Differenz der Exponenten* potenziert.

$$\boxed{\frac{a^m}{a^n} = a^{m-n}} \qquad (2.10)$$

Die Formel (2.10) kann angewendet werden unabhängig davon, ob $m > n$, $m = n$ oder $m < n$ ist. Prüfen Sie dies bitte für diese drei möglichen Fälle nach!

Soll $(a^m)^2$ berechnet werden, so erhält man bei Anwendung von (2.9)

$$(a^m)^2 = a^m \cdot a^m = a^{m+m} = a^{2m}.$$

Verallgemeinert man dies auf beliebige Potenzen von a^m, so folgt:

Eine Potenz kann *potenziert* werden, indem man die Basis mit dem *Produkt der Exponenten* potenziert.

$$\boxed{(a^m)^n = a^{mn}} \qquad (2.11)$$

Genau so wichtig wie die Rechengesetze für Potenzen mit gleichen Basen sind die Rechengesetze für Potenzen mit gleichen Exponenten.

Wenn a^3b^3 berechnet werden soll, dann bedeutet dies

$$a^3b^3 = (a \cdot a \cdot a) \cdot (b \cdot b \cdot b).$$

Ordnet man die Faktoren auf der rechten Seite dieser Gleichung um, so kann man dafür auch

$$a^3b^3 = a \cdot b \cdot a \cdot b \cdot a \cdot b$$

schreiben.

Diese Vorgehensweise lässt sich ohne weiteres verallgemeinern, so dass die folgenden beiden *Regeln* formuliert werden können:

Potenzen mit gleichen Exponenten kann man multiplizieren, indem man das Produkt der Basen mit dem gemeinsamen Exponenten potenziert.

$$\boxed{a^n \cdot b^n = (ab)^n} \qquad (2.12)$$

und

Potenzen mit gleichen Exponenten kann man durcheinander dividieren, indem man den Quotienten der Basen mit dem gemeinsamen Exponenten potenziert.

$$\boxed{\frac{a^n}{b^n} = \left(\frac{a}{b}\right)^n} \qquad (2.13)$$

Beispiele:

2.9 Es soll das Produkt $0{,}125^3 \cdot 8^5$ mit möglichst geringem Rechenaufwand ermittelt werden.

Lösung: Löst man die Aufgabe ohne Kenntnis der Potenzgesetze, so muss man zunächst die beiden Potenzen $0{,}125^3$ und 8^5 berechnen und die Zwischenergebnisse danach miteinander multiplizieren. Führen Sie diese Rechnung bitte selbständig durch, damit Sie erkennen, wieviel Arbeit zu ihrer Bewältigung erforderlich ist.
Beachtet man jedoch, dass sich die Aufgabe nach (2.9) und (2.12) auch in der Form

$$0{,}125^3 \cdot 8^5 = 0{,}125^3 \cdot 8^3 \cdot 8^2 = (0{,}125 \cdot 8)^3 \cdot 8^2$$

schreiben lässt, dann wird

$$0{,}125^3 \cdot 8^5 = 1^3 \cdot 8^2 = 64.$$

Dieses Beispiel verdeutlicht erneut, wie wichtig es ist, die mathematischen Gesetzmäßigkeiten nicht nur *formal* zu kennen, sondern sie zu *beherrschen* und in ihrer vollen Bedeutung *anwenden* zu können.

2.10 In den Brüchen

a) $\dfrac{a^{-m} \cdot b^{-n}}{c^{-p} \cdot d^{-q}}$ **b)** $\dfrac{x^{-2} + y^{-3}}{x^{-3} - y^{-2}}$

sollen die negativen Exponenten beseitigt werden.

Lösung:

a) Mit Hilfe von (2.8) können die Potenzen mit negativen Exponenten als Brüche geschrieben werden:

$$\frac{a^{-m} \cdot b^{-n}}{c^{-p} \cdot d^{-q}} = \frac{\dfrac{1}{a^m} \cdot \dfrac{1}{b^n}}{\dfrac{1}{c^p} \cdot \dfrac{1}{d^q}}.$$

Nach Beseitigung der Doppelbrüche folgt hieraus

$$\frac{a^{-m} \cdot b^{-n}}{c^{-p} \cdot d^{-q}} = \frac{c^p \cdot d^q}{a^m \cdot b^n}.$$

b) Auch hier werden zuerst die Potenzen mit negativen Exponenten in Brüche umgeschrieben:

$$\frac{x^{-2} + y^{-3}}{x^{-3} - y^{-2}} = \frac{\frac{1}{x^2} + \frac{1}{y^3}}{\frac{1}{x^3} - \frac{1}{y^2}} = \frac{\frac{y^3 + x^2}{x^2 \cdot y^3}}{\frac{y^2 - x^3}{x^3 \cdot y^2}}$$

Durch Beseitigung der Doppelbrüche erhält man

$$\frac{x^{-2} + y^{-3}}{x^{-3} - y^{-2}} = \frac{x \cdot (y^3 + x^2)}{y \cdot (y^2 - x^3)}.$$

Aus den letzten beiden Beispielen ist die folgende Regel für die Vereinfachung von Brüchen, in denen Potenzen mit negativen Exponenten auftreten, erkennbar:

> Kommen im Zähler (im Nenner) eines Bruches Potenzen mit negativen Exponenten *als Faktoren* vor, so dürfen diese Potenzen mit dem entsprechenden positiven Exponenten in den Nenner (in den Zähler) gebracht werden.
> Für Potenzen mit negativen Exponenten, die in Brüchen *als Summanden* auftreten, lässt sich keine ebenso einfache Rechenregel angeben.

Beispiel:

2.11 Wie lassen sich Ausdrücke der Form $\left(\frac{a}{b}\right)^{-m}$ vereinfachen?

Lösung: Nach (2.13) ist

$$\left(\frac{a}{b}\right)^{-m} = \frac{a^{-m}}{b^{-m}},$$

wofür nach der zuletzt formulierten Vereinfachungsregel

$$\left(\frac{a}{b}\right)^{-m} = \frac{b^m}{a^m} = \left(\frac{b}{a}\right)^m$$

geschrieben werden kann.

Aus Beispiel (2.11) folgt die Regel:

> Wenn ein Bruch mit einem negativen Exponenten potenziert werden soll, dann kann man auch den Kehrwert des Bruches mit dem entsprechenden positiven Exponenten potenzieren.

Beispiele:

2.12 Der Bruch $\left(\frac{2x^{-2} \cdot y^3}{3u^{-4} \cdot v^n}\right)^{-7}$ soll so vereinfacht werden, dass keine negativen Exponenten mehr auftreten.

Lösung: Es bieten sich mehrere Lösungswege an.
So kann man zunächst den negativen Exponenten -7 beseitigen, indem man den Kehrwert des Bruches mit 7 potenziert. Auf diese Weise entsteht

$$\left(\frac{2x^{-2} \cdot y^3}{3u^{-4} \cdot v^n}\right)^{-7} = \left(\frac{3u^{-4} \cdot v^n}{2x^{-2} \cdot y^3}\right)^{+7}.$$

Nach (2.12) wird daraus

$$\left(\frac{2x^{-2} \cdot y^3}{3u^{-4} \cdot v^n}\right)^{-7} = \frac{3^7 x^{14} v^{7n}}{2^7 u^{28} y^{21}}.$$

Anderer Lösungsweg:

$$\left(\frac{2x^{-2} \cdot y^3}{3u^{-4} \cdot v^n}\right)^{-7} = \frac{2^{-7} x^{14} y^{-21}}{3^{-7} u^{28} v^{-7n}} = \frac{3^7 x^{14} v^{7n}}{2^7 u^{28} y^{21}}.$$

Vollziehen sie diesen zweiten Lösungsweg nach, und überlegen Sie bei jedem einzelnen Schritt, welche Potenzgesetze bzw. Vereinfachungsregeln angewendet worden sind. Vielleicht finden Sie weitere Möglichkeiten, den gegebenen Bruch der Aufgabenstellung entsprechend umzuformen.

2.13 Der Ausdruck $\{[(2a^0 + 3b^2)^3]^0\}^{-6}$ soll so weit wie möglich vereinfacht werden.

Lösung: Man kann die ineinander geschachtelten Klammern von innen nach außen auflösen, aber auch von außen nach innen. Würde man von innen nach außen gehen, so müsste man zuerst das Binom $2a^0 + 3b^2$ in die dritte Potenz erheben, um danach von diesem Zwischenergebnis die nullte Potenz bilden zu können. Unabhängig davon, was vorher berechnet worden ist, als Ergebnis wird man 1 erhalten (vgl. (2.7)!).
Hätte man dagegen sofort erkannt, dass hier von einem komplizierter aufgebauten Ausdruck die nullte Potenz berechnet werden soll (Vorgehensweise von außen nach innen), so hätte man sofort das Ergebnis

$$\{[(2a^0 + 3b^2)^3]^0\}^{-6} = 1^{-6} = 1$$

notieren können.

Fazit:
Es lohnt sich, zuerst eine Weile darüber nachzudenken, welcher wohl der günstigste Lösungsweg sein könnte, statt sofort darauf loszurechnen, wie es einem gerade in den Sinn kommt.

Aufgaben:

2.1 Die folgenden Sätze sind mit den Variablen a,b,m und n ($a,b \in \mathbf{R}\backslash\{0\},m,n \in \mathbf{N}$) zu schreiben.

- **a)** Eine Potenz mit der Basis a und negativem Exponenten $-m$ ist eine andere Schreibweise für den reziproken Wert der Potenz mit positivem Exponenten: ...
- **b)** Faktoren, die mit negativen Exponenten im Zähler (Nenner) auftreten, können mit entsprechenden positiven Exponenten in den Nenner (Zähler) gebracht werden: ...
- **c)** Die nullte Potenz jeder (von 0 verschiedenen) Zahl hat den Wert 1: ...
- **d)** Potenzen mit gleicher Basis a werden multipliziert, indem man die Exponenten addiert: ...
- **e)** Potenzen mit gleicher Basis b werden dividiert, indem man die Exponenten subtrahiert: ...
- **f)** Potenzen werden potenziert, indem man die Exponenten multipliziert: ...
- **g)** Ein Produkt wird potenziert, indem man jeden einzelnen Faktor potenziert: ...
- **h)** Ein Bruch wird potenziert, indem man Zähler und Nenner potenziert: ...

Bei den Aufgaben 2.2 bis 2.34 sind die gegebenen Terme bzw. die Ergebnisse mit positiven Exponenten darzustellen.

2.2	**a)** a^{-2}	**b)** x^{-1}	**c)** $3a^{-3}$	**d)** $5b^{-1}$
2.3	**a)** a^2b^{-2}	**b)** $b^{-1}c^3$	**c)** $4x^{-4}y^3$	**d)** $6^{-1}x^{-1}y^2$
2.4	**a)** $(a+b)^{-1}$	**b)** $3^{-2}(x+y)^2$	**c)** $2^{-2}(x+y)^{-3}$	**d)** $x^{-1}+y^{-1}$
2.5	**a)** $\frac{1}{a^{-2}}$	**b)** $\frac{2}{b^{-1}}$	**c)** $\frac{4^{-1}}{x}$	**d)** $\frac{x^{-2}}{y^{-3}}$
2.6	**a)** $\frac{5x^0}{4y^{-1}}$	**b)** $\frac{2x^{-2}}{4^{-1}y^3}$	**c)** $\frac{7a^{-b}}{b^{-a}}$ $(a,b \in \mathbf{N})$	**d)** $\frac{(x+y)^{-3}}{x^{-4}}$
2.7	**a)** x^3x^{-2}	**b)** a^0a^{-1}	**c)** $b^{5-s}b^s$ $(s \in \mathbf{N})$	**d)** $6x^4x^{-5}$
2.8	**a)** $\frac{x^{-2}}{x^3}$	**b)** $\frac{a^{-2}}{a^{-1}}$	**c)** $\frac{b^{5-s}}{b^{-s}}$ $(s \in \mathbf{N})$	**d)** $\frac{3x^4}{6x^{-3}}$
2.9	**a)** $6\frac{1}{4x^{-2}}$	**b)** $ab\frac{25}{5a^{-1}b^{-1}}$	**c)** $\frac{16x^3y^3}{x^{-1}}2^{-4}y^3$	**d)** $25x^0\frac{y^{-1}}{5x^{-1}}5^{-1}y^2$
2.10	**a)** $\frac{x^3y^3z^4}{x^{-1}y^3z^{-4}}$	**b)** $\frac{a^{-3}b^{-2}c}{a^{-6}b^{-4}c^{-3}}$	**c)** $\frac{x^{-3}y^0z^2}{x^4y^{-3}z^{-2}}$	**d)** $\frac{144x^0y^{-3}z^{-6}}{12x^{-1}y^4z^{-7}}$
2.11	**a)** $\frac{3^5 2^{-3} 10^{-2}}{4^{-6}5^3 6^{-1}}$	**b)** $\frac{5^3(-3)^5 2^2}{(-6)^{-2}2^{-3}}$	**c)** $\frac{10^{-2}(-6)^{-3}}{(-3)^{-4}5^{-3}(-1)^{-4}}$	**d)** $\frac{(-15)^{-1}27^0 8^2}{(-6)^3 10^{-2}}$
2.12	**a)** $\frac{2a^2b^{-2}}{3b} : \frac{a^{-2}}{3^{-2}b^3}$	**b)** $\frac{5abc}{2a^{-2}b} : \frac{10ab^{-1}}{5^{-2}c^{-3}}$	**c)** $\frac{2^2a^3}{bx} : \frac{4x^5b^{-1}a}{a^{-4}x^6}$	**d)** $\frac{2^3 3^2}{5xy^{-2}} : \frac{9x^{-2}y5^{-1}}{8^{-1}y^{-1}}$
2.13	**a)** $(a^{-1})^0$	**b)** $(a^0)^{-1}$	**c)** $(b^{-2})^3$	**d)** $(ab^{-3})^2$
2.14	**a)** $(-x^2)^{-3}$	**b)** $(-2y)^4$	**c)** $(-2^2x)^{-1}$	**d)** $(-3^{-1})^2$
2.15	**a)** $(ab)^{-1}$	**b)** $5(x^{-2}y)^{-2}$	**c)** $(5xy^{-2})^2$	**d)** $2(3^{-1}x^0y^3)^{-2}$
2.16	**a)** $(a^{-3}b)^3a^3$	**b)** $(x^{-2}y^{-3})^3z^3x^2$	**c)** $x^{-4}(x^{-4}y^{-2})^{-1}y^{-2}$	**d)** $32(2xy^{-1})^{-4}x^4$
2.17.	**a)** $(x^2y^{-3})^{-2}(x^{-2}y^3)^2$	**b)** $(2a^3)^{-2}(3a^{-2})^{-1}$	**c)** $(-2x^{-2})^3(3x^{-2})^{-3}$	**d)** $(-3^2s^3)^{-1}(2s^{-2})^3$
2.18	**a)** $\left(\frac{a}{b}\right)^{-1}$	**b)** $\left(\frac{1}{2}\right)^{-3}$	**c)** $\left(\frac{3}{4}\right)^{-2}$	**d)** $\left(\frac{3x^{-1}}{y}\right)^{-3}$
2.19	**a)** $0{,}5^{-1}$	**b)** $0{,}25^{-3}$	**c)** $0{,}125^{-2}$	**d)** $0{,}0625^{-1}$
2.20	**a)** $[(0{,}5)^{-1}]^{-2}$	**b)** $[(-0{,}5)^{-2}]^{-1}$	**c)** $-\left[\left(\frac{2}{3}\right)^{-1}\right]^{-3}$	**d)** $-\left[\left(-\frac{3}{2}\right)^{3}\right]^{-1}$
2.21	**a)** $\left(\frac{2}{3}\right)^{-2}\left(\frac{9}{4}\right)^{-3}$	**b)** $\left(-\frac{2}{3}\right)^{-2}\left(\frac{4}{9}\right)^{-1}$	**c)** $\left(\frac{1}{6}\right)^{-4}\left(\frac{2}{5}\right)^{5}$	**d)** $\left(-\frac{4}{3^2}\right)^{-3}\left(\frac{10}{3}\right)^{-2}$
2.22	**a)** $\left(\frac{x}{y}\right)^{-5}\left(\frac{y}{x}\right)^{-5}$	**b)** $\left(\frac{2a^2}{3}\right)^{-3}\left(\frac{6}{5a^3}\right)^{2}$	**c)** $\left(\frac{3x^{-2}}{2y}\right)^{3}\left(\frac{3x}{y}\right)^{-1}$	**d)** $\left(-\frac{4x^3}{3^2}\right)^{-3}\left(\frac{2x^2}{3}\right)^{5}$

2.23 **a)** $\left[\left(\frac{2}{15}\right)^2\right]^{-3} : \left(\frac{5}{2}\right)^2$ **b)** $\left(\frac{3^2x}{4a}\right)^{-4} : \left(\frac{16\cdot 3^{-1}x^{-2}}{-a^{-2}}\right)^2$ **c)** $\frac{(-a^3b)^2}{(a^2b^3)^3} : \left(\frac{ab}{a^3b^3}\right)^{-2}$

2.24 **a)** $\left(\frac{a^{-3}b}{x^{-2}y^{-3}}\right)^3 : \left(\frac{x^{-3}y}{ab}\right)^{-5} \cdot \frac{(x^{-1}y)^{-9}}{(a^{-7}b^{-1})^2}$ **b)** $\left(\frac{3x^2}{5y}\right)^{-2}\left(\frac{7y^4}{x^{-2}}\right)^{-3} : \left\{\left[\frac{5}{(xy)^5}\right]^2 \frac{3^{-2}}{7^3}\right\}$

2.25 **a)** $\frac{(a+b)^0}{(a+b)^{-1}}$ **b)** $\frac{a+b}{a^{-1}+b^{-1}}$ **c)** $(x^{-1}-y^{-1})^{-1}$ **d)** $\frac{x^{-2}-y^{-2}}{x^{-2}+y^{-2}}$

2.26 **a)** $(a^2-b^2)^2(a-b)^{-2}$ **b)** $(a^2-b^2)^4(a+b)^{-4}$ **c)** $\left(\frac{a}{2}-\frac{2}{b}\right)^{-3}\left(\frac{b}{ab-4}\right)^{-2}$

2.27 $\left[\frac{2\cdot 5^{-3}}{8(x-1)^{-1}}\right]^{-2} : \left[\frac{3\cdot 4^{-1}5^3}{(x-1)^2}\,\frac{9\cdot 4^{-5}}{5^3(x+1)^{-2}}\right]$

2.28 $\left[\frac{3b^{-3}}{2a(x-y)^{-1}}\right]^{-3} : \left[\frac{(2a^{-1}b^3)^2}{(x-y)^4} : \frac{9a^{-5}b^{-3}}{(x+y)^{-1}}\right]$

2.29 $\left[\left(\frac{a^{-2}+b^{-2}}{a^2b^2}\right)^{-1} - \left(\frac{b^4-a^4}{2a^4b^6}\right)^{-1} + \left(\frac{a^{-2}-b^{-2}}{a^2b^2}\right)^{-1}\right]^2$

2.30 $\left[\left(\frac{x^{-2}+y^{-2}}{x^{-2}y^{-2}}\right)^{-1} + \left(\frac{x^{-2}-y^{-2}}{x^{-2}y^{-2}}\right)^{-1} + \left(\frac{x^4-y^4}{2y^2}\right)^{-1}\right]^3$

2.31 $\left\{\left[\frac{x^2-y^2}{(a-b)^{-3}}\right]^{-2}\frac{(a^2-b^2)^6}{(x+y)^{-2}}\,\frac{(x-y)^{-2}}{(a+b)^6}\right\} : (x-y)^{-4}$

2.32 $\left\{\frac{p-q}{(a+b)^{-1}}\left[\frac{p^2-q^2}{(a-b)^5}\right]^{-1}\frac{[(a^2-b^2)^{-1}]^5}{(p+q)^{-1}}\right\} : (a+b)^{-4}$

2.33 $\left\{\left[\frac{9(a+b)(x^2-y^2)^{-1}}{2(a-b)^{-3}(x-y)}\right]^{-2} : \frac{(2a)^2}{[3(a+b)(a-b)^2]^3}\right\}\frac{a^2(x^2-y^2)^{-1}}{(x-y)^3b^{-1}}$

2.34 $\left\{\left[\frac{3x^3(a^2+2ab+b^2)}{4a(x-y)^{-2}}\right]^2 : \left[\frac{8ax^{-2}(x+y)(a-b)}{9b^{-1}(a^2-b^2)^0}\right]^{-3}\right\}\frac{81[b(x^2-y^2)]^{-3}}{32a(a^2-b^2)^4}$

2.35 Die gegebenen Terme sind als Produkt darzustellen
a) $\frac{a^5}{b^{-2}}$ **b)** $\frac{x^y}{y^x}$ **c)** $\frac{x^3}{4^{a-b}}$ **d)** $\frac{a+b}{a-b}$

2.36 Die Zahlen 999, 99^9, 9^{99}, $(9^9)^9$, $9^{(9)^9}$ sind der Größe nach zu ordnen. Dabei sollen keine technischen Rechenhilfsmittel (Taschenrechner, Computer) verwendet werden.
Wo dies möglich ist, soll auch abgeschätzt werden, wieviele Ziffern nötig wären, wenn man die Zahl vollständig niederschreiben wollte.

2.2 Potenzen mit gebrochenen Exponenten

2.2.1 Die Umkehrungen der Potenzrechnung

Kennt man von einer Additionsaufgabe

$$a + b = c$$

nur einen der beiden Summanden, also a oder b, jedoch die Summe c, so führt die Bestimmung des zweiten Summanden stets auf eine *Subtraktionsaufgabe*, unabhängig davon, ob der erste oder der zweite Summand gegeben ist:

$$b = c - a \qquad \text{bzw.}$$
$$a = c - b.$$

Genauso liegen die Verhältnisse bei der Multiplikation. Sind bei $a \cdot b = c$ *einer* der beiden Faktoren a oder b sowie das Produkt c bekannt, so führt dies ($a; b \neq 0$ vorausgesetzt) bei der Berechnung des fehlenden Faktors in jedem Falle auf eine *Divisionsaufgabe*:

$$b = c : a \qquad \text{bzw.}$$
$$a = c : b$$

■ Addition und Multiplikation besitzen demnach jeweils nur *eine* Umkehrrechenart.

Dies ist darin begründet, dass sowohl für die Addition als auch für die Multiplikation das *Kommutativgesetz* gilt, wodurch beide Summanden bzw. Faktoren innerhalb der Addition bzw. Multiplikation gleichberechtigt sind.

Bei der Gleichung

$$a^n = b \qquad (^*)$$

handelt es sich um eine Aufgabe der *Potenzrechnung*, wenn bei bekannter Basis a und bekanntem Exponenten n der Potenzwert b aus den beiden gegebenen Größen berechnet werden soll.
Da nun für die Potenzrechnung das Kommutativgesetz *nicht gilt*, ergeben sich aus der Gleichung $(^*)$ zwei unterschiedliche Fragestellungen, die auch zwei unterschiedliche Lösungen erfordern:

1. Es können der Potenzwert b und der Exponent n bekannt sein, und es soll die zugehörige Basis a so bestimmt werden, dass die Gleichung $(^*)$ erfüllt ist.
2. Es sind der Potenzwert b und die Basis a bekannt, und es soll der Exponent n ermittelt werden, für den dann $(^*)$ gilt.

Das erste Problem führt auf eine Aufgabe der *Wurzelrechnung*, im anderen Falle auf eine Aufgabe der *Logarithmenrechnung*.

Wurzel- und Logarithmenrechnung sind die beiden Umkehrrechenarten der Potenzrechnung.

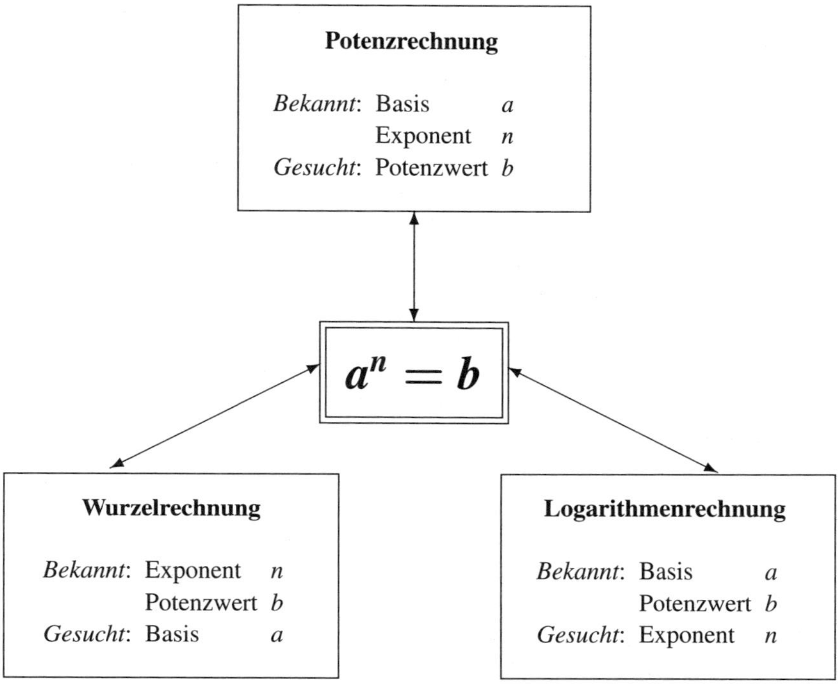

2.2.2 Grundbegriffe der Wurzelrechnung

Wenn aus der Potenzgleichung

$$a^n = b \qquad (^*)$$

bei bekanntem Exponenten n und bekanntem Potenzwert b mit $n \in N \setminus \{0\}$ und $b \geq 0$ die Basis a ermittelt werden soll, dann wird die zugehörige Rechenart **Wurzelrechnung** oder **Radizieren** genannt. Die Auflösung der Gleichung (*) nach a schreibt man in der Form

$$\boxed{a = \sqrt[n]{b}.} \qquad (2.14)$$

Dabei nennt man
b den **Radikanden**,
n den **Wurzelexponenten** und
a den **Wurzelwert** (oder kurz die „n-te Wurzel")

Die beiden Gleichungen (*) und (2.14) drücken also denselben Zusammenhang zwischen a, b und n aus; sie sind nur nach unterschiedlichen Größen aufgelöst. Damit lautet die

Definition:
Die n-te Wurzel aus $b \geq 0$ ist diejenige *nicht negative* Zahl a, deren n-te Potenz den Wert b ergibt, wobei gelten soll: $a \in \mathbf{R}$, $n \in \mathbf{N} \setminus \{0\}$.

Aus dem Zusammenhang, der zwischen der Wurzelrechnung und der Potenzrechnung besteht, lässt sich das Potenzieren als *Proberechnung* für eine Aufgabe der Wurzelrechnung verwenden. So kann man beispielsweise die Richtigkeit von $\sqrt[5]{1\,024} = 4$ dadurch bestätigen, dass man zeigt, dass $4^5 = 1\,024$ ist.

Bei der zweiten Wurzel hat es sich wegen ihres häufigen Auftretens eingebürgert, den Wurzelexponenten wegzulassen. Es ist also $\sqrt[2]{4}$ dasselbe wie $\sqrt{4}$. Zweite Wurzeln werden übrigens auch *Quadratwurzeln*, dritte Wurzeln auch *Kubikwurzeln* genannt. Die Quadratwurzeln ergeben die Länge der Seite eines Quadrates mit dem Flächeninhalt a an, die Kubikwurzeln die Kantenlänge eines Würfels (lat.: cubus) mit dem Volumen a.

Auf Grund der Definition der n-ten Wurzel kann man wegen der Forderung, dass $b \geq 0$ sein soll, *keine Wurzeln aus negativen Zahlen* ziehen. Auch der Wurzelwert darf nicht negativ sein, denn es wird gefordert, dass die n-te Wurzel aus der Zahl b diejenige *nichtnegative Zahl* sein soll, deren n-te Potenz b ergibt.

Diese beiden Forderungen sind notwendig, um die Wurzelrechnung zu einer eindeutigen Rechenart zu machen. Würde man nämlich zulassen, dass die n-te Wurzel einer Zahl auch negativ sein darf, so würde zum einen gelten $\sqrt[2]{4} = +2$, denn $(+2)^2 = 4$; zum anderen dürfte aber auch $\sqrt[2]{4} = -2$ sein, denn auch $(-2)^2 = 4$. Welcher Wirrwarr würde dann wohl entstehen, wenn beispielsweise Aufgaben wie $\sqrt[2]{4}+\sqrt[2]{9}-\sqrt[2]{144}$ gelöst werden sollen. Ungerade Wurzeln aus negativen Zahlen könnte man *formal* berechnen, denn zunächst wäre gegen die Behauptung $\sqrt[3]{-64} = -4$ nichts einzuwenden, weil $(-4)^3 = -64$ ist. Allerdings widerspricht das Ergebnis -4 der Forderung, dass die n-te Wurzel eine nichtnegative Zahl sein soll.

Beispiele:

2.14 **a)** Es ist $\sqrt[2]{4\,096} = \sqrt{4\,096} = 64$, denn $64^2 = 4\,096$.
b) Es ist $\sqrt[3]{4\,096} = 16$, denn $16^3 = 4\,096$.
c) Es ist $\sqrt[4]{4\,096} = 8$, denn $8^4 = 4\,096$.
d) Es ist $\sqrt[6]{4\,096} = 4$, denn $4^6 = 4\,096$.
e) Es ist $\sqrt[12]{4\,096} = 2$, denn $2^{12} = 4\,096$.

2.15 $\sqrt[3]{-1}$ kann im Bereich der reellen Zahlen nicht gebildet werden, denn Wurzeln aus negativen Radikanden sind dort *nicht zugelassen*.

2.16 Ist $a \geq 0$, dann gilt $\sqrt[m]{a^{mn}} = a^n$, denn es ist $(a^n)^m = a^{nm}$
Ferner ist $\sqrt[n]{a^{mn}} = a^m$, denn es ist $(a^m)^n = a^{mn}$.

2.17 Für $a \geq 0$ gelten die beiden Beziehungen

$$\sqrt[m]{a^m} = a \qquad \text{und} \qquad (\sqrt[m]{a})^m = a$$

Prüfen Sie diese Formeln mit Hilfe der Beziehungen zwischen der Potenz- und der Wurzelrechnung bitte selbständig nach!

Damit bestätigt sich noch einmal die wichtige Regel:

Potenzieren und Radizieren mit dem gleichen Exponenten heben sich gegenseitig auf

$$\boxed{(\sqrt[m]{a})^m = \sqrt[m]{a^m} = a}\,. \tag{2.15}$$

Ferner beachte man, dass für *geradzahlige* Wurzelexponenten gilt

$$\boxed{\begin{aligned}(\sqrt[2m]{a})^{2m} &= \sqrt[2m]{a^{2m}} = a \\ \sqrt[2m]{a^{2m}} &= |a|\end{aligned}} \qquad \begin{aligned}&\text{für} \quad a \geq 0 \text{ und} \quad m \in \mathbf{N}\backslash\{0\} \quad (2.16)\\ &\text{für} \quad a \in \mathbf{R} \text{ und} \quad m \in \mathbf{N}\backslash\{0\} \quad (2.17)\end{aligned}$$

und schließlich seien noch die Sonderfälle

$$\boxed{\sqrt[m]{1} = 1} \qquad \boxed{\sqrt[m]{0} = 0} \quad \text{für} \quad m \in \mathbf{N}\backslash\{0\} \tag{2.18}$$

$$\boxed{\sqrt[1]{a} = a} \quad \text{für} \quad a \geq 0 \tag{2.19}$$

erwähnt.

(Anmerkung zu Formel (2.19): Das Wurzelzeichen $\sqrt[1]{\ }$ wird im allgemeinen weggelassen.)

2.2.3 Wurzeln als Potenzen mit gebrochenen Exponenten

Der Potenzbegriff lässt in seiner ursprünglichen Bedeutung als abkürzende Schreibweise für Produkte mit lauter gleichen Faktoren nur Exponenten n mit $n \in \mathbf{N}\backslash\{0\}$ zu. Wenn nun das Gesetz $a^m : a^n = a^{m-n}$ für die Division von Potenzen mit gleichen Basen auch dann gelten soll, wenn $n \geq m$ ist, muss die *Definition des Potenzbegriffes ein erstes Mal erweitert* werden, indem der Gültigkeitsbereich für den Exponenten ausgedehnt wird auf $n \in \mathbf{G}$.

Die enge Verwandschaft zwischen Potenz- und Wurzelrechnung legt es nahe, eine *zweite Erweiterung des Potenzbegriffes* so vorzunehmen, dass auch Wurzeln in Form einer Potenz geschrieben werden können und dass man dann mit Wurzeln nach den gleichen Rechenvorschriften wie für Potenzen rechnen kann.

Würde man beispielsweise $\sqrt{a}$ als Potenz von a mit einem zunächst noch unbekannten Exponenten x schreiben: $\sqrt{a} = a^x$, so müsste wegen $(\sqrt{a})^2 = a = a^1$ auch $(a^x)^2 = a^1$ und damit $a^{2x} = a^1$ sein. Dies ist der Fall, wenn $2x = 1$ oder $x = 0.5$ ist. Damit erscheint es sinnvoll zu sein, $\sqrt{a} = a^{0.5}$ zu definieren.

Ähnliche Überlegungen führen zu der **Definition:**

$$\boxed{a^{\frac{m}{n}} = \sqrt[n]{a^m}} \quad \text{für} \quad m,n \in \mathbf{N}, n \neq 0, a \in \mathbf{R}, a \geq 0. \tag{2.20}$$

Es lässt sich zeigen, dass alle Rechengesetze für Potenzen mit ganzzahligen Exponenten *auch für die Potenzen mit gebrochenen Exponenten* gültig sind. Somit können folgende **Wurzelgesetze** formuliert werden:

1. Wurzeln lassen sich *nur dann* addieren bzw. subtrahieren, wenn sie sowohl in ihren Radikanden als auch in ihren Wurzelexponenten übereinstimmen.
2. Wurzeln mit *gleichen Wurzelexponenten* werden miteinander multipliziert (durcheinander dividiert), indem man das Produkt (den Quotienten) der Radikanden mit dem gemeinsamen Wurzelexponenten radiziert. – Oder:
3. Die Wurzel aus einem Produkt (Quotienten) ist gleich dem Produkt (Quotienten) aus den Wurzeln der einzelnen Faktoren (von Zähler und Nenner).

$$\boxed{\sqrt[n]{a} \cdot \sqrt[n]{b} = \sqrt[n]{a \cdot b}} \tag{2.21}$$

$$\frac{\sqrt[n]{a}}{\sqrt[n]{b}} = \sqrt[n]{\frac{a}{b}} \tag{2.22}$$

4. Eine Wurzel kann potenziert werden, indem man den Radikanden potenziert.

$$(\sqrt[n]{a})^m = \sqrt[n]{a^m} \tag{2.23}$$

5. Eine Wurzel wird radiziert, indem die Wurzel mit dem Produkt der Wurzelexponenten gezogen wird.

$$\sqrt[m]{\sqrt[n]{a}} = \sqrt[n]{\sqrt[m]{a}} = \sqrt[m \cdot n]{a} \tag{2.24}$$

Schreiben Sie alle hier angeführten Wurzelgesetze zur Übung als Gesetze für Potenzen mit gebrochenen Exponenten und vergewissern Sie sich dadurch davon, dass die Wurzelgesetze genau den Potenzgesetzen in 2.1.2 entsprechen.

Beispiele:

2.18 Es ist

$2\sqrt[5]{u} + 3\sqrt[6]{u} - 4\sqrt[5]{u} - 2\sqrt[6]{u} = \sqrt[6]{u} - 2\sqrt[5]{u}.$

(Nur Wurzeln mit gleichen Wurzelexponenten und gleichem Radikanden dürfen durch Addition bzw. Subtraktion zusammengefasst werden.)

2.19 Es gilt i. allg.

$\sqrt{a^2 + b^2} \neq a + b,$

denn $(a+b)^2 = a^2 + \mathbf{2ab} + b^2$ (Probe für das Radizieren durch Potenzieren des Ergebnisses!).

Unter welchen Bedingungen für a und b darf in der obigen Gleichung das Gleichheitszeichen geschrieben werden?

2.20 Der Ausdruck $2\sqrt{72} - 3\sqrt{75} - 4\sqrt{32} + 5\sqrt{27}$ soll soweit wie möglich vereinfacht werden.

Lösung: Es hat den Anschein, als könne hier nichts vereinfacht werden, denn es treten zwar lauter Quadratwurzeln auf, aber die Radikanden sind alle voneinander verschieden. Betrachtet man jedoch die Radikanden genauer, so erkennt man, dass jeder ein Vielfaches von einer Quadratzahl ist.

$$\begin{aligned} 2\sqrt{72} &- 3\sqrt{75} - 4\sqrt{32} + 5\sqrt{27} \\ &= 2\sqrt{36 \cdot 2} \quad -3\sqrt{25 \cdot 3} \quad -4\sqrt{16 \cdot 2} \quad +5\sqrt{9 \cdot 3} \\ &= 2\sqrt{36} \cdot \sqrt{2} \; -3\sqrt{25} \cdot \sqrt{3} \; -4\sqrt{16} \cdot \sqrt{2} \; +5\sqrt{9} \cdot \sqrt{3} \\ &= 2 \cdot 6\sqrt{2} \quad -3 \cdot 5\sqrt{3} \quad -4 \cdot 4\sqrt{2} \quad +5 \cdot 3\sqrt{3} \\ &= 12\sqrt{2} \quad -15\sqrt{3} \quad -16\sqrt{2} \quad +15\sqrt{3} \\ &= -4\sqrt{2} \end{aligned}$$

Überprüfen Sie, welches der Wurzelgesetze (2.21) bis (2.24) bei den einzelnen Lösungsschritten angewendet worden ist.

2.21 $\sqrt[20]{a^5}$ soll vereinfacht werden.

Lösung: Am einleuchtendsten wird die Umformung, wenn die Wurzel als Potenz mit gebrochenem Exponenten geschrieben wird.

$$\sqrt[20]{a^5} = \left((a)^5\right)^{1/20} = a^{5/20} = a^{1/4}$$
$$\sqrt[20]{a^5} = \sqrt[4]{a}$$

Bei in Wurzeln enthaltenen Potenzen darf man demzufolge die Exponenten dort, wo dies möglich ist, in ähnlicher Weise „*kürzen*“, wie man dies bei Zähler und Nenner eines Bruches tut. Auf diese Weise lassen sich manchmal Wurzeln mit großen Wurzelexponenten auf Wurzeln mit kleineren Exponenten reduzieren. So ist beispielsweise

$$\sqrt[24]{4\,096} = \sqrt[24]{2^{12}} = \sqrt{2} = 1{,}414\,213\,6.$$

2.2.4 Das Rechnen mit Wurzeln

In diesem Abschnitt soll eine Anzahl typischer Aufgaben aus der Wurzelrechnung gelöst werden. Dabei werden absichtlich die unterschiedlichsten Lösungswege (Rechnen mit Wurzeln, Übergang zu Potenzen mit gebrochenen Exponenten usw.) angewendet. Es wird sehr empfohlen, zu jedem Beispiel eine Kontrollrechnung mit einer anderen Darstellung der Wurzeln durchzuführen.

Beispiele:

2.22 Der Ausdruck $\sqrt{\frac{1}{5} \cdot \sqrt[3]{500}}$ soll unter einer Wurzel zusammengefasst werden.

Lösung: Es wird zunächst der vor der dritten Wurzel stehende Faktor $1/5$ mit unter die Wurzel gebracht, wobei zu beachten ist, dass er dabei in die dritte Potenz erhoben werden muss.

$$\sqrt{\frac{1}{5}\sqrt[3]{500}} = \sqrt{\sqrt[3]{\frac{1}{5^3} \cdot 500}} = \sqrt{\sqrt[3]{\frac{500}{125}}} = \sqrt{\sqrt[3]{4}}$$

Im letzten Ausdruck darf man die Reihenfolge des Radizierens vertauschen, so dass

$$\sqrt{\frac{1}{5}\sqrt[3]{500}} = \sqrt[3]{\sqrt{4}}$$

entsteht, woraus man schließlich

$$\sqrt{\frac{1}{5}\sqrt[3]{500}} = \sqrt[3]{2} = 1{,}259\,921\,0$$

erhält.

2.23 Der Wurzelausdruck $\sqrt[3]{\frac{\sqrt{x}}{\sqrt[5]{x}}}$ soll so umgeformt werden, dass alles nur noch unter einer einzigen Wurzel steht.

Lösung: Da hier mehrere Wurzeln mit lauter unterschiedlichen Wurzelexponenten vorkommen, empfiehlt es sich, alle Wurzeln in Potenzen mit gebrochenen Exponenten umzuwandeln und dann die zutreffenden Potenzgesetze anzuwenden.

$$\sqrt[3]{\frac{\sqrt{x}}{\sqrt[5]{x}}} = \left(\frac{x^{1/2}}{x^{1/5}}\right)^{1/3} = x^{(1/2-1/5)\cdot 1/3} = x^{3/10\cdot 1/3} = x^{1/10}$$

$$\sqrt[3]{\frac{\sqrt{x}}{\sqrt[5]{x}}} = \sqrt[10]{x}$$

2.24 Das Produkt aus Summe und Differenz zweier Wurzeln

$(\sqrt{a}+\sqrt{b})\cdot(\sqrt{a}-\sqrt{b})$

liefert, wenn man die dritte binomische Formel anwendet, ein Ergebnis, in dem keine Wurzel mehr vorkommt:

$(\sqrt{a}+\sqrt{b})\cdot(\sqrt{a}-\sqrt{b})=(\sqrt{a})^2-(\sqrt{b})^2$

$$\boxed{(\sqrt{a}+\sqrt{b})\cdot(\sqrt{a}-\sqrt{b})=a-b} \qquad (2.25)$$

Von dieser Formel wird beim „*Rationalmachen des Nenners*“ Gebrauch gemacht. Dazu ist eine Vorbemerkung erforderlich.

Beim Addieren und Multiplizieren natürlicher Zahlen entstehen immer wieder nur natürliche Zahlen. Man kommt also bei der Anwendung dieser beiden Rechenoperationen nicht aus dem vorgegebenen Zahlenbereich **N** der *natürlichen Zahlen* hinaus.

Subtrahiert man dagegen beliebige natürliche Zahlen, so reicht der ursprüngliche Zahlenbereich nicht mehr aus, um alle möglichen Subtraktionsaufgaben lösen zu können. Der bisherige Zahlenbereich muss demzufolge erweitert werden um die Zahl 0 und den Bereich aller negativen ganzen Zahlen. Die Menge aller positiven und negativen ganzen Zahlen einschließlich der Zahl 0 bezeichnet man als den Bereich **G** der *ganzen Zahlen.*

Die Division bringt es mit sich, dass auch der Bereich der ganzen Zahlen nicht ausreicht, um jede Divisionsaufgabe lösen zu können. Es macht sich eine erneute Erweiterung des Zahlenbereiches erforderlich, denn es kommen nun die gebrochenen Zahlen hinzu. Dabei spielt es keine Rolle, ob diese gebrochenen Zahlen als echte oder unechte Brüche oder aber als endliche oder unendliche periodische Dezimalbrüche dargestellt werden. Die Menge aller bisher genannten Zahlen wird als der Bereich **P** der *rationalen Zahlen* bezeichnet.

Man sollte annehmen, dass es so viele rationale Zahlen gibt, dass zwischen ihnen kein Platz mehr für weitere Zahlen zur Verfügung stehen dürfte. Das ist jedoch nicht der Fall, denn es zeigt sich, dass beim Radizieren Zahlen entstehen können, die keine rationalen Zahlen sind. (Auf den Beweis hierfür soll in diesem Buche nicht eingegangen werden.) Man bezeichnet Zahlen wie $\sqrt{2}$ usw. als *irrationale Zahlen* und fasst die beiden Mengen der rationalen und irrationalen Zahlen zusammen zum Bereich **R** der *reellen Zahlen.* Irrationale Zahlen sind stets als nichtperiodische unendliche Dezimalbrüche darstellbar, die für das praktische Rechnen genauso wie die periodischen Dezimalbrüche auf eine der Aufgabenstellung angepasste Anzahl von Dezimalstellen gerundet werden müssen.

Verwendet man die Symbole der Mengenlehre, so lassen sich die Zusammenhänge zwischen den verschiedenen Zahlenbereichen wie folgt darstellen:

$\mathbf{N}\subset\mathbf{G}\subset\mathbf{P}\subset\mathbf{R}.$

Beispiele:

2.25 Unter dem „*Rationalmachen des Nenners*“ versteht man das Beseitigen von irrationalen Zahlen im Nenner eines Bruches.

So ist beispielsweise die Berechnung von $\frac{1}{\sqrt{2}}$ eine aufwendige Arbeit, wenn man keinen Taschenrechner zur Verfügung hat, einem jedoch der Zahlenwert von $\sqrt{2}$ bekannt ist: $\sqrt{2}=1{,}414\,21$. Erweitert man dagegen den gegebenen Bruch mit $\sqrt{2}$, so dass im Nenner des Bruches nunmehr die ganze Zahl 2 auftritt, so wird

$$\frac{1}{\sqrt{2}}=\frac{\sqrt{2}}{\sqrt{2}\sqrt{2}}=\frac{\sqrt{2}}{2}=0{,}707\,1.$$

2.26 Der Nenner des Bruches $\frac{1}{\sqrt[5]{x^3}}$ soll rational gemacht werden.

Lösung: Damit die Wurzel im Nenner wegfällt, muss durch Erweitern des Bruches dafür gesorgt werden, dass im Radikanden der Wurzel eine fünfte Potenz entsteht.

$$\frac{1}{\sqrt[5]{x^3}} = \frac{\sqrt[5]{x^2}}{\sqrt[5]{x^3}\sqrt[5]{x^2}} = \frac{\sqrt[5]{x^2}}{\sqrt[5]{x^5}} = \frac{\sqrt[5]{x^2}}{x}$$

$$\frac{1}{\sqrt[5]{x^3}} = \frac{1}{x} \cdot \sqrt[5]{x^2}$$

2.27 Im Nenner des Bruches $\frac{2 \cdot \sqrt{3}}{\sqrt{5} + \sqrt{3}}$ sollen die Quadratwurzeln beseitigt werden.

Lösung: Die Formel (2.25) bietet die Möglichkeit, die beiden Wurzeln im Nenner des Bruches zu beseitigen; es muss mit $\sqrt{5} - \sqrt{3}$ erweitert werden.

$$\frac{2\sqrt{3}}{\sqrt{5} + \sqrt{3}} = \frac{2\sqrt{3}(\sqrt{5} - \sqrt{3})}{(\sqrt{5} + \sqrt{3})(\sqrt{5} - \sqrt{3})}$$

$$= \frac{2\sqrt{3}(\sqrt{5} - \sqrt{3})}{5 - 3}$$

$$= \frac{2\sqrt{3}(\sqrt{5} - \sqrt{3})}{2}$$

$$\frac{2\sqrt{3}}{\sqrt{5} + \sqrt{3}} = \sqrt{3}(\sqrt{5} - \sqrt{3}) = \sqrt{15} - 3.$$

2.2.5 Potenzen mit reellen Exponenten

In diesem Kapitel wurde der Potenzbegriff von seiner ursprünglichen Bedeutung als Produkt mehrerer gleicher Faktoren (Potenz mit ganzzahligem positiven Exponenten) immer weiter verallgemeinert. Es wurden ganzzahlige negative Exponenten und später auch noch gebrochene Exponenten eingeführt.

Nun erhebt sich die Frage, ob es auch noch sinnvoll ist, von Potenzen mit reellen Zahlen als Exponenten zu sprechen, ob es also beispielsweise möglich sein wird, Potenzen wie $3^{\sqrt{2}}$ zu berechnen.

Da sich $\sqrt{2}$ nicht als Bruch schreiben lässt, ist $3^{\sqrt{2}}$ nicht als Wurzel darstellbar. Andererseits lässt sich jedoch $\sqrt{2}$ mit beliebiger Genauigkeit durch Dezimalbrüche annähern, so dass man damit auch für $3^{\sqrt{2}}$ immer genauere Werte erhalten kann. So ist

$1 < \sqrt{2} < 2$, demnach muss $3^1 = 3 < 3^{\sqrt{2}} < 3^2 = 9$ sein,
$1{,}4 < \sqrt{2} < 1{,}5$, demnach muss $3^{1,4} = 4{,}655\,536 < 3^{\sqrt{2}} < 3^{1,5} = 5{,}196\,152$ sein,
$1{,}41 < \sqrt{2} < 1{,}42$, demnach muss $3^{1,41} = 4{,}706\,965 < 3^{\sqrt{2}} < 3^{1,42} = 4{,}758\,961$ sein,
$1{,}414 < \sqrt{2} < 1{,}415$, demnach muss $3^{1,414} = 4{,}727\,695 < 3^{\sqrt{2}} < 3^{1,415} = 4{,}732\,891\,8$ sein,
usw.

Da die Eingrenzung von $\sqrt{2}$ bis zu jeder gewünschten Genauigkeit vorangetrieben werden kann, lässt sich damit auch $3^{\sqrt{2}}$ mit beliebig hoher Genauigkeit annähern. Man nennt diese Vorgehensweise „*Intervallschachtelung*“. (Es gibt noch weitere mathematische Verfahren, mit denen solche Zahlen mit Hilfe von Computern bis auf 1 000 und mehr Stellen genau berechnet werden können.)

Es ist damit durchaus sinnvoll, auch Potenzen mit reellen Exponenten in die weiteren Betrachtungen mit einzuschließen. Sie lassen sich zwar nicht mehr so anschaulich deuten wie die Potenzen mit ganzzahligen Exponenten, aber sie besitzen dennoch besonders in der höheren Mathematik eine große Bedeutung. Die Potenzgesetze bleiben auch für diesen erneut erweiterten Potenzbegriff gültig.

2.2.6 Zur Berechnung von Potenzen mit beliebigen Exponenten mit dem Taschenrechner

Die meisten Taschenrechner besitzen eine Taste [Y^X], mit deren Hilfe sich Potenzen auf einfache Weise berechnen lassen, sofern der Exponent als ganze Zahl oder als Dezimalzahl gegeben ist.

Beispiele:

2.28 Mit Hilfe des Taschenrechners soll 3.7^5 berechnet werden.

Lösung: Die Tastenfolge

[3] [·] [7] [Y^X] [5] [=]

führt zum Ziel. Ergebnis:

$3{,}7^5 = 693{,}439\,5.$

2.29 Man berechne mit dem Taschenrechner $8{,}27^{-1{,}3}$.

Lösung: Es muss die Tastenfolge

[8] [·] [2] [7] [Y^X] [1] [·] [3] [+/−] [=]

eingegeben werden. Ergebnis:

$8{,}27^{-1{,}3} = 0{,}064\,156\,82.$

Eine Taste für die Ermittlung von Quadratwurzeln ist auch auf dem billigsten Taschenrechner vorhanden. Viele Rechner besitzen auch Tasten zur Bestimmung von Kubikwurzeln. Weitere Wurzeltasten sind jedoch nicht zu finden. Sollen jedoch Wurzeln mit anderen Wurzelexponenten berechnet werden, dann hilft wiederum die Taste [Y^X], wenn man weiß (hoffentlich ist das auch der Fall!), dass sich Wurzeln als Potenzen mit gebrochenen Exponenten schreiben lassen.

Beispiele:

2.30 Mit dem Taschenrechner soll $\sqrt[7]{27{,}08}$ berechnet werden.

Lösung: Geht man davon aus, dass man eine siebente Wurzel auch als Potenz mit dem Exponenten $1/7$ schreiben kann, so ergibt sich folgender Lösungsweg

[2] [7] [·] [0] [8] [Y^X] [7] [1/X] [=]

mit dem Ergebnis

$\sqrt[7]{27{,}08} = 1{,}602\,006.$

2.31 Welchen Zahlenwert besitzt $\sqrt[6]{2{,}4^7}$?

Lösung: Es ist $\sqrt[6]{2{,}4^7} = 2{,}4^{\frac{7}{6}}$.
Wenn nur ein Taschenrechner zur Verfügung steht, der *keine Registertauschtaste* (sie ist meistens mit [X ⟷ Y] gekennzeichnet) besitzt, dann muss man zunächst den Wurzelexponenten berechnen, ihn speichern und dann mit diesem Wert wie im letzten Beispiel verfahren.
Ist eine Registertauschtaste vorhanden, so kann man sich das „Zwischenspeichern" des Wurzelexponenten ersparen und wie folgt vorgehen:

[7] [/] [6] [=] [Y^X] [2] [·] [4] [X ⟷ Y] [=]

Ergebnis:

$\sqrt[6]{2{,}4^7} = 2{,}777\,025.$

2.32 Man berechne $3^{\sqrt{2}}$ (vgl. Abschnitt 2.2.5).

Lösung:

[3] [Y^X] [2] [$\sqrt{\ }$] [=]

Ergebnis:

$3^{\sqrt{2}} = 4{,}728\,804.$

2.33 Man berechne $\mathrm{e}^{-\pi}$.

Lösung:

[1] [e^x] [Y^X] [π] [+/−] [=]

Ergebnis:

$\mathrm{e}^{-\pi} = 0{,}043\,213\,92.$

Die bei den Lösungen angegebenen Tastenfolgen für den Taschenrechner sind *nicht die einzigen* Lösungsmöglichkeiten für die Aufgabenstellungen. In Abhängigkeit vom vorhandenen Taschenrechnertyp sollte jeder die für ihn günstigste Lösungsvariante ausprobieren.

Aufgaben

Die Ausdrücke sind als Potenzen mit gebrochenem Exponenten darzustellen.

2.37 **a)** $\sqrt{7}$ **b)** $\sqrt[3]{2}$ **c)** $\sqrt[5]{3^4}$ **d)** $\sqrt[4]{9^5}$

2.38 **a)** $\sqrt{a}$ **b)** $\sqrt[x]{b^y}$ **c)** $\sqrt{a+b}$ **d)** $\sqrt[4]{(x-y)^3}$

2.39 **a)** $\sqrt{\frac{1}{5}}$ **b)** $\frac{1}{\sqrt[4]{x^3}}$ **c)** $\frac{1}{\sqrt[5]{a+b}}$ **d)** $5\sqrt[3]{5x^5y^3z^6}$

Mit dem Wurzelzeichen ist zu schreiben:

2.40 **a)** $2^{\frac{1}{2}}$ **b)** $3^{\frac{2}{3}}$ **c)** $7^{0,5}$ **d)** $11^{0,8}$

2.41 **a)** $a^{\frac{2}{7}}$ **b)** $x^{\frac{y}{x}}$ **c)** $5x^{\frac{3}{8}}$ **d)** $(5x)^{\frac{3}{8}}$

2.42 **a)** $3^{-\frac{1}{4}}$ **b)** $5^{-1.25a}$ **c)** $\left(\frac{1}{5}\right)^{-\frac{2}{a}}$ **d)** $(x+y)^{-\frac{3}{5}}$

Der Radikand ist durch teilweises (partielles) Wurzelziehen zu vereinfachen:

2.43 **a)** $\sqrt{32}$ **b)** $\sqrt{48}$ **c)** $\sqrt{54}$ **d)** $\sqrt{88}$

Anleitung: $\sqrt{32} = \sqrt{16 \cdot 2} = \sqrt{16}\sqrt{2} = 4\sqrt{2}$; $\sqrt{48} = \sqrt{16 \cdot 3} \ldots$

2.44 **a)** $\sqrt{108}$ **b)** $\sqrt{128}$ **c)** $\sqrt{250}$ **d)** $\sqrt{375}$

2.45 **a)** $\sqrt[3]{32}$ **b)** $\sqrt[3]{48}$ **c)** $\sqrt[3]{54}$ **d)** $\sqrt[3]{88}$

2.46 **a)** $\sqrt[3]{108}$ **b)** $\sqrt[3]{128}$ **c)** $\sqrt[3]{250}$ **d)** $\sqrt[3]{375}$

2.47 **a)** $\sqrt{a^5}$ **b)** $\sqrt[4]{x^7y}$ **c)** $\sqrt[5]{4x^6y^5}$ **d)** $\sqrt{(a+b)^3}$

2.48 **a)** $\sqrt[3]{24x^3y}$ **b)** $\sqrt[4]{32x^5y}$ **c)** $\sqrt[5]{32x^5y^7}$ **d)** $\sqrt[5]{96a^{10}b^{11}c}$

Der vor der Wurzel stehende Faktor ist unter die Wurzel zu bringen:

2.49 **a)** $2\sqrt{2}$ **b)** $4\sqrt{3}$ **c)** $3\frac{1}{2}\sqrt{8}$ **d)** $2\sqrt{3\frac{1}{4}}$

2.50 **a)** $3\sqrt{\frac{1}{3}}$ **b)** $4\sqrt{0.25}$ **c)** $\sqrt[4]{0.125}$ **d)** $5\sqrt{0.04}$

2.51 **a)** $x\sqrt{x}$ **b)** $xy\sqrt{z}$ **c)** $(x+y)\sqrt{z}$ **d)** $\frac{x^3}{y}\sqrt{z}$

2.52 **a)** $x\sqrt{\frac{1}{x}}$ **b)** $\frac{a}{b}\sqrt{\frac{b}{a}}$ **c)** $\frac{x^2}{2}\sqrt[3]{\frac{16}{x^5}}$ **d)** $\frac{a^3b^2}{c^2}\sqrt[3]{\frac{c^7}{a^8b^5}}$

2.53 **a)** $(a-b)\sqrt[4]{\frac{a+b}{(a-b)^3}}$ **b)** $(u+v)\sqrt[3]{1-\frac{3uv}{(u+v)^2}}$ **c)** $(x-y)\sqrt[3]{\frac{x^2+xy+y^2}{x^2-2xy+y^2}}$

2.54 **a)** $(\sqrt{2}-1)\sqrt{\sqrt{2}+1}$ **b)** $(\sqrt{5}-2)\sqrt{2+\sqrt{5}}$ **c)** $\frac{1}{2}\left(\sqrt{2}+\sqrt{3}\right)\sqrt[3]{8\sqrt{3}-8\sqrt{2}}$

Bei den Aufgaben 2.55 bis 2.89 ist soweit wie möglich zu vereinfachen:

2.55 **a)** $\sqrt{3}+\sqrt{12}+\sqrt{75}$ **b)** $\sqrt[3]{2}+\sqrt[3]{16}+\sqrt[3]{432}$

Anleitung: $\sqrt{3}+\sqrt{4\cdot 3}+\sqrt{25\cdot 3} = \sqrt{3}+2\sqrt{3}+5\sqrt{3}\ldots$

2.56 **a)** $2\sqrt{2}+3\sqrt{8}+4\sqrt{50}$ **b)** $4\sqrt[3]{3}+5\sqrt[3]{24}-2\sqrt[3]{81}$

2.57 **a)** $3\sqrt{5}+2\sqrt{45}+4\sqrt{20}$ **b)** $2\sqrt[3]{5}+3\sqrt[3]{40}+2\sqrt[3]{135}$

2.58 **a)** $8\sqrt{1008}+3\sqrt{1183}-5\sqrt{847}$ **b)** $2\sqrt[3]{1372}+5\sqrt[3]{256}-3\sqrt[3]{500}$

2.59 a) $\left(\sqrt{27}+\sqrt{12}\right)\sqrt{3}$ b) $\left(\sqrt{50}+\sqrt{2}\right)\sqrt{2}$ c) $\left(\sqrt{28}+2\sqrt{7}\right)\sqrt{7}$

2.60 a) $\left(\sqrt[3]{72}+\sqrt[3]{9}\right)\sqrt[3]{3}$ b) $\left(\sqrt[3]{4}-\sqrt[3]{500}\right)\sqrt[3]{2}$ c) $\left(\sqrt[3]{392}-3\sqrt[3]{49}\right)\sqrt[3]{7}$

2.61 a) $\left(5\sqrt{3}+7\sqrt{27}-\sqrt{48}\right)\sqrt{2}$ b) $\left(2\sqrt{0{,}9}-\sqrt{4{,}9}+\sqrt{12{,}1}\right)\sqrt{10}$

2.62 a) $\left(\sqrt[3]{4}-3\sqrt[3]{2}-\sqrt[3]{32}\right)\sqrt[3]{2}$ b) $\left(\sqrt[3]{100}-\sqrt[3]{0{,}8}-\sqrt[3]{72{,}9}\right)\sqrt[3]{10}$

2.63 a) $\left(\sqrt{5}+\sqrt{3}\right)\left(\sqrt{5}-\sqrt{3}\right)$ b) $\left(1+\sqrt{2}\right)\left(\sqrt{2}-1\right)$

2.64 a) $\left(2-\sqrt{2}\right)\left(\sqrt{2}+2\right)$ b) $\left(1-2\sqrt{3}\right)\left(2\sqrt{3}+1\right)$

2.65 a) $\left(3\sqrt{2}+5\sqrt{3}\right)\left(3\sqrt{2}-5\sqrt{3}\right)$ b) $\left(5\sqrt{5}+3\sqrt{3}\right)\left(5\sqrt{5}-3\sqrt{3}\right)$

2.66 a) $\left(5\sqrt{2}+3\sqrt{5}\right)\left(\sqrt{5}+1\right)$ b) $\left(2\sqrt{2}+3\sqrt{3}\right)\left(5\sqrt{5}-7\sqrt{7}\right)$

2.67 a) $\left(\sqrt{2}+\sqrt{3}-\sqrt{8}\right)\left(\sqrt{2}+\sqrt{3}\right)$ b) $\left(\sqrt{3}-\sqrt{5}+\sqrt{12}\right)\left(3\sqrt{3}+\sqrt{5}\right)$

2.68 a) $\left(\sqrt{18}+\sqrt{50}\right):\sqrt{2}$ b) $\left(\sqrt{108}-\sqrt{48}\right):\sqrt{3}$ c) $\left(\sqrt{2401}+\sqrt{49}\right):\sqrt{7}$

2.69 a) $\left(\sqrt[3]{16}+\sqrt[3]{54}\right):\sqrt[3]{2}$ b) $\left(\sqrt[3]{81}-\sqrt[3]{192}\right):\sqrt[3]{3}$ c) $\left(\sqrt[3]{343}-\sqrt[3]{7}\right):\sqrt[3]{7}$

2.70 a) $\sqrt{2}\sqrt[4]{2}$ b) $\sqrt{3}\sqrt[4]{3}$ c) $\sqrt[5]{2}\sqrt[4]{2}$ d) $\sqrt[3]{9}\sqrt[5]{9}$

2.71 a) $\sqrt{2}\sqrt[4]{4}$ b) $\sqrt{\frac{5}{6}}\sqrt[3]{\frac{6}{5}}$ c) $\sqrt[5]{\frac{3}{16}}\frac{2}{\sqrt[3]{3^3}}$ d) $\sqrt[7]{7}\sqrt[3]{3}\frac{1}{\sqrt[21]{750\,141}}$

2.72 a) $\sqrt{x}\sqrt[5]{x}$ b) $\sqrt[4]{x}\sqrt[3]{x}$ c) $\sqrt[3]{x^2}\sqrt[5]{x^3}$ d) $\sqrt[7]{x^3}\sqrt[3]{x^7}$

2.73 a) $\sqrt[9]{\frac{x}{y}}\sqrt[8]{\frac{x}{y}}$ b) $\sqrt{x^3-1}\sqrt[3]{\frac{x^3+1}{x^6-1}}$ c) $\sqrt[4]{4-2\sqrt{3}}\sqrt{1+\sqrt{3}}$

d) $\sqrt{ab\sqrt[3]{(ab)^2}}\frac{1}{\sqrt[6]{(ab)^5}}$

2.74 a) $\sqrt[3]{3}:\sqrt[6]{3}$ b) $\sqrt[5]{5}:\sqrt{5}$ c) $\sqrt[7]{7}:\sqrt[9]{7}$ d) $\sqrt[11]{11}:\sqrt[10]{11}$

2.75 a) $\sqrt[4]{4}:\sqrt[6]{8}$ b) $\sqrt[6]{27}:\sqrt[4]{9}$ c) $\sqrt[6]{125}:\sqrt[8]{25}$ d) $\sqrt[10]{10}:\sqrt[4]{2}$

2.76 a) $\sqrt[5]{x}:\sqrt{x}$ b) $\sqrt[7]{x}:\sqrt[3]{x}$ c) $x\sqrt[4]{x}:\sqrt{x}$ d) $\sqrt{x}:\sqrt[3]{x}$

2.77 a) $\sqrt[7]{x}:\sqrt[5]{\frac{1}{x}}$ b) $\sqrt[30]{\frac{(x^2-1)^6}{(x-1)^5}}$ c) $\sqrt[3]{\frac{x-1}{x+1}}\sqrt[8]{\frac{(x+1)^3}{(x-1)^3}}$

2.78 a) $\frac{\sqrt{3}\sqrt[3]{3}}{\sqrt[6]{243}}$ b) $\frac{\sqrt[5]{2}\sqrt[10]{3}}{\sqrt[10]{12}\sqrt[7]{13}}$ c) $\frac{2\sqrt[6]{288}}{\sqrt[3]{6}\sqrt[6]{8}\sqrt{2}}$

2.79 a) $\frac{\sqrt[6]{x^5}\sqrt[3]{x^4}}{\sqrt[12]{x^{11}}}$ b) $\frac{\sqrt[6]{x}\sqrt[4]{x^3}}{\sqrt[12]{x^{11}}\sqrt[13]{x}}$ c) $\frac{\sqrt[3]{x^2}\sqrt[5]{x^3}x^2}{x\sqrt[15]{x}\sqrt[4]{x}}$

2.80 a) $\left(\sqrt{2}\right)^2$ b) $\left(\sqrt{5}\right)^3$ c) $\left(\sqrt[3]{3}\right)^2$ d) $\left(\sqrt[3]{7}\right)^4$

2.81 a) $\left(\sqrt{2}+1\right)^2$ b) $\left(\sqrt{3}-\sqrt{5}\right)^2$ c) $\left(2\sqrt{7}+5\sqrt{3}\right)^2$

2.82 a) $\left(1-\sqrt{2}\right)^3$ b) $\left(\sqrt{7}-\sqrt{5}\right)^3$ c) $\left(\sqrt{3}-\sqrt{7}\right)^3$

2.83 a) $\sqrt{9^3}$ b) $\sqrt{16^3}$ c) $\sqrt{64^5}$ d) $\sqrt{81^3}$

2.84 a) $\sqrt[3]{8^2}$ b) $\sqrt[3]{27^5}$ c) $\sqrt[3]{64^2}$ d) $\left(\sqrt[3]{125}\right)^2$

2.85 a) $\sqrt{\sqrt{3}}$ b) $\sqrt{\sqrt[3]{9}}$ c) $\sqrt[6]{\sqrt{64}}$ d) $\sqrt[3]{\sqrt{46656}}$

2.86 a) $\sqrt[3]{\sqrt[3]{x^9}}$ b) $\sqrt[4]{\sqrt[3]{x^4}}$ c) $\sqrt[5]{\sqrt[6]{x^7}}$ d) $\sqrt[n]{\sqrt[n]{x^{n^2}}}$

2.87 a) $\sqrt[3]{\frac{1}{3}\sqrt{243}}$ b) $\sqrt{\frac{1}{7}\sqrt[3]{2744}}$ c) $\sqrt[52]{\frac{1}{2}\sqrt{8}}$ d) $\sqrt[5]{32\frac{1}{\sqrt{2^5}}}$

2.88 a) $\sqrt{x\sqrt{x}}$ b) $\sqrt{x\sqrt[5]{x}}$ c) $\sqrt{x^3\sqrt{x^2\sqrt{x^3}}}$

2.89 a) $\sqrt[5]{\frac{2}{\sqrt[6]{2}}}$ b) $2\sqrt{0.5\sqrt{0.5\sqrt{0.5}}}$ c) $4\sqrt{0.25\sqrt{0.25\sqrt{0.25}}}$

Der Nenner ist rational zu machen:

2.90 a) $\frac{8}{\sqrt{2}}$ b) $\frac{49}{\sqrt{7}}$ c) $\frac{5}{2\sqrt{2}}$ d) $\frac{20}{7\sqrt{2}}$

2.91 a) $\frac{b}{\sqrt{a}}$ b) $\frac{b}{\sqrt[3]{a}}$ c) $\frac{a}{\sqrt[5]{a}}$ d) $\frac{a}{\sqrt[7]{a^4}}$

2.92 a) $\frac{\sqrt{7}}{\sqrt{5}}$ b) $\frac{3}{\sqrt[3]{3}}$ c) $\frac{15}{\sqrt{5}\sqrt{3}}$ d) $\frac{2a}{\sqrt[5]{8a^4}}$

2.93 a) $\frac{1}{1+\sqrt{2}}$ b) $\frac{4}{3-\sqrt{5}}$ c) $\frac{1}{\sqrt{3}+\sqrt{2}}$ d) $\frac{4}{\sqrt{3}+\sqrt{7}}$

2.94 a) $\frac{4\sqrt{3}}{\sqrt{7}-\sqrt{3}}$ b) $\frac{7\sqrt{3}}{2\sqrt{3}+\sqrt{5}}$ c) $\frac{5\sqrt{7}+7\sqrt{5}}{\sqrt{7}+\sqrt{5}}$ d) $\frac{7\sqrt{3}-3\sqrt{7}}{\sqrt{7}-\sqrt{3}}$

2.95 Es ist zu zeigen: $\sqrt[n]{a+\frac{a}{a^n-1}} = a\sqrt[n]{\frac{a}{a^n-1}}$

Der Nenner ist rational zu machen:

2.96 a) $\frac{23}{5-\sqrt{2}}$ b) $\frac{24}{7-4\sqrt{3}}$ c) $\frac{3\sqrt{10}+10\sqrt{3}}{\sqrt{3}+\sqrt{10}}$ d) $\frac{2(\sqrt{2}-3\sqrt{5})}{2\sqrt{5}-3\sqrt{2}}$

2.97 a) $\sqrt{1\frac{11}{25}}$ b) $\sqrt[3]{4\frac{17}{27}}$ c) $\frac{\sqrt{x^2-y^2}}{\sqrt{x+y}}$ d) $\frac{\sqrt[3]{x^2-2x+1}}{\sqrt[3]{x-1}}$

2.98 a) $\sqrt[3]{8x^3-12x^2y+6xy^2-y^3}$ b) $\sqrt[3]{27x^3-189x^2+441x-343}$

2.99 a) $\left(1-\sqrt{2}\right)^2+\left(1+\sqrt{2}\right)^2$ b) $\sqrt{\left(\sqrt{5}+2\sqrt{7}\right)^2+\left(2\sqrt{7}-\sqrt{5}\right)^2}$

2.100 a) $\left(\sqrt{3+2\sqrt{2}}+\sqrt{3-2\sqrt{2}}\right)^2$ b) $\left(\sqrt[3]{3-2\sqrt{2}}+\sqrt[3]{3+2\sqrt{2}}\right)^3$

2.101 $\sqrt[2x]{\sqrt[3y]{a^{y-1}b^{7y-4}}}\,\sqrt[3y]{\sqrt[2x]{a^{5y-3}b^{5y-4}}}\,\sqrt[3xy]{(ab^2)^2}$

2.102 **a)** $\sqrt[7]{\left(\frac{1}{b}-\frac{1}{a}\right)^2}\left(\sqrt[14]{\frac{1}{b}+\frac{1}{a}}\sqrt[7]{\frac{ab}{\sqrt{a^2-b^2}}}\right)^4$

b) $\sqrt[5]{\left(\frac{1}{x^3}-\frac{1}{y^3}\right)^2}\sqrt[5]{\left(\frac{1}{x^3}+\frac{1}{y^3}\right)^2}\sqrt[5]{\left(\frac{xy}{\sqrt[5]{x^6-y^6}}\right)^{12}}$

2.103 $\left[\sqrt[21]{\frac{(a^2+ab+b^2)^3}{(a+b)^7}}\sqrt[3]{\frac{(a+b)^6}{a-b}}\right]:\left(\sqrt[7]{\frac{a^3-b^3}{a^2-b^2}}\sqrt[3]{\frac{a+b}{a-b}}\right)$

2.104 $\left\{\left[\sqrt[9]{\frac{(x-1)^3}{(x+1)^2}}\sqrt[5]{\left(\frac{x-1}{x+1}\right)^{-2}}\right]:\sqrt[15]{\frac{(x+1)^4}{(x-1)^7}}\right\}:\left[\sqrt[45]{\frac{x+1}{(x-1)^2}}\right]^{-4}$

2.105 Geben Sie eine Intervallschachtelung (mindestens 4 Intervalle) für folgende Potenzen an:

a) $10^{\sqrt{3}}$ **b)** $5^{\sqrt{5}}$ **c)** $8^{2\sqrt{7}}$

2.106 Berechnen Sie mit Hilfe des Taschenrechners:

a) $7^{\sqrt{5}}$ **b)** $5^{\sqrt{3}}\cdot 6^{\sqrt{7}}$ **c)** $\frac{3^{\sqrt{8}}\cdot 4^{\sqrt{2}}}{5^4}$

2.107. Berechnen Sie folgende Ausdrücke ohne Taschenrechner:

a) $\frac{3^{\sqrt{2}}\cdot 3^{\sqrt{8}}}{3^{\sqrt{18}}}$ **b)** $\left(5^{\sqrt{18}}\right)^{\sqrt{2}}$ **c)** $\sqrt[\sqrt{3}]{8^{\sqrt{27}}}$

2.108 Vereinfachen Sie folgende Ausdrücke:

a) $\frac{a^{\sqrt{7}}a^{5\sqrt{7}}}{a^{\sqrt{343}}a^{2\sqrt{7}}}$ **b)** $\left(a^{\sqrt{6}}\right)^{\sqrt{8}}$ **c)** $\sqrt[\sqrt{2}]{\frac{a^{\sqrt{2}}}{a^{\sqrt{8}}}}$

2.3 Logarithmen

2.3.1 Begriffserklärungen

Im Abschnitt 2.2.1 wurde bereits ausführlich darauf eingegangen, dass die Potenzrechnung *zwei Umkehrungsrechenarten* besitzt, die Wurzel- und die Logarithmenrechnung.

Bei der *Logarithmenrechnung* handelt es sich darum, für eine bekannte Basis a und einen bekannten Potenzwert b einer Potenz $a^n = b$ den Exponenten n so zu bestimmen, dass die Gleichung $a^n = b$ erfüllt wird. Dies führt zu der

Definition:
Der Logarithmus einer positiven Zahl b zur Basis a ist derjenige Exponent n, mit dem die Basis a zu potenzieren ist, um b zu erhalten.

$$n = \log_a b \quad \longleftrightarrow \quad a^n = b \qquad (2.26)$$

mit $a,b,n \in \mathbf{R}, a > 0, a \neq 1, b > 0.$

Das neu eingeführte *Rechensymbol* $\log_a b$ wird gelesen: Logarithmus von b zur Basis a. In $n = \log_a b$ nennt man
a die **Basis** (oder Grundzahl) des Logarithmus,
b den **Numerus** und
n den **Logarithmus**.

Aus der Gleichwertigkeit der beiden in (2.26) angegebenen Beziehungen zwischen a, n und b folgt

$$\boxed{a^{\log_a b} = \log_a(a^b) = b} \tag{2.27}$$

d. h.,

> die Rechenoperationen Potenzieren und Logarithmieren mit der gleichen Basis heben sich gegenseitig auf.

Davon wird Gebrauch gemacht, wenn man sich davon überzeugen will, ob ein Logarithmus richtig bestimmt worden ist.

Mit Hilfe von (2.27) kann man sehr leicht nachprüfen, dass stets gilt:
1. Der Logarithmus der Basis ist stets gleich 1.
2. Der Logarithmus von 1 ist bei *jeder Basis* gleich Null.

$$\boxed{\log_a a = 1} \qquad \boxed{\log_a 1 = 0} \tag{2.28}$$

Beispiele:

2.34

$$\begin{aligned} \log_{10} 1\,000 &= 3, &&\text{denn} & 10^3 &= 1\,000 \\ \log_{10} 0{,}01 &= -2, &&\text{denn} & 10^{-2} &= 0{,}01 \\ \log_{10} 1\,000\,000 &= 6, &&\text{denn} & 10^6 &= 1\,000\,000 \\ \log_{10} 1 &= 0, &&\text{denn} & 10^0 &= 1 \end{aligned}$$

2.35

$$\begin{aligned} \log_2 32 &= 5, &&\text{denn} & 2^5 &= 32 \\ \log_2 \frac{1}{32} &= -5, &&\text{denn} & 2^{-5} &= \frac{1}{32} \\ \log_{32} 2 &= \frac{1}{5}, &&\text{denn} & 32^{\frac{1}{5}} &= \sqrt[5]{32} = 2 \\ \log_{32} \frac{1}{2} &= -\frac{1}{5}, &&\text{denn} & 32^{-\frac{1}{5}} &= \frac{1}{\sqrt[5]{32}} = \frac{1}{2} \end{aligned}$$

2.36

$$\begin{aligned} \log_x x^n &= n, &&\text{denn} & x^n &= x^n \\ \log_x \frac{1}{x^n} &= -n, &&\text{denn} & x^{-n} &= \frac{1}{x^n} \\ \log_x \sqrt[n]{x^m} &= \frac{m}{n}, &&\text{denn} & x^{\frac{m}{n}} &= \sqrt[n]{x^m} \\ \log_x \frac{1}{\sqrt[n]{x^m}} &= -\frac{m}{n}, &&\text{denn} & x^{-\frac{m}{n}} &= \frac{1}{\sqrt[n]{x^m}} \end{aligned}$$

2.3.2 Das Rechnen mit Logarithmen

Die Rechengesetze für Logarithmen lassen sich aus den Potenzgesetzen herleiten.

Wenn beispielsweise a,x und y drei beliebige positive Zahlen sind, dann lassen sich stets zwei Hochzahlen u und v so bestimmen, dass

$$x = a^u \qquad \text{und} \qquad y = a^v \tag{*}$$

wird.

Bildet man nun

$$x \cdot y = a^u \cdot a^v = a^{u+v},$$

und bildet man auf beiden Seiten dieser Gleichung den Logarithmus zur Basis a, so erhält man

$$\log_a(x \cdot y) = \log_a(a^{u+v}),$$

wofür wegen (2.27)

$$\log_a(x \cdot y) = u + v \tag{**}$$

geschrieben werden darf.

Nach (*) ist jedoch

$$u = \log_a x \qquad \text{und} \qquad v = \log_a y,$$

so dass (**) übergeht in

$$\log_a(x \cdot y) = \log_a x + \log_a y.$$

Somit gilt:

> Der Logarithmus eines *Produkts* ist gleich der *Summe* der Logarithmen der beiden Faktoren.

$$\boxed{\log_a(x \cdot y) = \log_a x + \log_a y} \tag{2.29}$$

Diese Formel lässt sich ohne Schwierigkeiten auch auf Produkte mit mehr als zwei Faktoren erweitern:

$$\boxed{\log_a(x_1 \cdot x_2 \cdots x_n) = \log_a x_1 + \log_a x_2 + \cdots + \log_a x_n} \tag{2.30}$$

Analog zu dem Logarithmengesetz für Produkte gilt für *Quotienten:*

> Der Logarithmus eines *Quotienten* ist gleich der *Differenz* der Logarithmen von Zähler und Nenner.

$$\boxed{\log_a\left(\frac{x}{y}\right) = \log_a x - \log_a y} \tag{2.31}$$

Setzt man in (2.30) $x_1 = x_2 = \ldots = x_n$, so erhält man das *Logarithmengesetz für Potenzen*:

> Der Logarithmus einer *Potenz* ist gleich dem *Produkt* aus dem Exponenten und dem Logarithmus der Basis.

$$\boxed{\log_a(x^n) = n \cdot \log_a x} \tag{2.32}$$

Und schließlich gilt das *Logarithmengesetz für Wurzeln*:

Der Logarithmus einer *Wurzel* ist gleich dem *Quotienten* aus dem Logarithmus des Radikanden und dem Wurzelexponenten.

$$\boxed{\log_a \sqrt[n]{x} = \frac{1}{n} \cdot \log_a x} \tag{2.33}$$

Charakteristisch für die Logarithmengesetze ist, dass beim Logarithmieren jede Rechenart jeweils *um eine Stufe erniedrigt* wird. Beim Multiplizieren (Dividieren) muss man die Logarithmen addieren (subtrahieren), beim Potenzieren wird der Logarithmus der Basis mit dem Exponenten multipliziert usw. Da es für die Addition und die Subtraktion keine Rechenarten gibt, die noch eine Stufe niedriger sind, gilt es – wie bei den Potenzen und Wurzeln – *unbedingt* zu beachten, dass

$$\boxed{\log_a(u+v) \neq \log_a u + \log_a v} \tag{2.34}$$

ist.

Beispiele:

2.37 $\log_a \frac{x^2y^5}{a^3b^{-2}}$ soll mit Hilfe der Rechengesetze für Logarithmen vereinfacht werden.

Lösung:

$$\begin{aligned}\log_a \frac{x^2y^5}{a^3b^{-2}} &= \log_a(x^2y^5) - \log_a(a^3b^{-2}) \quad \text{[nach (2.31)]}\\ &= \log_a x^2 + \log_a y^5 - (\log_a a^3 + \log_a b^{-2}) \quad \text{[nach (2.29)]}\\ &= 2\log_a x + 5\log_a y - 3\log_a a + 2\log_a b \quad \text{[nach (2.32)]}\end{aligned}$$

$$\log_a \frac{x^2y^5}{a^3b^{-2}} = 2\log_a x + 5\log_a y - 3 + 2\log_a b.$$

In der letzten Zeile wurde noch berücksichtigt, dass $\log_a a = 1$ ist.
Anmerkung: Bei einiger Übung wird man die Lösung derartiger Aufgaben sofort niederschreiben können, ohne alle Teilschritte in aller Ausführlichkeit durchführen zu müssen.

2.38 Der Ausdruck $\log_a \sqrt[3]{\frac{6x^2\sqrt{x-3}}{x^2-9}}$ soll vereinfacht werden.

Lösung:

$$\begin{aligned}\log_a \sqrt[3]{\frac{6x^2\sqrt{x-3}}{x^2-9}} &= \frac{1}{3}\log_a \frac{6x^2\sqrt{x-3}}{x^2-9} \quad \text{[nach (2.33)]}\\ &= \frac{1}{3}[\log_a(6x^2\sqrt{x-3}) - \log_a(x^2-9)] \quad \text{[nach (2.31)]}\\ &= \frac{1}{3}\left[\log_a(2\cdot 3) + 2\log_a x + \frac{1}{2}\log_a(x-3) - \{\log_a(x-3) + \log_a(x+3)\}\right]\end{aligned}$$

$$\log_a \sqrt[3]{\frac{6x^2\sqrt{x-3}}{x^2-9}} = \frac{1}{3}\log_a 2 + \frac{1}{3}\log_a 3 + \frac{2}{3}\log_a x - \frac{1}{6}\log_a(x-3) - \frac{1}{3}\log_a(x+3).$$

Auch das entgegengesetzte Problem, mehrere Logarithmen zu einem einzigen zusammenzufassen, ist gelegentlich zu lösen. Dies ist nur dann möglich, wenn sich alle auftretenden Logarithmen auf die gleiche Basis beziehen.

Beispiele:

2.39 $\log_a u + 2\log_a v - 3\log_a w - \log_a x - n\log_a y + 2/3\log_a z$ soll zu einem einzigen Logarithmenausdruck zusammengefasst werden.

Lösung: Da die Summe von Logarithmen dem Logarithmus eines Produkts, die Differenz von Logarithmen dem Logarithmus eines Bruches usw. entspricht, lässt sich der gegebene Ausdruck wie folgt zusammenfassen:

$$\log_a u + 2\log_a v - 3\log_a w - \log_a x - n\log_a y + \frac{2}{3}\log_a z = \log_a \frac{uv^2\sqrt[3]{z^2}}{w^3xy^n}.$$

2.40 Die Summe von Logarithmen

$$4\log_k x - \frac{1}{5}[3\log_k(x-y) - \frac{1}{3}\log_k(x+y)] + 3$$

soll zu einem einzigen Logarithmenausdruck zusammengefasst werden.

Lösung: Es ist

$$4\log_k x = \log_k x^4$$

$$3\log_k(x-y) - \frac{1}{3}\log_k(x+y) = \log_k \frac{(x-y)^3}{\sqrt[3]{(x+y)}}$$

und damit

$$\frac{1}{5}[3\log_k(x-y) - \frac{1}{3}\log_k(x+y)] = \log_k \sqrt[5]{\frac{(x-y)^3}{\sqrt[3]{(x+y)}}},$$

so dass

$$4\log_k x - \frac{1}{5}\left[3\log_k(x-y) - \frac{1}{3}\log_k(x+y)\right] + 3 =$$

$$= \log_k \frac{x^4}{\sqrt[5]{\frac{(x-y)^3}{\sqrt[3]{(x+y)}}}} + 3 = \log_k \frac{x^4\sqrt[15]{x+y}}{\sqrt[5]{(x-y)^3}} + 3$$

Auch der Summand 3 lässt sich noch innerhalb des Logarithmus unterbringen, wenn man bedenkt, dass $3 = \log_k k^3$ ist. Damit wird schließlich

$$4\log_k x - \frac{1}{5}\left[3\log_k(x-y) - \frac{1}{3}\log_k(x+y)\right] + 3 =$$

$$= \log_k \frac{k^3x^4\sqrt[15]{x+y}}{\sqrt[5]{(x-y)^3}}.$$

2.3.3 Logarithmensysteme

2.3.3.1 Häufig auftretende Logarithmensysteme

Aus den bisherigen Betrachtungen über Logarithmen ging hervor, dass jede beliebige Zahl a als Basis für Logarithmen geeignet ist, sofern nur gilt $a > 0$ und $a \neq 1$. (Warum müssen diese beiden Forderungen eigentlich an die Basen von Logarithmen gestellt werden?)

Für das praktische Rechnen mit Logarithmen haben sich jedoch drei Basen als besonders geeignet herausgestellt, und zwar sind dies

die Zahl 10,
die irrationale Zahl $e = 2{,}718\,281\,827\,5\ldots$
sowie neuerdings auch die Zahl 2.

Die Gesamtheit aller Logarithmen, die sich auf die Basis 10 beziehen, nennt man die *dekadischen Logarithmen* oder auch nach dem englischen Mathematiker Henry BRIGGS (1561 bis 1630), dem ihre Einführung in hohem Maße zu verdanken ist, auch BRIGGS-sche Logarithmen. Sie stellten in der Zeit, in der es noch keine elektronischen Rechengeräte gab, ein sehr wichtiges und nützliches Hilfsmittel für die numerische Bearbeitung umfangreicher Rechenaufgaben dar. Seit dem Auftreten von Computern und von Taschenrechnern hat dieses Rechenhilfsmittel wesentlich an Bedeutung verloren.

Die Gesamtheit aller Logarithmen, die sich auf die *irrationale Zahl* $e = 2{,}718\,281\,827\,5\ldots$ beziehen, heißen *natürliche Logarithmen* oder auch nach dem schottischen Baron John NAPIER (1550 bis 1617) NAPIERsche Logarithmen. Sie spielen vor allem bei der theoretischen Behandlung naturwissenschaftlicher und technischer Probleme eine große Rolle.

Die ersten Logarithmentafeln gehen übrigens auf den Schweizer Uhrmacher Josef BÜRGI (1552 bis 1632) zurück, der auf Anregung des Astronomen Johannes KEPLER (1571 bis 1630) Anfang des 17. Jahrhunderts die sogenannten „Progress-Tabulen“ drucken ließ.

In der Zeit, in der die Computertechnik ihren Vormarsch antrat, gewannen die Logarithmen mit der Basis 2 eine gewisse Bedeutung. Sie werden *binäre Logarithmen* genannt.

Für die Logarithmen mit den drei besonders bevorzugten Basen 10, die irrationale Zahl e und 2 gibt es vereinfachende Schreibweisen:

Dekadische Logarithmen:	$\log_{10} x = \lg x$	
Natürliche Logarithmen:	$\log_e x = \ln x$	(2.35)
Binäre Logarithmen:	$\log_2 x = \operatorname{lb} x$	
(zuweilen auch	$\log_2 x = \operatorname{ld} x$)	

2.3.3.2 Zur Ermittlung von Logarithmen mit dem Taschenrechner

Fast jeder Taschenrechner bietet die Möglichkeit, sowohl mit dekadischen als auch mit natürlichen Logarithmen arbeiten zu können. Dazu dienen die Tasten [lg] und [ln], wobei ähnlich wie bei der Ermittlung der Funktionswerte der trigonometrischen Funktionen *zuerst das Argument*, d. h. der Numerus, einzugeben ist, von dem der Logarithmus zu bestimmen ist. Erst danach ist die entsprechende Funktionstaste zu betätigen.

Beispiele:

2.41 Mit Hilfe des Taschenrechners sind die Logarithmen **a)** $\lg 2{,}905$ **b)** $\lg 290{,}5$ **c)** $\lg 0{,}002\,905$ zu ermitteln.

Lösungen: Im Falle **a)** liefert die Tastenfolge

[2] [·] [9] [0] [5] [lg]

das Ergebnis lg 2,905 = 0,463 146 1.
Entsprechend ergibt sich

b) 2.463 146 1 und **c)** − 2,536 853 9.

Vielleicht fällt dabei auf, dass sich die beiden Logarithmen in den Fällen a) und b) nur in ihren ganzen Anteilen unterscheiden und dass die Stellen hinter dem Komma gleich sind. Dies muss auch so sein, denn es ist

$$290{,}5 = 2{,}905 \cdot 100$$

und damit

$$\lg 290{,}5 = \lg(2{,}905 \cdot 100) = \lg 2{,}905 + \lg 100,$$

was wegen

$$\lg 100 = \lg 10^2 = 2 \lg 10 = 2 \cdot 1 = 2$$

übergeht in

$$\lg 290{,}5 = 0{,}463\,146\,1 + 2 = 2{,}463\,146\,1.$$

Auch im Ergebnis zu **c)** ist – wenn auch ein wenig versteckt – die Dezimalzahl 0,463 146 1 enthalten, denn man kann das oben angegebene Ergebnis auch in der Form

$$\lg 0{,}002\,905 = -2{,}536\,853\,9 = 0{,}463\,146\,1 - 3$$

schreiben.

Daraus geht eine wichtige Eigenschaft der dekadischen Logarithmen hervor, die für das Aufsuchen der Logarithmen aus den sogenannten Logarithmentafeln von besonderer Bedeutung ist. Die *dekadischen Logarithmen* aller Zahlen, die die *gleiche Ziffernfolge* besitzen, haben *denselben Anteil nach dem Komma*. Sie unterscheiden sich nur in ihrem ganzzahligen Anteil. Der für eine feste Ziffernfolge des Numerus gleichbleibende Anteil nach dem Komma im zugehörigen Logarithmus wird *Mantisse* (lat. das Bleibende) genannt. Den sich in Abhängigkeit von der Stellung des Kommas im Numerus verändernden ganzzahligen Anteil des Logarithmus nennt man die *Kennziffer* des Logarithmus.
Die Logarithmentafeln für *dekadische Logarithmen* sind also im eigentlichen Sinne keine Logarithmentafeln, sondern sie sind *Mantissentafeln*. Aus ihnen kann man stets nur die Mantissen für die Ziffernfolge des Numerus entnehmen, die zugehörige Kennziffer muss man selbst bestimmen.
Diese Bemerkungen gelten *nur für dekadische Logarithmen* und sind nur für den Gebrauch von Tafelwerken von Bedeutung. Der Taschenrechner liefert sofort den richtigen Zahlenwert, ohne dass man zusätzliche Überlegungen zu Kennziffer und Mantisse anstellen muss.

2.42 Mit dem Taschenrechner sollen die Logarithmen **a)** ln 2,905 **b)** ln 290,5 **c)** ln 0,002 905 ermittelt werden.

Lösungen: Da die Numeri in den drei Teilaufgaben dieselben sind wie in Aufgabe 2.41, kann zur Ermittlung der zugehörigen Logarithmen die gleiche Tastenfolge verwendet werden wie dort. Es muss lediglich statt der Taste [lg] die Taste [ln] gedrückt werden. Somit wird

a) $\ln 2{,}905 = 1{,}066\,433\,4$,
b) $\ln 209{,}5 = 5{,}344\,723\,7$,
c) $\ln 0{,}002\,905 = -5{,}841\,321\,9$.

2.43 Welche Numeri gehören zu den folgenden Logarithmen?

a) $\lg x = 3{,}123\,45$ **b)** $\lg x = -3{,}123\,45$

c) $\ln x = 3{,}123\,45$ **d)** $\ln x = -3{,}123\,45$

Lösungen: Um zu einem bekannten Logarithmus mit Hilfe eines Taschenrechners den zugehörigen Numerus bestimmen zu können, muss man auf die Bedeutung des Logarithmus als Umkehrung der Potenzrechnung zurückgreifen. So ist die Aufgabe, x aus $\lg x = 3{,}123\,45$ zu bestimmen gleichbedeutend mit der Berechnung der Potenz

$$10^{3{,}123\,45},$$

die analog zu Beispiel 2.28 mit dem Taschenrechner gelöst werden kann. Man erhält

$$\lg x = 3{,}123\,45 \quad \Longrightarrow \quad x = 1\,328{,}771.$$

Entsprechend ergibt sich

$$\lg x = -3{,}123\,45 \quad \Longrightarrow \quad x = 0{,}000\,752\,575\,4.$$

Für den natürlichen Logarithmus liefert die Beziehung

$$\ln x = 3{,}123\,45 \quad \Longrightarrow \quad x = \mathrm{e}^{3{,}123\,45} = 22{,}724\,644,$$

was mit Hilfe der $\boxed{\mathrm{e}^x}$-Taste berechnet werden kann, und schließlich erhält man

$$\ln x = -3{,}123\,45 \quad \Longrightarrow \quad x = \mathrm{e}^{-3{,}123\,45} = 0{,}044\,005\,089.$$

Zur Kontrolle dieser Ergebnisse können Sie überprüfen, dass

$$1\,328{,}771^{-1} = 0{,}000\,752\,575\,4 \quad \text{und} \quad 22{,}724\,644^{-1} = 0{,}044\,005\,089$$

ist. (Weshalb muss das so sein?)

2.3.3.3 Beziehungen zwischen Logarithmensystemen mit unterschiedlichen Basen

Bildet man auf beiden Seiten der Gleichung

$$a^n = x$$

den Logarithmus zur Basis b

$$\log_b a^n = n \cdot \log_b a = \log_b x,$$

und beachtet man dabei, dass auf Grund der Ausgangsgleichung $n = \log_a x$ ist, so ergibt sich die folgende Beziehung

$$\log_a x \cdot \log_b a = \log_b x,$$

woraus

$$\boxed{\log_a x = \frac{\log_b x}{\log_b a}} \qquad (2.36)$$

folgt.

Diese Formel ermöglicht es, den Logarithmus einer Zahl x zur Basis a zu berechnen, wenn man den Logarithmus von x und den Logarithmus von a bzgl. einer anderen Basis b bereits kennt. Als bekannte Logarithmensysteme kann man dabei immer die dekadischen oder die natürlichen Logarithmen verwenden, da diese Logarithmen entweder mit Hilfe des Taschenrechners oder einer Logarithmentabelle ermittelt werden können.

Aus (2.36) ergeben sich die beiden *Formeln für die Umrechnung von dekadischen in natürliche bzw. von natürlichen in dekadische Logarithmen:*

$$\begin{aligned} \ln x &= \frac{\lg x}{\lg e} = \frac{\lg x}{0{,}434\,294\,5} = 2{,}302\,585\,1 \lg x \\ \lg x &= \frac{\ln x}{\ln 10} = \frac{\ln x}{2{,}302\,585\,1} = 0{,}434\,294\,5 \ln x \end{aligned} \tag{2.37}$$

Beispiele:

2.44 Es ist $\log_2 1\,000\,000$ zu berechnen.

Lösung: Verwendet man zur Berechnung des gesuchten Logarithmus mit Hilfe von (2.36) die dekadischen Logarithmen, so wird wegen $\lg 1\,000\,000 = 6$ und $\lg 2 = 0{,}301\,03$

$$\log_2 1\,000\,000 = \mathrm{lb}\,2 = \frac{\lg 1\,000\,000}{\lg 2} = 19{,}931\,568.$$

2.45 Welchen Wert besitzt $\log_{0,25} 4\,711$?

Lösung: Nach (2.36) ist

$$\log_{0,25} 4\,711 = \frac{\lg 4\,711}{\lg 0{,}25} = \frac{3{,}673\,113\,1}{-0{,}602\,06} = -6{,}100\,908\,7.$$

Aufgaben:

2.109 **a)** $\log_2 64 =?$ **b)** $\log_3 \frac{1}{243} =?$ **c)** $\log_4 8 =?$ **d)** $\log_5 \frac{1}{\sqrt{125}} =?$

2.110 **a)** $\log_{1/2} 0{,}5 =?$ **b)** $\log_{1/3} 27 =?$ **c)** $\log_{1/4} \frac{1}{\sqrt[5]{16}} =?$ **d)** $\log_{1/5} \sqrt[3]{25} =?$

2.111 **a)** $\log_{2/3} \frac{4}{9} =?$ **b)** $\log_{4/5} 1 =?$ **c)** $\log_{7/8} \frac{64}{49} =?$ **d)** $\log_{3/10} \frac{1}{\sqrt{0.3}} =?$

2.112 $\log_2 b$ für $b \in \left\{1, 2, 0.5, \frac{1}{16}, \sqrt{2}, \sqrt[3]{4}, \frac{1}{0.125}, \frac{1}{\sqrt{128}}, \frac{1}{\sqrt[7]{4}}, \frac{1}{\sqrt[3]{1024}}\right\}$

2.113 $\log_5 b$ für $b \in \left\{5, \frac{1}{5}, 25, 1, \frac{1}{625}, 0.04, \sqrt{5}, \sqrt[4]{125}, \sqrt[3]{5}, \frac{1}{\sqrt[7]{5}}\right\}$

2.114 $\log_{10} b$ für $b \in \left\{10, 1, 100, 1\,000, 10^6, 0{,}01, 0{,}1, \sqrt[4]{10}, \sqrt[3]{100}, \frac{1}{\sqrt[4]{1\,000}}\right\}$

Bei den Aufgaben 2.115 bis 2.118 ist jeweils die Variable x zu berechnen!

2.115 **a)** $\log_x 125 = 3$ **b)** $\log_x 216 = 3$ **c)** $\log_x \frac{1}{8} = -3$

2.116 **a)** $\log_x \frac{1}{256} = 8$ **b)** $\log_x \frac{3}{4} = -1$ **c)** $\log_x 256 = -2$

2.117 **a)** $\log_2 x = 10$ **b)** $\log_3 x = -2$ **c)** $\log_4 x = \frac{1}{2}$

2.118 **a)** $\log_{0.2} x = -1$ **b)** $\log_{6/7} x = -3$ **c)** $\log_{1.125} x = -\frac{1}{3}$

2.119 **a)** $\log_a a = ?$ **b)** $\log_a 1 = ?$ **c)** $\log_a a^n = ?$

2.120 Man berechne die Variable x:
a) $x = \lg 43{,}53$ **b)** $\lg x = 1{,}5$ **c)** $x = \lg 0{,}1$ **d)** $\lg x = 3$ **e)** $x = \lg 0{,}04$
f) $\lg x = 1{,}2$ **g)** $x = \lg 25$ **h)** $\lg x = -0{,}1$ **i)** $\lg x = 1{,}105$ **j)** $\lg x = 0{,}3645 - 1$

2.121 Es ist die Variable x zu berechnen:
a) $x = \ln 54{,}52$ **b)** $\ln x = 3{,}9$ **c)** $x = \ln 0{,}2$ **d)** $\ln x = 5$ **e)** $x = \ln 0{,}08$
f) $\ln x = 173{,}5$ **g)** $x = \ln 49$ **h)** $\ln x = -1{,}4$ **i)** $\ln x = 5{,}123$ **j)** $\ln x = 37{,}126$

Bei den Aufgaben 2.122 bis 2.129 sind die gegebenen Terme mit Hilfe der Rechengesetze für Logarithmen (so weit wie möglich) additiv zu zerlegen.

2.122 **a)** $\log abcd$ **b)** $\log \frac{ab}{cd}$ **c)** $\log \frac{a^4b^3}{c^2}$ **d)** $\log \frac{\sqrt{a}}{b^5c}$

2.123 **a)** $\log 5a^{12}\sqrt[3]{b}$ **b)** $\log 12a^5\sqrt[3]{b}$ **c)** $\log \sqrt[4]{\frac{a^3b}{c}}$ **d)** $\log \sqrt{\frac{xy^2}{\sqrt{c}}}$

2.124 **a)** $\log(a-b)$ **b)** $\log(a^4-b^4)^3$ **c)** $\log \frac{a^2+b^2}{a^2-b^2}$ **d)** $\log \sqrt{\frac{16a^2-25b^2}{2a}}$

2.125 **a)** $\log \frac{x^3}{y^2}\sqrt[4]{\frac{a^2x}{3b^3}}$ **b)** $\log \frac{a^3}{b^2}\sqrt[3]{\frac{x^2}{2y}}$ **c)** $\log \frac{x^2}{y^3}\sqrt[4]{\frac{a^3}{3b}}$ **d)** $\log \frac{a^2\sqrt[3]{x^2}}{b^3\sqrt[5]{2y^4}}$

2.126 **a)** $\log \frac{a^2b}{xy^3}\sqrt{\frac{x^3y}{a^4b}}$ **b)** $\log \frac{x^3y^3}{ab^2}\sqrt{\frac{a^4b}{x^5y}}$ **c)** $\log \sqrt[7]{\frac{x^4\sqrt[3]{y^5}}{\sqrt{a^3(x+y)^4}}}$ **d)** $\log \sqrt[5]{\frac{12x^4\sqrt[3]{y-1}}{4x^2-y^2}}$

2.127 **a)** $\log \frac{\sqrt[3]{x^8(y^2+z)^4}}{\sqrt[4]{y^7(y^2+z)^3}}\sqrt{\frac{y^7}{x^9}}$ **b)** $\log \frac{\sqrt[5]{a^7(b-c^2)^4}}{\sqrt[3]{b^4(b-c^2)^5}}\sqrt{\frac{b^8}{a^3}}$ **c)** $\log \frac{\sqrt[4]{(x+y^2)^5a^7}}{\sqrt[7]{b^8(x+y^2)^3}}$

2.128 **a)** $\log \frac{a^8\sqrt[5]{(x+y)^2a^{15}}}{b^5\sqrt[9]{(x+y)b^3}}(ab)^2$ **b)** $\log \frac{a\sqrt[3]{(x-y)^4b^{10}}}{b\sqrt[5]{(x-y)a^2}}(ab)^3$ **c)** $\log \frac{a^7\sqrt[6]{(x+y)^3a^4}}{b^6\sqrt[8]{(x+y)^2b^4}}(ab)^4$

2.129 **a)** $\log \frac{x^9\sqrt[5]{(z-y)^4y^3}}{y^7\sqrt[7]{(z-y)^5x^{12}}}(xz^2)^5$ **b)** $\log \frac{a^3\sqrt[6]{a^9(x-y)^5}}{b^3\sqrt[7]{b^7(x-y)^6}}(ab^2)^4$ **c)** $\log \frac{x^4\sqrt[7]{y^8(a-b)^3}}{y^4\sqrt[6]{x^9(a-b)^4}}(x^2y)^3$

Bei den Aufgaben 2.130 bis 2.143 sind die gegebenen algebraischen Summen in den Logarithmus eines einzigen Terms zu verwandeln:

2.130 **a)** $\log a - \log b + \log c$ **b)** $\log 3 + \log 4 - \log 2$

2.131 **a)** $2\log a - 3\log b + 5\log c$ **b)** $2\log 3 + 3\log 4 - 5\log 2$

2.132 **a)** $\log 7 + \log a - \frac{1}{2}\log b + 2\log c$ **b)** $\log a - \frac{1}{2}\log(b-c)$

2.133 **a)** $2\log a - \log b + \frac{1}{2}\log x - \frac{3}{5}\log y$ **b)** $3\log x - \log y + \frac{3}{4}\log a - \frac{1}{2}\log b$

2.134 **a)** $\frac{1}{5}\left(2\log x + \frac{6}{5}\log b - \frac{3}{5}\log 2 - \frac{1}{5}\log a\right)$

b) $\frac{1}{11}\left(3\log a + \frac{5}{4}\log y - \frac{3}{4}\log 3 - \frac{1}{4}\log x\right)$

2.135 **a)** $\log(x^2 + x - 2) - \log(x^2 - x - 6)$ **b)** $\log(x^2 - 3x - 10) - \log(x^2 - 5x - 14)$

2.136 $\frac{1}{2}[\log(a+b) + \log(a-b) + \log(a^2+b^2) + \log(a^4+b^4)]$

2.137 $\frac{1}{3}[-\log(3x-y) - \log(3x+y) - \log(9x^2+y^2) - \log(81x^4+y^4)]$

2.138 $\frac{1}{5}\left[\log x - \log(x+y) + 3\log y - \frac{4}{7}\log xy\right]$

2.139 $\frac{1}{9}\left[-\frac{4}{3}\log(x-y) - 2\log x + 3\log y + \frac{1}{8}\log xy\right]$

2.140 $\frac{1}{2}\left[\frac{1}{8}\log x + \frac{3}{4}(5\log x - \frac{1}{3}\log c + \frac{2}{3}\log a + \frac{1}{3}\log b - \frac{2}{3}\log 2)\right]$

2.141 $\frac{1}{7}\left[\frac{3}{4}\log x - \frac{1}{8}(4\log b - \frac{2}{5}\log a + \frac{3}{5}\log x + \frac{4}{5}\log y)\right]$

2.142 $\frac{1}{9}\left\{\frac{4}{3}\log(x-y) + \frac{2}{5}\left[5\log x - \frac{1}{3}\log(x+y)\right]\right\}$

2.143 $\frac{1}{5}\left\{\frac{4}{7}\log(x-y) - \frac{4}{7}\left[3\log x + \frac{5}{3}\log(x+y)\right]\right\}$

Ermitteln Sie in den Aufgaben 2.144 und 2.145 die Logarithmen.

2.144 **a)** $\log_5 100$ **b)** $\log_5 0{,}01$ **c)** $\log_5 \pi$ **d)** $\log_5 \mathrm{e}^{-1}$

e) $\log_{0,5} 100$ **f)** $\log_{0,5} 0{,}01$ **g)** $\log_{0,5} \pi$ **h)** $\log_{0,5} \mathrm{e}^{-1}$

i) $\log_{1\,024} 100$ **j)** $\log_{1024} 0{,}01$ **k)** $\log_{1\,024} \pi$ **l)** $\log_{1\,024} \mathrm{e}^{-1}$

2.145 **a)** $\log_{24,3} 0{,}243$ **b)** $\log_{0,243} 24{,}3$ **c)** $\log_\pi \mathrm{e}$ **d)** $\log_e \pi$

e) $\log_{0,1} 4\,096$ **f)** $\log_{4\,096} 4\,711$ **g)** $\log_{13} 7$ **h)** $\log_7 0{,}000\,13$

i) $\log_{1,23} 3{,}21$ **j)** $\log_{12,3} 32{,}1$ **k)** $\log_{99} 100$ **l)** $\log_{100} 99$

2.4 Gleichungen mit Wurzeln, Potenzen und Logarithmen

2.4.1 Wurzelgleichungen

Definition:
Gleichungen, bei denen die Variable mindestens einmal im Radikanden einer Wurzel auftritt, werden *Wurzelgleichungen* genannt.

So gehören die Gleichungen

$$\sqrt{x-4} - \sqrt{x+5} + 1 = 0 \quad \text{oder} \quad \sqrt[3]{21 + \sqrt{x^2+64}} - 11 = 0$$

zu den Wurzelgleichungen. Dagegen treten in der Gleichung

$$2 \cdot \sqrt{5} \cdot x + 3 \cdot \sqrt{17} = 0$$

zwar Wurzeln auf, aber unter keiner dieser Wurzeln steht die Variable x. Diese Gleichung gehört demnach **nicht** zu den Wurzelgleichungen, hier handelt es sich um eine *lineare Gleichung* mit Koeffizienten, die Wurzeln enthalten.

Beim Auflösen von Wurzelgleichungen nach der Variablen werden die auftretenden Wurzeln durch Potenzieren (ggf. durch mehrfaches Potenzieren) beseitigt. Dabei kann es vorkommen, dass der Definitionsbereich der entstehenden Gleichung durch das Potenzieren umfassender ist als der der Ausgangsgleichung. Dadurch *können Scheinlösungen* entstehen. Aus diesem Grunde ist es unbedingt erforderlich, dass man sich nach dem Lösen von Wurzelgleichungen *auf jeden Fall* durch die *Probe* davon überzeugt, ob die berechneten Werte auch alle die Ausgangsgleichung erfüllen.

Beispiele:

2.46 Die Gleichung $\sqrt{x+4} - 4 = 0$ soll gelöst werden.

Lösung: Der Definitionsbereich dieser Gleichung ist $D = [-4; \infty)$, denn nur für $x \geq -4$ ist die in der Gleichung auftretende Wurzel definiert.
Würde man die beiden Seiten der Gleichung in der Form, wie sie gegeben ist, quadrieren, so würde

$$x + 4 - 8\sqrt{x+4} + 16 = 0$$

entstehen. (Man beachte dabei die binomische Formel!). Damit ist man jedoch mit der Auflösung der gegebenen Gleichung keinen Schritt vorangekommen, denn die Variable x steht immer noch unter dem Wurzelzeichen.
Ordnet man hingegen die Gleichung *vor dem Quadrieren* so um, dass die Wurzel isoliert auf einer Seite der Gleichung verbleibt

$$\sqrt{x+4} = 4,$$

so führt Quadrieren nunmehr auf die Gleichung

$$x + 4 = 16.$$

Im Gegensatz zum Definitionsbereich D der ursprünglichen Gleichung ist der Definitionsbereich D_1 der neu entstandenen Gleichung wesentlich umfassender: es ist $D_1 = \mathbf{R}$.
Die Lösung der zuletzt entstandenen Gleichung ist

$$x = 12.$$

Die *Probe* für diesen Wert *an der Ausgangsgleichung:*

$$\begin{array}{ll} \sqrt{12+4} - 4 \mid & 0 \\ 4 - 4 & = 0 \end{array}$$

bestätigt die Richtigkeit dieser Lösung.

2.47 Wie lautet die Lösung der Gleichung $\sqrt{x+4} + 4 = 0$?

Lösung: Isolieren der Wurzel: $\sqrt{x+4} = -4$
Quadrieren: $x + 4 = 16$

Man erhält also dieselbe lineare Gleichung, die bereits im Beispiel 2.46 entstand. Die Lösung der Gleichung müsste demnach wiederum

$x = 12$

sein. Die Probe an der Ausgangsgleichung

$\sqrt{16} + 4 \mid 0$

zeigt jedoch, dass $x = 12$ keine Lösung sein kann. Durch Quadrieren ist also eine *Scheinlösung* entstanden. Die gegebene Gleichung besitzt folglich *keine Lösung*. Als Lösungsmenge ergibt sich die leere Menge:

$\mathrm{L} = \emptyset = \{\,\}$

Die zuletzt genannte Schlussfolgerung hätte man gleich zu Beginn der Rechnung ziehen können, wenn man zuerst ein wenig über die Aufgabe nachgedacht hätte. Da es keine negativen Wurzeln gibt, steht auf der linken Seite der gegebenen Aufgabe eine Summe von zwei positiven Größen. Davon besitzt die eine bereits den Wert 4. Eine derartige Summe kann nicht Null werden, wie es in der Aufgabenstellung gefordert ist! Demnach kann die Gleichung keine Lösung besitzen.

Wenn mehrere Wurzeln in einer Wurzelgleichung vorhanden sind, dann empfiehlt es sich dafür zu sorgen, dass auf beiden Seiten der Gleichung möglichst gleich viele Wurzeln stehen, was sich jedoch nicht immer erreichen lassen wird. Danach kann man durch Quadrieren die Gesamtzahl der Wurzeln schrittweise verringern.

Beispiele:

2.48 Wie lautet die Lösungsmenge der Gleichung $\sqrt{x-4} - \sqrt{x+5} + 1 = 0$?

Lösung: Der Definitionsbereich der ersten in der Gleichung auftretenden Wurzel ist $D_1 = [4; \infty)$, der der zweiten Wurzel $D_2 = [-5; \infty)$. Daraus ergibt sich als Lösungsbereich der Wurzelgleichung

$D = D_1 \cap D_2 = [4; \infty)$.

Nur in diesem Bereich kann die Lösung der Aufgabe liegen. Man bringt je eine Wurzel auf jede Seite der Gleichung und erhält somit

$$\begin{aligned}
\sqrt{x-4} &= \sqrt{x+5} - 1 && \text{Quadrieren}\\
x - 4 &= x + 5 - 2\sqrt{x+5} + 1 && \text{Zusammenfassen}\\
2\sqrt{x+5} &= 10 && \text{Kürzen}\\
\sqrt{x+5} &= 5 && \text{Erneut Quadrieren}\\
x + 5 &= 25 && \text{Auflösen nach } x\\
x &= 20
\end{aligned}$$

Probe:

$$\begin{aligned}
&\sqrt{16} - \sqrt{25} + 1 \mid 0\\
&4 - 5 + 1 = 0
\end{aligned}$$

Die Probe stimmt; $x \in D$, folglich ist $x = 20$ die Lösung der Gleichung.

2.49 Die Gleichung $\sqrt{2x-1+\sqrt{8x+9}}-4=0$ soll gelöst werden.

Lösung: Auf die Untersuchung des Definitionsbereiches der Wurzel soll hier verzichtet werden. Um die Gleichung zu vereinfachen, isoliert man zunächst die auftretende Wurzel

$$\sqrt{2x-1+\sqrt{8x+9}}=4,$$

quadriert

$$2x-1+\sqrt{8x+9}=16,$$

und sorgt durch Zusammenfassen der Glieder dafür, dass die noch übriggebliebene Wurzel erneut allein auf einer Seite der Gleichung stehenbleibt.

$$\sqrt{8x+9}=17-2x.$$

Erneutes Quadrieren liefert die quadratische Gleichung

$$\begin{aligned} 8x+9 &= 289-68x+4x^2 \\ 4x^2-76x+280 &= 0 \\ x^2-19x+70 &= 0 \\ x_1 &= 5, \qquad x_2=14. \end{aligned}$$

Um feststellen zu können, ob beide Lösungen dieser quadratischen Gleichung auch die Ausgangsgleichung erfüllen, muss sowohl für x_1 als auch für x_2 die Probe gemacht werden.
Probe für x_1:

$$\begin{aligned} &\sqrt{9+\sqrt{49}}-4 \mid 0 \\ &\sqrt{16}-4 \qquad = 0 \end{aligned}$$

x_1 ist Lösung der gegebenen Gleichung.
Probe für x_2:

$$\begin{aligned} &\sqrt{27+\sqrt{121}}-4 \mid 0 \\ &\sqrt{38}-4 \qquad \neq 0 \end{aligned}$$

Die gegebene Gleichung wird demnach von x_2 nicht erfüllt. Folglich ist x_2 eine *Scheinlösung*.

Ergebnis: Die Gleichung $\sqrt{2x-1+\sqrt{8x+9}}=4$ besitzt nur die eine Lösung $x_1=5$.

Zum Schluss soll ein weiteres Beispiel dafür vorgeführt werden, dass man sich viel Arbeit ersparen kann, wenn man gründlich über eine Aufgabe nachdenkt, *bevor* man zu rechnen beginnt.

Beispiel:

2.50 Welche Lösungen besitzt die Wurzelgleichung $\sqrt{x-5}+\sqrt{2-x}-4=0$?

Lösung: Würde man sofort beginnen zu rechnen, so müsste man denselben Lösungsweg einschlagen, der bereits im Beispiel 2.48 vorgeführt wurde. (Der Leser sollte diese Rechnung zur Übung ruhig durchführen.)
Man erhält jedoch sehr schnell Auskünfte über mögliche Lösungen der Gleichung, wenn man den Definitionsbereich der Gleichung untersucht. Die erste Wurzel ist definiert im Bereich $D_1=[5;\infty)$. Der Definitionsbereich der zweiten Wurzel ist $D_2=(-\infty;2]$. Für den Definitionsbereich D der Wurzelgleichung folgt daraus

$$D=D_1\cap D_2=\emptyset.$$

Es gibt demnach **kein** x, für das *beide Wurzeln gleichzeitig* definiert sind. Damit ist es auch nicht möglich, einen x-Wert zu finden, der die gegebene Gleichung erfüllen kann. Die Gleichung besitzt somit *keine Lösung*.

Aufgaben:

Die folgenden Wurzelgleichungen sind zu lösen.

2.146 **a)** $\sqrt{2x} = 8$ **b)** $\sqrt{6x} - 5 = 1$ **c)** $4\sqrt{3x} - 11 = 1$

2.147 **a)** $\sqrt{x-2} = 1$ **b)** $20 = \sqrt{15-x}$ **c)** $4\sqrt{x+3} - 15 = 5$

2.148 **a)** $5\sqrt{3x+1} = 3\sqrt{5x+25}$ **b)** $4\sqrt{4x+1} = 3\sqrt{7x+2}$

2.149 **a)** $5\sqrt{x} - 1 = 7\sqrt{x} - 5$ **b)** $7\sqrt{x} + 9 = 6(3\sqrt{x} - 4)$

2.150 **a)** $\sqrt{x+3} - \sqrt{x} = 1$ **b)** $\sqrt{x+14} + \sqrt{x+7} = 7$

2.151 **a)** $\sqrt{x+9} - \sqrt{x-4} = 1$ **b)** $\sqrt{x-5} + \sqrt{x+16} = 7$

2.152 **a)** $\sqrt{5x-9} - \sqrt{5x+11} = -2$ **b)** $\sqrt{5x+11} - \sqrt{5x+4} = 1$

2.153 **a)** $\sqrt{3x+4} = 17 - \sqrt{3x+123}$ **b)** $\sqrt{4x-15} = 2\sqrt{x-8} + 1$

2.154 **a)** $\sqrt{x+4} + \sqrt{x+11} = \sqrt{4x+29}$ **b)** $\sqrt{x+1} + \sqrt{4x+4} = \sqrt{9x+9}$

2.155 **a)** $\sqrt{4x+1} - \sqrt{x+3} = \sqrt{x-2}$ **b)** $\sqrt{x+3} + \sqrt{x+8} = \sqrt{4x+21}$

2.156 **a)** $\sqrt{x+15} + \sqrt{x+3} = 2\sqrt{x+8}$ **b)** $\sqrt{x+21} + \sqrt{x+5} = 2\sqrt{x+12}$

2.157 **a)** $3\sqrt{x+3} + \sqrt{x+6} = \sqrt{4x+33}$ **b)** $2\sqrt{x+3} + 3\sqrt{x+8} = \sqrt{25x+144}$

2.158 **a)** $\sqrt{x+12} - \sqrt{x-3} = \sqrt{x+32} - \sqrt{x+5}$

b) $\sqrt{x+12} + \sqrt{x-3} - \sqrt{x+32} + \sqrt{5+x} = 0$

2.159 **a)** $\sqrt{x+1} + \sqrt{x+6} = \sqrt{x-2} + \sqrt{x+13}$

b) $\sqrt{x+6} - \sqrt{x-1} = \sqrt{x+26} - \sqrt{x+15}$

2.160 **a)** $\sqrt{2x-4} - \sqrt{2x+29} = \sqrt{2x-16} - \sqrt{2x+5}$

b) $\sqrt{3x+7} - \sqrt{3x-5} = \sqrt{3x+27} - \sqrt{3x+7}$

2.161 Für das Trägheitsmoment I_s eines Rechtecks bezüglich einer Achse s durch den Schwerpunkt gilt: $I_s = \dfrac{bh^3}{12}$. Das Trägheitsmoment I_a um eine beliebige Achse im Abstand a vom Schwerpunkt ergibt sich aus dem STEINERschen Satz $I_a = I_s + bha^2$.

a) Wie groß ist der Abstand a der Achse, wenn $I_a = \dfrac{bh^3}{3}$ beträgt?

b) Wie groß ist das Trägheitsmoment I_a um die Achse im Abstand a vom Schwerpunkt, wenn $I_s = 17\,496\ \text{cm}^4$ ist und das Seitenverhältnis $b : h = 1 : 2$ beträgt?

2.162 In einem Rohr mit dem Radius $r = 20$ mm wird eine turbulente Strömung mit einer Geschwindigkeit von $v_m = 5$ m/s in der Rohrmitte angenommen. Die Strömungsgeschwindigkeit v im Abstand **a)** $r' = 10$ mm, **b)** $r' = 18$ mm vom Mittelpunkt des Querschnitts ist nach der Formel von KARMAN zu berechnen: $v = v_m \left[1 - \left(\dfrac{r'}{r}\right)^{1{,}25}\right]^{1/7}$

2.163 Ein Träger mit rechteckigem Querschnitt ($h : b = 3 : 2$) besitzt ein Widerstandsmoment $W = 120\ \text{cm}^3$. Wie groß ist die Querschnittsfläche A, wenn $W = \dfrac{bh^2}{6}$ gilt?

Es ist die Lösungsmenge der folgenden Gleichung zu bestimmen.

2.164 **a)** $\sqrt{29 - \sqrt{x^2 - 9}} = 5$ **b)** $\sqrt{181 - \sqrt{x^2 - 25}} = 13$

2.165 **a)** $12 + \sqrt{19 - \sqrt{6 + \sqrt{x^2 - 40}}} = 16$ **b)** $2 + \sqrt{12 - \sqrt{5 + \sqrt{x^2 - 9}}} = 5$

2.166 **a)** $\sqrt{13 + x} + \sqrt{13 - x} = 5\sqrt{2}$ **b)** $\sqrt{5 + x} + \sqrt{5 - x} = 3\sqrt{2}$

2.167 **a)** $2\sqrt{3 - 2x} + \sqrt{3 + 2x} = \sqrt{19 - 6x}$ **b)** $2\sqrt{261 - x} - \sqrt{2 + 2x} = \sqrt{2}\sqrt{5 - 3x}$

2.168 $\sqrt{x + \sqrt{x + \sqrt{\ldots + \sqrt{x + x}}}} = 2$

2.169 **a)** $\sqrt[3]{5x + 9 + 2\sqrt{x^2 - 2x + 4}} = 2$ **b)** $\sqrt[3]{5x + 3 + 2\sqrt{x^2 - 3x + 10}} = 4$

2.170 **a)** $\sqrt{2x + 7} = \sqrt{x + 3} + 1$ **b)** $2\sqrt{x + 1} = \sqrt{5x - 6} + 1$

2.171 **a)** $\sqrt{x + 32} + \sqrt{x + 5} = \sqrt{x + 77}$ **b)** $\sqrt{2x + 5} = \sqrt{5}\sqrt{x - 3} - \sqrt{x + 2}$

2.172 **a)** $2\sqrt{x + 4} + 3\sqrt{x - 1} = 3\sqrt{3x + 1}$ **b)** $4\sqrt{x - 1} + 2\sqrt{3x + 1} = 4\sqrt{2x + 6}$

2.173 **a)** $\sqrt{a - x} + \sqrt{b - x} = \sqrt{a + b}$ **b)** $\sqrt{x + a} - \sqrt{b - x} = \sqrt{a + b}$

2.174 **a)** $\sqrt{x + a} + \sqrt{b - x} = \sqrt{a + b}$ **b)** $\sqrt{(x + a)^2 + (x - 2b)^2} = a + 2b$

2.4.2 Exponentialgleichungen

Definition:
Gleichungen, bei denen die Variable mindestens einmal im Exponenten einer Potenz auftritt, werden *Exponentialgleichungen* genannt.

So sind die Gleichungen

$$2^x + 2^{x-1} + 2^{x+1} = 7 \qquad \text{und} \qquad a^{bx+c} = d$$

Exponentialgleichungen im Sinne dieser Definition. Dagegen zählt die Gleichung

$$(x + b)a^{n-2} = c$$

nicht zu den Exponentialgleichungen, weil die Variable x nicht als Exponent einer Potenz auftritt.

Die Exponentialgleichungen gehören zu der Klasse der *transzendenten Gleichungen*. Im allgemeinen sind sie *nicht geschlossen lösbar*, d. h., das explizite Auflösen der Gleichung nach einer Variablen gelingt in der Regel nicht. Zum Lösen derartiger Gleichungen müssen *Näherungsverfahren* herangezogen werden.

Für einige spezielle Typen von Exponentialgleichungen ist es jedoch möglich, durch geeignete Umformungen – vor allem durch Anwenden der Potenz– und Logarithmengesetze – sie in einfachere Gleichungen zu überführen, für die dann ein explizites Auflösen nach der Variablen möglich ist. Beispiele dafür sollen hier behandelt werden.

Exponentialgleichungen, die sich durch Umformen in die Form

$$a^{T_1(x)} = b^{T_2(x)} \qquad \text{mit} \qquad a,b > 0 \tag{*}$$

überführen lassen, können durch Anwenden des Logarithmengesetzes (2.32) weiter vereinfacht werden zu

$$T_1(x)\log a = T_2(x)\log b.$$

Ist diese Gleichung geschlossen lösbar, dann ist es damit auch die Ausgangsgleichung (*). Wenn in (*) darüber hinaus $a = b$ ist, dann vereinfacht sich die gegebene Gleichung durch Logarithmieren sogar zu

$$T_1(x) = T_2(x).$$

Beispiele:

2.51 Die Gleichung $\frac{2^{3x}}{16} = \frac{2^x}{128}$ soll in **R** gelöst werden.

Lösung: Es ist leicht zu erkennen, dass in dieser Gleichung lauter Potenzen von 2 auftreten. Sie entspricht demnach dem zuletzt erwähnten Sonderfall.

$$\frac{2^{3x}}{2^4} = \frac{2^x}{2^7}$$
$$2^{3x-4} = 2^{x-7}$$

Wenn zwei Potenzen mit der gleichen Basis einander gleich sein sollen, dann müssen die beiden Exponenten gleich sein, so dass

$$3x - 4 = x - 7$$
$$x = -\frac{3}{2}$$

wird.

Probe:

$$\frac{2^{-9/2}}{2^4} \mid \frac{2^{-3/2}}{2^7}$$
$$2^{-17/2} = 2^{-17/2}$$

d. h., $x = -3/2$ ist die Lösung der gegebenen Gleichung.

2.52 Die Gleichung $4^{x-1} = 5 \cdot 2^{2x-7} + (3^{x-2})^2$ soll **a)** in **R** **b)** in **N** gelöst werden.

Lösung: Beachtet man, dass $4 = 2^2$ ist, dann kann man die gegebene Gleichung in der Form

$$2^{2x-2} = 5 \cdot 2^{2x-7} + 3^{2x-4}$$

schreiben. Es sind also sowohl unterschiedliche Basen als auch unterschiedliche Exponenten vorhanden. Bringt man die Potenzen mit gleicher Basis jeweils auf eine Seite der Gleichung, so entsteht

$$2^{2x-2} - 5 \cdot 2^{2x-7} = 3^{2x-4}.$$

Klammert man auf der linken Seite die kleinste Potenz von x aus, so ergibt sich

$$\begin{aligned} 2^{2x-7}(2^5-5) &= 3^{2x-4} \\ 2^{2x-7}\cdot 27 &= 3^{2x-4} \\ 2^{2x-7}\cdot 3^3 &= 3^{2x-4} \\ 2^{2x-7} &= 3^{2x-7} \end{aligned}$$

Durch diese Umrechnung sind zwei Potenzen mit gleichen Exponenten entstanden, die sich jedoch in ihren Basen voneinander unterscheiden. Dies ist nur dann möglich, wenn der gemeinsame Exponent 0 ist. (Warum?) Auf diese Weise geht die gegebene Gleichung über in

$$2x-7=0$$

mit der Lösung $\quad x=\dfrac{7}{2}.$

Probe:

a) $x\in\mathbf{R}$. Das errechnete Resultat gehört also dem Definitionsbereich der Gleichung an. Um die Richtigkeit von $x=3{,}5$ nachzuweisen, muss gezeigt werden, dass linke und rechte Seite der Gleichung für $x=3{,}5$ übereinstimmen.
Linke Seite: $T_\mathrm{L}=4^{5/2}=(4^{1/2})^5=2^5=32.$
Rechte Seite: $T_\mathrm{R}=5\cdot 2^0+3^3=5\cdot 1+27=32.$
$T_\mathrm{L}=T_\mathrm{R} \quad\longrightarrow\quad x=\dfrac{7}{2}$ ist Lösung der gegebenen Gleichung.

b) $x\notin\mathbf{N}$. Folglich ist $x=7/2$ für diesen gegenüber **a)** eingeschränkten Definitionsbereich *keine* Lösung.

2.53 Die Gleichung $7^{2x}\cdot 4^{x-2}=11^x$ ist in $\mathbf{R}$ zulösen.

Lösung: Logarithmiert man die gegebene Gleichung, so entsteht

$$\begin{aligned} 2x\lg 7+(x-2)\lg 4 &= x\lg 11 && \text{Ausmultiplizieren und ordnen} \\ 2x\lg 7+x\lg 4-x\lg 11 &= 2\lg 4 && x \text{ ausklammern} \\ x(2\lg 7+\lg 4-\lg 11) &= 2\lg 4 && \lg a^2=2\lg a \text{ beachten} \\ x &= \frac{\lg 16}{\lg 49+\lg 4-\lg 11} \\ x &= 0{,}962\,63 && \text{Taschenrechnerergebnis} \end{aligned}$$

Die *Probe* sei dem Leser überlassen.

2.54 Wie lautet die Lösung der Gleichung

$$5^{x-1}+5^{x-2}+5^{x-3}=5^{x+1}-5^{x-2}+5^{x-3}-9 \qquad \text{in } \mathbf{R}?$$

Lösung: Subtrahiert man beiderseits 5^{x-3}, so bleibt

$$\begin{aligned} 5^{x-1}+5^{x-2} &= 5^{x+1}-5^{x-2}-9 && \text{Ordnen} \\ 2\cdot 5^{x-2}+5^{x-1}-5^{x+1} &= -9 && \text{Kleinste Potenz von 5 ausklammern} \\ 5^{x-2}(2+5-5^3) &= -9 && \text{nach } 5^{x-2} \text{ auflösen} \\ 5^{x-2} &= \frac{-9}{-118}=\frac{9}{118} && \text{Logarithmieren} \\ x &= \frac{\lg 9-\lg 118}{\lg 5}+2 \\ x &= 0{,}401. \end{aligned}$$

Prüfen Sie dieses Ergebnis bitte ebenfalls nach!

Aufgaben:

Bei den folgenden Aufgaben ist die Lösungsmenge in **R** zu ermitteln!

2.175 **a)** $3^x = 27^2$ **b)** $2^{2x} = 256$ **c)** $7^{3(x-12)} = 1$

2.176 **a)** $a^x = a\sqrt{a}$ **b)** $100^{4x-5} = 0{,}01$ **c)** $9^{x+3} = \frac{1}{27}$

2.177 **a)** $a^{2x+13}a^{5x}a^{7x+1} = 1$ **b)** $5(5^{3x+7} \cdot 5^{2x+1}) = 5^{x+1}$

2.178 **a)** $\frac{5^{3x+2}}{5^{x-1}} = 5^3$ **b)** $\frac{7^{5x+3}}{7^{2+3x}} = \frac{1}{7^{2-5x}}$

2.179 **a)** $2^{x-5}4^{3x+7} = 16^4$ **b)** $\frac{3^{3x-2}}{9} = 27^{3x+13}$

2.180 **a)** $\sqrt{a^{3x+2}} = \sqrt{a^{2x+3}}$ **b)** $\sqrt[3]{a^{x+2}} = \sqrt{a^{5x-3}}$

2.181 **a)** $\sqrt{0{,}5^{2x-1}\sqrt[4]{2^{3x}}} = \sqrt[6]{0{,}125}$ **b)** $\frac{\sqrt[3]{a^{x+1}}}{\sqrt[3]{a^{2x-7}}} = \frac{\sqrt[4]{a^{7-5x}}}{\sqrt{a^{7-3x}}}$

2.182 **a)** $224 \cdot 4^x = 2^{x+6} \cdot 14$ **b)** $\frac{6^{2x+1}}{108^x} = 18$

2.183 **a)** $6^{2x} + 6^{2x-3} = 217$ **b)** $3^{2x+3} + 3^{2x} = 14 \cdot 2^{2x+1}$

2.184 **a)** $3 \cdot 2^x + 7 \cdot 2^{x-1} = 53 - 5 \cdot 2^{x+2}$ **b)** $3^{2x-3} - 3^{x-1} = 3^{2x-5} - 3^{x-3}$

2.185 **a)** $6^{x+1} - 7^x = 5 \cdot 6^x - 6^{x-1}$ **b)** $11 \cdot 7^{x-1} + 7 \cdot 11^{x-1} = 7^x + 11^x$

2.186 **a)** $4^{3x} + 23 \cdot 3^{3x} + 11 \cdot 4^{3x-2} = 3^{3(x+1)}$ **b)** $5^{4x-1} - 16 \cdot 5^{4x-3} = 9 \cdot 3^{4x-2} - 4 \cdot 3^{2(2x-1)}$

2.187 $4 \cdot 2^{x-1} - 3^x + 13 \cdot 3^{x-1} = 6 \cdot 2^{x+1} - 10 \cdot 2^{x-2}$

2.188 $2^{5x-4} + 3 \cdot 2^{5x-9} + 3 \cdot 5^{5x-8} = 5^{5x-7} + 5 \cdot 2^{5x-8}$

2.189 $2^{2x+2} + 9 \cdot 2^{2x-1} + 4 \cdot 3^{2x-2} + 7 \cdot 3^{2x-3} = 3^{2x} + 7 \cdot 2^{2x}$

2.190 $6^{x-1} - 5 \cdot 6^{x-2} + 4 \cdot 3^{x+1} = 3^{x+2} + 15 \cdot 3^{x-1} - 21 \cdot 6^{7x-3}$

2.191 $7^{4x-1} - 7^{4x-2} + 35 \cdot 6^{4x-2} = 6^{4x} + 6 \cdot 7^{4x-3} + 6^{4x-1}$

2.192 $3^{x+5} - 6 \cdot 7^{x-1} + 4 \cdot 3^{x+1} - 7^{x+1} = 5 \cdot 7^{x-2} + 4 \cdot 3^{x+3} - 3 \cdot 7^x$

2.193 $4^{2x+2} + 4 \cdot 3^{2x+2} + 2 \cdot 4^{2x+3} + 2 \cdot 3^{2x+5} = 5 \cdot 3^{2x+4} + 4^{2x+4} - 4^{2x+1} - 3^{2x+3}$

2.194 $2^{3x+6} + 3^{3x} - 3^{3x+3} + 5 \cdot 2^{3x+4} - 2^{3x-1} = 2 \cdot 3^{3x+2} - 2^{3x+5} + 3 \cdot 2^{3x+2} - 4 \cdot 3^{3x+1}$

2.195 **a)** $2^x = 3$ **b)** $3^x = 2$ **c)** $3^{x-1} = 5$ **d)** $5^{x+1} = 3$

2.196 **a)** $\sqrt[x]{5^{2x-1}} = 7$ **b)** $\sqrt[x]{4^{x+1}} = \sqrt[3]{2^{-4}}$ **c)** $\sqrt[4]{2^{4x-1}} = \sqrt[3]{5^{2x+7}}$

2.197 **a)** $3^{x+1} = \frac{1}{27}$ **b)** $9^{x+1} = 81$ **c)** $2^{1-x} = 64$ **d)** $\left(\frac{4}{25}\right)^{x-2} = \frac{16}{625}$

2.198 **a)** $0.16 \cdot 4^{2-4x} = 5^{2x-1}$ **b)** $5^{x+2} \cdot 7^{2x} \cdot 0{,}5^x = 5^x \cdot 7^{2x-3}$

2.199 **a)** $2^{3x-3} \cdot 4^{2x+2} \cdot 8^{x+1} = 16$ **b)** $2^{2x+3} \cdot 4^{1-2x} = 8^{2x+2}$

2.200 **a)** $5^{2x} - 2^{3x} = 5^{2x-2}$ **b)** $9 \cdot 4^{2x} = 1 + 15 \cdot 4^{2x-1}$

2.201 **a)** $2^{x-1} + 3 \cdot 2^x = 28$ **b)** $2 \cdot 7^{x-1} - 7^{x-2} = \frac{13}{49}$

2.202 **a)** $3^{2x} = 2^{2x} + 0{,}5^{1-2x}$ **b)** $9^{x-0.5} - 11 \cdot 9^{x-2} = 0{,}5^{-2x}$

2.203 **a)** $9^{x-2} - 4 \cdot 7^{x-1} = 9^{x-4}$ **b)** $7^{x-1} - 6 \cdot 5^{x-2} = 7^{x-3}$

2.204 **a)** $6^{x+3} - 5 \cdot 6^{x+1} = 4 \cdot 9^{2x+5}$ **b)** $2^{3x+2} + 4 \cdot 5^{2x-1} = 3 \cdot 8^{x+1}$

2.205 **a)** $6^{2x-4} + 7^{3x+4} = 6^{2x-2} - 7^{3x-1}$ **b)** $8^{x+1} + 9^{x-1} = 9^x - 8^x$

2.206 **a)** $12^{3x+2} - 13^{2x+1} = 12^{3x-2} + 13^{2x-1}$ **b)** $13^{3x+2} - 12^{2x+1} = 13^{3x-2} - 12^{2x-1}$

2.207 **a)** $3^{x+2} + 4^x = 4^{x+1} - 3^{x+1}$ **b)** $5^{x+3} + 6^{x+3} = 5^{x+5} - 6^{x+2}$

2.208 **a)** $4^{x-2} + 5^{x-1} = 4^{x+1} - 5^{x+1}$ **b)** $7^{4x+1} + 4 \cdot 5^{3x} = 5^{3x+2} + 7^{4x-1}$

2.209 $9^{2x-1} + 8^{4x-2} - 2 \cdot 8^{4x-2} + 9^{2x+3} - 7 \cdot 8^{4x+1} = 3 \cdot 9^{2x-1} - 8^{4x+1}$

2.210 $13^{3x-1} + 17^{2x+5} - 2 \cdot 17^{2x+5} - 13^{3x-4} = 5 \cdot 17^{2x-4} - 6 \cdot 13^{3x-4} + 17^{2x+9}$

2.211 **a)** $2^{2x} - 4 \cdot 2^x + 4 = 0$

Anleitung: Man setze $2^x = u$, dann ist $2^{2x} = u^2$, $u^2 - 4u + 4 = 0$

b) $25^x - 6 \cdot 5^x + 5 = 0$ **c)** $5^{2x} - 6 \cdot 5^{x+1} + 125 = 0$

2.212 **a)** $7^{2x+1} - 344 \cdot 7^x + 19 = 0$ **b)** $3^{2x-2} + 3 = 4 \cdot 3^{x-1}$ **c)** $2^{2x-3} - 3 \cdot 2^{x+1} + 64 = 0$

2.213 **a)** $2 \cdot 3^{2x} - 5 \cdot 3^{x+1} + 27 = 0$ **b)** $11^x(1 + 11^{2/x}) = 11^{x+1}$ **c)** $3(3^{x+11} + 1) = 244\sqrt{3^{x+8}}$

2.214 **a)** $(9^{3-x})^{2-2x} = 1$ **b)** $5^{(5-x)(6-x)} = 25$ **c)** $2^{x^2-5x+6} = 8^2$

2.4.3 Logarithmische Gleichungen

> **Definition:**
> Gleichungen, bei denen die Variable mindestens einmal im Numerus eines Logarithmus auftritt, werden *logarithmische Gleichungen* genannt.

So sind

$$\ln(x-1) + \ln(x-2) = 3 \qquad \text{und} \qquad \lg\{\lg[\lg(\lg x)]\} = 25$$

logarithmische Gleichungen, hingegen gehören

$$x^2 \lg 2 + x \lg 3 - \lg 4 = 0 \qquad \text{und} \qquad \sqrt{x^n(\ln a + x \ln b)} = 2x + 5$$

nicht zu dieser Klasse von Gleichungen. (Warum eigentlich nicht?)

Lassen sich logarithmische Gleichungen in eine der beiden Formen

$$\log_a T(x) = b \qquad \text{oder} \qquad \log_a T_1(x) = \log_a T_2(x) \tag{*}$$

mit $a > 0$ überführen, dann können diese neuen Gleichungen unter Ausnutzung der Eigenschaft

$$a^{\log_a T} = T$$

vereinfacht werden zu

$$T(x) = a^b \qquad \text{oder} \qquad T_1(x) = T_2(x). \tag{**}$$

Wenn die Gleichungen (**) geschlossen lösbar sind, dann sind es damit auch die jeweils zugehörigen Ausgangsgleichungen.

Beispiele:

2.55 Die Gleichung $\ln(x-1) + \ln(x-2) = 3$ soll gelöst werden.

Lösung: Lösungen dieser Gleichung sind nur für $x > 2$ zu erwarten. (Warum?) Die linke Seite der Gleichung lässt sich mit Hilfe der Logarithmengesetze zusammenfassen, so dass

$$\ln(x-1)(x-2) = 3 \qquad \text{oder}$$
$$\ln(x^2 - 3x + 2) = 3$$

entsteht. Beseitigt man den Logarithmus, indem man beide Seiten der Gleichung in eine Potenz von e erhebt, so ergibt sich

$$x^2 - 3x + 2 = \mathrm{e}^3 = 20{,}085\,537$$
$$x^2 - 3x - 18{,}085\,537 = 0$$

Die beiden Lösungen dieser quadratischen Gleichung lauten

$$x_1 = 6{,}009\,494 \qquad \text{und} \qquad x_2 = -3{,}009\,494.$$

x_2 kommt zwar als Lösung für die durch Umformungen entstandene quadratische Gleichung in Frage, jedoch nicht für die Ausgangsgleichung, denn es wurde bereits eingangs betont, dass $x > 2$ gelten muss. Bei x_2 handelt es sich demnach um eine Scheinlösung.
x_1 hingegen ist eine Lösung der gegebenen Gleichung, denn die *Probe* an der Ausgangsgleichung liefert

$$\ln 5{,}009\,494 + \ln 4{,}009\,494 \mid 3$$
$$1{,}611\,335 + 1{,}388\,665 = 3,$$

womit die Richtigkeit der Lösung x_1 nachgewiesen ist.

2.56 $\lg 5x^5 - 4\lg 5x - \lg 5 = 0$ soll gelöst werden.

Lösung: Da es keine Logarithmen von negativen Zahlen gibt, muss für die Lösung $x > 0$ gelten. Vereinfacht man die in der Ausgangsgleichung auftretenden Ausdrücke nach den Logarithmengesetzen, so erhält man

$$\begin{aligned} \lg 5 + 5\lg x - 4(\lg 5 + \lg x) - \lg 5 &= 0 \\ \lg x &= 4\lg 5 = \lg 5^4 \\ \lg x &= \lg 625. \end{aligned}$$

Aus der letzten Gleichung folgt unmittelbar

$$x = 625$$

Die Probe für die Richtigkeit dieser Lösung sei dem Leser überlassen.

Anmerkung zu den hier behandelten Gleichungstypen:

Die Begriffe Wurzelgleichung, Exponentialgleichung und logarithmische Gleichung lassen sich nicht völlig exakt definieren, da es sehr viele Mischformen dieser Gleichungstypen gibt. Es wurden hier jeweils nur diejenigen Gleichungen ausgewählt, die sich durch Anwendung der Potenz–, Wurzel- und Logarithmengesetze einer geschlossenen Lösung zuführen lassen.

Bei den meisten sich bei Problemstellungen aus den Naturwissenschaften und der Technik ergebenden Gleichungen müssen in der Regel Näherungsverfahren zur Ermittlung der Lösung herangezogen werden. Auf solche Näherungsverfahren wird im Band 3 dieser Lehrbuchreihe eingegangen werden.

Aufgaben

Die Gleichungen in den Aufgaben 2.215 bis 2.239 sind zu lösen.

2.215 **a)** $\lg(x+1) = \lg 4$ **b)** $\ln 3(x-5) = \ln 7$ **c)** $\lg \dfrac{x-1}{x+1} = \lg 2$

2.216 **a)** $\lg(x+5) = 1{,}845\,10$ *Anleitung*: $1{,}845\,10 \approx \lg 70$
b) $\lg 7(x-8) = 0{,}301\,03$ **c)** $\lg \dfrac{2x+1}{2x-1} = 2{,}903\,09$

2.217 **a)** $\lg(3x-4) + \lg 19 = \lg(8x+3) + \lg 2$
b) $\lg(7x+5) - \lg 3 = \lg(9x+10) - \lg 4$

2.218 **a)** $\lg(x+3) - 0{,}477\,12 = \lg(2x-4)$
b) $\lg(6x-3) - \lg x = 0{,}698\,97$

2.219 **a)** $\lg(x+3) + \lg 2x = \lg(x+9) + \lg(2x-4)$
b) $\ln(3x-5) + \ln(15-8x) = \ln(6x-11) + \ln(7-4x)$

2.220 **a)** $\lg(x+2) - \lg(3x-1) = \lg(x+5) - \lg(3x+1)$
b) $\lg(x+30) - \lg(x+10) = \lg(x+60) - \lg(x+20)$

2.221 $\lg(5x-1) - 0{,}602\,06 = 0{,}477\,12 - \lg 7 + \lg(9x+1) - \lg 3$

2.222 $\lg(x^2+7x+10) - \lg(x^2+x-6) = \lg(x-4) - \lg(x-2) + \lg(2x^2+7x+6) - \lg(x^2-x-12)$

2.223 **a)** $\lg x^5 - \lg x^2 = \lg 8$ **b)** $\lg x^3 + \lg x^2 = -2{,}385\,61$

2.224 **a)** $5\lg x - 2\lg x^2 = 1{,}204\,12$ **b)** $3\lg x^5 - 5\lg x^2 = 1{,}505\,15$

2.225 **a)** $x\lg 10 = \lg 100$ **b)** $x\lg 3 = 0{,}954\,24$ **c)** $x\lg 18 = 175\,12$

2.226 **a)** $\lg(5^x - 125) = 2{,}698\,97$ **b)** $\lg(7^x+6) - x\lg 7 = 0{,}845\,10$

2.227 **a)** $\lg(3^{x+1}-2) - x\lg 3 = 0{,}443\,70$ **b)** $\lg(2^{x-3}+2^{x-2}) - x\lg 2 = \lg 2^x$

2.228 **a)** $\ln(5x+12) + \ln(5x-12) = \ln 81$ **b)** $\lg(7x+2) - \lg 60 = -\lg(7x-2)$

2.229 **a)** $\lg(2x+5) + 2 = 2{,}954\,2 - \lg(2x+5)$ **b)** $\lg(3x+12) + 0{,}602\,06 = 2 - \lg(3x-12)$

2.230 **a)** $x^{\lg x} = 1$ **b)** $x^{\lg x} = 10$ **c)** $x^{\lg x} = 10\,000$

2.231 $\lg(x-1) + \lg(2-x) = \lg(x+2) + \lg(x-5)$

2.232 $\lg(x-3) - \lg(2x+7) = \lg(3x+1) - \lg(x-5)$

2.233 $\lg(x+3) - \lg(3x-5) = \lg(x-1) - \lg(2x-6)$

2.234 **a)** $2\ln(x+3) - 3\ln(x+2) + \ln(x+1) = 0$ **b)** $\lg(x-3) = 0{,}903\,09 + \lg x - \lg(x+3)$

2.235 $\lg[x(x+1)] - \lg(3x+1) + \lg(x+3) = \lg(3x+7) - 1{,}255\,3 + \lg(2x+1)$

2.236 **a)** $\dfrac{1}{2}\lg(x+\sqrt{x-9}) = 0{,}238\,56$ **b)** $\dfrac{1}{3}\lg(15x+2\sqrt{x^2-5x+8}) = 0{,}602\,06$

2.237 **a)** $2(\lg x)^2 - \lg x^{17} + 36 = 0$ **b)** $25 \lg^2 x - 2 \lg x^{25} + 25 = 0$

Anleitung: $\lg x = u$, $(\lg x)^2 = u^2$, $2u^2 - 17u + 36 = 0$, usw.

2.238 **a)** $\lg^2 x - \lg x^3 + 2 = 0$ **b)** $\lg^2(x + 1) = \lg(x + 1)$ **c)** $\lg^2(x + 3) - \lg(x + 3) = 0$

2.239 **a)** $x^{\lg x} = \dfrac{x^3}{100}$ **b)** $(x^{\lg x})^3 = \dfrac{x^7}{100}$ **c)** $(x^{\lg x})^4 = \dfrac{x^{12}}{\sqrt{100^9}}$

Anleitung: Man logarithmiere die Gleichung!

2.240 Um das Alter von Tierskeletten zu bestimmen, verwendet man die sogenannte ^{14}**C-Datierung** (oder auch: Radiocarbon-Methode). ^{14}C ist die Bezeichnung für ein radioaktives Kohlenstoffisotop, das sich in äußerst geringen Mengen im Kohlendioxyd der Luft befindet. Durch die Fotosynthese wird ^{14}C in die Pflanzen aufgenommen und gelangt über die Nahrungskette in den Tierkörper. Die Halbwertszeit τ von ^{14}C liegt zwischen $\tau_1 = 5\,690$ Jahren und $\tau_2 = 5\,770$ Jahren, d. h., nach dieser Zeit ist die Hälfte der ^{14}C-Atome zerfallen und nach weiteren τ Jahren abermals die Hälfte der noch verbleibenden Atome usw. Wie alt ist ein Tierskelett, wenn sein gemessener ^{14}C-Anteil nur noch 7,9 ‰ ist? Man führe die Berechnung für τ_1 und τ_2 durch.

2.241 Infolge der chemischen Schädlingsbekämpfung mittels DDT (Dichlordiphenyltrichlorethan) ist dieses Gift über die Nahrungskette auch in die Kuhmilch gelangt. Eine Konzentration von 0,05 ppm (parts per million $\cong 10^{-4}$ %) wird zwar noch toleriert, jedoch ist es wünschenswert, diese Toleranzgrenze auf 0,02 ppm zu senken. Das kann nicht von heute auf morgen geschehen, erst in etwa 30 Jahren hat sich die Hälfte des vorhandenen Giftstoffes chemisch zersetzt. Wie lange dauert es voraussichtlich, bis die angestrebte Grenze von 0,02 ppm erreicht wird, wenn ab jetzt kein DDT mehr verwendet wird?
Bemerkung: DDT wird im Fettkörper des menschlichen Organismus gespeichert. Bei dessen Abbau (Gewichtsverlust!) können die Blutwerte durch DDT gefährlich hoch werden.

2.4.4 Vermischte Aufgaben

Die folgenden Aufgaben sind unterschiedlichen Problemstellungen aus der Physik, der Technik und den Naturwissenschaften entnommen. Es werden daher teilweise Kenntnisse aus diesen Gebieten benötigt, auf die hier nicht ausführlich eingegangen werden kann. Bei auftretenden Schwierigkeiten sollte in entsprechenden Fachlehrbüchern nachgesehen werden.

2.242 Filme werden nach der Filmempfindlichkeit eingeteilt. Dabei gibt es DIN- und ASA-Zahlen. S_{DIN} ist die **logarithmische** Emfpindlichkeit, S_{ASA} die **arithmetische** Empfindlichkeit. Zwischen beiden Werten besteht die Beziehung $S_{DIN} = 1 + 10 \lg S_{ASA}$ ($S\ldots$ Empfindlichkeit).

a) Welcher DIN-Zahl entspricht 100 ASA?
b) Wenn die ASA-Zahl verdoppelt wird, was passiert dann mit der DIN-Zahl?
c) Man stelle eine Vergleichstabelle DIN–ASA für ASA = 10 bis ASA = 1 000 auf!
d) Wie lautet die Formel aufgelöst nach S_{ASA}?

2.243 Der Rohstoffhaushalt der Erde ist begrenzt. Der jährliche Verbrauch wächst. Wir wollen uns überlegen, wie lange die Reserven der Erde ausreichen, einen exponentiell wachsenden Verbrauch zu decken:

	Reserve in Mio. t	Verbrauch im Jahr 1992 in Mio t	jährl. Zuwachsrate p des Verbrauchs in Prozent
Aluminium	5 600	18	4,3
Blei	123	4	3,1
Kupfer	780	4,2	3,3
Zinn	10	0,24	2,0

a) Wie viele Jahre reichen die Rohstoffe, wenn der Verbrauch nicht wachsen würde?
b) In welcher Zeit verdoppelt sich der jährliche Verbrauch für die obigen Elemente?
c) Man zeige, dass die Formel $n = \dfrac{\log 2}{\log\left(1 + \dfrac{p}{100}\right)}$ der Verdopplungszeit entspricht.
d) Wie lange reicht die Bleireserve?
Man ermittle die Restmenge in jährlichen Abständen (30 Jahre)!

2.244 Es ist jene Arbeit W zu berechnen, die erforderlich ist, um 10 kg Luft bei 20 °C von 10 m^3 auf 4 m^3 zu komprimieren.
Anleitung: $p_1V_1 = p_2V_2$ (BOYLE-MARIOTTEsches Gesetz)
$R = 287$ J/(kg · K) (spezifische Gaskonstante) m ... Gasmasse (kg)
$T = \vartheta + 273$ °C (absolute Temperatur) p_1, p_2 ... Gasdruck (N/m^2)
$W = mRT \ln \dfrac{p_1}{p_2}$

2.245 Eine moderne Technologie der Nachrichtenübermittlung ist die Glasfasertechnik: Das Signal wird in Lichtwellen umgesetzt und durch dünne, 0,05 mm starke Glasfasern geschickt. Dabei treten Dämpfungen in der Größe von 3 dB/km auf. Der Zusammenhang zwischen einfallender Leistung P_0, ankommender Leistung P und der Dämpfung a (in dB) lautet: $a = 10 \lg \dfrac{P_0}{P}$ (dB).
a) Um wieviel Prozent nimmt die Lichtleistung in einer Glasfaser mit der Dämpfung 3 dB pro Kilometer ab?
b) Wie lang ist eine Glasfaser mit der Dämpfung 2 dB/km, die die einfallende Leistung um 90 % schwächt?
c) Welche Lichtleistung erhält man am Ende einer 10 km langen Glasfaser bei Einspeisung einer Lichtleistung von 1 mW und einer Dämpfung von 2,5 dB/km?

2.246 Der Flächeninhalt A des Sektors einer logarithmischen Spirale zwischen den Winkeln α und β ergibt sich aus folgender Formel:
$$A = \frac{a^2}{4b}\left(e^{2\beta b} - e^{2\alpha b}\right)$$
Für $a = 4$, $b = 1/2$, $\alpha = 0$ und $\beta = \pi$ ist der zugehörige Flächeninhalt zu berechnen! (Bild 2.1)

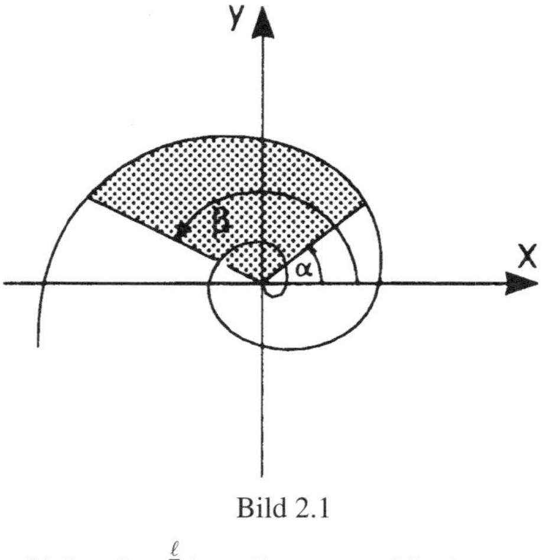

Bild 2.1

2.247 Wie groß darf der Umschlingungswinkel α einer Rolle mit $\mu = 0{,}15$ maximal werden, um mit der zur Verfügung stehenden Kraft $F_2 = 16$ kN eine Last von $F_1 = 10$ kN zu heben: $F_2 = F_1\, e^{\mu\alpha}$ (α im Bogenmaß).

2.248	**a)** $l_\lambda = l_0\, e^{-N\sigma d}$	$d = ?$	**b)** $L \geq 2a\, e^{\frac{\ell}{a}} (a > 0)$	$2\ell \leq ?$
2.249	**a)** $l = l_0\, e^{-\frac{t}{\tau}}$	$\tau = ?$	**b)** $N = \sqrt{E}\, e^{-\frac{E}{c}}$	$c = ?$
2.250	**a)** $r_1 = r_2\, e^{\frac{p_s}{2 \cdot 10^4 p_m}}$	$p_m = ?$	**b)** $E = E_0\, e^{-\frac{cA}{4V}t}$	$t = ?$
2.251	**a)** $R_T = R_N\, e^{B\left(\frac{1}{T} - \frac{1}{T_N}\right)}$	$T_N = ?$	**b)** $R_{T_1} = R_{T_2}\, e^{k(T_1 - T_2)}$	$k = ?$

2.252 Beim Einschalten eines Stromkreises, bestehend aus einem Widerstand R, einem Kondensator $C = 22\,\mu\text{F}$ und einer Spannungsquelle $U_0 = 15$ V folgt die Spannung u am Kondensator dem Gesetz $u = U_0\left(1 - \mathrm{e}^{-\frac{t}{RC}}\right)$. Wie groß muss R sein, wenn zum Zeitpunkt $t = 3$ s die Spannung am Kondensator $u = 11$ V beträgt?

2.253 **a)** $\mathrm{e}^{\frac{4{,}1\ \mathrm{V}}{TSc}} + \alpha_m = 1$ $\quad S = ?$ **b)** $I_D = I_S\left(\mathrm{e}^{\frac{U_D}{U_T}} - 1\right)$ $\quad U_D = ?$

2.254 **a)** $\dfrac{G}{L} = 1 - 2\,\mathrm{e}^{-W_p T_p}$ $\quad W_p = ?$ **b)** $I_S\left(\mathrm{e}^{\frac{U_p}{U_T}} + 1\right) = SE$ $\quad U_T = ?$

2.255 **a)** $y = y_0\,\mathrm{e}^{-(\lambda - \lambda_1)t}$ $\quad \lambda = ?$ **b)** $A = \dfrac{a^2}{4b}(\mathrm{e}^{2\beta b} - \mathrm{e}^{2\alpha b})$ $\quad \beta = ?$

2.256 **a)** $M = g\dfrac{(m_1\,\mathrm{e}^{\mu_0\pi} - m_2) + 2r^2 m_1 m_2(\mathrm{e}^{\mu_0\pi} - 1)}{r(m_1\,\mathrm{e}^{\mu_0\pi} + m_2)}$ $\quad \mu_0 = ?$

b) $N_2 = N_{10}\dfrac{\lambda_1}{\lambda_2 - \lambda_1}\,\mathrm{e}^{-\lambda_1 t} + \left(N_{20} - N_{10}\dfrac{\lambda_1}{\lambda_2 - \lambda_1}\right)\mathrm{e}^{-\lambda_2 t}$ $\quad t = ?$

2.257 Wie groß ist die Materialkonstante β eines spannungsabhängigen Widerstandes mit der Formkonstanten $C = 270$, wenn bei einer Spannung $U = 200$ V ein Strom $I = 200$ mA fließt? $U = CI^\beta$.

2.258 **a)** $M = k_4 d^\alpha \triangle p$ $\quad \alpha = ?$ **b)** $Tv^{\kappa - 1} = C$ $\quad \kappa = ?$

2.259 **a)** $10^{\frac{L_T - L}{10}} = \dfrac{A}{10}$ $\quad L_T = ?$ **b)** $\dfrac{p_2}{p_1} = \left(\dfrac{T_2}{T_1}\right)^{\frac{\kappa}{\kappa - 1}}$ $\quad \kappa = ?$

2.260 **a)** $\dfrac{p_n}{p_{n-1}} = \sqrt[z]{\dfrac{p_e}{p_q}}$ $\quad z = ?$ **b)** $p_i v_i^m = p_1 v_1^m$ $\quad m = ?$

2.261 **a)** $I_D = I\left(1 - \dfrac{U_{GS}}{U}\right)^\alpha$ $\quad \alpha = ?$ **b)** $p = p_0\left(1 - \dfrac{6{,}5b}{288{,}15}\right)^\gamma$ $\quad \gamma = ?$

2.262 **a)** $C_j = C_0\left(1 - \dfrac{U_D}{U_{DF}}\right)^{-n}$ $\quad n = ?$ **b)** $R_a = R_i\left(\dfrac{\sigma}{\sigma - 1{,}05p}\right)^{1/\alpha} + C$ $\quad \alpha = ?$

2.263 **a)** $M - m = 5 - 5\lg r$ $\quad r = ?$ **b)** $E_H = E_{OH} + \dfrac{RT}{zF}\ln a_{Me}$ $\quad a_{Me} = ?$

2.264 Wie groß ist die Ausgangsleistung P_2 eines Übertragungssystems mit einem Leistungspegel $p = -10$ dB bei einer Eingangsleistung $P_1 = 1$ W, wenn gilt $p = 10\lg\dfrac{P_2}{P_1}$.

2.265 Es ist das Spannungsverhältnis $\dfrac{U_1}{U_2}$ in dB anzugeben, wenn gilt: $P_i = \dfrac{U_i^2}{R_i}$.

2.266 **a)** $p = \dfrac{1}{2}\ln\dfrac{P_1}{P_2}$ $\quad P_1 = ?$ **b)** $\Delta S = C_p \ln\dfrac{T_2}{T_1}$ $\quad T_2 = ?$

2.267 **a)** $Q_{41} = mRT_4 \ln\dfrac{p_4}{p_1}$ $\quad p_4 = ?$ **b)** $\Delta_{\mathrm{dB}} = 20\lg(1 + |\rho_1\rho_2|)$ $\quad |\rho_1\rho_2| = ?$

2.268 **a)** $C = \dfrac{\varepsilon\ell}{1{,}8\ln\dfrac{4a}{d}}$ $\quad d = ?$ **b)** $E = \dfrac{4}{x\ln\dfrac{R}{d}}$ $\quad R = ?$

2.269 **a)** $\lambda = \dfrac{0{,}259}{\left[\lg\left(R_e \dfrac{\sqrt{\lambda}}{2{,}51}\right)\right]^2}$ $R_e = ?$ **b)** $\tan\delta_a = \dfrac{m}{\sqrt{2}}\sqrt{\ln\dfrac{w_x}{w_m}}$ $w_m = ?$

2.270 **a)** $\Delta_{fd} = \sqrt{g \ln \dfrac{2kT}{M\lambda^2}}$ $\lambda = ?$ **b)** $\triangle W_{3\ \mathrm{dB}} = \sqrt{\dfrac{\ln 2}{2\ln g_0 - \ln 2}}\Delta w_a$ $g_0 = ?$

Für die Kräfte F_1 und F_2 an einer Rolle (vgl. Bild 2.2) gilt die Formel von EULER

$$F_2 = F_1\,\mathrm{e}^{\mu\hat{\alpha}} \quad \text{bzw.} \quad F_2 = F_1\,\mathrm{e}^{\mu_0\hat{\alpha}}$$

$\hat{\alpha}$ Umschlingungswinkel (Bogenmaß)
μ Gleitreibungszahl (bei fester Rolle)
μ_0 Haftreibungszahl (bei beweglicher Rolle)

2.271 Wie groß muss bei $\mu = 0{,}27$ in der in Bild 2.3 dargestellten Figur die Kraft F_1 sein, um ein Gewicht von 50 N zu halten?

2.272 Welches Gewicht G kann man mit einer Kraft $F = 120$ N bei **a)** einmaliger **b)** zweimaliger **c)** viermaliger Umschlingung des in Bild 2.4 skizzierten zylindrischen Balkens halten ($\mu = 0{,}25$).

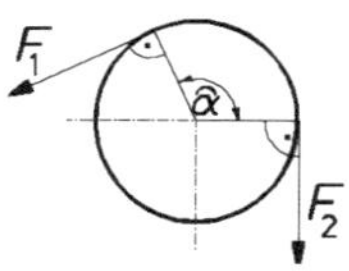

Bild 2.2

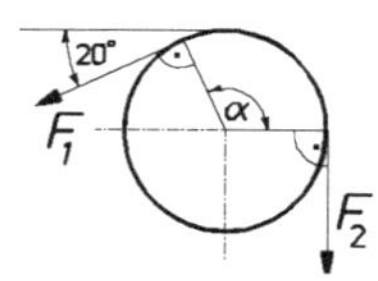

Bild 2.3

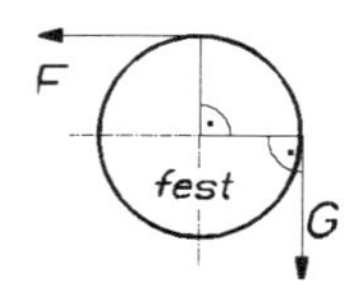

Bild 2.4

2.273 Wie groß muss der Umschlingungswinkel α bei einer Haltekraft $F = 150$ N sein, wenn das zu haltende Gewicht **a)** 150 N **b)** 250 N **c)** 1 kN beträgt? ($\mu = 0{,}26$)

2.274 Eine drehbare Scheibe wird aufgrund der Haftreibung mit einer Umfangskraft $F_u = F_2 - F_1$ mitgenommen. Zwischen F_1 und F_2 besteht der Zusammenhang $F_2 = F_1\,\mathrm{e}^{\mu_0\hat{\alpha}}$.
Wie groß ist die Umfangskraft F_u bei **a)** $\beta = 35°$ **b)** $\beta = 0°$? ($F_1 = 1$ kN, $\mu_0 = 0{,}15$) (Bild 2.5).

2.275 Wie groß muss der Haftreibungskoeffizient μ_0 sein, wenn mit einer einfachen Rolle (vgl. Bild 2.6) das Gewicht G gehalten werden kann?

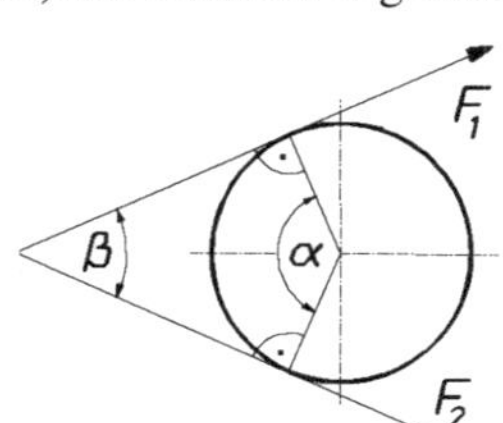

Bild 2.5

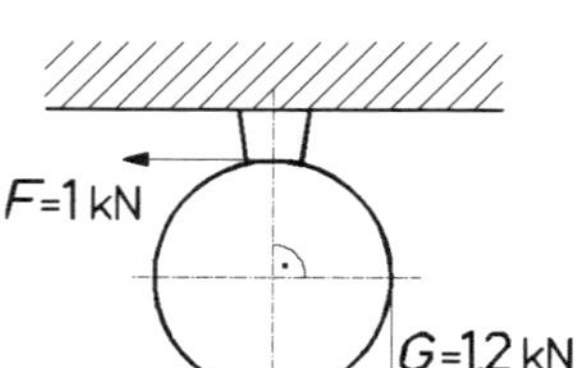

Bild 2.6

2.276 Bei den nachstehenden adiabatischen Zustandsänderungen idealer Gase ist jeweils die Konstante κ zu berechnen:

a) $p_1 = 4$ bar, $p_2 = 2$ bar, $V_1 = 0{,}5\ \mathrm{dm}^3$, $V_2 = 0{,}85\ \mathrm{dm}^3$
b) $p_1 = 3$ bar, $p_2 = 9$ bar, $T_1 = 300$ K, $T_2 = 400$ K
c) $V_1 = 0{,}4\ \mathrm{dm}^3$, $V_2 = 0{,}6\ \mathrm{dm}^3$, $T_1 = 400$ K, $T_2 = 350$ K
d) $p_1 = 4$ bar, $p_2 = 1{,}6$ bar, $T_1 = 400$ K, $T_2 = 320$ K

Anleitung: $\frac{p_1 V_1}{T_1} = \frac{p_2 V_2}{T_2}$, $p_1 V_1{}^{\kappa} = p_2 V_2{}^{\kappa}$

2.277 Bei einer isothermen Zustandsänderung eines idealen Gases ($\kappa = 1$) benötigt man zum Verdichten von p_1 nach p_2 die Wärme $Q = p_1 V_1 \ln \frac{p_2}{p_1}$.

a) Warum liefern auch die Formeln (1) $Q = p_2 V_2 \ln \frac{p_2}{p_1}$ (2) $Q = p_1 V_1 \ln \frac{V_1}{V_2}$ dasselbe Ergebnis?
b) Zur Verdichtung von $V_1 = 2\ \text{m}^3$ Luft mit $p_1 = 1$ bar sind $Q = 40$ kJ verfügbar. Welcher Enddruck p_2 kann erreicht werden?

2.278 Zwei Töne haben das Tonintervall einer **Oktave**, wenn sich ihre Frequenzen wie 1 : 2 verhalten; dazwischen befinden sich 11 Töne, so dass eine Oktave insgesamt 12 sogenannte **Halbtonschritte** umfasst. Das Verhältnis zweier aufeinanderfolgender Halbtöne ist immer gleich.

a) Wie groß ist das Verhältnis zweier aufeinanderfolgender Halbtöne?
b) Welcher Ton hat eine Frequenz von $f = 370$ Hz, wenn der Ton a_1 eine Frequenz von $f_0 = 440$ Hz hat?
c) Welche Frequenz hat der Ton cis_2?

2.279 Die Behandlung von Krebs ist ein vielschichtiges Problem. Um der Verschleppung von Tochterzellen einer Krebsgeschwulst (Metastasenbildung) entgegenzuwirken, wird der Patient, wenn es möglich ist, zunächst chirurgisch vom Malignom befreit und je nach Indikation einer Strahlentherapie zugeführt. Zum Beispiel kann ein Schildrüsenkarzinom mit dem Radionuklid Jod-131 behandelt werden. In fortgeschrittenen Fällen kann auch eine Chemotherapie notwendig werden. Im menschlichen Organismus zerfällt das Radionuklid unter Emission der gewünschten Strahlung, außerdem wird die eingebrachte Substanz vom Körper exponentiell abgebaut. Die Zeit t_1, in der die Hälfte der Substanz vom Organismus wieder ausgeschieden wird – die **biologische Halbwertszeit** – ist also nur eine Komponente, nach der die ursprüngliche Radioaktivität abgebaut wird; wie erwähnt gibt es ja auch noch den immer vorhandenen „physikalischen“ Zerfall und damit verbunden die **„physikalische Halbwertszeit“** t_2. Der Abbau einer radioaktiven Substanz im Organismus ist ein kombinierter Prozess, der nach dem Gesetz $E(t) = E_v\, \text{e}^{\frac{\ln 0{,}5}{t_1}t}\, \text{e}^{\frac{\ln 0{,}5}{t_2}t}$ vor sich geht. Wie ist die effektive Halbwertszeit t (zu diesem Zeitpunkt ist $E(t) = \frac{E_v}{2}$!) für $t_1 = 5$ Tage und $t_2 = 8{,}04$ Tage?

3 Trigonometrie

3.1 Winkelmessung

Definition:
Der *Winkel* ist der Richtungsunterschied zweier von einem gemeinsamen Endpunkt ausgehenden Strahlen.

Die beiden den Winkel bildenden Strahlen werden *Schenkel* genannt. Der gemeinsame Endpunkt der Strahlen heißt *Scheitelpunkt* des Winkels. Im Bild 3.1 ist der Scheitelpunkt des Winkels α mit S bezeichnet.
Winkel werden im allgemeinen mit kleinen griechischen Buchstaben bezeichnet, z. B. α, β, γ, φ usw.

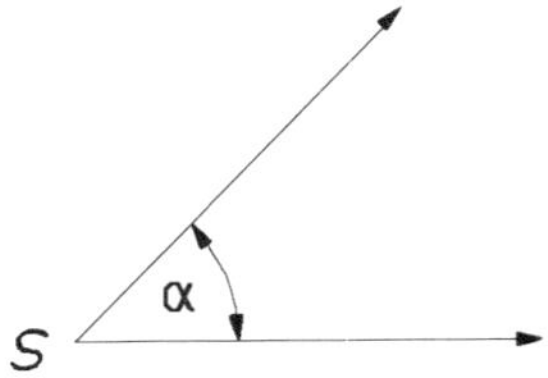

Bild 3.1

Bild 3.2

Als häufig auftretende spezielle Winkel seien der *rechte* und der *gestreckte Winkel* sowie der *Vollwinkel* genannt (vgl. Bild 3.2). Stellt man sich einen Winkel dadurch entstanden vor, dass der eine Schenkel festgehalten wird, während der zweite Schenkel um den gemeinsamen Endpunkt S gedreht wird, dann entsteht der *rechte Winkel* genau dann, wenn der bewegliche Schenkel *senkrecht auf dem festen* steht. Ein *gestreckter Winkel* ist dadurch gekennzeichnet, dass der bewegliche Schenkel *genau in die entgegengesetzte Richtung* des festen Schenkels zeigt. Beim gestreckten Winkel bilden die beiden Schenkel demnach eine Gerade. Beim *Vollwinkel* hat der bewegliche Schenkel *genau eine volle Umdrehung* um den gemeinsamen Endpunkt S zurückgelegt.

Man unterscheidet *spitze, stumpfe* und *überstumpfe Winkel* (Bild 3.3). Ist ein Winkel kleiner als ein rechter Winkel, so nennt man ihn *spitz*, liegt er zwischen einem rechten und einem gestreckten Winkel, so heißt er *stumpf*, schließlich heißt er *überstumpf*, wenn er größer als ein stumpfer, aber kleiner als ein Vollwinkel ist.

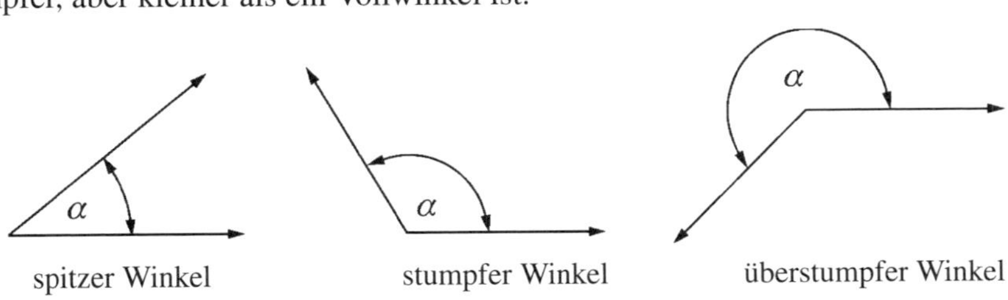

Bild 3.3

$\measuredangle\ ABC = \measuredangle\ CBA = \beta$

$\measuredangle\ CDE = \measuredangle\ EDC = \delta$

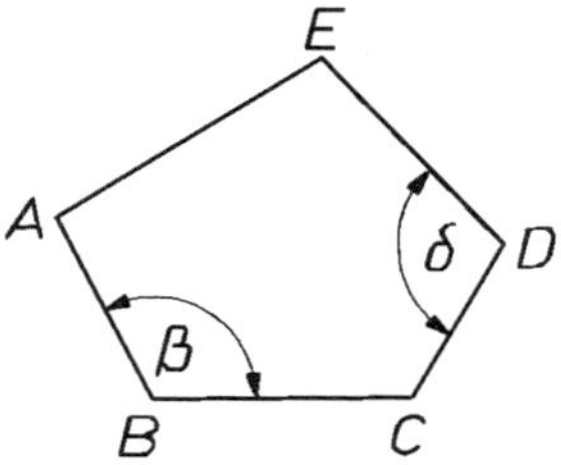

Bild 3.4

In geometrischen Figuren kann man Winkel auch durch ihre Lage zwischen zwei Strecken kennzeichnen. Der Scheitelpunkt des Winkels muss dabei stets als *mittlerer Eckpunkt* angegeben werden. So können beispielsweise die Winkel β und δ auch wie im Bild 3.4 angegeben werden.

Winkel werden traditionsgemäß im **Gradmaß** (auch Altgrad genannt) gemessen. Der Vollwinkel wird dabei in 360° unterteilt, der rechte Winkel beträgt demnach 90°. Bruchteile eines Grades können in

- *Dezimalanteilen* eines Grades oder in
- *Winkelminuten* (′) und *Winkelsekunden* (″)

angegeben werden.

Dabei ist

$$1^\circ = 60' \qquad 1' = 60''$$
$$1' = \frac{1^\circ}{60} = 0{,}01\bar{6}^\circ \qquad 1'' = \frac{1^\circ}{3\,600} = 0{,}000\,2\bar{7}^\circ \tag{3.1}$$

Auf dem Taschenrechner bietet sich auch die Möglichkeit, mit Winkeln zu arbeiten, die in **Gon** bzw. **Neugrad** angegeben sind. Bei der Messung von Winkeln in **Gon** wird der Vollwinkel in 400 gon gemessen. Der rechte Winkel ist demnach 100 gon groß und fügt sich damit in das gebräuchliche Dezimalsystem gut ein. Diese Art der Winkelmessung hat sich jedoch nicht durchgesetzt.

Von großer Bedeutung hingegen ist die Winkelmessung im **Bogenmaß**, die in der höheren Mathematik und bei theoretischen Untersuchungen fast ausschließlich verwendet wird.

Definition:
Das *Bogenmaß* eines Winkels α ist das *Verhältnis von der Bogenlänge zum Radius* eines Kreisausschnittes mit dem Mittelpunktswinkel α.

$$\widehat{\alpha} = \operatorname{arc} \alpha = \frac{b}{r} \tag{3.2}$$

Setzt man für $b = \dfrac{\pi \cdot r \cdot \alpha}{180^\circ}$ ein, so ergeben sich als *Umrechnungsformeln für Gradmaß in Bogenmaß* und umgekehrt:

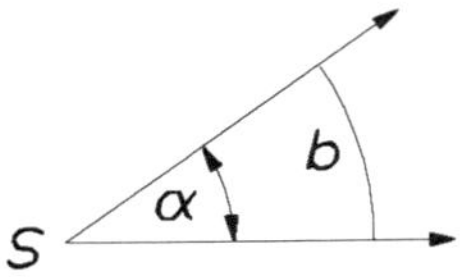

Bild 3.5

$$\overset{\frown}{\alpha} = \operatorname{arc}\alpha = \frac{\pi \cdot \alpha}{180^\circ} \qquad \alpha = \frac{180^\circ}{\pi} \cdot \overset{\frown}{\alpha} = \frac{180^\circ}{\pi} \cdot \operatorname{arc}\alpha \tag{3.3}$$

Als Maßeinheit für das Bogenmaß wird die Einheit rad (Radiant) verwendet.

Damit ist das Bogenmaß eines Vollwinkels 2π rad, das des rechten Winkels $\pi/2$ rad.

Wenn Irrtümer ausgeschlossen sind bzw. wenn es aus der Aufgabenstellung eindeutig hervorgeht, dass der Winkel im Bogenmaß angegeben ist, darf die Maßeinheit rad weggelassen werden.

Beispiele:

3.1 Der Winkel $37°12'47''$ soll in eine Dezimalzahl umgewandelt werden.

Lösung: Die Umrechnung erfolgt am einfachsten mit Hilfe zweier Proportionen:

$$\begin{aligned} 60' &= 1^\circ \\ 12' &= x^\circ \longrightarrow \quad 60' : 1^\circ = 12' : x^\circ \\ & \qquad\qquad\qquad x = 0{,}2 \\ 3600'' &= 1^\circ \\ 47'' &= y^\circ \longrightarrow 3\,600'' : 1^\circ = 47'' : y^\circ \\ & \qquad\qquad\qquad y = 0{,}013 \end{aligned}$$

Damit wird $37°12'47'' = 37{,}213°$.

Hinweise:

- Die Umrechnung mit $1' = 0{,}01\bar{6}^\circ$ und $1'' = 0{,}000\,2\bar{7}^\circ$ gibt selbst bei Ausnutzung aller verfügbaren Stellen eines Taschenrechners ein ungenaueres Ergebnis als die oben gezeigte Vorgehensweise.
- Man merke sich möglichst wenig fertige Formeln, sondern man versuche, die beim vorgeführten Lösungsweg zugrunde liegenden Gedankengänge zu begreifen und bei ähnlich gelagerten Beispielen selbständig nachzuvollziehen.

3.2 Der Winkel $154{,}3°$ soll in Bogenmaß umgerechnet werden.

Lösung: Auch hier bietet sich zur Lösung eine Proportion an.

180° entsprechen dem Bogenmaß π,
154,3° " " " x.

Damit wird

$180^\circ : \pi = 154{,}3^\circ : x$

$x \qquad = 2{,}693$ rad.

Das Bogenmaß des Winkels $154{,}2°$ beträgt 2,693 rad.

3.3 Das Bogenmaß 4 rad eines Winkels soll in Gradmaß umgewandelt werden.

Lösung: Wie im Beispiel 3.2 wird die Proportion

$180^\circ : \pi = x : 4$

angewendet, woraus folgt:

$x = 229{,}18^\circ$.

Aufgaben:

Vervollständigen Sie in den Aufgaben 3.1 und 3.2 die Tabellen:

3.1

α	$0°$		$45°$		$90°$	$120°$			$18°$	$225°$	
$\widehat{\alpha}$		$\frac{\pi}{6}$		$\frac{\pi}{3}$			π	$\frac{7}{6} \cdot \pi$			$\frac{2}{3} \cdot \pi$

3.2

α	$32{,}5°$		$217°$		$333{,}27°$	
$\widehat{\alpha}$		$0{,}1$		$1{,}0$		$5{,}5$

3.3 Schreiben Sie die folgenden Winkelangaben als Dezimalzahlen.

a) $54°15'$ **b)** $100°10'$ **c)** $147°3'54''$ **d)** $212°57'4''$

3.2 Die trigonometrischen Funktionen am rechtwinkligen Dreieck

3.2.1 Begriffe

Ein **rechtwinkliges Dreieck** besitzt *einen rechten Winkel* sowie *zwei spitze Winkel*, deren Winkelsumme 90° beträgt. Die dem rechten Winkel gegenüberliegende Dreiecksseite heißt **Hypotenuse**, die beiden am rechten Winkel anliegenden Seiten heißen **Katheten** des rechtwinkligen Dreiecks.

Beispiel:

3.4

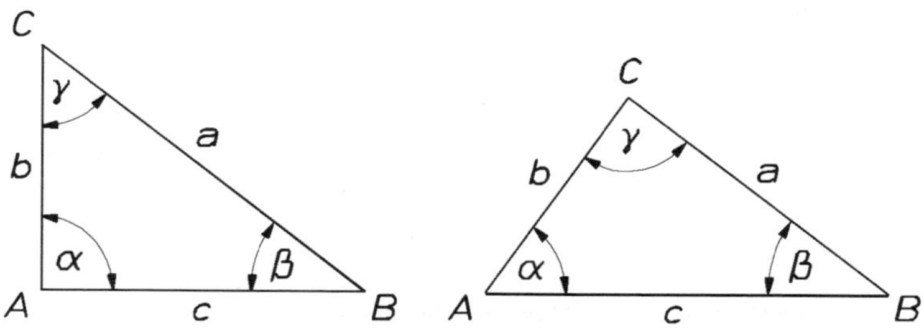

a : Hypotenuse
b,c : Katheten
b : Ankathete für γ, Gegenkathete für β
c : Ankathete für β, Gegenkathete für γ

$$\beta + \gamma = 90°$$
$$b^2 + c^2 = a^2$$

c : Hypotenuse
a,b : Katheten
a : Ankathete für β, Gegenkathete für α
b : Ankathete für γ, Gegenkathete für β

$$\alpha + \beta = 90°$$
$$a^2 + b^2 = c^2 \quad \text{(PYTHAGORAS)}$$

Bild 3.6

3.2.2 Definition der trigonometrischen Funktionen am rechtwinkligen Dreieck

Alle rechtwinkligen Dreiecke, die *gleiche Winkel* besitzen, sind *einander ähnlich*. Sie haben damit *gleiche Seitenverhältnisse* . Umgekehrt lässt sich aus *gleichen Seitenverhältnissen* rechtwinkliger Dreiecke auch auf *gleiche Winkel* schließen (vgl. Bild 3.7).

Bezeichnet man in einem rechtwinkligen Dreieck das *Verhältnis von Gegenkathete* eines Winkels zur *Hypotenuse* als **Sinus** dieses Winkels, so gilt im Bild 3.7

$$\sin\alpha = \frac{a_1}{b_1} = \frac{a_2}{b_2} = \frac{a_3}{b_3} = \cdots$$

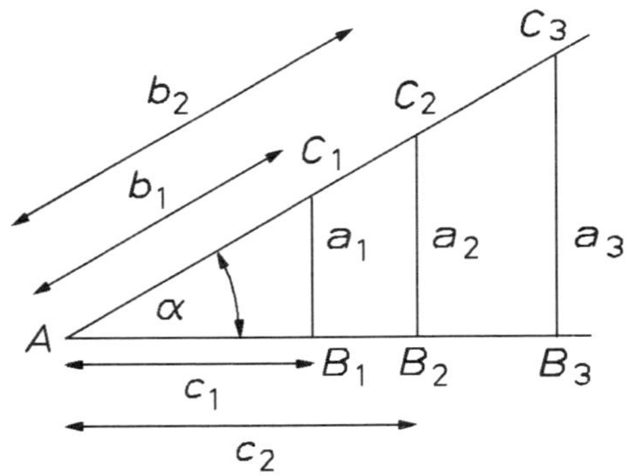

Bild 3.7

Dem Sinus eines Winkels α ist demzufolge ein *eindeutig* bestimmter Zahlenwert zugeordnet, der sich aus dem Verhältnis zweier Dreiecksseiten in einem rechtwinkligen Dreieck ergibt, in dem dieser Winkel α als spitzer Winkel auftritt. Man spricht daher mit Recht davon, dass es sich beim Sinus um eine **Winkelfunktion** handelt. Anstelle des Begriffs Winkelfunktion verwendet man häufig auch den Begriff **trigonometrische Funktion**.

So wie beim Sinus das Verhältnis von Gegenkathete zur Hypotenuse gebildet wurde, lassen sich auch weitere Seitenverhältnisse aufstellen. Man erhält damit die

Definitionen der trigonometrischen Funktionen am rechtwinkligen Dreieck:

$$\sin\alpha = \frac{\text{Gegenkathete}}{\text{Hypotenuse}} \qquad \cos\alpha = \frac{\text{Ankathete}}{\text{Hypotenuse}}$$
$$\tan\alpha = \frac{\text{Gegenkathete}}{\text{Ankathete}} \qquad \cot\alpha = \frac{\text{Ankathete}}{\text{Gegenkathete}} \tag{3.4}$$

Die Winkelfunktionen **Sinus**, **Kosinus**, **Tangens** und **Kotangens** sind hier als Verhältnisse von Dreiecksseiten im rechtwinkligen Dreieck definiert worden. Damit sind alle vier Winkelfunktionen *einheitenfreie Zahlen*. Da die Hypotenuse stets die längste Seite eines rechtwinkligen Dreiecks ist, gelten auf Grund der obigen Definitionen stets die beiden folgenden Relationen:

Für alle α mit $0^\circ < \alpha < 90^\circ$ gilt

$$0 < \sin\alpha < 1 \quad \text{und} \quad 0 < \cos\alpha < 1 \tag{3.5}$$

Außerdem lassen sich aus den Definitionen der trigonometrischen Funktionen leicht die folgenden wichtigen Beziehungen für einen beliebigen spitzen Winkel α herleiten:

$$\begin{array}{llll} \sin\alpha &= \cos(90^\circ - \alpha) & \cos\alpha &= \sin(90^\circ - \alpha) \\ \tan\alpha &= \cot(90^\circ - \alpha) & \cot\alpha &= \tan(90^\circ - \alpha) \\ \sin^2\alpha + \cos^2\alpha = 1 & & \text{(trigonometrischer PYTHAGORAS)} & \\ \tan\alpha \cdot \cot\alpha = 1 \text{ bzw.} & & \tan\alpha &= \dfrac{1}{\cot\alpha} \end{array} \tag{3.6}$$

Es wird sich später herausstellen, dass diese Beziehungen auch für *beliebige* Winkel α ihre Gültigkeit behalten.

In älteren Mathematikbüchern findet man zuweilen noch die beiden Funktionen sec α und cosecα, die allerdings heute im Rahmen der modernen Rechentechnik wieder häufiger verwendet werden. Alle Berechnungen, in denen trigonometrische Funktionen verwendet werden müssen, lassen sich jedoch mit den vier Funktionen Sinus, Cosinus, Tangens und Cotangens bewältigen.

3.2.3 Ermittlung der Werte der trigonometrischen Funktionen für spitze Winkel

Das gebräuchlichste Hilfsmittel zur Bestimmung von Funktionswerten der trigonometrischen Funktionen ist der *Taschenrechner*. Die meisten Taschenrechner besitzen eine Hilfstaste bzw. einen Schalter, mit dessen Hilfe das der Aufgabenstellung zugrunde liegende Winkelmaß eingestellt werden kann. Dabei sind i.allg. die folgenden Bezeichnungen üblich:
DEG (engl. degree) für das Gradmaß,
RAD für das Bogenmaß,
GRD für Neugrad.

Im Unterschied zur Sprechweise für die trigonometrischen Funktionen, z. B. „Sinus von 14°“ für sin 14° muss bei der Verwendung des Taschenrechners *zuerst der Winkel* (hier 14) eingegeben werden, wobei die Maßeinheit Grad wegzulassen ist. Erst danach erfolgt die Berechnung des Funktionswertes durch die Betätigung der Sinus-Taste.

Beispiele:

3.5 Mit Hilfe des Taschenrechners ist sin 35,4° zu ermitteln.

Lösung: Da der Winkel 35,4° im Gradmaß gegeben ist, muss zunächst der Wahlschalter für das Winkelmaß auf [DEG] eingestellt werden. Danach ist folgende Tastenfolge einzutippen:

[3] [5] [·] [4] [sin]

Am Display kann abgelesen werden: $\sin 35{,}4^\circ = 0{,}579\,28$.

3.6 Welchen Wert besitzt cos 1,2?

Lösung: Der Winkel ist hier offensichtlich im Bogenmaß angegeben, da ein Hinweis auf einen andere Maßeinheit für den Winkel fehlt. Damit ergibt sich folgender Lösungsweg:
Winkeleinheit [RAD] anwählen, dann der Reihe nach

[1] [·] [2] [cos]

eintippen und schließlich das Ergebnis $\cos 1{,}2 = 0{,}362\,36$ ablesen.

3.7 Ermitteln Sie $\tan 67°14'$!

Lösung: Da die meisten Taschenrechner nur auf eine Eingabe von dezimalgeteilten Bruchteilen eines Winkels eingerichtet sind, müssen die 14′ zunächst umgerechnet werden in $0{,}2\bar{3}°$. Danach führt die Tastenfolge

[DEG] [6] [7] [·] [2] [3] [3] [3] [3] [3] [3] [tan]

zum Ergebnis: $\tan 67°14' = 2{,}382\,79$.

3.8 Die meisten Taschenrechner besitzen *keine Cotangenstaste*. Man berechnet daher den Tangens des gegebenen Winkels und ermittelt danach wegen

$$\cot\alpha = \frac{1}{\tan\alpha} \qquad \text{(letzte Formel in (3.6))}$$

noch den Kehrwert des gefundenen Wertes.
Die Berechnung von $\cot 67°14'$ würde demzufolge zunächst genauso wie im Beispiel 3.7 verlaufen. Es müsste zum Schluss nur noch die Kehrwerttaste [1/X] betätigt werden.
Man erhält $\cot 67°14‘ = 0{,}419\,68$.

Wenn der Funktionswert einer trigonometrischen Funktion gegeben und der zugehörige spitze Winkel zu bestimmen ist, dann ist zuerst wiederum die Ziffernfolge des gegebenen Funktionswertes einzutippen. Danach müssen die Taste [F^{-1}] und dann die Funktionstaste der gegebenen Winkelfunktion betätigt werden. Der zu ermittelnde Winkel erscheint dann im Display.

Beispiele:

3.9 Welcher Winkel α besitzt den Funktionswert $\cos\alpha = 0{,}223\,35$? Der Winkel soll im Gradmaß angegeben werden.

Lösung: Es ist einzutippen

[DEG] [·] [2] [2] [3] [3] [5] [F^{-1}] [cos]

Ergebnis: $\alpha = 77{,}094\,13°$.

3.10 Welcher Winkel α in Gradmaß gehört zu $\cot\alpha = 0{,}223\,35$?

Lösung: Da keine Cotangens-Taste vorhanden ist, geht man durch Bildung des Kehrwertes zum Tangens über (letzte Formel von (3.6)) und berechnet mit dessen Hilfe den gesuchten Winkel.

[DEG] [·] [2] [2] [3] [3] [5] [1/X] [F^{-1}] [tan]

Im Display kann abgelesen werden: $\alpha = 77{,}409\,63°$.

3.11 Der zu $\sin x = 0{,}875$ gehörende Winkel soll im Bogenmaß angegeben werden.

Lösung: Die Berechnung erfolgt ganz analog zu den beiden letzten Beispielen, nur muss zu Beginn der Berechnung auf [RAD] umgestellt werden.

[RAD] [·] [8] [7] [5] [F^{-1}] [sin]

Ablesung am Taschenrechner: $x = 1{,}065\,436$ rad.

3.12 Zu $\tan \omega = 10$ gehört der im Bogenmaß gemessene Winkel $\omega = 1{,}471\,128$. Führen Sie die zugehörige Rechnung in Anlehnung an die vorangegangenen Beispiele selbständig durch!

Für die *Programmierung von Winkelfunktionen* in einer Programmiersprache muss darauf hingewiesen werden, dass die Winkelfunktionen im Rahmen dieser Sprachen die *Winkelangabe im Bogenmaß* verlangen. Ist der Winkel im Gradmaß gegeben, so muss demzufolge die Umrechnung des Winkels im Programm zusätzlich erfolgen, bevor die Winkelfunktion aufgerufen wird.

Beispiel:

3.13 Wenn im Rahmen eines PASCAL-Programmes für den Winkel $\alpha = 27{,}35°$ der Sinus benötigt wird, so kann man wie folgt programmieren

```
 ALPHA := 27,35;
    PI := 3,141 59;
ALPHA1 := ALPHA*PI/180;    (nach Formel (3.3))
 SINUS := SIN(ALPHA1);
```

Die vom Taschenrechner oder einem Computer ausgegebenen Werte der trigonometrischen Funktionen sind im allgemeinen irrationale Zahlen, die auf die verfügbare Stellenzahl des jeweiligen Rechners gerundet sind. Für einige ausgewählte Winkel existieren jedoch leicht zu merkende charakteristische Werte für die trigonometrischen Funktionen, die vor allem dann gegenüber den gerundeten Taschenrechner- oder Computerzahlen vorgezogen werden sollten, wenn komplizierte Ausdrücke vereinfacht werden sollen.

Beispiel:

3.14 Welche Werte besitzen die vier trigonometrischen Funktionen für die Winkel $\alpha = 30°, 45°$ und $60°$?

Lösung: Um die genauen Werte der trigonometrischen Funktionen für den Winkel $\alpha = 45°$ berechnen zu können, benötigt man ein rechtwinkliges Dreieck, in dem ein 45°-Winkel auftritt. Diese Bedingung ist bei einem gleichschenklig-rechtwinkligen Dreieck erfüllt (vgl. Bild 3.8).
Nach dem Satz des PYTHAGORAS ist $c^2 = a^2 + b^2$, woraus $c = a\sqrt{2}$ folgt, so dass nach (3.4)

$$\sin 45° = \frac{a}{a\sqrt{2}} = \frac{1}{2}\sqrt{2}$$

wird. Wegen (3.6) ist dann auch $\cos 45° = \frac{1}{2}\sqrt{2}$. Für den Tangens und den Cotangens ergibt sich nach (3.4) $\tan 45° = \cot 45° = \frac{a}{a} = 1$.

Einen 30°- bzw. 60°-Winkel innerhalb eines rechtwinkligen Dreiecks erhält man, wenn man in ein gleichseitiges Dreieck die Höhe einzeichnet (vgl. Bild 3.9).

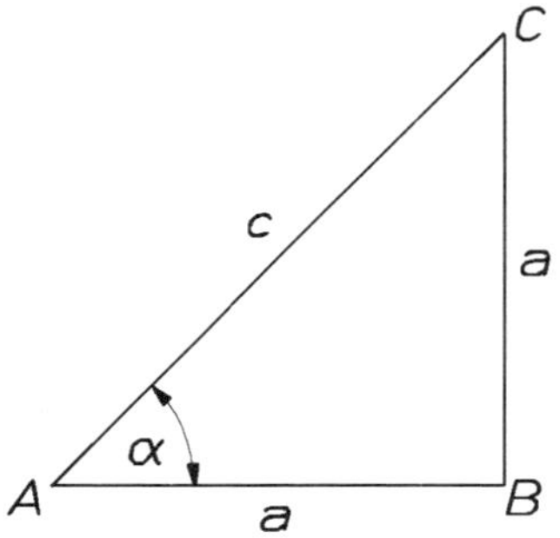

Bild 3.08

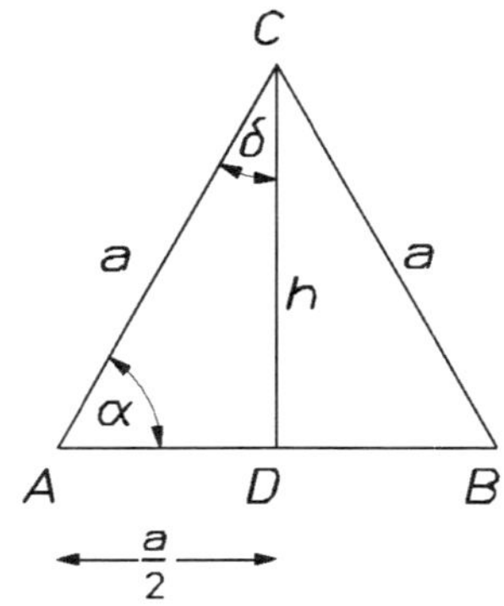

Bild 3.09

Im Teildreieck ADC sind $\overline{AD} = \frac{a}{2}$, $\alpha = 60°$ und $\delta = 30°$. Die Höhe h des gleichseitigen Dreiecks ist

$$h = \sqrt{a^2 - \left(\frac{a}{2}\right)^2} = \frac{a}{2}\sqrt{3}$$

so dass z. B.

$$\sin\alpha = \sin 60° = \frac{h}{a} = \frac{1}{2}\sqrt{3},$$

$$\tan\alpha = \tan 60° = \frac{h}{\frac{a}{2}} = \sqrt{3}$$

wird.

Prüfen Sie bitte nach, dass die in der nachfolgenden Tabelle angegebenen Zahlenwerte alle richtig sind und versuchen Sie, sich diese Funktionswerte gut einzuprägen!

α	$\sin\alpha$	$\cos\alpha$	$\tan\alpha$	$\cot\alpha$
30°	$\frac{1}{2}$	$\frac{1}{2}\sqrt{3}$	$\frac{1}{3}\sqrt{3}$	$\sqrt{3}$
45°	$\frac{1}{2}\sqrt{2}$	$\frac{1}{2}\sqrt{2}$	1	1
60°	$\frac{1}{2}\sqrt{3}$	$\frac{1}{2}$	$\sqrt{3}$	$\frac{1}{3}\sqrt{3}$

Aufgaben:

3.4 Berechnen Sie

a) $\cos 34°$ **b)** $\tan 88{,}5°$ **c)** $\sin 0{,}5$ **d)** $\tan 12°12'12''$
e) $\cot 50{,}4°$ **f)** $\cot 1{,}072$ **g)** $\sin 6{,}24'$ **h)** $\cos 0{,}07$

3.5 Ergänzen Sie die folgende Tabelle:

Gradmaß	0°		45°		90°		270°		
Bogenmaß		$\frac{\pi}{6}$		$\frac{\pi}{3}$		π			2π

3.6 Für welche spitzen Winkel gilt

a) $\sin\alpha = 0{,}732\,1$ **b)** $\cos\alpha = 0{,}999$ **c)** $\tan\alpha = 1$

d) $\tan\alpha = 0{,}002\,73$ **e)** $\cot\alpha = 0{,}002\,73$ **f)** $\sin\alpha = 0{,}5$

g) $\cos\alpha = 0{,}3$ **h)** $\cot\alpha = 2$ **i)** $\cos\alpha = 0{,}5\sqrt{2}$

3.7 Die wahren Aussagen sind anzukreuzen (vgl. Bild 3.10).

○ **a)** h ist Gegenkathete von ε
○ **b)** a ist Ankathete von α
○ **c)** c ist Gegenkathete von β
○ **d)** b ist Ankathete von γ
○ **e)** b ist Gegenkathete von α
○ **f)** d ist Gegenkathete von γ
○ **g)** a ist Ankathete von β
○ **h)** h ist Gegenkathete von α

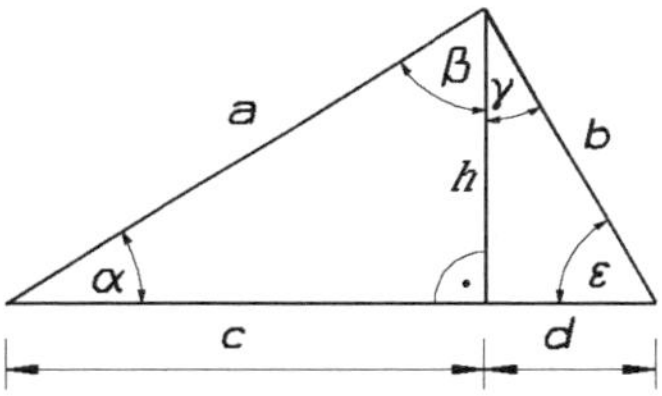

Bild 3.10

3.8 Der fehlende Text ist einzusetzen (vgl. Bild 3.11).

a) $\sin\Omega = \ldots$ **b)** $\cos\Omega = \ldots$ **c)** $\tan\Omega = \ldots$

d) $\sin\lambda = \ldots$ **e)** $\cos\lambda = \ldots$ **f)** $\tan\lambda = \ldots$

g) Gelten die trigonometrischen Funktionen für beliebige Dreiecke? (Ja/Nein)

h) Die längste Seite im rechtwinkligen Dreieck heißt...

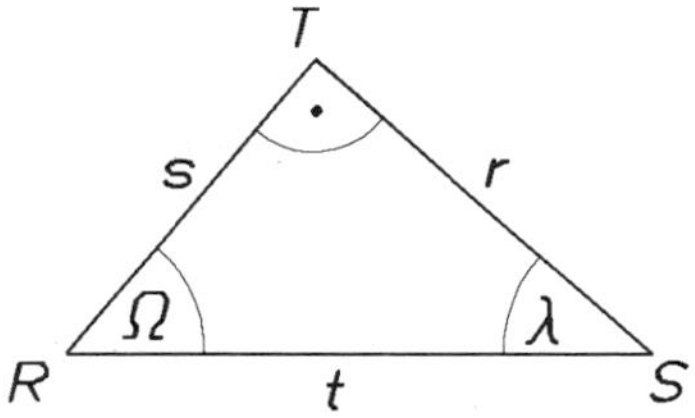

Bild 3.11

3.9 Welche trigonometrische Funktion ist zur Ermittlung eines Winkels anzuwenden, wenn

a) beide Katheten,
b) Ankathete und Hypotenuse,
c) Gegenkathete und Hypotenuse gegeben sind?

3.2.4 Berechnungen am rechtwinkligen Dreieck

Nach den **Kongruenzsätzen** ist ein Dreieck eindeutig bestimmt, wenn folgende „Stücke" gegeben sind:

- alle drei Seiten oder
- zwei Seiten und der von ihnen eingeschlossenen Winkel oder
- zwei Seiten und der der größeren Seite gegenüberliegende Winkel oder
- eine Seite und zwei Winkel.

Da das rechtwinklige Dreieck stets einen Winkel von 90° besitzt, sind zu seiner Berechnung *nur zwei zusätzliche Bestimmungsstücke* erforderlich.

Beispiele:

3.15 Von einem rechtwinkligen Dreieck, dessen rechter Winkel bei C liegen soll, sind gegeben: $b = 4{,}21$ cm und $\alpha = 36{,}6°$. Wie groß sind die fehlenden Winkel und Seiten des Dreiecks?

Lösung: Um die Lösungsansätze für die Ermittlung der fehlenden Stücke leicht überblicken zu können, sollte man stets eine Skizze anfertigen, aus der die Lage der gegebenen Stücke zu erkennen ist. Diese muss nicht unbedingt maßstabsgerecht gezeichnet werden.

Der Winkel β lässt sich problemlos ermitteln: $\beta = 90° - \alpha = 53{,}4°$. Aus

$$\tan\alpha = \frac{a}{b}$$

folgt $a = b\tan\alpha = 3{,}13$ cm. Schließlich erhält man aus

$$\cos\alpha = \frac{b}{c}, \qquad c = \frac{b}{\cos\alpha} = 5{,}24 \text{ cm}.$$

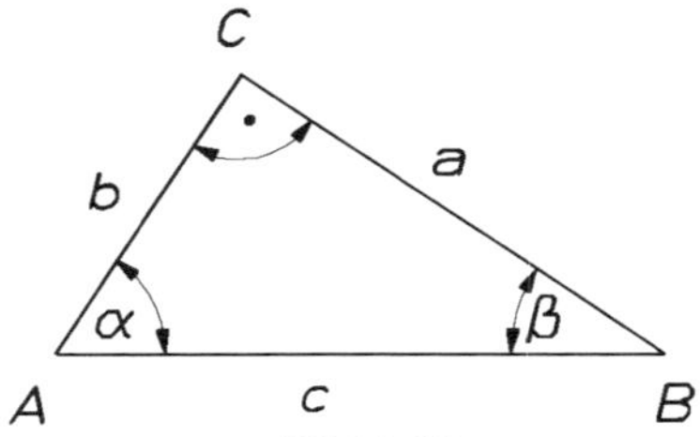

Bild 3.12

Für alle Berechnungen wurden die trigonometrischen Beziehungen so gewählt, dass für die Rechnung *nur die gegebenen* Stücke verwendet werden. (Warum?)
Es empfiehlt sich, dort, wo dies möglich ist, eine *Kontrollrechnung* durchzuführen. Dazu eignet sich im vorliegenden Beispiel der Satz des PYTHAGORAS:

$$a^2 + b^2 = c^2$$
$$a^2 + b^2 = 9{,}80 \text{ cm}^2 + 17{,}72 \text{ cm}^2 = 27{,}52 \text{ cm}^2$$
$$c^2 \qquad = 5{,}24^2 \text{ cm}^2 = 27{,}46 \text{ cm}^2,$$

Die Probe stimmt. Die geringfügige Abweichung zwischen $a^2 + b^2$ einerseits und c^2 andererseits ist dadurch zu erklären, dass die berechneten Stücke auf zwei Dezimalstellen (sinnvollerweise!) gerundet worden sind.

3.16 Von einem rechtwinkligen Dreieck, dessen rechter Winkel bei A liegt, kennt man die Länge der beiden Seiten $a = 37{,}0$ m und $c = 15{,}4$ m. Wie groß sind die Dreieckswinkel? Welche Fläche besitzt das Dreieck?

Lösung: Aus der Skizze (Bild (3.13)) geht hervor, dass

$$\sin\gamma = \frac{c}{a} = 0{,}416\,216\,2$$

ist, woraus

$$\gamma = 24{,}6°$$

folgt.

Da sich die beiden spitzen Winkel eines rechtwinkligen Dreiecks zu 90° ergänzen, wird

$$\beta = 90° - \gamma = 65{,}4°.$$

Aus der Flächeninhaltsformel $A = \frac{1}{2} \cdot b \cdot c$ und aus

$$\tan\beta = \frac{b}{c} \qquad \longrightarrow \qquad b = c\tan\beta$$

erhält man

$$A = \frac{1}{2} \cdot c^2 \cdot \tan\beta = 259{,}00 \text{ m}^2.$$

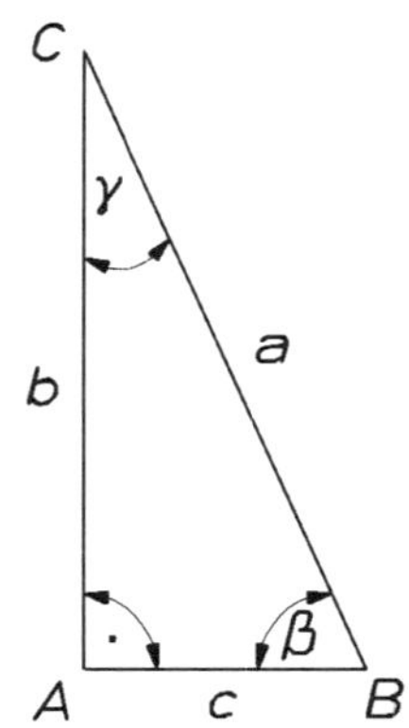

Bild 3.13

Kontrolle: Mit Hilfe von $b = a \sin \beta$ kann der Flächeninhalt A auch in der Form

$$A = \frac{1}{2} a \cdot c \cdot \sin \beta$$

geschrieben werden, woraus $A = 259{,}04\ \mathrm{m}^2$ folgt, was mit dem oben berechneten Ergebnis gut übereinstimmt.

3.17 In einem Kreis mit dem Radius $r = 3{,}7$ cm liegt eine Sehne, die $s = 5$ cm lang ist. Wie groß ist der Kreisbogen über dieser Sehne?

Lösung: Bezeichnet man den noch unbekannten Zentriwinkel des Kreisbogens mit α, dann lässt sich $\alpha/2$ aus dem rechtwinkligen Dreieck AMC berechnen.
Aus der Skizze (Bild 3.14) ist ersichtlich, dass

$$\sin \frac{\alpha}{2} = \frac{\frac{s}{2}}{r} = \frac{2{,}5}{3{,}7} \rightarrow$$

$$\operatorname{arc} \frac{\alpha}{2} = 0{,}741\,880\,8.$$

gilt. Mit $b = r \cdot \operatorname{arc} \alpha$ ergibt sich schließlich für die gesuchte Länge des Kreisbogens: $b = 5{,}49$ cm.

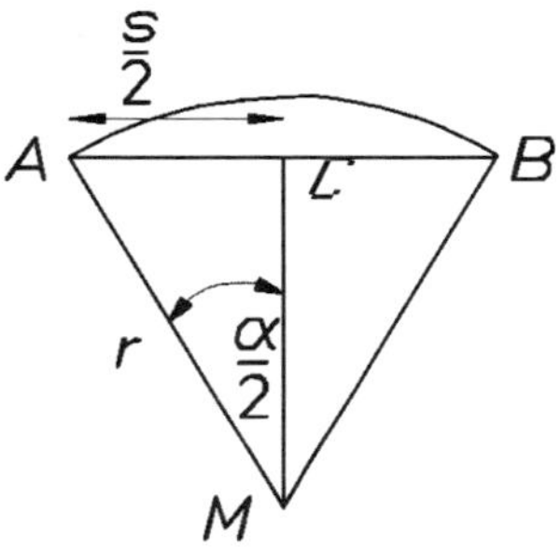

Bild 3.14

Anmerkung: Es sei darauf hingewiesen, dass diese Rechnung auf dem Taschenrechner in einer fortlaufenden Eingabefolge, d. h. ohne zwischenspeichern zu müssen, durchgeführt werden kann. Hier ist eine mögliche Lösungsvariante:

[RAD] [2] [·] [5] [/] [3] [·] [7] [=] [F^{-1}] [sin] [×] [2] [×] [3] [·] [7] [=]

Bitte nachprüfen!

3.18 Ein Körper mit dem Gewicht $F = 12{,}5$ N liegt auf einer schiefen Ebene mit dem Neigungswinkel $\phi = 7°25'$ gegen die Horizontale. Wie groß ist die Hangabtriebskraft F_H? Mit welcher Kraft F_N drückt der Körper auf die Unterlage? Unter welchem Winkel müsste die schiefe Ebene geneigt sein, damit der Körper auf ihr nach unten gleitet, wenn der Haftreibungsfaktor $\mu = 0{,}8$ ist?

Lösung: Die Kräftezerlegung ist im Bild 3.15 dargestellt. Daraus ist zu erkennen, dass

$$\sin \phi = \frac{F_\mathrm{H}}{F}$$

ist, woraus sich als Hangabtriebskraft

$$F_\mathrm{H} = F \cdot \sin \phi$$
$$F_\mathrm{H} = 1{,}61\ \mathrm{N}$$

ergibt. Entsprechend erhält man für die Kraft, mit der der Körper K auf die Unterlage drückt:

$$F_\mathrm{N} = F \cdot \cos \phi = 12{,}40\ \mathrm{N}.$$

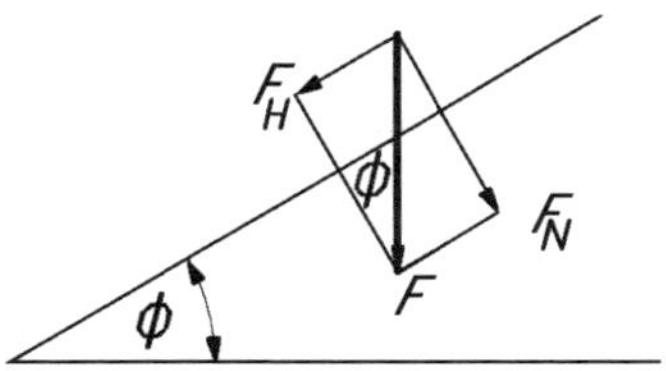

Bild 3.15

Die Reibungskraft ist $F_\mathrm{R} = \mu \cdot F_\mathrm{N} = \mu F \cos \phi$. Der Körper bleibt so lange auf der schiefen Ebene liegen, solange $F_\mathrm{H} \leq F_\mathrm{R}$ ist. Aus der Bedingung $F_\mathrm{R} = F_\mathrm{H}$ lässt sich demnach der Grenzwinkel ϕ_g berechnen, unter dem die schiefe Ebene geneigt sein muss, damit der Körper nach unten zu gleiten beginnt:

$$\mu F \cos \phi_\mathrm{g} = F \sin \phi_\mathrm{g} \quad \rightarrow \quad \mu = \tan \phi_\mathrm{g}.$$

Aus $\tan \phi_g = 0{,}8$ folgt $\phi_g = 38{,}66°$; das bedeutet:
Die schiefe Ebene muss mindestens unter 38.66° geneigt sein, wenn ein auf ihr liegender Körper nach unten gleiten soll.

3.19 Um die Höhe eines Kirchturms ermitteln zu können, wird von zwei Punkten einer ebenen, genau auf den Kirchturm zuführenden Straße der Winkel zwischen der Straße und der Kirchturmspitze gemessen: $\sigma = 15.4°, \tau = 21.2°$. Der Abstand zwischen beiden Messpunkten beträgt $a = 54.00$m. Wie hoch ist der Kirchturm?

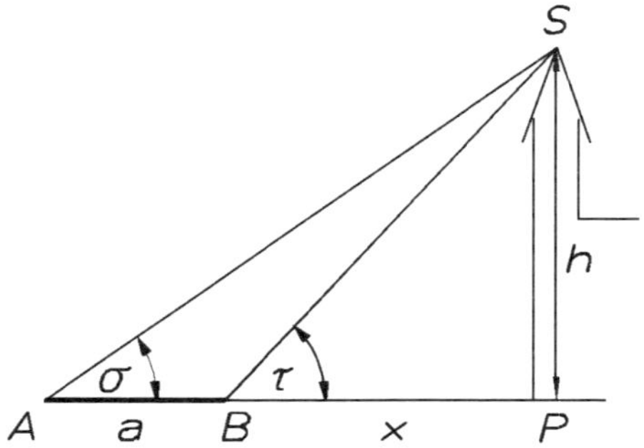

Bild 3.16

Die beiden Messpunkte auf der Straße seien A und B, der Fußpunkt der gesuchten Höhe h sei P (vgl. Bild 3.16). Im Dreieck $\triangle BPS$ ist

$$\tan \tau = \frac{h}{x},$$

woraus

$$h = x \tan \tau \qquad (^*)$$

folgt. Hieraus lässt sich allerdings h nicht berechnen, weil die Strecke x nicht bekannt ist. Stellt man eine entsprechende Überlegung für das $\triangle APS$ an, so ergibt sich ein zweiter Ausdruck für die gesuchte Höhe h:

$$h = (a + x) \tan \sigma \qquad (^{**})$$

Mit (*) und (**) liegen zwei Formeln für h vor, die einander gleichgesetzt werden können. Damit entsteht eine Gleichung, aus der sich zunächst die Hilfsgröße x berechnen lässt.

$$\begin{aligned} (a + x) \tan \sigma &= x \tan \tau \\ a \tan \sigma + x \tan \sigma &= x \tan \tau \\ x(\tan \tau - \tan \sigma) &= a \tan \sigma \\ x &= \frac{a \tan \sigma}{\tan \tau - \tan \sigma}. \end{aligned}$$

Nun kann endlich die Berechnung von h erfolgen. Es ist unter Beachtung von (*)

$$h = a \frac{\tan \tau \cdot \tan \sigma}{\tan \tau - \tan \sigma}.$$

Mit dem gegebenen Werten von a, σ und τ erhält man daraus eine Kirchturmhöhe von

$h = 51{,}3$ m.

Aufgaben:

3.10 In einem rechtwinkligen Dreieck, dessen rechter Winkel bei C liegt, seien gegeben:

a) $a = 84$ cm $b = 80$ cm **b)** $a = 96$ m $\alpha = 41{,}1°$

c) $a = 119$ mm $A = 7\,140$ mm² **d)** $c = 1{,}25$ cm $a = 0{,}375\,0$ cm

Berechnen Sie die fehlenden Seiten und Winkel des Dreiecks.

3.11 Ein rechtwinkliges Dreieck mit dem rechten Winkel bei B sei gegeben durch

a) $b = 524$ mm $a = 322$ mm **b)** $b = 7{,}3$ cm $\alpha = 26{,}2°$
c) $c = 5{,}6$ m $\gamma = 42{,}6°$ **d)** $c = 33$ cm $a = 56$ cm
Wie groß sind die fehlenden Dreiecksseiten und -winkel?

Berechnen Sie die fehlenden Stücke:

3.12 Gleichschenkliges Dreieck (siehe Bild 3.17)

	a	c	h	h_a	α	γ	A
a)	293 cm	570 cm					
b)	314 m			285,9 m			
c)	325 cm					77,8°	
d)	305 cm						37 128 cm²
e)			324 m		53,1°		
f)			243 cm				78 732 cm²
g)				386 cm	47,9°		
h)						154,6°	23 040 m²

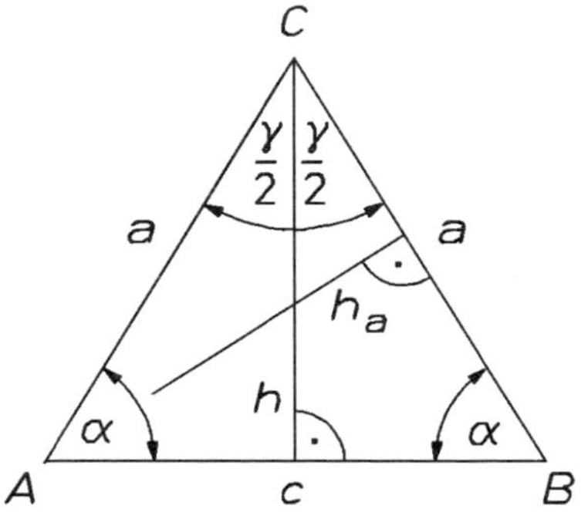

Bild 3.17

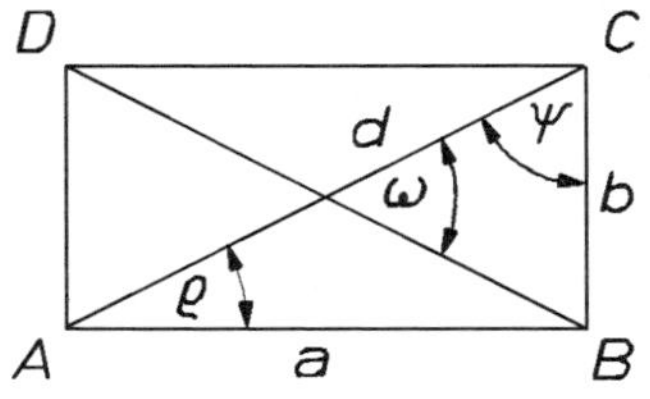

Bild 3.18

3.13 Rechteck (siehe Bild 3.18)

	a	b	d	ρ	ψ	ω	A
a)	112 cm	15 cm					
b)		63 cm	65 cm				
c)	80 m			26,0°			
d)	64 m				53,1°		
e)		108 km				134,8°	
f)		56 m					5 040 m²
g)			97 cm	47,9°			
h)						77,3°	5 760 m²

3.14 Rhombus (siehe Bild 3.19)

	a	e	f	h	α	β	A
a)	442 m	880 m					
b)		864 cm	252 cm				
c)	538 cm			266,8 cm			
d)			864 cm	691,2 cm			
e)	554 m				49,1°		
f)				556,4 m	47,6°		
g)			9,8 cm			175,3°	
h)						123,9°	576 240 cm^2

3.15 Drachenviereck (siehe Bild 3.20)

	a	b	e	f	α	β	γ	A
a)	156 m		235 m	120 m				
b)				48 cm			19,1°	3 672 cm^2
c)	13 cm			24 cm		75,8°		
d)	26 cm	17 cm	25 cm					
e)	370 m				37,8°	144,0°		
f)		152 m	225 m				92,8°	
g)	100 m		171 m		73,7°			
h)				112 cm	63,8°		56,1°	

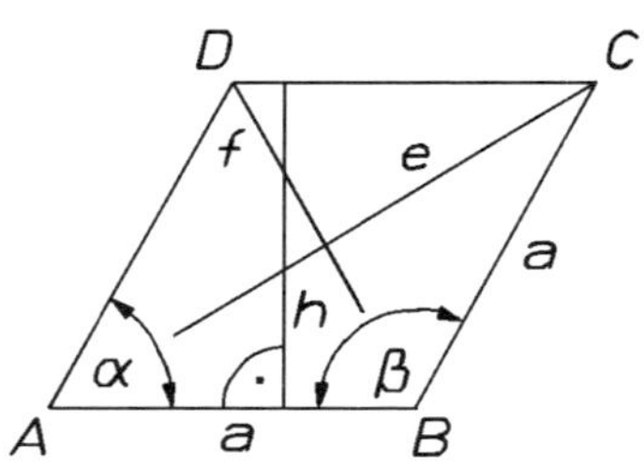

Bild 3.19

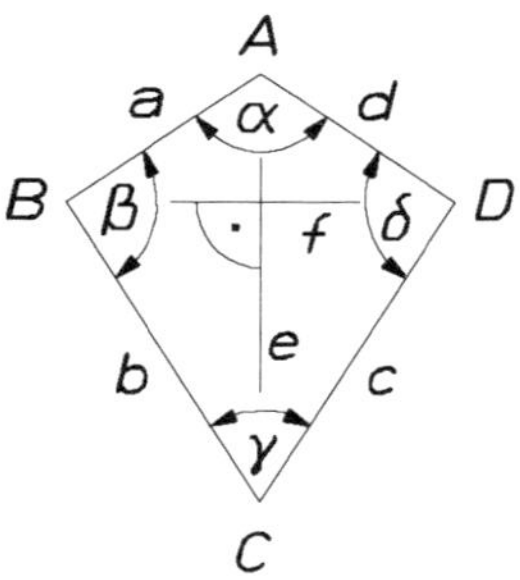

Bild 3.20

3.16 Der mittlere Steigungswinkel einer 9 700 m langen Bahnstrecke beträgt 1°5′. Der Höhenunterschied ihrer Endpunkte ist zu ermitteln.

3.17 Man berechne den mittleren Steigungswinkel einer Bahnstrecke, deren Steigung 1 : 300 ist!

3.18 Der mittlere Steigungswinkel der Zahnradbahn auf den Schneeberg beträgt 7,78°.

a) Welcher Höhenunterschied wird bei einer Streckenlänge von 9 km überwunden?
b) Wie groß ist die Steigung in Prozent?

3.19 In welchem Verhältnis stehen Stufenbreite und Stufenhöhe einer Treppe zueinander, wenn deren Steigung **a)** 26,57° **b)** 18,44° ist?

3.20 Wie lang ist der Schatten des 300 m hohen Eiffelturms, wenn die Sonnenhöhe **a)** 63° **b)** 60° beträgt?

Bemerkung: Der Winkel, den die einfallenden Sonnenstrahlen mit der horizontalen Ebene bilden, wird Sonnenhöhe genannt.

3.21 Man berechne die Sonnenhöhe, wenn der Schatten eines 12 m hohen Mastes **a)** 5 m **b)** 35 m lang ist!

3.22 Wie hoch ist ein Freileitungsmast, der bei einer Sonnenhöhe von **a)** 53,18° **b)** 47,35° einen 30 m langen Schatten wirft?

3.23 Ein Motorboot überquert einen Fluss, dessen Strömungsgeschwindigkeit a km/h beträgt, mit der konstanten Geschwindigkeit von b km/h. Unter welchem Winkel muss das Boot „vorhalten", wenn es auf kürzestem Weg den Fluss überqueren will?
a) $a = 5, b = 10$ **b)** $a = 7, b = 12$

3.24 Man berechne, in welcher Höhe ein Blitz entstanden ist, der unter einem Winkel α gegen die Horizontale gesehen wird, während der Donner am Beobachtungspunkt erst nach der Zeitdauer t wahrgenommen wird!
a) $\alpha = 15°, t = 24$ s **b)** $\alpha = 30°, t = 40$ s.
Bemerkung: Wir nehmen eine Temperatur von etwa 20° C an, demgemäß liegt die Schallgeschwindigkeit dann bei 340 m/s.

3.25 Umweltfreundlich zeigt sich das größte Solarkraftwerk Europas auf der Nordseeinsel Pellworm, das im Juni 1983 fertiggestellt wurde. Es erzeugt maximal 300 Kilowatt elektrische Leistung, ohne die Umwelt zu verschmutzen und nimmt auch auf die Schafe Rücksicht: sie können weiterhin unter den Solargeneratoren grasen. (Siehe Bild 3.21.)

a) Die Solarzellen sind in einem Winkel von 55° geneigt. Welche Schattenfläche ergibt eine 1,5 m hohe und 2 m breite Sonnenzellentafel bei senkrechtem Lichteinfall auf die Sonnenzellen?

b) Wieviel Prozent der maximal möglichen Leistung liefert eine Sonnenzelle, wenn der Einfallswinkel 20° vom Lot abweicht?
Anleitung: Die Querschnittsfläche x normal zu den einfallenden Lichtstrahlen ist proportional zur wirksamen Leistung (im Vergleich zur möglichen Sonnenzellenfläche).

c) (1) Wie weit entfernt müssen die 1,5 m hohen, im Winkel von 55° geneigten Solarzellentafeln voneinander entfernt stehen, damit das Sonnenlicht, das im Winter im Winkel von 12° einfällt, keinen Schatten auf die nächste Solarzellenreihe wirft?
(2) Wie viele Tafeln à 24 Solarzellen wurden aufgestellt, wenn eine Solarzelle 17 W liefert?
(3) Welche Fläche nimmt die Solaranlage ein?

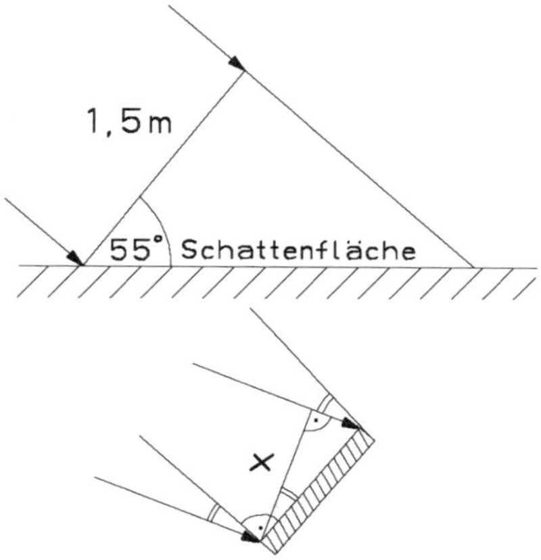

Bild 3.21

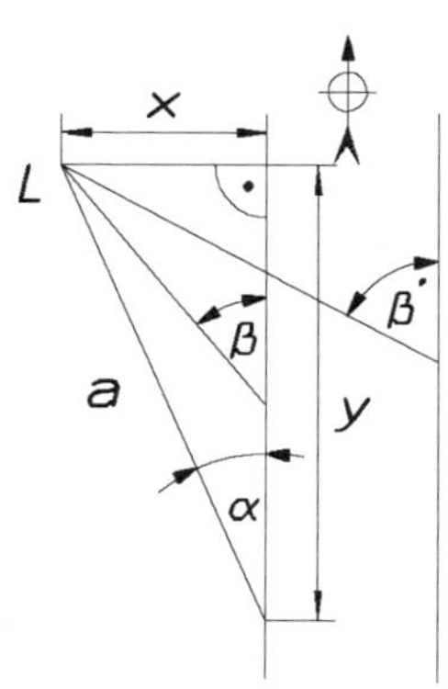

Bild 3.22

3.26 Es ist windstill und regnet. Die Regentropfen hinterlassen auf den Fenstern eines 100 km/h fahrenden Personenzuges geradlinige Spuren, die mit der oberen Fensterkante einen Winkel von **a)** 11° **b)** 10° bilden. Man berechne die Fallgeschwindigkeit x der Regentropfen!

3.27 Ein Öltanker fährt nach Norden und peilt ein Leuchtfeuer in der Entfernung a unter dem Winkel α an (Bild 3.22). Welchen Winkel β ergibt die Peilung, nachdem der Tanker in einer Zeit b den Weg c zurückgelegt hat?

a) $a = 18\,\text{km}$, $b = 10\,\text{min}$, $c = 2\,\text{km}$, $\alpha = 25°$
b) $a = 21\,\text{km}$, $b = 18\,\text{min}$, $c = 2{,}8\,\text{km}$, $\alpha = 45°$
Bemerkung: Für kleinere Entfernungen können Kugeldreiecke (auf der Erde) wie ebene Dreiecke behandelt werden.
c) In Aufgabe **b)** ist der Peilwinkel β' um $11°$ größer als erwartet. Wie groß ist die Geschwindigkeit der Querströmung?

3.28 Eine Kraft $F = 450$ N schließt mit der Waagerechten einen Winkel $\phi = 57{,}5°$ ein. Man bestimme die Horizontalkomponente F_H und die Vertikalkomponente F_V.

3.29 Gegeben sind die beiden Kräfte F_1 und F_2 (siehe Bild 3.23). Wie groß ist die Resultierende F?
Welche Winkel ϕ_1 und ϕ_2 schließt F mit den Kräften ein?

3.30 Die Kraft F ist derart in zwei normal aufeinanderstehende Komponenten F_1 und F_2 zu zerlegen, dass F_1 mit F den Winkel α einschließt:
a) $F = 83$ N, $\alpha = 42°$ **b)** $F = 347$ N, $\alpha = 36°$ (siehe Bild 3.24).

3.31 Wer sein Auto liebt, der schiebt! (Die Liebe wird bei Pannen aber indirekt proportional zur Masse des fahrbaren Untersatzes sein.) Angenommen, die zwei Insassen des in Bild 3.25 skizzierten Fahrzeuges würden unter gleichem Winkel **a)** $\alpha = 12°$, **b)** $\alpha = 7°$ in Fahrtrichtung des Wagens drücken. Wie groß ist die resultierende Kraft, wenn beide über die gleichen Kräfte $F_1 = F_2 = 200$ N verfügen?

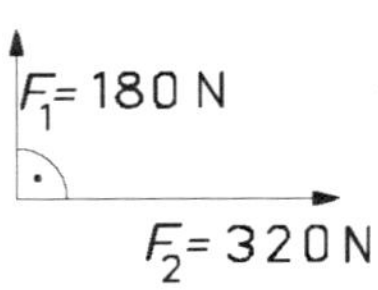

Bild 3.23

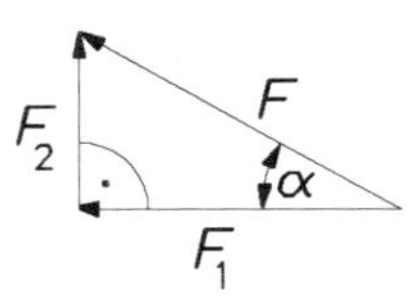

Bild 3.24

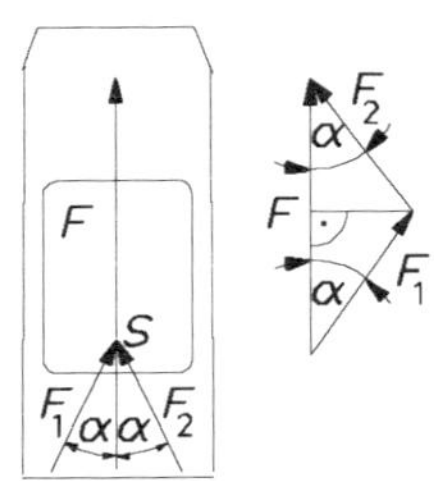

Bild 3.25

3.32 Aufgrund eines technischen Schadens kam ein Seilbahnwagen mit einem Gewicht $G = 2\,000$ N zufällig in der Mitte eines Spannfeldes zu stehen. Die Seilunterstützungspunkte der das Spannfeld begrenzenden Stützen befinden sich auf gleicher Höhe. Der Seillaufwinkel an den Stützen, der sich nach Beendigung der Durchhangsschwankungen einstellte, betrug $\alpha = 8{,}5°$. Wie groß ist die horizontale Komponente F der Seilspannkraft an der Stütze?

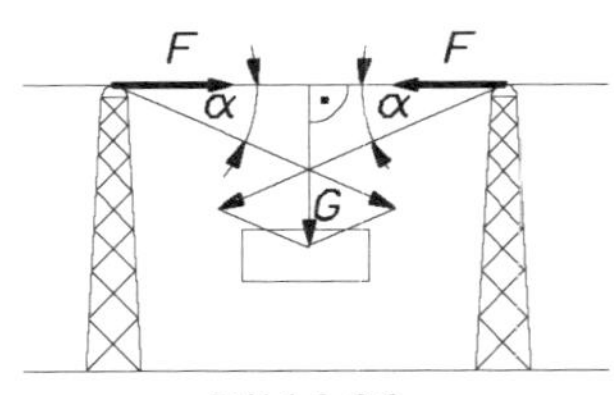

Bild 3.26

3.33 Ein Keil wird mit der Kraft F_1 in ein Werkstück getrieben. Mit welcher Kraft F_2 wirkt der Keil mit jeder schrägen Fläche auf das Werkstück ?
a) $F_1 = 400$ N, $\alpha = 10°$ **b)** $F_1 = 500$ N, $\alpha = 20°$ (siehe Bild 3.27)

3.34 Aufgrund der Haftreibung beginnt ein Fahrzeug mit blockierten Rädern erst dann die Bodenhaftung zu verlieren, wenn die talwärts wirkende Kraft mehr als **a)** 20 % **b)** 30 % der auf die Fahrbahn wirkenden Kraft N ausmacht. (Siehe Bild 3.28). Bei welchen Steigungswinkeln α kann sich das Fahrzeug gerade noch halten?

3.35 Die Kippgefahr für einen Traktor am Hang wird um so größer, je höher der Schwerpunkt S des Traktors liegt, je größer der Hangneigungswinkel β wird und je kleiner die Spurweite s

ist. Wir nehmen an, dass S über der Hinterachse, also in der Zeichenebene liegt. Der Traktor kippt, wenn das durch den Schwerpunkt S gelegte Lot G außerhalb der Spurweite (und damit unterhalb des talseitigen Hinterrades) die Hangebene durchstößt. (Siehe Bild 3.29.) Bei welchem Hangneigungswinkel β beginnt der Traktor mit der Spurweite $s = 1\,300$ mm und einer Schwerpunktshöhe $h = 800$ mm zu kippen?

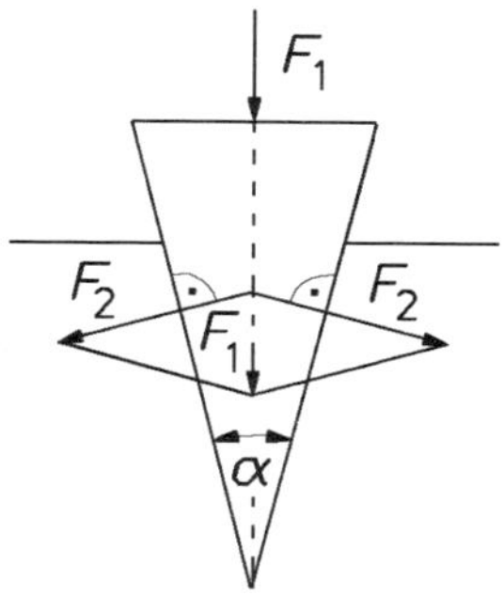

Bild 3.27

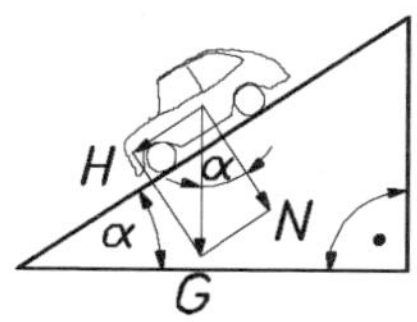

Bild 3.28

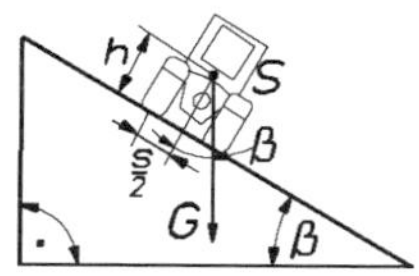

Bild 3.29

3.36 Um zwei Riemenscheiben mit den Radien r_1, r_2 und dem Achsenabstand a (Bild 3.30) wird ein straff gespannter Treibriemen gelegt, dessen Länge L zu berechnen ist!

a) $r_1 = 268$ mm, $r_2 = 100$ mm, $a = 410$ mm
b) $r_1 = 195$ mm, $r_2 = 40$ mm, $a = 493$ mm

3.37 Man berechne die Treibriemenlänge L eines gekreuzten Riementriebes (Bild 3.31) für

a) $r_1 = 15$ cm, $r_2 = 25$ cm, $a = 100$ cm
b) $r_1 = 30$ cm, $r_2 = 40$ cm, $a = 120$ cm

3.38 Man berechne aus der Kurbelradiuslänge r, der Pleuelstangenlänge l und dem Drehwinkel α die Länge des Kolbenweges x! (Bild 3.32)

a) $r = 10$ cm, $l = 100$ cm, $\alpha = 37{,}2°$
b) $r = 20$ cm, $l = 150$ cm, $\alpha = 35{,}417°$

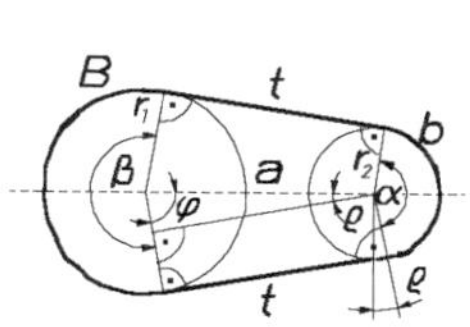

Bild 3.30

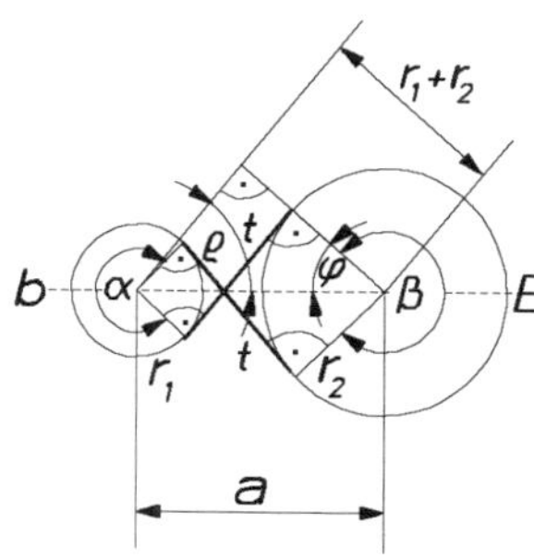

Bild 3.31

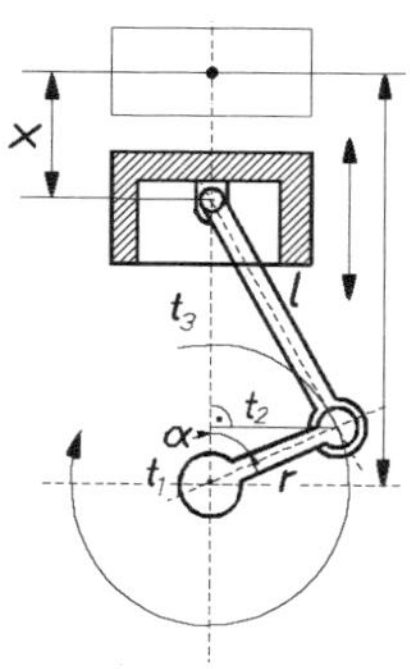

Bild 3.32

3.39 Durch die Grundkante eines Würfels mit der Kantenlänge a wird eine Ebene unter dem Winkel α gelegt. Wie groß ist der Rauminhalt des **(1)** kleineren **(2)** größeren dadurch entstehenden Teiles? **a)** $a = 3$ cm, $\alpha = 30°$ **b)** $a = 8$ cm, $\alpha = 10°$

3.40 Man berechne im Würfel

a) den Winkel φ, den eine Raumdiagonale mit einer Seitenfläche einschließt,
b) den Winkel ρ, den eine Raumdiagonale mit einer angrenzenden Kante einschließt,
c) den Winkel ω, den zwei Raumdiagonalen miteinander einschließen!

3.41 Die nachstehende Tabelle ist zu vervollständigen! (Bild 3.33)

	r	h	s	α	β	V	A_O
a)	136 cm	570 cm					
b)		266 m		40,5°			
c)	192 mm			68,8°			
d)			373 cm		95,0°		
e)		228 m			109,9°		
f)	240 cm					$25{,}213 \cdot 10^6$ cm³	
g)	261 mm						$592 + 01 \cdot 10^3$ mm²
h)				79,6°		$31{,}14 \cdot 10^5$ m³	

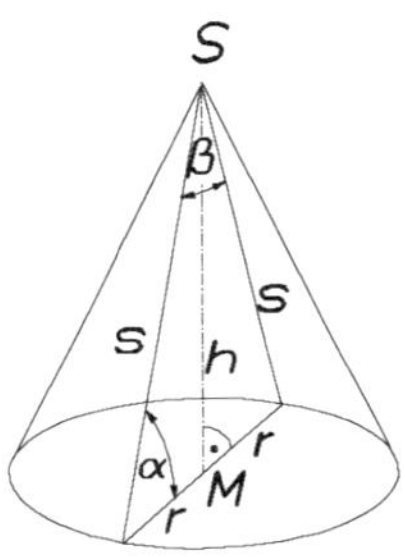

Bild 3.33

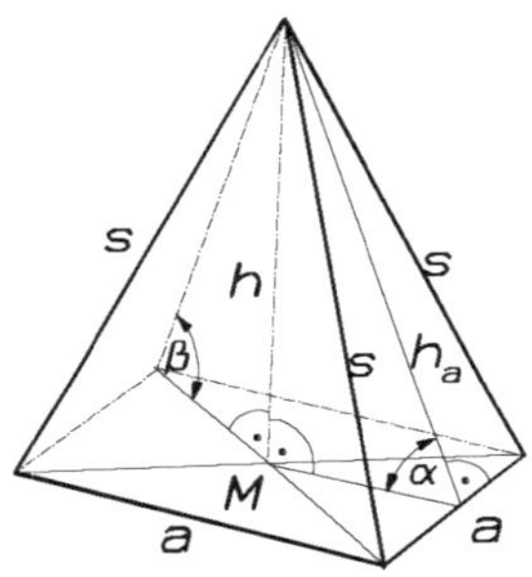

Bild 3.34

3.42 Desgl. für die gerade quadratische Pyramide. (Bild 3.34)

	a	s	h	h_a	α	β	V	A_O
a)	880 m	681,94 m						
b)		684,89 m				29,8°		
c)	720 cm		319 cm					
d)				445 cm	79,1°			
e)			405 cm		58,1°			
f)			425 km				$15{,}994 \cdot 10^6$ km³	
g)	400 m						$20 \cdot 10^6$ m³	
h)	320 cm							366,6 cm²

3.43 Die Mantellinien eines Kegels sind 13,475 cm lang und schließen mit der Grundfläche den Winkel $63°48'40''$ ein. Man berechne
a) das Kegelvolumen, **b)** die Kegeloberfläche und **c)** das Volumen $\bar{V}$ der dem Kegel eingeschriebenen Kugel!

3.44 Einer Halbkugel ist ein Drehkegel mit dem Öffnungswinkel $\beta = 60°$ umgeschrieben. Wie verhalten sich die **a)** Volumina **b)** Oberflächen der beiden Körper zueinander?

3.45 Die Seitenkante $s = 45{,}029$ mm der geraden Pyramide mit einem rechtwinkligen Dreieck ($c = 19{,}994$ cm, $\alpha = 21{,}8°$) als Grundfläche ist unter dem Winkel $\beta = 54{,}2°$ zur Grundfläche geneigt. Volumen der Pyramide?

3.46 Die Seitenkante $s = 2{,}074\,5$ cm der geraden Pyramide vom Volumen $2{,}052\,9$ cm^3 ist gegen die Grundfläche unter dem Winkel $\beta = 29°30'20''$ geneigt. Man berechne die Grundfläche, wenn diese ein Rechteck darstellt!

3.47 Die Mantelfläche einer geraden quadratischen Pyramide ist viermal so groß wie ihre Grundfläche. Wie groß ist **a)** der Neigungswinkel α der Manteldreiecke **b)** der Neigungswinkel β der Seitenkante zur Basis?

3.48 Die Mantellinie einer regelmäßigen sechsseitigen Pyramide ist doppelt so groß wie ihre Grundfläche. Wie groß ist

a) der Neigungswinkel α der Seitenfläche,
b) der Neigungswinkel β der Seitenkante gegen die Grundfläche?

3.49 Die Mantelfläche einer regelmäßigen dreiseitigen Pyramide ist doppelt so groß wie ihre Grundfläche. Beantworten Sie die gleichen Fragen **a)** und **b)** wie in Aufgabe 3.48.

3.50 Die Spitze einer Pyramide liegt im Mittelpunkt eines Würfels mit der Kantenlänge a, ihre Basis ist die Grundfläche des Würfels. Wie groß sind **a)** das Volumen **b)** die Oberfläche der Pyramide.

3.51 Ein rechtwinkliges Dreieck ($c = 25$ cm, $\alpha = 53{,}1°$) rotiert um die Hypotenuse. Man berechne **a)** das Volumen **b)** die Oberfläche des entstehenden Rotationskörpers.

3.3 Die trigonometrischen Funktionen für beliebige Winkel

3.3.1 Erweiterung des Begriffes der trigonometrischen Funktionen auf beliebige Winkel

Die in (3.4) erfolgten Definitionen für die vier trigonometrischen Funktionen Sinus, Cosinus, Tangens und Cotangens haben den großen Nachteil, dass sie nur für solche Winkel α angewendet werden können, für die gilt:

$$\alpha \in (0°; 90°).$$

Der Grund hierfür ist darin zu suchen, dass in rechtwinkligen Dreiecken nur spitze Winkel zwischen 0° und 90° auftreten.

Um die trigonometrischen Funktionen nun auch auf beliebig große Winkel anwenden zu können, muss nach einer umfassenderen Definition gesucht werden, durch die die bisher kennengelernten Eigenschaften der Funktionen für spitze Winkel weiterhin *erhalten bleiben*, die es aber gleichzeitig gestatten, den Funktionsbegriff auch auf *beliebige Winkel* auszudehnen.

Eine Möglichkeit hierfür bietet sich an, wenn man als Bezugswinkel nicht mehr einen spitzen Winkel in einem rechtwinkligen Dreieck wählt, sondern einen Winkel α betrachtet, der in einem **Polarkoordinatensystem** zwischen dem *Polstrahl* r und dem Strahl liegt, der vom Pol M zu einem beliebigen Punkt P eines Kreises um M zeigt (vgl. Bild 3.35).

Bewegt sich nun der Punkt P auf der Peripherie des Kreises entlang, so können beliebig große Winkel entstehen, und zwar spricht man von einem **positiven Winkel** α, wenn P sich *entgegen dem Uhrzeigersinn* auf der Kreisperipherie entlangbewegt. Kreist dagegen P *im Uhrzeigersinn* um den Mittelpunkt herum, so nennt man α einen **negativen Winkel**.

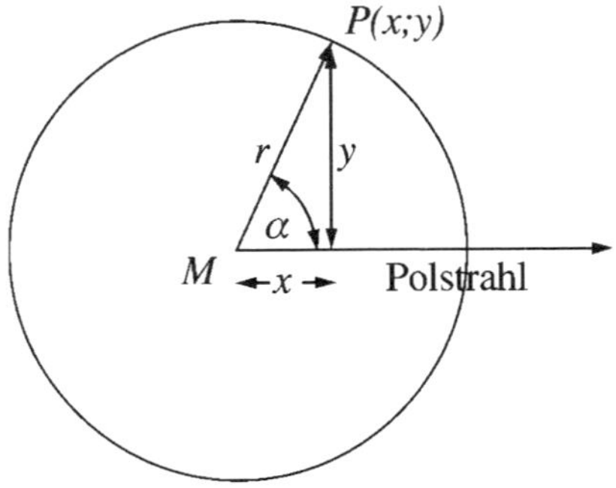

Bild 3.35

Solange α zwischen 0° und 90° liegt, kann die bisherige Definition der trigonometrischen Funktionen angewendet werden, so dass

$$\sin\alpha = \frac{y}{r}, \quad \cos\alpha = \frac{x}{r}, \quad \tan\alpha = \frac{y}{x}, \quad \cot\alpha = \frac{x}{y}$$

wird. Wählt man nun außerdem als Radius des Kreises $r = 1$ – man spricht in diesem Falle vom **Einheitskreis** –, so lassen diese Formeln (zunächst nur für $0° \leq \alpha \leq 90°$) die folgende Deutung zu:

> Der *Sinus* des Winkels α stimmt überein mit der *Ordinate* des sich auf der Kreisperipherie bewegenden Punktes P, der *Cosinus* mit dessen *Abszisse. Tangens bzw. Cotangens* des Winkels α stimmen überein mit dem Verhältnis von *Ordinate zu Abszisse* bzw. von *Abszisse zu Ordinate* dieses Punktes.

Diese Eigenschaften der Koordinaten des beweglichen Punktes P sind ohne weiteres *übertragbar auf beliebige Winkel* α, so dass es sinnvoll ist, sie als Grundlage für die **Definition der trigonometrischen Funktionen für beliebige Winkel** zu verwenden:

> Ist α der Winkel zwischen dem Polstrahl und dem vom Pol zu einem beliebigen Punkt $P(x,y)$ der Peripherie des Einheitskreises gehenden Strahls (vgl. Bild 3.35), dann gilt:

$\sin\alpha$	$=$	Ordinate y des Punktes P,	(3.7)
$\cos\alpha$	$=$	Abzisse x des Punktes P,	
$\tan\alpha$	$=$	Verhältnis von Ordinate zu Abzisse des Punktes P,	
$\cot\alpha$	$=$	Verhältnis von Abzisse zu Ordinate des Punktes P.	

Aus dieser Definition ergeben sich wichtige **Folgerungen** für die vier trigonometrischen Funktionen.

1. Funktionswerte der trigonometrischen Funktionen gibt es *sowohl für positive als auch für negative Winkel.*
2. Der Winkel α *darf auch größer als* 360° *sein*. Dies entspricht dann einer mehrfachen Umkreisung des Einheitskreises durch den betrachteten Punkt P.
3. Die Funktionswerte der trigonometrischen Funktionen sind *vorzeichenbehaftet*, denn die Vorzeichen von Ordinate und Abszisse eines Punktes hängen davon ab, in welchem Quadranten des Koordinatensystems der Punkt P liegt.

Die Vorzeichen der vier Funktionen in Abhängigkeit vom Quadranten sind in der nachfolgenden Tabelle zusammengestellt.

Funktion	Quadrant			
	1.	2.	3.	4.
$\sin\alpha$	$+$	$+$	$-$	$-$
$\cos\alpha$	$+$	$-$	$-$	$+$
$\tan\alpha$	$+$	$-$	$+$	$-$
$\cot\alpha$	$+$	$-$	$+$	$-$

(3.8)

Mit Hilfe dieser Definition lassen sich nun auch die Funktionswerte für die beiden Winkel 0° und 90° angeben.

Wenn $\alpha = 0°$ ist, dann wird die Ordinate des Punktes P auf der Kreisperipherie $y = 0$, und die zugehörige Abzisse besitzt den Wert $x = 1$. Aus (3.7) ergeben sich damit unmittelbar die Funktionswerte

$$\sin 0° = 0, \quad \cos 0° = 1 \quad \text{und} \quad \tan 0° = 0.$$

Für den Cotangens macht sich noch eine zusätzliche Überlegung erforderlich, denn die bedenkenlose Anwendung von (3.7) auf $\cot 0°$ würde eine Division durch 0 nach sich ziehen. Lässt man α immer kleiner werden, so nähert sich die Abzisse des Punktes P im Bild 3.35 immer mehr dem Werte 1, während die Ordinate gegen Null geht. Die Division von 1 durch eine immer kleiner werdende Zahl liefert jedoch ein immer größer werdendes Ergebnis, so dass es sinnvoll erscheint, $\cot 0°$ den Wert ∞ zuzuschreiben.

Ähnliche Überlegungen können auch für den Winkel 90° angestellt werden, so dass sich für diese beiden speziellen Winkel folgende Funktionswerte ergeben:

α	$\sin\alpha$	$\cos\alpha$	$\tan\alpha$	$\cot\alpha$
0°	0	1	0	∞
90°	1	0	∞	0

(3.9)

Aus der Symmetrie des Einheitskreises im Koordinatensystem ergeben sich *Beziehungen zwischen den trigonometrischen Funktionen unterschiedlicher Winkel*, die für die Bestimmung der Funktionswerte von Bedeutung sind. Wie aus Bild 3.36 ersichtlich ist, lässt sich jeder Winkel als Summe bzw. Differenz eines ganzzahligen Vielfachen von 180° und einem spitzen Winkel α ausdrücken. So ist beispielsweise $217° = 180° + 37°$, $358° = 360° - 2°$ usw. Der Funktionswert dieses spitzen Winkels stimmt dann stets (bis auf das Vorzeichen) mit dem nach (3.7) definierten Funktionswert des Ausgangswinkels überein. Auf diese Weise erhält man die folgenden Formeln:

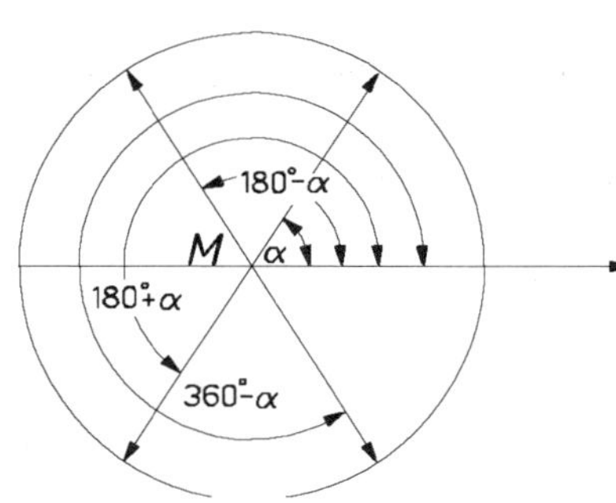

Bild 3.36

x	$180^\circ - \alpha$	$180^\circ + \alpha$	$360^\circ - \alpha$	$-\alpha$
$\sin x$	$\sin\alpha$	$-\sin\alpha$	$-\sin\alpha$	$-\sin\alpha$
$\cos x$	$-\cos\alpha$	$-\cos\alpha$	$\cos\alpha$	$\cos\alpha$
$\tan x$	$-\tan\alpha$	$\tan\alpha$	$-\tan\alpha$	$-\tan\alpha$
$\cot x$	$-\cot\alpha$	$\cot\alpha$	$-\cot\alpha$	$-\cot\alpha$

(3.10)

Für die Ermittlung von Funktionswerten der trigonometrischen Funktionen ist es *nicht* unbedingt zu empfehlen, sich die Vorzeichenregeln (3.8) sowie die Umrechnungsformeln (3.10) gut einzuprägen. Es ist viel besser, sich stets die Veranschaulichung der trigonometrischen Funktionen für beliebige Winkel am Einheitskreis vor Augen zu führen. Aus ihnen ergeben sich dann die gesuchten Zusammenhänge fast ganz von selbst.

Bei den bisherigen Überlegungen wurde stillschweigend vorausgesetzt, dass nur Funktionswerte der trigonometrischen Funktionen für Winkel zwischen 0° und 360° ermittelt werden sollten. Diese Einschränkung ist jedoch keinesfalls notwendig, denn auch Winkel über 360° können am Einheitskreis dargestellt werden (es werden dann eben nur mehr als eine volle Umdrehung um den Einheitskreis erforderlich sein, bis man den gegebenen Winkel erreicht hat), so dass die bisher angestellten Betrachtungen auch auf derartige Winkel ausgedehnt werden können.

So erreicht man z. B. den Winkel 1000° dadurch, dass man den Einheitskreis zunächst zweimal voll umkreist (720°) und dann noch 280° anfügt. Der Punkt P, der zum Winkel 1000° gehört, hat also im Einheitskreis dieselbe Endlage wie der Punkt P', der den Winkel 280° repräsentiert. Entsprechend erhält man den Winkel −523°, wenn man sich zunächst im Uhrzeigersinn um den Einheitskreis herum bewegt und anschließend noch 163° weitergeht.

3.3.2 Ermittlung der Werte der trigonometrischen Funktionen für beliebige Winkel

Die Ermittlung trigonometrischer Funktionswerte für beliebige Winkel mit Hilfe des Taschenrechners ist völlig problemlos, unabhängig davon, in welchem Winkelmaß der Winkel gegeben ist. Die Vorgehensweise entspricht in allen Teilschritten der, die bereits im Abschnitt 3.2.3 beschrieben worden ist.

Beispiel:

3.20 Den Wert von $\sin 125{,}4^\circ$ erhält man, indem man die Zahl 125,4 in den Taschenrechner eingibt und danach die [sin]-Taste drückt. (Winkelmaß DEG einstellen!)

Ergebnis: $\sin 125{,}4^\circ = 0{,}815\,127\,8$.
Die nachfolgenden Beispiele sind völlig analog berechnet worden. Prüfen Sie bitte die Ergebnisse an Ihrem Taschenrechner nach und überlegen Sie, ob Sie das Vorzeichen des Funktionswertes ebenso wie der Taschenrechner festgelegt hätten!

$\tan 237{,}12^\circ = 1{,}546\,948\,4$	$\cos(-28{,}3^\circ) = 0{,}884\,773$
$\sin 3 = 0{,}141\,120\,0$	(Winkelangabe im Bogenmaß, daher auf RAD umschalten!)
$\sin 3^\circ = 0{,}052\,336\,0$	(DEG vorwählen!)
$\cos 4{,}2 = -0{,}490\,260\,4$	$\cot 4{,}2 = 0{,}562\,499\,388$
$\sin 400^\circ = 0{,}642\,787\,6$	$\cos 612^\circ = -0{,}309\,016\,9$
$\tan(-612^\circ) = -3{,}077\,6836$	$\cot 1\,000^\circ = -0{,}176\,3270$
$\sin 500\text{ gon} = 1$	$\cot 3 \cdot \dfrac{3\pi}{2} = 0$

Anmerkung zu den letzten beiden Beispielen: Zur Lösung von Aufgaben, bei denen der Winkel solche charakteristischen Werte wie 500 gon ($= 450^\circ$) oder $3 \cdot \pi/2$ ($= 270^\circ$) besitzt, sollte man keinesfalls zum Taschenrechner greifen. Wenn man sich den jeweiligen Winkel im Einheitskreis vorstellt, müsste man in der Lage sein, die Lösung sofort niederzuschreiben. So ist z. B. die Ordinate des Punktes P bei einem Winkel von 270° $y = -1$, so dass $\sin 270^\circ = -1$ sein muss.

Ist der Funktionswert einer trigonometrischen Funktion gegeben und der zugehörige Winkel gesucht, so liegen die Dinge nicht ganz so einfach wie im eben behandelten Falle. Der Taschenrechner liefert nämlich immer nur *einen* Winkel, während aus der Definition der trigonometrischen Funktionen hervorgeht, dass zu jedem Funktionswert in der Regel zwei zugehörige Winkel gehören, sofern man sich nur auf Lösungen aus dem Bereich von 0° bis 360° beschränkt. Wollte man hingegen *alle* Winkel α bestimmen, deren Sinus beispielsweise den Wert $\sin\alpha = 0{,}5$ besitzen, so gibt es unendlich viele α-Werte, denn wenn der Punkt P im Bild 3.35 unablässig auf der Peripherie des Einheitskreises kreist, trifft er bei jeder Umdrehung zweimal auf eine Stelle, an der die zugehörige Ordinate den Wert $y = +0{,}5$ besitzt. Es erhebt sich damit also die Frage, wie man zu einem gegebenen Funktionswert *alle* Winkel finden kann, die diesem Funktionswert zugeordnet sind.

Beispiele:

3.21 Für welche Winkel $\alpha \in [0^\circ, 360^\circ]$ gilt $\sin\alpha = 0{,}5$?

Lösung: Der Taschenrechner liefert zunächst aufgrund der Tastenfolge

[DEG] [0] [·] [5] [F^{-1}] [sin]

das Ergebnis $\alpha_1 = 30^\circ$.
Dieses Ergebnis ist offensichtlich in Ordnung, aber es liefert nur die „halbe Wahrheit“, denn wenn der Punkt P um den Einheitskreis herumläuft, dann kommt er im „zweiten Quadranten“ nochmals an eine Stelle, an der die zugehörige Ordinate den Wert 0.5 hat. Der zugehörige Winkel ist dann

$\alpha_2 = 180^\circ - 30^\circ = 150^\circ$.

In dem in der Aufgabenstellung genannten Bereich gibt es also die beiden Winkel

$\alpha_1 = 30^\circ \qquad \text{und} \qquad \alpha_2 = 150^\circ$,

für die gilt

$\sin\alpha_i = 0{,}5 \quad (i = 1, 2)$.

3.22 Im gleichen Bereich wie im Beispiel 3.21 sollen diejenigen Winkel σ ermittelt werden, für die gilt $\cos\sigma = -0{,}5$.

Lösung: Nach der Eingabe von $-0{,}5$ liefert der Taschenrechner zunächst das Ergebnis

$\sigma_1 = 120^\circ$.

Dieses Ergebnis ist richtig, denn der Cosinus liefert im zweiten Quadranten negative Werte, und nach (3.10) ist

$\cos 120^\circ = -\cos(180^\circ - 60^\circ) = -\cos 60^\circ = -0{,}5.$

Da der Cosinus aber auch im dritten Quadranten negative Werte besitzt, kommt als weitere Lösung der Aufgabe der Winkel

$\sigma_2 = 180^\circ + 60^\circ = 240^\circ$

in Frage.

Eine andere Möglichkeit, zu einem gegebenen Wert einer trigonometrischen Funktion die zugehörigen Winkel innerhalb eines bestimmten Bereiches zu ermitteln, besteht darin, dass man zunächst das Vorzeichen des Funktionswertes unberücksichtigt lässt und den dazugehörigen spitzen Winkel bestimmt. Daran anschließen muss sich dann die Überlegung, in welchem Quadranten die zu berechnenden Winkel aufgrund des Vorzeichens des Funktionswertes liegen müssen.

Beispiele:

3.23 Für welche Winkel $\tau \in [0^\circ; 360^\circ]$ gilt $\tan \tau = -0{,}5$?

Lösung: Man bestimmt zunächst den zu $\tan \tau = 0{,}5$ gehörenden Winkel τ.
Es ist $\tau = 26{,}565^\circ$.
Da der gegebene Tangenswert *negativ* ist, müssen die zugehörigen Winkel entweder im zweiten oder im vierten Quadranten liegen. Somit lauten die gesuchten Lösungen

$\tau_1 = 180^\circ - \tau = 153{,}435^\circ$ und $\tau_2 = 360^\circ - \tau = 333{,}055^\circ$.

3.24 Prüfen Sie bitte selbständig nach, dass zu $\cot \omega = -3{,}5$ im Intervall $[0^\circ; 360^\circ]$ die beiden Winkel

$\omega_1 = 180^\circ - 15{,}945^\circ = 164{,}055^\circ$ und $\omega_2 = 360^\circ - 15{,}945^\circ = 344{,}055^\circ$

sowie zu $\sin \omega = -0{,}88$ die beiden Winkel

$\omega_3 = 180^\circ + 61{,}642^\circ = 241{,}642^\circ$ und $\omega_4 = 360^\circ - 61{,}642^\circ = 298{,}358^\circ$

gehören.

Auch in dem Falle, dass *alle* Winkel bestimmt werden sollen, die einen vorgegebenen Funktionswert besitzen, muss man zunächst einmal wie bisher die zum Funktionswert gehörenden Winkel zwischen 0° und 360° ermitteln. Danach braucht dann nur noch berücksichtigt zu werden, dass sich jeder Funktionswert genau dann wiederholt, wenn sich der Punkt P auf dem Einheitskreis um jeweils eine volle Umdrehung weiterbewegt hat, gleichgültig, ob diese Bewegung im positiven oder im negativen Sinne erfolgte.

Beispiele:

3.25 Es sollen alle Winkel ermittelt werden, für die gilt $\cos x = -0{,}235$.

Lösung: Aus $\cos x = 0.235$ erhält man als zugehörigen spitzen Winkel

$x_0 = 76{,}408^\circ$.

Der gegebene Cosinus-Wert ist negativ, folglich müssen die zugehörigen zwischen 0° und 360° liegenden Winkel

$$x_1 = 103{,}592^\circ \qquad \text{und} \qquad x_2 = 256{,}408^\circ$$

sein.
Die Gesamtheit *aller* Winkel, die die gegebene Bedingung erfüllen, kann damit wie folgt angegeben werden:

$$x_{1k} = 103{,}592^\circ + k \cdot 360^\circ, \quad x_{2k} = 256{,}408^\circ + k \cdot 360^\circ$$

mit $k \in \mathbf{G}$,
oder unter Verwendung der Symbolik der Mengenlehre:

$$\mathrm{L} = \{x \mid x = 103{,}592^\circ + k \cdot 360^\circ \vee x = 256{,}408^\circ + k \cdot 360^\circ \wedge k \in \mathbf{G}\}.$$

3.26 Welche Winkel $\beta \in \mathbf{R}$ erfüllen die Bedingungen
a) $\cos\beta = -1$ bzw. **b)** $\tan\beta = -1$.
Die Winkelangabe soll im Bogenmaß erfolgen.

Lösung: In beiden Fällen können die Ausgangswinkel für die Lösungen der Aufgaben direkt aus der Anschauung, also ohne Verwendung von Rechenhilfsmitteln, angegeben werden.
Wenn der Cosinus des Winkels β den Wert -1 besitzen soll, dann muss die Abszisse des sich im Bild 3.35 auf der Kreisperipherie bewegenden Punktes $x_P = -1$ sein. Dies ist genau dann der Fall, wenn P auf der negativen x-Achse liegt, d. h. wenn der zugehörige Winkel $\beta_0 = \pi$ ist. Ein weiterer Winkel β aus dem Bereich $[0; 2\pi]$ mit $\cos\beta = -1$ existiert nicht.
Da P bei jeder weiteren Umkreisung des Einheitskreises die soeben beschriebene Lage erneut erreicht, sind auch die Winkel

$$\beta_1 = 3\pi,\ \beta_2 = 5\pi,\ \ldots, \quad \text{aber auch} \quad \beta_{-1} = -\pi,\ \ldots$$

Lösungen der gegebenen Aufgabe.
Alle diese Lösungen lassen sich wie folgt zusammenfassen:

$$\beta_k = (2k - 1)\pi \qquad \text{mit} \qquad k \in \mathbf{G}.$$

Bei $\tan\beta = -1$ führt folgende Überlegung zum Ziel:
Wenn $\tan\beta = 1$ sein soll, dann muss ein gleichschenklig-rechtwinkliges Dreieck vorliegen (warum?). Der zu $\tan\beta = 1$ gehörende spitze Winkel ist dann $\beta = \frac{\pi}{4}$.
Da der in der Aufgabenstellung gegebene Tangenswert negativ ist, kommen im Bereich $[0; 2\pi]$ die beiden Winkel $\beta_1 = \frac{3\pi}{4}$ und $\beta_2 = \frac{7\pi}{4}$ in Betracht, so dass die Lösung der Aufgabe in der allgemeinen Form

$$\beta_k = \frac{3\pi}{4} + k\pi \qquad \text{mit} \qquad k \in \mathbf{G}$$

geschrieben werden kann.

3.27 Für welche Winkel $\omega \in [2\pi; 4\pi]$ ist $\sin\omega = 0{,}256\,7$?

Lösung: Zunächst werden in der üblichen Weise die zu $\sin\omega = 0{,}256\,7$ gehörenden Winkel aus dem Bereich $[0; 2\pi]$ ermittelt. Es müssen Winkel des ersten bzw. zweiten Quadranten sein (Bogenmaß beachten!):

$$\omega_1 = 0{,}259\,606\,2 \qquad \omega_2 = \pi - \omega_1 = 2{,}881\,986\,4.$$

Da jedoch die Winkel im Bereich $[2\pi; 4\pi]$ liegen sollen, muss noch die Umrechnung auf den geforderten Bereich erfolgen. Man erhält als Lösungen der Aufgabe:

$$\omega_3 = \omega_1 + 2\pi = 6{,}542\,791\,5 \quad \text{und}$$
$$\omega_4 = \omega_2 + 2\pi = 9{,}165\,171\,7.$$

3.28 Für welche Winkel des Bereiches $[-\pi; \pi]$ gilt $\tan \delta = -2{,}4$?

Lösung: Aus $\tan \delta = 2{,}4$ folgt zunächst der spitze Winkel $\delta_0 = 1{,}176\,005\,2$.
Da der gegebene Funktionswert negativ ist, müssen die gesuchten Winkel im zweiten bzw. im vierten Quadranten liegen. Der Winkel im vierten Quadranten kann als negativer Winkel in der Form

$$\delta_1 = -1{,}176\,005\,2$$

geschrieben werden.
Für den im zweiten Quadranten liegenden Winkel erhält man

$$\delta_2 = \pi - \delta_0 = 1{,}965\,587\,4.$$

3.3.3 Vereinfachte Umrechnung von Winkeln aus Gradmaß in Bogenmaß und umgekehrt

Die Umrechnung von Winkeln aus dem Gradmaß in Bogenmaß und umgekehrt wurde in 3.1 erklärt. Die dabei auftretende Zahlenrechnung, die sich aus der Proportion

$$\alpha : \operatorname{arc} \alpha = 180^\circ : \pi$$

ergibt, kann man umgehen und schneller zum Ziel gelangen, wenn man den Taschenrechner benutzt und dabei folgenden Weg einschlägt:

Umrechnung von Gradmaß in Bogenmaß:

- Taschenrechner auf Gradmaß einstellen (DEG) und den gegebenen Winkel eingeben.
- Eine beliebige trigonometrische Funktion für diesen Winkel berechnen.
- Umstellen auf Bogenmaß (RAD).
- Von der gewählten trigonometrischen Funktion mit Hilfe der Taste [F^{-1}] wieder zurück zum Winkel gehen.

Beispiel:

3.29 Der Winkel $\alpha = 36{,}12^\circ$ soll aus dem Gradmaß in das Bogenmaß umgewandelt werden.

Lösung: Die Tastenfolge

[DEG] [3] [6] [·] [1] [2] [sin] [RAD] [F^{-1}] [sin]

ergibt

$$\alpha = 0{,}630\,412\,9 \text{ rad}.$$

Die Umrechnung von Winkeln aus dem Bogenmaß in das Gradmaß erfolgt in völlig analoger Weise.

Beispiel:

3.30 Der Winkel $\phi = \pi/7$ soll in Gradmaß umgewandelt werden.

Lösung: Aus der Tastenfolge

[RAD] [π] [/] [7] [=] [tan] [DEG] [F^{-1}] [tan]

folgt

$$\phi = 25{,}714\,286^\circ.$$

Der Leser führe zum Vergleich die Umformungen auch mit Hilfe der Proportion

$$\alpha : \operatorname{arc} \alpha = 180^\circ : \pi$$

durch.

Solange spitze Winkel von dem einen Winkelmaß in das andere umgewandelt werden sollen, kann bei dieser Vorgehensweise nichts passieren. Sollen andere als spitze Winkel umgewandelt werden, so muss berücksichtigt werden, dass der Taschenrechner die zu gegebenen Sinus– und Tangenswerten gehörenden Winkel immer nur aus dem Bereich $\left[-\frac{\pi}{2}; \frac{\pi}{2}\right]$ ausgibt, während für die Cosinusfunktion nur Werte aus dem Bereich $[0; \pi]$ ausgegeben werden. (Warum dies so ist, wird im Kapitel 4 näher erläutert werden.)

Beispiel:

3.31 Der Winkel $\sigma = 151{,}2^\circ$ soll ins Bogenmaß umgewandelt werden.

Lösung: Die gedankenlose Nachahmung der im Beispiel 3.29 vorgeführten Tastenfolge auf den hier gegebenen Winkel führt auf das Taschenrechnerergebnis

$$\sigma = 0{,}502\,654\,8.$$

Betrachtet man jedoch dieses Ergebnis gründlicher, so stellt man fest, dass ein *spitzer* Winkel entstanden ist, während in der Aufgabe von einem *stumpfen* Winkel ausgegangen wurde. Es ist demnach noch die Umrechnung des Zwischenergebnisses in den der Aufgabenstellung entsprechenden Winkel durchzuführen. Er liegt im zweiten Quadranten, also muss

$$\sigma_1 = \pi - \sigma = 2{,}638\,993\,78 \text{ rad}$$

sein.

Diese Art der Umrechnung von einem Winkelmaß in ein anderes ist zwar rechnerisch sehr einfach, man sollte sie aber nur dann anwenden, wenn man im Gebrauch der Winkelfunktionen wirklich sattelfest ist. Das Beispiel 3.31 demonstriert überdies die volle Bedeutung der folgenden beherzigenswerten Regel:

> Auch das beste moderne Rechenhilfsmittel kann einem nicht das gründliche Nachdenken über die Aufgabenstellung und über das gefundene Ergebnis ersparen.

Beispiel:

3.32 Der im Bogenmaß gegebene Winkel $\tau = 4$ rad soll in Gradmaß umgerechnet werden.

Lösung: Ersetzt man im Beispiel 3.30 die Tastenfolge

[π] [/] [7] durch die der Aufgabe entsprechenden Eingabe [4], so erhält man als

Zwischenergebnis $\tau_0 = 49{,}183\,118^\circ$.
Da $\pi < 4 < 3\pi/2$ ist, muss der gesuchte Winkel im dritten Quadranten liegen. Somit wird

$$\tau = 180^\circ + \tau_0 = 229{,}183\,118^\circ.$$

Aufgaben:

3.52 Am Einheitskreis sind $\sin \alpha$, $\cos \alpha$ und $\tan \alpha$ für
a) $\alpha = 53^\circ$ **b)** $\alpha = 140^\circ$ **c)** $\alpha = 215^\circ$ und **d)** $\alpha = 300^\circ$ darzustellen!

3.53 Man zeichne einen Kreis mit dem Radius $r = 10$ cm und ermittle durch Abmessen näherungsweise folgende Werte:

a) $\sin 40°$ **b)** $\cos 70°$ **c)** $\sin 110°$ **d)** $\cos 250°$
e) $\sin 230°$ **f)** $\tan 35°$ **g)** $\tan 215°$ **h)** $\tan 325°$

3.54 Bestimmen sie die Werte der folgenden Winkelfunktionen:

a) $\sin 136{,}4°$ **b)** $\cos 220°8'$ **c)** $\tan(-12{,}37°)$ **d)** $\cot(-305{,}4°)$
e) $\sin 2{,}5$ **f)** $\sin(-2{,}5)$ **g)** $\tan 400°$ **h)** $\cos 4{,}5$
i) $\cot(-299{,}4°)$ **j)** $\tan 8$

3.55 Für welche Winkel aus den jeweils angegebenen Bereichen gilt

a) $\tan\alpha = 0{,}5 \quad \alpha \in [0°; 360°]$ **b)** $\cot\alpha = -3{,}5 \quad \alpha \in [0°; 360°]$
c) $\sin\alpha = -0{,}88 \quad \alpha \in [0°; 360°]$ **d)** $\cos\alpha = -2{,}070\,71 \quad \alpha \in \mathbf{R}$
e) $\cot\beta = 1{,}5 \quad \beta \in [0; 4\pi]$ **f)** $\sin\gamma = -0{,}8 \quad \gamma \in [-\pi; \pi]$
g) $\cos\gamma = 0{,}8 \quad \gamma \in [-\pi; \pi]$ **h)** $\sin\epsilon = 1/2 \cdot \sqrt{2} \quad \epsilon \in \mathbf{R}$

3.56 Aufgrund geometrischer Überlegungen ist jeweils eines der Relationszeichen $>$, $<$ oder $=$ einzusetzen!

a) $\sin 40° \ldots \sin 250°$ **b)** $\cos 40° \ldots \cos 60°$
c) $\tan 12° \ldots \tan 192°$ **d)** $\sin 170° \ldots \sin 70°$
e) $\cos 45° \ldots \cos(-45°)$ **f)** $\tan 150° \ldots \tan 190°$
g) $\sin 91° \ldots \cos 1°$ **h)** $\tan 30° \ldots \sin 30°$

3.57 In welchen Quadranten kann der Winkel α liegen, wenn folgendes gilt:

a) $\sin\alpha = 0{,}734\,2$ **b)** $\cos\alpha = 0{,}523\,1$ **c)** $\tan\alpha = -4{,}328\,4$
d) $\sin\alpha = -0{,}910\,2$ **e)** $\cos\alpha = -0{,}131\,5$ **f)** $\tan\alpha = 17{,}512$

3.58 Die gegebenen Funktionswerte sind durch Funktionswerte des Winkels α mit $0° \leq \alpha < 90°$ derselben Funktion darzustellen:

a) $\sin 155°$ **b)** $\sin 181°$ **c)** $\cos 155°$ **d)** $\cos 285°$
e) $\sin 245°$ **f)** $\tan 165°$ **g)** $\tan 265°$ **h)** $\tan 306°$

3.59 Die nachstehende Tabelle ist so zu vervollständigen, dass nur Funktionswerte des Winkels α auftreten.

φ	$90° + \alpha$	$90° - \alpha$	$180° + \alpha$	$180° - \alpha$	$270° + \alpha$	$270° - \alpha$	$360° + \alpha$	$360° - \alpha$
$\sin\varphi$	$\cos\alpha$	$\cos\alpha$	$-\sin\alpha$	$\sin\alpha$				
$\cos\varphi$	$-\sin\alpha$	$\sin\alpha$	$-\cos\alpha$	$-\cos\alpha$				
$\tan\varphi$								

Wie lassen sich die jeweiligen Beziehungen am Einheitskreis herleiten?
Anleitung:

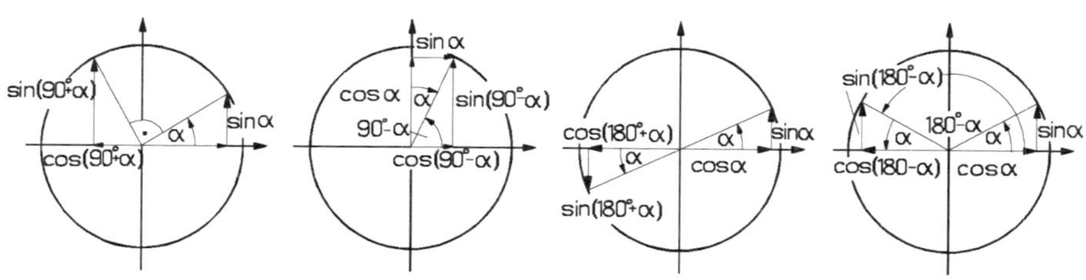

$\sin(90°+\alpha) = \cos\alpha$	$\sin(90°-\alpha) = \cos\alpha$	$\sin(180°+\alpha) = -\sin\alpha$	$\sin(180°-\alpha) = \sin\alpha$
$\cos(90°+\alpha) = -\sin\alpha$	$\cos(90°-\alpha) = \sin\alpha$	$\cos(180°+\alpha) = -\cos\alpha$	$\cos(180°-\alpha) = -\cos\alpha$

Bild 3.37

Bei den Aufgaben 3.60 bis 3.63 sind die zugehörigen Argumente α mit $0^\circ \leq \alpha < 360^\circ$ zu ermitteln!

3.60 **a)** $\sin\alpha = 0{,}419$ **b)** $\cos\alpha = -0{,}477\,12$ **c)** $\tan\alpha = 0{,}602\,06$

3.61 **a)** $\sin\alpha = 0{,}147$ **b)** $\cos\alpha = 0{,}932\,4$ **c)** $\tan\alpha = 1{,}113\,9$

3.62 **a)** $\sin\alpha = -0{,}32$ **b)** $\cos\alpha = -0{,}453$ **c)** $\tan\alpha = -1{,}2$

3.63 **a)** $\sin\alpha = -0{,}8$ **b)** $\cos\alpha = 0{,}532\,1$ **c)** $\tan\alpha = -0{,}45$

Bei den Aufgaben 3.64 bis 3.67 sind die zugehörigen Argumente x mit $x \in [0; 2\pi]$ im Bogenmaß anzugeben!

3.64 **a)** $\sin x = 1{,}539\,04$ **b)** $\cos x = 0{,}508\,1$ **c)** $\tan x = -3{,}4$
Bemerkung: Man achte darauf, dass der Taschenrechner auf das Bogenmaß eingestellt ist!

3.65 **a)** $\sin x = 0{,}062\,5$ **b)** $\cos x = 0{,}302\,14$ **c)** $\tan x = -2{,}718\,2$

3.66 **a)** $\sin x = -0{,}382\,5$ **b)** $\cos x = 1{,}342$ **c)** $\tan x = 0{,}093$

3.67 **a)** $\sin x = 0{,}713$ **b)** $\cos x = 0{,}91$ **c)** $\tan x = 0{,}318\,542$

3.68 Zeigen Sie an Hand einer geometrischen Veranschaulichung, dass für *kleine Winkel* α gilt:

$$\begin{aligned} \sin\alpha &\approx \tan\alpha \approx \alpha \\ \cos\alpha &\approx 1 \end{aligned} \qquad (3.11)$$

3.69 Welchen Fehler (in %) macht man, wenn man
a) $\sin 1{,}5^\circ$ **b)** $\tan 4^\circ$ **c)** $\cos 5^\circ$ **d)** $\sin 20^\circ$
e) $\sin 6^\circ$ **f)** $\tan 8^\circ$ **g)** $\cos 10^\circ$ **h)** $\cos 20^\circ$
mit Hilfe der obigen Beziehungen (3.11) näherungsweise bestimmt?

3.70 Lösen Sie die Aufgabe 3.2, indem Sie die Umschaltmöglichkeiten von RAD nach DEG und umgekehrt nutzen.

3.4 Berechnungen am allgemeinen Dreieck

3.4.1 Der Sinussatz

Auf Grund der Definitionen (3.4) der trigonometrischen Funktionen Sinus, Cosinus, Tangens und Cotangens lassen sich mit deren Hilfe zunächst nur dann die Seiten und Winkel von Dreiecken berechnen, wenn es sich um rechtwinklige Dreiecke handelt, bzw. wenn sich die Dreiecke durch Hilfslinien in mehrere rechtwinklige Dreiecke zerlegen lassen. Damit ist der Anwendungsbereich der trigonometrischen Funktionen auf Dreiecksberechnungen natürlich stark eingeschränkt. Es ist daher erstrebenswert, Beziehungen zwischen Bestimmungsstücken von Dreiecken zu finden, die es gestatten, auch *Berechnungen an beliebigen Dreiecken* durchzuführen.

Zu diesem Zweck betrachten wir ein Dreieck ABC mit beliebigen Seiten a, b, und c und beliebigen Winkeln α,β und γ, die jedoch zunächst nur spitze Winkel sein sollen (vgl. Bild 3.38). Um Beziehungen zwischen den Seiten und den Winkeln dieses Dreiecks feststellen zu können, ist es durch die Höhe h_c in zwei *rechtwinklige* Teildreiecke ADC und DBC zerlegt worden. Im Dreieck ADC ist

$$\sin\alpha = \frac{h_c}{b},$$

woraus

$$h_c = b\sin\alpha \qquad (^*)$$

folgt. Entsprechend erhält man aus Dreieck DBC

$$h_c = a\sin\beta \qquad (^{**})$$

Aus (*) und (**) erhält man

$$b\sin\alpha = a\sin\beta\,. \qquad (^{***})$$

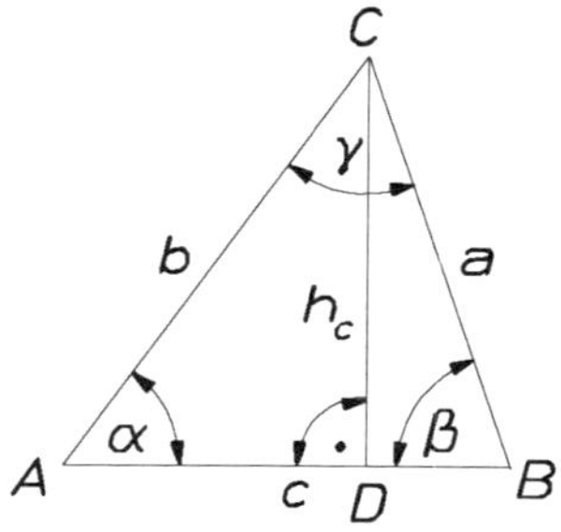

Bild 3.38

Es lässt sich nun ohne Schwierigkeiten zeigen, dass diese Beziehung auch richtig bleibt, wenn das Dreieck ABC stumpfwinklig ist. (Prüfen Sie diese Behauptung bitte an Hand des Bildes 3.39 nach!)
Beachten Sie dabei, dass der Winkel $DBC = 180° - \beta$ ist und dass gilt

$$\sin(180° - \beta) = \sin\beta\,.$$

(***) ist somit eine Beziehung, die *für jedes beliebige Dreieck Gültigkeit* besitzt.

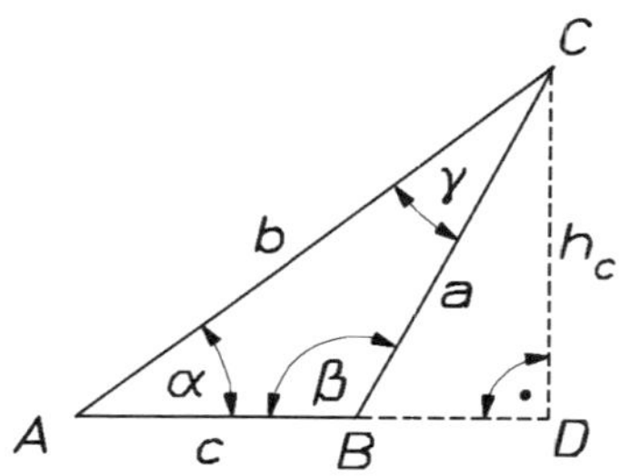

Bild 3.39

Daraus ergibt sich die **Folgerung:**

> Sind *drei* von den vier Bestimmungsstücken a,b,α und β eines beliebigen schiefwinkligen Dreiecks bekannt, so lässt sich das vierte mit Hilfe von (***) berechnen.

Anstelle von h_c hätte man in Bild 3.38 genauso gut die Höhe h_a oder h_b einzeichnen können, um das gegebene schiefwinklige Dreieck in zwei rechtwinklige Teildreiecke zu zerlegen. Dann wären statt (***) die beiden Formeln

$$b\sin\gamma = c\sin\beta \qquad \text{bzw.} \qquad a\sin\gamma = c\sin\alpha$$

entstanden.

Für manchen sind diese Formeln einprägsamer, wenn sie als *Proportionen* geschrieben werden:

$$\boxed{\begin{aligned} a : b &= \sin\alpha : \sin\beta \\ a : c &= \sin\alpha : \sin\gamma \\ b : c &= \sin\beta : \sin\gamma \end{aligned}} \qquad (3.12)$$

Man kann die drei Beziehungen auch als *fortlaufende Proportion* schreiben:

$$\boxed{a : b : c = \sin\alpha : \sin\beta : \sin\gamma} \qquad (3.13)$$

Diese Schreibweise lässt eine recht gut zu merkende Deutung des durch die Formeln (3.12) und (3.13) dargestellten *Zusammenhangs zwischen den Seiten und den Winkeln eines beliebigen Dreiecks* zu. Beachtet man, dass im Bild 3.38 die Winkel α,β und γ den Seiten a, b und c gegenüberliegen, dann kann man den durch die beiden Formeln (3.12) und (3.13) gegebenen Zusammenhang wie folgt interpretieren:

> In jedem beliebigen Dreieck stehen die Dreiecksseiten in demselben Verhältnis zueinander wie die Sinus der diesen Seiten gegenüberliegenden Winkel.

Dieser Satz wird **Sinussatz der ebenen Geometrie** genannt.

Er ist von großer Bedeutung für die Berechnung beliebiger ebener Dreiecke. Mit seiner Hilfe lassen sich Dreiecke berechnen, wenn von ihnen

- zwei Seiten und ein Winkel, der einer dieser Seiten gegenüberliegt, oder wenn
- zwei Winkel und eine Seite

bekannt sind.

Aus Bild 3.38 lässt sich überdies eine sehr einfache und häufig verwendete Formel für den **Flächeninhalt eines Dreiecks** herleiten. Aus

$$A = \frac{1}{2}ch_c \qquad \text{und} \qquad h_c = b\sin\alpha = a\sin\beta$$

folgt nämlich

$$\boxed{A = \frac{1}{2}ac\sin\beta = \frac{1}{2}ab\sin\gamma = \frac{1}{2}bc\sin\alpha} \qquad (3.14)$$

Beispiele:

3.33 Im Dreieck *ABC* betrage die Seite $b = 4.5\,\text{cm}$, und die beiden Winkel α und γ sollen $\alpha = 32^\circ$ und $\gamma = 51^\circ$ groß sein. Es sind die beiden fehlenden Seiten a und c sowie der Winkel β zu berechnen. Die Lage der Bestimmungsstücke des Dreiecks sei wie im Bild 3.38.

Lösung: Gegeben sind eine Seite und zwei Winkel des Dreiecks, also müsste der Sinussatz angewendet werden können. Jedoch sieht es zunächst so aus, als ließe sich diese Aufgabe gar nicht mit Hilfe des Sinussatzes lösen, denn wenn man die gegebene Seite b zu a oder zu c ins Verhältnis setzen will, dann braucht man dazu nach (3.12) auf jeden Fall den Winkel β. Der ist aber in der Aufgabenstellung nicht gegeben.
Bedenkt man jedoch, dass die Winkelsumme eines ebenen Dreiecks 180° beträgt, so erhält man β aus

$$\beta = 180^\circ - \alpha - \gamma = 97^\circ.$$

Nun lassen sich die beiden fehlenden Seiten a und c mit Hilfe des Sinussatzes berechnen. Dabei müssen natürlich in beiden Fällen die zu berechnenden Seiten zur gegebenen Seite ins Verhältnis gesetzt werden.

$$\begin{aligned} c : b &= \sin\gamma : \sin\beta & \qquad a : b &= \sin\alpha : \sin\beta \\ c &= b\frac{\sin\gamma}{\sin\beta} & a &= b\frac{\sin\alpha}{\sin\beta} \\ c &= 3{,}52\text{ cm} & a &= 2{,}40\text{ cm} \end{aligned}$$

Für die Berechnung von c und a mit dem Taschenrechner sei darauf verwiesen, dass in *beiden* Berechnungsformeln der Teilausdruck $\frac{b}{\sin\beta}$ auftritt, so dass es in diesem Falle sinnvoll ist, den Wert dieses Ausdrucks *nur einmal* zu berechnen und ihn für die weitere Rechnung zwischenzuspeichern.

Probe: Zur Kontrolle der Resultate kann man eine maßstabsgerechte Skizze des Dreiecks aus den gegebenen Bestimmungsstücken anfertigen. Eine andere Möglichkeit, das Resultat zu überprüfen, besteht darin, dass man ein Dreiecksstück auf zwei unterschiedliche Weisen berechnet, wobei bei den beiden Rechnungen möglichst *alle* in der Aufgabe berechneten Stücke verwendet werden sollten. Hier würde sich beispielsweise die Berechnung des Flächeninhalts anbieten. So ergibt

$$A = \frac{1}{2}ac\sin\beta = 4{,}192\,5\ \text{cm}^2 \quad \text{und}$$

$$A = \frac{1}{2}bc\sin\alpha = 4{,}197\ \text{cm}^2;$$

die gute Übereinstimmung der beiden Kontrollrechnungen lässt auf Richtigkeit des erzielten Ergebnisses schließen. Die geringfügigen Abweichungen der beiden Kontrollwerte voneinander sind durch Rundungsungenauigkeiten zu erklären.

3.34 In einem schiefwinkligen Dreieck seien gegeben: $a = 5$ m, $b = 7{,}2$ m und $\beta = 37{,}8°$. Zu berechnen sind c, α und γ.

Lösung: Da zwei Seiten und ein Winkel, der einer der gegebenen Seiten gegenüberliegt, gegeben sind, ist der Sinussatz anwendbar. Der Winkel liegt der größeren der beiden gegebenen Seiten gegenüber. Aus

$$\sin\alpha : \sin\beta = a : b$$

folgt

$$\sin\alpha = \frac{a}{b}\sin\beta = 0{,}425\,629\,9,$$

woraus sich

$$\alpha = 25{,}19°$$

ergibt. Der zweite Winkel α, der sich ebenfalls aus $\sin\alpha = 0{,}425\,629\,9$ ergeben würde, nämlich $\alpha = 180° - 25{,}19° = 154{,}81°$, kommt für die Lösung der gegebenen Aufgabe nicht in Frage, weil er zusammen mit dem gegebenen Winkel β mehr als $180°$ ergibt.
Aus der Winkelsumme eines Dreiecks folgt

$$\gamma = 180° - \alpha - \beta = 117{,}01°.$$

Schließlich liefert

$$c : b = \sin\gamma : \sin\beta,$$

woraus man

$$c = b\frac{\sin\gamma}{\sin\beta} = 10{,}47\ \text{m}$$

erhält.

Probe:

$$A_1 = \frac{1}{2}ab\sin\gamma = 16{,}035\ \text{m}^2;$$

$$A_2 = \frac{1}{2}bc\sin\alpha = 16{,}043\ \text{m}^2.$$

Die beiden Kontrollergebnisse stimmen gut überein.

Für die Berechnung der gesuchten Größen einer Aufgabe und für die sich anschließende Probe sollte man folgenden **Grundsatz** beherzigen:

> Bei der *Berechnung der gesuchten Stücke* einer Aufgabe sollte man möglichst *mit den gegebenen Stücken* arbeiten. Für die *Kontrollrechnung* dagegen sollte man *möglichst viele berechnete Stücke* verwenden.

Beispiele:

3.35 Von einem Dreieck seien die beiden Seiten $a = 5$ m und $b = 7{,}2$ m sowie der Winkel $\alpha = 37{,}8^\circ$ bekannt. Es sollen c, β und γ berechnet werden.

Lösung: Es fällt auf, dass die gegebenen Stücke in dieser Aufgabe zahlenmäßig mit denen der letzten Aufgabe übereinstimmen. Hier liegt lediglich der gegebene Winkel α der *kleineren* der beiden Seiten gegenüber. Zunächst kann nur der Winkel β berechnet werden. (Warum ist die Berechnung eines anderen Stückes als β hier noch nicht möglich?)

$$\sin\beta : \sin\alpha = b : a$$

$$\sin\beta = \frac{b}{a}\sin\alpha = 0{,}882\,586\,1$$

$$\beta_1 = 61{,}96^\circ \quad \beta_2 = 180^\circ - 61{,}96^\circ = 118{,}04^\circ.$$

An dieser Stelle lässt sich noch nicht entscheiden wie im letzten Beispiel, welcher der beiden Winkel entfallen kann, denn beide ergeben zusammen mit α noch keine 180°.

$$\gamma_1 = 180^\circ - \alpha - \beta_1 = 80{,}24^\circ$$

$$\gamma_2 = 180^\circ - \alpha - \beta_2 = 24{,}16^\circ.$$

Es ist zu erkennen, dass beide Winkelkombinationen, α, β_1 und γ_1 einerseits und α, β_2 und γ_2 andererseits, als Lösungen der gegebenen Aufgabe möglich sind. Dies widerspricht in keiner Weise den aus der elementaren Geometrie bekannten Tatsachen, dass ein Dreieck aus zwei Seiten und dem der kleineren Seite gegenüberliegenden Winkel nicht in jedem Falle eindeutig bestimmt ist.
Da sich zwei mögliche Winkelkombinationen ergeben haben, müssen natürlich zwei Rechnungen zur Bestimmung der Seite c durchgeführt werden. Aus

$$c : a = \sin\gamma : \sin\alpha$$

folgt

$$c_i = a\frac{\sin\gamma_i}{\sin\alpha_i} \qquad (i = 1, 2)$$

$$c_1 = 8{,}04\,\text{m} \qquad c_2 = 3{,}34\,\text{m}.$$

Aus den gegebenen Bestimmungsstücken können demnach zwei Dreiecke entstehen. Die fehlenden Stücke in diesen beiden Dreiecken sind
Dreieck 1: $c_1 = 8{,}04$ m, $\beta_1 = 61{,}96^\circ$, $\gamma_1 = 80{,}24^\circ$
Dreieck 2: $c_2 = 3{,}34$ m, $\beta_2 = 118{,}04^\circ$, $\gamma_2 = 24{,}16^\circ$
Es wird empfohlen, die Kontrollrechnungen für beide Lösungsvarianten selbständig durchzuführen.

3.36 Im Beispiel 3.35 soll der Winkel auf $\alpha = 67{,}8^\circ$ vergrößert werden. Die anderen Bestimmungsstücke sollen unverändert bleiben. Welche Folgerungen zieht diese Veränderung des Winkels nach sich?

Lösung: Analog zur Lösung des Beispiels 3.35 ist

$$\sin\beta = \frac{b}{a}\sin\alpha, \qquad (^*)$$

woraus sich der Wert

$\sin\beta = 1{,}33$

ergibt. Da zu dem errechneten Sinuswert kein zugehöriger Winkel β existiert (denn es gilt für *alle* x : $\sin x \leq 1$), lässt das obige Ergebnis nur die Schlussfolgerung zu, dass aus den gegebenen drei Bestimmungsstücken $a = 5$ cm, $b = 7{,}2$ cm und $\alpha = 67{,}8°$ kein Dreieck gezeichnet werden kann.

Versucht man die *Dreieckskonstruktion* für die beiden Beispiele 3.35 und 3.36 durchzuführen, indem man zunächst einen Winkel $XAY = \alpha$ zeichnet und von A aus auf dem Strahl AY die Strecke b abträgt, so erhält man zunächst den Punkt C.

Schlägt man nun um C jeweils einen Kreisbogen mit dem Radius b, so entstehen im Fall des Beispiels 3.35 *zwei Schnittpunkte* B_1 und B_2 mit dem Strahl AX, während dieser Strahl im Falle des Beispiels 3.36. überhaupt *nicht geschnitten* wird. Im ersten Falle entstehen also zwei Dreiecke AB_1C und AB_2C, während im anderen Falle keine Lösung der Aufgabe möglich ist.

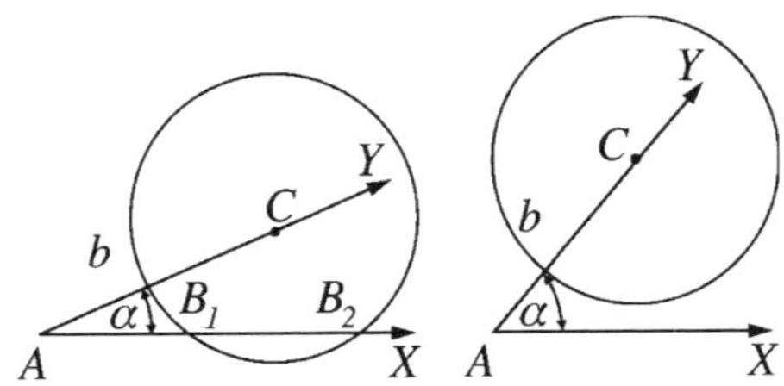

Bild 3.40

Aus der Beziehung (*) lässt sich die allgemeine Schlussfolgerung ziehen:

Ist $a > b\sin\alpha$, dann besitzt die Aufgabe zwei unterschiedliche Lösungen;
ist $a = b\sin\alpha$, dann entsteht genau eine Lösung der Aufgabe (der Kreis um C berührt in diesem Falle den Strahl AX);
ist $a < b\sin\alpha$, dann kann aus den Bestimmungsstücken kein Dreieck gebildet werden.

Sind in einem Dreieck zwei Seiten und der von diesen Seiten eingeschlossene Winkel gegeben, so kann dieses Dreieck mit Hilfe des Sinussatzes *nicht* berechnet werden.

3.4.2 Der Kosinussatz

Von einem Dreieck seien zwei Seiten und der von ihnen eingeschlossene Winkel bekannt, so z. B. die Seiten b und c sowie der Winkel α (vgl. Bild 3.41).

Für die Dreieckshöhe h_c erhält man aus dem Teildreieck ADC nach dem Satz von PYTHAGORAS:

$$h_c^2 = b^2 - p^2$$

und aus dem Teildreieck CBD folgt entsprechend

$$h_c^2 = a^2 - (c - p)^2,$$

woraus

$$a^2 = b^2 - p^2 + c^2 - 2pc + p^2$$

oder

$$a^2 = b^2 + c^2 - 2pc$$

folgt. Drückt man schließlich den Hypotenusenabschnitt p durch gegebene Stücke aus:

$$p = b\cos\alpha,$$

so erhält man

$$a^2 = b^2 + c^2 - 2bc\cos\alpha.$$

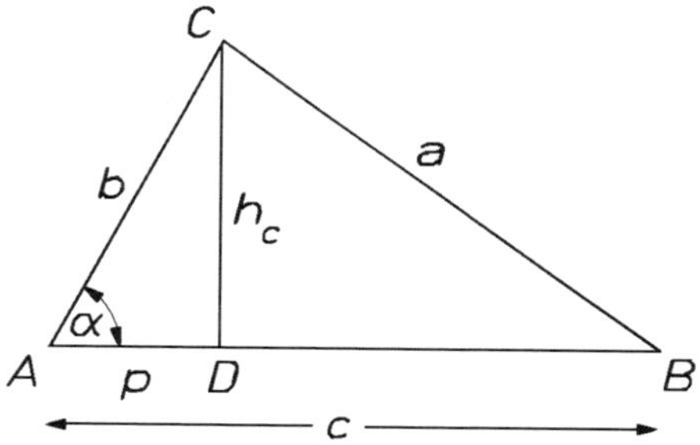

Bild 3.41

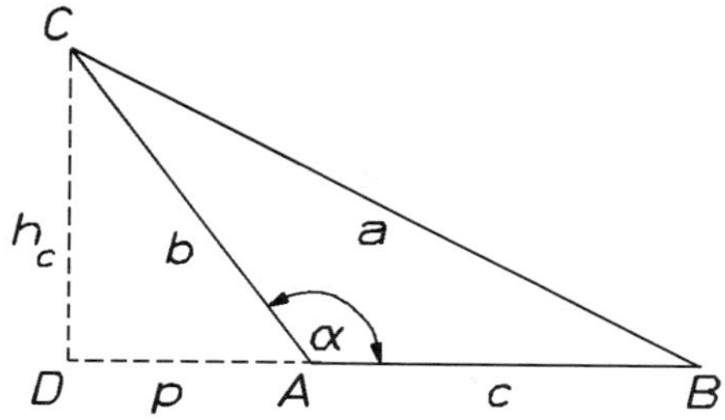

Bild 3.42

Bei der Herleitung dieser Formel wurde wiederum von einem spitzwinkligen Dreieck ausgegangen. Man zeige an Hand des Bildes 3.42, dass die Formel auch dann gilt, wenn α ein stumpfer Winkel ist.

Auch die Herleitung der entsprechenden Formeln für b^2 und c^2 sollte man selbständig durchführen.

Die drei Beziehungen

$$\boxed{\begin{aligned} a^2 &= b^2 + c^2 - 2bc\cos\alpha \\ b^2 &= a^2 + c^2 - 2ac\cos\beta \\ c^2 &= a^2 + b^2 - 2ab\cos\gamma \end{aligned}} \qquad (3.15)$$

werden **Kosinussatz der ebenen Trigonometrie** genannt. Mit seiner Hilfe lassen sich diejenigen Dreiecke berechnen, von denen

drei Seiten oder
zwei Seiten und der von ihnen eingeschlossene Winkel

bekannt sind.

Beispiel:

3.37 Es sollen die fehlenden Winkel und die dritte Seite eines Dreiecks berechnet werden, in dem $a = 5$ m, $b = 7{,}2$ m und $\gamma = 67{,}8°$ groß sind.

Lösung: Da nur zwei Seiten und der von ihnen eingeschlossene Winkel bekannt sind, kann nur der Kosinussatz angewendet werden.

$$\begin{aligned} c^2 &= a^2 + b^2 - 2ab\cos\gamma \\ &= 49{,}635\,436\ \text{m}^2 \\ c &= 7{,}045\ \text{m}. \end{aligned}$$

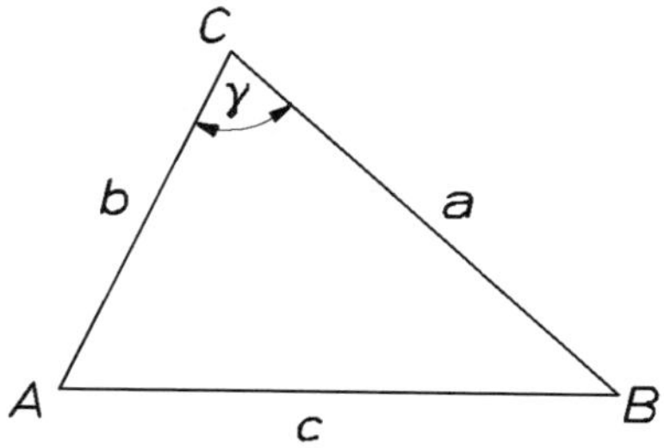

Bild 3.43

Bei Verwendung des Taschenrechners kommt man bei dieser Rechnung völlig ohne Zwischenspeichern aus, wenn man wie folgt vorgeht: [1])

[DEG] [2] [×] [a] [×] [b] [×] [γ] [cos] [+/−] [+] [a] [X^2] [+] [b] [X^2] [=] [F^{-1}] [X^2]

Wie schon aus dieser ersten Berechnung hervorgeht, ist der Kosinussatz für die Zahlenrechnung *nicht sehr bequem*. Es empfiehlt sich daher, die noch fehlenden Stücke mit Hilfe des Sinussatzes zu berechnen.

$$\sin\alpha : \sin\gamma = a : c$$
$$\sin\alpha = \frac{a}{c}\sin\gamma = 0{,}657\,112$$
$$\alpha_1 = 41{,}08^\circ \qquad [\alpha_2 = 180^\circ - \alpha_1 = 138{,}92^\circ].$$

Der Winkel α_2, der auf Grund der Rechnung zunächst berücksichtigt werden muss, weil der Sinus sowohl im ersten als auch im zweiten Quadranten positiv ist, wurde eingeklammert, weil er zusammen mit dem gegebenen Winkel bereits die Winkelsumme von 180° übersteigen würde.
Mit

$$\beta = 180^\circ - \alpha - \gamma = 71{,}12^\circ$$

ist die Dreiecksberechnung beendet.
Machen Sie bitte die Probe!

Anmerkung zu Beispiel 3.37: Man hätte die Berechnung der beiden fehlenden Winkel auch mit der Ermittlung von β beginnen können. In diesem Falle hätten sich aus $\sin\beta = 0{,}946\,241$ die beiden Winkel $\beta_1 = 71{,}13^\circ$ und $\beta_2 = 108{,}87^\circ$ ergeben. Hier kann man auch β_2 nicht als *möglichen* Dreieckswinkel ausschließen, denn es ist $\beta_2 + \gamma < 180^\circ$. Damit wären aber auch die beiden zugehörigen Winkel $\alpha_1 = 41{,}07^\circ$ und $\alpha_2 = 3{,}33^\circ$ möglich, d. h., es entstehen zunächst auf diese Weise zwei Lösungen der Aufgabe:

Lösung 1: $\alpha_1 = 41{,}07^\circ$, $\beta_1 = 71{,}13^\circ$, $c = 7{,}045$ m und
Lösung 2: $\alpha_2 = 3{,}33^\circ$, $\beta_2 = 108{,}87^\circ$, $c = 7{,}045$ m.

Da jedoch ein Dreieck aus zwei Seiten und dem eingeschlossenen Winkel *eindeutig* bestimmt ist, *muss* eine der beiden Lösungen eine *Scheinlösung* sein.

Wie kann man eine Scheinlösung erkennen?

In der Regel führt bereits ein Vergleich der Seiten zum Ziel. Aus der elementaren Geometrie ist nämlich bekannt, dass in *jedem Dreieck der größeren Seite* jeweils auch der *größere Winkel gegenüberliegt.*

Im Beispiel 3.37 ist $a < c < b$. Infolgedessen muss für die Winkel die Reihenfolge $\alpha < \gamma < \beta$ gelten. Für die Lösung 1 stimmt diese Reihenfolge, denn es ist $41{,}08^\circ < 67{,}8^\circ < 71{,}13^\circ$. Aber auch Lösung 2 erfüllt die genannte Bedingung, denn es gilt $3{,}33^\circ < 67{,}8^\circ < 108{,}87^\circ$. Die oben genannte Regel liefert demnach *keine Entscheidung* darüber, welche der beiden Lösungen richtig ist.

---

[1]) In dem Rechenschema sollen die Kästchen [a], [b], andeuten, dass an diesen Stellen die Zahlenwerte $a, b, \ldots$ einzugeben sind.

Man könnte nun zwar argumentieren, dass a und c annähernd gleich groß sind und dass damit auch α und γ etwa die gleiche Größe haben müssen, womit die erste Lösung wahrscheinlicher würde als die zweite. Doch dies ist kein stichhaltiges Argument. Eine gesicherte Aussage erhält man erst, wenn man eine Kontrollrechnung durchführt. Dazu eignet sich die Flächeninhaltsformel (3.14). Mit den gegebenen Größen a, b und γ wird $A = 16{,}666\ \text{m}^2$, und auch die Werte b, c und α_1 liefern diesen Wert. Hingegen wird bei Verwendung von b, c und α_2 $A_1 = 1{,}473\ \text{m}^2$. Damit ist gesichert, dass die Lösung 1 richtig ist und dass es sich bei Lösung 2 um eine Scheinlösung handeln muss.

Der im letzten Beispiel demonstrierte Fall, dass bei einer Dreiecksberechnung zunächst zwei Lösungen entstehen, von denen eine eine Scheinlösung ist, kann nicht auftreten, wenn

- der gegebene Winkel ein *stumpfer Winkel* ist, da dann mit Hilfe des Sinussatzes nur noch spitze Winkel berechnet werden müssen, oder
- wenn der gegebene Winkel spitz ist und nach der Berechnung der dritten Dreiecksseite *zuerst der kleinste Winkel* mit Hilfe des Sinussatzes berechnet wird.

Die Unsicherheit in der Frage, welche der beiden berechneten Lösungen eine Scheinlösung ist, hätte auch dadurch vermieden werden können, dass man die Unbequemlichkeit des Kosinussatzes auf sich genommen und den Winkel α mit Hilfe dieses Satzes berechnet hätte. Dadurch, dass der Cosinus in den ersten beiden Quadranten unterschiedliche Vorzeichen besitzt, hätte sich sofort eine eindeutige Lösung ergeben. Führen Sie bitte die Winkelberechnung für α mit Hilfe des Kosinussatzes zur Bestätigung dieser Behauptung selbständig durch!

Beispiele:

3.38 Welche Winkel besitzt ein schiefwinkliges Dreieck, dessen Seiten $a = 10$ cm, $b = 5{,}5$ cm und $c = 7{,}8$ cm lang sind.

Lösung: Wie bereits angemerkt wurde, liefert die *Winkelberechnung mit Hilfe des Kosinussatzes stets ein eindeutiges Ergebnis*, denn wenn $0 < \cos x < 1$, dann ist x ein spitzer Winkel, gilt hingegen für $x \quad -1 < \cos x < 0$, dann muss x ein stumpfer Winkel sein.
Da die drei Seiten des Dreiecks gegeben sind, *muss* der Kosinussatz angewendet werden, wobei es wegen des oben Gesagten zunächst gleichgültig erscheint, mit welchem Winkel man die Rechnung beginnt. Bedenkt man jedoch, dass man den zweiten Winkel dann wegen der einfacheren Handhabung mit dem Sinussatz berechnen wird, sollte man solche Probleme, wie sie im Beispiel 3.37 demonstriert wurden, zu vermeiden trachten. Dies gelingt, wenn man *als ersten Winkel* denjenigen berechnet, *der der größten Seite gegenüberliegt.* Ist dieser nämlich stumpf, dann müssen die anderen beiden Winkel zwangsläufig spitz sein. Ist er aber spitz, so müssen die anderen beiden Winkel ebenfalls spitz sein, weil sie mit Sicherheit kleiner sind als der zuerst berechnete. Demzufolge können bei dieser Aufgabe keine Scheinlösungen auftreten.
Da in dieser Aufgabe a die größte Dreiecksseite ist, muss α der größte Winkel sein. Für ihn folgt aus

$$\begin{aligned}
a^2 &= b^2 + c^2 - 2bc\cos\alpha \\
\cos\alpha &= \frac{b^2 + c^2 - a^2}{2bc} = -0{,}103\,846 \\
\alpha &= 95{,}96^\circ.
\end{aligned}$$

Die weitere Berechnung mit dem Sinussatz liefert

$$\sin\beta : \sin\alpha = b : a$$

$$\sin\beta \quad = \frac{b}{a}\sin\alpha = 0{,}547\,027$$

$$\beta \quad = 33{,}16^\circ.$$

(Der zweite, im zweiten Quadranten liegende Winkel ist für die vorliegende Aufgabe ohne Bedeutung.)
Schließlich ergibt sich für den dritten Winkel

$$\gamma = 180^\circ - \alpha - \beta = 50{,}88^\circ.$$

Bei der Kontrollrechnung mit

$$A = \frac{1}{2}ab\sin\gamma = \frac{1}{2}ac\sin\beta$$

können die beiden Faktoren $1/2$ und a gekürzt werden, so dass die Probe nur noch für die Produktgleichung

$$b\sin\gamma = c\sin\beta$$

durchgeführt zu werden braucht. Mit den Werten 4,267 auf der linken Seite und 4,266 auf der rechten ergibt sich eine gute Übereinstimmung, so dass die errechneten Winkel sicherlich richtig sind.

3.39 Zwei Kräfte $F_1 = 25$ N und $F_2 = 36$ N greifen in einem Punkt unter einem Winkel von 36° an.
Wie groß ist die Resultierende dieser beiden Kräfte, und welchen Winkel bildet sie mit F_1 bzw. F_2?

Lösung: Die Resultierende R bilde mit den beiden gegebenen Kräften F_1 und F_2 die Winkel α_1 und α_2. Dann ist nach dem Kosinussatz

$$R^2 = F_1^2 + F_2^2 - 2F_1F_2\cos(180^\circ - \alpha)$$

$$= 3\,377{,}23\ \text{N}^2$$

$$R = 59{,}11\ \text{N}.$$

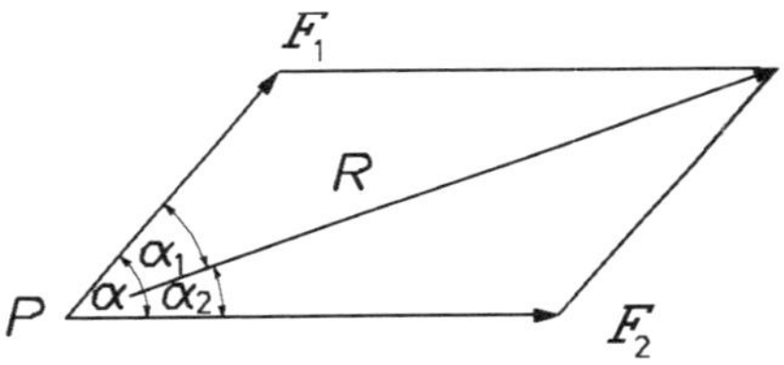

Bild 3.44

Mit Hilfe des Sinussatzes erhält man

$$\sin\alpha_2 : \sin(180^\circ - \alpha) = F_1 : R$$

$$\sin\alpha_2 \quad = \frac{F_1}{R}\sin(180^\circ - \alpha) = 0{,}252\,876$$

$$\alpha_2 \quad = 14{,}65^\circ,$$

und schließlich

$$\alpha_1 = \alpha - \alpha_2 = 21{,}35^\circ.$$

3.40 Der Sinus- bzw. der Kosinussatz können selbstverständlich auch auf rechtwinklige Dreiecke angewendet werden.
So liefert beispielsweise der Kosinussatz

$$b^2 = a^2 + c^2 - 2ac\cos\beta,$$

woraus wegen $\beta = 90^\circ$ und $\cos\beta = \cos 90^\circ = 0$ der Satz des PYTHAGORAS entsteht.
Ebenso würde der Sinussatz $a : b = \sin\alpha : \sin\beta$ mit $\beta = 90^\circ$ zu der aus (3.5) bekannten Definition des Sinus am rechtwinkligen Dreieck führen.

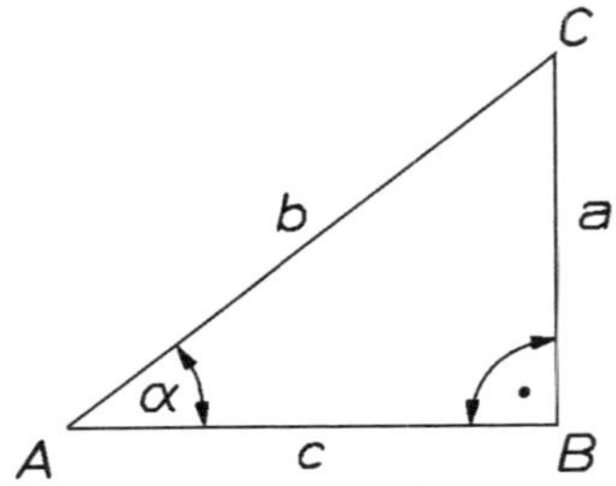

Bild 3.45

Sinus- und Kosinussatz reichen aus, um *jedes* beliebige Dreieck vollständig berechnen zu können. Die zugehörigen Formeln sind einfach aufgebaut und demzufolge auch leicht zu merken. Es gibt noch weitere Formeln für die Berechnung beliebiger Dreiecke, so z. B. den *Halbwinkelsatz*, die MOLLWEIDEschen Formeln und den *Tangenssatz*. Diese Formeln haben einen komplizierten Aufbau, so dass es Mühe bereitet, sie richtig im Kopf zu behalten. Auf eine Behandlung dieser Formeln soll hier verzichtet werden. Man findet sie in jeder ausführlicheren Formelsammlung, wie z. B. in STÖCKER, Taschenbuch mathematischer Formeln und moderner Verfahren, Verlag Harri Deutsch, Frankfurt/M. – Thun.

Aufgaben:

3.71 Der Flächeninhalt eines Dreiecks ist für

a) $a = 50{,}0$ cm, $b = 36{,}6$ cm, $\gamma = 62{,}3^\circ$
b) $b = 30{,}8$ cm, $c = 18{,}0$ cm, $\alpha = 34{,}7^\circ$ zu berechnen.

3.72 Es ist der **a)** Sinussatz **b)** Kosinussatz
für das nebenstehende Dreieck anzugeben.

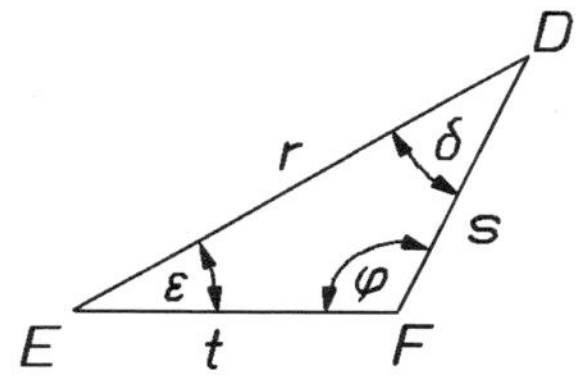

Bild 3.46

3.73 Mit Hilfe von Sinus- und Kosinussatz lässt sich jedes Dreieck berechnen. Es lassen sich jedoch auch **alle** Grundaufgaben (wenn auch nicht ganz leicht!) nur mit dem Sinussatz lösen. Freilich **erleichtert** die Kombination von Sinus- und Kosinussatz die Dreiecksberechnung. Für die nachstehenden Dreiecksangaben ist der Lösungsweg mit dem geringsten Rechenaufwand anzugeben, wobei folgende Annahme getroffen wird:

$$\boldsymbol{R_K > R_S > R_W}$$

R... Rechenaufwand, K... Kosinussatz, S... Sinussatz, W... Winkelsumme. Im Sinne der obigen Ungleichung ist in die Kästchen K, S oder W einzusetzen.

a) SSS-Satz Geg.: a, b, c | **b)** SWS-Satz Geg.: $a, b, \gamma (\gamma < 180^\circ)$ | **c)** WSW-Satz Geg.: $\alpha, \beta, a (\alpha + \beta < 180^\circ)$

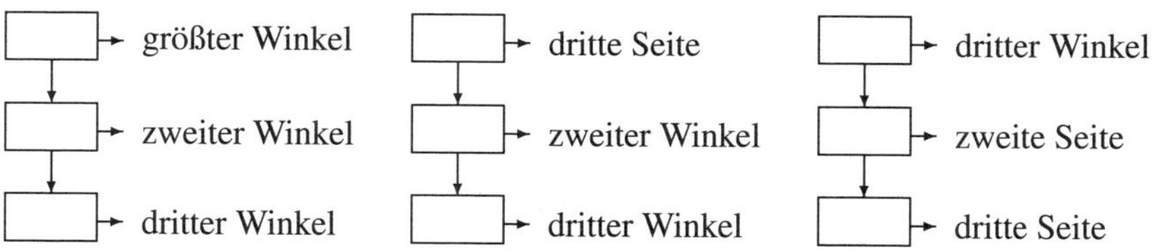

3.74 Welche Kongruenzfälle eines Dreiecks besitzen stets eine eindeutige Lösung?
○ **a)** SWS ○ **b)** SSW ○ **c)** WSW ○ **d)** SSS

3.75 Welche der folgenden Aufgaben definieren
(1) kein Dreieck (2) genau ein Dreieck (3) genau zwei Dreiecke

a) $a = 10$ cm, $b = 15$ cm, $\alpha = 37{,}32^\circ$ **b)** $a = 10$ cm, $b = 10$ cm, $\alpha = 60^\circ$
c) $a = 10$ cm, $b = 10$ cm, $c = 21$ cm **d)** $a = 10$ cm, $b = 15$ cm, $\alpha = 87{,}3^\circ$
e) $a = 10$ cm, $b = 15$ cm, $\alpha = 31{,}2^\circ$ **f)** $a = 16$ cm, $b = 12$ cm, $\alpha = 40^\circ$
g) $a = 10$ cm, $b = 15$ cm, $\alpha = 41{,}81^\circ$ **h)** $a = 10$ cm, $b = 15$ cm, $\alpha = 114{,}2^\circ$

Die nachstehenden Tabellen sind zu vervollständigen:

3.76 Allgemeines Dreieck

	a	b	c	α	β	γ	A
a)	37 cm			67,4°	18,9°		
b)	101 m				11,4°	125,0°	
c)		40 mm			9,5°	133,6°	
d)	404 m		435 m	64.0°			
e)	1601 m		1638 m			113,1°	
f)	404 m	116 m		43,6°			
g)		970 km	1032 km			121,7°	
h)			300 m	53,1°		112,6°	

3.77 Allgemeines Dreieck

	a	b	c	α	β	γ	A
a)	36 cm	25 cm				53,1°	
b)	78 mm		88 mm		22.6°		
c)	104 m	202 m	294 m				
d)		85 m	400 m				3200
e)	180 cm					107,9°	38 016
f)		208 m		22,6°			11 040
g)		1625 m				160,0°	51 300
h)	650 m				67,4°		232 1400

3.78 Trapez (siehe Bild 3.47)

	a	b	c	d	e	f	α	β	γ	δ	A
a)	77 mm		38 mm	25 mm			73,7°				
b)	80 cm	50 cm	24 cm	34 cm							
c)	182 m	50 m					22,3°	60,8°			
d)	50 cm		30 cm				62,7°	89,1°			
e)	192 m	53 m	51 m		149,64 m						
f)	69 cm			25 cm			53,1°				1020 cm²
g)	155 m		112 m			136.85 m	61,9°				
h)				34,6 m	51,8 m	34,6 m				162°	

3.79 Gegeben: **a)** $s_1 = 318$ m, $\beta_1 = 47{,}2°$, $\beta_3 = 50{,}1°$
b) $s_1 = 495$ m, $\beta_1 = 56{,}3°$, $\beta_3 = 42{,}6°$
Gesucht: s_2, s_3 (siehe Bild 3.48)

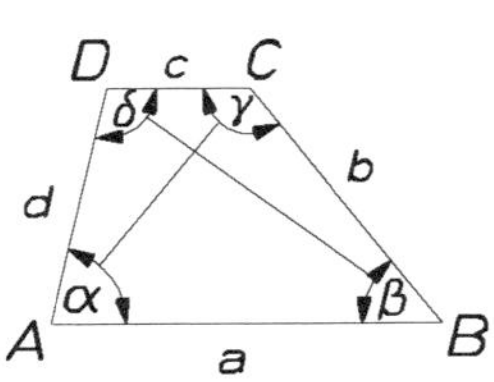

Bild 3.47

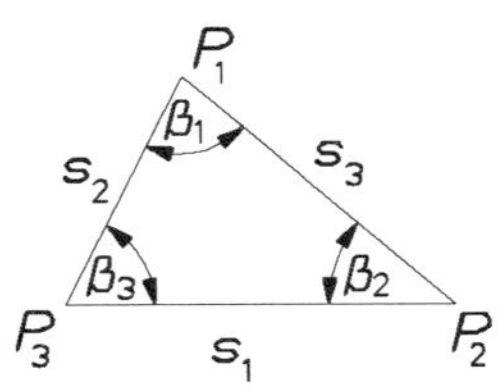

Bild 3.48

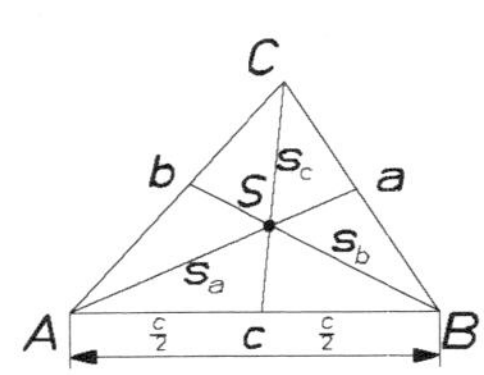

Bild 3.49

3.80 Gegeben: **a)** $a = 30$ mm, $b = 40$ mm, $c = 54$ mm
b) $a = 12$ mm, $b = 30$ mm, $c = 19$ mm
Gesucht: s_a, s_b, s_c (siehe Bild 3.49)

3.81 Es ist zu zeigen, dass in einem Parallelogramm mit den Seiten a,b und den Diagonalen e, f folgendes gilt: $e^2 + f^2 = 2(a^2 + b^2)$
Anleitung: Man berechne die Quadrate der Diagonalen aus den Seiten und dem eingeschlossenen Winkel (Kosinussatz!) und bilde die Summe: $\cos\alpha = \cos(180° - \beta) = -\cos\beta$.

3.82 Drei Kreise mit den Radien

a) $r_1 = 1$ cm, $r_2 = 2$ cm, $r_3 = 1$ cm
b) $r_7 = 3$ cm, $r_8 = 4$ cm, $r_9 = 5$ cm

berühren einander von außen. Wie groß ist die zwischen den Kreisen liegende Fläche?

3.83 Welche Flughöhe h hat ein Wetterballon W, wenn er gleichzeitig von den Beobachtungsstationen A und B unter dem Winkel α bzw. β gesehen wird? Die beiden Stationen mit der Distanz a liegen mit dem Wetterballon in einer lotrechten Ebene. (siehe Bild 3.50)

a) $\alpha = 24{,}3°$, $\beta = 35{,}3°$, $a = 500$ m
b) $\alpha = 26{,}3°$, $\beta = 40{,}5°$, $a = 650$ m

3.84 Mit Hilfe des LORAN-C-Systems (**LO**ng **R**ange **A**id to **N**avigation) bestimmen Schiffe ihre Position auf See. Das Schiff empfängt dabei von zwei Radiosendern je ein Signal. Beträgt der Abstand des Schiffes von den beiden Sendern a und b, so treffen die Signale mit Verzögerungszeiten $t_1 = \frac{a}{c}$ bzw. $t_2 = \frac{b}{c}$ ($c = 3{,}0 \cdot 10^8$ m/s) am Schiff ein, das diese Verzögerungszeiten mit einer Atomuhr misst. Man berechne aus den Signalverzögerungszeiten $t_1 = 2{,}5 \cdot 10^{-4}$ s und $t_2 = 3{,}21 \cdot 10^{-4}$ s den Winkel ρ zwischen den beiden Peilungsgeraden, wenn die beiden Sender $s = 132$ km voneinander entfernt sind.

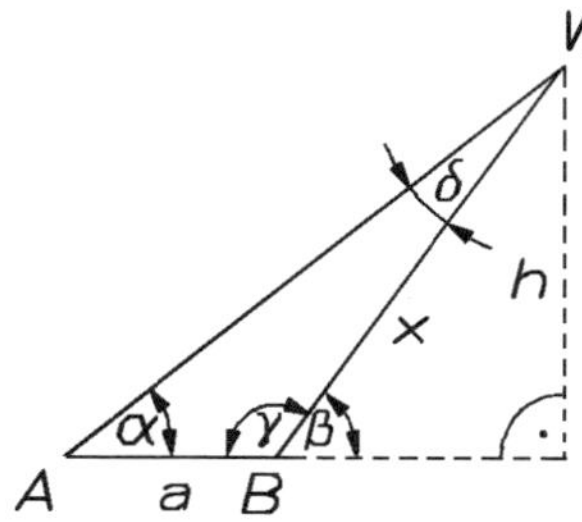

Bild 3.50

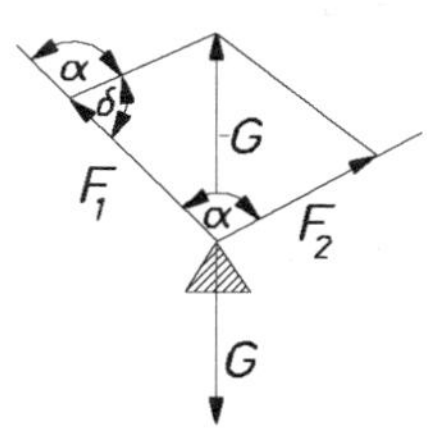

Bild 3.51

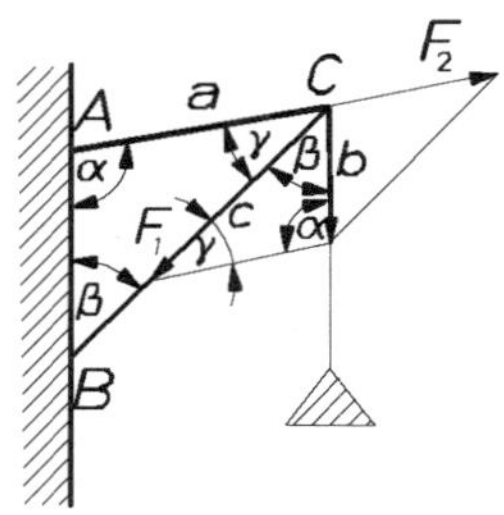

Bild 3.52

3.85 Eine Lampe übt in den beiden Seilen, an denen sie hängt, die Zugkräfte F_1 und F_2 aus. Man berechne das Gewicht der Lampe für

a) $F_1 = 100$ N, $F_2 = 200$ N, $\alpha = 120{,}2°$
b) $F_1 = 60$ N, $F_2 = 80$ N, $\alpha = 70{,}25°$. (siehe Bild 3.51)

Anleitung: $\alpha + \delta = 180° \Rightarrow \delta = \ldots$ Kosinussatz!
Man beachte: $\cos(180° - \alpha) = -\cos\alpha$

3.86 Eine Lampe mit dem Gewicht b hängt am freien Ende eines Trägers mit der Länge a, der im Winkel α an einer Wand befestigt ist. Um zu verhindern, dass sich der Träger aus seiner Verankerung löst, wird er mit einer Stange der Länge c (an der Wand im Winkel β) unterstützt (siehe Bild 3.52). Man berechne (1) die Zugkraft F_2 im Teil AC und (2) die Druckkraft F_1 im Teil BC des Gestänges!

a) $a = 0{,}9$ m, $b = 180$ N, $c = 1{,}3$ m, $\alpha = 95{,}2°$
b) $a = 1{,}2$ m, $b = 115$ N, $c = 1{,}5$ m, $\alpha = 99{,}8°$

Anleitung: Man berechne zunächst β und γ!

3.87 Von einer Standlinie kennt man die kartesischen Koordinaten der Endpunkte $A(20, 30)$ und $B(100, 50)$. Man misst die Winkel $\alpha = 37{,}2°$ und $\beta = 60{,}4°$. Die kartesischen Koordinaten von C und der Flächeninhalt des Grundstückes ABC sind zu berechnen! (siehe Bild 3.53)
Anleitung: Man berechne zunächst c, Ω und b!

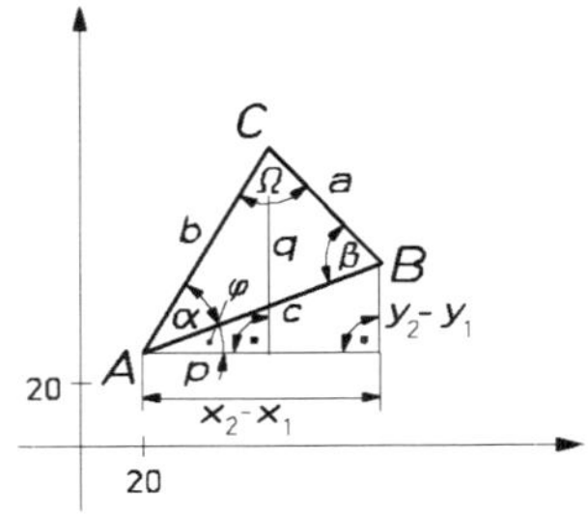

Bild 3.53

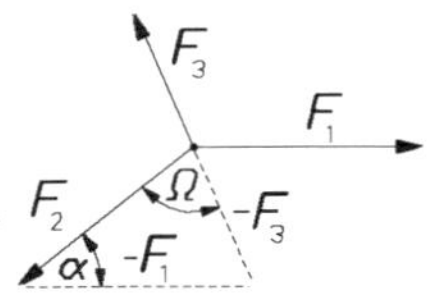
Bild 3.54

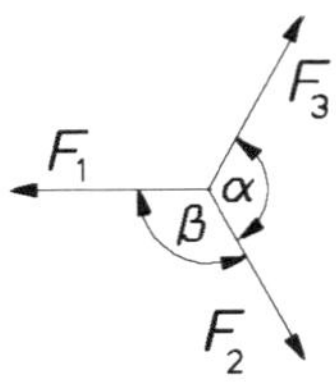
Bild 3.55

3.88 Drei in einem Punkt angreifende Kräfte F_1, F_2 und F_3 halten einander das Gleichgewicht ($\vec{F_1} + \vec{F_2} + \vec{F_3} = \vec{0}$) (siehe Bild 3.54).

a) $F_1 = 43{,}4$ N **b)** $F_1 = 580$ N
$F_2 = 54{,}4$ N $F_2 = 550$ N
$F_3 = 46{,}0$ N $F_3 = 480$ N

Welche Winkel schließen die Kraftvektoren miteinander ein? (Auf eine Dezimalstelle gerundet).
Anleitung: $F_1^2 = F_2^2 + \cdots$ (Kosinussatz): $\sphericalangle(F_2, F_3) = 180° - \Omega = \ldots$

3.89 Die an einem Sendemast durch drei Spannseile wirkenden Kräfte F_1, F_2 und F_3 sollen – unter Berücksichtigung der in Bild 3.55 eingetragenen Winkel α und β – den Mast im Gleichgewicht halten. Ist das für die folgenden Angaben der Fall?

a) $F_1 = 1\,096$ N, $F_2 = 500$ N, $F_3 = 400$ N, $\alpha = 36{,}2°$, $\beta = 48°$
b) $F_1 = 985$ N, $F_2 = 700$ N, $F_3 = 800$ N, $\alpha = 98{,}2°$, $\beta = 120{,}2°$

3.90 Die an einem Sendemast durch Spannseile wirkenden Kräfte F_1, F_2 und F_3 sollen den Mast im Gleichgewicht halten. Wie groß ist – vgl. die Figur zur Aufgabe 3.79 – der Winkel β zu wählen, wenn der Winkel α bereits vorliegt.

a) $F_1 = 647$ N, $F_2 = 600$ N, $F_3 = 700$ N, $\alpha = 120{,}9°$
b) $F_1 = 600$ N, $F_2 = 548$ N, $F_3 = 812$ N, $\alpha = 118{,}4°$

3.91 Ein Trapez ($a = 7$ cm, $d = 3$ cm, $\alpha = 67{,}4°$, $\beta = 50{,}4°$) rotiert um die Seite a. Man berechne **a)** das Volumen **b)** die Oberfläche des entstehenden Rotationskörpers.

3.92 Ein Trapez ($a = 25$ cm, $d = 13$ cm, $\alpha = 63{,}4°$, $\beta = 44{,}4°$) rotiert um die Seite a. Man berechne **a)** das Volumen **b)** die Oberfläche des entstehenden Rotationskörpers.

3.93 Ein Dreieck ($a = 27$ cm, $b = 13$ cm, $\alpha = 48{,}2°$) rotiert um die längste Seite. Man berechne **a)** das Volumen **b)** die Oberfläche des entstehenden Doppelkegels.

3.94 Ein Rathaus ist 20,1 m hoch und erscheint unter dem Höhenwinkel 38,2°. Um welche Strecke muss man sich ihm nähern, damit es unter dem doppelten Höhenwinkel zu sehen ist?

3.95 Von einem Berggipfel C sieht man zwei Punkte A und B im ebenen Flachland in derselben Richtung unter den Tiefenwinkeln $\alpha = 12{,}7°$ und $\beta = 36{,}5°$. Die Punkte A und B liegen 1 940 m voneinander entfernt. Wie hoch liegt der Berggipfel über der Ebene?

3.96 Für die Projektierung einer Brücke muss die Flussbreite ermittelt werden. Hierfür wird auf dem einen Ufer des Flusses eine Standlinie $\overline{AB}$ ($s = \overline{AB}$) gemessen, ein Punkt P des gegenüberliegenden Ufers anvisiert und die horizontalen Winkel $\alpha = \sphericalangle BAP$ und $\beta = \sphericalangle ABP$ bestimmt:

a) $s = 40$ m, $\alpha = 56°$, $\beta = 102°$
b) $s = 75$ m, $\alpha = 54°$, $\beta = 15°$

3.97 Ein Fesselballon B schwebt über einem See, in dem sein Spiegelbild B' gesehen wird (Bild 3.56). In welcher Höhe x befindet er sich über dem See, wenn er vom Beobachter A (dieser befindet sich in der Höhe h über dem See) unter dem Höhenwinkel α erscheint und das Spiegelbild unter dem Tiefenwinkel β zu sehen ist?
a) $h = 68$ m, $\alpha = 16{,}3°$, $\beta = 80{,}5°$ **b)** $h = 102$ m, $\alpha = 36{,}9°$, $\beta = 75{,}8°$

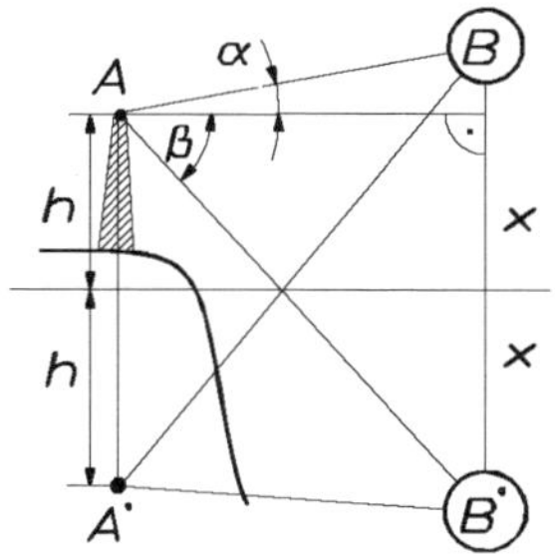

Bild 3.56

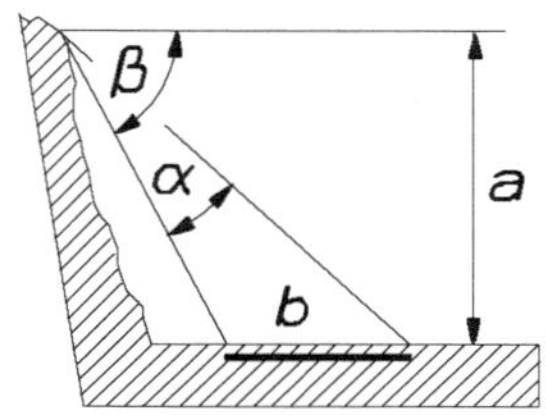

Bild 3.57

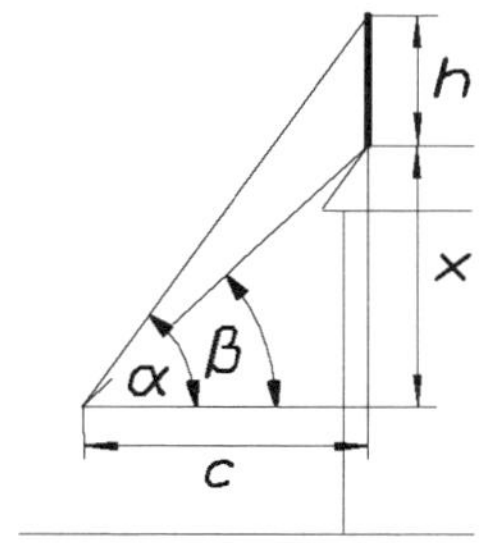

Bild 3.58

3.98 Auf einem Turm der Höhe a ist ein Blitzableiter montiert, der in einer Entfernung b vom Fußpunkt des Turmes unter dem Sehwinkel α erscheint! Höhe x des Blitzableiters?
a) $a = 20$ m, $b = 30$ m, $\alpha = 3{,}8°$ **b)** $a = 27$ m, $b = 50$ m, $\alpha = 1{,}7°$

3.99 Von einem Berg der Höhe a erblickt man die Breite b des senkrecht zur Blickrichtung vorbeifließenden Flusses unter dem Gesichtswinkel α, sein diesseitiges Ufer unter dem Tiefenwinkel β (siehe Bild 3.57). Wie breit ist der Fluss?
a) $a = 320$ m, $\alpha = 12{,}3°$, $\beta = 34{,}0°$ **b)** $a = 248$ m, $\alpha = 6{,}5°$, $\beta = 22{,}5°$

3.100 In der vom Fußpunkt einer Kirche gemessenen Entfernung a erblickt man das Kreuz eines Kirchturmes der Höhe b unter dem Sehwinkel α. Wie hoch ist das Kreuz?
a) $a = 15$ m, $b = 23$ m, $\alpha = 4{,}0°$ **b)** $a = 9$ m, $b = 33$ m, $\alpha = 1{,}2°$

3.101 Für Triangulationszwecke muss die Höhe der auf einem Gebäude befestigten Fernsehantenne ermittelt werden. Der Beobachter – er befindet sich in der Entfernung c vom Fußpunkt des Gebäudes – misst zur Spitze und zum Fußpunkt der Antenne die Höhenwinkel α und β (Bild 3.58).
a) $c = 20$ m, $\alpha = 57°$, $\beta = 56°$ **b)** $c = 72$ m, $\alpha = 42°$, $\beta = 41°$

3.102 Von einer Aussichtswarte der Höhe a erblickt man die Spitze eines in derselben Horizontalebene liegenden Berges unter dem Höhenwinkel α, seinen Fußpunkt unter dem Tiefenwinkel β. Berghöhe?
a) $a = 10$ m, $\alpha = 56°18'$, $\beta = 4°45'$ **b)** $a = 15$ m, $\alpha = 70°36'$, $\beta = 21°48'$

3.103 Zum oberen und unteren Ende eines Gipfelkreuzes der Höhe a werden von einem Punkt P die Höhenwinkel α und β gemessen. Welche Höhe h hat der Berg bezüglich des Beobachtungsniveaus?
a) $a = 5$ m, $\alpha = 54°$, $\beta = 53°$
b) $a = 15$ m, $\alpha = 72°$, $\beta = 71°$

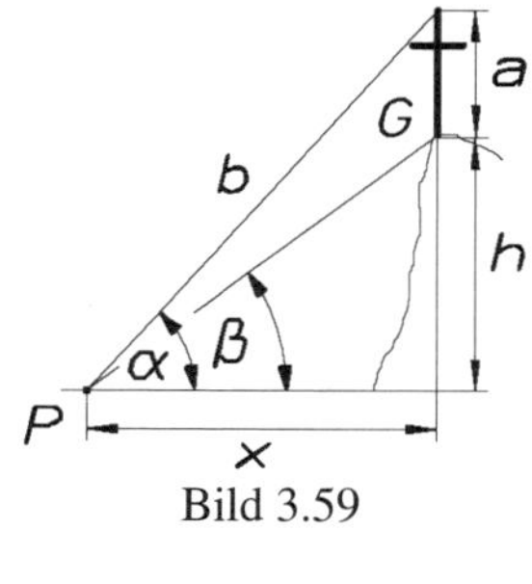

Bild 3.59

3.104 Man ermittle in Aufgabe 3.103 die Länge der Strecke $\overline{GP}$.

3.105 Die Spitze eines Mastes erscheint von dem Geländepunkt A unter dem Höhenwinkel α, von dem dem Mast um a näher gelegenen Geländepunkt B unter dem Höhenwinkel β. Masthöhe h?

a) $a = 20$ m, $\alpha = 15°56'43''$, $\beta = 21°48'5''$
b) $a = 15$ m, $\alpha = 18°55'29''$, $\beta = 30°57'49''$

3.106 Zwei Fenster eines Leuchtturmes liegen senkrecht übereinander und haben eine Höhendifferenz a. Von ihnen aus sieht man ein Schiff unter dem Tiefenwinkel α bzw. β. Wie weit ist das Schiff vom Leuchtturm entfernt?
a) $a = 3$ m, $\alpha = 10{,}5°$, $\beta = 8{,}0°$ **b)** $a = 7$ m, $\alpha = 30{,}0°$, $\beta = 24{,}0°$

3.107 Zwei Vermessungszeichen liegen in einem ebenen Tal und weisen eine Distanz a auf. Sie werden von einem nahegelegenen Berg (in einer Richtung) unter dem Sehwinkel α gesehen. Man berechne die Berghöhe h, wenn man das dem Berg nähergelegene Vermessungszeichen unter dem Tiefenwinkel β erkennt.
a) $a = 30$ m, $\alpha = 8°58'$, $\beta = 35°32'$ **b)** $a = 23$ m, $\alpha = 10°28'$, $\beta = 74°44'$

3.108 Man berechne die Entfernung x des Mondes von der Erde, wenn der Monddurchmesser 3 476 km beträgt und von der Erde unter dem Sehwinkel $31'5''$ erscheint.

3.109 Aus welcher Entfernung x vom Erdmittelpunkt erblickt ein Raumfahrer die Erde unter dem Sehwinkel **a)** $\rho = 10°$ **b)** $\rho = 40°$? (Erdradius $r = 6\,370$ km)

3.110 Von der Erde erscheint der Mond unter dem Sehwinkel **a)** $\delta = 30'15''$ **b)** $\delta = 30'19''$.
Welche Zeit vergeht zwischen dem Absenden eines Laserblitzes und der Registrierung dieses Blitzes als hellen Fleck auf dem Mond, wenn der Monddurchmesser $d = 3476$ km und die Lichtgeschwindigkeit $3 \cdot 10^5$ km/s beträgt?
Bemerkung: Die Zeichnung zeigt den Spezialfall, in dem die Erdmitte auf der Verbindungsgeraden zwischen Beobachtungsort und Mondmitte liegt. Die Lösung der Aufgabe ist aber davon nicht abhängig.

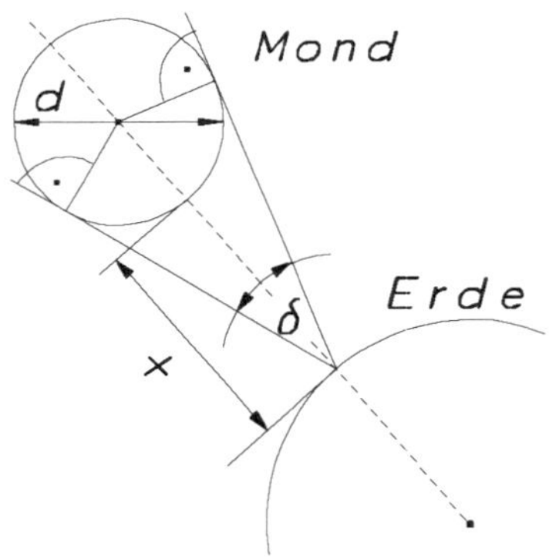

Bild 3.60

3.111 Im Beispiel 3.19 des Abschnittes 3.2 wurde die Höhe eines Kirchturmes nur mit Hilfe von trigonometrischen Funktionen am rechtwinkligen Dreieck berechnet.
Führen Sie diese Rechnung zum Vergleich dazu nunmehr mit den Sätzen über das schiefwinklige Dreieck durch!

3.112 Dividiert man die drei Flächenformeln (3.14) durch das Produkt abc der drei Dreiecksseiten, so ergibt sich

$$\frac{A}{abc} = \frac{\sin\alpha}{2a} = \frac{\sin\beta}{2b} = \frac{\sin\gamma}{2c}.$$

Damit ist auch

$$\frac{a}{2\sin\alpha} = \frac{b}{2\sin\beta} = \frac{c}{2\sin\gamma}.$$

Versuchen Sie, eine anschauliche geometrische Deutung dieser Zusammenhänge zu geben.
Hinweis: Zeichnen Sie um ein beliebiges Dreieck mit den Seiten a,b und c den Umkreis!

3.5 Beziehungen zwischen den trigonometrischen Funktionen

3.5.1 Beziehungen zwischen den trigonometrischen Funktionen ein und desselben Winkels

Bereits bei der Einführung der trigonometrischen Funktionen wurde eine Reihe von Beziehungen dieser Funktionen untereinander angeführt, die in der gesamten Mathematik eine besondere Rolle spielen und die daher zum Allgemeingut des mathematischen Wissens gehören. Diese Beziehungen erlauben es, jede der vier trigonometrischen Funktionen durch jede beliebige andere trigonometrische Funktion zu ersetzen, was bei der Umformung und der Vereinfachung von Termen sowie bei der Lösung bestimmter Gleichungstypen, auf die im Abschnitt 3.6 eingegangen werden wird, von großer Bedeutung ist.

Die wichtigsten Beziehungen zwischen den vier trigonometrischen Funktionen ein und desselben Winkels sollen hier noch einmal angeführt werden:

$$\sin^2 x + \cos^2 x = 1 \qquad \text{(trigonometrischer PYTHAGORAS)}$$

$$\tan x = \frac{\sin x}{\cos x} \qquad \cot x = \frac{1}{\tan x}$$

Beispiele:

3.41 $\cos\alpha$ soll durch $\sin\alpha$ ausgedrückt werden.

Lösung: Aus dem trigonometrischen PYTHAGORAS folgt

$$\cos^2\alpha = 1 - \sin^2\alpha,$$

woraus

$$\cos\alpha = \pm\sqrt{1 - \sin^2\alpha}$$

folgt. Welches der beiden Vorzeichen zu wählen ist hängt davon ab, wie groß der Winkel α ist.

3.42 Die Funktion $\cos\alpha$ soll nur mit Hilfe des Tangens geschrieben werden.

Lösung: Dividiert man die Formel für den trigonometrischen PYTHAGORAS durch $\cos^2\alpha$, so erhält man

$$\frac{\sin^2\alpha}{\cos^2\alpha} + 1 = \frac{1}{\cos^2\alpha}$$

$$\tan^2\alpha + 1 = \frac{1}{\cos^2\alpha}$$

und daraus folgt

$$\cos\alpha = \frac{1}{\pm\sqrt{1 + \tan^2\alpha}}.$$

Auch hier hängt die Entscheidung darüber, welches Vorzeichen zu wählen ist, von der Größe des Winkels α ab.

3.43 Die Funktion $\cos\alpha$ soll durch die Funktion $\cot\alpha$ ausgedrückt werden.

Lösung: In Analogie zum Beispiel 3.41 ergibt sich nach Division der Formel für den trigonometrischen PYTHAGORAS

$$\frac{1}{\cot^2\alpha} + 1 = \frac{1}{\cos^2\alpha},$$

woraus

$$\cos\alpha = \frac{\cot\alpha}{\pm\sqrt{1+\cot^2\alpha}}$$

folgt.

In der folgenden Tabelle sind alle Umrechnungsmöglichkeiten von einer trigonometrischen Funktion in eine andere zusammengefasst. Sie sind alle in ähnlicher Weise herzuleiten, wie dies in den letzten Beispielen geschehen ist.

	$\sin x$	$\cos x$	$\tan x$	$\cot x$
$\sin x$	–	$\sqrt{1-\cos^2 x}$	$\frac{\tan x}{\sqrt{1+\tan^2 x}}$	$\frac{1}{\sqrt{1+\cot^2 x}}$
$\cos x$	$\sqrt{1-\sin^2 x}$	–	$\frac{1}{\sqrt{1+\tan^2 x}}$	$\frac{\cot x}{\sqrt{1+\cot^2 x}}$
$\tan x$	$\frac{\sin x}{\sqrt{1-\sin^2 x}}$	$\frac{\sqrt{1-\cos^2 x}}{\cos x}$	–	$\frac{1}{\cot x}$
$\cot x$	$\frac{\sqrt{1-\sin^2 x}}{\sin x}$	$\frac{\cos x}{\sqrt{1-\cos^2 x}}$	$\frac{1}{\tan x}$	–

(3.16)

In der Form, in der diese Beziehungen in der obigen Tabelle zusammengefasst sind, gelten sie *nur für Winkel zwischen* $0°$ *und* $90°$. Wenn die Formeln auf beliebige Winkel angewendet werden sollen, müssen noch die *Vorzeichenregeln* beachtet werden, wie dies in den Beispielen 3.41 bis 3.43 erfolgt ist.

Es soll außerdem bemerkt werden, dass es sich bei den in der obigen Tabelle zusammengefassten Beziehungen zwischen den vier trigonometrischen Funktionen um keine „Merkformeln" handelt. Man muss sie nicht ständig im Gedächtnis haben, aber man muss bei Bedarf jederzeit in der Lage sein, sie aus den in (3.6) angegebenen Grundformeln selbständig herzuleiten.

Beispiele:

3.44 Für einen Winkel z mit $z \in [180°; 270°]$ ist $\sin z = -0{,}6$. Welche Werte besitzen die drei übrigen Winkelfunktionen dieses Winkels?

Lösung: Aus den Beziehungen aus (3.16) erhält man

$$\cos z = -\sqrt{1-\sin^2 z} = -\sqrt{1-(0{,}6)^2} = -0{,}8.$$

Da der Sinus und der Cosinus des Winkels bekannt sind, lassen sich nun auf Grund der bekannten Zusammenhänge zwischen dem Tangens und diesen beiden Funktionen die folgenden Werte ohne Schwierigkeiten berechnen:

$$\tan z = \frac{\sin z}{\cos z} = \frac{-0{,}6}{-0{,}8} = 0{,}75$$

und

$$\cot z = \frac{1}{\tan z} = 1{,}333\,33.$$

3.45 Es ist zu bestätigen, dass $\frac{1}{\sin^2 \omega} = 1 + \cot^2 \omega$ ist.

Lösung: Um die Richtigkeit dieser Formel nachzuweisen, muss entweder die in ihr auftretende Sinusfunktion in den Cotangens oder der Cotangens in den Sinus umgewandelt werden. Die zweite Variante ist vorteilhafter, weil man dann auf beiden Seiten der Gleichung Brüche mit gleichem Nenner erhält.

$$\frac{1}{\sin^2 \omega} = 1 + \frac{\cos^2 \omega}{\sin^2 \omega} = \frac{\sin^2 \omega + \cos^2 \omega}{\sin^2 \omega} = \frac{1}{\sin^2 \omega}.$$

Damit ist der geforderte Nachweis erbracht.

Für die Winkel $90° - \alpha$, $180° \pm \alpha$, $360° - \alpha$ sowie $-\alpha$ wurden in (3.6) und (3.10) bereits Zusammenhänge mit den Funktionswerten für den Winkel α bereitgestellt. Ähnliche Formeln können auch für die Winkel $90° + \alpha$ und $270° \pm \alpha$ hergeleitet werden. Die entsprechenden Berechnungen werden in der Aufgabe 3.59 gefordert. Auch diese Formeln lassen sich jederzeit anhand einer einfachen Skizze rekonstruieren, ohne dass man sein Gedächtnis damit belasten muss.

3.5.2 Beziehungen zwischen den trigonometrischen Funktionen unterschiedlicher Winkel

In der höheren Mathematik sowie bei vielen technischen Berechnungen treten Probleme auf, bei denen die Werte von trigonometrischen Funktionen benötigt werden, deren Argumente aus unterschiedlichen Winkeln zusammengesetzt sind. Es handelt sich dabei um Formeln für solche Ausdrücke wie $\sin(\alpha + \beta)$, $\tan(\alpha - \beta)$, $\cos 2\alpha$ usw.

Die zugehörigen Formeln werden unter dem Begriff **Additionstheoreme** zusammengefasst. Einige von ihnen sollen im folgenden hergeleitet werden, eine Auswahl wird tabellarisch zusammengestellt, und an einigen Beispielen soll gezeigt werden, wie diese Additionstheoreme angewendet werden können.

Ein sehr häufig auftretender Fehler besteht darin, dass man beispielsweise in $\sin(\alpha + \beta)$ glaubt, das Funktionssymbol sin „ausklammern“ zu dürfen, und dass man daher $\sin(\alpha + \beta) = \sin \alpha + \sin \beta$ setzt. Dass dies nicht stimmen kann, zeigt schon der einfache Fall, wenn man $\alpha = 60°$ und $\beta = 30°$ setzt. Dann wird

$$\sin(\alpha + \beta) = \sin(60° + 30°) = \sin 90° = 1.$$

Setzt man dagegen in $\sin \alpha + \sin \beta$ die beiden gegebenen Werte ein, dann erhält man

$$\sin \alpha + \sin \beta = \sin 30° + \sin 60° = \frac{1}{2} + \frac{1}{2}\sqrt{3} = 1{,}366.$$

Dieses Ergebnis kann aus zwei Gründen nicht mit $\sin 90°$ übereinstimmen, denn zum ersten ist $\sin 90° = 1$, und zum anderen kann ein Sinuswert niemals größer als 1 werden. Es ist also Vorsicht geboten, wenn man glaubt, die einfachen Regeln für das Ausmultiplizieren von Klammern auf die trigonometrischen Funktionen übertragen zu dürfen.

Um eine Formel für $\sin(\alpha + \beta)$ aufstellen zu können, betrachten wir das Dreieck ADC im Bild 3.61. Es besitzt bei A den Winkel $\alpha + \beta$, und für unser Ziel bietet sich die Flächeninhaltsformel für ein Dreieck nach (3.14) an, in der $\sin(\alpha + \beta)$ auftritt:

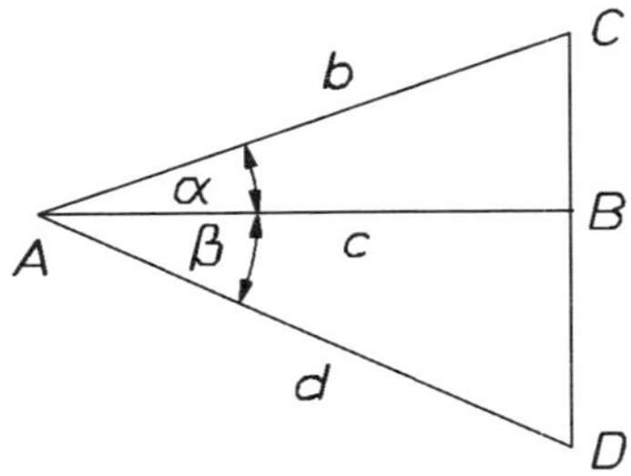

Bild 3.61

$$A_{\text{ges}} = \frac{1}{2}bd\sin(\alpha + \beta).$$

Da das Dreieck ADC aus den beiden Teildreiecken ABC und ABD zusammengesetzt ist, lässt sich für den Flächeninhalt A_{ges} auch schreiben:

$$A_{\text{ges}} = A_1 + A_2$$
$$A_{\text{ges}} = \frac{1}{2}bc\sin\alpha + \frac{1}{2}cd\sin\beta\,.$$

Setzt man die beiden Ausdrücke für A_{ges} einander gleich, so erhält man

$$\frac{1}{2}bd\sin(\alpha + \beta) = \frac{1}{2}bc\sin\alpha + \frac{1}{2}cd\sin\beta\,,$$

woraus nach Division beider Seiten durch $\frac{1}{2}bd$

$$\sin(\alpha + \beta) = \frac{c}{d}\sin\alpha + \frac{c}{b}\sin\beta$$

wird. Nun braucht nur noch berücksichtigt werden, dass $\frac{c}{d} = \cos\beta$ und $\frac{c}{b} = \cos\alpha$ ist, so dass

$$\sin(\alpha + \beta) = \sin\alpha \cdot \cos\beta + \cos\alpha \cdot \sin\beta$$

wird.

Ersetzt man in dieser Formel den Winkel β durch $-\beta$, so erhält man unter Berücksichtigung von $\sin(-\beta) = -\sin\beta$ und $\cos(-\beta) = \cos\beta$ die entsprechende Beziehung für den Sinus der Differenz zweier Winkel

$$\sin(\alpha - \beta) = \sin\alpha \cdot \cos\beta - \cos\alpha \cdot \sin\beta\,.$$

In ähnlicher Weise lassen sich Formeln für $\cos(\alpha \pm \beta)$ herleiten. In der nachfolgenden Tabelle sind die *Additionstheoreme für Summen und Differenzen von Winkeln* zusammengefasst.

$$\boxed{\begin{aligned} \sin(\alpha + \beta) &= \sin\alpha \cdot \cos\beta + \cos\alpha \cdot \sin\beta \\ \sin(\alpha - \beta) &= \sin\alpha \cdot \cos\beta - \cos\alpha \cdot \sin\beta \\ \cos(\alpha + \beta) &= \cos\alpha \cdot \cos\beta - \sin\alpha \cdot \sin\beta \\ \cos(\alpha - \beta) &= \cos\alpha \cdot \cos\beta + \sin\alpha \cdot \sin\beta \end{aligned}} \qquad (3.17)$$

Mit Hilfe dieser Formeln lassen sich nun die Additionstheoreme für den Tangens und den Cotangens herleiten. So erhält man beispielsweise

$$\tan(\alpha+\beta) = \frac{\sin(\alpha+\beta)}{\cos(\alpha+\beta)} = \frac{\sin\alpha\cdot\cos\beta + \cos\alpha\cdot\sin\beta}{\cos\alpha\cdot\cos\beta - \sin\alpha\cdot\sin\beta}.$$

Wenn man den auf diese Weise entstandenen Bruch mit $\cos\alpha\cdot\cos\beta$ kürzt, so entsteht

$$\tan(\alpha+\beta) = \frac{\tan\alpha + \tan\beta}{1-\tan\alpha\cdot\tan\beta}.$$

Damit ergeben sich folgende Formeln:

$$\boxed{\begin{array}{ll} \tan(\alpha+\beta) = \dfrac{\tan\alpha+\tan\beta}{1-\tan\alpha\cdot\tan\beta} & \tan(\alpha-\beta) = \dfrac{\tan\alpha-\tan\beta}{1+\tan\alpha\cdot\tan\beta} \\ \cot(\alpha+\beta) = \dfrac{\cot\alpha\cdot\cot\beta-1}{\cot\alpha+\cot\beta} & \cot(\alpha-\beta) = \dfrac{\cot\alpha\cdot\cot\beta+1}{\cot\beta-\cot\alpha} \end{array}} \tag{3.18}$$

Häufig kennt man die Funktionswerte der trigonometrischen Funktionen für einen Winkel, benötigt jedoch für weitere Untersuchungen die Funktionswerte des doppelten Winkels. Zugehörige Additionstheoreme lassen sich aus den Formeln (3.17) und (3.18) bilden, indem man dort bei den Argumenten $\alpha+\beta$ jeweils $\beta=\alpha$ setzt. Auf diese Weise entstehen die folgenden vier *Additionstheoreme für den doppelten Winkel*:

$$\boxed{\begin{array}{ll} \sin 2\alpha = 2\sin\alpha\cdot\cos\alpha & \cos 2\alpha = \cos^2\alpha - \sin^2\alpha \\ \tan 2\alpha = \dfrac{2\tan\alpha}{1-\tan^2\alpha} & \cot 2\alpha = \dfrac{\cot^2\alpha - 1}{2\cot\alpha} \end{array}} \tag{3.19}$$

Weitere Additionstheoreme sollen hier nicht mehr hergeleitet und aufgeführt werden. Bei Bedarf verwende man eine ausführliche Formelsammlung, um eine der Aufgabenstellung entsprechende Formel auszusuchen.

Beispiele:

3.46 Ohne einen Taschenrechner zu verwenden, sollen die Funktionswerte der vier trigonometrischen Funktionen für den Winkel 75° berechnet werden.

Lösung: Zunächst gilt es, den Winkel 75° in eine Summe oder Differenz von zwei Winkeln zu zerlegen, deren Funktionswerte als bekannt vorauszusetzen sind. Dazu eignen sich die beiden Winkel $\alpha = 45°$ und $\beta = 30°$. Dann wird nach (3.17)

$$\begin{aligned} \sin 75^\circ &= \sin(30^\circ + 45^\circ) \\ &= \sin 30^\circ \cos 45^\circ + \cos 30^\circ \sin 45^\circ \\ &= \frac{1}{2}\cdot\frac{1}{2}\sqrt{2} + \frac{1}{2}\sqrt{3}\cdot\frac{1}{2}\sqrt{2} \\ \sin 75^\circ &= \frac{1}{4}\sqrt{2}(1+\sqrt{3}). \end{aligned}$$

Für $\cos 75°$ ergibt sich

$$\begin{aligned} \cos 75^\circ &= \cos(30^\circ + 45^\circ) \\ &= \cos 30^\circ \cos 45^\circ - \sin 30^\circ \sin 45^\circ \\ &= \frac{1}{2}\sqrt{3}\cdot\frac{1}{2}\sqrt{2} - \frac{1}{2}\cdot\frac{1}{2}\sqrt{2} \end{aligned}$$

$$\cos 75^\circ = \frac{1}{4}\sqrt{2}\left(\sqrt{3}-1\right).$$

Ferner erhält man

$$\tan 75^\circ = \frac{1+\sqrt{3}}{\sqrt{3}-1} = \frac{\left(\sqrt{3}+1\right)^2}{3-1} = \frac{1}{2}\left(4+2\sqrt{3}\right)$$

$$\tan 75^\circ = 2+\sqrt{3}$$

und

$$\cot 75^\circ = \frac{1}{\tan 75^\circ} = \frac{1}{2+\sqrt{3}} = 2-\sqrt{3}.$$

3.47 Es sollen die Funktionswerte von 22,5° berechnet werden.

Lösung: Als Ausgangswinkel für die Berechnung der Funktionswerte von 22,5° müsste sich der Winkel 45° eignen, da dessen Funktionswerte als bekannt vorausgesetzt werden können. Aus

$$\cos 2\alpha = \cos^2\alpha - \sin^2\alpha = \cos^2\alpha - (1-\cos^2\alpha)$$

$$\cos 2\alpha = 2\cos^2\alpha - 1$$

folgt die Beziehung

$$\cos\alpha = \sqrt{\frac{1}{2}(\cos 2\alpha + 1)}.$$

Mit $\alpha = 22{,}5^\circ$ und damit $2\alpha = 45^\circ$ ergibt sich hieraus

$$\cos 22{,}5^\circ = \sqrt{\frac{1}{2}\left(\frac{1}{2}\cdot\sqrt{2}+1\right)} = \sqrt{\frac{1}{4}\left(\sqrt{2}+2\right)}$$

$$\cos 22{,}5^\circ = \frac{1}{2}\sqrt{2+\sqrt{2}}.$$

Hätte man oben in $\cos 2\alpha$ $\cos^2\alpha$ ersetzt durch $1-\sin^2\alpha$, so wäre nach der entsprechenden Umformung

$$\sin\alpha = \sqrt{\frac{1}{2}(1-\cos 2\alpha)}$$

entstanden, woraus man

$$\sin 22{,}5^\circ = \frac{1}{2}\sqrt{2-\sqrt{2}}$$

erhält. Schließlich wird

$$\tan 22{,}5^\circ = \frac{\sin 22{,}5^\circ}{\cos 22{,}5^\circ} = \sqrt{\frac{2-\sqrt{2}}{2+\sqrt{2}}} = \sqrt{2}-1$$

und

$$\cot 22{,}5^\circ = \frac{\cos 22{,}5^\circ}{\sin 22{,}5^\circ} = \sqrt{\frac{2+\sqrt{2}}{2-\sqrt{2}}} = \sqrt{2}+1.$$

3.48 Der Ausdruck $(\sin\alpha + \cos\alpha)^2$ soll vereinfacht werden.

Lösung: Es ist

$$(\sin\alpha + \cos\alpha)^2 = \sin^2\alpha + 2\sin\alpha\cos\alpha + \cos^2\alpha.$$

Mit

$\sin^2\alpha + \cos^2\alpha = 1$ und $2\sin\alpha\cos\alpha = \sin 2\alpha$

vereinfacht sich der gegebene Ausdruck zu

$(\sin\alpha + \cos\alpha)^2 = 1 + \sin 2\alpha.$

3.49 $\sin\left(\frac{2\pi}{3} + \alpha\right) - \cos\left(\frac{5\pi}{3} - \alpha\right)$ soll vereinfacht werden.

Lösung: Nach (3.17) ist

$$\sin\left(\frac{2\pi}{3} + \alpha\right) - \cos\left(\frac{5\pi}{3} - \alpha\right) = \sin\frac{2\pi}{3}\cos\alpha + \cos\frac{2\pi}{3}\sin\alpha - \\ - \left(\cos\frac{5\pi}{3}\cos\alpha + \sin\frac{5\pi}{3}\sin\alpha\right).$$

Mit

$\sin\frac{2\pi}{3} = \frac{1}{2}\sqrt{3},\ \cos\frac{2\pi}{3} = -\frac{1}{2},\ \cos\frac{5\pi}{3} = \frac{1}{2},\ \sin\frac{5\pi}{3} = -\frac{1}{2}\sqrt{3}$

wird

$$\sin\left(\frac{2\pi}{3} + \alpha\right) - \cos\left(\frac{5\pi}{3} - \alpha\right) = \frac{1}{2}\sqrt{3}\cos\alpha - \frac{1}{2}\sin\alpha + \\ -\frac{1}{2}\cos\alpha + \frac{1}{2}\sqrt{3}\sin\alpha,$$

so dass sich

$$\sin\left(\frac{2\pi}{3} + \alpha\right) - \cos\left(\frac{5\pi}{3} - \alpha\right) = \frac{1}{2}\left(\sqrt{3} - 1\right)(\cos\alpha + \sin\alpha)$$

ergibt.

3.50 Die Richtigkeit der Formel $\cot 3x = \frac{\cot^3 x - 3\cot x}{3\cot^2 x - 1}$ soll bewiesen werden.

Lösung: Es ist

$$\cot 3x = \cot(x + 2x) = \frac{\cot x \cdot \cot 2x - 1}{\cot 2x + \cot x}.$$

Ersetzt man im letzten Ausdruck noch $\cot 2x$ durch die entsprechende Formel aus (3.18), so wird

$$\cot 3x = \frac{\cot x\frac{\cot^2 x - 1}{2\cot x} - 1}{\frac{\cot^2 x - 1}{2\cot x} + \cot x} = \frac{\cot^2 x - 1 - 2}{\frac{\cot^2 x - 1}{\cot x} + 2\cot x}.$$

Durch weitere Vereinfachung wird daraus

$$\cot 3x = \frac{\cot^3 x - 3\cot x}{3\cot^2 x - 1},$$

was zu beweisen war.

Aufgaben

Bei den Aufgaben 3.113 bis 3.120 sind jeweils die zwei anderen trigonometrischen Funktionswerte desselben Winkels – ohne Verwendung eines Taschenrechners – zu berechnen!

3.113 **a)** $\sin\alpha = \frac{4}{5}$ $(0° < \alpha < 90°)$ **b)** $\cos\alpha = -\frac{63}{65}$ $(90° < \alpha < 180°)$

3.114 **a)** $\cos\alpha = -0{,}4$ $(180° < \alpha < 270°)$ **b)** $\tan\alpha = -\frac{40}{9}$ $(90° < \alpha < 180°)$

3.115 **a)** $\tan\alpha = \frac{3}{4}$ $(0° < \alpha < 90°)$ **b)** $\sin\alpha = \frac{15}{17}$ $(90° < \alpha < 180°)$

3.116 **a)** $\sin\alpha = -\frac{40}{41}$ $(270° < \alpha < 360°)$ **b)** $\cos\alpha = \frac{13}{85}$ $(270° < \alpha < 360°)$

3.117 **a)** $\cos\alpha = 0{,}6$ $(270° < \alpha < 360°)$ **b)** $\tan\alpha = -2{,}4$ $(270° < \alpha < 360°)$

3.118 **a)** $\tan\alpha = -\sqrt{6}$ $(90° < \alpha < 180°)$ **b)** $\sin\alpha = \frac{1}{2}\sqrt{2}$ $(90° < \alpha < 180°)$

3.119 **a)** $\sin\alpha = -\frac{1}{4}(\sqrt{6}+\sqrt{2})$ $(180° < \alpha < 270°)$

b) $\cos\alpha = \frac{1}{4}(\sqrt{5}+1)$ $(270° < \alpha < 360°)$

3.120 **a)** $\cos\alpha = \frac{1}{4}\sqrt{10+2\sqrt{5}}$ $(360° < \alpha < 450°)$

b) $\tan\alpha = \sqrt{\frac{n-1}{3}}$ $(0° < \alpha < 90°)$

Bei den Aufgaben 3.121 bis 3.130 sind die gegebenen Terme soweit wie möglich zu vereinfachen!

3.121 **a)** $\frac{\sin\alpha}{\tan\alpha}$ **b)** $\cos\alpha \cdot \tan\alpha$ **c)** $\frac{\cos\alpha \cdot \tan\alpha}{\sin\alpha}$

3.122 **a)** $\sin\alpha + \frac{\cos\alpha}{\tan\alpha}$ **b)** $\frac{1}{\cos\alpha} - \sin\alpha \cdot \tan\alpha$ **c)** $\frac{1}{\cos^2\alpha} - 1$

3.123 **a)** $\tan^2\alpha \frac{\cos\alpha}{\sin\alpha}$ **b)** $\frac{\cos\alpha}{1+\tan^2\alpha}$ **c)** $\frac{\sin\alpha}{1+\frac{1}{\tan^2\alpha}}$

3.124 **a)** $\frac{\sin^2\alpha}{1-\cos\alpha}$ **b)** $\frac{\cos\alpha}{\tan\alpha + \frac{1}{\cos\alpha}}$ **c)** $\frac{\frac{1}{\tan^2\alpha}+1}{1+\tan^2\alpha}$

3.125 **a)** $(\sin\alpha + \cos\alpha)^2 - 2\sin\alpha\cos\alpha$ **b)** $(\sin\alpha - \cos\alpha)^2 + 2\sin\alpha\cos\alpha$

3.126 **a)** $\sqrt{(3\cos\alpha - 4\sin\alpha)^2 + (3\sin\alpha + 4\cos\alpha)^2}$ **b)** $\sqrt{\sin\alpha(\tan\alpha + \tan^{-1}\alpha)\cos\alpha}$

3.127 **a)** $\frac{\sin\alpha}{\cos\alpha + 1} + \frac{1+\cos\alpha}{\sin\alpha}$ **b)** $\frac{\cos\alpha}{1-\tan\alpha} - \frac{\sin\alpha}{\tan^{-1}\alpha - 1}$

3.128 **a)** $\sqrt{\frac{1-\cos^2\alpha}{1-\sin^2\alpha}}$ **b)** $\left(\frac{1-\sin\alpha}{1+\sin\alpha}\right)^{\frac{1}{2}}$ **c)** $\frac{\cos\alpha\sqrt{1+\tan^{-2}\alpha}}{\tan^{-1}\alpha}$

3.129 **a)** $\frac{\sin^3\alpha}{\cos\alpha - \cos^3\alpha}$ **b)** $\frac{\sin^4 x - \cos^4 x}{\sin x - \cos x}$ **c)** $\frac{\sin^4\alpha - \cos^4\alpha}{\sin^2\alpha - \cos^2\alpha}$

3.130 **a)** $\frac{1+\tan^2\alpha}{\tan^2\alpha - 1} - \frac{1}{\sin^2\alpha - \cos^2\alpha}$ **b)** $\frac{1+\tan\alpha}{\tan\alpha - 1} - \frac{\tan^{-1}\alpha + 1}{1 - \tan^{-1}\alpha}$

Bei den Aufgaben 3.131 bis 3.136 sind die gegebenen Terme soweit wie möglich zu vereinfachen!

3.131 **a)** $\sin(30^\circ + \alpha) + \cos(60^\circ + \alpha)$ **b)** $\sin(\alpha - 150^\circ) - \cos(\alpha - 120^\circ)$

3.132 **a)** $\cos(60^\circ + \alpha) + \sin(210^\circ + \alpha)$ **b)** $\sin(\alpha + 390^\circ) - \cos(\alpha + 300^\circ)$

3.133 **a)** $\cos(\alpha - \beta)\cos\beta - \sin(\alpha - \beta)\sin\beta$ **b)** $\sin x \sin(x - y) + \cos x \cos(x - y)$

3.134 **a)** $\cos\beta \sin(\alpha - \beta) + \sin\beta \cos(\alpha - \beta)$ **b)** $\sin(x + y)\cos y - \cos(x + y)\sin y$

3.135 **a)** $\dfrac{\sin(x + y)\sin(x - y)}{\sin^2 x - \sin^2 y}$ **b)** $\dfrac{\cos^2 x - \sin^2 y}{\cos(x + y)\cos(x - y)}$

3.136 **a)** $\sqrt{\dfrac{\cos^2\beta - \cos^2\alpha}{\sin(\alpha + \beta)\sin(\alpha - \beta)}}$ **b)** $\sqrt{\dfrac{\cos(\alpha + \beta)\cos(\alpha - \beta)}{\cos^2\beta - \cos^2\alpha}}$

3.137 Die wahren Aussagen sind anzukreuzen, wobei in jedem Fall die Entscheidung zu begünden ist:

○ **a)** $\sin 2\alpha = 2\sin\alpha\sqrt{1 - \sin^2\alpha}$ ○ **b)** $\cos 2\alpha = 1 - 2\sin^2\alpha$

○ **c)** $\cos 2\alpha = 2\cos^2\alpha - 1$ ○ **d)** $\tan 2\alpha = \dfrac{2\sin\alpha\cos\alpha}{\cos^2\alpha - \sin^2\alpha}$

○ **e)** $1 = \cos^2\dfrac{\alpha}{2} + \sin^2\dfrac{\alpha}{2}$ ○ **f)** $\left|\sin\dfrac{\alpha}{2}\right| = \sqrt{\dfrac{1 - \cos\alpha}{2}}$

○ **g)** $\left|\cos\dfrac{\alpha}{2}\right| = \sqrt{\dfrac{1 + \cos\alpha}{2}}$ ○ **h)** $\left|\tan\dfrac{\alpha}{2}\right| = \sqrt{\dfrac{1 - \cos\alpha}{1 + \cos\alpha}}$

3.138 Gegeben ist $\sin\alpha = 0{,}8 \quad (0^\circ < \alpha < 90^\circ)$, $\cos\beta = -\dfrac{20}{29} \quad (90^\circ < \beta < 180^\circ)$ und $\tan\gamma = -\dfrac{36}{77}$ $(270^\circ < \gamma < 360^\circ)$.
Ohne Verwendung eines Taschenrechners ist zu berechnen:

a) $\sin 2\alpha$ **b)** $\cos 2\alpha$ **c)** $\tan 2\alpha$

d) $\sin 2\beta$ **e)** $\cos 2\beta$ **f)** $\tan 2\beta$

g) $\sin 2\gamma$ **h)** $\cos 2\gamma$ **i)** $\tan 2\gamma$

3.139 Text wie Aufgabe 3.138 für $90^\circ < \alpha < 180^\circ$, $180^\circ < \beta < 270^\circ$ und $90^\circ < \gamma < 180^\circ$.

Bei den Aufgaben 3.140 bis 3.143 sind die gegebenen Terme soweit wie möglich zu vereinfachen!

3.140 **a)** $\cos 2x + \sin 2x \tan x$ **b)** $\tan x - 2\sin^{-1} 2x + \tan^{-1} x$

3.141 **a)** $\sin 2x - \dfrac{2\tan x}{1 + \tan^2 x}$ **b)** $\dfrac{\sin 2x}{\cos 2x + 1} - \tan x$

3.142 **a)** $\sqrt{\dfrac{1 - \cos 2x}{1 + \cos 2x} + 1}$ **b)** $\sqrt{\dfrac{1 - \tan^2 x}{\tan^2 x + 1} + \sin^2 x}$

3.143 **a)** $\sin(2x + y) - 2\sin x \cos(x + y)$ **b)** $\dfrac{\tan(x - y) + \tan y}{1 - \tan(x - y)\tan y}$

3.144 Man beweise die Richtigkeit der nachstehenden Gleichungen:

a) $\cos 3\alpha = 4\cos^3\alpha - 3\cos\alpha$ **b)** $\tan 3\alpha = \dfrac{3\tan\alpha - \tan^3\alpha}{1 - 3\tan^2\alpha}$

3.145 Man beweise

a) $\sin\alpha + \sin\beta = 2\sin\dfrac{\alpha+\beta}{2}\cos\dfrac{\alpha-\beta}{2}$

b) $\sin\alpha - \sin\beta = 2\cos\dfrac{\alpha+\beta}{2}\sin\dfrac{\alpha-\beta}{2}$

durch Addition bzw. Subtraktion der Gleichungen

$\sin(x+y) = \sin x\cos y + \cos x\sin y$ und $\sin(x-y) = \sin x\cos y - \cos x\sin y$,

wenn für $x+y=\alpha$ und $x-y=\beta$ gesetzt wird.

3.146 Es ist zu beweisen

a) $\cos\alpha + \cos\beta = 2\cos\dfrac{\alpha+\beta}{2}\cos\dfrac{\alpha-\beta}{2}$

b) $\cos\alpha - \cos\beta = -2\sin\dfrac{\alpha+\beta}{2}\sin\dfrac{\alpha-\beta}{2}$

Anleitung: Der Beweis erfolgt ähnlich wie in Aufgabe 3.145.

Bei den Aufgaben 3.147 bis 3.153 sind die gegebenen Terme soweit wie möglich zu vereinfachen!

3.147 **a)** $\sin\left(\dfrac{\pi}{6}+x\right) - \sin\left(\dfrac{\pi}{6}-x\right)$ **b)** $\cos\left(\dfrac{\pi}{4}+x\right) + \cos\left(x-\dfrac{\pi}{4}\right)$

3.148 **a)** $\sin\left(x+\dfrac{\pi}{6}\right) + \sin\left(\dfrac{\pi}{6}-x\right)$ **b)** $\cos\left(\dfrac{\pi}{4}+x\right) - \cos\left(\dfrac{\pi}{4}-x\right)$

3.149 **a)** $\sin(45^\circ+\alpha) - \sin(45^\circ-\alpha)$ **b)** $\cos(30^\circ+\alpha) - \cos(30^\circ-\alpha)$

3.150 **a)** $\sin(\alpha+\beta) + \sin(\alpha-\beta)$ **b)** $\cos(\alpha+\beta) + \cos(\alpha-\beta)$

3.151 **a)** $\dfrac{\sin x + \sin y}{\cos x + \cos y}$ **b)** $\dfrac{\cos x - \cos y}{\sin x - \sin y}$

3.152 **a)** $\dfrac{\sin x + \sin y}{\cos x - \cos y}$ **b)** $\dfrac{\sin x - \sin y}{\cos x + \cos y}$

3.153 **a)** $\dfrac{\sin(x+y) + \sin(x-y)}{\cos(x+y) - \cos(x-y)}$ **b)** $\dfrac{\sin\left(x+\frac{\pi}{3}\right) - \sin\left(x-\frac{\pi}{3}\right)}{\cos\left(x+\frac{\pi}{3}\right) + \cos\left(x-\frac{\pi}{3}\right)}$

Bei den Aufgaben 3.154 bis 3.162 ist die Richtigkeit der gegebenen Formeln zu beweisen!

3.154 **a)** $\sin 3x + \sin 5x = 2\sin 4x\cos x$ **b)** $\cos 4x - \cos 2x = -2\sin 3x\sin x$

3.155 **a)** $1 + \sin x = 2\sin^2\left(\dfrac{x}{2}+\dfrac{\pi}{4}\right)$ **b)** $1 - \sin\alpha = 2\cos^2\left(45^\circ+\dfrac{\alpha}{2}\right)$

3.156 **a)** $\cos x + 1 = 2\cos^2\dfrac{x}{2}$ **b)** $1 - \cos\alpha = 2\sin^2\dfrac{\alpha}{2}$

3.157 **a)** $\sin 2\alpha + 1 = 2\sin^2(45^\circ+\alpha)$ **b)** $1 + \cos 2x = 2\cos^2 x$

3.158 **a)** $1 - 2\cos x = 4\sin\left(\dfrac{\pi}{6}+\dfrac{x}{2}\right)\sin\left(\dfrac{x}{2}-\dfrac{\pi}{6}\right)$

b) $2\sin 2x - 1 = 4\sin\left(x-\dfrac{\pi}{12}\right)\cos\left(x+\dfrac{\pi}{12}\right)$

3.159 **a)** $\cos x + \sin x = \sqrt{2}\cos\left(\dfrac{\pi}{4}-x\right)$ **b)** $\cos\alpha - \sin\alpha = \sqrt{2}\sin(45^\circ-\alpha)$

3.160 **a)** $1 + \tan\alpha = \dfrac{\sqrt{2}\cos(45^\circ - \alpha)}{\cos\alpha}$ **b)** $1 - \tan x = \dfrac{\sqrt{2}\sin\left(\frac{\pi}{4} - x\right)}{\cos x}$

3.161 **a)** $\sqrt{3}\tan x + 1 = \dfrac{2\sin\left(x + \frac{\pi}{6}\right)}{\cos x}$ **b)** $1 - \sqrt{3}\tan\alpha = \dfrac{2\sin(30^\circ - \alpha)}{\cos\alpha}$

3.162 **a)** $\tan\alpha + \tan\beta = \dfrac{\sin(\alpha + \beta)}{\cos\alpha\cos\beta}$ **b)** $\tan x - \tan y = \dfrac{\sin(x - y)}{\cos x\cos y}$

Die nachstehenden Terme sind in eine Summe umzuformen:

3.163 **a)** $2\sin 3x\cos x$ **b)** $2\sin 4x\cos 3x$ **c)** $\sin ax\cos bx$

3.164 **a)** $\sin(3 - n)x\cos(2 - n)x$ **b)** $2\sin(2 + n)x\cos(2 - n)x$

3.6 Goniometrische Gleichungen

3.6.1 Begriffsbestimmung

Bestimmungsgleichungen, in denen die *Unbekannte mindestens einmal als Argument einer trigonometrischen Funktion* auftritt, werden **goniometrische Gleichungen** genannt.

So zählen beispielsweise die Gleichungen

(1) $\sin x + \tan 2x - \cos x - 2 = 0$ (2) $x + \cos 2x = 1$

(3) $\sin\left(x - \frac{\pi}{2}\right) + \cos\left(2x + \frac{2\pi}{3}\right) = 0.237$ (4) $1 + x^2\cot x = 0$

zu den goniometrischen Gleichungen.

Viele derartige Gleichungen lassen sich in der Regel nur mit Hilfe von Näherungsverfahren oder auf grafischem Wege lösen. Dies ist vor allem dann der Fall, wenn die unbekannte Größe sowohl als Argument von Winkelfunktionen als auch als Potenz oder als Argument anderer Funktionen auftritt, wie das hier in den Beispielen 2 und 4 der Fall ist. Wie derartige Gleichungen zu lösen sind, kann erst im Band 3 des Lehr- und Übungsbuches der Mathematik behandelt werden.

In diesem Abschnitt sollen lediglich *rein goniometrische Gleichungen* behandelt werden, in denen die Unbekannte *nur als Argument trigonometrischer Funktionen* auftritt. Von den oben angeführten Beispielen gehören die Gleichungen 1 und 3 zu den rein goniometrischen Gleichungen.

3.6.2 Das Lösen goniometrischer Gleichungen

Rein goniometrische Gleichungen lassen sich stets auf algebraische Gleichungen der Form $P_n(x) = 0$ zurückführen, wenn man folgenden Lösungsweg einschlägt:

1. Schritt: Die gegebene Gleichung wird so umgeformt, dass *alle* in ihr auftretenden trigonometrischen Funktionen *das gleiche Argument* besitzen.

2. Schritt: Man formt so um, dass in der Bestimmungsgleichung *nur noch eine* trigonometrische Funktion dieses Arguments auftritt.
3. Schritt: Man substituiert die übrig gebliebene trigonometrische Funktion, z. B. $\sin x = u$ oder $\cos 2x = z$ usw., und erhält eine algebraische Gleichung.

Ob diese algebraische Gleichung einer geschlossenen Lösung zugeführt werden kann, ist an der Ausgangsgleichung im allgemeinen nicht erkennbar. Da alle trigonometrischen Funktionen mit unterschiedlichen Argumenten und in unterschiedlichen Potenzen auftreten können, sind die Formen und damit auch die Lösungswege der rein goniometrischen Gleichungen sehr vielfältig. Aus diesem Grunde lassen sich außer der angegebenen Schrittfolge *keine allgemeingültigen Lösungswege* und damit auch keine „Rezepte" angeben. Man muss von Fall zu Fall überlegen, wie man am günstigsten zum Ziel gelangt. Die folgenden Beispiele sollen dabei helfen.

Beispiele:

3.51 Die allereinfachste Form der goniometrischen Gleichungen wurde bereits im Abschnitt 3.2 gelöst, als z. B. dort die Frage gestellt wurde:
Für welche $x \in \mathbf{R}$ gilt $\cos x = -0{,}235$ (vgl. Beispiel 3.25.).
Die dort ermittelten Lösungen

$$x_{1k} = 103{,}592^\circ + k \cdot 360^\circ \quad \text{und} \quad x_{2k} = 256{,}408^\circ + k \cdot 360^\circ$$

mit $k \in \mathbf{G}$ lassen sich mit Hilfe der Symbolik der Mengenlehre auch wie folgt angeben:

$$\mathrm{L} = \{x | x = 103{,}592^\circ + k \cdot 360^\circ \vee x = 256{,}408^\circ + k \cdot 360^\circ,\ k \in \mathbf{G}\}.$$

Wenn die Lösungsmenge im Bogenmaß angegeben werden soll, müsste man

$$\mathrm{L} = \{x \mid x = 1{,}808 + k \cdot 2\pi \vee x = 4{,}475\,2 + k \cdot 2\pi,\ k \in \mathbf{G}\}$$

schreiben.

3.52 Wie lauten die Lösungen der goniometrischen Gleichung

$$\tan\left(x - \frac{\pi}{12}\right) - 1{,}274 = 0 \quad \text{im Bereich} \quad x = [0; \pi]\ ?$$

Lösung: Um den Lösungsgang so übersichtlich wie möglich zu gestalten, substituiert man zunächst

$$x - \frac{\pi}{12} = z \qquad (^*)$$

und löst die Gleichung

$$\tan z = 1{,}274.$$

Sie besitzt die Lösungen

$$z_k = 0{,}905\,31 + k \cdot \pi \quad \text{mit} \quad k \in \mathbf{G},$$

wobei hier zur Sicherheit *alle* möglichen Lösungen angegeben wurden. Auf Grund der Substitutionsgleichung (*) wird daraus

$$x_k = z_k + \frac{\pi}{12} = 0{,}905\,31 + k \cdot \pi + \frac{\pi}{12}$$

$$x_k = 0{,}905\,31 + \frac{12k+1}{12}\pi \quad \text{mit} \quad k \in \mathbf{G}.$$

Damit sind alle möglichen Lösungen der gegebenen Gleichung erfasst. Man braucht nun nur noch diejenigen Werte für k auszuwählen, die gewährleisten, dass die gesuchten Lösungen im geforderten Bereich $x \in [0; \pi]$ liegen. Dies ist lediglich für $k = 0$ der Fall, so dass die Lösung der gegebenen Gleichung lautet

$$x = 0{,}905\,31 + \frac{\pi}{12}.$$

3.53 Wie lauten die Lösungen der goniometrischen Gleichung

$$\sin^2 x - \frac{1}{2}\cos 2x = 0,$$

die im Bereich $x \in [0; 2\pi]$ liegen?

Lösung: In dieser Gleichung treten die beiden unterschiedlichen Argumente x und $2x$ innerhalb der trigonometrischen Funktionen auf. Nach dem vorn empfohlenen Schritt 1 muss daher zunächst dafür gesorgt werden, dass nur trigonometrische Funktionen mit einem einheitlichen Argument in der Gleichung verbleiben.
Um $\cos 2x$ durch trigonometrische Funktionen mit dem Argument x zu ersetzen, gibt es u. a. die drei folgenden Möglichkeiten:

$$\cos 2x = \begin{cases} \cos^2 x - \sin^2 x \\ 2\cos^2 x - 1 \\ 1 - 2\sin^2 x. \end{cases}$$

Die letzte der drei Formeln ist am geeignetsten für die weitere Berechnung, denn es bleiben dann nur noch Sinus–Funktionen in der Gleichung übrig (Schritt 3). Die Ausgangsgleichung geht damit über in

$$\begin{aligned} \sin^2 x - \frac{1}{2}(1 - 2\sin^2 x) &= 0 \\ 2\sin^2 x - \frac{1}{2} &= 0. \end{aligned}$$

Mit $\sin x = u$ wird daraus die rein quadratische Gleichung

$$u^2 - \frac{1}{4} = 0,$$

die die beiden Lösungen

$$u_1 = \frac{1}{2}, \quad u_2 = -\frac{1}{2}$$

besitzt. Kehrt man zur ursprünglichen Bedeutung von u zurück, so erhält man als Lösungen der gegebenen Gleichung:

$$\begin{aligned} u_1 &= \frac{1}{2} \longrightarrow \sin x = \frac{1}{2} \longrightarrow x_1 = \frac{\pi}{6}, \quad x_2 = \frac{5\pi}{6}, \\ u_2 &= -\frac{1}{2} \longrightarrow \sin x = -\frac{1}{2} \longrightarrow x_3 = \frac{7\pi}{6}, \quad x_4 = \frac{11\pi}{6}. \end{aligned}$$

Man beachte, dass die Lösung x im Intervall $[0; 2\pi]$ gesucht war. Zum Schluss muss noch die Richtigkeit der Resultate nachgewiesen werden. Setzt man x_1 in die Ausgangsgleichung ein, so ergibt sich

$$\begin{aligned} \sin^2\frac{\pi}{6} - \frac{1}{2}\cos\frac{\pi}{3} &\mid 0 \\ \left(\frac{1}{2}\right)^2 - \frac{1}{2}\cdot\frac{1}{2} &\mid 0 \\ 0 &= 0. \end{aligned}$$

Die Probe stimmt. In gleicher Weise müssten auch die drei weiteren Lösungen untersucht werden, was dem Leser überlassen sei.

Es soll noch ein *zweiter Lösungsweg* für die gleiche Aufgabe vorgeführt werden. In der ersten Lösung wurde dafür Sorge getragen, dass als Argument bei allen in der Gleichung vorhandenen Winkelfunktionen einheitlich x auftrat. Genauso gut hätte man natürlich auch $2x$ verwenden können. Dazu müsste man die dritte der anfangs genannten drei Formeln nach $\sin x$ auflösen:

$$\cos 2x = 1 - 2\sin^2 x \quad\longrightarrow\quad \sin^2 x = \frac{1}{2} - \frac{1}{2}\cos 2x.$$

Damit geht die gegebenen Gleichung über in

$$\begin{aligned} \frac{1}{2} - \frac{1}{2}\cos 2x - \frac{1}{2}\cos 2x &= 0 \\ \cos 2x &= \frac{1}{2}. \end{aligned}$$

Hier ist nun eine *Besonderheit* zu beachten, die auftritt, wenn das Argument der Winkelfunktionen nicht x ist, sondern ein komplizierterer Ausdruck, wie hier z. B. $2x$. Der Lösungsbereich für x sollte laut Aufgabenstellung das Intervall $[0; 2\pi]$ sein. Wenn also x Werte zwischen 0 und 2π annehmen darf, dann kann das in der letzten Gleichung auftretende Argument $2x$ zwischen 0 und 4π liegen. Es ist demzufolge zu untersuchen, für welche z-Werte ($z = 2x$) mit z aus $[0; 4\pi]$ $\cos z = 0{,}5$ wird. Dies ist der Fall für

$$2x = \frac{\pi}{3}, \quad 2x = \frac{5\pi}{3}, \quad 2x = \frac{7\pi}{3} \quad \text{und} \quad 2x = \frac{11\pi}{3},$$

woraus sich in Übereinstimmung mit oben die Lösungen

$$x_1 = \frac{\pi}{6}, \quad x_2 = \frac{5\pi}{6}, \quad x_3 = \frac{7\pi}{6} \quad \text{und} \quad x_4 = \frac{11\pi}{6}$$

ergeben.

Aus dem letzten Beispiel resultiert der folgende wichtige Hinweis, der beim Lösen von Gleichungen zu beachten ist:

> Wenn eine Gleichung für eine unbekannte Größe x innerhalb eines bestimmten Lösungsbereiches $x \in [a; b]$ gelöst werden soll und wenn die Gleichung so umgeformt wird, dass zum Schluss ein anderes Argument als x in den in der Gleichung vorhandenen Funktionen auftritt, dann muss zusätzlich untersucht werden, in welchem Lösungsbereich dieses veränderte Argument gültig ist.

Dieser Effekt trat übrigens auch bereits bei der Lösung des Beispiels 3.52 auf, ohne dass ausführlicher darauf eingegangen wurde.

Beispiele:

3.54 Es ist die Gleichung $\sin^2 x + \frac{1}{2}\cos x = 0$ für $x \in [0°; 360°]$ zu lösen.

Lösung: In der Gleichung tritt die Unbekannte x innerhalb aller Funktionen mit dem gleichen Argument auf. Es muss also nur noch dafür gesorgt werden, dass lediglich *eine* Winkelfunktion übrigbleibt. Entscheidet man sich für den Sinus, dann entsteht wegen

$$\cos x = \sqrt{1 - \sin^2 x}$$

eine Wurzelgleichung. Wurzelgleichungen zu lösen bereitet jedoch stets viel Mühe. Daher versuchen wir, den Sinus durch den Cosinus zu ersetzen. Das ergibt

$$1 - \cos^2 x + \frac{1}{2}\cos x = 0,$$

woraus die quadratische Gleichung

$$\cos^2 x - \frac{1}{2}\cos x - 1 = 0$$

entsteht. Aus ihr erhält man

$$\begin{aligned}\cos x_{1,2} &= \frac{1}{4} \pm \sqrt{1 + \frac{1}{16}}\\ &= 0{,}25 \pm 1{,}0307\,764\\ \cos x_1 &= 1{,}28\ldots \quad \cos x_2 = -0{,}780\,776\,4.\end{aligned}$$

$\cos x_1$ liefert keinen sinnvollen Beitrag für die Lösung der Aufgabe, da ein Wert entstanden ist, der größer als 1 ist. Aus $\cos x_2$ ergeben sich als Lösungen der Gleichung

$$x_{2,1} = 141{,}33^\circ \quad \text{und} \quad x_{2,2} = 218{,}67^\circ.$$

Bestätigen Sie bitte, dass beide Lösungen richtig sind.

3.55 Wie lauten die Lösungen der Gleichung $\sin^2 x + \frac{1}{2}\tan x = 0$ im Bereich $B = [0; 2\pi)$?

Lösung: Im Sinus und im Tangens sind bereits einheitliche Winkel vorhanden. Um zu *einer* Winkelfunktion zu kommen, steht zur Auswahl, den Tangens in den Sinus umzuwandeln oder den Sinus in den Tangens. In beiden Fällen würde eine Wurzelgleichung entstehen, die man möglichst vermeiden sollte. Es bietet sich noch ein dritter Weg an, nämlich für $\tan x$ den Bruch $\frac{\sin x}{\cos x}$ einzusetzen, so dass aus der Ausgangsgleichung

$$\sin^2 x + \frac{1}{2}\frac{\sin x}{\cos x} = 0 \quad (\cos x \neq 0!)$$

entsteht.
Zunächst hat es den Anschein, dass dies nichts nützen würde, denn wenn man nun noch den Cosinus in den Sinus verwandelt, entsteht wiederum eine Wurzelgleichung. Aber das sollte ja gerade vermieden werden.
Betrachtet man jedoch die letzte Gleichung genauer, so erkennt man, dass sich der Faktor $\sin x$ ausklammern lässt, und spätestens jetzt müsste man sich an den Satz erinnern, dass ein *Produkt genau dann Null wird, wenn einer der beiden Faktoren Null wird.* Aus

$$\sin x\left(\sin x + \frac{1}{2\cos x}\right) = 0$$

entstehen damit die beiden Gleichungen

$$\sin x = 0 \quad \text{und} \quad \sin x + \frac{1}{2\cos x} = 0.$$

Die erste dieser beiden Gleichungen liefert als Lösungen der Ausgangsgleichung

$$x_1 = 0 \quad \text{und} \quad x_2 = \pi.$$

Die zweite Gleichung

$$\sin x + \frac{1}{2\cos x} = 0$$

wird besonders einfach, wenn man mit dem Nenner $2\cos x$ multipliziert

$$2\sin x\cos x + 1 = 0$$

und berücksichtigt, dass $2\sin x\cos x = \sin 2x$ ist.
So folgen schließlich aus

$$\sin 2x = -1$$

die weiteren Lösungen der Gleichung

$$2x_3 = \frac{3\pi}{2} \quad \text{und} \quad 2x_4 = \frac{7\pi}{2}.$$

Prüfen Sie bitte auch hier wiederum nach, dass alle vier Lösungen die Ausgangsgleichung erfüllen.

Eine Produktzerlegung, wie sie im letzten Beispiel vorgenommen wurde, ist natürlich *nur dann sinnvoll*, wenn die zu lösende Gleichung *kein Absolutglied* enthält.

Beispiele:

3.56 Die Gleichung $\sin^2 x + \frac{1}{2}\tan x = A$ mit $A \neq 0$ soll gelöst werden.

Lösung: Ersetzt man den Sinus durch den Tangens, so entsteht die Gleichung

$$\frac{\tan^2 x}{1+\tan^2 x} + \frac{1}{2}\tan x = A,$$

woraus nach Multiplikation mit dem Hauptnenner $2(1+\tan^2 x)$

$$2\tan^2 x + \tan x + \tan^3 x = 2A(1+\tan^2 x) \quad \text{oder}$$

$$\tan^3 x + (1-2A)\tan^2 x + \tan x - 2A = 0$$

entsteht.
Dies ist jedoch eine Gleichung 3. Grades für $\tan x$, die mit dem bisher behandelten Wissensstoff noch nicht gelöst werden kann.
Der Versuch, die Aufgabe durch Umwandlung des Tangens in den Sinus lösen zu können, führt auf

$$\begin{aligned} \sin^2 x + \frac{1}{2}\frac{\sin x}{\sqrt{1-\sin^2 x}} &= A \\ \frac{\sin x}{\sqrt{1-\sin^2 x}} &= 2(A-\sin^2 x) \\ \frac{\sin^2 x}{1-\sin^2 x} &= 4(A^2 - 2A\sin^2 x + \sin^4 x), \end{aligned}$$

woraus schließlich nach Multiplikation mit $1-\sin^2 x$ eine Gleichung 6. Grades für $\sin x$ entsteht. Diese Gleichung ist jedoch für uns derzeit gleich recht noch nicht zu lösen.
Dieses Beispiel zeigt, dass ganz „harmlos aussehende Gleichungen“ Probleme mit sich bringen können, die unsere derzeitigen Kenntnisse und Fähigkeiten auf mathematischem Gebiet weit überfordern.

3.57 Welche Lösungen besitzt die goniometrische Gleichung $2\sin x + \cos x = 2$ im Bereich $B = [0; 2\pi)$?

Lösung: In diesem Beispiel dürfte es gleichgültig sein, welche der beiden auftretenden Funktionen man in die andere umwandelt. Die beiden entstehenden Gleichungen werden sich in ihrem Aufbau kaum voneinander unterscheiden.
Verwendet man die Sinusfunktion, so entsteht

$$\begin{aligned} 2\sin x + \sqrt{1-\sin^2 x} &= 2 && \text{Wurzel isolieren!} \\ \sqrt{1-\sin^2 x} &= 2(1-\sin x) && \text{Quadrieren!} \\ 1-\sin^2 x &= 4 - 8\sin x + 4\sin^2 x && \text{Ordnen!} \\ 5\sin^2 x - 8\sin x + 3 &= 0 \\ \sin^2 x - \frac{8}{5}\sin x + \frac{3}{5} &= 0. \end{aligned}$$

Diese quadratische Gleichung für $\sin x$ hat die beiden Lösungen

$$\sin x_1 = 1 \quad \text{und} \quad \sin x_2 = \frac{3}{5},$$

aus denen man für die Unbekannte x die Werte

$$x_{11} = 90^\circ \quad \text{und} \quad x_{21} = 36{,}87^\circ$$
$$x_{22} = 143{,}13^\circ$$

ermittelt.
Für diese drei Lösungen *muss unbedingt die Probe an der Ausgangsgleichung gemacht werden*, denn im Verlaufe der Rechnung entstand eine Wurzelgleichung, so dass quadriert werden musste. Dabei können, wie dies im Abschnitt 1.6 bereits gezeigt wurde, Scheinlösungen entstehen.
Proben:

$$x_{11} \longrightarrow \quad 2\sin 90^\circ + \cos 90^\circ \mid 2$$
$$2 \cdot 1 + 0 = 2 \longrightarrow x_{11} \quad \text{ist Lösung}$$
$$x_{21} \longrightarrow \quad 2\sin 36{,}87^\circ + \cos 36{,}87^\circ \mid 2$$
$$2 \cdot 0{,}6 + 0{,}8 = 2 \longrightarrow x_{21} \quad \text{ist Lösung.}$$
$$x_{22} \longrightarrow 2\sin 143{,}13^\circ + \cos 143{,}13^\circ \mid 2$$

Hier kann man schon ohne weiter rechnen zu müssen sagen, dass x_{22} *eine Scheinlösung* sein muss. $2\sin 143{,}13^\circ$ ist nämlich garantiert kleiner als 2, weil für alle x gilt $|\sin x| \le 1$. Ferner ist $\cos 143{,}13^\circ$ negativ, so dass die Summe der beiden Ausdrücke keinesfalls den Wert 2 erreichen kann.
In vielen Fällen kann man bereits auf Grund derartiger Vorzeichenüberlegungen und ohne die eigentliche Zahlenrechnung durchführen zu müssen entscheiden, ob eine mutmaßliche Lösung tatsächlich die Gleichung erfüllt oder ob es sich um eine Scheinlösung handelt.

Für diese Art von Aufgaben gibt es noch einen anderen Lösungsweg, der das Auftreten einer Wurzelgleichung und als Folge davon auch mögliche Scheinlösungen vermeidet. Es ist das sogenannte *Hilfswinkelverfahren*.

Bei Gleichungen, die sich allgemein in der Form

$$a\sin x + b\cos x = c$$

darstellen lassen, führt man einen Hilfswinkel ϕ ein durch die Festlegung

$$\tan\phi = \frac{\sin\phi}{\cos\phi} = \frac{b}{a}. \qquad (^*)$$

Damit geht die gegebene Gleichung über in

$$\sin x + \frac{\sin\phi}{\cos\phi}\cos x = \frac{c}{a}$$

oder

$$\sin x\cos\phi + \cos x\sin\phi = \frac{c}{a}\cos\phi\,.$$

Mit (3.17) folgt hieraus

$$\sin(x+\phi) = \frac{c}{a}\cos\phi\,.$$

Da $\tan\phi$ auf Grund von (*) als bekannt betrachtet werden kann, lässt sich auch $\cos\phi$ bestimmen. Damit ist eine ganz einfache Gleichung gefunden, aus der sich x leicht ermitteln lässt.

Wendet man diese Verfahrensweise auf die gegebene Aufgabe

$$2\sin x + \cos x = 2$$

an, so erhält man

$$\tan\phi = \frac{b}{a} = \frac{1}{2},$$

woraus

$$\phi = 26{,}565°$$

folgt. Damit erhält man die Gleichung

$$\sin(x + 26{,}565°) = \frac{2}{2}\cos 26{,}565° = 0{,}894\,427\,1.$$

Hieraus folgt

$$x_1 + 26{,}565° = 63{,}435° \longrightarrow x_1 = 36{,}87°$$

und

$$x_2 + 26{,}565° = 116{,}565° \longrightarrow x_2 = 90°$$

in Übereinstimmung mit den beiden vorn ermittelten Lösungen.

Aufgaben

Es ist die Lösungsmenge in **R** zu ermitteln:

3.165 **a)** $\sin 2x = 0{,}81$ **b)** $\cos 3x = 0{,}421$ **c)** $\tan\frac{x}{2} = 4{,}32$

3.166 **a)** $\sin x = 1{,}9$ **b)** $\cos 2{,}26x = 0{,}721$ **c)** $\cos 3t = 0{,}78$

Für welche x aus $[0; 2\pi)$ gilt

3.167 **a)** $0 = \sin\frac{x}{2}$ **b)** $0 = \cos 1.2x$ **c)** $0 = \tan 2x$

3.168 **a)** $0 = \cos(3x - 1{,}6)$ **b)** $0 = \tan\left(\frac{x}{3} + 1{,}1\right)$

3.169 **a)** $0 = \sin 4x + \sin 2x$ **b)** $0 = \sin 2x + \cos 2x$

Bei den Aufgaben 3.170 bis 3.183 sind **alle** Lösungen der gegebenen goniometrischen Gleichungen über $\mathbf{G} = [0°; 360°]$ zu bestimmen, d. h., die Lösungen sind im Gradmaß anzugeben!

3.170 **a)** $\tan x = 3\sin x$ **b)** $3\sin 2x = \cos x$ **c)** $\sin 2x = \tan x$

3.171 **a)** $2\sin x = \tan x$ **b)** $\tan x \sin 2x = 1$ **c)** $8\sin 2x = \frac{9}{\tan x}$

3.172 **a)** $\tan^2 x + 2{,}5\tan x = -1$ **b)** $\tan x = 2 - \frac{1}{\tan x}$

3.173 **a)** $\tan x \tan 2x = 1$ **b)** $2\sin 2x - 5\tan 2x = 0$

3.174 **a)** $\sin x - \cos 2x = 0$ **b)** $\sin x + \cos 2x = 0{,}5$

3.175 **a)** $2\sin^2 x + 4\cos^2 x = 3$ **b)** $\sin^2 x - 3\cos^2 x = 1$

3.176 **a)** $4\sin x + 3\cos x = 4$ **b)** $2\sin x - 3\cos x = 1{,}57$

3.177 **a)** $(\sin^2 x + 1)^{0{,}5}\sqrt{1 - \sin^2 x} = \cos 2x$ **b)** $\sqrt{1 - \cos^2 x}(\cos x + 1)^{0{,}5} = \sin x$

3.178 **a)** $\sin x - 1 = \cos x - \tan x$ **b)** $\tan x + \cos x = 1 + \sin x$

3.179 a) $\sin^2 x - 6\cos^2 x + \sin x \cos x = 0$ b) $2\sin^2 2x = 1 - \sin 2x$

3.180 a) $\sin(90° + \alpha)\sin(90° - \alpha) = \dfrac{1}{1 + \tan^2\alpha}$ b) $\cos\left(\dfrac{\pi}{2} + x\right)\cos\left(\dfrac{\pi}{2} - x\right) = -\cos 2x$

3.181 a) $\sin 2x + \sin 3x = 3\sin x$ b) $\cos 2x + \cos 3x = 4\cos^3 x$
Anleitung: $\sin 3x = \sin(2x + x) = \ldots$

3.182 a) $\sin x + \sin 2x + \sin 4x + \sin 5x = 0$ b) $\cos x + \cos 2x + \cos 4x + \cos 5x = 0$

3.183 a) $\sin 4x - \sin 3x + \sin 2x - \sin x = 0$ b) $\cos 4x + \cos 3x - \cos 2x - \cos x = 0$

3.184 Welche Werte müssen zwei Komplementwinkel haben, wenn der Sinus ihrer Differenz 0,1 beträgt?
Anmerkung: Komplementwinkel ergänzen einander zu 90°.

3.7 Vermischte Aufgaben

3.185 Auf eine plankonkave Linse (vgl. Bild 3.62) mit einem Krümmungsradius $r = 75$ mm und dem sogenannten **Brechungsindex** $n = 1{,}51$ fällt ein Parallelstrahl p, der von der Achse den Abstand $h = 15$ mm besitzt.
Man berechne den Abstand f des Brennpunktes F vom Mittelpunkt M.
Anleitung: $\sin\beta = n\sin\alpha$ (Brechungsgesetz)

3.186 Auf eine plankonvexe Linse mit einem Krümmungsradius $r = 75$ mm und dem Brechungsindex $n = 1{,}51$ fällt der Parallelstrahl p, der den Abstand $h = 15$ mm von der Achse besitzt. In welcher Entfernung $CF = x$ wird der gebrochene Lichtstrahl p' die Achse schneiden? (siehe Bild 3.63)

3.187 Zwei Gleisachsen, die einen Winkel $\alpha = 123°28'$ bilden, sollen durch einen sie berührenden Kreisbogen vom Radius $r = 300$ m verbunden werden (Bild 3.64). Es ist zu ermitteln, wie weit die Berührungspunkte A und B vom Schnittpunkt S der beiden Gleisachsen entfernt sind. Um wieviel Prozent ist der Bogen kürzer als der Weg über den Achsenschnittpunkt S?
Bemerkung: In der Praxis der Schienenverlegung lässt man einen geraden Gleisstrang nicht übergangslos in einen Kreisbogen münden, weil beim Durchfahren ein Ruck auftreten würde. Zwischen Gerade und Kreis wird eine kubische Parabel eingepasst.

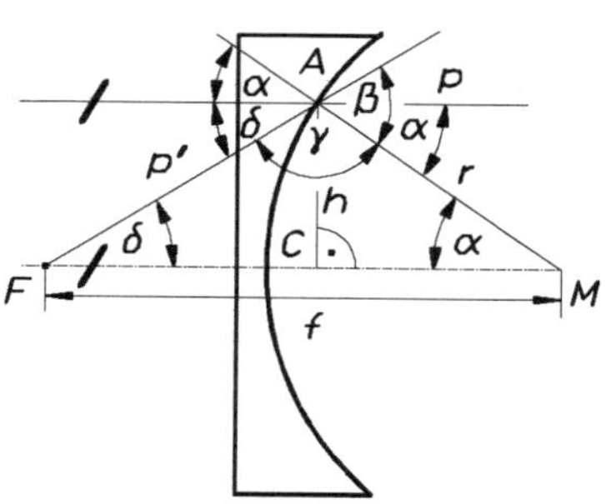

Bild 3.62

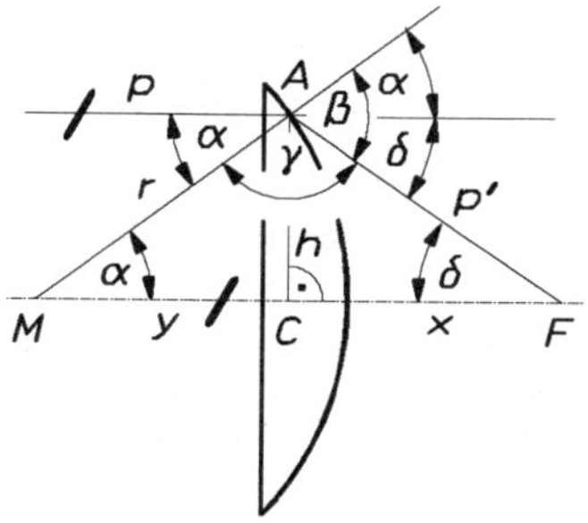

Bild 3.63

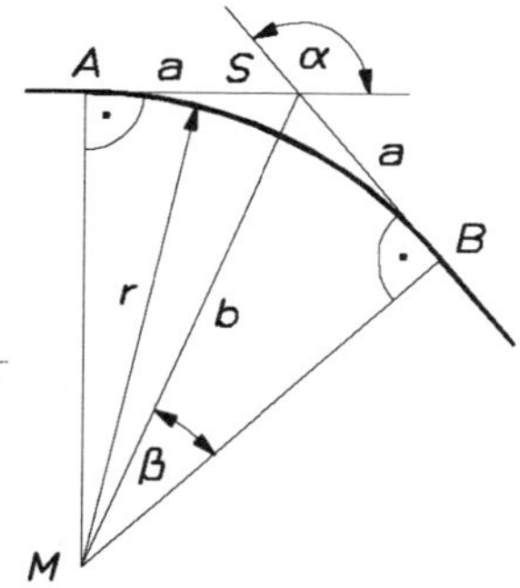

Bild 3.64

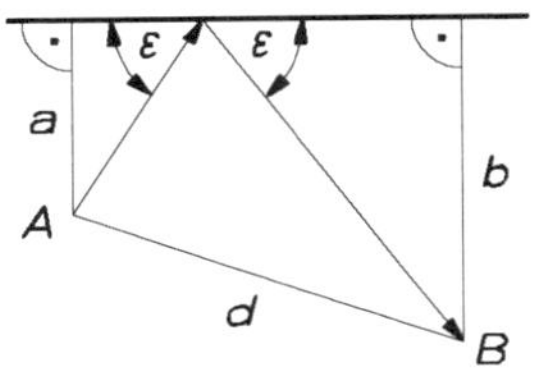

Bild 3.65

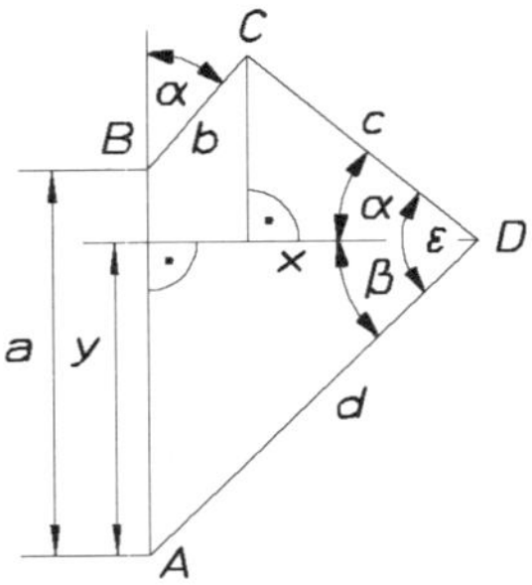

Bild 3.66

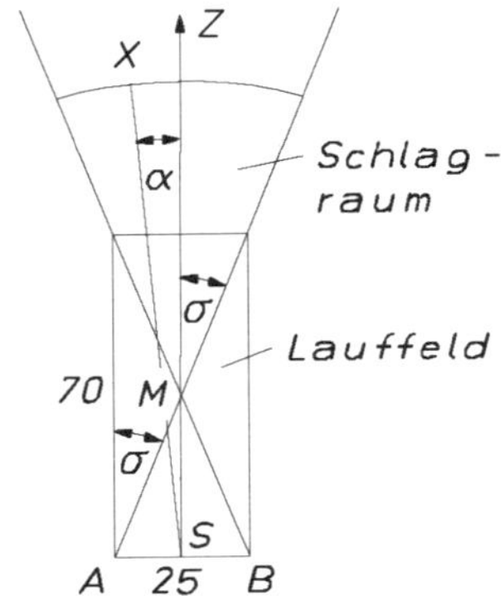

Bild 3.67

3.188 Zwei Billardkugeln A und B haben die Entfernungen $a = 0{,}98$ m bzw. $b = 1{,}57$ m von einer Bande. Ihre Entfernung voneinander beträgt $d = 1{,}09$ m. (Siehe Bild 3.65.)
Unter welchem Winkel ε muss die Kugel A gegen die Bande gestoßen werden, damit sie nach einmaliger Reflexion an der Bande zentral auf die Kugel B stößt?

3.189 Ein Orientierungsläufer läuft 2,5 km von A nach B, dort weicht er $\alpha = 53{,}13°$ nach rechts ab und gelangt nach 1 km zum Ort C. In C biegt er um 90° nach rechts ab und gelangt nach 2 km zum Ort D (vgl Bild 3.66). Wie weit hat er auf kürzestem Weg zum Ausgangspunkt A zurück, und welche Richtung ε hat er dabei einzuschlagen?

3.190 Beim Schlagball nimmt der Spieler S in der Mitte der Schlaglinie AB Aufstellung und wirft den Ball in Richtung Z. Fällt dieser innerhalb des Schrägraumes zu Boden, wird der Wurf als Weitschlag gewertet (vgl.Bild 3.67). Wie groß ist die maximal zulässige Abweichung α von der Zielrichtung SZ für einen Weitschlag bei einer Schlagweite von
a) $\overline{SX} = 75$ m **b)** $\overline{SX} = 90$ m?

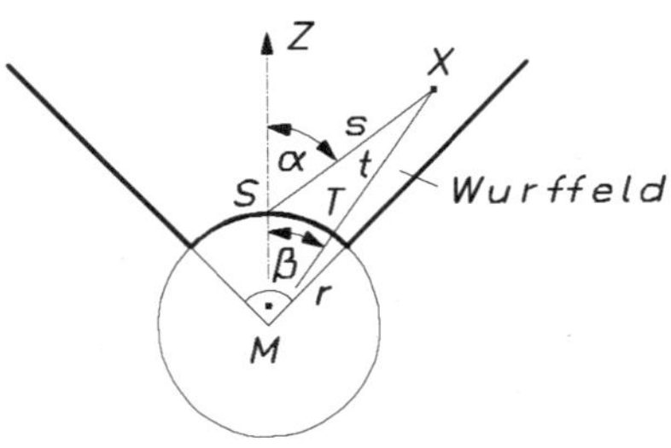

Bild 3.68

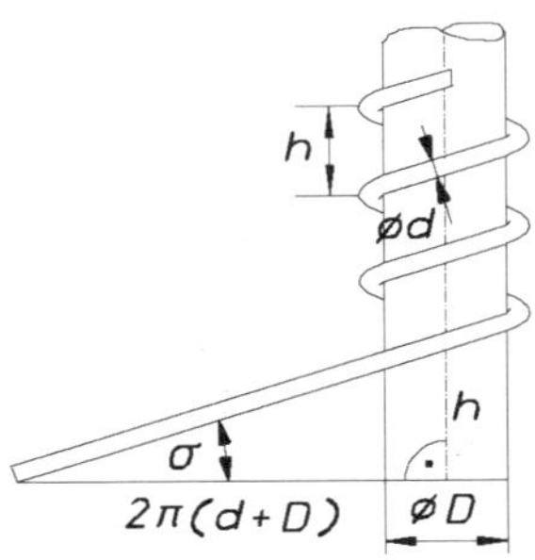

Bild 3.69

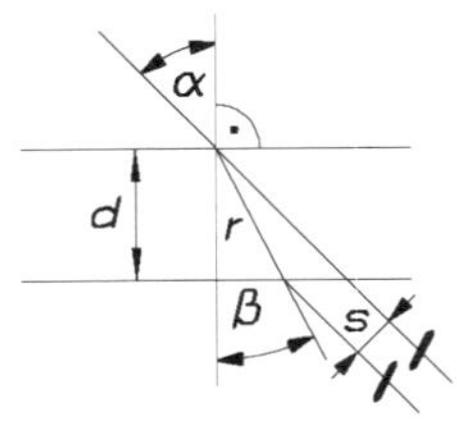

Bild 3.70

3.191 Ein Sportler nimmt im Punkt S Aufstellung und versucht, den Diskus in Richtung Z zu werfen. Tatsächlich aber weicht die Wurfrichtung SX von der Zielrichtung SZ um den Winkel α ab. Fällt der Diskus noch innerhalb des Wurffeldes – das ist der Sektor mit dem Zentriwinkel von 90° – im Punkt X zu Boden, so wird nur die Strecke $\overline{XT} = t$ als Wurfweite gewertet ($2r = 2{,}5$ m, vgl. Bild 3.68)

a) Wie wird ein Wurf bei $s = 29$ m und $\alpha = 38°$ gewertet?
b) Um welchen Winkel α weicht ein Wurf – seine Bewertung war $t = 26$ m – von der Zielrichtung SZ ab, wenn für $s = 26{,}3$ m gemessen wurde?
c) Nach einem Wurf trifft der Diskus die Grenze des Wurffeldes. Wie groß ist die Distanz s und die Abweichung α, wenn der Wurf mit $t = 32{,}6$ m bemessen wird?
d) $s = 28$ m, $\alpha = 48°$: Kann dieser Wurf noch gewertet werden?

3.192 Eine Schraubenfeder mit einem Drahtdurchmesser $d = 8$ mm wird auf einen Bolzen mit einem Durchmesser $D = 36$ mm gewickelt (vgl. Bild 3.69). Die Ganghöhe beträgt $h = 10$ mm. Wie groß ist der Steigungswinkel?

3.193 Das Brechungsgesetz aus der Physik lautet $n = \dfrac{\sin\alpha}{\sin\beta}$. Dabei bedeuten $\alpha\ldots$ Einfallswinkel, $\beta\ldots$ Brechungswinkel, $n\ldots$ Brechungszahl (eine dimensionslose Materialkonstante). Wie dick ist eine planparallele Glasplatte ($n = 1{,}5$), wenn ein unter dem Einfallswinkel $\alpha = 42°$ auftreffender Lichtstrahl um $s = 3$ mm parallel verschoben wird? (vgl. Bild 3.70)
Anleitung: Man berechne zunächst den Winkel β, dann die Größe r und schließlich die Dicke d!

3.194 Um wieviel wird ein Lichtstrahl beim Durchsetzen einer 12 mm dicken Glasplatte parallel verschoben, wenn der Einfallswinkel $\alpha = 38°$ und die Brechungszahl $n = 1{,}6$ beträgt?

3.195 Die Einfallswinkel eines Lichtstrahls von Luft in Wasser seien 0°, 45°, 30° 60° und 90°, die Brechungszahl beträgt 4/3. Zugehörige Brechungswinkel?

3.196 Ein Lichtstrahl wird bei seinem Weg durch ein Prisma ($\varphi = 60°$, $n = 3/2$) zweimal gebrochen (vgl. Bild 3.71). Wie groß ist der Austrittswinkel α_2, falls der Eintrittswinkel **a)** $\alpha_1 = 53°$ **b)** $\alpha_1 = 47°$ beträgt?

3.197 Ein Heizölbehälter aus Stahlblech hat die Form eines 10 m hohen Hohlzylinders mit aufgesetztem Hohlkegel; zwischen Zylinder und Kegel befindet sich keine Trennwand; die lichte Weite des Hohlzylinders beträgt 6 m; die Mantellinien des kegelförmigen Teils sind zur Horizontalebene unter $\varepsilon = 28°4'$ geneigt (vgl. Bild 3.72)

a) Wieviel Tonnen Öl finden in diesem Behälter Platz, wenn 1 m³ Heizöl eine Masse von 0,8 t hat?
b) Wie groß ist der Öffnungswinkel β des Kegels?
c) Aus wieviel m² Blech besteht der Behälter?

Bemerkung: Die Blechdicke ist nicht berücksichtigt.

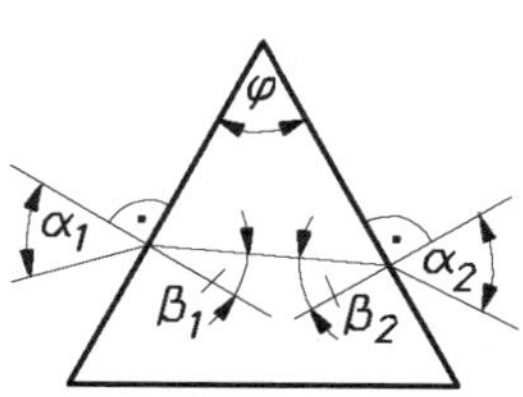

Bild 3.71

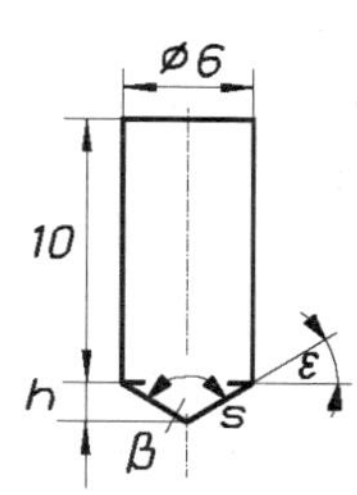

Bild 3.72

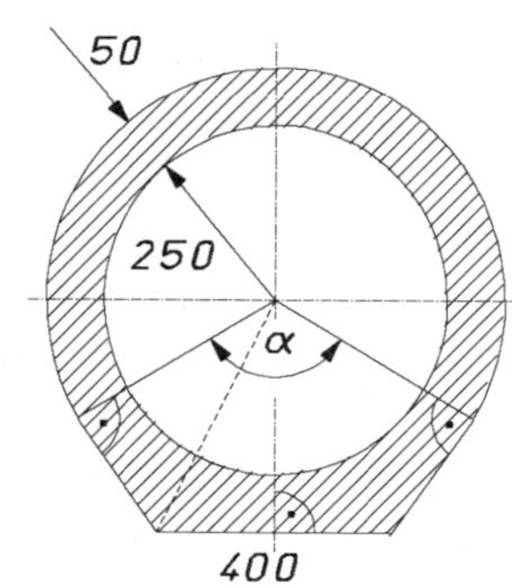

Bild 3.73

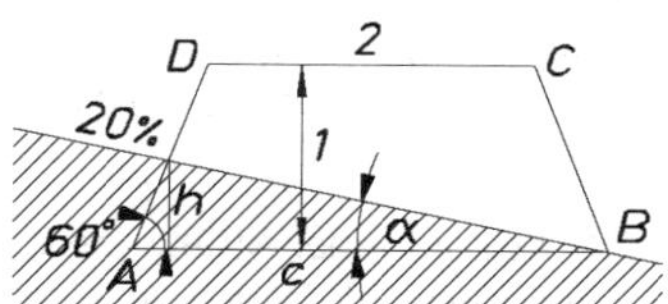

Bild 3.74

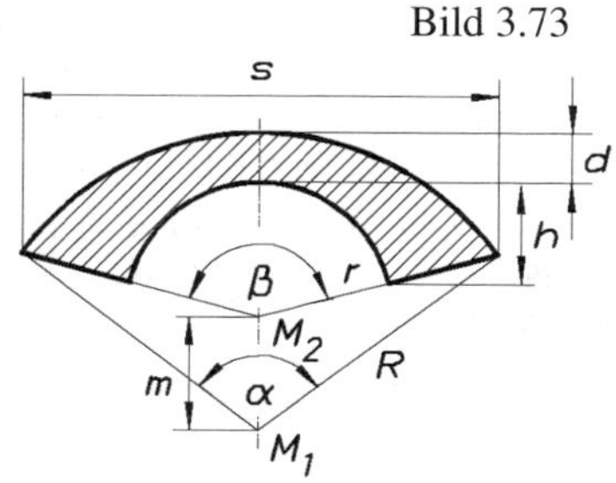

Bild 3.75

3.198 Zur Bestimmung des Zementverbrauches soll der Flächeninhalt A_G des in Bild 3.73 dargestellten Röhrenquerschnitts berechnet werden (Angaben in mm, Gesamthöhe 600 mm).

3.199 An einem Hang soll ein Radweg angelegt werden. Hierfür ist es notwendig, dass ein 100 m langer Damm aufgeschüttet wird; die Dichte des Schuttmaterials beträgt $\varrho = 2{,}7\ \text{kg/dm}^3$ (vgl. Bild 3.74, Längen der Seiten *AD* und *BC* sind gleich).

a) Länge der Basis *c*?
b) Welchen Flächeninhalt A_{TR} hat das Trapez *ABCD*?
c) Länge der Höhe *h*?
d) Wieviel Schuttmaterial wird für den Damm benötigt?

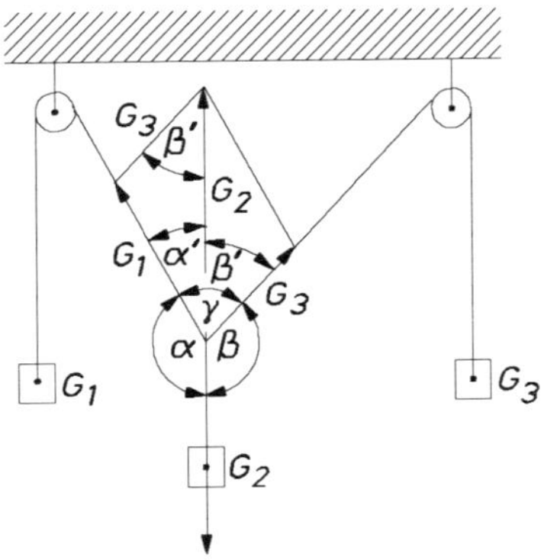

Bild 3.76

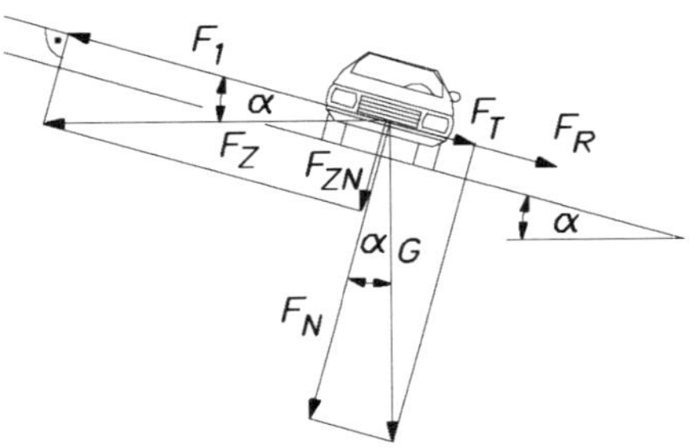

Bild 3.77

3.200 Von einem exzentrisch gewölbten Maschinenteil sind (vgl. Bild 3.75) folgende Größen bekannt: $s = 130$ mm, $h = 40$ mm, $r = 40$ mm, $R = 90$ mm, $d = 15$ mm.

a) Winkel α?; Winkel β?
b) Länge des Mittelpunktabstandes *m*?
c) Welchen Flächeninhalt A_D hat das Dreieck LM_1M_2?
d) Wie groß ist die Querschnittsfläche *A* des Maschinenteils?

3.201 Die drei Gewichte G_1, G_2 und G_3 werden an einer Vorrichtung (vgl. Bild 3.76) angebracht.

a) Wie groß sind die Winkel α, β und γ, bei denen für $G_1 = 54$ N, $G_2 = 120$ N und $G_3 = 73$ N Gleichgewicht herrscht?
b) Welche Winkel stellen sich ein, wenn $G_1 = G_2 = G_3$ ist?

3.202 Fahrt in einer „überhöhten" Kurve (Bild 3.77)

a) Welche Geschwindigkeit *v* kann das Fahrzeug gerade noch haben, um bei einem Kurvenradius $r = 80$ m, einer Neigung von $k = 15\ \%$ und einem Reibungskoeffizient $\mu = 0{,}4$ nicht seitlich abgetrieben zu werden?
b) Welche Steigung *k* in Prozent muss die Kurve haben, damit ein Fahrzeug bei einem Kurvenradius $r = 120$ m und einem Reibungskoeffizient $\mu = 0{,}5$ mit einer Geschwindigkeit $v = 130$ km/h fahren kann, ohne seitlich abgetrieben zu werden?

Bemerkung: Damit das Fahrzeug nicht von der Fliehkraft F_Z nach außen getrieben wird, muss deren Komponente F_1 durch die Reibungskraft F_R und der Gewichtskomponente F_T kompensiert werden.

3.203 Im Zuge von Bauarbeiten soll eine Walze ($m = 500$ kg) auf einer Straße mit $\alpha = 6°$ Neigung hochgezogen werden. Drei Varianten stehen zur Auswahl. Welche der drei Möglichkeiten ist für $\mu = 0{,}1$ die günstigste? (Vgl. dazu die Skizzen in Bild 3.78)

(1) Hochziehen in Richtung der Neigungsebene.

(2) Hochziehen in horizontaler Richtung.

(3) Hochziehen in einer Richtung, die steiler ist als die Neigungsebene, z. B. unter einem Winkel $\beta = 11°$

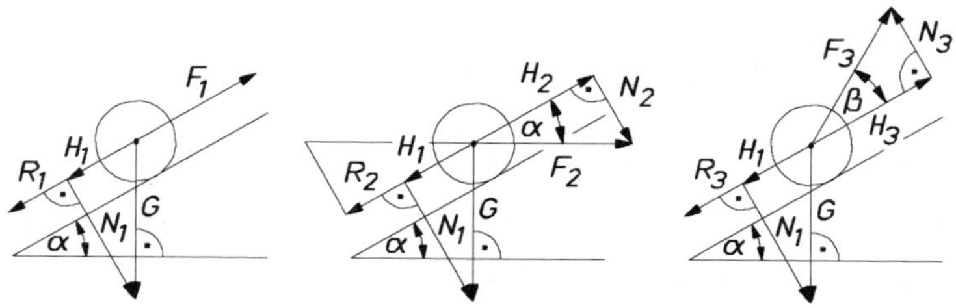

Bild 3.78

4 Funktionen

4.1 Abbildungen und Funktionen

4.1.1 Der Begriff der Abbildung

Die aus der Mengenlehre stammenden Begriffe *Abbildung* und *Funktion* bilden eine wichtige Grundlage der gesamten höheren Mathematik.

> Gegeben seien zwei Mengen A und B.
> Unter einer **Abbildung** F der Menge A in die Menge B versteht man die *Menge der geordneten Wertepaare (x;y)* mit $x \in A$ und $y \in B$, die über eine vorgegebene *Abbildungsvorschrift* miteinander verknüpft sind.

Die Menge aller $x \in A$, die ein Bild $y \in B$ besitzen, bezeichnet man als **Definitionsbereich** der Abbildung. Die Menge aller Elemente $y \in B$, die Bild eines Elementes $x \in A$ sind, bilden den **Wertebereich** der Abbildung.

Im folgenden werden in der Regel für den Definitionsbereich die Abkürzungen DB bzw. X und für den Wertebereich die Abkürzungen WB bzw. Y verwendet.

Beispiele:

4.1 Gegeben seien die beiden Mengen $A = \{0, 1, 2, 3\}$ und $B = \{2, 4, 6\}$. Gesucht seien alle Wertepaare $(x; y)$, für die $y \in B$ ein ganzzahliges Vielfaches von $x \in A$ ist.

Lösung: Aus den Elementen der Mengen A und B lassen sich die folgenden „geordneten Wertepaare" bilden:
$(0; 2)$, $(0; 4)$, $(0; 6)$, $(\mathbf{1}; \mathbf{2})$, $(\mathbf{1}; \mathbf{4})$, $(\mathbf{1}; \mathbf{6})$, $(2; 2)$, $(\mathbf{2}; \mathbf{4})$, $(\mathbf{2}; \mathbf{6})$, $(3; 2)$, $(3; 4)$ und $(\mathbf{3}; \mathbf{6})$.
Von diesen erfüllen nur die fett gedruckten Paare die in der Abbildungsvorschrift genannte Forderung, dass y ein ganzzahliges Vielfaches des zugehörigen x sein soll.
Die Abbildung F wird demnach charakterisiert durch die Menge der geordneten Wertepaare

$F = \{(1; 2), (1; 4), (1; 6), (2; 4), (2; 6), (3; 6)\}$.

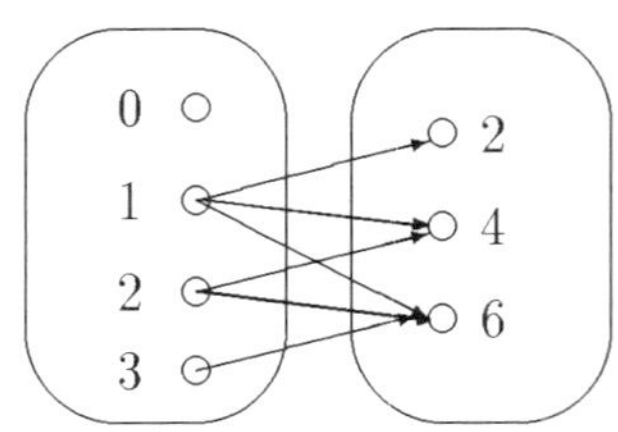

Bild 4.1

Daraus geht hervor, dass der Definitionsbereich der Abbildung DB $= \{1, 2, 3\}$ und der Wertebereich WB $= B$ ist.
Im Bild 4.1 ist diese Abbildung der Elemente der Menge A in die Elemente der Menge B veranschaulicht. Es ist zu erkennen, dass nicht jedes Element aus A einen Partner in B besitzt, dass es andererseits jedoch Elemente in B gibt, die durch die Abbildungsvorschrift mehreren Elementen aus A zugeordnet sind.

4.2 Die Abbildung F der Menge $A = \{0, 1, 2, 3\}$ in die Menge $B = \{2, 4, 6, 8\}$ sei durch die Zuordnungsvorschrift „y ist doppelt so groß wie x" gegeben.

Lösung: Aus den Elementen der Menge A und denen der Menge B lassen sich die folgenden Wertepaare bilden: (0; 2), (0; 4), (0; 6), (0; 8), **(1; 2)**, (1; 4), (1; 6), (1; 8), (2; 2), **(2; 4)**, (2; 6), (2; 8), (3; 2), (3; 4), **(3; 6)** und (3; 8), von denen nur die fett gedruckten Wertepaare die in der Aufgabenstellung genannte Forderung erfüllen.
Daraus folgt

$$\text{DB} = \{1,2,3\}$$

und

$$\text{WB} = \{2,4,6\}.$$

Demnach entspricht die Abbildung der Menge F der geordneten Paare

$$F = \{(1;2),(2;4),(3;6)\}.$$

Sie ist im Bild 4.2 veranschaulicht.

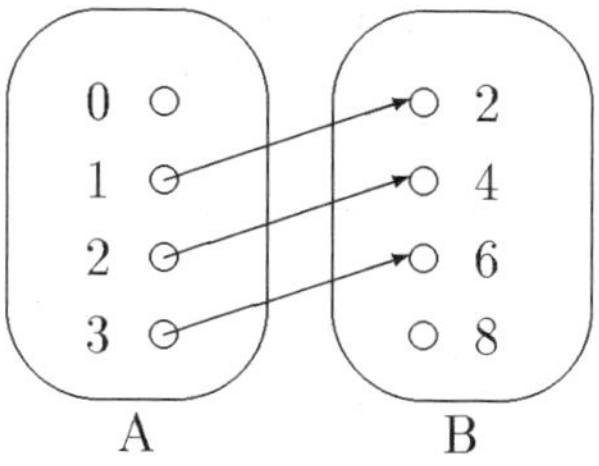

Bild 4.2

4.3 $A = \{0,1,2,3\}$, $B = \mathbf{N}$.
Abbildungsvorschrift: y ist größer als x.

Lösung: Die im Bild 4.3 eingezeichneten Punkte stellen diejenigen Wertepaare dar, die die in der Abbildungsvorschrift genannte Bedingung erfüllen. Das Bild lässt sich nach oben hin unbegrenzt fortsetzen.
Für den Definitions- und den Wertebereich der Abbildung ergibt sich

$$\text{DB} = A$$

und

$$\text{WB} = \mathbf{N}\backslash\{0\}.$$

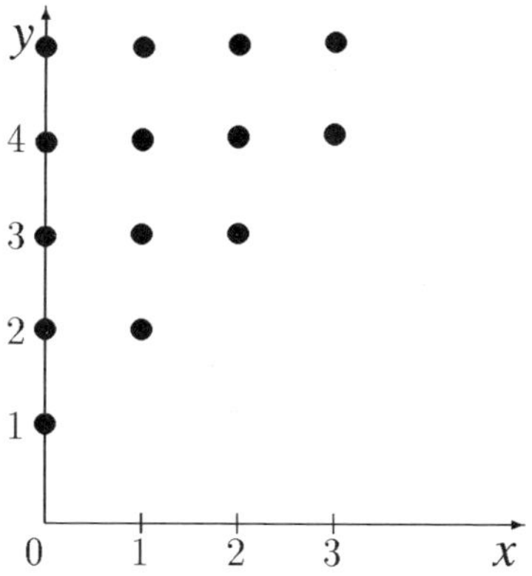

Bild 4.3

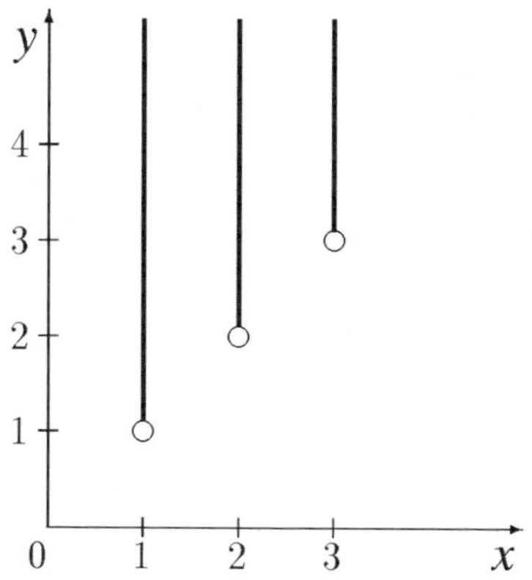

Bild 4.4

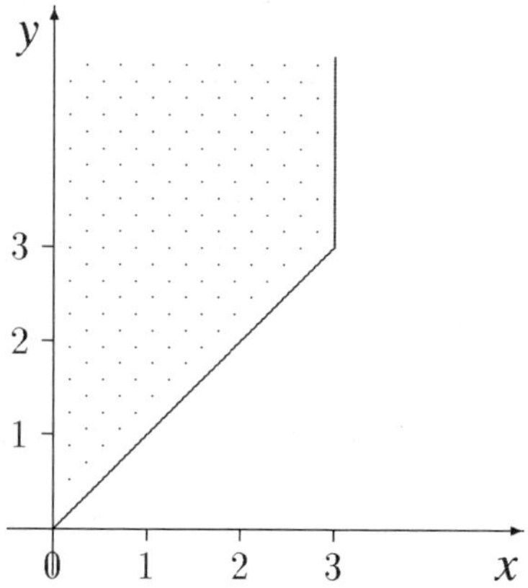

Bild 4.5

4.4 $A = \{0,1,2,3\}$, $B = \mathbf{R}$.
Abbildungsvorschrift: $y > x$.

Lösung: Im Vergleich zu Beispiel 4.3 ist lediglich in B die Menge der natürlichen Zahlen **N** durch die Menge der reellen Zahlen **R** ersetzt worden. Damit gehören zu der Abbildung alle

diejenigen Punkte, die im Bild 4.4 auf den nach oben gehenden, stark eingezeichneten Linien liegen, wobei die als kleine Kreise eingetragenen Anfangspunkte der Linien der Abbildung *nicht* angehören. (Sie würden Abbildungspunkte sein, wenn die Abbildungsvorschrift $y \geq x$ lauten würde.)
Definitions- und Wertebereich der Abbildung sind $\text{DB} = A$ und $\text{WB} = (0; \infty)$. Für den Fall, dass die Abbildungsvorschrift $y \geq x$ lautet, ist $\text{WB} = [0; \infty)$.

4.5 $A = [0; 3]$, $B = \mathbf{R}$.
Abbildungsvorschrift: $y \geq x$.

Lösung: Diese Aufgabe ist eine erneute Erweiterung des Beispiels 4.3. Nunmehr gehören zur Menge A alle reellen Zahlen x mit $0 \leq x \leq 3$. Dadurch wird die Abbildung in der Weise verändert, dass jetzt alle Punkte des im Bild 4.5 punktiert eingezeichneten, nach oben unbegrenzten Gebietes einschließlich der Randpunkte der Abbildung angehören.

4.6 $A = [-2; 3)$, $B = \mathbf{R}$, $y = \frac{1}{2}x$.

Lösung: Zur Abbildung gehören alle Punkte der Geraden

$$y = \frac{1}{2}x$$

von $x_l = -2$ bis $x_r = 3$, wobei der linke Endpunkt $x_l = -2$ der Strecke (als dicker Punkt im Bild 4.6 eingezeichnet) der Abbildung angehört, während der als kleiner Kreis eingezeichnete rechte Endpunkt $x_r = 3$ kein Punkt der Abbildung ist.
Es ist

$$\text{DB} = A \quad \text{und} \quad \text{WB} = [-1; \frac{3}{2}).$$

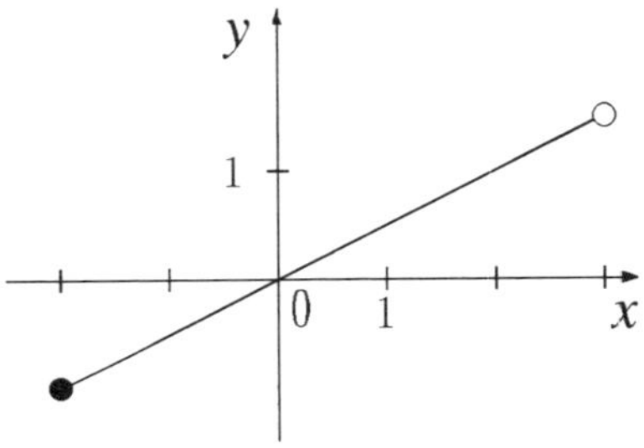

Bild 4.6

4.1.2 Der Begriff der Funktion

Von besonderer Bedeutung für die Mathematik sind Abbildungen, bei denen *jedem* $x \in$ DB *genau ein* Wert $y \in$ WB zugeordnet ist. Sie werden als *eindeutige Abbildungen* bezeichnet.

Untersucht man die Beispiele 4.1 bis 4.6 hinsichtlich ihrer Eindeutigkeit, so erkennt man, dass lediglich die Beispiele 4.2 und 4.6 eindeutige Abbildungen sind. Bei allen übrigen Beispielen gehören zu einem x-Wert mehrere y-Werte. In den Beispielen 4.3 bis 4.5 sind es sogar unendlich viele y-Werte, die den x-Werten zugeordnet sind.

Eindeutige Abbildungen sind **Funktionen**.

> Wird jedem $x \in$ DB durch eine *eindeutige* Abbildungsvorschrift genau ein $y \in$ WB zugeordnet, wobei $\text{DB} \subseteq \mathbf{R}$ und $\text{WB} \subseteq \mathbf{R}$, so heißt die Menge der geordneten Wertepaare $(x; y)$ eine *reellwertige Funktion* einer unabhängigen Veränderlichen.

x heißt *unabhängige Variable*, y ist die von x *abhängige Variable* der Funktion. Die Abbildungsvorschrift wird auch *Funktionsgleichung* genannt.

Jede Funktion ist durch die Angabe der Abbildungsvorschrift (Funktionsgleichung) und des Definitionsbereiches eindeutig bestimmt. Wenn der größtmögliche Definitionsbereich einer Funktion benutzt werden soll, dann lässt man in der Regel auch diese Angabe weg.

Beispiele:

4.7 Im Abschnitt 1.5. wurden bereits die *linearen Funktionen*

$y = mx + n \qquad (\text{ DB} = \mathbf{R},\, m,n \in \mathbf{R},\, m \neq 0)$

sowie die *quadratischen Funktionen*

$y = ax^2 + bx + c \qquad (\text{ DB} = \mathbf{R},\, a,b,c \in \mathbf{R},\, a \neq 0)$

ausführlich behandelt.

4.8 Die *Betragsfunktion* $y = |x|$ ist wie folgt definiert:

$$y = |x| = \begin{cases} x & \text{für } x \geq 0 \\ -x & \text{für } x < 0 \end{cases} \tag{4.1}$$

Auf Grund dieser Definition gilt für die Betragsfunktion

$\text{DB} = \mathbf{R} \quad \text{und} \quad \text{WB} = [0;\infty).$

Das Funktionssymbol $|x|$ wird gelesen: Betrag von x.
Der Verlauf der Betragsfunktion $y = |x|$ ist im Bild 4.7 grafisch dargestellt.
In den gängigen Programmiersprachen wird die Betragsfunktion meist mit Hilfe von $ABS(X)$ aufgerufen.

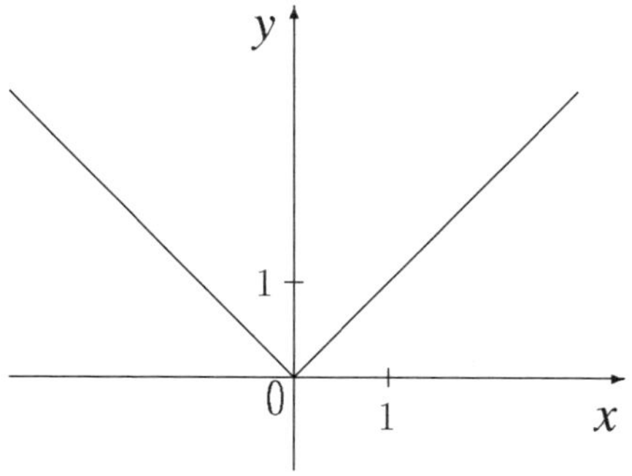

Bild 4.7

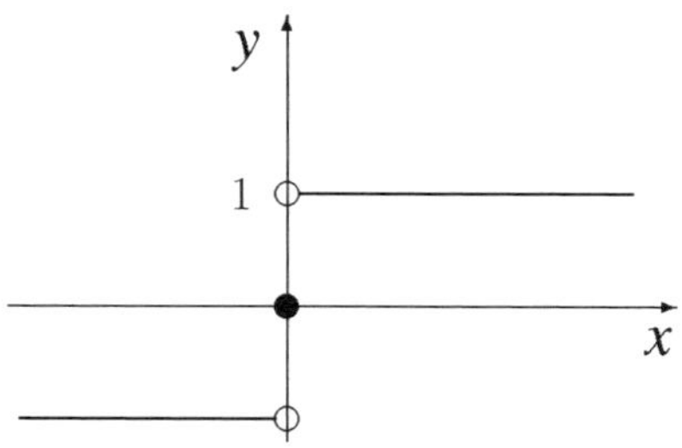

Bild 4.8

4.9 Die *Signumfunktion* $y = \text{sgn}x$ ist definiert durch

$$y = \text{sgn}x = \begin{cases} -1 & \text{für } x < 0 \\ 0 & \text{für } x = 0 \\ 1 & \text{für } x > 0 \end{cases} \tag{4.2}$$

Definitionsbereich: $\text{DB} = \mathbf{R}$; Wertebereich: $\text{WB} = \{-1;0;1\}$.
Das Funktionssymbol sgn$x$ wird gelesen: Signum von x.
In den gängigen Programmiersprachen wird die Signumfunktion meist mit Hilfe von $SIGN(X)$ aufgerufen.
Die Signumfunktion ist im Bild 4.8 dargestellt. Dabei gehört der Koordinatenursprung, dargestellt durch einen ausgefüllten kleinen Kreis, mit zur Funktionskurve. Die beiden durch einen kleinen Kreis dargestellten Punkte $P_1(0;-1)$ und $P_2(0;1)$ dagegen gehören der Funktionskurve nicht an.

In den Beispielen 4.7 bis 4.9 ist die Funktionsgleichung jeweils in *expliziter Form* angegeben, d. h., sie ist nach der abhängigen Variablen aufgelöst:

$$y = f(x).$$

Die beiden letzten Beispiele zeigen darüber hinaus, dass Funktionen auch aus mehreren Teilfunktionen zusammengesetzt sein können, d. h., zu ihrer Definition können auch mehrere unterschiedliche Abbildungsvorschriften für einzelne Teilbereiche verwendet werden.

Eine Funktion ist in *impliziter Form* gegeben, wenn die Funktionsgleichung nach keiner der beiden Variablen aufgelöst ist. So ist beispielsweise

$$ax + by + c = 0$$

die implizite Form einer linearen Funktion. Dagegen stellt die Gleichung

$$ax + by^2 + c = 0 \qquad \text{mit} \qquad b \neq 0$$

keine Funktionsgleichung dar, denn wenn diese Gleichung nach der abhängigen Variablen y aufgelöst wird, ergibt sich *keine eindeutige* Zuordnungsvorschrift:

$$y = \pm\sqrt{\frac{c - ax}{b}}.$$

Bei *empirischen Funktionen*, d. h., bei Funktionen, die beispielsweise aus Messreihen hervorgegangen sind, ist in der Regel eine *Wertetabelle* der Ersatz für die Funktionsgleichung.

Beispiel:

4.10 Bei einer aller zwei Stunden im Verlaufe eines Tages durchgeführten Temperaturmessung ergeben sich folgende Messwerte:

Uhrzeit in h	Temperatur in °C	Uhrzeit in h	Temperatur in °C	Uhrzeit in h	Temperatur in °C
0	−2,5	8	−2,3	16	1,4
2	−2,8	10	−0,6	18	1,0
4	−2,9	12	0,2	20	0,8
6	−2,9	14	1,6	22	0,2

Die aus dieser Messreihe hervorgehende Temperaturverlaufs-Kurve hat folgendes Aussehen:

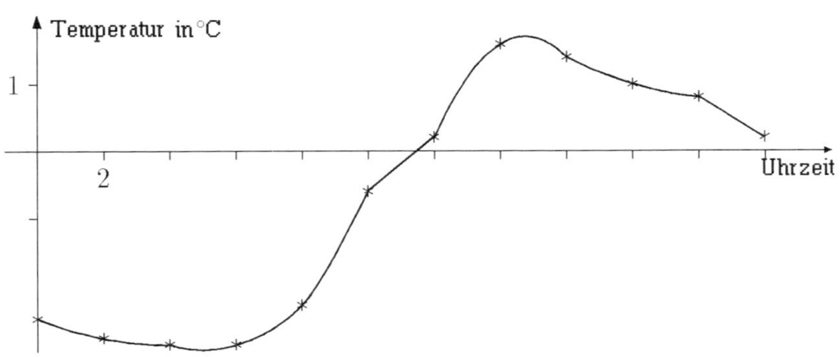

Bild 4.9

Die zwischen den einzelnen Messpunkten liegenden Kurvenpunkte sind so gewählt worden, dass sich ein der Aufgabenstellung entsprechender sinnvoller Kurvenzug ergibt.

Auch für jede in expliziter Form gegebene Zuordnungsvorschrift lässt sich ohne weiteres eine derartige Wertetabelle berechnen.

Beispiel:

4.11 Der Kurvenverlauf der Funktion $y = \dfrac{6x}{x^2+1}$ soll dargestellt werden.

Lösung: Um die Funktion zeichnen zu können, wird zunächst an Hand einer Wertetabelle eine Anzahl von einander zugeordneten Wertepaaren berechnet.

x	0	1	2	3	4	10	−1	−2
y	0	3	2,4	1,8	1,4	0,6	−3	−2,4

Indem man die berechneten Wertepaare als Punkte in ein kartesisches Koordinatensystem einzeichnet, lässt sich das *Bild* (oder der *Graph*) der Funktion darstellen. Sollte sich der Kurvenverlauf aus den ermittelten Punkten noch nicht genügend genau darstellen lassen, so muss die Punktfolge durch Zwischenschalten weiterer Punkte verfeinert werden.

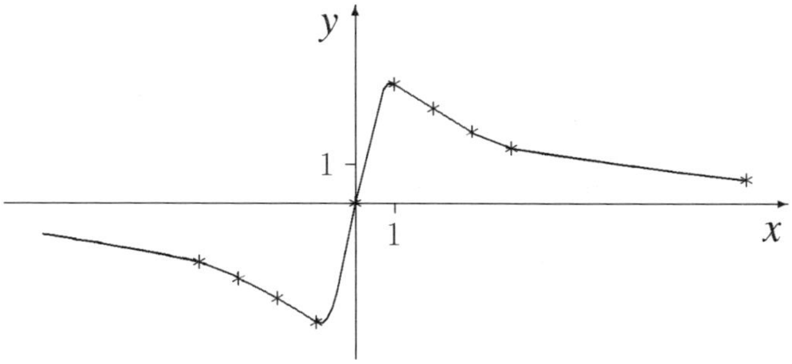

Bild 4.10

Anmerkung: Für die Darstellung des Bildes einer Funktion ist es hilfreich, wenn man bestimmte Eigenschaften der zu zeichnenden Funktion kennt. Man kann dann besser beurteilen,

- ob man die wesentlichen charakteristischen Teile des Funktionsbildes erfasst hat,
- wie die Einheiten auf den Achsen des Koordinatensystems zu wählen sind, damit die typischen Eigenschaften der Funktion zum Ausdruck kommen,
- ob wichtige Eigenschaften der darzustellenden Funktion übersehen worden sind.

Aufgaben:

4.1 Man zeichne ein Pfeildiagramm für die Abbildung mit der Vorschrift „x gehört zu der Klasse der y" zwischen den Mengen $A = \{$Hering, Pferd, Wal, Hummer, Forelle$\}$ und $B = \{$Säugetiere, Krebse, Fische$\}$.

4.2 Zwischen den Mengen $A = \{2, 3, 4\}$ und $B = \{20, 15, 10\}$ ist eine Abbildung durch das nebenstehende Pfeildiagramm gegeben. Wie lautet die zugehörige Abbildungsvorschrift?

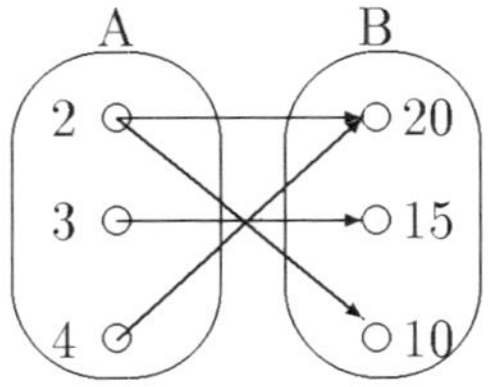

Bild 4.11

4.3 Die durch die geordneten Wertepaare $\{(4;1),\ (5;5),\ (3;-2)\}$ gegebene Abbildung soll **a)** durch ein Pfeildiagramm, **b)** durch eine Wertetabelle und **c)** im kartesischen Koordinatensystem dargestellt werden.

4.4 Die in der untenstehenden Tabelle gegebenen Durchschnittstemperaturen sind als Funktionen der Zeit in **einem** Koordinatensystem graphisch darzustellen.

Stadt in den USA	Jan. Feb.	März April	Mai Juni	Juli Aug.	Sept. Okt.	Nov. Dez.
Denver	0	6	23	14	14	2
Las Vegas	8	16	26	32	23	12
Miami	20	23	27	28	27	21

Bemerkung: Temperaturangaben in °C.

4.5 Gegeben seien die Mengen $A = \{2, 4, 8\}$ und $B = \{2, 7\}$. Durch die Vorschrift „x ist größer als y" soll eine Abbildung festgelegt werden.

a) Das nebenstehende Pfeildiagramm ist zu vervollständigen.

b) Die Abbildung ist durch die Angabe der zugehörigen geordneten Wertepaare anzugeben.

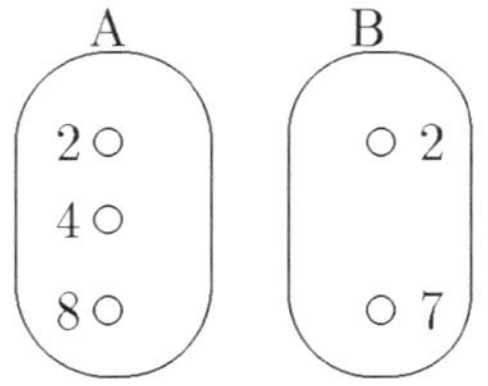

Bild 4.12

4.6 Eine Abbildung sei durch die Vorschrift „Jeder natürlichen zweistelligen Zahl mit der Zehnerziffer 2 wird ein Bruch zugeordnet, dessen Zähler um 1 kleiner und dessen Nenner um 1 größer ist als die gewählte natürliche Zahl".

a) Es ist zu begründen, dass es sich bei dieser Abbildung um eine Funktion handelt.

b) Es sind der Definitions- und der Wertebereich der Funktion anzugeben.

4.7 Es sei die folgende Abbildung gegeben:

$$\begin{array}{rcccccl} A = \{ & 1, & 2, & 3, & 4, & 5 & \} \\ & \downarrow & \downarrow & \downarrow & \downarrow & \downarrow & \\ B = \{ & 3, & 6, & 9, & 12, & 15 & \} \end{array}$$

a) Wie lautet die Abbildungsvorschrift?

b) Wie lautet die Abbildungsvorschrift für die im Bild 4.13 dargestellte Abbildung?

c) Welcher wesentliche Unterschied besteht zwischen den in **a)** und **b)** betrachteten Abbildungen?

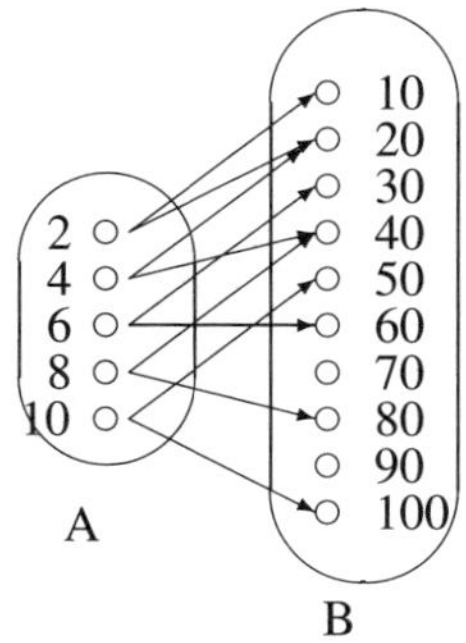

Bild 4.13

4.8 Bei welchen der im Bild 4.14 dargestellten Kurven handelt es sich um Funktionen?

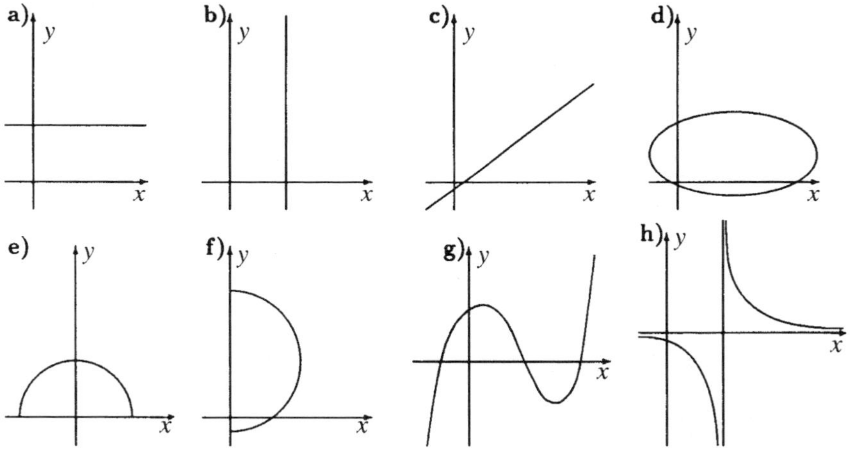

Bild 4.14

4.9 Für die Funktionen

a) $y = \frac{1}{9}x^3$ **b)** $y = \frac{1}{x}$ **c)** $y = \frac{x}{x+3}$

ist für DB $= \{-2, -1, 1, 2, 3\}$ eine Wertetafel aufzustellen.

4.10 Die Löslichkeit von Luft in Wasser bei Normaldruck wird in nachstehender Tabelle angegeben. Der Absorptionskoeffizient α ist das Verhältnis des Normalvolumens der Luft bei Normalbedingungen und des Volumens des Wassers bei verschiedenen Temperaturen:

T in °C	0	10	20	30	40	50	60	70	80	90	100
$\alpha \cdot 10^3$	29,2	22,9	18,7	16,1	14,2	13,0	12,2	11,6	11,3	11,1	11,1

a) Es ist zur obigen Tabelle ein Schaubild anzufertigen, wobei die Temperatur auf der x-Achse und α auf der y-Achse abzutragen ist.

b) Ist die Funktion $f(x) = 9{,}2 + \frac{300}{x+15}$ ein brauchbarer Ersatz für $\alpha \cdot 10^3$? Man ermittle dazu den auftretenden Fehler bei allen Temperaturen. Liegt sein Betrag nicht über 10 % von $\alpha \cdot 10^3$, so kann man von einer guten Annäherung sprechen!

4.11 Das GAY-LUSACsche Gasgesetz, das der französische Physiker und Chemiker Joseph Louis GAY-LUSAC (1778–1850) im Jahre 1802 aufgestellt hat, beschreibt den Zusammenhang von Volumen und Temperatur eines (idealen) Gases bei gleichbleibendem Druck:

$$V_t = V_0\left(1 + \frac{1}{273}t\right) \quad V_0 \ldots \text{Volumen bei } 0\ ^\circ\text{C} \quad V_t \ldots \text{Volumen bei } t\ ^\circ\text{C}$$

Für den Ausgangswert $V_0 = 5$ l soll die Funktion V_t im Bereich -273 °C bis 100 °C gezeichnet werden (50 °C$\widehat{=}$2 cm, 1 l$\widehat{=}$2 cm). Wie groß ist das Volumen bei -100 °C? Bei welchem Temperaturwert ist das Volumen halb so groß wie bei 50 °C?

4.12 In einer Versuchsreihe werden die Beschleunigungen gemessen, die verschiedene Massen m durch eine konstante Kraft erhalten. Die Relation zwischen a und m ist graphisch zu veranschaulichen.

m in kg	1	2	3	4	5
a in m/s^2	4,9	2,5	1,6	1,2	1,0

4.13 Die Geschwindigkeiten v einer Flüssigkeit, die durch ein Rohr mit veränderlichem Querschnitt A fließt, werden gemessen. Die Relation zwischen v und A ist zeichnerisch darzustellen.

A in cm^2	20	15	10	5
v in m/s	4,0	5,3	7,9	15,9

4.14 Ein geschlossenes Gefäß ist mit Luft gefüllt. Wird es erhitzt, so ändert sich mit der Temperatur t der Luftdruck p. Es ergibt sich die unten angeführte Wertetabelle. Die Funktionsgleichung für p in Abhängigkeit von t ist graphisch zu bestimmen.

t in °C	20	40	60	80	100
p in bar	1,075	1,145	1,220	1,290	1,370

4.2 Wichtige Eigenschaften von Funktionen

4.2.1 Beschränktheit

Beispiele:

4.12 Die Funktion $y = x^2$ besitzt *nur nichtnegative Funktionswerte*, denn das Quadrat einer Zahl kann nie negativ werden. Für *alle* $x \in$ DB $= \mathbf{R}$ gilt demnach

$$f(x) \geq A,$$

wobei A eine beliebige nicht positive reelle Zahl sein darf, also beispielsweise $A = 0$ oder $A = -5$ usw. Man nennt $y = x^2$ eine *nach unten beschränkte Funktion*. Jede Zahl A, die die Eigenschaft besitzt, dass sie kleiner ist als alle Funktionswerte der Funktion $y = x^2$, wird *untere Schranke* dieser Funktion genannt. (Vgl. Bild 4.15.)
Eine untere Schranke muss demnach nicht unbedingt mit dem kleinsten Funktionswert dieser Funktion übereinstimmen. Sie kann durchaus kleiner als dieser gewählt werden.

4.13 Die Funktion $y = 4 - x^2$ ist *nach oben beschränkt*, denn für *alle* $x \in$ DB $= \mathbf{R}$ gilt

$$f(x) \leq B,$$

sofern $B \geq 4$ gewählt wird (vgl. Bild 4.16).
B wird *obere Schranke* der Funktion genannt.

4.14 Die durch

$$y = \begin{cases} 4 - x^2 & \text{für} \quad |x| < 2 \\ 0 & \text{für} \quad |x| \geq 2 \end{cases}$$

definierte Funktion ist *sowohl nach oben als auch nach unten beschränkt*. Es gilt nämlich *für alle* $x \in \text{DB} = \mathbf{R}$

$$0 \leq f(x) \leq 4.$$

Damit kann jede negative reelle Zahl A bzw. $A = 0$ als *untere Schranke* und jede Zahl $B \geq 4$ als *obere Schranke* der gegebenen Funktion verwendet werden. (Vgl. dazu Bild 4.17.)

4.15 Die lineare Funktion $y = 4 - x$ ist *weder nach unten noch nach oben beschränkt*. Die dazugehörigen Funktionswerte reichen von $-\infty$ bis $+\infty$ (vgl. Bild 4.18.)

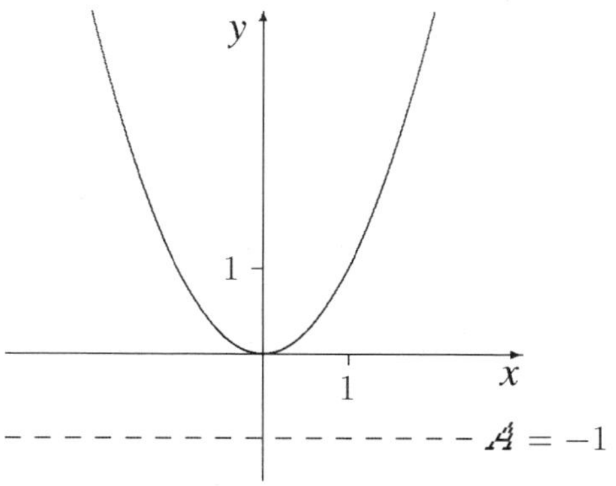

Bild 4.15

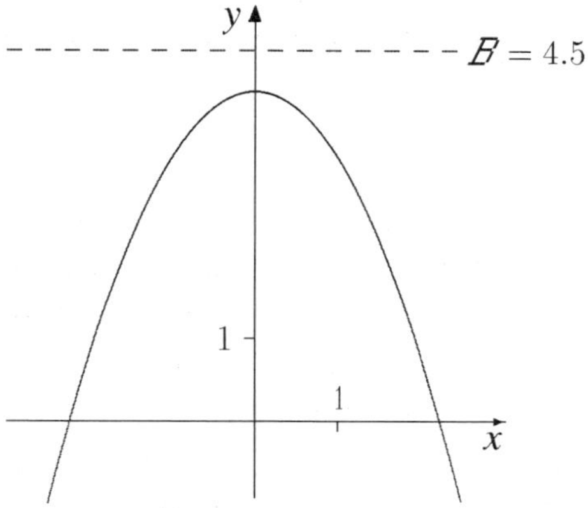

Bild 4.16

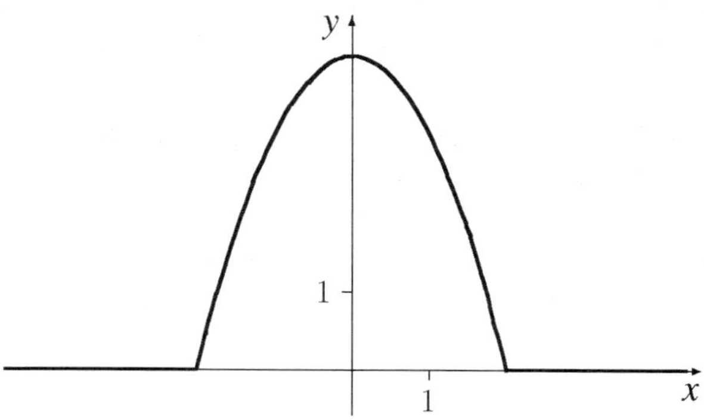

Bild 4.17

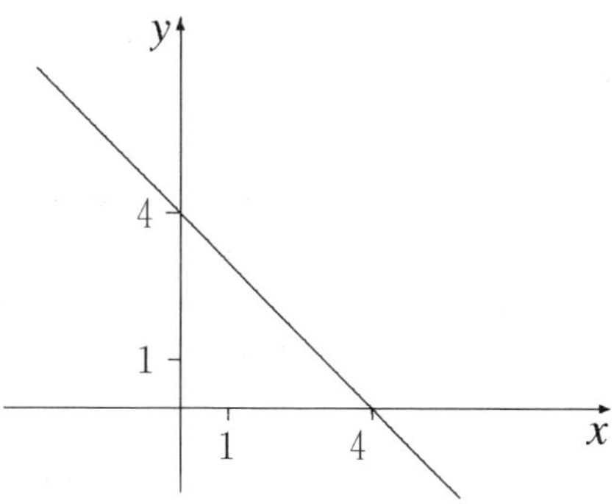

Bild 4.18

4.16 Betrachtet man dagegen die Funktion aus dem letzten Beispiel nur in einem Teilbereich des obigen Definitionsbereiches, z. B.

$$f = \{(x; y) \mid y = 4 - x \wedge x \in [-2; 2]\},$$

so ist diese Funktion in dem nunmehr betrachteten Teilbereich *beiderseitig beschränkt*, denn in $\text{DB}_1 = [-2; 2]$ gilt

$$2 \leq y \leq 6.$$

In DB_1 kann demzufolge jede Zahl A mit $A \leq 2$ als untere Schranke und jede Zahl B mit $B \geq 6$ als obere Schranke verwendet werden (Bild 4.19).

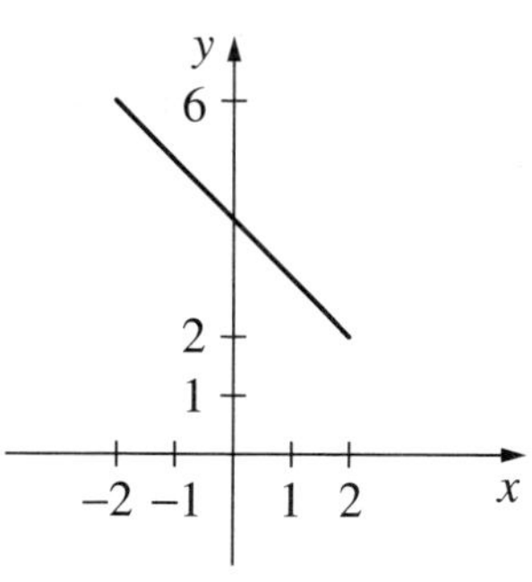

Bild 4.19

Aus diesen Beispielen ergibt sich die folgende

Definition:
Eine Funktion $y = f(x)$ heißt in einem Intervall $I \subset$ DB *beiderseits beschränkt*, wenn es zwei reelle Zahlen A und B gibt, so dass

$$A \leq f(x) \leq B \quad \text{für alle} \quad x \in I \tag{4.3}$$

gilt.
Existiert nur A, so heißt $f(x)$ in I nach *unten beschränkt*,
Existiert nur B, so heißt $f(x)$ in I nach *oben beschränkt*.

4.2.2 Monotonie

Die lineare Funktion $y = mx + n$ ist die einfachste Funktion, deren Bild keinerlei *Krümmung* aufweist. Verantwortlich dafür ist der konstante *Anstieg* $m = \tan\alpha$, wobei α der Winkel zwischen der Geraden und der positiv gerichteten x-Achse ist.

Ist $0° < \alpha < 90°$, d. h. $m = \tan\alpha > 0$, so steigt die Gerade an. Das bedeutet, dass mit wachsendem x dann auch y größer wird.

Ist hingegen $90° < \alpha < 180°$, d. h. $m = \tan\alpha < 0$, so fällt die Gerade. Das heißt, dass die y-Werte mit wachsendem x kleiner werden.

In beiden Fällen spricht man von einer *monotonen Funktion*, und zwar von einer *monoton steigenden Funktion*, wenn $m > 0$ ist, und von einer *monoton fallenden Funktion*, wenn $m < 0$ ist.

Der Begriff *Monotonie* lässt sich auch auf Funktionen übertragen, deren Kurvenverlauf *„gekrümmt“* ist, wenn man bedenkt, dass man i. allg. in jedem Kurvenpunkt eine *Tangente* an die zugehörige Kurve anlegen kann. So ist z. B. die Funktion $y = x^2$ (vgl. Beispiel 4.12 und Bild 4.15) für $x < 0$ *monoton fallend*, denn die Tangenten, die in diesem Bereich an die quadratische Parabel angelegt werden können, haben alle einen *negativen Anstieg* (vgl. Bild 4.20).

Für die Funktion $f(x) = x^2$ gilt demnach

Ist $x_1 < x_2$ und
$x_1, x_2 \in (-\infty; 0)$,
so ist $f(x_1) > f(x_2)$.

Für $x > 0$ ist die Funktion $f(x) = x^2$ dagegen *monoton steigend*, und es gilt:

Ist $x_1 < x_2$ und
$x_1, x_2 \in (0; \infty)$,
so ist $f(x_1) < f(x_2)$.

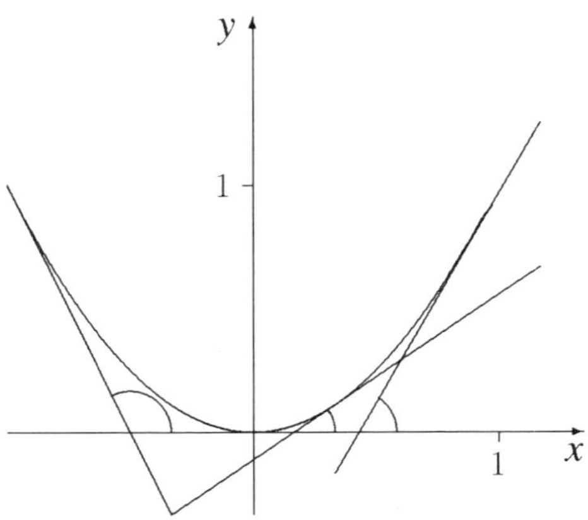

Bild 4.20

Der *Anstieg* der Kurve ist zwar jetzt *nicht mehr konstant*, wie dies bei der Geraden der Fall war, sondern er *ändert sich* von Kurvenpunkt zu Kurvenpunkt, aber der Zusammenhang

$$\text{Anstieg der Tangente} > 0 \quad \longrightarrow \quad \text{Kurve monoton steigend}$$

$$\text{Anstieg der Tangente} < 0 \quad \longrightarrow \quad \text{Kurve monoton fallend}$$

bleibt erhalten.

Man spricht auch dann noch von Monotonie, wenn $f(x_1) = f(x_2)$ gilt, macht aber in diesem Fall den folgenden Unterschied:

Beispiel:

4.17 Die Funktion aus dem Beispiel 4.14 (vgl. Bild 4.17) ist nach dieser Erweiterung des Monotoniebegriffes im Bereich $B = (-\infty; 0)$ *monoton steigend*, denn es gilt für alle $x_1, x_2 \in B$

$$f(x_1) \leq f(x_2), \quad \text{wenn} \quad x_1 < x_2.$$

Im Bereich $B_1 = [-2; 0)$ spricht man verschärfend davon, dass die Funktion dort *streng monoton steigend* ist, weil in diesem Bereich nur $f(x_1) < f(x_2)$ gilt.

Ausgehend von diesen Betrachtungen ergibt sich für die Monotonie einer Funktion die folgende

> **Definition:**
> Eine Funktion $y = f(x)$ heißt in einem Intervall $I \subset$ DB *monoton wachsend*, wenn für alle $x_1,x_2 \in I$ mit $x_1 < x_2$ gilt:
> $$f(x_1) \leq f(x_2). \tag{4.4}$$
> Sie heißt in I *monoton fallend*, wenn für alle $x_1,x_2 \in I$ mit $x_1 < x_2$ gilt:
> $$f(x_1) \geq f(x_2). \tag{4.5}$$
> Gilt nirgends innerhalb des Bereiches I das Gleichheitszeichen, so ist die Funktion in I *streng monoton steigend* bzw. *streng monoton fallend.*

Der günstigste Weg, eine Funktion auf ihre Monotonieeigenschaften hin zu untersuchen, besteht darin, ihren Anstieg längs des Kurvenverlaufs zu ermitteln. Dazu benötigt man jedoch Hilfsmittel aus der Differentialrechnung, die erst im Band 3 behandelt werden. Man kann aber auch mit in den meisten Fällen ausreichender Genauigkeit aus dem Bild der Funktion Rückschlüsse auf deren Monotonieeigenschaften ziehen. Dieser Weg soll hier beschritten werden. Auf keinen Fall aber ist es ratsam, diese Aufgabe durch Vergleich von lediglich zwei Funktionswerten $f(x_1)$ und $f(x_2)$ mit $x_1 < x_2$ lösen zu wollen, denn man muss ja bedenken, dass diese Untersuchung *für alle x* des betrachteten Intervalles durchzuführen ist. Das ist jedoch praktisch nicht durchführbar!

An der folgenden, sehr einfachen Funktion soll demonstriert werden, wie man vorgehen müsste, wenn man zu theoretisch *gesicherten Aussagen* kommen möchte.

Beispiel:

4.18 Das Monotonieverhalten der Funktion $f(x) = \sin x$ soll für $x \in [0; 2\pi]$ untersucht werden.

Lösung: Um das Monotonieverhalten der Funktion bestimmen zu können, ist festzustellen, ob für $x_1, x_2 \in [0; 2\pi]$ $f(x_1) < f(x_2)$ oder $f(x_1) > f(x_2)$ ist, wenn $x_1 < x_2$ gilt. Dazu kann man die Differenz $f(x_2) - f(x_1)$ nutzen. Ist nämlich $f(x_2) - f(x_1) > 0$, dann handelt es sich um eine *monoton steigende Funktion*, ist dagegen $f(x_2) - f(x_1) < 0$, so liegt eine *monoton fallende Funktion* vor. (Warum ist das so?)
Mit $f(x_2) = \sin x_2$ und $f(x_1) = \sin x_1$ wird

$$f(x_2) - f(x_1) = \sin x_2 - \sin x_1,$$

was sich mit Hilfe der Additionstheoreme für die Summe von trigonometrischen Funktionen (sh. Formelsammlung!) wie folgt schreiben lässt:

$$f(x_2) - f(x_1) = 2\cos\frac{x_2 + x_1}{2}\sin\frac{x_2 - x_1}{2}.$$

Setzt man hierin

$$x_2 = x_1 + h,$$

wobei $h > 0$, jedoch *sehr klein* sein soll (die zu betrachtenden Nachbarpunkte sollen ja nicht weit voneinander entfernt liegen), so ergibt sich:

$$f(x_2) - f(x_1) = 2\cos\left(x_1 + \frac{h}{2}\right)\sin\frac{h}{2}.$$

Da für sehr kleine, im Bogenmaß gemessene Winkel α

$$\sin\alpha \approx \alpha$$

ist, wird schließlich

$$f(x_2) - f(x_1) \approx h \cdot \cos\left(x_1 + \frac{h}{2}\right).$$

Weil oben $h > 0$ und sehr klein vorausgesetzt worden war, erkennt man nunmehr, dass $f(x_2) - f(x_1)$ dort > 0 wird, wo $\cos\left(x_1 + \frac{h}{2}\right) > 0$ ist. Dies ist der Fall für

$$x_1 \in \left[0; \frac{\pi}{2}\right] \cup \left[\frac{3\pi}{2}; 2\pi\right],$$

womit die bekannte Tatsache bestätigt wird, dass die Sinusfunktion zwischen 0 und $\frac{\pi}{2}$ sowie zwischen $\frac{3\pi}{2}$ und 2π monoton ansteigt.
Entsprechend folgt aus der Bedingung $f(x_2) - f(x_1) < 0$, dass die Sinuskurve zwischen $\frac{\pi}{2}$ und $\frac{3\pi}{2}$ monoton fällt.

Schon dieses einfache Beispiel gibt einen kleinen Einblick, welche umfangreichen mathematischen Überlegungen man anstellen muss, um derartige Untersuchungen exakt durchführen zu können. Für kompliziertere Funktionen ergeben sich in der Regel noch wesentlich kompliziertere Ungleichungen, die entweder gar nicht oder aber nur mit einem erheblichen Aufwand auf elementarem Wege gelöst werden können. Aus diesem Grunde ist die hier demonstrierte Vorgehensweise für die praktische Arbeit nicht geeignet.

4.2.3 Symmetrie

Bei der Lösung vieler mathematischer Aufgaben kann es sehr vorteilhaft sein zu wissen, ob die zu untersuchende Funktion *symmetrisch* ist oder nicht.

Definition:
Eine Funktion $y = f(x)$ heißt *axialsymmetrisch*, wenn ihr Definitionsbereich symmetrisch zu $x = 0$ ist und wenn für alle $x \in$ DB gilt:

$$f(-x) = f(x). \tag{4.6}$$

Im Bild 4.21 ist eine axialsymmetrische Funktion dargestellt.

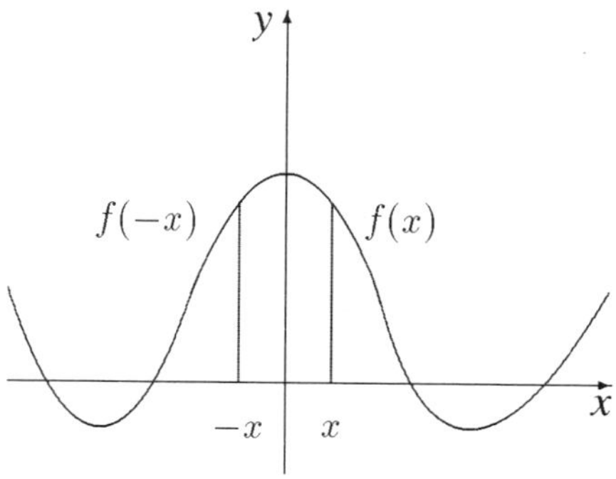

Bild 4.21

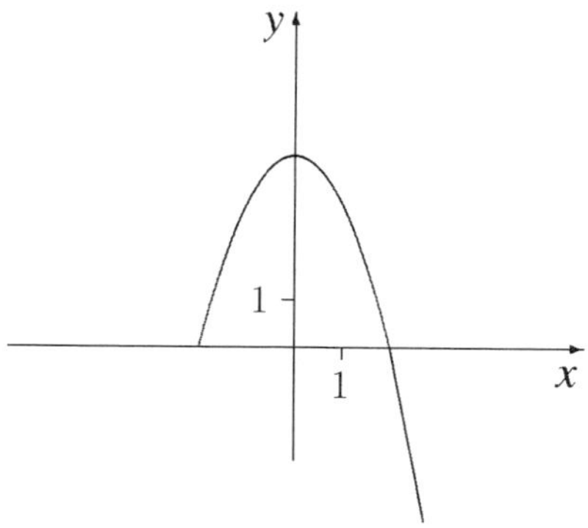

Bild 4.22

Beispiel:

4.19 **a)** Die Funktion $y = x^2$ (vgl. Beispiel 4.12 und Bild 4.15) ist eine *axialsymmetrische* Funktion, denn ihr Definitionsbereich ist DB = $\mathbf{R}$ und liegt damit symmetrisch zu $x = 0$. Ferner gilt für alle $x \in$ DB:

$(-x)^2 = x^2.$

b) Die im Beispiel 4.13 behandelte Funktion $y = 4 - x^2$ (vgl. Bild 4.16) besitzt den zum Koordinatenursprung symmetrischen Definitionsbereich DB = $\mathbf{R}$, und es gilt für alle $x \in$ DB:

$4 - (-x)^2 = 4 - x^2.$

Folglich ist $y = 4 - x^2$ eine axialsymmetrische Funktion.

c) Betrachtet man dagegen die in b) behandelte Funktion $y = 4 - x^2$ nur in einem Teilbereich $\text{DB}_1 = [-2; 3]$ des Definitionsbereiches DB, so ist diese Funktion in DB_1 *nicht axialsymmetrisch*, da der neue Definitionsbereich DB_1 *nicht symmetrisch* zum Koordinatenursprung liegt (vgl. dazu Bild 4.22).

d) Die im Beispiel 4.14 behandelte Funktion (vgl. Bild 4.17) ist axialsymmetrisch, weil ihr Definitionsbereich DB = $\mathbf{R}$ symmetrisch zu $x = 0$ liegt, und weil für jedes $x \in$ DB die für die Axialsymmetrie geltende Bedingung $f(-x) = f(x)$ erfüllt ist, wie man leicht nachprüfen kann.

e) Auch die *Betragsfunktion* (Beispiel 4.8 und Bild 4.7) ist eine axialsymmetrische Funktion. (Der Beweis für diese Behauptung sei dem Leser zur Übung überlassen.)

Aus den Funktionen des Beispiels 4.19 geht hervor, dass jede zu einer axialsymmetrischen Funktion gehörende Kurve *spiegelbildlich zur y-Achse* verläuft.

Neben den axialsymmetrischen gibt es auch noch die *zentralsymmetrischen Funktionen.*

Definition:
Eine Funktion $y = f(x)$ heißt *zentralsymmetrisch*, wenn ihr Definitionsbereich symmetrisch zu $x = 0$ ist und wenn für *alle* $x \in$ DB gilt:

$$f(-x) = -f(x). \tag{4.7}$$

Beispiel:

4.20 **a)** Die *Signumfunktion* (Beispiel 4.9, Bild 4.8) ist eine zentralsymmetrische Funktion, denn der Definitionsbereich DB $= \mathbf{R}$ liegt symmetrisch zu $x = 0$, und es ist $f(-x) = -f(x)$ für *alle* $x \in$ DB.

b) Die im Beispiel 4.11 behandelte Funktion $y = \dfrac{6x}{x^2+1}$ (vgl. Bild 4.10) hat den Definitionsbereich DB $= \mathbf{R}$, und es gilt für jedes beliebige $x \in$ DB:

$$f(-x) = \frac{6(-x)}{(-x)^2+1} = \frac{-6x}{x^2+1} = -\frac{6x}{x^2+1},$$

also

$$f(-x) = -f(x),$$

womit die Zentralsymmetrie der Funktion nachgewiesen ist.

Das Bild einer zentralsymmetrischen Funktion liegt zentralsymmetrisch zum Koordinatenursprung (vgl. Bild 4.23).

Die Kenntnis von Symmetrieeigenschaften von Funktionen ist beispielsweise hilfreich beim Zeichnen der zur Funktion gehörenden Kurve. Verwendet man dazu eine Wertetabelle, so genügt es, diese nur für positive x-Werte aufzustellen, wenn Symmetrie nachgewiesen worden ist.
Wenn festgestellt werden soll, ob eine Funktion Symmetrieeigenschaften besitzt und um welche Art der Symmetrie es sich dabei handelt, genügt es, die folgenden drei Überlegungen anzustellen:

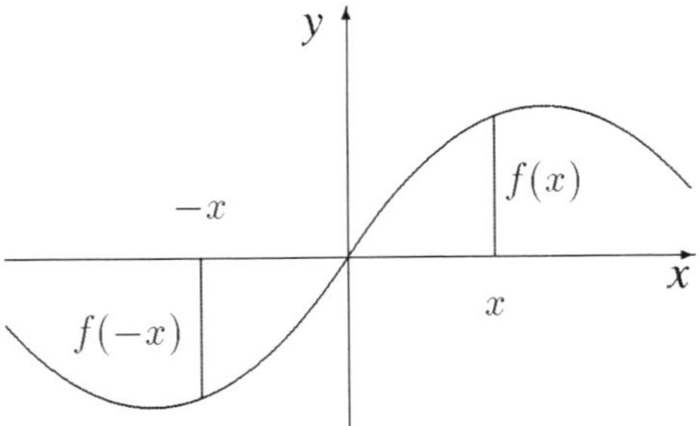

Bild 4.23

1. Es ist zu kontrollieren, ob der Definitionsbereich der Funktion symmetrisch zu $x = 0$ liegt.
2. Man ersetze in der Funktionsgleichung für $f(x)$ die Variable x durch $-x$ und forme die entstehende Gleichung so um, dass ein Vergleich mit der Gleichung für $f(x)$ möglich wird.
3. Man stelle fest, ob eine der Formeln (4.6) oder (4.7) zutrifft.

Beispiele:

4.21 Die Funktion $f(x) = x^4 - 6x^2 + 5$ besitzt den zum Koordinatenursprung symmetrisch liegenden Definitionsbereich DB $= \mathbf{R}$.
Ersetzt man in der Funktionsgleichung die Variable x durch $-x$, so folgt

$$f(-x) = (-x)^4 - 6(-x)^2 + 5 = x^4 - 6x^2 + 5,$$

woraus man erkennt, dass die Formel (4.6) $f(-x) = f(x)$ erfüllt ist. Demnach ist die vorliegende Funktion *axialsymmetrisch.*

4.22 Die Funktion $f(x) = ax^2 + bx + c$ mit $b \neq 0$ ist weder axial- noch zentralsymmetrisch, denn ihr Definitionsbereich ist zwar wiederum DB $= \mathbf{R}$, also symmetrisch zum Koordinatenursprung, ersetzt man jedoch in der Funktionsgleichung x durch $-x$, so ergibt sich

$$f(-x) = a(-x)^2 + b(-x) + c = ax^2 - bx + c,$$

was weder der Formel (4.6) noch der Formel (4.7) entspricht.

4.23 **a)** Für die Funktion $f(x) = x^2 \sin x$ ist DB $= \mathbf{R}$ (Symmetrie zum Koordinatenursprung liegt demnach vor). Ferner gilt

$$f(-x) = (-x)^2 \sin(-x),$$

woraus wegen $\sin(-x) = -\sin x$ (vgl. Formel (3.10))

$$f(-x) = -x^2 \sin x = -f(x)$$

folgt.
Die Funktion $f(x) = x^2 \sin x$ ist also *zentralsymmetrisch.*

b) Bei $f(x) = x \sin x$ ist DB $= \mathbf{R}$, und es wird

$$f(-x) = (-x)\sin(-x) = x \sin x = f(x).$$

$f(x) = x \sin x$ ist demnach eine *axialsymmetrische* Funktion.

c) Auch für $f(x) = (x+1)\sin x$ ist DB $= \mathbf{R}$. Hier wird jedoch

$$f(-x) = (-x+1)\sin(-x) = -(-x+1)\sin x,$$

woraus weder eine Übereinstimmung mit $f(x)$ noch mit $f(-x)$ erzielt werden kann. Folglich liegt bei der Funktion $f(x) = (x+1)\sin x$ *keine* Symmetrie vor.

Axialsymmetrische Funktionen werden auch *gerade Funktionen* genannt, zentralsymmetrische Funktionen heißen auch *ungerade Funktionen.*

4.2.4 Stetigkeit

Auch der Begriff der Stetigkeit kann zunächst nur anschaulich erläutert werden. Zu seiner exakten Definition sind Kenntnisse über Grenzwerte erforderlich, die erst im Band 3 vermittelt werden.

Es wird daher die folgende Erklärung des Begriffes Stetigkeit verwendet:

Eine Funktion $f(x)$ heißt dann in einem Intervall $I \subset$ DB *stetig*, wenn man die zugehörige Kurve von dem einen Intervallendpunkt bis zum anderen zeichnen könnte, ohne dabei einmal absetzen zu müssen.

Oder anders ausgedrückt: Wenn sich die Punkte der Kurve einer Funktion $y = f(x)$ innerhalb eines Intervalles I „nahtlos" aneinanderfügen, ohne dass sich irgendwelche Sprünge ergeben, dann ist die Funktion stetig.

Beispiele:

4.24 Alle linearen und quadratischen Funktionen sind innerhalb ihres gesamten Definitionsbereiches stetig.

4.25 Auch alle in den Beispielen 4.12 bis 4.16 behandelten Funktionen sind stetige Funktionen. Dabei sind auch die im Bild 4.17 auftretenden Knicke kein Grund dafür, dass die Funktion an den Knickstellen nicht stetig sein könnte, denn auch hier fügen sich die einzelnen Kurvenpunkte zu einem nicht unterbrochenen Kurvenverlauf zusammen.

4.26 Dagegen ist die im Beispiel 4.9 behandelte Signumfunktion eine an der Stelle $x = 0$ *unstetige Funktion*, denn nähert man sich von negativen x-Werten her an den Wert $x = 0$ an, dann springt die Kurve vom Wert $y = -1$ für $x < 0$ auf den Wert $y = 0$, um danach für positive x-Werte sofort den Wert $y = 1$ anzunehmen. Die zwischen -1 und 0 sowie zwischen 0 und 1 liegenden y-Werte werden im Verlauf der Kurve nirgends erfasst. Man muss also an der Stelle $x = 0$ den Zeichenstift absetzen und dort zwei „Sprünge" von $y = -1$ über $y = 0$ nach $y = 1$ machen.

Eine solche Stelle, an der das Kurvenbild einen *endlichen Sprung* der Höhe $A > 0$ macht, nennt man eine *Sprungstelle der Funktion*. Wenn eine Funktion Sprungstellen besitzt, dann ist sie an diesen Stellen *unstetig*.

Beispiele:

4.26a Die *Signumfunktion* ist z. B. in den Intervallen $I_1 = [1; 10]$ und $I_2 = [-5; -2]$ stetig. Sie ist jedoch in jedem Intervall unstetig, das die Stelle $x = 0$ enthält.

4.27 Verändert man das Beispiel 4.14 in folgender Weise:

$$f(x) = \begin{cases} 1 - x^2 & \text{für } |x| < 2 \\ 0 & \text{für } |x| \geq 2 \end{cases},$$

so ist diese Funktion für $x = \pm 2$ nicht mehr stetig. Das Kurvenbild zeigt, dass jetzt an der Stelle des Knicks ein Sprung der Höhe $A = 3$ vorhanden ist (vgl. Bild 4.24).

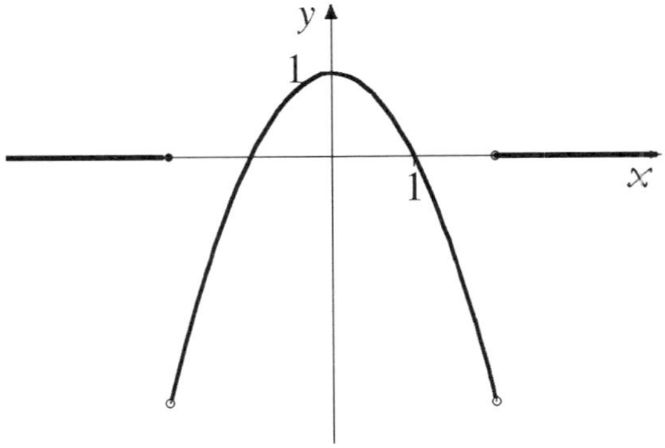

Bild 4.24

Bei zusammengesetzten Funktionen kann man die Stetigkeit nur dann richtig beurteilen, wenn man an den Übergangsstellen untersucht, ob dort höchstens ein Knick (Stetigkeit) oder aber ein Sprung (Unstetigkeit) vorhanden ist.

Es gibt aber noch weitere Arten von Unstetigkeiten. Eine besonders wichtige soll an dem folgenden Beispiel erklärt werden:

Beispiel:

4.28 Die Funktion $y = \frac{1}{x}$ ist an der Stelle $x = 0$ nicht erklärt, da die Division durch Null nicht erlaubt ist. Der Definitionsbereich der Funktion $y = \frac{1}{x}$ ist demzufolge $\text{DB} = \mathbf{R}\setminus\{0\}$.
An einer Stelle, an der die Funktion nicht erklärt ist, existiert natürlich kein zugehöriger Funktionswert y und damit auch kein Punkt der zugehörigen Kurve. Damit kann die Funktion an dieser Stelle auch nicht stetig sein.
Man kann sich aber sowohl mit negativen x-Werten (von links) als auch mit positiven x-Werten (von rechts) beliebig nahe an die Stelle $x = 0$ annähern und stets einen zugehörigen Funktionswert berechnen.
Für eine solche „Annäherung“ an die Stelle $x = 0$ ist die folgende Wertetabelle berechnet worden:

x	y
-1	-1
$-1/2$	-2
$-1/5$	-5
$-0{,}1$	-10
$-0{,}01$	-100
$-0{,}001$	-1000
$\vdots$	$\vdots$
-10^{-n}	-10^{n}

x	y
1	1
$1/2$	2
$1/5$	5
$0{,}1$	10
$0{,}01$	100
$0{,}001$	1000
$\vdots$	$\vdots$
10^{-n}	10^{n}

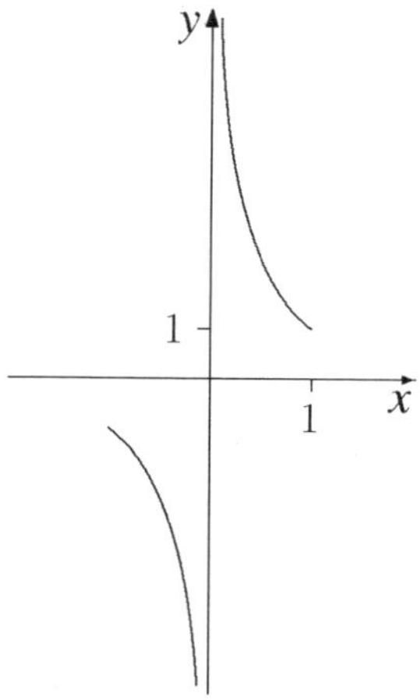

Bild 4.25

Aus ihr ergibt sich der im Bild 4.25 dargestellte Verlauf der Kurve $y = \frac{1}{x}$ in der unmittelbaren Umgebung der Stelle $x = 0$.

Aus diesem Beispiel ist ersichtlich, dass die Kurve $y = \frac{1}{x}$ an der Stelle $x = 0$ wiederum einen Sprung macht. Dieser Sprung unterscheidet sich jedoch von denen, die in den vorangegangenen Beispielen behandelt wurden, dadurch, dass sich seine Höhe nicht durch eine endliche Zahl angeben lässt. Die Kurve geht, wenn man sich dem Wert $x = 0$ von links her nähert, nach unten ins Unendliche und kommt, sobald man $x = 0$ überschritten hat von oben aus dem Unendlichen wieder zurück.

Eine solche Stelle (hier die Stelle $x = 0$) wird als **Unendlichkeitsstelle** oder als **Polstelle** der Funktion bezeichnet.

Hätte man an Stelle von $y = \frac{1}{x}$ die Funktion $y = \frac{1}{x^2}$ in gleicher Weise untersucht, so wäre ein völlig anderes Kurvenbild entstanden.

Auch diese Funktion ist für $x = 0$ nicht definiert, besitzt also an dieser Stelle keinen Kurvenpunkt. Nähert man sich von negativen x-Werten her dem Werte $x = 0$, so geht die Kurve nach oben ins Unendliche. Sobald man den Wert $x = 0$ überschritten hat, kommt die Kurve von oben aus dem Unendlichen zurück.

Auch hier spricht man von einer *Unendlichkeitsstelle* oder von einer *Polstelle* der Funktion, wobei man folgenden Unterschied macht:

Die Polstelle der Funktion $y = \frac{1}{x}$ an der Stelle $x = 0$ nennt man einen *Pol 1.Ordnung*, dagegen wird die Polstelle der Funktion $y = \frac{1}{x^2}$ an der Stelle $x = 0$ als *Pol 2. Ordnung* bezeichnet (vgl. dazu auch Abschnitt 4.4.1.2).
Wie man aus diesen einfachen Beispielen erkennen kann, treten Polstellen vor allem dann auf, wenn in der Funktionsgleichung $y = f(x)$ Brüche vorhanden sind, deren Nenner Null werden können. Auf solche Stellen muss bei der graphischen Darstellung von Funktionen besonderes Augenmerk gerichtet werden.

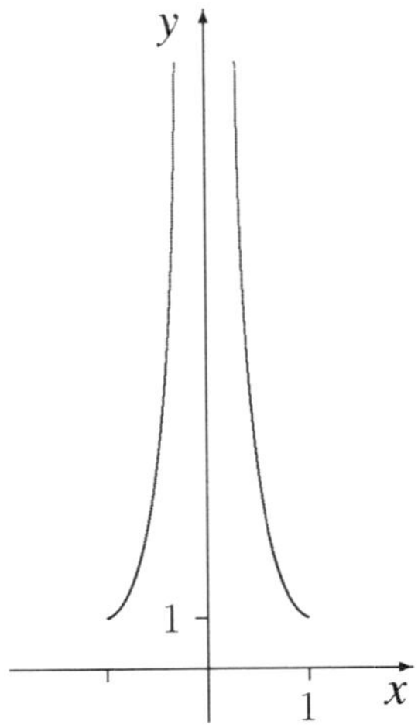

Bild 4.26

Beispiele:

4.29 Bei der Funktion $y = \frac{6x}{x^2+1}$ aus Beispiel 4.11 handelt es sich um eine gebrochene Funktion. Der Nenner des in der Funktionsgleichung auftretenden Bruches kann nirgends Null werden, denn für alle x gilt: $x^2 + 1 \geq 1$. Damit kann die Funktion *keinen Pol* besitzen. Dies ist auch aus Bild 4.10 ersichtlich.

4.30 In der Funktionsgleichung $y = \frac{6x}{x^2-1}$ hingegen tritt ein Bruch auf, dessen Nenner an den beiden Stellen $x_1 = -1$ und $x_2 = 1$ Null wird. Damit besitzt die Funktion $y = \frac{6x}{x^2-1}$ an diesen beiden Stellen jeweils einen Pol.
Will man diese Funktion graphisch darstellen, so sollte man bei der Aufstellung einer Wertetabelle die Kurvenpunkte an diesen beiden Stellen besonders dicht auswählen, um den Kurvenpunkt möglichst genau zu erfassen.

x	0	0,25	0,5	0,8	0,9	1,1
y	0	−1,6	−4	−11,11	−28,42	31,443

x	1,2	1,5	2	3	4	6	10
y	16,36	7,2	4	2,25	1,6	1,02	0,6

Auf die Berechnung einer Wertetabelle für negative x-Werte kann man verzichten, denn für die gegebene Funktion gilt $f(-x) = -f(x)$. $y = f(x)$ ist also eine *zentralsymmetrische Funktion*. Hier erkennt man sehr gut, wie wichtig es ist, besondere Eigenschaften einer zu untersuchenden Funktion aufzuspüren. Man kann sich damit häufig umfangreiche Rechnungen ersparen.
Die grafische Darstellung von $y = \frac{6x}{x^2-1}$ für $|x| < 6$ zeigt die wichtigsten Eigenschaften dieser Funktion.
Die beiden Polstellen der Funktion bei $x_1 = -1$ und $x_2 = 1$ sind deutlich zu erkennen.

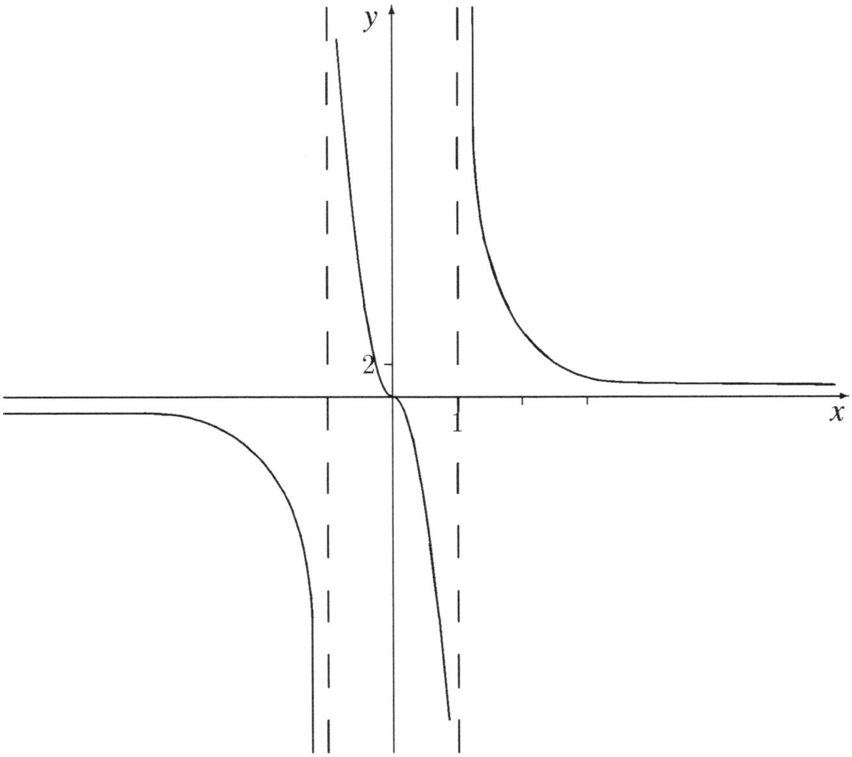

Bild 4.27

4.31 Welcher Unterschied besteht zwischen den beiden Funktionen $y = 1$ und $y = x^0$?

Lösung: Auf den ersten Blick ist kein Unterschied zu erkennen, denn es ist in Formel (2.7) festgelegt, dass $x^0 = 1$ gelten soll. Diese Festlegung gilt jedoch nur für $x \neq 0$, denn 0^0 ist ein sogenannter *„unbestimmter Ausdruck"*, für den kein bestimmter reeller Wert angegeben werden kann.

Während also die Funktion $y = 1$ an der Stelle $x = 0$ einen Funktionswert besitzt, nämlich $y = 1$, existiert für die Funktion $y = x^0$ an dieser Stelle *kein Funktionswert*. Man sagt, die Funktion $y = x^0$ hat an der Stelle $x = 0$ eine **Lücke**.

Die Funktion ist an dieser Stelle *unstetig*, da man dort die Linienführung unterbrechen muss.

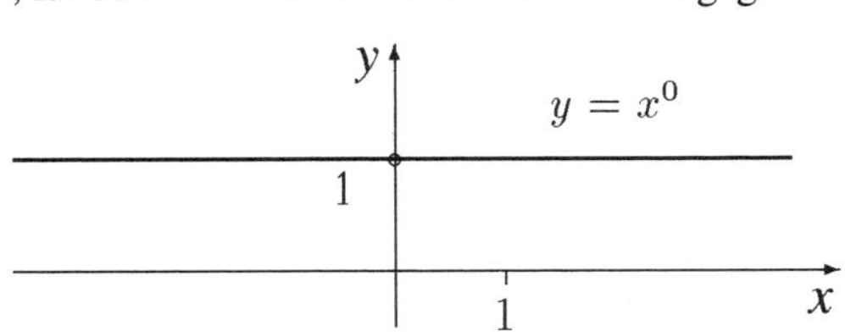

Bild 4.28

Obwohl die beiden gegebenen Funktionen für alle übrigen x-Werte vollständig übereinstimmen, handelt es sich wegen der Lücke im Punkte $P(0; 1)$ bei der Funktion $y = x^0$ um zwei voneinander *verschiedene* Funktionen.

Für die **Gleichheit zweier Funktionen** gilt nämlich:

> Zwei Funktionen $f_1(x)$ und $f_2(x)$ sind genau dann *einander gleich*, wenn ihre beiden Definitionsbereiche übereinstimmen und wenn gilt:
>
> $$f_1(x) = f_2(x) \qquad \text{für alle} \quad x \in \text{DB}. \tag{4.8}$$

Aufgaben:

4.15 Für die im Bild 4.29 dargestellten Funktionen sollen die zugehörigen Definitionsbereiche ermittelt werden, wobei davon auszugehen ist, dass die Kurven jeweils nur einen Ausschnitt der gesamten Funktionskurven darstellen und dass die Linienführung beliebig weit nach links und rechts fortgesetzt werden kann.
Ferner sollen alle Funktionen auf ihre Eigenschaften bzgl. Beschränktheit, Monotonie, Symmetrie und Stetigkeit untersucht werden.

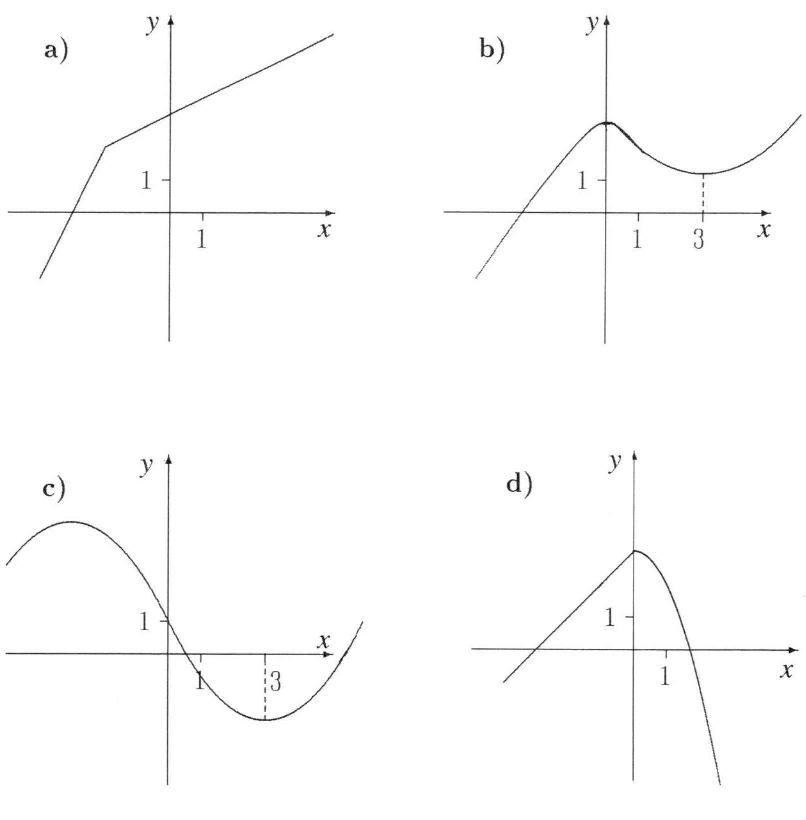

e)

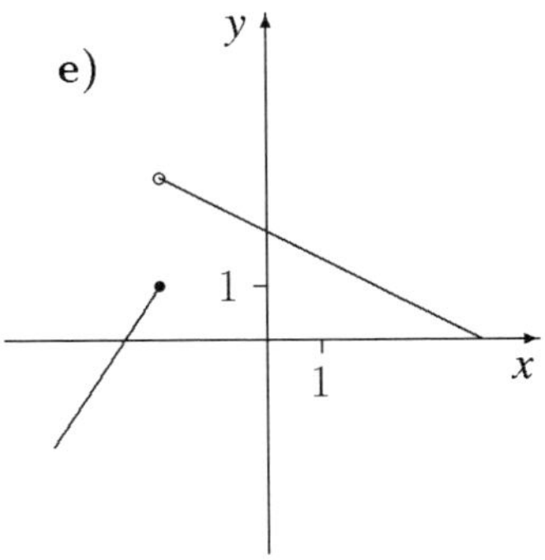

f)

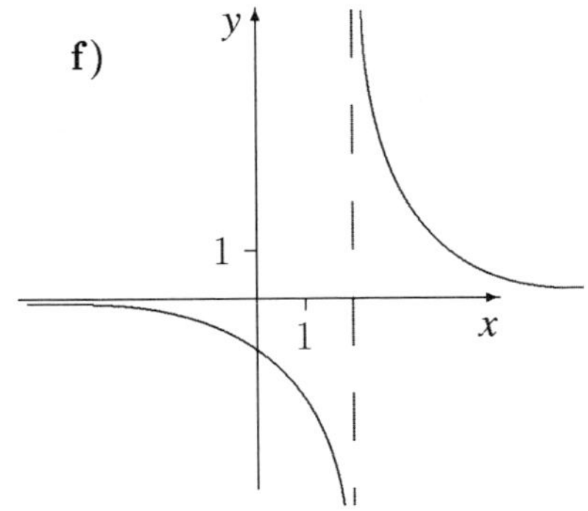

h)

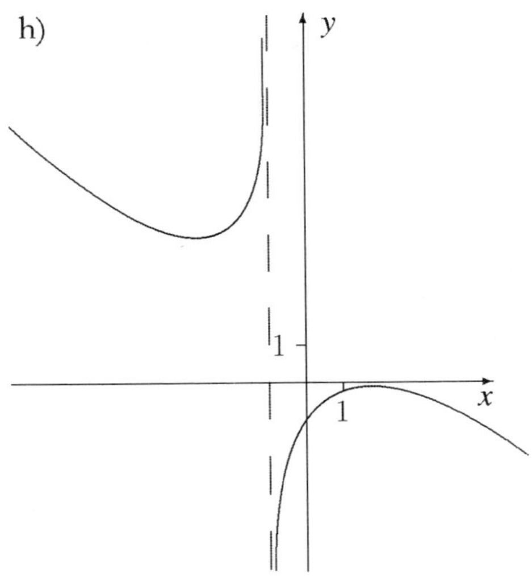

g)

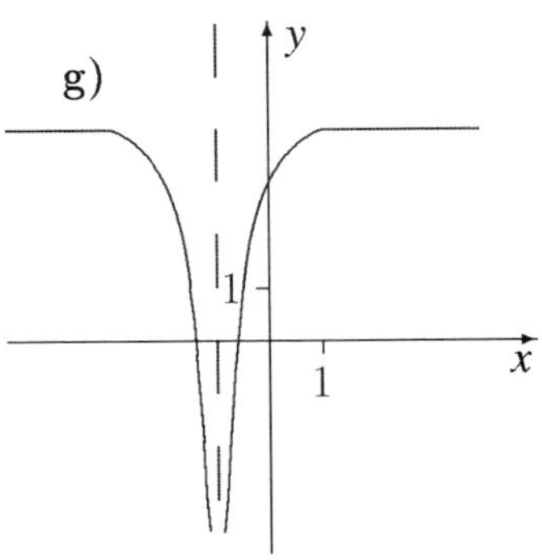

k)

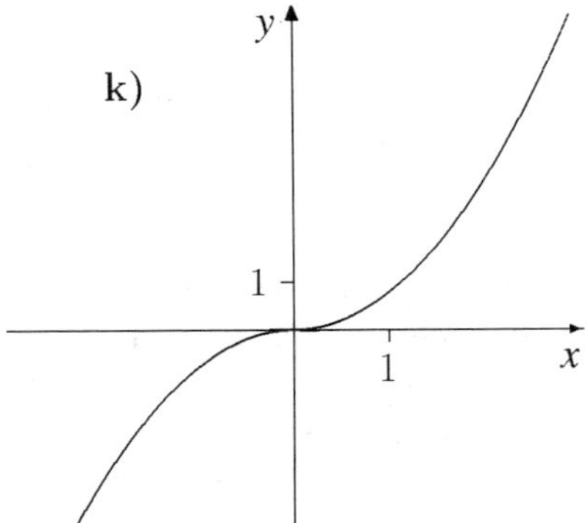

i)

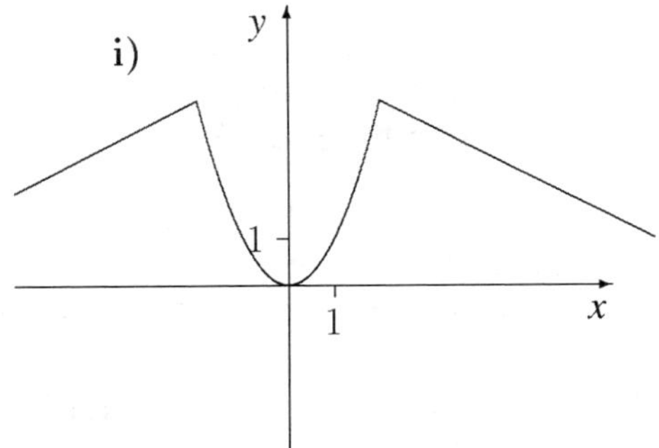

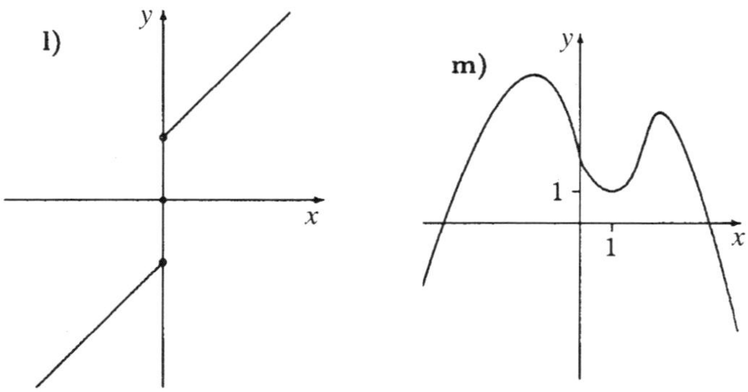

Bild 4.29

4.16 Wie lauten die Funktionsgleichungen für die in den Bildern 4.29 a), d), e), i) und l) dargestellten Funktionen?

4.17 Stellen Sie die folgenden Funktionen dar, und ermitteln Sie ihre wichtigsten Eigenschaften.

a) $y = 2x - 1$

b) $y = 2|x| - 1$

c) $y = \frac{1}{2}(x-2)^2$

d) $y = \frac{1}{2}x^2 - 2|x| + 2$

e) $y = \begin{cases} x+1 & \text{für } x > 0 \\ -x+1 & \text{für } x \leq 0 \end{cases}$

f) $y = \begin{cases} x+1 & \text{für } x > 0 \\ x-1 & \text{für } x \leq 0 \end{cases}$

g) $y = \frac{1}{x-2}$

h) $y = \frac{x}{x+2}$

i) $y = x^3 - 6x$

k) $y = \frac{1}{8}x^4 - \frac{1}{2}x^4 + 2$

4.3 Die Umkehrfunktion

4.3.1 Die Umkehrung einer Abbildung

In 4.1 wurde der Begriff der Abbildung F einer Menge A in eine Menge B eingeführt. Er führte zur Bildung von Wertepaaren $(x; y)$ mit $x \in A$ und $y \in B$ in Abhängigkeit von der Abbildungsvorschrift (Bild 4.30).

Umgekehrt kann man natürlich auch von der Bildmenge B ausgehen und diese in die Menge A abbilden. Dies führt zur Bildung von Wertepaaren $(x; y)$ mit $x \in B$ und $y \in A$. Wenn dabei den früheren Bildpunkten aus B jeweils die zugehörigen Originalpunkte aus A zugeordnet werden, dann nennt man die Abbildung die **Umkehrabbildung** zu F und bezeichnet sie mit F^{-1}. Die Abbildungsvorschrift, die diese Umkehrung der ursprünglichen Abbildung bewirkt, wird Umkehr-Abbildungsvorschrift genannt.

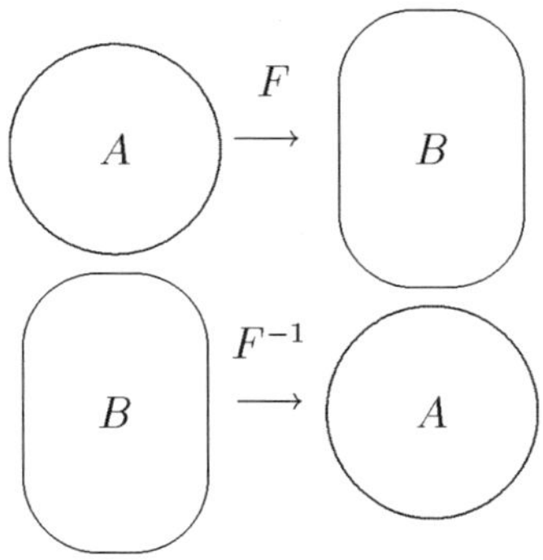

Bild 4.30

Beispiele:

4.32 Wenn die Umkehrabbildung der im Beispiel 4.1 behandelten Abbildung bestimmt werden soll, dann lautet die zugehörige Umkehrabbildungsvorschrift:

Gegeben sind die Mengen $A = \{2, 4, 6\}$ und $B = \{0, 1, 2, 3\}$.

Gesucht sind alle Wertepaare $(x; y)$ mit $x \in B$ und $y \in A$, bei denen y echter Teiler von x ist.

Man erhält dann

$F^{-1} = \{(2; 1), (4; 1), (4; 2), (6; 1), (6; 2), (6; 3)\}$.

Der Definitionsbereich dieser Umkehrabbildung ist DB $= \{2, 4, 6\}$, also der Wertebereich der ursprünglichen Abbildung, als Wertebereich der Umkehrabbildung WB $= \{1, 2, 3\}$ erhält man den Definitionsbereich der ursprünglichen Abbildung.

4.33 Bei der Umkehrung der im Beispiel 4.2 behandelten Abbildung F muss man von den Mengen $A = \{2, 4, 6, 8\}$ und $B = \{0, 1, 2, 3\}$ ausgehen und die Umkehrabbildung wie folgt formulieren:

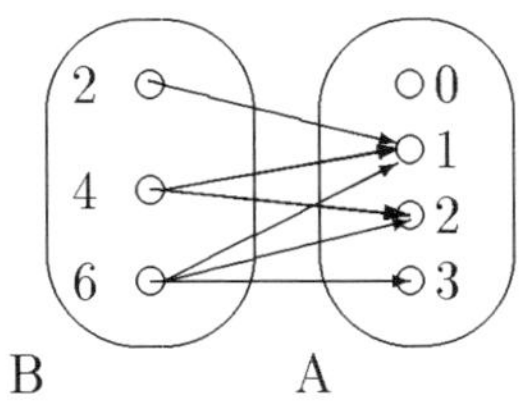

Bild 4.31

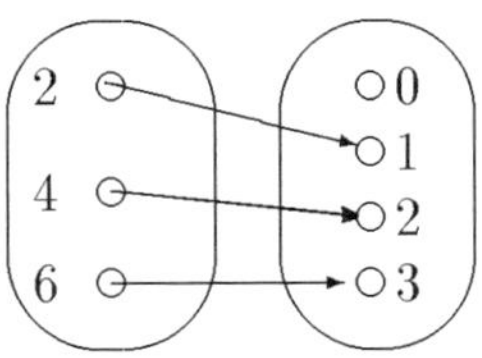

Bild 4.32

Gesucht sind die $y \in B$, die halb so groß sind wie die $x \in A$.

Die Umkehrabbildung ist somit

$F^{-1} = \{(2; 1), (4; 2), (6; 3)\}$.

Ihr Definitionsbereich ist DB $= \{2, 4, 6\}$ (der Wertebereich der ursprünglichen Abbildung), als Wertebereich ergibt sich WB $= \{1, 2, 3\}$ (der Definitionsbereich aus Beispiel 4.2).

4.34 Die Umkehrabbildung zur Abbildung aus Beispiel 4.3 lautet

Gegeben: $x \in \mathbf{N}$, $y \in \{0, 1, 2, 3\}$

Vorschrift: $y < x$

Sie ist im Bild 4.33 dargestellt.

4.35 Die zum Beispiel 4.4 gehörende Umkehrabbildung ist (vgl. Bild 4.34)

$F^{-1} = \{(x; y) \mid y < x \wedge x \in \mathbf{R} \wedge y \in \{0, 1, 2, 3\}\}$.

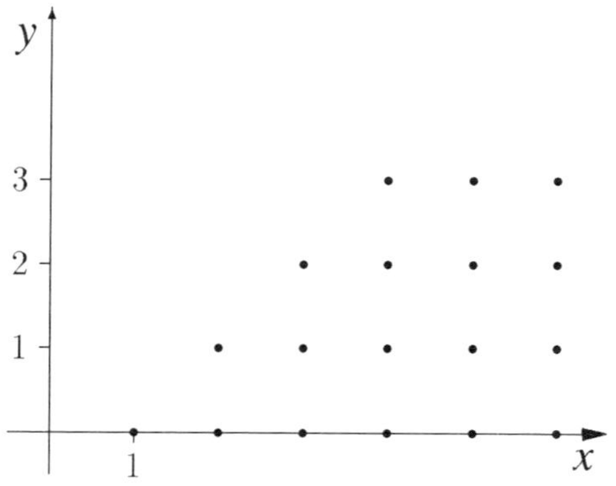

Bild 4.33

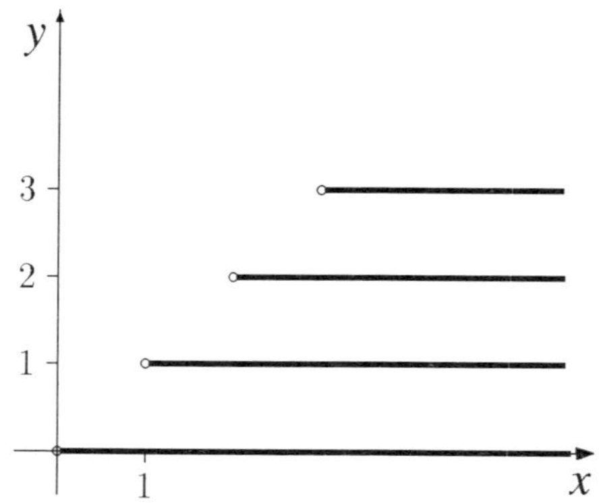

Bild 4.34

4.36 Die Umkehrabbildung zur Abbildung aus Beispiel 4.5 lautet

$F^{-1} = \{(x; y) | y \leq x \wedge x \in \mathbf{R} \wedge y \in [1; 3]\}$.

Sie ist im Bild 4.35 dargestellt.

4.37 Die Umkehrabbildung zur Abbildung aus Beispiel 4.6 ist

DB $= \mathbf{R}$, WB $= [-2; 3)$ und $y = 2x$. (Bild 4.36)

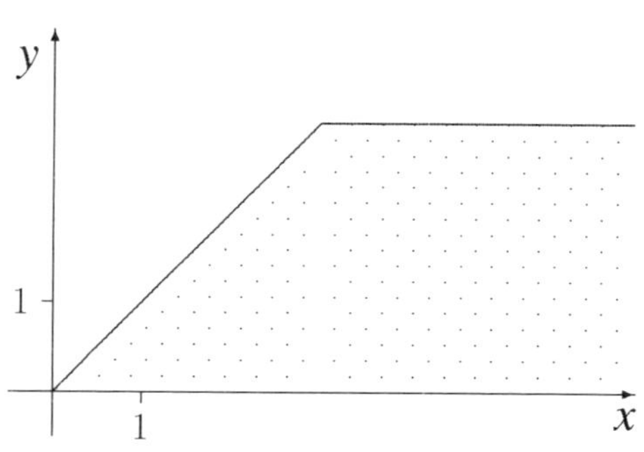

Bild 4.35

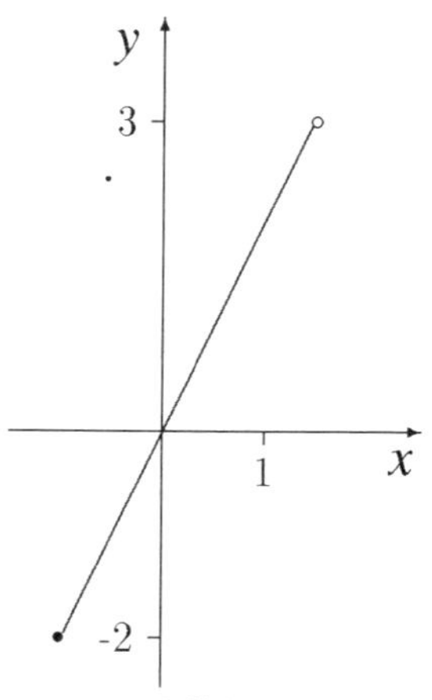

Bild 4.36

Aus der Vorgehensweise beim Aufstellen der Umkehrabbildung F^{-1} zu einer bereits gegebenen Abbildung F kann man folgendes erkennen:

Man erhält die Umkehrabbildung F^{-1} zu einer Abbildung F, wenn man

- DB und WB miteinander vertauscht und
- in der Zuordnungsvorschrift x und y miteinander vertauscht.
- Das Bild der Umkehrabbildung F^{-1} entsteht durch Spiegelung des zu F gehörenden Bildes an der Geraden $y = x$.

Ferner gilt:

> Zu *jeder* Abbildung F existiert eine Umkehrabbildung F^{-1}. Die Umkehrung von F^{-1} ist wieder F.

4.3.2 Der Begriff der Umkehrfunktion

In 4.1.2 wurde der Funktionsbegriff als *eindeutige Abbildung* erklärt. Damit kann man auch zu jeder Funktion die zugehörige Umkehrabbildung bilden. Es erhebt sich jedoch die Frage, ob diese Umkehrabbildung auch in jedem Falle wieder eine Funktion sein wird.

Wenn die aus einer Funktion gebildete Umkehrabbildung wiederum eine Funktion sein soll, dann muss diese Umkehrabbildung ebenfalls *eindeutig* sein.

Eine Abbildung F ist eindeutig, wenn zu jedem $x \in$ DB genau *ein* $y \in$ WB gehört. Geometrisch bedeutet dies, dass auf jeder Parallelen zur y-Achse nur genau *ein* Punkt von F liegen darf. Da nun aber bei der Bildung von F^{-1} x und y ihre „Rollen" vertauschen, darf auch auf den Parallelen zur x-Achse jeweils nur *ein* Punkt vorhanden sein, wenn die Umkehrabbildung ebenfalls eindeutig, also eine Funktion sein soll.

Funktionen, bei denen dies der Fall ist, werden *eineindeutige Funktionen* genannt.

> Eine Funktion ist nur dann *eineindeutig*, wenn sie entweder *nur streng monoton steigend* oder nur *streng monoton fallend* ist. Bei eineindeutigen Funktionen nennt man die Umkehrabbildung F^{-1} **Umkehrfunktion**.

In diesem Sinne sind nur die in den Beispielen 4.2 und 4.6 bzw. 4.33 und 4.37 behandelten Abbildungen eineindeutig und damit auch eineindeutige Funktionen.

Beispiel:

4.38 Durch die Vorschrift

$$y = f(x) = \frac{1}{2}x - 2$$

ist eine *Funktion* gegeben, denn durch sie ist jedem $x \in$ DB $= \mathbf{R}$ genau *ein* Wert $y \in$ WB $= \mathbf{R}$ zugeordnet.
$y = f(x)$ ist eine eineindeutige Funktion, denn auf jeder Parallelen zur x-Achse als auch zur y-Achse liegt jeweils genau *ein* Kurvenpunkt (vgl. Bild 4.37).

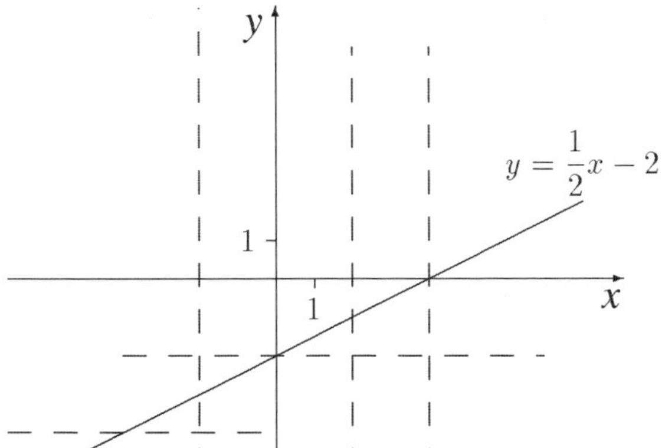

Bild 4.37

Die grafische Ermittlung der Umkehrfunktion zu einer eineindeutigen Funktion $y = f(x)$ erfolgt in folgenden Schritten:

Man zeichnet zunächst das Bild von $y = f(x)$ in ein Koordinatensystem ein und spiegelt die Kurvenpunkte an der Geraden $y = x$. Es ist sinnvoll, dabei vor allem exponierte Kurvenpunkte auszuwählen, so u.a. die Schnittpunkte mit den Koordinatenachsen. Kurvenpunkte, die auf der Geraden $y = x$ liegen, gehen in sich über.

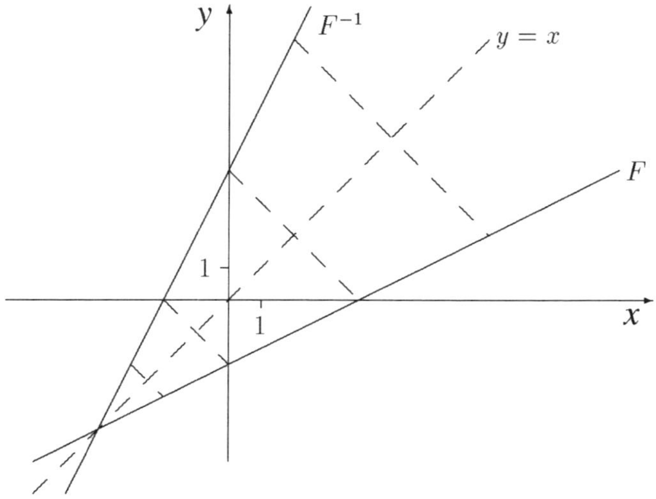

Bild 4.38

Die rechnerische Ermittlung der Umkehrfunktion $y = f^{-1}(x)$ zur Funktion $y = f(x)$ verläuft wie folgt:

1. Man geht aus von der Funktion $y = f(x)$.
2. Man vertauscht die Variablen x und y:
   $\longrightarrow x = f(y)$.
3. Man löst die neue Gleichung nach y auf:
   $\longrightarrow y = f^{-1}(x)$.
4. Der DB von $y = f(x)$ wird zum WB von $y = f^{-1}(x)$,
   der WB von $y = f(x)$ wird zum DB von $y = f^{-1}(x)$.

Angewandt auf die Funktion $y = \frac{1}{2}x - 2$ sehen die vier Lösungsschritte wie folgt aus:

Schritt 1: $y = \frac{1}{2}x - 2$.

Schritt 2: $x = \frac{1}{2}y - 2$.

Schritt 3: $y = 2x + 4$.

Schritt 4: Der Austausch von Definitions- und Wertebereich wird im vorliegenden Beispiel nicht erkennbar, weil DB = WB = $\mathbf{R}$ ist.

Beispiele:

4.39 Es soll die Umkehrfunktion $f^{-1}(x)$ für die Funktion $y = f(x) = x^2 + 1$ mit DB = $\mathbf{R}$ und WB = $[1; \infty)$ gebildet werden.

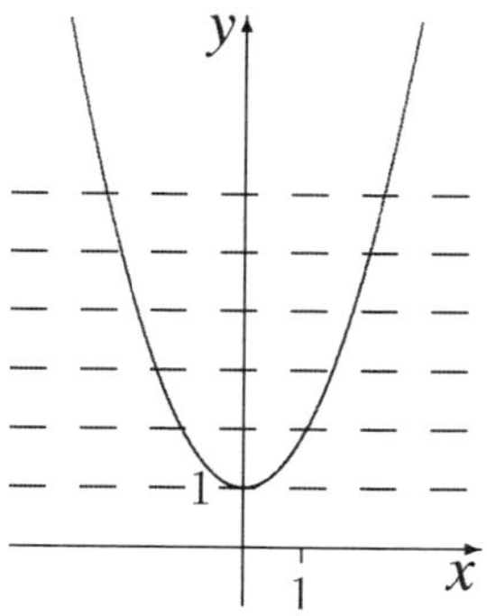

Bild 4.39

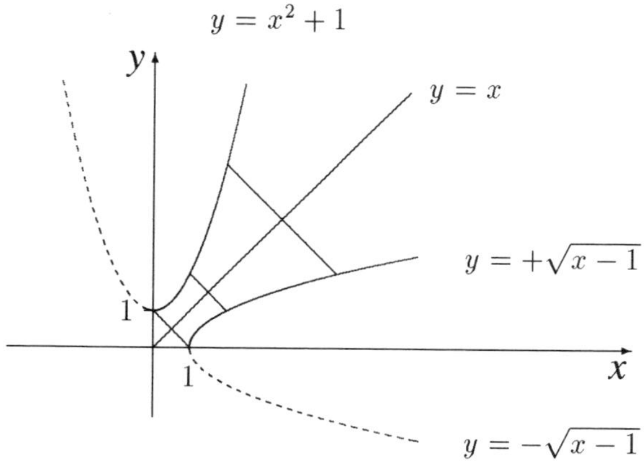

Bild 4.40

Hier treten bei der Bildung der Umkehrfunktion spezielle Probleme auf. Bei der gegebenen Funktion $f(x) = x^2 + 1$ handelt es sich zwar um eine *eindeutige* Funktion, denn jedem $x \in$ DB wird aufgrund der Funktionsgleichung genau *ein* Wert $y \in$ WB zugeordnet. (Auf jeder Parallelen zur y-Achse liegt genau *ein* Kurvenpunkt.)
Die Funktion ist aber *nicht eineindeutig*, denn jede Parallele zur x-Achse wird von der Kurve $y = x^2 + 1$ zweimal geschnitten, sofern $y \in$ WB (vgl. Bild 4.39). Das bedeutet aber, dass für die Funktion $f(x) = x^2 + 1$ *keine Umkehrfunktion* existieren kann, sofern man sie über ihren *ganzen* Definitionsbereich hinweg betrachtet.
Nun lässt sich der Definitionsbereich jeder stetigen, nicht streng monotonen Funktion in Teilintervalle zerlegen, innerhalb derer die Funktion streng monoton und damit eineindeutig ist.
In unserem Falle wäre beispielsweise die auf einen Teilbereich des bisherigen Definitionsbereiches beschränkte Funktion

$$f_1(x) = \{(x;y)|y = x^2 + 1 \wedge x \in [0;\infty) \wedge y \in [1;\infty)\}$$

eine *eineindeutige* Funktion. Sie ist in dem eingeschränkten Definitionsbereich streng monoton steigend.
Für diesen Teilbereich kann eine zugehörige Umkehrfunktion gebildet werden:
Schritt 1: $y = x^2 + 1$
Schritt 2: $x = y^2 + 1$
Schritt 3: $y = +\sqrt{x-1}$
Schritt 4: DB $= [1;\infty)$, WB $= [0;\infty)$.
Diese Funktion ist im Bild 4.40 in Form einer durchgehenden Linie dargestellt. Es ist also

$$f_1^{-1}(x) = \{(x;y)|y = \sqrt{x-1} \wedge x \in [1;\infty) \wedge y \in [0;\infty)\}.$$

Für den anderen Teilbereich $(-\infty;0]$, in dem die gegebene Funktion $y = x^2 + 1$ streng monoton fällt, erhält man als zugehörige Umkehrfunktion die in Bild 4.40 gestrichelt gezeichnete Funktion

$$f_2^{-1}(x) = \{(x;y)|y = -\sqrt{x-1} \wedge x \in [1;\infty) \wedge y \in [-\infty;0)\}.$$

Im Bild 4.40 ist die Spiegelung der zur Funktion und zur zugehörigen Umkehrfunktion gehörenden Kurven an der Geraden $y = x$ gut zu erkennen.

4.40 Die Funktion $y = f(x) = -\frac{1}{2}x^2 + 2x + 1$ stellt eine nach unten geöffnete Parabel mit dem Scheitelpunkt $S(2;3)$ dar. (Prüfen Sie das bitte nach!) Es soll die Umkehrfunktion $y = f^{-1}(x)$ für den streng monoton steigenden Parabelast ermittelt werden.

Lösung:

Schritt 1: $f(x) = \{(x; y) | y = -\frac{1}{2}x^2 + 2x + 1 \wedge x \in (-\infty; 2) \wedge y \in (-\infty; 3)\}$

Schritt 2: $x = -\frac{1}{2}y^2 + 2y + 1$,

Schritt 3: $y^2 - 4y + 2x - 2 = 0 \longrightarrow y = 2 \pm \sqrt{4 - 2x + 2}$

Für den aufsteigenden Parabelast der Ausgangsfunktion ist in der Gleichung für die Umkehrfunktion das Minuszeichen zu verwenden:

$y = 2 - \sqrt{4 - 2x + 2}$ (warum?).

Schritt 4: Die Gleichung der Umkehrfunktion lautet damit:

$f^{-1}(x) = \{(x; y) | y = 2 - \sqrt{4 - 2x + 2} \wedge x \in (-\infty; 3) \wedge y \in (-\infty; 2)\}$.

Aufgaben:

4.18 Im Bild 4.41 sind 8 Funktionen grafisch dargestellt.

a) Welche dieser Funktionen besitzt eine Umkehrfunktion, wenn der größtmögliche Definitionsbereich zugrundegelegt wird?

b) Welche der Funktionen besitzt eine Umkehrfunktion für $DB = [0; \infty)$?

c) In welchen Bereichen ist die Funktion 4.18c) eineindeutig?

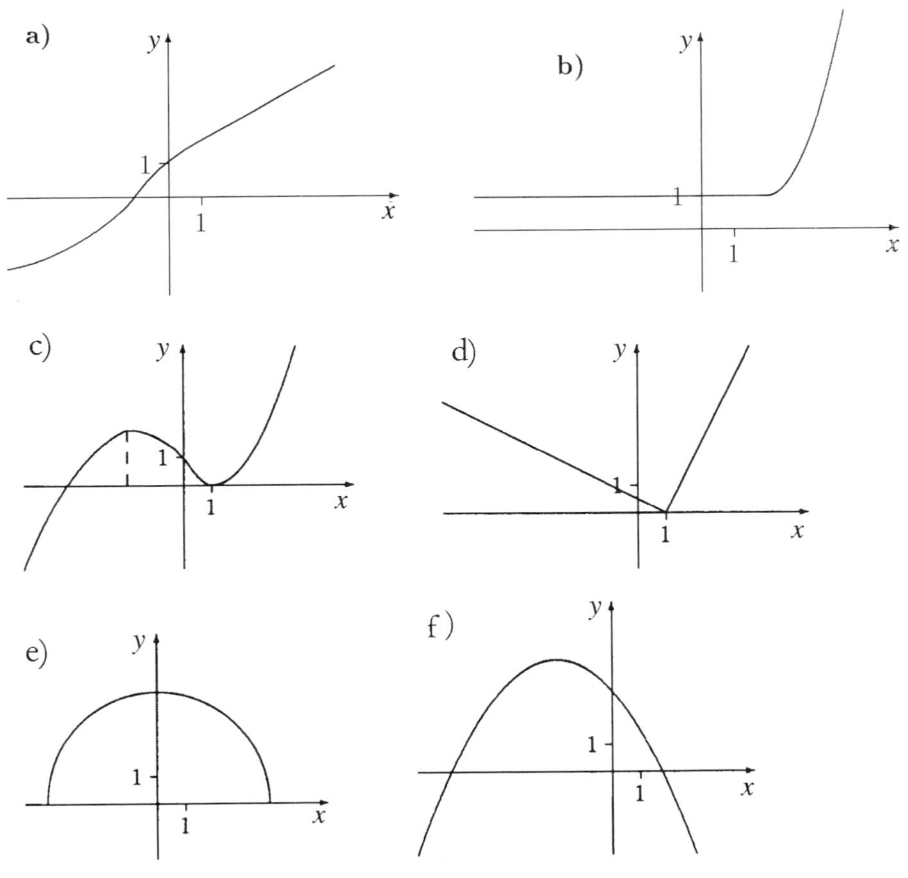

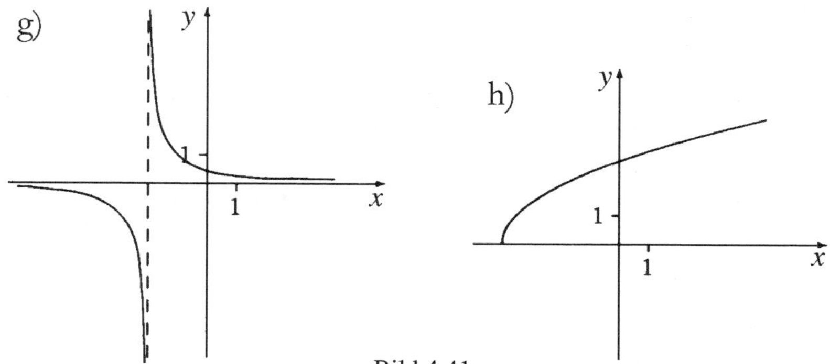

Bild 4.41

4.19 Beantworten Sie dieselben Fragen wie in Aufgabe 4.18 für die in Aufgabe 4.15 dargestellten Funktionen!

4.20 Ermitteln Sie rechnerisch und grafisch die Umkehrfunktionen zu

a) $y = 3x - 2$ **b)** $y = -x + 2$ **c)** $y = -\frac{1}{3}x - 1$

4.21 Ermitteln Sie rechnerisch und grafisch die Umkehrfunktionen zu dem jeweils streng monoton fallenden Parabelast von

a) $y = 4 - x^2$ **b)** $y = x^2 + 2x - 1$ **c)** $y = -\frac{3}{2}x^2 - 6x - 2$ **d)** $y = 3x^2 - 8x - \frac{2}{3}$

4.4 Grundfunktionen

Wenn komplizierte Funktionen untersucht werden sollen, dann ist es vorteilhaft, bestimmte „Bausteine“ zu kennen, aus denen diese komplizierteren Gebilde zusammengesetzt sein können. Zu diesen Bausteinen gehören die sogenannten *Grundfunktionen*.

Gesicherte Erkenntnisse über die wichtigsten Eigenschaften und die Kurvenbilder dieser Grundfunktionen sind für die Arbeit mit Funktionen ebenso wichtig wie das kleine Einmaleins für das Zahlenrechnen. Es wird daher empfohlen, sich die typischen Funktionsbilder sowie die wesentlichen Eigenschaften der Grundfunktionen gut einzuprägen, damit man jederzeit darauf zurückgreifen kann.

Zu den Hilfsmitteln, die erforderlich sind, um komplizierte Funktionen aus ihren Grundfunktionen aufzubauen, gehören bestimmte *Transformationen* und das *Superpositionsprinzip*. Sie werden in den nachfolgenden Abschnitten behandelt.

4.4.1 Potenzfunktionen

4.4.1.1 Potenzfunktionen mit ganzen positiven Exponenten

Zu den **Potenzfunktionen** *mit ganzen positiven Exponenten* gehören alle Funktionen der Art

$$\boxed{y = x^n \qquad \text{mit} \quad n \in \mathbf{N}\setminus\{0\}} \tag{4.9}$$

Zu den bereits bekannten Funktionen dieser Art gehören die lineare Funktion $y = x$ (oder anders geschrieben: $y = x^1$) sowie die quadratische Funktion $y = x^2$.

Die Potenzfunktionen $y = x^n$ mit $n \in \mathbf{N}\backslash\{0\}$ sind *gerade* bzw. *ungerade Funktionen*, je nachdem, ob der Exponent eine gerade oder eine ungerade Zahl ist (vgl. dazu auch Abschnitt 4.2.4), denn für die Funktionen $y = x^{2m}$ mit $m \in \mathbf{N}\backslash\{0\}$ ergeben sich *axialsymmetrische Kurven*, während für $y = x^{2m+1}$ mit $m \in \mathbf{N}$ *zentralsymmetrische Kurven* entstehen (vgl. Bild 4.42 und 4.43).

	$y = x^{2m+1}$		
x	$y = x^1$	$y = x^3$	$y = x^5$
0	0	0	0
$\frac{1}{4}$	$\frac{1}{4}$	$\frac{1}{64}$	$\frac{1}{1\,024}$
$\frac{1}{2}$	$\frac{1}{2}$	$\frac{1}{8}$	$\frac{1}{32}$
1	1	1	1
2	2	8	32
3	3	27	243
4	4	64	1 024
5	5	125	3 125
⋮	⋮	⋮	⋮
10	10	1 000	10 000

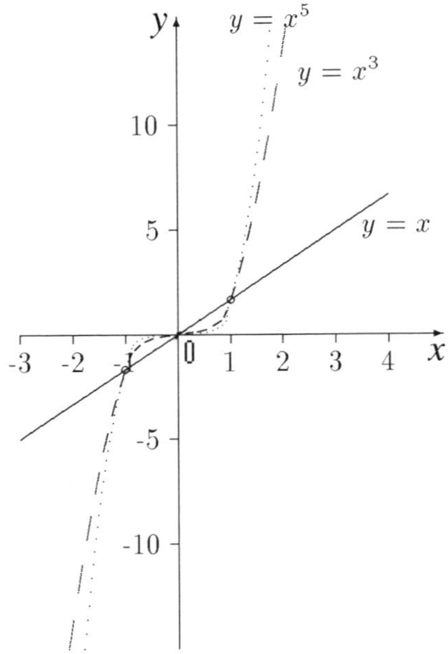

Bild 4.42

	$y = x^{2m}$		
x	$y = x^2$	$y = x^4$	$y = x^6$
0	0	0	0
$\frac{1}{4}$	$\frac{1}{16}$	$\frac{1}{256}$	$\frac{1}{4\,096}$
$\frac{1}{2}$	$\frac{1}{4}$	$\frac{1}{16}$	$\frac{1}{64}$
1	1	1	1
2	4	16	64
3	9	81	729
4	16	256	4 096
5	25	625	15 625
⋮	⋮	⋮	⋮
10	100	10 000	1 000 000

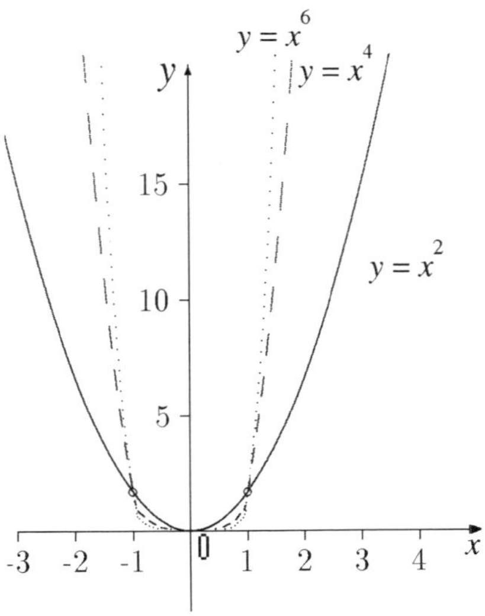

Bild 4.43

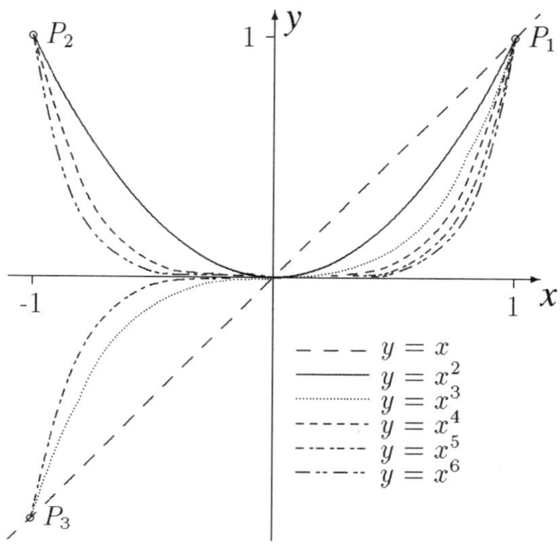

Bild 4.44

Der Bereich $x \in [-1; 1]$ ist für die angegebenen Potenzfunktionen im Bild 4.44 noch einmal vergrößert dargestellt worden.

Aus den Bildern 4.42 bis 4.44 ist zu erkennen, dass die Potenzfunktionen $y = x^n$ mit $n \in \mathbf{N}\setminus\{0\}$ in der Nähe des Koordinatenursprungs um so flacher verlaufen, je größer der Exponent n ist. Für $|x| > 1$ hingegen steigen sie um so steiler an, je größer der Exponent ist.

Alle Kurven gehen durch den Punkt $P_1(1; 1)$ hindurch. Jede Kurve mit geradem n geht außerdem durch den Punkt $P_2(-1; 1)$, jede Kurve mit ungeradem n durch den Punkt $P_3(-1; -1)$. Die Kurven für die Potenzfunktionen $y = x^n$ mit $n \in \mathbf{N}\setminus\{0\}$ werden **Parabeln n-ter Ordnung** genannt

In der folgenden tabellarischen Übersicht werden die wichtigsten Eigenschaften der Potenzfunktionen $y = x^n$ mit $n \in \mathbf{N}\setminus\{0\}$ zusammengefasst:

Definitionsbereich:	$\mathbf{R}$ für alle zulässigen n
Wertebereich:	$[0; \infty)$ für $n = 2m$, $\mathbf{R}$ für $n = 2m + 1$
Symmetrie:	gerade Funktion, wenn $n = 2m$
	ungerade Funktion, wenn $n = 2m + 1$
Unstetigkeiten:	keine
Monotonie:	streng monoton steigend für $x \in \mathbf{R}$, wenn $n = 2m + 1$
	nur für $x \geq 0$, wenn $n = 2m$
	streng monoton fallend für $x \leq 0$, wenn $n = 2m$
Gemeinsame Punkte:	$P_1(1; 1), O(0; 0)$ und $P_2(-1; 1)$, wenn $n = 2m$
	$P_1(1; 1), O(0; 0)$ und $P_3(-1; -1)$, wenn $n = 2m + 1$

4.4.1.2 Potenzfunktionen mit ganzzahligen negativen Exponenten

Bei den **Potenzfunktionen** mit *ganzzahligen negativen Exponenten* handelt es sich um Funktionen der Art

$$y = \frac{1}{x^n} = x^{-n} \quad \text{mit} \quad n \in \mathbf{N}\backslash\{0\} \tag{4.10}$$

Von diesen Funktionen sind $y = \frac{1}{x} = x^{-1}$ und $y = \frac{1}{x^2} = x^{-2}$ in 4.2.4 bereits ausführlicher behandelt worden.

Auch für die Funktionen $y = \frac{1}{x^n} = x^{-n}$ mit $n \in \mathbf{N}\backslash\{0\}$ erhält man zwei typische Kurvenverläufe, je nachdem, ob der Exponent eine gerade oder eine ungerade Zahl ist. Die entsprechenden Kurven sind in den Bildern 4.45 und 4.46 dargestellt. (Stellen Sie die zur Zeichnung dieser Kurven erforderlichen Wertetabellen bitte selbst auf!).

Die Kurven der Funktionen $y = \frac{1}{x^n} = x^{-n}$ mit $n \in \mathbf{N}\backslash\{0\}$ werden **Hyperbeln *n*-ter Ordnung** genannt.

Sowohl bei geradem als auch bei ungeradem Exponenten n besitzen diese Funktionen an der Stelle $x = 0$ eine **Unendlichkeitsstelle**. Man sagt auch, die Kurven $y = \frac{1}{x^n}$ haben an der Stelle $x = 0$ einen **Pol *n*-ter Ordnung**.

Alle zugehörigen Kurven nähern sich mit wachsendem $|x|$ immer mehr der x-Achse, ohne sie jemals völlig zu erreichen. Wird $|x|$ immer kleiner, so nähern sich die Kurven immer mehr der y-Achse. Auch die y-Achse wird von der Kurve nie völlig erreicht. x-Achse und y-Achse sind daher **Asymptoten** der Hyperbeln.

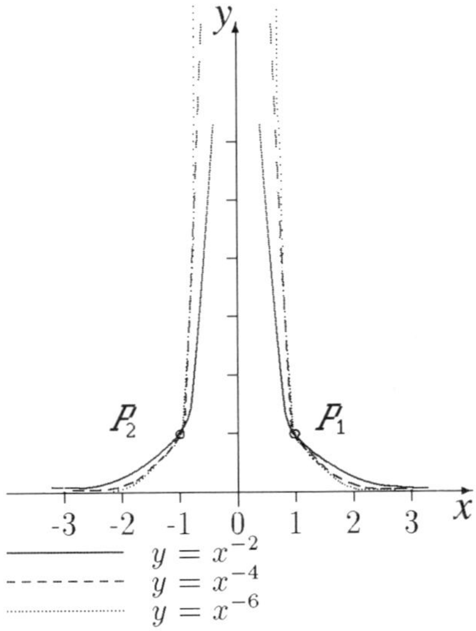

Bild 4.45

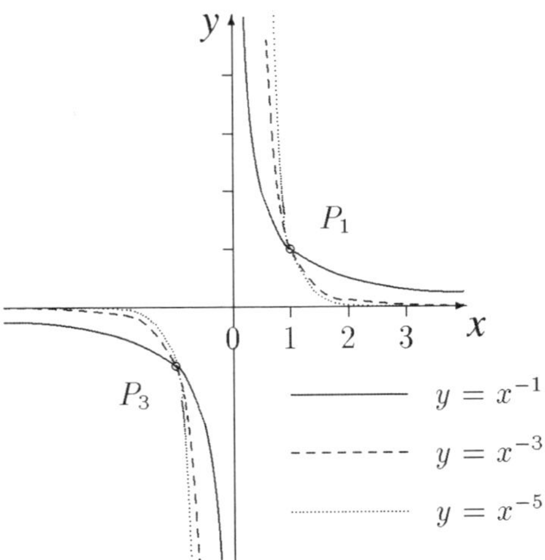

Bild 4.46

Zusammenfassung der wichtigsten Eigenschaften der Funktionen $y = \frac{1}{x^n} = x^{-n}$ mit $n \in \mathbf{N} \setminus \{0\}$:

Definitionsbereich:	$\text{DB} = \mathbf{R} \setminus \{0\}$	für alle zulässigen n
Wertebereich:	$\text{WB} = (0; \infty)$,	wenn $n = 2m$
	$\text{WB} = \mathbf{R} \setminus \{0\}$,	wenn $n = 2m + 1$
Symmetrie:	gerade Funktion,	wenn $n = 2m$
	ungerade Funktion,	wenn $n = 2m + 1$
Unstetigkeiten:	bei $x = 0$	(Pol n-ter Ordnung).
Monotonie:	$n = 2m$:	
	streng monoton steigend	für $x < 0$
	streng monoton fallend	für $x > 0$
	$n = 2m + 1$:	
	streng monoton fallend	für $x \in \mathbf{R} \setminus \{0\}$
Gemeinsame Punkte:	$P_1(1; 1)$	für alle zulässigen n
	$P_2(1; -1)$	wenn $n = 2m$
	$P_3(-1; -1)$	wenn $n = 2m + 1$
Asymptoten:	x-Achse und y-Achse	

4.4.1.3 Die Potenzfunktion $y = x^0$

Die Potenzfunktion $y = x^0$ besitzt den Definitionsbereich $\text{DB} = \mathbf{R} \setminus \{0\}$, denn die Potenz x^0 ist für alle x außer für $x = 0$ definiert und besitzt überall den Wert 1. Der Wertebereich der Funktion ist also $\text{WB} = \{1\}$.

Da die Potenz x^0 für $x = 0$ nicht definiert ist, besitzt die Funktion $y = x^0$ an der Stelle $x = 0$ eine Unstetigkeitsstelle. Und zwar handelt es sich hier um eine *Lücke*. (Vgl. dazu Beispiel 4.31 und Bild 4.28.)

4.4.1.4 Potenzfunktionen mit reellen Exponenten

Bei den **Potenzfunktionen** *mit reellen Exponenten* handelt es sich um Funktionen der Art

$$y = x^{\alpha} \qquad \text{mit} \qquad \alpha \in \mathbf{R} \tag{4.11}$$

Aus der Fülle der möglichen Funktionen dieses Typs sollen zuerst die *Wurzelfunktionen* behandelt werden

$$y = x^{\frac{1}{n}} = \sqrt[n]{x} \qquad \text{mit} \qquad n \in \mathbf{N} \setminus \{0{,}1\} \tag{4.12}$$

Der Definitionsbereich aller Wurzelfunktionen $y = x^{\frac{1}{n}} = \sqrt[n]{x}$ ist $\text{DB} = [0; \infty)$, da Wurzeln im Reellen nur für positive Radikanden x erklärt sind. Damit ist eine Untersuchung der Symmetrie dieser Funktionen überflüssig.

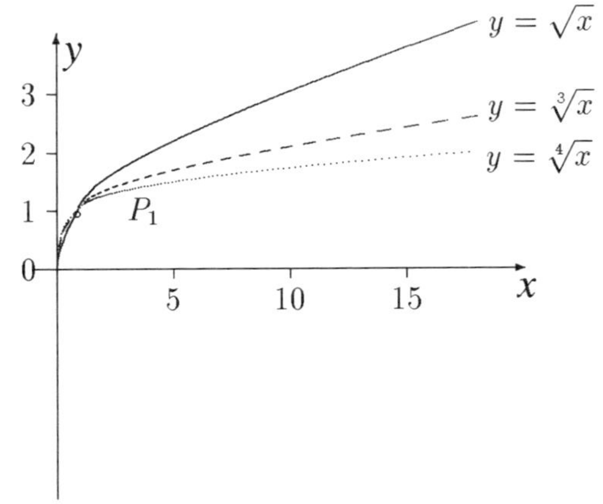

Bild 4.47

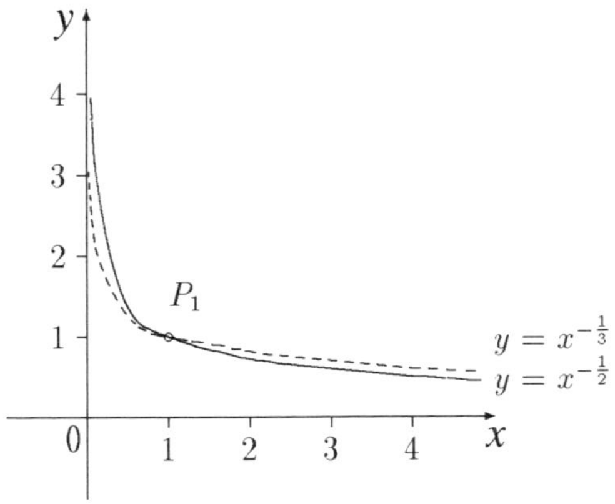

Bild 4.48

Auf Grund der Wertetabellen für $y = \sqrt[2]{x} = \sqrt{x}$, $y = \sqrt[3]{x}$ und $y = \sqrt[4]{x}$ ergeben sich die im Bild 4.47 dargestellten Kurven für die zugehörigen Funktionen.

Aus diesen Kurven sind die wichtigsten Eigenschaften der Potenzfunktionen des Typs 4.12 erkennbar:

Definitionsbereich:	$\mathrm{DB} = [0; \infty)$
Wertebereich:	$\mathrm{WB} = [0; \infty)$
Symmetrie:	keine
Stetigkeit:	stetig für alle $x \in$ DB
Monotonie:	streng monoton steigend für alle $x \in$ DB
Gemeinsame Punkte:	$O(0; 0)$ und $P_1(1; 1)$

Im Bereich [0; 1] ist der Anstieg der Kurven umso steiler, je größer der Wurzelexponent n ist. Für $x > 1$ wird der Anstieg umso flacher je größer n ist.

Für die Wurzelfunktionen $y = x^{-\frac{1}{n}}$ mit $n \in \mathbf{N}\setminus\{0,1\}$ ergibt sich ein ähnlicher Kurvenverlauf wie für die Potenzfunktionen mit ganzzahligen negativen Exponenten. Der wesentliche Unterschied zu diesen Funktionen besteht darin, dass die Potenzfunktionen $y = x^{-\frac{1}{n}}$ nur für $x > 0$ definiert sind (vgl. Bild 4.48).

Es sei dem Leser überlassen, die Haupteigenschaften dieser Funktionen zusammenzufassen.

Potenzfunktionen mit rationalen Exponenten lassen sich stets als *Wurzelfunktionen* ausdrücken:

$$y = x^{\frac{m}{n}} = \sqrt[n]{x^m}$$

mit $m,n \in \mathbf{G}\setminus\{0\}$.

Als Beispiele sind im Bild 4.49 die Potenzfunktionen

$$y = x^{\frac{3}{2}} = x \cdot \sqrt{x}$$

$$y = x^{\frac{2}{5}} = \sqrt[5]{x^2} \quad \text{und}$$

$$y = x^{-\frac{3}{2}} = \frac{1}{x \cdot \sqrt{x}}$$

dargestellt.

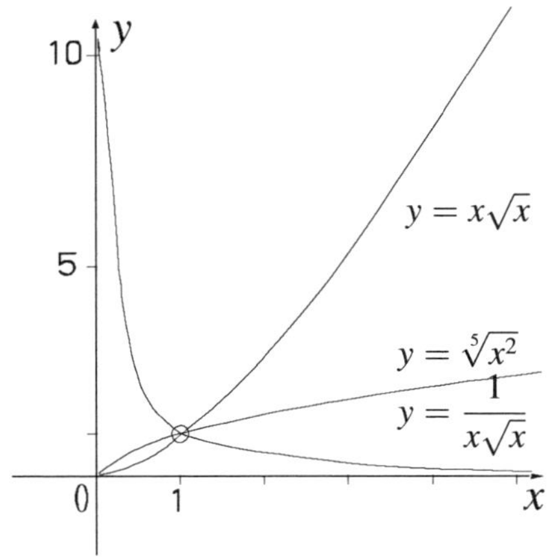

Bild 4.49

Für *Potenzfunktionen mit reellen Koeffizienten*, z. B. $y = x^{1.127}$ gilt generell:
DB $= [0; \infty)$, wenn $n > 0$ bzw.
DB $= (0; \infty)$, wenn $n < 0$,
sofern *n keine ganze Zahl* ist.
Jede dieser Funktionen lässt sich mit Hilfe einer Wertetabelle grafisch darstellen.
Für die Form dieser Kurven kann man sich an benachbarten bekannten Kurvenbildern orientieren. So liegt z. B. das Bild der Funktion $y = x^{1.127}$ zwischen den im Bild 4.50 dargestellten Kurven

$$y = x^1 \quad \text{und} \quad y = x^{\frac{3}{2}}.$$

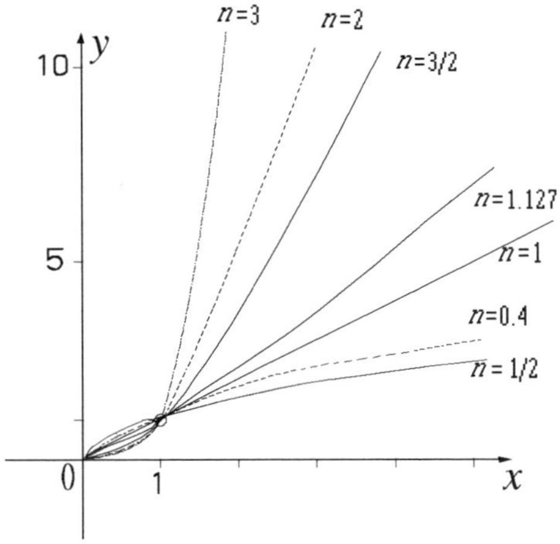

Bild 4.50

4.4.1.5 Zusammenhang zwischen der Potenzfunktion $y = x^n$ und der Wurzelfunktion

Untersucht man die Funktion $y = x^n$ mit $n \in \mathbf{N}\backslash\{0\}$ bezüglich einer zugehörigen Umkehrfunktion, so ergibt sich auf Grund der Kurvenbilder dieser Funktionen (vgl. 4.4.1.1):

Nur die Funktionen $y = x^n$ mit ungeraden Exponenten $n = 2m + 1$ sind streng monoton. Für sie kann also die Umkehrfunktion unmittelbar gebildet werden.

Im Bild 4.51 ist das Bild der Umkehrfunktion zur Potenzfunktion $y = x^3$ auf grafischem Wege erzeugt worden.

Rechnerisch verläuft die Bestimmung der Umkehrfunktion nach den üblichen Regeln. Man geht von der Darstellung der ursprünglichen Funktion aus:

$$f = \{(x; y) | y = x^{2m+1} \wedge \text{ DB} = \mathbf{R} \wedge \text{ WB} = \mathbf{R}\}$$

vertauscht in der Zuordnungsvorschrift die Variablen x und y:

$$x = y^{2m+1},$$

löst diese Gleichung nach y auf:

$$y = \sqrt[2m+1]{x}$$

und kann damit nach Vertauschen von Definitions- und Wertebereich die Darstellung der Umkehrfunktion niederschreiben:

$$f^{-1} = \{(x;y)|y = \sqrt[2m+1]{x} \wedge \text{ DB} = \mathbf{R} \wedge \text{ WB} = \mathbf{R}\}.$$

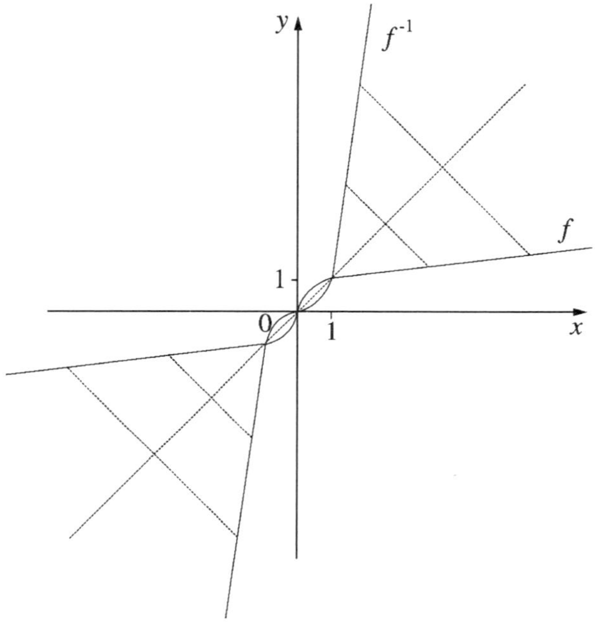

Bild 4.51

In dieser Vorgehensweise ist jedoch ein schwerwiegender Fehler enthalten.

Im Abschnitt 4.4.1.4 wurde darauf hingewiesen, dass bei reellwertigen Funktionen Wurzeln aus negativen Radikanden *nicht definiert* sind. Bei der obigen Schreibweise für die Umkehrfunktion von $y = x^n$ mit DB $= \mathbf{R}$ würde aber vorausgesetzt werden, dass auch Wurzeln aus negativen Zahlen gezogen werden dürften.

Um diesen für $x < 0$ auftretenden Widerspruch zu vermeiden, muss eine andere Schreibweise für f^{-1} gewählt werden, bei der die bisher geltenden Festlegungen für die Wurzelfunktionen auch weiterhin erhalten bleiben. Dies ist der Fall, wenn man die Umkehrfunktion in der Form

$$f^{-1} = \{(x;y)|y = \begin{cases} \sqrt[2m+1]{x} & \text{für} \quad x \geq 0 \\ -\sqrt[2m+1]{-x} & \text{für} \quad x < 0 \end{cases} \quad \wedge \text{ DB} = \mathbf{R} \wedge \text{ WB} = \mathbf{R}\}$$

schreibt.

In der impliziten Funktionsgleichung $y^{2m+1} - x = 0$ braucht man diese Unterscheidung nicht zu treffen.

Betrachtet man dagegen die Potenzfunktionen $y = x^n$ mit geradzahligen Exponenten n, so sind alle diese Funktionen

streng monoton fallend	für $DB_1 = (-\infty; 0)$ und
streng monoton steigend	für $DB_2 = [0; \infty)$,

Für beide Teilbereiche ist der Wertebereich $WB = [0; \infty)$.

Für jeden dieser beiden Teilbereiche existiert eine Umkehrfunktion, und zwar gehört zu

$$f_1 = \{(x; y) | y = x^{2m} \wedge \mathrm{DB}_1 = (-\infty; 0) \wedge \mathbb{W}\mathrm{B} = [0; \infty)\},$$

die Umkehrfunktion

$$f_1^{-1} = \{(x; y) | y = -\sqrt[2m]{x} \wedge \mathrm{DB} = [0; \infty) \wedge \mathbb{W}\mathrm{B}_1 = (-\infty; 0)\},$$

während zu

$$f_2 = \{(x; y) | y = x^{2m} \wedge \mathrm{DB}_2 = [0; \infty) \wedge \mathbb{W}\mathrm{B} = [0; \infty)\},$$

die Umkehrfunktion

$$f_2^{-1} = \{(x; y) | y = \sqrt[2m]{x} \wedge \mathrm{DB} = [0; \infty) \wedge \mathbb{W}\mathrm{B}_2 = [0; \infty)\},$$

ist.

Durch die Pfeile soll noch einmal ausdrücklich auf den Austausch von Definitions- und Wertebereich bei Funktion und zugehöriger Umkehrfunktion hingewiesen werden. Im Bild 4.52 sind die beiden zu einer Potenzfunktion $y = x^n$ mit geradzahligem Exponenten n zugehörigen Umkehrfunktionen anschaulich dargestellt.

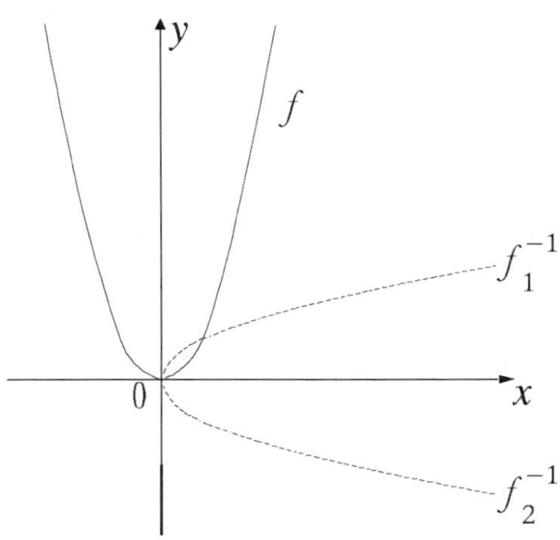

Bild 4.52

4.4.2 Exponential- und Logarithmusfunktion

Die **Potenz- und die Exponentialfunktionen** haben im wesentlichen denselben Aufbau. In beiden Fällen ist eine Basis mit einem Exponenten zu potenzieren.

Während jedoch bei der Potenzfunktion die unabhängige Variable als Basis und eine Konstante als Exponent auftreten, ist das bei der Exponentialfunktion genau umgekehrt: In ihr ist die Basis eine Konstante, während die unabhängige Variable im Exponenten vorkommt.

Die allgemeine Form einer **Exponentialfunktion** ist damit

$$\boxed{y = a^x \qquad \text{mit} \qquad a > 0} \tag{4.13}$$

Beispiel:

4.41 Es sollen die Funktionen

a) $f_1(x) = 2^x$, **b)** $f_2(x) = \left(\frac{1}{2}\right)^x$, **c)** $f_3(x) = \left(\frac{2}{3}\right)^x$, **d)** $f_4(x) = \left(\frac{3}{2}\right)^x$

im Bereich $B = [-3; 3]$ in einem gemeinsamen Koordinatensystem grafisch dargestellt werden.

Lösung: Aus den Wertetabellen

x	$f_1(x)$	$f_2(x)$	$f_3(x)$	$f_4(x)$
−3	0,125	8,0	3,375	0,296
−2	0,25	4,0	2,25	0,444
−1	0,5	2,0	1,5	0,667
0	1,0	1,0	1,0	1,0
1	2,0	0,5	0,667	1,5
2	4,0	0,25	0,444	2,25
3	8,0	0,125	0,296	3,375

lassen sich die im Bild 4.53 dargestellten Kurven zeichnen.

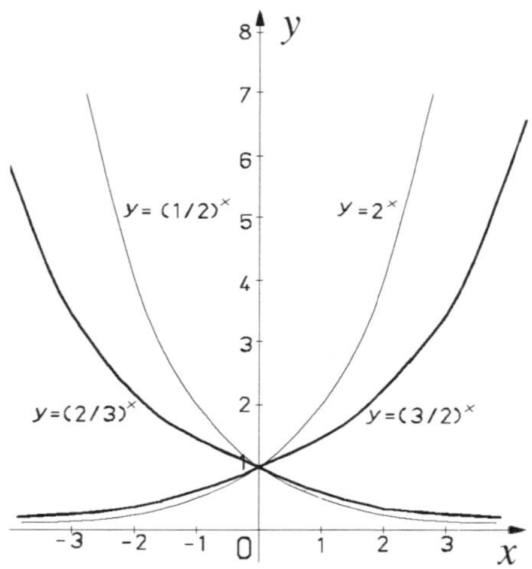

Bild 4.53

Es sei darauf hingewiesen, dass man auf Grund der Potenzgesetze anstelle von $f_2(x) = \left(\frac{1}{2}\right)^x$ auch $f_2(x) = 2^{-x}$ und statt $f_3(x) = \left(\frac{2}{3}\right)^x$ auch $f_3(x) = \left(\frac{3}{2}\right)^{-x}$ schreiben kann.

Aus den im Bild 4.53 dargestellten Kurven lassen sich die folgenden Eigenschaften der Exponentialfunktionen erkennen:

Definitionsbereich:	DB = **R**
Wertebereich:	WB = $(0; \infty)$
Symmetrie:	keine Symmetrie vorhanden
Unstetigkeiten:	keine

Monotonie:	streng monoton steigend für alle $x \in$ DB, wenn $a > 1$
	streng monoton fallend für alle $x \in$ DB, wenn $a < 1$.
gemeinsame Punkte:	Alle Kurven $y = a^x$ schneiden die y-Achse bei $P_1(0; 1)$
Asymptoten:	negative x-Achse für $a > 1$, positive x-Achse für $a < 1$

Die beiden Kurven $y = a^x$ und $y = a^{-x}$ verlaufen symmetrisch zur y-Achse.

Die für die Lösung naturwissenschaftlicher und technischer Aufgabenstellungen wichtigste Exponentialfunktion besitzt die Basis $\mathrm{e} = 2{,}718\,281\,782\,845\,9\ldots$
e ist ein nichtperiodischer unendlicher Dezimalbruch, damit kann e keine rationale Zahl sein. Die Entstehung dieser ungewöhnlichen Zahl wird in der höheren Mathematik (Band 3) verständlich.

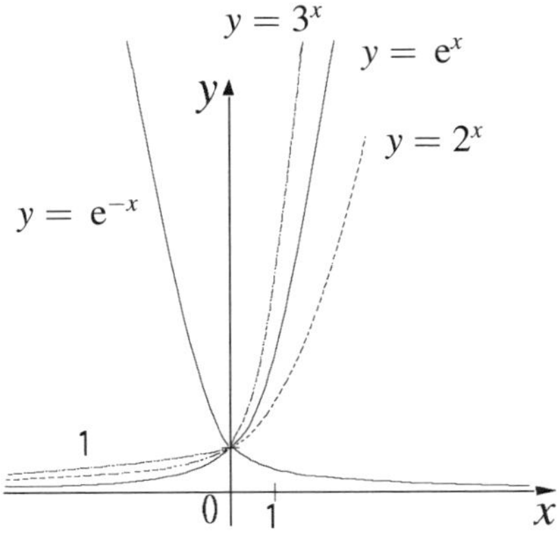

Bild 4.54

Eine Funktionstaste für e^x ist jedoch auf jedem wissenschaftlichen Taschenrechner vorhanden, so dass man eine Wertetabelle für die Funktion e^x ohne Schwierigkeiten aufstellen kann.

Im Bild 4.54 sind die beiden Funktionen $y = \mathrm{e}^x$ und $y = \mathrm{e}^{-x}$ grafisch dargestellt. Zusätzlich wurden noch die beiden Kurven $y = 2^x$ und $y = 3^x$ eingezeichnet, so dass gut zu erkennen ist, wie die Kurve $y = \mathrm{e}^x$ zwischen den beiden Kurven $y = 2^x$ und $y = 3^x$ verläuft. Dass dies so sein muss liegt darin begründet, dass $2 < \mathrm{e} < 3$ ist.
Da alle Funktionen $y = a^x$ mit $a > 0$ und $a \neq 1$ streng monoton sind, existiert zu jeder dieser Funktionen auch eine Umkehrfunktion.

Die Umkehrfunktion zur Exponentialfunktion

$$f = \{(x; y) \mid y = a^x \wedge a > 0 \wedge a \neq 1 \wedge \text{ DB} = \mathbf{R} \wedge \text{ WB} = (0; \infty)\}$$

ist die **logarithmische Funktion**

$$f^{-1} = \{(x; y) \mid y = \log_a x \wedge a > 0 \wedge a \neq 1 \wedge \text{ DB} = (0; \infty) \wedge \text{ WB} = \mathbf{R}\},$$

die wie folgt definiert ist:

$$\boxed{y = \log_a x \qquad \text{mit} \qquad a > 0 \quad \text{und} \quad a \neq 1} \tag{4.14}$$

Ist $a = \mathrm{e}$, so schreibt man $y = \ln x$, und im Falle $a = 10$ wird $y = \lg x$ geschrieben.

Die Funktion $y = \mathrm{e}^x$ und deren Umkehrfunktion $y = \ln x$ sind im Bild 4.55 grafisch dargestellt.

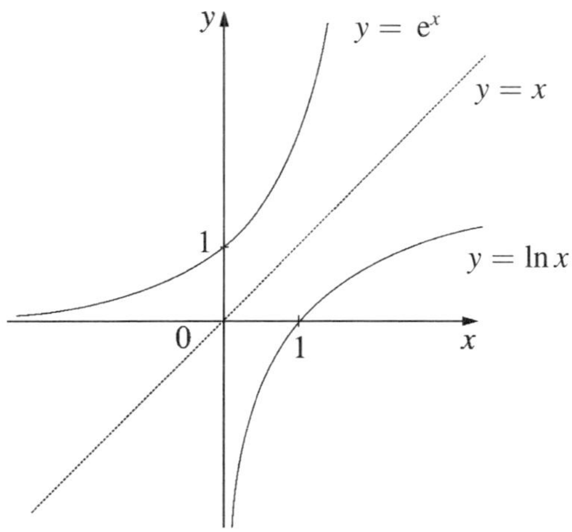

Bild 4.55

Für die logarithmischen Funktionen sind die folgenden Eigenschaften charakteristisch:

Definitionsbereich:	$DB = (0; \infty)$
Wertebereich:	$WB = \mathbf{R}$
Symmetrie:	keine
Unstetigkeiten:	keine
Monotonie:	streng monoton wachsend, wenn $a > 1$ streng monoton fallend, wenn $0 < a < 1$
gemeinsame Punkte:	alle Kurven $y = \log_a x$ schneiden die x-Achse im Punkt $P_2(1; 0)$
Asymptoten:	negative x-Achse für $a > 1$, positive x-Achse für $0 < a < 1$

Die beiden Kurven $y = \log_a x$ und $y = \log_{\frac{1}{a}} x$ verlaufen spiegelbildlich zur x-Achse. Der Leser veranschauliche sich diese Eigenschaften bitte selbständig anhand einer graphischen Darstellung.

4.4.3 Die trigonometrischen Funktionen und deren Umkehrfunktionen

Wird jedem (in Bogenmaß gemessenen) Winkel $x \in \mathbf{R}$ der Wert $\sin x$ zugeordnet, so stellt die Menge der auf diese Weise entstehenden Wertepaare $(x; y)$ mit der Abbildungsvorschrift $y = \sin x$ eine *Funktion* dar, da jedem $x \in \mathbf{R}$ eindeutig ein Wert y mit $y \in [-1; 1]$ zugeordnet wird und somit eine eindeutige Abbildung vorliegt. Das gleiche gilt auch für die Zuordnungsvorschrift $y = \cos x$.

Bei $y = \tan x$ und $y = \cot x$ kann *nicht jedem* $x \in \mathbf{R}$ ein y-Wert zugeordnet werden, da der Tangens an den Stellen $x_k = (2k+1) \cdot \frac{\pi}{2}$ mit $k \in \mathbf{G}$ und der Kotangens an den Stellen $x_k = k\pi$ mit $k \in \mathbf{G}$ nicht definiert sind.

Die durch die angegebenen Zuordnungsvorschriften entstehenden Funktionen werden **trigonometrische Funktionen** oder auch **Winkelfunktionen** genannt.

In den Bildern 4.56 bis 4.59 sind die Kurvenverläufe der vier trigonometrischen Funktionen dargestellt.

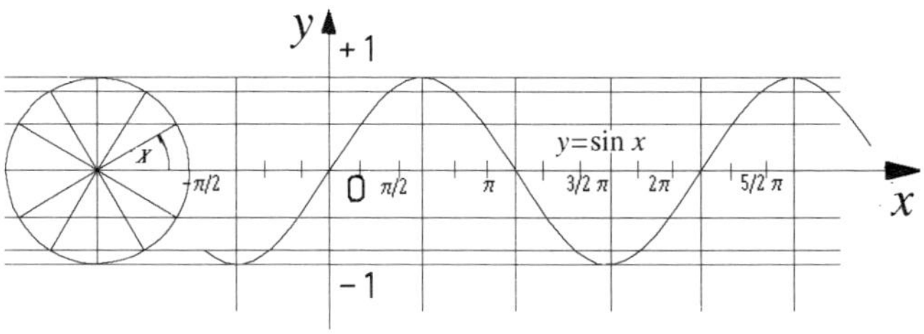

Bild 4.56

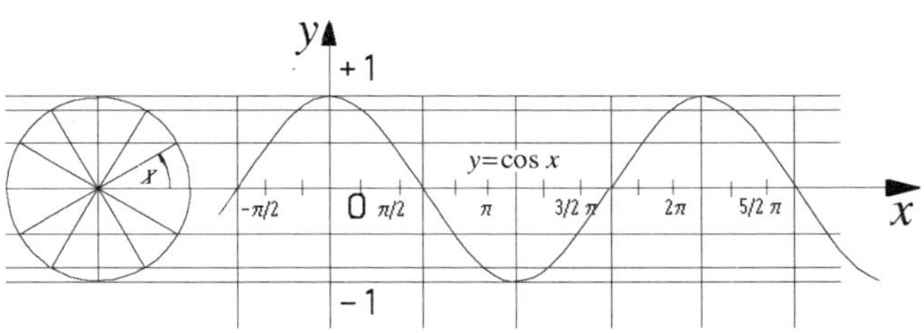

Bild 4.57

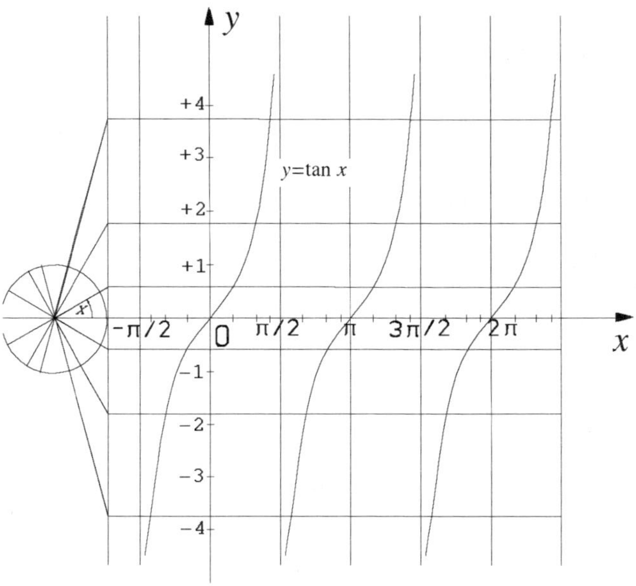

Bild 4.58

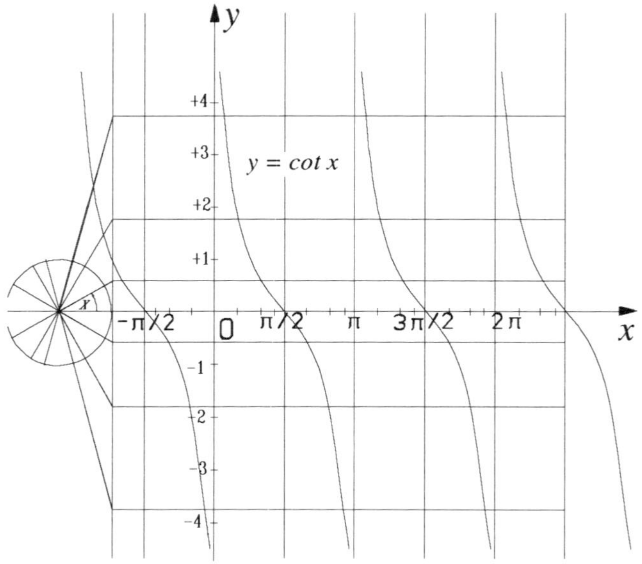

Bild 4.59

Aus diesen Bildern gehen die wichtigsten Eigenschaften der vier trigonometrischen Funktionen hervor:

Funktion	$y = \sin x$	$y = \cos x$	$y = \tan x$	$y = \cot x$
DB	**R**	**R**	$\mathbf{R} \setminus \left\{(2k+1)\frac{\pi}{2}\right\}$ mit $k \in \mathbf{G}$	$\mathbf{R} \setminus \{k\pi\}$ mit $k \in \mathbf{G}$
WB	$[-1; 1]$	$[-1; 1]$	**R**	**R**
Symmetrie	zentralsymm. zum Koord.-Ursprung	axialsymm.	zentralsymm. zum Koord.-Ursprung	zentralsymm. zum Koord.-Ursprung
Monotonie	streng mon. steigend für $\left[-\frac{\pi}{2}; \frac{\pi}{2}\right]^{*)}$ streng mon. fallend für $\left[\frac{\pi}{2}; \frac{3\pi}{2}\right]^{*)}$	streng mon. fallend für $[0; \pi]^{*)}$ streng mon. steigend für $[\pi; 2\pi]^{*)}$	streng mon. steigend für $\left(-\frac{\pi}{2}; \frac{\pi}{2}\right)^{*)}$	streng mon. fallend für $(0; \pi)^{*)}$
Stetigkeit	für alle $x \in \mathbf{R}$	für alle $x \in \mathbf{R}$	unstetig bei $x_k = (2k+1)\frac{\pi}{2}$ mit $k \in \mathbf{G}^{*)}$	unstetig bei $x_k = k\pi$ mit $k \in \mathbf{G}^{*)}$
Asymptoten	keine	keine	$x = (2k+1)\frac{\pi}{2}$ mit $k \in \mathbf{G}^{*)}$	$x = k\pi$ mit $k \in \mathbf{G}^{*)}$

Bei den trigonometrischen Funktionen tritt erstmalig eine Eigenschaft auf, die bei den bisher behandelten Funktionen noch nicht in Erscheinung getreten ist: die **Periodizität** der Winkelfunktionen. Sie macht sich vor allem an den Stellen bemerkbar, die in der letzten Tabelle mit einem Stern *) gekennzeichnet sind.

Betrachtet man nämlich die Entstehungsweise der trigonometrischen Funktionen, so stellt man fest, dass sich beispielsweise bei der Sinusfunktion die Funktionswerte y wiederholen, wenn das Argument x genau um 2π Einheiten vorangeschritten ist. Es findet also bei der Sinuskurve ein sich ständig wiederholendes, also *periodisches* Auf und Ab zwischen den beiden Werten $y_{\min} = -1$ und $y_{\max} = 1$ statt. Ähnliche Verhältnisse liegen auch bei den übrigen drei Winkelfunktionen vor.

Man sagt, eine Funktion $y = f(x)$ ist *periodisch mit der Periode p*, wenn gilt

$$f(x + kp) = f(x) \quad \text{für alle} \quad x \in \text{DB und } k \in \mathbf{G} \tag{4.15}$$

Bei der Sinus- und bei der Kosinus-Funktion wiederholen sich die Funktionswerte regelmäßig nach einer vollen Umdrehung des vom Mittelpunkt $M(0; 0)$ zu einem beliebigen Punkt $P(x; y)$ des Einheitskreises zeigenden Strahles (vgl. 3.3.1), also nach 2π Einheiten. Die Perioden der Sinus- und der Kosinusfunktion sind damit $p = 2\pi$. Bei der Tangens- und der Kotangensfunktion tritt die Wiederholung der Funktionswerte bereits dann ein, wenn das Argument um π Einheiten größer geworden ist, so dass die Perioden dieser beiden trigonometrischen Funktionen $p = \pi$ sind.

Bei den vier trigonometrischen Funktionen gilt also für beliebiges ganzzahliges k:

$$\begin{aligned} f_1(x) &= \sin x \longrightarrow f_1(x + 2k\pi) = f_1(x) \text{ mit } k \in \mathbf{G} \\ f_2(x) &= \cos x \longrightarrow f_2(x + 2k\pi) = f_2(x) \text{ mit } k \in \mathbf{G} \\ f_3(x) &= \tan x \longrightarrow f_3(x + k\pi) = f_3(x) \text{ mit } k \in \mathbf{G} \\ f_4(x) &= \cot x \longrightarrow f_4(x + k\pi) = f_4(x) \text{ mit } k \in \mathbf{G} \end{aligned} \tag{4.16}$$

Um den Verlauf einer periodischen Funktion kennenzulernen, genügt es, den Funktionsverlauf *für eine Periode* zu untersuchen. Auf Grund der Beziehungen (4.15) oder im speziellen Falle der trigonometrischen Funktionen (4.16) ist damit auch der Funktionsverlauf für die *gesamte* periodische Funktion bestimmt.

Da die Sinusfunktion nicht im gesamten Definitionsbereich **R** streng monoton ist, sondern sich bei ihr ständig streng monoton steigende und streng monoton fallende Abschnitte abwechseln, lässt sich für $y = \sin x$ nur eine *Umkehrabbildung* angeben.

Diese Umkehrabbildung ist aber *keine Funktion*. Wie Bild 4.60 zeigt, gibt es zu jedem x-Wert aus dem Definitionsbereich $[-1; 1]$ dieser Umkehrabbildung unendlich viele y-Werte. Es liegt also keine eindeutige Abbildung vor, so dass es sich nicht um eine Funktion handeln kann.

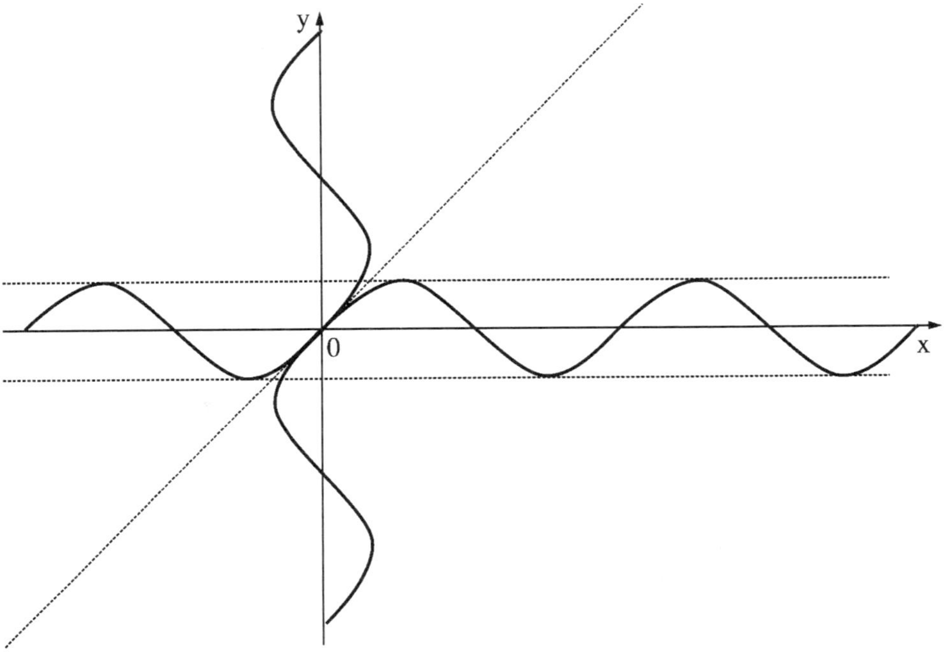

Bild 4.60

Dagegen existiert für den Teilbereich $DB_1 = \left[-\frac{\pi}{2}; \frac{\pi}{2}\right]$ des Definitionsbereiches **R** der Sinusfunktion

$$f = \{(x; y) \mid y = \sin x \wedge \ DB_1 = \left[-\frac{\pi}{2}; \frac{\pi}{2}\right] \wedge \ WB = [-1; 1]\}$$

eine Umkehrfunktion, da diese Funktion innerhalb DB_1 streng monoton ansteigt.

Um die analytische Darstellung dieser Umkehrfunktion zu finden, müssen zunächst in der Zuordnungsvorschrift die beiden Variablen miteinander vertauscht werden:

$$x = \sin y.$$

Damit ist bereits die *implizite Form* der Funktionsgleichung für die Umkehrfunktion von $y = \sin x$ gefunden. Wenn allerdings die üblicherweise verwendete *explizite Form* der Funktionsgleichung dargestellt werden soll, muss ein neues Funktionssymbol eingeführt werden.

> Da bei dieser Umkehrung der Winkel y (in Bogenmaß) ermittelt werden soll, dessen Sinus den Wert x besitzt, wird die Schreibweise
>
> $$y = \arcsin x$$
>
> verwendet.

Die neue Funktionsbezeichnung $\arcsin x$ wird gelesen: Arcussinus von x. Da diese Funktionsbezeichnung erfahrungsgemäß besonders im „Kennenlernstadium“ Anlaß zu Fehlern gibt, versuche man stets sich auf die o.a. Bedeutung zu besinnen:

***y* ist der Bogen (Arcus), dessen Sinus den Wert *x* besitzt.**

Ist $y = \sin x$ zu berechnen, so ist der Winkel x als bekannt anzusehen und der zugehörige Sinuswert y zu ermitteln. Bei $y = \arcsin x$ dagegen kennt man den Sinuswert x, zu dem der zugehörige im Bogenmaß anzugebende Winkel y zu bestimmen ist.

Die zu

$$f = \{(x; y) \mid y = \sin x \wedge \mathrm{DB}_1 = \left[-\frac{\pi}{2}; \frac{\pi}{2}\right] \wedge \mathrm{WB} = [-1; 1]\}$$

gehörende Umkehrfunktion ist also

$$f^{-1} = \{(x; y) \mid y = \arcsin x \wedge \mathrm{DB} = [-1; 1] \wedge \mathrm{WB} = \left[-\frac{\pi}{2}; \frac{\pi}{2}\right]\}.$$

Sie ist im Bild 4.61 grafisch dargestellt.

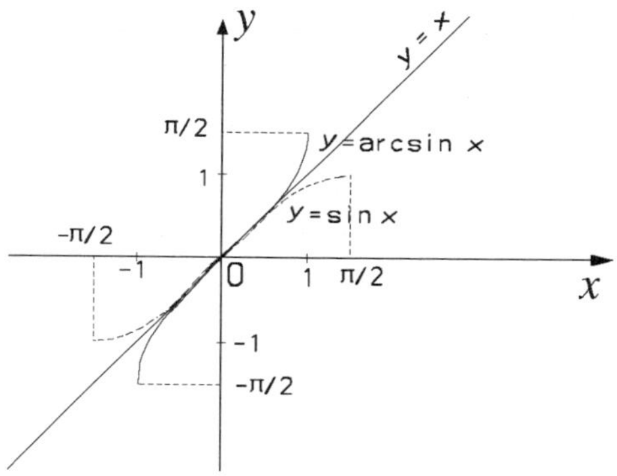

Bild 4.61

Beispiele:

4.42 Man bestimme $\arcsin \frac{1}{2}$.

1.Weg: Man versucht, aufgrund der Werte der Sinusfunktion für die speziellen Winkel (im Bogenmaß!) $\frac{\pi}{6}, \frac{\pi}{4}, \frac{\pi}{3} \ldots$ herauszufinden, zu welchem dieser Winkel der Sinuswert $\frac{1}{2}$ gehört. Dies ist für $z = \frac{\pi}{6}$ der Fall, so dass

$$\arcsin \frac{1}{2} = 0{,}523\,598\,78$$

ist.

2.Weg: Man setzt

$$\arcsin \frac{1}{2} = z$$

und formt die Gleichung aufgrund der Umkehrbeziehungen zwischen $\sin x$ und $\arcsin x$ um in

$$\sin z = \frac{1}{2},$$

woraus wieder wie vorn

$$\arcsin \frac{1}{2} = \frac{\pi}{6} = 0{,}523\,598\,78$$

folgt.

3.Weg: Natürlich kann man auch den Taschenrechner benutzen. Die Tastenfolge

[·] [5] [F^{-1}] [sin]

liefert erneut die bereits bekannte Lösung.
Bei der Verwendung des Taschenrechners ist darauf zu achten, dass das Winkelmaß auf RAD eingestellt ist. Die Angabe im Gradmaß wäre falsch!

4.43 Man berechne z aus $z = \arcsin(-0{,}273)$.

Lösung: Der Taschenrechner liefert mit einer dem Argument $-0{,}273$ entsprechenden Tastenfolge

$z = -0{,}276\,510\,11$.

4.44 Man berechne x aus $\arcsin x = -0{,}273$.

Lösung: Bei oberflächlicher Betrachtung könnte man annehmen, es handle sich um dieselbe Aufgabe wie sie in 4.43 gestellt wurde. Bei genauerem Hinsehen stellt man jedoch fest, dass in 4.43 ein Arcsinus-Wert zu bestimmen war, wohingegen in der neuen Aufgabe der Arcsinus-Wert als bekannt anzusehen ist und das zugehörige Argument x ermittelt werden soll.
Wegen des Zusammenhanges zwischen der Sinus- und der Arcsinusfunktion als zusammengehörige Umkehrfunktionen lässt sich die gegebene Beziehung

$\arcsin x = -0{,}273$

nach x auflösen, woraus

$x = \sin(-0{,}273) = -0{,}269\,62$

entsteht.

4.45 Welchen Wert besitzt x in $x = \arcsin 2$?

Lösung: Die Aufgabenstellung fordert, denjenigen Winkel zu ermitteln, dessen Sinus den Wert 2 besitzt. Nun ist jedoch der Wertebereich der Sinusfunktion $\text{WB} = [-1; 1]$, so dass kein Winkel angegeben werden kann, der die in der Aufgabe gestellte Bedingung erfüllt. Die Aufgabe besitzt demnach *keine Lösung*.
Man hätte kürzer auch wie folgt argumentieren können: Der Definitionsbereich der Arcsinusfunktion ist $\text{DB} = [-1; 1]$, $2 \notin \text{DB}$, daher besitzt die Aufgabe keine Lösung.

Auch für die drei übrigen trigonometrischen Funktionen gibt es für festgelegte streng monotone Bereiche Umkehrfunktionen. In der folgenden Zusammenstellung sind die vier trigonometrischen Funktionen mit ihren Umkehrfunktionen angegeben.

$$\begin{aligned}
f_1 &= \left\{(x;y) \mid y = \sin x \wedge \text{DB}_1 = \left[-\frac{\pi}{2}; \frac{\pi}{2}\right] \wedge \text{WB} = [-1;1]\right\}\\
f_1^{-1} &= \left\{(x;y) \mid y = \arcsin x \wedge \text{DB} = [-1;1] \wedge \text{WB} = \left[-\frac{\pi}{2}; \frac{\pi}{2}\right]\right\}\\
f_2 &= \{(x;y) \mid y = \cos x \wedge \text{DB}_1 = [0;\pi] \wedge \text{WB} = [-1;1]\}\\
f_2^{-1} &= \{(x;y) \mid y = \arccos x \wedge \text{DB} = [-1;1] \wedge \text{WB} = [0;\pi]\}\\
f_3 &= \left\{(x;y) \mid y = \tan x \wedge \text{DB}_1 = \left(-\frac{\pi}{2}; \frac{\pi}{2}\right) \wedge \text{WB} = (-\infty;\infty)\right\}\\
f_3^{-1} &= \left\{(x;y) \mid y = \arctan x \wedge \text{DB} = (-\infty;\infty) \wedge \text{WB} = \left(-\frac{\pi}{2}; \frac{\pi}{2}\right)\right\}\\
f_4 &= \{(x;y) \mid y = \cot x \wedge \text{DB}_1 = (0;\pi) \wedge \text{WB} = (-\infty;\infty)\}\\
f_4^{-1} &= \{(x;y) \mid y = \operatorname{arccot} x \wedge \text{DB} = (-\infty;\infty) \wedge \text{WB} = (0;\pi)\}
\end{aligned} \tag{4.17}$$

Die Umkehrfunktionen der trigonometrischen Funktionen werden auch **Arcus-Funktionen** oder **zyklometrische Funktionen** genannt.

In der folgenden Tabelle sind die wichtigsten Eigenschaften der Arcus-Funktionen zusammengestellt:

	$y = \arcsin x$	$y = \arccos x$	$y = \arctan x$	$y = \text{arccot} x$
DB	$[-1; 1]$	$[-1; 1]$	$\mathbf{R}$	$\mathbf{R}$
WB	$\left[-\frac{\pi}{2}; \frac{\pi}{2}\right]$	$[0; \pi]$	$\left(-\frac{\pi}{2}; \frac{\pi}{2}\right)$	$(0; \pi)$
Symmetrie	zentralsymm.	keine	zentralsymm.	keine
Monotonie	streng mon. steigend in ganz DB	streng mon. fallend in ganz DB	streng mon. steigend in ganz DB	streng mon. fallend in ganz DB
Unstetigkeiten	keine	keine	keine	keine
Asymptoten	keine	keine	$y = -\frac{\pi}{2}$ und $y = \frac{\pi}{2}$	$y = 0$ (x-Achse) und $y = \pi$

In den Bildern 4.61 bis 4.64 spiegeln sich diese Eigenschaften der Arcus-Funktionen deutlich wider.

Die Berechnung der Funktionswerte für die Funktionen $y = \arccos x$, $y = \arctan x$ und $y = \text{arccot}\, x$ erfolgt in der gleichen Weise, wie dies bereits in den Beispielen 4.42 bis 4.45 für $y = \arcsin x$ gezeigt worden ist.

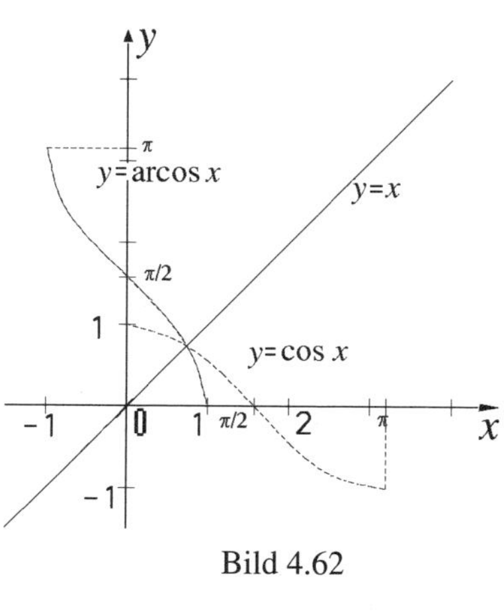

Bild 4.62

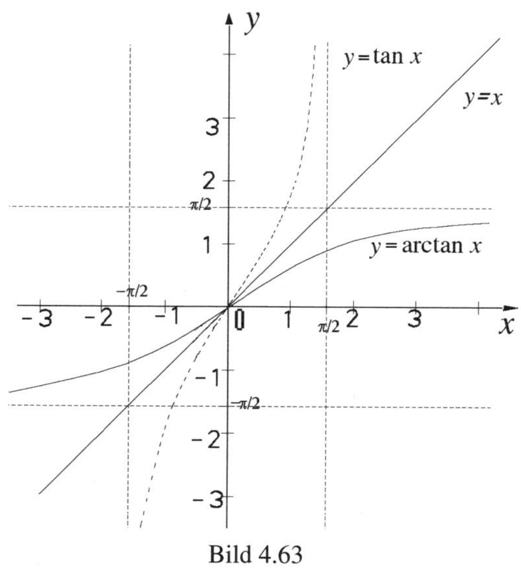

Bild 4.63

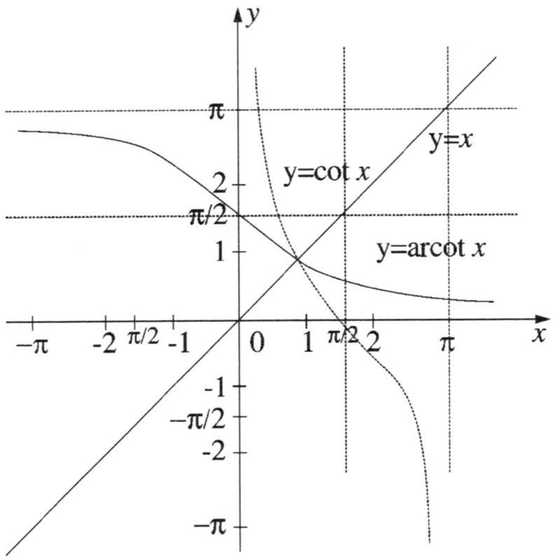

Bild 4.64

Beispiele:

4.46 $\arccos\frac{1}{2} = \frac{\pi}{3}$, denn $\cos\frac{\pi}{3} = \frac{1}{2}$

$\arctan\frac{1}{2} = 0{,}463\,676\,1$ (Begründung?)

$\operatorname{arccot}\frac{1}{2} = ?$

Da auf den meisten Taschenrechnern keine Kotangensfunktion enthalten ist, geht man in diesem Falle am besten wie folgt vor:
Man setzt

$\operatorname{arccot}\frac{1}{2} = z,$

woraus

$\cot z = \frac{1}{2}$

folgt. Den Kotangens rechnet man in den Tangens um (weshalb?)

$\tan z = \frac{1}{\cot z} = 2.$

Hieraus ergibt sich schließlich

$z = \arctan 2 = 1{,}107\,148\,7.$

4.47 $\arccos(-0{,}273) = 1{,}847\,306\,4.$
$\arctan(-0{,}273) = -0{,}266\,505\,88.$
Während man die Funktionswerte bei $\arcsin x$, $\arccos x$ und $\arctan x$ stets unmittelbar vom Taschenrechner ablesen kann, müssen beim $\operatorname{arccot} x$ immer zusätzliche Überlegungen angestellt werden.
Soll beispielsweise $\operatorname{arccot}(-0{,}273)$ ermittelt werden, so liegt die Schwierigkeit bei dieser Aufgabe darin, dass sich $\arctan x$ und $\operatorname{arccot} x$ in ihren Definitionsbereichen unterscheiden (vgl. (4.17)). Solange das Argument x im $\operatorname{arccot} x$ positiv ist, spielt dieser Unterschied keine

Rolle, und man kann die Aufgabe wie im Beispiel 4.46 lösen. Da jedoch in dieser Aufgabe der Arcuscotangens eines negativen Arguments zu berechnen ist, empfiehlt es sich, das Vorzeichen zunächst unberücksichtigt zu lassen und aus

$\operatorname{arccot} 0{,}273 = z$

wie vorher aus

$\cot z = 0{,}273$

$\tan z = \dfrac{1}{\cot z} = \dfrac{1}{0{,}273} = 3{,}663\,003\,7 \longrightarrow z = 1{,}304\,290\,5$

zu berechnen.

Da die negativen Cotangens-Werte im Teilbereich $\left(\frac{\pi}{2}; \pi\right)$ des Definitionsbereiches dieser Funktion liegen, muss der gesuchte Winkel

$u = \pi - z = 1{,}837\,302$

sein, so dass

$\operatorname{arccot}(-0{,}273) = 1{,}837\,302$

wird.

4.48 $\arccos x = -0{,}273 \longrightarrow x = \cos(-0{,}273) = 0{,}962\,966\,36$

$\arctan x = -0{,}273 \longrightarrow x = \tan(-0{,}273) = -0{,}279\,990\,65$

$\operatorname{arccot} x = -0{,}273 \longrightarrow x = \cot(-0{,}273) = -0{,}429\,955\,82$

4.49 Aus der Gleichung $z = \arccos 2$ kann z nicht berechnet werden, denn es gibt keinen Winkel z, dessen Kosinus den Wert 2 besitzt. (Vgl. dazu Beispiel 4.45.) Dagegen gilt

$z = \arctan 2 \longrightarrow z = 1{,}107\,148\,7$ und

$z = \operatorname{arccot} 2 \longrightarrow z = 0{,}463\,647\,63$

Ähnlich wie bei den trigonometrischen Funktionen bestehen auch zwischen den verschiedenen Arcus-Funktionen sehr viele Beziehungen. Einige von ihnen sollen hier angeführt werden.

- Aus der Tatsache, dass z. B. $y = \sin x$ und $y = \arcsin x$ zueinander inverse Funktionen sind, folgt

  und
  $$\boxed{\begin{aligned}\sin(\arcsin x) &= x\\ \arcsin(\sin x) &= x\end{aligned}} \qquad (4.18)$$

  denn Operation und Umkehroperation heben einander gegenseitig auf.
  Selbstverständlich gelten die entsprechenden Beziehungen auch für die anderen drei Arcus-Funktionen.
- $y = \arcsin x$ und $y = \arctan x$ sind zentralsymmetrische Funktionen, d. h., es gilt

  und
  $$\boxed{\begin{aligned}\arcsin(-x) &= -\arcsin x\\ \arctan(-x) &= -\arctan x\end{aligned}} \qquad (4.19)$$

  Dagegen sind die Funktionen $y = \arccos x$ und $y = \operatorname{arccot} x$ unsymmetrische Funktionen.
- Aus dem Kurvenverlauf der Arcus-Funktionen geht hervor, dass

  und
  $$\boxed{\begin{aligned}\arccos(-x) &= \pi - \arccos x\\ \operatorname{arccot}(-x) &= \pi - \operatorname{arccot} x\end{aligned}} \qquad (4.20)$$

  gilt.

- Für die Berechnung von Werten der Arcuscotangens-Funktion kann die folgende Beziehung von Nutzen sein:

$$\boxed{\operatorname{arccot} x = \arctan \frac{1}{x}} \tag{4.21}$$

denn setzt man

$$z = \operatorname{arccot} x \tag{*}$$

dann ist

$$x = \cot z,$$

woraus man

$$\frac{1}{x} = \tan z$$

erhält.
Aus dieser letzten Gleichung folgt

$$z = \arctan \frac{1}{x} \tag{**}$$

Die beiden Gleichungen (*) und (**) liefern schließlich den Beweis für die Richtigkeit der Formel (4.21).

4.4.4 Die Hyperbelfunktionen und deren Umkehrungen

Bei den bisher behandelten Grundfunktionen waren in der Regel Symmetrieeigenschaften vorhanden. Eine Ausnahme stellen in dieser Hinsicht die Exponentialfunktionen dar, die unsymmetrisch sind.

Da aber beispielsweise die Kurven der beiden Funktionen $y = \mathrm{e}^x$ und $y = \mathrm{e}^{-x}$ zueinander axialsymmetrisch zur y-Achse sind, lassen sich aus ihnen ohne Schwierigkeiten neue Funktionen bilden, die bestimmte Symmetrien besitzen.

So ist z. B. die Funktion

$$f(x) = \mathrm{e}^x + \mathrm{e}^{-x}$$

axialsymmetrisch zur y-Achse, denn es ist

$$f(-x) = \mathrm{e}^{-x} + \mathrm{e}^x = \mathrm{e}^x + \mathrm{e}^{-x} = f(x)$$

und damit

$$f(-x) = f(x).$$

Dagegen ist die Funktion

$$g(x) = \mathrm{e}^x - \mathrm{e}^{-x}$$

zentralsymmetrisch, denn es ist, wie man leicht nachprüfen kann,

$$g(-x) = -g(x).$$

Diese beiden Funktionen $f(x)$ und $g(x)$ bilden die Grundlage für die Definition zweier neuer Grundfunktionen, die vor allem in der höheren Mathematik eine besondere Bedeutung besitzen. Und zwar handelt es sich um die beiden Funktionen

$$\boxed{\begin{aligned} y &= \cosh x = \frac{e^x + e^{-x}}{2}, \\ y &= \sinh x = \frac{e^x - e^{-x}}{2} \end{aligned}} \tag{4.22}$$

Man nennt diese beiden Funktionen **Hyperbelfunktionen**. Das zu ihrer Kennzeichnung verwendete Funktionssymbol $\cosh x$ wird gelesen: „Hyperbelcosinus von x“ bzw. „Cosinus hyperbolicus x“. Entsprechend heißt $\sinh x$ der „Hyperbelsinus von x“ bzw. „Sinus hyperbolicus x“. Der Name der Hyperbelfunktionen rührt daher, dass diese Funktionen bei der Berechnung von Hyperbelteilen eine Rolle spielen.

Dass für diese beiden Funktionen eine geringfügig veränderte Variante der bereits bekannten Namen für die trigonometrischen Funktionen verwendet wird, ist dadurch begründet, dass sehr enge Verwandschaften zwischen den trigonometrischen und den Hyperbelfunktionen bestehen. Diese Zusammenhänge werden im Band 3 dieser Buchreihe ausführlicher behandelt. Auf einige dieser Zusammenhänge soll bereits an dieser Stelle verwiesen werden.

Für die Winkelfunktionen gilt bekanntlich der „trigonometrische PYTHAGORAS“:

$$\cos^2 x + \sin^2 x = 1.$$

Bildet man

$$\cosh^2 x = \frac{1}{4}\left(e^{2x} + 2 + e^{-2x}\right)$$

und

$$\sinh^2 x = \frac{1}{4}\left(e^{2x} - 2 + e^{-2x}\right),$$

so erhält man

$$\boxed{\cosh^2 x - \sinh^2 x = 1} \tag{4.23}$$

und

$$\boxed{\cosh^2 x + \sinh^2 x = \frac{1}{2}\left(e^{2x} + e^{-2x}\right) = \cosh 2x.} \tag{4.24}$$

Die zur letzten Gleichung analoge Beziehung aus der Trigonometrie lautet

$$\cos^2 x - \sin^2 x = \cos 2x.$$

Beim Vergleich der einander entsprechenden Formeln aus der Trigonometrie und für die Hyperbelfunktionen erkennt man, dass im wesentlichen nur Vorzeichenunterschiede in Erscheinung treten.

Die Definitionen für den hyperbolischen Tangens und Cotangens entsprechen völlig denen aus der Trigonometrie:

$$\boxed{\begin{aligned}\tanh x &= \frac{\sinh x}{\cosh x} = \frac{e^x - e^{-x}}{e^x + e^{-x}},\\ \coth x &= \frac{\cosh x}{\sinh x} = \frac{e^x + e^{-x}}{e^x - e^{-x}}\end{aligned}} \tag{4.25}$$

Es ist sofort zu sehen, dass auch für die hyperbolischen Funktionen die Beziehung

$$\boxed{\coth x = \frac{1}{\tanh x}} \tag{4.26}$$

gilt.

Die Ermittlung von Funktionswerten für die hyperbolischen Funktionen kann über die obigen Definitionen mit Hilfe der e-Funktionen erfolgen. Die meisten Taschenrechner besitzen jedoch gesonderte Tasten für die unmittelbare Bestimmung der Funktionswerte.

Beispiel:

4.50 Es ist

$\sinh 2 = 3{,}626\,860\,4,$ $\cosh 2 = 3{,}762\,195\,7,$

$\tanh 2 = 0{,}964\,027\,5,$ $\coth 2 = \frac{1}{\tanh 2} = 1{,}037\,314\,7.$

$\sinh(-0{,}873) = -0{,}988\,192\,8,$ $\cosh(-0{,}873) = 1{,}405\,889\,5,$

$\tanh(-0{,}873) = -0{,}702\,895\,1,$ $\coth(-0{,}873) = -1{,}422\,687\,3.$

Die Kurven für die Hyperbelfunktionen sind in den Bildern 4.65 und 4.66 dargestellt.

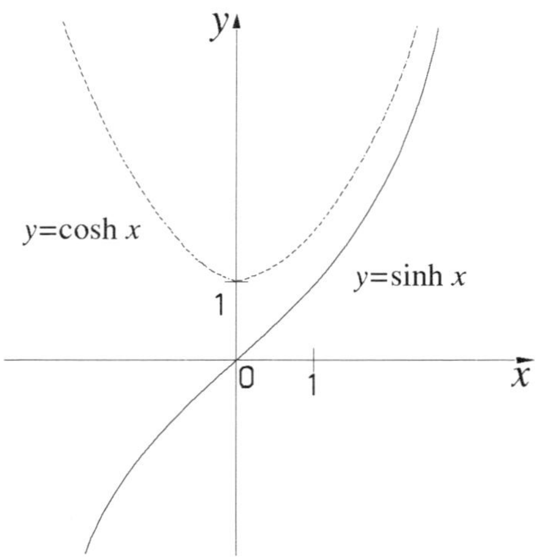

Bild 4.65

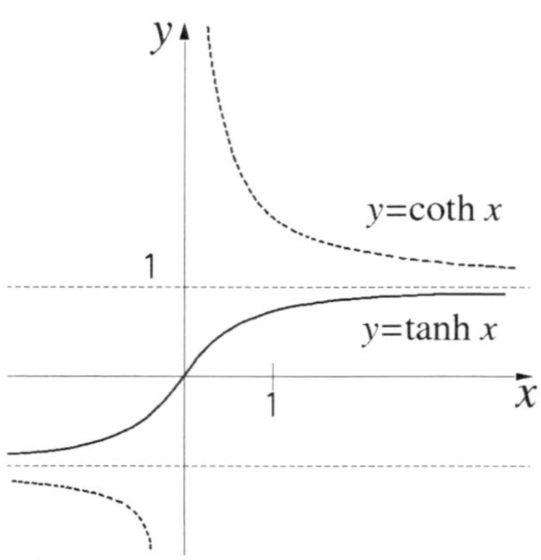

Bild 4.66

Aus dem bisher Gesagten und aus den Bildern lassen sich die folgenden Eigenschaften der Hyperbelfunktionen feststellen:

	$y = \sinh x$	$y = \cosh x$	$y = \tanh x$	$y = \coth x$
DB	$\mathbf{R}$	$\mathbf{R}$	$\mathbf{R}$	$\mathbf{R}\backslash\{0\}$
WB	$\mathbf{R}$	$[1;\infty)$	$(-1;1)$	$(-\infty;-1)\cup(1;\infty)$
Symmetrie	zentralsymm. zum Koord.-ursprung	axialsymm. zur y-Achse	zentralsymm. zum Koord.-ursprung	zentralsymm. zum Koord.-ursprung
Monotonie	streng mon. steigend in ganz DB	streng mon. fallend in $(-\infty;0]$ streng mon. steigend in $[0;\infty)$	streng mon. steigend in ganz DB	streng mon. fallend in ganz DB
Stetigkeit	in ganz DB	in ganz DB	in ganz DB	Pol bei $x = 0$
Asymptoten	keine	keine	$y = 1$ und $y = -1$	$y = 1$, $y = -1$ und y-Achse

Für sehr große positive Werte von x wird e^{-x} sehr klein, so dass für die Hyperbelfunktionen die folgenden **Näherungsformeln** verwendet werden können:

Für sehr große positive Werte von x gilt

$$\begin{aligned} \sinh x &\approx \cosh x \approx \frac{1}{2}e^x, \\ \tanh x &\approx \coth x \approx 1 \end{aligned} \tag{4.27}$$

Die drei Hyperbelfunktionen $y = \sinh x$, $y = \tanh x$ und $y = \coth x$ sind innerhalb ihres gesamten Definitionsbereiches streng monotone Funktionen. Daher gibt es für diese drei Funktionen auch Umkehrfunktionen. Lediglich bei der Funktion $y = \cosh x$ muss man den Gesamt-Definitionsbereich in zwei streng monotone Teilbereiche unterteilen, so dass sich für jeden dieser Teilbereiche eine Umkehrfunktion des Hyperbelcosinus ergibt.

Die Umkehrfunktion zu

$$f_1 = \{(x;y) \mid y = \sinh x \wedge \text{ DB} = \mathbf{R} \wedge \text{ WB} = \mathbf{R}\}$$

erhält man, indem man wie üblich zunächst in der Zuordnungsvorschrift die beiden Variablen x und y miteinander vertauscht

$$x = \sinh y,$$

womit zunächst die implizite Form der Gleichung der zu $y = \sinh x$ gehörenden Umkehrfunktion entstanden ist. Diese Gleichung muss nun nach y aufgelöst werden, damit die explizite Form der Funktionsgleichung entsteht. Das ist in diesem Falle aber (ähnlich wie bei der Definition der Arcusfunktionen) nur dadurch möglich, dass ein neues Funktionssymbol definiert wird. Man verwendet

$$y = \operatorname{arsinh} x,$$

was „Area sinus hyperbolicus von x“ gelesen wird. (Die Bezeichnung *Area* wird deshalb verwendet, weil diese Funktion bei der *Flächenberechnung bei Hyperbelteilen* eine Rolle spielt.) Auf diese Weise entsteht als Umkehrfunktion von f_1:

$$f_1^{-1} = \{(x; y) \mid y = \operatorname{arsinh} x \wedge \ \mathrm{DB} = \mathbf{R} \wedge \ \mathrm{WB} = \mathbf{R}\}.$$

Man hätte auch folgendermaßen vorgehen können:

$$y = \sinh x = \frac{1}{2}(\mathrm{e}^x - \mathrm{e}^{-x}).$$

Vertauschen von x und y ergibt

$$x = \sinh y = \frac{1}{2}(\mathrm{e}^y - \mathrm{e}^{-y}).$$

Auflösen nach y:

$$\mathrm{e}^y - \mathrm{e}^{-y} = 2x \qquad \mid \cdot\, \mathrm{e}^y$$

$$(\mathrm{e}^y)^2 - 2x\,\mathrm{e}^y - 1 = 0.$$

Dies ist eine quadratische Gleichung für e^y mit den beiden Lösungen

$$\mathrm{e}^y{}_{1,2} = x \pm \sqrt{x^2 + 1}.$$

Da e^y nur positive Werte annehmen kann, $x - \sqrt{x^2 + 1}$ jedoch eine negative Größe ist, hat nur das positive Vorzeichen in der Lösung der quadratischen Gleichung für y einen Sinn:

$$\mathrm{e}^y = x + \sqrt{x^2 + 1}.$$

Daraus folgt schließlich eine andere Darstellung der Zuordnungsvorschrift für die Umkehrfunktion von $y = \sinh x$:

$$\boxed{y = \operatorname{arsinh} x = \ln(x + \sqrt{x^2 + 1})} \tag{4.28}$$

Dieser Zusammenhang zwischen der Areafunktion $y = \operatorname{arsinh} x$ und dem natürlichen Logarithmus kann zur Berechnung von Funktionswerten der Areasinus-Funktion verwendet werden, falls der Taschenrechner keine Tasten für die Funktionswerte der Hyperbelfunktionen besitzen sollte.

Das Bild der Areasinus-Funktion ergibt sich durch Spiegelung der Kurve $y = \sinh x$ an der Geraden $y = x$ (vgl. Bild 4.67).

Die Funktion $y = \cosh x$ ist innerhalb ihres Definitionsbereiches *nicht streng monoton*. Daher existiert eine Umkehrfunktion nur für den im 1. Quadranten liegenden streng monoton steigenden Teil der Funktion

$$f_{2,1} = \{(x; y) \mid \ y = \cosh x \wedge \ \mathrm{DB} = [0; \infty) \wedge \ \mathrm{WB} = [1; \infty)\}$$

bzw. nur für den im 2. Quadranten verlaufenden streng monoton fallenden Teil

$$f_{2,2} = \{(x; y) \mid \ y = \cosh x \wedge \ \mathrm{DB} = (-\infty; 0] \wedge \ \mathrm{WB} = [1; \infty)\}.$$

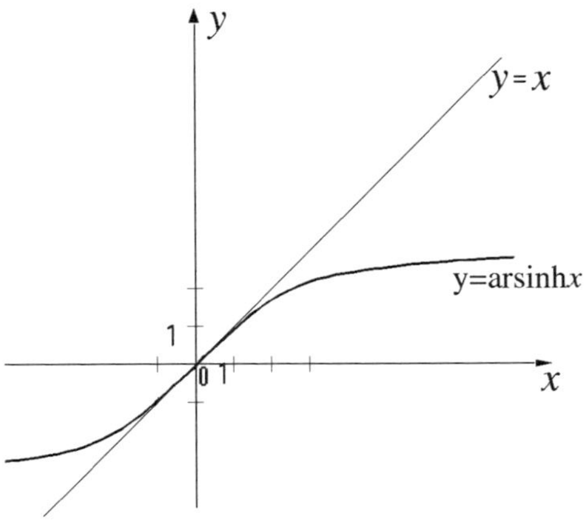

Bild 4.67

Aus der grafischen Darstellung der Umkehrfunktionen zu $y = \cosh x$ ist zu erkennen, dass sich die Funktionswerte von $f_{2,1}$ und $f_{2,2}$ nur durch das Vorzeichen voneinander unterscheiden:

$$f_{2,2} = -f_{2,1}.$$

In Analogie zu den Betrachtungen zu $y = \operatorname{arsinh} x$ ergeben sich somit die beiden Umkehrfunktionen

$$f_{2,1}^{-1} = \{(x;y) \mid y = \operatorname{arcosh} x \wedge \text{ DB} = [1;\infty) \wedge \text{ WB} = [0;\infty)\}$$

sowie

$$f_{2,2}^{-1} = \{(x;y) \mid y = -\operatorname{arcosh} x \wedge \text{ DB} = [1;\infty) \wedge \text{ WB} = (-\infty;0]\}.$$

Auch für den Areacosinus ist eine zweite Darstellungsweise mit Hilfe des natürlichen Logarithmus möglich.

Aus

$$y = \frac{1}{2}(\mathrm{e}^x + \mathrm{e}^{-x})$$

folgt

$$x = \frac{1}{2}(\mathrm{e}^y + \mathrm{e}^{-y})$$

und daraus die quadratische Gleichung für e^y

$$(\mathrm{e}^y)^2 - 2x\,\mathrm{e}^y + 1 = 0$$

mit den beiden Lösungen

$$\mathrm{e}^y_{1,2} = x \pm \sqrt{x^2 - 1}.$$

Da $\sqrt{x^2 - 1} < x$ für $x \in$ DB, sind beide Lösungen möglich. Es ergeben sich somit die Werte

$$y_1 = \ln(x + \sqrt{x^2 - 1})$$

und

$$y_2 = \ln(x - \sqrt{x^2 - 1}),$$

von denen sich zeigen lässt, dass

$$\ln(x + \sqrt{x^2 - 1}) = -\ln(x - \sqrt{x^2 - 1})$$

ist. Damit gilt also

$$\boxed{y = \operatorname{arcosh} x = \ln(x + \sqrt{x^2 - 1})} \tag{4.29}$$

Im Bild 4.68 sind die beiden Umkehrfunktionen zu $y = \cosh x$ grafisch dargestellt.

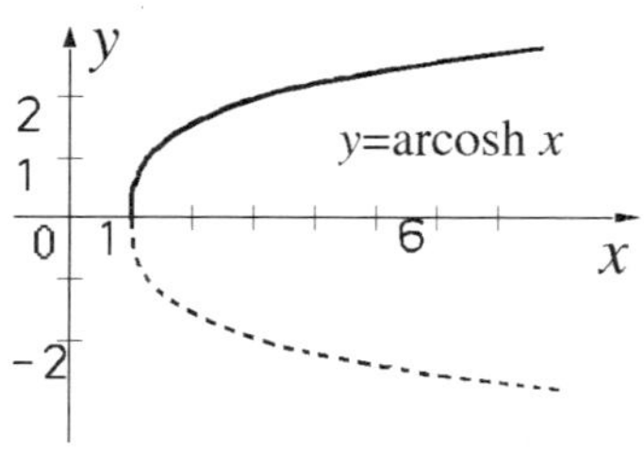

Bild 4.68

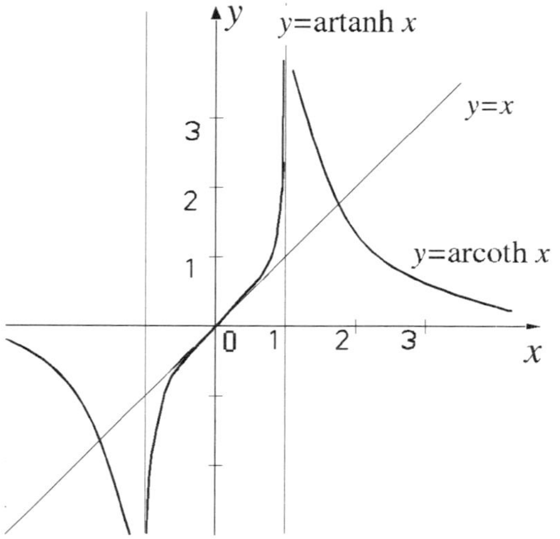

Bild 4.69

Die Umkehrfunktionen zu den beiden Funktionen

$$f_3 = \{(x; y) \mid y = \tanh x \wedge \text{ DB} = \mathbf{R} \wedge \text{ WB} = (-1; 1)\}$$

und

$$f_4 = \{(x; y) \mid y = \coth x \wedge \text{ DB} = \mathbf{R}\setminus\{0\} \wedge \text{ WB} = \mathbf{R}\setminus[-1; 1]\},$$

die beide innerhalb ihrer Definitionsbereiche streng monoton sind, lauten

$$f_3^{-1} = \{(x; y) \mid y = \operatorname{artanh} x \wedge \text{ DB} = (-1; 1) \wedge \text{ WB} = \mathbf{R}\}$$

und

$$f_4^{-1} = \{(x; y) \mid y = \operatorname{arcoth} x \wedge \text{ DB} = \mathbf{R}\setminus[-1; 1] \wedge \text{ WB} = \mathbf{R}\setminus\{0\}\}.$$

Zwischen diesen beiden Funktionen und dem natürlichen Logarithmus bestehen die folgenden Beziehungen:

$$\boxed{\begin{aligned} y = \operatorname{artanh} x &= \ln\sqrt{\frac{1+x}{1-x}} && \text{für } |x| < 1, \\ y = \operatorname{arcoth} x &= \ln\sqrt{\frac{x+1}{x-1}} && \text{für } |x| > 1 \end{aligned}} \tag{4.30}$$

Die beiden Funktionen $y = \operatorname{artanh} x$ und $y = \operatorname{arcoth} x$ sind im Bild 4.69 dargestellt.

Zusammenfassung der wichtigsten Eigenschaften der Area-Funktionen:

	$y = \operatorname{arsinh} x$	$y = \operatorname{arcosh} x$	$y = \operatorname{artanh} x$	$y = \operatorname{arcoth} x$
DB	$\mathbf{R}$	$[1; \infty)$	$(-1; 1)$	$\mathbf{R}\backslash[-1; 1]$
WB	$\mathbf{R}$	$[0; \infty)$	$\mathbf{R}$	$\mathbf{R}\backslash\{0\}$
Symmetrie	zentralsymm. zum Koord.-Ursprung	keine	zentralsymm. zum Koord.-Ursprung	zentralsymm. zum Koord.-Ursprung
Monotonie	streng mon. steigend für den ganzen DB	streng mon. steigend für den ganzen DB	streng mon. steigend für den ganzen DB	streng mon. fallend für den ganzen DB
Stetigkeit	stetig im ganzen DB	stetig im ganzen DB	stetig im ganzen DB	stetig im ganzen DB
Asymptoten	keine	keine	$x = 1$ und $x = -1$	$x = 1, x = -1$ und x-Achse
Beziehungen zum natürl. Logarithmus	$\ln(x + \sqrt{x^2 + 1})$ $(x \in \mathbf{R})$	$\ln(x + \sqrt{x^2 - 1})$ $(x > 1)$	$\ln\sqrt{\dfrac{1+x}{1-x}}$ $(\lvert x\rvert < 1)$	$\ln\sqrt{\dfrac{x+1}{x-1}}$ $(\lvert x\rvert > 1)$

Aufgaben:

4.22 Die nachfolgenden durch ihre Funktionsgleichung gegebenen Funktionen sind im Bereich $B = [-2; 3]$ grafisch darzustellen.

a) $y = 3^x$ **b)** $y = 3^{-x}$ **c)** $y = 3^{|x|}$ **d)** $y = 3^{-|x|}$

4.23 Desgleichen für $B = [-3; 3]$ und die Funktionen

a) $y = 4^x$ **b)** $y = 4^{-x}$ **c)** $y = 4^{|x|}$ **d)** $y = 4^{-\sqrt{|x|}}$

4.24 Es soll $\left(1 + \dfrac{1}{n}\right)^n$ berechnet werden für

a) $n = 1$ **b)** $n = 10$ **c)** $n = 99$ **d)** $n = 1\,000$ **e)** $n = 10\,000$

4.25 Für die nachfolgenden Argumente x soll der Funktionswert von e^x mit einer Genauigkeit von vier geltenden Stellen angegeben werden.

a) $x = 0{,}347$ **b)** $x = -3{,}167$

c) $x = 2{,}241 \cdot 10^{-3}$ **d)** $x = -0{,}012\,73$

4.26 Es sollen die Kurven

a) $y = \mathrm{e}^x$ **b)** $y = \mathrm{e}^{-x}$

für $-2 < x < 2$ gezeichnet werden.

4.27 Für ein Kapital K_0, das zu einem Jahreszinssatz p angelegt wird, erhält man nach n Jahren $K_n = K_0 \left(1 + \dfrac{p}{100}\right)^n$ ausgezahlt.

Welcher Betrag sammelt sich an, wenn 5 000 € 23 Jahre lang zu 4 % verzinst werden?

4.28 Nährstoffreiche Substanzen und feuchte Wärme von 20 °C bis 37 °C stellen günstige Lebensbedingungen für Bakterien dar (z. B. Bakterien des Zahnbelags). Dabei vermehren sich diese durch Zweiteilung etwa nach **a)** $\tau = 20$ min **b)** $\tau = 0{,}5$ h **c)** $\tau = 1$ h. Man untersuche, wie viele solcher Lebewesen sich aus einer Bakterienzelle bei ungeänderten Umweltbedingungen innerhalb eines Tages bilden können. (Gleitkommadarstellung!)

Anleitung: $A = A_0 \cdot 2^{\frac{t}{\tau}}$.

4.29 In einem $\vartheta_R = 22$ °C warmen Zimmer liegt ein Grippekranker mit $\vartheta_K = 38{,}5$ °C Körpertemperatur. Die Prüfspitze des verwendeten Fieberthermometers erwärmt sich nach folgendem Gesetz:

$\vartheta = \vartheta_K - (\vartheta_K - \vartheta_R)\,\mathrm{e}^{-\frac{t}{\tau}}$ $\quad \tau = 1{,}5$ min, ϑ in °C, t in min.

Auf welche Temperatur ϑ ist das Thermometer nach **a)** 5 min **b)** 10 min angestiegen? Wie groß ist dabei der Messfehler? Die Resultate sind grafisch zu überprüfen.

4.30 Bei der embryonalen Entwicklung teilen sich die vorhandenen Zellen zunächst unabhängig voneinander. Die Zahl der Zellen wächst dann nach dem Gesetz $z = 2^t$, wobei t die Zahl der Teilungsperioden ist. Dieses Exponentialgesetz gilt aber nur bis etwa zur achten Teilungsperiode. Danach verändert sich der Teilungsprozess, und man kann dann nicht mehr von einem exponentiellen Wachstum sprechen. Wie groß ist die Anzahl der Zellen nach jeder Teilungsperiode? ($t = 1, \ldots, 8$).

4.31 Im Jahre 1980 war die Fläche Mitteleuropas von rund $5 \cdot 10^6$ ha Wald bedeckt. Nach Schätzungen der ECE (Economic Commission for Europe) nimmt der Bestand jährlich im Durchschnitt um 2,67 ‰ zu. Um wieviel Prozent wird die Waldfläche demnach bis zum Jahr 2000 zunehmen?

Die Zunahme des Waldbestandes innerhalb von n Jahren erfolgt nach dem Wachstumsgesetz $B_n = B_0 \left(1 + \frac{p}{1\,000}\right)^n$.

4.32 Der Luftdruck nimmt mit zunehmender Höhe h über dem Meeresspiegel ab, und zwar gilt $p = p_0\,\mathrm{e}^{-0{,}13h}$, wobei p in 10^5 Pa und h in km zu messen sind und $p_0 = 1{,}013$ Pa beträgt. Wie groß sind demnach die durchschnittlichen Luftdruckwerte an den folgenden geographischen Punkten?

Bodensee	396 m	Großglockner	3 797 m
Wien	171 m	Kilimandscharo	5 895 m
Mount Everest	8 848 m		

4.33 Zu den durch die Funktionsgleichungen gegebenen Funktionen

a) $y = 2^x$ **b)** $y = 2^{-x}$ **c)** $y = 5^x$ **d)** $y = 5^{-x}$

sind die Umkehrfunktionen anzugeben.

4.34 Die Kurven

a) $y = \log_3 x$ **b)** $y = \log_7 x$

sind durch Spiegelung der zugehörigen Exponentialfunktionen an der Geraden $y = x$ zu konstruieren.

4.35 Die logarithmischen Funktionen

a) $y = \log_2 x$ **b)** $y = \ln 3x$

sind grafisch darzustellen.

In den Aufgaben 4.36 und 4.37 sollen die angegebenen Funktionen für den jeweils genannten Definitionsbereich in ein kartesisches Koordinatensystem eingezeichnet werden.

4.36 **a)** $y = \sin x,\ \mathrm{DB} = \left[-\pi; \frac{5\pi}{2}\right]$ **b)** $y = \cos x,\ \mathrm{DB} = \left(-\frac{\pi}{2}; \frac{5\pi}{2}\right)$

c) $y = \tan x$, DB $= [-\pi; \pi] \setminus \left\{-\frac{\pi}{2}; \frac{\pi}{2}\right\}$

4.37 a) $y = |\sin x|$, DB $= [-\pi; \pi]$ b) $y = |\cos x|$, DB $= [-\pi; \pi]$

c) $y = |\tan x|$, DB $= \left(-\frac{\pi}{2}; \frac{5\pi}{2}\right) \setminus \left\{\frac{\pi}{2}, \frac{3\pi}{2}\right\}$

Bei den Aufgaben 4.38 bis 4.42 sind die Funktionswerte im Bogenmaß zu berechnen und auf drei Dezimalstellen zu runden.

4.38 a) $\arcsin 0{,}32$ b) $\arcsin(-1)$ c) $\arcsin 1$ d) $\arcsin(-0{,}52)$

4.39 a) $\arccos 0$ b) $\arccos(-1)$ c) $\arccos 0{,}32$ d) $\arccos(-0{,}52)$

4.40 a) $\arctan 0$ b) $\arctan(-1)$ c) $\arctan 1$ d) $\arctan 0{,}32$

4.41 a) $\operatorname{arccot} \frac{\pi}{2}$ b) $\operatorname{arccot}(-1)$ c) $\operatorname{arccot} 1$ d) $\operatorname{arccot} 0{,}32$

4.42 a) $\sin(\arcsin 0)$ b) $\cos(\arccos 1)$ c) $\tan(\arctan x)$

In den Aufgaben 4.43 und 4.44 soll jeweils x ermittelt werden.

4.43 a) $\arcsin x = -\frac{\pi}{4}$ b) $\arccos x = \frac{5}{6}\pi$ c) $\arctan x = \frac{\pi}{12}$ d) $\operatorname{arccot} x = \frac{\pi}{12}$

4.44 a) $\arcsin x = 0{,}574$ b) $\arccos x = 3$ c) $\arctan x = -0{,}574$ d) $\operatorname{arccot} x = 10$

4.45 Weisen sie nach, dass die folgenden Beziehungen richtig sind:

a) $\arcsin x + \arccos x = \frac{\pi}{2}$

b) $\arcsin x = \arccos \sqrt{1 - x^2}$ für $x \in [0; 1]$

Hinweis: Setzen Sie dazu $x = \sin z$.

4.46 Bestimmen Sie

a) $\sinh 0$ b) $\cosh 0$ c) $\tanh 0$ d) $\coth 0$
e) $\sinh 1{,}24$ f) $\coth 1{,}24$ g) $\cosh 0{,}45$ h) $\cosh(-0{,}45)$
i) $\tanh 20$ j) $\coth 20$ k) $\sinh 0{,}05$ l) $\sinh(-0{,}05)$

4.47 Für welche x gilt

a) $\sinh x = 1$ b) $\cosh x = 1$ c) $\tanh x = 1$
d) $\cosh x = -1$ e) $\sinh x = 0{,}5$ f) $\coth x = 0{,}5$
g) $\tanh x = -0{,}5$ h) $\coth x = -1{,}5$

4.48 Beweisen Sie die Richtigkeit der folgenden Beziehungen:

a) $\sinh x + \cosh x = e^x$ b) $2 \sinh x \cosh x = \sinh 2x$

c) $\cosh^2 x = \frac{1}{2}(\cosh 2x + 1)$

4.49 Vereinfachen Sie die folgenden Ausdrücke

a) $\tanh x \sqrt{1 + \sinh^2 x}$ b) $1 - \tanh^2 x$
c) $\sinh 2x \tanh x$

4.50 Bestimmen Sie

a) $\operatorname{arsinh} 1$ b) $\operatorname{arcosh} 3$ c) $\operatorname{artanh} 0$ d) $\operatorname{arsinh}(-2)$
e) $\operatorname{arcosh} 5$ f) $\operatorname{artanh} 0{,}5$ g) $\operatorname{arcoth} 2$ h) $\operatorname{arcosh} 1$
i) $\operatorname{artanh}(-2)$ j) $\operatorname{arcosh}(-1)$ k) $\operatorname{artanh}(-0{,}5)$ l) $\operatorname{arcoth}(-2)$

4.51 Für welche x gilt

a) $\operatorname{arsinh} x = 0{,}25$ **b)** $\operatorname{arcosh} x = 1{,}5$ **c)** $\operatorname{artanh} x = -1$
d) $\operatorname{arcoth} x = 1$ **e)** $\operatorname{arsinh} x = -4$ **f)** $\operatorname{arcosh} x = -4$
g) $\operatorname{artanh} x = -4$ **h)** $\operatorname{arcosh} x = 0{,}5$

4.52 Weisen Sie die Richtigkeit der folgenden Beziehungen nach

a) $\operatorname{artanh} x = \frac{1}{2} \ln \frac{1+x}{1-x}$

b) $\ln(x - \sqrt{x^2-1}) = -\ln(x + \sqrt{x^2-1})$.

4.5 Grafische Darstellung von Funktionen durch Synthese aus einer Grundfunktion

Im Abschnitt 4.4 wurden alle wichtigen Grundfunktionen mit ihren speziellen Eigenschaften vorgestellt. In der Praxis treten diese Funktionen jedoch nur selten in dieser reinen Form auf. Die Funktionsgleichungen sind häufig durch konstante Faktoren oder Summanden verändert, oder es werden mehrere Grundfunktionen in bestimmter Weise miteinander verknüpft.

Ziel dieses Abschnittes ist es zu zeigen, wie man die Bilder solcherart veränderter Funktionen aus den zugehörigen Grundfunktionen zusammensetzen kann. Zunächst sollen einige Beispiele für zusammengesetzte Funktionen angegeben werden.

Beispiel:

4.51

- Die *ganzrationale Funktion n-ten Grades*

$$y = a_n x^n + a_{n-1} x^{n-1} + a_{n-2} x^{n-2} + \cdots + a_2 x^2 + a_1 x + a_0$$
$$= \sum_{i=0}^{n} a_i x^i$$

ist eine *Linearkombination* aus Potenzfunktionen mit ganzzahligen positiven Exponenten.

- Die Abnahme der Luftdruckwerte p in Abhängigkeit von der Höhe h des Standortes über dem Meeresspiegel wird durch die Gleichung

$$p(h) = p_0 \, \mathrm{e}^{-ch}$$

beschrieben, wobei p_0 und c Konstanten sind.

- Eine freie gedämpfte Schwingung wird mathematisch durch die Funktion

$$y(t) = A \, \mathrm{e}^{-\delta t} \sin(\omega t + \varphi)$$

erfasst. Hierin sind A, δ, ω und φ wiederum physikalische Konstanten, die die Art der jeweiligen Schwingung genauer definieren. In diesem Falle ist die zusammengesetzte Funktion das Produkt aus einer Exponentialfunktion mit einer Sinusfunktion.

- Bei der Überlagerung von Schwingungen werden verschiedene Sinusfunktionen addiert, so z. B.

$$y(t) = A_1 \sin(\omega_1 t + \varphi_1) + A_2 \sin(\omega_2 t + \varphi_2).$$

Im folgenden soll nun die Frage beantwortet werden:

Wie sieht das Bild der Funktion

$$y = af(bx + c) + d$$

aus, wenn $y = f(x)$ eine Grundfunktion ist, deren Bild man kennt?

Oder mit anderen Worten:

Welchen Einfluss haben die Konstanten a, b, c und d auf die Gestalt der Kurve

$$y = af(bx + c) + d?$$

Kann man also beispielsweise aus der Kenntnis des Verlaufes der Kurve $y = \ln x$ Rückschlüsse darauf ziehen, wie die Kurve der Funktion

$$y = 3\ln\left(\frac{1}{2}x + 3\right) - 1$$

verläuft?

Selbstverständlich könnte man jede derartige konkrete Aufgabe mit Hilfe einer Wertetabelle und nachfolgender punktweiser Darstellung des Kurvenbildes lösen. Aber dieser Weg ist nicht unbedingt zu empfehlen, denn er ist sehr aufwendig. Bei vielen praktischen Problemstellungen ist häufig nicht unbedingt eine exakte Kurve erforderlich, sondern es genügt eine „Prinzipskizze“. Gerade bei einer Wertetabelle besteht aber die Gefahr, dass durch das Herausgreifen von meist willkürlich ausgewählten Kurvenpunkten u. U. Wesentliches verloren gehen kann.

Zum anderen soll es in diesem Abschnitt darum gehen, *allgemeine Zusammenhänge* darzustellen, die uns in die Lage versetzen, bei vielen verschiedenartigen Aufgaben ohne großen Aufwand zielgerichtet ein Kurvenbild der gegebenen Funktion skizzieren zu können, das den meisten ingenieurmäßigen Anforderungen genügt.

Um Aussagen über den Verlauf der zur Funktion $y = af(bx + c) + d$ gehörenden Kurve formulieren zu können, gehen wir in vier Teilschritten voran.

1.Teilschritt: Vergleich der Funktion $y = af(x)$ mit der Funktion $y = f(x)$.

Ist $a > 1$, so sind alle y-Werte der Funktion $y = af(x)$ um den Faktor a größer als die entsprechenden y-Werte der Funktion $y = f(x)$, d. h., der Faktor a bewirkt eine *Dehnung* (Streckung) der Kurve $y = f(x)$ auf das a-fache in y-Richtung.
Gilt $0 < a < 1$, so findet eine *Stauchung* in y-Richtung um den Faktor a statt.
Wenn $a < 0$ ist, dann kommt zu dem bereits Gesagten noch eine *Spiegelung der Kurve an der x-Achse* hinzu.

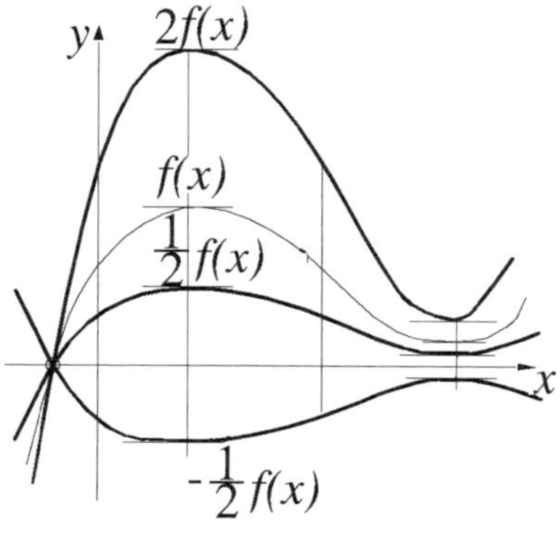

Bild 4.70

Im Bild 4.70 sind diese Verhältnisse für verschiedene Faktoren a für eine beliebige Funktion $y = f(x)$ dargestellt. Die Bilder 4.71 und 4.72 zeigen die Veränderungen der Kurve $y = a\sin x$ für verschiedene positive und negative Faktoren a.

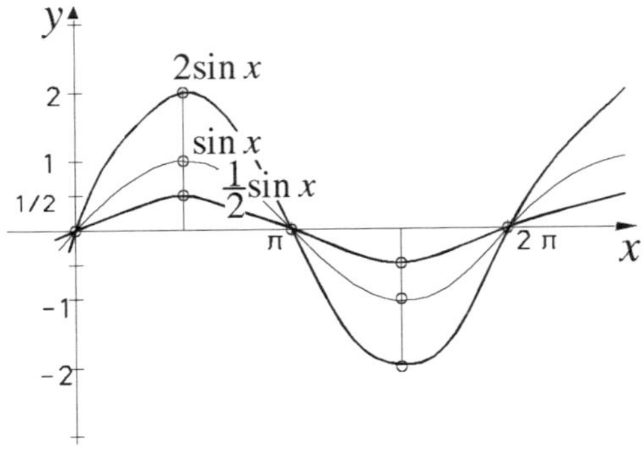

Bild 4.71

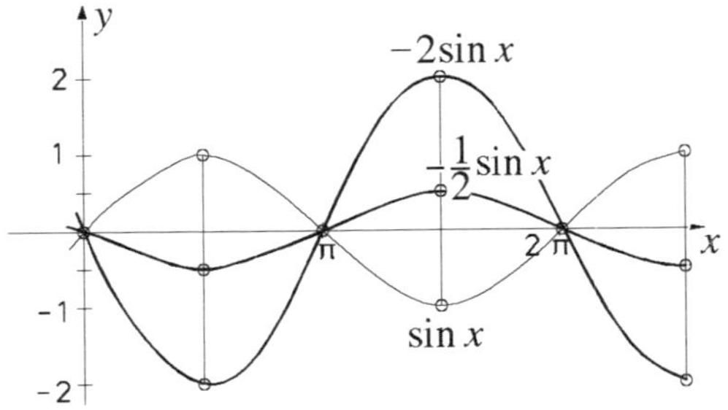

Bild 4.72

Bei der Funktion $y = a \sin x$ wird $|a|$ die **Amplitude** der Sinusfunktion genannt. Die Amplitude stellt die größte Auslenkung einer Sinusschwingung gegenüber der Ruhelage dar.

2.Teilschritt: Vergleich der Funktion $y = f(x) + d$ mit der Funktion $y = f(x)$.

Da bei $y = f(x) + d$ im Falle $d > 0$ alle y-Werte um denselben Summanden d größer sind als die von $y = f(x)$, tritt eine *Verschiebung* der Kurve $y = f(x)$ um d Einheiten *nach oben* ein. Ist $d < 0$, so wird die Kurve um d Einheiten *nach unten verschoben.*
(Vgl. dazu die Bilder 4.73 bis 4.75.)

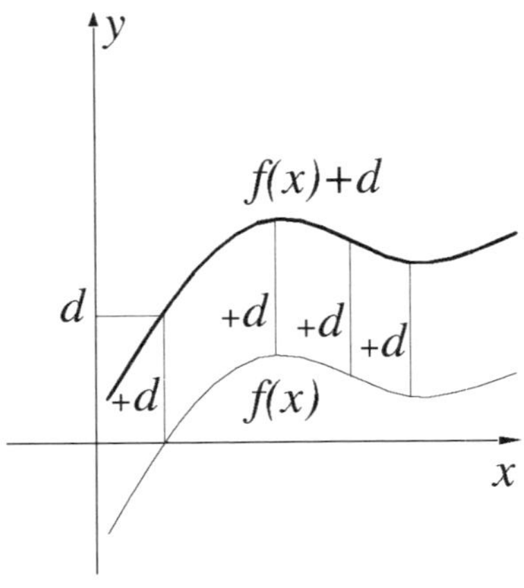

Bild 4.73

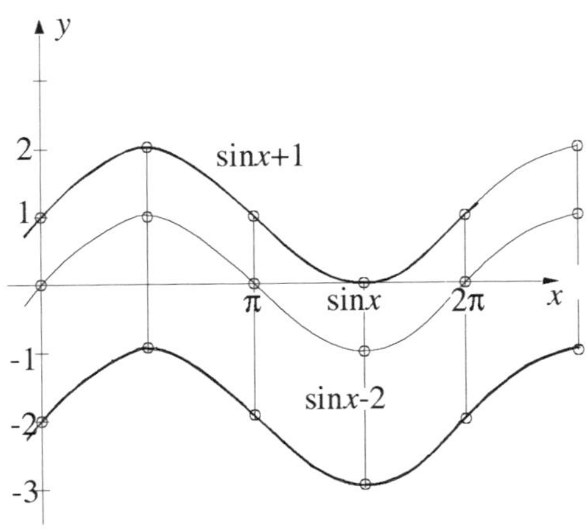

Bild 4.74

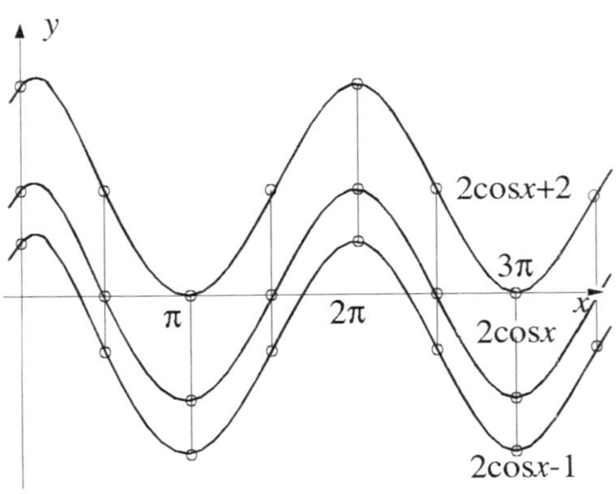

Bild 4.75

3.Teilschritt: Vergleich der Funktion $y = f(x + c)$ mit der Funktion $y = f(x)$.

Der y-Wert y_0, der bei der Funktion $y = f(x)$ an der Stelle $x = x_0$ angenommen wird, tritt bei der Funktion $y = f(x + c)$ bereits an der Stelle $x_1 = x_0 - c$ auf. Das bedeutet, dass die Funktion $y = f(x)$ um $-c$ Einheiten *parallel zur x-Achse verschoben* wird. (Vgl. Bilder 4.76 bis 4.78.)

Bei der Sinusfunktion

$$y = \sin(x + c)$$

wird c *Phasenverschiebung* der Sinusschwingung genannt.

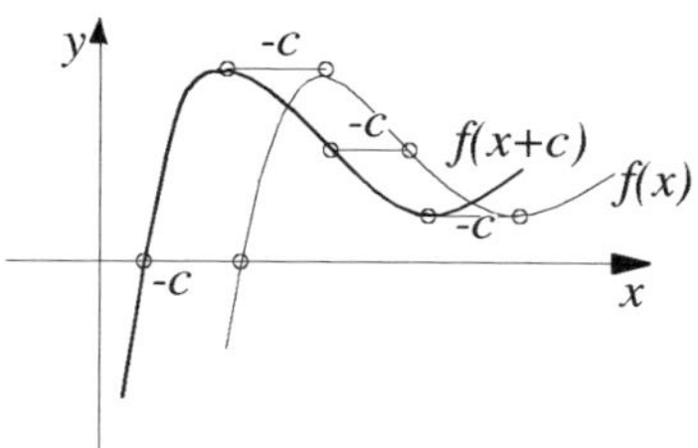

Bild 4.76

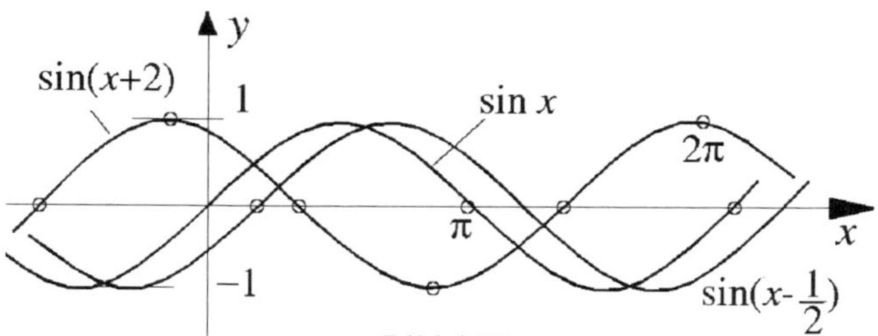

Bild 4.77

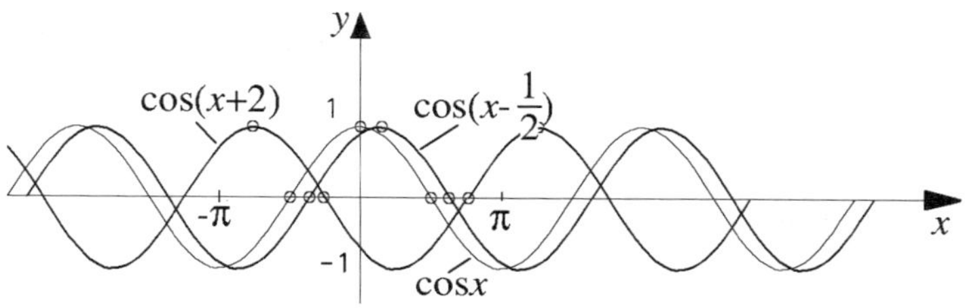

Bild 4.78

4. Teilschritt: Vergleich der Funktion $y = f(bx)$ mit der Funktion $y = f(x)$.

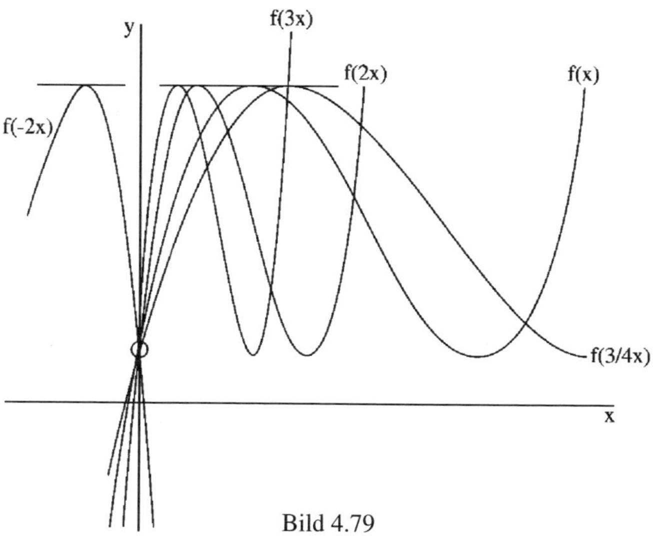

Bild 4.79

Ein Faktor $b > 1$ bewirkt eine *Stauchung* von $y = f(x)$ auf den b-ten Teil in x-Richtung. Wenn $0 < b < 1$ ist, dann tritt eine Dehnung von $y = f(x)$ auf das $\frac{1}{b}$-fache in x-Richtung ein.

Ist b negativ, so tritt zusätzlich zu dem bereits Gesagten noch eine *Spiegelung an der y-Achse* auf. (Vgl. die Bilder 4.79 bis 4.81.)

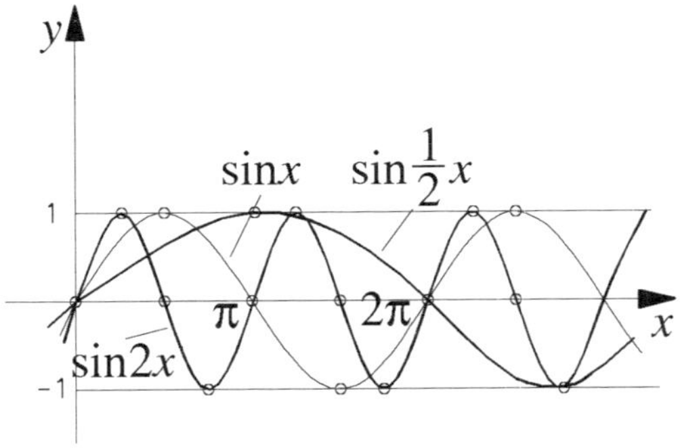

Bild 4.80

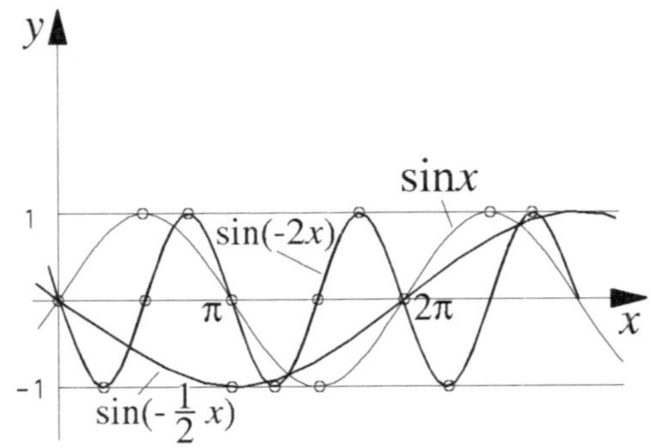

Bild 4.81

Zusammenfassend lässt sich aus diesen vier Teilschritten folgendes verallgemeinern:

Das Bild der Funktion $y = af(bx + c) + d$ entsteht aus der zu $y = f(x)$ gehörenden Kurve durch

- Verschiebung von $y = f(x)$ um d Einheiten in y-Richtung, und zwar
  nach oben, wenn $d > 0$ bzw.
  nach unten, wenn $d < 0$.

  Es entsteht die Kurve $y = f(x) + d$. Die Rolle der bisherigen x-Achse übernimmt nun die Gerade $y = d$.
- Verschiebung der Kurve $y = f(x) + d$ um $-\frac{c}{b}$ Einheiten in x-Richtung, und zwar
  nach links, wenn $\frac{c}{b} > 0$,
  nach rechts, wenn $\frac{c}{b} < 0$.

  Es entsteht die Kurve $y = f\left(x + \frac{c}{b}\right) + d$. Die Rolle der bisherigen y-Achse übernimmt die Gerade $x = -\frac{c}{b}$.
- Streckung bzw. Stauchung der Kurve $y = f\left(x + \frac{c}{b}\right) + d$ um den Faktor a in y-Richtung, und zwar bei

$a > 1$	Streckung,
$0 < a < 1$	Stauchung,
$-1 < a < 0$	Stauchung und Spiegelung an der Geraden $y = d$,
$a < -1$	Streckung und Spiegelung an der Geraden $y = d$.

  Es entsteht die Kurve $y = af\left(x + \frac{c}{b}\right) + d$.
- Streckung bzw. Stauchung der Kurve $y = af\left(x + \frac{c}{b}\right) + d$ um den Faktor $\frac{1}{b}$ in x-Richtung, und zwar bei

$b > 1$	Stauchung,
$0 < b < 1$	Streckung,
$-1 < b < 0$	Streckung und Spiegelung an $x = -\frac{c}{b}$,
$b < -1$	Stauchung und Spiegelung an $x = -\frac{c}{b}$.

Es entsteht die Kurve $y = af\left[b\left(x + \frac{c}{b}\right)\right] + d$, dh. $y = af(bx + c) + d$.

Beispiele:

4.52 Es ist die zu $p(h) = p_0\,\mathrm{e}^{-ch}$ gehörende Kurve zu zeichnen.

Lösung: Man wählt als Ausgangsfunktion die als bekannt vorauszusetzende Exponentialfunktion $y = \mathrm{e}^{-x}$ und passt die beiden Variablen y und x den Gegebenheiten der Aufgabenstellung an: $p = \mathrm{e}^{-h}$. Zum Zeichnen der Kurve kann eine Schablone für die Exponentialfunktion $y = \mathrm{e}^{x}$ verwendet werden, wenn man sie als fallende Funktion $p = \mathrm{e}^{-h}$ spiegelbildlich zur p-Achse einzeichnet. (Grund: Minuszeichen im Exponenten.)
Verschiebungen der Kurve parallel zu den beiden Koordinatenachsen treten offensichtlich nicht auf, denn die Funktionsgleichung enthält keine additiven Konstanten.
Dagegen wird die Kurve $p = p_0\,\mathrm{e}^{-ch}$ in p-Richtung auf das p_0-fache gestreckt und in h-Richtung um das $\frac{1}{c}$-fache. (Die Spiegelung an der p-Achse wurde bereits berücksichtigt.)
Sieht man davon ab, dass die Funktion $p = p_0\,\mathrm{e}^{-ch}$ den Zusammenhang zwischen dem Luftdruck p und der Höhe h des Standortes darstellt und wählt $p_0 = 2$ und $c = 0{,}25$, so ergibt sich die im Bild 4.82 dargestellte Kurve. Dabei gehen die Punkte P_1 bis P_4 der Kurve $p = \mathrm{e}^{-h}$ über in die Punkte P'_1 bis P'_4 der daraus hergeleiteten Kurve $p = 2\,\mathrm{e}^{-0{,}25h}$:

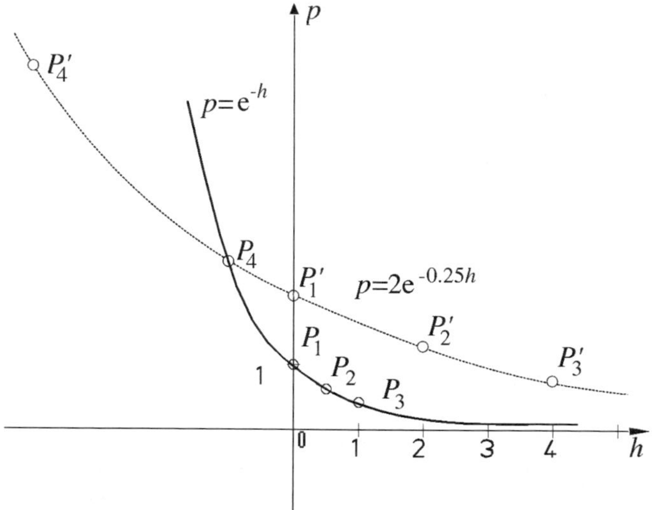

Bild 4.82

$P_1(0; 1) \rightarrow P'_1(0; 2)$	$P_2(0{,}5; 0{,}7) \rightarrow P'_2(2; 1{,}4)$
$P_3(1; 0{,}4) \rightarrow P'_3(4; 0{,}8)$	$P_4(-1; 2{,}7) \rightarrow P'_4(-4; 5{,}4)$

Für die Funktion $p = 0{,}25\,\mathrm{e}^{-2h}$ hätten sich unter anderem die folgenden Entsprechungen ergeben (vgl. Bild 4.83):

$P_1(0; 1) \rightarrow P_1'(0; 0{,}25)$

$P_2(1; 0{,}4) \rightarrow P_2'(0{,}5; 0{,}1)$

$P_3(-1{,}5; -4{,}5) \rightarrow P_3'(-0{,}75; -1{,}2)$

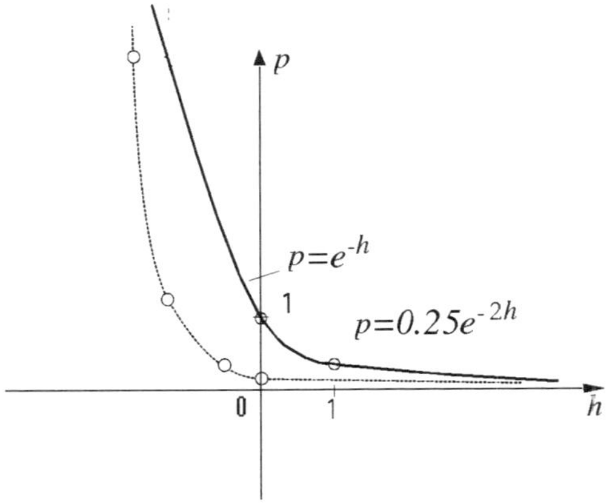

Bild 4.83

4.53 Die Funktion $y = 2 - \frac{1}{2}\,\mathrm{e}^x$ soll grafisch dargestellt werden.

Lösung: Aus der Funktionsgleichung ist ersichtlich, dass

- die Grundfunktion $y = \mathrm{e}^x$ (Kurvenschablone verwenden!) an der x-Achse gespiegelt und in y-Richtung auf die Hälfte gestaucht werden muss und
- dass die so erhaltene Kurve schließlich noch um zwei Einheiten in y-Richtung nach oben verschoben werden muss.

Dabei ist zu beachten, dass die von unten her erfolgende asymptotische Annäherung der Kurve $y = -\frac{1}{2}\,\mathrm{e}^x$ an die negative x-Achse in eine von unten her erfolgende Annäherung an die Gerade $y = 2$ übergeht. Dies sollte man dadurch deutlich machen, dass man die neue Asymptote mit einzeichnet (Bild 4.84).

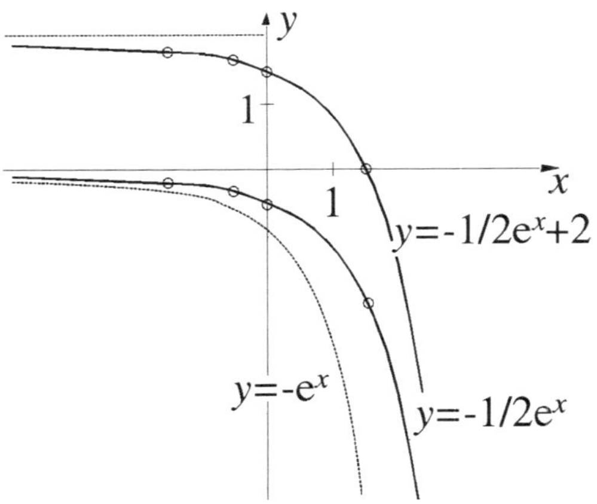

Bild 4.84

4.54 Die Funktion $y = 3\ln\left(\frac{1}{2}x + 3\right) - 1$ ist grafisch darzustellen.

Lösung: Mit einer Schablone kann die Ausgangsfunktion $y = \ln x$ gezeichnet werden (Bild 4.85).
Wenn man zuerst die Verschiebungen der Ausgangskurve in Richtung der Koordinatenachsen durchführt, hat man den Vorteil, dass man zunächst weiterhin mit der Schablone arbeiten kann. Um die notwendigen Verschiebungen bestimmen zu können, ist die Funktionsgleichung umzuwandeln in

$$y = 3\ln\left[\frac{1}{2}(x + 6)\right] - 1.$$

Hieraus erkennt man, dass die Ausgangskurve um eine Einheit nach unten und um sechs Einheiten nach links zu verschieben ist. Zur besseren Orientierung dient hierzu die Verschiebung des Punktes $P(1; 0)$ und der Asymptote der Kurve $y = \ln x$ (also der x-Achse).

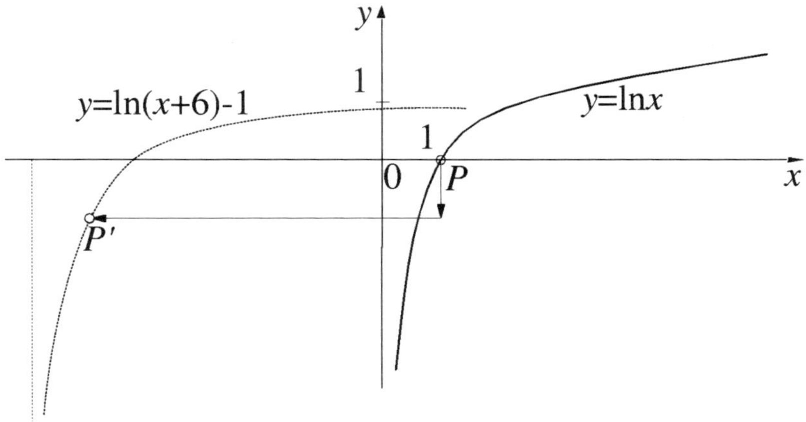

Bild 4.85

Danach sind die Streckungen bzw. Stauchungen der Kurve bezüglich der beiden Koordinatenachsen zu untersuchen. Auf Grund der Funktionsgleichung ist die logarithmische Kurve

- auf das Dreifache in positiver y-Richtung (Faktor 3 vor dem Logarithmus) sowie
- auf das Doppelte in positiver x-Richtung (Faktor $1/2$ vor dem Argument des Logarithmus) zu strecken.

Hierfür ist ein gedachtes Koordinatensystem zugrunde zu legen, in dem die bereits durch die vorhergehenden Überlegungen verschobene Kurve als Ausgangsfunktion verwendet wird. Der Punkt $P(-5;-1)$ entspricht in diesem gedachten Koordinatensystem dem Punkt $P'(1;0)$. Durch die Verdopplung in x-Richtung und die Verdreifachung in y-Richtung wird daraus $P'(2;0)$. Geht man nunmehr wieder zurück auf das ursprüngliche Koordinatensystem, so gilt

$$P(-5;-1) \quad \rightarrow \quad P'(-4;-1).$$

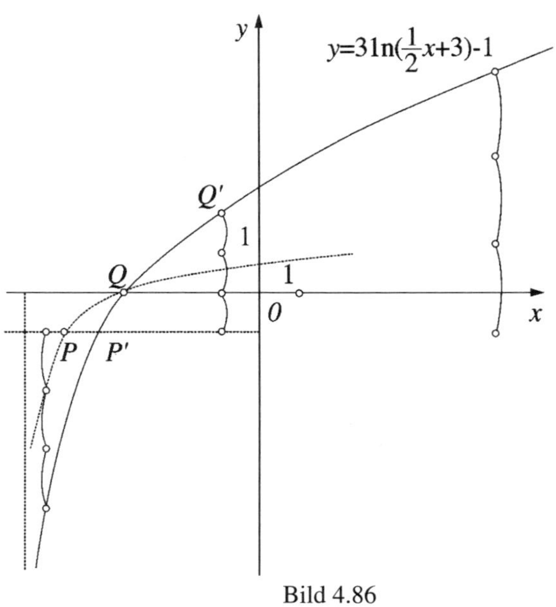

Bild 4.86

Der Punkt $Q(-3.5; 0)$ entspricht im gedachten Koordinatensystem $Q'(2.5; 1)$. Durch die Verdopplung bzw. Verdreifachung in x- und y-Richtung geht dies über in $Q'(5; 3)$, so dass

$$Q(-3.5; 0) \quad \rightarrow \quad Q'(-1; 2).$$

Es reichen wenige ausgewählte Kurvenpunkte aus, um eine Skizze der Kurve anfertigen zu können. Dabei sollte man bei der Auswahl dieser Punkte darauf achten, dass sie günstige Koordinaten besitzen.

Überall in der Physik und in der Technik, wo periodisch wiederkehrende Vorgänge ablaufen, spielt die **harmonische Funktion**, wie die allgemeine Sinusfunktion

$$y(t) = A\sin(\omega t + \varphi)$$

auch genannt wird, eine große Rolle. Man kann sie als den *Grundbaustein* ansehen, aus dem sich alle periodischen Vorgänge zusammensetzen lassen.

In $y(t) = A\sin(\omega t + \varphi)$ heißt

A die **Amplitude** der Schwingung. Sie wird in Längeneinheiten angegeben.

$|A|$ gibt die größte Auslenkung der Schwingung aus der Ruhelage (t-Achse) an.

$|A| > 1$ bewirkt eine Streckung der Kurve $y = \sin t$ in y-Richtung auf das A-fache, $|A| < 1$ eine Stauchung.

ω heißt **Frequenz** der Schwingung und wird in $\dfrac{1}{\text{Zeiteinheit}}$ angegeben.

Bei $\omega = 1$ besitzt die Schwingung $y(t) = A\sin(\omega t + \varphi)$ eine Periode der Länge 2π. Ist $\omega > 1$, so ist die Periodenlänge $< 2\pi$, d. h., die Kurve ist in x-Richtung gestaucht. Bei $\omega < 1$ ist die Periodenlänge $> 2\pi$, d. h., die Kurve ist in x-Richtung gestreckt.

Für die Periodenlänge T gilt

$$\boxed{T = \frac{2\pi}{\omega}} \tag{4.31}$$

φ heißt **Nullphasenwinkel**.

Er bewirkt eine Verschiebung der Sinuslinie um $\dfrac{\varphi}{\omega}$ Einheiten in Richtung der t-Achse.

$$\varphi > 0 \rightarrow \text{Verschiebung um } \frac{\varphi}{\omega} \text{ in negativer } t\text{-Richtung},$$

$$\varphi < 0 \rightarrow \text{Verschiebung um } \frac{\varphi}{\omega} \text{ in positiver } t\text{-Richtung}.$$

Beispiele:

4.55 Es sind die Amplitude, die Frequenz, die Periode und die Phasenverschiebung der durch $y = 3\sin\left(2t - \dfrac{\pi}{3}\right)$ gegebenen Sinusschwingung anzugeben.

Lösung: Die Amplitude der Sinusschwingung ist $A = 3\text{LE}$. Die Frequenz ist $\omega = 2\text{s}^{-1}$, falls t in Sekunden gemessen wird. Damit besitzt die Funktion die Periode (Schwingungsdauer)

$$T = \frac{2\pi}{\omega} = \pi\text{s}.$$

Die Sinuskurve $y = 3\sin\left(2t - \dfrac{\pi}{3}\right)$ ist um $\dfrac{\varphi}{\omega} = \dfrac{\pi}{6}\text{LE}$ nach rechts verschoben. Die Schwingung ist im Bild 4.87 dargestellt.

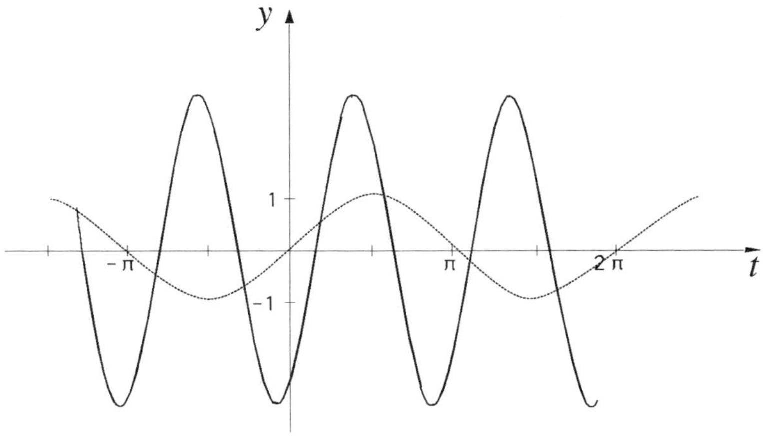

Bild 4.87

Für praktische Aufgaben, vor allem dann, wenn ω zahlenmäßig groß ist (z. B. 50 s^{-1} in der Wechselstromtechnik), ist es günstiger, statt der t-Achse die ωt-Achse zu wählen. In diesem Fall ist dann die Periode der zu zeichnenden Sinusfunktion immer 2π, unabhängig davon, wie groß die Frequenz der Schwingung ist.
Der Nullphasenwinkel φ gibt dann direkt die Verschiebung der Kurve in negativer ωt-Richtung an.
Diese Möglichkeit, die Kurve mit einfachen Hilfsmitteln zu zeichnen, ist im Bild 4.88 dargestellt.

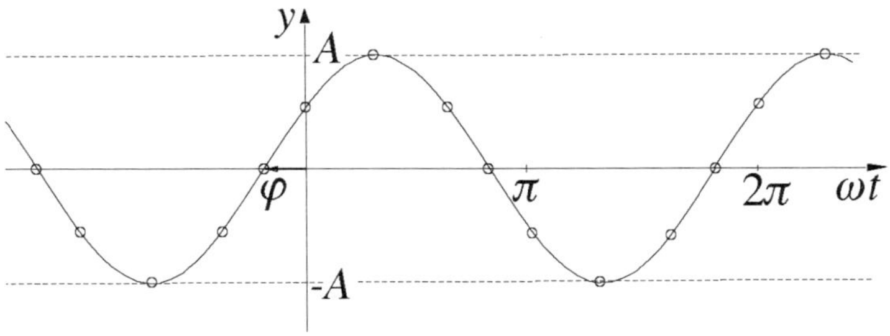

Bild 4.88

4.56 Es soll die Funktion $y = 3\cos\left(2t - \frac{\pi}{3}\right)$ grafisch dargestellt werden.

Lösung: Die Aufgabe lässt sich auf zwei Wegen lösen:

a) Man geht von der Grundfunktion $y = \cos t$ aus und geht genau so vor wie im Beispiel 4.55 (Amplitude $A = 3\text{LE}$, Frequenz $\omega = 2\text{s}^{-1}$, Verschiebung der Kurve um $\frac{\pi}{6}$ nach rechts).

b) Man kann auch die Kosinusfunktion in eine Sinusfunktion umwandeln. Dazu muss man wissen, dass die Bilder von $y = \sin z$ und von $y = \cos z$ zur Deckung gebracht werden können, indem man die Sinuskurve um $\frac{\pi}{2}$ Einheiten nach links verschiebt:

$$\cos z = \sin\left(z + \frac{\pi}{2}\right).$$

Im vorliegenden Beispiel ist

$$z = 2t - \frac{\pi}{3},$$

so dass die gegebene Funktion der Funktion

$$y = 3\sin\left(2t + \frac{\pi}{6}\right)$$

entspricht. Die zugehörige Kurve ist im Bild 4.89 dargestellt.

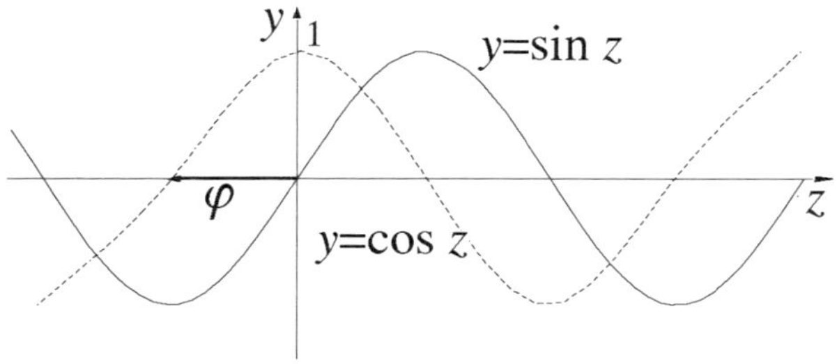

Bild 4.89

4.57 Wie lautet die Umkehrfunktion zu

$$f = \left\{(x;y) \mid y = \sin x \wedge \text{ DB} = \left[\frac{\pi}{2}; \frac{3\pi}{2}\right] \wedge \text{ WB} = [-1;1]\right\}?$$

Lösung: Im Bild 4.90 sind die beiden Funktionen f und f^{-1} grafisch dargestellt (gestrichelt gezeichnete Kurven). Außerdem wurden die beiden Funktionen $y = \arcsin x$ sowie $y = \sin x$ mit $x \in \left[-\frac{\pi}{2}; \frac{\pi}{2}\right]$ eingezeichnet. Aus dem Bild geht hervor, dass die gesuchte Umkehrfunktion f^{-1} mit Sicherheit nicht $y = \arcsin x$ sein kann.

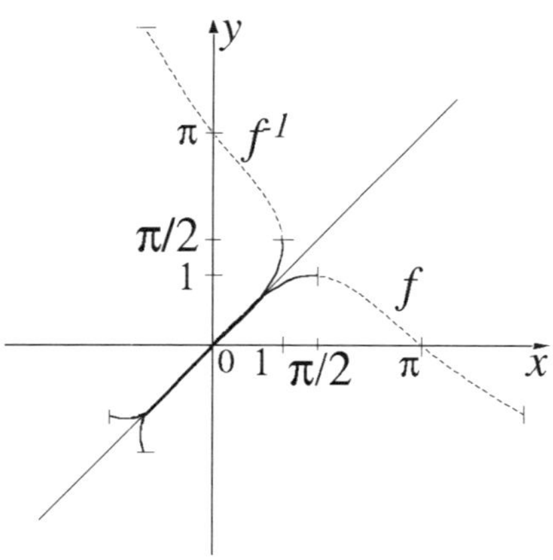

Bild 4.90

Wenn man jedoch die Kurve $y = \arcsin x$ an der x-Achse spiegelt ($y = -\arcsin x$) und die so entstandenen Kurve um π Einheiten nach oben verschiebt (es wird also die Funktion $y = \pi - \arcsin x$ gebildet), dann entsteht damit die gesuchte Funktion f^{-1}. Somit ist

$$f^{-1} = \left\{(x;y) \mid y = \pi - \arcsin x \wedge \text{ DB} = [-1;1] \wedge \text{ WB} = \left[\frac{\pi}{2}; \frac{3\pi}{2}\right]\right\}.$$

Aufgaben:

4.53 Stellen Sie die folgenden Funktionen grafisch dar, indem Sie von einer geeigneten Grundfunktion ausgehen.

a) $y = 2\,e^x - 1$ **b)** $y = \frac{1}{2}\,e^{2x}$ **c)** $y = 2 - \frac{1}{2}\,e^{-x}$

d) $y = \frac{1}{3}\,e^{x-1}$ **e)** $y = \frac{1}{2}\ln(x-1)$ **f)** $y = \frac{1}{2}\ln x - 1$

g) $y = 1{,}5 - 2\ln x$ **h)** $y = -\ln(-x)$ **i)** $y = \ln 2x$

j) $y = -\ln x$ **k)** $y = -\ln 3x$

4.54 Stellen Sie die folgenden Funktionen grafisch dar. Gehen Sie dabei von einer der folgenden Grundfunktionen aus:

$y = \frac{1}{x}, \qquad y = \frac{1}{x^2}, \qquad y = \sqrt{x}.$

a) $y = \frac{1}{x-2}$ **b)** $y = \frac{1}{(x+1)^2}$ **c)** $y = \frac{4}{2-x}$

d) $y = \sqrt{x-5}$ **e)** $y = 2\sqrt{2x+1}$ **f)** $y = \frac{1}{x} + 1$

g) $y = 5\sqrt{x} - 3$ **h)** $y = 1 - 2\sqrt{x-1}$

4.55 Die folgenden Funktionen sind im Bereich $[-\pi; 2\pi]$ grafisch darzustellen.

a) $y = 2{,}1\sin x$ **b)** $y = -1{,}8\cos x$ **c)** $y = \frac{1}{3}\sin x + 1{,}2$

d) $y = \cos(x + 30°)$ **e)** $y = -\sin\left(x + \frac{\pi}{3}\right)$ **f)** $y = \frac{1}{3}\cos\left(x - \frac{\pi}{2}\right)$

g) $y = 0{,}5\cos 3x$ **h)** $y = \sin\frac{x}{\pi} + 1{,}4$ **i)** $y = -0{,}4\cos(-\sqrt{3}x)$

j) $y = 1{,}5\sin\left(\frac{x}{2} + \frac{\pi}{6}\right)$ **k)** $y = 0{,}8\cos\left(x - \frac{\pi}{4}\right)$

l) $y = -1{,}2\sin\left(\frac{x}{5} - \frac{\pi}{3}\right) - 2$ **m)** $y = 2\cos\left(\frac{\pi}{4} - x\right) + 1$

4.56 Bei den Aufgaben **a)** bis **j)** sind jeweils die Funktionsgleichungen für die im Bild dargestellten Kurven anzugeben.

a)
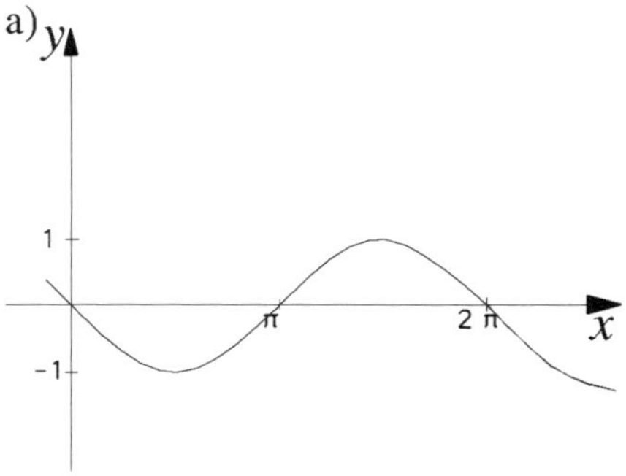

b)
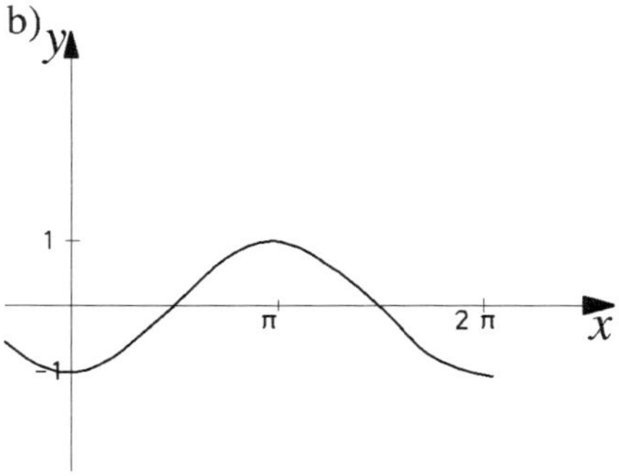

c)

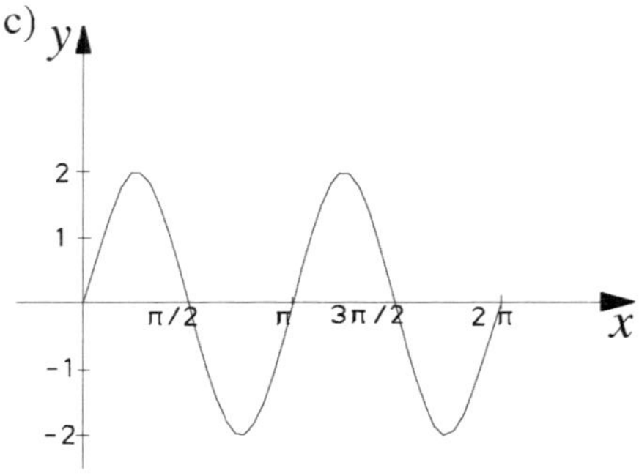
y
2
1
-1
-2
π/2
π
3π/2
2π
x

d)

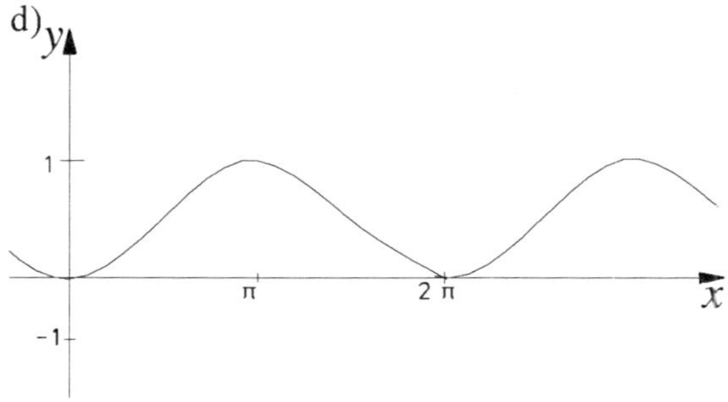
y
1
-1
π
2π
x

e)

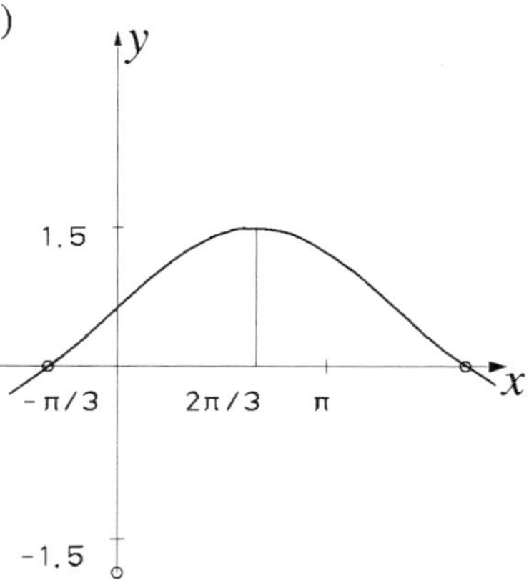
y
1.5
-1.5
-π/3
2π/3
π
x

f)

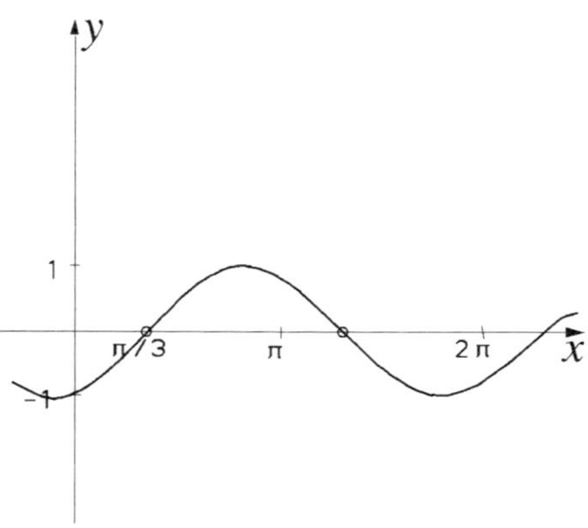
y
1
-1
π/3
π
2π
x

g)

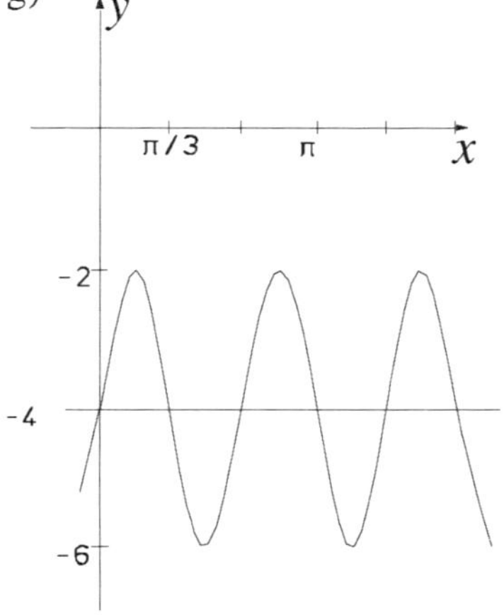
y
π/3
π
x
-2
-4
-6

h)

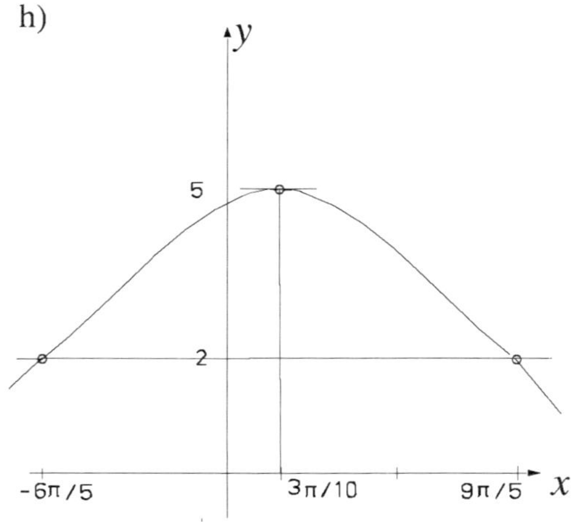
y
5
2
-6π/5
3π/10
9π/5
x

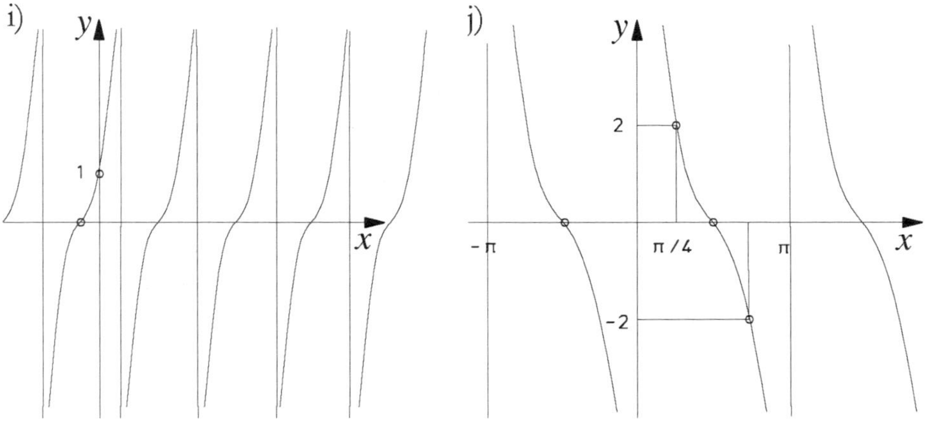

Bild 4.91

4.57 Skizzieren Sie die folgenden Funktionen

a) $y = \cosh(x+3)$

b) $y = \frac{1}{2}\sinh(2x+4)$

c) $y = -\arcsin(x-1)$

d) $y = \pi + \arctan x$

e) $y = -2\tanh x$

f) $y = -\tanh(x-2)$

4.58 Wie lauten die Umkehrfunktionen der folgenden Funktionen? Stellen Sie vor der Berechnung der Umkehrfunktion jeweils f und f^{-1} grafisch dar!

$$f = \left\{(x;y) \mid y = \sin x \wedge \text{DB} = \left[\frac{3\pi}{2}; \frac{5\pi}{2}\right] \wedge \text{WB} = [-1;1]\right\}$$

$$f = \{(x;y) \mid y = \cos x \wedge \text{DB} = [-\pi;0] \wedge \text{WB} = [-1;1]\}$$

$$f = \left\{(x;y) \mid y = \tan x \wedge \text{DB} = \left(\frac{\pi}{2}; \frac{3\pi}{2}\right) \wedge \text{WB} = \mathbf{R}\right\}$$

4.6 Überlagerung von Schwingungen

Im Abschnitt 4.5 wurde gezeigt, wie aus einer Funktion eine Vielzahl neuer Funktionen des gleichen Typs gebildet werden kann, indem in der Funktionsgleichung bestimmte Konstanten hinzugefügt werden. Neue Funktionen können aber auch dadurch entstehen, dass man mehrere Funktionen addiert bzw. miteinander multipliziert.

So ist z. B. der hyperbolische Kosinus $y = \cosh x = \frac{1}{2}\mathrm{e}^x + \frac{1}{2}\mathrm{e}^{-x}$ durch *Addition* der beiden Funktionen $y_1 = \frac{1}{2}\mathrm{e}^x$ und $y_2 = \frac{1}{2}\mathrm{e}^{-x}$ entstanden. Dagegen kann die Funktion $y = \sin 2x$ auch dargestellt werden als *Produkt* aus den beiden Funktionen $y_1 = 2\sin x$ und $y_2 = \cos x$. Auch die im Beispiel 4.51. genannten Funktionen

$$y = \sum_{i=0}^{n} a_i x^i \qquad \text{(ganzrationale Funktion } n\text{-ten Grades)}$$

$$y = A\,\mathrm{e}^{-\delta t}\sin(\omega t + \varphi_0) \qquad \text{(gedämpfte Schwingung) und}$$

$$y = A_1 \sin(\omega_1 t + \varphi_1) + A_2 \sin(\omega_2 t + \varphi_2) \qquad \text{(Überlagerung von Schwingungen)}$$

können hier eingeordnet werden.

Wie das Beispiel $y = \cosh x$ zeigt, entstehen durch Addition (oder Subtraktion) neue Funktionen mit völlig neuen Eigenschaften, während bei den im Abschnitt 4.5 vorgeführten Beispielen der Funktionstyp im wesentlichen erhalten bleibt, die zugehörigen Kurven nur gedehnt (gestreckt) und ggf. im Koordinatensystem verschoben werden.

Die Addition bzw. Subtraktion von Funktionen spielt eine besondere Rolle bei den sogenannten *harmonischen Funktionen*. Die hierbei auftretende Addition von Sinusfunktionen wird in den technischen Anwendungen als *Überlagerung* (oder *Superposition*) *von Sinusschwingungen* bezeichnet.

Dabei spielen zwei Fälle eine besondere Rolle:
1. Die Überlagerung von Sinusschwingungen *gleicher Frequenz* sowie
2. die Überlagerung von Sinusfunktionen *verschiedener Frequenz*.

Beispiele:

4.58 Welche Schwingung ergibt sich, wenn die beiden Schwingungen $y_1 = \sin x$ und $y_2 = 2\sin x$ überlagert werden, d. h. wenn $y = \sin x + 2\sin x$ gebildet wird?

Lösung: $y_1 = \sin x$ ist eine „normale“ Sinusschwingung mit der Amplitude $A_1 = 1$ und der Frequenz $\omega = 1$, $y_2 = 2\sin x$ unterscheidet sich von y_1 nur durch die doppelt so große Amplitude $A_2 = 2$. Beide Kurven sind im Bild 4.92 als durchgehende Linien in das Koordinatensystem eingezeichnet worden.
Zeichnet man nun an Hand dieser beiden Kurven punktweise die Überlagerungskurve, indem man die zu den einzelnen x-Werten gehörenden y-Werte entsprechend der Kurvengleichung addiert, so ergibt sich die punktiert gezeichnete Überlagerungskurve, die erwartungsgemäß der Funktion

$$y = 3\sin x$$

entspricht.

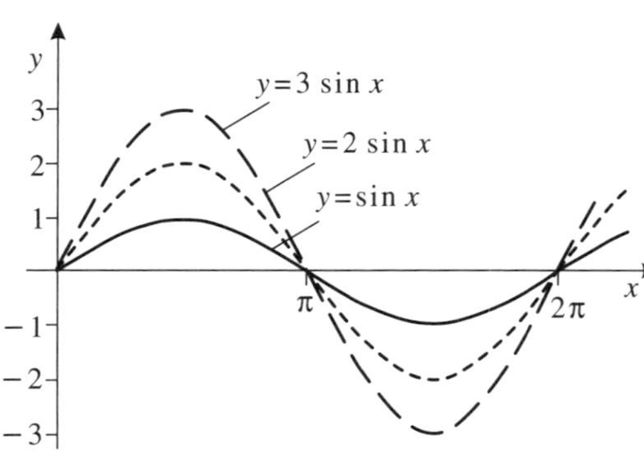

Bild 4.92

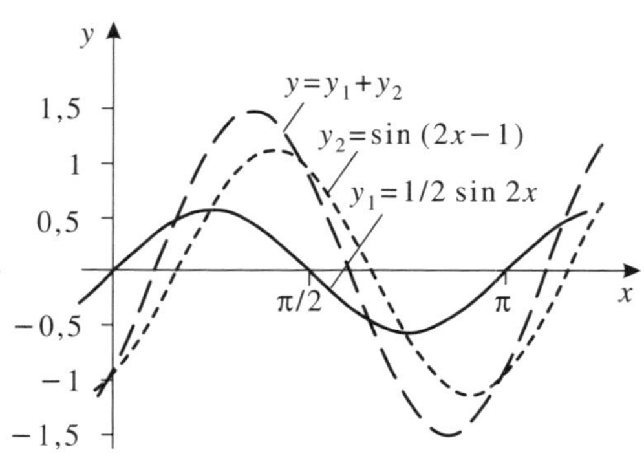

Bild 4.93

4.59 Es soll die Kurve der Funktion

$$y = \frac{1}{2}\sin 2x + \sin(2x - 1)$$

gezeichnet werden.

Lösung: Im vorliegenden Falle sollen die beiden Sinusschwingungen

$$y_1 = \frac{1}{2}\sin 2x \quad \text{und} \quad y_2 = \sin(2x - 1)$$

überlagert werden. Die Ausgangsschwingungen besitzen zwar unterschiedliche Amplituden ($A_1 = \frac{1}{2}$ und $A_2 = 1$), haben aber wiederum die gleiche Frequenz, nämlich $\omega = 2$. Die Periode beider Schwingungen ist also $p = \pi$. Die Schwingung y_2 ist zudem noch um $\frac{1}{2}$ LE in positiver x-Richtung verschoben. Aus den beiden im Bild 4.93 stark eingezeichneten Kurven ergibt sich in der gleichen Weise wie im Beispiel 4.58 die zugehörige Überlagerungskurve.
Aufgrund der Zeichnung ist zu vermuten, dass es sich auch bei der Überlagerungsschwingung ebenfalls um eine Schwingung mit der Frequenz $\omega = 2$ handelt.

4.60 Die Überlagerungsschwingung

$$y = \sin 3t + 2\sin\left(3t - \frac{\pi}{3}\right)$$

soll grafisch dargestellt werden.

Lösung: Das Bild der gesuchten Funktion entsteht durch Überlagerung der beiden Schwingungen $y_1 = \sin 3t$ und $y_2 = 2\sin\left(3t - \frac{\pi}{3}\right)$, die beide die gleiche Frequenz $\omega = 3$ haben. Es ist daher sinnvoll, in t-Richtung ωt (also $3t$) als Einheit zu wählen. In diesem Koordinatensystem entspricht y_1 der Grundfunktion $y = \sin t$; y_2 unterscheidet sich von y_1 durch die Amplitude $A_2 = 2$ LE, sowie durch die Verschiebung um $\frac{\pi}{3}$ in positiver t-Richtung.
Die gesuchte Kurve entsteht durch Addition der Ordinaten $y = y_1 + y_2$. Dabei ist es ratsam, bevorzugt solche Stellen auszuwählen, an denen y_1 bzw. y_2 Null ist bzw. an denen sich die beiden Ordinaten gut addieren lassen. Auf diese Weise entsteht die im Bild 4.94 dargestellte Kurve.

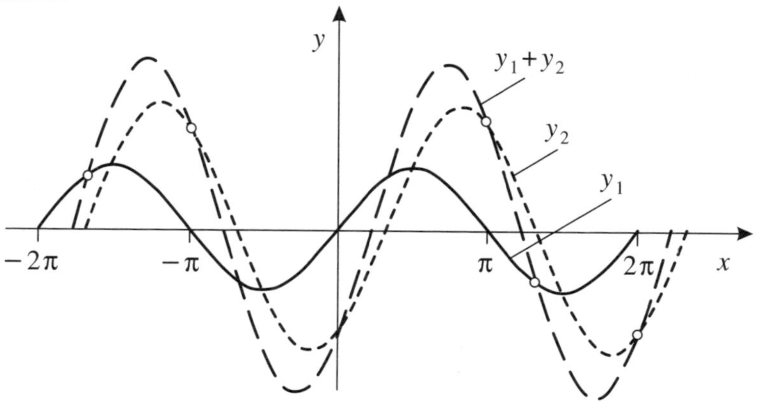

Bild 4.94

Die vorgeführten Beispiele lassen vermuten, dass durch die Überlagerung zweier Sinusschwingungen mit *gleicher* Frequenz wiederum eine Schwingung mit derselben Frequenz entsteht.

Diese Vermutung lässt sich analytisch wie folgt bestätigen:

Es wird angenommen, dass die Überlagerungskurve der beiden Sinusschwingungen $y_1 = A_1 \sin(\omega t + \varphi_1)$ und $y_2 = A_2 \sin(\omega t + \varphi_2)$ wiederum eine Sinusschwingung mit derselben Frequenz ω ist, so dass man ihre Funktionsgleichung in der Form

$$y = y_1 + y_2 = A_1 \sin(\omega t + \varphi_1) + A_2 \sin(\omega t + \varphi_2) = A \sin(\omega t + \varphi)$$

mit zunächst noch unbekannter Amplitude A und unbekannter Phasenverschiebung φ schreiben können muss. Wenn diese Annahme richtig ist, dann müssen sich die beiden noch unbekannten Größen A und φ eindeutig bestimmen lassen.

Aus

$$A_1 \sin(\omega t + \varphi_1) + A_2 \sin(\omega t + \varphi_2)$$

folgt zunächst unter Beachtung der Additionstheoreme (3.17)

$$\begin{aligned} A \sin \omega t \cos \varphi + A \cos \omega t \sin \varphi = {} & A_1 \sin \omega t \cos \varphi_1 + A_1 \cos \omega t \sin \varphi_1 + \\ & A_2 \sin \omega t \cos \varphi_2 + A_2 \cos \omega t \sin \varphi_2 \end{aligned}$$

oder anders geordnet

$$\begin{aligned} A \sin \omega t \cos \varphi + A \cos \omega t \sin \varphi = {} & \sin \omega t (A_1 \cos \varphi_1 + A_2 \cos \varphi_2) + \\ & \cos \omega t (A_1 \sin \varphi_1 + A_2 \sin \varphi_2) \end{aligned}$$

Diese Gleichung muss für alle Werte von t gelten. Dies ist aber nur dann möglich, wenn die Koeffizienten von $\sin \omega t$ und $\cos \omega t$ auf beiden Seiten der Gleichung übereinstimmen. Es ergibt sich demnach das Gleichungssystem

$$A \cos \varphi = A_1 \cos \varphi_1 + A_2 \cos \varphi_2 \qquad (^*)$$

$$A \sin \varphi = A_1 \sin \varphi_1 + A_2 \sin \varphi_2 \qquad (^{**})$$

Quadriert man diese beiden Gleichungen, so erhält man mit Hilfe des trigonometrischen PYTHAGORAS und des Additionstheorems für den Kosinus (3.17)

$$A^2 = A_1^2 + A_2^2 + 2A_1A_2 \cos(\varphi_1 - \varphi_2).$$

Dividiert man $(^{**})$ durch $(^*)$, so ergibt sich

$$\tan \varphi = \frac{A_1 \sin \varphi_1 + A_2 \sin \varphi_2}{A_1 \cos \varphi_1 + A_2 \cos \varphi_2}.$$

Damit sind zwei Gleichungen gefunden, aus denen sich die unbekannte Amplitude A sowie die Phasenverschiebung φ der Überlagerungsschwingung berechnen lassen.

Demnach gilt:

Werden zwei Sinusschwingungen $y_1 = A_1 \sin(\omega t + \varphi_1)$ und $y_2 = A_2 \sin(\omega t + \varphi_2)$ mit der gleichen Frequenz ω überlagert, so entsteht wiederum eine Sinusschwingung mit der gleichen Frequenz

$$y = A_1 \sin(\omega t + \varphi_1) + A_2 \sin(\omega t + \varphi_2) = A \sin(\omega t + \varphi),$$

deren Amplitude A aus der Gleichung

$$\boxed{A^2 = A_1^2 + A_2^2 + 2A_1A_2 \cos(\varphi_1 - \varphi_2)} \qquad (4.32)$$

und deren Phasenverschiebung φ aus

$$\boxed{\tan\varphi = \frac{A_1 \sin\varphi_1 + A_2 \sin\varphi_2}{A_1 \cos\varphi_1 + A_2 \cos\varphi_2}} \qquad (4.33)$$

berechnet werden können.

Beispiel:

4.60a Für die im Beispiel 4.60 zeichnerisch ermittelte Überlagerungskurve ergibt sich durch Rechnung:

$$A_1 = 1, \quad A_2 = 2, \quad \varphi_1 = 0, \quad \varphi_2 = -\frac{\pi}{3}$$

$$\rightarrow A = \sqrt{1 + 4 + 4\cos\frac{\pi}{3}} = \sqrt{7} \approx 2{,}65$$

sowie

$$\tan\varphi = \frac{\sin 0 + 2\sin(-\pi/3)}{\cos 0 + 2\cos(-\pi/3)} = \frac{-\sqrt{3}}{2} \quad \rightarrow \quad \varphi = -0{,}71.$$

Überzeugen Sie sich bitte davon, dass die rechnerisch ermittelten Werte mit denen in der Zeichnung (Bild 4.94) übereinstimmen.

Wenn Sinusschwingungen mit unterschiedlichen Frequenzen überlagert werden, dann entstehen i. allg. keine reinen Sinusschwingungen mehr, aber die entstehenden Überlagerungsschwingungen sind nach wie vor periodische Funktionen.

Beispiel:

4.61 Es soll die Überlagerungskurve $y = \sin 3t + 2\sin\left(t - \frac{\pi}{3}\right)$ gezeichnet werden.

Lösung: Aus den beiden im Bild 4.95 mit schwachen Linien dargestellten Kurven $y_1 = \sin 3t$ und $y_2 = 2\sin\left(t - \frac{\pi}{3}\right)$ ergibt sich die als kräftigere Linie eingetragene Überlagerungskurve. Sie stellt eine periodische Funktion mit der Periode 2π dar, ist aber *keine reine Sinuslinie* mehr.

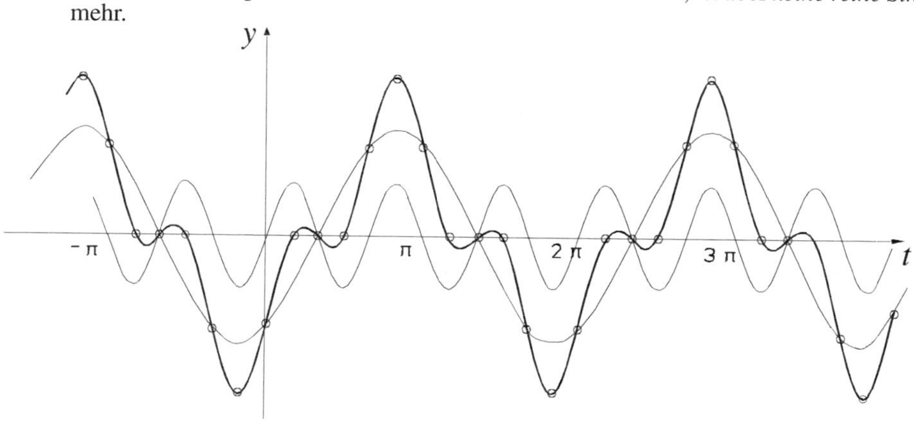

Bild 4.95

Überlagert man Sinusschwingungen mit nicht-trigonometrischen Funktionen, so entstehen i. allg. weder harmonische noch periodische Funktionen.

Beispiele:

4.62 Welche Gestalt besitzt die Überlagerungsfunktion $y = \frac{1}{2}x - \sin x$?

Lösung: Hier soll eine Sinusschwingung mit einer linearen Funktion überlagert werden. Bild 4.96 zeigt die beiden Ausgangsfunktionen

$$y_1 = \frac{1}{2}x \quad \text{und} \quad y_2 = \sin x$$

Die daraus resultierende Überlagerungskurve ist, wie aus Bild 4.96 hervorgeht, nicht periodisch. Es handelt sich jedoch um eine ungerade Funktion, denn die Kurve verläuft zentralsymmetrisch zum Koordinatenursprung, und es gilt

$$f(-x) = \frac{1}{2}(-x) - \sin(-x) = -\frac{1}{2}x - (-\sin x) = -\left(\frac{1}{2}x - \sin x\right),$$

d. h. $\quad f(-x) = -f(x)$.

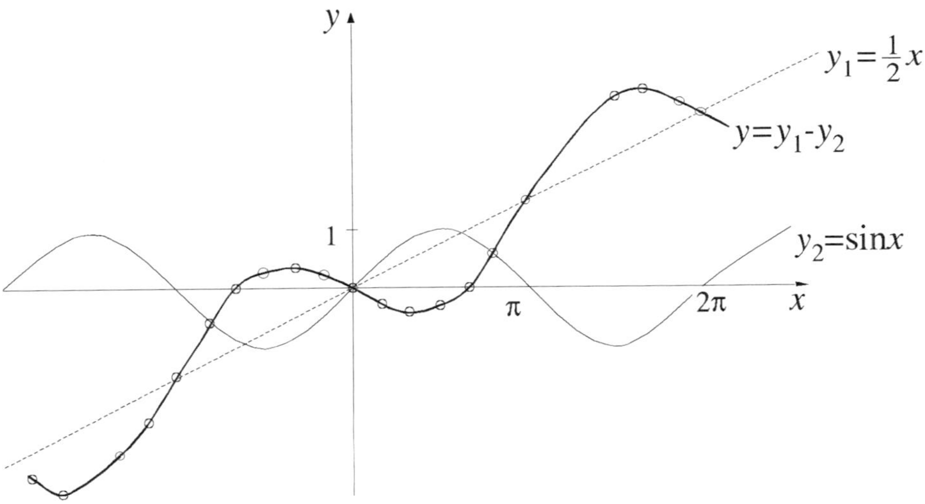

Bild 4.96

4.63 Die Kurve $y = \sin^2 x$ soll grafisch dargestellt werden.

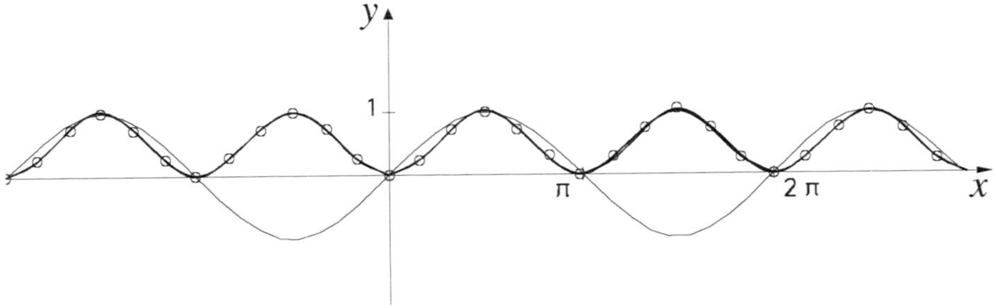

Bild 4.97

Die Kurve $y = \sin^2 x$ geht aus der Grundfunktion $y = \sin x$ dadurch hervor, dass die Ordinate eines jeden Punktes der Kurve $y = \sin x$ zu quadrieren ist. Da $-1 \leq \sin x \leq 1$ ist, muss die Kurve der Funktion $y = \sin^2 x$ völlig zwischen der x-Achse (Gerade $y = 0$) und der Parallelen zur x-Achse im Abstand 1 (Gerade $y = 1$) hin- und herpendeln. Die gesuchte Kurve ist im Bild 4.97 dargestellt.

Aufgaben:

4.59 Die nachfolgend genannten Funktionen sind zu skizzieren, so dass der charakteristische Kurvenverlauf gut erkennbar wird.

a) $y = \sin x + \cos x$ **b)** $y = \sin x - \cos x$ **c)** $y = \frac{1}{2}(\tan x + \sin x)$

Bei den Aufgaben 4.60 bis 4.63 sind die Kurven der durch ihre Funktionsgleichung gegebenen Funktionen im Bereich $[-\pi; 2\pi]$ zu zeichnen.

4.60 **a)** $y = \sin x + \sin(x - 1)$ **b)** $y = \cos x - \cos(x - 1)$

4.61 **a)** $y = \sin\left(x - \frac{\pi}{3}\right) + 2\sin x$ **b)** $y = \cos\left(x - \frac{\pi}{3}\right) - 2\cos x$

4.62 **a)** $y = \sin x + \frac{1}{2}\cos x$ **b)** $y = 0{,}3\sin x + 2\cos x$

4.63 **a)** $y = 0{,}5\sin\left(x - \frac{\pi}{3}\right) + 2\sin\left(x + \frac{\pi}{6}\right)$ **b)** $y = 0{,}4\cos\left(x + \frac{2\pi}{3}\right) + \cos\left(x - \frac{\pi}{6}\right)$

Bei den Aufgaben 4.64 bis 4.67 ist die Gleichung der Überlagerungsschwingung zu ermitteln.

4.64 **a)** $3\sin x + 2\sin\left(x + \frac{\pi}{3}\right)$ **b)** $-\frac{1}{3}\sin\left(x - \frac{\pi}{12}\right) + 4\sin x$

4.65 **a)** $\sin x + \frac{1}{2}\cos x$ **b)** $3\sin x + 2\cos x$

4.66 **a)** $\frac{1}{2}\sin\left(x - \frac{\pi}{3}\right) + 2\sin\left(x + \frac{\pi}{6}\right)$ **b)** $10\sin(x + 0{,}8) + 15\sin(x + 2.12)$

4.67 **a)** $0{,}4\cos\left(x + \frac{\pi}{2}\right) - 3\sin\left(x - \frac{\pi}{6}\right)$ **b)** $5\sin(2x + 1) - 14\cos\left(2x - \frac{3\pi}{2}\right)$

4.68 Die beiden sinusförmigen Wechselspannungen $u_1(t)$ und $u_2(t)$ werden überlagert. Die entstehende Gesamtspannung $u(t) = u_1(t) + u_2(t)$ soll (1) zeichnerisch und (2) rechnerisch ermittelt werden.

a) $u_1(t) = 380\text{ V}\cdot\sin(2\pi\cdot 50\text{ s}^{-1}\cdot t)$ $u_2(t) = 380\text{ V}\cdot\cos(2\pi 50\text{ s}^{-1}\cdot t)$

b) $u_1(t) = 12\text{ V}\cdot\sin\left(2\pi\cdot 10^3\text{ s}^{-1}\cdot t + \frac{\pi}{4}\right)$ $u_2(t) = 10\text{ V}\cdot\sin\left(2\pi\cdot 10^3\text{ s}^{-1}\cdot t + \frac{\pi}{6}\right)$

c) $u_1(t) = 8{,}5\text{ V}\cdot\cos\left(2\pi\cdot 300\text{ s}^{-1}\cdot t - \frac{\pi}{6}\right)$ $u_2(t) = 8{,}5\text{ V}\cdot\sin\left(2\pi\cdot 300\text{ s}^{-1}\cdot t + \frac{\pi}{6}\right)$

d) $u_1(t) = 60\text{ V}\cdot\sin\left(2\pi\cdot 500\text{ s}^{-1}\cdot t + \frac{\pi}{8}\right)$ $u_2(t) = 65\text{ V}\cdot\sin\left(2\pi\cdot 500\text{ s}^{-1}\cdot t - \frac{5\pi}{6}\right)$

4.69 Skizzieren Sie die folgenden Überlagerungskurven innerhalb des Intervalls $B = \left[-\frac{\pi}{2}; \frac{5\pi}{2}\right]$.

a) $y = \sin x + \sin 3x$ **b)** $y = \sin x + \frac{1}{3}\sin 3x$

c) $y = \sin x + \frac{1}{3}\sin 3x + \frac{1}{5}\sin 5x$ **d)** $y = \sin x - \sin 2x$

e) $y = \sin x - \frac{1}{2}\sin 2x$ **f)** $y = \sin x - \frac{1}{2}\sin 2x + \frac{1}{3}\sin 3x$

4.70 Bei der Überlagerung zweier sinusförmiger Wechselspannungen

$u_1(t) = 10\ \text{V} \cos 50t$ und $u_2(t) = 10\ \text{V} \cos 60t$,

deren Frequenzen sich nur sehr wenig voneinander unterscheiden, entsteht die sogenannte *Schwebung*.

a) Man berechne die Gesamtspannung $u(t) = u_1(t) + u_2(t)$.

b) Die Gesamtspannung $u(t)$ ist für $t \in \left[0; \frac{3\pi}{5}\right]$ grafisch darzustellen.

c) Es sind die einzelnen Terme von $u(t)$ anhand der Zeichnung zu deuten.

4.71 Skizzieren Sie den Verlauf der Funktionen

a) $y = x + \cos x$ **b)** $y = x \cdot \sin x$

c) $y = 2x - e^x$ **d)** $y = 2\,e^{-0{,}5x} \cdot \sin 4x$

5 Komplexe Zahlen

5.1 Grundbegriffe

5.1.1 Einführung der komplexen Zahlen

Im Abschnitt 2.2.4 wurde sichtbar, dass zum Beispiel die Gleichung

$$x^2 - 2 = 0$$

im Bereich der rationalen Zahlen nicht lösbar ist, da es keine rationale Zahl mit $x^2 = 2$ gibt. An dieser Stelle war es notwendig, eine *Zahlenbereichserweiterung* durchzuführen.

Im dadurch entstehenden *Bereich der reellen Zahlen* ist dieser „Mangel" beseitigt, denn es gibt reelle Zahlen, die die obige Gleichung lösen. Diese reellen Zahlen bilden die Lösungsmenge

$$L = \{-\sqrt{2}, \sqrt{2}\}.$$

Gleichzeitig ist aber wichtig, dass man auch im neu definierten Bereich mit den bis dahin bekannten rationalen Zahlen wie gewohnt arbeiten kann. Diese Forderung ist erfüllt, denn der *Bereich der reellen Zahlen enthält die rationalen Zahlen als Teilbereich.*

Aber auch im Bereich der reellen Zahlen gibt es Gleichungen, die nicht lösbar sind, so zum Beispiel

$$x^2 + 4 = 0,$$

denn es gibt keine reelle Zahl x, für die $x^2 = -4$ gilt.

Aus diesem Grund macht es sich erforderlich, erneut eine *Zahlenbereichserweiterung* durchzuführen. Der neue Bereich muss zwei Forderungen erfüllen:

- Es sollen beliebige algebraische Gleichungen lösbar sein, d. h. auch solche, in denen Wurzeln mit negativen Radikanden auftreten.
- Der Bereich der reellen Zahlen muss als Teilbereich im neuen Bereich enthalten sein. Alle dort definierten Rechenoperationen sollen ihre Gültigkeit behalten.

Dieser neue Zahlenbereich wird **Bereich der komplexen Zahlen** heißen und durch das Symbol **C** bezeichnet.

Zuvor muss jedoch eine „neue Zahl" eingeführt werden, die *imaginäre Einheit* i:

> **Definition**:
> Die **imaginäre Einheit i** ist die Zahl, für die die Gleichung
> $$\mathrm{i}^2 = -1$$
> gilt.

Die Zahl i kann damit keine reelle Zahl sein.

Vielfach wird die imaginäre Einheit i im Sinne von $\mathrm{i} = \sqrt{-1}$ verstanden. Diese Darstellung ist aber *nur als formale Schreibweise* aufzufassen, da die Wurzel im bisherigen Sinne nur für nichtnegative reelle Zahlen definiert wurde. Es gilt zum Beispiel *nicht* die Gleichung

$$\mathrm{i}^2 = \mathrm{i} \cdot \mathrm{i} = \sqrt{-1} \cdot \sqrt{-1} = \sqrt{-1 \cdot -1} = \sqrt{1} = 1.$$

Deshalb kann i nicht einfach als $\sqrt{-1}$ definiert werden. Der Wurzelbegriff im Bereich der komplexen Zahlen wird später festgelegt.

Mit der imaginären Einheit i wird unter Beachtung ihrer Definition nach den bisher üblichen Rechengesetzen gerechnet. Es ist

$$\begin{aligned}
\mathrm{i}^0 &= 1 \\
\mathrm{i}^1 &= \mathrm{i} \\
\mathrm{i}^2 &= -1 \\
\mathrm{i}^3 &= \mathrm{i}^2 \cdot \mathrm{i} = -\mathrm{i} \\
\mathrm{i}^4 &= \mathrm{i}^3 \cdot \mathrm{i} = -\mathrm{i} \cdot \mathrm{i} = -(-1) = 1 \\
\mathrm{i}^5 &= \mathrm{i}^4 \cdot \mathrm{i} = 1 \cdot \mathrm{i} = \mathrm{i} \\
\vdots \quad & \vdots \quad \vdots
\end{aligned}$$

Allgemein gilt:

$$\left.\begin{aligned}
\mathrm{i}^{4n+1} &= \mathrm{i} \\
\mathrm{i}^{4n+2} &= \mathrm{i}^2 = -1 \\
\mathrm{i}^{4n+3} &= \mathrm{i}^3 = -\mathrm{i} \\
\mathrm{i}^{4n} &= \mathrm{i}^4 = 1
\end{aligned}\right\} \qquad n \in \mathbf{G}$$

Mit der imaginären Einheit i kann nun die *komplexe Zahl* eingeführt werden:

Definition:
Das Produkt aus einer reellen Zahl b und der imaginären Einheit i heißt **imaginäre Zahl** $b\,\mathrm{i}$ ($b \in \mathbf{R}$).
Die formale Summe aus einer reellen Zahl a und einer imaginären Zahl $b\,\mathrm{i}$ heißt **komplexe Zahl**:

$$z = a + b\,\mathrm{i}, \quad a, b \in \mathbf{R}.$$

Dabei werden die reelle Zahl a **Realteil von** z und b **Imaginärteil von** z genannt.
Man schreibt:

$$\mathrm{Re}(z) = a, \quad \mathrm{Im}(z) = b.$$

Die Menge aller derartigen Zahlen z heißt **Bereich der komplexen Zahlen** und wird mit $\mathbf{C}$ bezeichnet.

Die eingeführte Darstellungsart einer komplexen Zahl in Real- und Imaginärteil wird **arithmetische Form** genannt. Weitere Darstellungsformen werden im Abschnitt 5.2 betrachtet.

Alle komplexen Zahlen z, deren Imaginärteil b Null ist, sind reelle Zahlen. Damit ist der Bereich der reellen Zahlen

$$\mathbf{R} = \{z \mid \mathrm{Re}(z) = a \ \wedge \ \mathrm{Im}(z) = 0\}$$

eine Teilmenge des Bereichs der komplexen Zahlen.

Die zweite Forderung an den neuen Bereich, dass alle algebraischen Gleichungen lösbar sind, wird sich nach Einführung der Rechenarten im Komplexen bestätigen.

Beispiel:

5.1 Beispiele für komplexe Zahlen mit ihren Real- und Imaginärteilen sind

$$\begin{aligned}
z &= 3 + 7\,\mathrm{i} &&: \mathrm{Re}(z) = 3, && \mathrm{Im}(z) = 7,\\
z &= -3 - 7\,\mathrm{i} &&: \mathrm{Re}(z) = -3, && \mathrm{Im}(z) = -7,\\
z &= 2\,\mathrm{i} &&: \mathrm{Re}(z) = 0, && \mathrm{Im}(z) = 2,\\
z &= 12 &&: \mathrm{Re}(z) = 12, && \mathrm{Im}(z) = 0
\end{aligned}$$

Definition:
Zu jeder komplexen Zahl $z = a + b\,\mathrm{i}$ existiert ihre **konjugiert komplexe Zahl**
$$\bar{z} = a - b\,\mathrm{i}.$$

Zueinander konjugiert komplexe Zahlen unterscheiden sich somit nur im Vorzeichen ihres Imaginärteils.

Beispiel:

5.2 Die konjugiert komplexen Zahlen der nachfolgenden Zahlen z sind:

$$\begin{aligned}
z &= 3 - 4\,\mathrm{i}, && \bar{z} = 3 + 4\,\mathrm{i},\\
z &= 3 + 4\,\mathrm{i}, && \bar{z} = 3 - 4\,\mathrm{i},\\
z &= 2\,\mathrm{i}, && \bar{z} = -2\,\mathrm{i},\\
z &= 5, && \bar{z} = 5.
\end{aligned}$$

5.1.2 Grafische Veranschaulichung komplexer Zahlen

Jeder *reellen* Zahl kann eineindeutig *ein* Punkt auf der reellen Zahlengeraden zugeordnet werden.

Eine *komplexe* Zahl $z = a + b\,\mathrm{i}$ ist durch *zwei* reelle Zahlen $\mathrm{Re}(z) = a$ und $\mathrm{Im}(z) = b$ festgelegt. Damit kann jeder komplexen Zahl z *eineindeutig der Punkt* $P(a; b)$ *einer Ebene zugeordnet* werden. Diese Ebene wird durch die zwei reellen Zahlengeraden $\mathrm{Re}(z)$ und $\mathrm{Im}(z)$ aufgespannt und **GAUSSsche Zahlenebene** genannt.

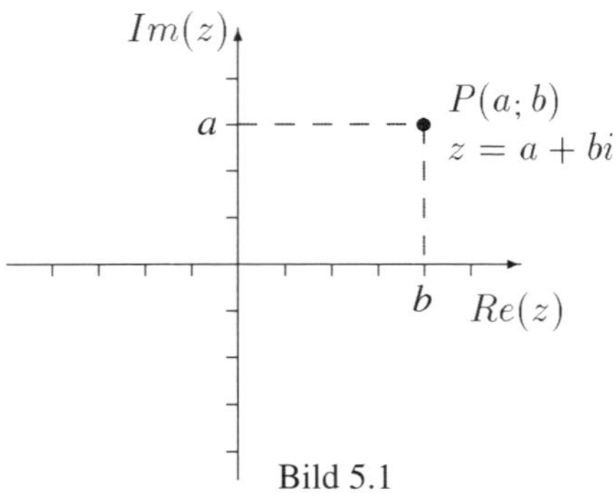

Bild 5.1

Auf der Abszisse Re(z) wird der Realteil a von z abgetragen, auf der Ordinate Im(z) der Imaginärteil b.

Beispiel:

5.3 Die Zahl $z = -2 - 4\,\mathrm{i}$ wird in der GAUSSschen Zahlenebene folgendermaßen dargestellt:

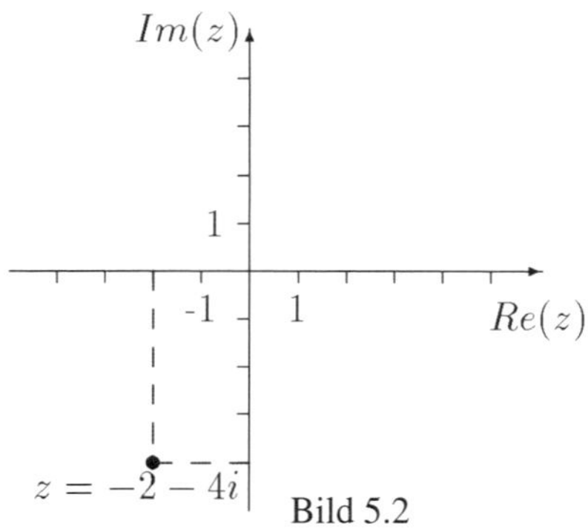

Bild 5.2

Eine deutlichere Veranschaulichung der komplexen Zahl z ist durch einen Pfeil möglich, der vom Koordinatenursprung auf den Punkt $P(a; b)$ in der GAUSSschen Zahlenebene zeigt. Diese Pfeile werden *Zeiger* oder *Ortsvektoren* genannt. Der Zeiger, der den Punkt $P(a; b)$ in der GAUSSschen Zahlenebene darstellt, hat also die Koordinaten a und b.

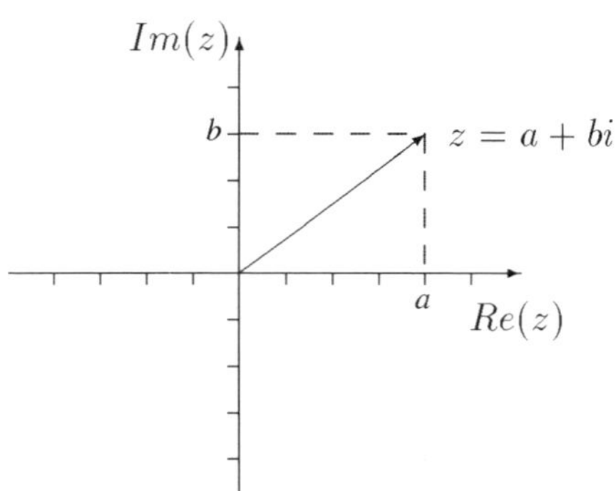

Bild 5.3

Die Länge des Zeigers, der der Zahl z zugeordnet ist, heißt **Betrag** der komplexen Zahl z und wird mit $|z|$ oder r bezeichnet.

Für den Betrag einer komplexen Zahl z gilt nach dem *Satz des Pythagoras*

$$r = |z| = \sqrt{a^2 + b^2} = \sqrt{\text{Re}(z)^2 + \text{Im}(z)^2}.$$

Der Betrag einer komplexen Zahl ist damit stets eine *positive reelle Zahl*, d. h., es gilt

$$r \geq 0 .$$

Da sich die konjugiert komplexe Zahl $\bar{z}$ nur im Vorzeichen des Imaginärteils von z unterscheidet, sind die Beträge konjugiert komplexer Zahlen gleich.

$$|\bar{z}| = \sqrt{a^2 + (-b)^2} = \sqrt{a^2 + b^2} = |z|$$

Beispiele:

5.4 Die Zahl $z = -3 + \text{i}$ und ihre konjugiert komplexe Zahl $\bar{z}$ sollen in der Gaußschen Zahlenebene dargestellt werden.

Lösung: Die zu z konjugiert komplexe Zahl ist $\bar{z} = -3 - \text{i}$. Die Darstellung beider Zahlen in der Gaußschen Zahlenebene sieht damit wie folgt aus:

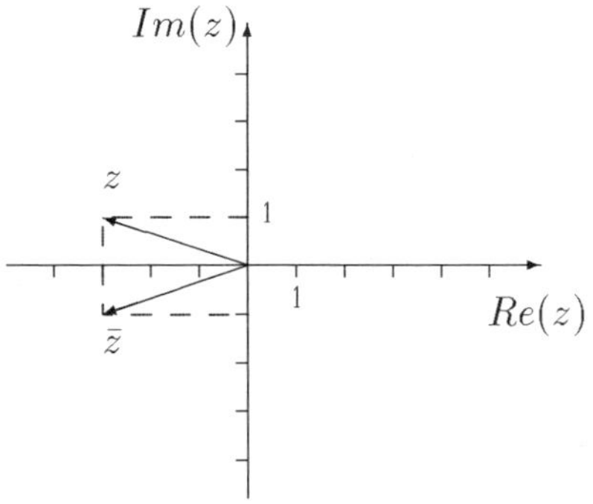

Bild 5.4

An dieser Zeichnung ist sichtbar:
Den Zeiger für die konjugiert komplexe Zahl $\bar{z}$ erhält man durch Spiegelung des Zeigers für z an der reellen Achse Re(z).

5.5 Die Menge $M = \{z \in \mathbf{C} \mid \text{Re}(z) \geq 1\}$ ist in der Gaußschen Zahlenebene zu veranschaulichen.

Lösung: Alle Zahlen z, deren Realteil $\text{Re}(z) = 1$ und deren Imaginärteil beliebig ist, bilden eine Gerade, die parallel zur imaginären Achse verläuft und durch den Punkt $P(0; 1)$ geht. Für die Punkte rechts von dieser Geraden gilt $\text{Re}(z) > 1$. Damit ergibt sich als Lösung die im Bild 5.5 schraffierte Fläche:

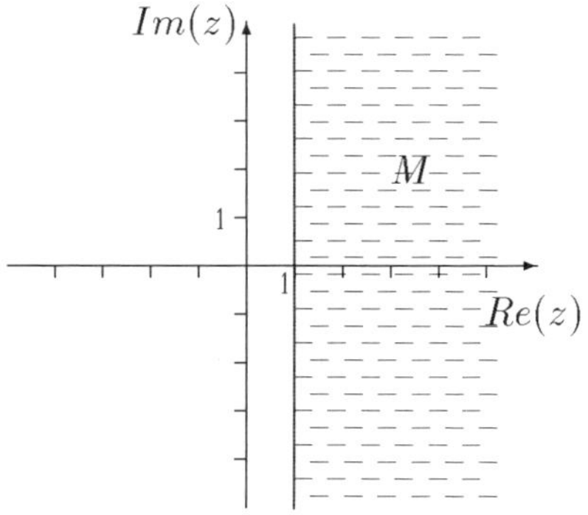

Bild 5.5

5.6 Es sind alle komplexen Zahlen mit $1 \leq |z| \leq 2$ grafisch darzustellen.

Lösung: Alle Zahlen z mit $|z| = 1$ haben den Abstand 1 vom Punkt $O(0;0)$. Sie bilden damit einen Kreis mit dem Radius 1 um den Punkt O. Entsprechend liegen alle Zahlen mit $|z| = 2$ auf dem Kreis um O mit dem Radius 2. Damit stellen alle Zahlen z, die die geforderte Eigenschaft $1 \leq |z| \leq 2$ erfüllen, den zwischen diesen zwei Kreisen liegenden Kreisring dar:

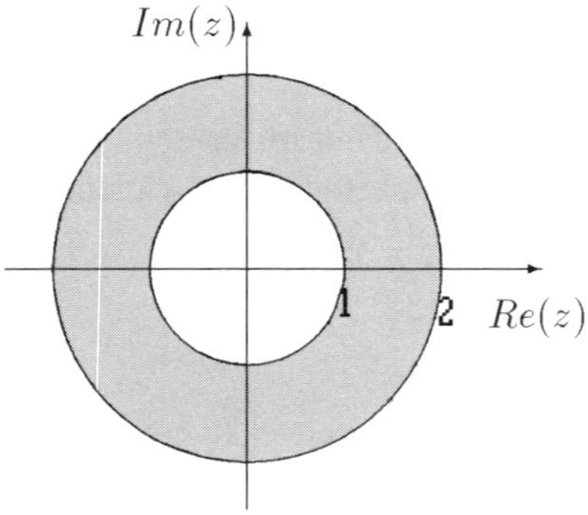

Bild 5.6

Man kann diese Aufgabe auch anders lösen, wenn man die Gleichung zur Beschreibung eines Kreises kennt.
Für den Betrag der Zahl $z = a + b\,\mathrm{i}$ gilt $|z| = \sqrt{a^2 + b^2}$. Damit geht die obere Gleichung über in $1 \leq a^2 + b^2 \leq 4$. Die untere Begrenzung $a^2 + b^2 = 1$ dieser Ungleichung stellt die Kreisgleichung für den Kreis um den Punkt O mit dem Radius 1 dar. Die Gleichung $a^2 + b^2 = 4$ beschreibt den Kreis mit dem Radius 2, der die äußere Grenze des Darstellungsgebietes bildet. Auf diese Weise erhält man ebenfalls die angegebene Lösung.

Aufgaben:

5.1 Vervollständigen Sie die folgende Tabelle:

z	Re(z)	Im(z)	$\bar{z}$
$5 - 6\,\mathrm{i}$			
	-12	-22	
			$-77 + \mathrm{i}$
$8\,\mathrm{i}$			
			-2

5.2 Bestimmen Sie die Beträge folgender komplexer Zahlen:

a) $2 + 3\,\mathrm{i}$ **b)** $2 - 3\,\mathrm{i}$ **c)** $\sqrt{2} + \mathrm{i}\sqrt{7}$

d) $a + a\,\mathrm{i}$ **e)** $4\,\mathrm{i}$ **f)** $-2 - 2\,\mathrm{i}$

5.3 Stellen Sie die gegebene Zahl sowie deren dazu konjugiert komplexe in der Gaußschen Zahlenebene dar und berechnen Sie $|z|$ und $|\bar{z}|$!

a) $z = 3 + 5\,\mathrm{i}$ **b)** $z = 3 - 5\,\mathrm{i}$ **c)** $z = -3 + 5\,\mathrm{i}$

d) $z = -3 - 5\,\mathrm{i}$ **e)** $\bar{z} = 1 - 2\,\mathrm{i}$ **f)** $\bar{z} = -2\,\mathrm{i}$

g) $\bar{z} = 1$ **h)** $|z| = 5$, $\mathrm{Re}(z) = 3$

5.4 Bestimmen Sie die fehlenden Ausdrücke!

z	$\bar{z}$	Re(z)	Im(z)	$\|z\|$
$2a + 2a\,\mathrm{i}$				
	$-5\,\mathrm{i}$			
		3	4	
		1		$\sqrt{2}$
			2	2
		0	b	

5.5 Veranschaulichen Sie die folgenden Punktmengen in der GAUSSschen Zahlenebene!

a) $M_1 = \{z \in \mathbf{C} \mid \mathrm{Im}(z) \leq -1\}$

b) $M_2 = \{z \in \mathbf{C} \mid |z| = 1\}$

c) $M_2 = \{z \in \mathbf{C} \mid \mathrm{Re}(z) \geq 2 \ \wedge \ \mathrm{Im}(z) \geq 2\}$

d) $M_3 = \{z \in \mathbf{C} \mid \mathrm{Im}(z) = 2 \cdot \mathrm{Re}(z) + 1\}$

e) $M_4 = \{z \in \mathbf{C} \mid \mathrm{Im}(z) \leq \mathrm{Re}(z)^2 - 1\}$

f) $M_5 = \{z \in \mathbf{C} \mid |z| < 4\}$

g) $M_6 = \{z \in \mathbf{C} \mid |z - 1| \geq 3 \ \wedge \ \mathrm{Im}(z) \geq 1\}$

5.6 Wann ist eine komplexe Zahl mit ihrer konjugiert komplexen identisch?

5.7 Für welche komplexen Zahlen z gilt $z = -\bar{z}$?

5.8 Stellen Sie die Menge aller komplexen Zahlen, die die folgenden Eigenschaften erfüllen, in der GAUSSschen Zahlenebene dar.

a) $z = x + \mathrm{i}y$, wobei x beliebig und y eine konstante Zahl ist,
b) $z = -\bar{z}$
c) $z = a + b\,\mathrm{i}$ mit $b < 0$ und a beliebig

5.2 Die trigonometrische und die Exponentialform komplexer Zahlen

5.2.1 Die trigonometrische Darstellungsform

Bisher wurden die komplexen Zahlen z in der durch die Definition gegebenen *arithmetischen Form* $z = a + b\,\mathrm{i}$ dargestellt. In der Gaußschen Zahlenebene können diese Zahlen durch einen Vektor (bzw. Zeiger) mit den Komponenten a und b veranschaulicht werden.

Dieser Vektor kann aber auch durch zwei andere Größen eindeutig bestimmt werden, nämlich durch

- den Betrag $|z| = r$ von z

und

- den Winkel φ zwischen der Achse Re(z) und dem Zeiger für z.

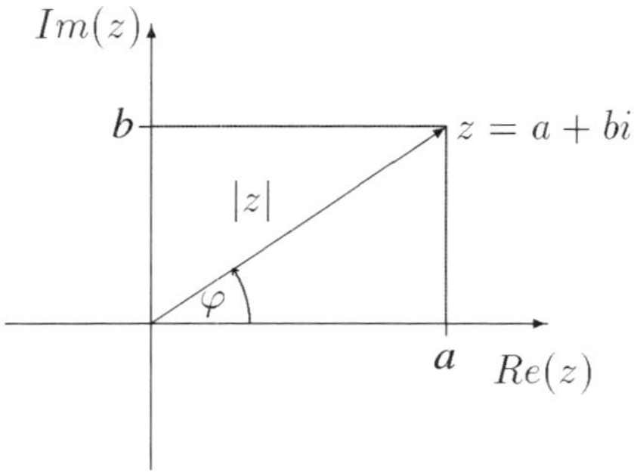

Bild 5.7

Mit diesen Überlegungen kann eine weitere Darstellungsform für komplexe Zahlen – die **trigonometrische Form** – eingeführt werden. (Statt des Begriffs trigonometrische Form findet man zuweilen auch die gleichberechtigte Bezeichnung *goniometrische Form* der komplexen Zahl.) Diese Form verwendet zur Beschreibung von z den Betrag r und den Winkel φ. Das Verhältnis zur arithmetischen Form ergibt sich unmittelbar aus den Winkelbeziehungen am rechtwinkligen Dreieck:

$$\boxed{a = r \cdot \cos\varphi\ , \quad b = r \cdot \sin\varphi} \tag{5.1}$$

Damit gilt

$$\boxed{z = a + b\,\mathrm{i} = r(\cos\varphi + \mathrm{i}\sin\varphi)} \tag{5.2}$$

Der Winkel φ wird dabei stets als **Hauptwert**, d. h. aus dem Intervall $[0; 2\pi)$ bzw. $[0°; 360°)$, angegeben.

Auf diese Weise ist die Zahl z ebenfalls eindeutig beschrieben.

Beispiel:

5.7 Die in arithmetischer Form gegebene Zahl

$$z = \sqrt{2} + \sqrt{2}\,\mathrm{i}$$

ist identisch mit der in trigonometrischer Form dargestellten Zahl

$$z_0 = 2(\cos 45° + \mathrm{i}\sin 45°),$$

denn es gilt:

$$2 \cdot \cos 45° = \sqrt{2}\,,$$

$$2 \cdot \sin 45° = \sqrt{2}\,.$$

Dieselbe Zahl wird dargestellt durch

$$z_1 = 2(\cos 405° + \mathrm{i}\sin 405°),$$
$$z_2 = 2(\cos 765° + \mathrm{i}\sin 765°),$$
$$\vdots$$
$$z_k = 2(\cos(45° + k \cdot 360°) + \mathrm{i}\sin(45° + k \cdot 360°)), \qquad k = 0, 1, 2, \ldots,$$

denn es ist

$$\cos(45^\circ + k \cdot 360^\circ) = \cos 45^\circ = \frac{1}{2}\sqrt{2} \quad ,$$
$$\sin(45^\circ + k \cdot 360^\circ) = \sin 45^\circ = \frac{1}{2}\sqrt{2} \quad ,$$

und somit gilt

$$\begin{aligned} z_k &= 2(\cos(45^\circ + k \cdot 360^\circ) + \mathrm{i}\sin(45^\circ + k \cdot 360^\circ)) \\ &= 2\left(\frac{1}{2}\sqrt{2} + \frac{1}{2}\sqrt{2}\,\mathrm{i}\right) \\ &= \sqrt{2} + \sqrt{2}\,\mathrm{i} \\ &= z. \end{aligned}$$

Der Betrag von z ist also $r = 2$, der Hauptwert des Winkels φ beträgt 45°.

5.2.1.1 Umrechnung von der arithmetischen in die trigonometrische Form

Beim Rechnen mit komplexen Zahlen ist es häufig notwendig, verschiedene Darstellungsformen ineinander umzurechnen.

Sei die Zahl z in ihrer arithmetischen Form

$$z = a + b\,\mathrm{i}$$

gegeben. Gesucht ist die Darstellung dieser Zahl in der Form

$$z = r(\cos\varphi + \mathrm{i}\sin\varphi).$$

Die Umrechnung wird in drei Schritten durchgeführt:

1. Berechnung des Betrages
$$r = \sqrt{a^2 + b^2}$$
2. Berechnung eines Hilfswinkels $\tilde{\varphi}$ aus einer der Beziehungen
$$\cos\tilde{\varphi} = \frac{|a|}{r} \qquad \text{bzw.} \qquad \sin\tilde{\varphi} = \frac{|b|}{r} \tag{5.3}$$
(vgl. Formeln (5.1)). Der Winkel $\tilde{\varphi}$ ist dabei aus dem Intervall
$$\tilde{\varphi} \in \left[0; \frac{\pi}{2}\right)$$
zu wählen.
(Danach sollte man eine Probe durchführen, ob der Winkel $\tilde{\varphi}$ die jeweils andere der Beziehungen (5.3) erfüllt.)
3. Bestimmung des Hauptwertes φ aus dem Hilfswinkel $\tilde{\varphi}$ unter Berücksichtigung der Vorzeichen der trigonometrischen Funktionen sin und cos (vgl. 3.8) und der Quadrantenbeziehungen (vgl. 3.10)

Der Winkel φ wird durch die Vorzeichen von a und b wie folgt bestimmt:

a	b	Quadrant von φ	
> 0	> 0	1.	$\varphi = \tilde{\varphi}$
< 0	> 0	2.	$\varphi = 180^\circ - \tilde{\varphi}$
< 0	< 0	3.	$\varphi = 180^\circ + \tilde{\varphi}$
> 0	< 0	4.	$\varphi = 360^\circ - \tilde{\varphi}$

Beispiel:

5.8 Es ist die trigonometrische Form der Zahlen

$$z_1 = 2\sqrt{3} + 2\,\mathrm{i}$$
$$z_2 = -2\sqrt{3} + 2\,\mathrm{i}$$
$$z_3 = -2\sqrt{3} - 2\,\mathrm{i}$$
$$z_4 = 2\sqrt{3} - 2\,\mathrm{i}$$

gesucht.

Lösung:

1. Berechnung des Betrages
   Da sich die Real- und Imaginärteile der Zahlen $z_1, \ldots, z_4$ jeweils nur im Vorzeichen unterscheiden, haben alle Zahlen denselben Betrag.

$$r = \sqrt{(2\sqrt{3})^2 + 2^2} = \sqrt{12 + 4} = 4$$

2. Bestimmung des Hilfswinkels $\tilde{\varphi}$
   Da die Beträge der Realteile sowie der Imaginärteile von $z_1, \ldots, z_4$ untereinander gleich sind, muss nur ein Hilfswinkel berechnet werden.

$$\cos\tilde{\varphi} = \frac{2\sqrt{3}}{4} = \frac{1}{2}\sqrt{3}$$
$$\Rightarrow \quad \tilde{\varphi} = \frac{\pi}{6}$$

   Die Probe für die zweite der Beziehungen (5.3) ergibt

$$\sin\tilde{\varphi} = \sin\frac{\pi}{6} = \frac{1}{2} = \frac{2}{4} = \frac{|b|}{r}$$

3. Umrechnung von $\tilde{\varphi}$ in den Hauptwert φ
   Die Real- und Imaginärteile der Zahlen $z_1, \ldots, z_4$ unterscheiden sich in ihren Vorzeichen:

$$z_1 : a > 0, b > 0 \Rightarrow \varphi = \frac{\pi}{6} = 30^\circ \qquad \Longrightarrow \qquad z_1 = 4\left(\cos\frac{\pi}{6} + \mathrm{i}\sin\frac{\pi}{6}\right)$$

$$z_2 : a < 0, b > 0 \Rightarrow \varphi = \frac{5}{6}\pi = 150^\circ \qquad z_2 = 4\left(\cos\frac{5}{6}\pi + \mathrm{i}\sin\frac{5}{6}\pi\right)$$

$$z_3 : a < 0, b < 0 \Rightarrow \varphi = \frac{7}{6}\pi = 210^\circ \qquad z_3 = 4\left(\cos\frac{7}{6}\pi + \mathrm{i}\sin\frac{7}{6}\pi\right)$$

$$z_4 : a > 0, b > 0 \Rightarrow \varphi = \frac{11}{6}\pi = 330^\circ \qquad z_4 = 4\left(\cos\frac{11}{6}\pi + \mathrm{i}\sin\frac{11}{6}\pi\right)$$

5.2.1.2 Umrechnung von der trigonometrischen in die arithmetische Form

Die Bestimmung der arithmetischen Form aus der trigonometrischen ist einfacher als umgekehrt.

Gegeben ist die Darstellung

$$z = r(\cos\varphi + \mathrm{i}\sin\varphi),$$

aus der die Form

$$z = a + b\,\mathrm{i}$$

hergestellt werden soll. Multipliziert man die erste Gleichung aus, so erhält man

$$r\cos\varphi + r\sin\varphi\cdot\mathrm{i} = a + b\cdot\mathrm{i}.$$

Hieraus folgt

$$a = r\cdot\cos\varphi,\qquad b = r\cdot\sin\varphi$$

(Vergleichen Sie dieses Ergebnis mit den Formeln (5.1).)

Beispiel:

5.9 Die Zahl $z = 2\left(\cos\frac{5}{3}\pi + \mathrm{i}\sin\frac{5}{3}\pi\right)$ soll in arithmetischer Form dargestellt werden.

Lösung: Für den Real- und den Imaginärteil der Zahl z gilt:

$$a = 2\cos\frac{5}{3}\pi = 2\cos\frac{\pi}{3} = 2\cdot\frac{1}{2} = 1$$
$$b = 2\sin\frac{5}{3}\pi = -2\sin\frac{\pi}{3} = -2\cdot\frac{1}{2}\sqrt{3} = -\sqrt{3}$$

Somit erhält man für z die arithmetische Darstellung

$$z = 1 - \sqrt{3}\,\mathrm{i}$$

5.2.2 Die Exponentialform

Die **Exponentialform** der Darstellung komplexer Zahlen entsteht aus der trigonometrischen Form

$$z = r(\cos\varphi + \mathrm{i}\sin\varphi)$$

unter Anwendung der EULER*schen Formel*[1)]

$$\boxed{\cos\varphi + \mathrm{i}\sin\varphi = \mathrm{e}^{\mathrm{i}\varphi}} \tag{5.4}$$

Damit lässt sich z durch die folgende Formel darstellen:

$$\boxed{z = r\cdot\mathrm{e}^{\mathrm{i}\varphi}} \tag{5.5}$$

[1)] Die EULERsche Formel wird an dieser Stelle nicht bewiesen und muss zunächst hingenommen werden. Ihre Richtigkeit wird im Band 4 gezeigt.

Kennt man die trigonometrische Darstellung einer komplexen Zahl und mithin den Betrag r und den Hauptwert φ, so lässt sich die Exponentialform unmittelbar aufschreiben. Ist nur die arithmetische Form gegeben, so sind r und φ wie für die trigonometrische Form in Abschnitt 5.2.1 beschrieben zu bestimmen.

Beispiel:

5.10 Die Exponentialform für die folgenden komplexen Zahlen ist zu bestimmen.

Lösung:

$$z_1 = 5\,(\cos 53{,}13^\circ + \mathrm{i}\sin 53{,}13^\circ) \implies z_1 = 5\,\mathrm{e}^{\mathrm{i}\cdot 53{,}31^\circ}$$

$$z_2 = 3\left(\cos\frac{2}{3}\pi + \mathrm{i}\sin\frac{2}{3}\pi\right) \implies z_2 = 3\,\mathrm{e}^{\frac{2}{3}\pi\,\mathrm{i}}$$

$$z_3 = 1 - \sqrt{3}\,\mathrm{i}$$

Aus der gegebenen arithmetischen Form müssen zunächst Betrag r und Winkel φ bestimmt werden. Aus Beispiel 5.9 ist bekannt, dass $r = 2$ und $\varphi = \frac{5}{3}\pi$ sind, so dass sich ergibt:

$$z_3 = 2\,\mathrm{e}^{\frac{5}{3}\pi\,\mathrm{i}}$$

Aufgaben:

5.9 Geben Sie folgende komplexe Zahlen in der trigonometrischen und der Exponentialform an!

a) $z = -1 - \mathrm{i}$ **b)** $z = \frac{1}{4}\sqrt{3} + \frac{1}{4}\mathrm{i}$ **c)** $z = -16$

d) $z = \mathrm{i}$ **e)** $z = -3 + 4\,\mathrm{i}$ **f)** $z = 3 - 4\,\mathrm{i}$

g) $z = -3 - 4\,\mathrm{i}$ **h)** $z = 3 + 4\,\mathrm{i}$ **i)** $z = \sin\alpha + \mathrm{i}(1 - \cos\alpha)$

Stellen Sie in den Aufgaben 5.10 und 5.11 die komplexen Zahlen als Zeiger grafisch dar und schreiben Sie die Ausdrücke in trigonometrischer und exponentieller Form!

5.10 **a)** $z = 2$ **b)** $z = -3$ **c)** $z = 2\,\mathrm{i}$ **d)** $z = -4\,\mathrm{i}$

5.11 **a)** $z = 2 + 2\,\mathrm{i}$ **b)** $z = 1 + \mathrm{i}\sqrt{3}$ **c)** $z = -\sqrt{3} - \mathrm{i}$

5.12 Stellen Sie die folgenden Zahlen in der GAUSSschen Zahlenebene dar!

a) $z = \cos\frac{\pi}{4} + \mathrm{i}\sin\frac{\pi}{4}$ **b)** $z = 2\,\mathrm{e}^{\mathrm{i}\pi}$ **c)** $z = 3\,\mathrm{e}^{\mathrm{i}\frac{\pi}{2}}$

d) $z = 2\left(\cos\frac{5}{4}\pi + \mathrm{i}\sin\frac{5}{4}\pi\right)$ **e)** $z = 2\left(\cos\frac{5}{4}\pi - \mathrm{i}\sin\frac{5}{4}\pi\right)$

5.13 Rechnen Sie folgende Zahlen in die arithmetische Form um!

a) $z = 4(\cos 150^\circ + \mathrm{i}\sin 150^\circ)$ **b)** $z = \frac{1}{2}\left(\cos\frac{4}{3}\pi + \mathrm{i}\sin\frac{4}{3}\pi\right)$

c) $z = 6\left(\cos\frac{3}{2}\pi + \mathrm{i}\sin\frac{3}{2}\pi\right)$ **d)** $z = 2(\cos 315^\circ + \mathrm{i}\sin 315^\circ)$

e) $z = \frac{1}{3}(\cos 2 - \mathrm{i}\sin 2)$

5.14 Setzt man in der EULERschen Formel $e^{i\varphi} = \cos\varphi + i\sin\varphi$ für $\varphi = \pi$, dann ergibt sich ein Zusammenhang zwischen den in der Mathematik fünf wichtigsten Zahlen 0, 1, i, e und π. Wie lautet dieser Zusammenhang?

5.15 Gegeben sind die komplexen Zahlen **a)** $6+8\,i$ **b)** $8-15\,i$ **c)** $-7+24\,i$ **d)** $-9-40\,i$. Gesucht ist ihre Exponentialform.

5.16 Die Zahlen **a)** $z_1 = 1{,}414\,e^{i\cdot 45^\circ}$ **b)** $z_2 = 2\,e^{\frac{\pi}{6}i}$ **c)** $z_3 = 14{,}5\,e^{i\cdot 37{,}3^\circ}$ **d)** $z_4 = 3\,e^{1{,}222\,i}$ sind in der Form $a + b\,i$ – auf 3 Dezimalen genau – anzugeben.

5.17 Gesucht ist die arithmetische Darstellung der Zahlen mit

a) $r = 2,\ \varphi = 60^\circ$ **b)** $r = 2\sqrt{3},\ \varphi = 300^\circ$ **c)** $|z| = \sqrt{2},\ \varphi = \frac{\pi}{4}$

d) $|z| = 2,\ \varphi = \frac{\pi}{2}$

5.18 Stellen Sie die Menge aller komplexen Zahlen in der GAUSSschen Zahlenebene dar, die die folgenden Eigenschaften erfüllen.

a) $|z| = 3,\ \frac{\pi}{2} \leq \varphi \leq \pi$

b) $2 < |z| < 3,\ 0 < \varphi < \pi$

5.19 Bestimmen Sie die konjugiert komplexe Zahl $\bar{z}$ und stellen Sie sie in trigonometrischer Form dar.

a) $z = \cos\pi + i\sin\pi$ **b)** $z = \cos\frac{\pi}{2} + i\sin\frac{\pi}{2}$ **c)** $z = 3(\cos\frac{3}{4}\pi + i\sin\frac{3}{4}\pi)$

d) $z = a\,e^{i\frac{\pi}{3}}$ **e)** $z = 2\,e^{i\frac{\pi}{6}}$ **f)** $z = 3\,e^{i\frac{3}{2}\pi}$

5.20 Bestimmen Sie die trigonometrische Form der folgenden Zahlen

a) $z = 2\left(\cos\frac{\pi}{4} - i\sin\frac{\pi}{4}\right)$ **b)** $z = -3\left(\cos\frac{\pi}{6} + i\sin\frac{\pi}{6}\right)$

c) $z = -2\left(\cos\frac{\pi}{3} - i\sin\frac{\pi}{3}\right)$

5.3 Die vier Grundrechenarten im Bereich der komplexen Zahlen

Sind die komplexen Zahlen $z_1 = a + b\,i$ und $z_2 = c + d\,i$ in *arithmetischer Form* gegeben, so lassen sich Addition und Subtraktion sowie Multiplikation und Division in völliger Analogie zu den bekannten *Rechengesetzen für reelle Binome* ausführen. Dabei ist zu berücksichtigen, dass die Beziehung $i^2 = -1$ gilt. Das Ergebnis wird dann ebenfalls in der arithmetischen Form dargestellt, so dass Real- und Imaginärteil sichtbar sind.

Beispiel:

5.11 Die Zahlen $z_1 = 5+7\,i$ und $z_2 = 4-2\,i$ sollen addiert, subtrahiert und multipliziert werden.
Lösung:

$$\begin{aligned} z_1 + z_2 &= 5 + 7i + 4 - 2i \\ &= 5 + 4 + 7i - 2i && \text{Kommutativgesetz} \\ &= 9 + 5i && \text{Zusammenfassen} \end{aligned}$$

Bei der Addition werden also die Real- und Imaginärteile einzeln zusammengefasst. Ebenso verfährt man bei der Subtraktion:

$$\begin{aligned} z_1 - z_2 &= 5 + 7\,\mathrm{i} - (4 - 2\,\mathrm{i}) \\ &= 5 + 7\,\mathrm{i} - 4 + 2\,\mathrm{i} && \text{Ausmultiplizieren} \\ &= 5 - 4 + 7\,\mathrm{i} + 2\,\mathrm{i} \\ &= 1 + 9\,\mathrm{i} \end{aligned}$$

Die Multiplikation wird ausgeführt, indem beide Zahlen als Binom aufgefasst werden. Anschließend werden alle reellen und imaginären Anteile getrennt zusammengefasst. Dabei ist zu beachten, dass bei der Multiplikation der Imaginärteile von z_1 und z_2 eine reelle Zahl entsteht.

$$\begin{aligned} z_1 \cdot z_2 &= (5 + 7\,\mathrm{i}) \cdot (4 - 2\,\mathrm{i}) && \text{Ausmultiplizieren nach} \\ &= 5 \cdot 4 + 5 \cdot (-2\,\mathrm{i}) + 7\,\mathrm{i} \cdot 4 + 7\,\mathrm{i} \cdot (-2\,\mathrm{i}) && \text{dem Distributivgesetz} \\ &= 20 - 10\,\mathrm{i} + 28\,\mathrm{i} - 14\,\mathrm{i}^2 \\ &= 20 + 18\,\mathrm{i} - 14\,\mathrm{i}^2 && \text{Zusammenfassen} \\ &= 20 + 14 + 18\,\mathrm{i} && \mathrm{i}^2 = -1 \\ &= 34 + 18\,\mathrm{i} \end{aligned}$$

Bei der *Division* zweier komplexer Zahlen in arithmetischer Form ist zu bedenken, dass das Resultat $z = \frac{z_1}{z_2}$ wiederum in arithmetischer Form darzustellen ist. Das wird durch *Reellmachen des Nenners des Bruches* erreicht.

Dazu wird der Bruch $\frac{z_1}{z_2}$ *mit der konjugiert komplexen Zahl* $\bar{z}_2$ *des Nenners erweitert*:

$$\frac{z_1}{z_2} = \frac{z_1 \cdot \bar{z}_2}{z_2 \cdot \bar{z}_2}$$

Für den Nenner gilt

$$z_2 \cdot \bar{z}_2 = (c + d\,\mathrm{i}) \cdot (c - d\,\mathrm{i}) = c^2 + d^2 = r^2 \in \mathbf{R},$$

d. h., durch Multiplikation mit der konjugiert komplexen Zahl ist der Nenner reell geworden. Real- und Imaginärteil des Resultats ergeben sich aus dem Produkt $z_1 \cdot \bar{z}_2$ im Zähler, jeweils geteilt durch den reellen Nenner:

$$\frac{z_1}{z_2} = \frac{z_1 \cdot \bar{z}_2}{c^2 + d^2} = \frac{ac + bd}{c^2 + d^2} + \mathrm{i}\frac{bc - ad}{c^2 + d^2}$$

Beispiel:

5.12 Der Quotient $\frac{z_1}{z_2}$ mit den Zahlen aus Beispiel (5.11) soll berechnet werden.

Lösung:

$$\begin{aligned} \frac{z_1}{z_2} &= \frac{5 + 7\,\mathrm{i}}{4 - 2\,\mathrm{i}} \\ &= \frac{(5 + 7\,\mathrm{i})(4 + 2\,\mathrm{i})}{(4 - 2\,\mathrm{i})(4 + 2\,\mathrm{i})} && \text{Reellmachen des Nenners} \\ &= \frac{20 + 10\,\mathrm{i} + 28\,\mathrm{i} + 14\,\mathrm{i}^2}{16 + 4} && \text{Ausmultiplizieren} \\ &= \frac{6 + 38\,\mathrm{i}}{20} && \text{Zusammenfassen} \\ &= \frac{3}{10} + \frac{19}{10}\,\mathrm{i} \end{aligned}$$

Sind die komplexen Zahlen in der *trigonometrischen oder exponentiellen Form* gegeben,

$$z_1 = r_1 \, e^{i\varphi_1} = r_1(\cos\varphi_1 + i\sin\varphi_1),$$
$$z_2 = r_2 \, e^{i\varphi_2} = r_2(\cos\varphi_2 + i\sin\varphi_2),$$

so gelten prinzipiell die aus dem Bereich der reellen Zahlen bekannten Rechengesetze.

Allerdings gibt es kein Potenzgesetz zur Addition von Potenzen mit gleicher Basis und unterschiedlichen Exponenten (vgl. Abschnitt 2.1.2):

$$z_1 + z_2 = r_1 \, e^{i\varphi_1} + r_2 \, e^{i\varphi_2} = ?$$

Damit sind *Addition und Subtraktion* komplexer Zahlen in trigonometrischer und exponentieller Form *nicht ausführbar*.

Dagegen ergeben sich aus den Potenzgesetzen sehr einfache Formeln für die *Multiplikation* und *Division*:

Auf Grund der Beziehung

$$r_1 \, e^{i\varphi_1} \cdot r_2 \, e^{i\varphi_2} = r_1 r_2 \, e^{i(\varphi_1+\varphi_2)}$$

gilt die Regel:

Zwei in trigonometrischer bzw. Exponentialform gegebene komplexe Zahlen werden multipliziert, indem man ihre Beträge multipliziert und die Winkel addiert.

$$\begin{aligned} z_1 \cdot z_2 &= r_1 r_2 \, e^{i(\varphi_1+\varphi_2)} \\ &= r_1 r_2(\cos(\varphi_1 + \varphi_2) + i(\sin(\varphi_1 + \varphi_2)) \end{aligned} \tag{5.6}$$

Analog folgt für die Division

Zwei in trigonometrischer bzw. Exponentialform gegebene komplexe Zahlen werden dividiert, indem man ihre Beträge dividiert und die Winkel subtrahiert.

$$\begin{aligned} \frac{z_1}{z_2} &= \frac{r_1}{r_2} \, e^{i(\varphi_1-\varphi_2)} \\ &= \frac{r_1}{r_2}(\cos(\varphi_1 - \varphi_2) + i(\sin(\varphi_1 - \varphi_2)) \end{aligned} \tag{5.7}$$

Beispiele:

5.13 Bilden Sie das Produkt und den Quotienten der beiden Zahlen

$$z_1 = 6(\cos 155^\circ + i\sin 155^\circ)$$
$$z_2 = 2(\cos 45^\circ + i\sin 45^\circ)$$

Lösung: Aus den Regeln (5.6) und (5.7) erhält man:

$$\begin{aligned} z_1 \cdot z_2 &= 6 \cdot 2(\cos(155^\circ + 45^\circ) + i\sin(155^\circ + 45^\circ)) \\ &= 12(\cos 200^\circ + i\sin 200^\circ) \end{aligned}$$

$$\begin{aligned} \frac{z_1}{z_2} &= \frac{6}{2}(\cos(155^\circ - 45^\circ) + i\sin(155^\circ - 45^\circ)) \\ &= 3(\cos 110^\circ + i\sin 110^\circ) \end{aligned}$$

5.14 Die Zahlen $z_1 = 3\,\mathrm{e}^{\mathrm{i}\pi}$ und $z_2 = 5\,\mathrm{e}^{\mathrm{i}\frac{5}{3}\pi}$ sollen multipliziert und dividiert werden.

Lösung:

$$\begin{aligned} z_1 \cdot z_2 &= 3 \cdot 5 \cdot \mathrm{e}^{\mathrm{i}\pi} \cdot \mathrm{e}^{\mathrm{i}\frac{5}{3}\pi} \\ &= 15 \cdot \mathrm{e}^{\mathrm{i}\left(\pi + \frac{5}{3}\pi\right)} = 15 \cdot \mathrm{e}^{\mathrm{i}\frac{8}{3}\pi} \\ &= 15 \cdot \mathrm{e}^{\mathrm{i}\frac{2}{3}\pi} \qquad \text{Umrechnen auf Hauptwert} \end{aligned}$$

$$\begin{aligned} \frac{z_1}{z_2} &= \frac{3}{5} \cdot \frac{\mathrm{e}^{\mathrm{i}\pi}}{e^{\mathrm{i}\frac{5}{3}\pi}} \\ &= \frac{3}{5} \cdot \mathrm{e}^{\mathrm{i}\left(\pi - \frac{5}{3}\pi\right)} = \frac{3}{5} \cdot \mathrm{e}^{-\frac{2}{3}\pi\,\mathrm{i}} \\ &= \frac{3}{5} \cdot \mathrm{e}^{\mathrm{i}\frac{4}{3}\pi} \end{aligned}$$

5.15 Mit den Zahlen $z_1 = 4(\cos 210^\circ + \mathrm{i}\sin 210^\circ)$ und $z_2 = 4e^{\mathrm{i}\frac{\pi}{6}}$ ist das Produkt $z_1 \cdot z_2$ und der Quotient $\frac{z_1}{z_2}$ zu bilden.

Lösung: Es ist zunächst notwendig, eine der Zahlen so umzurechnen, dass beide Zahlen in der gleichen Darstellungsform gegeben sind. Beispielsweise kann die Zahl z_2 in die trigonometrische Form überführt werden. Für die Rechnung müssen die Winkel beider Zahlen im gleichen Winkelmaß vorliegen. Das bedeutet, dass der Winkel der Zahl z_2 im Gradmaß angegeben wird.

$z_2 = 4(\cos 30^\circ + \mathrm{i}\sin 30^\circ)$

Somit können die Rechnungen ausgeführt werden:

$$\begin{aligned} z_1 \cdot z_2 &= 16(\cos 240^\circ + \mathrm{i}\sin 240^\circ) \\ &= 16\left(-\frac{1}{2} - \frac{1}{2}\sqrt{3}\,\mathrm{i}\right) \\ &= -8 - 8\sqrt{3}\,\mathrm{i} \end{aligned}$$

$$\begin{aligned} \frac{z_1}{z_2} &= \cos 180^\circ + \mathrm{i}\sin 180^\circ \\ &= -1 \end{aligned}$$

Aus den Beispielen wird deutlich, dass man sich oftmals durch Auswahl der für die jeweilige Rechenoperation geeignetsten Darstellungsform der komplexen Zahlen die Rechnung wesentlich erleichtern kann.

Dabei gelten die folgenden *Faustregeln*:

1. Für jede auszuführende Rechenoperation ist eine *einheitliche Darstellungsform* für alle Operanden zu wählen.
2. Bei der „*Strichrechnung*" (Addition und Subtraktion) sind *alle* komplexen Zahlen in die *arithmetische Form* zu überführen.
3. Die „*Punktrechnung*" (Multiplikation und Division) ist häufig in der trigonometrischen oder – gleichberechtigt – in der Exponentialform leichter ausführbar.

Beispiele:

5.16 Es soll der Ausdruck

$$\frac{z_2}{z_1 + z_2}$$

mit den Zahlen $z_1 = 1 - \mathrm{i}$ und $z_2 = 2\,\mathrm{e}^{\frac{3}{4}\pi\,\mathrm{i}}$ berechnet werden.

Lösung:

Schritt 1: Berechnung von $z_1 + z_2$

Dazu wird z_2 in die arithmetische Form umgerechnet:

$$z_2 = -\sqrt{2} + \sqrt{2}\,\mathrm{i}$$

Dann kann die Summe berechnet werden:

$$z_s = z_1 + z_2 = (1 - \sqrt{2}) + (\sqrt{2} - 1)\,\mathrm{i} = (1 - \sqrt{2})(1 - \mathrm{i})$$

Schritt 2: Division von $\dfrac{z_2}{z_s}$

- *Variante 1*: Rechnen in der arithmetischen Form

$$\begin{aligned}\frac{-\sqrt{2} + \sqrt{2}\,\mathrm{i}}{(1 - \sqrt{2})(1 - \mathrm{i})} &= \frac{-\sqrt{2}(1 - \mathrm{i})}{(1 - \sqrt{2})(1 - \mathrm{i})} \\ &= \frac{\sqrt{2}}{(\sqrt{2} - 1)} = \frac{\sqrt{2}(\sqrt{2} + 1)}{1} \\ &= 2 + \sqrt{2}\end{aligned}$$

- *Variante 2*: Rechnen in der Exponentialform

Zunächst wird die Summe z_s in die exponentielle Form überführt:

$z_s = (1 - \sqrt{2}) + (\sqrt{2} - 1)\,\mathrm{i}$

Der Betrag r_s ergibt sich durch

$r_s = \sqrt{2(1 - \sqrt{2})^2} = (\sqrt{2} - 1)\sqrt{2} = 2 - \sqrt{2}\,.$

Der Winkel $\tilde{\varphi}$ wird über die Beziehung

$$\cos\tilde{\varphi} = \frac{|a_s|}{r_s}$$

berechnet. Wegen $a_s = 1 - \sqrt{2} < 0$ gilt $|a_s| = \sqrt{2} - 1$. Damit folgt:

$$\begin{aligned}\cos\tilde{\varphi} &= \frac{\sqrt{2} - 1}{2 - \sqrt{2}} = \frac{(\sqrt{2} - 1)(2 + \sqrt{2})}{4 - 2} = \frac{2\sqrt{2} + 2 - 2 - \sqrt{2}}{2} = \frac{1}{2}\sqrt{2} \\ \Rightarrow \quad \tilde{\varphi} &= \frac{\pi}{4}\end{aligned}$$

Auf Grund der Vorzeichen des Real- und Imaginärteiles von z_s

$a_s < 0, b_s > 0,$

erhält man für φ:

$$\begin{aligned}\varphi &= \frac{3}{4}\pi \\ \Rightarrow \quad z_s &= (2 - \sqrt{2})\,\mathrm{e}^{\mathrm{i}\frac{3}{4}\pi}\end{aligned}$$

Damit kann die Division ausgeführt werden:

$$\begin{aligned}\frac{z_2}{z_s} &= \frac{2\,\mathrm{e}^{\mathrm{i}\frac{3}{4}\pi}}{(2 - \sqrt{2})\,\mathrm{e}^{\mathrm{i}\frac{3}{4}\pi}} \\ &= \frac{2}{(2 - \sqrt{2})} = \frac{2(2 + \sqrt{2})}{2} \\ &= 2 + \sqrt{2}\end{aligned}$$

5.17 Gegeben sind die Zahlen

$$z_1 = \sqrt{2} - \sqrt{2}\,\mathrm{i} \qquad \text{und} \qquad z_2 = \frac{1}{2}(\cos 30^\circ + \mathrm{i}\sin 30^\circ)\,,$$

für die der Ausdruck

$$z_1\,\mathrm{i} + \frac{z_2}{\mathrm{i}}$$

zu berechnen ist.

Lösung:

- *Variante 1*: Rechnen in der arithmetischen Form
  Die Umwandlung von z_2 in diese Form führt auf
  $$z_2 = \frac{1}{4}\sqrt{3} + \frac{1}{4}\,\mathrm{i}\,.$$
  Damit gilt
  $$\frac{z_2}{\mathrm{i}} = \frac{\frac{1}{4}\sqrt{3} + \frac{1}{4}\,\mathrm{i}}{\mathrm{i}} \qquad \text{(Erweitern mit i)}$$
  $$= \frac{\frac{1}{4}\sqrt{3}\,\mathrm{i} - \frac{1}{4}}{\mathrm{i}^2} = \frac{1}{4} - \frac{1}{4}\sqrt{3}\,\mathrm{i}$$
  $$z_1\,\mathrm{i} = \sqrt{2} + \sqrt{2}\,\mathrm{i}$$
  Mit diesen Werten kann die Addition ausgeführt werden:
  $$z_1\,\mathrm{i} + \frac{z_2}{\mathrm{i}} = \left(\sqrt{2} + \frac{1}{4}\right) + \left(\sqrt{2} - \frac{1}{4}\sqrt{3}\right)\mathrm{i}$$
- *Variante 2*: Rechnen in der trigonometrischen Form
  Dazu müssen z_1 und i in der trigonometrischen Form dargestellt werden:
  $$z_1 = 2(\cos 315^\circ + \mathrm{i}\sin 315^\circ)$$
  $$\mathrm{i} = \cos 90^\circ + \mathrm{i}\sin 90^\circ$$
  Somit gilt:
  $$z_1\,\mathrm{i} = 2(\cos 45^\circ + \mathrm{i}\sin 45^\circ) = \sqrt{2} + \sqrt{2}\,\mathrm{i}$$
  $$\frac{z_2}{\mathrm{i}} = \frac{1}{2}(\cos 300^\circ + \mathrm{i}\sin 300^\circ) = \frac{1}{4} - \frac{1}{4}\sqrt{3}\,\mathrm{i}$$
  $$\Rightarrow \quad z_1\,\mathrm{i} + \frac{z_2}{\mathrm{i}} = \left(\sqrt{2} + \frac{1}{4}\right) + \left(\sqrt{2} - \frac{1}{4}\sqrt{3}\right)\mathrm{i}$$

An diesen Beispielen ist sichtbar, dass Aufgaben mit komplexen Zahlen in vielen Fällen auf verschiedene Art lösbar sind. Manchmal erscheint die Lösung in der einen Form einfacher als in der anderen, doch ist das nicht immer der Fall. So muss man an jeder Stelle selbst entscheiden, welche Darstellungsform für die weitere Rechnung günstiger ist.

Aufgaben:

5.21 Wie groß ist der Real- und Imaginärteil folgender komplexer Zahlen?

a) $2\,\mathrm{i} + 5\,\mathrm{i} - 2$ **b)** $\mathrm{i}^{-3} + 1$ **c)** $i + \frac{1}{\mathrm{i}}$ **d)** $\frac{3}{\mathrm{i}^2} - \mathrm{i}^5$

Die folgenden Aufgaben sind durch Ausführung der Rechenoperationen für komplexe Zahlen in der *arithmetischen Form* zu lösen.

5.22 **a)** $(1 + 2\,\mathrm{i}) + (3 + 4\,\mathrm{i})$ **b)** $(6 + \mathrm{i}) + (3 - 7\,\mathrm{i})$ **c)** $(4 + 5\,\mathrm{i}) + (7 + 3\,\mathrm{i})$

5.23 **a)** $(7-3\,\mathrm{i})+(2-5\,\mathrm{i})$ **b)** $(8-5\,\mathrm{i})+(3+9\,\mathrm{i})$ **c)** $(4+9\,\mathrm{i})+(3-2\,\mathrm{i})$

5.24 **a)** $(12+\mathrm{i})-(12-\mathrm{i})$ **b)** $(13+4\,\mathrm{i})-(17+5\,\mathrm{i})$ **c)** $(2+3\,\mathrm{i})-(3+2\,\mathrm{i})$

5.25 **a)** $(21-19\,\mathrm{i})-(3+7\,\mathrm{i})$ **b)** $(2+8\,\mathrm{i})-(10+12\,\mathrm{i})$ **c)** $(10-9\,\mathrm{i})-(17-15\,\mathrm{i})$

5.26 **a)** $(3+7\,\mathrm{i})(5+6\,\mathrm{i})$ **b)** $(5+19\,\mathrm{i})(13-2\,\mathrm{i})$ **c)** $(6+\mathrm{i})(1-\mathrm{i})$

5.27 **a)** $(8+4\,\mathrm{i})(15-17\,\mathrm{i})$ **b)** $(11-13\,\mathrm{i})(11+13\,\mathrm{i})$ **c)** $(10-2\,\mathrm{i})(3+17\,\mathrm{i})$

5.28 **a)** $(5+3\,\mathrm{i})^2$ **b)** $(7-\mathrm{i})^2$ **c)** $(1+\mathrm{i})^3$ **d)** $(3-4\,\mathrm{i})^3$

5.29 **a)** $\dfrac{1}{2+\mathrm{i}}$ **b)** $1:(3-5\,\mathrm{i})$ **c)** $\dfrac{2}{2-\mathrm{i}}$ **d)** $5\,\mathrm{i}:(6+7\,\mathrm{i})$

5.30 **a)** $\dfrac{3\,\mathrm{i}}{3+5\,\mathrm{i}}$ **b)** $\dfrac{3+4\,\mathrm{i}}{3-4\,\mathrm{i}}$ **c)** $\dfrac{2+9\,\mathrm{i}}{9+2\,\mathrm{i}}$ **d)** $\dfrac{6-15\,\mathrm{i}}{8-3\,\mathrm{i}}$

5.31 **a)** $(5+3\,\mathrm{i})^{-2}$ **b)** $(3-9\,\mathrm{i})^{-2}$ **c)** $(6-6\,\mathrm{i})^{-3}$ **d)** $(36-54\,\mathrm{i})^{-3}$

5.32 Berechnen Sie das Produkt $z_1 \cdot z_2$ mit den folgenden Zahlen:

a) $z_1 = \cos 20^\circ + \mathrm{i}\sin 20^\circ$, $z_2 = 2(\cos 40^\circ + \mathrm{i}\sin 40^\circ)$
b) $z_1 = 3(\cos(-5^\circ) + \mathrm{i}\sin(-5^\circ))$, $z_2 = 5(\cos(-10^\circ) + \mathrm{i}\sin(-10^\circ))$
c) $z_1 = \cos 250^\circ + \mathrm{i}\sin 250^\circ$, $z_2 = \cos 300^\circ + \mathrm{i}\sin 300^\circ$
d) $z_1 = 3(\cos 190^\circ + \mathrm{i}\sin 190^\circ)$, $z_2 = 4(\cos 200^\circ + \mathrm{i}\sin 200^\circ)$

5.33 Berechnen Sie den Quotienten $\dfrac{z_1}{z_2}$ mit den folgenden Zahlen:

a) $z_1 = 2(\cos 70^\circ + \mathrm{i}\sin 70^\circ)$, $z_2 = 4(\cos 40^\circ + \mathrm{i}\sin 40^\circ)$
b) $z_1 = 4(\cos 20^\circ + \mathrm{i}\sin 20^\circ)$, $z_2 = 4(\cos 50^\circ + \mathrm{i}\sin 50^\circ)$
c) $z_1 = 15(\cos 3^\circ + \mathrm{i}\sin 3^\circ)$, $z_2 = 2(\cos(-12^\circ) + \mathrm{i}\sin(-12^\circ))$
d) $z_1 = 18(\cos(-1^\circ) + \mathrm{i}\sin(-1^\circ))$, $z_2 = 3(\cos 390^\circ + \mathrm{i}\sin 390^\circ)$

5.34 Berechnen Sie $z_1 + z_2$, $z_1 - z_2$, $z_1 \cdot z_2$ und $\dfrac{z_1}{z_2}$ für folgende Zahlen:

a) $z_1 = 2(\cos 60^\circ + \mathrm{i}\sin 60^\circ)$, $z_2 = -\dfrac{3}{2}(\sqrt{3} + \mathrm{i})$
b) $z_1 = 2 - 2\sqrt{3}\,\mathrm{i}$, $z_2 = 2\,\mathrm{e}^{\mathrm{i}\frac{\pi}{6}}$
c) $z_1 = 3\,\mathrm{e}^{\mathrm{i}\frac{2}{3}\pi}$, $z_2 = 2(\cos 30^\circ - \mathrm{i}\sin 30^\circ)$
d) $z_1 = \dfrac{1}{4}\sqrt{3} + \dfrac{1}{4}\,\mathrm{i}$, $z_2 = \dfrac{1}{4}\sqrt{3} - \dfrac{1}{4}\,\mathrm{i}$
e) $z_1 = a + b\,\mathrm{i}$, $z_2 = \bar{z}_1$

5.35 Berechnen Sie z aus

$$z + \frac{3\,\mathrm{e}^{\frac{2}{3}\pi}}{-2\sqrt{3}+2\,\mathrm{i}} = \frac{1}{4}(\cos 30^\circ + \mathrm{i}\sin 30^\circ)\ !$$

5.36 Gegeben sind die Zahlen

$$z_1 = 2\sqrt{3} + 2\,\mathrm{i}, \quad z_2 = 2\left(\cos\frac{5}{3}\pi + \mathrm{i}\sin\frac{5}{3}\pi\right).$$

Berechnen Sie den Ausdruck

$$(z_1 + z_2) \cdot \frac{z_1}{z_2}\,!$$

5.37 Zeigen Sie, dass $z \cdot \bar{z} = |z|^2$ ist !

5.38 Berechnen Sie mit den Zahlen $z_1 = 2 - \mathrm{i}$, $z_2 = 1 + 2\,\mathrm{i}$ und $z_3 = -3\,\mathrm{i}$ die folgenden Ausdrücke!

a) $z_1 + 2z_2 + 3z_3$ **b)** $z_1 \cdot z_2$ **c)** $\dfrac{z_1}{z_2}$

d) $\dfrac{1}{z_3}$ **e)** $z_2(z_1 + z_3)$ **f)** $\dfrac{z_1 - z_2}{2z_1 - z_3}$

5.4 Potenzieren, Radizieren, Logarithmieren

Der Vorteil der Verwendung der trigonometrischen bzw. exponentiellen Form der komplexen Zahlen bei auszuführender „Punktrechnung“ wird besonders beim Potenzieren und Radizieren deutlich.

Soll die *n-te Potenz* einer in *arithmetischer Form* gegebenen komplexen Zahl bestimmt werden, so gilt nach den *binomischen Formeln* (vgl. Abschnitt 1.2.2):

$$(a + b\,\mathrm{i})^n = \sum_{k=0}^{n} c_{nk}\, a^{n-k} b^k\, \mathrm{i}^k, \quad n \in \mathbf{N}$$

Die Koeffizienten c_{nk} lassen sich dabei aus dem PASCALschen Dreieck bestimmen.

Bereits bei relativ kleinen Exponenten n führt dies auf sehr umfangreiche Rechnungen.

Beispiel:

5.18

$$\begin{aligned}(-1 + \sqrt{3}\,\mathrm{i})^5 = {} & 1 \cdot (-1)^5 (\sqrt{3})^0\,\mathrm{i}^0 + 5 \cdot (-1)^4 (\sqrt{3})^1\,\mathrm{i}^1 \\ & + 10 \cdot (-1)^3 (\sqrt{3})^2\,\mathrm{i}^2 + 10 \cdot (-1)^2 (\sqrt{3})^3\,\mathrm{i}^3 \\ & + 5 \cdot (-1)^1 (\sqrt{3})^4\,\mathrm{i}^4 + 1 \cdot (-1)^0 (\sqrt{3})^5\,\mathrm{i}^5 \\ = {} & 1 \cdot (-1) \cdot 1 + 5 \cdot 1 \cdot \sqrt{3}\,\mathrm{i} \\ & + 10 \cdot (-1) \cdot 3 \cdot (-1) + 10 \cdot 1 \cdot 3\sqrt{3}(-\mathrm{i}) \\ & + 5 \cdot (-1) \cdot 9 \cdot 1 + 1 \cdot 1 \cdot 9\sqrt{3}\,\mathrm{i} \\ = {} & -1 + 5\sqrt{3}\,\mathrm{i} + 30 - 30\sqrt{3}\,\mathrm{i} - 45 + 9\sqrt{3}\,\mathrm{i} \\ = {} & -16 - 16\sqrt{3}\,\mathrm{i}\end{aligned}$$

Überführt man jedoch die zu potenzierende Zahl zunächst in die trigonometrische bzw. Exponentialform, so lässt sich nach den Potenzgesetzen die

MOIVREsche Formel

$$z^n = (r\,\mathrm{e}^{\mathrm{i}\varphi})^n = r^n\,\mathrm{e}^{\mathrm{i}n\varphi} = r^n(\cos n\varphi + \mathrm{i}\sin n\varphi) \tag{5.8}$$

ableiten, die das Potenzieren komplexer Zahlen recht einfach macht. Sie besagt:

> Eine komplexe Zahl wird potenziert, indem der Betrag potenziert und der Winkel mit dem Exponenten der Potenz multipliziert wird.

Beispiel:

5.19
$$\begin{aligned}(-1+\sqrt{3}\,\mathrm{i})^5 &= (2(\cos 120^\circ + \mathrm{i}\sin 120^\circ))^5\\ &= 2^5(\cos(5\cdot 120^\circ) + \mathrm{i}\sin(5\cdot 120^\circ))\\ &= 32(\cos 240^\circ + \mathrm{i}\sin 240^\circ)\\ &= -16-16\sqrt{3}\,\mathrm{i}\end{aligned}$$

$$\begin{aligned}\text{oder } (-1+\sqrt{3}\,\mathrm{i})^5 &= (2\,\mathrm{e}^{\frac{2}{3}\pi\,\mathrm{i}})^5\\ &= 2^5\,\mathrm{e}^{\frac{10}{3}\pi\,\mathrm{i}} && \text{Potenzgesetz}\\ &= 32\,\mathrm{e}^{\frac{4}{3}\pi\,\mathrm{i}}\\ &= -16-16\sqrt{3}\,\mathrm{i}\end{aligned}$$

Das **Wurzelziehen** (*Radizieren*) aus komplexen Zahlen ist im allgemeinen überhaupt nur möglich, wenn die Zahl in trigonometrischer Form oder Exponentialform gegeben ist.

Definition
Unter der *n-ten Wurzel einer komplexen Zahl z* versteht man diejenige Zahl w, deren n-te Potenz gleich z ist.

$$\sqrt[n]{z} = w \iff w^n = z \tag{5.9}$$

Zwischen dem Wurzelbegriff im Bereich der *reellen* Zahlen und dem der *komplexen* Zahlen gibt es einen sehr wichtigen Unterschied:

Die n-te Wurzel einer *reellen* Zahl ist *eindeutig* bestimmt. Sie existiert nur für nichtnegative Radikanden und ist selbst nichtnegativ (vgl. 2.2.2). Dagegen ist *jede komplexe* Zahl w, für die die Gleichung (5.9) gilt, eine n-te Wurzel von z. Insgesamt existieren für jede Zahl z genau n n-te Wurzeln, das heißt, die komplexe Wurzel ist *nicht eindeutig*.

Ist z in Exponentialform $z = r\,\mathrm{e}^{\mathrm{i}\varphi}$ gegeben, so findet man durch Anwendung der aus dem Reellen bekannten Wurzelgesetze (vgl. Abschnitt 2.2.3) unmittelbar *eine* Lösung:

$$\begin{aligned}\sqrt[n]{z} &= \sqrt[n]{r\,\mathrm{e}^{\mathrm{i}\varphi}} = \sqrt[n]{r}\sqrt[n]{\mathrm{e}^{\mathrm{i}\varphi}} = \sqrt[n]{r}(\mathrm{e}^{\mathrm{i}\varphi})^{\frac{1}{n}}\\ &= \sqrt[n]{r}\,\mathrm{e}^{\mathrm{i}\frac{\varphi}{n}} = \sqrt[n]{r}\left(\cos\frac{\varphi}{n} + \mathrm{i}\sin\frac{\varphi}{n}\right)\end{aligned}$$

Als Umkehrung des Potenzierens gilt:
Aus einer komplexen Zahl wird die Wurzel gezogen, indem die Wurzel aus dem Betrag der Zahl gezogen und der Winkel durch den Wurzelexponenten geteilt wird.

Beim Radizieren ist jedoch eine Besonderheit zu beachten:

Wie aus Abschnitt 1.4.2 bekannt ist, besitzt die Gleichung n-ten Grades $x^n = z$ (vgl. (5.9)) im allgemeinen n Lösungen, d. h., es existieren n Wurzeln $\sqrt[n]{z}$.

Diese erhält man, indem man die Periodizität der Sinus- und Kosinusfunktion beachtet:

$$\begin{aligned}\cos\varphi &= \cos(\varphi + k\cdot 360^\circ)\\ \sin\varphi &= \sin(\varphi + k\cdot 360^\circ) \qquad k\in\mathbf{G}.\end{aligned}$$

Damit gilt der folgende Satz:

> Jede Gleichung $w^n = z$ mit $z \in \mathbf{C}$, $n \in \mathbf{N}$ besitzt im Bereich der komplexen Zahlen *genau* n voneinander verschiedene Lösungen:
>
> $$w_k = (\sqrt[n]{z})_k = \sqrt[n]{r}(\cos \frac{\varphi + k \cdot 360°}{n} + \mathrm{i} \sin \frac{\varphi + k \cdot 360°}{n})$$
>
> $$= \sqrt[n]{r}\,\mathrm{e}^{\mathrm{i}\frac{\varphi + 2k\pi}{n}}, \qquad k = 0, 1, 2, \ldots, n-1 \tag{5.10}$$

Somit erhält man n verschiedene Zahlen w, die n-te Wurzel aus z sind. Für $k = n$ ergibt sich wieder die Zahl w_0, die man bei $k = 0$ erhält, und wird k weiter erhöht, so wiederholen sich alle bereits berechneten Lösungen. Verschiedene Lösungen ergeben sich daher nur für $k = 0, 1, 2, \ldots, n-1$. Die Erklärung dafür überlege sich der Leser selbst.

Beispiel:

5.20 Es sei die Zahl $z = -\sqrt{2} + \sqrt{2}\,\mathrm{i}$ gegeben. Gesucht sind alle dritten Wurzeln $\sqrt[3]{z}$, d. h. alle Lösungen der Gleichung

$$w^3 = z = -\sqrt{2} + \sqrt{2}\,\mathrm{i}.$$

Lösung:
Schritt 1: Umwandlung von z in die trigonometrische Form

$$z = 2\left(\cos \frac{3}{4}\pi + \mathrm{i} \sin \frac{3}{4}\pi\right)$$

Schritt 2: Anwendung der Formel (5.10)

$$w_0 = \sqrt[3]{2}\left(\cos \frac{\frac{3}{4}\pi + 0 \cdot 2\pi}{3} + \mathrm{i} \sin \frac{\frac{3}{4}\pi + 0 \cdot 2\pi}{3}\right)$$

$$= \sqrt[3]{2}\left(\cos \frac{\pi}{4} + \mathrm{i} \sin \frac{\pi}{4}\right)$$

$$= \sqrt[3]{2}\left(\frac{1}{2}\sqrt{2} + \frac{1}{2}\sqrt{2}\,\mathrm{i}\right) = \frac{1}{2}\sqrt[6]{32} + \frac{1}{2}\sqrt[6]{32}\,\mathrm{i}$$

$$w_1 = \sqrt[3]{2}\left(\cos \frac{\frac{3}{4}\pi + 1 \cdot 2\pi}{3} + \mathrm{i} \sin \frac{\frac{3}{4}\pi + 1 \cdot 2\pi}{3}\right)$$

$$= \sqrt[3]{2}\left(\cos \frac{11}{12}\pi + \mathrm{i} \sin \frac{11}{12}\pi\right)$$

$$w_2 = \sqrt[3]{2}\left(\cos \frac{\frac{3}{4}\pi + 2 \cdot 2\pi}{3} + \mathrm{i} \sin \frac{\frac{3}{4}\pi + 2 \cdot 2\pi}{3}\right)$$

$$= \sqrt[3]{2}\left(\cos \frac{19}{12}\pi + \mathrm{i} \sin \frac{19}{12}\pi\right)$$

Die Veranschaulichung der drei Wurzeln in der Gaußschen Zahlenebene ergibt:

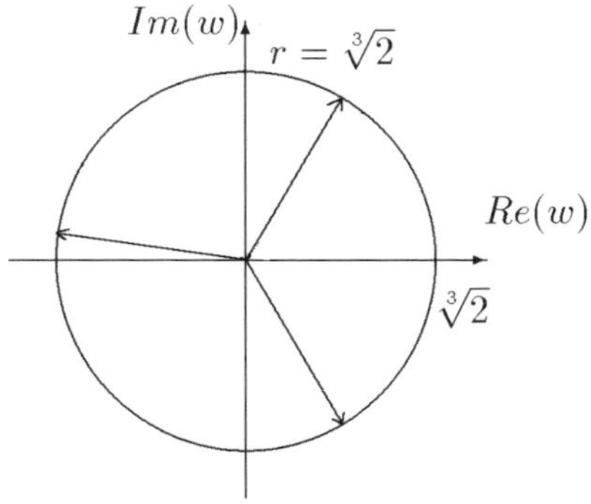

Bild 5.8

Daraus ist ersichtlich:
Die drei Zahlen w_0, w_1, w_2 teilen den Kreis mit dem Radius $\sqrt[3]{2}$ in drei gleiche Teile.

Allgemein gilt:

Alle Lösungen w_k, $k = 0, \ldots, n-1$, der Gleichung $w^n = z = r(\cos\varphi + \mathrm{i}\sin\varphi)$ besitzen den gleichen Betrag $\sqrt[n]{r}$, und ihre Winkel unterscheiden sich nur durch eine Winkeldifferenz von jeweils $\frac{360°}{n}$.
Damit erfolgt durch die zugehörigen Zeiger eine Teilung des Kreises um den Koordinatenursprung mit dem Radius $R = \sqrt[n]{r}$ in *n gleichgroße Teile.*
Infolgedessen wird die Gleichung $w^n = z$, $z \in \mathbf{C}$, $n \in \mathbf{N}$ auch *Kreisteilungsgleichung* genannt.

Beim **Logarithmieren** komplexer Zahlen wird sinnvollerweise von der exponentiellen Darstellungsform ausgegangen.

Unter Beachtung der Logarithmengesetze gilt:

$$\ln z = \ln(r\,\mathrm{e}^{\mathrm{i}\varphi}) = \ln r + \ln \mathrm{e}^{\mathrm{i}\varphi}$$

$$\boxed{\ln z = \ln r + \mathrm{i}\varphi} \tag{5.11}$$

Da $\mathrm{e}^{\mathrm{i}\varphi} = \cos\varphi + \mathrm{i}\sin\varphi$ periodisch mit der Periode 2π ist, kann der Logarithmus einer komplexen Zahl nicht eindeutig sein:

$$\ln z = \ln(r\,\mathrm{e}^{\mathrm{i}(\varphi + k\cdot 360°)}) = \ln r + \mathrm{i}(\varphi + k \cdot 360°), \quad k \in \mathbf{G}.$$

In der Regel wird jedoch nur der Hauptwert φ $(0 \leq \varphi < 2\pi)$ angegeben.

Beispiel:

5.21
$$\begin{aligned} \ln(1+\mathrm{i}) &= \ln(\sqrt{2}\,\mathrm{e}^{\frac{\pi}{4}\mathrm{i}}) \\ &= \ln\sqrt{2} + \frac{\pi}{4}\mathrm{i} \\ &\approx 0{,}346\,6 + 0{,}785\,4\,\mathrm{i} \end{aligned}$$

Ist das Logarithmieren komplexer Zahlen bekannt, so lassen sich schließlich auch *Potenzen mit komplexer Basis und komplexen Exponenten* berechnen. Dabei werden die Beziehung

$$z = e^{\ln z} = \mathrm{e}^{\ln r + \mathrm{i}\varphi}$$

und die bekannten Potenzgesetze ausgenutzt.

Beispiel:

5.22 Gesucht ist die Zahl $(1 + \mathrm{i})^{1-\mathrm{i}}$

Lösung:

Für die Basis $1 + \mathrm{i}$ gilt:

$$1 + \mathrm{i} = \mathrm{e}^{\ln(1+\mathrm{i})} = \mathrm{e}^{\ln\sqrt{2} + \frac{\pi}{4}\mathrm{i}} \qquad \text{(vgl. vorheriges Beispiel)}$$

Damit folgt für die Potenz:

$$\begin{aligned}
(1 + \mathrm{i})^{1-\mathrm{i}} &= (\mathrm{e}^{\ln\sqrt{2}+\frac{\pi}{4}\mathrm{i}})^{1-\mathrm{i}} \\
&= \mathrm{e}^{(1-\mathrm{i})\ln\sqrt{2}+\frac{\pi}{4}\mathrm{i}(1-\mathrm{i})} && \text{Potenzgesetz} \\
&= \mathrm{e}^{\ln\sqrt{2}-\mathrm{i}\ln\sqrt{2}+\frac{\pi}{4}\mathrm{i}-\frac{\pi}{4}\mathrm{i}^2} \\
&= \mathrm{e}^{\left(\ln\sqrt{2}+\frac{\pi}{4}\right)+\left(\frac{\pi}{4}-\ln\sqrt{2}\right)\mathrm{i}} && \text{Zusammenfassen} \\
&= \mathrm{e}^{1{,}132\,0} \cdot \mathrm{e}^{0{,}438\,8\,\mathrm{i}} && \text{Potenzgesetz} \\
&= \mathrm{e}^{1{,}132\,0}(\cos 0{,}438\,8 + \mathrm{i}\sin 0{,}438\,8) \\
&= 2{,}808 + 1{,}318\,\mathrm{i}
\end{aligned}$$

Aufgaben:

Berechnen Sie in den Aufgaben 5.39–5.41 die Ausdrücke:

5.39 **a)** $\frac{2+5\mathrm{i}}{8-4\mathrm{i}^{30}}$ **b)** $\frac{4+6\mathrm{i}}{1-2\mathrm{i}^{28}}$ **c)** $\frac{(8-7\mathrm{i})^2}{8+7\mathrm{i}^{49}}$ **d)** $\frac{(9-5\mathrm{i})^2}{16-9\mathrm{i}^{99}}$

5.40 **a)** $\frac{(5+4\mathrm{i})^3}{8-9\mathrm{i}^{33}}$ **b)** $\frac{(7-6\mathrm{i})^3}{9-8\mathrm{i}^{51}}$ **c)** $\frac{1+19\mathrm{i}}{(3+4\mathrm{i})^2}$ **d)** $\frac{4-14\mathrm{i}}{(17-\mathrm{i})^2}$

5.41 **a)** $\frac{8+3\mathrm{i}}{(2+5\mathrm{i})^3}$ **b)** $\frac{7-16\mathrm{i}^{100}}{(2+2\mathrm{i})^3}$ **c)** $\frac{(9-27\mathrm{i})^2}{(5+\mathrm{i})^3}$ **d)** $\frac{(5+5\mathrm{i})^2}{(1-2\mathrm{i})^3}$

5.42 Welche der nachstehenden Zahlen erfüllen die Gleichung $x^3 + 2x^2 + 4x + 8 = 0$?

a) $5 + 3\mathrm{i}$ **b)** $2\mathrm{i}$ **c)** $-2\mathrm{i}$ **d)** $5 - 3\mathrm{i}$

Wenden Sie bei der Lösung der Aufgaben 5.43–5.46 die Formel von MOIVRE an. Geben Sie das Ergebnis in der Form an, in der die Aufgabe gestellt wurde.

5.43 **a)** $(\cos 10° + \mathrm{i}\sin 10°)^4$ **b)** $(\cos 20° + \mathrm{i}\sin 20°)^4$ **c)** $(2(\cos 50° + \mathrm{i}\sin 50°))^{-3}$

5.44 **a)** $(3\,e^{i15°})^5$ **b)** $(3{,}4\,e^{i2{,}2°})^6$ **c)** $(4\,e^{i17°})^{-3}$ **d)** $(\sqrt{3}\,e^{i1°34'})^{-5}$

5.45 **a)** $(1-i)^6$ **b)** $(12-i)^5$ **c)** $(3-i)^{-4}$ **d)** $\left(\frac{\sqrt{3}}{2}-\frac{i}{2}\right)^{-7}$

5.46 **a)** $(1+i)^{10}$ **b)** $(20+21\,i)^2$ **c)** $(15-8\,i)^{-3}$ **d)** $\left(\frac{2}{\sqrt{5}}-\frac{i}{\sqrt{5}}\right)^{-8}$

5.47 Berechnen Sie

a) i^{14} **b)** i^{113} **c)** i^{-201} **d)** i^{-180}

5.48 Berechnen Sie

a) $(-i)^{17}$ **b)** $(-i)^{18}$ **c)** $(-i)^{-20}$ **d)** $\frac{1}{i^5}+\frac{1}{i^7}$

Berechnen Sie für die Aufgaben 5.49–5.53. alle Wurzeln, und geben Sie die Ergebnisse in der arithmetischen Form an.

5.49 **a)** $\sqrt[3]{64(\cos 60° + i\sin 60°)}$ **b)** $\sqrt[4]{16(\cos 80° + i\sin 80°)}$ **c)** $\sqrt[5]{243(\cos 90° + i\sin 90°)}$

5.50 **a)** $\sqrt[6]{64\,e^{i30°}}$ **b)** $\sqrt[7]{e^{i140°}}$ **c)** $(125\,e^{i30°})^{\frac{1}{3}}$ **d)** $(32\,e^{i70°})^{0{,}2}$

5.51 **a)** $\sqrt{8+6\,i}$ **b)** $\sqrt{-7-24\,i}$ **c)** $\sqrt{8-15\,i}$ **d)** $\sqrt{5-5\,i}$

5.52 **a)** $\sqrt[3]{3+4\,i}$ **b)** $\sqrt[5]{16+12\,i}$ **c)** $\sqrt[9]{5-12\,i}$ **d)** $\sqrt[10]{24-10\,i}$

5.53 **a)** $\sqrt[6]{-729}$ **b)** $\sqrt[3]{-3\,375}$ **c)** $\sqrt{i}$ **d)** $\sqrt[3]{i}$ **e)** $\sqrt[4]{-5\,i}$

Anleitung: $i = \cos 90° + i\sin 90°$

5.54 Die folgenden Kreisteilungsgleichungen sind in **C** zu lösen:

a) $z^3-1=0$ **b)** $z^5-1=0$ **c)** $z^6=1$ **d)** $z^8=1$

5.55 Berechnen Sie den natürlichen Logarithmus der folgenden komplexen Zahlen:

a) $z_1 = 3{,}5(\cos 192{,}8° + i\sin 192{,}8°)$ **b)** $z_2 = 3-4\,i$

c) $z_3 = 5(\cos 60° + i\sin 60°)$ **d)** $z_4 = -5-12\,i$

5.56 Bestimmen Sie den Logarithmus der Zahlen

a) $\sqrt{3}+i$ **b)** $-\frac{1}{4}+\frac{1}{4}i$ **c)** $1-i\sqrt{3}$ **d)** $1+i$ **e)** $-i$

5.57 Stellen Sie die folgenden Zahlen in der arithmetischen Form unter Angabe von drei Dezimalstellen dar!

a) 3^i **b)** $(\sqrt{5})^{3i}$ **c)** 4^{-i} **d)** $(\sqrt{7})^{-4i}$

5.58 **a)** $i^i=?$ **b)** $i^{-i}=?$ **c)** $(-i)^i=?$ **d)** $(-i)^{-i}=?$

Anleitung: $i = \cos\frac{\pi}{2} + i\cdot\sin\frac{\pi}{2} = e^{\frac{\pi}{2}i}$

Bei den Aufgaben 5.59 und 5.60 sind die ermittelten Resultate auf 3 Dezimalstellen genau anzugeben!

5.59 **a)** $(2+i)^i$ **b)** $(5-5\,i)^{4i}$ **c)** $(7-i)^{5i}$ **d)** $(-1+i)^{-6i}$

5.60 **a)** $(3+5\,i)^{1-i}$ **b)** $(5-7\,i)^{2+3i}$ **c)** $(4-7\,i)^{2-i}$ **d)** $(5+8\,i)^{4-3i}$

5.61 Bestimmen Sie

a) $\ln z_1$ und $\ln z_2$ von $z_1 = 2(\cos 30° + \mathrm{i}\sin 30°)$ und $z_2 = -1 - \sqrt{3}\,\mathrm{i}$

b) z aus $\ln z = 2 + \frac{3}{4}\pi\,\mathrm{i}$

c) z_1 und z_2 aus $z_1^4 = -16$ und $z_2^5 = \frac{1}{32}\,\mathrm{e}^{\mathrm{i}\frac{5}{4}\pi}$

Stellen Sie die Lösungen grafisch dar!

d) z_1 und z_2 mit $z_1 = \sqrt[3]{\mathrm{e}^{\mathrm{i}\frac{3}{4}\pi}}$ und $z_2 = (1 - \mathrm{i})^{12}$

5.62 Bestimmen Sie die Lösungen der Gleichung $w = \sqrt[4]{z}$, wenn als eine Lösung bereits $w_1 = 1 + \mathrm{i}$ bekannt ist.

5.5 Lösen algebraischer Gleichungen im Komplexen

Nachdem die Operationen Potenzieren und Radizieren komplexer Zahlen eingeführt worden sind, können nunmehr *beliebige algebraische Gleichungen* der Form $P_n(x) = 0$ mit *reellen Koeffizienten*, wie sie im Abschnitt 1.4.2 bereits betrachtet wurden, gelöst werden. Dort wurde bereits festgestellt, dass jede Gleichung n-ten Grades genau n Lösungen besitzt. Diese müssen jedoch nicht alle reell sein. Alle n Lösungen sind aber in jedem Fall *komplexe Zahlen*, so dass die folgende Aussage, der **Fundamentalsatz der Algebra**, formuliert werden kann:

> Jede algebraische Gleichung n-ten Grades besitzt im Bereich der komplexen Zahlen *genau n* Lösungen.

Aus diesem Satz lassen sich unter anderem die folgenden Schlussfolgerungen ableiten (auf einen Beweis soll hier verzichtet werden):

- Ist die komplexe Zahl $z = a + b\,\mathrm{i}$ Lösung der Gleichung $P_n(x) = 0$, so ist die *konjugiert komplexe Zahl $\bar{z} = a - b\,\mathrm{i}$ ebenfalls eine Lösung* dieser Gleichung.
- Damit besitzt eine *Gleichung ungeraden Grades mindestens eine* reelle Lösung und *stets eine ungerade Anzahl* reeller Lösungen, während eine *Gleichung geraden Grades keine* oder *eine gerade Anzahl* von reellen Lösungen hat.

Als wichtigstes Beispiel soll hier die Lösung quadratischer Gleichungen

$$x^2 + px + q = 0\ , \quad p, q \in \mathbf{R}$$

ausführlicher betrachtet werden.

Für diese Gleichung gilt nach dem Fundamentalsatz der Algebra:

- Es gibt genau zwei Lösungen im Bereich **C**.
- Diese sind
  - entweder beide reellwertig
  - oder zueinander konjugiert komplex : $x_2 = \bar{x}_1$.

  Diese Aussage kann leicht anhand der Lösungsformel für quadratische Gleichungen veranschaulicht werden. Ist die Diskriminante $\frac{p^2}{4} - q$ positiv oder gleich Null, so sind beide

Lösungen reell. Ist sie jedoch negativ, so sind die zwei Lösungen $-\frac{p}{2} \pm \mathrm{i}\sqrt{q - \frac{p^2}{4}}$ und damit zwei zueinander konjugiert komplexe Zahlen.

Außerdem besteht nach dem VIETAschen Wurzelsatz zwischen den Lösungen x_1 und x_2 der bekannte Zusammenhang

$$x_1 + x_2 = -p, \quad x_1 \cdot x_2 = q$$

und damit im Fall komplexer Lösungen

$$x_1 + \bar{x_1} = -p, \quad x_1 \cdot \bar{x_1} = q.$$

Beispiele:

5.23 Die folgende Gleichung soll im Bereich der komplexen Zahlen gelöst werden.

$x^2 + 4x + 29 = 0$

Lösung: Nach der Lösungsformel für quadratische Gleichungen ergibt sich die Beziehung

$$\begin{aligned} x_{1,2} &= -2 \pm \sqrt{4 - 29} \\ &= -2 \pm \sqrt{-25}, \end{aligned}$$

die im Bereich der reellen Zahlen nicht lösbar ist. Für komplexe Zahlen gilt aber

$$\begin{aligned} x_{1,2} &= -2 \pm \sqrt{(-1) \cdot 25} \\ &= -2 \pm \sqrt{-1} \cdot \sqrt{25} \\ &= -2 \pm 5\,\mathrm{i} \end{aligned}$$

Die zwei ermittelten Lösungen sind also zueinander konjugiert komplex. Eine andere Lösungsmöglichkeit zur Bestimmung von $\sqrt{-25}$ wäre:

$$\begin{aligned} \sqrt{-25} &= \sqrt{25(\cos\pi + \mathrm{i}\sin\pi)} \\ &= 5\left(\cos\frac{\pi + 2k\pi}{2} + \mathrm{i}\sin\frac{\pi + 2k\pi}{2}\right), \quad k = 0{,}1 \\ \Rightarrow \quad \sqrt{-25} &= \pm 5\,\mathrm{i} \end{aligned}$$

Die Probe führe der Leser über den VIETAschen Wurzelsatz selbst durch.

5.24 Zu lösen ist die biquadratische Gleichung

$x^4 - 4x^2 + 8 = 0.$

Lösung: Da in der Gleichung nur gerade Potenzen von x auftreten, führt die Substitution $x^2 = z$ zu einer Verringerung des Grades. Es ergibt sich die quadratische Gleichung

$z^2 - 4z + 8 = 0,$

die mit der Lösungsformel für quadratische Gleichungen gelöst wird:

$$\begin{aligned} z_{1,2} &= 2 \pm \sqrt{4 - 8} \\ &= 2 \pm \sqrt{-4} \\ &= 2 \pm \mathrm{i}\sqrt{4} \\ &= 2 \pm 2\,\mathrm{i} \end{aligned}$$

Um die gesuchten Lösungen der angegebenen biquadratischen Gleichung zu finden, müssen gemäß der verwendeten Substitution $x^2 = z$ die Quadratwurzeln aus z_1 und z_2 bestimmt werden. Da jeweils zwei Quadratwurzeln existieren, erhält man die insgesamt vier Lösungen für die biquadratische Gleichung, die ja eine Gleichung vierten Grades ist.

$$\begin{aligned} z_1 &= 2+2\,\mathrm{i} = \sqrt{8}\,\mathrm{e}^{\mathrm{i}\frac{\pi}{4}} \\ \Rightarrow x_{1,k} &= \sqrt[4]{8}\,\mathrm{e}^{\mathrm{i}\frac{\frac{\pi}{4}+2k\pi}{2}}\,, \qquad k=0,1 \\ \Rightarrow x_{1,0} &= \sqrt[4]{8}\,\mathrm{e}^{\mathrm{i}\frac{\pi}{8}} \\ x_{1,1} &= \sqrt[4]{8}\,\mathrm{e}^{\mathrm{i}\frac{9}{8}\pi} \end{aligned}$$

Analog ergeben sich für

$$z_2 = 2-2\,\mathrm{i} = \sqrt{8}\,\mathrm{e}^{\mathrm{i}\frac{7}{4}\pi}$$

die zwei Lösungen

$$x_{2,0} = \sqrt[4]{8}\,\mathrm{e}^{\mathrm{i}\frac{7}{8}\pi}$$

$$x_{2,1} = \sqrt[4]{8}\,\mathrm{e}^{\mathrm{i}\frac{15}{8}\pi}.$$

5.25 Wie lautet die quadratische Gleichung, für deren Lösungen gilt

$$x_1 + x_2 = 0, \quad x_1 \cdot x_2 = 4?$$

Geben Sie die Lösungen an!

Lösung: Aus dem Wurzelsatz von VIETA folgt:

$$x_1 + x_2 = -p = 0 \quad \Rightarrow \quad p = 0$$

$$x_1 \cdot x_2 \;= 4 = q$$

Damit kann die Gleichung formuliert und gelöst werden:

$$\begin{aligned} x^2+4 &= 0 \\ x^2 &= -4 \\ x_{1,2} &= \pm\sqrt{-4} \\ &= \pm 2\,\mathrm{i} \end{aligned}$$

Schließlich sollen algebraische Gleichungen betrachtet werden, die *komplexe Koeffizienten* enthalten können, d. h.

$$P_n(x) = a_n x^n + a_{n-1}x^{n-1} + \ldots + a_1 x + a_0 = 0 \quad \text{mit } a_i \in \mathbf{C},\, i = 0, \ldots, n.$$

Ein Spezialfall einer algebraischen Gleichung mit komplexwertigen Koeffizienten wurde mit der Kreisteilungsgleichung

$$x^n - a = 0, \quad a \in \mathbf{C}$$

bereits behandelt.

Die wesentlichen Aussagen, die für die Lösung von Gleichungen mit reellen Koeffizienten bereits getroffen wurden, lassen sich auch hier anwenden, es gibt aber auch Unterschiede.

- Es gilt der Fundamentalsatz der Algebra, d. h., jede Gleichung vom Grade n besitzt genau n Lösungen.
- Für quadratische Gleichungen gilt der VIETAsche Wurzelsatz.
- Es kann jedoch nicht ausgesagt werden, dass mit $z \in \mathbf{C}$ auch $\bar{z} \in \mathbf{C}$ Lösung der Gleichung $P_n(x) = 0$ ist. Damit müssen algebraische Gleichungen ungeraden Grades *nicht unbedingt eine reelle Lösung* besitzen (z. B. $x - i = 0$). Diese Schlussfolgerungen gelten nur, wenn *sämtliche* Koeffizienten a_i des Polynoms $P_n(x)$ *reell*wertig sind.

Beispiele:

5.26 Zu lösen ist die Gleichung

$$x^3 + 1 + \mathrm{i} = 0, \quad x \in \mathbf{C}.$$

Lösung: Die Aufgabe führt auf die Kreisteilungsgleichung

$$x^3 = -1 - \mathrm{i},$$

die auf dem bekannten Weg durch Radizieren gelöst wird:

$$x^3 = -1 - \mathrm{i} = \sqrt{2}\left(\cos\frac{5}{4}\pi + \mathrm{i}\sin\frac{5}{4}\right)$$

$$\Rightarrow \quad x_k = \sqrt[6]{2}\left(\cos\frac{\frac{5}{4}\pi + 2k\pi}{3} + \mathrm{i}\sin\frac{\frac{5}{4}\pi + 2k\pi}{3}\right), \qquad k = 0, 1, 2$$

$$\Rightarrow \quad x_0 = \sqrt[6]{2}\left(\cos\frac{5}{12}\pi + \mathrm{i}\sin\frac{5}{12}\pi\right)$$

$$x_1 = \sqrt[6]{2}\left(\cos\frac{13}{12}\pi + \mathrm{i}\sin\frac{13}{12}\pi\right)$$

$$x_2 = \sqrt[6]{2}\left(\cos\frac{21}{12}\pi + \mathrm{i}\sin\frac{21}{12}\pi\right)$$

5.27 Lösen Sie die Gleichung

$$x^2 - 2\,\mathrm{i}x + 8 = 0$$

im Bereich der komplexen Zahlen!

Lösung: Der Koeffizient p ist komplex: $p = -2\,\mathrm{i}$. Die Anwendung der Lösungsformel für quadratische Gleichungen ergibt damit:

$$\begin{aligned} x_{1,2} &= \mathrm{i} \pm \sqrt{\mathrm{i}^2 - 8} \\ &= \mathrm{i} \pm \sqrt{-9} \\ &= \mathrm{i} \pm 3\,\mathrm{i} \end{aligned}$$

$$\Rightarrow \quad x_1 = -2\,\mathrm{i}, x_2 = 4\,\mathrm{i}$$

Die Probe über den VIETAschen Wurzelsatz bestätigt:

$$\begin{aligned} x_1 + x_2 &= 2\,\mathrm{i} = -p \\ x_1 \cdot x_2 &= -8\,\mathrm{i}^2 = 8 = q \end{aligned}$$

Aufgaben:

5.63 Lösen Sie die folgenden Gleichungen im Bereich der komplexen Zahlen!

a) $x^3 - 8 = 0$ **b)** $x^6 + 64 = 0$ **c)** $x^4 - 81 = 0$

Bestimmen Sie die Lösungsmenge der Aufgaben 5.64–5.72 im Bereich der komplexen Zahlen!

5.64 **a)** $x^2 + 2x + 26 = 0$ **b)** $x^2 - 6x + 10 = 0$ **c)** $x^2 + 18x + 97 = 0$

5.65 **a)** $x^2 + 6x + 10 = 0$ **b)** $x^2 - 4x + 5 = 0$ **c)** $x^2 + x + 1 = 0$

5.66 **a)** $4x^2 - 4x + 5 = 0$ **b)** $4x^2 - 2x + 7 = 0$ **c)** $4x^2 - 12x + 15 = 0$

5.67 **a)** $4x^2 - 4x + 37 = 0$ **b)** $8x^2 - 12x + 17 = 0$ **c)** $16x^2 - 64x + 89 = 0$

5.68 **a)** $(5x-3)(5x+3) = (4x+7)(4x-7)$ **b)** $(x+3)^2 + (x-5)^2 = (x-2)^2$

5.69 **a)** $\frac{x+5}{x-5} + \frac{x-5}{x+5} = 0$ **b)** $\frac{1}{x-2} - \frac{1}{x-4} = 1$ **c)** $\frac{3x+1}{x-1} - \frac{x+5}{x+1} = 0$

5.70 **a)** $\frac{1}{1-x} - \frac{1}{x+1} = \frac{x^2+3}{1-x^2}$ **b)** $\frac{1}{8-x} - \frac{1}{x+8} = \frac{x^2+3}{64-x^2}$

5.71 **a)** $x^4 - 3x^2 - 4 = 0$ **b)** $x^4 + 8x^2 - 9 = 0$ **c)** $x^4 + 2x^2 - 15 = 0$

5.72 **a)** $4x^4 + 143x^2 - 36 = 0$ **b)** $36x^4 - 55x^2 - 16 = 0$ **c)** $81x^4 + 882x^2 + 2401 = 0$

5.73 Von der Gleichung $x^2 + px + q = 0$ $(p, q \in \mathbf{R})$ ist eine Lösung bekannt:
a) $x_1 = 7 + 12\,\mathrm{i}$ **b)** $x_1 = 2 - 5\,\mathrm{i}$ **c)** $x_1 = -5 - 2\,\mathrm{i}$
Die Koeffizienten p und q sind jeweils zu berechnen.

Anleitung: Die Lösungen x_1 und x_2 der quadratischen Gleichung $x^2 + px + q = 0$ $(p, q \in \mathbf{R})$ sind zueinander konjugiert komplex.

5.74 Die nachstehende Tabelle bezieht sich auf die Gleichung $x^2 + px + q = 0$ $(p, q \in \mathbf{R})$ bzw. deren Lösungen x_1 und x_2; die fehlenden Größen sind zu ermitteln!

	a)	b)	c)	d)	e)	f
p	4	?	2	−2	?	−4/3
q	?	2	13	?	9	?
Realteil der Lösungen	?	−1/3	?	?	2	?
Imaginärteile der Lösungen	±1	?	±3	±0,3499	?	±1,1055

5.75 Wie lauten die quadratischen Gleichungen, deren Lösungen x_1, x_2 folgende Bedingungen erfüllen:

a) $x_1 + x_2 = -2;\ x_1 - x_2 = 10\,\mathrm{i}$ **b)** $x_1 + x_2 = 6;\ x_1 x_2 = 10$

c) $x_1 - x_2 = 24\,\mathrm{i};\ \frac{x_1}{x_2} = \frac{168\,\mathrm{i} - 95}{193}$ **d)** $x_1 x_2 = 29;\ \frac{x_1}{x_2} = \frac{20\,\mathrm{i} - 21}{29}$

e) $x_1^2 + x_2^2 = 42;\ x_1 + x_2 = -10$ **f)** $\frac{1}{x_1} - \frac{1}{x_2} = -\frac{2\,\mathrm{i}}{5};\ \frac{x_2}{x_1} = 0{,}6 - 0{,}8\,\mathrm{i}$

In den Gleichungen der Aufgaben 5.76–5.78 ist die Lösungsmenge im Bereich der komplexen Zahlen zu ermitteln.

5.76 **a)** $x^2 - 3x + 8\,\mathrm{i} = 0$ **b)** $x^2 - 5x + 4\,\mathrm{i} = 0$ **c)** $3x^2 - 2x - 9\,\mathrm{i} = 0$

5.77 **a)** $x^2 - (4 - i)x + 5 + \mathrm{i} = 0$ **b)** $x^2 - x - 2\,\mathrm{i}x - 1 + \mathrm{i} = 0$

c) $z^2 + \frac{8 + 2\,\mathrm{i}}{1 - \mathrm{i}} z + \frac{40 + 20\,\mathrm{i}}{1 - \mathrm{i}} = 0$

5.78 **a)** $x^2 - 4x - 6\,\mathrm{i}x - 5 + 14\,\mathrm{i} = 0$ **b)** $2x^2 - 5x - 3\,\mathrm{i}x + 1 + 3\,\mathrm{i} = 0$

c) $\sqrt{2z - 4} = \sqrt{z + 1 + 3\,\mathrm{i}} - 1$

5.6 Anwendungen in der Elektrotechnik

Eines der wesentlichen Anwendungsgebiete der komplexen Zahlen ist die Elektrotechnik. Aus diesem Grund sollen hier einige typische Aufgaben aus diesem Gebiet vorgestellt werden.

Auf die Theorie des technisch-physikalischen Hintergrundes muss an dieser Stelle verzichtet werden. Der interessierte Leser sei auf entsprechende Fachliteratur verwiesen. Für die Lösung der nachfolgenden Aufgaben sind tiefere elektrotechnische Kenntnisse nicht erforderlich. Die hier benötigten Aussagen und funktionellen Zusammenhänge werden in der Aufgabenstellung mit angegeben.

Aufgaben:

In der Elektrotechnik ist es üblich, j als Zeichen für die imaginäre Einheit heranzuziehen, da mit i zeitlich veränderliche Ströme bezeichnet werden. Diese Vereinbarung soll daher auch in den nachfolgenden Aufgaben gelten.

In den Aufgaben 5.79–5.82 ist der komplexe Gesamtwiderstand zu berechnen, der sich aus den angegebenen Einzelwiderständen zusammensetzt.

Dabei gilt für *in Reihe* geschaltete Widerstände

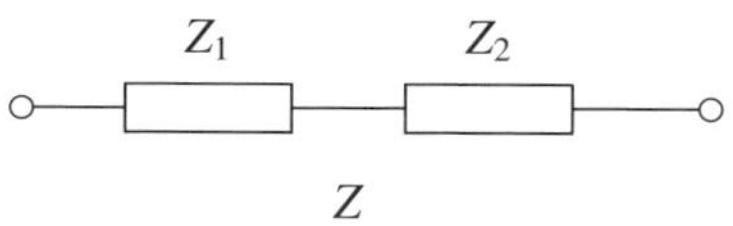

Bild 5.9

die folgende Formel zur Berechnung des Gesamtwiderstandes:

$$Z = Z_1 + Z_2$$

Für *parallel* geschaltete Elemente

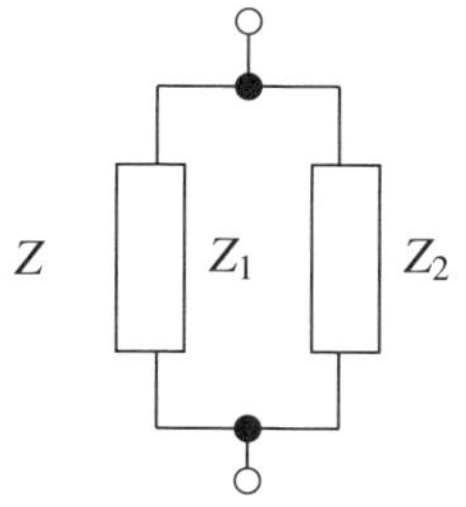

Bild 5.10

berechnet sich der Gesamtwiderstand nach der Formel

$$Z = \frac{1}{\frac{1}{Z_1} + \frac{1}{Z_2}}.$$

5.79 Es ist der komplexe Widerstand $Z = Z_1 + Z_2$ und der Leitwert $Y = \frac{1}{Z}$ der Serienschaltung von Z_1 und Z_2 zu berechnen:

a) $Z_1 = (82 + \text{j}47)\,\text{k}\Omega$
$Z_2 = (120 - \text{j}390)\,\text{k}\Omega$

b) $Z_1 = (180 + \text{j}120)\,\text{k}\Omega$
$Z_2 = (270 - \text{j}120)\,\text{k}\Omega$

c) $Z_1 = (6{,}8 - \text{j}1{,}2)\,\text{k}\Omega$
$Z_2 = (15 - \text{j}2{,}2)\,\text{k}\Omega$

d) $Z_1 = (47 - \text{j}120)\,\Omega$
$Z_2 = 82\,\Omega$

Bemerkung: $[Y] = 1\,\text{S} = 1\,\Omega^{-1}$

5.80 Es ist der komplexe Widerstand $Z = \dfrac{1}{\dfrac{1}{Z_1} + \dfrac{1}{Z_2}}$ und der Leitwert $Y = \dfrac{1}{Z}$ der Parallelschaltung von Z_1 und Z_2 zu ermitteln:

a) $Z_1 = (390 + \text{j}1\,200)\ \Omega$, $Z_2 = (270 - \text{j}120)\ \Omega$
b) $Z_1 = (15 + \text{j}68)\ \text{k}\Omega$, $Z_2 = (1\,200 - \text{j}1\,500)\ \Omega$
c) $Z_1 = (3{,}3 - \text{j}1{,}2)\ \text{M}\Omega$, $Z_2 = (150 + \text{j}150)\ \text{k}\Omega$
d) $Z_1 = \text{j}12\ \text{k}\Omega$, $Z_2 = (27 - \text{j}2{,}2)\ \text{k}\Omega$

5.81 Wie groß ist der komplexe Widerstand $Z = Z_1 + Z_2 + Z_3$ und der Leitwert $Y = \dfrac{1}{Z}$ der Serienschaltung von Z_1, Z_2 und Z_3?

a) $Z_1 = (10 + \text{j}20)\ \Omega$, $Z_2 = (15 - \text{j}10)\ \Omega$, $Z_3 = (25 - \text{j}5)\ \Omega$
b) $Z_1 = (90 + \text{j}40)\ \Omega$, $Z_2 = (70 - \text{j}30)\ \Omega$, $Z_3 = 100\ \Omega$

5.82 Wie groß ist der komplexe Widerstand $Z = \dfrac{1}{\dfrac{1}{Z_1} + \dfrac{1}{Z_2} + \dfrac{1}{Z_3}}$ und der Leitwert $Y = \dfrac{1}{Z}$ der Parallelschaltung von Z_1, Z_2 und Z_3?

a) $Z_1 = (3 - \text{j}7)\ \Omega$, $Z_2 = (8 + \text{j}3)\ \Omega$, $Z_3 = (5 + \text{j}6)\ \Omega$
b) $Z_1 = (20 + \text{j}40)\ \Omega$, $Z_2 = (20 - \text{j}80)\ \Omega$, $Z_3 = (40 + \text{j}60)\ \Omega$

In den Aufgaben 5.83 und 5.84 ist der Betrag $|Z|$ und der Phasenwinkel φ der komplexen Widerstände Z zu berechnen.

5.83 **a)** $Z = (27 - \text{j}30)\ \text{k}\Omega$ **b)** $Z = (180 + \text{j}470)\ \Omega$
c) $Z = (8{,}2 + \text{j}15)\ \text{M}\Omega$ **d)** $Z = (6\,800 - \text{j}330)\ \Omega$

5.84 **a)** $Z = -\text{j}15\ \text{k}\Omega$ **b)** $Z = (47 + \text{j}47)\ \text{k}\Omega$
c) $Z = \text{j}3{,}3\ \Omega$ **d)** $Z = 82\ \text{k}\Omega$

In den nachfolgenden Aufgaben treten neben den schon betrachteten OHM*schen* Widerständen als Bauelemente auch Kondensatoren und Spulen auf, die einen kapazitiven bzw. induktiven Widerstand bilden. Die zwei folgenden Tabellen stellen die Schaltsymbole und die Formeln zur Berechnung der Widerstände dieser Bauelemente sowie zwei Beispiele zur Berechnung des Gesamtwiderstandes einer Schaltung dar. Das dabei auftretende Zeichen $\|$ zwischen zwei Einzelwiderständen bedeutet, dass die entsprechenden Bauelemente parallel geschaltet sind.

Begriff	Schaltsymbol	Formel für den komplexen Widerstand
OHMscher Widerstand	R 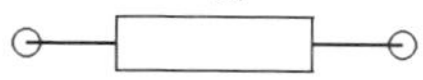	$Z_R = R$
Kapazität	C 	$Z_C = \dfrac{1}{j\omega C}$
Induktivität	L 	$Z_L = j\omega L$

Beispiele:

5.28

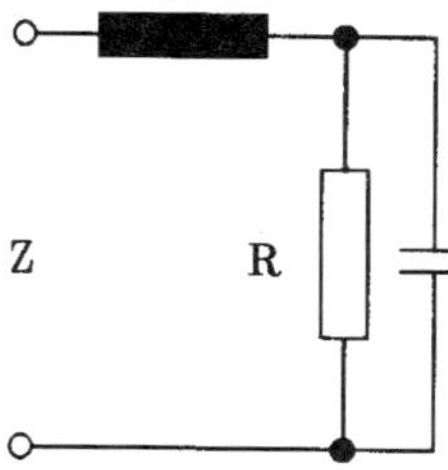

Bild 5.11

$$\text{Gesamtwiderstand } Z = Z_L + (Z_R \| Z_C) = $$
$$= \mathrm{j}\omega L + \cfrac{1}{\cfrac{1}{R} + \cfrac{1}{\cfrac{1}{\mathrm{j}\omega C}}}$$

5.29

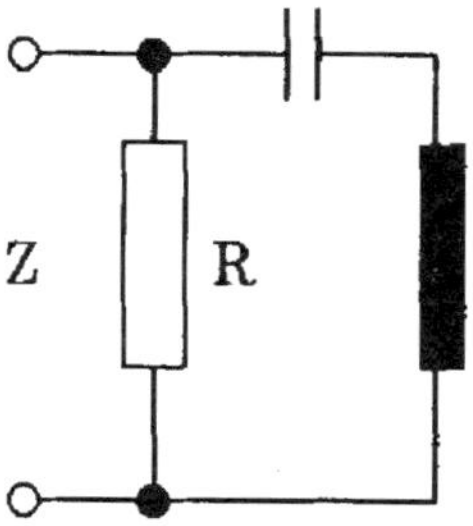

Bild 5.12

$$\text{Gesamtwiderstand } Z = Z_R \| (Z_C + Z_L) = $$
$$= \cfrac{1}{\cfrac{1}{R} + \cfrac{1}{\cfrac{1}{\mathrm{j}\omega C} + \mathrm{j}\omega L}}$$

Aufgaben:

Bestimmen Sie in den Aufgaben 5.85 und 5.86 den komplexen Gesamtwiderstand, und stellen Sie ihn in arithmetischer Form dar.

5.85 a)

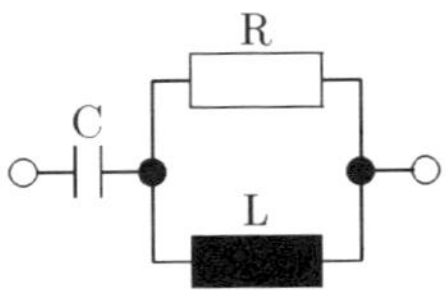

$Z = Z_C + (Z_R \| Z_L)$

b)

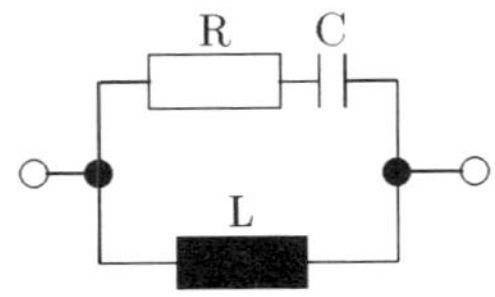

$Z = (Z_R + Z_C) \| Z_L$

c)

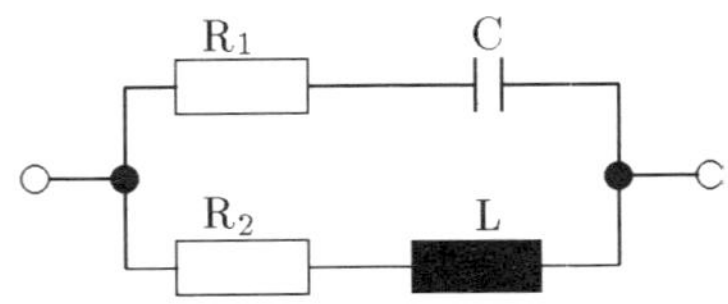

$Z = (Z_{R_1} + Z_C) \| (Z_{R_2} + Z_L)$

d)

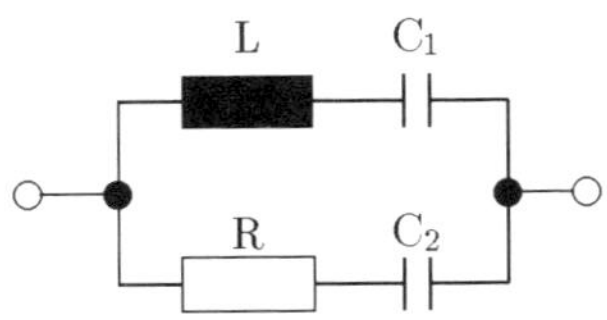

$Z = (Z_L + Z_{C_1}) \| (Z_R + Z_{C_2})$

Bild 5.13

5.86 a)

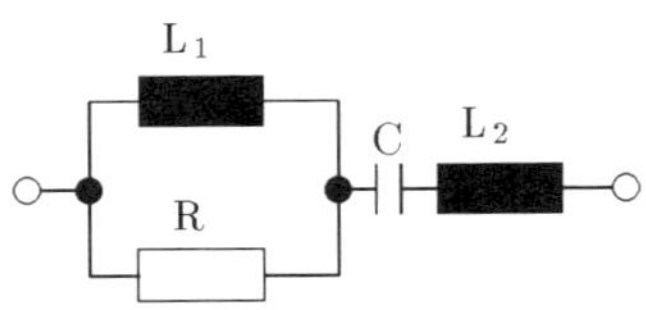

b)

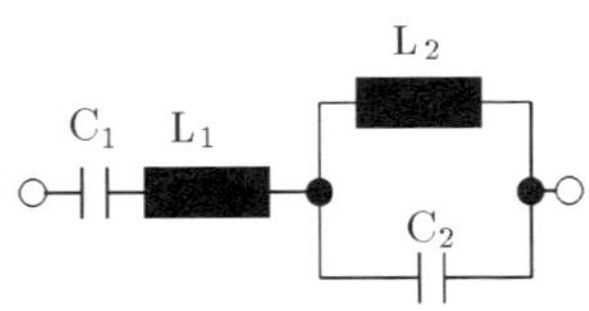

c)

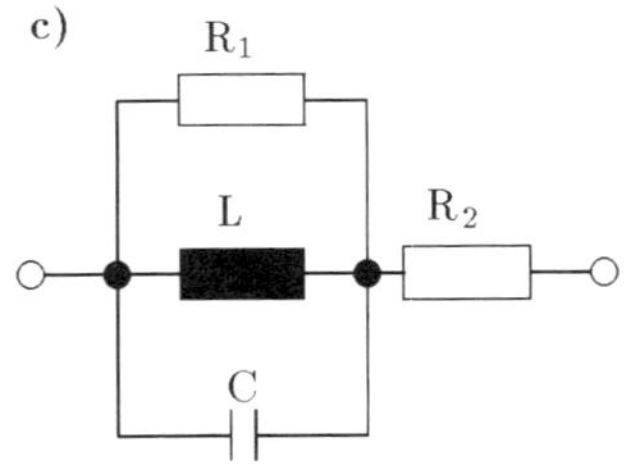

d)

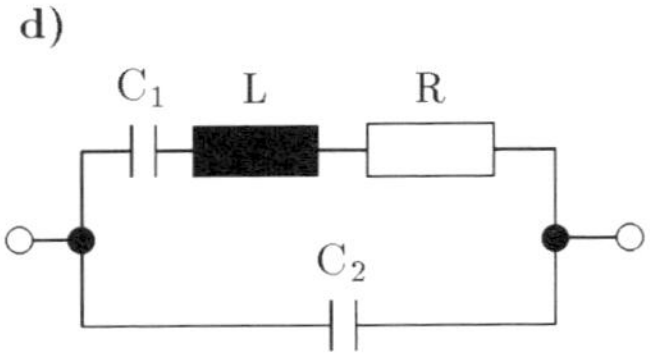

Bild 5.14

5.87 Stellen Sie den Widerstand der angegebenen Schaltungen in der trigonometrischen Form dar.

a)

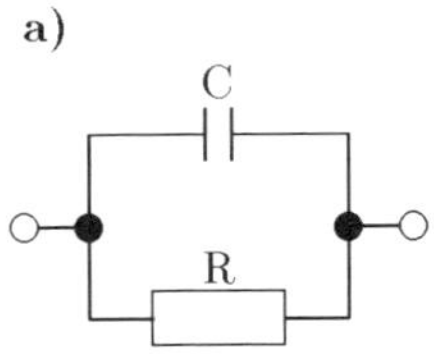

R= 10 kΩ
C= 2.2μF
f = 2kHz

b)

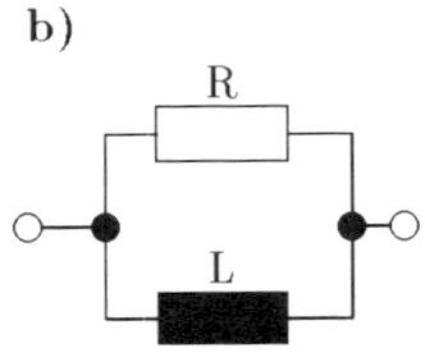

R= 5.6kΩ
L= 1.8mH
f = 200kHz

c)

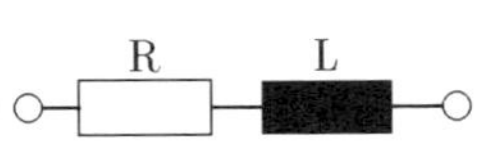

R= 150kΩ
L= 330mH
f = 10kHz

d)

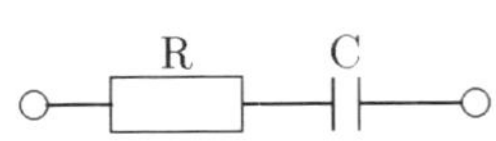

R= 1 MΩ
C= 470nF
f = 5kHz

Bild 5.15

5.88 **Serienschwingkreis**:

a) Der Gesamtwiderstand Z des Serienschwingkreises ist in der Form $Z = a + \mathrm{j}b$ darzustellen.

b) Bei welcher Kreisfrequenz ω_0 wird der komplexe Widerstand Z reell?

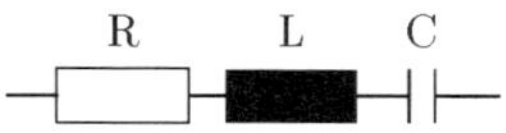

Bild 5.16

5.89 **Parallelschwingkreis:**

a) Der Gesamtwiderstand Z des Parallelschwingkreises ist in der Form $Z = a + \mathrm{j}b$ darzustellen.

b) Bei welcher Kreisfrequenz ω_0 wird der komplexe Widerstand Z reell?

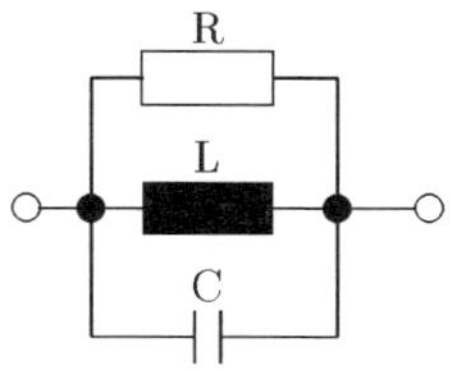

Bild 5.17

5.90 **a)** Der komplexe Gesamtwiderstand $Z = R + \mathrm{j}\omega L$ ist für $\omega \in \{0, 10^3, 10^4, 10^5\}$, $R = 4{,}7\ \mathrm{k\Omega}$ und $L = 120$ mH graphisch zu veranschaulichen

b) Welche Graphik ergibt sich, wenn ω alle positiven reellen Zahlen durchläuft?
Bemerkung: $[\omega] = 1\ \mathrm{s}^{-1}$

5.91 Aus der nebenstehenden Figur ist der Betrag von $Z = R + \dfrac{1}{\mathrm{j}\omega L}$ abzulesen und ω zu berechnen.
($R = 27\ \mathrm{k\Omega}$, $C = 6{,}8$ nF)

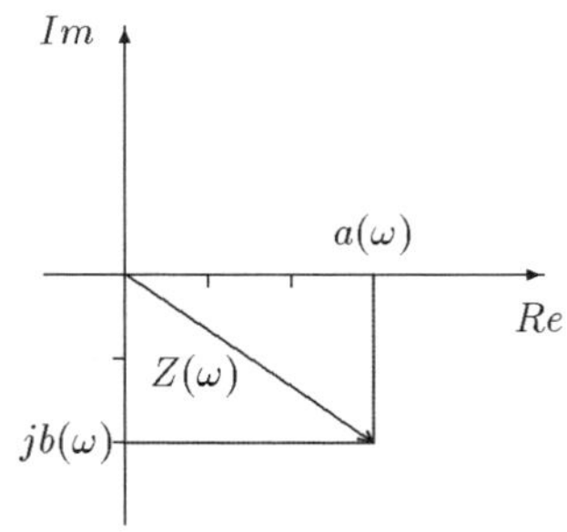

Bild 5.18

6 Ungleichungen

6.1 Begriffsbestimmung

Bei sehr vielen praktischen und theoretischen Problemen spielen Ungleichungen eine sehr große Rolle. Der sichere Umgang mit Ungleichungen ist mindestens ebenso wichtig wie das Lösen von Gleichungen.

Man spricht dann von einer *Ungleichung*, wenn sinnvolle mathematische Ausdrücke durch Operationszeichen miteinander verknüpft werden, wobei unter den auftretenden Operationszeichen *genau* **eines** *der Zeichen*

$$\neq\,, \quad <\,, \quad \leq\,, \quad >\,, \quad \text{oder} \quad \geq$$

auftreten muss.

So stellen beispielsweise die folgenden Relationen

$$-3 < 0, \qquad x \neq y, \qquad \sin x > \cos x,$$

$$x^3 + 3x^2 + 2{,}47 \geq 5 - 2x \quad \text{sowie} \quad \mathrm{e}^{-x} + 5 \leq 2x + 3$$

Ungleichungen im oben beschriebenen Sinne dar.

Wenn die am Aufbau einer Ungleichung beteiligten Terme *Konstante* sind, wie dies im ersten Beispiel der Fall ist, so stellt die betreffende Ungleichung eine *Aussage* dar. Sie ist entweder *wahr* oder *falsch*, je nachdem, ob die in der Ungleichung genannte Relation zwischen den beiden Konstanten erfüllt ist oder nicht.

Die obige Ungleichung

$$-3 < 0$$

ist als *wahr* einzuordnen.

In den vier weiteren Beispielen treten neben den Konstanten auch *variable Größen* auf, von deren Belegung mit konkreten Werten es abhängen wird, ob die Ungleichungen erfüllt sind oder nicht. Die Aufgabe, derartige Ungleichungen zu lösen, besteht darin, diejenigen Werte der Variablen zu ermitteln, die die gegebene Ungleichung zu einer wahren Aussage machen.

Vergegenwärtigt man sich beispielsweise den Verlauf der Sinus- und der Kosinuskurve, so kann man leicht feststellen, dass die im dritten Beispiel angegebene Ungleichung

$$\sin x > \cos x$$

genau dann erfüllt ist, wenn

$$x \in \left(\frac{\pi}{2} + 2k\pi;\ \frac{5\pi}{2} + 2k\pi\right) \quad \text{mit} \quad k \in \mathbf{G}$$

gilt. Damit ist die Lösungsmenge L dieser Ungleichung ermittelt.

Die beiden letzten Beispiele lassen sich leider nicht so leicht lösen, wie das hier in diesem besonders einfachen Falle möglich war.

Ausgehend von den bisherigen Betrachtungen kommt man zu folgender Definition für eine Ungleichung :

> Eine *Ungleichung* ist ein mathematischer Ausdruck, bei dem sinnvolle, aus Variablen und Konstanten zusammengesetzte mathematische Terme durch eines der folgenden Relationszeichen miteinander verbunden sind:
> $\neq\,, \quad <\,, \quad \leq\,, \quad >\,, \quad$ oder $\quad \geq\,.$
> Eine *Ungleichung lösen* heißt, diejenigen Werte für die variablen Größen zu ermitteln, die die gegebene Ungleichung erfüllen.

Bei einer Gleichung besteht die Lösungsmenge L im allgemeinen aus einem bzw. aus mehreren *diskreten Einzelwerten*. Bei einer Ungleichung dagegen besteht die Lösungsmenge meist *aus einem oder mehreren kontinuierlichen Bereichen*, wie dies bereits aus dem eingangs erwähnten einfachen Beispiel $\sin x > \cos x$ hervorgeht.

6.2 Rechenregeln für Ungleichungen

Für den Umgang mit Ungleichungen sind andere und z. T. kompliziertere Regeln zu beachten als beim Lösen von Gleichungen. Sie sind jedoch alle ohne weiteres einleuchtend und stellen eine wertvolle Hilfe für das Lösen von Ungleichungen dar. Die Regeln für Ungleichungen lassen sich leicht einsehen, wenn man sich die im folgenden verwendeten Zahlen $a, b, \ldots$ als Punkte auf der sich von $-\infty$ bis $+\infty$ erstreckenden Zahlengeraden vorstellt.

Die den beiden Zahlen a und b entsprechenden Punkte können auf der Zahlengeraden die folgenden Lagen zueinander einnehmen:

1. Der Punkt a liegt *links* vom Punkt b.
   Dann ist $a < b$.
2. Der Punkt a liegt *rechts* vom Punkt b.
   Dann ist $a > b$.
3. Schließlich können die beiden Punkte a und b genau übereinander liegen.
   Dann gilt $a = b$.

Daraus folgt:

Regel 1: Für je zwei beliebige reelle Zahlen a und b gilt *genau eine* der drei Relationen:

$$\boxed{a < b \quad \text{oder} \quad a = b \quad \text{oder} \quad a > b.} \tag{6.2}$$

Vertauscht man die beiden Seiten einer Ungleichung miteinander, so bedeutet das auf der Zahlengeraden, dass auch die beiden zu den Zahlen gehörenden Punkte miteinander vertauscht werden. Der vor der Vertauschung links liegende Punkt liegt dann rechts vom anderen. Daher gilt:

Regel 2: Vertauscht man die beiden Seiten einer Ungleichung miteinander, so muss das Ungleichheitszeichen umgekehrt werden.
Es gilt also z. B.

$$\boxed{a < b \quad \longleftrightarrow \quad b > a.} \tag{6.2}$$

Anmerkung: Was in der obigen und in den folgenden drei Formeln für die Relation $>$ ausgesagt wird, gilt sinngemäß auch für die Relationen $<$, $\leq$ und $\geq$.

Fügt man auf beiden Seiten einer Ungleichung denselben konstanten Wert c hinzu, so bedeutet das für jeden der beiden Punkte a und b auf der Zahlengeraden, dass er um denselben Betrag nach rechts verschoben wird, sofern $c > 0$ ist, bzw. nach links, wenn $c < 0$ ist. Der Abstand und die Aufeinanderfolge der beiden ursprünglichen Punkte a und b auf der Zahlengeraden werden durch die erfolgte Addition bzw. Subtraktion einer Konstanten nicht verändert.

Es gilt demnach

Regel 3: Addiert bzw. subtrahiert man zu beiden Seiten einer Ungleichung denselben konstanten Wert, so bleibt die Ungleichung bestehen.

$$\boxed{a < b \quad \longleftrightarrow \quad a + c < b + c.} \tag{6.3}$$

Multipliziert man beide Seiten der Ungleichung $a < b$ mit derselben *positiven* Zahl, so werden zwar die Abstände der Ausgangspunkte vom Nullpunkt der Zahlengeraden verändert, ihre Aufeinanderfolge bleibt aber erhalten.

Wenn man jedoch beide Seiten der Ungleichung $a < b$ mit dem Faktor -1 multipliziert, so bedeutet das für die Bildpunkte $-a$ und $-b$, dass sie spiegelbildlich zu den Ursprungspunkten a und b liegen. Ihre Abstände vom Nullpunkt der Zahlengeraden sind zwar erhalten geblieben, es hat sich aber ihre Aufeinanderfolge verändert. Demnach folgt aus $a < b$, dass $-a > -b$ sein muss.

Die gleiche Aussage gilt auch dann, wenn man beide Seiten einer Ungleichung mit einer beliebigen *negativen* Zahl c multipliziert.

Für die Multiplikation beider Seiten einer Ungleichung mit einer beliebigen Zahl gilt demzufolge

Regel 4: Multipliziert man beide Seiten einer Ungleichung mit derselben Konstanten c, so bleibt das Ungleichheitszeichen erhalten, wenn $c > 0$ ist. Ist dagegen $c < 0$, so muss das Ungleichheitszeichen umgekehrt werden, so dass gilt:

$$\boxed{\begin{array}{llll} a < b & \longrightarrow & a \cdot c < b \cdot c, & \text{wenn} \quad c > 0, \\ a < b & \longrightarrow & a \cdot c = b \cdot c = 0, & \text{wenn} \quad c = 0 \quad \text{und} \\ a < b & \longrightarrow & a \cdot c > b \cdot c, & \text{wenn} \quad c < 0. \end{array}} \tag{6.4}$$

Schließlich sei noch darauf hingewiesen, dass die Ungleichheitsrelation die Eigenschaft der *Transitivität* besitzt, d. h.:

Regel 5:

$$\boxed{\text{Aus}\quad a < b \quad \text{und} \quad b < c \quad \text{folgt} \quad a < c.} \tag{6.5}$$

Für den Umgang mit Ungleichungen, die Rechenoperationen dritter Stufe oder transzendente Funktionen enthalten, lassen sich nur schwer allgemeingültige Regeln aufstellen. Dies geht bereits aus dem folgenden einfachen Beispiel hervor:

Geht man von den beiden Werten $a = 3$ und $b = 5$ aus, so gilt offensichtlich

$$3 < 5 \quad \rightarrow \quad 3^2 < 5^2.$$

Dies lässt sich verallgemeinern:

$$\text{Es ist} \quad a < b \quad \rightarrow \quad a^2 < b^2 \quad \text{wenn} \quad a > 0 \quad \text{und} \quad b > 0.$$

Wählt man dagegen als Ausgangswerte $a = -3$ und $b = -5$, dann gilt

$$-3 > -5 \quad \rightarrow \quad (-3)^2 < (-5)^2,$$

d. h. es erfolgt eine Umkehr des Relationszeichens, wenn man zwei negative Zahlen quadriert. Allgemein gilt für das Quadrieren bei negativen Basiswerten

$$\text{Es ist} \quad a < b \quad \rightarrow \quad a^2 > b^2 \quad \text{wenn} \quad a < 0 \quad \text{und} \quad b < 0.$$

Es sei dem Leser überlassen zu untersuchen, wie sich die Quadrate von zwei Zahlen verhalten, wenn eine der beiden Zahlen negativ und die andere positiv ist.

Noch schwieriger zu überschauen sind Ungleichungen, in denen zusätzlich noch transzendente Funktionen wie $\ln(ax + b)$ oder $\arccos(mx + n)$ usw. auftreten. Derartige Ungleichungen kann man nur dann erfolgreich bearbeiten, wenn man über die Eigenschaften dieser Funktionen sehr gut Bescheid weiß.

6.3 Das Lösen von Ungleichungen

Ungleichungen lassen sich auf sehr unterschiedliche Arten lösen. Im folgenden sollen einige Vorgehensweisen demonstriert werden, ohne dass dabei ein Anspruch auf Vollständigkeit erhoben werden kann.

6.3.1 Zusammenhänge zwischen Ungleichung, Gleichung und Funktion

Aus dem bereits Gesagten geht hervor, dass es bei der Lösung einer *Gleichung* darum geht, diejenigen *isolierten Werte* aus dem Definitionsbereich der vorgegebenen Gleichung zu ermitteln, für die die Gleichheit von linker und rechter Seite der Gleichung hergestellt wird.

Bei der Lösung von *Ungleichungen* geht es hingegen darum, *größere Teilbereiche* des Definitionsbereiches der Ungleichung zu bestimmen, innerhalb derer die durch die Ungleichung gegebene Ungleichheitsrelation erfüllt ist. Eine Ungleichung zu lösen ist mithin ein wesentlich komplexeres Problem als das Lösen der dieser Ungleichung entsprechenden Gleichung.

Es liegt nun nahe, den engen Zusammenhang zwischen einer Gleichung und der ihr entsprechenden Ungleichung auszunutzen, wenn eine Ungleichung zu lösen ist.

Beispiele:

6.1 Es soll die Ungleichung $x^2 + 4x \geq 5$ gelöst werden.

Lösung:
Die gegebene Ungleichung hängt sehr eng zusammen mit der quadratischen Gleichung

$x^2 + 4x = 5 \quad \text{bzw.} \quad x^2 + 4x - 5 = 0.$

Im Beispiel 1.62a des Abschnittes 1.5.3 über Funktionen und Bestimmungsgleichungen wurden die Nullstellen der zugehörigen quadratischen Funktion

$y = x^2 + 4x - 5$

ermittelt. Sie liegen bei

$x_1 = -5 \quad \text{und} \quad x_2 = 1.$

Nun weiß man (oder man sollte es auf alle Fälle wissen!) über den Verlauf einer quadratischen Funktion, deren quadratisches Glied einen positiven Koeffizienten besitzt, dass die zugehörige Funktionskurve aus dem Unendlichen von oben kommt, dass sie die x-Achse ggf. in zwei Punkten schneidet oder sie auch nur in einem Punkt berührt und dass sie dann in der gleichen Weise wie sie von oben gekommen ist auch wieder nach oben entschwindet (vgl. Bild 1.23 des Abschnittes 1.5).
Da die vorliegende Funktion $y = x^2 + 4x - 5$ zwei Nullstellen besitzt, müssen die zugehörigen y-Werte von links her bis zur ersten Nullstelle $x_1 = -5$ positiv sein, zwischen der ersten und der zweiten Nullstelle $x_2 = 1$ negative Werte annehmen, um rechts von x_2 wieder positiv zu werden. – Dieses Wissen reicht aus, um die Lösungsmenge der gegebenen Ungleichung angeben zu können. Sie ist erfüllt für

$\mathrm{L} = (-\infty; -5] \cup [1; \infty).$

Man beachte dabei, dass die beiden Punkte $x_1 = -5$ und $x_2 = 1$ wegen des Relationszeichens $\geq$ der Lösungsmenge angehören.
Im folgenden sind drei leicht veränderte Varianten der gegebenen Ungleichung mit den zugehörigen Lösungsmengen angegeben. Vergewissern Sie sich selbst davon, dass die angegebenen Lösungsmengen richtig sind.

	Ungleichung	Lösungsmenge
1.a)	$x^2 + 4x > 5$	$\mathrm{L}_{1a} = (-\infty; -5) \cup (1; \infty)$
1.b)	$x^2 + 4x \leq 5$	$\mathrm{L}_{1b} = [-5; 1]$
1.c)	$x^2 + 4x < 5$	$\mathrm{L}_{1c} = (-5; 1)$

6.2 Wie lautet der Definitionsbereich der Funktion $y = \ln(2\,\mathrm{e}^{2x} - 3)$?

Lösung:
Es hat zunächst den Anschein, als habe diese Aufgabenstellung gar nichts mit Ungleichungen zu tun. Bei genauerem Hinsehen stellt man jedoch fest, dass eine Logarithmusfunktion auftritt, die nur dann existiert, wenn ihr Argument größer als Null ist. Es muss also untersucht werden, für welche x–Werte das Argument des Logarithmus größer als Null ist. Der ursprünglichen Aufgabenstellung entspricht damit das einfachere Problem, die *Ungleichung*

$2\,\mathrm{e}^{2x} - 3 > 0$

zu lösen.
Zu diesem Zwecke betrachten wir die dieser Ungleichung entsprechende *Gleichung*

$2\,\mathrm{e}^{2x} - 3 = 0.$

Aus ihr erhält man

$$2\,e^{2x} = 3,$$

woraus

$$e^{2x} = 1{,}5 \quad \to \quad 2x = \ln 1{,}5 \quad \to \quad x = \frac{1}{2} \cdot \ln 1{,}5 \approx 0{,}202\,735$$

folgt.
Da die Exponentialfunktion monoton ansteigt, nimmt das in der Logarithmusfunktion auftretende Argument $2\,e^{2x} - 3$ ab $x = \frac{1}{2} \cdot \ln 1{,}5 \approx 0{,}202\,735$ positive Werte an. Folglich ist

$$D = \left(\frac{1}{2} \cdot \ln 1{,}5; \infty\right)$$

der Definitionsbereich der gegebenen Funktion.

6.3 Für welchen Bereich $(x_1; x_2)$ liegen die Funktionswerte der Funktion $y = \cosh(2x - 5)$ zwischen den Werten 3 und 10 ?
Anmerkung: Die beiden Eckwerte 3 und 10 sollen dem zu bestimmenden Wertebereich *nicht* angehören.

Lösung:
Die Aufgabenstellung ist gleichbedeutend mit dem Problem, die Ungleichung

$$3 < \cosh(2x - 5) < 10$$

lösen zu müssen.
Dazu empfiehlt es sich, anstelle dieser Ungleichung zunächst die beiden Gleichungen

$$\cosh(2x - 5) = 3 \quad \text{und} \quad \cosh(2x - 5) = 10$$

zu lösen.
Für die erste Gleichung erhält man

$$2x_{11,12} - 5 = \operatorname{arcosh} 3$$

$$x_{11,12} \qquad = \pm\frac{1}{2} \cdot (5 + \operatorname{arcosh} 3) = \pm 3{,}381\,373\,6.$$

Anmerkung: Die Hyperbelfunktion $y = \cosh x$ besitzt *zwei* Umkehrfunktionen (vgl. dazu Abschnitt 4.4.4). Aus diesem Grunde ergeben sich aus der obigen Gleichung zwei Lösungen, die sich nur in ihren Vorzeichen voneinander unterscheiden.
Entsprechend erhält man aus der zweiten Gleichung die Lösungen

$$x_{21,22} = \pm\frac{1}{2} \cdot (5 + \operatorname{arcosh} 10) = \pm 3{,}996\,611\,4.$$

Ergebnis: Die Funktion $y = \cosh(2x - 5)$ nimmt innerhalb der beiden Bereiche

$$B_1 = (-3{,}996\,611\,4; -3{,}381\,373\,6) \qquad \text{und} \qquad B_2 = (3{,}381\,373\,6; 3{,}996\,611\,4)$$

Funktionswerte an, die zwischen 3 und 10 liegen.

Die letzten beiden Beispiele sind typisch für viele Untersuchungen, bei denen Ungleichungen auftreten. Aus den zugehörigen Rechnungen geht hervor, dass es neben der sicheren Beherrschung der Regeln für Ungleichungen sehr wichtig ist, dass man fundierte Kenntnisse über die Eigenschaften der auftretenden mathematischen Funktionen besitzt.

Besonderes Augenmerk muss man auf diejenigen Stellen richten, an denen die zu untersuchende Funktion Unstetigkeitsstellen besitzt. Dies soll an dem folgenden einfach erscheinenden Beispiel demonstriert werden.

Beispiel:

6.4 Für welche x-Werte nimmt die Funktion $y = \frac{1}{x-2}$ Werte an, die größer als -5 sind ?

Lösung:
Die Aufgabenstellung führt zu der Ungleichung

$$\frac{1}{x-2} > 5.$$

Wenn man die beiden Seiten dieser Ungleichung mit dem Nenner $x - 2$ multipliziert, vereinfacht sich die Aufgabenstellung sehr wesentlich. Man muss jedoch dabei unbedingt beachten, dass der Faktor $x - 2$ sowohl positive als auch negative Werte annehmen kann. Für $x < 2$ ist dieser Faktor negativ, für $x > 2$ dagegen positiv, so dass sich die ursprüngliche Aufgabenstellung nach Regel 4 aufspaltet in die beiden Teilaufgaben

$$1 < 5(x-2) \quad \text{für} \quad x < 2 \qquad \text{und} \qquad 1 > 5(x-2) \quad \text{für} \quad x > 2$$

bzw.

$$5x > 11 \quad \text{für} \quad x < 2 \qquad \text{und} \qquad 5x < 11 \quad \text{für} \quad x > 2.$$

Aus der linken Ungleichung ergibt sich, dass

$$x > 2{,}2$$

sein müsste. – Dieses Ergebnis ist jedoch nicht brauchbar, da der Bereich $x > 2{,}2$ nicht dem Definitionsbereich $x < 2$ dieser Ungleichung angehört.
Aus der rechten Ungleichung ergibt sich

$$x < 2{,}2.$$

Dieser Lösungsbereich liegt innerhalb des Definitionsbereichs der rechten Ungleichung, so dass sich der Lösungbereich der Gesamtaufgabe zu

$$\mathrm{L} = (2; 2{,}2)$$

ergibt.
Anmerkung: An der Stelle $x = 2$ besitzt die Funktion

$$y = \frac{1}{x-2}$$

einen Pol 1. Ordnung (vgl. Abschnitt 4.4.1.2), an der die Funktion vor $x = 2$ nach unten ins Unendliche verschwindet um hinter $x = 2$ von oben aus dem Unendlichen herunterzukommen. Der Wert $x = 2$ gehört demnach nicht mit zur Lösungsmenge der gegebenen Ungleichung.

6.3.2 Grafische Verfahren zur Lösung von Ungleichungen

Wenn die Ansprüche an die Genauigkeit der Lösung einer Ungleichung nicht besonders hoch sind, dann lohnt es sich in vielen Fällen, grafische Verfahren anzuwenden. Dies gilt vor allem dann, wenn am Aufbau der Ungleichung allgemein bekannte Funktionen beteiligt sind.

Jede Ungleichung der Form

$$f(x) \quad \mathbf{rel} \quad g(x)\,, \tag{6.6}$$

in der das Zeichen **rel** für eines der Relationszeichen $<$, $\leq$, $\geq$, $>$ bzw. $\neq$ steht, lässt sich ohne Schwierigkeiten in die Form

$$F(x) \quad \mathbf{rel} \quad 0 \tag{6.7}$$

umwandeln und umgekehrt. Dabei hängt es sehr wesentlich vom Aufbau der Ungleichung ab, welcher der beiden Formen man den Vorzug gibt. Man sollte immer bestrebt sein, möglichst einfache Funktionen herzustellen.

Zeichnet man die Kurven $y_1 = f(x)$, $y_2 = g(x)$ bzw. $y_3 = F(x)$, so lassen sich die Bereiche, für die die Ungleichungen (6.6) bzw. (6.7) gelten, leicht ermitteln, indem man im Falle (6.6) die Abszissen der Punkte bestimmt, in denen sich beiden Kurven $y_1 = f(x)$ und $y_2 = g(x)$ schneiden bzw. die Abszissen der Schnittpunkte der Kurve $y_3 = F(x)$ mit der x-Achse im Falle (6.7). Welche Intervalle zwischen den ermittelten Schnittpunkten die Ungleichung erfüllen, muss dann von Fall zu Fall untersucht werden.

Beispiele:

6.5 Für welche x-Werte gilt die Ungleichung $\sin x - 0{,}2x - 0{,}3 > 0$?

Lösung:
Es gibt die beiden Möglichkeiten, die Funktion
a) $F(x) = 2 \cdot \sin x - 0{,}2x - 0{,}3$

zu verwenden und die Ungleichung grafisch in der Form $F(x) > 0$ zu lösen, oder die Aufgabe nach Regel 3 umzuformen in

$$2 \cdot \sin x > 0{,}2x + 0{,}3$$

und an Hand der beiden Funktionen

b) $f(x) = 2 \cdot \sin x$ sowie

$g(x) = 0{,}2x + 0{,}3$

zu untersuchen, innerhalb welcher Bereiche die Ungleichung $f(x) > g(x)$ erfüllt ist.

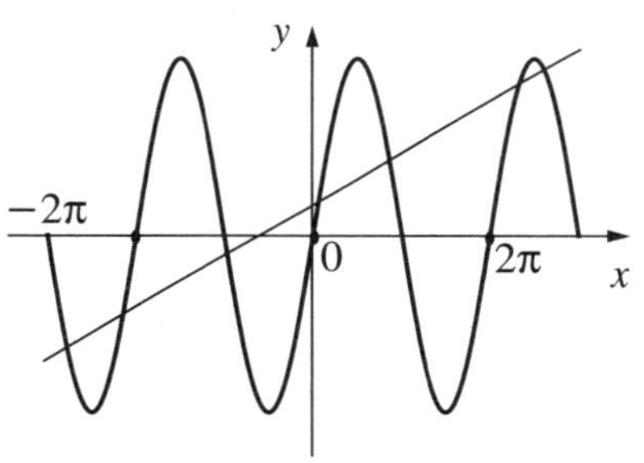

Bild 6.1

Im vorliegenden Falle ist die Variante b) vorzuziehen, da man sich hier auf die die Untersuchung der beiden wohlbekannten und einfach zu zeichnenden Grundfunktionen $f(x) = 2 \cdot \sin x$ sowie $g(x) = 0{,}2x + 0{,}3$ beschränken kann, während man bei der Variante a) die wesentlich kompliziertere Funktion $F(x) = 2 \cdot \sin x - 0{,}2x - 0{,}3$ zeichnen und untersuchen müsste.
Aus Bild 6.1 ist zu entnehmen, dass es vier Bereiche gibt, in denen die Sinuskurve $y = 2 \cdot \sin x$ oberhalb der Geraden $y = 0{,}2x + 0{,}3$ liegt. Der erste reicht von $-\infty$ bis $-8{,}631\,4$, der zweite von $-6{,}848\,3$ bis $-2{,}992\,6$, der dritte von $0{,}167\,4$ bis $2{,}706\,4$ und der letzte schließlich von $7{,}375\,1$ bis $8{,}127\,1$, so dass

$$L = (-\infty; -8{,}631\,4) \cup (-6{,}848\,3; -2{,}992\,6) \cup (0{,}167\,4; 2{,}706\,4) \cup (7{,}375\,1; 8{,}127\,1)$$

die Lösungsmenge der gegebenen Ungleichung darstellt. (Die bis auf drei Dezimalstellen genauen x–Werte wurden mit im folgenden Abschnitt vorgestellten kleinen BASIC-Programm ermittelt.)

6.6 Für welche x–Werte gilt die Relation

$x^4 + 2x^2 - 4x - 6 < 0$?

Lösung:
Man könnte die Funktion $y = x^4 + 2x^2 - 4x - 6$ grafisch darstellen und aus dem Bild der Funktion ablesen, welcher Bereich bzw. welche Bereiche der zugehörigen Kurve unterhalb der x-Achse liegen. Um die Kurve zeichnen zu können, müsste jedoch eine umfangreiche Wertetafel aufgestellet werden. Dazu wäre aber ein erheblicher Rechenaufwand erforderlich.

Diese Mühe kann man sich ersparen, wenn man die gegebene Ungleichung in die Form

$x^4 < -2x^2 + 4x + 6 \qquad \text{bzw.} \qquad 0{,}5x^4 < -x^2 + 2x + 3$

bringt. In dieser Ungleichung treten nämlich die Potenzfunktion

$y_1 = 0{,}5x^4$

sowie die quadratische Funktion

$y_2 = -x^2 + 2x + 3$

auf, deren Eigenschaften bekannt sind, so dass sie sich leicht zeichnen lassen.
Die Kurve y_1 ist eine nach oben offene, gestauchte Potenzfunktion 4. Grades, die durch den Koordinatenurprung hindurchgeht und die symmetrisch zur y-Achse verläuft.
Die Kurve y_2 ist eine nach unten offene Normalparabel. Wegen des in der Funktionsgleichung auftretenden linearen und absoluten Gliedes verläuft diese Kurve nicht symmetrisch zur y-Achse. Die Schnittpunkte dieser Parabel mit der x-Achse erhält man aus der quadratischen Gleichung

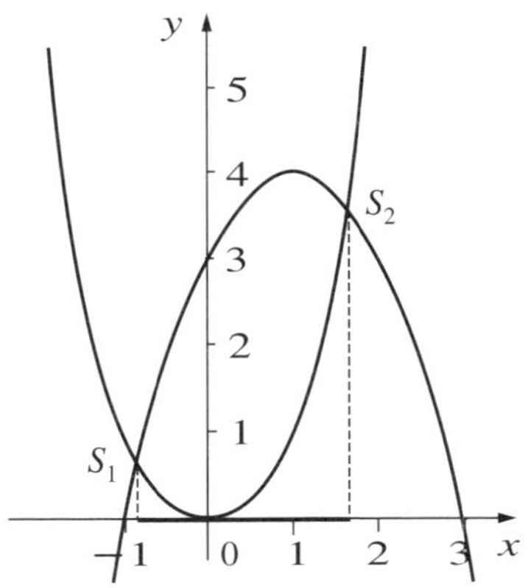

Bild 6.2

$-x^2 + 2x + 3 = 0$

bzw.

$x^2 - 2x - 3 = 0.$

Sie liegen bei

$x_1 = -1 \quad \text{und} \quad x_2 = 3.$

Die beiden Kurven sind im Bild 6.2 dargestellt.
Die Funktion 4. Grades verläuft zwischen den beiden Schnittpunkten S_1 und S_2 unterhalb der quadratischen Parabel, erfüllt also in diesem Bereich die Bedingung, die in der Ungleichung gestellt worden ist.
Der Lösungsbereich L der Ungleichung ist auf der x-Achse durch eine dicke Linie dargestellt. Er ist

$L \approx (-0{,}912; 1{,}637).$

6.7 Für welche x-Werte gilt die Ungleichung

$$\frac{1}{x+2} + \frac{1}{x-3} \geq 1?$$

Lösung:
Die gegebene Ungleichung lässt sich umformen in

$$\frac{1}{x+2} + \frac{1}{x-3} - 1 \geq 0.$$

Man betrachtet nun anstelle der *Ungleichung* die *Funktion*

$$f(x) = \frac{1}{x+2} + \frac{1}{x-3} - 1$$

$$= \frac{x - 3 + x + 2 - (x-3) \cdot (x+2)}{(x+2) \cdot (x-3)} = \frac{-x^2 + 3x + 5}{(x-3) \cdot (x+2)}$$

$$f(x) = -\frac{x^2 - 3x - 5}{(x-3) \cdot (x+2)}.$$

Die Nullstellen dieser Funktion ergeben sich aus der quadratischen Gleichung

$$x^2 - 3x - 5 = 0$$

zu

$$x_{N_1} = -1{,}192\,58 \quad \text{und} \quad x_{N_1} = 4{,}192\,58\,.$$

Der Nenner dieser Funktion nimmt an den Stellen $x_{P_1} = -2$ und $x_{P_2} = 3$ den Wert 0 an. An diesen beiden Stellen treten demzufolge Unstetigkeiten in Form von Polen erster Ordnung (vgl. Abschnitt 4.4.1.2) auf, an denen die zugehörige Kurve nach oben bzw. nach unten ins Unendliche verschwindet, um hinter der Polstelle von unten bzw. von oben wiederzukommen.
Zwischen diesen beiden Polstellen der Funktion muss die zugehörige Kurve völlig stetig sein, d. h., es dürfen keinerlei Sprünge oder andere Unregelmäßigkeiten im Kurvenverlauf auftreten.
Damit ergeben sich drei Bereiche, für die die Funktion genauer untersucht werden muss:

$$\mathrm{B}_1 = (-\infty; -2), \quad \mathrm{B}_2 = (-2; 3) \quad \text{und} \quad \mathrm{B}_3 = (3; \infty).$$

Es reicht wegen der Stetigkeit der Funktion innerhalb dieser drei Teilbereiche aus, wenn man in jedem von ihnen jeweils *einen* x-Wert herausgreift und nachprüft, ob für ihn die Ungleichung erfüllt ist. Dabei sollten möglichst solche x-Werte ausgewählt werden, für die der erforderliche Rechenaufwand möglichst gering wird. Außerdem kommt es bei diesen Untersuchungen auch nicht auf den *genauen* y-Wert an, sondern es reicht aus, wenn man dessen Vorzeichen kennt.
Man erhält

Bereich:	B_1	B_2	B_3
x-Wert:	-3	0	5
y-Wert:	$-\frac{+13}{+6} < 0$	$-\frac{-5}{-6} < 0$	$-\frac{+5}{+14} < 0$

In B_1 muss die Kurve völlig unterhalb der x-Achse verlaufen, denn für $x = -3$ wurde ein negativer x-Wert berechnet. Da es innerhalb von B_1 nirgends eine Nullstelle gibt, kann in B_1 wegen der Stetigkeit der Funktion nirgends ein Wechsel von negativen zu positiven Werten erfolgen. Daher müssen in B_1 *alle* y-Werte negativ sein.
Auch für $x = 0 \in \mathrm{B}_2$ wurde ein negativer y-Wert ermittelt. Daher müssen alle y-Werte zwischen der Nullstelle N_1 und dem rechten Rand des Bereiches positive Werte annehmen. Dieser Teilbereich gehört demzufolge der Lösungsmenge der gegebenen Ungleichung an. – Im Bereich von der linken Grenze von B_1 bis zur Nullstelle N_1 sind die Funktionswerte zwangsläufig negativ.
Entsprechend ergibt sich, dass die y-Werte innerhalb von B_3 wegen des negativen Funktionswertes an der Stelle $x = 5$ nur zwischen der Polstelle P_2 und der Nullstelle N_2 positiv sein können, so dass sich die *Lösungsmenge* L *der Ungleichung* wie folgt zusammensetzt:

$$\mathrm{L} = (-2; -1{,}192\,58] \cup (3; 4{,}192\,58].$$

Dem Leser wird empfohlen, eine möglichst detailgetreue Skizze der zur Ungleichung gehörenden Funktion

$$f(x) = -\frac{x^2 - 3x - 5}{(x-3)\cdot(x+2)}$$

anzufertigen, anhand deren die hier ermittelten Ergebnisse nachgeprüft werden können.

6.3.3 Rechnergestützte Lösung von Ungleichungen

In einer Zeit, in der nahezu in jedem Haushalt ein Computer vorhanden ist, sollte man diese „nützlichen Idioten" natürlich auch für die Bearbeitung von mathematischen Problemen einspannen. Dazu stehen dem Mathematiker umfangreiche Programmpakete wie MATHEMATICA, MATHCAD usw. zur Verfügung, die jedoch den Nachteil haben, dass sie in der Regel sehr teuer sind, und dass ihre Leistungsfähigkeit nur von einem Fachmann voll ausgenutzt werden kann. Das bedeutet jedoch nicht, dass der Nichtmathematiker auf die Nutzung rechentechnischer Hilfsmittel verzichten muss.

Jeder Computer enthält eine einfache Programmiersprache, mit der man zeitaufwendige Rechenaufgaben auf den Computer übertragen kann. Dabei liegen die Hauptschwierigkeiten der Computernutzung meist nicht in den formalen Regeln der Programmiersprache, sondern mehr in der Aufbereitung des zu lösenden Problems zu einem Rechenprogramm.

Aus diesem Grund soll hier ausführlich dargestellt werden, wie man von der Aufgabenstellung zum gewünschten Programm kommen kann. Es ist dabei nicht beabsichtigt, eine Programmiersprache zu lehren. Vielmehr soll gezeigt werden, wie man ein mathematisches Problem aufbereiten muss, um einer seelenlosen Maschine beizubringen, was sie tun soll, damit die gestellte Aufgabe gelöst werden kann. Aus diesem Grunde wird hier die einfache Programmiersprache QBASIC verwendet, die fast auf jedem Computer verfügbar ist und deren Rechenbefehle leicht zu verstehen sind.

Beispiel:

6.8 Es soll ein Computerprogramm aufgestellt werden, mit dessen Hilfe die Bereiche zwischen $x = x_u$ und $x = x_o$ ermittelt werden, in denen die Ungleichung

$$F(x) = 2\sin x - 0{,}2x - 0{,}3 < 0$$

gilt.

Lösung:
Da es keine allgemeingültigen Formeln gibt, mit deren Hilfe Ungleichungen gelöst werden können, kann man den Computer anweisen, das ganze Intervall von $x = x_u$ bis $x = x_o$ in möglichst kleinen Teilschritten zu durchlaufen um festzustellen, an welchen Stellen ein Vorzeichenwechsel bei den Funktionswerten $F(x)$ auftritt. Denn dort, wo ein solcher Vorzeichenwechsel stattfindet, müssen die Funktionswerte $F(x)$ von negativen zu positiven bzw. von positiven zu negativen Werten übergehen. An diesen Stellen muss demnach ein Gültigkeitsbereich der gegebenen Ungleichung beginnen bzw. enden.
Allgemeingültige Regeln, wie man den Anfangswert $x = x_u$ und den Endwert $x = x_o$ des zu untersuchenden Intervalls festlegen sollte, lassen sich leider nicht aufstellen. Sofern die Lage des Intervalls nicht durch die Aufgabenstellung gegeben ist, helfen hier gute Kenntnisse über die Eigenschaften der am Aufbau der Ungleichung beteiligten Funktionen weiter.
Zunächst werden dem Computer die Anfangs- und Endwerte $x = x_u$ und $x = x_o$ für die Untersuchung sowie die Schrittweite dx mitgeteilt, mit der das Intervall durchlaufen werden soll:

```
xu = − 10        xo = 10        dx = 0.0001
```

Die Schrittweite $\mathrm{d}x = 0{,}000\,1$ ist hier sehr klein gewählt. Dies hat den Vorteil, dass die Stellen, an denen die Funktionswerte ihre Vorzeichen wechseln, mit großer Genauigkeit berechnet werden. Das geht natürlich auf Kosten der Rechenzeit. Will man schneller zum Ziel kommen, so braucht man $\mathrm{d}x = 0{,}000\,1$ nur größer zu wählen, z. B. $\mathrm{d}x = 0{,}001$ oder

$dx = 0{,}01$. Solche Genauigkeiten reichen aus, wenn man sich nur ein ungefähres Bild vom Kurvenverlauf verschaffen möchte.
Nun müssen für jeweils zwei aufeinander folgende Teilschritte die zugehörigen Funktionswerte berechnet werden. Dazu werden die beiden Anweisungen

```
y1 = 2 * SIN(x) - 0.2 * x - 0.3
```
und
```
y2 = 2 * SIN(x + dx) - 0.2 * (x + dx) - 0.3
```

in das Programm eingetragen.
Die Grenzen -10 und $+10$ wurden aus der folgenden Überlegung heraus gewählt: Die Funktion $2 \cdot \sin x$ nimmt Werte zwischen -2 und $+2$ an. Es reicht demzufolge aus, wenn man das Intervall so einrichtet, dass die y-Werte von $0{,}2x + 0{,}3$ ebenfalls im Bereich von -2 bis $+2$ liegen. Dies ist für x zwischen -10 und $+10$ der Fall.
Damit die Berechnungen der beiden benachbarten Funktionswerte vom Anfangswert x_u bis zum Endwert x_o erfolgen, werden die obigen zwei Anweisungen in eine Laufanweisung eingebunden:

```
DO x = xu TO x = xo STEP dx
      y1 = 2 * SIN(x) - 0.2 * x - 0.3
      y2 = 2 * SIN(x + dx) - 0.2 * (x + dx) - 0.3
NEXT x
```

Mit der hier angegebenen Befehlsfolge würde der Rechner zwar alle gewünschten Funktionswerte von $x_u = -10$ bis $x_o = 10$ berechnen, er würde jedoch nicht verraten, was er herausbekommen hat. Daher muss dem Computer noch mitgeteilt werden, was wir von ihm erfahren wollen.
Es interessieren sicherlich nicht alle 200 000 Wertepaare, die der Computer unserem Programm zufolge der Reihe nach berechnet, sondern nur diejenigen, bei denen ein Vorzeichenwechsel bei den Funktionswerten auftritt. Einen solchen Vorzeichenwechsel kann der Computer dadurch erkennen, dass man ihn das Produkt der beiden aufeinanderfolgenden Funktionswerte berechnen lässt. Dieses Produkt ist nämlich nur dann negativ, wenn die beiden Faktoren y_1 und y_2 unterschiedliche Vorzeichen besitzen. Das sind genau diejenigen Stellen, an denen die Kurve die x-Achse schneidet. Es genügt daher, noch die folgende Bedingung in die Laufanweisung einzufügen:

```
IF y1 * y2 < 0 THEN PRINT x ; y1 ; y2
```

Aus den auf Grund des PRINT-Befehles ausgegebenen Zahlenwerten x, y_1 und y_2 kann man erkennen, an welchen Stellen ein Vorzeichenwechsel bei den Funktionswerten auftritt, und ob ein Wechsel von positiven zu negativen oder von negativen zu positiven Funktionswerten erfolgt. Somit können die gesuchten Bereiche direkt am Bildschirm abgelesen werden.
Das vollständige Computerprogramm hat damit das folgende Aussehen:

```
xu = — 10
xo = 10
dx = 0.0001
DO x = xu TO x = xo STEP dx
      y1 = 2 * SIN(x) - 0.2 * x - 0.3
      y2 = 2 * SIN(x + dx) - 0.2 * (x + dx) - 0.3
      IF y1 * y2 < 0 THEN PRINT x ; y1 ; y2
NEXT x
```

Bemerkung:
Die angegebene Befehlsfolge veranschaulicht gut das Prinzip der Ermittlung der Lösungsmenge der untersuchten Funktion. Sie ist allerdings im Sinne der Berechnungsaufwandes

nicht optimal. Bei jedem Durchlauf durch die Laufanweisung werden zwei y-Werte berechnet. Der Wert y_2, der in einem Durchlauf ermittelt wird, wird dann im folgenden Durchlauf erneut als y_1 berechnet. Dem Leser sei es überlassen, die Befehlsfolge so zu verändern, dass dieser kleine Mangel behoben wird.

Das Ergebnis erscheint etwa in der folgenden Weise am Bildschirm:

```
-8.613447    9.015379E-04   -7.006996E-04
-6.848275    -1.328401E-03  1.61215E-04
-2.992555    1.53722E-03    -6.404597E-04
.167411      -2.220013E-04  1.549871E-03
2.706397     1.896117E-04   -1.178791E-04
7.375059     -2.825957E-05  .0006925
8.127065     4.749534E-04   -2.654126E-04
```

Aus dieser Tabelle ist gut zu erkennen, dass die Funktionswerte der gegebenen Funktion von links herkommend bis $x = -8{,}631\,4$ zunächst positiv sind. Bei $x = -8{,}631\,4$ erfolgt der Wechsel von positiven zu negativen Funktionswerten. Damit gehört der Bereich $(-\infty;\ -8{,}631\,4)$ der Lösungsmenge der Ungleichung $\sin x - 0{,}2x - 0{,}3 > 0$ an. – Bei $x = -6{,}848\,3$ findet ein Wechsel von negativen zu positiven Funktionswerten statt, so dass die Ungleichung im Bereich $(-8{,}631\,4; -6{,}848\,3)$ nicht erfüllt ist.
Auf diese Weise fortfahrend lässt sich aus der obigen Tabelle die vollständige Lösungsmenge der gegebenen Ungleichung ermitteln.

Sollen für eine beliebige Funktion $y = F(x)$ die Übergangsstellen von negativen zu positiven bzw. von positiven zu negativen Funktionswerten mit Hilfe eines Computers ermittelt werden, so lässt sich das obige QBASIC-Programm wie folgt verallgemeinern:

```
xu = Anfangswert
xo = Endwert
dx = Schrittweite
DO x = xu TO x = xo STEP dx
   y1 = F(x)
   y2 = F(x+dx)
   IF y1 * y2 < 0 THEN PRINT x ; y1 ; y2
NEXT x
```

6.4 Systeme von Ungleichungen

Ungleichungssysteme, wie sie in diesem Abschnitt behandelt werden, können sehr gut durch die Lage zwischen grafischen Funktionsdarstellungen und Punkten der Ebene veranschaulicht werden.

Aus der Art und Weise, wie man mit Hilfe einer Wertetabelle zu einer beliebigen Funktion $y = f(x)$ die zugehörige Kurve zeichnet, geht hervor, dass zwischen den Koordinaten x_0 und y_0 eines in der x-y-Ebene liegenden Punktes $P_0(x_0; y_0)$ und der Gleichung der Kurve der folgende enge Zusammenhang besteht:

Wenn die Koordinaten x_0 und y_0 eines in der x-y-Ebene liegenden Punktes $P_0(x_0; y_0)$ die Gleichung $y_0 = f(x_0)$ erfüllen, dann liegt der Punkt P_0 auf der Kurve $y = f(x)$.
Erfüllen die Koordinaten des Punktes P_0 die Kurvengleichung nicht, so liegt der Punkt außerhalb der Kurve.
Es gilt also:

$$\begin{aligned} y_0 = f(x_0) \quad &\leftrightarrow \quad P_0 \text{ liegt auf } y = f(x) \\ y_0 \neq f(x_0) \quad &\leftrightarrow \quad P_0 \text{ liegt nicht auf } y = f(x) \end{aligned} \tag{6.8}$$

Der erste Teil dieses Satzes bildet bekanntlich die Grundlage dafür, dass die zu einer Funktion $y = f(x)$ gehörige Kurve grafisch dargestellt werden kann.

Der zweite Teil des Satzes lässt sich für Funktionen, die innerhalb ihres Definitionsbereiches stetig sind, weiter konkretisieren:

Die Kurve der Funktion

$$y = f(x)$$

setzt sich aus der Menge derjenigen Punkte $P(x; y)$ zusammen, deren Koordinaten x und y die zugehörige Funktionsgleichung *erfüllen*.

Außerhalb dieser Kurve müssen dann alle diejenigen Punkte liegen, deren Koordinaten die Ungleichung *nicht erfüllen*, für die also gilt

$$y \neq f(x).$$

Für die Gesamtheit dieser Punktmenge gilt die folgende Erweiterung des letzten Satzes:

> Liegt *ein* Punkt $P(x_0; y_0)$, für den die Ungleichung
> $$y_0 < f(x_0)$$
> gilt, auf der einen Seite der Kurve $y = f(x)$, dann liegen *alle* Punkte, deren Koordinaten diese Ungleichung ebenfalls erfüllen, auf derselben Seite der Kurve $y = f(x)$.
> *Alle* Punkte $P(x_1; y_1)$, die dagegen die Ungleichung
> $$y_1 > f(x_1)$$
> erfüllen, liegen dann auf der anderen Seite der Kurve $y = f(x)$.

Die Kurve $y = f(x)$ stellt somit die Trennlinie für die beiden Gebiete dar, innerhalb derer jeweils eine der beiden Ungleichungen $y < f(x)$ bzw. $y > f(x)$ gilt.

Die Untersuchung, in welchem der beiden Gebiete die Ungleichung $y < f(x)$ erfüllt ist, kann sich auf Grund dieses Satzes auf die Untersuchung eines einzigen Punktes beschränken. Besonders geeignet ist dafür der Nullpunkt des Koordinatensystems, sofern er nicht zu den Kurvenpunkten zählt, da der Rechenaufwand für $x = y = 0$ meist sehr gering wird.

Beispiele:

6.9 Die Gerade $y = 2x - 3$ teilt die x-y-Ebene in zwei Teile.
In welchem dieser beiden Teile gilt die Ungleichung $y > 2x - 3$?

Lösung:
Setzt man die Koordinaten $x = 0$ und $y = 0$ des Koordinatenursprungs in die Geradengleichung $y = 2x - 3$ ein, so ergibt sich
$0 \;?\; 2 \cdot 0 - 3 \quad \rightarrow \quad 0 > -3.$

Für die Koordinaten des Punktes $P(0; 0)$ gilt also das Relationszeichen $>$. Da der Punkt $P(0; 0)$ links von der Trennlinie $y > 2x - 3$ liegt, müssen folglich alle Punkte, deren Koordinaten die Ungleichung

$y > 2x - 3$

erfüllen, links von der Geraden $y = 2x - 3$ liegen (vgl. Bild 6.3). Die Gesamtheit dieser Punkte bildet die Lösungsmenge für die gestellte Aufgabe. Die Punkte der Geraden $y = 2x - 3$ gehören dieser Lösungsmenge *nicht* an. Die Punkte, deren Koordinaten die Ungleichung

$y < 2x - 3$

erfüllen, können demnach nur rechts von der Geraden $y = 2x - 3$ liegen.

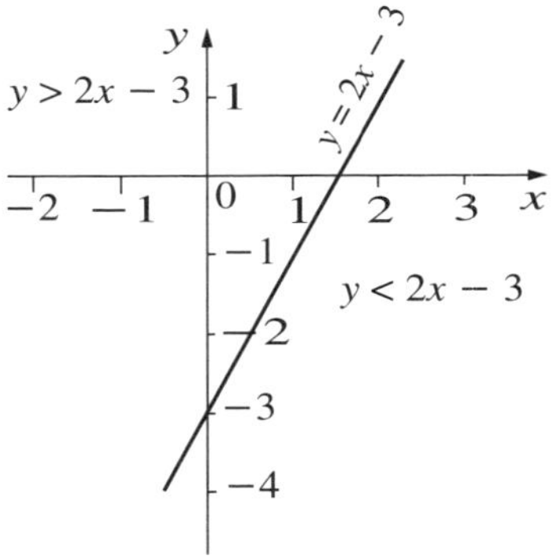

Bild 6.3

6.10 Welche Punkte $P(x; y)$ der x-y-Ebene mit $y > 0$ bilden die Lösungsmenge der Ungleichung

$y > 3 + 2x - x^2$?

Lösung:
$y = 3 + 2x - x^2$ ist eine nach unten geöffnete Normalparabel. Sie trat bereits in Aufgabe 6.6 auf und ist im Bild 6.2 grafisch dargestellt.
Auf Grund der Bedingung, dass die y-Werte $y > 0$ sein müssen, kommen für die Lösungsmenge nur Punkte in Frage, die *oberhalb der x-Achse* liegen. Die Punkte der x-Achse selbst kommen jedoch für die Lösungsmenge nicht in Betracht.
Es bleibt nunmehr nur noch festzustellen, ob $y > 3 + 2x - x^2$ für den Bereich innerhalb oder für den Bereich außerhalb der Parabel erfüllt ist.
Dazu ist es wegen des geringen Rechenaufwands vorteilhaft, den Koordinatenursprung $P(0; 0)$ auszuwählen.
Er liegt im Innern des Parabelbogens und man erhält für ihn die Ungleichung

$0 \;?\; 3 + 2 \cdot 0^2 \quad \rightarrow \quad 0 < 3.$

Damit muss für *alle* Punkte im Innern des Parabelbogens $y < 3 + 2x - x^2$ gelten. Dies ist aber nicht die in der Aufgabenstellung geforderte Ungleichung. Demnach kommen für die Lösungsmenge dieser Aufgabe alle diejenigen Punkte in Frage, die *außerhalb des Parabelbogens und oberhalb der x-Achse* liegen.
Diese Lösungsmenge ist im Bild 6.4 getönt dargestellt.

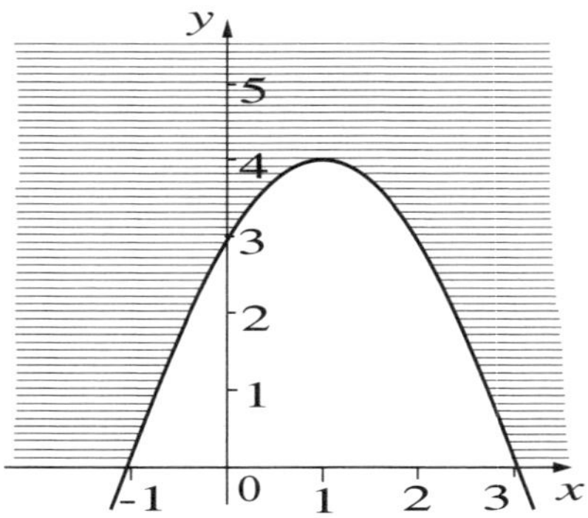

Bild 6.4

Von einem *System von Ungleichungen* spricht man dann, wenn *mehrere* Ungleichungen gleichzeitig erfüllt sein müssen. Derartige Aufgaben treten vor allem dort auf, wo technische oder ökonomische Prozesse zu optimieren sind.

In diesem Sinne gehört bereits das Beispiel 10 zu den Systemen von Ungleichungen. Denn, obwohl es nicht explizit gesagt wurde, es geht bei dieser Aufgabe darum, diejenigen Punkte der x-y-Ebene zu ermitteln, die die *zwei* Ungleichungen

$$y > 3 + 2x - x^2 \quad \text{und} \quad y > 0$$

gleichzeitig erfüllen.

Auch die beiden Ungleichungen

$$x \geq 0 \quad \text{und} \quad y \geq 0$$

stellen ein Ungleichungssystem dar. Wie leicht einzusehen ist, bilden *alle* Punkte des ersten Quadranten einschließlich aller Punkte der positiven x- und der positiven y-Achse die Lösungsmenge für dieses System.

Beispiele:

6.11 Es soll die Lösungsmenge des Ungleichungssystems

$$\begin{aligned} x + 2y - 6 &\leq 0 \\ x - y - 1 &> 0 \\ x &> 0 \\ y &\geq 0 \end{aligned}$$

grafisch ermittelt werden.

Lösung:
Statt der ersten Ungleichung wird die Gleichung

$$x + 2y - 6 = 0$$

betrachtet. Sie stellt die Gleichung einer Geraden dar. Der Verlauf dieser Geraden ergibt sich aus der Normalform

$$y = -0{,}5 \cdot x + 3.$$

Diese Gerade schneidet die y-Achse im Punkt $P(0; 3)$ und besitzt den Anstieg $m_1 = -0{,}5$.
Auch die in entsprechender Weise aus der zweiten Ungleichung hervorgehende Gleichung

$$y = x - 1$$

stellt eine Gerade dar. Sie schneidet die y-Achse im Punkt $T(0; -1)$ und besitzt den Anstieg $m_2 = 1$.
$x = 0$ ist die Gleichung der y-Achse und $y = 0$ die Gleichung der x-Achse.
Damit sind die Begrenzungslinien für die Lösungsmenge des Ungleichungssystems festgelegt.
Nun muss noch festgestellt werden, welche Teilgebiete auf den beiden Seiten jeder der vier Begrenzungslinien der Lösungsmenge angehören.
Da $x > 0$ sein soll, können nur die Punkte der Lösungsmenge angehören, die *rechts von der y-Achse* liegen. Die Punkte y-Achse selbst gehören wegen des $>$-Zeichens der Lösungsmenge des Systems *nicht* an.

Wegen $y \geq 0$ dürfen Punkte, die das Ungleichungssystem erfüllen, nur *oberhalb der x-Achse* liegen. Im Gegensatz zu der y-Achse gehören auch die Punkte des positiven Teils der x-Achse der Lösungsmenge an.
Um feststellen zu können, welche Punkte des Koordinatensystems die Bedingung $x + 2y - 6 \leq 0$ erfüllen, setzen wir die Koordinaten des Nullpunktes in diese Ungleichung ein. Es ergibt sich

$$0 + 2 \cdot 0 - 6 < 0 \qquad \rightarrow \qquad 0 < 6.$$

Der Koordinatenursprung erfüllt also die in der Aufgabe gestellte Bedingung.

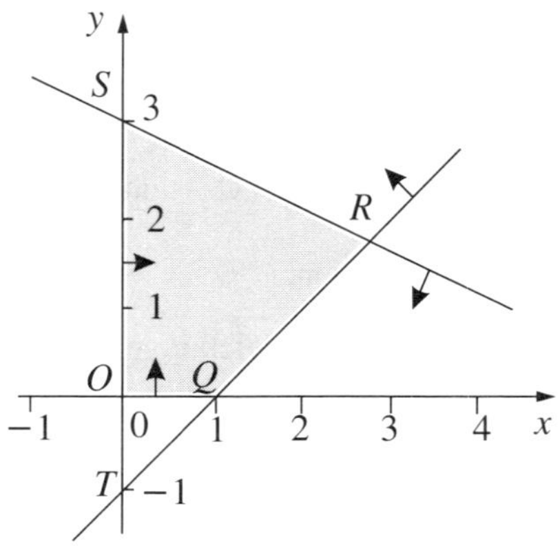

Bild 6.5

Daraus folgt, dass *alle unterhalb der Geraden* $y = -0{,}5x + 3$ *liegenden Punkte* zur gesuchten Lösungsmenge gehören. Die Punkte der Geraden gehören der Lösungsmenge nicht an.
In analoger Weise ergibt sich, dass sich die Punkte der x-y-Ebene, die die Bedingungen der zweiten Ungleichung erfüllen, *oberhalb der Geraden* $y = x - 1$ befinden.
Fasst man diese vier Teilergebnisse zusammen, so setzt sich die Lösungsmenge L des gegebenen Ungleichungssystems aus denjenigen Punkten zusammen, die in dem von den vier Punkten $O(0;0)$, $Q(1;0)$, $R(\frac{8}{3};\frac{5}{3})$ und $S(0;3)$ gebildeten Vierecks (Bild 6.5) liegen.

Anmerkung: Die kleinen Pfeile an den vier Geraden $x = 0$, $y = 0$, $x + 2y - 6 = 0$ und $x - y - 1 = 0$ sollen darauf hinweisen, in welche Richtung von der jeweiligen Geraden aus sich das durch sie beeinflusste Lösungsgebiet für das Ungleichungssystem erstreckt.

6.12 Es sind diejenigen Punkte der x-y-Ebene zu ermitteln, deren Koordinaten die folgenden fünf Ungleichungen gleichzeitig erfüllen:

(a) $-0{,}375x + y \geq 6$
(b) $3x + 2y \geq 15$
(c) $-3x + 2y \geq 0$
(d) $x \geq 0$
(e) $y \geq 0$

Lösung:
Ersetzt man in den gegebenen Ungleichungen (a) bis (e) die jeweilige Ungleichheitszeichen durch ein Gleichheitszeichen, so erhält man fünf Geradengleichungen.

(a1) $y = \frac{3}{8} \cdot x + 6$, (b1) $y = -\frac{3}{2} \cdot x + \frac{15}{2}$,

(c1) $y = \frac{3}{2} \cdot x$, (d1) $x = 0$ und

(e1) $y = 0$.

Die zugehörigen Geraden sind im Bild 6.6 dargestellt und entsprechend der Nummer der ihnen entsprechenden Ungleichung gekennzeichnet.

Wegen der Bedingungen (d) und (e) kommen für die Lösungsmenge zunächst nur Punkte in Frage, die im ersten Quadranten des Koordinatensystems liegen.
Setzt man die Koordinaten des Nullpunktes in die ersten drei Ungleichungen ein, so erhält man

(a2) $0 < 6$,

(b2) $0 < 15$ und

(c2) $0 = 0$.

Daraus ist zu ersehen, dass die Koordinaten des Koordinatenursprungs nur die Ungleichung (c) erfüllen. Die beiden Ungleichungen (a) und (b) hingegen werden von ihnen nicht erfüllt. Das bedeutet, dass der Koordinatenursprung der gesuchten Lösungsmenge nicht angehören kann.

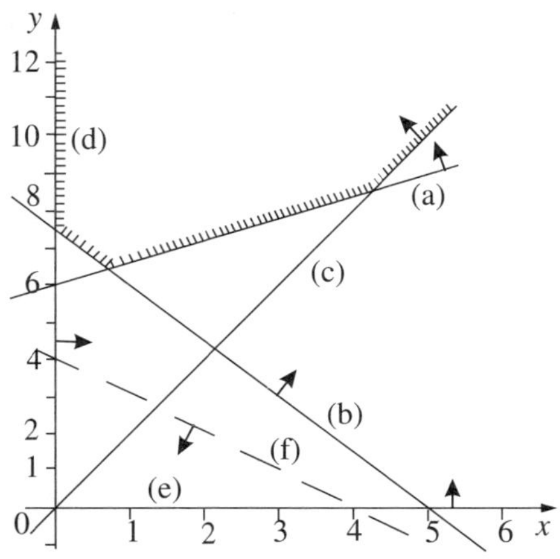

Bild 6.6

Die im Bild 6.6 an den Geraden angebrachten Pfeile deuten die Richtungen an, in der die Punkte liegen müssen, die die jeweils zugehörige Ungleichung erfüllen. Aus ihnen geht hervor, dass die sich Lösungsmenge des Ungleichungssystems aus der Menge aller derjenigen Punkte zusammensetzt, die oberhalb des gestrichelt dargestellten Bereiches liegen.

Ergänzende Bemerkung zum Beispiel 6.12:
Würde man das ursprünglich gegebene Ungleichungssystem durch die zusätzliche Bedingung

(f) : $x + y - 4 \leq 0$

ergänzen, so gäbe es keinen einzigen Punkt in der gesamten x-y-Ebene, dessen Koordinaten alle sechs Ungleichungen gleichzeitig erfüllen. Die Lösungsmenge dieser erweiterten Aufgabe wäre demnach *leer*.
(Die zusätzliche Gerade $y = -x + 4$ ist als strichpunktierte Linie im Bild 6.6 enthalten.)

6.13 Ein Betrieb stellt zwei Produkte P_1 und P_2 her.
Der Reingewinn beträgt je Produktionseinheit 2 000 € beim Produkt P_1 und 1 000 € beim Produkt P_2.
Zur Fertigung der beiden Produkte werden innerhalb eines bestimmten Zeitraums jeweils 3 Maschinen M_1, M_2 und M_3 benötigt, die zeitmäßig nicht unbegrenzt zur Verfügung stehen. Die Zeitfonds und die für jedes Produkt benötigten Durchlaufzeiten an den drei Maschinen sind in der folgenden Tabelle zusammengefasst:

Maschine	Durchlaufzeit in h für P_1	Durchlaufzeit in h für P_2	Maschinenzeitfonds in h
M_1	30	10	3 000
M_2	40	30	6 000
M_3	10	20	2 000

Für den betrachteten Zeitraum soll ein Produktionsprogramm aufgestellt werden, das einen maximalen Reingewinn gewährleistet.

Lösung:
Dieses Beispiel ist charakteristisch für viele Aufgaben, mit deren Hilfe optimale Lösungen für Probleme aus der Wirtschaft und der Technik ermittelt werden. Es ist natürlich außerordentlich stark vereinfacht, da es hier nur darum gehen soll, das Prinzip dieser Aufgaben deutlich zu machen.

Es sollen zwei Produkte hergestellt werden, wobei der Betrieb natürlich daran interessiert ist, einen möglichst hohen Gewinn zu erwirtschaften. Er brauchte nur beliebig viele dieser Produkte herzustellen, um dieses Ziel zu erreichen. Aber das ist nicht möglich, weil die Maschinen nur für eine bestimmte Zeit genutzt werden können. Also gilt es, einen möglichst guten Kompromiß aus diesen beiden einander entgegenwirkenden Interessen zu erzielen.
Will man x Mengeneinheiten des Produkts P_1 und y Mengeneinheiten des Produkts P_2 produzieren, so lautet die *Zielfunktion* für den Hersteller

$$2\,000x + 1\,000y \quad \rightarrow \quad \text{MAX!}$$

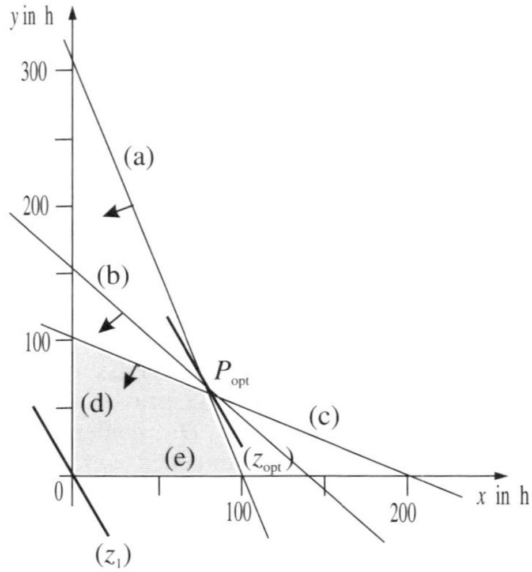

Bild 6.7

Die Produktion ist jedoch infolge der begrenzten Maschinenlaufzeiten gewissen *Restriktionen* unterworfen. Es muss nämlich gelten:

$$30x + 10y \leq 3\,000$$
$$40x + 30y \leq 6\,000$$
$$10x + 20y \leq 2\,000$$

Hinzu kommt noch, dass negative Produktionsmengen keinen Sinn machen, so dass

$$x \geq 0 \quad \text{und} \quad y \geq 0$$

sein muss.
Gemeinsam mit der Zielfunktion lautet damit das *mathematische Modell* für die gegebene Aufgabe:

Zielfunktion:	(z)	$20x + 10y = z \rightarrow$ MAX !
Restriktionen:	(a)	$30x + 10y \leq 3\,000$
	(b)	$40x + 30y \leq 6\,000$
	(c)	$10x + 20y \leq 2\,000$
	(d)	$x \geq 0$
	(e)	$y \geq 0$

Im Bild 6.7 sind die Geraden (a) bis (e) eingezeichnet, durch die die Gebiete erfasst werden, die zur Lösungsmenge der fünf Ungleichungen charakterisieren. Die Koordinaten x und y eines jeden Punktes, der *innerhalb des grau getönten Gebietes* liegt, erfüllen alle vorgeschriebenen Restriktionen, sie kommen damit als mögliche Produktionsempfehlungen in Frage. Es kommt nun nur noch darauf an, diejenigen x- und y-Werte zu finden, die den Gewinn des Betriebes maximieren.
Dazu wurde die Gerade

$$(z_1) \quad 2\,000x + 1\,000y = 0$$

in das Bild 6.7 eingezeichnet.

Für die durch den Koordinatenursprung hindurchgehende Gerade

$z_1 = 2\,000x_1 + 1\,000y_1$

wird wegen $x_1 = y_1 = 0$ auch der zu erwartende Gewinn

$z_1 = 0$.

(Wenn nichts produziert wird, dann kann auch kein Gewinn erzielt werden.)
Verschiebt man die Gerade $z = 2\,000x + 1\,000y = 0$ parallel zu sich selbst immer tiefer in den Definitionsbereich des Ungleichungssystems (graue Fläche) hinein, dann wachsen die x- und die y-Werte an. Damit wird auch die Gewinnfunktion z größer. Ihren maximalen Wert erreicht sie in dem Augenblick, in dem die Gerade die graue Fläche verlassen würde, d. h. wenn die Gerade durch den Punkt P_{opt} hindurchgeht:

$z_{\text{opt}} = 2\,000x_{\text{opt}} + 1\,000y_{\text{opt}}$.

x_{opt} und y_{opt} lassen sich mit ausreichender Genauigkeit aus der Skizze ablesen, wenn diese sorgfältig genug gezeichnet worden ist.
Die beiden Werte lassen sich jedoch auch rechnerisch aus den Gleichungen der beiden Begrenzungsgeraden ermitteln, die sich im Punkt P_{opt} schneiden:

$30x + 10y = 3\,000$

$10x + 20y = 2\,000$.

Man erhält auf diese Weise

$x_{\text{opt}} = 80 \quad \text{und} \quad y_{\text{opt}} = 60.$

Unter den gegebenen Produktionsbedingungen ist es also am günstigsten, wenn 80 Einheiten des Produkts P_1 und 60 Einheiten des Produkts P_2 hergestellt werden.
Der maximal erzielbare Gewinn beträgt

$z_{\text{opt}} = 2\,000 \cdot 80\,€ + 1\,000 \cdot 60\,€$

$z_{\text{opt}} = 220\,000\,€$.

Aufgaben:

6.1 Bestimmen Sie die Lösungsbereiche für die folgenden Ungleichungen.

a) $|x-3| \geq 5$ **b)** $\dfrac{1}{|x-3|} > 5$ **c)** $x^2 - 5x + 6 < 0$

d) $\dfrac{1}{x^2 - 5x + 6} < 0$ **e)** $\dfrac{x-1}{x+1} < 1$ **f)** $y = e^{x+2} > 1$

6.2 Für welche x-Werte gelten die folgenden Ungleichungen ?

a) $x + 2 \geq 2x + 3$ **b)** $\dfrac{3}{x+1} \leq 1$ **c)** $\lg(x+2) - \lg(x-1) \geq \lg 2$

d) $\lg(x+2) - \lg(x-1) \geq 0$ **e)** $\dfrac{3}{x+4} \geq 2x + 3$ **f)** $\dfrac{x-1}{\sqrt{x+1}} \geq \dfrac{1}{\sqrt{x-2}}$

6.3 Desgl. für

a) $x + 4 > 5$ **b)** $2x - x^2 \geq 0$ **c)** $\dfrac{x-2}{x+2} \geq 3$

d) $\dfrac{x}{x-2} > 2$ **e)** $3x - 2 > 2x - 3$ **f)** $(x+1)(x-1)(x-3) < 0$

6.4 Desgl. für

a) $\dfrac{x+2}{x-1} \leq 4$ **b)** $\dfrac{x+1}{x+3} < 0$ **c)** $\dfrac{x}{4-x} \geq 0$

d) $x^2 - 4x + 3 > 0$ **e)** $\dfrac{x^2 - 3x - 2}{1 - x} \le 2x + 3$ **f)** $\dfrac{7}{x+1} > x^2 + 3$

6.5 Wie lauten die Lösungsmengen für die folgenden Ungleichungen ?

a) $\dfrac{2x}{x+1} \le 0$ **b)** $x^2 - 4 < x \cdot (2 - x)$ **c)** $\dfrac{2x+5}{x+1} \ge 2x - 1$

d) $\dfrac{2x+1}{x} \le x^2 + 6x - 2$ **e)** $1 - \dfrac{x+3}{2x+1} \le \dfrac{x+2{,}5}{x-8}$ **f)** $|4x + 3| < 1$

6.6 Die Lösungsmenge des folgenden Ungleichungssystems soll grafisch ermittelt werden.

(a) $x + 2y \le 16$
(b) $6x + 5y \le 60$
(c) $x \ge 0$
(d) $y \le 7$
(e) $y \ge 0$

6.7 Wie verändert sich die Lösungsmenge aus Aufgabe 6.6, wenn die Ungleichung (d) wie folgt verändert wird:

(d_1) $y \ge 7$?

6.8 Wie verändert sich die Lösungsmenge aus Aufgabe 6.6, wenn die Ungleichung (a) wie folgt verändert wird:

(a_1) $x + 2y \ge 16$?

6.9 Ermitteln Sie die Lösungsmenge für das folgende Ungleichungssystem:

(a) $x - 3y \le 3$
(b) $x + 3y \ge 9$
(c) $2x + y \ge 8$
(d) $-2x + y \le 4$
(e) $x \ge 0$
(f) $y \ge 0$

6.10 Für die folgenden beiden Ungleichungssysteme sollen die Lösungsmengen grafisch bestimmt werden.

a)
$$\begin{aligned} 2x + y &\ge 10 \\ 2x + 3y &\le 30 \\ x - 2y &\ge -6 \\ x &\ge 0 \\ y &\ge 0 \end{aligned}$$

b)
$$\begin{aligned} 2x + y &\le 10 \\ 2x + 3y &\le 30 \\ x - 2y &\ge -6 \\ x &\ge 0 \\ y &\ge 0 \end{aligned}$$

7 Einige mathematische Grundlagen der Informatik

7.1 Zahlendarstellung

7.1.1 Darstellung von Zahlen in Positionssystemen

Niemand wird Schwierigkeiten haben, eine im Dezimalsystem dargestellte Zahl, wie z. B. 256, zu verstehen. Für einen Computer ist eine in dieser Art geschriebene Zahl allerdings nicht geeignet. Deshalb müssen andere Möglichkeiten genutzt werden, Zahlen im Rechner darzustellen und zu verarbeiten. Um solche Darstellungssysteme kennenzulernen, soll zunächst das bei uns allgemein gebräuchliche **Dezimalsystem** etwas genauer betrachtet werden.

In unserem herkömmlichen Zahlenverständnis hat die Dezimalzahl, die durch die Ziffernfolge

2 303,62

dargestellt wird, bekanntlich folgende Bedeutung:

$$\begin{aligned}
2303.62 = \quad & 2 \text{ Tausender} \quad (2 \cdot 10^3) \\
& +3 \text{ Hunderter} \quad (3 \cdot 10^2) \\
& +0 \text{ Zehner} \quad (0 \cdot 10^1) \\
& +3 \text{ Einer} \quad (3 \cdot 10^0) \\
& +6 \text{ Zehntel} \quad (6 \cdot 10^{-1}) \\
& +2 \text{ Hundertstel} \quad (2 \cdot 10^{-2}) \\
= \quad & 2 \cdot 10^3 + 3 \cdot 10^2 + 0 \cdot 10^1 + 3 \cdot 10^0 + 6 \cdot 10^{-1} + 2 \cdot 10^{-2}.
\end{aligned}$$

Das bedeutet, dass jede Ziffer einer Zahl mit einer Potenz der **Basis** 10 multipliziert wird und dass anschließend die Ergebnisse addiert werden. Dabei bestimmt die Stelle, an der die entsprechende Ziffer steht, den Exponenten der Basis. Die Ziffer vor dem Komma erhält den Exponenten Null, dann wird weitergezählt, nach links in positiver und nach rechts in negativer Reihenfolge. So erhält man den Wert der dargestellten Zahl. Das erscheint zunächst komplizierter als es in Wirklichkeit ist, denn wir haben uns an die Darstellung von Zahlen im Dezimalsystem gewöhnt. Diese Überlegungen sind jedoch beim Übergang zu anderen Basen von Bedeutung.

Jede Ziffer der Zahl 2 303,62 besitzt damit einen **Ziffernwert** und gleichzeitig einen **Stellenwert**, bezogen auf Potenzen der Basis 10. Das Dezimalsystem ist demnach ein Stellenwertsystem (**Positionssystem**). Mit den zehn Ziffernsymbolen

$$\{0, 1, 2, 3, 4, 5, 6, 7, 8, 9\}$$

lässt sich darin jede beliebige reelle Zahl eindeutig darstellen.

Völlig analog kann man aber auch jede andere natürliche Zahl B, außer $B = 0$ und $B = 1$, als Basis eines Positionssystems verwenden. Dabei wird der Stellenwert jeder Ziffer einer Zahl auf Potenzen von B bezogen:

Im *Positionssystem bezüglich der Basis B* ($B \neq 0, B \neq 1$) hat die Zahl

$$z_B = x_n x_{n-1} \ldots x_1 x_0 x_{-1} x_{-2} \ldots x_{-m}$$

die Bedeutung

$$z_B = \sum_{i=-m}^{n} x_i B^i \tag{7.1}$$

$$z_B = x_n \cdot B^n + x_{n-1} \cdot B^{n-1} + \ldots + x_1 \cdot B^1 + x_0 \cdot B^0 + x_{-1} \cdot B^{-1} + \ldots + x_{-m} \cdot B^{-m}$$

Die Ziffern x_i, $i = -m, \ldots, n$, gehören dabei zur Menge der B Ziffernsymbole

$$\{0, 1, \ldots, B-1\}.$$

Um zu kennzeichnen, in welcher Basis eine Zahl dargestellt ist, soll im weiteren die Basis B als Index mitgeschrieben werden.

Beispiele:

7.1 Bei der Darstellung einer Zahl in der Basis $B = 4$ werden die Ziffern

$\{0, 1, 2, 3\}$

verwendet. Damit ist

$(2303)_4 = 2 \cdot 4^3 + 3 \cdot 4^2 + 0 \cdot 4^1 + 3 \cdot 4^0 = (179)_{10}$.

7.2 Für die Zahlendarstellung in der Basis $B = 2$ gibt es nur die Ziffern

$\{0, 1\}$.

Somit hat die nachfolgende Dualzahl den Wert

$$\begin{aligned}(1\,010{,}101)_2 &= 1 \cdot 2^3 + 0 \cdot 2^2 + 1 \cdot 2^1 + 0 \cdot 2^0 + 1 \cdot 2^{-1} + 0 \cdot 2^{-2} + 1 \cdot 2^{-3} \\ &= (10{,}625)_{10}.\end{aligned}$$

Von besonderer praktischer Bedeutung für die digitale Computertechnik ist das **Dualsystem** – das Positionssystem, das sich auf die Basis $B = 2$ bezieht. Jede **Dualzahl** lässt sich eindeutig durch *Potenzen der Zahl* 2 darstellen. Die ersten natürlichen Zahlen besitzen die folgende Darstellung:

$$\begin{aligned}0_{10} &= 0 \cdot 2^0 = 0_2 \\ 1_{10} &= 1 \cdot 2^0 = 1_2 \\ 2_{10} &= 1 \cdot 2^1 + 0 \cdot 2^0 = 10_2 \\ 3_{10} &= 1 \cdot 2^1 + 1 \cdot 2^0 = 11_2 \\ 4_{10} &= 1 \cdot 2^2 + 0 \cdot 2^1 + 0 \cdot 2^0 = 100_2\end{aligned}$$

usw.

In Bezug auf die Zahlendarstellung im Computer bietet das Dualsystem den Vorteil, dass sämtliche reellen Zahlen durch Ziffernfolgen ausgedrückt werden, die *nur die Ziffern 0 und 1* enthalten. Rechnerintern können diese zwei Ziffern als zwei Schaltzustände aufgefasst werden. Stark vereinfacht kann man sich diese Zustände als *„Strom fließt“* und *„Strom fließt nicht“* vorstellen. Damit können alle auftretenden Operationen mit reellen Zahlen durch *digitale Schaltungen* realisiert werden (vgl. dazu Abschnitt 7.2).

Außer dem Dualsystem spielen in der Informatik das **Oktalsystem** ($B = 8$) und das **Hexadezimalsystem** ($B = 16$) eine wichtige Rolle. Diese Systeme finden in der Verschlüsselung von Zahlen und Maschinenbefehlen im Computer ihre Anwendung.

Zunächst werden einige Begriffe, die für die Speicherung von Informationen im Rechner von Bedeutung sind, eingeführt.

Definition:
Eine Speichereinheit, die genau einen der beiden Zustände 0 oder 1 annehmen kann, heißt ein *Bit*.
Die Zusammenfassung von 8 Bit heißt ein *Byte*.

- Der Begriff „Bit" stammt von dem englischen Wort *binary digit* (Binär- oder Dualziffer) ab. Der Zustand 0 kann als „Strom fließt nicht", der Zustand 1 mit „Strom fließt" erklärt werden.
- Die *Zusammenfassung* von 8 Bit ist als *Aneinanderreihung* zu verstehen. In einem Byte kann damit eine achtstellige Dualzahl gespeichert werden.

Vierstellige duale Ziffernfolgen lassen sich auch durch eine *Hexadezimalzahl*darstellen. Da genau 16 unterschiedliche vierstellige Dualzahlen möglich sind, ist diese Darstellung eindeutig. Die nachfolgende Tabelle zeigt diese Zuordnung.

Dezimal-zahlen	Dual-zahlen	Hexadezimal-zahlen	Dezimal-zahlen	Dual-zahlen	Hexadezimal-zahlen
0	0000	0	8	1000	8
1	0001	1	9	1001	9
2	0010	2	10	1010	A
3	0011	3	11	1011	B
4	0100	4	12	1100	C
5	0101	5	13	1101	D
6	0110	6	14	1110	E
7	0111	7	15	1111	F
16	10000	10			

Um den Schreibaufwand zu reduzieren, werden in Maschinensprachen, wie z. B. in Assembler, die Speicherinhalte und –adressen nicht durch achtstellige Dualzahlen, sondern durch die entsprechende zweistellige Hexadezimalzahl verschlüsselt angegeben.

7.1.1.1 Umrechnung von Zahlen eines beliebigen Positionssystems in Dezimalzahlen

Mitunter ist es notwendig, eine als Dual-, Oktal- oder Hexadezimal-Ziffernfolge gegebene Zahl in die entsprechende Dezimalform umzuwandeln. Dazu gibt es zwei Möglichkeiten:

1. Variante

Entsprechend der Definition der Darstellung einer Zahl z_B im Positionssystem zur Basis B wird jede Ziffer mit der entsprechenden Potenz der Zahl B multipliziert. Anschließend sind alle diese Produkte zu addieren. Der *Exponent* der Potenz von B hängt dabei von der *Stelle* ab, an der die Ziffer steht (siehe Definition der Zahlendarstellung zur Basis B). Wichtig ist dabei, dass *immer nur eine Ziffer mit einer Potenz von B* verknüpft wird.

Beispiele:

7.3 Die Dualzahl 1011001_2 ist in eine Dezimalzahl umzuwandeln.

Lösung: Die letzte Ziffer, also die Einerstelle, wird mit 2^0 multipliziert, die vorletzte mit 2^1, usw. bis zur siebenten Stelle von rechts, die mit 2^6 multipliziert wird.

$$\begin{aligned} 1011001_2 &= 1 \cdot 2^6 + 0 \cdot 2^5 + 1 \cdot 2^4 + 1 \cdot 2^3 + 0 \cdot 2^2 + 0 \cdot 2^1 + 1 \cdot 2^0 \\ &= 89_{10} \end{aligned}$$

Werden alle Zahlen addiert, ergibt sich als Ergebnis 89 im Dezimalsystem.

7.4 Für die Hexadezimalzahl $3E8_{16}$ ist die Dezimaldarstellung gesucht.

Lösung:

$$3E8_{16} = 3 \cdot 16^2 + 14 \cdot 16^1 + 8 \cdot 16^0 = 1000_{10}$$

Bei Hexadezimalzahlen ist zu beachten, dass hier als Ziffernsymbole auch die Buchstaben $A \dots F$ auftreten können. Diese müssen beim Berechnen der Dezimalzahl durch die Zahl ersetzt werden, deren Wert sie repräsentieren, also A durch 10, B durch 11 usw.

7.5 Gegeben ist der duale Bruch 1.0101_2, der in Dezimalform überführt werden soll.

Lösung: Die Lösung erfolgt wie in Beispiel 7.3., die Dualziffern nach dem Komma werden jedoch mit den entsprechenden *negativen* Potenzen von 2 multipliziert.

$$1{,}0101_2 = 1 \cdot 2^0 + 1 \cdot 2^{-2} + 1 \cdot 2^{-4} = 1{,}3125_{10}$$

2. Variante

Im Abschnitt 1.4.4 wurde das HORNER-Schema vorgestellt. Dieses eignet sich ebenfalls zur Bestimmung der entsprechenden Dezimalzahlen aus ihrer Darstellung in anderen Systemen. Dabei wird die *gegebene Ziffernfolge in die Kopfzeile* des Schemas eingetragen, während die *Basis in der ersten Spalte* steht. Die Rechnung nach dem HORNER-Schema führt auf die gesuchte Dezimalzahl.

Das HORNER-Schema lässt sich in dieser Form *nur für die Konvertierung ganzer Zahlen* anwenden. Brüche müssen dementsprechend mit der Variante 1 umgewandelt werden.

Beispiele:

7.6 Die Dualzahl 1011001_2 ist in eine Dezimalzahl umzuwandeln.

Lösung: Wie bereits erläutert, wird bei der Berechnung die erste Ziffer der ersten Zeile des HORNER-Schemas in die dritte Zeile geschrieben. Diese Zahl wird mit der Basis multipliziert und das Ergebnis in die mittlere Zeile der nachfolgenden Spalte geschrieben. In dieser Spalte werden nun die Zahlen der ersten und zweiten Zeile addiert, das Resultat erscheint darunter in der dritten Zeile. Dieser Vorgang setzt sich dann bis zur letzten Spalte fort. Dort erhalten wir in der dritten Zeile das Ergebnis.

	1	0	1	1	0	0	1
2		2	4	10	22	44	88
	1	2	5	11	22	44	89

Die gesuchte Darstellung ist damit $1011001_2 = 89_{10}$.

7.7 Die Oktalzahl 507_8 soll in Dezimalform überführt werden.

Lösung: In diesem Beispiel erfolgt die Berechnung analog dem Beispiel 7.6. Als Basis wird in die zweite Zeile 8 eingetragen.

	5	0	7
8		40	320
	5	40	**327**

Das Ergebnis lautet $507_8 = 327_{10}$.

7.1.1.2 Umrechnung von Dezimalzahlen in ein anderes Positionssystem

Für das Umwandeln einer gegebenen Dezimalzahl in die Darstellung bezüglich einer anderen Basis B gibt es ebenfalls zwei Möglichkeiten, die im Prinzip ein „Rückwärtsrechnen" der Varianten 1 und 2 der Umrechnung in eine Dezimalzahl darstellen.

1. Variante

Sind alle Potenzen der Basis B bis zur Zahl z_{10} bekannt, so kann z_{10} in eine Summe aufgespalten werden, deren Summanden durch Produkte der Potenzen von B und den dazugehörigen Faktoren gebildet werden.

$$z_{10} = x_n \cdot B^n + x_{n-1} \cdot B^{n-1} + \ldots + x_1 \cdot B^1 + x_0 \cdot B^0$$

Zu beachten ist dabei, dass die Zerlegung so erfolgt, dass *alle Faktoren* $x_0 \ldots x_n$ *kleiner als* B sind. Diese Faktoren bilden dann die Ziffern der Darstellung in der Basis B.

$$z_{10} = (x_n x_{n-1} \ldots x_1 x_0)_B$$

Die Potenz der Basis B bestimmt die Stelle, an der die dazugehörige Ziffer in der neuen Schreibweise steht. *Deshalb müssen zwischen der größten Potenz* B^n *und* B^0 *alle Potenzen von* B *in der Summendarstellung auftreten, auch wenn ihr Faktor Null ist*, damit alle Stellen richtig besetzt sind. Ansonsten ist die Darstellung in der Basis B falsch!

Bei der Umwandlung von *Dezimalbrüchen* werden für den Teil nach dem Komma die *negativen Potenzen* der Basis B benötigt, mit deren Hilfe die Summendarstellung des gebrochenen Anteils erfolgt.

Beispiele:

7.8 Die Zahl 58_{10} soll in eine Dualzahl ($B = 2$) umgewandelt werden.

Lösung: Die Potenzen zur Basis $B = 2$ bis zur Zahl 58 sind:

$2^0 = 1, \quad 2^1 = 2, \quad 2^2 = 4, \quad 2^3 = 8, \quad 2^4 = 16, \quad 2^5 = 32$

Die Zahl 58_{10} wird nun nach diesen Potenzen zerlegt. Als Faktoren kommen nur 0 und 1 in Frage, so dass die Summe leicht aufgeschrieben werden kann:

$$\begin{aligned} 58_{10} &= 32 + 16 + 8 + 2 \\ &= 1 \cdot 2^5 + 1 \cdot 2^4 + 1 \cdot 2^3 + 0 \cdot 2^2 + 1 \cdot 2^1 + 0 \cdot 2^0 \\ &= (111010)_2 \end{aligned}$$

In der Zerlegung von 58 nach Potenzen von 2 treten nicht alle Potenzen zwischen 2^5 und 2^0 auf (1. Zeile). In der Summendarstellung (2. Zeile) müssen daher die fehlenden Glieder

für 2^0 und 2^2 mit dem Faktor 0 ergänzt werden. Würde man die Nullen einfach weglassen, käme man zu einer ganz falschen Dualzahl.
In einer Dualzahldarstellung gibt es nur die Ziffern 0 und 1. Deshalb ist darauf zu achten, dass als Faktoren in der Summendarstellung (Zeile 2) nur Nullen und Einsen auftreten. Beispielsweise ist auch

$$58_{10} = 3 \cdot 16 + 1 \cdot 8 + 2 \cdot 1$$

eine Zerlegung von 58 nach Zweierpotenzen, diese führt aber nicht auf eine Dualzahldarstellung, da 3 und 2 keine zugelassenen Ziffern sind.

7.9 Es ist die Hexadezimalform der Zahl 41683_{10} zu ermitteln.

Lösung: Zunächst müssen wieder die benötigten Potenzen der Basis 16 bestimmt werden.

$$16^0 = 1, \qquad 16^1 = 16, \qquad 16^2 = 256, \qquad 16^3 = 4096$$

Damit wird die Zahl wie folgt zerlegt:

$$\begin{aligned} 41683_{10} &= 4096 + 512 + 208 + 3 \\ &= 10 \cdot 16^3 + 2 \cdot 16^2 + 13 \cdot 16^1 + 3 \cdot 16^0 \end{aligned}$$

Es sind alle Potenzen von 16^0 bis 16^3 mit Faktoren $x_i < 16$ vorhanden. Somit gilt:

$$41683_{10} = (A2D3)_{16}.$$

7.10 Der Dezimalbruch $z = 2.59375$ soll in Dualform überführt werden.

Lösung: Zuerst wird der ganze Teil der Zahl in die Dualdarstellung umgewandelt.

$$2_{10} = 2^1 = 10_2$$

Der verbleibende Anteil nach dem Komma wird nach negativen Potenzen der Basis 2 (oder, was dasselbe ist, nach positiven Potenzen von $1/2$) zerlegt:

$$\begin{aligned} 0{,}593\,75_{10} &= 0{,}5 + 0{,}062\,5 + 0{,}031\,25 \\ &= 2^{-1} + 2^{-4} + 2^{-5} \\ &= 0{,}10011_2 \end{aligned}$$

Die Dualdarstellung der Zahl $z = 2{,}593\,75$ ist damit $z_2 = 10{,}10011_2$.

Besonders am Beispiel 7.9 werden einige Nachteile dieses Vorgehens deutlich:

Zunächst muss man alle Potenzen der Basis B bestimmen, die kleiner als z_{10} sind, denn wer hat schon alle Potenzen von 8 oder 16 im Kopf? Nun, mit einem Taschenrechner ist dies jedoch nicht allzu schwer.

Dann sind die Faktoren zu bestimmen, die zu den einzelnen Potenzen gehören. Bei kleinen Basen wie 2 lässt sich das für den ein wenig routinierten Rechner mit einem genaueren Hinsehen schnell bewerkstelligen, bei der Basis 16 können diese Faktoren aber auch größer als 10 sein. Will man nicht alle in Frage kommenden Werte durchprobieren, muss man durch die entsprechende Potenz von B dividieren und den ganzen Anteil des Quotienten als Faktor verwenden. Dabei benutzt man allerdings schon das Prinzip der Variante 2, die im folgenden erläutert wird.

2. Variante

Analog der Vorgehensweise der Variante 2 zur Bestimmung der Dezimalzahl aus anderen Positionssystemen lässt sich das HORNER-Schema auch „zurückrechnen“. In der hier beschriebenen Form ist diese Variante ebenfalls nur für die Umwandlung ganzer Zahlen anwendbar.

Es ist bekannt, dass die Dezimalzahl z_{10} in der Basis B die folgende Darstellung hat:

$$z_{10} = z_B = x_n \cdot B^n + x_{n-1} \cdot B^{n-1} + \ldots + x_1 \cdot B^1 + x_0 \cdot B^0$$

Zu bestimmen sind in dieser Darstellung die Zahlen $x_0, \ldots, x_n$. Dabei geht man wie folgt vor:

1. Schritt:

Die Zahl z_{10} wird durch die neue Basis B dividiert. Das ergibt das Resultat:

$$z^{(1)} = \frac{z_{10}}{B} = x_n \cdot B^{n-1} + x_{n-1} \cdot B^{n-2} + \ldots + x_2 \cdot B^1 + x_1 \cdot B^0$$

mit dem Rest x_0

Damit wird sichtbar, dass der Rest, der bei der Division durch B bleibt, die letzte Ziffer x_0 in der Darstellung der Zahl z_{10} zur Basis B sein muss.

2. Schritt:

Das Vorgehen aus Schritt 1 wird wiederholt. Man weiß, dass die Zahl $z^{(1)}$ eine Darstellung in der Basis B

$$z^{(1)} = x_n \cdot B^{n-1} + x_{n-1} \cdot B^{n-2} + \ldots + x_2 \cdot B^1 + x_1 \cdot B^0$$

besitzt. Damit wird man bei erneuter Division durch die Basis B die vorletzte Ziffer x_1 der Darstellung in der Basis B als Rest erhalten. So wird

$$z^{(2)} = \frac{z^{(1)}}{B} = x_n \cdot B^{n-2} + x_{n-1} \cdot B^{n-3} + \ldots + x_3 \cdot B^1 + x_2 \cdot B^0$$

mit dem Rest x_1

berechnet. Dieser Rest x_1 ist die vorletzte Stelle der gesuchten Darstellung.

$\vdots$

Die weiteren Schritte werden in der gleichen Weise durchgeführt. Es werden nacheinander die Zahlen $z^{(3)} \ldots z^{(n)}$ berechnet, indem immer durch die Basis B dividiert wird. Die entstehenden Reste stellen die Ziffern $x_2 \ldots x_{n-1}$ der gesuchten Darstellung dar. Der Prozess endet mit dem

n-ten Schritt:

Die Zahl $z^{(n)}$ hat die Darstellung

$$z^{(n)} = x_n \cdot B^0$$

Bei Division durch B erhält man das Ergebnis 0 und den Rest x_n. Damit ist auch die erste von Null verschiedene Ziffer in der Darstellung nach der Basis B berechnet, und es kann die gesuchte Ziffernfolge angegeben werden:

$$z_B = (x_n \ldots x_0)_B$$

Das gesamte Verfahren kann durch folgendes Schema veranschaulicht werden:

$$\left.\begin{array}{rl} z_{10} : B = z^{(1)} & \text{Rest } x_0 \\ z^{(1)} : B = z^{(2)} & \text{Rest } x_1 \\ \vdots & \\ z^{(n-1)} : B = z^{(n)} & \text{Rest } x_{n-1} \\ z^{(n)} : B = 0 & \text{Rest } x_n \end{array}\right\uparrow \quad z_B = (x_n x_{n-1} \ldots x_1 x_0)_B$$

Beispiele:

7.11 Die Zahl 58_{10} soll in eine Dualzahl ($B = 2$) umgewandelt werden.

Lösung:
1. Schritt: Die Zahl 58 wird durch die Basis 2 dividiert:

58 : 2 = 29 Rest 0

Der bei dieser Division verbleibende Rest stellt den Faktor dar, der in der Zerlegung nach Potenzen der Basis zur Potenz $2^0 = 1$ gehört. *Dieser Rest ist damit die letzte Ziffer der gesuchten Dualzahldarstellung*. Die Zahl 58 ist durch 2 teilbar, so dass der Faktor x_0 zu 2^0 und damit die letzte Stelle der Dualzahl Null ist.
2. Schritt: Der ganzzahlige Anteil der Division, also 29, wird nun abermals durch 2 dividiert:

29 : 2 = 14 Rest 1

Der verbleibende Rest stellt in der Zerlegung den Faktor der Potenz $2^1 = 2$ und damit die vorletzte Stelle der gesuchten Dualzahldarstellung dar.
Die weiteren Schritte laufen in der gleichen Weise ab.
Die gesamte Rechnung lässt sich in dem folgenden Schema zusammenfassen:

$$\left.\begin{array}{rcrl} 58:2 & = & 29 & \text{Rest } 0 \\ 29:2 & = & 14 & \text{Rest } 1 \\ 14:2 & = & 7 & \text{Rest } 0 \\ 7:2 & = & 3 & \text{Rest } 1 \\ 3:2 & = & 1 & \text{Rest } 1 \\ 1:2 & = & 0 & \text{Rest } 1 \end{array}\right\uparrow \qquad 58_{10} = (111010)_2$$

Der Prozess endet, wenn sich als Quotient Null ergibt. Der dabei bleibende Rest stellt die erste Stelle der gesuchten Dualzahl dar. Die ermittelten Ziffern werden zum Abschluss in rückwärtiger Reihenfolge aufgeschrieben und ergeben die Dualzahl $(111010)_2$.

7.12 Es ist die Oktaldarstellung der Dezimalzahl 4 711 zu bestimmen.

Lösung: Der beschriebene Prozess wird mit der Basis $B = 8$ durchgeführt. Das führt auf folgendes Rechenschema:

$$\left.\begin{array}{rcrl} 4711:8 & = & 588 & \text{Rest } 7 \\ 588:8 & = & 73 & \text{Rest } 4 \\ 73:8 & = & 9 & \text{Rest } 1 \\ 9:8 & = & 1 & \text{Rest } 1 \\ 1:8 & = & 0 & \text{Rest } 1 \end{array}\right\uparrow \qquad (4\,711)_{10} = (11147)_8$$

Es ergibt sich die Oktaldarstellung $(11147)_8$ für die Dezimalzahl 4 711.

7.13 Die Zahl 41 683 soll in Hexadezimalform überführt werden.

Lösung: Bei der Rechnung wird die Basis 16 verwendet:

$$\left.\begin{array}{rcrl} 41\,683:16 & = & 2\,605 & \text{Rest } 3 \\ 2\,605:16 & = & 162 & \text{Rest } 13 \\ 162:16 & = & 10 & \text{Rest } 2 \\ 10:16 & = & 0 & \text{Rest } 10 \end{array}\right\uparrow \qquad (41\,638)_{10} = (A2D3)_{16}$$

Bei der Umwandlung in Hexadezimalform kann der bei einer Division verbleibende Rest eine zweistellige Zahl sein. Dieser muss bei der Formulierung des Ergebnisses durch das zugehörige Ziffernsymbol ausgedrückt werden.

Obwohl in den hier angegebenen Beispielen neben der 10 nur die Basen 2, 8, und 16 verwendet wurden, gelten alle getroffenen Aussagen und angegebenen Konvertierungsverfahren auch für die Zahlendarstellung in anderen Basen. In unseren Beispielen haben wir uns deshalb auf die drei genannten Basen beschränkt, da allgemein nur diese in der rechnerinternen Zahlendarstellung Anwendung finden.

7.1.1.3 Besonderheiten beim Umwandeln von Dualzahlen in Oktal- oder Hexadezimalzahlen und umgekehrt

Um Dual- in Hexadezimalzahlen oder Hexadezimal- in Dualzahlen umzuwandeln, kann folgender Weg eingeschlagen werden:

Zunächst wird die umzuwandelnde Zahl (angenommen, es ist eine Dualzahl) in die dazugehörige Dezimaldarstellung gebracht. Anschließend wird diese Dezimalzahl in die geforderte Form (in diesem Fall die Hexadezimalform) überführt. Damit entsteht ein zweistufiger Algorithmus mit den Schritten
1. Umwandlung Dualzahl $\longrightarrow$ Dezimalzahl
2. Umwandlung Dezimalzahl $\longrightarrow$ Hexadezimalzahl

Beispiel:

7.14 Die Hexadezimalform der Dualzahl $(10101110011110)_2$ ist gesucht.

Lösung: Die Dezimaldarstellung wird wie üblich berechnet:

$$\begin{aligned} 10101110011110_2 &= 2^{13} + 2^{11} + 2^9 + 2^8 + 2^7 + 2^4 + 2^3 + 2^2 + 2^1 \\ &= 11166_{10} \end{aligned}$$

Anschließend wird aus der Dezimalzahl die gesuchte Hexadezimalzahl bestimmt:

$$\begin{array}{rrl} 11\,166 : 16 = & 697 & \text{Rest } 14 \\ 697 : 16 = & 43 & \text{Rest } 9 \\ 43 : 16 = & 2 & \text{Rest } 11 \\ 2 : 16 = & 0 & \text{Rest } 2 \end{array}$$

Somit erhalten wir als Ergebnis $z_{16} = 2B9E_{16}$.

Man kann sich die Arbeit aber auch etwas vereinfachen. Im Abschnitt 7.1.1.3 wurde schon darauf hingewiesen, dass jeder vierstelligen Dualzahl eindeutig eine einstellige Hexadezimalzahl zugeordnet werden kann. Diese Eigenschaft kann man sich bei der Umrechnung von Dual- in Hexadezimalzahlen und umgekehrt zunutze machen.

Zuerst soll die Umrechnung einer Dual- in eine Hexadezimalzahl untersucht werden. Das Prinzip wird sofort an einem Beispiel klar:

Beispiel:

7.15 Die Dualzahl $(10101110011110)_2$ soll in die Hexadezimaldarstellung transformiert werden.
Lösung: Die Ziffernfolge der Dualzahl wird, *von hinten beginnend* (bei Brüchen vom Komma aus nach links und rechts), in *Vierergruppen* eingeteilt:

$$\underbrace{10}\,\underbrace{1011}\,\underbrace{1001}\,\underbrace{1110}$$

Anschließend wird jede dieser vierstelligen Dualzahlen in ihre Hexadezimaldarstellung umgewandelt. Die erste Gruppe, die nur aus zwei Ziffern besteht, wird nach links einfach mit Nullen zur Vierergruppe aufgefüllt. Die vierstelligen Dualzahlen haben damit, von links nach rechts gesehen, folgende Darstellungen:

$(0010)_2 = (2)_{16}, \qquad (1011)_2 = (B)_{16}, \qquad (1001)_2 = (9)_{16}, \qquad (1110)_2 = (E)_{16}$

Diese Hexadezimalsymbole, einfach hintereinandergeschrieben, ergeben die gesuchte Zahl, die wir auch schon in Beispiel 7.14 erhalten haben:

$(10101110011110)_2 = (2B9E)_{16}$

Die Umwandlung einer Hexadezimal- in eine Dualzahl wird in umgekehrter Reihenfolge durchgeführt. Jedes hexadezimale Ziffernsymbol wird in seine duale Darstellung überführt, wobei darauf zu achten ist, dass *jeder Hexadezimalziffer eine vierstellige Dualzahl zugeordnet* wird. Alle diese Vierergruppen von Dualziffern hintereinandergeschrieben, ergibt sich die gesuchte Darstellung.

Beispiel:

7.16 Die Dualdarstellung der Hexadezimalzahl $(AFFE12)_{16}$ ist gesucht.

Lösung: Die Dualdarstellung der hexadezimalen Ziffern $1, 2, A, E$ und F kann der Tabelle auf Seite 353 entnommen werden. Damit ergibt sich die duale Ziffernfolge

$$\underbrace{1010}\underbrace{1111}\underbrace{1111}\underbrace{1110}\underbrace{0001}\underbrace{0010}$$

und damit das Ergebnis

$(AFFE12)_{16} = (101011111111111000010010)_2$

Die Umwandlung zwischen Dual- und Oktalzahlen erfolgt analog der eben beschriebenen Weise. Anstelle der Vierergruppen sind hierbei jedoch *Dreiergruppen* zu bilden. Jede dreistellige Dualzahl stellt eine Oktalziffer dar und wird in diese umgewandelt. Umgekehrt wird jede Oktalziffer in eine dreistellige duale Ziffernfolge umgeschrieben und das Ergebnis durch Hintereinanderschreiben der ermittelten Ziffernfolgen gebildet.

Aufgaben:

Bei den Aufgaben 7.1. bis 7.4. sind die gegebenen Dezimalzahlen in Dualzahlen umzuwandeln:

7.1	**a)** 21	**b)** 23	**c)** 29	**d)** 31
7.2	**a)** 41	**b)** 51	**c)** 64	**d)** 128
7.3	**a)** 333	**b)** 314	**c)** 250	**d)** 125
7.4	**a)** 99	**b)** 999	**c)** 500	**d)** 1000

Bei den Aufgaben 7.5 bis 7.8 sind die gegebenen Dualzahlen in Dezimalzahlen umzuwandeln.

7.5	**a)** 1011	**b)** 111111	**c)** 1000011	**d)** 11001
7.6	**a)** 1111	**b)** 1100011	**c)** 1110101	**d)** 1111111
7.7	**a)** 1001111	**b)** 1110111	**c)** 1101010	**d)** 1011001
7.8	**a)** 10100111	**b)** 10101010	**c)** 111101111	**d)** 10000000000

7.9 **a)** Woran erkennt man, ob eine Dualzahl gerade oder ungerade ist?
b) Ist eine Dualzahl durch 2 teilbar, wenn ihre letzte Ziffer 0 lautet?
c) Woran erkennt man, dass eine Dualzahl durch 1024 teilbar ist?

Die in den Aufgaben 7.10 und 7.11 gegebenen Dezimalzahlen sind in das (1) 3er-, (2) 4er-, (3) 5er-, (4) 6er-System umzuwandeln.

7.10 **a)** 20 **b)** 36 **c)** 40 **d)** 72

7.11 **a)** 56 **b)** 113 **c)** 129 **d)** 312

Bei den folgenden Aufgaben 7.12 bis 7.15 sind die gegebenen Zahlen in das Dezimalsystem umzuwandeln:

7.12 **a)** 22_3 **b)** 12_3 **c)** 121_3 **d)** 202_3

7.13 **a)** 10_4 **b)** 30_4 **c)** 111_4 **d)** 213_4

7.14 **a)** 124_5 **b)** 11_5 **c)** 12_5 **d)** 314_5

7.15 **a)** 50_6 **b)** 110_6 **c)** 222_6 **d)** 315_6

Wandeln Sie die in den Aufgaben 7.16 bis 7.18 gegebenen Zahlen in die geforderte Darstellung um.

7.16 **a)** $(45)_{10} = (?)_{16}$ **b)** $(98)_{10} = (?)_{16}$ **c)** $(112)_{10} = (?)_{16}$ **d)** $(450)_{10} = (?)_{16}$

7.17 **a)** $(18E)_{16} = (?)_{10}$ **b)** $(C67)_{16} = (?)_{10}$ **c)** $(1278)_{16} = (?)_{10}$ **d)** $(270F)_{16} = (?)_{10}$

7.18 **a)** $(101101)_2 = (?)_{16}$ **b)** $(1100101)_2 = (?)_{16}$ **c)** $(F8D)_{16} = (?)_2$ **d))** $(ABC)_{16} = (?)_2$

7.19 Wandeln Sie die folgenden Zahlen in Dezimalbrüche um!
a) $(11{,}1001)_2$ **b)** $(210{,}310\,2)_4$ **c)** $(101{,}101)_2$ **d)** $(23{,}421)_5$ **e)** $(26{,}147)_8$ **f)** $(A.F6)_{16}$

7.20 Konvertieren Sie folgende Dezimalbrüche in die entsprechende Darstellung bezüglich der Basis 2 und bezüglich der Basis 16!
a) 0,125 **b)** 1,25 **c)** 10,187 5 **d)** 6,625

7.21 Überprüfen Sie die Richtigkeit der Rechnung in Beispiel 7.16, indem Sie die Hexadezimalzahl in die Dezimaldarstellung und dann in die geforderte Dualform überführen.

7.22 Bestimmen Sie die Hexadezimaldarstellung der folgenden Dualzahlen:

a) 111111 **b)** 1000011 **c)** 1111111 **d)** 10100111
e) 111101111 **f)** 10000000000 **g)** 1100101

7.23 Für die folgenden Hexadezimalzahlen ist die Dualzahldarstellung gesucht.

a) 18E **b)** C67 **c)** 1278 **d)** 270F
e) F8D **f)** ABC **g)** 4BE5CE

7.1.2 Fest- und Gleitkommadarstellung von Zahlen

Der folgende Abschnitt dient der Veranschaulichung der Darstellung von Zahlen im Computer. Dabei gibt es zwischen den einzelnen Rechnern Unterschiede in der Zahlenkodierung, das Prinzip ist aber immer das Gleiche. Zur Erklärung wird an dieser Stelle eine etwas vereinfachte Darstellung verwendet, die in dieser Weise auf keinem Rechner realisiert ist. Sie genügt aber, um die Art und Weise der Verschlüsselung einer Zahl und die daraus resultierenden Probleme bei der Arbeit mit dem Computer zu verstehen. Sollten Sie einmal die konkrete Zahlendarstellung in Ihrem Rechner benötigen, so lesen Sie in den entsprechenden Unterlagen nach.

Für die rechnerinterne Kodierung einer Zahl steht nur ein begrenzter Speicherplatz zur Verfügung. In den meisten Fällen werden 4 Bytes (32 Bit) für eine Zahl benutzt. Es gibt aber auch Zahlendarstellungen mit 2, 8 und sogar 16 Bytes. Im weiteren soll angenommen werden, dass ein Speicherplatz von 2 Bytes für eine Zahl zur Verfügung steht.

7.1.2.1 Darstellung ganzer Zahlen

Die Kodierung ganzer Zahlen im Computer wird auch als **Festkommadarstellung** bezeichnet, da das Komma sozusagen immer hinter der letzten Stelle der Zahl steht.

Die Verschlüsselung soll auf einem Speicherbereich von 2 Bytes (16 Bit) erfolgen. In der Rechentechnik ist es üblich, eine Folge von Bits von hinten nach vorn zu numerieren. Das hinterste Bit erhält dabei die 0, das vorderste dementsprechend die 15. Die zur Verfügung stehenden 16 Bit sind in der Festkommadarstellung wie folgt belegt: Das erste Bit (Bit 15) verschlüsselt das Vorzeichen der ganzen Zahl z. Die 0 entspricht einem positiven Vorzeichen ($z \geq 0$), die 1 einem negativen Vorzeichen ($z < 0$). Die weiteren 15 Bit stellen den Betrag der dargestellten ganzen Zahl z, als Dualzahl geschrieben, dar.

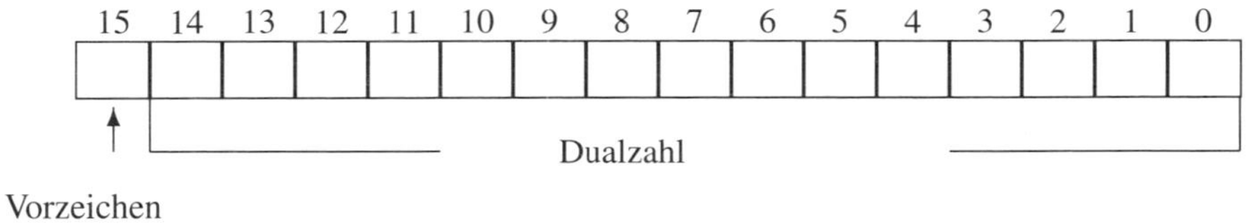

Bild 7.1

Eine ganze Zahl ist demnach im Rechner als Dualzahl mit dazugehörigem Vorzeichen verschlüsselt. Bei gegebener Bitfolge in einer Festkommazahl kann die Dezimaldarstellung dieser Zahl nach dem im vorangegangenen Abschnitt angegebenen Algorithmus bestimmt werden.

Beispiel:

7.17 Die Bitbelegung

15	14	13	12	11	11	9	8	7	6	5	4	3	2	1	0
1	0	1	0	1	0	0	0	0	0	0	0	0	0	1	0

kodiert die Festkommazahl

$z = -(2^{13} + 2^{11} + 2^1) = -10\,242$

Die 1 in Bit 15 zeigt das negative Vorzeichen an, eine 1 in einem der nachfolgenden Bits das Auftreten der entsprechenden Potenz von 2 in der Summendarstellung von z.

Somit lassen sich in einer Folge von 15 Bit 2^{15} verschiedene Dualzahlen kodieren. Da alle Zahlen mit negativem oder positivem Vorzeichen auftreten können, wobei die Null doppelt vorkommt, sind demnach in der Festkommadarstellung alle ganzen Zahlen des Intervalls

$$[-(2^{15}-1), 2^{15}-1]$$

darstellbar ($2^{15}-1 = 32\,767$). In einer Programmiersprache werden diese Festkommazahlen im allgemeinen als INTEGER-Zahlen bezeichnet.

In vielen praktischen Aufgaben jedoch ist es erforderlich, mit viel größeren Zahlen zu rechnen. Noch wichtiger ist aber, dass auch *Brüche* rechnerintern erfasst werden müssen. Diese Probleme können mit der Festkommadarstellung nicht gelöst werden. Deshalb wird im nächsten Abschnitt eine andere Kodierungsart eingeführt, die Gleitkommadarstellung.

7.1.2.2 Darstellung reeller Zahlen

Die Kodierung einer *reellen Zahl* im Computer erfolgt in einer **normierten Gleitkommadarstellung**. Diese Kodierungsart ermöglicht im Vergleich zur Festkommadarstellung, *auf dem gleichen zur Verfügung stehenden Speicherplatz* eine wesentlich umfangreichere Menge *reeller* Zahlen darzustellen.

> Jede reelle Zahl z ($z \neq 0$) lässt sich in die *normierte Gleitkommadarstellung*, d. h. in die Form
>
> $$z = \pm a \cdot 10^q$$
>
> mit $a \in [0{,}1, 1)$ und $q \in G$ überführen.
> Dabei heißt *a Mantisse* und *q Exponent* der normierten Gleitkommadarstellung von z.

Eine solche Darstellung ist sicher vom Taschenrechner her schon bekannt. Das Besondere an der *normierten* Darstellung ist, dass die Mantisse so erscheint, dass vor dem Komma nur Nullen stehen und die erste nach dem Komma stehende Ziffer von Null verschieden ist.

Beispiel:

7.18 Die folgenden Zahlen besitzen alle dieselbe Mantisse a, die Exponenten sind jedoch verschieden.

$$\begin{aligned} 17\,512 &= 0{,}175\,12 \cdot 10^5 \\ -175{,}12 &= -0{,}175\,12 \cdot 10^3 \\ 1{,}751\,2 &= 0{,}175\,12 \cdot 10^1 \\ -0{,}017\,512 &= -0{,}175\,12 \cdot 10^{-1} \\ 0{,}000\,175\,12 &= 0{,}175\,12 \cdot 10^{-3} \end{aligned}$$

Die Mantisse enthält also die Ziffern der Zahl, während der Exponent angibt, um wieviel Stellen das Komma nach rechts (im Fall $q > 0$) bzw. nach links (für $q < 0$) „gleiten“ muss, um die reelle Zahl in herkömmlicher Schreibweise (also ohne Zehnerpotenz) zu erhalten.

Im Computer wird eine Zahl in einer *rechnerinternen normierten Gleitkommadarstellung* verschlüsselt. Auf einem Speicherplatz von 2 Bytes wäre das wie folgt möglich:

Im vorderen Byte (Byte 1) werden das Vorzeichen von z und die Mantisse a als Dualzahl kodiert. Das hintere Byte (Byte 0) enthält den Exponenten q, ebenfalls in Form einer Dualzahl.

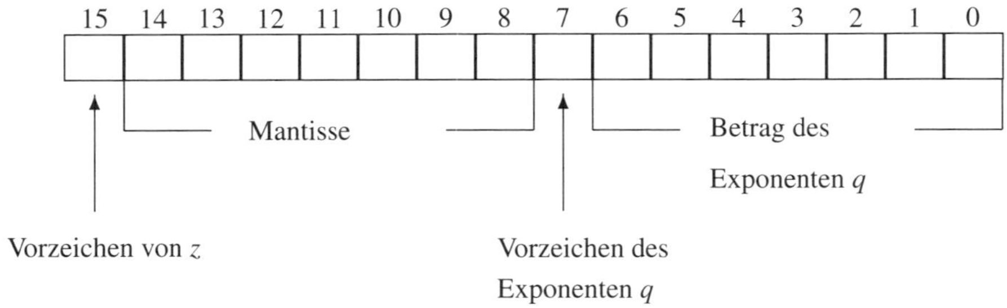

Bild 7.2

Die Mantisse a und der Exponent q sind damit jeweils als Festkommazahl abgespeichert.

Bei der Darstellung der Mantisse a werden dabei die 0 vor dem Komma und das Komma selbst weggelassen, denn es wurde ja vereinbart, dass die erste von Null verschiedene Dezimalziffer direkt nach dem Komma steht. Somit stehen die 7 Bit vollständig für die Ziffernkodierung zur Verfügung.

Die Bits 7 bis 0 enthalten den Exponenten. Die verwendete Basis 10 der normierten Gleitkommadarstellung braucht nicht festgehalten zu werden, der Rechner „weiß", mit welcher Basis er arbeiten muss.

Für die normierte Gleitkommadarstellung verwenden die meisten Rechner nicht die Basis 10, sondern die 16, einige auch die 8.

Beispiele:

7.19 Welche Zahl ist in der Bitfolge

15	14	13	12	11	10	9	8	7	6	5	4	3	2	1	0
1	0	1	0	1	0	0	0	0	0	0	0	0	1	0	1

verschlüsselt?

Lösung: Betrachten wir zunächst die Bits 15 bis 8. In Bit 15 ist eine 1 eingetragen, d. h., die dargestellte Zahl ist negativ. Die Bits 14 bis 8 enthalten die Mantisse a als Dualzahl. Um die dazugehörige Dezimalzahl zu berechnen, müssen die Potenzen von 2 aufsummiert werden. Beachten Sie dabei, dass die Ziffernfolge der Zahl z *nach dem Komma* verschlüsselt wurde.

$a = 2^{-2} + 2^{-4} = 0{,}25 + 0{,}062\,5 = 0{,}312\,5.$

Die Bits 7 bis 0 verschlüsseln den Exponenten q. Da in Bit 7 eine 0 steht, ist dieser positiv. Es gilt

$q = 2^2 + 2^0 = 4 + 1 = 5.$

Damit ist die dargestellte Zahl z

$z = -0{,}312\,5 \cdot 10^5 = -31\,250$

7.20 Wie wird die Zahl $z = 0{,}006\,875$ rechnerintern dargestellt?

Lösung: Zunächst wird die Zahl z in normierte Gleitkommadarstellung überführt.

$z = 0{,}687\,5 \cdot 10^{-2}$

Die Zahl z ist positiv, d. h. das Bit 15 ist mit 0 zu belegen. Für die Mantisse a gilt

$a = 0{,}687\,5 = 2^{-1} + 2^{-3} + 2^{-4}$

Das bedeutet, dass die Bits 14, 12 und 11 mit 1 belegt sind, die Bits 13, 10, 9 und 8 mit 0. Der Exponent $q = -2$ ist negativ, somit muss Bit 7 eine 1 enthalten, die 2 ist durch die Dualzahl 0000010_2 dargestellt.
Somit lautet die Folge in den 16 zur Kodierung verwendeten Bits

15	14	13	12	11	10	9	8	7	6	5	4	3	2	1	0
0	1	0	1	1	0	0	0	1	0	0	0	0	0	1	0

Die *größte Zahl*, die sich mit einer solchen Kodierung auf einem Speicherbereich von 2 Bytes darstellen lässt, ist die Zahl mit der Mantisse

$$a = (0{,}1111111)_2 \approx 0{,}99$$

und dem Exponenten

$$q = (1111111)_2 = 127,$$

die *kleinste* die entsprechende mit negativem Vorzeichen. Das bedeutet, es können nur Zahlen aus dem Bereich

$$[-0{,}99 \cdot 10^{127}; 0{,}99 \cdot 10^{127}]$$

dargestellt werden. Dieser Bereich ist für die meisten Aufgaben ausreichend. Das Problem aber ist, dass *nicht jede beliebige reelle Zahl* innerhalb dieses Intervalls *rechnerintern exakt* dargestellt werden kann.

Zur Darstellung der Mantisse stehen nur 7 Bit zur Verfügung, so dass nur 2^7 unterschiedliche Mantissen genau kodiert werden können.

Beispiel:

7.21 Kann die Zahl $z = 0{,}501$ exakt in einem Speicherbereich von 2 Bytes dargestellt werden?

Lösung: Der Exponent der normierten Gleitkommadarstellung ist $q = 0$. Mit der Bitfolge

14	13	12	11	10	9	8
1	0	0	0	0	0	0

wird die Mantisse $a = 0{,}5$ kodiert. Die nächstgrößere Zahl, die darstellbar ist, ist die in der Bitfolge

14	13	12	11	10	9	8
1	0	0	0	0	0	1

verschlüsselte Mantisse $a \approx 0{,}507\,8$. Das bedeutet, dass sich der Rechner „entscheiden" muss, welche der zwei Mantissen er darstellt. *Er kann damit den Dezimalbruch 0,501 nicht exakt darstellen.* Der Rechner speichert die der darzustellenden „am nächsten" gelegene darstellbare Zahl, also die mit der Mantisse 0,5.

Der Rechner muss bei der internen Darstellung einer Zahl *runden*. Damit wird deutlich, dass die *Zahlendarstellung im Computer nur bis zu einer gewissen Genauigkeit* möglich ist. Das hat zur Folge, dass die intern dargestellte Zahl eine andere ist als die eingegebene. In unserem Beispiel wird nicht 0,501, sondern 0,500 im Rechner verschlüsselt. Die Ziffern der darzustellenden Zahl, die aber auf jeden Fall richtig kodiert sind, nennt man **geltende Ziffern**. Je mehr

Bits für die Darstellung der Mantisse zur Verfügung stehen, desto mehr geltende Ziffern erhält man. Wie deutlich wurde, kann bei einer rechnerinternen Mantissendarstellung mit einer Länge von 7 Bit in der zugehörigen dezimalen Mantisse schon in der dritten Stelle nach dem Komma ein Fehler auftreten. Somit besitzt diese Darstellungsform eine Genauigkeit von *zwei geltenden Ziffern*.

Aufgaben:

Berechnen Sie die Ausdrücke in den Aufgaben 7.24. bis 7.40. und schreiben Sie das Ergebnis in normierter Gleitkommadarstellung!

7.24 **a)** $1{,}6 \cdot 10^3 + 4 \cdot 10^2$ **b)** $6 \cdot 10^{-2} + 3 \cdot 10^{-5}$ **c)** $2{,}8 \cdot 10^{-2} + 4 \cdot 10^{-3}$

7.25 **a)** $0{,}4 \cdot 10^{-4} - 2 \cdot 10^{-5}$ **b)** $1{,}2 \cdot 10^3 - 4 \cdot 10^3$ **c)** $0{,}08 + 12 \cdot 10^{-2}$

7.26 **a)** $0{,}5 \cdot 10^{-3} - 1{,}5 \cdot 10^{-5}$ **b)** $8(10^{-5} - 10^{-6})$ **c)** $2{,}4 \cdot 10^5 - (6 \cdot 10^4 - 2 \cdot 10^5)$

7.27 **a)** $\dfrac{10^{-4} \cdot 10^2 \cdot 10^{-1}}{10^7 \cdot 10^{-3} \cdot 10}$ **b)** $\dfrac{10^2 \cdot 10^{-4} \cdot 10^5}{10^{-2} \cdot 10^{-3}}$

7.28 **a)** $\dfrac{10^{-5} \cdot 10^{-1} \cdot 10^2}{10^2 \cdot 10^{-3} \cdot 10^{-1}}$ **b)** $\dfrac{10^{-5}}{10^4 \cdot 10^{-1} \cdot 10^{-3}}$

7.29 **a)** $(5 \cdot 10^3) \cdot 0{,}02$ **b)** $(2 \cdot 10^8)(5 \cdot 10^3)$ **c)** $(3 \cdot 10^5)(2 \cdot 10^3)$

7.30 **a)** $(2 \cdot 10^3)(4 \cdot 10^7)$ **b)** $(7 \cdot 10^3)(1.1 \cdot 10^{-4})$ **c)** $(8 \cdot 10^{-7})(5 \cdot 10^6)$

7.31 **a)** $(4 \cdot 10^{-3})(5 \cdot 10^{-4})$ **b)** $(8{,}2 \cdot 10^{-3})(4 \cdot 10^{-1})$ **c)** $(12 \cdot 10^{-1})(15 \cdot 10^{-4})$

7.32 **a)** $\dfrac{2 \cdot 10^{-4}}{8 \cdot 10^{-7}}$ **b)** $\dfrac{5 \cdot 10^4}{2 \cdot 10^{-3}}$ **c)** $\dfrac{0{,}08}{40}$ **d)** $\dfrac{80\,000}{0{,}02}$

7.33 **a)** $\dfrac{0{,}08}{0{,}004}$ **b)** $\dfrac{200}{0{,}04}$ **c)** $\dfrac{0{,}02}{4\,000}$ **d)** $\dfrac{8\,000}{0{,}02}$

7.34 **a)** $\dfrac{16\,000}{0{,}04}$ **b)** $\dfrac{240\,000}{0{,}012}$ **c)** $\dfrac{0{,}005}{10\,000}$ **d)** $\dfrac{4\,800}{-0{,}06}$

7.35 **a)** $\dfrac{0{,}04 \cdot 800}{0{,}16}$ **b)** $\dfrac{0{,}2 \cdot 0{,}4}{0{,}001}$ **c)** $\dfrac{0{,}16 \cdot 0{,}3}{0{,}02 \cdot 0{,}04}$ **d)** $\dfrac{5{,}1 \cdot 0{,}068}{0{,}17 \cdot 85}$

7.36 **a)** $(0{,}04)^3$ **b)** $(0{,}03)^2$ **c)** $(200)^4$ **d)** $(0{,}001)^4$

7.37 **a)** $(30\,000)^3$ **b)** (20^6) **c)** $(40)^4$ **d)** $(-0{,}02)^5$

7.38 **a)** $\dfrac{(0{,}2)^2 \cdot 0{,}04}{0{,}8}$ **b)** $\dfrac{16\,000 \cdot 0{,}2}{(0{,}4)^2}$ **c)** $\left(\dfrac{0{,}02 \cdot 0{,}08}{0{,}004}\right)^2$

7.39 **a)** $\dfrac{(40\,000)^2 \cdot 0{,}002}{(0{,}2)^3}$ **b)** $\dfrac{(0{,}04 \cdot 200)^2}{(0{,}002)^3}$ **c)** $\left(\dfrac{(0{,}02)^2 \cdot (0{,}1)^3}{0{,}002}\right)^3$

7.40 **a)** $\dfrac{0{,}012}{10^{-4} - 4 \cdot 10^{-5}}$ **b)** $\dfrac{1 \cdot 10^{-5} - 4 \cdot 10^{-6}}{12 \cdot 10^{-7}}$ **c)** $\dfrac{2 \cdot 10^{-6} - 10^{-5}}{4 \cdot 10^{-9}}$

7.41 Für die Kodierung einer Zahl sei ein Speicherbereich von 4 Bytes (32 Bit) vorhanden. Bestimmen Sie

a) den Bereich darstellbarer Festkommazahlen
b) den Bereich darstellbarer Gleitkommazahlen und die Anzahl der geltenden Ziffern, wenn zur Kodierung der Mantisse 3 Bytes, für den Exponenten 1 Byte verwendet wird!

7.1.3 Numerische Effekte beim Rechnen mit dem Computer

Im vorherigen Abschnitt wurde herausgearbeitet, dass in einem Computer nur eine gewisse *endliche* Anzahl reeller Zahlen (in Abhängigkeit vom verfügbaren Speicherplatz für Mantisse und Exponent) *exakt* darstellbar ist, während sämtliche übrigen reellen Zahlen entweder nur näherungsweise durch Rundung oder überhaupt nicht erfasst werden können. Damit verbunden ist eine Reihe grundlegender numerischer Effekte, die bei der Ausführung von Rechnungen mit dem Computer und vor allem bei der Beurteilung der erhaltenen Rechenergebnisse unbedingt zu berücksichtigen sind.

In fast jeder Zahlendarstellung und in fast jeder elementaren Rechnung treten kleine Rundungsfehler auf. Bei umfangreicheren Rechnungen können sich diese Fehler akkumulieren und sogar zu falschen Endergebnissen führen.

Das bedeutet nicht, dass man jedes Resultat, das der Computer ausgibt, anzweifeln muss, *man darf seinem Rechner aber auch nicht blind vertrauen*. Zur Einschätzung der Zuverlässigkeit der erhaltenen Ergebnisse ist der Einfluss der Rundungsfehler unbedingt zu beachten.

Im folgenden sollen einige der auftretenden Effekte erläutert werden. Im Unterschied zu den hier angegebenen Beispielen führt der Rechner seine Operationen in der Dualdarstellung der Zahlen aus. Seine Funktionsweise ist dabei aber dieselbe wie die hier beschriebene.

1. Stehen für die rechnerinterne Gleitkommadarstellung n Bits für den Exponenten (einschließlich seines Vorzeichens) zur Verfügung, so können nur reelle Zahlen z mit

$$|z| < 10^{2^n-1}$$

dargestellt werden. Entstehen bei einer Rechnung Zahlen $\bar{z}$ mit

$$|\bar{z}| \geq 10^{2^n-1},$$

d. h. wird der erfassbare Zahlenbereich des Rechners überschritten, so wird dies als OVERFLOW (Überlauf) bezeichnet.

Beispiel:

7.22 Für die Kodierung des Exponenten stehen 8 Bit zur Verfügung. Damit erzeugt die Zahl $1 \cdot 10^{127}$ OVERFLOW.

2. Stehen für den Exponenten n Bits zur Verfügung, so ist der kleinste darstellbare Exponent

$$q_{\min} = -(2^n - 1).$$

Damit können Zahlen z mit

$$|z| < 10^{-(2^n)}$$

(außer $z = 0$) vom Rechner nicht mehr dargestellt werden. Rechnerintern werden diese Zahlen durch Null ersetzt. Diese Erscheinung wird als UNDERFLOW (Unterlauf) bezeichnet und von den meisten Computern auch angezeigt.

Beispiel:

7.23 Besteht der Speicherplatz zur Darstellung des Exponenten aus 8 Bit, so wird die Zahl $z = 10^{-128}$ rechnerintern zu $\tilde{z} = 0$ umgewandelt (konvertiert).

Bei der Division durch sehr kleine Zahlen kann es daher vorkommen, dass der Rechner eine nicht erlaubte Division durch Null anzeigt. Obwohl die Rechnung „per Hand“ ausführbar ist, kann der Rechner die kleine Zahl schon als Null dargestellt haben.

3. Die üblichen arithmetischen Operationen Addition/Subtraktion und Multiplikation/Division führen rechnerintern häufig auf Ergebnisse, die im Computer nicht mehr exakt dargestellt werden können und somit gerundet werden müssen. Diese Ergebnisse sind also oft *mit Rundungsfehlern behaftete Näherungslösungen.* Gehen diese als Ausgangsgrößen in weitere Rechnungen ein, so kann dies zu einer Akkumulation der Fehler und damit zu unrealistischen Rechenergebnissen führen.

Beispiele:

7.24 Es sei eine Gleitkommadarstellung mit 4 geltenden Ziffern angenommen.

(a) Es werden die Zahlen 7 418 und 6 158 addiert.

$$\begin{array}{r} 0{,}741\,8 \cdot 10^4 \\ +\ 0{,}615\,8 \cdot 10^4 \\ \hline 1{,}357\,6 \cdot 10^4 \end{array}$$

Da der Rechner nur 4 geltende Ziffern besitzt und die Mantisse ein echter Bruch ist, muss gerundet werden, so dass

$0{,}135\,8 \cdot 10^5$

entsteht. Statt 13 576 liefert also der Computer das Ergebnis 13 580.

(b) Die Zahlen 6 314 und 3,265 werden addiert.

$$\begin{array}{r} 0{,}631\,4 \cdot 10^4 \\ +\ 0{,}326\,5 \cdot 10^1 \end{array} \quad \Longrightarrow \quad \begin{array}{r} 0{,}631\,4 \qquad \cdot 10^4 \\ +\ 0{,}000\,326\,5 \cdot 10^4 \\ \hline 0{,}631\,726\,5 \cdot 10^4 \end{array}$$

Durch Rundung entsteht das genäherte Ergebnis

$0{,}631\,7 \cdot 10^4 = 6\,317.$

Das heißt, dass bei der Addition die Stellen des zweiten Summanden nach dem Komma faktisch gar nicht mehr in die Rechnung eingehen.

Bei *Additionen von Zahlen sehr unterschiedlicher Größenordnungen* (also mit sehr unterschiedlichen Exponenten) können *große Fehler* auftreten, das heißt, es kommt zu einem *Informationsverlust.* Das kann soweit gehen, dass die Addition praktisch gar nicht ausgeführt wird, wenn der kleinere Summand durch Rundung „wegfällt“.

7.25 Die drei Zahlen $a = 0{,}023\,465$, $b = 0{,}034\,565$ und $c = 0{,}123\,45$ sind zu addieren. Dabei sei eine Gleitkommadarstellung mit 5 geltenden Ziffern angenommen.

(a) Möglichkeit 1: Es werden zuerst a und b addiert, dann c.

$s = (a+b)+c$

$$\begin{array}{rr} a+b = & 0{,}234\,65 \cdot 10^{-1} \\ & +\ 0{,}345\,65 \cdot 10^{-1} \\ \hline & 0{,}580\,30 \cdot 10^{-1} \\ (a+b)+c = & 0{,}058\,03 \cdot 10^{0} \\ & +\ 0{,}123\,45 \cdot 10^{0} \\ \hline & 0{,}181\,48 \cdot 10^{0} \end{array}$$

Dieses Ergebnis ist die *exakte* Summe.

(b) Möglichkeit 2: Es werden erst b und c, dann a addiert.

$\tilde{s} = a + (b+c)$

$$\begin{array}{rr} b+c= & 0{,}034\,56\cdot 10^0 \\ & +\;0{,}123\,45\cdot 10^0 \\ \hline & 0{,}158\,01\cdot 10^0 \end{array}$$

$$\begin{array}{rr} a+(b+c)= & 0{,}023\,46\cdot 10^0 \\ & +\;0{,}158\,01\cdot 10^0 \\ \hline & 0{,}181\,47\cdot 10^0 \end{array}$$

Hier tritt in der letzten Ziffer ein *Fehler* auf.

An diesen Beispielen wird deutlich: Bei der rechnerinternen Addition zweier Zahlen gilt das Assoziativgesetz im allgemeinen nicht:

$$(a+b)+c \neq a+(b+c)$$

Bei der Addition mehrerer Zahlen sollten zuerst die betragsmäßig kleinen addiert werden, danach die größeren. So kann der Fehler am geringsten gehalten werden.

7.26 Bei Annahme von 3 geltenden Ziffern soll die Differenz der Zahlen x und y berechnet werden.

(a) $x = 0{,}998\,5,\ y = 0{,}996\,6$
Bei exakter Rechnung ist
$x - y = 0{,}001\,9 = 0{,}190 \cdot 10^{-2}$.
Rechnerintern wird die Subtraktion wie folgt ausgeführt:

$$\begin{array}{rr} \tilde{x}-\tilde{y}= & 0{,}998 \\ & -\;0{,}997 \\ \hline & 0{,}001 \end{array}$$

Vergleicht man das berechnete mit dem exakten Ergebnis, so erhält man einen relativen Fehler von fast 100 %!

(b) $x = 0{,}998\,5,\ y = 0{,}106\,6$
Eine exakte Rechnung führt auf das Ergebnis
$x - y = 0{,}891\,9$.
Die Rundung auf drei Stellen ergibt die Differenz von 0,892.
Auf dem Computer erfolgt folgende Rechnung:

$$\begin{array}{rr} \tilde{x}-\tilde{y}= & 0{,}998 \\ & -\;0{,}107 \\ \hline & 0{,}891 \end{array}$$

Obwohl auch hier der Unterschied zwischen den Ergebnissen aus exakter und Computer-Rechnung in der dritten Stelle nach dem Komma liegt, ist dies erst die dritte von 0 verschiedene Ziffer. Dadurch hat der relative Fehler bei dieser Subtraktion nur eine Größe von 1 %.

Aus diesem Beispiel ist ersichtlich, dass bei *Subtraktion zweier annähernd gleich großer Zahlen große relative Fehler* auftreten können.

4. Endliche Dezimalbrüche haben oftmals eine unendliche Dualbruchdarstellung. Da der Rechner die Zahlen im Dualsystem kodiert, aber nur endlich viele Stellen speichern kann, werden selbst einfache Dezimalzahlen nicht exakt dargestellt.

Beispiel:

7.27 Die Dezimalzahl 0,1 hat die Dualdarstellung

$$(0{,}1)_{10} = (0{,}00011001100\ldots)_2,$$

also als ein unendlicher Dualbruch mit der Periode 0011.

Ein Rechner mit 7 Dualmantissenstellen kann nur die Zahl

$(0{,}0001100)_2 = (0{,}093\,75)_{10}$

kodieren.

Dieser Effekt führt dazu, dass der Computer für Aufgaben, die man selbst im Kopf lösen kann, mitunter ein anderes Ergebnis erhält. Das ist oftmals nicht durch Programmierfehler, sondern durch die Darstellung in einem anderen System und damit verbundenen Rundungsfehlern zu begründen.

7.2 Elemente der BOOLEschen Algebra

Im Abschnitt 7.1 wurde bereits angedeutet, dass Computer auf der Grundlage *digitaler Schaltelemente* arbeiten. Das sind Schaltelemente, die nur zwei verschiedene Schaltzustände, nämlich die Zustände „Strom fließt“ und „Strom fließt nicht“ annehmen können. Die Information über den Schaltzustand wird durch Belegung des jeweils zugeordneten Bits mit 0 oder 1 gespeichert, so dass die gesamte Informationsverarbeitung rechnerintern letztlich auf Operationen mit Dualzahlen zurückgeführt wird. Der folgende Abschnitt 7.2 dient nun dem Kennenlernen der grundlegenden Prinzipien des Aufbaus solcher digitaler Schaltungen.

7.2.1 Grundlagen der Aussagenlogik

Die mathematisch-theoretischen Grundlagen für die Schaltalgebra wurden erst durch die mathematische Logik geschaffen, welche so auch der modernen Computertechnik entscheidende Impulse gab. Der deutsche Mathematiker Gottfried Wilhelm LEIBNIZ (1646–1716) beschäftigte sich als erster mit dem Problem, eine formalisierte Normsprache zu schaffen, um sprachliche Unklarheiten zu vermeiden. Dieser Grundgedanke wurde von George BOOLE (1815-1864) und dessen Freund Augustus DE MORGAN (1806-1871) fast zwei Jahrhunderte später aufgegriffen und zu einem Teilgebiet der Mathematik – der mathematischen Logik – entwickelt.

Die sogenannte mathematische Logik, als Lehre von den logischen, von inhaltlicher Bedeutung unabhängigen Zusammenhängen, ist eine der Grundlagen der modernen Mathematik. Die **Aussagenlogik**, die unter anderem die formale Verknüpfung von Aussagen untersucht, ist der grundlegende Teil der mathematischen Logik.

Definition:
Unter einer **Aussage** versteht man ein sprachliches Gebilde, das entweder wahr oder falsch ist. Das bedeutet, einer Aussage kann genau einer der beiden Wahrheitswerte **„wahr“ (w)** oder **„falsch“ (f)** zugeordnet werden.

Beispiele:

7.28 Die folgenden Formulierungen sind wahre oder falsche Aussagen.

10 ist eine gerade Zahl.	(w)
Ein Dreieck hat vier Ecken.	(f)
Die Erde ist eine Scheibe.	(f)
Der Elefant hat einen Rüssel.	(w)

7.29 Keine Aussagen sind die folgenden sprachlichen Gebilde.
„Sprechen Sie Kisuaheli?"
„So eine Frechheit!"
„Ihren Ausweis, bitte."
„Was Sie nicht sagen!"

7.2.1.1 Verknüpfungen von Aussagen

Zwei logische Aussagen a und b können durch das Bindewort **„und"** verknüpft werden. Diese Verknüpfung wird **Konjunktion** genannt und durch die Schreibweise $a \wedge b$ symbolisiert. Die Wahrheitswerte einer Konjunktion kann man in einer sogenannten **Wahrheitswertetabelle** zusammenfassen. In dieser Tabelle werden alle möglichen Konstellationen der Belegung der Aussagen a und b mit den Wahrheitswerten **w** und **f** sowie die resultierenden Wahrheitswerte der Verknüpfung angegeben. Die Wahrheitswertetabelle der Konjunktion lautet:

a	b	$a \wedge b$
f	f	f
w	f	f
f	w	f
w	w	w

(7.2)

Das Wort „und" bedeutet sinngemäß „sowohl als auch".

Beispiel:

7.30 Die Aussagen a und b werden durch die Konjunktion verknüpft.

a	: Der Mond ist unbewohnt.	(w)
b	: Die Erde ist unbewohnt.	(f)
$a \wedge b$	: Die Erde und der Mond sind unbewohnt. (vgl. Zeile 2 in der Tabelle)	(f)

a	: Der Delphin ist ein Säugetier.	(w)
b	: Der Affe ist ein Säugetier.	(w)
$a \wedge b$	: Der Delphin und der Affe sind Säugetiere. (vgl. Zeile 4 in obiger Tabelle)	(w)

Durch Einfügen des Bindewortes **"oder"** zwischen zwei Aussagen a und b erfolgt eine Verknüpfung, die man **Disjunktion** nennt und die mit $a \vee b$ symbolisiert wird. Die Wahrheitswertetabelle der Disjunktion hat folgendes Aussehen:

a	b	$a \lor b$
f	f	f
w	f	w
f	w	w
w	w	w

(7.3)

Das Wort „oder“ wird hier im einschließenden Sinn gebraucht, d. h., es können auch beide Aussagen wahr sein, um eine wahre Verknüpfung zu erhalten.

Beispiel:

7.31 Es ist die Disjunktion $a \lor b$ zu bilden.

a	: Ein Quadrat ist ein Viereck.	(w)
b	: Ein Rhombus ist ein Dreieck.	(f)
$a \lor b$	: Ein Quadrat ist ein Viereck, oder ein Rhombus ist ein Dreieck.	(w)

Bei der **Negation** wird durch sinnvolles Verneinen (Negieren) einer gegebenen Aussage a eine neue Aussage $\neg a$ gebildet. Die neue Aussage wird Negation der ursprünglichen Aussage genannt. Die Wahrheitswertetabelle hat folgende Gestalt:

a	$\neg a$
f	w
w	f

(7.4)

Eine Aussage ist dann wahr, wenn ihre Negation falsch ist.

Bezeichnet man eine Aussage mit a, so wird deren Negation mit $\neg a$
(gesprochen: *nicht a*) bezeichnet.

Beispiel:

7.32 Die Negation der Aussage a soll gebildet werden.

a	: 10 ist eine gerade Zahl.	(w)
$\neg a$	: 10 ist keine gerade Zahl.	(f)

a	: Dresden ist die Hauptstadt Bayerns.	(f)
$\neg a$	: Dresden ist nicht die Hauptstadt Bayerns.	(w)

Da die eingeführten logischen Operationen beliebige Aussagen – also auch bereits verknüpfte Aussagen – miteinander zu neuen Aussagen verknüpfen, lassen sich damit beliebig komplizierte, aus beliebig vielen Aussagen zusammengesetzte neue Aussagen bilden. Die Art und Weise der Verknüpfung von Aussagen zu einer neuen Aussage wird durch einen **logischen Ausdruck** beschrieben. Ein logischer Ausdruck ist eine Aussage oder eine Aussagenverknüpfung. Damit kann einem logischen Ausdruck, ebenso wie einer Aussage, genau ein Wahrheitswert zugeordnet werden.

Beispiel:

7.33 Die Aussage

z: „Der Wal ist ein Säugetier und kein Fisch.“

kann durch Verknüpfung der beiden Aussagen

u: „Der Wal ist ein Säugetier.“
v: „Der Wal ist ein Fisch.“

gemäß dem logischen Ausdruck

$z = u \wedge \neg v$

erzeugt werden.
Ebenso lässt sich z aber auch aus u und der Aussage

w: „Der Wal ist kein Fisch.“

durch den logischen Ausdruck

$z = u \wedge w$

bilden.

Das bedeutet, dass sich ein und dieselbe Aussage unter Umständen durch verschiedene Möglichkeiten der Verknüpfung anderer Aussagen ausdrücken lässt.

Definition:
Zwei logische Ausdrücke heißen (logisch) **äquivalent** (gleichwertig), wenn sie bei jeder Wahrheitswertebelegung der in ihnen vorkommenden Aussagen denselben Wert annehmen.

Die Äquivalenz zweier zusammengesetzter logischer Ausdrücke lässt sich damit unter anderem dadurch feststellen, dass man deren Wahrheitswertetabellen miteinander vergleicht.

Beispiel:

7.34 Sind die beiden logischen Ausdrücke

$r = (\neg a \wedge b) \vee (\neg a \wedge \neg b)$ und

$s = \neg a$

äquivalent?

Lösung: Zur Kontrolle der Wahrheitswerte der beiden Aussagen r und s wird die Wahrheitswertetabelle gebildet:

a	b	$\neg a$	$\neg b$	$\neg a \wedge b$	$\neg a \wedge \neg b$	r
f	f	**w**	w	f	w	**w**
f	w	**w**	f	w	f	**w**
w	f	**f**	w	f	f	**f**
w	w	**f**	f	f	f	**f**

Die Spalten 3 und 7 enthalten die Wahrheitswerte der Aussagen s bzw. r. Alle Positionen dieser Spalten stimmen überein, so dass geschlussfolgert werden kann:

$r = s$.

Aufgaben:

7.42 Bestimmen Sie den Wahrheitswert der folgenden Aussageverknüpfungen!

a) Goethe war ein Dichter oder (er war) ein Naturwissenschaftler.
b) 10 ist eine gerade Zahl und eine Primzahl.
c) 10 ist eine ungerade Zahl und keine Primzahl.
d) 10 ist eine gerade Zahl oder keine Primzahl.
e) 10 ist keine gerade Zahl oder keine Primzahl.
f) 10 ist keine gerade Zahl oder eine Primzahl.

7.43 Welchen Wahrheitswert haben folgende Aussagen, und welche Aussagenverknüpfungen liegen vor?

a) Die Erde und der Mond sind rund.
b) Der Hamster und der Wellensittich können fliegen.
c) Am Himmel sind Wolken oder es scheint die Sonne.
d) Eis ist nicht flüssig.

7.44 Weisen Sie die Äquivalenz der folgenden logischen Ausdrücke r und s mit Hilfe der Wahrheitswertetabelle nach!

	r	s
a)	$(a \wedge b) \vee a$	a
b)	$a \wedge (b \vee c)$	$(a \wedge b) \vee (a \wedge c)$
c)	$\neg a \vee (\neg b \wedge \neg c)$	$(\neg a \vee \neg b) \wedge (\neg a \vee \neg c)$
d)	$\neg (a \vee b)$	$\neg a \wedge \neg b$
e)	$(a \wedge c) \vee (b \wedge \neg c) \vee (a \wedge b)$	$(a \wedge b) \vee (b \wedge \neg c)$
f)	$\neg ((p \vee q) \wedge \neg q) \vee p$	w (wahr)

7.2.2 Einführung in die Schaltalgebra

Die im Abschnitt 7.2.1 behandelte Aussagenlogik bildet die mathematische Grundlage für die Schaltalgebra. Es wurde dargestellt, wie aus Aussagen durch Verknüpfungen neue Aussagen gebildet werden können.

Die technische Realisierung dieser Verknüpfungen wird durch digitale Schaltungen übernommen. Wie dies geschieht, soll der folgende Abschnitt darstellen.

In der Aussagenlogik wird jeder Aussage *genau einer der zwei Wahrheitswerte* w bzw. f zugeordnet.

In Analogie dazu nehmen digitale Schaltelemente stets *genau einen der zwei Schaltzustände* **1** („Strom fließt") bzw. **0** („Strom fließt nicht") an. Durch Zusammenschalten einzelner Schaltelemente lassen sich auch komplizierte logische Ausdrücke schaltungstechnisch realisieren.

Im folgenden sollen einige Grundbausteine der Schaltalgebra näher betrachtet werden. Dabei wird der unmittelbare Zusammenhang zur Aussagenlogik deutlich.

7.2.2.1 Grundschaltungen

Ein digitales Schaltelement kann auf einfache Weise durch einen Stromkreis mit Spannungsquelle, Schalter und Lampe realisiert werden (siehe Tabelle).

Zustand	Wahrheitswert der Aussage „Die Lampe leuchtet"	zugeordneter Zahlenwert	Schaltbild
Stromkreis unterbrochen ⇒ Die Lampe leuchtet nicht	f (falsch)	0	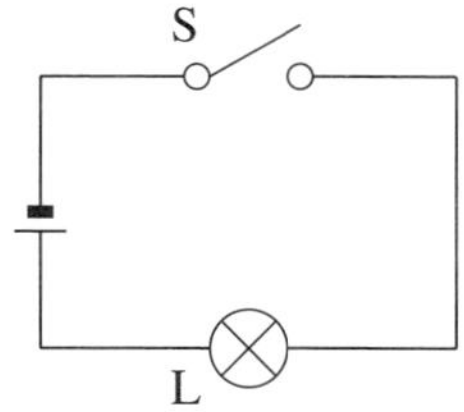
Stromkreis geschlossen ⇒ Die Lampe leuchtet	w (wahr)	1	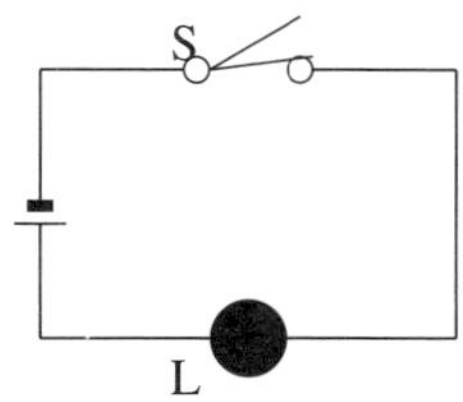

Der Wahrheitswert einer Aussage wird dabei durch das Aufleuchten der Lampe realisiert. Die Lampe kann genau zwei Zustände annehmen: Leuchtet sie, so ist der Wahrheitswert w, das Nichtaufleuchten zeigt dagegen den Wahrheitswert f an.

In der Elektronik werden die Werte 0 und 1 nicht durch aus- und ein-Stellungen von gewöhnlichen Schaltern dargestellt, sondern durch zwei unterschiedliche Spannungswerte (z. B. eine Spannung von 0 V gegenüber der Masseleitung entspricht dem Zahlenwert 0, dem Zahlenwert 1 eine Spannung von 5 V). Diese Spannungswerte können durch Transistorschaltungen weiterverarbeitet werden.

Für solche „elektronischen Bausteine", die aus vielen Einzelteilen bestehen können, wurden eigene Symbole definiert. Grundbestandteil eines solchen Symbols ist ein rechteckiges Kästchen, links die Eingangsleitungen und rechts die Ausgangsleitungen.

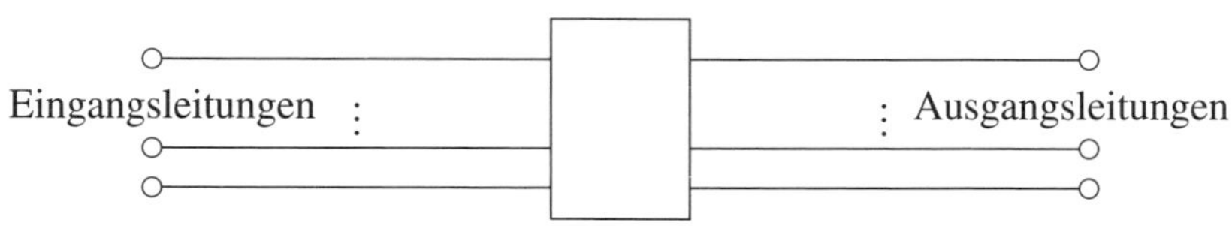

Bild 7.3

Die Eingangs- und Ausgangsleitungen können gegenüber einer nicht weiter bezeichneten Masseleitung z. B. die Spannungswerte 0 V oder 5 V besitzen. Diesen Spannungswerten werden die Zahlenwerte 0 und 1 zugeordnet.

In den folgenden Betrachtungen werden zunächst noch klassische Schaltungen mit Schaltern und Lampen verwendet, jedoch gleichzeitig die Symbole der Elektronik gegenübergestellt.

Serienschaltung (Und-Schaltung)

Die folgende Schaltung soll daraufhin untersucht werden, für welche Schaltzustände die Lampe leuchtet.

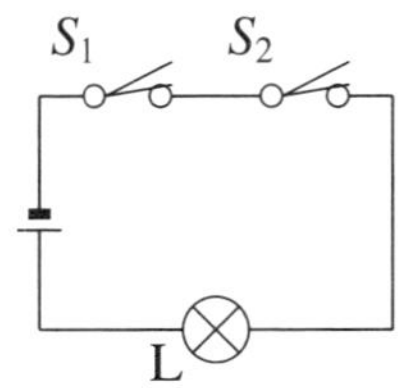

Bild 7.4

Um die Ergebnisse in einer Tabelle zusammenstellen zu können, werden die Werte 0 und 1 den folgenden Schaltzuständen der Schalter S_1 und S_2 sowie der Lampe L zugeordnet:

0 : Schalter geöffnet
1 : Schalter geschlossen

0 : Lampe leuchtet nicht
1 : Lampe leuchtet

Alle möglichen Kombinationen der Schaltzustände der Schalter S_1 und S_2 werden in einer *Zustandstabelle* zusammengefasst. Die Zustandstabelle der Schaltalgebra ist mit einer Wahrheitswertetabelle aus der Aussagenlogik vergleichbar, nur werden hier nicht die Wahrheitswerte f und w, sondern die Werte 0 und 1 verwendet.

Für die Serienschaltung ergibt sich damit die folgende Zustandstabelle:

Schalter S_1	Schalter S_2	Lampe L
0	0	0
1	0	0
0	1	0
1	1	1

(vgl. hierzu die Wahrheitswertetabelle der Konjunktion).

Das Symbol für das entsprechende elektronische Bauteil hat folgendes Aussehen:

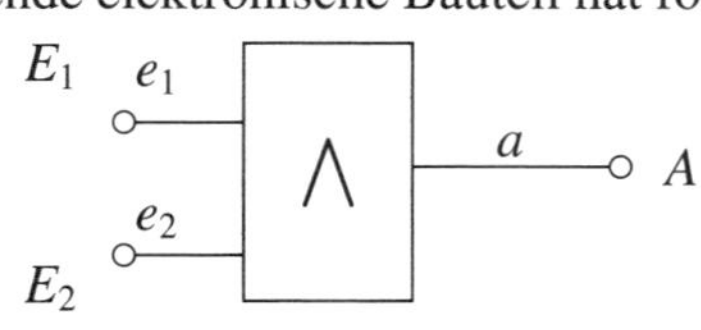

Bild 7.5

Bezeichnet man die Eingangsleitungen mit E_1 und E_2 und die Ausgangsleitung mit A sowie die den Spannungswerten zugeordneten Zahlenwerte mit e_1,e_2 und a, so ergibt sich die obige Tabelle in dieser Form:

e_1	e_2	a
0	0	0
1	0	0
0	1	0
1	1	1

Dieses elektronische Bauteil wird **UND-**(bzw. **AND-**)**Gatter** genannt.

Jeder Schalterzustand von S_1 und S_2 (bzw. Spannungszustand von E_1 und E_2) ist durch ein **geordnetes Paar**, das aus den Zahlenwerten 0 oder 1 gebildet wird, gekennzeichnet. Dabei muss festgelegt sein, welcher Platz im angegebenen Paar dem Schalter S_1 bzw. S_2 (bzw. den Zuständen von E_1 und E_2) zugewiesen wird. Dem Lämpchen (bzw. der Ausgangsleitung) wird für die entsprechenden Schalterstellungen der Wert 0 (Lampe leuchtet nicht, keine Spannung) und 1 (Lampe leuchtet, Spannung) zugeordnet.

Mathematisch ist diese Zuordnung eine Funktion f, die jedem geordneten Paar $(a;b)$ einen Funktionswert $f(a,b)$ zuordnet. Dabei stammen a, b und f aus der Menge $\{0,1\}$. Diese Funktion wird als **Schaltfunktion** bezeichnet.

Die Schaltfunktion der UND-Schaltung kann damit durch

$$f(a,b) = a \wedge b \quad \text{mit } a,b \in \{0,1\}$$

definiert werden. Als Funktionssymbol verwendet man das entsprechende Zeichen aus der Aussagenlogik. Versteht man den Zustand 0 als Wahrheitswert f und den Zustand 1 als den Wert w, so wird bei der *UND-Schaltung* jedem geordneten Paar $(a;b)$ als Funktionswert seine *Konjunktion* zugeordnet.

Parallelschaltung (Oder-Schaltung)

Die Schaltung

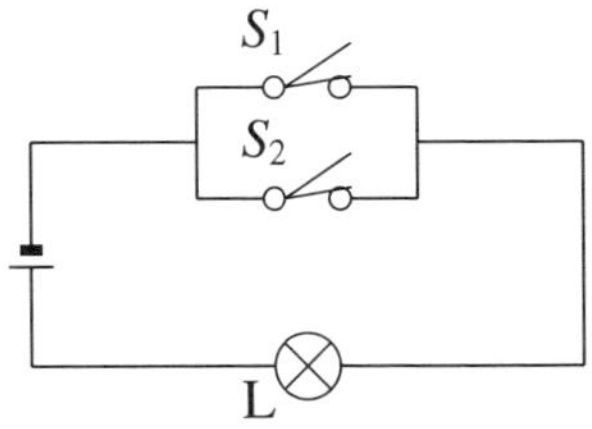

Bild 7.6

erzeugt bei gleicher Definition der Schaltzustände wie im vorhergehenden Absatz diese Schaltungstabelle:

Schalter S_1	Schalter S_2	Lampe L
0	0	0
1	0	1
0	1	1
1	1	1

(vgl. hierzu die Wahrheitswertetabelle der Disjunktion).

Das entsprechende elektronische Bauteil hat das Symbol

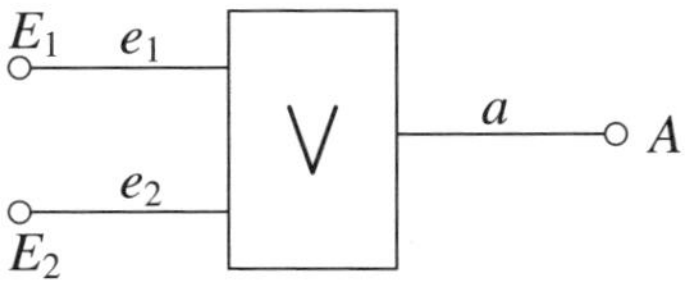

Bild 7.7

Für die Zustände der Ein- und Ausgangsleitungen erhält man die folgende Zuordnungstabelle:

e_1	e_2	a
0	0	0
1	0	1
0	1	1
1	1	1

Dieses Bauteil nennt man **ODER-**(bzw. **OR-**)**Gatter**.

Die ihm zugeordnete Schaltfunktion ist durch die Symbolik der Disjunktion definiert:

$$f(a,b) = a \vee b, \quad \text{mit } a,b \in \{0,1\}$$

Die *Parallelschaltung* entspricht damit der *logischen Oder-Verknüpfung*.

Inversschaltung (Nicht-Schaltung)

Auch für die logische Negation lässt sich eine entsprechende Schaltung finden. Im folgenden Bild ist ersichtlich, dass der geschlossene Schalter einen Kurzschluss verursacht, so dass in diesem Fall die Lampe erlischt.

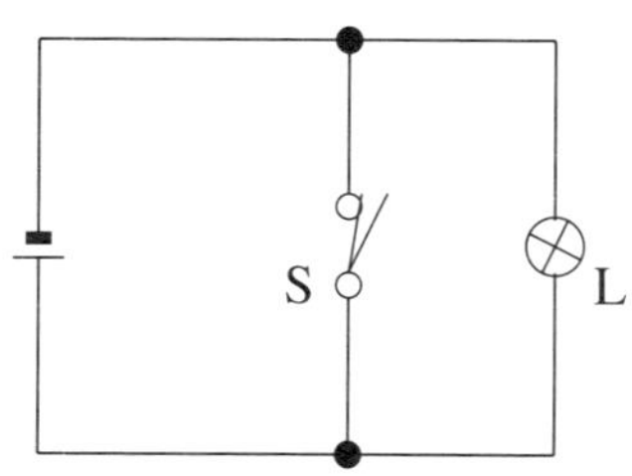

Bild 7.8

Die möglichen Zustände sind in der folgenden Tabelle zusammengefasst:

Schalter S	Lampe L
0	1
1	0

(vgl. die Wahrheitswertetabelle der logischen Negation).

Das Symbol des entsprechenden elektronischen Bauteils hat folgendes Aussehen:

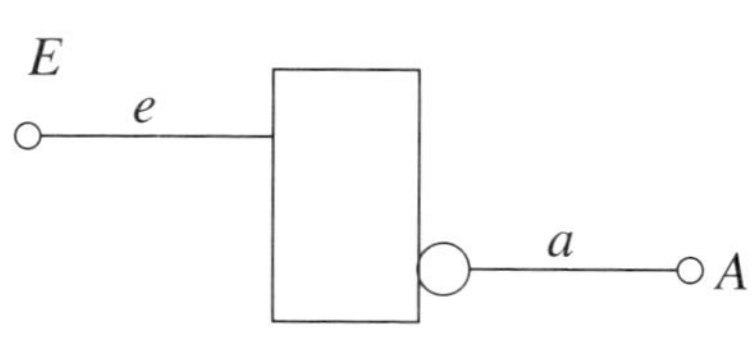

Bild 7.9

Dieses Bauteil heißt **NICHT-**(bzw. **NOT-**)**Gatter**. Sein eigentliches Symbol ist der Kreisring. Er lässt sich auch in Kombination mit anderen Symbolen verwenden. Dabei wird der Zustand der Leitung invertiert.

Die dazugehörige Schaltfunktion ist

$$f(a) = \neg a \quad \text{mit } a \in \{0,1\}.$$

Diese Funktion hat nur ein Argument, da kein geordnetes Paar auftritt.

7.2.2.2 Analyse und Synthese digitaler Schaltungen mittels Schaltzustandstabelle

Analog der Verknüpfung von Aussagen zu neuen Aussagen lassen sich durch das Zusammenschalten von Grundschaltelementen (UND, ODER, NICHT) auch kompliziertere Schaltfunktionen realisieren.

Für einen Schaltungstechniker/Elektroniker stehen damit zwei Grundaufgaben in unmittelbarem Zusammenhang:

1. Analyse einer gegebenen Schaltung
   (Welche Schaltfunktion wird durch eine gegebene Schaltung realisiert?)
2. Synthese einer gesuchten Schaltung
   (Aufbau einer Schaltung, die eine gegebene Schaltfunktion realisiert, aus Grundschaltelementen)

Beispiele:

7.35 Analyse einer gegebenen Schaltung

Für die nachfolgende Schaltung sind eine Zustandstabelle und die Schaltfunktion zu ermitteln.

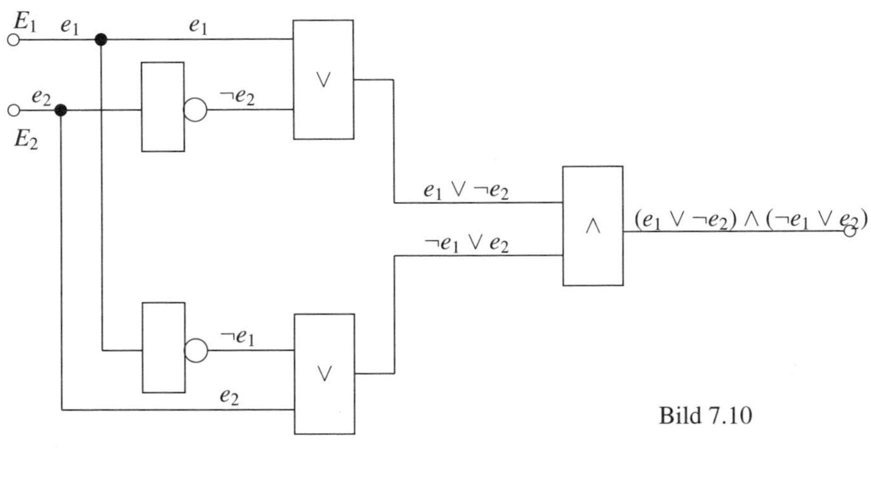

Bild 7.10

Lösung: Von links beginnend, wird der nach jedem Bauteil erreichte Zustand in Form der zugehörigen Schaltfunktion ausgedrückt. Beschriftet man so die Schaltung Schritt für Schritt, so erhält man alle Spalten der Zustandstabelle und die resultierende Schaltfunktion.

e_1	e_2	$\neg e_1$	$\neg e_2$	$e_1 \vee \neg e_2$	$\neg e_1 \vee e_2$	$(e_1 \vee \neg e_2) \wedge (\neg e_1 \vee e_2)$
0	0	1	1	1	1	1
1	0	0	1	1	0	0
0	1	1	0	0	1	0
1	1	0	0	1	1	1

Die Schaltfunktion f ergibt sich als

$$f(e_1, e_2) = (e_1 \vee \neg e_2) \wedge (\neg e_1 \vee e_2)$$

Diese Schaltung ist eine binäre Vergleichsschaltung der Zustände e_1 und e_2. Sind beide Zustände gleich, so ergibt sich $f(e_1, e_2) = 1$, bei unterschiedlichen Zuständen ist $f(e_1, e_2) = 0$.

7.36 Synthese einer Schaltung
Für die gegebene Schaltfunktion

$$f(e_1, e_2) = e_1 \vee (\neg e_1 \wedge e_2)$$

sind eine Zustandstabelle und eine Schaltung zu ermitteln. Wenn möglich, sind die Schaltfunktion und die Schaltung zu vereinfachen.
Lösung: In Umkehrung der vorigen Aufgabe kann man zunächst eine Zustandstabelle schrittweise aufstellen. Dabei ist zu beachten, dass man die Funktion f von „innen" nach „außen" abarbeitet. Das bedeutet, es muss mit den Werten in der Klammer begonnen werden.

e_1	e_2	$\neg e_1$	$\neg e_1 \wedge e_2$	$e_1 \vee (\neg e_1 \wedge e_2)$
0	0	1	0	0
1	0	0	0	1
0	1	1	1	1
1	1	0	0	1

Dazu ergibt sich die folgende Schaltung:

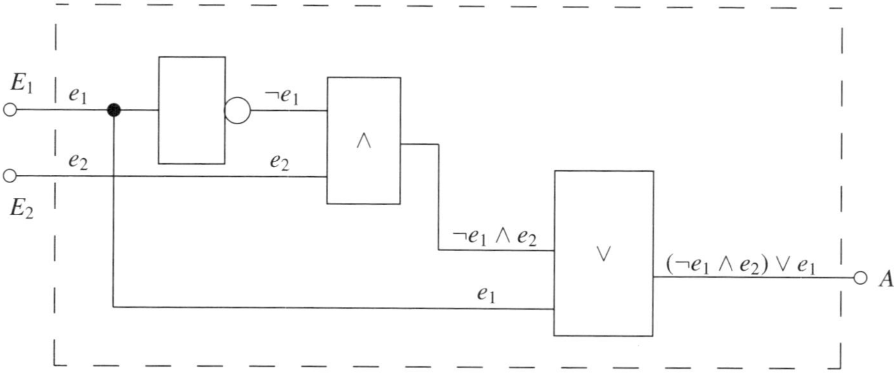

Bild 7.11

Vergleicht man in der Tabelle die letzte Spalte der Funktion f mit den Spalten von e_1 und e_2, so kann man erkennen, dass es sich hier um eine einfache ODER-Funktion handelt. Da es normalerweise gleichgültig ist, aus welchen Schaltelementen für die möglichen Eingangszustände die entsprechenden Ausgangszustände entstehen, kann diese Schaltung zu einer ODER-Schaltung vereinfacht werden. Dies gilt auch für die Schaltfunktion.

$f(e_1,e_2) = e_1 \vee (\neg e_1 \wedge e_2) = e_1 \vee e_2$

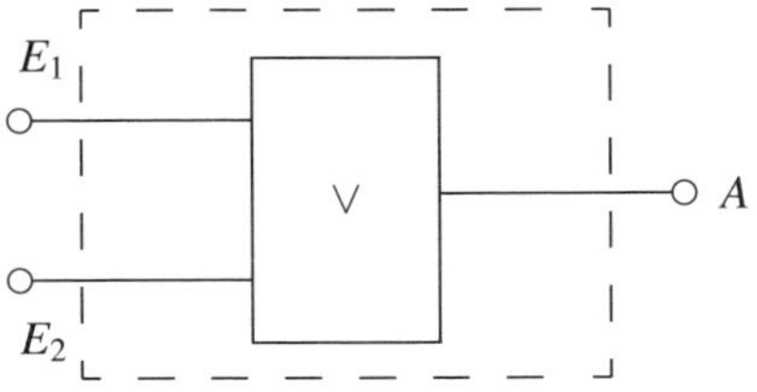

Bild 7.12

7.2.2.3 Rechengesetze der Schaltalgebra

Im vorhergehenden Beispiel konnte durch Vergleich mit Hilfe der Zustandstabelle die Schaltung wesentlich vereinfacht werden. Es erhebt sich die Frage, ob man nicht auch direkt – durch geeignete Umformungen der Schaltfunktion – auf solche Vereinfachungen kommt.

Definition:
Man bezeichnet zwei Schaltungen als **äquivalent**, wenn sie für alle gemeinsamen Eingangszustände auch die entsprechend gemeinsamen Ausgangszustände aufweisen. In diesem Fall kann auch ihre Zustandsfunktion gleichgesetzt werden.

(vgl. den Begriff „äquivalente logische Ausdrücke" aus der Aussagenlogik)

Das folgende Bild soll diese Äquivalenz verdeutlichen.

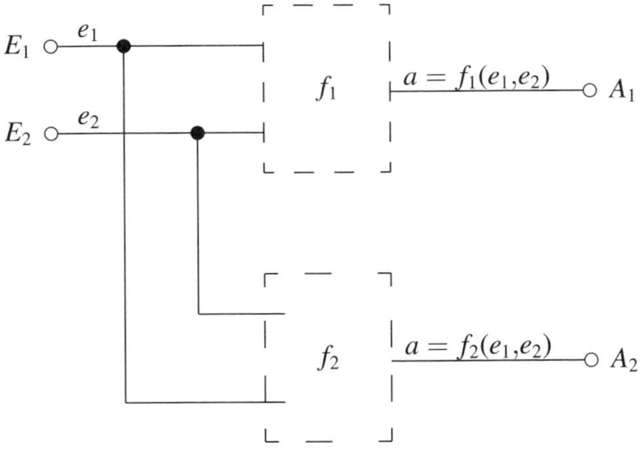

Bild 7.13

Es gilt:

$$f_1(e_1, e_2) = f_2(e_1, e_2) = a$$

Die Äquivalenz zweier Schaltfunktionen kann durch Aufstellen der Wahrheitswertetabellen beider Schaltungen nachgewiesen werden. Stimmen für gleiche Eingangsbelegungen auch die Endzustände überein, so sind die Schaltfunktionen äquivalent. Aber schon bei mehr als drei Eingangsgrößen ist diese Methode sehr aufwendig. Deshalb ist es sinnvoll, einige Rechenregeln bei der Bearbeitung von Schaltfunktionen anzuwenden. Diese Rechengesetze sind selbst Äquivalenzen von Schaltfunktionen.

Die nachfolgend angegebenen Äquivalenzen stellen die *grundlegenden Rechengesetze der Schaltalgebra* dar, die bei der Vereinfachung komplexer Schaltfunktionen Anwendung finden.

1. *Kommutativgesetze*

$$\begin{aligned} e_1 \vee e_2 &= e_2 \vee e_1 \\ e_1 \wedge e_2 &= e_2 \wedge e_1 \end{aligned} \tag{7.5}$$

2. *Assoziativgesetze*

$$\begin{aligned} (e_1 \vee e_2) \vee e_3 &= e_1 \vee (e_2 \vee e_3) \\ (e_1 \wedge e_2) \wedge e_3 &= e_1 \wedge (e_2 \wedge e_3) \end{aligned} \tag{7.6}$$

3. *Distributivgesetze*

$$\begin{aligned} e_1 \vee (e_2 \wedge e_3) &= (e_1 \vee e_2) \wedge (e_1 \vee e_3) \\ e_1 \wedge (e_2 \vee e_3) &= (e_1 \wedge e_2) \vee (e_1 \wedge e_3) \end{aligned} \tag{7.7}$$

4. $$\begin{aligned} e \vee 0 &= e \\ e \vee 1 &= 1 \\ e \wedge 1 &= e \\ e \wedge 0 &= 0 \end{aligned} \tag{7.8}$$

5. $$\begin{aligned} e \vee \neg e &= 1 \\ e \wedge \neg e &= 0 \\ \neg(\neg e) &= e \end{aligned} \tag{7.9}$$

6. *Idempotenzgesetze*

$$\begin{aligned} e \vee e &= e \\ e \wedge e &= e \end{aligned} \tag{7.10}$$

7. *Verschmelzungsgesetze*

$$\begin{aligned} (e_1 \wedge e_2) \vee e_1 &= e_1 \\ (e_1 \vee e_2) \wedge e_1 &= e_1 \end{aligned} \tag{7.11}$$

8. *Gesetze von* De Morgan

$$\begin{aligned} \neg(e_1 \vee e_2) &= \neg e_1 \wedge \neg e_2 \\ \neg(e_1 \wedge e_2) &= \neg e_1 \vee \neg e_2 \end{aligned} \tag{7.12}$$

Beispiel:

7.37 Es ist die Äquivalenz der Schaltfunktionen

$f_1(e_1, e_2) = (e_1 \wedge e_2) \vee e_1$ und
$f_2(e_1, e_2) = e_1$

(d. h. das Verschmelzungsgesetz) nachzuweisen.

Lösung: Der Beweis des Verschmelzungsgesetzes wird mit Hilfe einer Wahrheitswertetabelle durchgeführt.

e_1	e_2	$e_1 \wedge e_2$	$(e_1 \wedge e_2) \vee e_1$
0	0	0	**0**
0	1	0	**0**
1	0	0	**1**
1	1	1	**1**

Die Spalten 1 und 4, die die Funktionen f_2 und f_1 darstellen, stimmen in allen Zeilen überein. Damit sind beide Funktionen äquivalent.

Die Gesetze 1 bis 8 gelten völlig analog für die Verknüpfungsoperationen logischer Aussagen.

Identifiziert man $\vee$ mit der Mengenoperation $\cup$,
$\wedge$ mit der Mengenoperation $\cap$,
$\neg$ mit der Mengenoperation $\setminus$ (Komplement bzgl. einer Menge A),
0 mit der leeren Menge $\emptyset$,
1 mit der Menge A selbst,

so gelten für die Mengenoperationen mit Teilmengen von A wiederum alle Rechenregeln 1 bis 8.

Mathematische Strukturen, in denen drei Verknüpfungsoperationen $\wedge$, $\vee$, $\neg$ und zwei ausgezeichnete Elemente 0 und 1 existieren, für die die obigen Rechengesetze gelten, heißen allgemein BOOLE**sche Algebren**.

Beispiele für die Vereinfachung von Schaltfunktionen mit Hilfe der Rechengesetze der Schaltalgebra:

Beispiele:

7.38 Die Funktion

$f(e_1,e_2) = (e_1 \vee \neg e_2) \wedge (e_1 \vee e_2) \wedge (\neg e_1 \vee e_2)$

ist in eine einfachere Funktion umzuformen. Die Äquivalenz ist mit Hilfe einer Zustandstabelle zu überprüfen.

Lösung:

$$\begin{aligned}
f(e_1,e_2) &= (e_1 \vee \neg e_2) \wedge (e_1 \vee e_2) \wedge (\neg e_1 \vee e_2) \\
&= [(e_1 \vee \neg e_2) \wedge (e_1 \vee e_2)] \wedge (\neg e_1 \vee e_2) && \text{(Assoziativgesetz)} \\
&= [e_1 \vee (\neg e_2 \wedge e_2)] \wedge (\neg e_1 \vee e_2) && \text{(Distributivgesetz)} \\
&= (e_1 \vee 0) \wedge (\neg e_1 \vee e_2) && \text{(Rechengesetz 5)} \\
&= e_1 \wedge (\neg e_1 \vee e_2) && \text{(Rechengesetz 4)} \\
&= (e_1 \wedge \neg e_1) \vee (e_1 \wedge e_2) && \text{(Distributivgesetz)} \\
&= 0 \vee (e_1 \wedge e_2) && \text{(Rechengesetz 5)} \\
&= e_1 \wedge e_2 && \text{(Rechengesetz 4)}
\end{aligned}$$

Die umgeformte Funktion soll durch

$g(e_1,e_2) = e_1 \wedge e_2$

bezeichnet werden. Mit Hilfe der Zustandstabelle wird nun überprüft, ob die Funktionen f und g tatsächlich äquivalent sind.

e_1	e_2	$\neg e_1$	$\neg e_2$	$e_1 \vee \neg e_2$	$e_1 \vee e_2$	$\neg e_1 \vee e_2$	f	g
0	0	1	1	1	0	1	0	0
0	1	1	0	0	1	1	0	0
1	0	0	1	1	1	0	0	0
1	1	0	0	1	1	1	1	1

Der Vergleich der Spalten der Funktionen f und g zeigt die Äquivalenz dieser Funktionen.

7.39 In einem Betrieb arbeiten drei Maschinen M_1, M_2 und M_3 mit unterschiedlicher Leistung. Um das Netz nicht zu überlasten, soll immer dann eine Warnlampe aufleuchten, wenn alle drei Maschinen bzw. die erste und die zweite Maschine oder die erste und die dritte Maschine arbeitet. Es ist für diese Aufgabe eine möglichst einfache Schaltung anzugeben.

Lösung: Zunächst wird für die beschriebene Aufgabe die Schaltfunktion aufgestellt.

$$f(m_1, m_2, m_3) = (m_1 \wedge m_2 \wedge m_3) \vee (m_1 \wedge m_2 \wedge \neg m_3) \vee (m_1 \wedge \neg m_2 \wedge m_3)$$

Diese Funktion wird nun mit Hilfe der Gesetze der Schaltalgebra vereinfacht.

$$\begin{aligned}
&f(m_1, m_2, m_3)\\
&\quad = (m_1 \wedge m_2 \wedge m_3) \vee (m_1 \wedge m_2 \wedge \neg m_3) \vee (m_1 \wedge \neg m_2 \wedge m_3)\\
&\quad = [(m_1 \wedge m_2 \wedge m_3) \vee (m_1 \wedge m_2 \wedge \neg m_3)] \vee (m_1 \wedge \neg m_2 \wedge m_3) && \text{(Assoziativgesetz)}\\
&\quad = [(m_1 \wedge m_2) \wedge (m_3 \vee \neg m_3)] \vee (m_1 \wedge \neg m_2 \wedge m_3) && \text{(Assoziativ-, Distributivgesetz)}\\
&\quad = [(m_1 \wedge m_2) \wedge 1] \vee (m_1 \wedge \neg m_2 \wedge m_3) && \text{(Rechengesetz 5)}\\
&\quad = (m_1 \wedge m_2) \vee (m_1 \wedge \neg m_2 \wedge m_3) && \text{(Rechengesetz 4)}\\
&\quad = m_1 \wedge [m_2 \vee (\neg m_2 \wedge m_3)] && \text{(Assoziativ-, Distributivgesetz)}\\
&\quad = m_1 \wedge [(m_2 \vee \neg m_2) \wedge (m_2 \vee m_3)] && \text{(Distributivgesetz)}\\
&\quad = m_1 \wedge [1 \wedge (m_2 \vee m_3)] && \text{(Rechengesetz 5)}\\
&\quad = m_1 \wedge (m_2 \vee m_3) && \text{(Rechengesetz 4)}
\end{aligned}$$

Mittels der Zustandstabelle soll diese vereinfachte Funktion überprüft werden.

m_1	m_2	m_3	$m_2 \vee m_3$	$m_1 \wedge (m_2 \vee m_3)$
0	0	0	0	0
0	0	1	1	0
0	1	0	1	0
0	1	1	1	0
1	0	0	0	0
1	**0**	**1**	**1**	**1**
1	**1**	**0**	**1**	**1**
1	**1**	**1**	**1**	**1**

Die drei letzten (fett gedruckten) Zeilen enthalten genau die Zustände, bei denen die Warnlampe leuchten soll. Die Schaltung hat damit folgendes Aussehen:

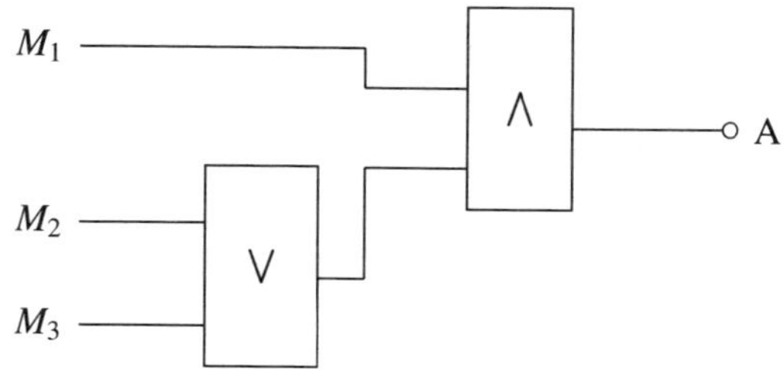

Bild 7.14

Aufgaben:

Für folgende Schaltungen ist eine Zustandstabelle sowie die Schaltfunktion anzugeben:

7.45 a) b)

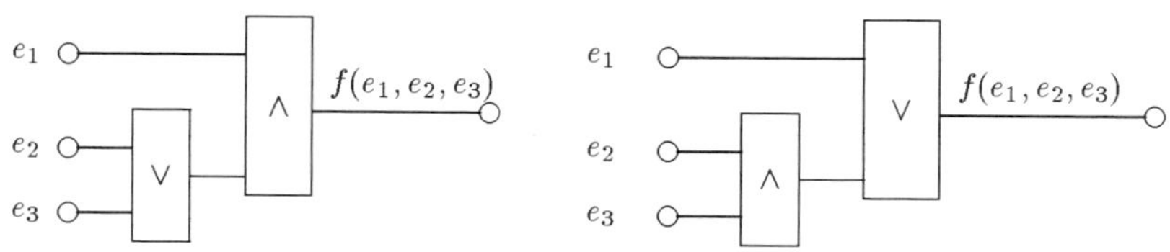

Bild 7.15

7.46 a) b)

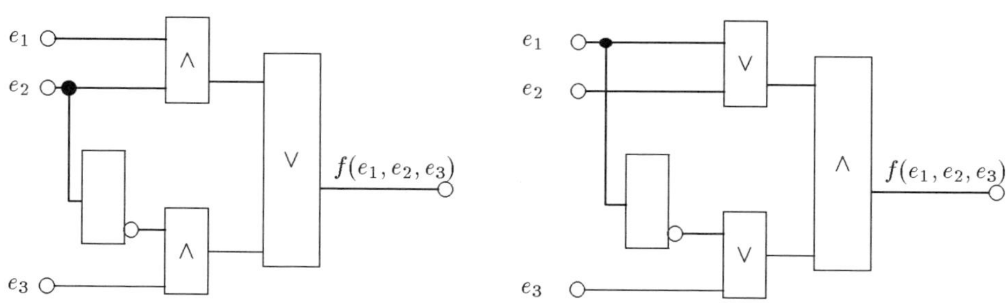

Bild 7.16

7.47 a) b)

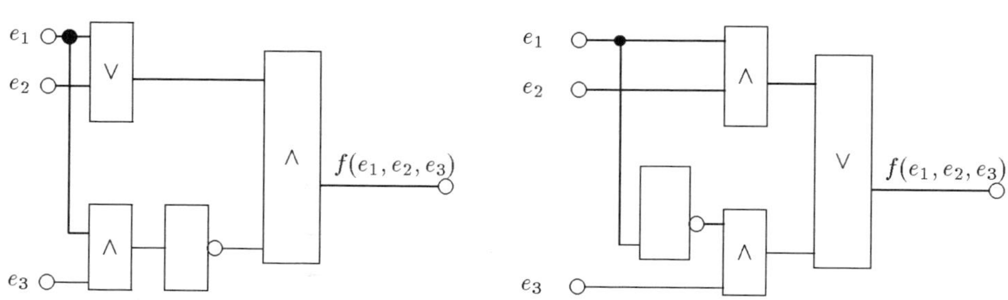

Bild 7.17

7.48 a) b)

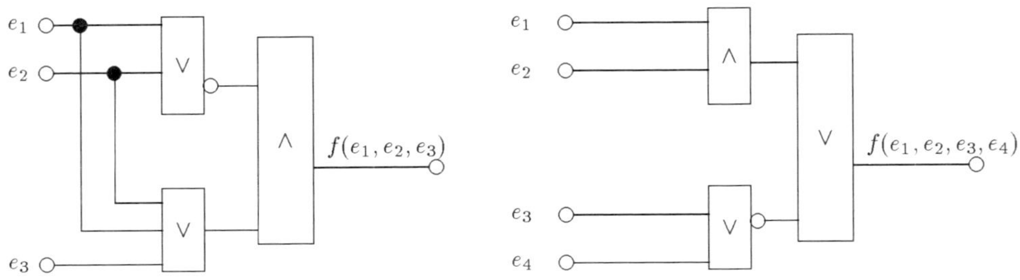

Bild 7.18

Von den folgenden Schaltungen ist nur die Schaltfunktion anzugeben:

7.49

a) b)

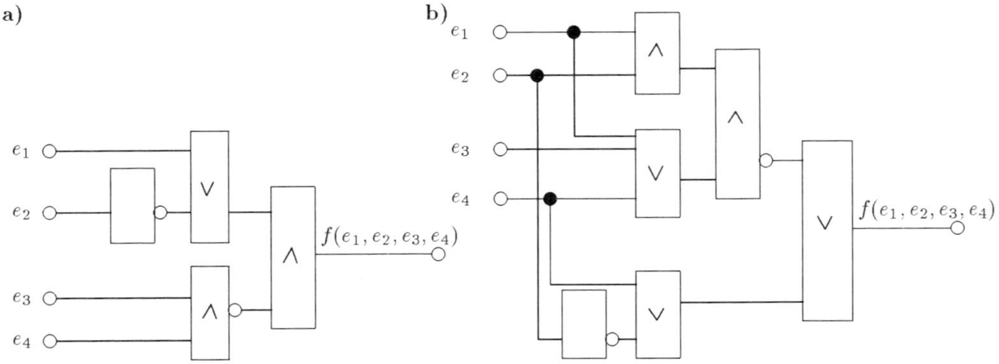

Bild 7.19

7.50

a) b)

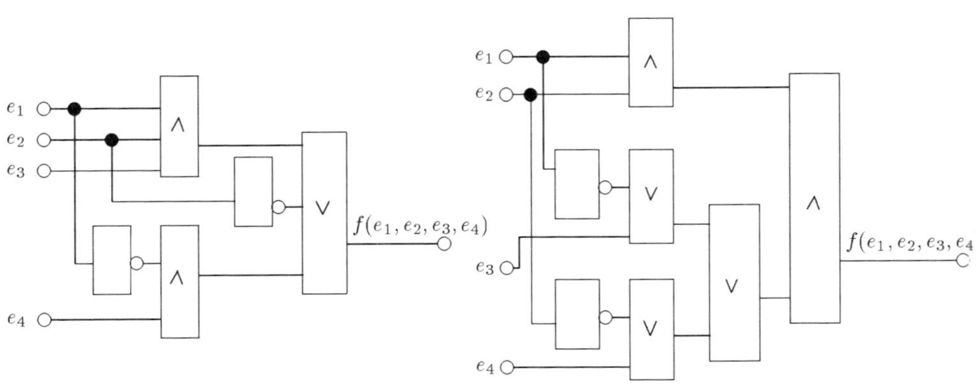

Bild 7.20

Zu den folgenden Schaltfunktionen ist eine Zustandstabelle und eine Schaltung anzugeben.

7.51 **a)** $f(e_1, e_2) = (e_1 \vee e_2) \wedge e_2$ **b)** $f(e_1, e_2) = (e_1 \wedge e_2) \vee e_2$

7.52 **a)** $f(e_1, e_2) = \neg e_2 \vee (e_1 \wedge e_2)$ **b)** $f(e_1, e_2) = \neg e_2 \wedge (e_1 \vee e_2)$

7.53 **a)** $f(e_1, e_2) = \neg e_1 \vee (\neg e_1 \wedge e_2)$ **b)** $f(e_1, e_2) = \neg e_1 \wedge (e_1 \vee e_2)$

7.54 **a)** $f(e_1, e_2) = (e_1 \wedge \neg e_2) \vee (\neg e_1 \wedge e_2)$ **b)** $f(e_1, e_2) = (\neg e_1 \vee e_2) \wedge (e_1 \vee \neg e_2)$

7.55 **a)** $f(e_1, e_2, e_3) = e_1 \vee (e_2 \wedge e_3)$ **b)** $f(e_1, e_2, e_3) = e_1 \wedge (e_2 \wedge \neg e_3)$

7.56 **a)** $f(e_1, e_2, e_3) = (e_1 \vee e_2) \wedge (e_1 \vee e_3)$ **b)** $f(e_1, e_2, e_3) = (e_1 \wedge e_2) \vee (e_2 \wedge e_3)$

7.57 **a)** $f(e_1, e_2, e_3) = (e_1 \vee e_2) \wedge (e_1 \vee \neg e_3) \wedge (e_2 \vee e_3)$
b) $f(e_1, e_2, e_3, e_4) = (e_1 \wedge e_4) \vee (e_2 \wedge e_4) \vee (e_3 \wedge e_4)$

Man überprüfe mittels Zustandstabellen, ob die angegebenen Schaltfunktionen äquivalent sind!

7.58 $f(e_1) = e_1 \vee e_1$ $g(e_1) = e_1 \wedge e_1$ $h(e_1) = e_1$ (Idempotenzgesetz)

7.59 $f(e_1, e_2) = \neg(e_1 \vee e_2)$ $g(e_1, e_2) = \neg e_1 \wedge \neg e_2$ (1. Gesetz von DE MORGAN)

7.60 $f(e_1, e_2) = \neg(e_1 \wedge e_2)$ $g(e_1, e_2) = \neg e_1 \vee \neg e_2$ (2. Gesetz von DE MORGAN)

7.61 **a)** $f(e) = 1 \wedge e$ $g(e) = 0 \vee e$ $h(e) = e$ **b)** $f(e) = 1 \vee e$ $g(e) = 1$

7.62 **a)** $f(e) = e \vee \neg e$ $g(e) = 1$ **b)** $f(e) = e \wedge \neg e$ $g(e) = 0$ **c)** $f(e) = \neg(\neg e)$ $g(e) = e$

Die folgenden Schaltfunktionen sind mit Hilfe der Rechengesetze zu vereinfachen. Die Probe ist jeweils durch Vergleichen der entsprechenden Zustandstabellen vorzunehmen.

7.63 **a)** $f(e_1, e_2) = (e_1 \wedge e_2) \vee \neg e_1$ **b)** $f(e_1, e_2) = (e_1 \wedge \neg e_2) \vee e_2$

7.64 **a)** $f(e_1, e_2) = (e_1 \vee e_2) \wedge (e_1 \vee \neg e_2)$ **b)** $f(e_1, e_2) = (e_1 \vee \neg e_2) \wedge (\neg e_1 \vee \neg e_2)$

7.65 **a)** $f(e_1, e_2) = (e_1 \wedge e_2) \vee (\neg e_1 \wedge e_2)$ **b)** $f(e_1, e_2) = (\neg e_1 \wedge \neg e_2) \vee [\neg e_1 \wedge e_2)$

7.66 **a)** $f(e_1, e_2) = e_1 \wedge e_2 \wedge (e_1 \vee \neg e_2)$ **b)** $f(e_1, e_2) = (e_1 \wedge e_2) \vee e_1 \vee \neg e_2$

7.67 **a)** $f(e_1, e_2) = [(\neg e_1 \wedge e_2) \vee \neg e_2] \wedge e_1$ **b)** $f(e_1, e_2) = e_2 \wedge (\neg e_1 \vee e_2) \wedge e_1 \wedge (e_1 \vee \neg e_2)$

7.68 **a)** $f(e_1, e_2) = (e_1 \vee e_2) \wedge (e_1 \vee \neg e_2) \wedge (\neg e_1 \vee e_2)$
b) $f(e_1, e_2) = (e_1 \vee e_2) \wedge (e_1 \vee \neg e_2) \wedge (\neg e_2 \vee \neg e_1)$

7.69 **a)** $f(e_1, e_2) = (e_1 \wedge \neg e_2) \vee (e_1 \wedge e_2) \vee (\neg e_1 \wedge e_2)$
b) $f(e_1, e_2) = (\neg e_1 \wedge \neg e_2) \vee (e_1 \wedge e_2) \vee (e_2 \wedge \neg e_1)$

7.70 **a)** $f(e_1, e_2) = (e_2 \vee e_1) \wedge (\neg e_1 \vee e_2) \wedge (\neg e_2 \vee \neg e_1)$
b) $f(e_1, e_2) = \neg(e_1 \vee e_2) \wedge (\neg e_1 \wedge \neg e_2)$

7.71 **a)** $f(e_1, e_2) = (e_1 \vee e_2) \wedge (e_1 \vee \neg e_2) \wedge (\neg e_1 \vee e_2) \wedge (\neg e_1 \vee \neg e_2)$
b) $f(e_1, e_2, e_3) = (e_1 \vee e_2 \vee e_3) \wedge (\neg e_1 \vee e_2 \vee e_3) \wedge (e_2 \vee \neg e_3)$

Die folgenden Schaltungen sind durch einfachere zu ersetzen.

(*Anleitung*: Es ist zunächst die Schaltfunktion aufzustellen, diese zu vereinfachen und schließlich für die vereinfachte Schaltfunktion wieder die Schaltung anzugeben.) Die Probe ist jeweils durch Vergleichen der entsprechenden Zustandstabellen vorzunehmen.

7.72 a)

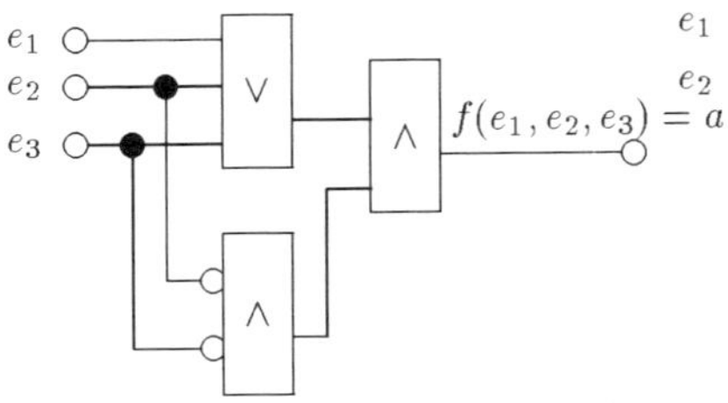

b)

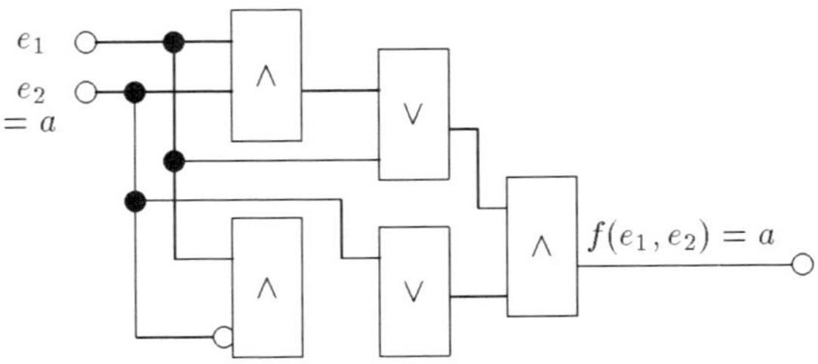

7.73 a)

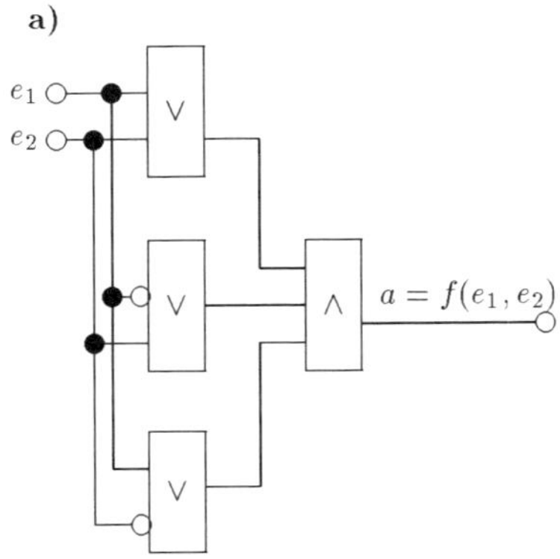

b)

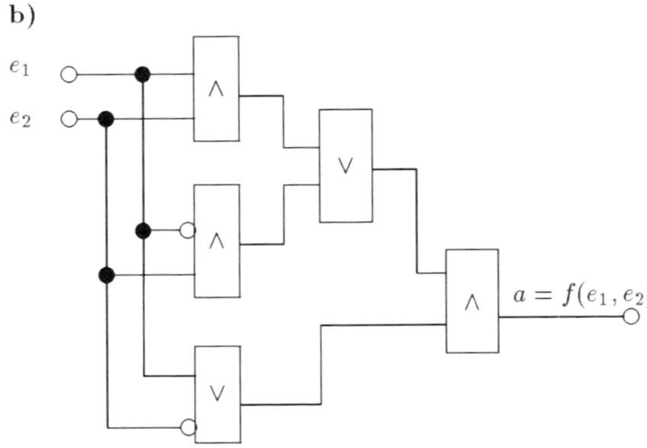

7.74 a)

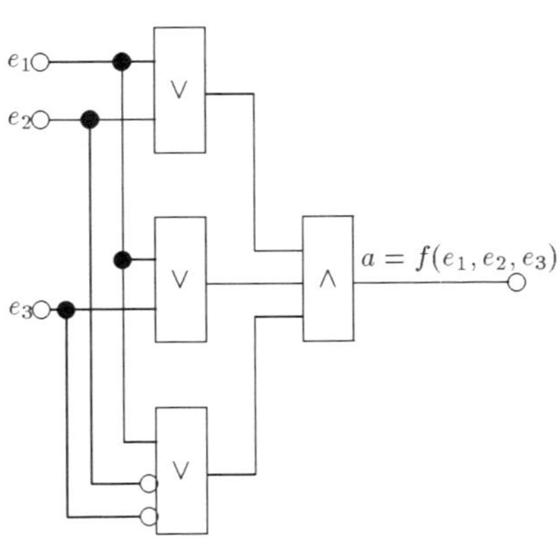

b)

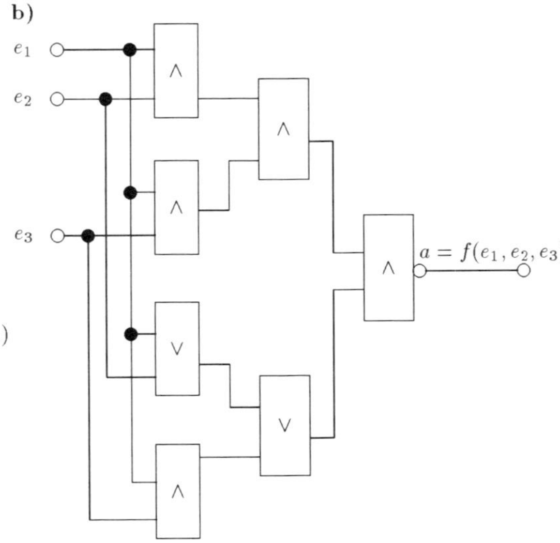

Für die folgenden Aufgabenstellungen ist zunächst eine Schaltfunktion zu erstellen und danach eine möglichst einfache Schaltung anzugeben. Diese ist durch die entsprechende Zustandstabelle zu überprüfen.

7.75 Eine Öldruckkontrolle soll für folgende zwei Fälle Gefahr signalisieren. Der Motor läuft, es ist aber kein Öldruck vorhanden oder der Motor läuft und die Öltemperatur ist zu hoch.

7.76 Eine Klimaanlage soll eine Raumtemperatur innerhalb eines gewissen Bereiches konstant halten. Zwei Schalter schließen bei Überschreitung der Grenztemperaturen, der Schalter T1 bei Unterschreitung der tieferen Temperatur und der Schalter T2 bei Überschreitung der höheren Temperatur. Die Klimaanlage (Kühlung und Heizung) soll durch diese Schalter gesteuert werden.

7.77 Auf einer dreispurigen Autobahn soll bei Überlastung von zwei Spuren Tempo 100 km/h und bei Überlastung von drei Spuren Tempo 80 km/h automatisch verfügt werden.

7.78 In einem Auto soll ein Warnton den Fahrer darauf aufmerksam machen, dass das Licht eingeschaltet ist, obwohl der Zündschlüssel abgezogen ist und die Tür bereits geöffnet wurde. Es ist eine Schaltung zu entwerfen, welche dieses Problem löst.

7.79 An einer elektrischen Versorgungsleitung sind drei Verbraucher A, B und C angeschlossen. Es dürfen maximal zwei Verbraucher eingeschaltet werden, da sonst die Leitung überlastet ist. Es ist eine Sperrschaltung zu entwickeln, welche das Einschalten eines dritten Verbrauchers verhindert.
Anleitung: Wenn zwei Geräte eingeschaltet sind (z. B. $A = 1$ und $B = 1$), müssen durch ein Ausgangssignal ($X = 1$) alle Einschalttasten gesperrt werden.

7.80 BDC-7-Segment-Dekoder
Die Ziffern 0 bis 9 werden nach nebenstehender Tabelle durch Signale auf den Leitungen A, B, C und D kodiert. Es ist eine Schaltung gesucht, welche die Darstellung der Ziffern auf einer 7-Segment-Anzeige ermöglicht.

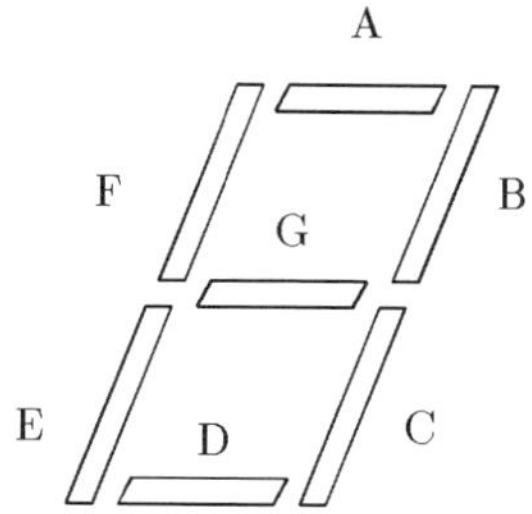

Bild 7.21

a b c d	Ziffer
0 0 0 0	0
0 0 0 1	1
0 0 1 0	2
0 0 1 1	3
0 1 0 0	4
0 1 0 1	5
0 1 1 0	6
0 1 1 1	7
1 0 0 0	8
1 0 0 1	9

8 Lösungen der Aufgaben

Elemente der Mengenlehre

1.1 **a)** $M_1 \not\subseteq M_2$ **b)** $M_2 \subseteq M_1$ **c)** $M_2 \not\subseteq M_3$ **d)** $M_3 \not\subseteq M_4$

1.2 **a)** $\{4,8\}$ **b)** $\{4,6,8\}$ **c)** $\{3,5,7,9\}$

1.3 **a)** nein **b)** nein **c)** ja

1.4 **a)** $\{3,4\}$ **b)** $\{4\}$ **c)** M_1 **d)** $\emptyset$
e) $\{4{,}5\}$ **f)** $\emptyset$

1.5 $M_3 = \{1,2,3,4,5,6,7,8,9\}$
a) $\{1,2,3,4,9\}$ **b)** M_3 **c)** $\emptyset$ **d)** $\{1,2,3\}$
e) $\{2,4,9\}$ **f)** M_3

1.6 **a)** $\{1,2\}$ **b)** $\{7\}$ **c)** $\{1,2,3\}$ **d)** $\{4,7\}$
e) $\{3\}$ **f)** $\{4\}$

1.7 **a)**

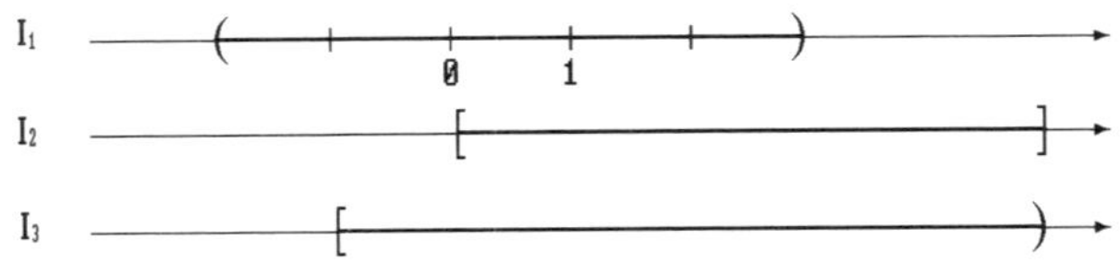

b) $I_1 \cup I_2 = (-2;5]$ $I_2 \cap I_3 = [0;5)$ $I_1 \setminus I_2 = (-2{,}0)$ $I_3 \setminus I_1 = [3;5)$
$(I_1 \cap I_2) \cup I_3 = [0;2) \cup [-1;5) = I_3$ $(I_3 \cup I_2) \setminus I_1 = [-1;5] \setminus (-2;3) = [3;5]$
$I_2 \cap N = \{1,2,3,4,5\}$

1.8 **a)** (1) B (2) A bzw. B **b)** (1) A (2) A bzw. B
c) (1) Kreisring (2) $\emptyset$ **d)** (1) $\emptyset$ (2) $\emptyset$

Die 4 Grundrechenoperationen mit Variablen und Termen

1.9 **a)** $9m - n$ **b)** $-10y - z$

1.10 **a)** $20x + 20y$ **b)** $-7x - 11y$

1.11 **a)** $13x - 17y$ **b)** $-14x + 2y$

1.12 $34a + 10b - 5c$

1.13 **a)** $-6a + 4b + 7$ **b)** $-x + 9y + 4z$

1.14 **a)** $4s + 9t$ **b)** $-8u + 5v$

1.15 **a)** $12a + 4b$ **b)** $2c + 6d$

1.16 $25m - 4n$ **1.17** $-6x + 2y + 23z$

1.18 $-157a - 12b$ **1.19** $6f + g$

1.20 $-11x - 11y - 6z$ **1.21** $21a$

1.22 $9a + 8b$

1.23 **a)** $9a^2 + 8ab + b^2$ **b)** $3x^4 - 4x^2y^2 - y^4$

1.24 $9b^3$

1.25 $4y^3 + 16y^2$

1.26 $2m^2n - 5m^4n^2$

1.27 $105a^2 - 12a^3 + 9b^5$

1.28 $30x^7 - 5x^5 + 120x^4 + 5x^2$

1.29 $-9x^2 - 56x - 34$

1.30 $-96x^2 - 19x + 3$

1.31 $68x^2 - 34x - 15$

1.32 $16b^2 - 6ab$

1.33 $22a^4 + 53a^2b^2 + 105b^4$

1.34 **a)** $a^3 + b^3$ **b)** $x^3 - y^3$

1.35 **a)** $5x^4 + 6x^3y + 8x^2y^2 + 18xy^3 - 21y^4$ **b)** $3x^4 - 2x^3y - 5x^2y^2 + 4xy^3 - 2y^4$

1.36 **a)** $81a^4 - 1$ **b)** $625x^4 - y^4$

1.37 **a)** $27x^8 + 9x^7y + 3x^5y^2 - 6x^3y^5 + 9x^5 + 3x^4y + x^2y^2 - 2y^5$
b) $16x^9 - 6x^8y - 4x^7y + 8x^5y^3 - 32x^4 + 12x^3y + 8x^2y - 16y^3$

1.38 **a)** $27x^4 - 15x^3 + 4x^2 + 3x - 1$
b) $49a^4b^2 + 42a^3b^2 - 7a^2b^5 + 7a^2b^3 + 9a^2b^2 - 3ab^5 + 3ab^3 - b^6$

1.39 **a)** $x^4 + ax^3 + bx^3 + abx^2 + cx^3 + acx^2 + bcx^2 + abcx + dx^3 + adx^2 + bdx^2 + abdx + cdx^2 + acdx + bcdx + abcd$
b) $x^4 - ax^3 - bx^3 + abx^2 - cx^3 + acx^2 + bcx^2 - abcx - dx^3 + adx^2 - abdx + cdx^2 - acdx - bcdx + abcd$

1.40 $x^6 - 14x^4 + 49x^2 - 36$

1.41 $-6y^3$

1.42 $22a^2b - 4b^3$

1.43 $5x^6 - 9x^4 + 4x^2$

1.44 $6x^3 + 2x^2 - 28x + 15$

1.45 $4a^3 + 2a^2 - 50a + 38$

1.46 $2ax^2 - 2bx^2 + 2cx^2 - 2abc$

1.47 $5x^3 - 9x^2 + 4x$

1.48 $2a^2 + 2b^2 + 2c^2$

1.49 $18x^4 + 98y^2 + 2z^2$

1.50 0

1.51 $-26880x^4 - 16320x^3 + 4520x^2 - 770x + 50$

1.52 $250x^2 + 250x$

1.53 **a)** $4x^2 + 16xy + 16y^2$ **b)** $81x^2 - 18x + 1$
c) $36a^2 - 84ab + 49b^2$

1.54 **a)** $9x^4 - 42x^2y^2 + 49y^4$ **b)** $16x^4y^4 - 24x^2y^4 + 9y^4$
c) $4a^4b^2 - 20a^2b^4 + 25b^6$

1.55 **a)** $16a^2b^2 + 16a^2b^3 + 4a^2b^4$ **b)** $144a^6b^2 + 144a^4b^4 + 36a^2b^6$
c) $169a^8b^{18}c^2 - 312a^7b^{15}c^{10} + 144a^6b^{12}c^{18}$

1.56 **a)** $x^3 - 3ax^2 + 3a^2x - a^3$ **b)** $x^3 + 6x^2y + 12xy^2 + 8y^3$
c) $-27x^3 - 108x^2y - 144xy^2 - 64y^3$

1.57 **a)** $125x^3 + 75x^2y^2 + 15xy^4 + y^6$ **b)** $27x^3 - 27x^2y^3 + 9xy^6 - y^9$
c) $64x^6 + 96x^4y^3 + 48x^2y^6 + 8y^9$

1.58 **a)** $1 - 12x^5 + 48x^{10} - 64x^{15}$ **b)** $8 + 84a^2b^5c + 294a^4b^{10}c^2 + 343a^6b^{15}c^3$
c) $27a^3b^3c^6 - 162a^9b^7c^5 + 324a^{15}b^{11}c^4 - 216a^{21}b^{15}x^3$

1.59 **a)** $x^2 - y^2$ **b)** $9x^2 - 25$ **c)** $4x^2 - 81$

1.60 **a)** $x^4 - 1$ **b)** $81x^4 - 49$ **c)** $9x^4y^2 - 1$

1.61 **a)** $100x^{10}y^{14} - 121$ **b)** $196a^6b^{10} - 289c^{18}$

1.62 0

1.63 $1\,280b^4$

1.64 $1\,776x^4 - 6\,480$

1.65 **a)** $20x^2$ **b)** $-864x^2y^2 - 128$

1.66 **a)** $x^8 - 2x^4 + 1$ **b)** $729x^{30} - 243a^2x^{20} + 27a^4x^{10} - a^6$

1.67 **a)** $512x^6y^9$ **b)** $1\,728x^6 + 6\,912x^4 + 9\,216x^2 + 4096$

1.68 **a)** $-40x + 17$ **b)** $-42x + 50$

1.69 $4a$

1.70 $79x^4 + 8x^2 - 49$

1.71 $496a^4 + 24a^2b^2 + 4b^2$

1.72 **a)** $342a^2 - 392a^2b + 140ab^2 - 16b^3$ **b)** $-180x^2y + 300xy^2 - 125y^3$

1.73 $102a^2 + 72a - 81$

1.74 $24x + 16$

1.75 $-21x^2 + 6x + 46$

1.76 $-8x^2 + 262x^2 - 213x + 116$

1.77 $160x^2 - 145$

1.78 $150x$

1.79 $45x^2 + 36x + 9$

1.80 $27x^3 - 54x^2y + 18xy$

1.81 $24x^2 + 75$

1.82 $-6x - 52$

1.83 $64x^6$

1.84 $4x^2$

1.85 **a)** $5(x - y)$ **b)** $a(x^2 + y^2)$

1.86 **a)** $g(1 + g^2)$ **b)** $12f^4(f - 10)$

1.87 **a)** $27xy(x - 2y)$ **b)** $3a^2b(10c - 9)$

1.88 **a)** $12xy^2(3x^2y^2 + 4y)$ **b)** $9abc^2(7a^3c - 5ab^2c^3)$

1.89 **a)** $(-1)(-a - b + c)$ **b)** $(-x)(a^2 + b^2 + c^2)$

1.90 **a)** $7(x + y)$ **b)** $a(bc - r)$ **c)** $v(x^2 + y^2)$

1.91 **a)** $3(2s - 3t)$ **b)** $17(x + 2y)$ **c)** $x(-b + c)$

1.92 **a)** $t(1 + t)$ **b)** $x(x + 3)$ **c)** $24a(ab - c)$

1.93 **a)** $7a^2(-1 + bc)$ **b)** $14f(2f + 1)$ **c)** $4a^3y^2(-4y^2 + 3a^2)$

1.94 **a)** $4(x - y + z)$ **b)** $a(x^2 - y^2 + z^2)$

1.95 **a)** $5(-9a + 14b - 5c)$ **b)** $3(a + 3b - c)$

1.96 **a)** $e(e^2 - e - 1)$ **b)** $x(3x + 7y - 8y^2)$

1.97 **a)** $a(a^2 + 4a - 3)$ **b)** $a^5(2 + a + a^2)$

1.98 **a)** $11x(3ax - 5b + 7cx)$ **b)** $17ay(-2a^2 - 5 + 3a)$

1.99 **a)** $7x(3x - y + 2y^2)$ **b)** $9ab^2c(7a^3c^3 + 8a^2c - 5)$

1.101 $27m^4z^5(mn^6z^2 + 3z^3 + 9m^3z - 2mn)$

1.102	**a)** $(a+b)^2$	**b)** $(a+b)(2x-3y)$
1.103	**a)** $(a-2b)(4a+3x)$	**b)** $(2x-y)(3f-1)$
1.104	**a)** $(4y+5w)(-7x+8)$	**b)** $13(2f-17h)(g-1)$
1.105	**a)** $x(x+y)(3-2x)$	**b)** $5xy(x-y)(3x-y)$
1.106	**a)** $-4(a+4b)(2x+y)$	**b)** $-2(x^3+y)(x^2-2)$
1.107	**a)** $(5-a)(2m+3n)$	**b)** $2(a-b)(x+3y)$
1.108	**a)** $3(s-t)(w-v)$	**b)** $11(3a-10b)(x+y)$
1.109	**a)** $(x+y)(5+z)$	**b)** $(2x-3a)(x^2+3a)$
1.110	**a)** $(2p-3q)(p^2-3q)$	**b)** $(4m-3n)(2m+n)$
1.111	**a)** $(3x-4y)(5a+3b-1)$	**b)** $(2a-3b)(3x+5y-2)$
1.112	**a)** $(x+1)^2$	**b)** $(y-2)^2$
1.113	**a)** $(r-8)^2$	**b)** $(x-10)^2$
1.114	**a)** $(2x+1)^2$	**b)** $(5y-7)^2$
1.115	**a)** $(2x+5y)^2$	**b)** $(4a+9)^2$
1.116	**a)** $(5m-7n)^2$	**b)** $(7a^2-9b)^2$
1.117	**a)** $(7a-3b)^2$	**b)** $(4x^2-3y^3)^2$
1.118	**a)** $(x+1)^3$	**b)** $(3x+9y)^3$
1.119	**a)** $(3x+2y)^3$	**b)** $(3x+9y)^3$
1.120	**a)** $(5x-2)^3$	**b)** $(7a^3-3)^3$
1.121	**a)** $(8a^2+7b^2)^3$	**b)** $(9f^3-2g^3)^3$
1.122	**a)** $(x+1)(x-1)$	**b)** $(4x+1)(4x-1)$
	c) $(5a+b)(5a-b)$	
1.123	**a)** $4(m+2)(m-2)$	**b)** $9(2f+3g)(2f-3g)$
	c) $(3a+11)(3a-11)$	
1.124	**a)** $(9x^2+1)(3x+1)(3x-1)$	**b)** $(x^2+y^2)(x+y)(x-y)$
	c) $(x^4+1)(x^2+1)(x+1)(x-1)$	
1.125	**a)** $a^4b^2(7b^2+2a^2)(7b^2-2a^2)$	**b)** $4(4x^2+5)(4x^2-5)$
	c) $(12+13a)(12-13a)$	
1.126	**a)** $2(a+3)(a-3)$	**b)** $3(a+2b^9c^2)(a-2b^9c^2)$
	c) $2(9x^2y^3+11a^4b)(9x^2y^3-11a^4b)$	
1.127	**a)** $(x+y+z)(x+y-z)$	
	b) $(x-y+z)(x-y-z)$	**c)** $(a+b-c)(a-b+c)$
1.128	**a)** $-q(2p+q)$	**b)** $-b(2a-b)$
	c) $(x+a+b)(x-a-b)$	
1.129	**a)** $(9x+2)(x-4)$	**b)** $(a+b+x+y)(a+b-x-y)$
	c) $(u+v+w-x)(u+v-w+x)$	

1.130 **a)** $\dfrac{a^2 - 25b^4}{a^2 - 10ab^2 + 25b^4}$ **b)** $\dfrac{a^2 + 10ab^2 + 25b^4}{a^2 - 25b^4}$ **c)** $\dfrac{2a^2 + 15ab^2 + 25b^4}{2a^2 - 5ab^2 - 25b^4}$

1.131 **a)** $\dfrac{-132x^2 + 299x - 169}{(13 - 11x)^2}$ **b)** $\dfrac{132x^2 + 13x - 169}{169 - 121x^2}$ **c)** $\dfrac{-12x^2 + 13x}{11x^2 - 13x}$

1.132 **a)** $\dfrac{20x^2 - 5xy}{20x^2 + 5xy}$ **b)** $\dfrac{16x^2 - 8xy + y^2}{16x^2 - y^2}$ **c)** $\dfrac{16x^2 - y^2}{16x^2 + 8xy + y^2}$

1.133 **a)** $\dfrac{b^2}{a^4b^2 - 8b^4}$ **b)** $\dfrac{a^4 + 8b^2}{a^8 - 64b^4}$ **c)** $\dfrac{-a}{8ab^2 - a^5}$

1.134 **a)** 14 **b)** 4 **c)** $12a$

1.135 **a)** $\dfrac{3x}{2y}$ **b)** $\dfrac{4x}{9y}$ **c)** $\dfrac{3z^3}{5xy}$

1.136 **a)** $\dfrac{8}{9}$ **b)** $\dfrac{5}{6}$ **c)** -1

1.137 **a)** $2x - 6$ **b)** $\dfrac{12x + 27}{8x + 28}$ **c)** 9

1.138 **a)** $\dfrac{(a + b)}{4(a - b)}$ **b)** $\dfrac{1}{2x - 5}$ **c)** $\dfrac{9a^2 + 1}{9a^2 + 3a}$

1.139 **a)** $x - y$ **b)** $\dfrac{7x - 3y}{7x + 3y}$ **c)** $\dfrac{3x - 5}{3x + 5}$

1.140 **a)** $\dfrac{5a}{a - b}$ **b)** $\dfrac{x^2}{y^2}$ **c)** $\dfrac{y - x}{7x}$

1.141 **a)** $\dfrac{x - 3}{x + 3}$ **b)** $\dfrac{x - 4}{2x + 8}$ **c)** $\dfrac{2x + 10x^2}{1 - 5x}$

1.142 $\dfrac{5}{z^3}$

1.143 $\dfrac{-81a^3 - 63a^2 + 16}{108a^4}$

1.144 **a)** $\dfrac{3y^2 + 12y + 11}{(y + 1)(y + 2)(y + 3)}$ **b)** $\dfrac{3x + 5}{(x + 1)(x + 2)(x + 3)}$

1.145 **a)** $\dfrac{-53r^2 + 430r - 409}{(5r - 2)(2r - 3)(3r - 5)}$ **b)** $\dfrac{2a^2 - 35a^2 + 127a}{(a - 3)(a - 4)(a - 5)}$

1.146 **a)** $\dfrac{2a^2 + 2b^2}{a^2 - b^2}$ **b)** $\dfrac{2x^2 + 2y^2}{x^2 - y^2}$

1.147 **a)** 0 **b)** $\dfrac{6x}{1 - x^2}$

1.148 **a)** $\dfrac{2x^2 - 5x - 2}{(x - 1)(x - 2)}$ **b)** 0

1.149 **a)** $\dfrac{18x}{(x + 3)(x - 3)^2}$ **b)** $\dfrac{-a^2 - ab - 2b^2}{(a + b)^2(a - b)}$

1.150 **a)** $\dfrac{3}{a - 8}$ **b)** $\dfrac{2}{a - 6}$

1.151 **a)** $\frac{5}{14z-4}$ **b)** $\frac{9b}{10a-6b}$

1.152 **a)** $\frac{3}{6z-14}$ **b)** $\frac{3b}{4a-10b}$

1.153 **a)** $\frac{1}{a^2+a}$ **b)** $\frac{z+2b}{2bz-4b^2}$

1.154 **a)** $-\frac{10y^2}{x^2-4y^2}$ **b)** $\frac{11x^2}{x+3y}$

1.155 **a)** $-\frac{5y^2}{4x^2-y^2}$ **b)** $\frac{10x^2}{3x+y}$

1.156 **a)** 1 **b)** 1

1.157 **a)** 1 **b)** 1

1.158 **a)** 1 **b)** 1

1.159 **a)** $\frac{a+b}{ab-b^2}$ **b)** $\frac{a+3b}{3ab-9b^2}$

1.160 **a)** $\frac{2x+3y}{6xy-9y^2}$ **b)** $\frac{2x+b}{2ab-b^2}$

1.161 **a)** $\frac{2a+5b}{10ab-25b^2}$ **b)** $\frac{3x+y}{3xy-y^2}$

1.162 **a)** $\frac{8a^4}{(a^2-b^2)^2(a^2+b^2)}$ **b)** $\frac{4}{(a^2-b^2)^2}$

1.163 **a)** $a-b$ **b)** $a+b$

1.164 **a)** $2a-b$ **b)** $a+3b$

1.165 $$\frac{28a^4b+16a^3b^2-29a^2b^3-23ab^4-56a^4-92a^3b-6a^2b^2-72ab^3+42b^4}{12a^2b^2(a+b)(a-b)}$$

1.166 0

1.167 **a)** x^2 **b)** $\frac{8b}{5a}$

1.168 **a)** 486 **b)** $\frac{98d}{27b}$

1.169 **a)** 3 **b)** $\frac{x}{6y}$

1.170 **a)** $\frac{5(x-y)}{18(x+y)}$ **b)** $\frac{5a}{a-b}$

1.171 **a)** $\frac{1}{4c+3e}$ **b)** $\frac{x-y}{(x+y)(a-b)}$

1.172 **a)** x^2 **b)** $\frac{2a(a+c)}{c}$

1.173 **a)** $a(1-a)$ **b)** $\frac{x(1-4x^2)}{2}$

1.174 **a)** $\frac{x-3}{x+2}$ **b)** $\frac{a(a-3)}{a-b}$

1.175 **a)** $\dfrac{3+5x+9x^2}{3}$ **b)** $\dfrac{16a^4b+36b^3+3a^2b^2}{9a^4}$

1.176 $\dfrac{6a^2x}{y^3z}$

1.177 **a)** $\dfrac{a^2-b^2}{ab}$ **b)** $\dfrac{4b^2-9a^2}{36}$

1.178 **a)** $\dfrac{49x^2-9y^2}{21xy}$ **b)** $\dfrac{4x+3y}{12y}$

1.179 **a)** $\dfrac{-9a^3+12a^2+56a-64}{8a^2}$ **b)** $\dfrac{a^3}{27}$

1.180 $\dfrac{-6a^3+19a^2b+18ab^2-36b^3}{3a-3b}$

1.181 $-6a^2+32ab+5b$ **1.182** $2a+16b$

1.183 **a)** $\dfrac{16x^8y^4-81x^4}{81y^8}$ **b)** $\dfrac{625x^{20}-2401b^{12}}{2401b^{12}}$

1.184 **a)** $\dfrac{52x^2 16y^2}{9y^2}$ **b)** $\dfrac{30a^2+9b^2}{2a^2}$

1.185 **a)** $\dfrac{3}{4}$ **b)** $\dfrac{3}{4}$

1.186 **a)** $20x$ **b)** $\dfrac{y}{3}$

1.187 **a)** $\dfrac{x}{4}$ **b)** $2a$

1.188 **a)** 2 **b)** $\dfrac{4x-x^2-4}{4a^2}$

1.189 **a)** $\dfrac{a^2+1}{(a+1)^2}$ **b)** $\dfrac{2-x}{y+3}$

1.190 **a)** $-\dfrac{r^2+2}{r+5}$ **b)** $\dfrac{b}{(b+1)^2}$

1.191 **a)** $\dfrac{2a-3}{7b+1}$ **b)** $8a^2-6ab-12a^2b+9ab^2$

1.192 **a)** $\dfrac{10x+15y}{x+y}$ **b)** $\dfrac{a^2}{b^2}$

1.193 **a)** $\dfrac{2a+2b}{a-b}$ **b)** $\dfrac{a-b}{4ab+4b^2}$

1.194 **a)** $\dfrac{a+2}{b+4}$ **b)** $\dfrac{12x-48}{y-1}$

1.195 **a)** $\dfrac{1}{2}$ **b)** $\dfrac{2ab+12}{a^2-4}$

1.196 **a)** $\dfrac{(x^2-9)^2}{24x}$ **b)** 1

1.197 **a)** $\frac{2a+b}{b}$ **b)** $\frac{x+3}{x+1}$

1.198 **a)** $\frac{x-5}{x-1}$ **b)** $\frac{a-3}{a-1}$

1.199 **a)** $\frac{3x-4y-6z}{6}$ **b)** $\frac{4x+6y+9z}{4x}$

1.200 **a)** $\frac{b+1}{6b-30}$ **b)** $\frac{1}{2}$

1.201 $\frac{x-1}{3}$ **1.202** $-\frac{z^2}{4z-4}$

1.203 $\frac{3b^2}{2a-2b}$ **1.204** $\frac{3b^4}{8a+8b}$

1.205 **a)** $\frac{a^2+b^2}{(a+b)^2}$ **b)** $-x-y$

1.206 **a)** $x+y$ **b)** $2m-18$

1.207 **a)** $\frac{6x}{(2x-1)(3x+1)}$ **b)** $\frac{2a}{ab+b^2}$

1.208 **a)** $\frac{a}{a-1}$ **b)** $\frac{1}{1+x}$

1.209 **a)** $\frac{x}{x+y}$ **b)** $\frac{2}{a^2-b^2}$

1.210 **a)** 1 **b)** $\frac{1}{a^2-b^2}$

1.211 **a)** $\frac{(b+2y)^2(a+2x)^2}{(b+y)^2(b-y)(a+x)^2}$ **b)** $\frac{2ab(a-b)^2}{(a^2+b^2)(a+b)^2}$

1.212 **a)** $4\left(\frac{a-b}{a+b}\right)^2$ **b)** $\frac{2a^3+2a^2b}{a^2b+b^3}$

1.213 **a)** $\frac{4a^2}{b^2(a+b)^2}$ **b)** $\left(\frac{s+t}{s}\right)^2$

1.214 **a)** $\frac{yz+xz+xy}{yz-xz-xy}$ **b)** $\frac{9x^2-y^2}{x^2-25y^2}$

1.215 **a)** $a^2-5a+25$ **b)** $x^2+6x+36$

c) $x-7$ **d)** $2x-4-\frac{2}{3x+1}$

e) $x^3-x^2y+xy^2-y^3$ **f)** $x^4+x^3y+x^2y^2+xy^3+y^4$

g) $12x^3-7x^2+5x$ **h)** $6x^4-5x^3-2x^2+x$

1.216 **a)** $16a^4-8a^3+7a^2$ **b)** $3x^4+2x^3-5x^2+4x$

c) $5x^2+7x+3$ **d)** $7x^6+3x^5-4x^4+3x^3$

e) a^3+15a^2-7a+8 **f)** $5y^6+4y^3+2y^2$

g) $x^6-7x^5+5x^4+12$ **h)** $5a^8+7a^6-3a^2+2$

Das Lösen von Gleichungen

1.217 $\{1\}$ **1.218** $\{0\}$ **1.219** $\{2\}$ **1.220** $\{1\}$ **1.221** $\{2\}$
1.222 $\{1\}$ **1.223** $\{0\}$ **1.224** $\{12\}$ **1.225** $\{0\}$ **1.226** $\{3\}$
1.227 $\{1\}$

1.228 **a)** $\{7\}$ **b)** $\{1\}$ **1.229** **a)** $\{5\}$ **b)** $\{2\}$ **1.230** **a)** $\{1\}$ **b)** $\left\{-\frac{19}{8}\right\}$
1.231 **a)** $\{1\}$ **b)** $\{0\}$ **1.232** **a)** $\{3\}$ **b)** $\{2\}$ **1.233** $\{0\}$
1.234 **a)** $\{2\}$ **b)** $\{60\}$

1.235 $\{8\}$ **1.236** $\left\{\frac{5}{2}\right\}$ **1.237** $\{2\}$ **1.238** $\{4\}$ **1.239** $\{-9\}$

1.240 $\{0\}$ **1.241** $\left\{-\frac{6}{5}\right\}$ **1.242** $\{1\}$

1.243 **a)** $\{8, -8\}$ **b)** $\{7, -7\}$ **c)** $\left\{\frac{8}{9}, -\frac{8}{9}\right\}$ **d)** $\{2, -2\}$

1.244 **a)** $\left\{\frac{5}{6}, -\frac{5}{6}\right\}$ **b)** $\emptyset$ **c)** $\left\{\sqrt{\frac{3}{17}}, -\sqrt{\frac{3}{17}}\right\}$ **d)** $\emptyset$

1.245 $\emptyset$ **1.246** $\{-\sqrt{15}, \sqrt{15}\}$
1.247 **a)** $\{6, -6\}$ **b)** $\{3, -3\}$ **1.248** **a)** $\{1\}$ **b)** $\{3\}$ **1.249** **a)** $\{2\}$ **b)** $\emptyset$
1.250 **a)** $\left\{\frac{70}{17}\right\}$ **b)** $\{1\}$ **1.251** **a)** $\{2\}$ **b)** $\{-3\}$ **1.252** **a)** $\{0\}$ **b)** $\left\{\frac{562}{109}\right\}$
1.253 **a)** $\{5\}$ **b)** $\{2\}$ **1.254** $\left\{-\frac{4}{5}\right\}$ **1.255** $\{6\}$
1.256 $\{0\}$ **1.257** **a)** $\{0\}$ **b)** $\{3\}$ **1.258** $\{2\}$
1.259 **a)** $\{2\}$ **b)** $\left\{\frac{74}{975}\right\}$
1.260 **a)** $\{4\}$ **b)** $\{6\}$
1.261 **a)** $\{3\}$ **b)** $\{3\}$ **c)** $\{0\}$ **d)** $\{2\}$
1.262 **a)** $\{0\}$ **b)** $\{5\}$ **c)** $\{10\}$ **d)** $\{2\}$
1.263 **a)** $\left\{\frac{9}{2}\right\}$ **b)** $\{3\}$ **c)** $\{2\}$ **d)** $\{1\}$

1.264 **a)** $\emptyset$ **b)** $\{4\}$ **c)** $\left\{-\frac{17}{20}\right\}$ **d)** $\{0\}$

1.265 **a)** $\{1\}$ **b)** $\{2\}$ **1.266** **a)** $\{3\}$ **b)** $\frac{4417}{13374}$ **1.267** **a)** $\left\{\frac{2}{5}\right\}$ **b)** $\{1\}$

1.268 **a)** $\{-10\}$ **b)** $\{3\}$ **1.269** **a)** $\left\{-\frac{7}{2}\right\}$ **b)** $\{-6\}$ **1.270** **a)** $\{-7\}$ **b)** $\{8\}$

1.271 **a)** $\{7\}$ **b)** $\left\{-\frac{193}{70}\right\}$ **1.272** **a)** $\{1\}$ **b)** $\left\{\frac{1}{3}\right\}$ **1.273** **a)** $\left\{-\frac{4}{3}\right\}$ **b)** $\{0\}$

1.274 **a)** $\left\{\frac{1}{2}\right\}$ **b)** $\{-2\}$ **1.275** **a)** $\left\{\frac{3}{5}\right\}$ **b)** $\emptyset$ **1.276** **a)** $\left\{\frac{2}{3}\right\}$ **b)** $\left\{\frac{6}{5}\right\}$

1.277 **a)** $\{3\}$ **b)** $\{2\}$ **1.278** **a)** $\left\{\frac{318}{169}\right\}$ **b)** $\{1\}$ **1.279** **a)** $\{5\}$ **b)** $\left\{\frac{9}{2}\right\}$

1.280 $\{3\}$ **1.281** $\{9\}$ **1.282** $\{1\}$ **1.283** $\{8\}$ **1.284** $\left\{\frac{5}{2}\right\}$

1.285 **a)** $\{3\}$ **b)** $\{-1\}$ **c)** $\{-3\}$

1.286 **a)** $\{10, -10\}$ **b)** $\{2, -2\}$ **c)** $\{2, -2\}$

1.287 **a)** $\left\{\frac{1}{2}, -\frac{1}{2}\right\}$ **b)** $\emptyset$ **c)** $\{0\}$

1.288 **a)** $\{2, -2\}$ **b)** $L = \{-3\}$, $x_1 = 3$ ist auszuscheiden (Probe!) **c)** $\{1, -1\}$

1.289 **a)** $\{1, -1\}$ **b)** $\{1, -1\}$

1.290 **a)** $\{2, -2\}$ **b)** $L = \{-0.9098, -12.09\}$

1.291 **a)** $\{3, -3\}$ **b)** $\{2, -2\}$

1.292 **a)** $\left\{\sqrt{\frac{b}{a}}, -\sqrt{\frac{b}{a}}\right\}$ **b)** $\left\{\sqrt{\frac{a^2+b^2}{a}}, -\sqrt{\frac{a^2+b^2}{a}}\right\}$ **c)** $\{\sqrt{a-1}, -\sqrt{a-1}\}$

1.293 **a)** $\left\{\sqrt{\frac{2a+1}{a+1}}, -\sqrt{\frac{2a+1}{a+1}}\right\}$ **b)** $\left\{\sqrt{a+4}, -\sqrt{a+4}\right\}$ **c)** $\{a+b, -a-b\}$

1.294 **a)** $\left\{\frac{\sqrt{-a^2-2ab+b^2}}{a+b}, -\frac{\sqrt{-a^2-2ab+b^2}}{a+b}\right\}$ **b)** $\left\{\sqrt{a^2+b^2}, -\sqrt{a^2+b^2}\right\}$

1.295 **a)** $\left\{\sqrt{\frac{c}{d}}, -\sqrt{\frac{c}{d}}\right\}$ **b)** $\left\{\frac{4a+b}{2}, -\frac{b}{2}\right\}$

1.296 **a)** $\left\{\frac{1}{a}, -\frac{1}{a}\right\}$ **b)** $\left\{\frac{b+a}{ab}, \frac{b-a}{ab}\right\}$ **c)** $\left\{\frac{b}{\sqrt{a^2-1}}, -\frac{b}{\sqrt{a^2-1}}\right\}$

1.297 **a)** $\{1, -1\}$ **b)** $\{1, -1\}$

1.298 **a)** $\left\{\sqrt{a^2-2ab-b^2}, -\sqrt{a^2-2ab-b^2}\right\}$ **b)** $\left\{\sqrt{a^2+b^2}, -\sqrt{a^2+b^2}\right\}$

1.299 **a)** $\left\{a\sqrt{\frac{5a+3}{5a-3}}, -a\sqrt{\frac{5a+3}{5a-3}}\right\}$ **b)** $\{1, -1\}$

1.300 **a)** $\{0,1\}$ **b)** $\{0, -\frac{4}{5}\}$ **c)** $\{0,6\}$

1.301 **a)** $\{2, -3\}$ **b)** $\{2, -1\}$ **c)** $\{4, -3\}$

1.302 **a)** $\{9.123, 0.877\}$ **b)** $\{4, -2\}$ **c)** $\left\{\frac{13}{2}, \frac{1}{2}\right\}$

1.303 **a)** $\left\{5, \frac{11}{5}\right\}$ **b)** $\left\{-\frac{2}{3}, -\frac{3}{2}\right\}$ **c)** $\{5.809, -3.409\}$

1.304 **a)** $\left\{3, \frac{1}{3}\right\}$ **b)** $\emptyset$ **c)** $\emptyset$

1.305 **a)** $\{6, -3\}$ **b)** $\left\{5, -\frac{11}{2}\right\}$

1.306 **a)** $\{2, -1\}$ **b)** $\left\{\frac{8}{5}, \frac{8}{7}\right\}$

1.307 $\left\{1, \frac{2}{15}\right\}$

1.308 **a)** $\{7{,}5\}$ **b)** $\{11{,}3\}$

1.309 **a)** $\left\{3, \frac{1}{3}\right\}$ **b)** $\left\{4, \frac{2}{3}\right\}$ **c)** $\{7{,}5\}$

1.310 **a)** $\{10, -2\}$ **b)** $\left\{6, -\frac{25}{6}\right\}$ **1.311** **a)** $\left\{2, -\frac{14}{5}\right\}$ **b)** $\left\{5, \frac{1}{5}\right\}$

1.312 **a)** $\left\{4, -\frac{7}{2}\right\}$ **b)** $\left\{6, -\frac{5}{2}\right\}$

1.313 **a)** $\{4\}$ **b)** $\{-2.634, -4.366\}$

1.314 **a)** $\{a, b\}$ **b)** $\{(a+b)^2, (a-b)^2\}$

1.315 **a)** $\{a^2 - ab + b^2, ab\}$ **b)** $\{a^2 + ab + b^2, -ab\}$

1.316 **a)** $\left\{\frac{1}{a}, -1\right\}$ **b)** $\left\{a, \frac{1}{a}\right\}$

1.317 **a)** $\left\{\frac{a}{a-b}, -1\right\}$ **b)** $\left\{\frac{a^2+1}{a}, \frac{b^2+1}{a}\right\}$

1.318 **a)** $\{a+b, a\}$ **b)** $\{a+3b, -2b\}$ **1.319** **a)** $\{a, b\}$ **b)** $\{a, b\}$

1.320 **a)** $\left\{\frac{a}{b}, -\frac{1}{a}\right\}$ **b)** $\left\{\frac{a}{a-b}, -\frac{a}{a+b}\right\}$

1.321 **a)** $\left\{\frac{a}{b}, \frac{b}{a}\right\}$ **b)** $\left\{\frac{a}{b}, -\frac{b}{a}\right\}$

1.322 **a)** $\{b, -a\}$ **b)** $\{a, -b\}$ **1.323** **a)** $\{a, -2a\}$ **b)** $\left\{\frac{a}{b}, \frac{a}{a-b}\right\}$

1.324 **a)** $\left\{\frac{a-b}{a+b}, \frac{a+b}{a-b}\right\}$ **b)** $\left\{\frac{a+b}{a-b}, \frac{a-b}{a+b}\right\}$ **1.325** **a)** $\{a+b, 2b\}$ **b)** $\{2a, a+b\}$

1.326 **a)** (1) $G = O_p - M$ (2) $M = O_p - G$ **b)** (1) $a = u - b - c$ (2) $c = u - a - b$

1.327 **a)** (1) $a = \frac{A}{b}$ (2) $b = \frac{A}{a}$ **b)** (1) $G = \frac{V}{h}$ (2) $h = \frac{V}{G}$

1.328 **a)** (1) $a = \frac{M}{2h_a}$ (2) $h_a = \frac{M}{2a}$ **b)** (1) $a = \frac{A}{\pi b}$ (2) $b = \frac{A}{\pi a}$

1.329 **a)** (1) $I = \frac{W}{Ut}$ (2) $t = \frac{W}{UI}$ **b)** (1) $a = \frac{V}{bc}$ (2) $c = \frac{V}{ab}$

1.330 **a)** (1) $a = \frac{2A}{b}$ (2) $b = \frac{2A}{a}$ **b)** (1) $e = \frac{2A}{f}$ (2) $f = \frac{2A}{e}$

1.331 **a)** (1) $G = \frac{3V}{h}$ (2) $h = \frac{3V}{G}$ **b)** (1) $a = \frac{2A}{\pi b}$ (2) $b = \frac{2A}{\pi a}$

1.332 **a)** (1) $\alpha = \frac{180b}{\pi r}$ (2) $r = \frac{180b}{\pi\alpha}$ **b)** (1) $a = \frac{3V}{bh}$ (2) $h = \frac{3V}{ab}$

1.333 **a)** (1) $p = \frac{100P}{B}$ (2) $B = \frac{100P}{p}$ **b)** (1) $t = \frac{36\,000z}{Kp}$ (2) $K = \frac{36\,000z}{pt}$

1.334 **a)** (1) $s = vt$ (2) $t = \frac{s}{v}$ **b)** (1) $A = ps$ (2) $s = \frac{A}{p}$

1.335 **a)** (1) $p = \frac{Qq}{P}$ (2) $q = \frac{Pp}{Q}$ **b)** (1) $h_a = \frac{bh_b}{a}$ (2) $b = \frac{ah_a}{h_b}$

1.336 **a)** (1) $U_1 = \frac{U_2 d_2}{d_1}$ (2) $d_2 = \frac{U_1 d_1}{U_2}$ **b)** (1) $h = \frac{Pl}{Q}$ (2) $Q = \frac{Pl}{h}$

1.337 **a)** (1) $G = \frac{O_{pr} - M}{2}$ (2) $M = O_{pr} - 2G$ **b)** (1) $c = u - 2a$ (2) $a = \frac{u - c}{2}$

1.338 **a)** (1) $a = u - 2b - c$ (2) $b = \frac{u - a - c}{2}$ **b)** (1) $a = \frac{u - 2b}{2}$ (2) $b = \frac{u - 2a}{2}$

1.339 **a)** (1) $a = \frac{v - v_0}{t}$ (2) $v_0 = v - at$ **b)** (1) $v_0 = v + gt$ (2) $t = \frac{v_0 - v}{g}$

1.340 **a)** (1) $v_2 = -\frac{m_1 v_1}{m_2}$ (2) $m_1 = -\frac{m_2 v_2}{v_1}$ **b)** (1) $l = \frac{Na}{F}$ (2) $N = \frac{Fl}{a}$

1.341 **a)** (1) $d = y - kx$ (2) $k = \frac{y - d}{x}$ **b)** (1) $a = \frac{c - by}{x}$ (2) $y = \frac{c - ax}{b}$

1.342 **a)** (1) $b = \frac{z - ax - c}{y}$ (2) $x = \frac{z - by - c}{a}$

b) (1) $a = \frac{d - by - cz}{x}$ (2) $z = \frac{d - ax - by}{c}$

1.343 **a)** (1) $a = \frac{O_Q - 2bc}{2b + 2c}$ (2) $b = \frac{O_Q - 2ac}{2a + 2c}$

b) (1) $Y_1 = \frac{YR - F_2 Y_2}{F_1}$ (2) $F_2 = \frac{YR - F_1 Y_1}{Y_2}$

1.344 **a)** (1) $a = 2m - c$ (2) $c = 2m - a$

b) (1) $a = 2s - b - c$ (2) $b = 2s - a - c$

1.345 **a)** (1) $v_0 = \frac{2s}{t} - v$ (2) $t = \frac{2s}{v_0 + v}$ **b)** (1) $a = \frac{2A}{h} - c$ (2) $h = \frac{2A}{a + c}$

1.346 **a)** (1) $x_1 = x_2 - \frac{y_2 - y_1}{k}$ (2) $y_2 = y_1 + k(x_2 - x_1)$

b) (1) $v_0 = \frac{v_1}{1 - e}$ (2) $v_1 = v_0 - ev_0$

1.347 **a)** (1) $B = \frac{Q + Pl_1}{l_1 + l_2}$ (2) $l_2 = \frac{Q + (P - B)l_1}{B}$

b) (1) $k = \frac{y - y_1}{x - x_1}$ (2) $x_1 = x - \frac{y - y_1}{k}$

1.348 **a)** (1) $c = \frac{Q}{m(T_2 - T_1)}$ (2) $T_2 = \frac{Q}{mc} + T_1$

b) (1) $x_3 = \frac{xR}{F} - x_2$ (2) $F = \frac{xR}{x_2 + x_3}$

1.349 **a)** (1) $l_0 = \dfrac{l}{1+\alpha t}$ (2) $\alpha = \dfrac{l-l_0}{l_0 t}$ **b)** (1) $v_0 = \dfrac{v}{1+\gamma t}$ (2) $t = \dfrac{v-v_0}{\gamma v_0}$

1.350 **a)** (1) $t = \dfrac{2s+vt_1}{2v}$ (2) $v = \dfrac{2s}{2t-t_1}$

b) (1) $f_1 = \dfrac{kR-f_2}{r}$ (2) $f_2 = kR - f_1 r$

1.351 **a)** (1) $v = \dfrac{w+u}{f}v_0 - w$ (2) $w = \dfrac{uv_0 - fv}{f-v_0}$

b) (1) $x_1 = \dfrac{xy_2 - xy_1 - x_2y + x_2y_1}{y_2 - y}$ (2) $y_1 = \dfrac{xy_2 - x_1y_2 - x_2y + x_1y}{x - x_2}$

1.352 **a)** (1) $g = \dfrac{1v}{t+2t_1}$ (2) $v = \dfrac{gt+2gt_1}{2}$

b) (1) $l_1 = \dfrac{l_2(I_1+I_2)}{I_1} - l$ (2) $I_1 = \dfrac{I_2 l_2}{l+l_1-l_2}$

1.353 **a)** (1) $a_1 = \dfrac{hx-ah-az}{z}$ (2) $h = \dfrac{a_1z-az}{x-a}$

b) (1) $a = \dfrac{hx-bz}{h-z}$ (2) $z = \dfrac{ah-hx}{a-b}$

1.354 **a)** (1) $f = wR - cR - mr$ (2) $r = \dfrac{wR-cR-f}{m}$

b) (1) $R = c_pM - c_vM$ (2) $M = \dfrac{R}{c_p - c_v}$

1.355 **a)** (1) $c = \dfrac{Afr}{Aft-y}$ (2) $t = \dfrac{y}{Af} + \dfrac{r}{c}$

b) (1) $K = \dfrac{R}{l}(T_1 - T_2) + 1$ (2) $T_1 = \dfrac{l(K-1)}{R} + T_2$

1.356 **a)** (1) $G = \dfrac{2Pr - Qf_1 - Qf_2}{f_2}$ (2) $Q = \dfrac{2Pr - Gf_2}{f_1+f_2}$

b) (1) $f_1 = \dfrac{PR - Qr - Qf_2r - Qf}{Pr}$ (2) $r = \dfrac{PR-Qf}{Q+Qf_2+Pf_1}$

1.357 **a)** (1) $m = \dfrac{c_vkT_1 - c_vkT_2 + q}{q + c_vT_1 - c_vT_2}$ (2) $T_2 = \dfrac{q(m-1)}{c_v(m-k)} + T_1$

b) (1) $M_1 = \dfrac{M_2aw}{6v-3aw}$ (2) $a = \dfrac{v}{w}\cdot\dfrac{6M_1}{3M_1+M_2}$

1.358 **a)** (1) $v_1 = \dfrac{M_1c + M_2c - M_2v_2 + KM_1v_2}{M_1+KM_1}$ (2) $M_2 = \dfrac{M_1v_1 - M_1c - (v_2-v_1)KM_1}{c-v_2}$

b) (1) $D_1 = \dfrac{D_2x_2}{D_2x - x_1}$ (2) $x_2 = \dfrac{D_1D_2x - D_1x_1}{D_2}$

1.359 **a)** (1) $R_1 = \dfrac{RR_2}{R_2-R}$ (2) $R = \dfrac{R_1R_2}{R_1+R_2}$ **b)** (1) $b = \dfrac{fg}{g-f}$ (2) $f = \dfrac{bq}{b+q}$

1.360 **a)** (1) $R_2 = \dfrac{RR_1R_3}{R_1R_3 - RR_3 - RR_1}$ (2) $R_3 = \dfrac{RR_1R_2}{R_1R_2 - RR_2 - RR_1}$

b) (1) $R_1 = R - \dfrac{R_2R_3}{R_2+R_3}$ (2) $R_2 = \dfrac{R_1R_3 - RR_3}{R - R_1 - R_3}$

1.361 **a)** (1) $E = \frac{3E_1(m-2)}{m}$ (2) $m = \frac{6E_1}{3E_1 - E}$

b) (1) $h = \frac{2Qr - r}{4Q - 4}$ (2) $r = \frac{4Qh - 4h}{2Q - 1}$

1.362 **a)** (1) $M_1 = \frac{2M_2v_2 - M_2v_1 - M_2c}{c - v_1}$ (2) $v_2 = \frac{(M_1 + M_2)c - (M_1 - M_2)v_1}{2M_2}$

b) (1) $\Theta = \frac{cm\Theta_2 + c_1m_1\Theta_1 + c_2m_2\Theta_2}{c_1m_1 + c_2m_2 + cm}$ (2) $\Theta_2 = \frac{(c_1m_1 + c_2m_2)(\Theta - \Theta_1) + cm\Theta}{cm}$

1.363 **a)** (1) $h = \frac{Tsv_1v_2}{(v_2 + v_1)b}$ (2) $v_2 = \frac{bhv_1}{Tsv_1 - bh}$

b) (1) $P = \frac{4M}{1 - 2\lambda}$ (2) $\lambda = \frac{1}{2} - \frac{2M}{P}$

1.364 **a)** (1) $R_1 = \frac{R_2r + R_3r}{R_2 - r}$ (2) $R_3 = \frac{R_1R_2 - R_1r - R_2r}{r}$

b) (1) $R_1 = \frac{U + I_0R_2' - I_1R_1' - I_1R_2'}{I_1}$ (2) $R_2' = \frac{U - I_1R_1 - I_1R_1'}{I_1 - I_0}$

1.365 **a)** (1) $p = \frac{y^2}{2x}$ (2) $| y |= \sqrt{2px}$ **b)** (1) $a = \frac{y}{x^2}$ (2) $| x |= \sqrt{\frac{y}{a}}$

1.366 **a)** (1) $|a| = \sqrt{\frac{V}{h}}$ (2) $h = \frac{V}{a^2}$ **b)** (1) $|c| = \sqrt{\frac{E}{m}}$ (2) $m = \frac{E}{c^2}$

1.367 **a)** (1) $g = \frac{2s}{t^2}$ (2) $|t| = \sqrt{\frac{2s}{g}}$ **b)** (1) $m = \frac{2E}{v^2}$ (2) $|v| = \sqrt{\frac{2E}{m}}$

1.368 **a)** (1) $|a| = \sqrt{\frac{4V}{\sqrt{3}h}}$ (2) $h = \frac{4V}{a^2\sqrt{3}}$ **b)** (1) $|a| = \sqrt{\frac{12V}{\sqrt{3}h}}$ (2) $h = \frac{12V}{a^2\sqrt{3}}$

1.369 **a)** (1) $v_0 = \frac{s}{t} + \frac{g}{2}t$ (2) $g = \frac{2v_0}{t} - \frac{2s}{t^2}$

b) (1) $a = \frac{2s}{t^2} - \frac{2v_0}{t}$ (2) $v_0 = \frac{s}{t} - \frac{a}{2}t$

1.370 **a)** (1) $h = \frac{V}{lr} + \frac{r\pi}{2}$ (2) $l = \frac{2V}{r(2h - r\pi)}$

b) (1) $b = \frac{a^2 + 2ac - 2ax - 2cx}{2x}$ (2) $c = \frac{a^2 - 2ax - 2bx}{2x - 2a}$

1.371 **a)** (1) $|r| = \sqrt{\frac{Q}{E}}$ (2) $Q = Er^2$

b) (1) $m_1 = \frac{Fr^2}{Gm_2}$ (2) $|r| = \sqrt{\frac{Gm_1m_2}{F}}$

1.372 **a)** (1) $|a| = \sqrt{\frac{I - I_0}{A}}$ (2) $A = \frac{I - I_0}{a^2}$ **b)** (1) $a = \frac{y - c}{x^2}$ (2) $|x| = \sqrt{\frac{y - c}{a}}$

1.373 **a)** (1) $|c| = \sqrt{a^2 + b^2}$ (2) $a = \sqrt{c^2 - b^2}$

b) (1) $|h| = \sqrt{s^2 - r^2}$ (2) $|r| = \sqrt{s^2 - h^2}$

1.374 **a)** (1) $|d| = \sqrt{a^2 + b^2 + c^2}$ (2) $|b| = \sqrt{d^2 - a^2 - c^2}$

b) (1) $|h| = \sqrt{h_a^2 - \left(\frac{a}{2}\right)^2}$ (2) $|a| = 2\sqrt{h_a^2 - h^2}$

1.375 **a)** (1) $|h_a| = \sqrt{s^2 - \left(\frac{a}{2}\right)^2}$ (2) $|a| = 2\sqrt{s^2 - h_a^2}$

b) (1) $|a| = \dfrac{2\sqrt{h_a^2 - h^2}}{\sqrt{3}}$ (2) $|h| = \sqrt{h_a^2 - \left(\frac{a}{2}\sqrt{3}\right)^2}$

1.376 **a)** (1) $|v| = \sqrt{\dfrac{2(E - Gh)}{m}}$ (2) $G = \dfrac{E}{h} - \dfrac{mv^2}{2h}$

b) (1) $l = \dfrac{r^2w^2}{b - rw^2}$ (2) $|w| = \sqrt{\dfrac{bl}{lr + r^2}}$

1.377 **a)** (1) $|c| = \sqrt{\dfrac{E - h(f_1 - f_2)}{m}}$ (2) $f_1 = \dfrac{E + f_2h - mc^2}{h}$

b) (1) $|n| = \sqrt{\dfrac{v}{c + v - c_1}}$ (2) $v = (c_1 - c)\dfrac{n^2}{n^2 - 1}$

1.378 **a)** (1) $m = \dfrac{2DM}{Mv^2 - 2D}$ (2) $v = \dfrac{2D(M + m)}{Mm}$

b) (1) $m_1 = \dfrac{2Em_2}{m_2v_1^2 - m_2v_2^2 - 2E}$ (2) $|v_1| = \sqrt{\dfrac{2E(m_1 + m_2)}{m_1m_2} + v_2^2}$

1.379 **a)** (1) $|x| = \sqrt{\dfrac{a^2b^2 - a^2y^2}{b^2}}$ (2) $|a| = \sqrt{\dfrac{b^2x^2}{b^2 - x^2}}$

b) (1) $|b| = \sqrt{\dfrac{a^2y^2}{x^2 - a^2}}$ (2) $|y| = \sqrt{\dfrac{b^2x^2 - a^2b^2}{a^2}}$

1.380 **a)** (1) $h = \sqrt[3]{\dfrac{BH^3 - 12I}{b}}$ (2) $H = \sqrt[3]{\dfrac{12I + bh^3}{B}}$

b) (1) $p = \dfrac{8V\mu l}{\pi r^4 t_0} + p_0$ (2) $|r| = \sqrt[4]{\dfrac{8V\mu l}{\pi(p - p_0)t_0}}$

1.381 **a)** (1) $r = \sqrt[n]{\dfrac{K_n}{K_0}}$ (2) $K_0 = \dfrac{K_n}{r^n}$ **b)** (1) $K_n = \dfrac{K_0}{v^n}$ (2) $v = \sqrt[n]{\dfrac{K_0}{K_n}}$

1.382 **a)** $|r| = \dfrac{1}{2}\sqrt{\dfrac{O_K}{\pi}}$ **b)** $|d| = 2\sqrt{\dfrac{A}{\pi}}$ **c)** $|a| = 2\sqrt{\dfrac{A}{\sqrt{3}}}$

1.383 **a)** $|a| = \sqrt{\dfrac{A}{2(\sqrt{2} + 1)}}$ **b)** $|a| = \sqrt{\dfrac{2A}{3\sqrt{3}}}$ **c)** $|r| = \dfrac{1}{2}\sqrt{\dfrac{3V}{\pi h}}$

1.384 **a)** (1) $|a| = \sqrt{c^2 - b^2}$ (2) $|b| = \sqrt{c^2 - a^2}$ (3) $|c| = \sqrt{a^2 + b^2}$

b) (1) $|r_1| = \sqrt{\dfrac{O_{HK}}{4\pi} - r_2^2}$ (2) $|r_2| = \sqrt{\dfrac{O_{HK}}{4\pi} - r_1^2}$

1.385 **a)** (1) $|r_1| = \sqrt{\frac{2V}{\pi h} - r_2^2 - \frac{h^2}{3}}$ (2) $|r_2| = \sqrt{\frac{2V}{\pi h} - r_1^2 - \frac{h^2}{3}}$

b) (1) $|a| = \sqrt{d^2 - b^2 - c^2}$ (2) $|b| = \sqrt{d^2 - a^2 - c^2}$ (3) $|c| = \sqrt{d^2 - a^2 - b^2}$

1.386 **a)** $|a| = \sqrt{\frac{4A^2}{c^2} + \frac{c^2}{4}}$ **b)** $|h| = \sqrt{\frac{O_p}{2}\left(\frac{O_p}{2a^2} - 1\right)}$

1.387 15 **1.388** 115 **1.389** 16 **1.390** 60 **1.391** 42

1.392 39 **1.393** Gegebene Zahl: 25 (Zahl mit vertauschten Ziffern: 52)

1.394 29 **1.395** 937 **1.396** 216

1.397 Gegebene Zahl: 239

Zahl mit vertauschten Ziffern: 923

1.398 1121 **1.399** 3,100 **1.400** 6,81 **1.401** 4,98

1.402 1.Preis: 30000 €

2.Preis: 20000 €

3.Preis: 10000 €

1.403 Die Salzlösung hat 6 % Salzgehalt.

1.404 51 % **1.405** 60 Liter **1.406** 8 kg

1.407 Die zweite Lösung muss 16 % Salzgehalt aufweisen.

1.408 84 %

1.409 Es werden 250 l Wasser zu 80 °C und 250 l Leitungswasser benötigt.

1.410 16 kg 15 %ige und 20 kg 24 %ige Salzlösung.

1.411 Das Füllen des Beckens dauert 80 min.

1.412 **a)** 12 Tage **b)** 13 Tage

1.413 **a)** 16 Tage **b)** 22 Tage

1.414 $4\frac{32}{307}$ Tage

1.415 Der PKW begegnet dem LKW um 10 Uhr in 40 km Entfernung von A.

1.416 **a)** 10.48 Uhr, 11,2 km **b)** 9.20 Uhr, 5,3 km

1.417 12.30 Uhr, 200 km

1.418 Der PKW holt den Mopedfahrer um 10.30 Uhr in 5 km Entfernung von C ein.

1.419 **a)** $x^2 - 11x + 10 = 0$ **b)** $x^2 + x - 12 = 0$

c) $4x^2 + 4x - 27 = 0$ **d)** $x^2 - 4 = 0$

c) $x^2 - 8x + 13 = 0$

1.420 **a)** $(x-1)(x-3)$ **b)** $(x-3)(x+5)$

c) $(x-2)^2$ **d)** $(x+1-\sqrt{3})(x+1+\sqrt{3})$

e) $x(x-4)$ **f)** $(x-1-\sqrt{21})(x-\frac{1}{5}+\frac{1}{5}\sqrt{21})$

g) $0.4(x+1,5-\sqrt{2})(x+1,5+\sqrt{2})$ **h)** $1,27 \cdot (x-2,433\,9)(x+2,827\,6)$

1.421 **a)** $x^2 + 8x - 9 = 0$ **b)** $x^2 + 38x + 165 = 0$
c) $x^2 + 34x + 289 = 0$ **d)** $x^2 - \frac{113}{8}x + \frac{7}{4} = 0$
e) $x^2 + 0{,}7x - 1{,}2 = 0$ **f)** $x^2 - 7{,}146\,3x + 11{,}424\,2 = 0$

1.422 **a)** $x_2 = -20$ **b)** $x_2 = -6$ **c)** $x_2 = 21$
d) $x_2 = \frac{5}{2}$ **e)** $x_2 = -1$ **f)** $x_2 = -19$

1.423 **a)** – **d)** Die angegebene Lösungsmenge ist Lösung der zugehörigen quadratischen Gleichung.

1.424 **a)** $a = 1$ **b)** $a_{1,2} = \pm 6$ **c)** $a_{1,2} = \pm 4$
d) $a = 4$ **e)** $a_1 = 0; a_2 = 1$ **f)** $a_1 = 0; a_2 = 3$

1.425 **a)** $x - 5$ **b)** $2x + 1$ **c)** $8x - 40$

Einfache Gleichungen höheren Grades

1.426 **a)** $\{0,1,4\}$ **b)** $\{0, -2, -3\}$ **c)** $\{0, -2 + \sqrt{3}, -2 - \sqrt{3}\}$
d) $\{0, \frac{1}{2}(1 + \sqrt{5}), \frac{1}{2}(1 - \sqrt{5})\}$ **e)** $\{0{,}0, -3{,}2\}$
f) $\{0{,}0, -\frac{1}{3}(1 + \sqrt{6}), -\frac{1}{3}(1 - \sqrt{6})\}$

1.427 **a)** $\{3, -3{,}2, -2\}$ **b)** $\{6, -6{,}3, -3\}$ **c)** $\{3, -3{,}1, -1\}$

1.428 **a)** $\{7, -7{,}1, -1\}$ **b)** $\{2, -2{,}1, -1\}$ **c)** $\{23, -23, \sqrt{11}, -\sqrt{11}\}$

1.429 **a)** $\left\{1, -1, \frac{1}{2}, -\frac{1}{2}\right\}$ **b)** $\left\{3, -3, \sqrt{\frac{2}{3}}, -\sqrt{\frac{2}{3}}\right\}$ **c)** $\{4, -4{,}1, -1\}$

1.430 **a)** $\left\{\frac{3}{2}, -\frac{3}{2}, 1, -1\right\}$ **b)** $\left\{1, -1, \frac{1}{3}, -\frac{1}{3}\right\}$ **c)** $\left\{\frac{\sqrt{3}}{2}, -\frac{\sqrt{3}}{2}, -\frac{\sqrt{2}}{3}, \frac{\sqrt{2}}{3}\right\}$

1.431 $\{-3\}$ **1.432** $\{4{,}3{,}2\}$ **1.433** $\{1\}$

1.434 $\left\{\frac{5}{3}, 1, \frac{3}{5}\right\}$ **1.435** $\left\{1, 1 + \sqrt{3}, 1 - \sqrt{3}\right\}$ **1.436** $\{-1{,}1, -2, -3\}$

1.437 $\{4{,}1{,}3{,}2\}$ **1.438** $\left\{\frac{2}{3}, -2, \frac{3}{2}, -\frac{1}{2}\right\}$ **1.439** $\{1, -1\}$

1.440 **a)** $\left\{1, -\frac{1}{2}, -2\right\}$ **b)** $\left\{-1, 2, \frac{1}{2}\right\}$

1.441 **a)** $\left\{1, -\frac{1}{3}, -3\right\}$ **b)** $\left\{-1, 3, \frac{1}{3}\right\}$

1.442 **a)** $\left\{1, -\frac{1}{4}, -4\right\}$ **b)** $\left\{-1, 4, \frac{1}{4}\right\}$

1.443 **a)** $\left\{-\frac{1}{2}, -2, -\frac{1}{3}, -3\right\}$ **b)** $\left\{3, \frac{1}{3}, 2, \frac{1}{2}\right\}$

1.444 **a)** $\left\{3, \frac{1}{3}, -1, -1\right\}$ **b)** $\left\{1, -\frac{1}{3}, 3, 1\right\}$

1.445 **a)** $\left\{4, \frac{1}{4}, -\frac{1}{2}, -2\right\}$ **b)** $\left\{2, \frac{1}{2}, -\frac{1}{4}, -4\right\}$

1.446

a) $P(2) = -3$	$P(-3) = -103$	$P(5) = 9$
b) $P(-2) = -14$	$P(-4) = -90$	$P(4) = 166$
c) $P(2) = 0$	$P(3) = 48$	$P(5) = 498$
d) $P(-1) = -19{,}5$	$P(-2) = 8$	$P(-3) = 134{,}5$
e) $P(2) = -18{,}8$	$P(3) = -12{,}7$	$P(4) = 36{,}4$

1.448 **a)** $\left\{-2, \frac{3}{5}, 2\right\}$ **b)** $\left\{1, -2, -\frac{1}{2}\right\}$ **c)** $\left\{2, 3, \frac{1}{2}, \frac{1}{3}\right\}$

d) $\{-1, -5, +2, -2\}$ **e)** $\{2, -1 + \sqrt{3}, -1 - \sqrt{3}\}$ **f)** $\{-1, -2\}$

Lineare und quadratische Funktion

1.449

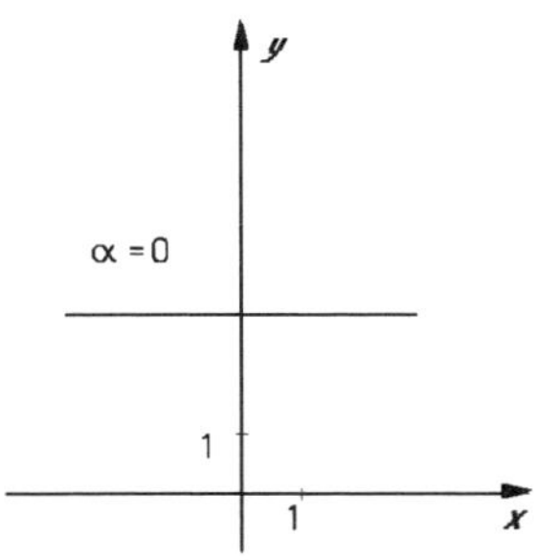

1.450

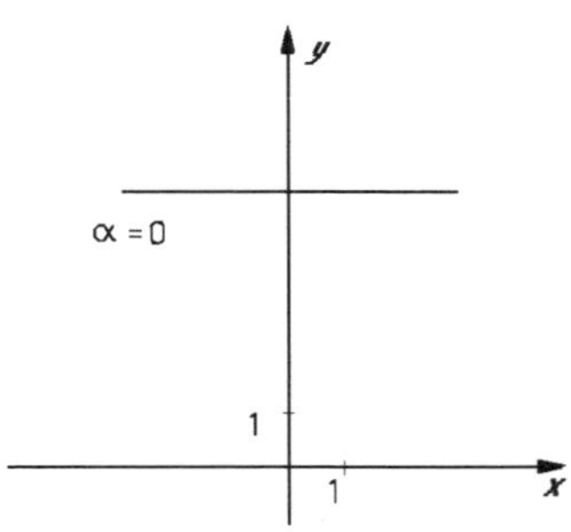

1.451

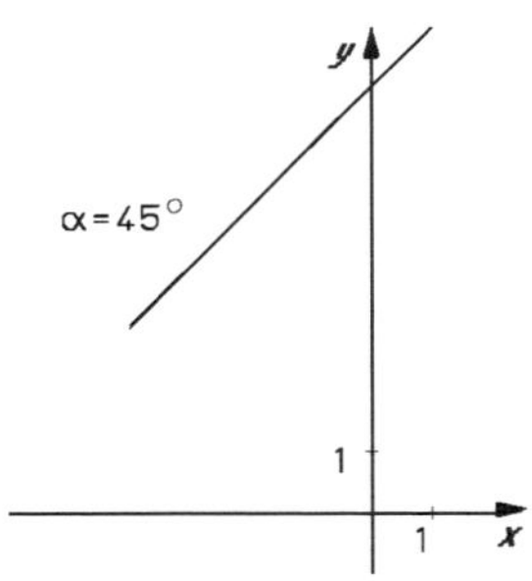

1.452

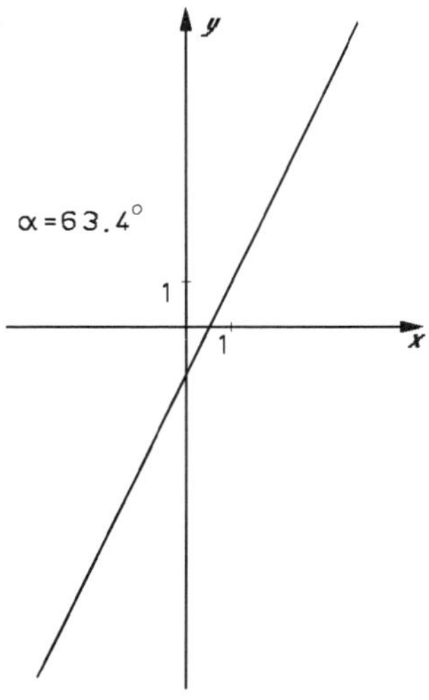

1.453

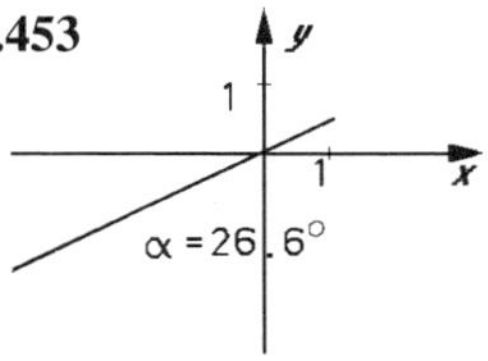

1.454

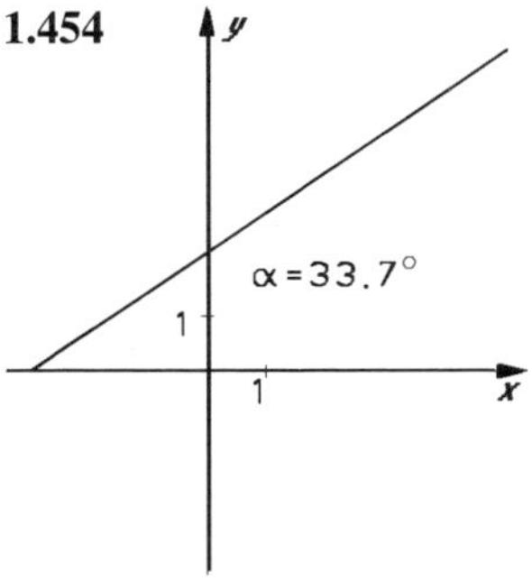

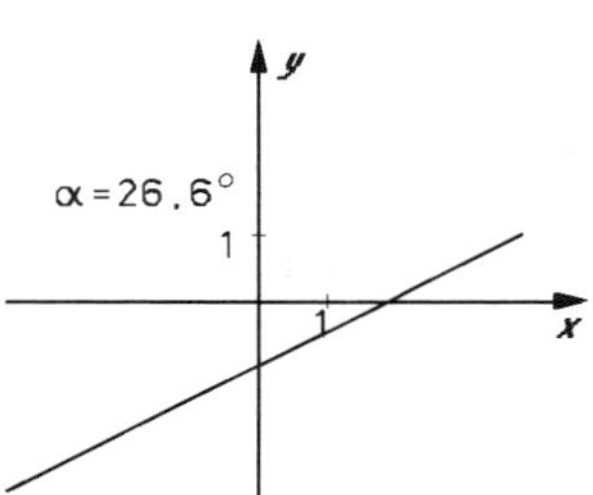

1.455

1.456 A und G liegen auf der Geraden.

1.457 **a)** $m = 2$ **b)** $m = 2.5$ **c)** $m = 3$

1.458

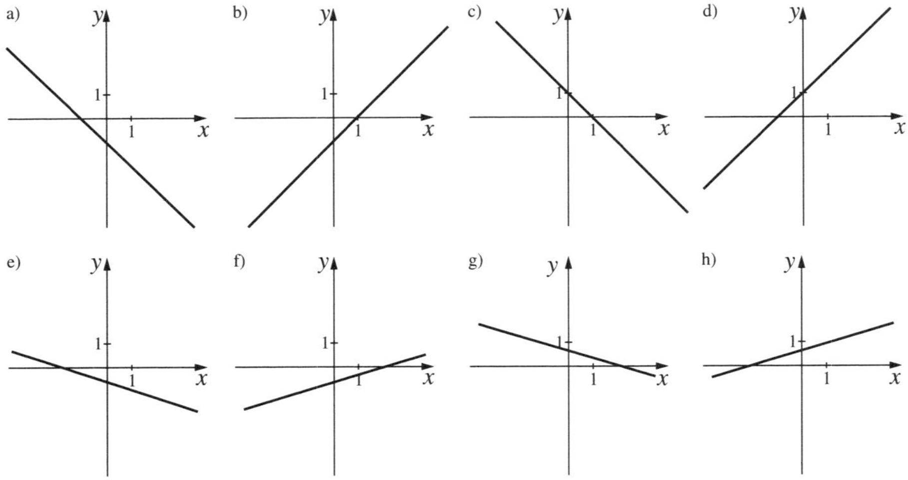

1.459 **a)** $(-1; -6)$ **b)** $(6{,}45; 8{,}81)$ **c)** $(0; 0)$ **d)** $(-1{,}33; 1)$

1.460

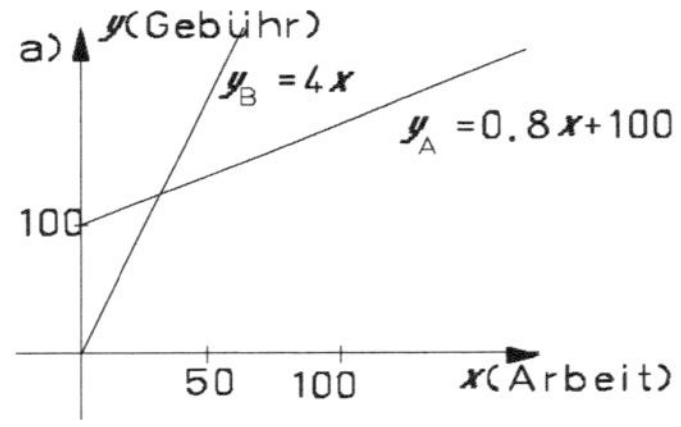

b) 31,25 kWh
c) 125 €

1.461 Gleiche Monatskosten von 8 400 € bei 1 200 km.

1.462 Nach 12 Jahren.

1.463 **a)** Nach 3 Jahren. **b)** 10 %

1.464 **a)** 40 Jahre. **b)** 2,5 %

1.465 **a)** $y = 2\,000\,000 - 50\,000x$

Nutzungsdauer: 40 Jahre.

b) 1 100 000 €

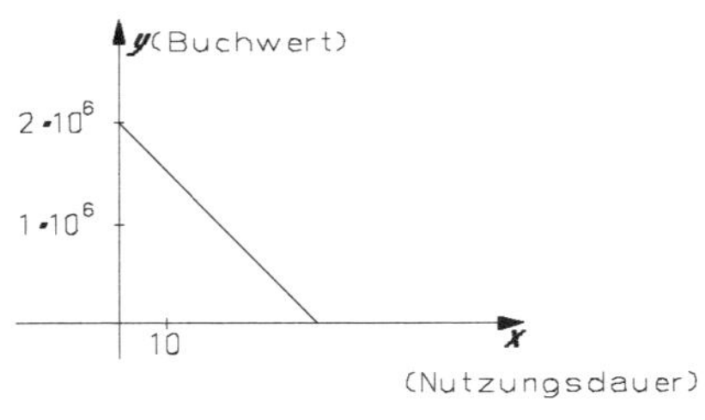

1.466

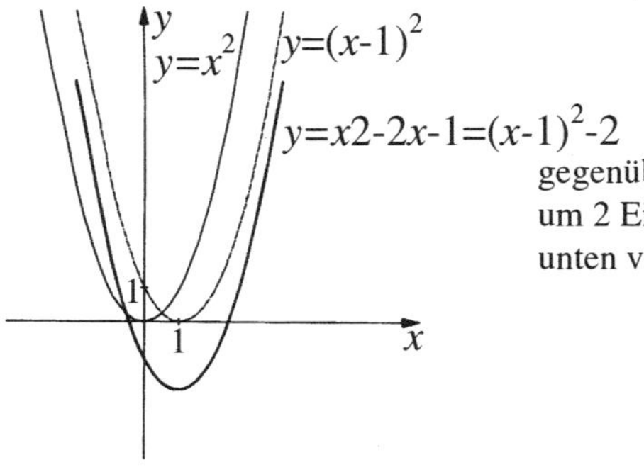

gegenüber $y=(x-1)^2$
um 2 Einheiten nach
unten verschoben

1.467 **a)** 2 **b)** 5 **c)** 7 **d)** 1 **e)** 8 **f)** 4 **g)** 9 **h)** 3 **i)** 6

1.468

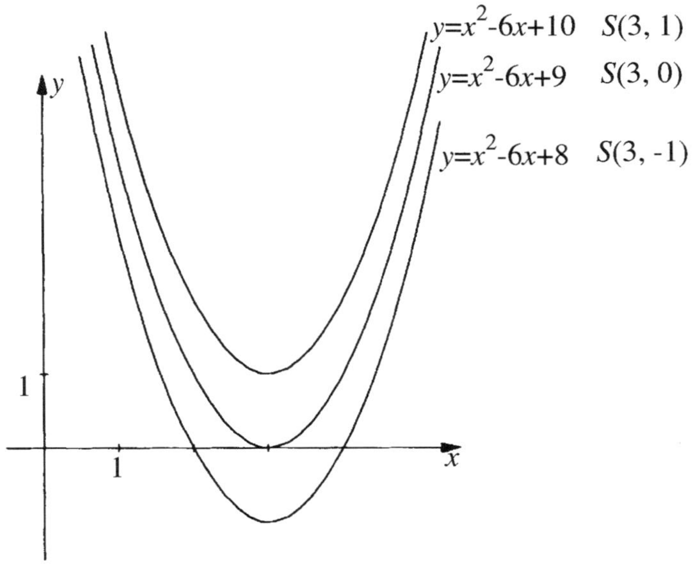

1.469 **a)** Normalparabel mit $S(-2; -1.5)$ nach oben geöffnet.

b) gestaucht $\left(\frac{1}{2}\right)$ mit $S(4; 2.5)$ nach oben geöffnet.

c) gestreckt (2) mit $\mathrm{S}\left(\frac{7}{4}; \frac{1}{8}\right)$ nach unten geöffnet.

d) gestreckt (3) mit $\mathrm{S}\left(-\frac{5}{3}; -\frac{1}{3}\right)$ nach oben geöffnet.

e) gestreckt $\left(\frac{3}{2}\right)$ mit $\mathrm{S}(-5; 1)$ nach unten geöffnet.

f) gestaucht $\left(\frac{1}{4}\right)$ mit $\mathrm{S}\left(\frac{3}{2}; 2\right)$ nach unten geöffnet.

1.470 1, − 1 **1.471** 0,7 **1.472** 60 dm

1.473 3 cm **1.474** 2,65 s

1.475 **a)** 86 m **b)** 63 m **1.476** **a)** D= [0; 4] **b)** $D=R\setminus\left(-\frac{2}{3}; 0\right)$

1.477 4 und 1 **1.478** 8 und 6

1.479 32 und 8 **1.480** 19 cm

Proportionen

1.481 Direkte Proportionalität: **a)**, **b)**, **d)**, **g)**
Indirekte Proportionalität: **c)**, **e)**, **f)**, **h)**

1.482 Die Aussagen **b)**, **c)**, **d)**, **e)**, **f)**, **g)**, **h)** sind wahr.

1.483 **a)** 4 : 3 **b)** 1 : 2 **c)** 3 : 100 **d)** 37 : 150
e) 3 : 7 **f)** 9 : 20 **g)** 2 : 7 **h)** 55 : 16

1.484 richtig **a)**, **c)**

1.485 **a)** 3 : 2 : 5 **b)** 2 : 1 : 3 **c)** 6 : 10 : 7 **d)** 4 : 6 : 7

1.486 **a)** 35 : 15 : 24 **b)** 33 : 88 : 16 **c)** 4 : 3 : 10 **d)** 4 : 14 : 7

1.487 **a)** $x = 2, y = 1, z = 1$ **b)** $x = 15, y = 3, z = 21$ **c)** $x = 8, y = 4, z = 12$

1.488 **a)** $x = 12, y = 15, z = 18$ **b)** $x = 3, y = 6, z = 9$ **c)** $x = 16, y = 20, z = 24$

1.489 **a)** 51, 85 **b)** 120, 210 **c)** 56, 63 **d)** 10, 15

1.490 6 kg, 15 kg, 18 kg

1.491 400 000 €, 600 000 €, 840 000 €, 210 000 €

1.492 50 000 €, 70 000 €, 90 000 €

1.493 18 000 €, 21 000 €, 20 000 €

1.494 **a)** 5 **b)** 14,5 **c)** 2 704

1.495 **a)** 280,8 **b)** $\frac{45}{7}$ **c)** $\frac{5}{3}$

1.496 **a)** 4c **b)** $\frac{3b^4}{c}$ **c)** 1

1.497 **a)** $\frac{5a}{a+b}$ **b)** $\frac{a(a-b)^2}{3b^2}$

1.498 **a)** 1 **b)** $\frac{(a-b)^2}{a^2+b^2}$

1.499 **a)** 1 **b)** 1

1.500 **a)** $2a - 3$ **b)** $3u - 5$

1.501 **a)** $\frac{(a^4-b^4)(a+b)}{a^4+b^4}$ **b)** 1

1.502 $3333\frac{1}{3}$ l **1.503** $6\frac{2}{3}$ s **1.504** 74 Stufen

1.505 **a)** 187.5 km **b)** 350 km

1.506 25 Stunden

1.507 1.2 Stunden

1.508 **a)** 8,8 l **b)** 14,40 €

1.509 **a)** 28 Tapeten **b)** 60 Bretter

1.510 **a)** 3 125 **b)** 10 625 **c)** 20 625

1.511 **a)** 8,3 t **b)** 4,2 t **c)** 2,5 t

1.512 **a)** 37,8 km/h **b)** 65,9 km/h **c)** 102,5 km/h **d)** 38,1 km/h

1.513 **a)** 133 mm **b)** 175 mm **c)** 125 mm

1.514 12 000 **1.515** 20,4 m/s

1.516 Die Drehzahl des kleinen Rades beträgt 300 U/min.
Das Übersetzungsverhältnis ist 2 : 5.

1.517	0,75 s, 1,25 s	**1.518**	160 U/min	**1.519**	75,8 cm^2
1.520	0,504 m^3	**1.521**	Hebezeit: $t = 26$	**1.522**	18 cm, 12 cm
1.523	0,8 A	**1.524**	$20\,\Omega, 5:4$		
1.525	Es werden 3,36 g Cu abgeschieden.			**1.526**	5 031 mg
1.527	72,7 N	**1.528**	3,72 m^3 Sand, 3,97 m^3 Mörtel		
1.529	10,2 m	**1.530**	11 : 2	**1.531**	480 N
1.532	1,56 m/s	**1.533**	78,4 dm^3	**1.534**	6,3 m/s

1.535 320 mm, 288 mm, 270 mm, 240 mm, 216 mm, 192 mm, 180 mm

1.536 11,08 % **1.537** 8,03 %

1.538 **a)** 1 675 € **b)** 1 324 €

1.539 **a)** 129 060 t **b)** 50 %

1.540 **a)** 63,2 % Aluminium und 36,8 % Stahl
b) 71,4 % mehr Aluminium
c) 69,5 mm^2 Aluminium und 56,3 mm^2 Stahl

1.541 **a)** 6 660 GW · h **b)** 4,26 %

1.542 5 %

1.543 **a)** 6,2 % **b)** 1,19 %

1.544 2 750 W

1.545 40 %

1.546 **a)** 8,13 g/cm^3 **b)** 8,83 g/cm^3 **c)** 8,31 g/cm^3 **d)** 7,3 g/cm^3
e) 7,72 g/cm^3 **f)** 8,75 g/cm^3 **g)** 8,84 g/cm^3 **h)** 7,74 g/cm^3

1.547 B und C werden angezeigt.

1.548 4,38 € **1.549** 9,33 € **1.550** 34,06 €

1.551 **a)** $E_G = nP_E \dfrac{100 - p_{LR}}{100} \cdot \dfrac{100 - p_{LS}}{100} + B$

b) $E_G = nP_E \dfrac{100 - p_{LS}}{100} \cdot \dfrac{100 - p_{LS}}{100} \cdot \dfrac{100 + p_B}{100}$

1.552 Einkaufspreis für 50 Stück: 16 776.99 €

1.553 24000 € **1.554** 511.34 € **1.555** 25600 € **1.556** 50.80 €

1.557 $P_V = E \dfrac{100 + p_K}{100} \cdot \dfrac{p_{KS}}{100 - p_{KS}} \cdot \dfrac{p_{KR}}{100 - p_{KR}}$

1.558 26,23 € **1.559** 82,67 € **1.560** 169,62 €

1.561 **a)** 48,94 € **b)** 32,63 €

1.562 8 917,50 € **1.563** **a)** 450 € **b)** 10 450 € **c)** $Z = \dfrac{Kpt}{36\,000}$

1.564 **a)** $Z = \dfrac{Kp}{100}$ **b)** 10 450 €

1.565 **a)** 333,33 € **b)** 4,92 € **c)** Zinsen: 69,37 € **d)** 136,50 €

1.566 25 800 € **1.567** 147 Tage **1.568** 6 % **1.569** 18. August

1.570	7 200 €	**1.571**	4,5 %	**1.572**	**a)** 11 Tage		**b)** 10.September
1.573	5,25 %	**1.574**	21. Dezember	**1.575**	13,5 %	**1.576**	10 %
1.577	250 Tage						

Potenzen mit ganzzahligen Exponenten

2.1	**a)** $a^{-m} = \frac{1}{a^m}$	**b)** $\frac{a^{-m}}{b^{-n}} = \frac{b^n}{a^m}$	**c)** $a^0 = 1$	**d)** $a^m \cdot a^n = a^{m+n}$
	e) $b^m : b^n = b^{m-n}$	**f)** $(a^m)^n = a^{m \cdot n}$	**g)** $(ab)^m = a^m \cdot b^n$	**h)** $\left(\frac{a}{b}\right)^m = \frac{a^m}{b^m}$
2.2	**a)** $\frac{1}{a^2}$	**b)** $\frac{1}{x}$	**c)** $\frac{3}{a^3}$	**d)** $\frac{5}{b}$
2.3	**a)** $\frac{a^2}{b^2}$	**b)** $\frac{c^3}{b}$	**c)** $\frac{4y^3}{x^4}$	**d)** $\frac{y^2}{6x}$
2.4	**a)** $\frac{1}{a+b}$	**b)** $\frac{(x+y)^2}{9}$	**c)** $\frac{1}{4(x+y)^3}$	**d)** $\frac{y+x}{xy}$
2.5	**a)** a^2	**b)** $2b$	**c)** $\frac{1}{4x}$	**d)** $\frac{y^3}{x^2}$
2.6	**a)** $\frac{5y}{4}$	**b)** $\frac{8}{x^2y^3}$	**c)** $\frac{7b^a}{a^b}$	**d)** $\frac{x^4}{(x+y)^3}$
2.7	**a)** x	**b)** $\frac{1}{a}$	**c)** b^5	**d)** $\frac{6}{x}$
2.8	**a)** $\frac{1}{x^5}$	**b)** $\frac{1}{a}$	**c)** b^5	**d)** $\frac{x^7}{2}$
2.9	**a)** $\frac{3x^2}{2}$	**b)** $5a^2b^2$	**c)** x^4	**d)** xy
2.10	**a)** x^4z^8	**b)** $a^2b^2c^4$	**c)** $\frac{y^3z^4}{x^7}$	**d)** $\frac{12xz}{y^7}$
2.11	**a)** $\frac{186\,624}{3\,125}$	**b)** $-34\,992\,000$	**c)** $-\frac{15}{32}$	**d)** $\frac{160}{81}$
2.12	**a)** $\frac{2a^4}{27}$	**b)** $\frac{a^2b}{100c^2}$	**c)** $\frac{1}{a^2}$	**d)** x
2.13	**a)** 1	**b)** 1	**c)** $\frac{1}{b^6}$	**d)** $\frac{a^2}{b^6}$
2.14	**a)** $-\frac{1}{x^6}$	**b)** $16y^4$	**c)** $-\frac{1}{4x}$	**d)** $\frac{1}{9}$
2.15	**a)** $\frac{1}{ab}$	**b)** $\frac{5x^4}{y^2}$	**c)** $\frac{25x^2}{y^4}$	**d)** $2 \cdot 3^2y^{-6} = \frac{18}{y^6}$
2.16	**a)** $\frac{b^3}{a^6}$	**b)** $\frac{z^3}{x^4y^9}$	**c)** 1	**d)** $2y^4$
2.17	**a)** $\frac{y^{12}}{x^8}$	**b)** $\frac{1}{12a^4}$	**c)** $-\frac{8}{27}$	**d)** $-\frac{8}{9s^9}$

2.18	**a)** $\frac{b}{a}$	**b)** 8	**c)** $\frac{16}{9}$	**d)** $\frac{x^3y^3}{27}$
2.19	**a)** 2	**b)** $\left(\frac{1}{4}\right)^{-3} = 64$	**c)** 64	**d)** 16
2.20	**a)** $\frac{1}{4}$	**b)** $\frac{1}{4}$	**c)** $-\frac{8}{27}$	**d)** $\frac{8}{27}$
2.21	**a)** $\frac{16}{81}$	**b)** $\frac{81}{16}$	**c)** $\frac{41\,472}{3\,125}$	**d)** $-\frac{6\,561}{6\,400}$
2.22	**a)** 1	**b)** $\frac{243}{50a^{12}}$	**c)** $\frac{9}{8x^7y^2}$	**d)** $-\frac{3x}{2}$
2.23	**a)** $\frac{455\,625}{16}$	**b)** $\frac{1}{729}$	**c)** $\frac{1}{a^4b^{11}}$	
2.24	**a)** y^5	**b)** 1		
2.25	**a)** $a+b$	**b)** ab	**c)** $\frac{xy}{y-x}$	**d)** $\frac{y^2-x^2}{y^2+x^2}$
2.26	**a)** $(a+b)^2$	**b)** $(a-b)^4$	**c)** $\frac{8b}{ab-4}$	

2.27 $\frac{1024 \cdot 10^6}{27(x+1)^2}$ **2.28** $\frac{2(x^2-y^2)}{3}$

2.29 0 **2.30** 0 **2.31** 1 **2.32** 1

2.33 $\frac{b(x+y)(a+b)}{3}$ **2.34** $\frac{x-y}{a-b}$

2.35	**a)** a^5b^2	**b)** $x^y \cdot y^{-x}$	**c)** $4^{b-a}x^3$	**d)** $(a+b)(a-b)^{-1}$

2.36 $999 < 99^9 < \left(9^9\right)^9 < 9^{99} < 9^{(9^9)}$

Potenzen mit gebrochenen Exponenten

2.37	**a)** $7^{\frac{1}{2}}$	**b)** $2^{\frac{1}{3}}$	**c)** $3^{\frac{4}{5}}$	**d)** $9^{\frac{5}{4}}$
2.38	**a)** $a^{\frac{1}{2}}$	**b)** $b^{\frac{y}{x}}$	**c)** $(a+b)^{\frac{1}{2}}$	**d)** $(x-y)^{\frac{3}{4}}$
2.39	**a)** $5^{-\frac{1}{2}}$	**b)** $x^{-\frac{3}{4}}$	**c)** $(a+b)^{-\frac{1}{5}}$	**d)** $5^{\frac{4}{3}}x^{\frac{5}{3}}yx^2$
2.40	**a)** $\sqrt{2}$	**b)** $\sqrt[3]{9}$	**c)** $\sqrt{7}$	**d)** $\sqrt[5]{11^4}$
2.41	**a)** $\sqrt[7]{a^2}$	**b)** $\sqrt[x]{x^y}$	**c)** $5\sqrt[8]{x^3}$	**d)** $\sqrt[8]{125x^3}$
2.42	**a)** $\frac{1}{\sqrt[4]{3}}$	**b)** $\frac{1}{5^a\sqrt[4]{5^a}}$	**c)** $\sqrt[a]{25}$	**d)** $\frac{1}{\sqrt[5]{(x+y)^3}}$
2.43	**a)** $4\sqrt{2}$	**b)** $4\sqrt{3}$	**c)** $3\sqrt{6}$	**d)** $2\sqrt{22}$
2.44	**a)** $6\sqrt{3}$	**b)** $8\sqrt{2}$	**c)** $5\sqrt{10}$	**d)** $5\sqrt{15}$
2.45	**a)** $2\sqrt[3]{4}$	**b)** $2\sqrt[3]{6}$	**c)** $3\sqrt[3]{2}$	**d)** $2\sqrt[3]{11}$
2.46	**a)** $3\sqrt[3]{4}$	**b)** $4\sqrt[3]{2}$	**c)** $5\sqrt[3]{2}$	**d)** $5\sqrt[3]{3}$

2.47	**a)** $a^2\sqrt{a}$	**b)** $x\sqrt[4]{x^3y}$	**c)** $xy\sqrt[5]{4x}$	**d)** $(a+b)\sqrt{a+b}$
2.48	**a)** $2x\sqrt[3]{3y}$	**b)** $2x\sqrt[4]{2xy}$	**c)** $2xy\sqrt[5]{y^2}$	**d)** $2a^2b^2\sqrt[5]{3bc}$
2.49	**a)** $\sqrt{8}$	**b)** $\sqrt{48}$	**c)** $\sqrt{98}$	**d)** $\sqrt{13}$
2.50	**a)** $\sqrt{3}$	**b)** 2	**c)** $\sqrt{2}$	**d)** 1
2.51	**a)** $\sqrt{x^3}$	**b)** $\sqrt{x^2y^2z}$	**c)** $\sqrt{z(x+y)^2}$	**d)** $\sqrt{\frac{x^6z}{y^2}}$
2.52	**a)** $\sqrt{x}$	**b)** $\sqrt{\frac{a}{b}}$	**c)** $\sqrt[3]{2x}$	**d)** $\sqrt[3]{abc}$
2.53	**a)** $\sqrt[4]{a^2-b^2}$	**b)** $\sqrt[3]{u^3+v^3}$	**c)** $\sqrt[3]{x^3-y^3}$	
2.54	**a)** $\sqrt{\sqrt{2}-1}$	**b)** $\sqrt{\sqrt{5}-2}$	**c)** $\sqrt[3]{5+2\sqrt{6}}$	
2.55	**a)** $8\sqrt{3}$	**b)** $9\sqrt[3]{2}$		
2.56	**a)** $28\sqrt{2}$	**b)** $8\sqrt[3]{3}$		
2.57	**a)** $17\sqrt{5}$	**b)** $14\sqrt[3]{5}$		
2.58	**a)** $80\sqrt{7}$	**b)** $19\sqrt[3]{4}$		
2.59	**a)** 15	**b)** 12	**c)** 28	
2.60	**a)** 9	**b)** -8	**c)** -7	
2.61	**a)** $22\sqrt{6}$	**b)** 10		
2.62	**a)** $-2-3\sqrt[3]{4}$	**b)** -1		
2.63	**a)** 2	**b)** 1		
2.64	**a)** 2	**b)** -11		
2.65	**a)** -57	**b)** 98		
2.66	**a)** $5\sqrt{10}+15+5\sqrt{2}+3\sqrt{5}$		**b)** $10\sqrt{10}+15\sqrt{15}-14\sqrt{14}-21\sqrt{21}$	
2.67	**a)** 1	**b)** 22		
2.68	**a)** 8	**b)** 2	**c)** $8\sqrt{7}$	
2.69	**a)** 5	**b)** -1	**c)** $\sqrt[3]{49}-1$	
2.70	**a)** $\sqrt[4]{8}$	**b)** $\sqrt[4]{27}$	**c)** $\sqrt[20]{2^9}$	**d)** $3\sqrt[15]{3}$
2.71	**a)** 2	**b)** $\sqrt[6]{\frac{5}{6}}$	**c)** $\sqrt[5]{\frac{2}{81}}$	**d)** 1
2.72	**a)** $\sqrt[10]{x^7}$	**b)** $\sqrt[12]{x^7}$	**c)** $x\sqrt[15]{x^4}$	**d)** $x^2\cdot\sqrt[21]{x^{16}}$
2.73	**a)** $\sqrt[72]{\left(\frac{x}{y}\right)^{17}}$	**b)** $\sqrt[6]{x^3-1}$	**c)** $\sqrt{2}$	**d)** 1
2.74	**a)** $\sqrt[6]{3}$	**b)** $\frac{1}{\sqrt[10]{125}}$	**c)** $\sqrt[63]{49}$	**d)** $\frac{1}{\sqrt[110]{11}}$
2.75	**a)** 1	**b)** 1	**c)** $\sqrt[4]{5}$	**d)** $\frac{\sqrt[10]{5}}{\sqrt[20]{8}}$

2.76	**a)** $\frac{1}{\sqrt[10]{x^3}}$	**b)** $\frac{1}{\sqrt[21]{x^4}}$	**c)** $\sqrt[4]{x^3}$	**d)** $\sqrt[6]{x}$
2.77	**a)** $\sqrt[35]{x^{12}}$	**b)** $\sqrt[30]{(x-1)(x+1)^6}$	**c)** $\sqrt[24]{\frac{x+1}{x-1}}$	
2.78	**a)** 1	**b)** $\frac{1}{\sqrt[7]{13}}$	**c)** $\sqrt{2}$	
2.79	**a)** $x\sqrt[4]{x}$	**b)** $\frac{1}{\sqrt[13]{x}}$	**c)** $x\sqrt[20]{x^{19}}$	
2.80	**a)** 2	**b)** $5\sqrt{5}$	**c)** $\sqrt[3]{9}$	**d)** $7\sqrt[3]{7}$
2.81	**a)** $3+2\sqrt{2}$	**b)** $2(4-\sqrt{15})$	**c)** $103+20\sqrt{21}$	
2.82	**a)** $7-5\sqrt{2}$	**b)** $2(11\sqrt{7}-13\sqrt{5})$	**c)** $8(3\sqrt{3}-2\sqrt{7})$	
2.83	**a)** 27	**b)** 64	**c)** 32 768	**d)** 729
2.84	**a)** 4	**b)** 243	**c)** 16	**d)** 25
2.85	**a)** $\sqrt[4]{3}$	**b)** $\sqrt[3]{3}$	**c)** $\sqrt{2}$	**d)** 6
2.86	**a)** x	**b)** $\sqrt[3]{x}$	**c)** $\sqrt[30]{x^7}$	**d)** x
2.87	**a)** $\sqrt{3}$	**b)** $\sqrt{2}$	**c)** $\sqrt[104]{2}$	**d)** $\sqrt{2}$
2.88	**a)** $\sqrt[4]{x^3}$	**b)** $\sqrt[5]{x^3}$	**c)** $x\sqrt[12]{x}$	
2.89	**a)** $\sqrt[6]{2}$	**b)** $\sqrt[8]{2}$	**c)** $\sqrt[4]{2}$	
2.90	**a)** $4\sqrt{2}$	**b)** $7\sqrt{7}$	**c)** $\frac{5\sqrt{2}}{4}$	**d)** $\frac{10\sqrt{2}}{7}$
2.91	**a)** $\frac{b\sqrt{a}}{a}$	**b)** $\frac{b\sqrt[3]{a^2}}{a}$	**c)** $\sqrt[5]{a^4}$	**d)** $\sqrt[7]{a^3}$
2.92	**a)** $\frac{\sqrt{35}}{5}$	**b)** $\sqrt[3]{9}$	**c)** $\sqrt{5}\sqrt[4]{27}$	**d)** $\sqrt[5]{4a}$
2.93	**a)** $\sqrt{2}-1$	**b)** $3+\sqrt{5}$	**c)** $\sqrt{3}-\sqrt{2}$	**d)** $\sqrt{7}-\sqrt{3}$
2.94	**a)** $3+\sqrt{21}$	**b)** $6-\sqrt{15}$	**c)** $\sqrt{35}$	**d)** $\sqrt{21}$

2.95 $\sqrt[n]{\frac{a(a^n-1)+a}{a^n-1}} = \sqrt[n]{\frac{a^{n+1}-a+a}{a^n-1}} = \sqrt[n]{\frac{a^{n+1}}{a^n-1}} = a\sqrt[n]{\frac{a}{a^n-1}}$

2.96	**a)** $5+\sqrt{2}$	**b)** $24(7+4\sqrt{3})$	**c)** $\sqrt{30}$	**d)** $-24-7\sqrt{10}$
2.97	**a)** $\frac{6}{5}$	**b)** $\frac{5}{3}$	**c)** $\sqrt{x-y}$	**d)** $\sqrt[3]{x-1}$
2.98	**a)** $2x-y$	**b)** $3x-7$		
2.99	**a)** 6	**b)** $\sqrt{66}$		
2.100	**a)** 8	**b)** $3(2+\sqrt[3]{3-\sqrt{2}}+\sqrt[3]{3+2\sqrt{2}})$		
2.101	**a)** $\sqrt[x]{ab^2}$			
2.102	**a)** 1	**b)** 1		

2.103 $(a+b)\cdot\sqrt[21]{(a+b)^{10}}$

2.104 $\sqrt[9]{(x-1)^2}$

2.106 **a)** 77.57 **b)** 1859.7134 **c)** 0.254

2.107 **a)** 1 **b)** 15625 **c)** 512

2.108 **a)** $\frac{1}{a^{\sqrt[3]{7}}}$ **b)** $a^{4\sqrt{3}}$ **c)** $\frac{1}{a}$

Logarithmen

2.109 **a)** $x=6$ **b)** $x=-5$ **c)** $x=\frac{3}{2}$ **d)** $x=-\frac{3}{2}$

2.110 **a)** $x=1$ **b)** $x=-3$ **c)** $x=\frac{2}{5}$ **d)** $x=-\frac{2}{3}$

2.111 **a)** $x=2$ **b)** $x=0$ **c)** $x=-2$ **d)** $x=-\frac{1}{2}$

2.112 $0, 1, -1, -4, \frac{1}{2}, \frac{2}{3}, 3, -\frac{7}{2}, -\frac{2}{7}, -\frac{10}{3}$

2.113 $1, -1, 2, 0, -4, -2, \frac{1}{2}, \frac{3}{4}, \frac{1}{3}, -\frac{1}{7}$

2.114 $1, 0, 2, 3, 6, -2, -1, \frac{1}{4}, \frac{2}{3}, -\frac{3}{4}$

2.115 **a)** $x=5$ **b)** $x=6$ **c)** $x=2$

2.116 **a)** $x=\frac{1}{2}$ **b)** $x=\frac{4}{3}$ **c)** $x=\frac{1}{16}$

2.117 **a)** $x=1\,024$ **b)** $x=\frac{1}{9}$ **c)** $x=2$

2.118 **a)** $x=5$ **b)** $x=\frac{343}{216}$ **c)** $x=\frac{2}{3}\sqrt[3]{3}$

2.119 **a)** 1 **b)** 0 **c)** n

2.120 **a)** $x=1{,}638$ **b)** $x=31{,}623$ **c)** $x=-1$ **d)** $x=1\,000$
e) $x=-1{,}398$ **f)** $x=15{,}849$ **g)** $x=1{,}398$ **h)** $x=0{,}794$
i) $x=12{,}735$ **j)** $x=0{,}232$

2.121 **a)** $x=3{,}999$ **b)** $x=49{,}402$ **c)** $x=-1{,}609$ **d)** $x=148{,}413$
e) $x=-2{,}526$ **f)** $x=2{,}239\cdot10^{75}$ **g)** $x=3{,}892$ **h)** $x=0{,}247$
i) $x=167{,}838$ **j)** $x=1{,}329\cdot10^{16}$

2.122 **a)** $\log a+\log b+\log c+\log d$ **b)** $\log a+\log b-\log c-\log d$
c) $4\log a+3\log b-2\log c$ **d)** $\frac{1}{2}\log a-5\log b-\log c$

2.123 **a)** $\log 5+12\log a+\frac{1}{3}\log b$ **b)** $2\log 2+\log 3+5\log a+\frac{1}{3}\log b$
c) $\frac{3}{4}\log a+\frac{1}{4}\log b-\frac{1}{4}\log c$ **d)** $\frac{1}{2}\log x+\log y-\frac{1}{4}\log c$

2.124 **a)** $\log(a-b)$ **b)** $3\log(a+b)+3\log(a-b)+3\log(a^2+b^2)$

c) $\log(a^2+b^2)-\log(a+b)-\log(a-b)$

d) $\frac{1}{2}\log(4a+5b)+\frac{1}{2}\log(4a-5b)-\frac{1}{2}\log 2-\frac{1}{2}\log a$

2.125 **a)** $3\log x-2\log y+\frac{1}{2}\log a+\frac{1}{4}\log x-\frac{1}{4}\log 3-\frac{3}{4}\log b$

b) $3\log a-2\log b+\frac{2}{3}\log x-\frac{1}{3}\log 2-\frac{1}{3}\log y$

c) $2\log x-3\log y+\frac{3}{4}\log a-\frac{1}{4}\log 3-\frac{1}{4}\log b$

d) $2\log a+\frac{2}{3}\log x-3\log b-\frac{4}{5}\log y-\frac{1}{5}\log 2$

2.126 **a)** $\frac{1}{2}\log b+\frac{1}{2}\log x-\frac{5}{2}\log y$ **b)** $\frac{1}{2}\log x+\frac{5}{2}\log y+\log a-\frac{3}{2}\log b$

c) $\frac{4}{7}\log x+\frac{5}{21}\log y-\frac{3}{14}\log a-\frac{2}{7}\log(x+y)$

d) $\frac{2}{5}\log 2+\frac{1}{5}\log 3+\frac{4}{5}\log x+\frac{1}{15}\log(y-1)-\frac{1}{5}\log(2x+y)-\frac{1}{5}\log(2x-y)$

2.127 **a)** $-\frac{11}{6}\log x+\frac{7}{12}\log(y^2+z)+\frac{7}{4}\log y$ **b)** $-\frac{1}{10}\log a-\frac{13}{15}\log(b-c^2)+\frac{8}{3}\log b$

c) $\frac{23}{28}\log(x+y^2)+\frac{7}{4}\log a-\frac{8}{7}\log b$

2.128 **a)** $13\log a+\frac{13}{45}\log(x+y)-\frac{10}{3}\log b$ **b)** $\frac{18}{5}\log a+\frac{17}{15}\log(x-y)+\frac{16}{3}\log b$

c) $\frac{35}{3}\log a+\frac{1}{4}\log(x+y)-\frac{5}{2}\log b$

2.129 **a)** $\frac{86}{7}\log x+\frac{3}{35}\log(z-y)-\frac{32}{5}\log y+10\log z$

b) $\frac{17}{2}\log a+4\log b-\frac{1}{42}\log(x-y)$

c) $\frac{17}{2}\log x+\frac{1}{7}\log y-\frac{5}{21}\log(a-b)$

2.130 **a)** $\log\frac{ac}{b}$ **b)** $\log 6$

2.131 **a)** $\log\frac{a^2c^5}{b^3}$ **b)** $\log 18$

2.132 **a)** $\log\frac{7ac^2}{\sqrt{b}}$ **b)** $\log\frac{a}{\sqrt{b-c}}$

2.133 **a)** $\log\frac{a^2\sqrt{x}}{b\sqrt[5]{y^3}}$ **b)** $\log\frac{x^3\sqrt[4]{a^3}}{b}$

2.134 **a)** $\log\sqrt[25]{\frac{x^{10}b^6}{8a}}$ **b)** $\log\sqrt[11]{a^3y\sqrt[4]{\frac{y}{27x}}}$

2.135 **a)** $\log\frac{x-1}{x-3}$ **b)** $\log\frac{x-5}{x-7}$

2.136 $\log \sqrt{a^8 - b^8}$

2.137 $\log \dfrac{1}{\sqrt[3]{6561x^8 - y^8}}$

2.138 $\log \sqrt[5]{\dfrac{xy^3}{(x+y)\sqrt[7]{x^4y^4}}}$

2.139. $\log \sqrt[9]{\dfrac{y^3 \sqrt[8]{xy}}{x^2(x-y)\sqrt[3]{x-y}}}$

2.140 $\log \sqrt[16]{\dfrac{x^{31}a^4b^2}{16c^2}}$

2.141 $\log \sqrt[14]{\dfrac{\sqrt{x^3}\sqrt[10]{a}}{b\sqrt[20]{x^3}\sqrt[5]{y}}}$

2.142 $\log \sqrt[9]{\dfrac{\sqrt[3]{(x-y)^4}}{\sqrt[15]{(x+y)^2}} \cdot x^2}$

2.143 $\log \sqrt[35]{\dfrac{(x-y)^4}{x^{12}\sqrt[3]{(x+y)^{20}}}}$

2.144 **a)** 2,861 **b)** −2,861 **c)** 0,711 **d)** −0,621
e) −6,644 **f)** 6,644 **g)** −1,651 **h)** 1,443
i) 0,664 4 **j)** −0,664 4 **k)** 0,165 1 **l)** −0,144 3

2.145 **a)** −0,443 **b)** −2,255 **c)** 0,874 **d)** 1,145
e) −3,612 **f)** 1,017 **g)** 0,759 **h)** −4,598
i) 5,634 **j)** 1,382 **k)** 1,002 **l)** 0,998

Gleichungen mit Wurzeln, Potenzen und Logarithmen

2.146 **a)** $\{32\}$ **b)** $\{6\}$ **c)** $\{3\}$
2.147 **a)** $\{3\}$ **b)** $\{-385\}$ **c)** $\{22\}$
2.148 **a)** $\left\{\dfrac{20}{3}\right\}$ **b)** $\{2\}$
2.149 **a)** $\{4\}$ **b)** $\{9\}$
2.150 **a)** $\{1\}$ **b)** $\{2\}$
2.151 **a)** $\{40\}$ **b)** $\{9\}$
2.152 **a)** $\{5\}$ **b)** $\{1\}$
2.153 **a)** $\{7\}$ **b)** $\{24\}$
2.154 **a)** $\{5\}$ **b)** $\{x \in R | x \geq -1\}$
2.155 **a)** $\{6\}$ **b)** $\{1\}$
2.156 **a)** $\{1\}$ **b)** $\{4\}$
2.157 **a)** $\{-2\}$ **b)** $\{1\}$
2.158 **a)** $\{4\}$ **b)** 0
2.159 **a)** $\{3\}$ **b)** $\{10\}$
2.160 **a)** $\{10\}$ **b)** $\{3\}$
2.161 **a)** $a = \dfrac{h}{2}$ **b)** $I_a = 324(54 + a^2)$

2.162	**a)** 4,63 m/s	**b)** 3,71 m/s	
2.163	70,18 cm^2		
2.164	**a)** $\{5; -5\}$	**b)** $\{13; -13\}$	
2.165	**a)** $\{7; -7\}$	**b)** $\{5; -5\}$	
2.166	**a)** $\{5; -5\}$	**b)** $\{3; -3\}$	
2.167	**a)** $\{\sqrt{2}; -\sqrt{2}\}$	**b)** 0	
2.168	2		
2.169	**a)** $\{376\}$	**b)** $\{9\}$	
2.170	**a)** $\{1; -3\}$	**b)** $\{3\}$	
2.171	**a)** $\{4\}$	**b)** $\{0\}$	
2.172	**a)** $\left\{5; \frac{29}{13}\right\}$	**b)** $\{5\}$	
2.173	**a)** $\left\{\frac{ab}{a+b}\right\}$	**b)** $\{b\}$	
2.174	**a)** $\{b; -a\}$	**b)** $\{-a\}$	
2.175	**a)** $\{6\}$	**b)** $\{4\}$	**c)** $\{12\}$
2.176	**a)** $\left\{\frac{3}{2}\right\}$	**b)** $\{1\}$	**c)** $\left\{-\frac{9}{2}\right\}$
2.177	**a)** $\{-1\}$	**b)** $\{-2\}$	
2.178	**a)** $\{0\}$	**b)** $\{1\}$	
2.179	**a)** $\{1\}$	**b)** $\{-6\}$	
2.180	**a)** $\{1\}$	**b)** $\{1\}$	
2.181	**a)** $\{4\}$	**b)** $\left\{\frac{53}{7}\right\}$	
2.182	**a)** $\{2\}$	**b)** $\{-1\}$	
2.183	**a)** $\left\{\frac{3}{2}\right\}$	**b)** $\{0\}$	
2.184	**a)** $\{1\}$	**b)** $\{2\}$	
2.185	**a)** $\{1\}$	**b)** $\{1\}$	
2.186	**a)** $\{1\}$	**b)** $\{1\}$	
2.187	$\{2\}$	**2.188** $\{2\}$	
2.189	$\{2\}$	**2.190** $\{4\}$	
2.191	$\{1\}$	**2.192** $\{4\}$	
2.193	$\left\{\frac{1}{2}\right\}$	**2.194** $\left\{\frac{4}{3}\right\}$	
2.195	**a)** $\{1{,}585\}$	**b)** $\{0{,}6309\}$	**c)** $\{2{,}465\}$
2.196	**a)** $\{1{,}2643\}$	**b)** $\left\{-\frac{3}{5}\right\}$	**c)** $\{-10{,}3437\}$

2.197	**a)** $\{-4\}$	**b)** $\{1\}$	**c)** $\{-5\}$	**d)** $\{4\}$
2.198	**a)** $\{0{,}2909\}$	**b)** $\{13{,}0659\}$		
2.199	**a)** $\{0\}$	**b)** $\left\{-\frac{1}{8}\right\}$		
2.200	**a)** $\{0{,}0358\}$	**b)** $\{-0{,}5981\}$		
2.201	**a)** $\{3\}$	**b)** $\{0\}$		
2.202	**a)** $\{0.5\}$	**b)** $\{2\}$		
2.203	**a)** $\{15{,}3085\}$	**b)** $\{1{,}6031\}$		
2.204	**a)** $\{-2{,}7459\}$	**b)** $\{2{,}825\}$		
2.205	**a)** $\{-5{,}0552\}$	**b)** $\{19{,}6548\}$		
2.206	**a)** $\{-1{,}0319\}$	**b)** $\{-0{,}9732\}$		
2.207	**a)** $\{4{,}8188\}$	**b)** $\{13{,}5855\}$		
2.208	**a)** $\{-1{,}2463\}$	**b)** $\{0{,}3787\}$		
2.209	$\{0{,}6963\}$	**2.210** $\{13{,}8342\}$		
2.211	**a)** $\{1\}$	**b)** $\{1; 0\}$	**c)** $\{2; 1\}$	
2.212	**a)** $\{2{,}0009; -1{,}4878\}$	**b)** $\{2; 1\}$	**c)** $\{4; 5\}$	
2.213	**a)** $\{1{,}3691; 1\}$	**b)** $\{2{,}0828\}$	**c)** $\{-6; -16\}$	
2.214	**a)** $\{1; 3\}$	**b)** $\{7; 4\}$	**c)** $\{0{,}5\}$	
2.215	**a)** $\{3\}$	**b)** $\left\{\frac{22}{3}\right\}$	**c)** $\{-3\}$	
2.216	**a)** $\{65\}$	**b)** $\left\{\frac{58}{7}\right\}$	**c)** $\{0{,}5013\}$	
2.217	**a)** $\{2\}$	**b)** $\{10\}$		
2.218	**a)** $\{3\}$	**b)** $\{3\}$		
2.219	**a)** $\{4.5\}$	**b)** $\{2\}$		
2.220	**a)** $\{1\}$	**b)** $\{0\}$		
2.221	$\{0\}$	**2.222** keine Lösung		
2.223	**a)** $\{2\}$	**b)** $\{0{,}3\}$		
2.224	**a)** $\{16\}$	**b)** $\{2\}$		
2.225	**a)** $\{2\}$	**b)** $\{2\}$	**c)** $\{13951\}$	
2.226	**a)** $\{4\}$	**b)** $\{0\}$		
2.227	**a)** $\{2\}$	**b)** $\{-1{,}415\}$		
2.228	**a)** $\{3\}$	**b)** $\left\{\frac{8}{7}\right\}$		
2.229	**a)** $\{-1\}$	**b)** $\left\{\frac{13}{3}\right\}$		
2.230	**a)** $\{1\}$	**b)** $\{10\}$	**c)** $\{100; 0{,}01\}$	
2.231	$\{0\}$	**2.232** $\{0\}$	**2.233** $\{0\}$	

2.234 **a)** $\{-0{,}382\}$ **b)** $\{9\}$

2.235 $\{\frac{1}{3}\}$

2.236 **a)** $\{0\}$ **b)** $\{4\}$

2.237 **a)** $\{31\,623; 10\,000\}$ **b)** $\{10\}$

2.238 **a)** $\{10; 100\}$ **b)** $\{0; 9\}$ **c)** $\{-2; 7\}$

2.239 **a)** $\{100; 10\}$ **b)** $\{100; 2{,}154\,4\}$ **c)** $\{31{,}623\}$

2.240 τ_1 : 39 700 Jahre τ_2 : 40 300 Jahre

2.241 40 Jahre

2.242 **a)** 21 DIN **b)** Erhöhung um 3

d) $S_{\mathrm{ASA}} = 10^{\frac{S_{\mathrm{DIN}}-1}{10}}$

2.243 **a)** 311 Jahre, 31 Jahre, 186 Jahre, 42 Jahre

b) 16,5 Jahre, 22,7 Jahre, 21,3 Jahre, 35 Jahre

d) Restmenge im Zeitpunkt t : $r(t+1) = r(t) - v(t)$

t	0	1	2	3	4	5	6	7
$v(t)$	4	4,12	4,25	4,38	4,52	4,66	4,80	4,95
$r(t)$	123	119	114,9	110,6	106,2	101,7	97,06	92,26
t	8	9	10	11	12	13	14	15
$v(t)$	5,11	5,26	5,43	5,60	5,77	5,95	6,13	6,32
$r(t)$	87,30	82,20	76,93	71,50	65,91	60,14	54,19	48,06
t	16	17	18	19	20	21	22	
$v(t)$	6,52	6,72	6,93	7,14	7,37	7,59		
$r(t)$	41,73	35,21	28,49	21,56	14,42	7,05	-0,54	

Die Bleireserve reicht noch 21 Jahre.

2.244 770,5 kJ

2.245 **a)** 50 % **b)** 5 km

c) 3,16 µW

2.246 177,1

2.247 3,13 rad

2.248 **a)** $d = \dfrac{\ln I_0 - \ln I_\lambda}{N\sigma}$ **b)** $21 \leq 2a \ln \dfrac{L}{2a}$

2.249 **a)** $\tau = \dfrac{t}{\ln I_0 - \ln I}$ **b)** $c = \dfrac{E}{\ln\sqrt{E} - \ln N}$

2.250 **a)** $p_m = \dfrac{p_s}{2 \cdot 10^4(\ln r_1 - \ln r_2)}$ **b)** $t = \dfrac{4V}{cA} \ln \dfrac{E_o}{E}$

2.251 **a)** $T_n = \dfrac{BT}{T(\ln R_T - \ln R_N) + B}$ **b)** $k = \dfrac{\ln R_{T_1} - \ln R_{T_2}}{T_1 - T_2}$

2.252	103,2 kΩ			
2.253	**a)** $S = \dfrac{4{,}14\ \text{V}}{Tc\ln(1-\alpha_m)}$		**b)** $U_D = U_T \ln(1+\dfrac{I_D}{I_S})$	
2.254	**a)** $W_p = \dfrac{1}{T_p}\ln\dfrac{2L}{L-G}$		**b)** $U_T = \dfrac{U_p}{\ln(SE-I_S)-\ln I_S}$	
2.255	**a)** $\lambda = \dfrac{1}{t}\ln\dfrac{Y_0\sin\omega t}{Y}$		**b)** $\beta = \dfrac{1}{2b}\ln\left(\dfrac{4Ab}{a^2}+\mathrm{e}^{2\alpha b}\right)$	
2.256	**a)** $\mu_0 = \dfrac{1}{\pi}\ln\dfrac{m_2(Ig+2r^2m_1g+Mr)}{m_1(Ig+2r^2m_2g-Mr)}$		**b)** nicht explizit nach t auflösbar	
2.257	0,186			
2.258	**a)** $\alpha = \dfrac{\ln M - \ln k_4 \triangle p}{\ln d}$		**b)** $\kappa = \dfrac{\ln C - \ln T}{\ln v} + 1$	
2.259	**a)** $L_T = 10(\log A - 1) + L$		**b)** $\kappa = \dfrac{\ln p_2 - \ln p_1}{\ln p_2T_1 - \ln p_1T_2}$	
2.260	**a)** $z = \dfrac{\ln p_e - \ln p_q}{\ln p_n - \ln p_{n-1}}$		**b)** $m = \dfrac{\ln p_1 - \ln p_i}{\ln v_i - \ln v_1}$	
2.261	**a)** $\alpha = \dfrac{\ln I_D - \ln I}{\ln(U-U_{GS}) - \ln U}$		**b)** $\gamma = \dfrac{\ln p - \ln p_0}{\ln(288{,}15 - 6{,}5b) - \ln 288{,}15}$	
2.262	**a)** $n = \dfrac{\ln C_j - \ln C_0}{\ln(U_{DF}-U_D) - \ln U_{DF}}$		**b)** $\alpha = \dfrac{\ln\sigma - \ln(\sigma - 1{,}05p)}{\ln(R_a - C) - \ln R_i}$	
2.263	**a)** $r = 10^{1-\frac{M-m}{5}}$		**b)** $a_{Me} = e^{\frac{zF(E_H-E_{OH})}{RT}}$	
2.264	100mW			
2.265	$p_U = p + 10\log\dfrac{R_1}{R_2}$			
2.266	**a)** $p_1 = p_2\,\mathrm{e}^{2p}$		**b)** $T_2 = T_1\,\mathrm{e}^{\frac{\triangle S}{C_p}}$	
2.267	**a)** $p_4 = p_1\,\mathrm{e}^{\frac{\Omega_{41}}{mRT_4}}$		**b)** $\lvert\rho_1\rho_2\rvert = 10^{\frac{\triangle_d B}{20}} - 1$	
2.268	**a)** $d = 4a\,\mathrm{e}^{-\frac{\varepsilon l}{1{,}8C}}$		**b)** $R = d\,\mathrm{e}^{\frac{4}{Ex}}$	
2.269	$R_e = \dfrac{2{,}51}{\sqrt{\lambda}} \cdot 10^{\sqrt{\frac{0{,}259}{\lambda}}}$		**b)** $w_m = w_x\,\mathrm{e}^{\frac{-2\tan^2\delta_a}{m^2}}$	
2.270	**a)** $\lambda = \sqrt{\dfrac{2KT}{M}}\,\mathrm{e}^{\frac{-\triangle_{fd}^2}{2g}}$		**b)** $g_0 = 2^{\frac{1}{2}\left[\left(\frac{\triangle w_a}{\triangle w_{3dB}}\right)^2+1\right]}$	
2.271	29,8 N			
2.272	**a)** 577,3 N	**b)** 2 777 N	**c)** 64,26 kN	
2.273	**a)** 0^0	**b)** 112,6°	**c)** 418,1°	
2.274	**a)** 461,7 N	**b)** 602 N		
2.275	0,116			
2.276	**a)** 1,306	**b)** 1,355	**c)** 1,329	**d)** 1,322
2.277		**b)** 1,22 bar		
2.278	**a)** 1 : 1,059 5	**b)** fis_1	**c)** 554,4 Hz	

Winkelmessung

3.1

α	0°	30°	45°	60°	90°	120°	180°	210°	18°	225°	270°
$\overset{\frown}{\alpha}$	0	$\frac{\pi}{6}$	$\frac{\pi}{4}$	$\frac{\pi}{3}$	$\frac{\pi}{2}$	$\frac{2\pi}{3}$	π	$\frac{7\pi}{6}$	$\frac{\pi}{10}$	$\frac{5\pi}{4}$	$\frac{3\pi}{2}$

3.2

α	32,5°	5,729 578°	217°	57,295 78°	333,27°	315,126 79°
$\overset{\frown}{\alpha}$	0,567 232	0,1	3,787 364 5	1	5,816 658 8	5,5

3.3 **a)** 54,25° **b)** 100,16° **c)** 147,065° **d)** 212,951°

Die trigonometrischen Funktionen am rechtwinkligen Dreieck

3.4 **a)** 0,829 037 5 **b)** 38,188 459 **c)** 0,479 425 5 **d)** 0,216 268 5
e) 0,827 271 9 **f)** 0,544 740 6 **g)** 0,001 815 1 **h)** 0,997 551

3.5 **a)** 1 **b)** 0,054 37 **c)** 0,999 8 **d)** 0,362 4
e) 0,056 49 **f)** 1 **g)** $5{,}56 \cdot 10^{-5}$ **h)** 1,364

3.6 **a)** 47,062 735° **b)** 0,044 725 **c)** $\frac{\pi}{4}$
d) 0,156 417° **e)** 89,843 583° **f)** $\frac{\pi}{6}$
g) 72,542 397° **h)** 0,463 6476 **i)** 45°

3.7 **a)**,**c)**,**f)** und **h)** sind wahr.

3.8 **a)** $\frac{r}{t}$ **b)** $\frac{s}{t}$ **c)** $\frac{r}{s}$ **d)** $\frac{s}{t}$ **e)** $\frac{r}{t}$ **f)** $\frac{s}{r}$ **g)** nein **h)** Hypotenuse

3.9 **a)** Tangens **b)** Kosinus **c)** Sinus

3.10 **a)** $c = 116$ cm $\alpha = 46{,}4°$ $\beta = 43{,}6°$
b) $b = 100$ m $c = 146$ m $\beta = 48{,}9°$
c) $b = 120$ mm $c = 169$ mm $\alpha = 44{,}8°$ $\beta = 45{,}2°$
d) $a = 0{,}75$ m $b = 1$ m $\alpha = 36{,}87°$ $\beta = 53{,}13°$

3.11 **a)** $c = 413{,}4$ mm $\beta = 52{,}1°$ $\gamma = 37{,}9°$
b) $a = 3{,}22$ cm $c = 6{,}55$ cm $\gamma = 63{,}8°$
c) $a = 6{,}1$ m $b = 8{,}3$ m $\alpha = 47{,}4°$
d) $b = 65$ cm $\alpha = 59{,}5°$ $\gamma = 30{,}5°$

3.12

	a	c	h	h_a	α	γ	A
a)			68cm	132,3 cm	13,4°	153,2°	19 380 cm^2
b)		340,1 m	264 m		57,2°	65,6°	44 886,3 m^2
c)		408,2 cm	252,9 cm	317,7 cm	51,1°		51 619,8 cm^2
d)		272 cm	273 cm	243,5 cm	63,5°	53°	
e)	405,2 m	486,5 m		389,1 m		73,8°	78 818,2 m^2
f)	405 cm	648 cm		388,8 cm	36,9°	106,3°	
g)	388 cm	520,2 cm	287,9 cm			84,2°	74 881,3 cm^2
h)	327,8 m	639,5 m	72,1 m	140,6 m	12,7°		

3.13

	a	b	d	ρ	ψ	ω	A
a)			113 cm	7,6°	82,4°	15,3°	1 680 cm^2
b)	16 cm			75,7°	14,3°	151,5°	1 008 cm^2
c)		39 m	89 m		64°	52°	3 121,5 m^2
d)		48,1 m	80 m	36,9°		73,8°	3 075,4 m^2
e)	45 km		117 km	67,4°	22,6°		4 855,3 km^2
f)	90 m		106 m	31,9°	58,1°	63,8°	
g)	65 cm	72 cm			42,1°	95,8°	4 680,4 cm^2
h)	159,9 m	36 m	163,9 m	12,7°		25,4°	

3.14

	a	e	f	h	α	β	A
a)			84 m	84 m	10,9°	169,1°	36 960 m^2
b)	450 cm			241,9 cm	32,5°	147,5°	108 864 cm^2
c)		1 040 cm	276 cm		29,7°	150,3°	143 538 cm^2
d)	720 cm	1 152 cm			73,7°	106,3°	497 664 cm^2
e)		1 007,8 m	460,4 m	418,7 m		130,9°	231 984 m^2
f)	735,5 m	1 378,8 m	608,1 m			132,4°	419 228 m^2
g)	119,5 cm	238,8 cm		9,8 cm	4,7°	175,3°	1 170,3 cm^2
h)	833,2cm	1 470,7 cm	783,6 cm	691,6 cm	56,1°		

3.15

	a	b	e	f	α	β	γ	A
a)		109 m			45,2°	124°	66,8°	14 100 m^2
b)	26,1 cm	144,7 cm	153 cm		133,4°	103,8°		
c)		20 cm	21 cm		134,8°		73,6°	252,3 cm^2
d)				32,6 cm	77,8°	67,4°	147,5°	408 cm^2
e)		407,6 m	739,6 m	239,7 m			34,2°	88 644 m^2
f)	163 m			220,1 m	85°	91,1°		24 766,7 m^2
g)		109 m		119,9 m		109,8°	66,8°	10 255,2 m^2
h)	106 cm	119,1 cm	195,1 cm			120,1°		10 923,8 cm^2

3.16 183,39 m

3.17 0,191°

3.18 **a)** 1 218 m **b)** 13,66 %

3.19 **a)** 1 : 2 **b)** 1 : 3

3.20 **a)** 152,9 m **b)** 173,2 m

3.21 **a)** 67,38° **b)** 18,92°

3.22 **a)** 40,07 m **b)** 32,57 m

3.23 **a)** 30° **b)** 35,69°

3.24 **a)** 2 112 m **b)** 6 800 m^2 **c)** (1) 6,6 m (2) 735 Tafeln (3) 9 762,4 m

3.25 **a)** 5,2 m **b)** 94 %

3.26 **a)** 19,4 km/h **b)** 17,6 km/h

3.27 **a)** 28° **b)** 50,9° **c)** 25,9 km/h

3.28 $F_H = 241{,}8$ N, $F_V = 397{,}5$ N

3.29 $F = 367{,}2$ N $\sphericalangle F_1F = 29{,}4°$ $\sphericalangle F_2F = 60{,}6°$

3.30 **a)** $F_1 = 61{,}7$ N, $F_2 = 55{,}5$ N **b)** $F_1 = 280{,}7$ N, $F_2 = 204$ N

3.31 **a)** $F = 391{,}3$ N **b)** $F = 397$ N

3.32 $F = 6\,691{,}2$ N

3.33 **a)** $F_2 = 2\,294{,}7$ N **b)** $F_2 = 1\,439{,}7$ N

3.34 **a)** 11,3° **b)** 16,7°

3.35 39,1°

3.36 **a)** 2 046 mm **b)** 1 773,4 mm

3.37 **a)** 364,3 cm **b)** 521,6 cm

3.38 **a)** 2,2 cm **b)** 4,1 cm

3.39

	r	h	s	α	β	V	A_O
a)			586 cm	76,6°	28,8°	$11 \cdot 10^6$ cm^3	$308 \cdot 10^3$ cm^2
b)	311,4 m		409,6 m		99°	$27 \cdot 10^6$ m^3	$705 \cdot 10^3$ m^2
c)		495 mm	530,9 mm		42,4°	$19 \cdot 10^3$ cm^3	4 360 cm^2
d)	2,75 m	2,52 m		42,5°		20 m^3	56 m^2
e)	325 m		397 m	35,1°		$25 \cdot 10^6$ m^3	$737 \cdot 10^3$ m^2
f)		4,18 m	4,82 m	60,1°	59,7°		54,4 m^2
g)		38 cm	46,1 cm	55,5°	69°	$27 \cdot 10^3$ cm^3	
h)	176 m	959 m	975 m		20,8°		$636 \cdot 10^3$ m^2

3.40

	a	s	h	h_a	α	β	V	A_O
a)			279 m	571 m	32,4°	24,2°	$72 \cdot 10^6$ m³	$17 \cdot 10^5$ m²
b)	841 m		340 m	541 m	39°		$80 \cdot 10^6$ m³	$16 \cdot 10^5$ m²
c)		600,8 cm		481 cm	41,5°	32,1°	55,1 m³	1 210 m²
d)	16,83 cm	45,29 cm	43,7 cm			74,8°	4 100 cm³	1 800 cm²
e)	504,2 cm	539,6 cm		477 cm		62,1°	$40 \cdot 10^6$ cm³	$74 \cdot 10^4$ cm²
f)	336 km	487 km		457 km	68,4°	60,8°		$42 \cdot 10^4$ km²
g)		469,7 m	375 m	425 m	61,9°	53°		$50 \cdot 10^4$ m²
h)		524,8 cm	265,8 cm	4,16 m	39,7°	30,4°	$9{,}07 \cdot 10^6$ cm³	

3.41 **a)** (1) 7,8 cm³ (2) 19,2 cm³ **b)** (1) 45,1 cm³ (2) 466,9 cm³

3.42 **a)** 35,3° **b)** 54,7° **c)** 70,5°

3.43 **a)** 447,8 cm³ **b)** 362,9 cm² **c)** 212,6 cm³

3.44 **a)** $V_{K_e} : V_{K_u} = 4 : 3$ **b)** $O_{K_u} : O_{K_u} = 4 : 3$

3.45 83,9 cm³

3.46 6,03 cm²

3.47 **a)** 75,5° **b)** 69,9°

3.48 **a)** 60° **b)** 56,3°

3.49 **a)** 60° **b)** 40,9°

3.50 **a)** $V = \frac{a^3}{6}$ **b)** $O = 2{,}414a^2$

3.51 **a)** $V = 1\,200\pi$ cm³ **b)** $O = 420\pi$ cm²

Die trigonometrischen Funktionen für beliebige Winkel

3.52

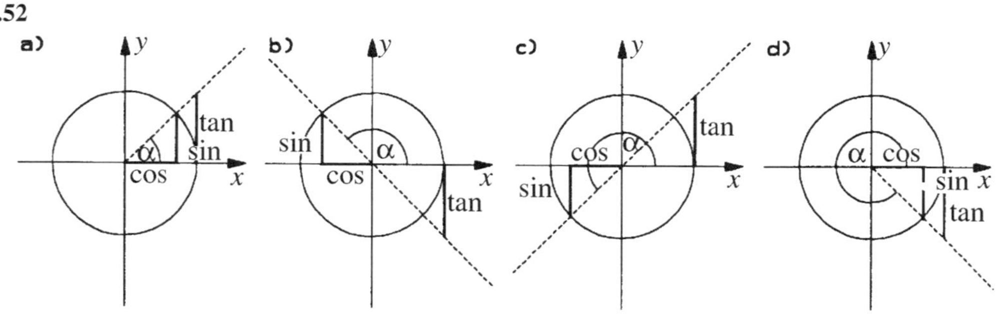

3.53 **a)** 6,4 cm **b)** 3,5 cm **c)** 9,4 cm **d)** −3,4 cm
e) −7,6 cm **f)** 7 cm **g)** 7 cm **h)** −7 cm

3.54 **a)** 0,689 619 5 **b)** −0,764 546 5 **c)** −0,219 315 4
d) 0,710 663 **e)** 0,598 472 1 **f)** −0,598 472 1
g) 0,839 099 6 **h)** −0,210 795 8 **i)** 0,563 471
j) −6,799 711 5

3.55 **a)** 26,565°, 206,565° **b)** 164,055°, 344,055°
c) 241,642°, 298,358° **d)** -
e) 0,588 002 6, 3,729 595 3, 6,871 187 9, 10,012 781
f) −0,927 295 2, −2,214 297 4 **g)** 0,643 501 1, −0,643 501 1
h) $60° + k \cdot 360°$, $120° + k \cdot 360°$ $k \in G$

3.56 **a)** > **b)** > **c)** = **d)** < **e)** = **f)** < **g)** = **h)** >

3.57 **a)** I, II **b)** I, IV **c)** II, IV **d)** III, IV
e) II, III **f)** I, III

3.58 **a)** sin 25° **b)** − sin 1° **c)** − cos 25° **d)** cos 75°
e) − sin 65° **f)** − tan 15° **g)** tan 85° **h)** − tan 54°

3.59 $\tan(90° + \alpha) = -\cot\alpha$ $\tan(90° - \alpha) = \cot\alpha$
$\tan(180° + \alpha) = \tan\alpha$ $\tan(180° - \alpha) = -\tan\alpha$

	$270° + \alpha$	$270° - \alpha$	$360° + \alpha$	$360° - \alpha$
$\sin\varphi$	$-\cos\alpha$	$-\cos\alpha$	$\sin\alpha$	$-\sin\alpha$
$\cos\varphi$	$\sin\alpha$	$-\sin\alpha$	$\cos\alpha$	$\cos\alpha$
$\tan\varphi$	$-\cot\alpha$	$\cot\alpha$	$\tan\alpha$	$-\tan\alpha$

3.60 **a)** 24,8°, 155,2° **b)** 118,5°, 241,5° **c)** 211,1°, 31,1°
3.61 **a)** 8,5°,171,5° **b)** 21,2°, 338,8° **c)** 48,1°, 228,1°
3.62 **a)** 198,7°, 341,3° **b)** 116,9°, 243,1° **c)** 309,8°, 129,8°
3.63 **a)** 306,9°, 233,1° **b)** 57,9°, 302,1° **c)** 155,8°, 335,8°
3.64 **a)** keine Lösung **b)** 1,038, 5,245 **c)** 1,857, 4,998
3.65 **a)** 0,062 5, 3,079 **b)** 1,26, 5,02 **c)** 1,923, 5,065
3.66 **a)** 5,891, 3,534 **b)** keine Lösung **c)** 0,093, 3,234
3.67 **a)** 0,713, 2,429 **b)** 0,428, 5,856 **c)** 0,308, 3,450
3.69 **a)** $7{,}6 \cdot 10^{-4}$ % **b)** 0,16 % **c)** 0,38 %
d) 2% **e)** 0,18 % **f)** 0,006 6 %
g) 1,52 % **h)** 6 %

Berechnungen am allgemeinen Dreieck

3.71 **a)** 810,1 cm^2 **b)** 157,8 cm

3.72 **a)** $\frac{s}{\sin\varepsilon} = \frac{r}{\sin\varphi} = \frac{t}{\sin\delta}$ **b)** $r^2 = t^2 + s^2 - 2st\cos\varphi$, $s^2 = r^2t^2 - 2rt\cos\varepsilon$
$t^2 = r^2s^2 - 2rs\cos\delta$

3.73 **a)** K, S, W **b)** K, S, W **c)** W, S, S

3.74 **a)**, **c)**, **d)**

3.75 **a)** 2 Lösungen **b)** eine Lösung **c)** keine Lösung **d)** keine Lösung
e) 2 Lösungen **f)** eine Lösung **g)** eine Lösung **h)** keine Lösung

3.76

	a	b	c	α	β	γ	A
a)		13 cm	40 cm			93,7°	239,7 cm²
b)		28,9 m	120 m	43,6°			1 197,5 m²
c)	145,5 mm		175,5 mm	36,9°			2 107,5 mm²
d)		292,5 cm			40,6°	75,4°	57 177 cm²
e)		89,1 m		64°	2,9°		65 591 m²
f)			480 m		11,4°	125°	19 199 m²
g)	109,9 km			5,2°	53,1°		45 354 km²
h)	259,9 m	80,3 m			14,3°		9 627,8 m²

3.77

	a	b	c	α	β	γ	A
a)			29 cm	83,3°	43,6°		359,9 cm²
b)		34 m		61,9°		95,5°	1 318,9 m²
c)				11,4°	22,6°	146°	5 710,4 mm²
d)	325 cm			25,1°	6,4°	148,5°	
e)		443,9 cm	527,8 cm	18,9°	53,2°		
f)	116,1 m		276,2 m		43,5°	113,9°	
g)	184,6 m		1799,6 m	2°	18°		
h)		7 511,1 m	7 736,9 m	40,6°		72°	

3.78

	a	b	c	d	e	f	α	β	γ	δ	A
a)		40 mm			51 mm	74 mm		36,9°	143,1°	106,3°	1 223,8 mm²
b)					54,3 cm	59,1 cm	41,7°	42°	138°	138,3°	1248 cm²
c)			51,2 m	115 m	163,5 m	87,3 m			119,2°	157,7°	5 088,8 m²
d)		37,6 cm		42,3 cm	62,1 cm	48,5 cm			90,9°	117,3°	1 504,2 cm²
e)				99,9 m		99,3 m	15,4°	30,7°	149,3°	164,6°	3 222,2 m²
f)		29 cm	33 cm		52 cm	57,6 cm		43,7°	136,3°	126,9°	
g)		70,9 m		78,7 m	182,8 m			101,5°	78,5°	118,1°	9 273,3 m²
h)	65,8 m	18,5 m	17,8 m				18°	35,3°	144,7°		447,3 m²

3.79 **a)** $s_2 = 429{,}9$ m, $s_3 = 382{,}5$ m
b) $s_2 = 587{,}8$ m, $s_3 = 402{,}7$ m

3.80	**a)** $s_a = 45{,}1$ mm,	$s_b = 38{,}8$ mm,	$s_c = 22{,}8$ mm		
	b) $s_a = 24{,}4$ mm,	$s_b = 5{,}2$ mm,	$s_c = 20{,}8$ mm		
3.82	**a)** 0,24 cm^2	**b)** 2,4 cm^2	**3.83**	**a)** 623,1 m	**b)** 762,5 m
3.84	100,1°		**3.85**	**a)** 115,1 N	**b)** 172,9 N
3.86	**a)** (1) $F_2 = 188{,}4$ N	(2) $F_1 = 188{,}4$ N		**b)** (1) $F_2 = 192$ N	(2) $F_1 = 240$ N
3.87	$C(65{,}3; 86{,}4)$	$A = 1\,803{,}2$			
3.88	**a)** $\sphericalangle F_1F_2 = 125.3°$,	$\sphericalangle F_1F_3 = 105{,}1°$,	$\sphericalangle F_2F_3 = 129{,}6°$		
	b) $\sphericalangle F_1F_2 = 129{,}8°$,	$\sphericalangle F_1F_3 = 118{,}3°$,	$\sphericalangle F_2F_3 = 111{,}9°$		
3.89	**a)** Gleichgewicht	**b)** keine Gleichgewicht			
3.90	**a)** 111,8°	**b)** keine Lösung	**3.91**	**a)** 19,08 cm^3	**b)** 107,5 cm^2
3.92	**a)** $1\,784{,}4 \cdot \pi$ cm^3	**b)** $514{,}2 \cdot \pi$ cm^2			
3.93	**a)** $1\,060{,}2 \cdot \pi$ cm^3	**b)** $387{,}6 \cdot \pi$ cm^2	**3.94**	20,9 m	
3.95	628,7 m		**3.96**	**a)** 86,6 m	**b)** 16,8 m
3.97	**a)** 75 m	**b)** 149,8 m	**3.98**	**a)** 3 m	**b)** 1,9 m
3.99	**a)** 329,7 m	**b)** 266,2 m	**3.100**	**a)** 3,9 m	**b)** 3 m
3.101	**a)** 1,1 m	**b)** 2,2 m	**3.102**	**a)** 190 m	**b)** 121 m
3.103	**a)** 134,5 m	**b)** 251,1 m	**3.104**	**a)** 168 m	**b)** 266 m
3.105	**a)** 20 m	**b)** 12 m	**3.106**	**a)** 67 m	**b)** 53 m
3.107	**a)** 50 m	**b)** 110 m	**3.108**	384 435 km	
3.109	**a)** 73 087,6 km	**b)** 18 624,6 km	**3.110**	**a)** 2,622 s	**b)** 2,616 s

3.112 Der Durchmesser des Umkreises eines beliebigen Dreiecks lässt sich als Quotient aus der Länge einer Dreieckseite und dem Sinus des der Seite gegenüberliegenden Winkels berechnen.

Beziehungen zwischen den trigonometrischen Funktionen

3.113	**a)** $\cos\alpha = \frac{3}{5}$, $\tan\alpha = \frac{4}{3}$	**b)** $\sin\alpha = \frac{16}{65}$, $\tan\alpha = -\frac{16}{63}$
3.114	**a)** $\sin\alpha = -0{,}92$, $\tan\alpha = 2{,}29$	**b)** $\sin\alpha = \frac{40}{41}$, $\cos\alpha = -\frac{9}{41}$
3.115	**a)** $\sin\alpha = \frac{3}{5}$, $\cos\alpha = \frac{4}{5}$	**b)** $\cos\alpha = -\frac{8}{17}$, $\tan\alpha = -\frac{15}{8}$
3.116	**a)** $\cos\alpha = \frac{9}{41}$, $\tan\alpha = -\frac{40}{9}$	**b)** $\sin\alpha = -\frac{84}{85}$, $\tan\alpha = -\frac{84}{13}$
3.117	**a)** $\sin\alpha = -0{,}8$, $\tan\alpha = -1{,}3$	**b)** $\sin\alpha = -\frac{12}{13}$, $\cos\alpha = \frac{5}{13}$
3.118	**a)** $\sin\alpha = \frac{\sqrt{42}}{7}$, $\cos\alpha = -\frac{\sqrt{7}}{7}$	**b)** $\cos\alpha = -\frac{\sqrt{2}}{2}$, $\tan\alpha = -1$
3.119	**a)** $\cos\alpha = -0{,}26$, $\tan\alpha = 3{,}73$	**b)** $\sin\alpha = 0{,}59$, $\tan\alpha = 0{,}73$

3.120 **a)** $\sin\alpha = 0{,}31, \quad \tan\alpha = 0{,}32$ **b)** $\sin\alpha = \sqrt{\frac{n-4}{n-1}}, \quad \cos\alpha\sqrt{\frac{3}{n-1}}$

3.121 **a)** $\cos\alpha$ **b)** $\sin\alpha$ **c)** 1

3.122 **a)** $\frac{1}{\sin\alpha}$ **b)** $\cos\alpha$ **c)** $\tan^2\alpha$

3.123 **a)** $\tan\alpha$ **b)** $\cos^3\alpha$ **c)** $\sin^3\alpha$

3.124 **a)** $1+\cos\alpha$ **b)** $1-\sin\alpha$ **c)** $\frac{1}{\tan^2\alpha}$

3.125 **a)** 1 **b)** 1

3.126 **a)** 5 **b)** 1

3.127 **a)** $\frac{2}{\sin\alpha}$ **b)** $\cos\alpha+\sin\alpha$

3.128 **a)** $\tan\alpha$ **b)** $\frac{1-\sin\alpha}{\cos\alpha}$ **c)** 1

3.129 **a)** $\tan\alpha$ **b)** $\sin x+\cos x$ **c)** 1

3.130 **a)** 0 **b)** 0 **3.131** **a)** $\cos\alpha$ **b)** $-\sqrt{3\sin\alpha}$

3.132 **a)** $-\sqrt{3\sin\alpha}$ **b)** 0 **3.133** **a)** $\cos\alpha$ **b)** $\cos y$

3.134 **a)** $\sin\alpha$ **b)** $\sin x$ **3.135** **a)** 1 **b)** 1

3.136 **a)** 1 **b)** 1 **3.137** alle Aussagen sind wahr

3.138 **a)** $0{,}96$ **b)** $-0{,}28$ **c)** $-\frac{72}{21}$ **d)** $-\frac{840}{841}$ **e)** $-\frac{41}{841}$
f) $\frac{840}{41}$ **g)** $-0{,}77$ **h)** $0{,}64$ **i)** $-1{,}197$

3.139 **a)** $-0{,}96$ **b)** $-0{,}28$ **c)** $\frac{72}{21}$ **d)** $\frac{840}{841}$ **e)** $-\frac{41}{841}$
f) $-\frac{840}{41}$ **g)** $-0{,}77$ **h)** $0{,}64$ **i)** $1{,}197$

3.140 **a)** 1 **b)** 0 **3.141** **a)** 0 **b)** 0

3.142 **a)** $\frac{1}{\cos x}$ **b)** $\cos x$ **3.143** **a)** $\sin y$ **b)** $\tan x$

3.147 **a)** $\sqrt{3}\sin x$ **b)** $\sqrt{2}\cos x$ **3.148** **a)** $\cos x$ **b)** $-\sqrt{2}\sin x$

3.149 **a)** $\sqrt{2}\sin\alpha$ **b)** $-\sin\alpha$ **3.150** **a)** $2\sin\alpha\cos\beta$ **b)** $2\cos\alpha\cos\beta$

3.151 **a)** $\tan\frac{x+y}{2}$ **b)** $-\tan\frac{x+y}{2}$ **3.152** **a)** $\cot\frac{x-y}{2}$ **b)** $\tan\frac{x-y}{2}$

3.153 **a)** $-\cot y$ **b)** $\sqrt{3}$

3.163 **a)** $\sin 4x+\sin 2x$ **b)** $\sin 7x+\sin x$ **c)** $\frac{1}{2}\sin(a+b)x+\sin(a-b)x$

3.164 **a)** $\frac{1}{2}\sin(5-2n)x+\sin x$ **b)** $\sin 4x+\sin 2nx$

Goniometrische Gleichungen

3.165 **a)** $\{x \mid x = 0{,}472 + k \cdot \pi \vee x = 1{,}099 + k \cdot \pi, k \in \mathbf{G}\}$

b) $\{x \mid x = 0{,}379 + k\frac{2\pi}{3} \vee x = 1{,}716 + k\frac{2\pi}{3}, k \in \mathbf{G}\}$

c) $\{x \mid x = 1{,}342 + k \cdot 2\pi \vee x = 8{,}970 + k2\pi, k \in \mathbf{G}\}$

3.166 **a)** $\emptyset$ **b)** $\{x \mid x = 0{,}339 + k\frac{2\pi}{2{,}26} \vee x = 2{,}441 + k\frac{2\pi}{2{,}26}, k \in \mathbf{G}\}$

c) $\{t \mid t = 0{,}225 + k\frac{2\pi}{3} \vee t = 1{,}869 + k\frac{2\pi}{3}, k \in \mathbf{G}\}$

3.167 **a)** $\{0, 2\pi\}$ **b)** $\{\frac{\pi}{2{,}4}, \frac{\pi}{0{,}8}\}$ **c)** $\{0, \frac{\pi}{2}, \pi, \frac{3\pi}{2}, 2\pi\}$

3.168 **a)** $\{\frac{\pi}{6} + \frac{8}{15}, \frac{\pi}{2} + \frac{8}{15}, \frac{5\pi}{6} + \frac{8}{15}, \frac{7\pi}{6} + \frac{8}{15}, \frac{3\pi}{2} + \frac{8}{15}\}$

b) $\{3\pi - 3{,}3\}$

3.169 **a)** $\{0, \frac{\pi}{3}, \frac{\pi}{2}, \frac{2\pi}{3}, \pi, \frac{4\pi}{3}, \frac{3\pi}{2}, \frac{5\pi}{3}, 2\pi\}$ **b)** $\{\frac{3\pi}{8}, \frac{7\pi}{8}, \frac{11\pi}{8}, \frac{15\pi}{8}\}$

3.170 **a)** $\{0°, 70{,}5°, 180°, 289{,}5°\}$ **b)** $\{9{,}6°, 90°, 170.4°, 270°\}$

c) $\{0°, 45°, 135°, 180°, 225°, 315°\}$

3.171 **a)** $\{0°, 60°, 180°, 300°\}$ **b)** $\{45°, 135°, 225°, 315°\}$

c) $\{48{,}6°, 90°, 131{,}4°, 228{,}6°, 270°, 311{,}4°\}$

3.172 **a)** $\{116{,}6°, 153{,}4°, 296{,}6°, 333{,}4°\}$

b) $\{45°, 225°\}$

3.173 **a)** $\{30°, 150°, 210°, 330°\}$ **b)** $\{0°, 90°, 180°, 270°\}$

3.174 **a)** $\{30°, 150°, 270°\}$ **b)** $\{54°, 126°, 198°, 342°\}$

3.175 **a)** $\{45°, 135°, 225°, 315°\}$ **b)** $\{90°, 270°\}$

3.176 **a)** $\{16{,}26°, 90°\}$ **b)** $\{82{,}1°, 97{,}9°, 210{,}5°\}$

3.177 **a)** $\{0°, 180°\}$ **b)** $\{0°, 90°, 180°\}$

3.178 **a)** $\{45°, 180°, 225°\}$ **b)** $\{0°\}$

3.179 **a)** $\{63{,}5°, 108{,}4°, 243{,}4°, 288{,}4°\}$

b) $\{15°, 75°, 135°, 315°\}$

3.180 **a)** $[0°, 360°)$ **b)** $\{35{,}26°, 144{,}74°, 215{,}26°, 324{,}74°\}$

3.181 **a)** $\{0°, 38{,}7°, 180°, 321{,}3°\}$ **b)** $\{106{,}3°, 253{,}7°\}$

3.182 **a)** $\{0°, 60°, 120°, 180°, 240°, 270°, 300°\}$

b) $\{30°, 60°, 90°, 150°, 180°, 210°, 270°, 300°, 330°\}$

3.183 **a)** $\{0°, 36°, 90°, 108°, 252°, 270°, 324°\}$

b) $\{0°, 70°, 144°, 180°, 216°, 288°\}$

3.184 $\{47{,}87°, 42{,}13°\}$

Vermischte Aufgaben

3.185 215,2 mm **3.186** 141,7 mm **3.187** 8,2 % **3.188** 70,2°

3.189 2,5 km, 90°

3.190 **a)** 10,6° **b)** 12,1°

3.191 **a)** 28,7 m **b)** 41,4° **c)** 33 m, 45,4° **d)** Nein

3.192 2,07° **3.193** 10,04 mm **3.194** 3,45 mm

3.195 0°, 22,02°, 32,03°, 40.51°,48,59°

3.196 **a)** 44,45° **b)** 50,22°

3.197 **a)** 238,26 t **b)** 123,87° **c)** 248,81 m^2

3.198 10,06 dm^2

3.199 **a)** 3,15 m **b)** 2,58 m^2 **c)** 0,566 m **d)** 455 t

3.200 **a)** 92,48°, 135,95° **b)** 35 mm
c) 1 137,5 mm^2 **d)** 2 363,54 mm^2

3.201 **a)** 157,66°, 163,67°, 38,68° **b)** $\alpha = \beta = \gamma = 120°$

3.202 **a)** 77,1 km/h **b)** 39 %

3.203 Variante (3)

Abbildungen und Funktionen

4.1

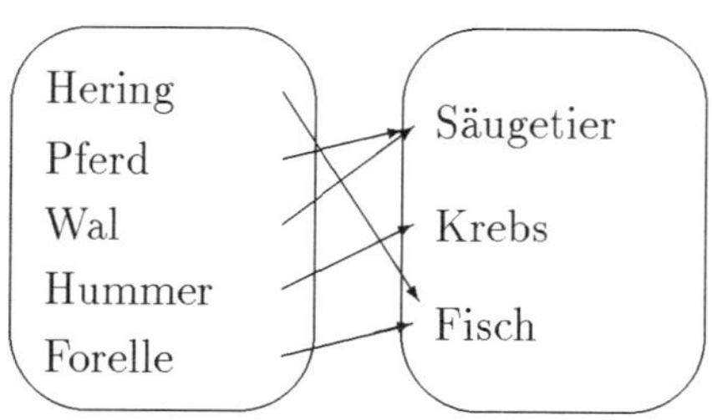

4.2 x ist Teiler von y.

4.3

a)

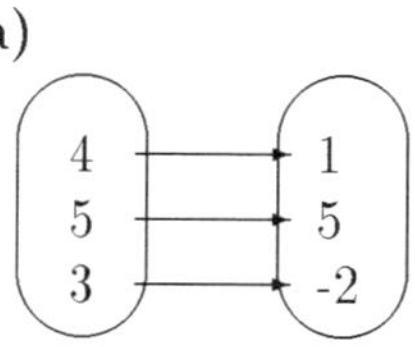

b)

x	y
4	1
5	5
3	-2

c)

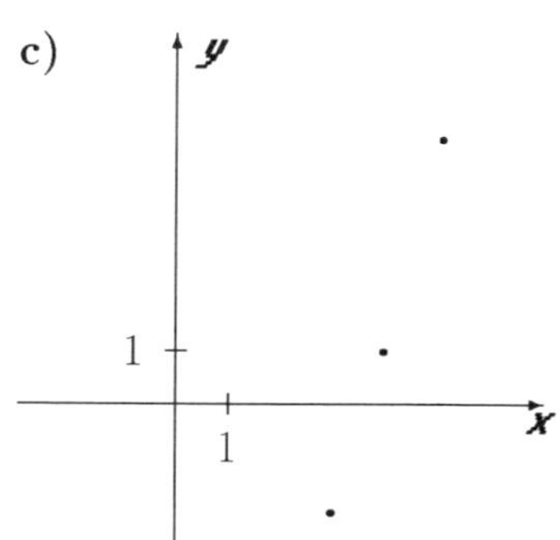

4.4

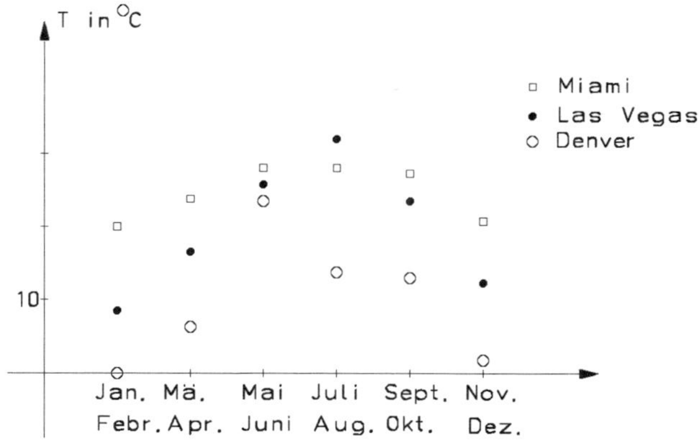

4.5 **a)**

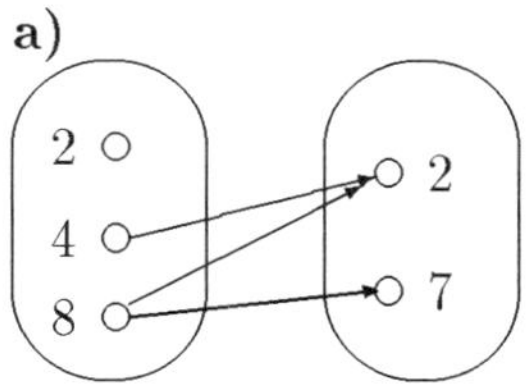

b) $\{(4;2),(8;2),(8;7)\}$

4.6 **a)** Jeder natürlichen zweistelligen Zahl ist genau ein Bruch eindeutig zugeordnet.

b) DB = {20,21,22,23,24,25,26,27,28,29}

$$\text{WB} = \left\{\frac{19}{21},\frac{20}{22},\frac{21}{23},\frac{22}{24},\frac{23}{25},\frac{24}{26},\frac{25}{27},\frac{26}{28},\frac{27}{29},\frac{28}{30}\right\}$$

4.7 **a)** $y = 3x$ **b)** $(y = 5x) \vee (y = 10x)$

c) **a)** ist eine eindeutige Abbildung, also Funktion
b) ist keine Funktion

4.8 Funktionen sind **a), c), e), g), h)**.

4.9

x	$y_{a)}$	$y_{b)}$	$y_{c)}$
-2	$-\frac{8}{9}$	$-\frac{1}{2}$	-2
-1	$-\frac{1}{9}$	-1	$-\frac{1}{2}$
1	$\frac{1}{9}$	1	$\frac{1}{4}$
2	$\frac{8}{9}$	$\frac{1}{2}$	$\frac{2}{5}$
3	3	$\frac{1}{3}$	$\frac{1}{2}$

4.10 a)

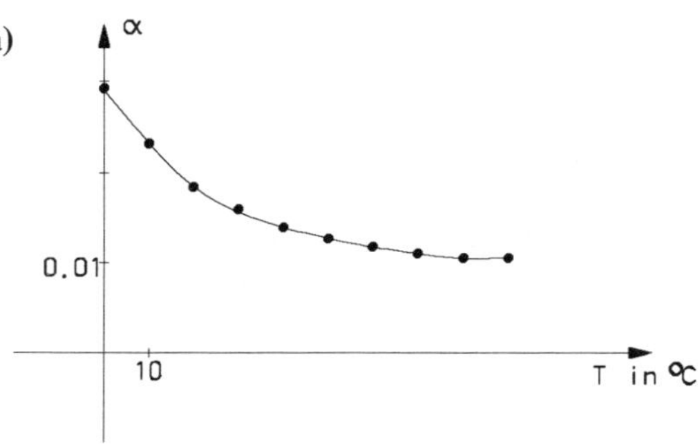

4.10 **a)**

$x = T$	0	10	20	30	40	50	60	70	80	90	100
$f(x)$	29,2	21,2	17,8	15,9	14,7	13,8	13,2	12,7	12,4	12,1	11,8
Fehler für $\alpha \cdot 10^3$	0	−7,4	−5	−1,4	3,2	6,3	8,2	9,7	9,4	8,6	6,4

$f(x)$ ist ein brauchbarer Ersatz, da der Fehler 10% nicht übersteigt.

4.11

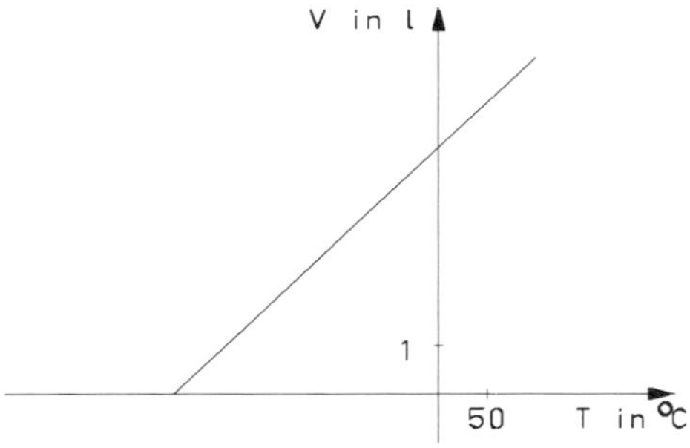

$V(-100) = 3{,}14\,\text{l}$
Für $t = -111{,}5°$ ist das Volumen halb so groß wie für $t = 50°$.

4.12

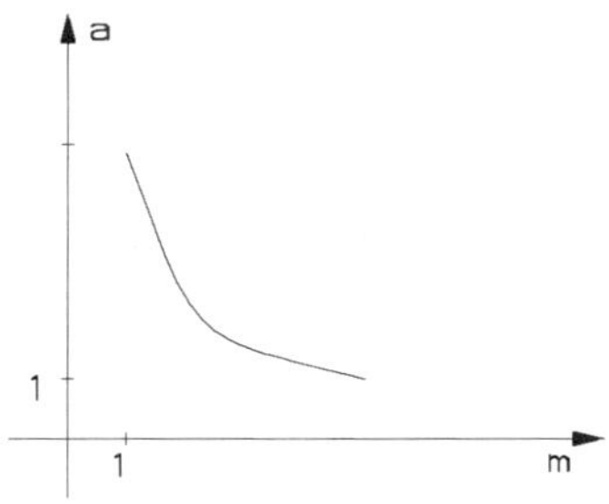

4.13.

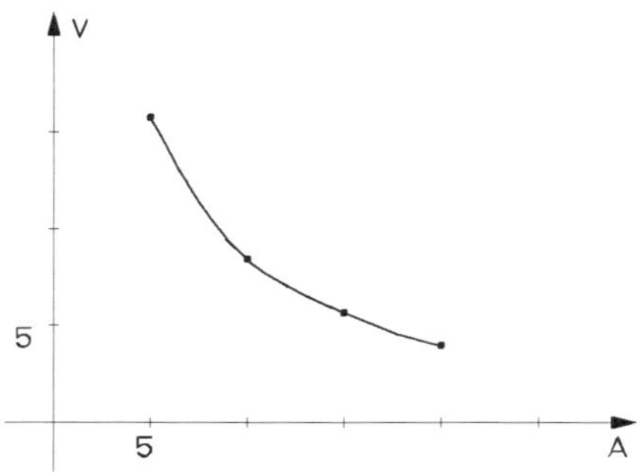

4.14 $p = 1\ \text{bar} + 3{,}7 \cdot 10^{-3}\ \text{bar}/°\text{C} \cdot t$

Wichtige Eigenschaften von Funktionen

4.15 **a)** DB $= \mathbf{R}$, nicht beschränkt, streng monoton steigend, unsymmetrisch, stetig

b) DB $= \mathbf{R}$, nicht beschränkt, streng monoton steigend für $x \in (-\infty; 0] \cup [3; \infty)$, streng monoton fallend für $x \in [0; 3]$, unsymmetrisch, stetig

c) Streng monoton steigend für $x \in (-\infty; -3] \cup [3; \infty)$, streng monoton fallend für $x \in [-3; 3]$, sonst wie **b)**

d) DB $= \mathbf{R}$, nach oben beschränkt (Schranke: $A \geq 3$), streng monoton steigend für $x \leq 0$, streng monoton fallend für $x \geq 0$, unsymmetrisch, stetig

e) DB $= \mathbf{R}$, nach oben beschränkt ($A \geq 3$), streng monoton steigend für $x \leq -2$, streng monoton fallend für $x > -2$, unsymmetrisch, unstetig für $x = -2$ (Sprungstelle)

f) DB $= \mathbf{R}\backslash\{2\}$, nicht beschränkt, streng monoton fallend für $x \in (-\infty; 2) \cup (2; \infty)$, unsymmetrisch, unstetig für $x = 2$ (Polstelle)

g) DB $= \mathbf{R}\backslash\{\mathbf{-1}\}$, nach oben beschränkt ($A \geq 4$), monoton fallend für $x < -1$, streng monoton fallend für $x \in [-3; 1)$, monoton steigend für $x \in (-1; 1]$, unsymmetrisch, unstetig für $x = -1$ (Pol)

h) DB $= \mathbf{R}\backslash\{\mathbf{-1}\}$, nicht beschränkt, streng monoton steigend für $x \in [-3; -1] \cup (-1; 1]$, streng monoton fallend für $x \in (-\infty; -3] \cup [1; \infty)$, unsymmetrisch, unstetig für $x = -1$ (Polstelle)

i) DB $= \mathbf{R}$, beschränkt ($0 \leq y \leq 4$), streng monoton steigend für $x \in (-\infty; -2] \cup [0; 2]$, streng monoton fallend für $x \in [-2; 0] \cup [2; \infty)$, axialsymmetrisch, stetig

j) DB $= \mathbf{R}$, nicht beschränkt, streng monoton steigend, zentralsymmetrisch, stetig

k) DB $= \mathbf{R}$, nicht beschränkt, streng monoton steigend für $x \in (-\infty; 0) \cup (0; \infty)$, zentralsymmetrisch, unstetig für $x = 0$ (Sprungstelle)

l) DB $= \mathbf{R}$, nach oben beschränkt ($A \geq 5$), streng monoton steigend für $x \in (-\infty; -2] \cup [1; 3]$, streng monoton fallend für $x \in [-2; 1] \cup [3; \infty)$, unsymmetrisch, stetig

4.16

a) $$f(x) = \begin{cases} 2x + 6 & \text{für } x < -2 \\ \frac{1}{2}x + 3 & \text{für } x \geq -2 \end{cases}$$

d) $$f(x) = \begin{cases} x + 3 & \text{für } x < 0 \\ 3 - x^2 & \text{für } x \geq 0 \end{cases}$$

e) $$f(x) = \begin{cases} x + 3 & \text{für } x \leq -2 \\ -\frac{1}{2}x + 2 & \text{für } x > -2 \end{cases}$$

i) $$f(x) = \begin{cases} \frac{1}{2}x + 5 & \text{für } x < -2 \\ x^2 & \text{für } |x| \leq 2 \\ -\frac{1}{2}x + 5 & \text{für } x > 2 \end{cases}$$

l) $$f(x) = \begin{cases} x - 2 & \text{für } x < 0 \\ 0 & \text{für } x = 0 \\ x + 2 & \text{für } x > 0 \end{cases}$$

4.17 **a)**

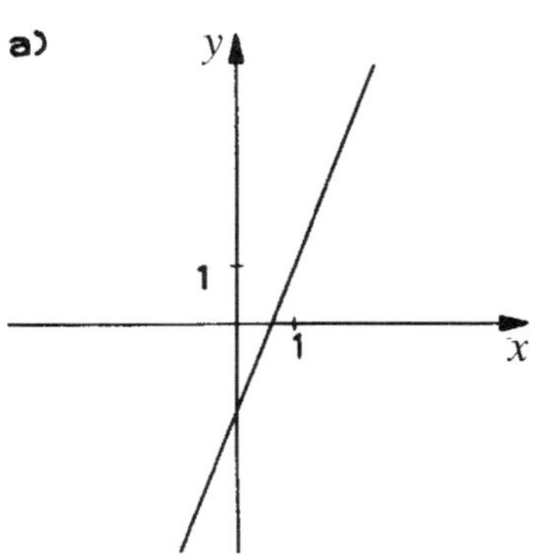

DB$= \mathbf{R}$, unbeschränkt, streng monoton steigend, unsymmetrisch, stetig

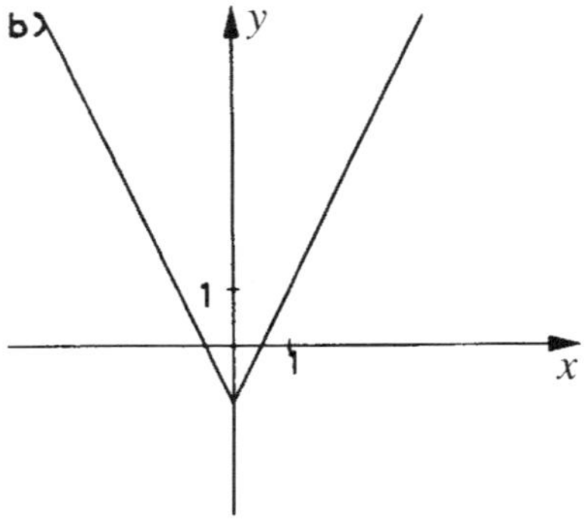

DB= **R**
nach unten beschränkt ($B \leq -1$)
streng monoton fallend für $x \leq 0$
streng monoton steigend für $x \geq 0$
axialsymmetrisch, stetig

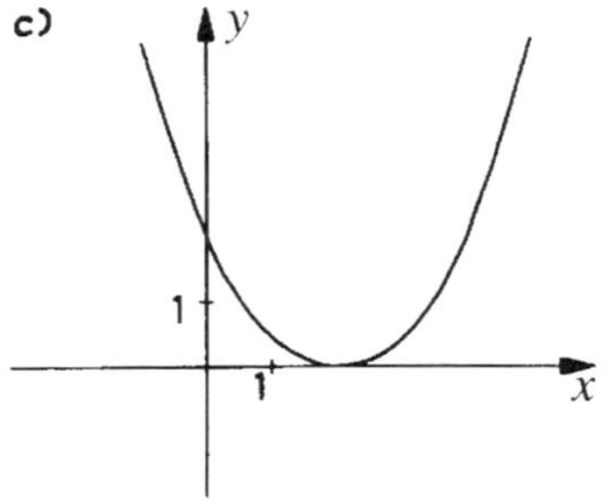

DB= **R**,
nach unten beschränkt ($B \leq 0$)
streng monoton fallend für $x \leq 2$
streng monoton steigend für $x \geq 2$
unsymmetrisch, stetig

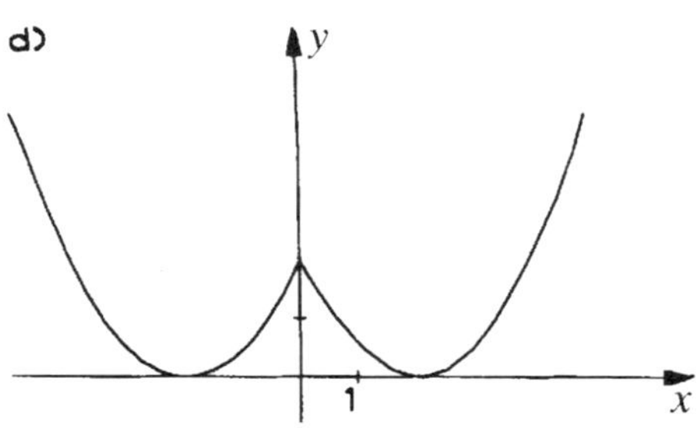

DB= **R**
nach unten beschränkt ($B \leq 0$)
streng monoton fallend für
$x \in (-\infty; -2] \cup [0; 2]$
streng monoton steigend für
$x \in [-2; 0] \cup [2; \infty)$
axialsymmetrisch, stetig

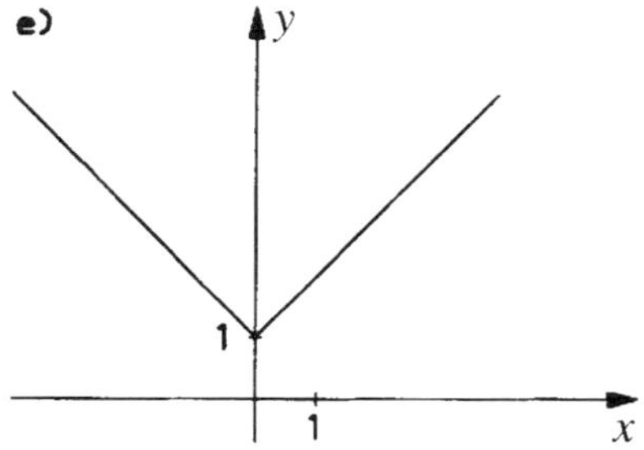

DB= **R**
nach unten beschränkt ($B \leq 1$)
streng monoton fallend für $x \in (-\infty; 0)$
streng monoton steigend für $x \in [0; \infty)$
axialsymmetrisch, stetig

f)

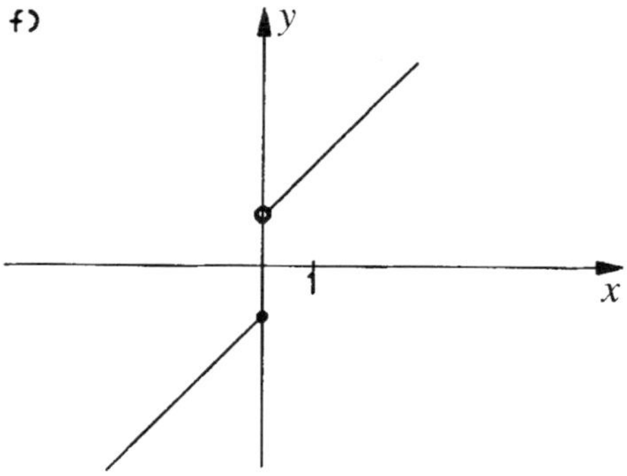

DB= **R**
nicht beschränkt
streng monoton steigend
zentralsymmetrisch außer für $x = 0$
unstetig für $x = 0$ (Sprungstelle)

g)

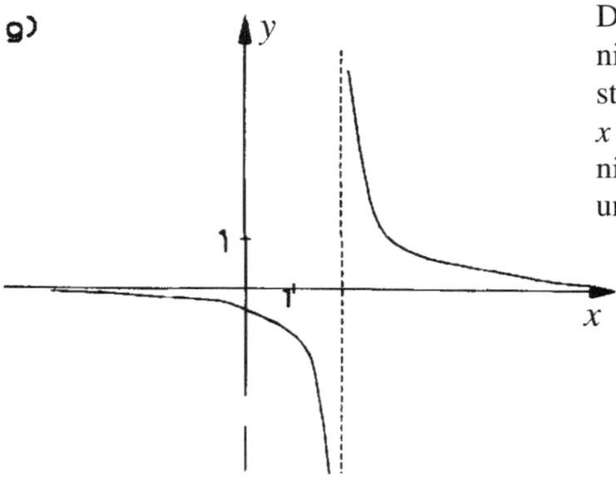

DB= $\mathbf{R}\backslash\{2\}$
nicht beschränkt
streng monoton fallend für
$x \in (-\infty; 2) \cup (2; \infty)$
nicht symmetrisch
unstetig für $x = 2$ (Polstelle)

h)

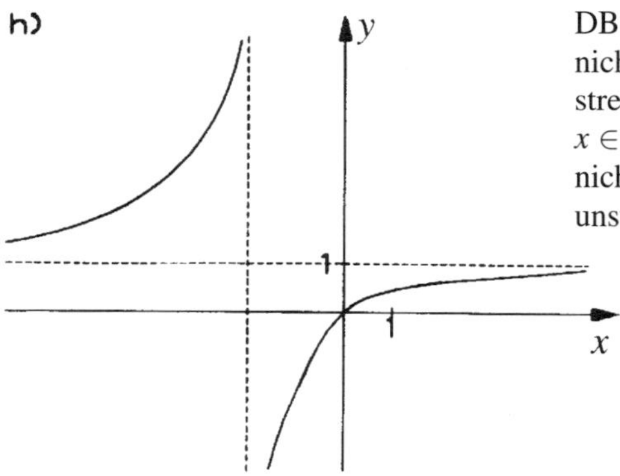

DB= $\mathbf{R}\backslash\{-2\}$
nicht beschränkt
streng monoton steigend für
$x \in (-\infty; -2) \cup (-2; \infty)$
nicht symmetrisch
unstetig für $x = -2$ (Polstelle)

i)

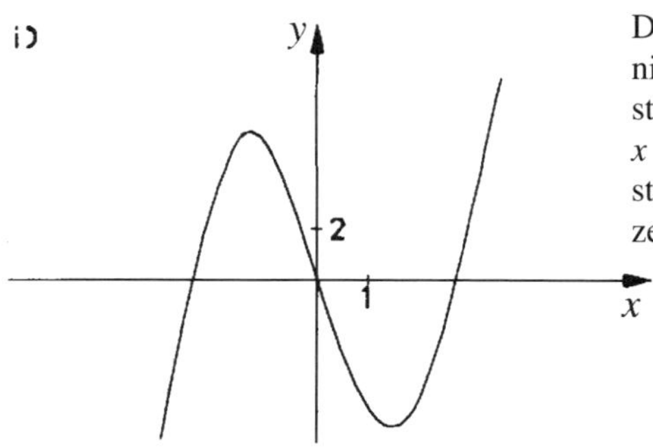

DB= **R**
nicht beschränkt
streng monoton steigend für
$x \in (-\infty; -1{,}4] \cup [1{,}4; \infty)$
streng monoton fallend für $x \in [-1{,}4; 1{,}4]$
zentralsymmetrisch, stetig

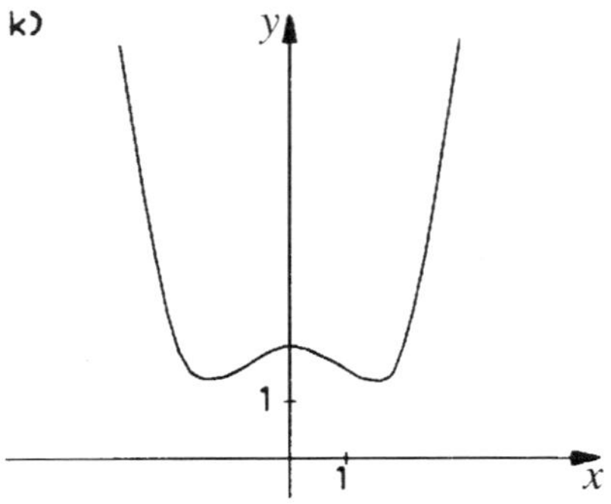

DB= **R**
nach unten beschränkt ($B \leq 1{,}5$)
streng monoton fallend für
$x \in (-\infty; -1{,}4] \cup [0; 1{,}4]$
streng monoton steigend für
$x \in [-1{,}4; 0] \cup [1{,}4; \infty)$
axialsymmetrisch, stetig

Die Umkehrfunktion

4.18 **a)** Eine Umkehrfunktion existiert für **a)**, **g)**, **h)**

b) Für DB $= [0; \infty)$ existiert eine Umkehrfunktion für **a)**, **e)**, **f)**, **g)**, **h)**

c) $(-\infty; -2], [-2; 1], [1; \infty)$

4.19 **a)** Eine Umkehrfunktion existiert für **a)**, **f)**, **k)**

b) Für DB $= [0; \infty)$ existiert eine Umkehrfunktion für **a)**, **d)**, **e)**, **k)**, **l)**

c) $(-\infty; -3], [-3; 3], [3; \infty)$

4.20

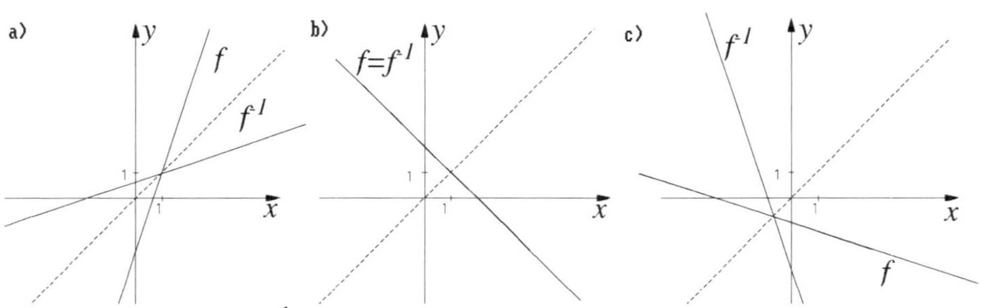

a) $f^{-1} = \{(x; y) \mid y = \frac{1}{3}(x+2),\ \text{DB} = \mathbf{R}\}$

b) $f^{-1} = \{(x; y) \mid y = -x + 2,\ \text{DB} = \mathbf{R}\}$

c) $f^{-1} = \{(x; y) \mid y = -3x - 3,\ \text{DB} = \mathbf{R}\}$

4.21

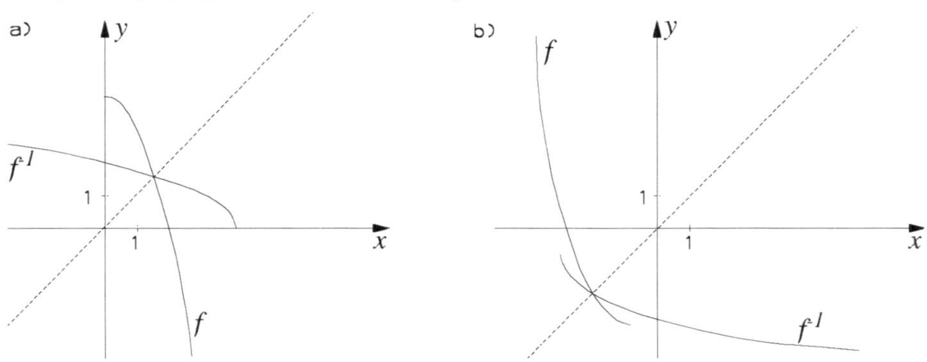

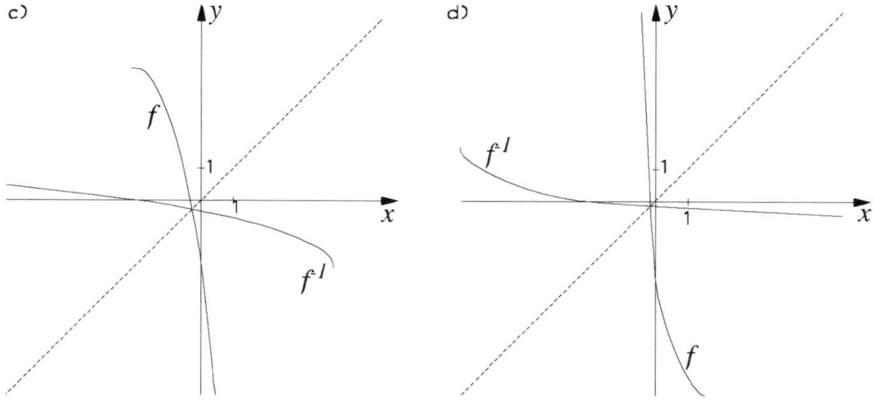

a) $f^{-1} = \{(x;y)|y = \sqrt{4-x},\ \mathrm{DB} = (-\infty;4]\}$

b) $f^{-1} = \{(x;y)|y = -1 - 3\sqrt{3+x},\ \mathrm{DB} = [-3;\infty)\}$

c) $f^{-1} = \left\{(x;y)|y = -2 + \sqrt{\frac{8}{3} - \frac{2}{3}x},\ \mathrm{DB} = (-\infty;4]\right\}$

d) $f^{-1} = \left\{(x;y)|y = \frac{4}{3} - \sqrt{2 + \frac{x}{3}},\ \mathrm{DB} = [-6;\infty)\right\}$

Grundfunktionen

4.22

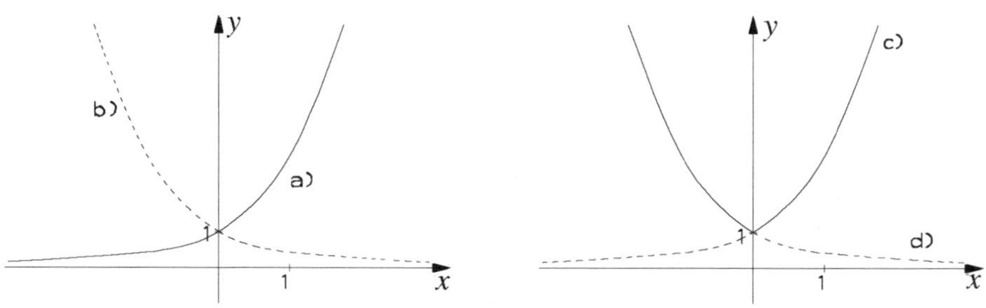

4.23

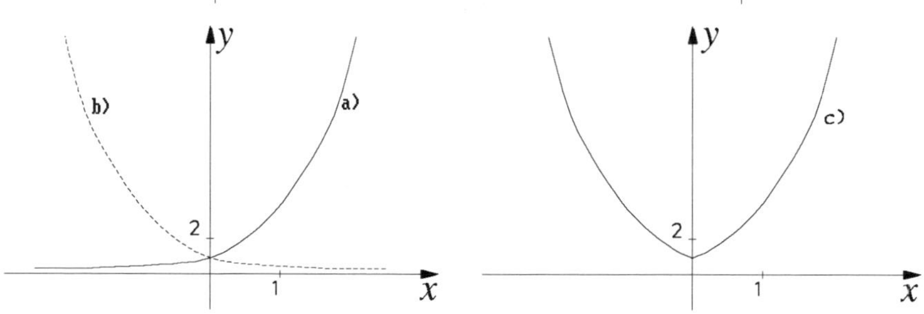

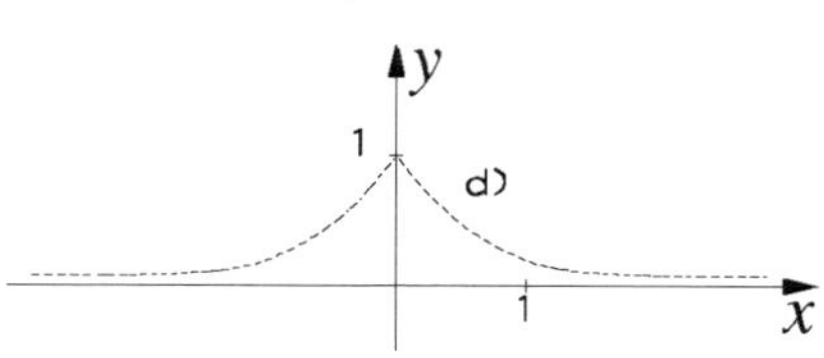

4.24 **a)** 2
b) 2,593 74
c) 2,704 68
d) 2,716 92

4.25 **a)** 1,415 **b)** 0,042 **c)** 1,002 **d)** 0,987

4.26

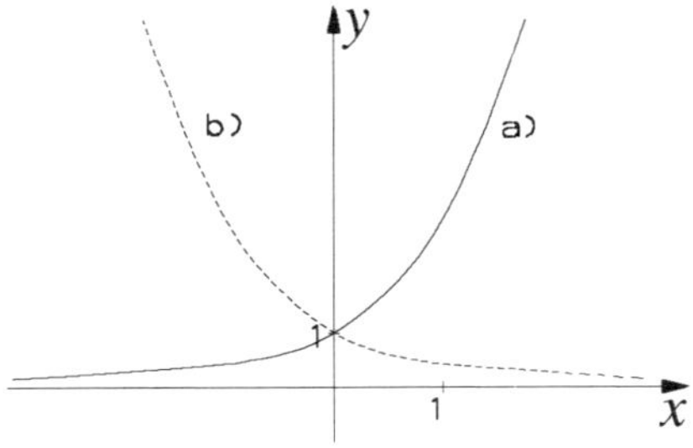

4.27 12 323,58 €

4.28 **a)** $4{,}722 \cdot 10^{21}$
b) $2{,}815 \cdot 10^{14}$
c) $1{,}678 \cdot 10^{7}$

4.29 **a)** 37,9° C
b) 38,5° C

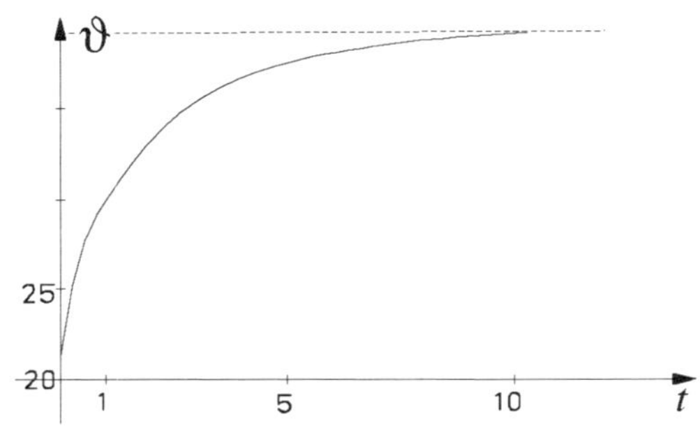

4.30 2, 4, 8, 16, 32, 64, 128, 256 **4.31** $5{,}27 \cdot 10^{6}$ ha

4.32

Bodensee: 0,962 bar	=962 kPA
Wien: 0,990 bar	=990 kPA
Mount Everest: 0,321 bar	=321 kPA
Großglockner: 0,618 bar	=618 kPA
Kilimandscharo: 0,471 bar	=471 kPA

4.33

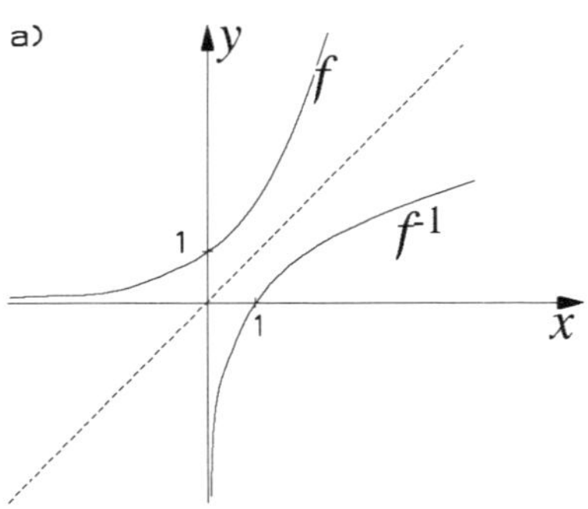

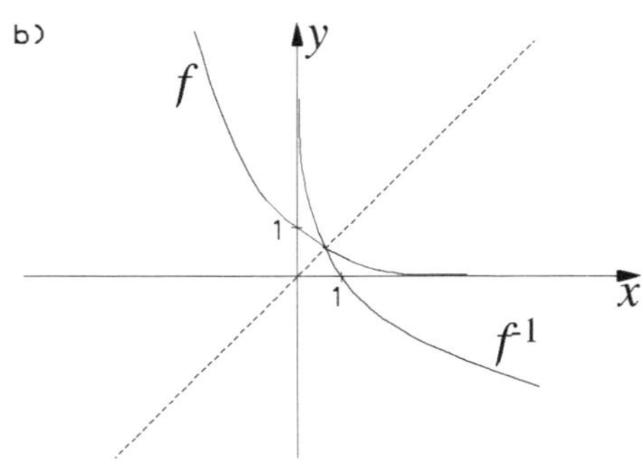

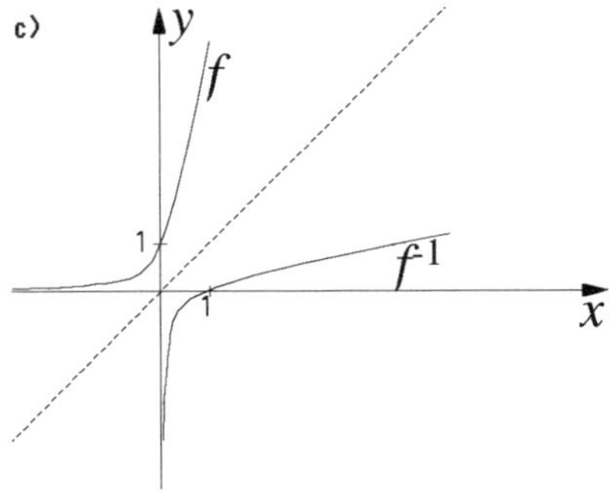
c)
y
f
1
1
f^{-1}
x

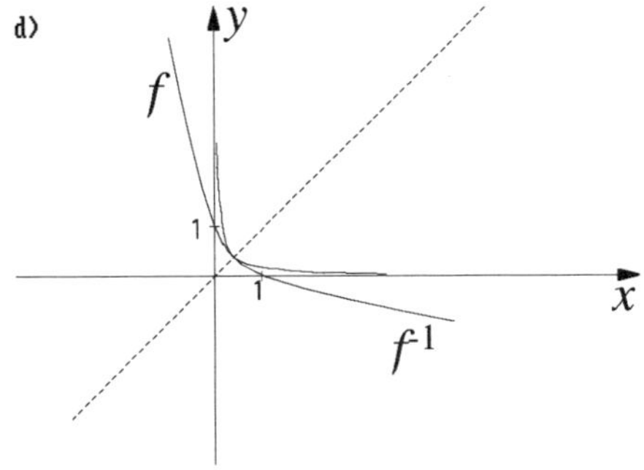
d)
y
f
1
1
f^{-1}
x

4.34

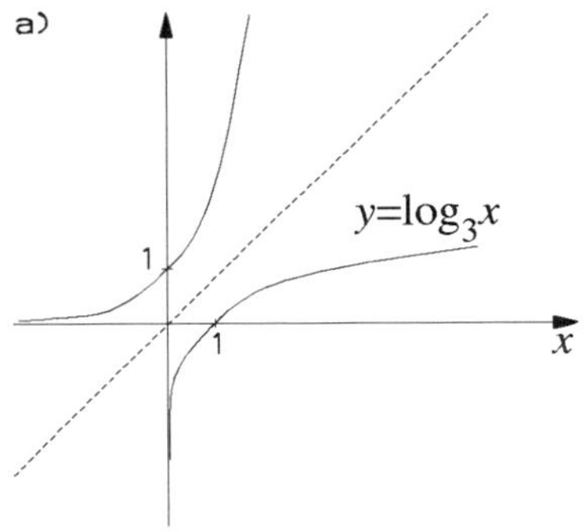
a)
1
1
$y=\log_3 x$
x

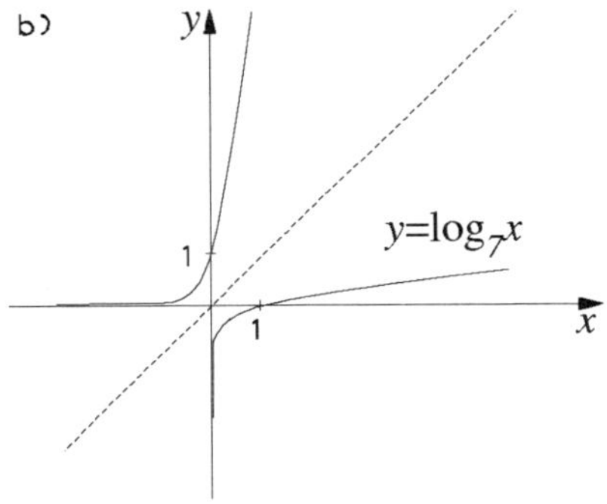
b)
y
1
1
$y=\log_7 x$
x

4.35

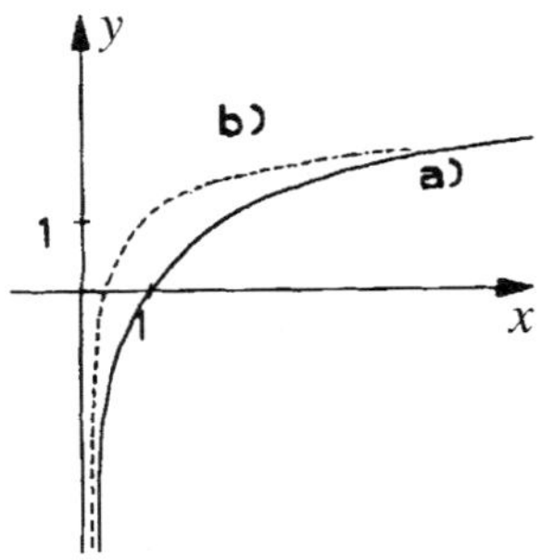
y
b)
a)
1
1
x

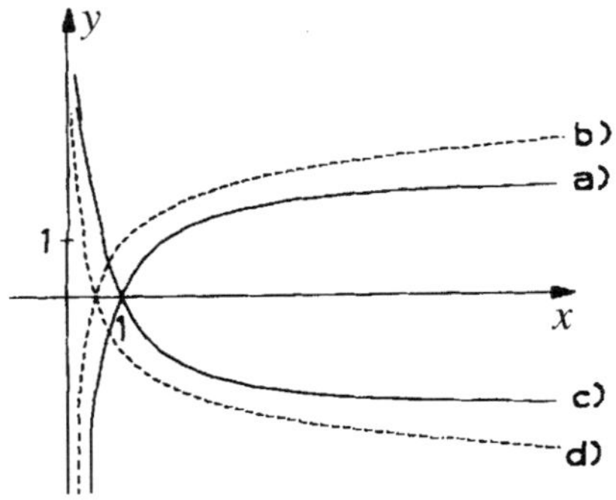
y
b)
a)
1
1
x
c)
d)

4.36

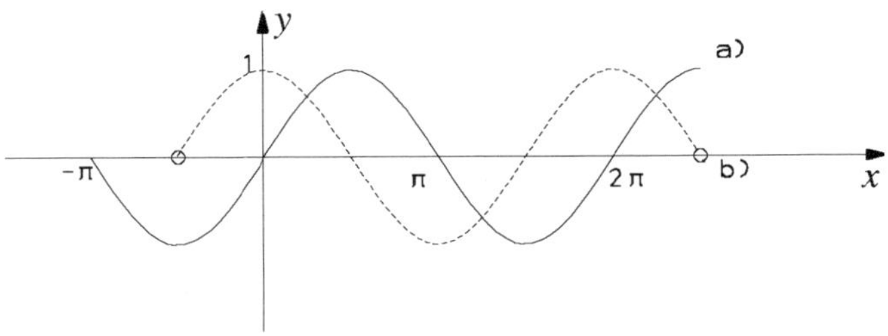
y
1
a)
−π
π
2π
b)
x

4.36c)

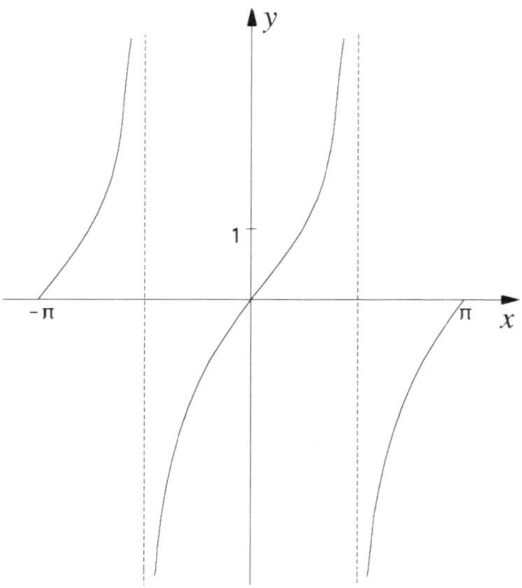

4.37

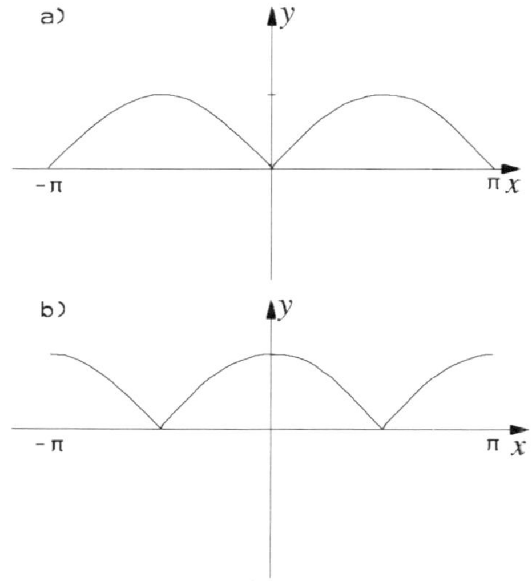

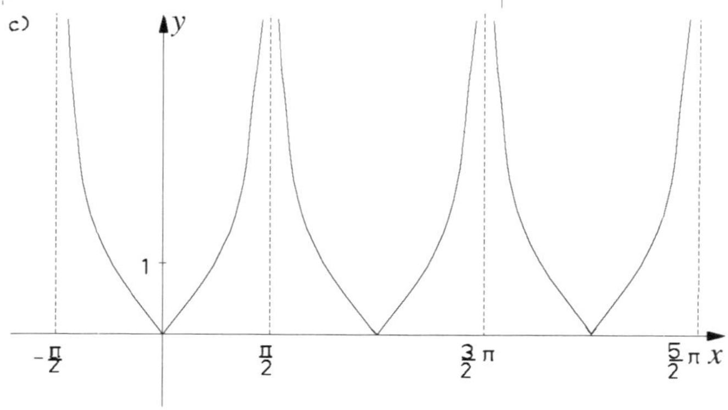

4.38	**a)** 0,326	**b)** $-\frac{\pi}{2}$	**c)** $\frac{\pi}{2}$	**d)** $-0{,}547$
4.39	**a)** $\frac{\pi}{2}$	**b)** π	**c)** 1,245	**d)** 1,024
4.40	**a)** 0	**b)** $-\frac{\pi}{4}$	**c)** $\frac{\pi}{4}$	**d)** 0,310
4.41	**a)** 0,567	**b)** $\frac{3}{4}\pi$	**c)** $\frac{\pi}{4}$	**c)** 1,261
4.42	**a)** 0	**b)** 1	**c)** x	
4.43	**a)** $-\frac{1}{2}\sqrt{2}$	**b)** $-\frac{1}{2}\sqrt{3}$	**c)** 0,268	**d)** 3,732
4.44	**a)** 0,543	**b)** $-0{,}990$	**c)** $-0{,}647$	**d)** 1,542
4.46	**a)** 0	**b)** 1	**c)** 0	**d)** nicht def.
	e) 1,583	**f)** 1,183	**g)** 1,103	**h)** 1,103
	i) $\approx 1^-$	**j)** $\approx 1^+$	**k)** 0,050	**l)** $-0{,}050$

4.47	**a)** 0,881	**b)** 0	**c)** $x \to \infty$	**d)** —
	e) 0,481	**f)** —	**g)** $-0{,}550$	**h)** $-0{,}805$
4.49	**a)** $\sinh x$	**b)** $\dfrac{1}{\cosh^2 x}$	**c)** $2\sinh^2 x$	
4.50	**a)** 0,881	**b)** 1,763	**c)** 0	**d)** $-1{,}447$
	e) 2,292	**f)** 0,549	**g)** 0,549	**h)** 0
	i) —	**j)** —	**k)** $-0{,}549$	**l)** $-0{,}549$
4.51	**a)** 0,253	**b)** 2,352	**c)** $-0{,}762$	**d)** 1,313
	e) $-27{,}290$	**f)** —	**g)** $-0{,}999$	**h)** 1,128

Grafische Darstellung von Funktionen durch Synthese aus einer Grundfunktion

4.53 a)

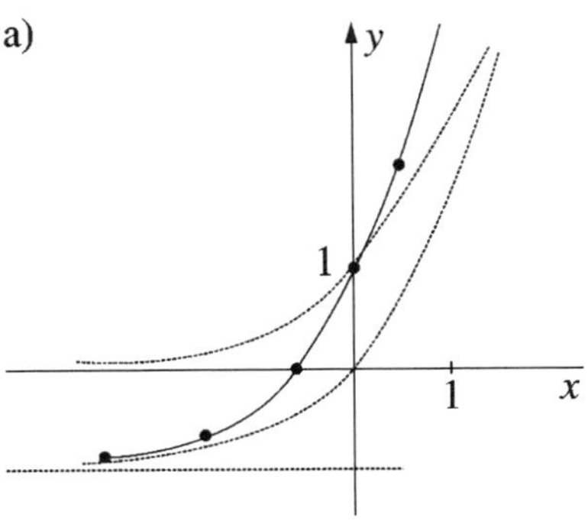

b)

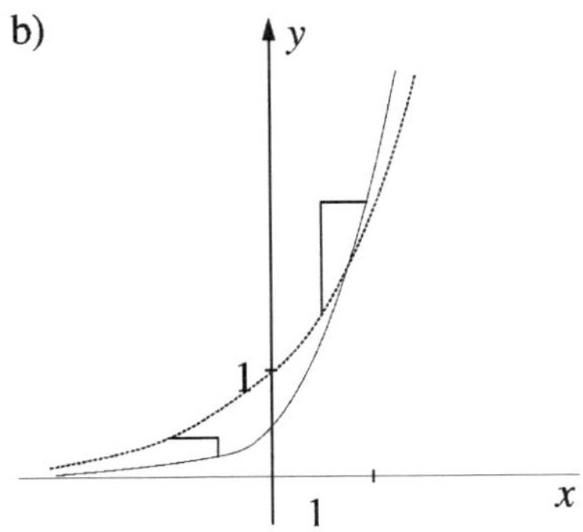

c)

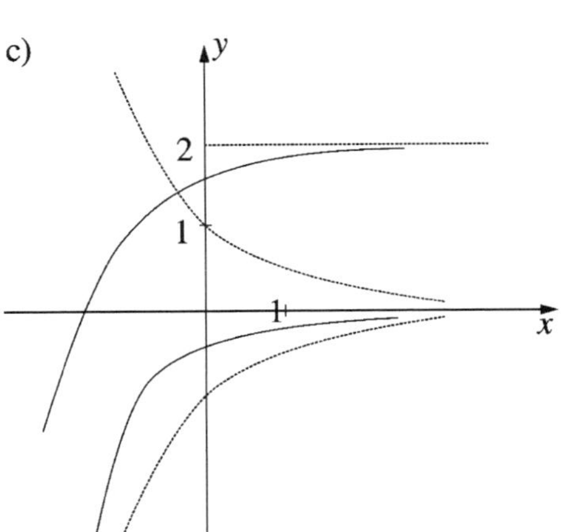

d)

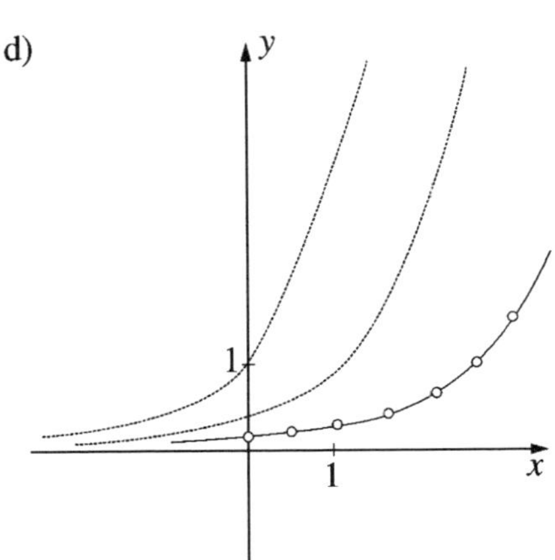

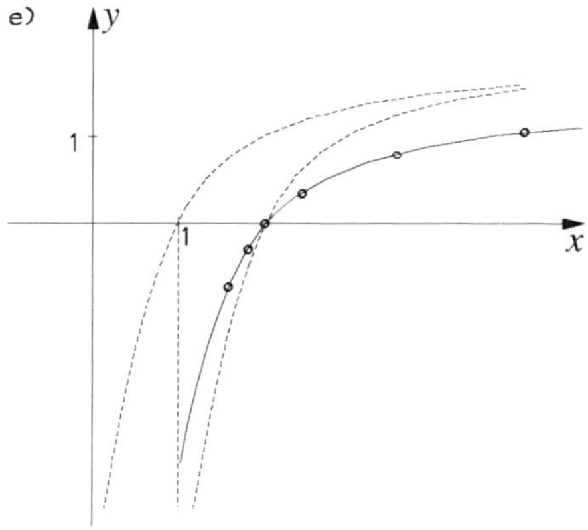
e)
y
1
1
x

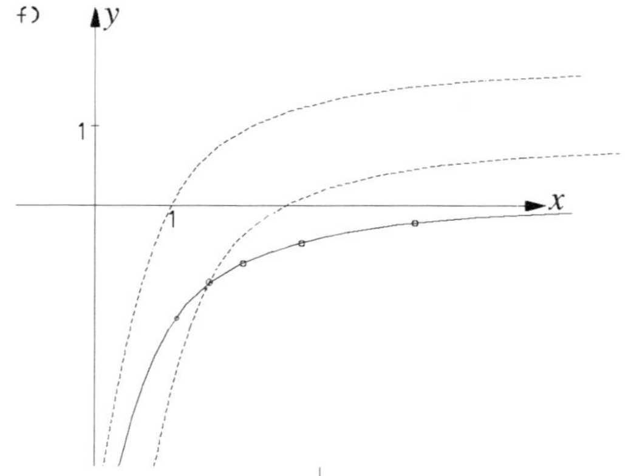
f)
y
1
1
x

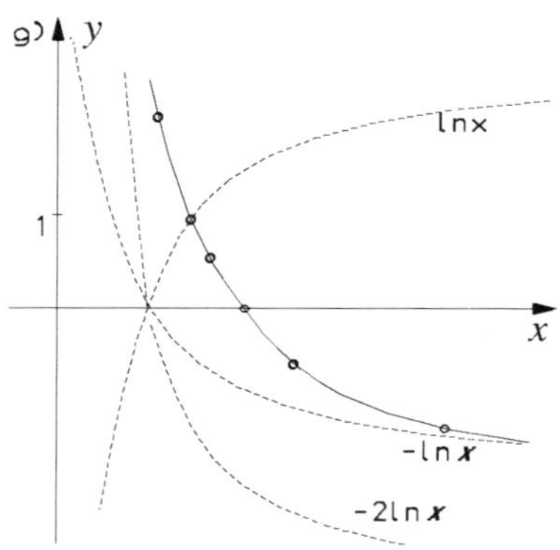
g)
y
ln x
1
x
-ln x
-2ln x

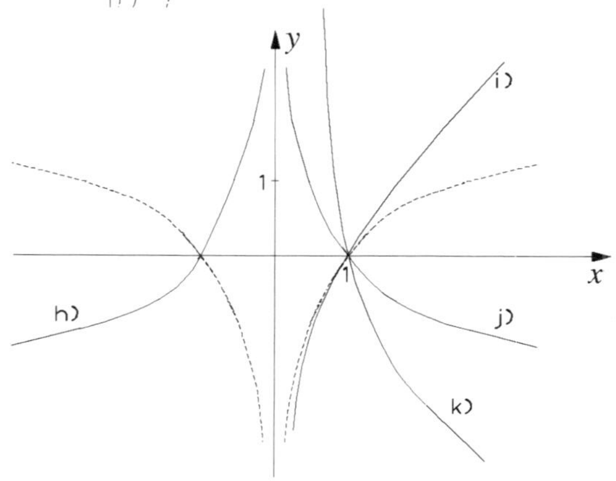
y
i)
1
x
1
h)
j)
k)

4.54

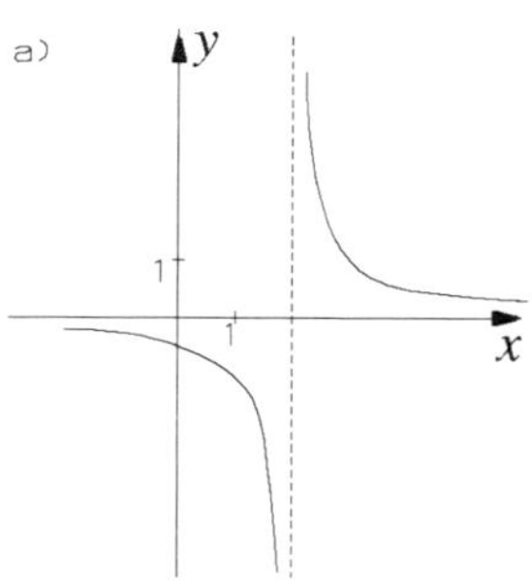
a)
y
1
1
x

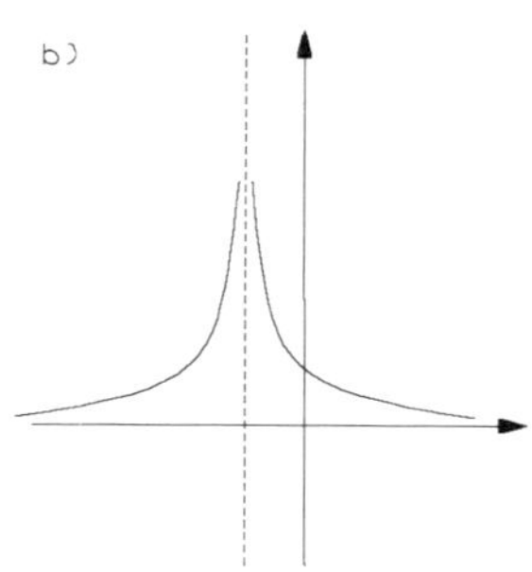
b)

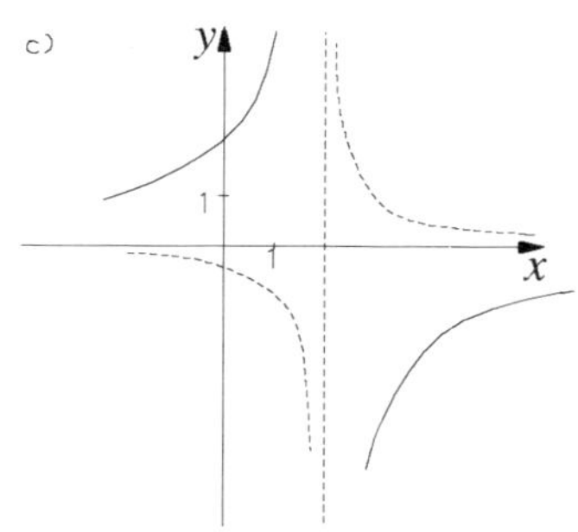
c)
y
1
1
x

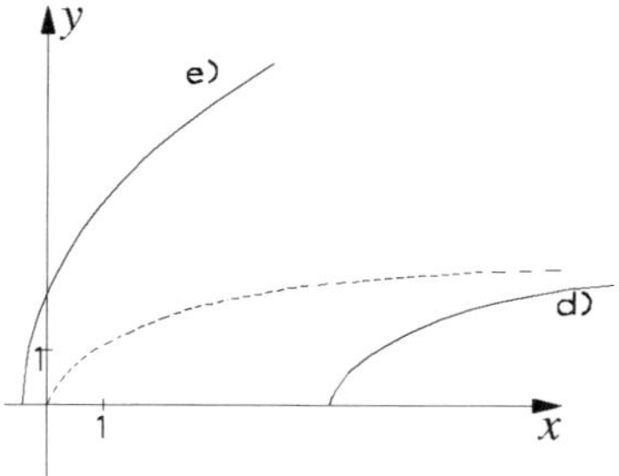
y
e)
d)
1
1
x

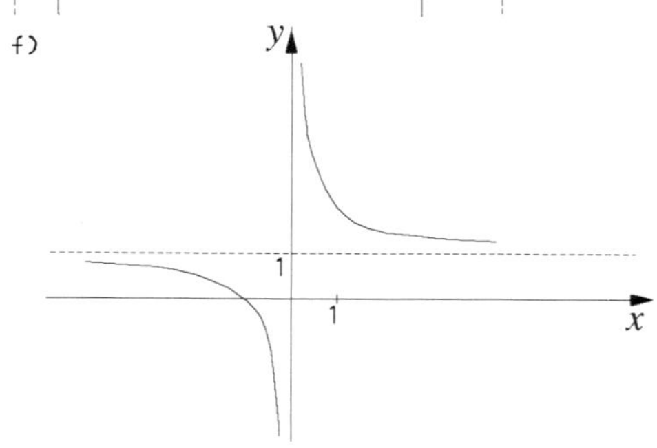
f)
y
1
1
x

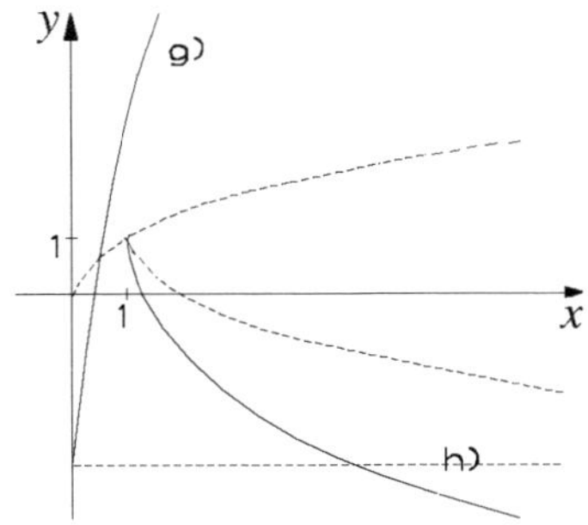
y
g)
1
1
x
h)

4.55

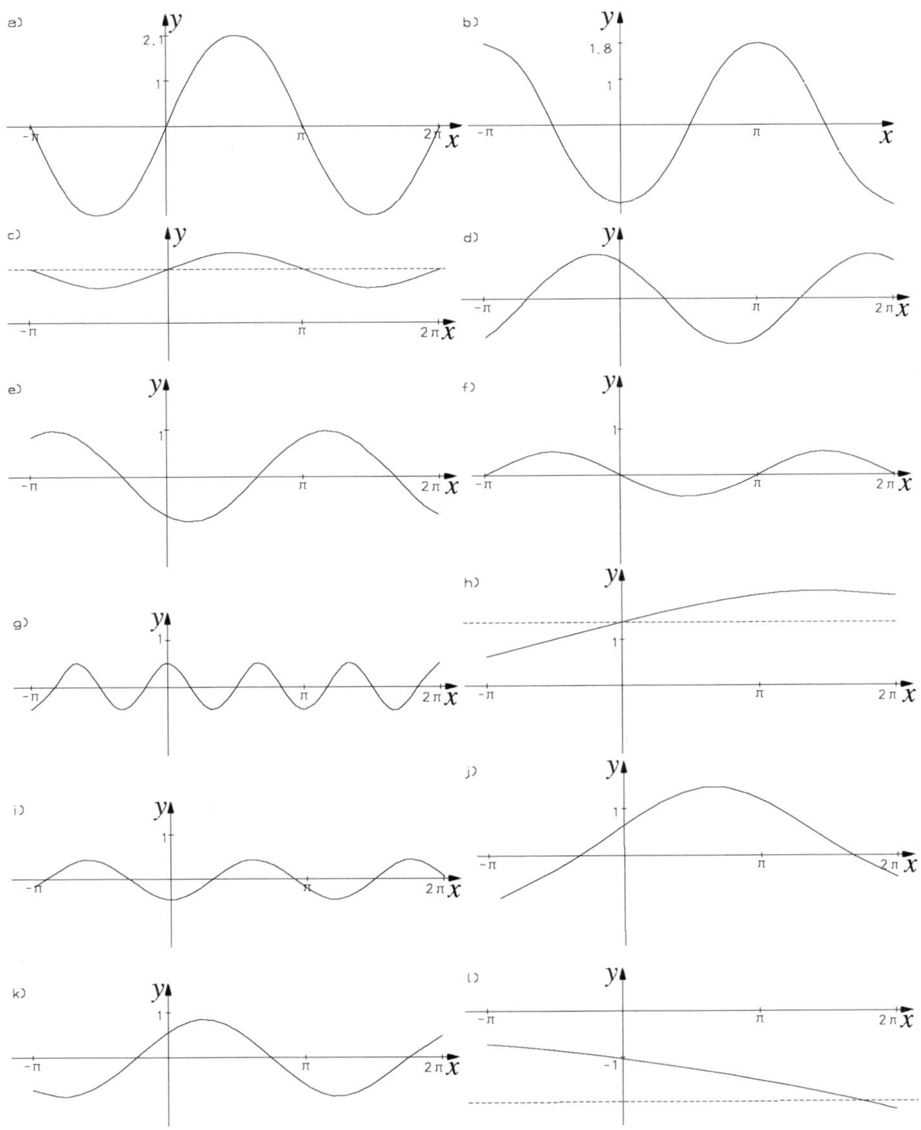
a)
y
2,1
1
−π
π
2π
x
b)
y
1.8
1
−π
π
x
c)
y
−π
π
2π
x
d)
y
−π
π
2π
x
e)
y
1
−π
π
2π
x
f)
y
1
−π
π
2π
x
g)
y
1
−π
π
2π
x
h)
y
1
−π
π
2π
x
i)
y
1
−π
π
2π
x
j)
y
1
−π
π
2π
x
k)
y
1
−π
π
2π
x
l)
y
−π
π
2π
x
−1

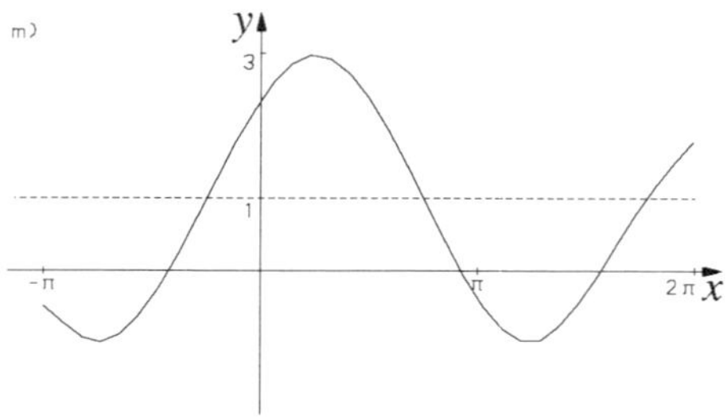

4.56

a) $y = -\sin x$

b) $y = -\cos x$

c) $y = 2\sin 2x$

d) $y = \sin^2 x$

e) $y = 1{,}5\sin\left(\frac{x}{2} + \frac{\pi}{6}\right)$

f) $y = \sin\left(x - \frac{\pi}{3}\right)$

g) $y = 2\sin 3x - 4$

h) $y = 3\cos\left(\frac{x}{3} - \frac{\pi}{10}\right) + 2$

i) $y = \tan\left(2x + \frac{\pi}{4}\right)$

j) $y = -2\tan\left(x + \frac{\pi}{2}\right)$

4.57

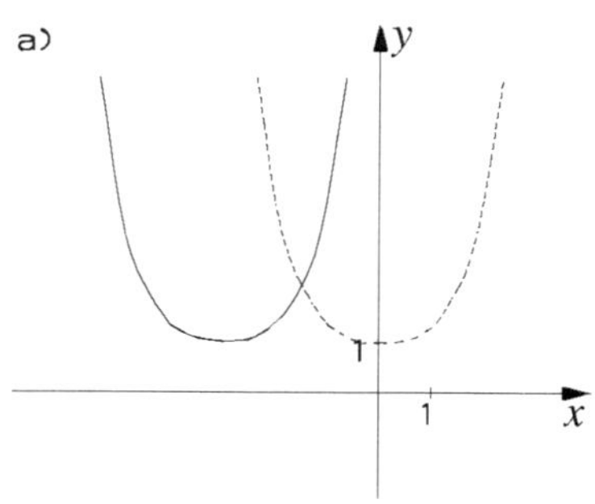

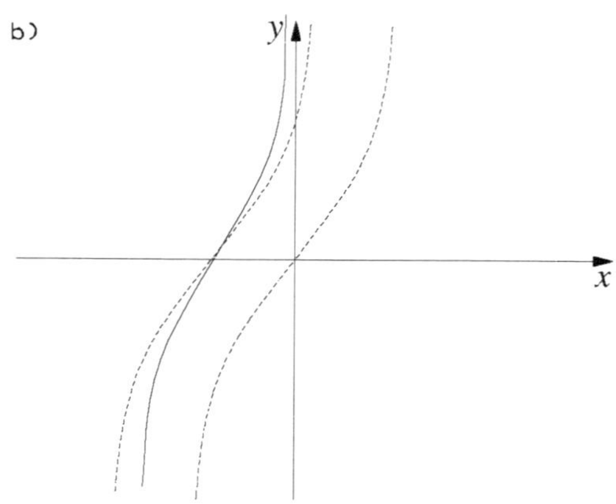

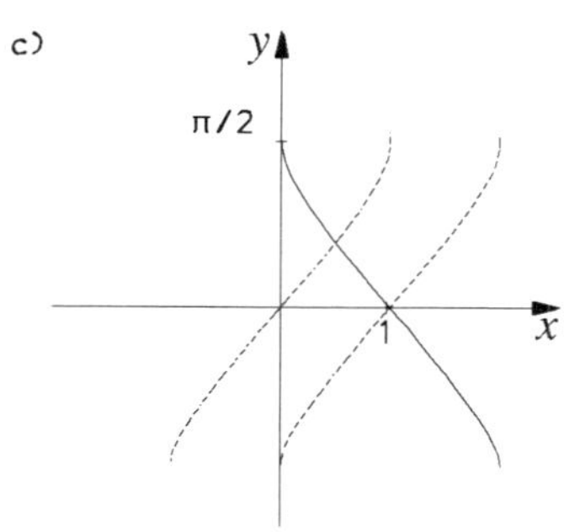

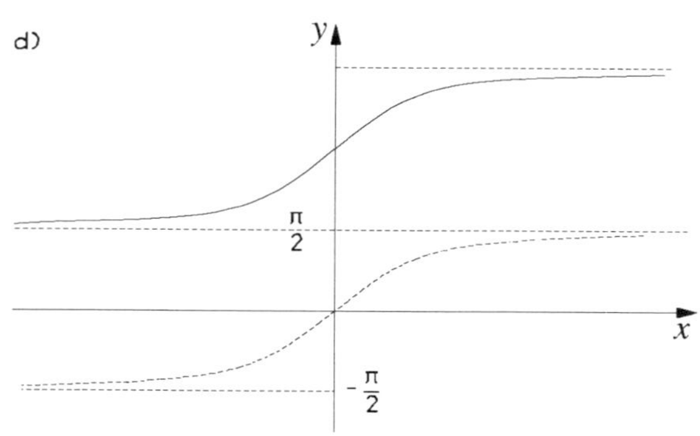

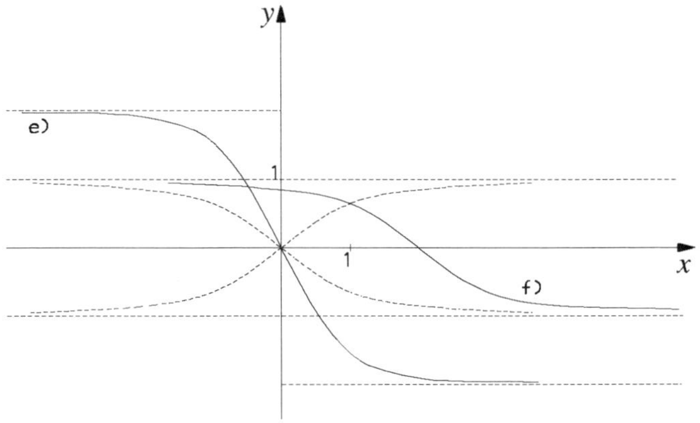

4.58 **a)** $f(x) = \left\{(x;y) \mid y = \arcsin x + \pi \wedge \text{DB} = [-1;1] \wedge \text{WB} = \left[\frac{3}{2}\pi; \frac{5}{2}\pi\right]\right\}$

b) $f(x) = \{(x;y) \mid y = -\arccos x - \pi \wedge \text{DB} = [-1;1] \wedge \text{WB} = [-\pi;0]\}$

c) $f(x) = \left\{(x;y) \mid y = \arctan x + \pi \wedge \text{DB} = \mathbf{R} \wedge \text{WB} = \left(\frac{\pi}{2}; \frac{3}{2}\pi\right)\right\}$

Überlagerung von Schwingungen

4.59

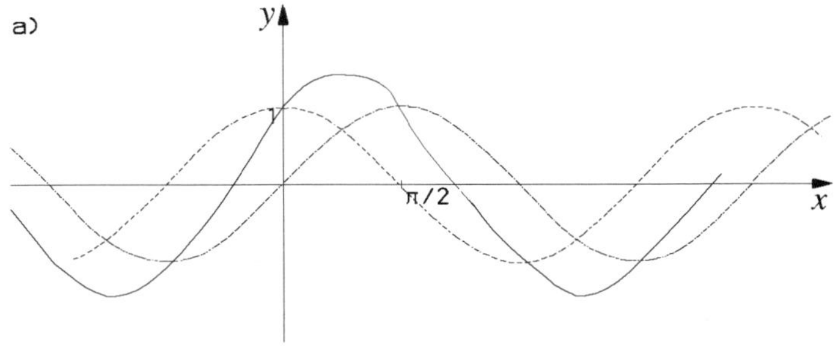

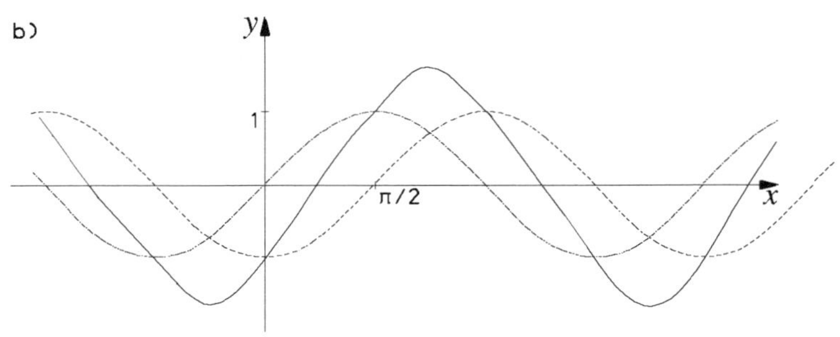

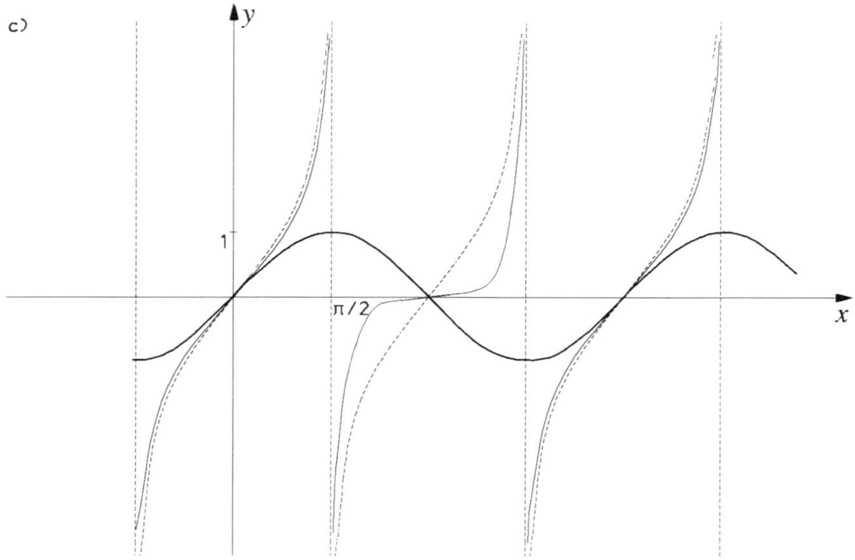
c)
y
1
π/2
x

4.60

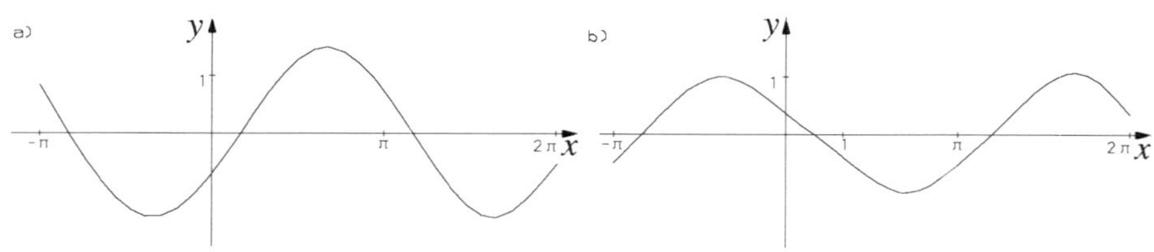
a)
y
1
-π
π
2π
x
b)
y
1
-π
1
π
2π
x

4.61

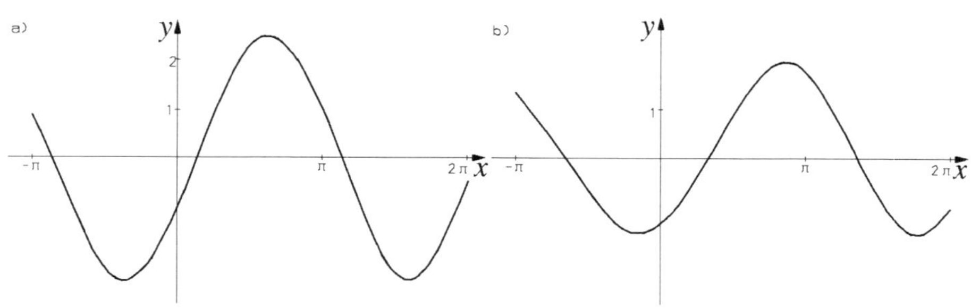
a)
y
2
1
-π
π
2π
x
b)
y
1
-π
π
2π
x

4.62

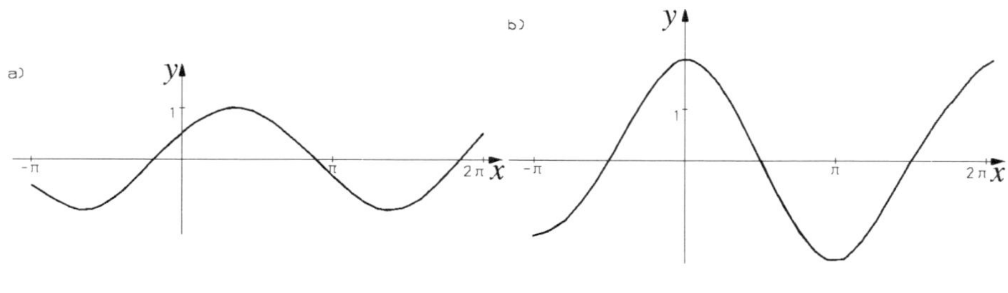
a)
y
1
-π
π
2π
x
b)
y
1
-π
π
2π
x

4.63

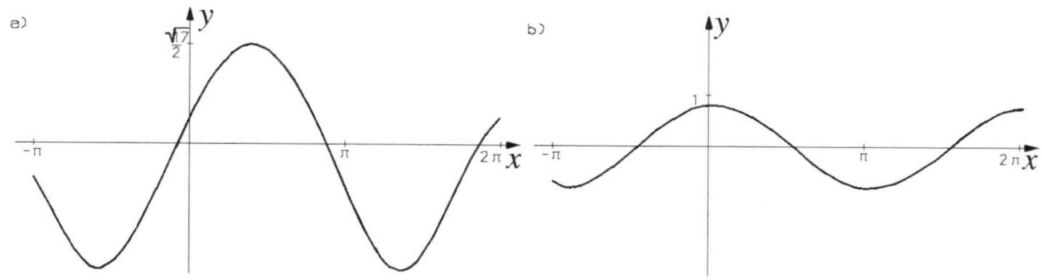

4.64 **a)** $y = 4{,}36 \sin(x + 0{,}409)$

b) $y = 3{,}68 \sin(x - 0{,}285)$

4.65 **a)** $y = \dfrac{\sqrt{5}}{2} \sin(x + 0{,}464)$ **b)** $y = 3{,}606 \sin(x + 0{,}588)$

4.66 **a)** $y = 2{,}062 \sin(x + 0{,}279)$ **b)** $y = 19{,}987 \sin(x - 1{,}528)$

4.67 **a)** $y = 3{,}33 \sin(x - 0{,}466)$ **b)** $y = 19{,}9 \sin(2x + 0{,}151)$

4.68

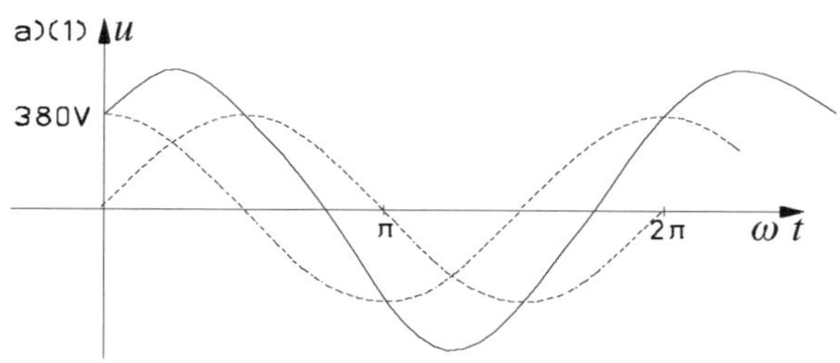

(2) $u(t) = 537{,}4\ \text{V} \sin\left(2\pi \cdot 50\ \text{s}^{-1} t + \dfrac{\pi}{4}\right)$

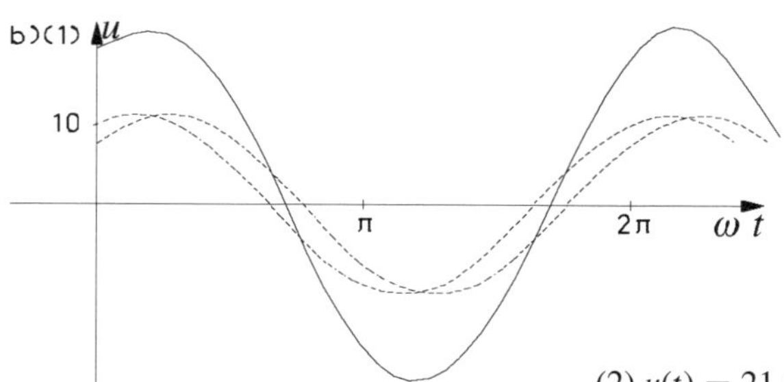

(2) $u(t) = 21{,}81\ \text{V} \sin(2\pi \cdot 10^3\ \text{s}^{-1} t + 0{,}904)$

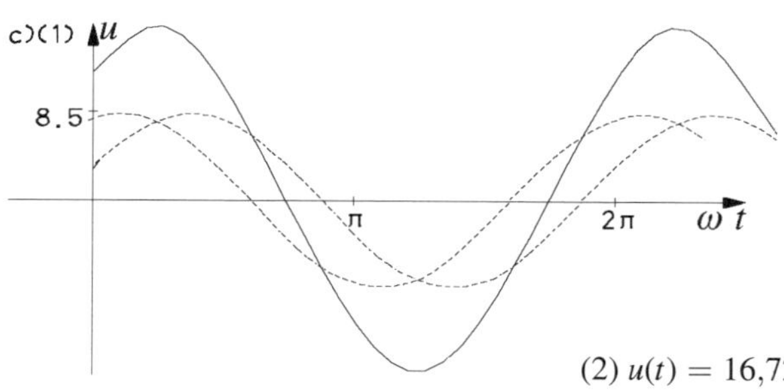

(2) $u(t) = 16{,}72\ \text{V} \sin\left(2\pi \cdot 300\ \text{s}^{-1} t + \dfrac{\pi}{4}\right)$

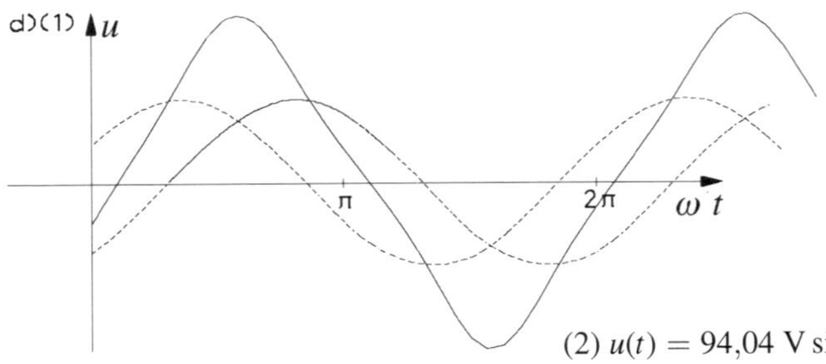

(2) $u(t) = 94{,}04\ \text{V} \sin(2\pi \cdot 500\ \text{s}^{-1} t - 0{,}362)$

4.69

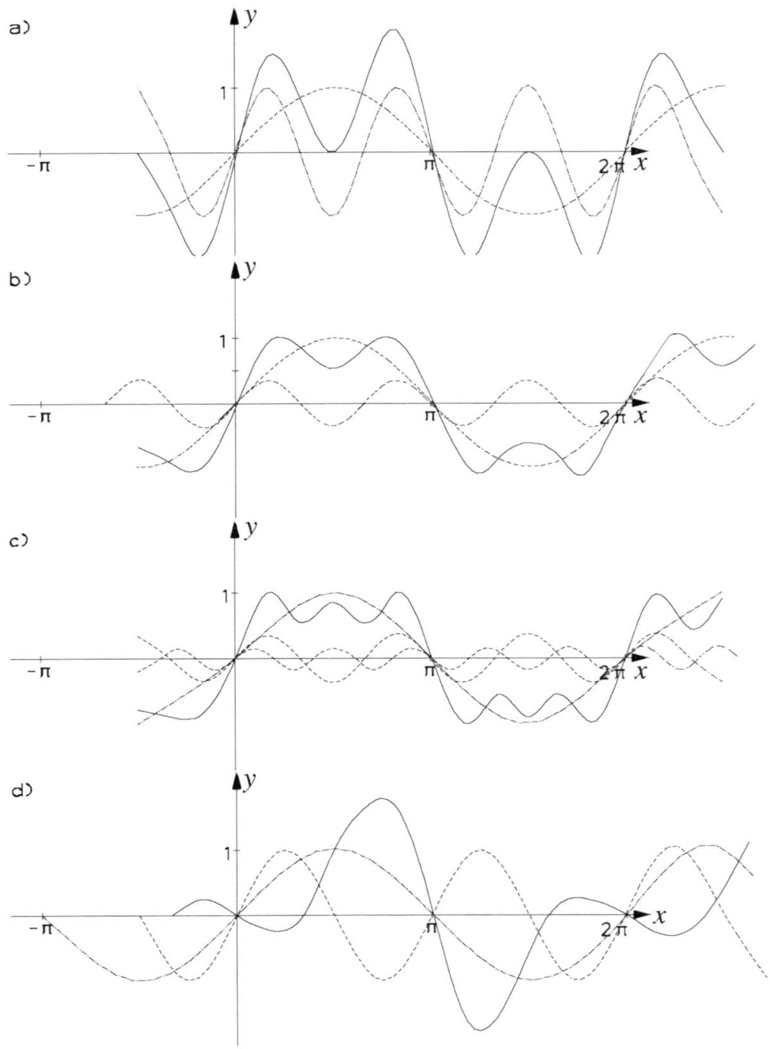

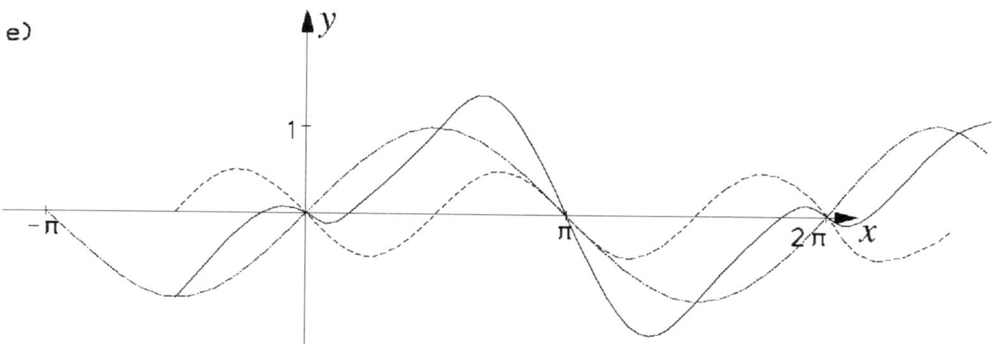

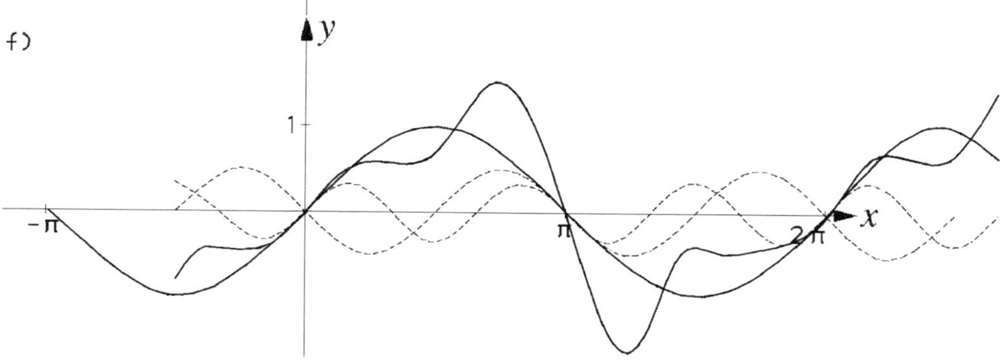

4.70 **a)** $u(t) = 20\ \text{V} \cdot \cos 5\ \text{s}^{-1} t \cos 55\ \text{s}^{-1} t$

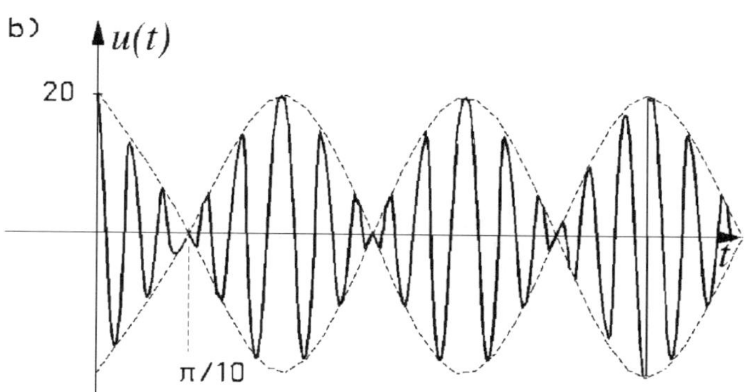

c) Dem Term $\cos 55t$ entspricht der höherfrequente Anteil der Schwebung. Er verursacht die zahlreichen Nulldurchgänge bei $t = \dfrac{(2k+1)\pi}{110}$, $k \in \mathbf{G}$. Der Term $\cos 5t$ beschreibt die sogenannte „Einhüllende" bzw. „Hüllkurve" der Schwebung. Dadurch werden die Knoten bzw. Einschnürungen bei $t = \dfrac{(2k+1)\pi}{10}$, $k \in \mathbf{G}$ erzeugt. (Im vorliegenden Falle hat $\cos 55t$ dort zufälligerweise auch Nullstellen.) Der Faktor 20 drückt schließlich die maximal mögliche Auslenkung der Hüllkurve aus.

4.71

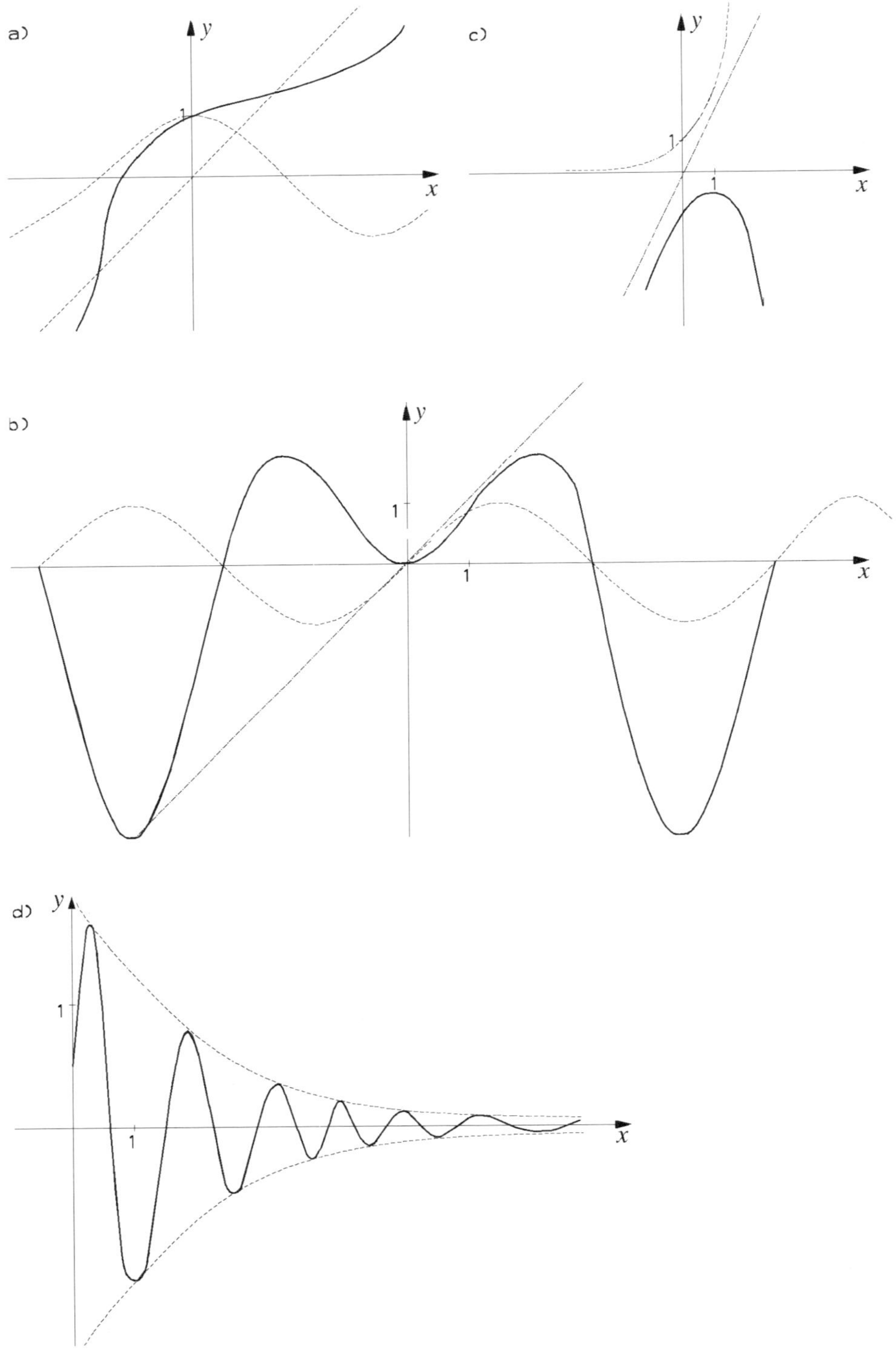

Grundbegriffe

5.1

z	$\mathrm{Re}(z)$	$\mathrm{Im}(z)$	$\bar{z}$
$5-6\,\mathrm{i}$	5	-6	$5+6\,\mathrm{i}$
$-12-22\,\mathrm{i}$	-12	-22	$-12+22\,\mathrm{i}$
$-77-\mathrm{i}$	-77	-1	$-77+\mathrm{i}$
$8\,\mathrm{i}$	0	8	$-8\,\mathrm{i}$
-2	-2	0	-2

5.2 **a)** $\sqrt{13}$ **b)** $\sqrt{13}$ **c)** 3
d) $|a|\sqrt{2}$ **e)** 4 **f)** $2\sqrt{2}$

5.3

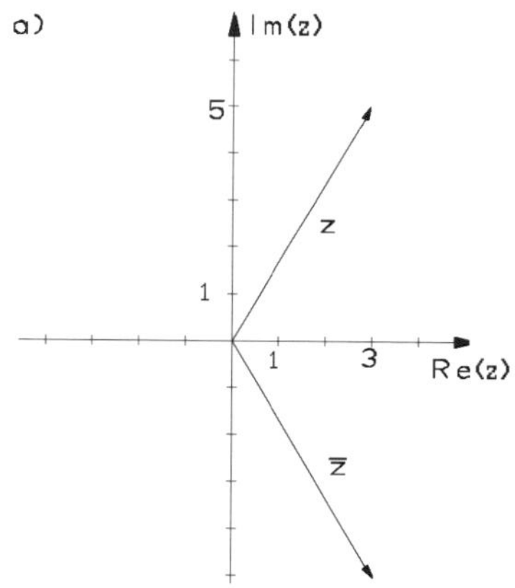

$|z| = |\bar{z}| = 6$

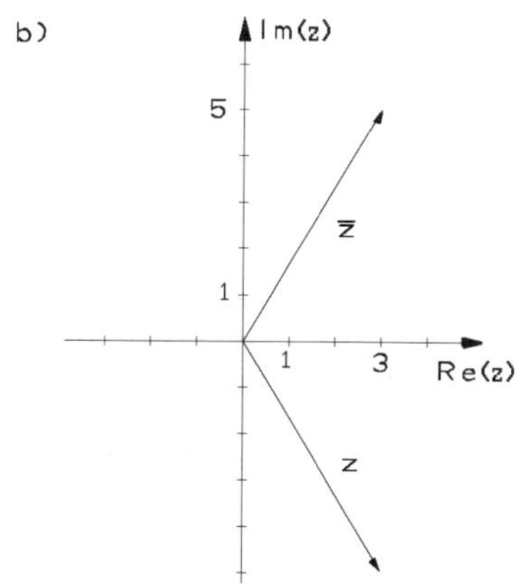

$|z| = |\bar{z}| = 6$

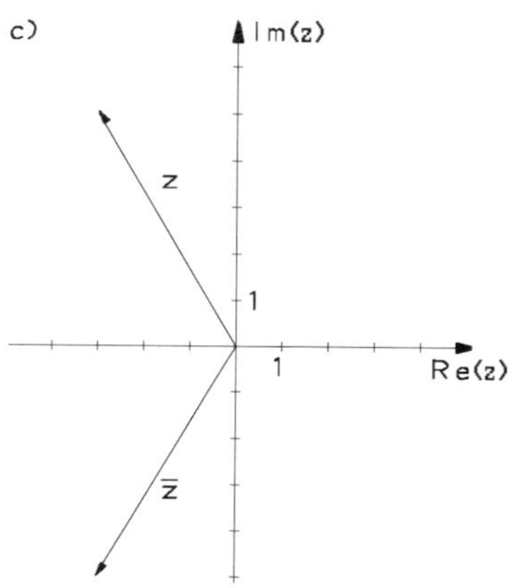

$|z| = |\bar{z}| = 6$

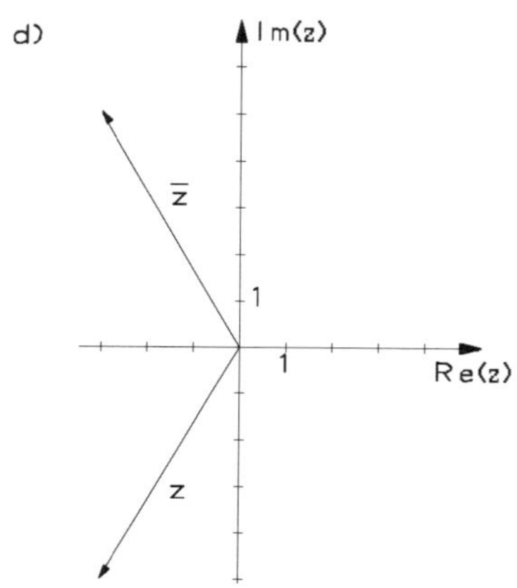

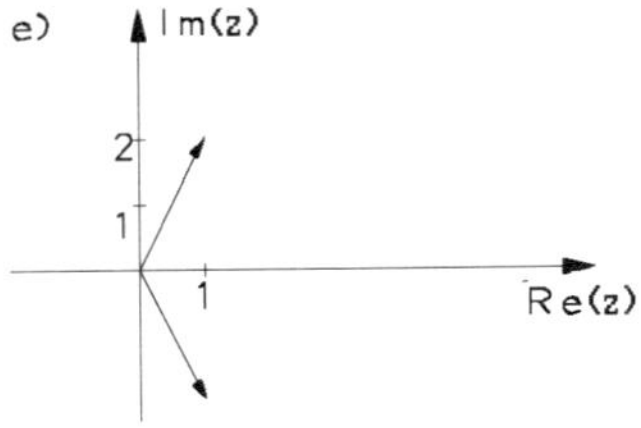

$|z| = |\bar{z}| = \sqrt{5}$

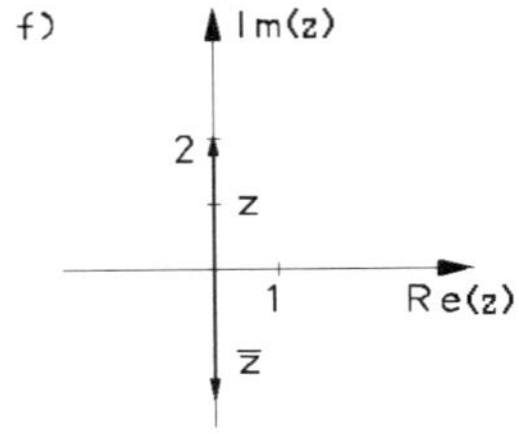

$|z| = |\bar{z}| = 2$

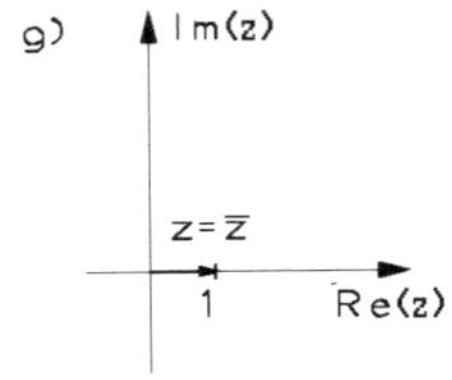

$|z| = |\bar{z}| = 1$

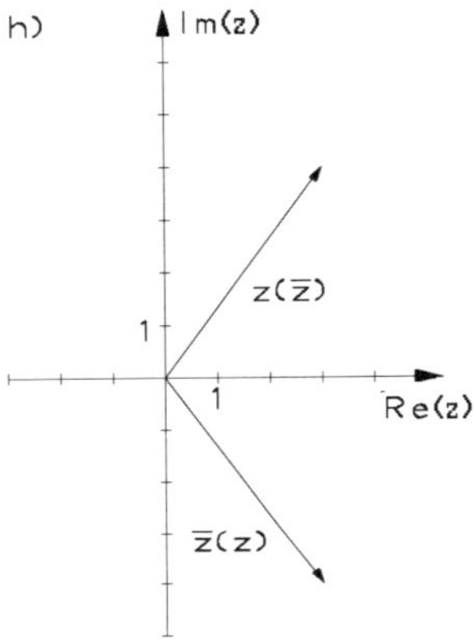

5.4

z	$\bar{z}$	Re(z)	Im(z)	$\lvert z\rvert$
$2a + 2a\,\mathrm{i}$	$2a - 2a\,\mathrm{i}$	$2a$	$2a$	$\lvert a\rvert \cdot 2\sqrt{2}$
$5\,\mathrm{i}$	$-5\,\mathrm{i}$	0	5	5
$3 + 4\,\mathrm{i}$	$3 - 4\,\mathrm{i}$	3	4	5
$1 \pm \mathrm{i}$	$1 \mp \mathrm{i}$	1	± 1	$\sqrt{2}$
$2\,\mathrm{i}$	$-2\,\mathrm{i}$	0	2	2
$b\,\mathrm{i}$	$-b\,\mathrm{i}$	0	6	6

5.5

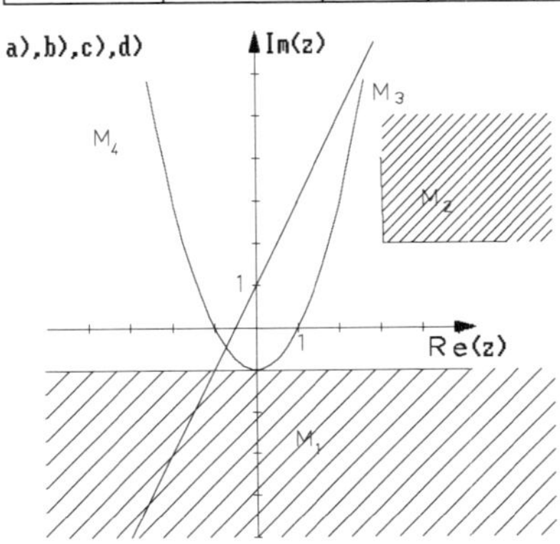

M_4: Parabel $y = x^2 - 1$

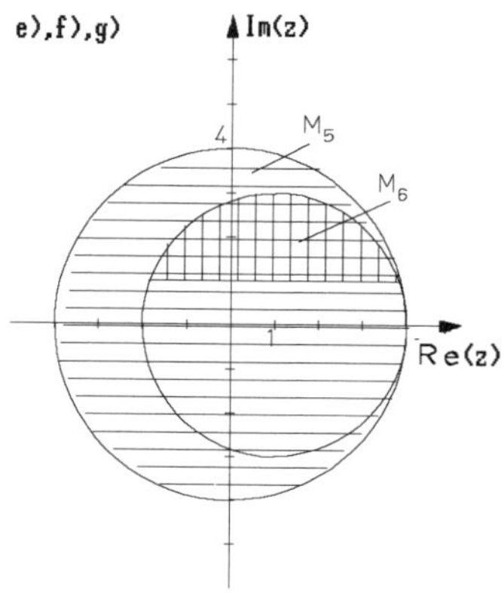

5.6 $z = \bar{z}$ für $\mathrm{Im}(z) = 0$, d. h. $z \in \mathbf{R}$

5.7 $z = -\bar{z}$ für $\mathrm{Re}(z) = 0$

5.8

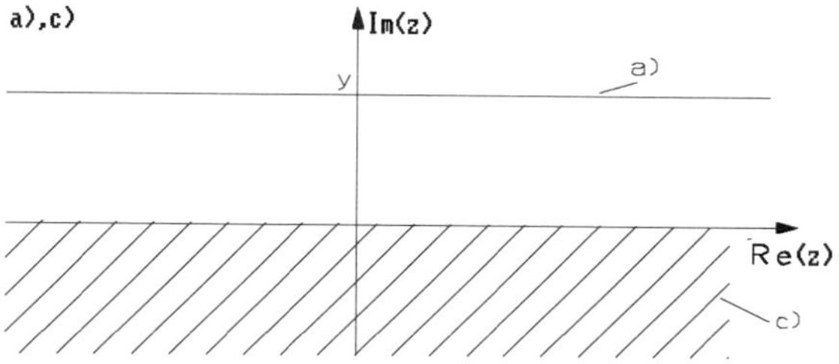

b) Achse $Im(z)$

Die trigonometrische und die Exponentialform komplexer Zahlen

5.9 **a)** $z = \sqrt{2}(\cos 225^\circ + \mathrm{i}\sin 225^\circ) = \sqrt{2} \cdot \mathrm{e}^{\frac{5}{4}\pi\mathrm{i}}$

b) $z = \frac{1}{2}(\cos 60^\circ + \mathrm{i}\sin 60^\circ) = \frac{1}{2}\,\mathrm{e}^{\frac{\pi}{3}\mathrm{i}}$

c) $z = 16(\cos 180^\circ + \mathrm{i}\sin 180^\circ) = 16\,\mathrm{e}^{\pi\mathrm{i}}$

d) $z = \cos 90^\circ + \mathrm{i}\sin 90^\circ = \mathrm{e}^{\frac{\pi}{2}\mathrm{i}}$

e) $z = 5(\cos 126.87^\circ + \mathrm{i}\sin 126{,}87^\circ) = \mathrm{e}^{2{,}21\,\mathrm{i}}$

f) $z = 5(\cos 306{,}87^\circ + \mathrm{i}\sin 306{,}87^\circ) = \mathrm{e}^{5{,}35\,\mathrm{i}}$

g) $z = 5(\cos 233{,}13^\circ + \mathrm{i}\sin 233{,}13^\circ) = \mathrm{e}^{4{,}07\,\mathrm{i}}$

h) $z = 5(\cos 53{,}13^\circ + \mathrm{i}\sin 53{,}13^\circ) = \mathrm{e}^{0{,}93\,\mathrm{i}}$

5.10 **a)** $z = 2(\cos 0^\circ + i\sin 0^\circ) = 2\,\mathrm{e}^0$

b) $z = 3(\cos 180^\circ + \mathrm{i}\sin 180^\circ) = 3\,\mathrm{e}^{\pi\mathrm{i}}$

c) $z = 2(\cos 90^\circ + \mathrm{i}\sin 90^\circ) = 2\,\mathrm{e}^{\frac{\pi}{2}\mathrm{i}}$

d) $z = 4(\cos 270^\circ + \mathrm{i}\sin 270^\circ) = 4\,\mathrm{e}^{\frac{3}{2}\pi\mathrm{i}}$

5.11 **a)** $2\sqrt{2}(\cos 45^\circ + i\sin 45^\circ) = 2\sqrt{2}\,\mathrm{e}^{\frac{\pi}{4}\mathrm{i}}$

b) $z = 2(\cos 60^\circ + \mathrm{i}\sin 60^\circ) = 2\,\mathrm{e}^{\frac{\pi}{3}\mathrm{i}}$

c) $z = 2(\cos 210^\circ + \mathrm{i}\sin 210^\circ) = 2\,\mathrm{e}^{\frac{7}{6}\pi\mathrm{i}}$

5.12

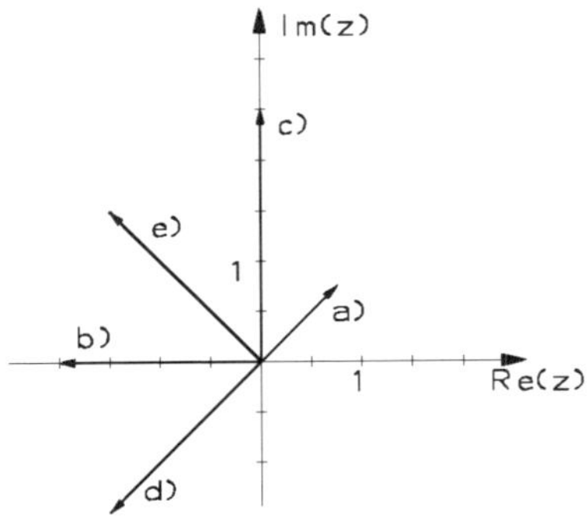

5.13 **a)** $z = -2\sqrt{3} + 2\,\mathrm{i}$ **b)** $z = -\frac{1}{4} - \frac{1}{4}\sqrt{3}\,\mathrm{i}$

c) $z = -6$ **d)** $z = \sqrt{2} - \sqrt{2}\,\mathrm{i}$

e) $z = -0{,}139 - 0{,}303\,\mathrm{i}$

5.14 $\mathrm{e}^{\pi\mathrm{i}} + 1 = 0$

5.15 **a)** $z = 10\,\mathrm{e}^{0{,}927\,\mathrm{i}}$ **b)** $z = 17\,\mathrm{e}^{5{,}202\,\mathrm{i}}$

c) $z = 25\,\mathrm{e}^{1{,}855\,\mathrm{i}}$ **d)** $z = 41\,\mathrm{e}^{4{,}491\,\mathrm{i}}$

5.16 **a)** $z = 1 + \mathrm{i}$ **b)** $z = \sqrt{3} + \mathrm{i}$

c) $z = 11{,}534 + 8{,}787\,\mathrm{i}$ **d)** $z = 1{,}025 + 2{,}819\,\mathrm{i}$

5.17 **a)** $z = 1 + \sqrt{3}\,\mathrm{i}$ **b)** $z = \sqrt{3} - 3\,\mathrm{i}$

c) $z = 1 + \mathrm{i}$ **d)** $z = 2\,\mathrm{i}$

5.18

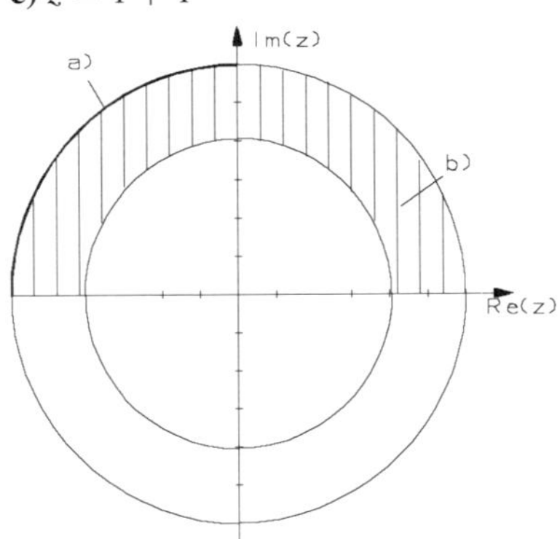

5.19 **a)** $z = \cos\pi + \mathrm{i}\sin\pi$ **b)** $z = \cos\frac{3}{2}\pi + \mathrm{i}\sin\frac{3}{2}\pi$

c) $z = 3\left(\cos\frac{5}{4}\pi + \mathrm{i}\sin\frac{5}{4}\pi\right)$ **d)** $z = a\left(\cos\frac{5}{3}\pi + \mathrm{i}\sin\frac{5}{3}\pi\right)$

e) $z = 2\left(\cos\frac{5}{6}\pi + \mathrm{i}\sin\frac{5}{6}\pi\right)$ **f)** $z = 3\left(\cos\frac{\pi}{2} + \mathrm{i}\sin\frac{\pi}{2}\right)$

5.20 **a)** $z = 2\left(\cos\frac{7}{4}\pi + \mathrm{i}\sin\frac{7}{4}\pi\right)$ **b)** $z = 3\left(\cos\frac{7}{6}\pi + \mathrm{i}\sin\frac{7}{6}\pi\right)$

c) $z = 2\left(\cos\frac{2}{3}\pi + \mathrm{i}\sin\frac{2}{3}\pi\right)$

Die vier Grundrechenarten im Bereich der komplexen Zahlen

5.21 **a)** Re $= -2$, Im $= 7$ **b)** Re $= 1$, Im $= 1$

c) Re $= 0$, Im $= 0$ **d)** Re $= -3$, Im $= -1$

5.22 **a)** $4 + 6\,\mathrm{i}$ **b)** $9 - 6\,\mathrm{i}$ **c)** $11 + 8\,\mathrm{i}$

5.23 **a)** $9 - 8\,\mathrm{i}$ **b)** $11 + 4\,\mathrm{i}$ **c)** $7 + 7\,\mathrm{i}$

5.24 **a)** $2\,\mathrm{i}$ **b)** $-4 - \mathrm{i}$ **c)** $-1 + \mathrm{i}$

5.25 **a)** $18 - 26\,\mathrm{i}$ **b)** $-8 - 4\,\mathrm{i}$ **c)** $-7 + 6\,\mathrm{i}$

5.26 **a)** $-27 + 53\,\mathrm{i}$ **b)** $103 + 237\,\mathrm{i}$ **c)** $7 - 5\,\mathrm{i}$

5.27 **a)** $188 - 76\,\mathrm{i}$ **b)** 290 **c)** $64 + 164\,\mathrm{i}$

5.28 **a)** $16 + 30\,\mathrm{i}$ **b)** $48 - 14\,\mathrm{i}$ **c)** $-2 + 2\,\mathrm{i}$ **d)** $-117 - 44\,\mathrm{i}$

5.29 **a)** $\frac{2}{5} - \frac{1}{5}\,\mathrm{i}$ **b)** $\frac{3}{34} + \frac{5}{34}\,\mathrm{i}$ **c)** $\frac{4}{5} + \frac{2}{5}\,\mathrm{i}$ **d)** $\frac{7}{17} + \frac{6}{17}\,\mathrm{i}$

5.30 **a)** $\frac{15}{34} + \frac{9}{34}\,\mathrm{i}$ **b)** $-\frac{7}{25} + \frac{24}{25}\,\mathrm{i}$ **c)** $\frac{36}{85} + \frac{77}{85}\,\mathrm{i}$ **d)** $\frac{93}{73} - \frac{102}{73}\,\mathrm{i}$

5.31 **a)** $\frac{4}{289} - \frac{5}{289}\,\mathrm{i}$ **b)** $-\frac{2}{225} + \frac{1}{150}\,\mathrm{i}$ **c)** $-\frac{1}{864} + \frac{1}{864}\,\mathrm{i}$

d) $-\frac{23}{6\,406\,452} + \frac{1}{1\,423\,636}\,\mathrm{i}$

5.32 **a)** $2(\cos 60° + \mathrm{i}\sin 60°)$ **b)** $15(\cos 345° + \mathrm{i}\sin 345°)$

c) $\cos 190° + \mathrm{i}\sin 190°$ **d)** $12(\cos 30° + \mathrm{i}\sin 30°)$

5.33 **a)** $\frac{1}{2}(\cos 30° + \mathrm{i}\sin 30°)$ **b)** $\cos 330° + \mathrm{i}\sin 330°$

c) $7{,}5(\cos 15° + \mathrm{i}\sin 15°)$ **d)** $6(\cos 329° + \mathrm{i}\sin 329°)$

5.34.

	$z_1 + z_2$	$z_1 - z_2$	$z_1 \cdot z_2$	$\frac{z_1}{z_2}$
a)	$1 - \frac{3}{2}\sqrt{3} + \left(\sqrt{3} - \frac{3}{2}\right)\mathrm{i}$	$1 + \frac{3}{2}\sqrt{3} + \left(\sqrt{3} + \frac{3}{2}\right)\mathrm{i}$	$-6\,\mathrm{i}$	$-\frac{1}{3}\sqrt{3} - \frac{1}{3}\,\mathrm{i}$
b)	$2 + \sqrt{3} + (1 - 2\sqrt{3})\,\mathrm{i}$	$2 - \sqrt{3} - (1 + 2\sqrt{3})\,\mathrm{i}$	$4\sqrt{3} - 4\,\mathrm{i}$	$-2\,\mathrm{i}$
c)	$\left(\frac{3}{2} + \sqrt{3}\right) - \left(1 + \frac{3}{2}\sqrt{3}\right)\mathrm{i}$	$\left(\frac{3}{2}\sqrt{3}\right) + \left(1 - \frac{3}{2}\sqrt{3}\,\mathrm{i}\right)$	$5\,\mathrm{e}^{\frac{5}{6}\pi\mathrm{i}} = 5\left(\frac{1}{2}\sqrt{3} - \frac{1}{2}\,\mathrm{i}\right)$	$\frac{3}{2}\,\mathrm{e}^{\frac{\pi}{2}\mathrm{i}} = \frac{3}{2}\,\mathrm{i}$
d)	$\frac{1}{2}\sqrt{3}$	$\frac{1}{2}\,\mathrm{i}$	$\frac{1}{4}$	$\frac{1}{2} + \frac{1}{2\sqrt{3}}$
e)	$2a$	$2b\,\mathrm{i}$	$a^2 + b^2 = \lvert z_1\rvert^2$	$\frac{a^2 - b^2}{a^2 + b^2} + 2\frac{ab}{a^2 + b^2}\,\mathrm{i}$

5.35 $z = -\frac{1}{4}\sqrt{3} + \frac{1}{2}\,\mathrm{i}$

5.36 $(-4 + 2\sqrt{3}) + (4\sqrt{3} + 2)\,\mathrm{i}$

5.37 $z \cdot \bar{z} = (a + b\,\mathrm{i})(a - b\,\mathrm{i}) = a^2 + b^2 = (\sqrt{a^2 + b^2})^2 = |z|^2$

5.38 **a)** $4 - 7\,\mathrm{i}$ **b)** $4 + 3\,\mathrm{i}$ **c)** $-\mathrm{i}$

d) $\frac{1}{3}\,\mathrm{i}$ **e)** 10 **f)** $\frac{1}{17} - \frac{13}{17}\,\mathrm{i}$

Potenzieren, Radizieren, Logarithmieren

5.39 **a)** $\frac{1}{6} + \frac{5}{12}\,\mathrm{i}$ **b)** $-4 - 6\,\mathrm{i}$

c) $-\frac{664}{113} - \frac{1\,001}{113}\,\mathrm{i}$ **d)** $\frac{86}{337} - \frac{1\,944}{337}\,\mathrm{i}$

5.40 **a)** $-\frac{3\,044}{145} + \frac{853}{145}\,\mathrm{i}$ **b)** $-\frac{1809}{29} - \frac{538}{29}\,\mathrm{i}$

c) $\frac{449}{625} - \frac{157}{625}\,\mathrm{i}$ **d)** $\frac{407}{21\,025} - \frac{974}{21\,025}\,\mathrm{i}$

5.41 **a)** $-\frac{1331}{24\,389} + \frac{94}{24\,389}\,\mathrm{i}$ **b)** $\frac{9}{32} + \frac{9}{32}\,\mathrm{i}$

c) $-\frac{26\,811}{4\,394} - \frac{1\,377}{4\,394}\,\mathrm{i}$ **d)** $\frac{4}{5} - \frac{22}{5}\,\mathrm{i}$

5.42 **b)** und **c)**

5.43 **a)** $\cos 40° + \mathrm{i}\sin 40°$ **b)** $\cos 80° + \mathrm{i}\sin 80°$

c) $\frac{1}{8}(\cos 16{,}667° + \mathrm{i}\sin 16{,}667°)$

5.44 **a)** $243 \cdot \mathrm{e}^{\mathrm{i}\cdot 75°}$ **b)** $1\,544{,}804 \cdot \mathrm{e}^{\mathrm{i}\cdot 13{,}2°}$

c) $\frac{1}{64} \cdot \mathrm{e}^{\mathrm{i}\cdot 5{,}667°}$ **d)** $0{,}064 \cdot \mathrm{e}^{\mathrm{i}\cdot 20'48''}$

5.45 **a)** $8\,\mathrm{i}$ **b)** $231\,612 - 102\,241\,\mathrm{i}$

c) $3{,}676 \cdot 10^{-4} + 1{,}557 \cdot 10^{-3}\,\mathrm{i}$ **d)** $0{,}680 + 0{,}733\,\mathrm{i}$

5.46 **a)** $32\,\mathrm{i}$ **b)** $-41 + 840\,\mathrm{i}$

c) $-7{,}176 \cdot 10^{-5} + 1{,}905 \cdot^{-3}\,\mathrm{i}$ **d)** $0{,}747 + 0{,}665\,\mathrm{i}$

5.47 **a)** -1 **b)** i **c)** $-\mathrm{i}$ **d)** 1

5.48 **a)** $-\mathrm{i}$ **b)** -1 **c)** 1 **d)** 0

5.49 **a)** $3{,}759 + 1{,}368\,\mathrm{i}$
$-3{,}064 + 2{,}571\,\mathrm{i}$
$-0{,}695 - 3{,}939\,\mathrm{i}$

b) $1{,}879 + 0{,}684\,\mathrm{i}$
$-0{,}684 + 1{,}879\,\mathrm{i}$
$-1{,}879 - 0{,}684\,\mathrm{i}$
$0{,}684 - 1{,}879\,\mathrm{i}$

c) $2{,}853 + 0{,}927\,\mathrm{i}$
$3\,\mathrm{i}$
$-2{,}853 + 0{,}927\,\mathrm{i}$

	$-1{,}763 - 2{,}427\,i$	
	$1{,}763 - 2{,}427\,i$	
5.50	**a)** $1{,}992 + 0{,}174\,i$	**b)** $0{,}940 + 0{,}342\,i$
	$0{,}845 + 1{,}813\,i$	$0{,}318 + 0{,}948\,i$
	$-1{,}147 + 1{,}638\,i$	$-0{,}543 + 0{,}840\,i$
	$-1{,}992 - 0{,}174\,i$	$-0{,}995 + 0{,}010\,i$
	$-0{,}845 - 1{,}813\,i$	$-0{,}698 - 0{,}716\,i$
	$1{,}147 - 1{,}638\,i$	$0{,}124 - 0{,}992\,i$
		$0{,}853 - 0{,}521\,i$
	c) $4{,}924 + 0{,}868\,i$	**d)** $1{,}941 + 0{,}484\,i$
	$-3{,}214 + 3{,}830\,i$	$0{,}140 + 1{,}995\,i$
	$-1{,}710 - 4{,}698\,i$	$-1{,}854 + 0{,}749\,i$
		$-1{,}268 - 1{,}532\,i$
		$1{,}060 - 1{,}696\,i$
5.51	**a)** $3 + i$	**b)** $-3 + 4\,i$
	$-3 - i$	$3 - 4\,i$
	c) $-3{,}536 + 2{,}121\,i$	**d)** $-1{,}643 + 0{,}681\,i$
	$3{,}536 - 2{,}121\,i$	$1{,}643 - 0{,}681\,i$
5.52	**a)** $1{,}629 + 0{,}520\,i$	**b)** $1{,}806 + 0{,}234\,i$
	$-1{,}265 + 1{,}151\,i$	$0{,}336 + 1{,}789\,i$
	$-0{,}364 - 1{,}671\,i$	$-1{,}598 + 0{,}872\,i$
		$-1{,}323 - 1{,}2450\,i$
		$0{,}780 - 1{,}645\,i$
	c) $1{,}121 + 0{,}715\,i$	**d)** $1{,}152 + 0{,}769\,i$
	$0{,}396 + 1{,}268\,i$	$0{,}480 + 1{,}299\,i$
	$-0{,}509 + 1{,}228\,i$	$0{,}102 + 1{,}333\,i$
	$-1{,}180 + 0{,}614\,i$	$-1{,}088 + 0{,}857\,i$
	$-1{,}298 + 0{,}288\,i$	$-1{,}384 + 0{,}055\,i$
	$-0{,}809 - 1{,}055\,i$	$-1{,}152 - 0{,}769\,i$
	$0{,}058 - 1{,}328\,i$	$-0{,}480 - 1{,}299\,i$
	$0{,}899 - 0{,}980\,i$	$-0{,}102 - 1{,}333\,i$
	$1{,}318 - 0{,}173\,i$	$1{,}088 - 0{,}875\,i$
		$1{,}384 - 0{,}055\,i$
5.53	**a)** $2{,}598 + 1{,}5\,i$	**b)** $7{,}5 - 12{,}99\,i$
	$+3\,i$	-15
	$-2{,}598 + 1{,}5\,i$	$7{,}5 + 12{,}99\,i$
	$-2{,}598 - 1{,}5\,i$	**c)** $0{,}707 + 0{,}707\,i$

$-3\,\mathrm{i}$ $\quad$ $-0{,}707 - 0{,}707\,\mathrm{i}$

$2{,}598 - 1{,}5\,\mathrm{i}$

d) $0{,}866 + 0{,}5\,\mathrm{i}$

$-0{,}866 + 0{,}5\,\mathrm{i}$

$-\mathrm{i}$

e) $0{,}572 + 1{,}382\,\mathrm{i}$

$-1{,}382 + 0{,}572\,\mathrm{i}$

$-0{,}572 - 1{,}382\,\mathrm{i}$

$1{,}382 - 0{,}572\,\mathrm{i}$

5.54 **a)** $\{1; -0{,}5 + 0{,}866\,\mathrm{i}; -0{,}5 - 0{,}866\,\mathrm{i}\}$

b) $\{1; 0{,}309 + 0{,}951\,\mathrm{i}; -0{,}809 + 0{,}588\,\mathrm{i}; -0{,}809 - 0{,}588\,\mathrm{i}; 0{,}309 - 0{,}951\,\mathrm{i}\}$

c) $\{1; 0{,}5 + 0{,}866\,\mathrm{i}; -0{,}5 + 0{,}866\,\mathrm{i}; -1; -0{,}5 - 0{,}866\,\mathrm{i}; 0{,}5 - 0{,}866\,\mathrm{i}\}$

d) $\{1; 0{,}707 + 0{,}707\,\mathrm{i}; \mathrm{i}; -0{,}707 + 0{,}707\,\mathrm{i}; -1; -0{,}707 - 0{,}707\,\mathrm{i}; -\mathrm{i}; 0{,}707 - 0{,}707\,\mathrm{i}\}$

5.55 **a)** $1{,}253 + 3{,}365\,\mathrm{i}$ **b)** $1{,}609 + 5{,}356\,\mathrm{i}$

c) $1{,}609 + 1{,}047\,\mathrm{i}$ **d)** $2{,}565 + 4{,}318\,\mathrm{i}$

5.56 **a)** $0{,}693 + 0{,}524\,\mathrm{i}$ **b)** $-1{,}040 + 2{,}356\,\mathrm{i}$

c) $0{,}693 + 5{,}760\,\mathrm{i}$ **d)** $0{,}347 + 0{,}785\,\mathrm{i}$

5.57 **a)** $0{,}455 + 0{,}891\,\mathrm{i}$ **b)** $-0{,}747 + 0{,}665\,\mathrm{i}$

c) $0{,}183 - 0{,}983\,\mathrm{i}$ **d)** $-0{,}732 + 0{,}682\,\mathrm{i}$

5.58 **a)** $0{,}208$ **b)** $4{,}810$ **c)** $0{,}009$ **d)** $111{,}318$

5.59 **a)** $0{,}436 + 0{,}453\,\mathrm{i}$ **b)** 0 **c)** 0

d) $-671\,653{,}178 - 1\,204\,583{,}209\,\mathrm{i}$

5.60 **a)** $12{,}145 - 10{,}930\,\mathrm{i}$ **b)** 0

c) $-6\,061{,}871 + 10\,541{,}443\,\mathrm{i}$ **d)** $-80{,}981 - 371{,}593\,\mathrm{i}$

5.61 **a)** $\ln z_1 = \ln 2 + \frac{\pi}{6}\,\mathrm{i} \qquad \ln z_2 = \ln 2 + \frac{4}{3}\pi\,\mathrm{i}$

b) $z = \mathrm{e}^2(\cos\frac{3}{4}\pi + \mathrm{i}\sin\frac{3}{4}\pi) = -\frac{\mathrm{e}^2}{2}\sqrt{2} + \frac{\mathrm{e}^2}{2}\sqrt{2}\,\mathrm{i}$

c) $z_{1_k} = 2(\cos\frac{\pi + 2k\pi}{4} + \mathrm{i}\sin\frac{\pi + 2k\pi}{4}) \quad z_{2_k} = \frac{1}{2}\,\mathrm{e}^{\frac{\frac{5}{4}\pi + 2k\pi}{5}\,\mathrm{i}},\ k = 0, 1, 2, 3, 4$

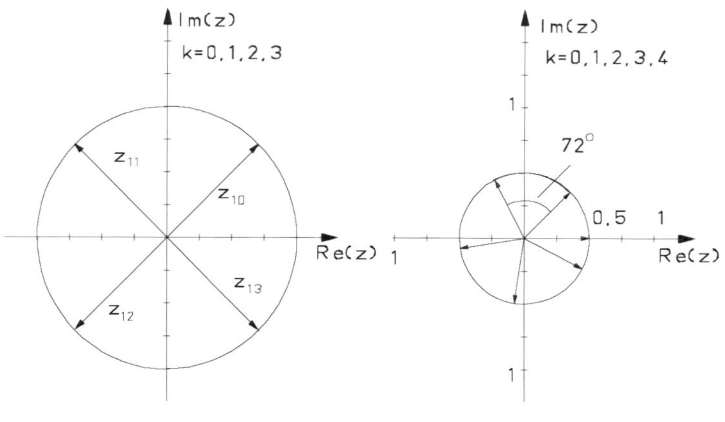

d) $z_1 = e^{i\frac{\pi}{4}},\ e^{\frac{11}{12}\pi},\ e^{\frac{19}{12}\pi}$ $\quad z_2 = -64$

5.62 $w_2 = -1 + i,\quad w_3 = -1 - i,\quad w_4 = 1 - i$

Lösen algebraischer Gleichungen im Komplexen

5.63 **a)** $\{2; -1 + \sqrt{3}\,i; -1 - \sqrt{3}\,i\}$ **b)** $\{\sqrt{3} + i; 2\,i; -\sqrt{3} + i; -\sqrt{3} - i; -2\,i; \sqrt{3} - i\}$
c) $\{3; 3\,i; -3; -3\,i\}$

5.64 **a)** $\{-1 + 5\,i; -1 - 5\,i\}$ **b)** $\{3 + i; 3 - i\}$ **c)** $\{-9 + 4\,i; -9 - 4\,i\}$

5.65 **a)** $\{-3 + i; -3 - i\}$ **b)** $\{2 + i; 2 - i\}$ **c)** $\left\{-\frac{1}{2} + \frac{\sqrt{3}\,i}{2}; -\frac{1}{2} - \frac{\sqrt{3}\,i}{2}\right\}$

5.66 **a)** $\left\{\frac{1}{2} + i; \frac{1}{2} - i\right\}$ **b)** $\left\{\frac{1}{4} + \frac{3}{4}\sqrt{3}\,i; \frac{1}{4} - \frac{3}{4}\sqrt{3}\,i\right\}$ **c)** $\left\{\frac{3}{2} + \frac{1}{2}\sqrt{6}\,i; \frac{3}{2} - \frac{1}{2}\sqrt{6}\,i\right\}$

5.67 **a)** $\left\{\frac{1}{2} + 3\,i; \frac{1}{2} - 3\,i\right\}$ **b)** $\left\{\frac{3}{4} + \frac{5}{4}\,i; \frac{3}{4} - \frac{5}{4}\,i\right\}$ **c)** $\left\{2 + \frac{5\,i}{4}; 2 - \frac{5\,i}{4}\right\}$

5.68 **a)** $\left\{-\frac{2\sqrt{10}\,i}{3}; \frac{2\sqrt{10}\,i}{3}\right\}$ **b)** $\left\{-\sqrt{30}\,i; \sqrt{30}\,i\right\}$

5.69 **a)** $\{-5\,i; 5\,i\}$ **b)** $\{3 - i; 3 + i\}$ **c)** $\{-\sqrt{3}\,i; +\sqrt{3}\,i\}$

5.70 **a)** $\{1 - \sqrt{2}\,i; 1 + \sqrt{2}\,i\}$ **b)** $\{1 - \sqrt{2}\,i; 1 + \sqrt{2}\,i\}$

5.71 **a)** $\{-2; 2; -i; i\}$ **b)** $\{-1; 1; -3\,i; 3\,i\}$ **c)** $\{-\sqrt{3}; \sqrt{3}; -\sqrt{5}\,i; \sqrt{5}\,i\}$

5.72 **a)** $\left\{-\frac{1}{2}; \frac{1}{2}; -6\,i; 6\,i\right\}$ **b)** $\left\{-\frac{4}{3}; \frac{4}{3}; -\frac{i}{2}; \frac{i}{2}\right\}$ **c)** $\left\{-\frac{7}{3}\,i; \frac{7}{3}\,i\right\}$

5.73 **a)** $p = -14$ **b)** $p = -4$ **c)** $p = 10$
$q = 193$ $\quad q = 29$ $\quad q = 29$

5.74 **a)** $q = 5$, Realteil $= -2$ **b)** $p = \frac{2}{3}$, Imaginärteil $= \pm\frac{\sqrt{17}i}{3}$
c) $p = \pm 4$, Realteil $= \pm 2$ **d)** $q = 1{,}1224$, Realteil $= 1$
e) $p = -4$, Imaginärteil $= \pm\sqrt{5}$ **f)** $q = 1{,}6666$, Realteil $= \frac{2}{3}$

5.75 **a)** $x^2 + 2x + 26 = 0$ **b)** $x^2 - 6x + 10 = 0$
c) $x^2 - 14x + 193 = 0$ **d)** $x^2 \pm 4x + 29 = 0$
e) $x^2 + 10x + 29 = 0$ **f)** $x^2 - 4x + 5 = 0$

5.76 **a)** $\{-0{,}789 + 1{,}741\,i; 3{,}798 - 1{,}741\,i\}$ **b)** $\{-0{,}114 + 0{,}765\,i; 5{,}114 - 0{,}765\,i\}$
c) $\{1{,}581 + 1{,}202\,i; -0{,}914 - 1{,}202\,i\}$

5.77 **a)** $\{3 - 2\,i; 1 + i\}$ **b)** $\{1 + i; i\}$ **c)** $\{-4 + 2\,i; 1 - 7\,i\}$

5.78 **a)** $\{3 + 2\,i; 1 + 4\,i\}$ **b)** $\left\{2 + i; \frac{1 + i}{2}\right\}$
c) $\{15{,}832 + 4{,}532; 0{,}168 + 1{,}4679\,i\}$

Anwendungen in der Elektrotechnik

5.79 **a)** (202 − j343) kΩ, (1,27 + j2,16)μS **b)** Z = 450 kΩ Y = 2,22μS
c) (21,8 − j3,4) kΩ, (44,8 + j6,98) μS **d)** (129 − j120) Ω, (4,16 + j3,87) mS

5.80 **a)** (289,6 − j53,6) Ω, (3,34 + j0,62) mS **b)** (1,25 − j1,5)kΩ, (0,33 + j0,39) mS
c) (153,6 + j138,1) kΩ, (3,60 − j3,24) μS **d)** (4,71 + j10,29) kΩ, (36,79 − j80,34) μS

5.81 **a)** (50 + j5) Ω, (19,8 − j1,98) mS **b)** (260 + j10) Ω, (3,84 − j0,148) mS

5.82 **a)** (4,09 + j0,315) Ω, (0,243 − j0,0188) S **b)** (25,26 + j24,21) Ω, (20,63 − j19,77) mS

5.83 **a)** $|Z|$ = 47,43 kΩ $\phi = -55{,}30°$ **b)** 503,3 Ω, 69,04°
c) 17,1 MΩ, 61,34° **d)** 6808 Ω, − 2,78°

5.84 **a)** 15 kΩ, − 90° **b)** 66,47 kΩ, 45°
c) 3,3 Ω, 90° **d)** 82 kΩ, 0°

5.85 **a)** $Z = \dfrac{\omega^2 RL^2}{R^2+\omega^2L^2} + \mathrm{j}\left(\dfrac{\omega R^2 L}{R^2+\omega^2L^2} - \dfrac{1}{\omega C}\right)$

b) $Z = \dfrac{\omega^4 RL^2C^2}{(1-\omega^2LC)^2+(\omega RC)^2} + \mathrm{j}\dfrac{\omega L(1+\omega^2C(R^2C-L))}{(1-\omega^2LC)^2+(\omega RC)^2}$

c) $Z = \dfrac{R_2+\omega^2R_1R_2(R_1+R_2)C^2+\omega^4R_1L^2C^2}{(1-\omega^2LC)^2+\omega^2C^2(R_1+R_2)^2} +$
$+\mathrm{j}\dfrac{\omega(L-R_2^2C+\omega^2LC(R_1^2C-L))}{(1-\omega^2LC)^2+\omega^2C^2(R_1+R_2)^2}$

d) $Z = \dfrac{RC_2^2(1-\omega^2LC_1)^2}{\omega^2R^2C_1^2C_2^2+(C_1+C_2-\omega^2LC_1C_2)^2} -$
$-\mathrm{j}\dfrac{C_1+C_2-\omega^2C_1(L(2C_2+C_1)-R^2C_2^2)+\omega^4LC_1^2C_2(L-R^2C_2)}{\omega^3R^2C_1^2C_2^2+\omega(C_1+C_2-\omega^2LC_1C_2)^2}$

5.86 **a)** $Z = \dfrac{\omega^2RL_1^2}{R^2+\omega^2L_1^2} + \mathrm{j}\left(\omega L_2 - \dfrac{1}{\omega C} + \dfrac{\omega R^2L_1}{R^2+\omega^2L_1^2}\right)$

b) $Z = \mathrm{j}\left(\omega L_1 - \dfrac{1}{\omega C_1} + \dfrac{\omega L_2}{1-\omega^2L_2C_2}\right)$

c) $Z = R_2 + \dfrac{\omega^2R_1L^2}{R_1^2(1-\omega^2LC)^2+\omega^2L^2} + \mathrm{j}\dfrac{\omega R_1^2L(1-\omega^2LC)}{R_1^2(1-\omega^2LC)^2+\omega^2L^2}$

d) $Z = \dfrac{RC_1^2}{\omega^2R^2C_1^2C_2^2+(C_1+C_2-\omega^2LC_1C_2)^2} -$
$\mathrm{j}\dfrac{C_1+C_2-\omega^2C_1(L(2C_2+C_1)-R^2C_1C_2)+\omega^4L^2C_1^2C_2}{\omega^3R^2C_1^2C_2^2+\omega(C_1+C_2-\omega^2LC_1C_2)^2}$

5.87 **a)** $Z = 72{,}34\ \Omega(\cos 270.4° + \mathrm{j}\sin 270.4°)$
b) $Z = 2{,}097\ \mathrm{k}\Omega(\cos 68° + \mathrm{j}\sin 68°)$
c) $Z = 151{,}4\ \mathrm{k}\Omega(\cos 7{,}87° + \mathrm{j}\sin 7{,}87°)$
d) $Z = 1\ \mathrm{M}\Omega(\cos 359{,}996° + \mathrm{j}\sin 359{,}996°)$

5.88 **a)** $Z = R + \mathrm{j}\left(\omega L - \dfrac{1}{\omega C}\right)$ **b)** $\omega_0 = \dfrac{1}{\sqrt{LC}}$

5.89 **a)** $Z = \dfrac{\omega^2 R L^2}{R^2(1-\omega^2 LC)^2 + \omega^2 L^2} + \mathrm{j}\dfrac{\omega R^2 L(1-\omega^2 LC)}{R^2(1-\omega^2 LC)^2 + \omega^2 L^2}$

b) $\omega_0 = \dfrac{1}{\sqrt{LC}}$

5.90

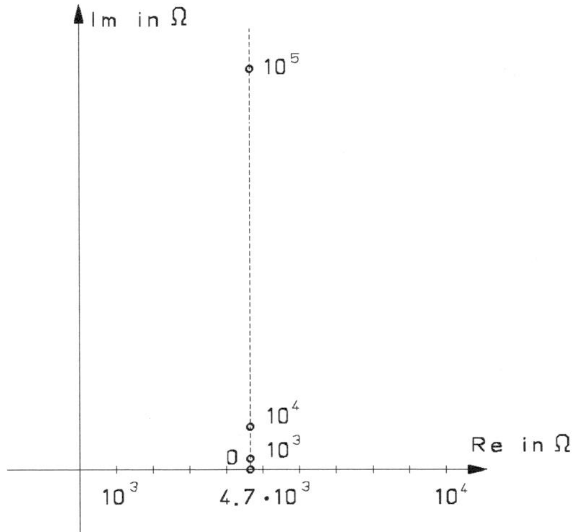

5.91 32,45 kΩ, 8 169,9 s^{-1}

6 Ungleichungen

6.1 **a)** L = [−2; 8] **b)** L = (2,8; 3) ∪ (3; 3,2) **c)** L = (2; 3)
d) L = (2; 3) **e)** L = (−∞; −1) **f)** L = (2; ∞)

6.2 **a)** L = (−∞; −1] **b)** L = (−∞; −1) ∪ (2; ∞) **c)** L = (1; 4]
d) L = (1; ∞) **e)** L = (−∞; −4,5] ∪ (−4; −1] **f)** L = [3; ∞)

6.3 **a)** L = (1; ∞) **b)** L = [0; 2] **c)** L = [−4; −2]
d) L = (2; 4) **e)** L = (−1; ∞) **f)** L = (−∞; −1) ∪ (1; 3)

6.4 **a)** L = (−∞; 1) ∪ [2; ∞) **b)** L = (−3; −1) **c)** L = [0; 4)
d) L = (−∞; 1) ∪ (3; ∞) **e)** L = [−1; 1) ∪ [1,667; ∞) **f)** L = (−2; −1)

6.5 **a)** L = (−1; 0] ∪ [2; ∞) **b)** L = (−1; 2) **c)** L = [−∞; −1,5] ∪ (−1; 2]
d) $\mathrm{L} = \left(-\infty; \frac{1}{2}(-7-\sqrt{37})\right] \cup \left[\frac{1}{2}(-7+\sqrt{37}); 0\right) \cup [1; \infty)$
e) L = (−∞; −16,803 41] ∪ (−0,5; 0,803 41] ∪ (8; ∞) **f)** L = (−1; −0,5)

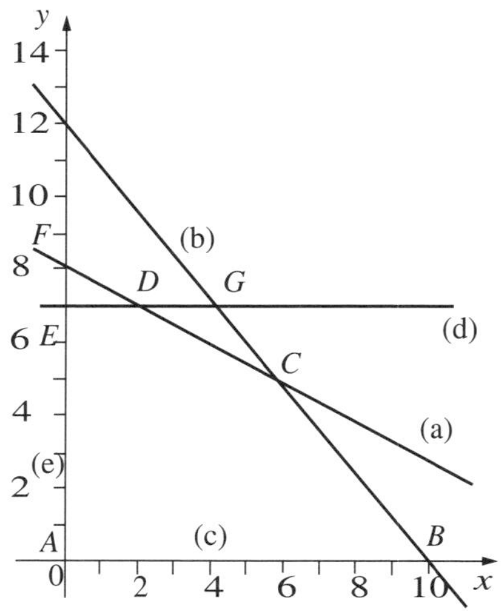

Bild L-6.1

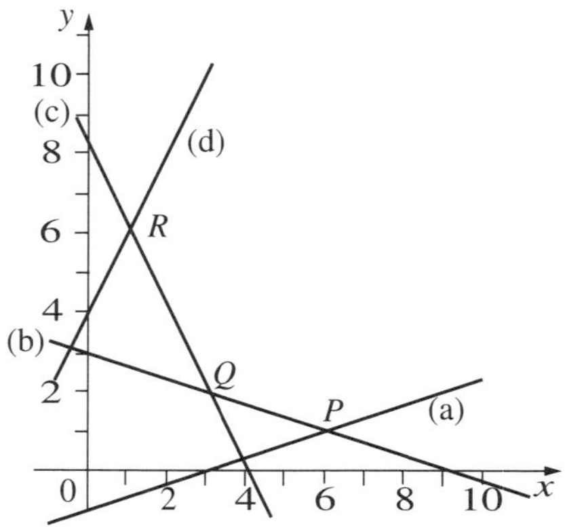

Bild L-6.2

6.6 Nach (c) bis (e) können die Punkte, deren Koordinaten das Ungleichungssystem erfüllen, nur im ersten Quadranten und dort nur in dem Streifen zwischen den beiden Geraden $y = 0$ und $y = 7$ liegen.
Im folgenden sollen alle Ungleichheitsrelationen durch Gleichheitszeichen ersetzt werden. Damit werden aus den Ungleichungen des Systems Geradengleichungen.
Die Gerade (a) schneidet die Gerade (d) im Punkt $D(2; 7)$, die x-Achse im Punkt $B(10; 0)$ und die Gerade (b) im Punkt $C(5.72; 5.14)$. Bezeichnet man den Koordinatenursprung mit A und den Schnittpunkt von (c) mit der y-Achse mit E, so wird die Lösungsmenge des Ungleichungssystems durch das Innere (einschließlich der Randpunkte) des Fünfecks *ABCDE* dargestellt (Bild L-6.1).

6.7 Die Gerade (a) schneidet die y-Achse im Punkt F . Die Lösungsmenge umfasst dann nur das Dreieck *EDF* einschl. der Randpunkte dieses Dreiecks.

6.8 Bezeichnet man den Schnittpunkt der Geraden (a) mit der Geraden (d) mit G, so umfasst die Lösungsmenge das Innere und den Rand des Dreiecks *CGD*.

6.9 Lösungspunkte können wegen (e) und (f) nur im ersten Quadranten liegen.
Die Geraden (a) und (b) schneiden sich im Punkt $P(6; 1)$, die Geraden (b) und (c) in $Q(3; 2)$ und die Geraden (c) und (d) in $R(1; 6)$. Die Lösungsmenge besteht aus den Punkten des nach rechts oben offenen Gebietes, das nach rechts von der Geraden (a), von den Strecken $\overline{PQ}$ und $\overline{QR}$ sowie nach oben hin von der Geraden (d) begrenzt wird (Bild L-6.2).

6.10 An der Eingrenzung des Lösungsbereiches sind fünf Geraden (a) bis (e) beteiligt. (Die Kennzeichnung erfolgt in der Reihenfolge ihres Auftretens im Ungleichungssystem.)
Wegen (d) und (e) können Lösungspunkte nur im ersten Quadranten liegen.
(a) und (b) schneiden sich in $E(0; 10)$, (b) und (c) in $C(6; 6)$ und (a) und (c) in $D(2{,}8; 4{,}4)$.
(c) schneidet die y-Achse in $F(0; 3)$.
Die Lösungsmenge der Teilaufgabe a) ist das Innere (einschließlich der Randpunkte) des Vierecks *ABCD*.
Die Lösungsmenge der Teilaufgabe b) wird durch das Innere und die Randpunkte des Vierecks *OADF* dargestellt. (Bild L.6-3)

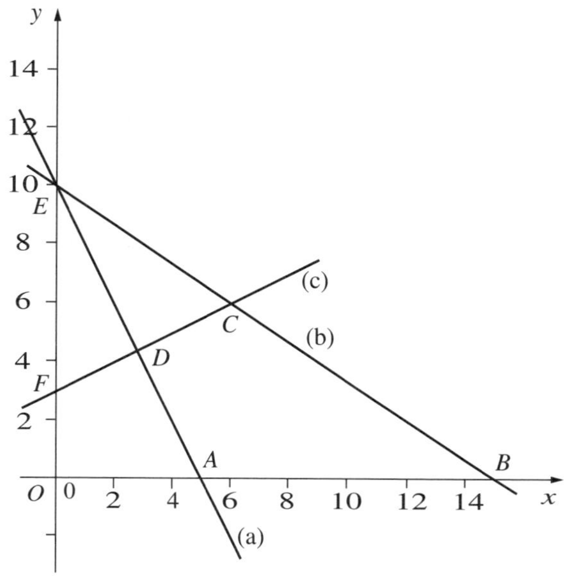

Bild L-6.3

7.1.1 Darstellung von Zahlen in Positionssystemen

7.1	**a)** 10101	**b)** 10111	**c)** 11101	**d)** 11111
7.2	**a)** 101001	**b)** 110011	**c)** 1000000	**d)** 10000000
7.3	**a)** 101001101	**b)** 100111010	**c)** 11111010	**d)** 1111101
7.4	**a)** 1100011	**b)** 1111100111	**c)** 111110100	**d)** 1111101000
7.5	**a)** 11	**b)** 63	**c)** 67	**d)** 25
7.6	**a)** 15	**b)** 99	**c)** 117	**d)** 127
7.7	**a)** 79	**b)** 119	**c)** 106	**d)** 89
7.8	**a)** 167	**b)** 170	**c)** 495	**d)** 1024

7.9 **a)** Gerade Zahlen haben als Endziffer 0, ungerade 1.

b) ja **c)** Die Dualzahl endet auf 10 Nullen.

7.10	**a)** (1) 202	(2) 110	(3) 40	(4) 32
	b) (1) 1100	(2) 210	(3) 121	(4) 100
	c) (1) 1111	(2) 220	(3) 130	(4) 104
	d) (1) 2200	(2) 1020	(3) 242	(4) 200
7.11	**a)** (1) 2002	(2) 320	(3) 211	(4) 132
	b) (1) 11012	(2) 1301	(3) 423	(4) 305
	c) (1) 11210	(2) 2001	(3) 1004	(4) 333
	d) (1) 102120	(2) 10320	(3) 2222	(4) 1240

7.12	**a)** 8	**b)** 5	**c)** 16	**d)** 20
7.13	**a)** 4	**b)** 12	**c)** 21	**d)** 39
7.14	**a)** 39	**b)** 6	**c)** 7	**d)** 84
7.15	**a)** 30	**b)** 42	**c)** 86	**d)** 119
7.16	**a)** 2D	**b)** 62	**c)** 70	**d)** 1C2
7.17	**a)** 398	**b)** 3175	**c)** 4728	**d)** 9999
7.18	**a)** 2D	**b)** 65	**c)** 111110001101	**d)** 101010111100
7.19	**a)** 3,5625	**b)** 36,8203125	**c)** 5,625	**d)** 13,888
	e) 22,20117188	**f)** 10,9609375		

7.20

	z_2	z_{16}
a)	0,001	0,2
b)	1,01	1,4
c)	1010,0011	A,3
d)	110,101	6,A

7.22	**a)** 3F	**b)** 43	**c)** 7F	**d)** A7
	e) 1EF	**f)** 400	**g)** 65	
7.23	**a)** 110001110	**b)** 110001100111	**c)** 100100111000	**d)** 10011100001111
	e) 111110001101	**f)** 101010111100	**g)** 10010111110010111001110	

7.1.2 Fest- und Gleitkommadarstellung von Zahlen

7.24	**a)** $0{,}2 \cdot 10^4$	**b)** $0{,}600\,3 \cdot 10^{-1}$	**c)** $0{,}32 \cdot 10^{-1}$	
7.25	**a)** $0{,}2 \cdot 10^{-4}$	**b)** $-0{,}28 \cdot 10^4$	**c)** $0{,}2 \cdot 10^{\circ}$	
7.26	**a)** $0{,}485 \cdot 10^{-3}$	**b)** $0{,}72 \cdot 10^{-4}$	**c)** $0{,}38 \cdot 10^6$	
7.27	**a)** $0{,}1 \cdot 10^{-7}$	**b)** $0{,}1 \cdot 10^9$		
7.28	**a)** $0{,}1 \cdot 10^{-1}$	**b)** $0{,}1 \cdot 10^{-4}$		
7.29	**a)** $0{,}1 \cdot 10^3$	**b)** $0{,}1 \cdot 10^{13}$	**c)** $0{,}6 \cdot 10^9$	
7.30	**a)** $0{,}8 \cdot 10^{11}$	**b)** $0{,}77 \cdot 10^{\circ}$	**c)** $0{,}4 \cdot 10^1$	
7.31	**a)** $0{,}2 \cdot 10^{-5}$	**b)** $0{,}328 \cdot 10^{-2}$	**c)** $0{,}18 \cdot 10^{-2}$	
7.32	**a)** $0{,}25 \cdot 10^3$	**b)** $0{,}25 \cdot 10^8$	**c)** $0{,}2 \cdot 10^{-2}$	**d)** $0{,}4 \cdot 10^7$
7.33	**a)** $0{,}2 \cdot 10^2$	**b)** $0{,}5 \cdot 10^4$	**c)** $0{,}5 \cdot 10^{-5}$	**d)** $0{,}4 \cdot 10^6$
7.34	**a)** $0{,}4 \cdot 10^6$	**b)** $0{,}2 \cdot 10^8$	**c)** $0{,}5 \cdot 10^{-6}$	**d)** $-0{,}8 \cdot 10^5$
7.35	**a)** $0{,}2 \cdot 10^3$	**b)** $0{,}8 \cdot 10^2$	**c)** $0{,}6 \cdot 10^2$	**d)** $0{,}24 \cdot 10^{-1}$

7.36	**a)** $0{,}64 \cdot 10^{-4}$	**b)** $0{,}9 \cdot 10^{-3}$	**c)** $0{,}16 \cdot 10^{10}$	**d)** $0{,}1 \cdot 10^{-11}$
7.37	**a)** $0{,}27 \cdot 10^{14}$	**b)** $0{,}64 \cdot 10^{8}$	**c)** $0{,}256 \cdot 10^{7}$	**d)** $-0{,}32 \cdot 10^{-8}$
7.38	**a)** $0{,}2 \cdot 10^{-2}$	**b)** $0{,}2 \cdot 10^{5}$	**c)** $0{,}16 \cdot 10^{\circ}$	
7.39	**a)** $0{,}4 \cdot 10^{9}$	**b)** $0{,}8 \cdot 10^{10}$	**c)** $0{,}8 \cdot 10^{-11}$	
7.40	**a)** $0{,}2 \cdot 10^{3}$	**b)** $0{,}5 \cdot 10^{1}$	**c)** $-0{,}2 \cdot 10^{4}$	

7.41 **a)** $[-2^{31}+1, 2^{31}-1]$ **b)** $[-(1-2^{-23}) \cdot 10^{127}, (1-2^{-23}) \cdot 10^{127}]$, 7 gültige Ziffern

7.2.1 Grundlagen der Aussagenlogik

7.42	**a)** w	**b)** f	**c)** f	**d)** w
	e) w	**f)** f		
7.43	**a)** w, Konjunktion	**b)** f, Konjunktion	**c)** w, Disjunktion	**d)** w, Negation

7.44 **a)**

a	b	$r = (a \wedge b) \vee a$	$s = a$
f	f	f	f
w	f	w	w
f	w	f	f
w	w	w	w

b)

a	b	c	$r = a \wedge (b \vee c)$	$s = (a \wedge b) \vee (a \wedge c)$
f	f	f	f	f
w	f	f	f	f
f	w	f	f	f
w	w	f	w	w
f	f	w	f	f
w	f	w	w	w
f	w	w	f	f
w	w	w	w	w

c)

a	b	c	$r = \neg a \vee (\neg b \vee \neg c)$	$s = (\neg a \vee \neg b) \wedge (\neg a \vee \neg c)$
f	f	f	w	w
w	f	f	w	w
f	w	f	w	w
w	w	f	f	f
f	f	w	w	w
w	f	w	f	f
f	w	w	w	w
w	w	w	f	f

d)

a	b	$r = \neg(a \vee b)$	$s = \neg a \wedge \neg b$
f	f	w	w
w	f	f	f
f	w	f	f
w	w	f	f

e)

a	b	c	$r = (a \wedge c) \vee (b \wedge \neg c) vee (a \wedge b)$	$s = (a \wedge b) \vee (b \wedge \neg c)$
f	f	f	f	f
w	f	f	f	f
f	w	f	w	w
w	w	f	w	w
f	f	w	f	f
w	f	w	w	w
f	w	w	f	f
w	w	w	w	w

f)

p	q	$r = \neg((p \vee q) \wedge \neg q) \vee p$	$s = w$
f	f	w	w
w	f	w	w
f	w	w	w
w	w	w	w

7.2.2 Einführung in die Schaltalgebra

7.45 **a)** $f(e_1,e_2,e_3) = e_1 \wedge (e_2 \vee e_3)$ **b)** $f(e_1,e_2,e_3) = e_1 \vee (e_2 \wedge e_3)$

7.46 **a)** $f(e_1,e_2,e_3) = (e_1 \wedge e_2) \vee (\neg e_2 \wedge e_3)$ **b)** $f(e_1,e_2,e_3) = (e_1 \vee e_2) \wedge (\neg e_1 \vee e_3)$

7.47 **a)** $f(e_1,e_2,e_3) = (e_1 \vee e_2) \wedge \neg(e_1 \wedge e_3)$ **b)** $f(e_1,e_2,e_3) = \neg(e_1 \wedge e_2) \vee (\neg e_1 \wedge e_3)$

7.48 **a)** $f(e_1,e_2,e_3) = \neg(e_1 \vee e_2) \wedge (e_1 \vee e_2 \vee e_3)$ **b)** $f(e_1,e_2,e_3,e_4) = (e_1 \wedge e_2) \vee \neg(e_3 \vee e_4)$

7.49 **a)** $f(e_1,e_2,e_3,e_4) = (e_1 \vee \neg e_2) \vee \neg(e_3 \wedge e_4)$

b) $f(e_1,e_2,e_3,e_4) = \neg((e_1 \wedge e_2) \wedge (e_1 \vee e_3 \vee e_4)) \vee (\neg e_2 \vee e_4)$

7.50 **a)** $f(e_1,e_2,e_3,e_4) = (e_1 \wedge e_2 \wedge e_3) \vee \neg e_2 \vee (\neg e_1 \wedge e_4)$

b) $f(e_1,e_2,e_3,e_4) = (e_1 \wedge e_2) \wedge ((\neg e_1 \vee e_3) \vee (\neg e_2 \vee e_4))$

7.51 **a)**

e_1	e_2	$e_1 \vee e_2$	$(e_1 \vee e_2) \wedge e_2$
0	0	0	0
1	0	1	0
0	1	1	1
1	1	1	1

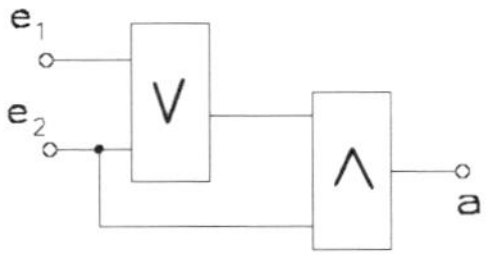

b)

e_1	e_2	$e_1 \wedge e_2$	$(e_1 \wedge e_2) \vee e_2$
0	0	0	0
1	0	0	0
0	1	0	1
1	1	1	1

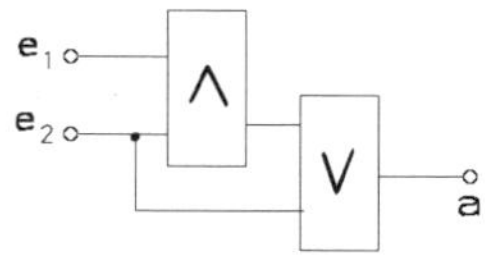

7.52 **a)**

e_1	e_2	$\neg e_2$	$e_1 \wedge e_2$	$\neg e_2 \vee (e_1 \wedge e_2)$
0	0	1	0	1
1	0	1	0	1
0	1	0	0	0
1	1	0	1	1

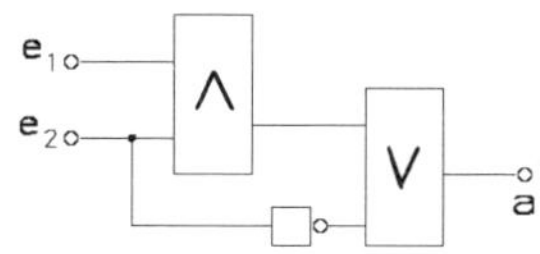

b)

e_1	e_2	$\neg e_2$	$e_1 \vee e_2$	$\neg e_2 \wedge (e_1 \vee e_2)$
0	0	1	0	0
1	0	1	1	1
0	1	0	1	0
1	1	0	1	0

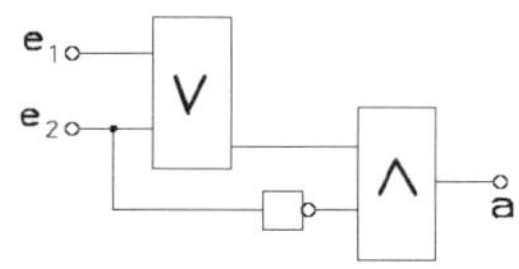

7.53 **a)**

e_1	e_2	$\neg e_1$	$\neg e_1 \wedge e_2$	$\neg e_1 \vee (\neg e_1 \wedge e_2)$
0	0	1	0	1
1	0	0	0	0
0	1	1	1	1
1	1	0	0	0

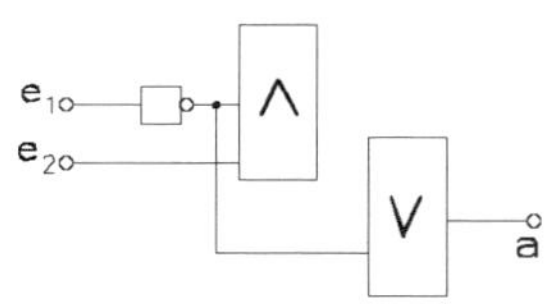

b)

e_1	e_2	$\neg e_1$	$e_1 \vee e_2$	$\neg e_1 \wedge (e_1 \vee e_2)$
0	0	1	0	0
1	0	0	1	0
0	1	1	1	1
1	1	0	1	0

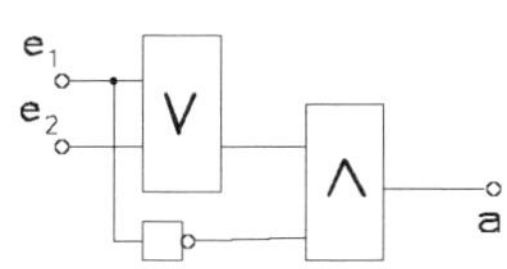

7.54 **a)**

e_1	e_2	$\neg e_1$	$\neg e_2$	$e_1 \wedge \neg e_2$	$\neg e_1 \wedge e_2$	$(e_1 \wedge \neg e_2) \vee (\neg e_1 \wedge e_2)$
0	0	1	1	0	0	0
1	0	0	1	1	0	1
0	1	1	0	0	1	1
1	1	0	0	0	0	0

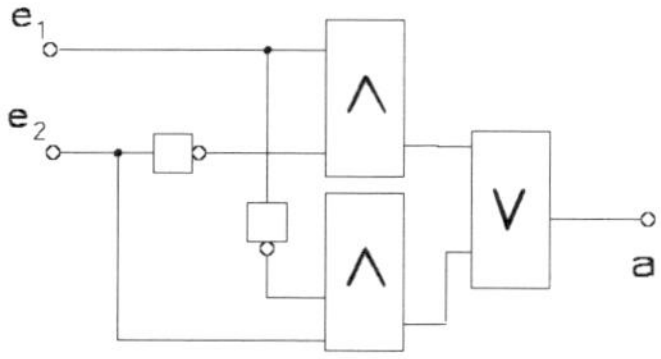

b)

e_1	e_2	$\neg e_1 \vee e_2$	$e_1 \vee \neg e_2$	$(\neg e_1 \vee e_2) \wedge (e_1 \vee \neg e_2)$
0	0	1	1	1
1	0	0	1	0
0	1	1	0	0
1	1	1	1	1

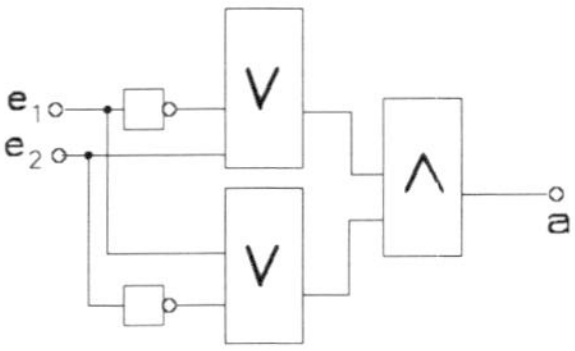

7.55 **a)**

e_1	e_2	e_3	$e_2 \wedge e_3$	$e_1 \vee (e_2 \wedge e_3)$
0	0	0	0	0
1	0	0	0	1
0	1	0	0	0
1	1	0	0	1
0	0	1	0	0
1	0	1	0	1
0	1	1	1	1
1	1	1	1	1

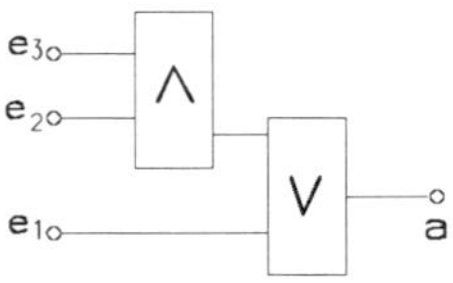

b)

e_1	e_2	e_3	$\neg e_3$	$e_2 \wedge \neg e_3$	$e_1 \wedge (e_2 \wedge \neg e_3)$
0	0	0	1	0	0
1	0	0	1	0	0
0	1	0	1	1	0
1	1	0	1	1	1
0	0	1	0	0	0
1	0	1	0	0	0
0	1	1	0	0	0
1	1	1	0	0	0

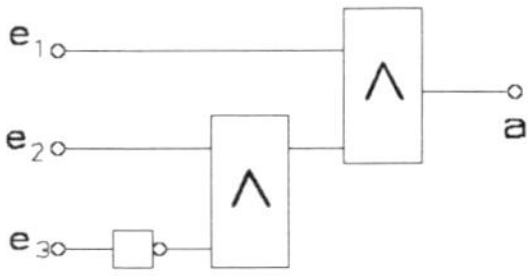

7.56 **a)**

e_1	e_2	e_3	$e_1 \vee e_2$	$e_1 \vee e_3$	$(e_1 \vee e_2) \wedge (e_1 \vee e_3)$
0	0	0	0	0	0
1	0	0	1	1	1
0	1	0	1	0	0
1	1	0	1	1	1
0	0	1	0	1	0
1	0	1	1	1	1
0	1	1	1	1	1
1	1	1	1	1	1

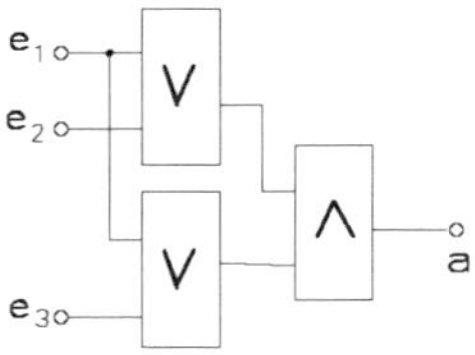

b)

e_1	e_2	e_3	$e_1 \wedge e_2$	$e_2 \wedge e_3$	$(e_1 \wedge e_2) \vee (e_2 \wedge e_3)$
0	0	0	0	0	0
1	0	0	0	0	0
0	1	0	0	0	0
1	1	0	1	0	1
0	0	1	0	0	0
1	0	1	0	0	0
0	1	1	0	1	1
1	1	1	1	1	1

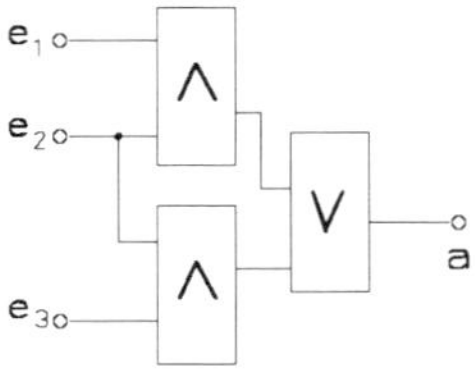

7.57 **a)**

e_1	e_2	e_3	$e_1 \vee e_2$	$e_1 \vee \neg e_3$	$e_2 \vee e_3$	$(e_1 \vee e_2) \wedge (e_1 \vee \neg e_3) \wedge (e_2 \vee e_3)$
0	0	0	0	1	0	0
1	0	0	1	1	0	0
0	1	0	1	1	1	1
1	1	0	1	1	1	1
0	0	1	0	0	1	0
1	0	1	1	1	1	1
0	1	1	1	0	1	0
1	1	1	1	1	1	1

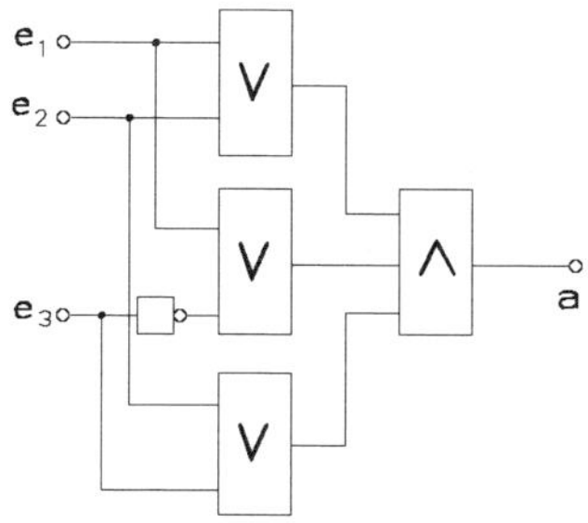

b)

e_1	e_2	e_3	e_4	$e_1 \wedge e_4$	$e_2 \wedge e_4$	$e_3 \wedge e_4$	$(e_1 \wedge e_4) \vee (e_2 \wedge e_4) \vee (e_3 \wedge e_4)$
0	0	0	0	0	0	0	0
1	0	0	0	0	0	0	0
0	1	0	0	0	0	0	0
1	1	0	0	0	0	0	0
0	0	1	0	0	0	0	0
1	0	1	0	0	0	0	0
0	1	1	0	0	0	0	0
1	1	1	0	0	0	0	0
0	0	0	1	0	0	0	0
1	0	0	1	1	0	0	1
0	1	0	1	0	1	0	1
1	1	0	1	1	1	0	1
0	0	1	1	0	0	1	1
1	0	1	1	1	0	1	1
0	1	1	1	0	1	1	1
1	1	1	1	1	1	1	1

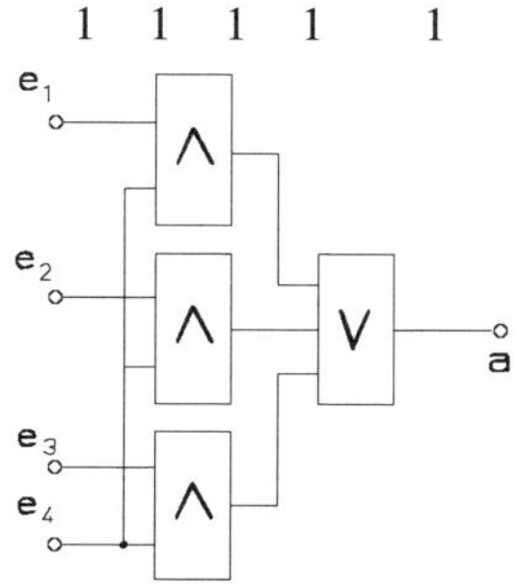

7.58

e_1	e_1	$e_1 \vee e_1$	$e_1 \wedge e_1$	e_1
0	0	0	0	0
1	1	1	1	1

f, g, h sind äquivalent

7.59 f, g äquivalent

7.60 f, g äquivalent

7.61 **a)** f, g, h äquivalent **b)** f, g äquivalent

7.62 f, g äquivalent

7.63 **a)** $f(e_1,e_2) = \neg e_1 \vee e_2$ **b)** $f(e_1,e_2) = e_1 \vee e_2$

7.64 **a)** $f(e_1,e_2) = e_1$ **b)** $f(e_1,e_2) = \neg e_2$

7.65 **a)** $f(e_1,e_2) = e_2$ **b)** $f(e_1,e_2) = \neg e_1$

7.66 **a)** $f(e_1,e_2) = e_1 \wedge e_2$ **b)** $f(e_1,e_2) = e_1 \vee \neg e_2$

7.67 **a)** $f(e_1,e_2) = e_1 \wedge \neg e_2$ **b)** $f(e_1,e_2) = e_1 \wedge e_2$

7.68 **a)** $f(e_1,e_2) = e_1 \wedge e_2$ **b)** $f(e_1,e_2) = e_1 \wedge \neg e_2$

7.69 **a)** $f(e_1,e_2) = e_1 \vee e_2$ **b)** $f(e_1,e_2) = \neg e_1 \vee e_2$

7.70 **a)** $f(e_1,e_2) = \neg e_1 \wedge e_2$ **b)** $f(e_1,e_2) = \neg e_1 \wedge \neg e_2$

7.71 **a)** $f(e_1,e_2) = 0$ **b)** $f(e_1,e_2) = e_2$

7.72 **a)** $f(e_1,e_2,e_3) = e_1 \wedge \neg e_2 \wedge \neg e_3$ **b)** $f(e_1,e_2) = e_1$

7.73 **a)** $f(e_1,e_2) = e_1 \wedge e_2$ **b)** $f(e_1,e_2) = \neg(e_1 \wedge e_2)$

7.74 **a)** $f(e_1,e_2,e_3) = e_1$ **b)** $f(e_1,e_2,e_3) = \neg(e_1 \wedge e_2 \wedge e_3)$

7.75 m ... Schalterzustand Motor (läuft – 1, läuft nicht – 0)
d ... Schalterzustand Öldruck (Druck – 1, kein Druck – 0)
t ... Schalterzustand Öltemp. (korrekt – 1, zu hoch – 0)
$f(m,d,t) = (m \wedge \neg d) \vee (m \wedge \neg t) = m \wedge (\neg d \vee \neg t) = m \wedge \neg(d \wedge t)$

m	d	t	$d \wedge t$	$\neg(d \wedge t)$	$f(m,d,t)$
0	0	0	0	1	0
1	0	0	0	1	1
0	1	0	0	1	0
1	1	0	0	1	1
0	0	1	0	1	0
1	0	1	0	1	1
0	1	1	1	0	0
1	1	1	1	0	0

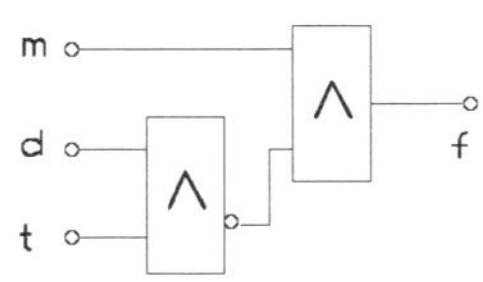

Da man hier die Oder-Bedingung sinngemäß im einschließenden Sinne verwendet, ergibt sich sogar ein dritter Fall, für den Gefahr signalisiert wird. Dieser ist: Motor läuft und weder Öldruck noch Öltemperatur sind korrekt.

7.76 t_1, t_2 ... Temperaturschalterzustand ($t_1 = 1$ bei Unter-, $t_2 = 1$ bei Übertemperatur)
f_1 ... Kühlung f_2 ... Heizung

$f_1(t_1,t_2) = t_1 \wedge \neg t_2$
$f_2(t_1,t_2) = \neg t_1 \wedge t_2$

t_1	t_2	f_1	f_2
0	0	0	0
1	0	1	1
0	1	0	0
1	1	0	0

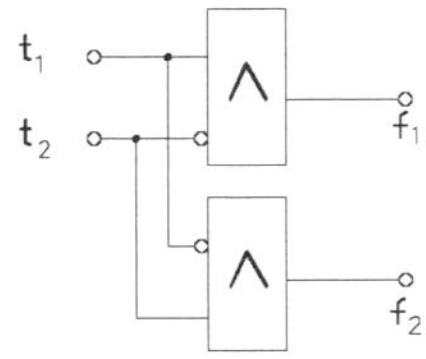

7.77 s_1, s_2, s_3 ... Überlastungsschalterzustand ($s_i = 1$ bei Überlastung)
f_1 ... Tempo 100 f_2 ... Tempo 80

$$f_2(s_1,s_2,s_3) = s_1 \wedge s_2 \wedge s_3$$

$$f_1(s_1,s_2,s_3) = [(s_1 \wedge s_2) \vee (s_1 \wedge s_3) \vee (s_2 \wedge s_3)] \wedge \neg f_2$$

s_1	s_2	s_3	$s_1 \wedge s_2$	$s_1 \wedge s_3$	$s_2 \wedge s_3$	$\neg(s_1 \wedge s_2 \wedge s_3)$	$f_2(s_1,s_2,s_3)$	$f_1(s_1,s_2,s_3)$
0	0	0	0	0	0	1	0	0
1	0	0	0	0	0	1	0	0
0	1	0	0	0	0	1	0	0
1	1	0	1	0	0	1	0	1
0	0	1	0	0	0	1	0	0
1	0	1	0	1	0	1	0	1
0	1	1	0	0	1	1	0	1
1	1	1	1	1	1	0	1	1

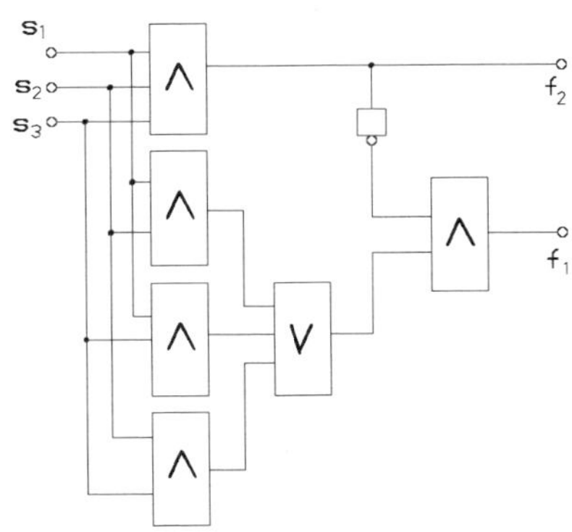

7.78 $L = 1$ ... Licht ein, $L = 0$ ... Licht aus.
$S = 1$ ... Schlüssel steckt, $S = 0$ ... Schlüssel abgezogen.
$T = 1$ ... Tür zu, $T = 0$ ... Tür offen.
$W = 1$ ... Warnton ein, $W = 0$ ... Warnton aus.
$W = L \wedge \neg S \wedge \neg T$

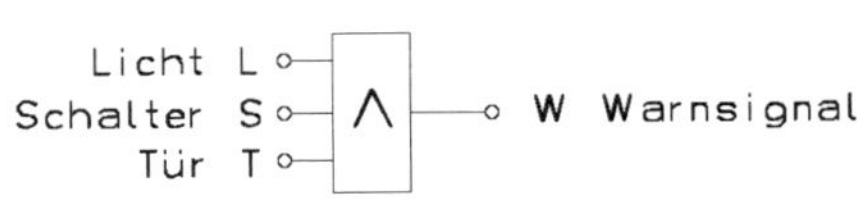

7.79 $X = 1$ verhindert das Einschalten der Verbraucher
$X = (A \wedge B) \vee (A \wedge C) \vee (B \wedge C) \vee (A \wedge B \wedge C)$
$X = (A \wedge B) \vee (A \wedge C) \vee (B \wedge C)$

Funktionstabelle:

A	B	C	X
0	0	0	0
0	0	1	0
0	1	0	0
0	1	1	1

A	B	C	X
1	0	0	0
1	0	1	1
1	1	0	1
1	1	1	1

Schaltung:

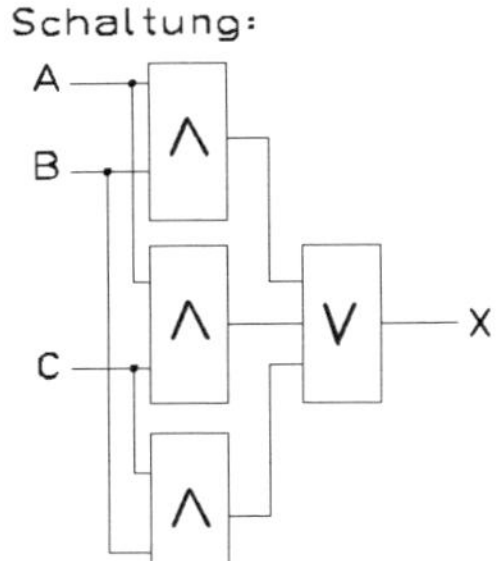

7.80

Ziffer	Eingänge				Ausgänge							BOOLEsche Ausdrücke für die Ziffern
	a	b	c	d	A	B	C	D	E	F	G	
0	0	0	0	0	1	1	1	1	1	1	0	$z_0 = \neg a \wedge \neg b \wedge \neg c \wedge \neg d$
1	0	0	0	1	0	1	1	0	0	0	0	$z_1 = \neg a \wedge \neg b \wedge \neg c \wedge d$
2	0	0	1	0	1	1	0	1	1	0	1	$z_2 = \neg a \wedge \neg b \wedge c \wedge \neg d$
3	0	0	1	1	1	1	1	1	0	0	1	$z_3 = \neg a \wedge \neg b \wedge c \wedge d$
4	0	1	0	0	0	1	1	0	0	1	1	$z_4 = \neg a \wedge b \wedge \neg c \wedge \neg d$
5	0	1	0	1	1	0	1	1	0	1	1	$z_5 = \neg a \wedge b \wedge \neg c \wedge d$
6	0	1	1	0	1	0	1	1	1	1	1	$z_6 = \neg a \wedge b \wedge c \wedge \neg d$
7	0	1	1	1	1	1	1	0	0	0	0	$z_7 = \neg a \wedge b \wedge c \wedge d$
8	1	0	0	0	1	1	1	1	1	1	1	$z_8 = a \wedge \neg b \wedge \neg c \wedge \neg d$
9	1	0	0	1	1	1	1	1	0	1	1	$z_9 = a \wedge \neg b \wedge \neg c \wedge d$

In der Tabelle bedeutet für die Ausgänge eine 1, dass das entsprechende Segment leuchtet. Da weniger Nullen als Einsen vorkommen, ist es einfacher, diese darzustellen und den Gesamtausdruck zu negieren (Ausnahme: Ausgang E).

$$\begin{aligned} A &= \neg(z_1 \vee z_4) \\ B &= \neg(z_5 \vee z_6) \\ C &= \neg z_2 \\ D &= \neg(z_1 \vee z_4 \vee z_7) \\ E &= z_0 \vee z_2 \vee z_6 \vee z_8 \\ F &= \neg(z_1 \vee z_2 \vee z_3 \vee z_7) \\ G &= \neg(z_0 \vee z_1 \vee z_7) \end{aligned}$$

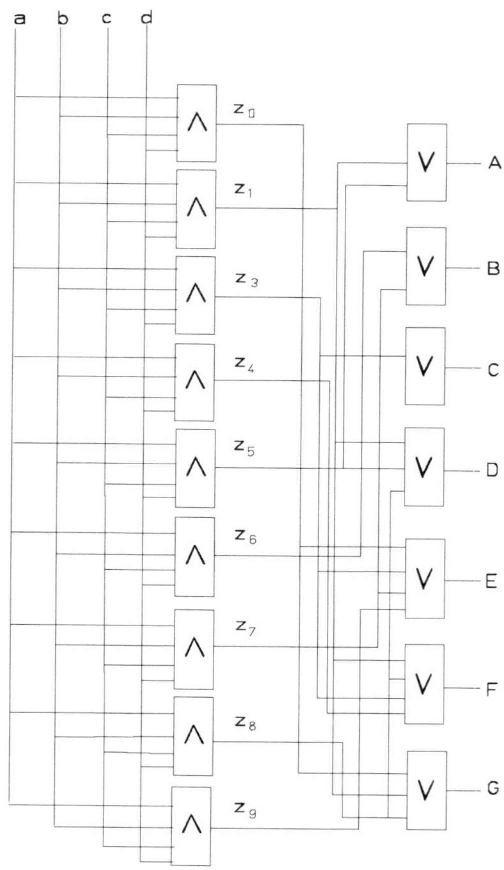

Sachwortverzeichnis

A

Abbildung 214
– , Umkehr- 236, 239
– , eindeutige 216, 239
Abbildungsvorschrift 214
abgeschlossenes Intervall 12
abhängige Variable 62, 216
Absolutglied 69
Abszisse 166
Addition 16
– von Klammerausdrücken 16
Additionstheoreme 193
– für doppelte Winkel 195
– für Summen und Differenzen von Winkeln 194
Ankathete 149
Anstieg 64, 224
Arcus-Funktionen 261
Arcussinus 258
Area-Funktionen 271
Argument 124
arithmetische Form 296
Assoziativgesetze 382
Asymptoten 246
Ausklammern gemeinsamer Faktoren 19
Aussage 370
axialsymmetrisch 227

B

Basis 97, 120, 351
Bereich der komplexen Zahlen 295 f.
Beschränktheit 222
Bestimmungsgleichung 34, 74
Betrag 217
– der komplexen Zahl 299
Betragsfunktion 217, 227
Binom 17
Binomialkoeffizient 18
binomische Formel 18, 112
binomischer Lehrsatz 314
Bit 353
Bogenmaß 147, 172
BRIGGS, Henry 124
BRIGGS-Logarithmen 124
Bruchrechnung 19
BÜRGI, Josef 124
Byte 353

D

Darstellung von Zahlen 361
Definitionsbereich 12, 35, 130, 214
DEG 151
Dezimalsystem 351
Differenz zweier Mengen 14
digitale Schaltelemente 370, 374
digitale Schaltungen 374
Diskriminante 47
Distributivgesetze 382
Dividend 24
Dividieren 22
Division 16
Divisor 24
Doppelbruch 23
Doppellösung 47
Dreiecke, beliebige 175
Dreieckskonstruktion 180
Dualsystem 352
Dualzahl 352, 362
Durchschnitt zweier Mengen 14

E

Einheitskreis 166
einseitig geschlossene Intervalle 12
einseitig offene Intervalle 12
Elemente 11
Erweitern 20
Erweiterung des Potenzbegriffes 109
EULERsche Formel 305
explizit 62
explizite Form 218
Exponent 97
– , ganzzahliger negativer 98
– , ganzzahliger positiver 98
– , normierte Gleitkommadarstellung 363

Exponentialform 305
Exponentialfunktion 252
Exponentialgleichung 134

F

Festkommadarstellung 362
Flächeninhalt eines Dreiecks 177
Fundamentalsatz der Algebra 320
Funktion 214, 216
–, beschränkte 222
–, eineindeutige 239
–, empirische 218
– ersten Grades 63
–, Gleichheit 234
–, harmonische 288
–, Hyperbel- 265
–, lineare 62, 217
–, logarithmische 253
–, monotone 224
–, quadratische 62
–, trigonometrische 254
–, Umkehr- 236
–, Winkel- 150, 254
–, Wurzel- 248
– zweiten Grades 69
–, zyklometrische 261
Funktionsgleichung 63, 74, 217

G

GAUSSsche Zahlenebene 297
Gegenkathete 149
gemeinsame Faktoren 19
Gerade 63
geschlossene Lösung 202
geschlossen lösbar 134
Gesetze von DE MORGAN 382
gleichnamige Brüche 21
gleichnamig machen 21
Gleichung 34
– n-ten Grades 50
–, Wurzel- 129, 207
–, lineare 35
–, logarithmische 138
–, quadratische 35
–, transzendente 134
– ersten Grades 50
– höheren Grades 49
– zweiten Grades 50
Glied, Absolut- 69
–, lineares 69
–, quadratisches 69
Gon 147
goniometrische Form 302
goniometrische Gleichungen 201
Grad der Gleichung 50
Gradmaß 147, 172
Graph 219
GRD 151
Grenzwerte 229
Grundfunktionen 243
Grundrechenoperationen 16
Grundzahl 97

H

Hauptbruchstrich 23
Hauptnenner 21
Hauptwert 302
Hexadezimalsystem 353
Hexadezimalzahl 353
Hilfswinkelverfahren 207
Hochzahl 97
HORNER-Schema 56
Hyperbeln n-ter Ordnung 246
Hypotenuse 149
Hypotenusenabschnitt 180

I

Idempotenzgesetze 382
imaginäre Einheit 295
imaginäre Zahl 296
Imaginärteil 296
implizite Form 218
Integerzahlen 363
Intervall 12
– abgeschlossenes 12
–, einseitig geschlossenes 12
–, einseitig offenes 12
–, offenes 12
irrationale Zahl 112, 124, 153

K

Katheten 149
Kennziffer 125
KEPLER 124
kleinstes gemeinsames Vielfaches 21
Kodierung einer Zahl 362
Kommutativgesetz 98, 106, 382

komplexe Zahl 296
Kongruenzsätze 155
konjugiert komplexe Zahl 297
Konjunktion 371
Kontrollrechnung 111, 156
Kosinussatz 181
Kreisteilungsgleichung 317
Krümmung 224
Kubikwurzel 108
Kürzen eines Bruches 20

L

Laufanweisung 341
leere Menge 11
lineare Abschreibung 67
lineares Glied 69
lineare Tarife 67
Linearfaktor 48
Lösung 34
Lösungsbereich 204
Logarithmen, binäre 124
– dekadische 124
Logarithmengesetz 121
Logarithmenrechnung 106, 119
Logarithmensysteme 123
Logarithmieren komplexer Zahlen 317
logarithmische Funktion 253
logarithmische Gleichung 138
Logarithmus 120
logischer Ausdruck 372
Lösungsmenge 35
Lücke 233

M

Mantisse 125
– , normierte Gleitkommadarstellung 363
mathematisches Modell 348
Menge 11
– , Differenz von Mengen 14
– , disjunkte 14
– , Durchschnitt 14
– , endliche 11
– , Gleichheit von Mengen 13
– , leere 11
– , Lösungs- 35
– , unendliche 11
Mengenlehre 11
Monotonie 224
Multiplikation 16
– von Klammerausdrücken 17
Multiplizieren von Brüchen 22

N

Näherungsformeln 267
Näherungsverfahren 134, 140
NAPIER, Baron John 124
NAPIERsche Logarithmen 124
natürliche Logarithmen 124
natürliche Zahlen 112
Negation 372
negativer Winkel 166
Nenner 20
Neugrad 147
NICHT-Gatter 379
Nicht-Schaltung 378
Normalform 47
Normalparabel 69
normierte Gleitkommadarstellung 363
Nullstellen 75
Numerus 120

O

obere Schranke 222
ODER-Gatter 378
Oder-Schaltung 377
offenes Intervall 12
Oktalsystem 353
Ordinate 166
Ortsvektor 298

P

Parabeln n-ter Ordnung 245
Parallele, zur y-Achse 65
– zur x-Achse 65
Partialdivision 24
PASCAL, Blaise 18
PASCALsches Dreieck 18
Periodizität 257
Pol n-ter Ordnung 246
Polarkoordinatensystem 165
Polstelle 231
Polstrahl 165
Polynom 24
– n-ten Grades 50
Positionssystem 351, 352
positiver Winkel 166

Potenz 97
– einer komplexen Zahl 314
– mit gebrochenen Exponenten 109
– mit reellen Exponenten 113
– , nullte 99
Potenzfunktion, mit ganzen positiven Exponenten 243
– mit ganzzahligen negativen Exponenten 246
– mit rationalen Exponenten 248
– mit reellen Exponenten 247
– mit reellen Koeffizienten 249
Potenzieren 97
Potenzwert 97
Produktzerlegung 48, 50, 206
Programmiersprache 153, 217, 340
Proportion, fortlaufende 176
PYTHAGORAS 156

Q

Quadrant 166
quadratische Funktion 69, 217
quadratisches Glied 69
Quadratwurzel 108

R

RAD 151
Radiant 148
Radikand 107
Radizieren 107
Radizieren komplexer Zahlen 315
Rangfolge der Rechenoperationen 98
Rationalmachen des Nenners 112
Realteil 296
Rechengesetze für Logarithmen 121
Rechenoperation der ersten Stufe 16
Rechenoperation der zweiten Stufe 16
Rechensymbol 120
rechter Winkel 146
rechtwinkliges Dreieck 149
Reellmachen des Nenners 308
Registertauschtaste 115
Rest 24
Restriktion 348

S

Schaltelement, digitales 374
Schaltfunktion 377
Schaltung, äquivalente 381
– , digitale 374
Schaltzustände 374
Scheinlösung 130, 182, 207
Scheitelpunkt 70, 146
Schenkel 146
Schnittpunkte mit der x-Achse 75
Seitenverhältnisse 150
Signumfunktion 217, 228
Sinus 150
Sinussatz 177
Sinusschwingungen, Überlagerung 288
Spiegelung 70
Sprungstelle 230
Steigungsdreieck 64
Stetigkeit 229
streng monoton steigend 225
stumpfwinklig 176
Substitution 202
Subtraktion 16
– von Klammerausdrücken 16
Superpositionsprinzip 243
Superposition von Sinusschwingungen 288
Symmetrie 227
symmetrisch 227

T

Taschenrechner 168, 253, 260
Teilmenge 13
Term 16, 34
Transformationen 243
transzendente Gleichung 134
trigonometrische Form 302
trigonometrische Funktion 150, 254

U

Überlagerung 288
Überlagerung von Sinusschwingungen 288
Umkehrabbildung 236, 239
Umkehrfunktion 236
Umkehrrechenart 106
Unbekannte 34
unbestimmter Ausdruck 233
UND-Gatter 377
Und-Schaltung 376
Unendlichkeitsstelle 231, 246
ungleichnamige Brüche 21

Ungleichung 330
–, Lösung einer - 331
–, Lösungsmenge einer - 331
–, Rechenregeln 331
–, System 344
unstetig 230
untere Schranke 222

V

Variable 16
–, abhängige 216
–, unabhängige 63, 216
Vereinigung zweier Mengen 13
Verschmelzungsgesetze 382
VIETA 48
Vollwinkel 146

W

Wahrheitswerte 370
Wahrheitswertetabelle 371
Weg-Zeit-Gesetz 66
Wertebereich 12, 214
Wertepaare, geordnete 214
Wertetabelle 74, 218
Winkel 146
–, beliebiger 165
–, gestreckter 146
–, spitzer 146
–, stumpfer 146
–, überstumpfer 146
Winkelfunktion 150, 254
Winkelminute 147
Winkelsekunde 147
Wurzel, n-te 107
Wurzelexponent 107
Wurzelfunktionen 248
Wurzelgleichung 129, 207
Wurzelrechnung 106 f.
Wurzelsatz von VIETA 48
Wurzelwert 107
Wurzelziehen aus komplexen Zahlen 315

Z

Zähler 20
Zahl, ganze 112
–, imaginäre 296
–, irrationale 112, 124, 153
–, komplexe 296
–, konjugiert komplexe 297
–, rationale 112
–, reelle 112
Zahlenbereichserweiterung 295
Zeiger 298
zentralsymmetrisch 228
Zielfunktion 348
Zustandstabelle 376

Mathematik – Ein Lehr- und Übungsbuch

In dieser Lehrbuchreihe wird die Theorie in anschaulicher und leicht verständlicher Form dargestellt. Durch zahlreiche gut kommentierte Beispiele und anwendungsorientierte Aufgaben ist das Werk ausgezeichnet zum Selbststudium und als Repetitorium für die Studienvorbereitung geeignet. Neben der klassischen Mathematik werden in hohem Maße moderne Entwicklungen und Computertechniken zum Lösen der Aufgaben einbezogen.

Band 1:
C. Gellrich, R. Gellrich
Arithmetik, Algebra, Mengen- und Funktionenlehre
Nachdruck der 4., korrigierten Auflage 2006, 2009,
480 Seiten, zahlreiche Abbildungen, Aufgaben mit Lösungen und Beispiele, geb.,
ISBN 978-3-8171-1792-5

Band 2:
C. Gellrich, R. Gellrich
Lineare Algebra, Vektorrechnung, Analytische Geometrie
2., korrigierte Auflage 2006,
441 Seiten, zahlreiche Abbildungen, Aufgaben mit Lösungen und Beispiele, geb.,
ISBN 978-3-8171-1773-4

Band 3:
C. Gellrich, R. Gellrich
Zahlenfolgen und -reihen, Einführung in die Analysis für Funktionen mit einer unabhängigen Variablen
2., korrigierte Auflage 2003,
430 Seiten, zahlreiche Abbildungen, Aufgaben mit Lösungen und Beispiele, geb.,
ISBN 978-3-8171-1702-4

Band 4:
R. Schark, T. Overhagen
Vektoranalysis, Funktionentheorie, Transformationen
2., korrigierte Auflage 2008,
515 Seiten, zahlreiche Abbildungen und Aufgaben mit Lösungen und Beispiele, geb.,
ISBN 978-3-8171-1823-6

Satz Band 1-4:

ISBN 978-3-8171-1604-1